Elemente der Mathematik

EdM

Hessen

Qualifikationsphase
Grund- und Leistungskurs

Herausgegeben von
Heinz Griesel, Andreas Gundlach, Helmut Postel, Friedrich Suhr

Schroedel

Elemente der Mathematik

EdM

Hessen – Qualifikationsphase
Grund- und Leistungskurs

Herausgegeben von
Prof. Dr. Heinz Griesel, Dr. Andreas Gundlach, Prof. Helmut Postel, Friedrich Suhr

Bearbeitet von
Gabriele Dybowski, Dr. Andreas Gundlach, Dr. Arnold Hermans, Anke Horn, Reinhard Kind, Dr. Reinhard Köhler, Jakob Langenohl, Wolfgang Mathea, Hanns Jürgen Morath, Prof. Dr. Lothar Profke, Sandra Schmitz, Heinz Klaus Strick, Friedrich Suhr, Dr. Jürgen Vaupel

Zum Schülerband erscheint: Lösungen Best.-Nr. 978-3-507-87913-3 und 978-3-507-87914-0

Druck A[1] / Jahr 2011
Alle Drucke der Serie A sind im Unterricht parallel verwendbar.

Redaktion: Dr. Petra Brinkmeier
Herstellung: Reinhard Hörner
Umschlaggestaltung: sensdesign, Roland Sens, Hannover
Illustrationen: Dietmar Griese, Laatzen
Zeichnungen: Michael Wojczak, Butjadingen; Langner und Partner, Hemmingen
Satz und Layout: imprint, Ilona Külen, Zusmarshausen
Repro, Druck und Bindung: westermann druck GmbH, Braunschweig

ISBN 978-3-507-**87911**-9

Vorwort

Zur allgemeinen Zielsetzung des Buches

Elemente der Mathematik Qualifikationsphase wurde auf der Basis des *Lehrplans Mathematik Gymnasialer Bildungsgang Hessen* entwickelt. Der Band kann sowohl für den Unterricht im Grundkursfach als auch im Leistungskursfach eingesetzt werden. Zur leichteren Orientierung sind die Inhalte des Leistungskurses extra gekennzeichnet, teilweise sind damit aber auch ergänzende Inhalte für Grundkurse abgedeckt. Der Aufbau und die didaktische Konzeption des vorliegenden Buches zielen darauf hin, vielfältige Lernsituationen zum Erwerb prozess- und inhaltsbezogener Kompetenzen bereitzustellen. So werden die Lernenden optimal auf das Abitur vorbereitet und den Lehrenden werden Anregungen und Hilfen für einen zeitgemäßen Mathematikunterricht gegeben.

Zum Entwicklungsstand des vorliegenden Buches

Neben den Erfahrungen aus dem Unterricht sind aktuelle fachdidaktische Erkenntnisse bei der Entwicklung des vorliegenden Buches eingeflossen.
Durchgängig werden neue Technologien eingesetzt, dabei sind die betreffenden Stellen durch Symbole deutlich gekennzeichnet.
Die Entwicklung der prozessbezogenen Kompetenzen erfolgt über Aktivitäten der Lernenden; Voraussetzung für Aktivität überhaupt ist Grundwissen, womit wiederum inhaltliche Kompetenzen verbunden sind. Die Kompetenzentwicklung bei Lernenden kann über vier *Aktivitätsbereiche* sowohl analysiert, als auch konstruiert werden. So fördert das vorliegende Buch die Entwicklung von Kompetenzen aus den Bereichen Lernen, Begründen, Problemlösen und Kommunizieren in besonderer Weise dadurch, dass die Zugänge und Aufgaben gezielt *darstellend-interpretative Aktivitäten, heuristisch-experimentelle Aktivitäten, kritisch-argumentative Aktivitäten*, aber auch *formal-operative Aktivitäten* einfordern. Die reichhaltige Aufgabenkultur ermöglicht es den Schülerinnen und Schülern, durch Anknüpfen an Vorerfahrungen und Alltagserfahrung mathematische Zusammenhänge eigenständig zu entdecken und zu entwickeln. Dabei werden sie sich der Lösungsstrategien bewusst und erkennen auch Fehler und Umwege als bedeutsame Bestandteile von Lernprozessen. Aufgaben zur Fehlersuche sind am Symbol zu erkennen. Insbesondere wird bei den Aufgaben Wert gelegt auf das Ermöglichen unterschiedlicher Unterrichtsformen, zu erkennen an den Symbolen für Partnerarbeit und für Gruppenarbeit.

Zum Aufbau des Buches

1. Jedes Kapitel beginnt mit einer ***Einstiegsseite***, die kurz in die neue Thematik einführt und die Bedeutung der neuen Inhalte erläutert und einordnet, die die Lernenden aktiviert und die Ziele des Kapitels nennt.
   An die Einstiegsseite schließt sich ein zweiseitiges ***Lernfeld*** an. Hier haben die Lernenden anhand verschiedener Problemsituationen die Gelegenheit, neue Inhalte auf eigenen Wegen zu erarbeiten. Die Problemstellungen eines Lernfeldes müssen nicht im Block nacheinander bearbeitet werden, vielmehr ist es dem Lehrenden überlassen, an welchen Stellen im Unterricht das jeweilige Problem als Zugang zu neuen Erkenntnissen genutzt wird.
2. Die Erarbeitung des Stoffes erfolgt in einzelnen ***Lerneinheiten***, die alle durchnummeriert und im Inhaltsverzeichnis aufgeführt sind.
   Am Anfang jeder Lerneinheit steht eine Aufgabe, die sich als ***Einstieg*** in das Thema der Leineinheit eignet und deren Lösung nicht im Buch ausgeführt wird. Damit erhält der Lehrende eine Alternative zum Unterrichtseinstieg mit der Aufgabe 1 mit Lösung.
   Die Erarbeitung des Themas einer Lerneinheit beginnt im Allgemeinen mit einer problemorientierten ***Aufgabe 1*** mit vollständiger Lösung, die zum Kern der Einheit führt. Ist das Problem allerdings so gelagert, dass die Lernenden kaum eine Chance haben, selbstständig eine Lösung zu finden, so wird statt der Aufgabe 1 eine aktivitätsbezogene ***Einführung*** in das Problem gegeben. Sowohl die Aufgaben 1 mit Lösung, als auch die Einführungen geben den Lernenden die wertvolle Gelegenheit, die Lerneinheiten in Ruhe zu Hause nachzuarbeiten. Lehrerinnen und Lehrer können sich an diesen Stellen schnell einen Überblick über den vorgeschlagenen didaktisch-methodischen Weg der Autoren verschaffen und ihn damit leichter für ihr eigenes Curriculum nutzen, abändern oder einen anderen Zugang wählen.
   Um den Theorieteil einer Lerneinheit im Buch übersichtlicher beieinander zu haben, folgen nach der Aufgabe 1 bzw. der Einführung ***weiterführende Aufgaben***, die im Unterricht in aller Regel erst nach einer ersten Festigung der neuen Inhalte behandelt werden. Deshalb ist in den weiterführenden Aufgaben auch immer an einer Überschrift zu erkennen, welcher weiterführende Aspekt angesprochen wird.

Die Ergebnisse aus den Einstiegsaufgaben bzw. Einführungen und mitunter auch aus weiterführenden Aufgaben werden in übersichtlichen ***Informationen*** mit Definitionen, Sätzen und Beispielen zusammengefasst.
Jede Lerneinheit bietet schließlich ein gut gestuftes Angebot an ***Übungsaufgaben***.

3. Neben den oben erwähnten Lerneinheiten werden im Buch auch Lerneinheiten zum ***selbst lernen*** angeboten, in denen das Thema so aufbereitet ist, dass es von den Lernenden komplett selbstständig bearbeitet werden kann.
4. Unter der Überschrift ***Blickpunkt*** werden innermathematische, aber insbesondere auch fachübergreifende, komplexere Themen, die von besonderem Interesse sind und in engem Zusammenhang mit dem Lerninhalt des Kapitels stehen, als Ganzes behandelt. Diese Abschnitte eignen sich auch zur Differenzierung und Förderung von eigenständigen Schüleraktivitäten über einen etwas größeren Zeitraum.
5. ***Exkurse*** geben interessante Einblicke in die Geschichte der Mathematik und in das Leben und Wirken ausgewählter bedeutender Mathematiker.
6. Den Abschluss eines Kapitels bildet ein ***Kompetenz-Check***. Die Aufgaben dienen der Organisation des selbstständigen Lernprozesses. Zur Kontrolle sind alle Lösungen im Anhang des Buches abgedruckt.
7. In den Abschnitten ***Bleib fit in ...*** vor einigen Kapiteln, werden Inhalte aus der Einführungsphase und aus der Sekundarstufe 1 sowohl bezüglich der Grundvorstellungen, als auch der Grundfähigkeiten wiederholt und damit die Voraussetzungen für die Erarbeitung neuer Inhalte gesichert.

Besonderheiten, die sich aus der Nutzung moderner Rechner ergeben

Bei den Hinweisen auf die Nutzung eines Rechners durch die Symbole [Rechner] und [GTR] haben die Autorinnen und Autoren moderne wissenschaftliche Taschenrechner oder grafikfähige Taschenrechner berücksichtigt. Aufgaben, bei denen eine Computer-Algebra-System eingesetzt werden sollte, sind mit dem Symbol [CAS] gekennzeichnet. Aus Platzgründen können wir hier nur auf einige Möglichkeiten eingehen, die sich bei der Nutzung eines Rechners ergeben:

- Für den Umgang mit Funktionen sei hier besonders darauf hingewiesen, dass ein Rechner die Wertetabellen von Funktionen zur Verfügung stellt. Man sollte deshalb die Wertetabelle einer Funktion intensiver nutzen, als man dies ohne einen Rechner konnte.
- In der Integralrechnung ist besonders am Anfang die numerische Bestimmung von orientierten Flächeninhalten für die Entwicklung von Grundvorstellungen beim Lernenden wichtig. Durch das numerische Verfahren kann das exakte Verfahren, das zur Grenzwertdefinition des Integrals führt, gut vorbereitet werden. Erst später, wenn Regeln zur Bestimmung von Integralen erarbeitet sind, kann manchmal auch die symbolische Bestimmung einer Ableitungsfunktion oder eines Integrals mit einem CAS hilfreich sein.
- Für die Berechnung des Flächeninhalts der Fläche zwischen zwei Graphen über einem Intervall [a, b] kann man direkt die Betragsformel $\int_a^b |f(x) - g(x)|\,dx$ verwenden.
- Lineare Gleichungssysteme können nach Eingabe der erweiterten Koeffizientenmatrix leicht mit nur einem Rechnerbefehl gelöst werden.
- Mit einem Rechner können Zufallsversuche simuliert werden. Die Ergebnisse kann man in Listen speichern und anschließend leicht rechnerisch oder grafisch auswerten.
- Wahrscheinlichkeiten für Binomialverteilungen können bequem mit einem Rechner bestimmt werden, das Arbeiten mit Wahrscheinlichkeitstabellen wird damit überflüssig.

Im Buch verwendete Symbole

[Symbol]	Alternativer Einstieg
[Symbol]	Partnerarbeit
[Symbol]	Gruppenarbeit
[Symbol]	thematisiert häufige Schülerfehler
[Rechner]	Einsatz eines Rechners (moderner wissenschaftlicher TR, GTR oder CAS) sinnvoll
GTR	Einsatz eines grafikfähigen Rechners sinnvoll
CAS	Einsatz eines Computer-Algebra-Systems sinnvoll
LK	Aufgaben für den Leistungskurs
[hellgrün]	kennzeichnet Abschnitte für den Leistungskurs
[blau]	kennzeichnet Abschnitte zum selbst lernen
[rot]	kennzeichnet Zusatzthemen

Inhaltsverzeichnis

Bleib fit in Differenzialrechnung ... 9

Bleib fit in Funktionsuntersuchungen ... 12

1 Integralrechnung ... 19

Lernfeld: Wie groß ist ...? ... 20

1.1 Der Begriff des Integrals ... 22

1.1.1 Aus Änderungsraten rekonstruierter Bestand – Orientierte Flächeninhalte ... 22

1.1.2 Näherungsweises Berechnen von Integralen – Grenzwertdefinition des Integrals ... 30

1.2 Zusammenhang zwischen Differenzieren und Integrieren ... 38

1.2.1 Integralfunktionen ... 38

1.2.2 Hauptsatz der Differenzial- und Integralrechnung ... 43

1.3 Integration mithilfe von Stammfunktionen ... 49

1.4 Berechnen von Flächeninhalten ... 55

1.4.1 Fläche zwischen einem Funktionsgraphen und der x-Achse ... 55

1.4.2 Fläche zwischen zwei Funktionsgraphen ... 60

1.4.3 Uneigentliche Integrale **Leistungskurs** ... 66

Exkurs: Integralrechnung im Altertum – die Exhaustions-Methode ... 69

1.5 Volumina von Rotationskörpern ... 71

Blickpunkt: Volumenbestimmung bei nicht rotationssymmetrischen Körpern ... 75

1.6 Numerische Integration **Leistungskurs** **selbst lernen** ... 77

Kompetenz-Check ... 81

Bleib fit in Exponentialfunktionen und Logarithmen ... 83

2 Wachstumsmodelle ... 87

Lernfeld: Mehr und immer mehr? ... 88

2.1 Exponentielles Wachstum ... 90

2.1.1 Wachstumsgeschwindigkeit – e-Funktion ... 90

2.1.2 Ableitung von Exponentialfunktionen – Natürlicher Logarithmus ... 97

2.2 Kettenregel – Lineare Substitution ... 102

2.2.1 Kettenregel ... 102

2.2.2 Integration durch lineare Substitution ... 106

2.3 Beschreibung von exponentiellem Wachstum mithilfe der e-Funktion **selbst lernen** ... 109

2.4 Differenzialgleichung exponentieller Prozesse ... 115

2.5 Begrenztes Wachstum **Leistungskurs** ... 120

2.6 Logistisches Wachstum **Leistungskurs** ... 126

2.7 Lösen von Differenzialgleichungen **Zusatz** ... 132

2.7.1 Richtungsfeld – EULER-Verfahren ... 132

2.7.2 Lösen durch Separation der Variablen ... 134

2.8 Vermischte Aufgaben ... 136

Kompetenz-Check ... 138

3 Funktionsuntersuchungen ... 139
Lernfeld: Vielfalt von Funktionsgraphen ... 140
3.1 Summe und Differenz von Funktionen ... 142
3.2 Produkte von Funktionen – Produktregel ... 147
3.2.1 Produkte von Funktionen **selbst lernen** ... 147
3.2.2 Produktregel – Wachstum der e-Funktion ... 151
3.2.3 Partielle Integration **Leistungskurs** ... 155
3.3 Quotienten von Funktionen – Quotientenregel **Leistungskurs** ... 158
3.4 Zusammenfassung – Funktionsuntersuchungen ... 164
3.5 Funktionenscharen untersuchen ... 169
3.6 Extremwertprobleme ... 172
Kompetenz-Check ... 177

4 Lineare Gleichungssysteme – Funktionsanpassungen ... 179
Lernfeld: Von Daten zu Funktionen ... 180
4.1 Lösen linearer Gleichungssysteme – GAUSS-Algorithmus ... 182
Blickpunkt: Computertomografie ... 193
4.2 Modellieren mit Funktionen **Leistungskurs** ... 194
4.2.1 Trassierung **selbst lernen** ... 194
4.2.2 Interpolation mit Polynomen und Splines ... 200
4.2.3 Ausgleichskurven – Regression ... 205
4.3 Krümmung von Funktionsgraphen **Zusatz** ... 211
4.4 TAYLOR-Approximation **Leistungskurs** ... 215
Kompetenz-Check ... 219

5 Vektoren ... 221
Lernfeld: Wo ist was im Raum? ... 222
5.1 Punkte und Vektoren im Raum ... 224
5.1.1 Punkte im räumlichen Koordinatensystem ... 224
5.1.2 Vektoren ... 230
Exkurs: Koordinatensysteme in der Geografie ... 235
5.1.3 Addition und Subtraktion von Vektoren ... 236
5.1.4 Vervielfachen von Vektoren **selbst lernen** ... 241
Blickpunkt: Bewegung auf dem Wasser ... 245
5.2. Skalarprodukt – Orthogonalität ... 247
5.2.1 Orthogonalität von Vektoren ... 247
5.2.2 Winkel zwischen zwei Vektoren ... 253
5.4 Vektorräume **Leistungskurs** ... 257
5.4.1 Höherdimensionale Vektoren – Vektorräume ... 257
5.4.2 Basis und Dimension von Vektorräumen ... 261
Kompetenz-Check ... 265

6 Geraden und Ebenen ... 267
Lernfeld: Geraden und Ebenen im Raum ... 268
6.1 Geraden im Raum ... 270
6.1.1 Parameterdarstellungen von Geraden ... 270
6.1.2 Lagebeziehungen zwischen Geraden ... 277
6.1.3 Abstände zwischen Punkten und Geraden ... 284

Blickpunkt: Licht und Schatten ... 287
6.2 Ebenen im Raum ... 289
6.2.1 Parameterdarstellungen von Ebenen ... 289
6.2.2 Lagebeziehungen zwischen Gerade und Ebene ... 295
6.2.3 Lagebeziehung zwischen zwei Ebenen ... 300
6.2.4 Normalenvektor und Koordinatengleichung einer Ebene ... 303
6.2.5 Parameterdarstellung und Koordinatengleichung einer Ebene ... 307
6.2.6 Lagebeziehungen zwischen Ebenen und Geraden mithilfe von Normalenvektoren untersuchen **selbst lernen** ... 311
6.2.7 Vektorprodukt **Leistungskurs** ... 316
6.3 Winkel zwischen Geraden und Ebenen ... 320
6.3.1 Winkel zwischen einer Geraden und einer Ebene ... 320
6.3.2 Winkel zwischen zwei Ebenen **selbst lernen** ... 323
6.4 Abstandsberechnungen ... 326
6.4.1 Abstand eines Punktes von einer Ebene ... 326
6.4.2 Die HESSE'sche Normalenform einer Ebene ... 329
6.4.3 Abstand zueinander windschiefer Geraden ... 332
Kompetenz-Check ... 335

7 Matrizen **Leistungskurs** ... 337
Lernfeld: Überblick behalten mit Tabellen ... 338
7.1 Rechnen mit Matrizen ... 340
7.1.1 Matrizen – Addieren, Subtrahieren und Vervielfachen ... 340
7.1.2 Multiplizieren von Matrizen ... 344
7.2 Abbildungsmatrizen ... 349
7.3 Weitere Anwendungen der Matrizenrechnung ... 364
7.3.1 Übergangsmatrizen ... 364
7.3.2 Anwendung der Matrizenmultiplikation bei mehrstufigen Produktionsprozessen ... 373
Kompetenz-Check ... 379

Bleib fit im Umgang mit Wahrscheinlichkeiten ... 381

8 Beschreibende Statistik – Wahrscheinlichkeitsrechnung ... 387
Lernfeld: Auswerten von Daten – Berechnen von Wahrscheinlichkeiten ... 388
8.1 Häufigkeitsverteilungen ... 390
8.1.1 Mittelwerte einer Häufigkeitsverteilung ... 390
8.1.2 Klassieren von Daten – Histogramme **selbst lernen** ... 395
8.1.3 Median und Quantile einer Häufigkeitsverteilung ... 400
8.1.4 Empirische Varianz – empirische Standardabweichung ... 406
8.2 Mehrstufige Zufallsversuche ... 410
8.2.1 Pfadregeln ... 410
8.2.2 Abzählverfahren zum Bestimmen von Wahrscheinlichkeiten ... 415
8.3 Bedingte Wahrscheinlichkeiten ... 423
8.3.1 Darstellen von Daten in Vierfeldertafeln **selbst lernen** ... 423
8.3.2 Bedingte Wahrscheinlichkeiten – Abhängigkeit und Unabhängigkeit von Merkmalen ... 428
Exkurs: Axiome der Wahrscheinlichkeitsrechnung ... 437
Kompetenz-Check ... 439

9 Beurteilende Statistik ... 441

Lernfeld: Stichproben liefern weitreichende Erkenntnisse ... 442

9.1 Zufallsgrößen – Erwartungswert einer Zufallsgröße ... 444

9.2 Binomialverteilung ... 449

9.2.1 BERNOULLI-Ketten ... 449

9.2.2 BERNOULLI-Formel ... 453

9.2.3 Kumulierte Binomialverteilungen ... 459

9.2.4 Erwartungswert einer Binomialverteilung ... 465

9.2.5 Anwendungen der Binomialverteilung – Ein Auslastungsmodell ... 470

9.2.6 Anwendungen der Binomialverteilung – Das Kugel-Fächer-Modell ... 473

Blickpunkt: Das Problem der vollständigen Serie ... 479

9.3 Streuungsmaße – Sigma-Regeln ... 481

9.3.1 Varianz und Standardabweichung von Zufallsgrößen ... 481

9.3.2 Umgebungen um den Erwartungswert einer Binomialverteilung – Sigma-Regeln ... 486

Exkurs: Anfänge der Wahrscheinlichkeitsrechnung – PASCAL und HUYGENS ... 490

9.4 Schluss von der Gesamtheit auf die Stichprobe ... 492

9.4.1 Prognose über zu erwartende absolute Häufigkeiten – signifikante Abweichungen ... 492

9.4.2 Prognose über zu erwartende relative Häufigkeiten **selbst lernen** ... 498

9.5 Testen von Hypothesen ... 501

9.5.1 Testen einer zweiseitigen Hypothese ... 501

9.5.2 Wahrscheinlichkeit für einen Fehler 2. Art beim Testen von Hypothesen ... 507

9.5.3 Testen einer einseitigen Hypothese ... 510

9.5.4 Auswahl der Hypothese bei einseitigen Tests ... 514

Blickpunkt: Alternativtest ... 518

9.6 Normalverteilung **Leistungskurs** ... 520

9.6.1 Approximation von Binomialverteilungen durch Normalverteilungen ... 520

9.6.2 Wahrscheinlichkeiten bei normalverteilten Zufallsgrößen **selbst lernen** ... 527

9.6.3 Bestimmen der Kenngrößen bei normalverteilten Zufallsgrößen ... 531

Exkurs: Stetige Zufallsgrößen ... 536

Kompetenz-Check ... 539

10 Vorbereitung auf das Abitur ... 541

10.1 Aufgaben zur Analysis ... 541

10.2 Aufgaben zur Analytischen Geometrie ... 545

10.3 Aufgaben zu Matrizen **Leistungskurs** ... 548

10.4 Aufgaben zur Stochastik ... 550

Anhang

Lösungen zum Kompetenz-Check ... 553

Tabellen zu Wahrscheinlichkeitsverteilungen ... 565

Verzeichnis mathematischer Symbole ... 569

Stichwortverzeichnis ... 570

Bleib fit in Differenzialrechnung

Zum Aufwärmen

1 Das abgebildete Höhenprofil beschreibt einen kleinen Pfad in den Bergen.

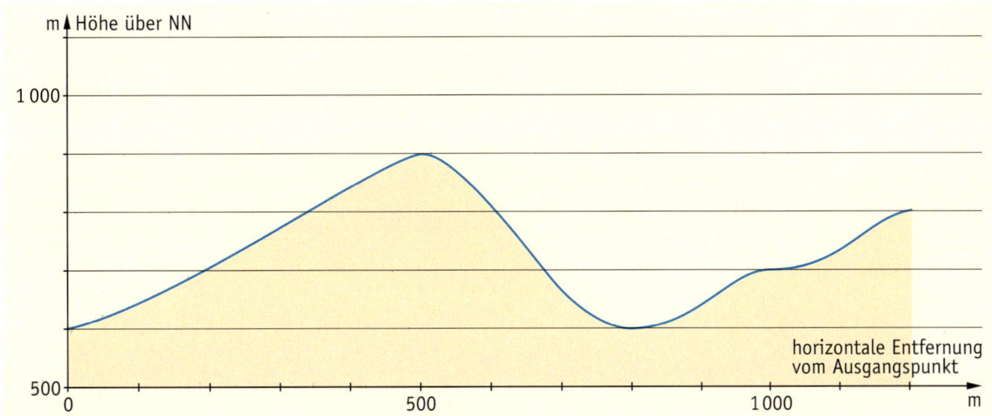

Bestimmen Sie die Steigung in einigen Punkten. Skizzieren Sie damit den Graphen der Funktion:
horizontale Entfernung von Ausgangspunkt (in m) ↦ *Steigung an dieser Stelle*.

2 Bei einer Überschwemmung wurden die Wasserstände in den Radio-Nachrichten mitgeteilt.

Uhrzeit	7	9	10	13	17
Wasserstand (in m)	1,10	1,40	1,80	2,70	2,90

a) Ermitteln Sie, in welcher Zeitspanne der Wasserstand am schnellsten angestiegen ist.

b) Wie müsste man vorgehen, um die Geschwindigkeit, mit der sich der Wasserstand um 9 Uhr ändert, zu bestimmen?

3 In der oberen Bildzeile sind Graphen von Funktionen, in der unteren Graphen der zugehörigen Ableitungsfunktionen abgebildet.

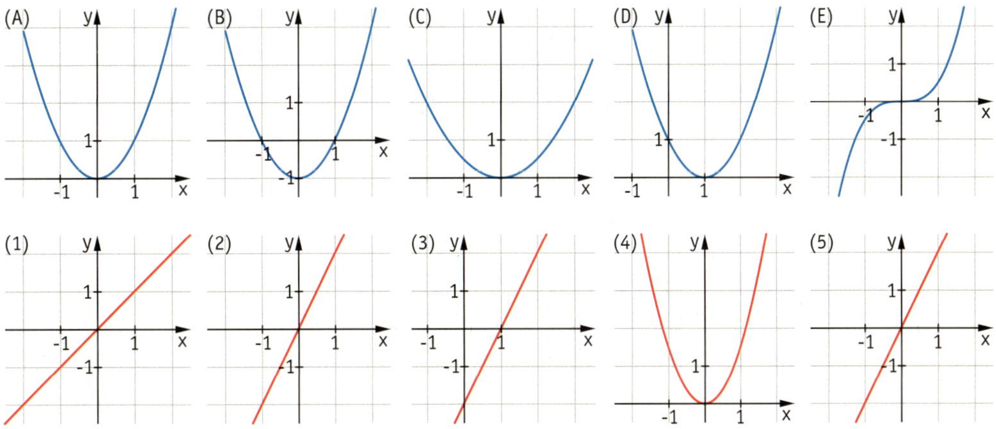

a) Ordnen Sie zu, welcher Funktionsgraph zu welchem Ableitungsgraphen gehört.

b) Ermitteln Sie die Funktionsterme der Funktionen und der Ableitungen.

Zur Erinnerung

(1) Steigung – Ableitung – Änderungsrate

P ist ein Punkt auf dem Graphen einer Funktion f mit den Koordinaten $P(x_0 \mid f(x_0))$. Als **Steigung des Graphen der Funktion f im Punkt P** bezeichnet man die Steigung der Tangente an den Graphen in diesem Punkt P. Diese Steigung an der Stelle x_0 heißt **Ableitung** der Funktion f an der Stelle x_0. Die Ableitung von f an der Stelle x_0 wird mit $f'(x_0)$ bezeichnet, gelesen: *f Strich von x_0*.

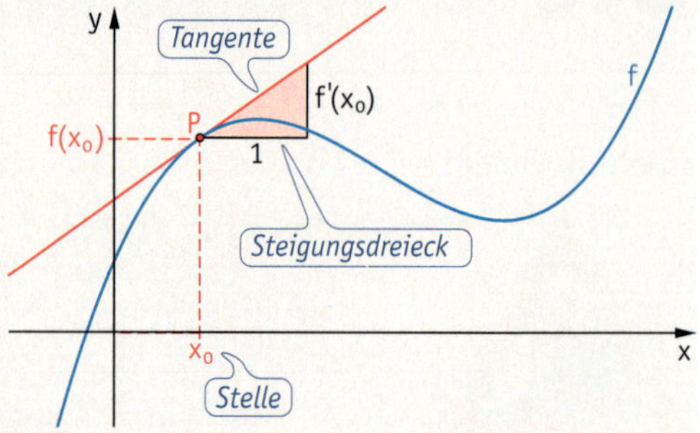

Es gilt: $f'(x_0) = \lim\limits_{x \to x_0} \frac{f(x) - f(x_0)}{x - x_0}$

Die Ableitung $f'(x_0)$ gibt auch die **lokale Änderungsrate** der Funktion f an der Stelle x_0 an.

(2) Ableitungsregeln

Potenzregel

Für alle rationalen Zahlen r gilt: Die Funktion f mit $f(x) = x^r$ hat die Ableitung $f'(x) = r\,x^{r-1}$.

Ein konstanter Faktor bleibt beim Ableiten erhalten.

Faktorregel

Wenn die Funktion u die Ableitung u' hat, dann hat die Funktion f mit $f(x) = k \cdot u(x)$ mit $k \in \mathbb{R}$ die Ableitung $f'(x) = k \cdot u'(x)$.

Eine Summe wird gliedweise abgeleitet.

Summenregel

Wenn die Funktion u die Ableitung u' und die Funktion v die Ableitung v' hat, dann hat die Funktion f mit $f(x) = u(x) + v(x)$ die Ableitung $f'(x) = u'(x) + v'(x)$

Ableitung trigonometrischer Funktionen

Die Sinusfunktion f mit $f(x) = \sin(x)$ hat die Ableitung $f'(x) = \cos(x)$.

Die Kosinusfunktion f mit $f(x) = \cos(x)$ hat die Ableitung $f'(x) = -\sin(x)$.

Beispiele

- $f(x) = x^4$; $\quad f'(x) = 4x^3$
- $f(x) = \frac{1}{x^2} = x^{-2}$; $\quad f'(x) = -2x^{-3} = -\frac{2}{x^3}$
- $f(x) = \sqrt{x} = x^{\frac{1}{2}}$; $\quad f'(x) = \frac{1}{2}x^{-\frac{1}{2}} = \frac{1}{2\sqrt{x}}$
- $f(x) = -2x^3$; $\quad f'(x) = -2 \cdot 3x^2 = -6x^2$
- $f(x) = x^3 + x$; $\quad f'(x) = 3x^2 + 1$
- $f(x) = x + \sin(x)$; $\quad f'(x) = 1 + \cos(x)$

Zum Trainieren

4 Bestimmen Sie Abschnitte mit positiver und negativer Steigung. Wo ist die Steigung null? Bestimmen Sie die Steigung an den Stellen 4 000 m, 6 000 m und 7 000 m.

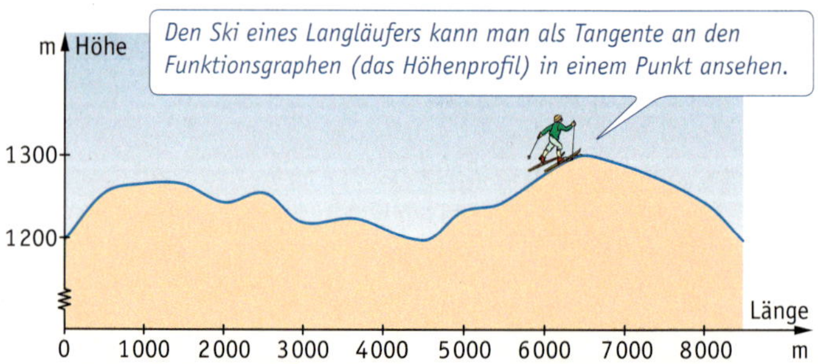

5 Die Höhe einer startenden Rakete kann in den ersten 20 Sekunden nach dem Start näherungsweise beschrieben werden durch die Funktion mit dem Term $h(t) = 3t^2$. Dabei wird die Zeit t nach dem Start in s und die zugehörige Höhe h (t) in m angegeben.

a) Zeichnen Sie den Graphen.

b) Bestimmen Sie folgende Terme und geben Sie deren Bedeutung für den Sachverhalt an.

(1) $h(5)$ (2) $h(10) - h(0)$ (3) $\frac{h(10) - h(0)}{10 - 0}$ (4) $h'(5)$ (5) $\lim\limits_{t \to 10} \frac{h(t) - h(10)}{t - 10}$

Markante Punkte beachten

6 Der Funktionsgraph rechts beschreibt den Temperaturverlauf eines Tages im Spätsommer. Skizzieren Sie den Graphen der Ableitung dieser Funktion und erläutern Sie die Bedeutung der Ableitung.

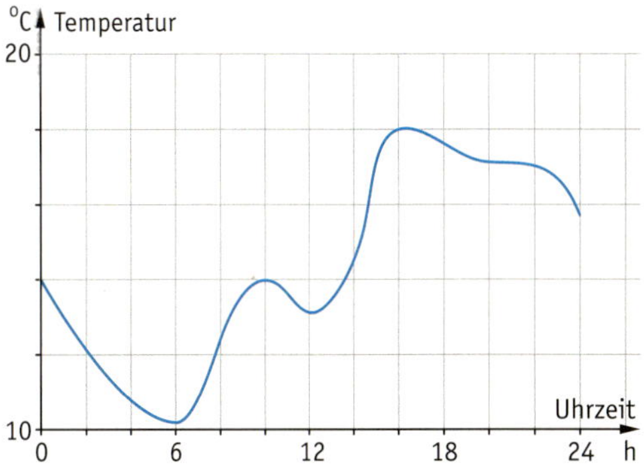

7 Bestimmen Sie die Ableitung.

a) $f(x) = x^7$
b) $f(x) = \frac{1}{x}$
c) $f(x) = \sqrt[3]{x}$
d) $f(x) = 3x^8$
e) $f(x) = 2\sqrt{x}$
f) $f(x) = \frac{3}{x^2}$
g) $f(x) = x^4 + x^2$
h) $f(x) = 2x^3 + x$
i) $f(x) = x^5 - 2x^2$
j) $f(x) = 5x^4 - x^3 + 2x + 1$
k) $f(x) = \sin(x) + 3$
l) $f(x) = \cos(x) + 2x^2$

8 Geben Sie zwei verschiedene Funktionen zu der angegebenen Ableitung an.

a) $f'(x) = 9x^8$
b) $f'(x) = 4x^5$
c) $f'(x) = 3x^2 - x$
d) $f'(x) = x^2 + 2x$
e) $f'(x) = -\frac{3}{x^2}$
f) $f'(x) = \frac{1}{\sqrt{x}}$
g) $f'(x) = \sin(x)$
h) $f'(x) = -\sin(x) + 1$
i) $f'(x) = \cos(x) + x$

9 Bestimmen Sie die Ableitung f′ von f.

a) $f(x) = 3x^3 - 9x^2 + x + 2$
b) $f(x) = \frac{1}{4}x^5 - \frac{2}{3}x^3 + \frac{2}{7}x - 1$
c) $f(x) = \sqrt{3}x^6 - \pi x^3 + 18^2$

10 Berechnen Sie die Steigung der Tangente an den Graphen von f im Punkt P.

a) $f(x) = x^3$; $P(2 \mid y)$
b) $f(x) = \frac{1}{3}x^4 - 5x^3$; $P(0 \mid 0)$
c) $f(x) = x^2 - 2\sin(x)$; $P(\pi \mid y)$

11 Betrachten Sie die Funktion, die jeder Kantenlänge a das Volumen des zugehörigen Würfels zuordnet. Bestimmen Sie die lokale Änderungsrate. Deuten Sie Ihr Ergebnis geometrisch.

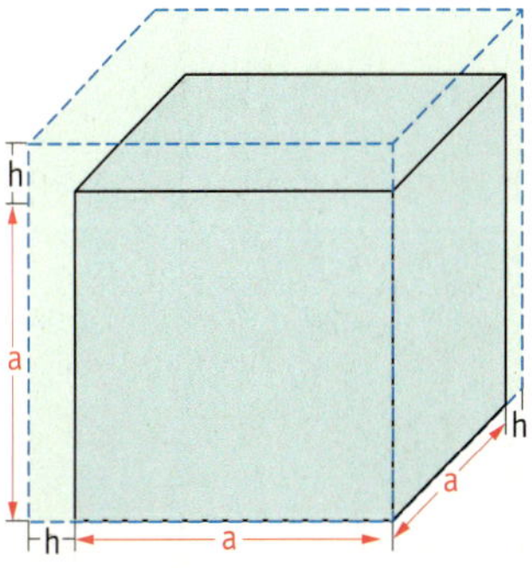

12 Ermitteln Sie, an welchen Stellen der Funktionsgraph die Steigung 1 hat.

a) $f(x) = x^2$
b) $f(x) = \frac{1}{2}x^4$
c) $f(x) = x^3$
d) $f(x) = \sqrt{x}$
e) $f(x) = \frac{1}{x}$
f) $f(x) = \sin(x)$

Bleib fit in Funktionsuntersuchungen

Zum Aufwärmen

1 Die Abbildung rechts zeigt den Graphen der Ableitungsfunktion f′ einer Funktion f in einem Intervall. Nennen Sie die Bereiche, in denen f streng monoton wachsend bzw. streng monoton fallend ist. An welchen Stellen hat f Extrempunkte? Skizzieren Sie einen möglichen Graphen von f.

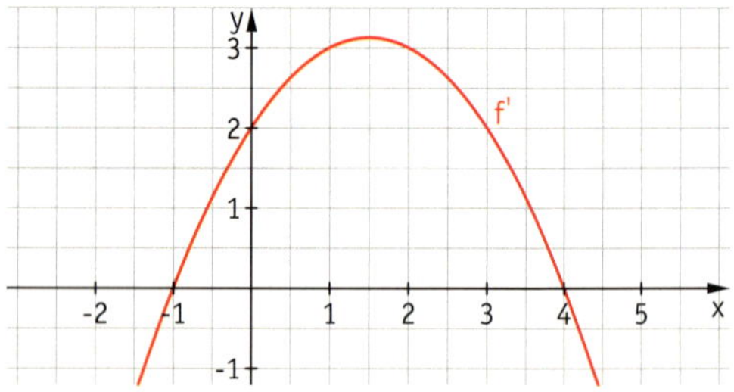

2 Unten sind die Graphen der Funktionen zu $f(x) = \frac{1}{3}x^3 - 2x$, $g(x) = \frac{1}{2}x^4 - 4x^2 + 3$, $h(x) = \frac{1}{5}x^5 - \frac{3}{4}x^4$ abgebildet. Ordnen Sie diese Funktionen den Graphen zu, ohne einen GTR zu verwenden. Begründen Sie Ihre Entscheidung am Funktionsterm.

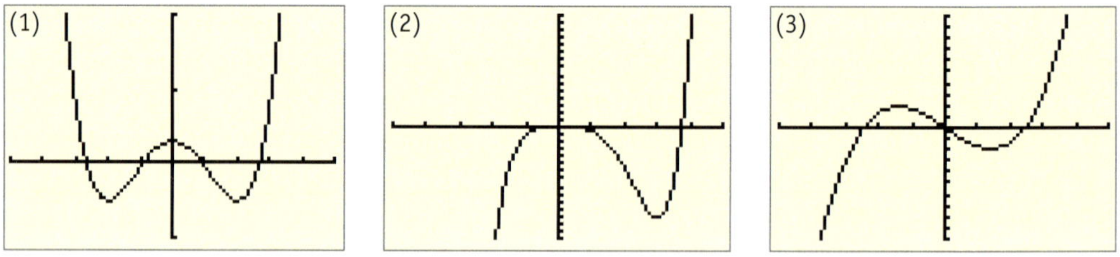

3 Ermitteln Sie mögliche Funktionsterme zu den Funktionsgraphen. Erläutern Sie Ihre Überlegungen.

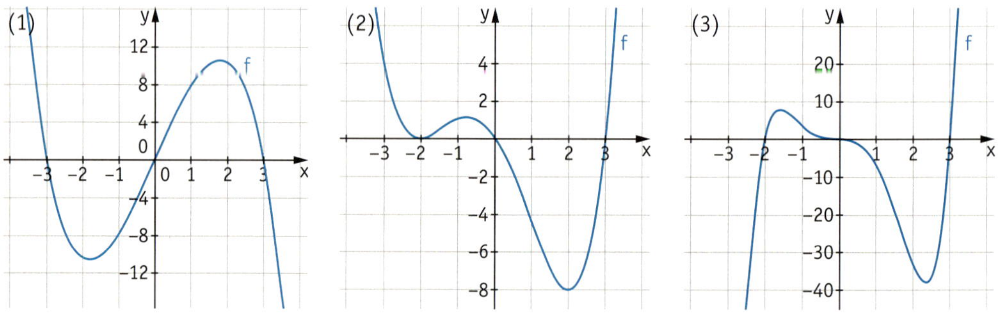

Zur Erinnerung (1) Monotonie

Definition

(1) Eine Funktion f heißt in einem Intervall I **streng monoton wachsend,** wenn für beliebige Stellen x_1, x_2 aus dem Intervall gilt: Wenn $x_1 < x_2$ ist, dann ist $f(x_1) < f(x_2)$.

(2) Eine Funktion f heißt in einem Intervall I **streng monoton fallend,** wenn für beliebige Stellen x_1, x_2 aus dem Intervall gilt: Wenn $x_1 < x_2$ ist, dann ist $f(x_1) > f(x_2)$.

Bereiche, in denen eine Funktion streng monoton ist, kann man mithilfe der Ableitung ermitteln.

Monotoniesatz

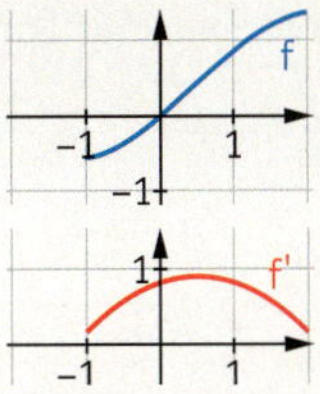

Für eine Funktion f mit der Ableitung f′ in einem Intervall I gilt:

(1) Wenn $f'(x) > 0$ für alle $x \in I$, dann wächst f streng monoton im Intervall I.

(2) Wenn $f'(x) < 0$ für alle $x \in I$, dann fällt f streng monoton im Intervall I.

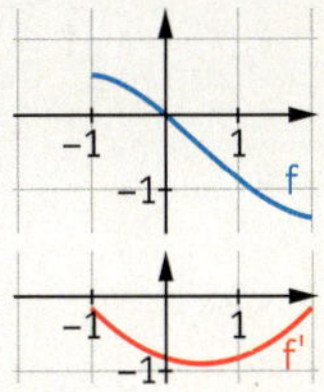

(2) Krümmung

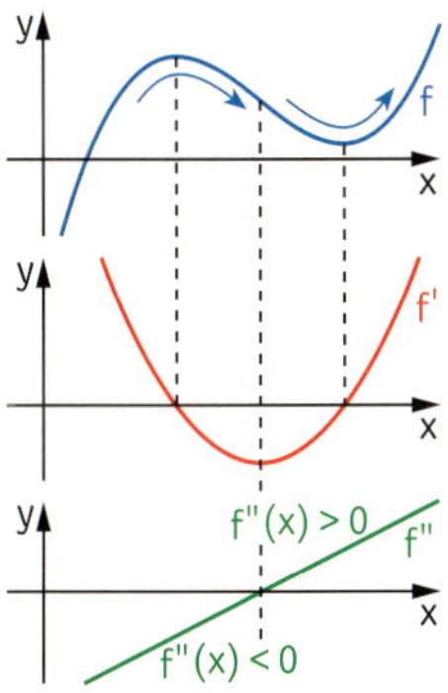

Definition

Die Funktion f soll in einem Intervall an jeder Stelle eine Ableitung besitzen.

(1) Der Graph von f bildet im Intervall eine **Linkskurve**, falls die Ableitungsfunktion f′ im Intervall streng monoton steigt. Man sagt: Der Graph von f ist **linksgekrümmt**.

(2) Der Graph von f bildet im Intervall eine **Rechtskurve**, falls die Ableitungsfunktion f′ im Intervall streng monoton fällt. Man sagt: Der Graph von f ist **rechtsgekrümmt**.

Satz

Die Funktion f soll in einem Intervall eine zweite Ableitung besitzen.

(1) Gilt für alle x aus dem Intervall $f''(x) > 0$, so hat der Graph von f im Intervall eine Linkskurve.

(2) Gilt für alle x aus dem Intervall $f''(x) < 0$, so hat der Graph von f im Intervall eine Rechtskurve.

(3) Extrempunkte und Wendepunkte

Definition

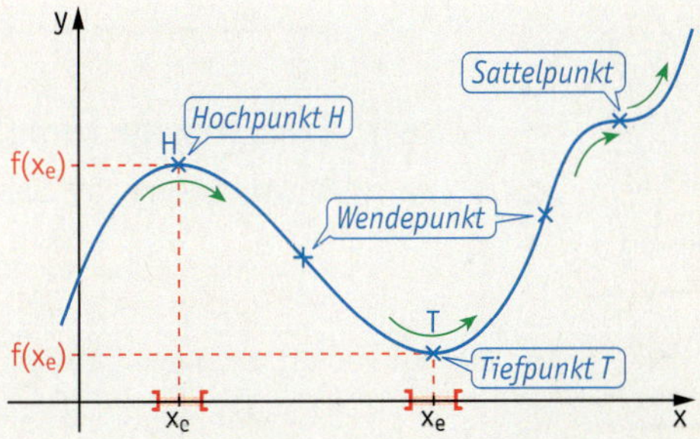

(1) Der Graph einer Funktion f hat an der Stelle x_e einen **Hochpunkt**, wenn es ein offenes Intervall I um die Stelle x_e gibt, in dem alle Funktionswerte kleinergleich dem Funktionswert an der Stelle x_e sind. Für alle $x \in I$ gilt also:
$f(x) \le f(x_e)$.
Der Graph einer Funktion f hat an der Stelle x_e einen **Tiefpunkt**, wenn alle Funktionswerte über einem offenen Intervall I um x_e größergleich dem Funktionswert an der Stelle x_e sind. Für alle $x \in I$ gilt also: $f(x) \ge f(x_e)$. Ist ein Punkt P $(x_e \mid f(x_e))$ ein Hoch- bzw. ein Tiefpunkt des Graphen von f, dann heißt P **Extrempunkt** und x_e heißt **Extremstelle** der Funktion.

(2) Ein Punkt, an dem bei einem Funktionsgraphen ein Wechsel von einer Linkskurve in eine Rechtskurve oder umgekehrt von einer Rechts- in eine Linkskurve stattfindet, heißt **Wendepunkt** des Graphen der Funktion.
Die x-Koordinate dieses Punktes nennt man auch **Wendestelle**.
Ein **Sattelpunkt** ist ein Wendepunkt mit einer zur x-Achse parallelen Tangente.

An einer Extremstelle wechselt der Funktionsgraph sein Steigungsverhalten: Er wechselt vom Steigen ins Fallen bzw. umgekehrt. An der Extremstelle liegt somit eine waagrechte Tangente vor.

Kriterien für Extremstellen

Für eine Funktion f mit den Ableitungen f′ und f″ gilt:

(1) Wenn der Graph von f an der Stelle x_e einen Extrempunkt besitzt, dann ist $f'(x_e) = 0$.

(2) Wenn f′ an der Stelle x_e eine Nullstelle mit Vorzeichenwechsel hat, dann ist x_e Extremstelle von f.

(3) Wenn $f'(x_e) = 0$ und zugleich $f''(x_e) \neq 0$ gilt, dann ist x_e Extremstelle von f.
Insbesondere hat dann der Graph von f
- im Fall $f''(x_e) < 0$ einen Hochpunkt bei x_e,
- im Fall $f''(x_e) > 0$ einen Tiefpunkt bei x_e.

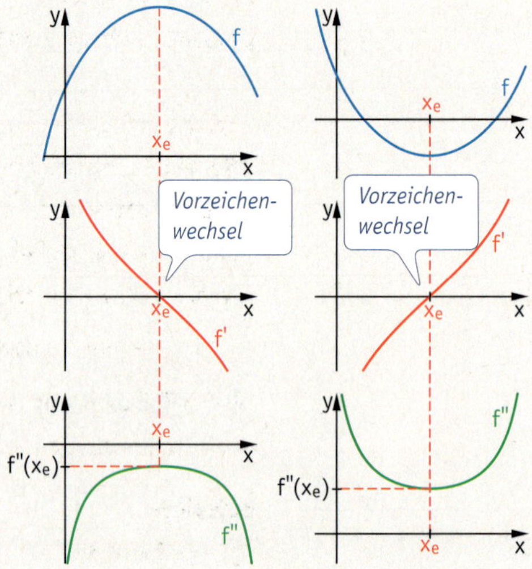

Da die Wendestellen einer Funktion f die Extremstellen der ersten Ableitung f′ dieser Funktion sind, hat an den Wendestellen die zweite Ableitung f″ Nullstellen.

Kriterien für Wendestellen

Für eine Funktion f mit den Ableitungen f′, f″ und f‴ in einem Intervall gilt:

(1) Hat eine Funktion f an der Stelle x_w eine Wendestelle, so gilt: $f''(x_w) = 0$.

(2) Wenn f″ an der Stelle x_w eine Nullstelle mit Vorzeichenwechsel hat, dann ist x_w Wendestelle von f.

(3) Wenn $f''(x_w) = 0$ und zugleich $f'''(x_w) \neq 0$ gilt, dann ist x_w Wendestelle von f.

(4) Ganzrationale Funktionen – Globalverlauf

Funktionsterme, die Summe von Vielfachen von Potenzen der Variablen sind, kommen häufig vor.

Definition: Polynome und ganzrationale Funktionen

(1) Ein Term der Form $a_n x^n + a_{n-1} x^{n-1} + \ldots + a_2 x^2 + a_1 x + a_0$
mit $n \in \mathbb{N}$, $a_0, a_1, a_2, \ldots, a_{n-1}, a_n \in \mathbb{R}$ und $a_n \neq 0$
heißt **Polynom** mit der Variablen x.
Die Zahlen $a_0, a_1, a_2, \ldots, a_{n-1}, a_n$ nennt man die **Koeffizienten** des Polynoms.
Als **Grad** des Polynoms wird der höchste Exponent n von x bezeichnet, dessen zugehöriger Koeffizient a_n nicht null ist.

(2) Eine Funktion f, deren Funktionsterm f(x) als Polynom geschrieben werden kann, heißt **ganzrationale Funktion.**
Der Grad des Polynoms heißt auch Grad der ganzrationalen Funktion.
Als Definitionsmenge einer ganzrationalen Funktion wählt man üblicherweise die Menge $\mathbb{R}$ der reellen Zahlen.

$x^0 = 1$

Beispiele

$f(x) = 7x^3 - x^2 + \frac{1}{2}$, $g(x) = -\frac{1}{2}x + 5$ sind Funktionsterme ganzrationaler Funktionen.
Die Funktion f hat den Grad 3, die Funktion g den Grad 1.

Für $x \to \infty$ und $x \to -\infty$ bestimmt der Summand mit dem höchsten Exponenten das Verhalten der Funktionswerte einer ganzrationalen Funktion.

Satz: Globalverlauf einer ganzrationalen Funktion

Bei einer ganzrationalen Funktion f mit $f(x) = a_n x^n + a_{n-1}x^{n-1} + \ldots + a_2 x^2 + a_1 x + a_0$, wobei $a_n \neq 0$, entscheidet der Summand $a_n x^n$ mit dem größten Exponenten über das Verhalten von f(x) für $x \to \infty$ und $x \to -\infty$. Dabei gilt für die Potenz x^n:

Wenn $x \to +\infty$, dann $x^n \to +\infty$.

Wenn $x \to -\infty$, dann $x^n \to \begin{cases} +\infty, & \text{falls n gerade} \\ -\infty, & \text{falls n ungerade.} \end{cases}$

Beim Verhalten des Summanden $a_n x^n$ ist das Vorzeichen von a_n zu beachten.

Beispiele

$$f(x) = -2x^3 + 3x^2 = x^3 \cdot \left(-2 + \frac{3}{x}\right) \to \begin{cases} -\infty & \text{für } x \to \infty \\ \infty & \text{für } x \to -\infty \end{cases}$$

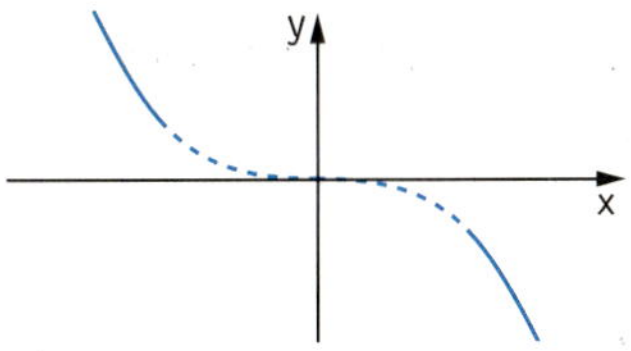

$$g(x) = 2x^6 + x^4 + 3 = x^6\left(2 + \frac{1}{x^2} + \frac{3}{x^4}\right) \to \begin{cases} \infty & \text{für } x \to \infty \\ \infty & \text{für } x \to -\infty \end{cases}$$

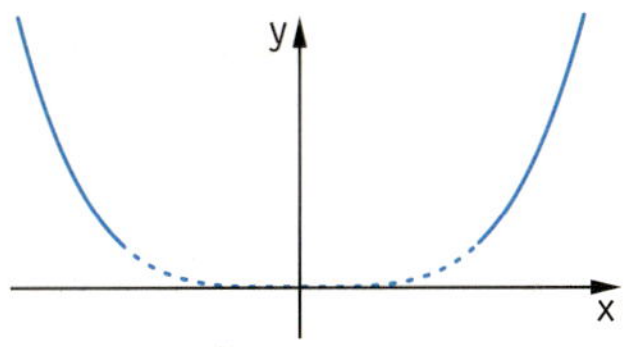

(5) Symmetrie von Funktionsgraphen

Satz: Symmetrieeigenschaften eines Graphen

Der Graph einer Funktion f ist **achsensymmetrisch** zur y-Achse, falls gilt: $f(-x) = f(x)$ für alle x.

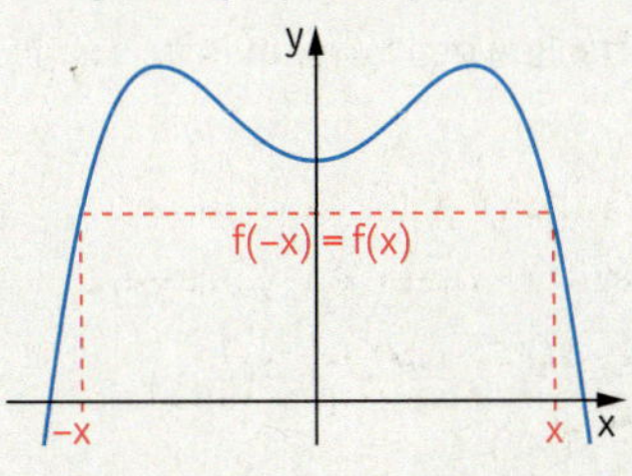

Der Graph einer Funktion f ist **punktsymmetrisch** zum Koordinatenursprung, falls gilt: $f(-x) = -f(x)$ für alle x.

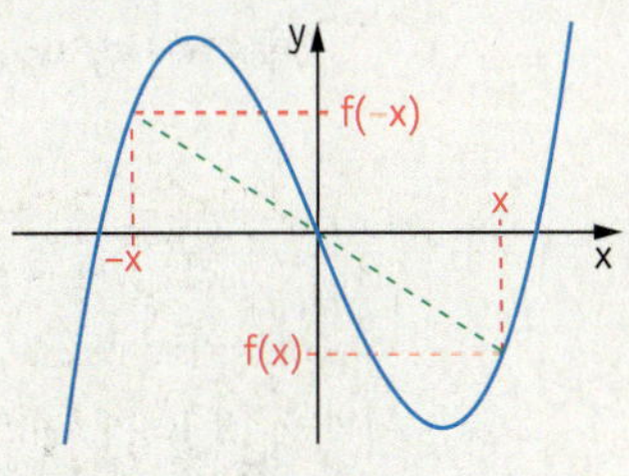

Ist f eine ganzrationale Funktion, so lässt sich eine vorhandene Symmetrie einfach erkennen:

(1) Treten im Funktionsterm von f nur Potenzen von x mit geraden Exponenten auf, so ist der Graph von f achsensymmetrisch zur y-Achse.

(2) Treten im Funktionsterm von f nur Potenzen von x mit ungeraden Exponenten auf, so ist der Graph von f punktsymmetrisch zum Koordinatenursprung.

Beispiele

- Der Graph von f mit $f(x) = -2x^4 - x^2 + 5$ ist achsensymmetrisch zur y-Achse.
- Der Graph von g mit $g(x) = 4x^5 - 2x$ ist punktsymmetrisch zum Ursprung.

(6) Nullstellen ganzrationaler Funktionen

Nullstellen ganzrationaler Funktionen kann man besser am Funktionsterm ablesen, wenn man ihn als Produkt schreibt.

Beispiel: $f(x) = x^3 - x^2 = x^2(x - 1)$.

Das Produkt $x^2(x - 1)$ kann nur dann den Wert Null annehmen, wenn mindestens einer der Faktoren x^2 und $(x - 1)$ Null ist, sonst nicht. Die Funktion f hat also Nullstellen bei 0 und 1.

Satz

Ist x_1 eine Nullstelle der ganzrationalen Funktion f mit dem Grad n, so lässt sich der Funktionsterm von f als Produkt des Linearfaktors $x - x_1$ mit einem Polynom g (x) schreiben:

$f(x) = (x - x_1) \cdot g(x)$

Dabei hat g (x) den Grad $n - 1$.

Aus diesen Satz und dem Globalverlauf ergibt sich sofort:

Satz

Für eine ganzrationale Funktion f vom Grad n gilt:

(1) Die Funktion f hat höchstens n Nullstellen.

(2) Ist der Grad der Funktion f eine ungerade Zahl, so hat f mindestens eine Nullstelle.

Zerlegt man den Funktionsterm einer ganzrationalen Funktion f in Linearfaktoren, so können diese mehrfach vorkommen.

Beispiel: $f(x) = (x + 3)^3(x - 1)^2(x - 3)$.

Man nennt hier −3 eine **dreifache**, 1 eine **doppelte** und 3 eine **einfache Nullstelle**.

An einfachen, dreifachen, ... Nullstellen wechseln die Funktionswerte ihr Vorzeichen, an doppelten, vierfachen, ... nicht.

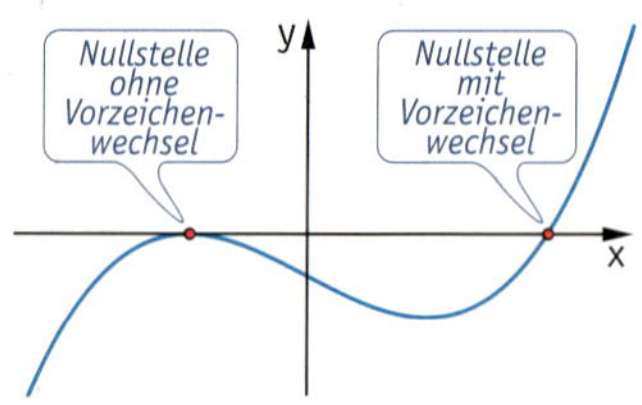

Definition

Kann man den Term einer ganzrationalen Funktion f in der Form $f(x) = (x - x_1)^n \cdot g(x)$ mit $n \in \mathbb{N}$ und einem Polynom g mit $g(x_1) \neq 0$ schreiben, so nennt man x_1 eine **n-fache Nullstelle** von f.

Allgemein gilt:

Der Graph einer ganzrationalen Funktion f verläuft in der Nähe einer n-fachen Nullstelle prinzipiell so wie der Graph einer entsprechenden Potenzfunktion g mit $g(x) = k \cdot x^n$ in der Nähe der Stelle 0 mit geeignetem Streckfaktor k.

Einfache Nullstellen: *Doppelte Nullstellen:* *Dreifache Nullstellen:*

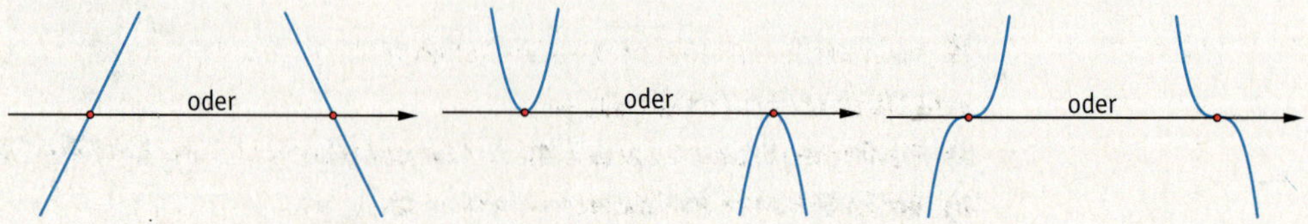

Zum Trainieren

4 Die nebenstehende Abbildung zeigt den Graphen der Ableitungsfunktion f′ einer Funktion f.

a) Geben Sie die Intervalle an, in denen die Funktion f streng monoton steigend bzw. streng monoton fallend ist.

b) Schließen Sie vom Verlauf des Graphen von f′ und von der Lage der Nullstellen der Ableitungsfunktion f′ auf die Lage und die Art der Extremstellen und Wendestellen von f.

c) Skizzieren Sie einen Funktionsgraphen von f.

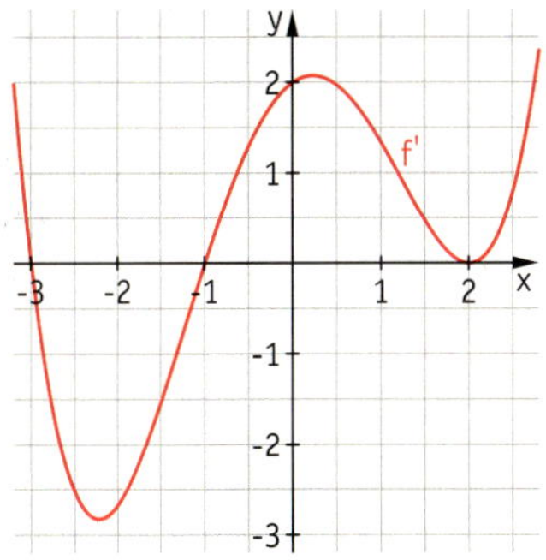

5 Betrachten Sie den nebenstehenden Graphen einer ganzrationalen Funktion f im Intervall $[-4; 5]$.
Untersuchen Sie, ob die folgenden Aussagen richtig oder falsch sind. Begründen Sie jeweils Ihre Entscheidung.

(1) Die Funktion f ist über dem Intervall $]-2; 3[$ streng monoton fallend.

(2) $f'(x) > 0$ für $-3 < x < 0$

(3) Der Grad der Funktion f ist 3.

(4) $f'(3) = 0$

(5) Der Graph der Ableitungsfunktion f′ verläuft im Intervall $[-4; -3]$ unterhalb der x-Achse.

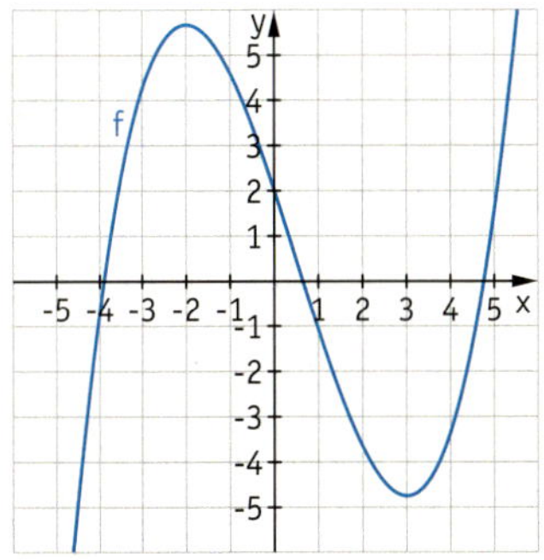

6 Welcher Ableitungsgraph (1), (2), (3) oder (4) gehört zu welchem Funktionsgraphen (A), (B), (C) oder (D)? Begründen Sie.

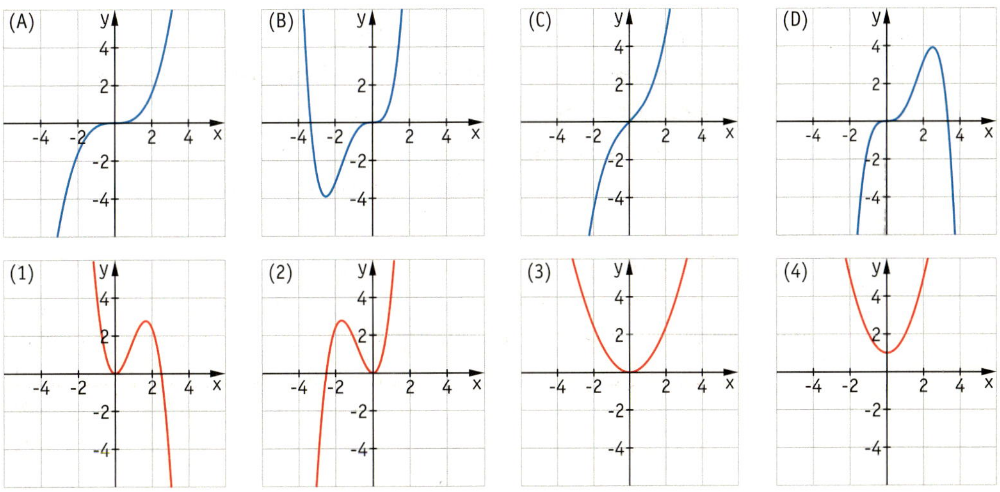

7 Ermitteln Sie (ohne Rechner), an welchen Stellen die Funktion f Extremstellen und Wendestellen haben könnte.

a) $f(x) = x^5 - 4x^2$ **b)** $f(x) = \frac{1}{3}x^3 + x^2 + 4x$ **c)** $f(x) = x^3 - x - 1$

8 Von einer Funktion f ist die Ableitungsfunktion f′ mit $f'(x) = -\frac{1}{2}x^2 + x + \frac{3}{2}$ bekannt. Der Graph von f verläuft durch den Punkt $P(0 \mid -2)$.

a) Bestimmen Sie die Lage und Art der Extremstellen von f und skizzieren Sie den Funktionsgraphen.

b) Geben Sie einen Funktionsterm der Funktion f an.

c) Untersuchen Sie f auf Wendestellen.

9 Bestimmen Sie den Globalverlauf der Funktion f.

a) $f(x) = x^4 + 3x^2 - 2$
b) $f(x) = 2x^3 + x$
c) $f(x) = -x^6 + x^4 - 2x^2$
d) $f(x) = -2x^5 + x^3 + 4x$
e) $f(x) = 2x^7 + x - 3$
f) $f(x) = -3x^8 + x^4 + x$

10 Untersuchen Sie, ob der Funktionsgraph eine Symmetrie zur y-Achse oder eine Punktsymmetrie zum Ursprung aufweist.

a) $f(x) = \frac{1}{2}x^5 - x^3 + x$
b) $f(x) = -x^4 + 2x^2 + 1$
c) $f(x) = x^5 + x^2$
d) $f(x) = 3x^3 + x$
e) $f(x) = x^3 - x - 1$
f) $f(x) = x^6 - 2x^4$

11 Ordnen Sie die GTR-Bilder den Funktionstermen zu, ohne selbst einen GTR zu verwenden. Entscheiden Sie auch, ob der Verlauf des Graphen im Wesentlichen vollständig zu sehen ist.

(1) $f(x) = x^4 - 33x^2 + 90$
(2) $g(x) = 0{,}1x^5 - 1{,}1x^3 + x$
(3) $h(x) = x^3 + x^2 - 9x - 9$

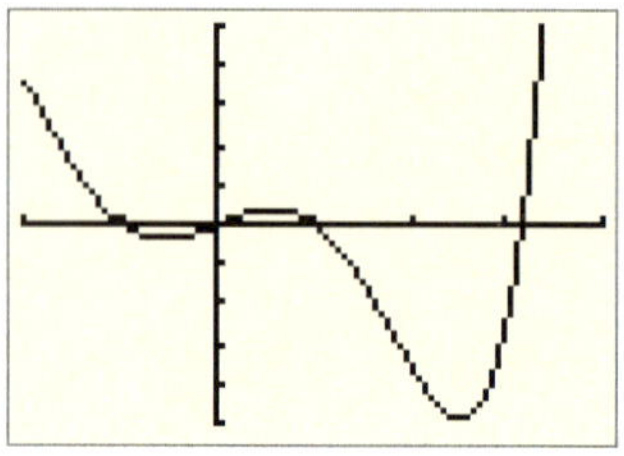
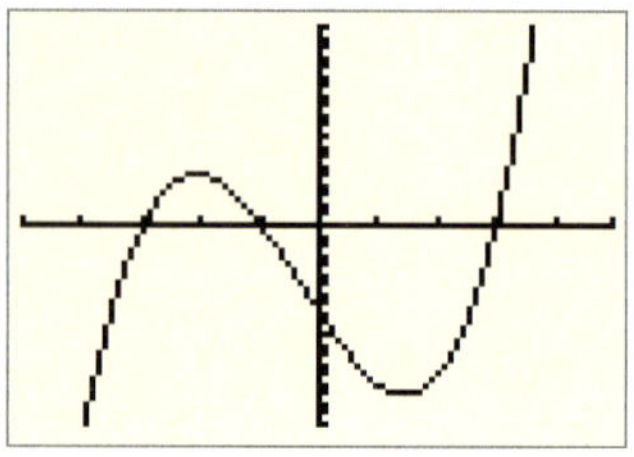
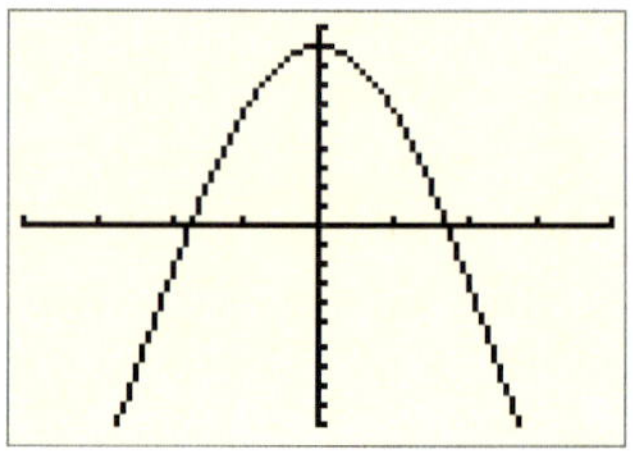

12 Die Abbildung zeigt den Graphen einer ganzrationalen Funktion 4. Grades.

a) Sind in der Abbildung alle Punkte mit waagerechter Tangente zu sehen?
Begründen Sie Ihre Entscheidung.

b) Skizzieren Sie den Graphen der Ableitungsfunktion f'.
Erläutern Sie Ihr Vorgehen.

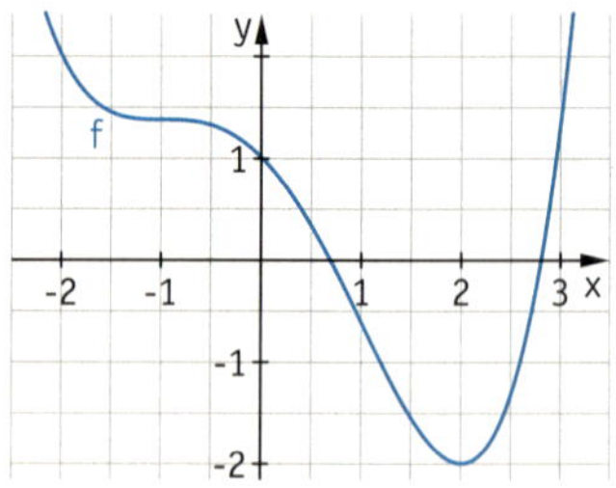

13 Skizzieren Sie den Graphen der Funktion f zunächst ohne einen Rechner zu verwenden. Kontrollieren Sie dann mit einem GTR.

a) $f(x) = (x+5)^2(x-1)(x+2)^3$
b) $f(x) = (x-2)^2 x (x+2)^2$
c) $f(x) = -(x+1)x(x-3)^4$
d) $f(x) = -2(x-3)^2 x^4 (x+3)^3$

CAS **14** Zerlegen Sie den Funktionsterm mithilfe eines CAS in Linearfaktoren. Welche Informationen über den Verlauf des Graphen von f ergeben sich aus der Zerlegung?

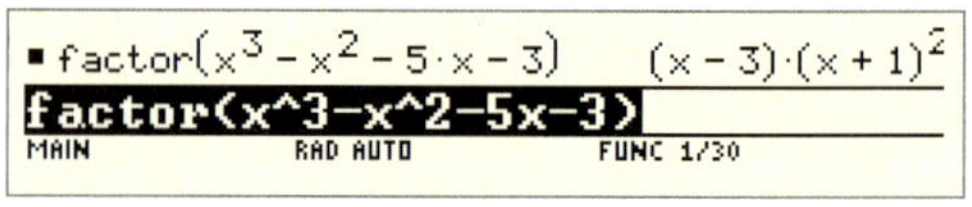

a) $f(x) = 6x^3 + 11x^2 - 10x$
b) $f(x) = x^4 - 5x^3 + 7x^2 - 3x$
c) $f(x) = x^7 - 4x^6 + x^5 + 10x^4 - 4x^3 - 8x^2$

15 Nennen Sie ein Beispiel einer ganzrationalen Funktion

a) mit keiner Nullstelle;
b) einer einfachen, zwei doppelten und einer dreifachen Nullstelle.

16 Untersuchen Sie den Graphen der Funktion f mit $f(x) = x^3 - \frac{9}{4}x^2 - 3x$ ohne Verwendung eines GTR.

1 Integralrechnung

Der Aralsee trocknet aus

Der Aralsee, das einst viertgrößte Binnenmeer der Erde, wird im Jahr 2020 fast komplett ausgetrocknet sein. Seit etwa 40 Jahren werden die beiden Hauptzuflüsse des an der Grenze zwischen Usbekistan und Kasachstan gelegenen Sees angezapft, um in Usbekistan Baumwollplantagen zu bewässern, die einen sehr hohen Wasserbedarf haben. Neue Satellitenbilder zeigen, wie klein der Aralsee mittlerweile ist und wie groß die neu entstandene Wüste schon ist. Noch in den sechziger Jahren war der Aralsee gut dreimal so groß wie Hessen. Nach Angaben der Weltraumbehörde ESA ist der See heute aber mit einer Oberfläche von rund 27 000 km² nur noch etwa halb so groß.

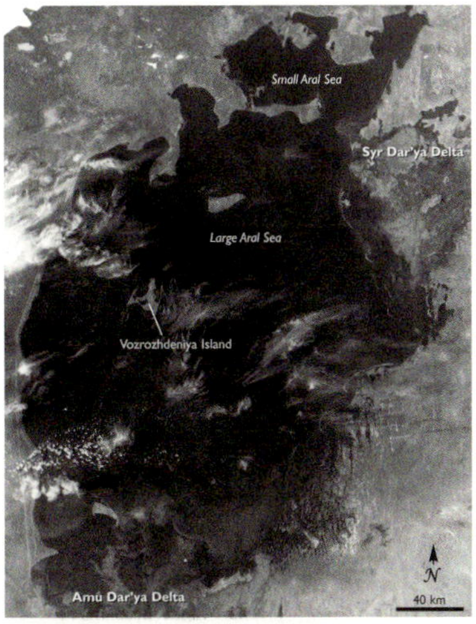

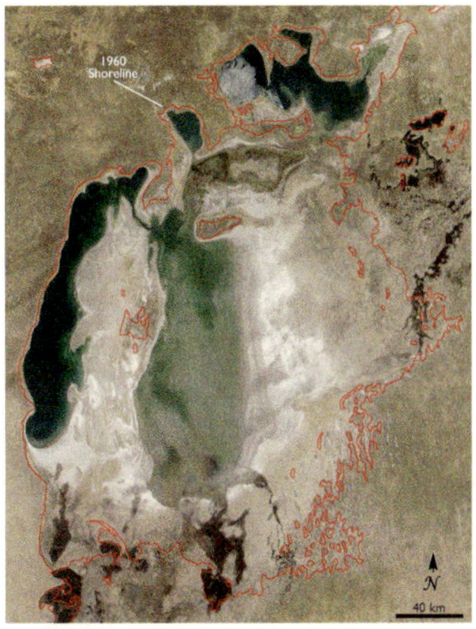

Wie kann man die Größe solcher krummlinig begrenzten Flächen möglichst genau bestimmen?

Wir wissen zwar, wie man den Flächeninhalt einer geradlinig begrenzten Figur, z. B. eines Dreiecks, berechnet. Aber für die Berechnung des Flächeninhalts einer krummlinig begrenzten Fläche kennen wir bisher nur wenige Beispiele. Zur Berechnung des Flächeninhalts krummlinig begrenzter Flächen kann man oft den Rand durch einen Funktionsgraphen modellieren und dann den Flächeninhalt näherungsweise berechnen.

Da sich bei vielen physikalischen oder ökonomischen Fragestellungen die zu untersuchenden Größen als Flächen deuten lassen, die ein Funktionsgraph mit der x-Achse einschließt, reicht die Bedeutung der Integralrechnung weit über die Berechnung von Flächeninhalten hinaus.

In diesem Kapitel ...

- lernen Sie, wie Größen (z. B. in den Natur- und Ingenieurwissenschaften) als Flächeninhalte interpretiert und berechnet werden;
- erfahren Sie, welcher Zusammenhang zwischen dem Flächeninhaltsproblem der Integralrechnung und dem Tangentenproblem aus der Differenzialrechnung besteht;
- lernen Sie neue Verfahren zur Inhaltsberechnung von Flächen und zur Volumenbestimmung von Körpern kennen.

Wie groß ist ...?

Download von Daten aus dem Internet

1 Im Internet werden verschiedene Tools angeboten, mit denen man aufzeichnen kann, wie viele Daten während eines bestimmten Zeitraums über eine Internetverbindung übertragen werden. Bei Überschreiten einer bestimmten Datenmenge erfolgt eine Warnung. Den Verlauf der Datenübertragung kann man sich graphisch anzeigen lassen.

Ein Programm hat den Download von Daten aus dem Internet aufgezeichnet. Dabei entspricht die Breite eines Balkens 1 Sekunde.

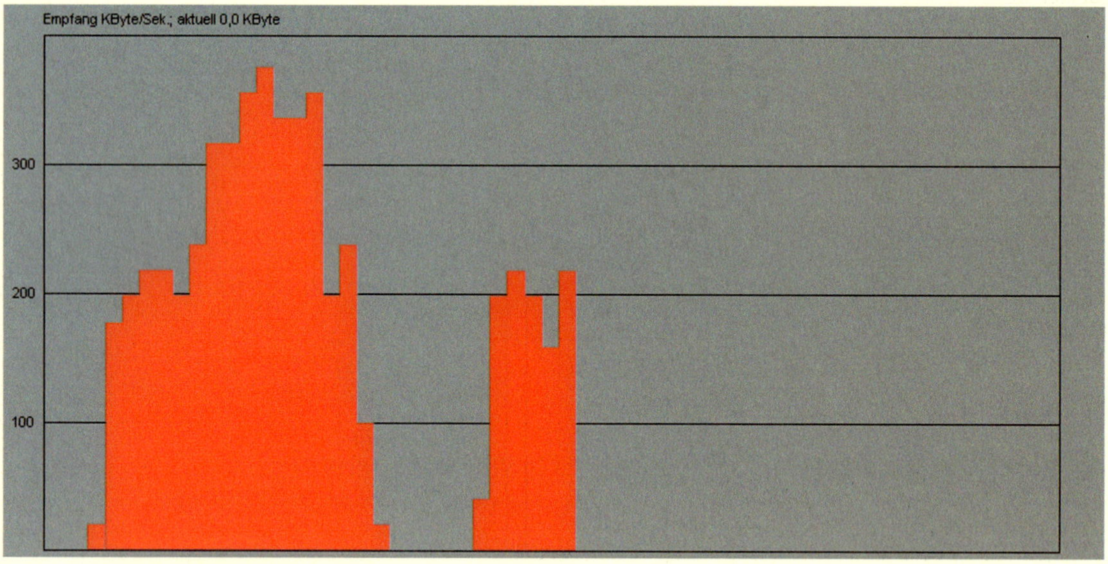

Erläutern Sie das Diagramm und ermitteln Sie die Größe der heruntergeladenen Datenmenge. Beschreiben Sie Ihr Vorgehen.

Wasserfluss in einem Pumpspeicherkraftwerk

2

Pumpspeicherkraftwerke wie zum Beispiel das Werk Finnentrop-Rönkhausen im Sauerland sind Wasserkraftwerke, die zur Regelung des Stromnetzes eingesetzt werden. Da sie mit nur geringer Verzögerung elektrische Energie abgeben (Speicherbetrieb) und auch aufnehmen können (Pumpbetrieb), werden sie sowohl zum Abfangen von Bedarfsspitzen als auch zum Abfangen plötzlicher Verbrauchseinbrüche eingesetzt.

In einem Pumpspeicherwerk wird (während einer insgesamt niedrigen Nachfrage nach Strom) Wasser in das höher gelegene Staubecken gepumpt, wodurch die zum Pumpen eingesetzte elektrische Energie, die man aus dem Stromnetz zuführt, in potentielle Energie des Wassers umgewandelt wird. Bei Bedarf werden dann mit diesem Wasser umgekehrt Generatoren angetrieben, indem man das Wasser vom oberen Becken über die Generatoren in das untere Becken zurückfließen lässt. Dabei wird die potentielle Energie des Wassers in elektrische Energie umgewandelt, die man in das Stromnetz zurückspeisen kann.

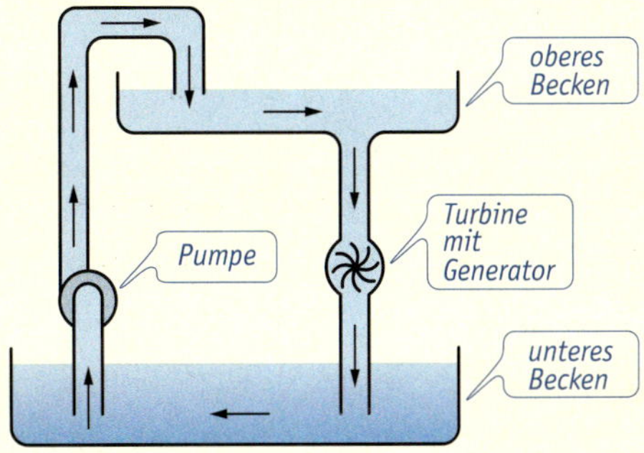

Die Grafik zeigt stark vereinfacht den Wasserfluss eines Pumpspeicherwerks im Verlauf von 24 Stunden, wobei die Wasserzufuhr positiv und die Wasserentnahme negativ dargestellt werden.

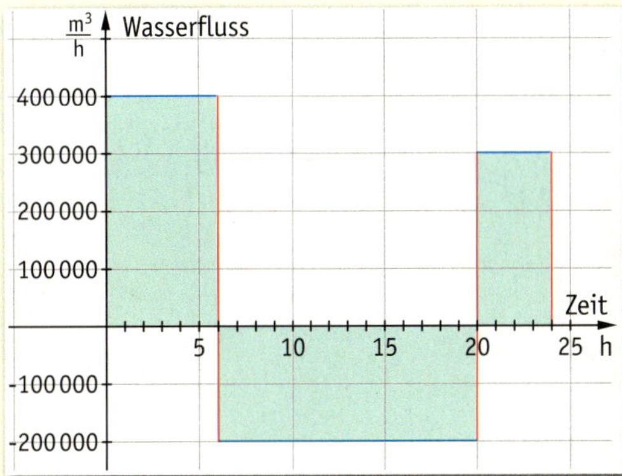

a) Um welche Wassermenge hat sich der Inhalt des Speicherbeckens nach 24 Stunden geändert?

b) Welche sachverhaltsbezogene Bedeutung haben die Flächeninhalte der Flächen zwischen dem Graphen und der x-Achse?

c) Angenommen, die Speicherbecken waren zu Beginn des Speicherbetriebs mit 500 000 m^3 Wasser gefüllt. Stellen Sie den Wasserinhalt des Beckens in Abhängigkeit von der Zeit dar.

d) Stellen Sie die Zuordnung aus Teilaufgabe c) grafisch dar und bestimmen Sie für die Zeitintervalle [0; 6], [6; 20] und [20; 24] jeweils einen Funktionsterm F(x), der den Wasserinhalt des Beckens zum Zeitpunkt x angibt.

Anhand der Flächeninhalte der Flächen zwischen dem Graphen und der x-Achse in der Grafik oben kann man aus dem Wasserzufluss zu jedem Zeitpunkt die bis dahin dem Staubecken insgesamt zu- bzw. abgeflossene Wassermenge veranschaulichen. Das bedeutet, jedem Zeitpunkt lässt sich ein Flächeninhalt zuordnen, der den bis dahin insgesamt erfolgten Zufluss bzw. Abfluss veranschaulicht.

Flächeninhalt einer krummlinig begrenzten Fläche

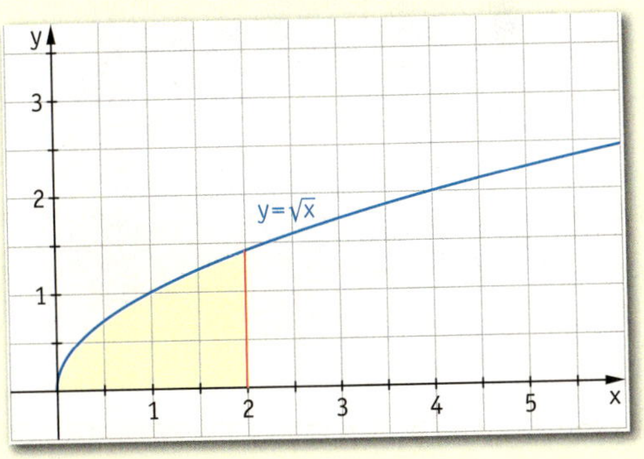

3 Wir wissen, wie man den Flächeninhalt einer geradlinig begrenzten Figur, z. B. eines Dreiecks, berechnet. Wie könnte man jedoch den Flächeninhalt einer krummlinig begrenzten Fläche berechnen?

Zeichnen Sie den Graphen der Funktion f mit $f(x) = \sqrt{x}$ für $x \in [0; 2]$ und bestimmen Sie näherungsweise den Flächeninhalt zwischen dem Graphen von f und der x-Achse.

Beschreiben Sie verschiedene Möglichkeiten zur näherungsweisen Berechnung des Flächeninhalts. Stellen Sie dar, welche Ungenauigkeiten dabei auftreten.

1.1 Der Begriff des Integrals

1.1.1 Aus Änderungsraten rekonstruierter Bestand – Orientierte Flächeninhalte

Wir betrachten im Folgenden Situationen, in denen sich ein vorgegebener Bestand ändert, z. B. ein Lagerbestand durch Zugänge und Abgänge, ein Wasserbestand durch Zuflüsse und Abflüsse, die Menge eines Medikaments im Körper eines Patienten durch Infusion und Abbau usw.
Wir werden in diesem Abschnitt untersuchen, wie man aus den Änderungsraten eines Bestandes auf den Bestand als Ganzes schließen kann. Das ist ein zentraler Inhalt der Integralrechnung und hat ihr ihren Namen gegeben. Die lateinische Vokabel integralis bedeutet: das Ganze ausmachend.

Einstieg

Bearbeiten Sie in Gruppenarbeit jeweils eine der folgenden Aufgaben und präsentieren Sie Ihre Ergebnisse. Erläutern Sie abschließend die Gemeinsamkeiten mit den Ergebnissen der anderen Gruppen.

(1) Geschwindigkeit und zurückgelegter Weg

Der rechts abgebildete Graph zeigt die Geschwindigkeit eines Testfahrers mit einem Motorrad in Abhängigkeit von der Zeit. Übertragen Sie den Graphen in Ihr Heft und bestimmen Sie näherungsweise, welche Strecke der Fahrer nach 0,25 h; 0,50 h; 0,75 h; ...; 1,50 h zurückgelegt hat. Veranschaulichen Sie die jeweils zurückgelegten Strecken im Koordinatensystem des Graphen. Legen Sie auch eine Tabelle an, die die zurückgelegte Strecke in Abhängigkeit von der Fahrzeit angibt.

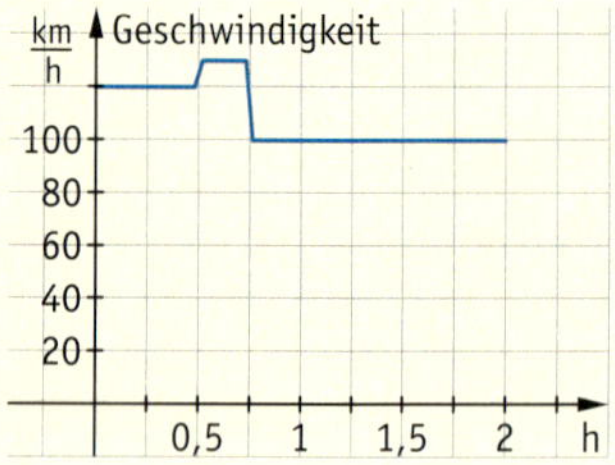

(2) Gaszu- und -abfuhr und Gesamtvolumen

Niederdruckgasbehälter (Gasometer) werden in der Industrie zum Abfangen von Erzeugungsspitzen im Gasnetz eingesetzt. Die nachfolgende Tabelle gibt die Zufuhr bzw. Entnahme pro Stunde für einen Behälter mit dem Anfangsinhalt 30 000 m^3 an.

Zeit	0:00 - 6:00 Uhr	6:00 - 13:00 Uhr	13:00 - 17:00 Uhr	17:00 - 21:00 Uhr	21:00 - 24:00 Uhr
Zufuhr/Entnahme $\left(\text{in } 1000\ \frac{m^3}{h}\right)$	−4,5	2	4	3	−5

Stellen Sie den Sachverhalt grafisch dar und veranschaulichen Sie den jeweiligen Inhalt an Gas im Gasometer (das Gasvolumen) in Abhängigkeit von der Uhrzeit. Legen Sie auch eine Tabelle an, in der das Gasvolumen in Abhängigkeit von der Uhrzeit angegeben ist.

(3) Stückkosten und gesamte Produktionskosten

Die täglichen Produktionskosten eines Wirtschaftsgutes hängen von der hergestellten Stückzahl (Produktionseinheiten) ab. Die nachfolgende Tabelle gibt die Produktionskosten pro Stück (Stückkosten) für ein bestimmtes Produkt an:

Produkteinheiten	1 - 1 000	1 001 - 2 000	2 001 - 6 000	6 001 - 8 000	8 001 - 10 000
Stückkosten (in €)	5,40	4,50	4,00	6,00	8,00

Außerdem fallen unabhängig von der Produktion täglich 5 000 € Fixkosten an.
Stellen Sie den Sachverhalt grafisch dar und veranschaulichen Sie die jeweiligen Gesamtkosten für 0, 1 000, 2 000, ..., 10 000 hergestellte Produkteinheiten. Legen Sie auch eine Tabelle an, die die jeweiligen Gesamtkosten in Abhängigkeit von der produzierten Stückzahl angibt.

(4) Wachstum und Bestand

Ein Fischbestand mit einem Anfangsbestand von 2 000 Fischen wird vier Jahre lang so bewirtschaftet, dass er jährlich um 400 Exemplare zunimmt. In den folgenden drei Jahren wird die Populationsgröße durch Abfischen jährlich um 500 Exemplare reduziert.
Stellen Sie den Sachverhalt grafisch dar und veranschaulichen Sie den jeweiligen Fischbestand nach 0, 1, 2, … , 7 Jahren. Legen Sie auch eine Tabelle an, die den jeweiligen Fischbestand in Abhängigkeit von der Zeit angibt.

(5) Leistung und Energieverbrauch

Ein Staubsauger wird zunächst für 12 Minuten mit einer Leistung von 1 000 W, anschließend für 24 Minuten mit einer Leistung von 1 500 W und schließlich 6 Minuten mit einer Leistung von 500 W eingesetzt.
Stellen Sie den Sachverhalt grafisch dar und veranschaulichen Sie den jeweiligen gesamten Energieverbrauch nach 6, 12, 18, …, 42 Minuten. Legen Sie auch eine Tabelle an, die den Energieverbrauch in Abhängigkeit von der Laufzeit des Staubsaugers angibt.

(6) Steuersatz und Abgabenvolumen

Ein Vorschlag für eine stufenweise Erhöhung des Steuersatzes in Abhängigkeit von der Einkommenshöhe sieht folgende Regelung für die Besteuerung des Einkommens eines Erwerbstätigen vor: Vom Jahreseinkommen einer Person sollen zunächst 10 000 € steuerfrei sein, dann soll jeder weitere Euro zwischen 10 001 € und 15 000 € mit 15 % Steuern belegt werden, usw., wie in der folgenden Tabelle dargestellt:

Einkommen (in €)	1 - 10 000	10 001 - 15 000	15 001 - 30 000	30 001 - 50 000	über 50 000
Steuersatz	0 %	15 %	25 %	40 %	50 %

Stellen Sie den Sachverhalt grafisch dar und veranschaulichen Sie die insgesamt zu zahlenden Steuern bei einem Einkommen von 5 000 €, 10 000 €, 15 000 €, …, 55 000 €, 60 000 €. Legen Sie auch eine Tabelle an, in der die gesamte Steuerabgabe (in €) in Abhängigkeit vom Einkommen angegeben wird.

Einführung

(1) Energiefluss bei einem Hybridauto

Am Beispiel eines Hybridautos wollen wir den Energiefluss in Abhängigkeit von der Fahrzeit betrachten. Rechts wird dazu erläutert, wie ein Hybridauto funktioniert.

Was ist ein Hybridauto?

Ein Auto mit Hybridantrieb arbeitet mit zwei Motoren, einem Verbrennungsmotor (Benzin oder Diesel) und einem Elektromotor. Beim Anfahren aus dem Stand wird nur der Elektromotor verwendet, dabei wird der Batterie elektrische Energie entnommen. Bei normaler Fahrt arbeiten beide Motoren so zusammen, dass möglichst wenig Kraftstoff verbraucht wird. Bremst der Fahrer ab, wird der Verbrennungsmotor automatisch abgestellt und ein Generator erzeugt elektrische Energie, die wieder der Batterie zugeführt wird. Der Benzinverbrauch eines Hybridautos kann durch diese Kombination zweier Motoren unter fünf Liter auf einhundert Kilometern liegen.

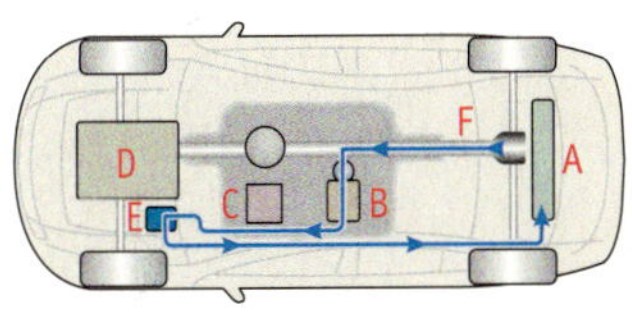

A Hochleistungsbatterie D Benzinmotor
B Elektromotor E Steuerungseinheit
C Generator F Energiefluss

Wir betrachten dazu zunächst eine vereinfachte Fahrsituation, bei der ein Hybridauto zunächst vier Minuten bergab fährt und dabei gleichmäßig abgebremst wird. Anschließend fährt das Auto zwei Minuten bergauf. Während des Abbremsens werden der Batterie konstant 0,175 kWh elektrische Energie pro Minute zugeführt. Bei der Fahrt bergauf werden der Batterie konstant 0,32 kWh elektrische Energie pro Minute entnommen.

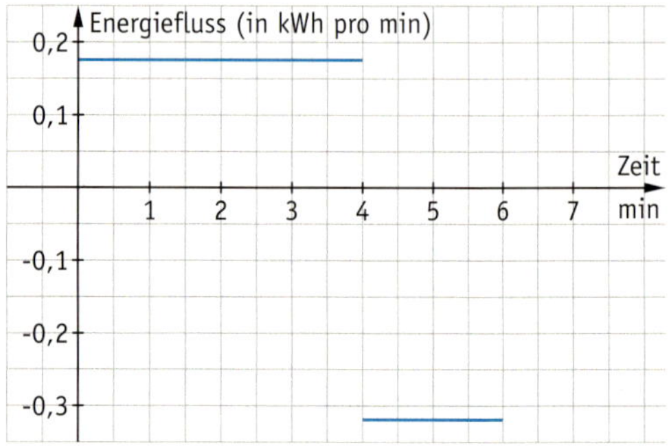

Die Abbildung rechts zeigt diesen Energiefluss für die Batterie, d. h. die Energiezufuhr (positives Vorzeichen) bzw. die Energieentnahme (negatives Vorzeichen) pro Zeiteinheit.

(2) Fahrt bergab – Energiezufuhr

Die der Batterie zunächst zugeführte Energie erhalten wir als Produkt der Zeit, in der das Auto abgebremst wird, mit dem Energiezufluss in dieser Zeit, also $4\,\text{min} \cdot 0{,}175\,\frac{\text{kWh}}{\text{min}} = 0{,}70\,\text{kWh}$.

Dieses Produkt können wir in der Abbildung durch den Flächeninhalt des Rechtecks über dem Intervall [0; 4] *oberhalb* der Zeit-Achse veranschaulichen.

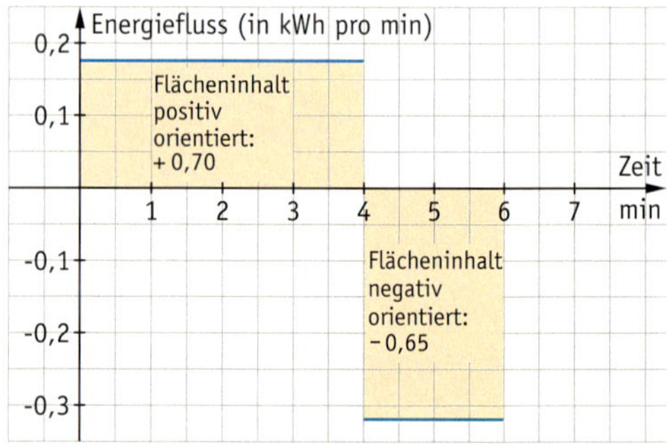

(3) Fahrt bergauf – Energieentnahme

Bei der Fahrt bergauf ist der Energiefluss negativ, da der Batterie Energie entnommen wird.

Die Energieentnahme erhalten wir nun als $2\,\text{min} \cdot 0{,}32\,\frac{\text{kWh}}{\text{min}} = 0{,}64\,\text{kWh}$.

Die Energieentnahme lässt sich durch den Flächeninhalt des Rechtecks über dem Intervall [4; 6] *unterhalb* der Zeit-Achse veranschaulichen.

(4) Unterscheidung zwischen Zufuhr und Entnahme durch orientierte Flächeninhalte

Wir wissen, dass Flächeninhalte stets mit positiven Zahlen angegeben werden. Wir haben gesehen, dass es in bestimmten Anwendungssituationen nützlich sein kann, Flächeninhalte mit einem positiven oder auch negativen Vorzeichen zu versehen. Man spricht dann von *orientierten* Flächeninhalten.

Um deutlich zu machen, dass durch den Flächeninhalt des ersten Rechtecks eine Energiezufuhr und durch den Flächeninhalt des zweiten Rechtecks eine Energieentnahme dargestellt wird, versehen wir die Flächeninhalte mit einem positiven bzw. einem negativen Vorzeichen:

- orientierter Flächeninhalt des ersten Rechtecks: +0,70 (ohne Maßeinheit)
- orientierter Flächeninhalt des zweiten Rechtecks: −0,64 (ohne Maßeinheit)

Die beiden orientierten Flächeninhalte, der positiv orientierte des ersten Rechtecks und der negativ orientierte des zweiten Rechtecks, beschreiben zusammen ingesamt den Energiefluss über den gesamten Zeitraum von 6 min.

(5) Änderung des Ladezustands

Die Veränderung des Ladezustands der Batterie über dem *gesamten* betrachteten Zeitraum erhalten wir dann als die Summe der orientierten Flächeninhalte. Hier ist also $+0{,}70 + (-0{,}64) = +0{,}06$ die Veränderung des Ladezustands im Zeitintervall [0; 6]. Beide orientierten Flächeninhalte, der positiv orientierte des 1. Rechtecks und der negativ orientierte des 2. Rechtecks, beschreiben zusammen insgesamt den Energiefluss bzw. -abfluss über den gesamten Zeitraum von 6 min.

(6) Nicht konstante Energieentnahme bzw. -zufuhr

In der Realität ist die Fahrsituation nicht so einfach, da der Energiefluss nicht stückweise konstant ist, wie wir zunächst angenommen haben. Der Energiefluss kann oft durch einen gekrümmten Graphen beschrieben werden, dann können wir die zugeführte bzw. entnommene Energie aber nicht mehr einfach als Produkt aus betrachteter Zeit und Energiefluss berechnen.

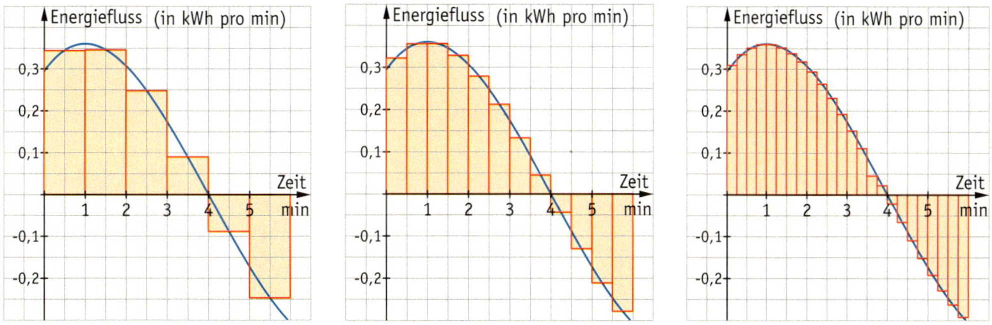

Um zu veranschaulichen, dass auch in diesem Fall die zugeführte oder entnommene Energie als positiv bzw. negativ orientierte Flächeninhalte gedeutet werden kann, unterteilen wir das Intervall [0; 6] in kleine Teilintervalle und setzen den Energiefluss für jedes dieser kleinen Teilintervalle konstant.
Je schmaler wir die Rechtecke wählen, umso besser nähert sich die Summe der Flächeninhalte der Rechtecke dem Flächeninhalt der Fläche zwischen der Zeitachse und dem Graphen an.

Wenn wir uns also den Funktionsgraphen für den Energiefluss für sehr kleine Zeitintervalle als konstant vorstellen, so können wir auch in diesem Fall die der Batterie zugeführte bzw. entnommene Energie als orientierten Flächeninhalt zwischen dem Funktionsgraphen und der Zeit-Achse deuten.

Information

(1) Orientierter Flächeninhalt

Die Inhalte der Flächen zwischen dem Graphen einer Funktion und der x-Achse können eine konkrete Bedeutung haben.
Dabei ist es sinnvoll, durch ein Vorzeichen vor dem Flächeninhalt zu kennzeichnen, ob die Fläche oberhalb oder unterhalb der x-Achse liegt. Man spricht dann vom *orientierten* Flächeninhalt.

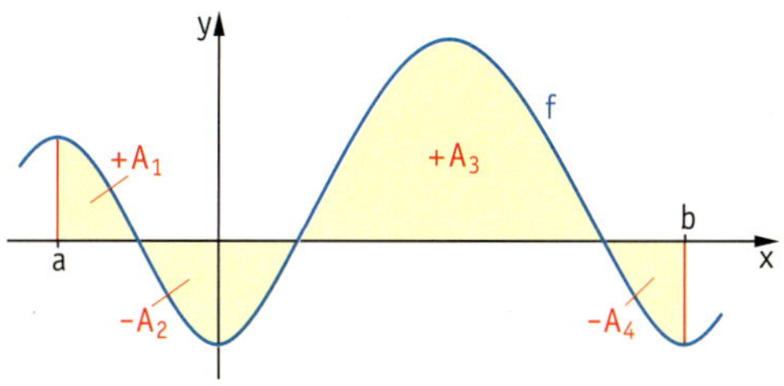

- Flächeninhalte sind stets positiv.
- *Orientierte* Flächeninhalte können auch negativ sein.

Beim **orientierten Flächeninhalt** sind die Inhalte von Flächen oberhalb der x-Achse mit einem positiven Vorzeichen und unterhalb der x-Achse mit einem negativen Vorzeichen versehen.

In der Abbildung sind die Teilflächen A_1 und A_3 positiv orientiert und die Teilflächen A_2 und A_4 sind negativ orientiert. Der orientierte Flächeninhalt der gesamten gefärbten Fläche ergibt sich aus $A_1 - A_2 + A_3 - A_4$.
Der Flächeninhalt der gefärbten Fläche ergibt sich aus $A_1 + A_2 + A_3 + A_4$.

(2) Geometrische Definition des Integrals

In vielen Anwendungen ist nach der *Summe* der orientierten Flächeninhalte *aller* Teilflächen einer Funktion über einem Intervall gefragt.
Man nennt die Summe der orientierten Flächeninhalte zwischen dem Graphen einer Funktion und der x-Achse über einem Intervall [a; b] das *Integral* von a bis b der Funktion f.

Geometrische Definition des Integrals

Wir betrachten eine Funktion f, die über einem Intervall [a; b] definiert ist.
Die Summe der orientierten Flächeninhalte der Teilflächen zwischen dem Graphen von f, der x-Achse und den Parallelen zur y-Achse mit den Gleichungen $x = a$ und $x = b$ nennt man **Integral von f von a bis b.**

Man schreibt hierfür: $\int_a^b f(x)\,dx$

Das Integralzeichen ∫ ist ein langgezogenes S und steht für Summe.

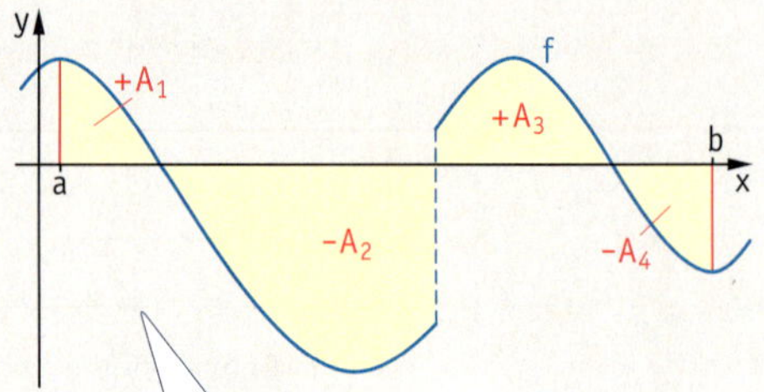

Hier gilt: $\int_a^b f(x)\,dx = +A_1 + (-A_2) + (+A_3) + (-A_4)$

Information

(3) Aus Änderungsraten rekonstruierter Bestand

Im Einstieg und in der Einführung wurde aus der Änderungsrate einer Größe der Bestand einer Größe bestimmt. Zum Beispiel wurde aus der Geschwindigkeit (als Änderungsrate des Weges nach der Zeit) der insgesamt zurückgelegte Weg (in Abhängigkeit von der Zeit) ermittelt. Solche Anwendungsprobleme lassen sich geometrisch auf die Bestimmung orientierter Flächeninhalte zurückführen.
Dabei müssen die Änderungsraten nicht immer aus einem Graphen abgelesen werden, oft sind diese auch in einer Messwerttabelle angegeben oder sie werden durch eine Funktion beschrieben, die an vorhandene Messdaten angepasst wurde.

Übungsaufgaben

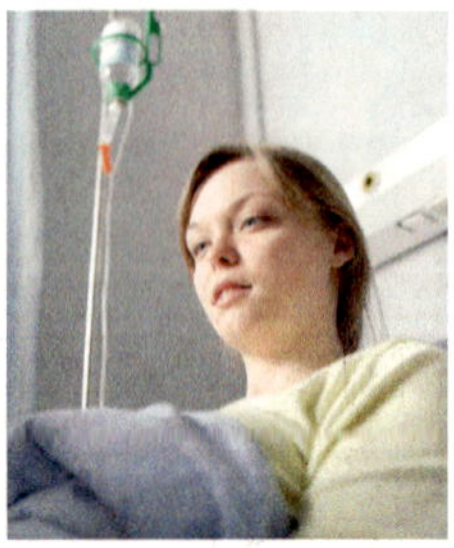

1

a) Einer Patientin wird über eine Kurzinfusion ein Medikament ins Blut verabreicht. Anschließend wird das Medikament vom Körper in zeitlicher Hinsicht annähernd gleichmäßig abgebaut. Der zeitliche Verlauf der Zufuhr und des Abbaus des Medikaments ist im nebenstehenden Graphen dargestellt.

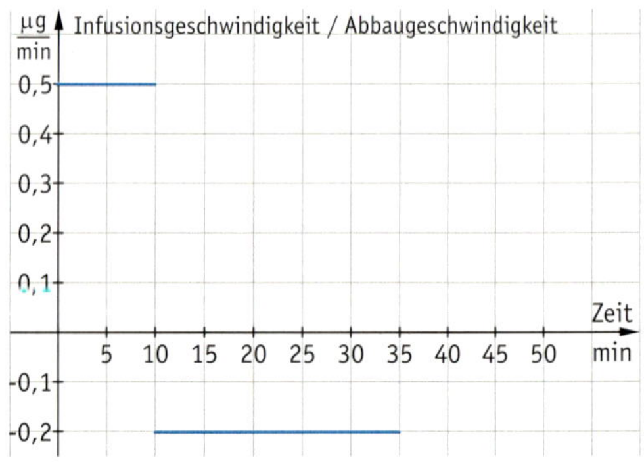

Berechnen Sie, wieviel µg der Patientin insgesamt verabreicht werden. Veranschaulichen Sie die insgesamt zugeführte Menge im Koordinatensystem. Nach welcher Zeit ist das Medikament wieder vollständig abgebaut?

b) Berechnen Sie, wieviel µg des Medikaments sich nach 5 min [10 min, 15 min, 20 min, 25 min, 30 min, 35 min] im Körper der Patientin befinden. Veranschaulichen Sie die jeweiligen Mengen ebenfalls im Koordinatensystem.

c) In der Abbildung rechts ist ein weiterer Infusionsprozess dargestellt. Vergleichen Sie ihn mit dem oben beschriebenen Infusionsprozess. Bestimmen Sie näherungsweise, wieviel µg des Medikaments einem Patienten bei diesem Infusionsverlauf nach 15 min insgesamt verabreicht wurden.

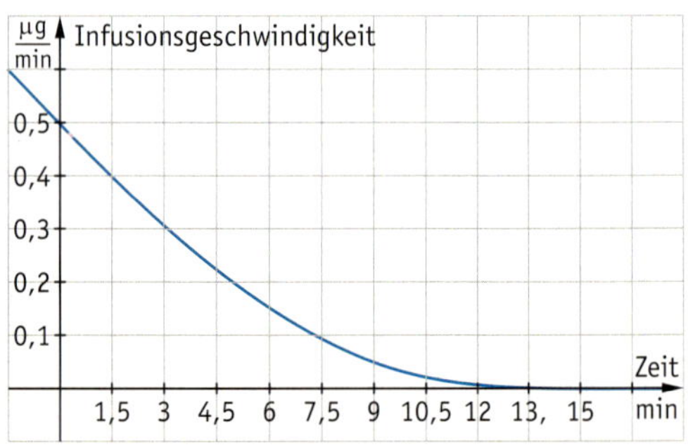

2

Langzeit-Wärmespeicher dienen der Speicherung von Wärme über einen Zeitraum von mehreren Monaten. So kann z. B. die im Sommer überschüssige Solarenergie in den Wintermonaten Teile des Heizwärmebedarfs decken. Seit etwa 1995/96 wurden in Deutschland verschiedene Pilotanlagen gebaut und erprobt.

In einer einfachen Modellrechnung nehmen wir an, dass Einspeisung und Entnahme der Wärmeenergie in 12 Monaten folgendermaßen verlaufen: In den Monaten Juni, Juli, August und September werden konstant 250 MWh Energie pro Monat eingespeist. In den Monaten Oktober und November werden 100 MWh pro Monat entnommen, von Dezember bis Februar werden 280 MWh pro Monat entnommen und von März bis Mai 40 MWh pro Monat eingespeist.

1 MWh = 1 Megawattstunde = 10^6 Wh

a) Stellen Sie die Energieeinspeisung und -entnahme von Juni bis Mai des Folgejahres grafisch dar. Wie kann man die entnommene und die eingespeiste Energie grafisch veranschaulichen?

b) Wie stellt sich die Energiebilanz innerhalb eines Jahres dar?

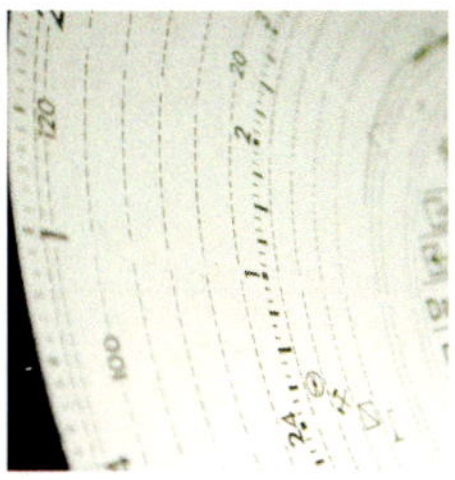

3 Ein Fahrtenschreiber hat eine Autofahrt in dem abgebildeten stark vereinfachten Geschwindigkeits-Zeit-Diagramm protokolliert.

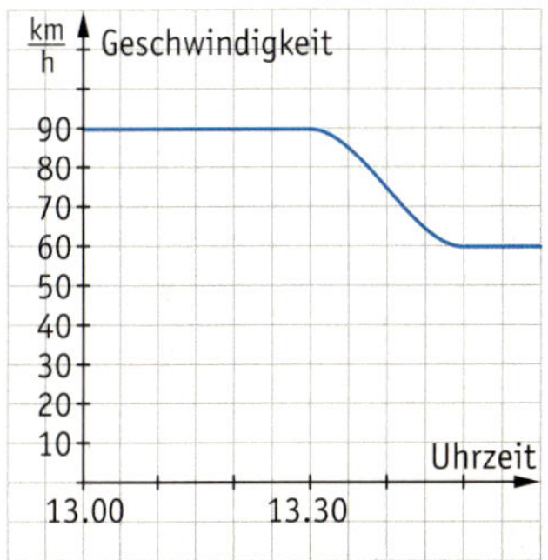

a) Berechnen Sie, wie viele Kilometer das Auto von 13.00 Uhr bis 13.30 Uhr zurückgelegt hat. Wie kann man die Länge des zurückgelegten Weges von 13.00 Uhr bis 13.30 Uhr in dem Diagramm veranschaulichen?

b) Ermitteln Sie näherungsweise, wie viele Kilometer das Auto von 13.30 Uhr bis 13.50 Uhr zurückgelegt hat.

c) Wie viele Kilometer ist das Auto von 13.00 bis 14.00 Uhr gefahren?

4 Die Funktionen zu den abgebildeten Graphen sind jeweils stückweise über einem Intervall definiert.

a) Bestimmen Sie jeweils den Flächeninhalt der gefärbten Fläche und das dazugehörige Integral.

b) Bestimmen Sie jeweils den Wert des Integrals $\int_{-1}^{1} f(x)\,dx$.

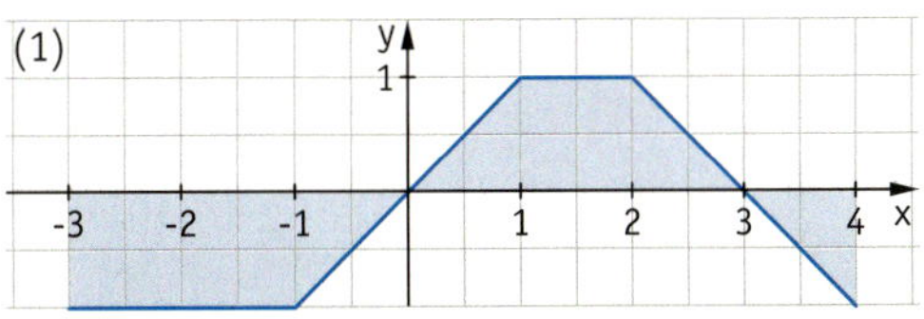

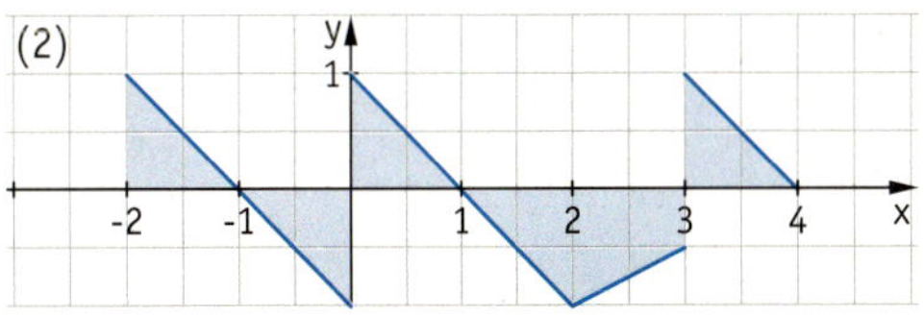

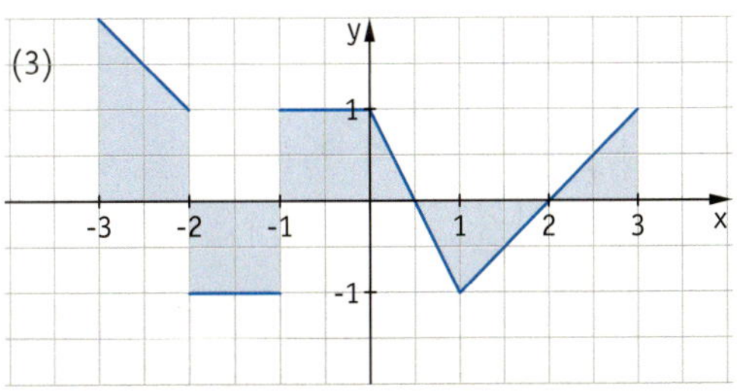

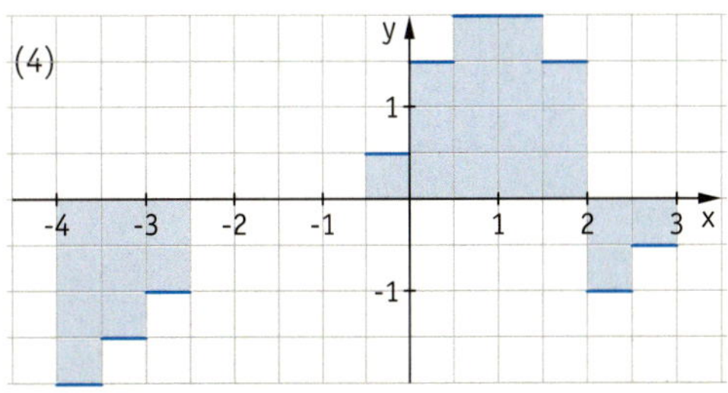

5

KERS (Kinetic Energy Recovery System) ist ein elektrisches oder mechanisches System zur Energierückgewinnung, welches in der Formel 1 seit 2009 eingesetzt werden darf und dort vor allem in der elektrischen Variante genutzt wird. Hierbei wird die beim Bremsen frei werdende Energie durch einen Generator in elektrische Energie umgewandelt, in Akkumulatoren gespeichert und zum Betreiben eines zusätzlich eingebauten Elektromotors genutzt. Dieser wird in Beschleunigungsphasen ergänzend zum Hauptmotor eingesetzt.

- Die elektrische Stromstärke wird in der Einheit Ampère (A) gemessen.
- Die elektrische Ladung wird in der Einheit Coulomb (C) angegeben. 1 C = 1 As

Der Energiefluss in den Akku hinein oder aus dem Akku heraus kann durch den Stromfluss beschrieben werden. Dabei wird die Stromstärke gemessen und mit einem positiven Vorzeichen versehen, wenn Strom in den Akku hineinfließt, und mit einem negativen Vorzeichen gekennzeichnet, wenn dem Akku Strom entnommen wird.

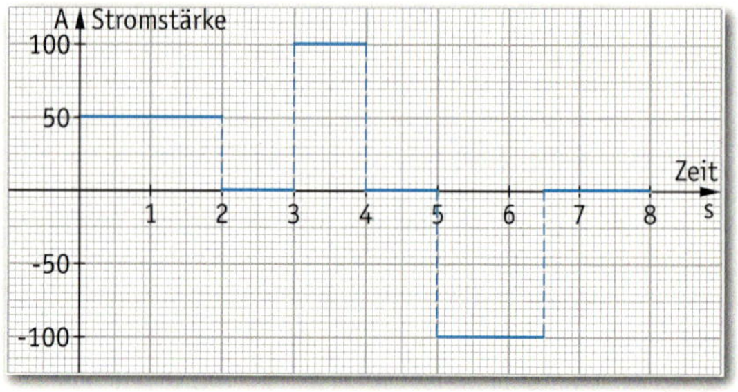

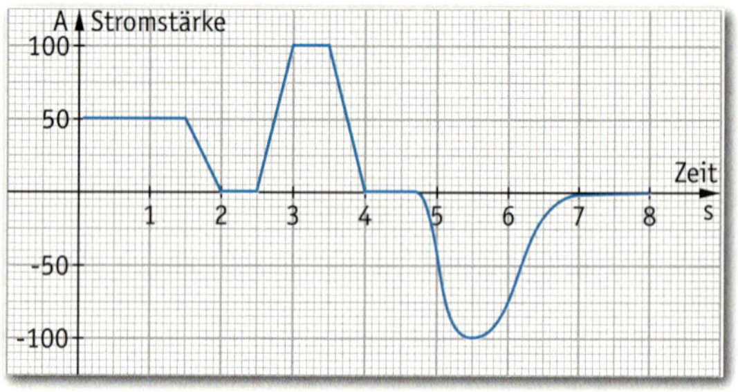

a) Die obere Grafik beschreibt den Stromfluss für eine stark vereinfachte Fahrsituation. Bestimmen Sie für den dargestellten Zeitraum, wie sich die Ladung des Akkus ändert.

b) Angenommen, zu Beginn der Fahrt betrug die Ladung 2000 C. Ermitteln Sie die Ladung des Akkus in Abhängigkeit von der Zeit und stellen Sie den zugehörigen Graphen dar.

c) Realistischer ist die untere Fahrsituation. Führen Sie dafür die Betrachtungen aus Teilaufgabe a) (näherungsweise) durch.

6

Der Graph der Funktion f im Intervall $[-2; 3]$ hat den rechts abgebildeten Verlauf.

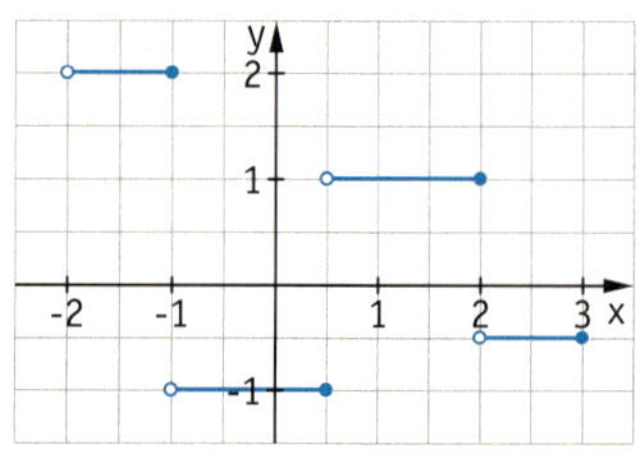

a) Berechnen Sie $\int_{-2}^{3} f(x)\,dx$.

b) Geben Sie ein Teilintervall $[a; b]$ von $[-2; 3]$ an, sodass $\int_{a}^{b} f(x)\,dx = 0$ ist.

c) Berechnen Sie die Werte von b, für die gilt: $\int_{-2}^{b} f(x)\,dx = 1$.

7

Skizzieren Sie den Graphen einer Funktion f, sodass mit den Flächeninhalten A_1, A_2, A_3, A_4 gilt:

a) $\int_{a}^{b} f(x)\,dx = A_1 - A_2 + A_3 - A_4$

b) $\int_{a}^{b} f(x)\,dx = -A_1 + A_2 + A_3 - A_4$

c) $\int_{a}^{b} f(x)\,dx = -A_1 + A_2 - A_3 > 0$

d) $\int_{a}^{b} f(x)\,dx = -A_1 + A_2 - A_3 + A_4 < 0$

8 Eine Waldfläche wird durch Holzeinschlag um 10 ha pro Jahr verringert. Nach 5 Jahren wird der Einschlag beendet und die Fläche wird wieder aufgeforstet, sodass die Waldfläche dann um 7 ha pro Jahr zunimmt.

a) Die Funktion f beschreibt die Veränderung der Waldfläche pro Jahr für den Zeitraum der ersten 15 Jahre nach Beginn des Holzeinschlags.
Stellen Sie f als abschnittsweise definierte Funktion dar und zeichnen Sie den Graphen von f.

b) Ermitteln Sie, wann die Waldfläche wieder die ursprüngliche Größe erreicht hat.

c) Bestimmen Sie die Integrale $\int_0^5 f(x)\,dx$, $\int_5^{15} f(x)\,dx$ und $\int_2^{10} f(x)\,dx$ und erläutern Sie die Bedeutung dieser drei Integralwerte.

9 Die abgebildeten Funktionsgraphen sind symmetrisch. Notieren Sie jeweils das dargestellte Integral als Term mithilfe des Integralzeichens wie in der Definition 1.
Beurteilen Sie, ob das Integral positiv, negativ oder gleich 0 ist.

(1)

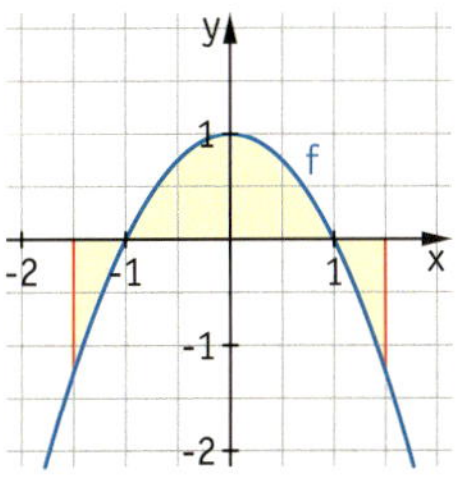

(2)

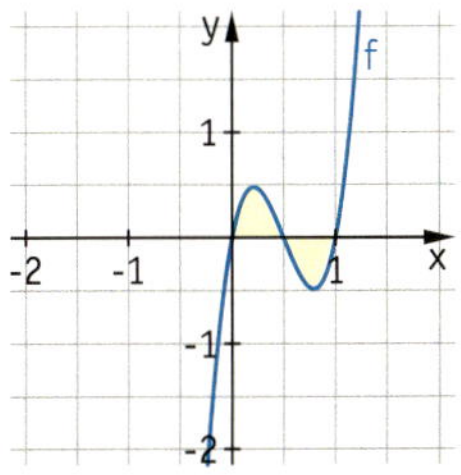

(3)

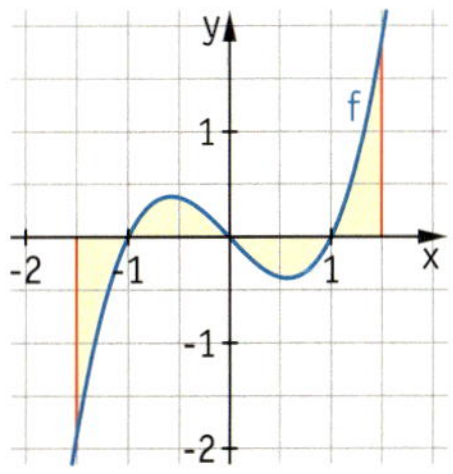

(4)

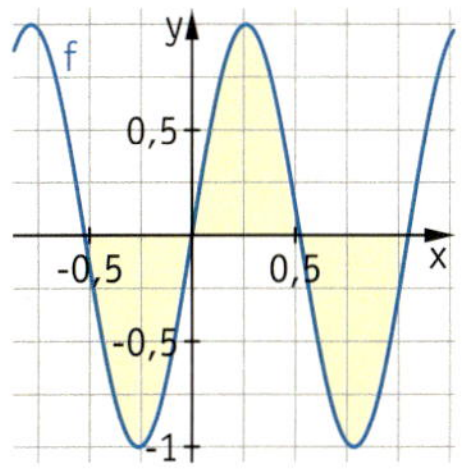

10 Gegeben ist die Funktion f. Bestimmen Sie alle Nullstellen von f und begründen Sie, dass das Integral von f von der kleinsten Nullstelle bis zur größten Nullstelle den Wert null hat.

a) $f(x) = x^3 - 2x$ **b)** $f(x) = x^5 - 9x^3$ **c)** $f(x) = x \cdot (x^2 - 2) \cdot (x^2 - 1)$

11 Geben Sie drei Integrale der Sinusfunktion [der Kosinusfunktion] an, die den Wert null haben.

12 Ein leeres Becken hat einen Zufluss und einen Abfluss. Zunächst wird der Zufluss 15 min geöffnet. Die Zuflussgeschwindigkeit beträgt $300\,\frac{l}{min}$. Dann wird 20 min lang der Zufluss geschlossen und der Abfluss geöffnet. Die Abflussgeschwindigkeit beträgt $100\,\frac{l}{min}$.

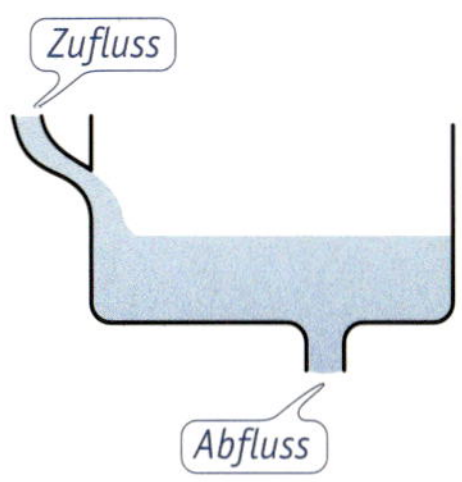

(1) Zeichnen Sie den Graphen der folgenden Funktion f: *Zeitdauer (in min)* ↦ *Zuflussgeschwindigkeit* $\left(in\ \frac{l}{min}\right)$. Deuten Sie die Abflussgeschwindigkeit als negative Zuflussgeschwindigkeit und ergänzen Sie den Graphen.

(2) Ermitteln Sie, wie viel l sich nach 5, 10, 15, 20, 25, 30, 35 min im Becken befinden.
Zeichnen Sie den Graphen der Funktion *Zeitdauer* ↦ *Volumen im Becken*.

(3) Berechnen Sie $\int_0^{35} f(x)\,dx$ für die Funktion f aus Teilaufgabe (1).
Untersuchen Sie, welcher Zusammenhang mit den Ergebnissen von Teilaufgabe (2) besteht.

1.1.2 Näherungsweises Berechnen von Integralen – Grenzwertdefinition des Integrals

Im vorangegangenen Abschnitt haben Sie gesehen, dass orientierte Flächeninhalte vielfältige Anwendungsbezüge haben. Dabei wird häufig die Fläche durch einen *krummlinigen* Funktionsgraphen begrenzt. Wir wollen im Folgenden ein Verfahren entwickeln, mit dem man den orientierten Inhalt einer krummlinig begrenzten Fläche berechnen kann.

Einstieg

Julia und Max haben den Flächeninhalt, den der Graph zu $y = \frac{1}{3}x^3 + \frac{8}{3}$ mit den beiden Koordinatenachsen einschließt, näherungsweise mithilfe von *Treppenfiguren* berechnet.

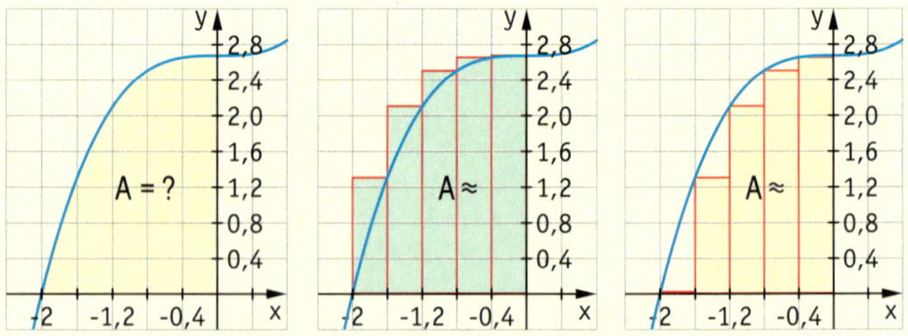

- Erläutern Sie das Vorgehen von Julia und Max und berechnen Sie den Flächeninhalt der jeweiligen Treppenfigur.
- Schätzen Sie den gesuchten Flächeninhalt mithilfe der Flächeninhalte der beiden Treppenfiguren ab.
- Machen Sie Vorschläge, wie man die Abschätzung verbessern kann und setzen Sie diese um.

Einführung

Integrale näherungsweise berechnen

Am Beispiel der Funktion f mit $f(x) = x^2$ und dem Integral $\int_0^2 x^2\,dx$ entwickeln wir ein Verfahren, mit dem man den orientierten Inhalt einer krummlinig begrenzten Fläche berechnen kann.

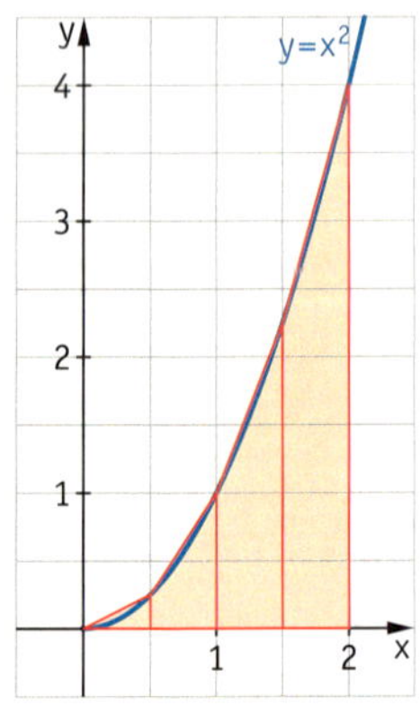

(1) Grundgedanke der Näherung durch Treppenfiguren

Die Fläche ist vom Graphen von f krummlinig begrenzt. Wir kennen keine Formel für ihren Flächeninhalt. Daher berechnen wir den Wert des Integrals zunächst *näherungsweise*.

Dazu zerlegen wir die Fläche in vier gleich breite Streifen. Über jedem dieser Teile kann man die Fläche durch ein Trapez annähern. Der Flächeninhalt aller Trapeze ist dann ein Näherungswert für den gesuchten Flächeninhalt.

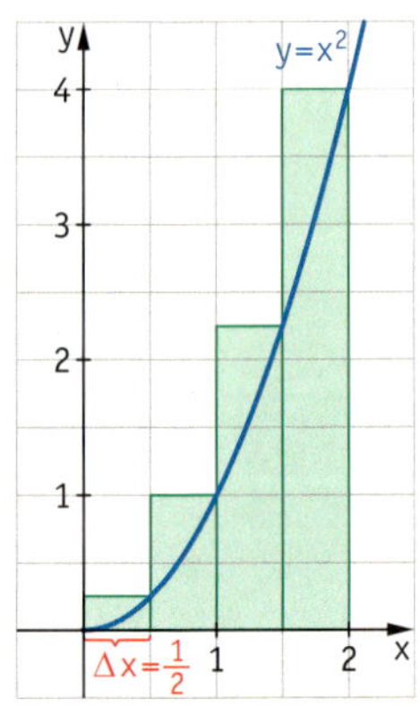

Für die Berechnungen ist es jedoch einfacher, wenn wir die Fläche durch mehrere gleich breite Rechteckstreifen annähern. Dabei wählen wir die zur y-Achse parallele Rechteckseite jeweils so, dass sie mit dem größten Funktionswert in dem Streifen übereinstimmt. Es entsteht eine Treppenfigur, die die tatsächliche Fläche annähert. Man bezeichnet den Flächeninhalt der Treppenfigur auch als *Obersumme* und schreibt dafür $\overline{S}_4$.

(2) Näherungsweise Berechnungen durch Obersummen

Da alle Rechteckstreifen dieselbe Breite $\Delta x = \frac{1}{2}$ haben und die Höhe eines jeden Rechteckstreifens der jeweils rechte Funktionswert ist, erhalten wir:

> Δx (gelesen: Delta x) bezeichnet die Breite eines Rechteckstreifens

$$\overline{S}_4 = \tfrac{1}{2}\cdot f\left(\tfrac{1}{2}\right) + \tfrac{1}{2}\cdot f(1) + \tfrac{1}{2}\cdot f\left(\tfrac{3}{2}\right) + \tfrac{1}{2}\cdot f(2)$$
$$= \tfrac{1}{2}\cdot\left(f\left(\tfrac{1}{2}\right) + f(1) + f\left(\tfrac{3}{2}\right) + f(2)\right)$$
$$= \tfrac{1}{2}\cdot\left(\tfrac{1}{4} + 1 + \tfrac{9}{4} + 4\right) = 3{,}75$$

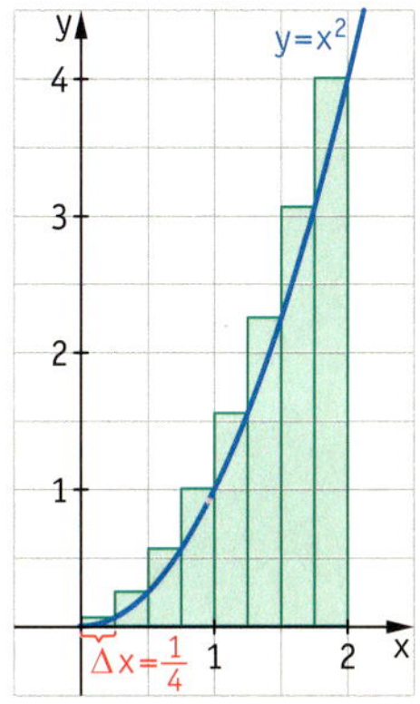

Die Berechnung mit Rechtecken hat den Nachteil, dass die Näherung durch Rechtecke ungenauer ist als die Näherung durch Trapeze. Wir können den Näherungswert aber verbessern, indem wir die Breite der Rechtecke schmaler wählen.

Bilden wir beispielsweise acht statt vier Rechteckstreifen, so haben alle Rechteckstreifen die Breite $\Delta x = \frac{1}{4}$ und wir erhalten für die Obersumme $\overline{S}_8$:

$$\overline{S}_8 = \tfrac{1}{4}\cdot f\left(\tfrac{1}{4}\right) + \tfrac{1}{4}\cdot f\left(\tfrac{2}{4}\right) + \tfrac{1}{4}\cdot f\left(\tfrac{3}{4}\right) + \tfrac{1}{4}\cdot f\left(\tfrac{4}{4}\right) + \tfrac{1}{4}\cdot f\left(\tfrac{5}{4}\right) + \tfrac{1}{4}\cdot f\left(\tfrac{6}{4}\right) + \tfrac{1}{4}\cdot f\left(\tfrac{7}{4}\right) + \tfrac{1}{4}\cdot f\left(\tfrac{8}{4}\right)$$
$$= \tfrac{1}{4}\cdot\left(f\left(\tfrac{1}{4}\right) + f\left(\tfrac{2}{4}\right) + f\left(\tfrac{3}{4}\right) + f\left(\tfrac{4}{4}\right) + f\left(\tfrac{5}{4}\right) + f\left(\tfrac{6}{4}\right) + f\left(\tfrac{7}{4}\right) + f\left(\tfrac{8}{4}\right)\right)$$
$$= \tfrac{1}{4}\cdot\left(\tfrac{1}{16} + \tfrac{4}{16} + \tfrac{9}{16} + 1 + \tfrac{25}{16} + \tfrac{36}{16} + \tfrac{49}{16} + \tfrac{64}{16}\right)$$
$$= 3{,}1875$$

Als weitere Näherungswerte erhalten wir mit einem Rechner mithilfe des Summenbefehls bei 16 Rechtecken mit der Breite $\Delta x = \frac{1}{8}$:

$\overline{S}_{16} = 2{,}921875.$

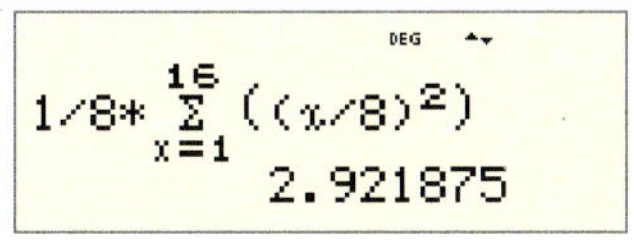

Wir erhöhen die Anzahl der Rechtecke und bestimmen die dazugehörigen Obersummen mithilfe eines leistungsfähigen Rechners.

Bezeichnen wir mit n die Anzahl der Rechtecke, so erhalten wir als Obersummen

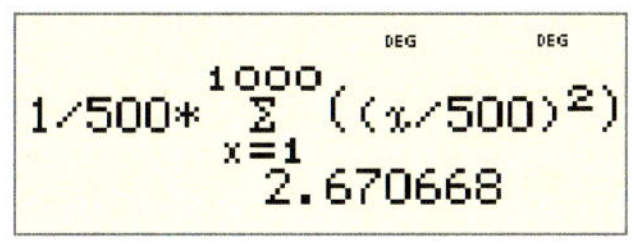

n	50	100	1000	10000	100000	1000000
$\overline{S}_n$	2,7472	2,7068	2,670668	2,66706668	2,6667066668	2,666670666668

Offenbar streben die Obersummen $\overline{S}_1$, $\overline{S}_2$, $\overline{S}_3$, … gegen einen Grenzwert; vermutlich ist dieser $2\frac{2}{3}$. Da der Flächeninhalt der eingeschlossenen Fläche stets kleiner als jede Obersumme ist, kann er auch nur höchstens so groß wie dieser Grenzwert sein.

LK **(3) Abschätzen des gesuchten Flächeninhalts durch den Grenzwert der Obersummen**

Um den Grenzwert zu bestimmen, berechnen wir $\overline{S}_n$ für ein allgemeines n:

Das Intervall der Breite 2 wird in n gleiche Teile zerlegt.

- Breite der Rechtecke: $\Delta x = \frac{2}{n}$
- Höhen der Rechtecke = Funktionswerte f(x) an den rechten Grenzen der Teilintervalle: $f\left(\frac{2}{n}\right)$, $f\left(2\cdot\frac{2}{n}\right)$, $f\left(3\cdot\frac{2}{n}\right)$, $f\left(4\cdot\frac{2}{n}\right)$, …, $f\left((n-1)\cdot\frac{2}{n}\right)$, $f\left(n\cdot\frac{2}{n}\right)$

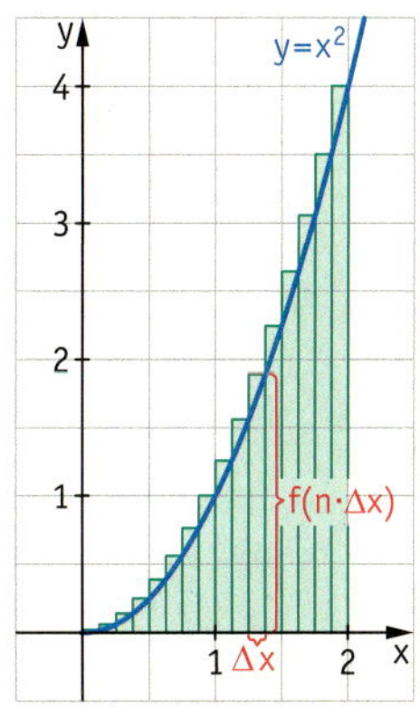

Damit erhalten wir

$$\overline{S}_n = \tfrac{2}{n}\cdot\left(f\left(\tfrac{2}{n}\right) + f\left(2\cdot\tfrac{2}{n}\right) + f\left(3\cdot\tfrac{2}{n}\right) + f\left(4\cdot\tfrac{2}{n}\right) + \ldots + f\left((n-1)\cdot\tfrac{2}{n}\right) + f\left(n\cdot\tfrac{2}{n}\right)\right)$$
$$= \tfrac{2}{n}\cdot\left(\left(\tfrac{2}{n}\right)^2 + \left(2\cdot\tfrac{2}{n}\right)^2 + \left(3\cdot\tfrac{2}{n}\right)^2 + \left(4\cdot\tfrac{2}{n}\right)^2 + \ldots + \left((n-1)\cdot\tfrac{2}{n}\right)^2 + \left(n\cdot\tfrac{2}{n}\right)^2\right)$$
$$= \left(\tfrac{2}{n}\right)^3\cdot\left(1 + 2^2 + 3^2 + 4^2 + \ldots + (n-1)^2 + n^2\right)$$
$$= \left(\tfrac{2}{n}\right)^3\cdot\frac{n\cdot(n+1)\cdot(2n+1)}{6}$$
$$= \frac{8\cdot n\cdot(n+1)\cdot(2n+1)}{6\cdot n^3}$$
$$= \frac{4}{3}\cdot\frac{(n+1)\cdot(2n+1)}{n^2}$$
$$= \frac{4}{3}\cdot\frac{n+1}{n}\cdot\frac{2n+1}{n}$$
$$= \frac{4}{3}\cdot\left(1 + \frac{1}{n}\right)\cdot\left(2 + \frac{1}{n}\right)$$

Der Formelsammlung oder einem CAS entnimmt man:

$$1 + 2^2 + 3^2 + \ldots + n^2 = \sum_{k=1}^{n} k^2 = \frac{n\cdot(n+1)\cdot(2n+1)}{6}$$

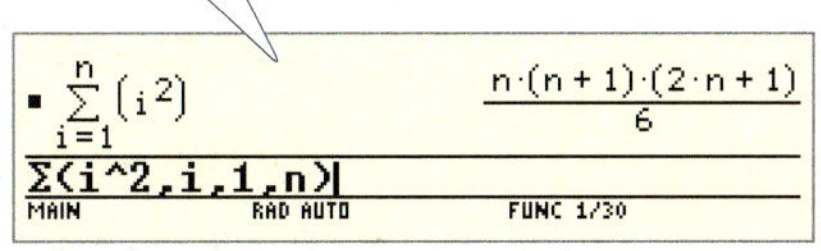

Für $n \to \infty$ gilt $\frac{1}{n} \to 0$. Dann gilt für $n \to \infty$ auch $1 + \frac{1}{n} \to 1$ und $2 + \frac{1}{n} \to 2$.

Somit folgt: $\lim\limits_{n \to \infty} \frac{4}{3} \cdot \left(1 + \frac{1}{n}\right) \cdot \left(2 + \frac{1}{n}\right) = \frac{4}{3} \cdot 1 \cdot 2 = \frac{8}{3}$

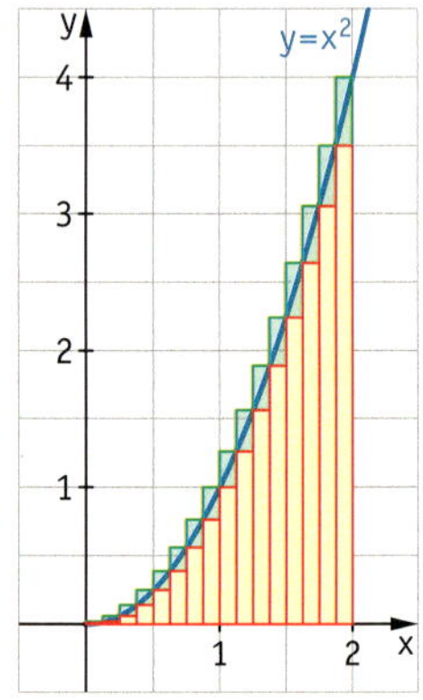

Der Grenzwert der Obersummen ist also tatsächlich $\frac{8}{3}$ und daher gilt für den gesuchten Flächeninhalt A: $A \le \frac{8}{3}$.
Durch die Annäherung an den Funktionsgraphen durch Treppenfiguren von oben haben wir mit dem Grenzwert der Obersummen für den gesuchten Flächeninhalt die Abschätzung $A \le \frac{8}{3}$ erhalten.
Es ist naheliegend, durch eine Annäherung an den Funktionsgraphen durch Treppenfiguren von *unten* den gesuchten Flächeninhalt entsprechend mit dem Grenzwert der *Untersummen* $\underline{S}_n$ abzuschätzen.

(4) Abschätzen des gesuchten Flächeninhalts durch den Grenzwert der Untersummen

Die Untersumme $\underline{S}_n$ erhält man analog zur Bestimmung der Obersumme $\overline{S}_n$. Sie ist die Summe der Flächeninhalte aller Rechtecke mit der Breite $\Delta x = \frac{2}{n}$ und der Höhe, die durch den jeweils *kleinsten* Funktionswert in dem Streifen bestimmt ist.

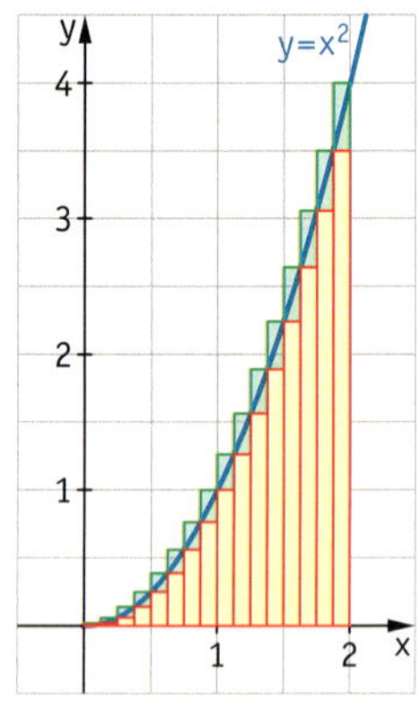

Statt alle Berechnungen für $\underline{S}_n$ erneut durchzuführen, nutzen wir aus, dass wir wegen der Monotonie von $f(x) = x^2$ auf dem Intervall [0; 2] die Rechtecke von $\underline{S}_n$ durch Verschiebung der Rechtecke von $\overline{S}_n$ jeweils um ein Rechteck nach rechts erhalten. Dabei kommt am Anfang ein Rechteck mit dem Flächeninhalt null hinzu und am Ende entfällt das letzte Rechteck von $\overline{S}_n$ über dem Teilintervall $\left[2 - \frac{2}{n}; 2\right]$, das den Flächeninhalt $\frac{2}{n} \cdot 2^2$ hat.

Daher gilt: $\underline{S}_n = \overline{S}_n - \frac{2}{n} \cdot 2^2 = \overline{S}_n - \frac{8}{n}$.

Für $n \to \infty$ gilt $\overline{S}_n \to \frac{8}{3}$ und $\frac{8}{n} \to 0$. Damit folgt ebenfalls $\lim\limits_{n \to \infty} \underline{S}_n = \frac{8}{3}$.
Also gilt: $A \ge \frac{8}{3}$.

Insgesamt erhalten wir: $\lim\limits_{n \to \infty} \underline{S}_n \le A \le \lim\limits_{n \to \infty} \overline{S}_n$,

$$\frac{8}{3} \le A \le \frac{8}{3}$$

also $A = \frac{8}{3}$

(5) Rückblick auf den Lösungsweg

Wir haben den Flächeninhalt A der Fläche, die der Graph der Funktion f mit $f(x) = x^2$ mit der x-Achse über dem Intervall [0; 2] einschließt, berechnet, indem wir die Fläche zunächst durch Treppenfiguren aus gleich breiten Rechteckstreifen angenähert haben. Die zugehörigen Untersummen $\underline{S}_n$ und Obersummen $\overline{S}_n$ waren dabei jeweils Näherungswerte für den gesuchten Flächeninhalt mit $\underline{S}_n \le A \le \overline{S}_n$.
Je größer man die Anzahl n der Rechteckstreifen wählt, desto genauer nähern $\underline{S}_n$ und $\overline{S}_n$ den Flächeninhalt A an. Da die Obersummen $\overline{S}_n$ und die Untersummen $\underline{S}_n$ den gemeinsamen Grenzwert $\frac{8}{3}$ haben, muss auch $A = \frac{8}{3}$ sein.
Ergebnis: Für den Flächeninhalt A der Fläche unter dem Graphen der Funktion f mit $f(x) = x^2$ über dem Intervall [0; 2] gilt: $A = \frac{8}{3}$.

Somit gilt also $\int_0^2 x^2\,dx = \frac{8}{3}$.

In der folgenden Aufgabe soll das Integral der Funktion f mit $f(x) = x^2$ über einem Intervall mit *beliebiger*, aber fester oberer Intervallgrenze berechnet werden.

Aufgabe

1 Berechnen Sie für $b > 0$ das Integral $\int_0^b x^2\,dx$ als gemeinsamen Grenzwert der Obersummen $\overline{S}_n$ und der Untersummen $\underline{S}_n$.

Lösung

(1) Aufstellen einer Formel für die Obersumme $\overline{S}_n$ und einer Formel für die Untersumme $\underline{S}_n$

Für die Breite Δx der Rechteckstreifen gilt: $\Delta x = \frac{b}{n}$

Die Intervallgrenzen der einzelnen Teilintervalle sind dann $x_0 = 0$, $x_1 = \frac{b}{n}$, $x_2 = 2 \cdot \frac{b}{n}$, $x_3 = 3 \cdot \frac{b}{n}$, ..., $x_{n-1} = (n-1) \cdot \frac{b}{n}$, $x_n = n \cdot \frac{b}{n} = b$.

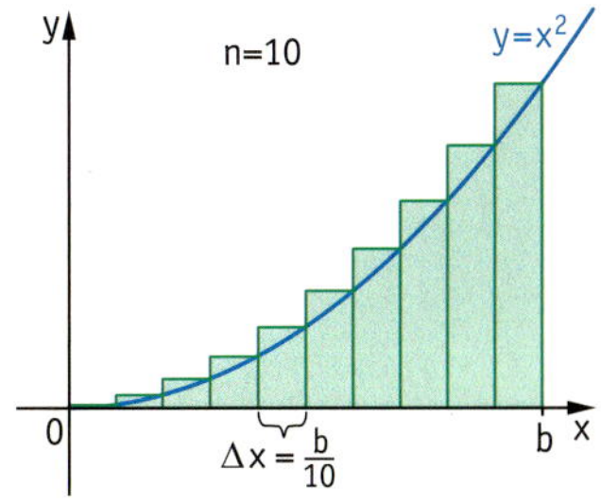

Die Funktion f mit $f(x) = x^2$ ist in jedem Intervall $[0; b]$ mit $b > 0$ monoton wachsend. Deshalb sind die Rechteckhöhen die Funktionswerte von f an den rechten Rändern der Streifen und man erhält für die Obersummen:

$$\overline{S}_n = \Delta x \cdot \left(f(x_1) + f(x_2) + f(x_3) + \ldots + f(x_{n-1}) + f(x_n)\right)$$
$$= \frac{b}{n} \cdot \left(\left(\frac{b}{n}\right)^2 + \left(2 \cdot \frac{b}{n}\right)^2 + \left(3 \cdot \frac{b}{n}\right)^2 + \ldots + \left((n-1) \cdot \frac{b}{n}\right)^2 + \left(n \cdot \frac{b}{n}\right)^2\right)$$
$$= \frac{b}{n} \cdot \left(\frac{b^2}{n^2} + 2^2\frac{b^2}{n^2} + 3^2\frac{b^2}{n^2} + \ldots + (n-1)^2\frac{b^2}{n^2} + n^2\frac{b^2}{n^2}\right)$$
$$= \frac{b^3}{n^3} \cdot \left(1^2 + 2^2 + 3^2 + \ldots + (n-1)^2 + n^2\right)$$

$1^2 + 2^2 + 3^2 + \ldots + n^2 = \frac{n \cdot (n+1) \cdot (2n+1)}{6}$

$$= \frac{b^3}{n^3} \cdot \frac{n(n+1)(2n+1)}{6}$$
$$= \frac{b^3}{6} \cdot \left(1 + \frac{1}{n}\right)\left(2 + \frac{1}{n}\right)$$

Bei der Untersumme sind die Rechteckhöhen die Funktionswerte von f an den linken Rändern der Streifen. Damit erhält man wie in der Einführung:

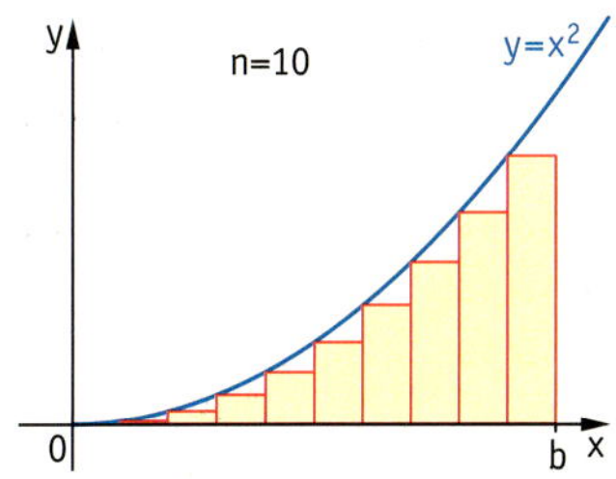

$$\underline{S}_n = \overline{S}_n - \Delta x \cdot f(b)$$
$$= \overline{S}_n - \frac{b}{n} \cdot b^2$$
$$= \frac{b^3}{6} \cdot \left(1 + \frac{1}{n}\right)\left(2 + \frac{1}{n}\right) - \frac{b^3}{n}$$

(2) Grenzwertbestimmung

Nun kann man zu jedem n direkt den Wert der Obersumme $\overline{S}_n$ bzw. der Untersumme $\underline{S}_n$ berechnen und für $n \to \infty$ die Grenzwerte bestimmen.

Für das gesuchte Integral gilt also:

$$\frac{b^3}{6} \cdot \left(1 + \frac{1}{n}\right)\left(2 + \frac{1}{n}\right) - \frac{b^3}{n} < \int_0^b x^2\,dx < \frac{b^3}{6} \cdot \left(1 + \frac{1}{n}\right)\left(2 + \frac{1}{n}\right)$$

Für $n \to \infty$ gilt: $\left(1 + \frac{1}{n}\right) \to 1$, $\left(2 + \frac{1}{n}\right) \to 2$, $\frac{b^3}{n} \to 0$

Also ergibt sich für $n \to \infty$:

$$\frac{b^3}{6} \cdot 1 \cdot 2 - 0 \le \int_0^6 x^2\,dx \le \frac{b^3}{6} \cdot 1 \cdot 2$$

$$\frac{b^3}{3} \le \int_0^b x^2\,dx \le \frac{b^3}{3}$$

(3) Ergebnis

Für die Funktion f mit $f(x) = x^2$ gilt:

$$\int_0^b x^2\,dx = \frac{1}{3}b^3 \text{ für alle } b > 0$$

Weiterführende Aufgaben

2 Untersumme und Obersumme bei monoton fallender Funktion

Gegeben ist die Funktion f mit $f(x) = -x^2 + 4$.

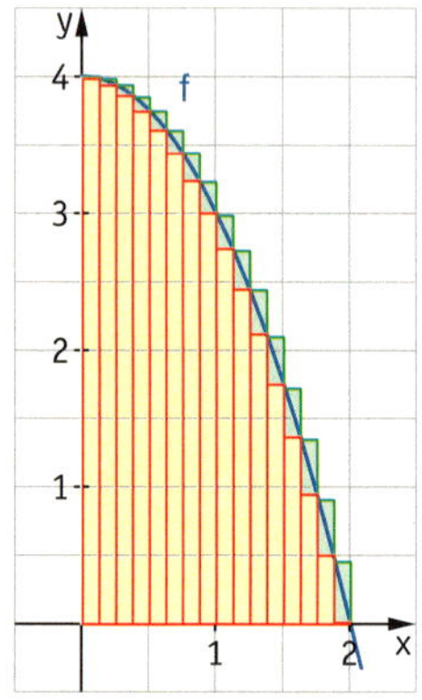

Berechnen Sie das Integral $\int_0^2 f(x)\,dx$ als gemeinsamen Grenzwert von Ober- und Untersummen.

Nennen Sie Unterschiede zur Funktion f mit $f(x) = x^2$.

> *Beachten Sie:*
> $1^2 + 2^2 + 3^2 + \ldots + n^2 = \frac{n \cdot (n+1) \cdot (2n+1)}{6}$
> $0^2 + 1^2 + 2^2 + 3^2 + \ldots + (n-1)^2 = \frac{(n-1)\,n\,(2n-1)}{6}$

3 Untersumme und Obersumme bei Funktionen mit negativen und positiven Funktionswerten

Rechts ist der Graph einer Funktion f über dem Intervall [0; 4] abgebildet. Das Intervall wurde in vier Teilintervalle zerlegt. Übertragen Sie die Abbildung in Ihr Heft und zeichnen Sie die obere und die untere Treppenfigur ein. Berechnen Sie $\overline{S}_4$ und $\underline{S}_4$.

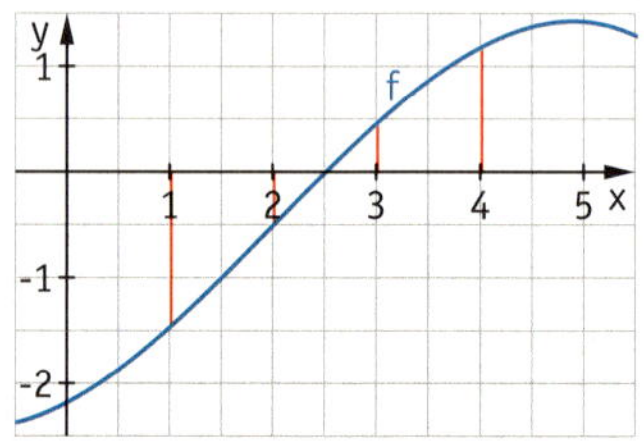

Hinweis: Die Höhe h eines Rechteckstreifens über einem Teilintervall $[x_i; x_{i+1}]$ ergibt sich aus folgender Tabelle:

	f ist monoton wachsend über $[x_i; x_{i+1}]$	f ist monoton fallend über $[x_i; x_{i+1}]$
Höhe des Rechteckstreifens bei Obersumme	$f(x_{i+1})$	$f(x_i)$
Höhe des Rechteckstreifens bei Untersumme	$f(x_i)$	$f(x_{i+1})$

4 Integralformeln

a) Zeigen Sie für b > 0: $\int_0^b x\,dx = \frac{b^2}{2}$. Fertigen Sie hierzu eine Skizze an und begründen Sie die Formel

(1) durch geometrische Überlegungen ohne die Verwendung von Ober- und Untersummen;

(2) als gemeinsamen Grenzwert von Ober- und Untersummen.

Folgern Sie für $0 \le a < b$: $\int_a^b x\,dx = \frac{b^2}{2} - \frac{a^2}{2}$

b) In Aufgabe 1 wurde für b > 0 gezeigt: $\int_0^b x^2\,dx = \frac{b^3}{3}$.

Folgern Sie für $0 \le a < b$: $\int_a^b x^2\,dx = \frac{b^3}{3} - \frac{a^3}{3}$

> Beachten Sie dabei:
> $1^3 + 2^3 + 3^3 + \ldots + m^3$
> $= \frac{1}{4} m^2 \cdot (m+1)^2$

c) Berechnen Sie für b > 0 das Integral $\int_0^b x^3\,dx$ als gemeinsamen Grenzwert von Ober- und Untersummen.

Folgern Sie für $0 \le a < b$: $\int_a^b x^3\,dx = \frac{b^4}{4} - \frac{a^4}{4}$

d) Zeigen Sie für b > 0: $\int_0^b \sqrt{x}\,dx = \frac{2}{3} b \sqrt{b}$.

Fertigen Sie hierzu eine Skizze an und begründen Sie die Formel mittels geometrischer Überlegungen und bekannter Integrale.

Folgern Sie für $0 \le a < b$: $\int_a^b \sqrt{x}\,dx = \frac{2}{3} b \sqrt{b} - \frac{2}{3} a \sqrt{a}$

5 Unterschiedliche Grenzwerte von Unter- und Obersummen

Die Funktion f ist über dem Intervall [0; 1] gegeben durch $f(x) = \begin{cases} 1 & \text{falls x eine rationale Zahl ist;} \\ 0 & \text{falls x eine irrationale Zahl ist.} \end{cases}$

a) Beschreiben Sie den Funktionsgraphen. Welche Probleme gibt es hinsichtlich der Darstellung des Graphen von f?

b) Berechnen Sie die Obersumme $\overline{S}_n$ und die Untersumme $\underline{S}_n$ für $n = 5, 10, 100, 1000$. Verallgemeinern Sie Ihr Ergebnis für eine beliebige natürliche Zahl n.

c) Erläutern Sie, warum für die Funktion f das Integral $\int_0^1 f(x)\,dx$ nicht definiert ist.

Information

(1) Grenzwertdefinition des Integrals

Bei der geometrischen Definition des Integrals wurde auf den *geometrischen* Begriff des Flächeninhalts Bezug genommen. Man kann das Integral einer Funktion auch definieren, ohne auf den geometrischen Begriff der Fläche zurückzugreifen, indem man das Integral über das *Verfahren* definiert, mit dem wir in der Einführung und in der Aufgabe 1 den Flächeninhalt krummlinig berandeter Flächen berechnet haben.

In der Einführung wurde ein Intervall betrachtet, in dem die Funktion f monoton wächst. Wenn die Funktion f monoton fällt, können diese Überlegungen leicht übertragen werden, indem die Terme von Untersumme und Obersumme vertauscht werden (siehe Aufgabe 2).

Für die Funktion f rechts gilt:
f ist in [a; c] monoton wachsend, in [c; d] monoton fallend und in [d; b] monoton steigend.
Das Integral von f von a bis b berechnen wir als Summe der Integrale über diesen Teilintervallen, in denen f entweder monoton wächst oder monoton fällt:

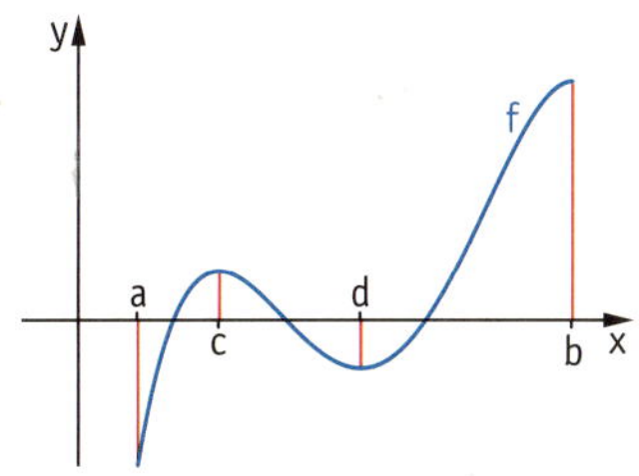

$$\int_a^b f(x)\,dx = \int_a^c f(x)\,dx + \int_c^d f(x)\,dx + \int_d^b f(x)\,dx$$

Grenzwertdefinition des Integrals

Gegeben ist eine Funktion f, die über einem Intervall [a; b] definiert und

monoton wachsend | monoton fallend ist.

Das Integral $\int_a^b f(x)\,dx$ ist eine Zahl, die man nach folgendem Verfahren erhält:

(1) Man teilt das Intervall [a; b] in n Teilintervalle der Breite $\Delta x = \frac{b-a}{n}$ auf.
Die Intervallgrenzen dieser Teilintervalle sind dann:
$x_0 = a,\ x_1 = a + \Delta x,\ x_2 = a + 2\cdot\Delta x,\ x_3 = a + 3\cdot\Delta x,\ x_4 = a + 4\cdot\Delta x,\ \ldots,\ x_n = a + n\cdot\Delta x = b$

(2) Man bestimmt die zugehörige

monoton wachsend	monoton fallend
Untersumme $\underline{S}_n = \Delta x\cdot\big(f(x_0) + f(x_1) + f(x_2) + \ldots + f(x_{n-1})\big)$	Obersumme $\overline{S}_n = \Delta x\cdot\big(f(x_0) + f(x_1) + f(x_2) + \ldots + f(x_{n-1})\big)$
und Obersumme $\overline{S}_n = \Delta x\cdot\big(f(x_1) + f(x_2) + \ldots + f(x_{n-1}) + f(x_n)\big)$	und Untersumme $\underline{S}_n = \Delta x\cdot\big(f(x_1) + f(x_2) + \ldots + f(x_{n-1}) + f(x_n)\big)$

(3) Der gemeinsame Grenzwert der Obersummen $\overline{S}_n$ und der Untersummen $\underline{S}_n$ wird das **Integral von f von a bis b** genannt.

$$\int_a^b f(x)\,dx = \lim_{n\to\infty} \underline{S}_n = \lim_{n\to\infty} \overline{S}_n$$

Information

(2) Erläuterungen zum Integralzeichen

Das Integralzeichen $\int$ ist ein langgezogenes S. Es ist historisch auf die Summation der Produkte $\Delta x \cdot f(x_i)$ in der Untersumme und Obersumme zurückzuführen. Das Zeichen dx hat seinen Ursprung in dem Δx, welches die Breite der einzelnen Teilintervalle bezeichnet.

Die Funktion, über die integriert wird, nennt man **Integrandenfunktion**. Die Integrationsvariable kann auch anders bezeichnet werden, zum Beispiel mit s oder t:

$\int_0^4 f(s)\,ds = \int_0^4 f(t)\,dt.$

(3) Integralformel für Potenzfunktionen

Die Formeln $\int_a^b x\,dx = \frac{b^2}{2} - \frac{a^2}{2}$, $\int_a^b x^2\,dx = \frac{b^3}{3} - \frac{a^3}{3}$ und $\int_a^b x^3\,dx = \frac{b^4}{4} - \frac{a^4}{4}$ ... lassen sich für einen beliebigen natürlichen Exponenten verallgemeinern:

Satz: Integralformel für Potenzfunktionen

Für $n \in \mathbb{N}$ gilt: $\int_a^b x^n\,dx = \frac{b^{n+1}}{n+1} - \frac{a^{n+1}}{n+1}$

Übungsaufgaben

6 Gegeben ist die Funktion f mit $f(x) = 2 - x^2$.

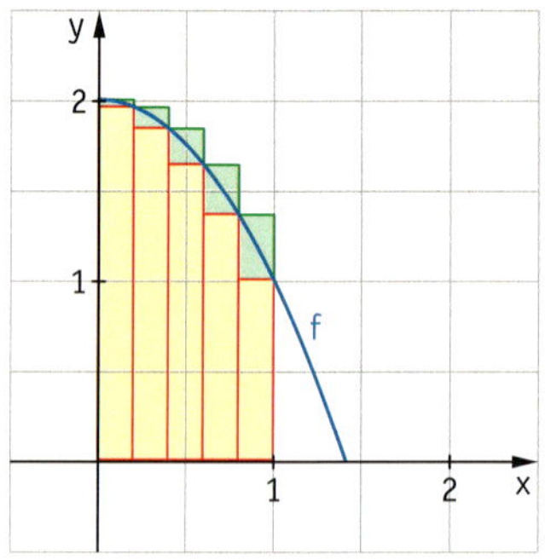

a) Zeichnen Sie den Graphen der Funktion f über dem Intervall [0; 1]. Wählen Sie dabei 10 cm für eine Einheit.
Zeichnen Sie außerdem eine untere Treppenfigur und eine obere Treppenfigur aus jeweils 5 Rechteckstreifen ein.

b) Bestimmen Sie den Inhalt $\underline{S}_5$ bzw. $\overline{S}_5$ der Fläche, die die untere bzw. obere Treppenfigur mit der x-Achse einschließt, und schätzen Sie das Integral $\int_0^1 (2 - x^2)\,dx$ mithilfe von $\underline{S}_5$ und $\overline{S}_5$ ab.

c) Erhöhen Sie die Anzahl der Rechteckstreifen auf 10 und schätzen Sie damit das Integral erneut ab.

d) Zeigen Sie, dass man allgemein für n Rechteckstreifen mit der Breite $\Delta x = \frac{1}{n}$ erhält:

$\underline{S}_n = 2 - \frac{(n+1)(2n+1)}{6n^2}$ und $\overline{S}_n = 2 - \frac{(n+1)(2n+1)}{6n^2} + \frac{1}{n}$

Beachten Sie:
$1^2 + 2^2 + 3^2 + \ldots + (m-1)^2 + m^2 = \sum_{k=1}^{m} k^2 = \frac{m \cdot (m+1) \cdot (2m+1)}{6}$

e) Wie groß muss die Anzahl n der Rechteckstreifen gewählt werden, damit $\underline{S}_n$ und $\overline{S}_n$ auf fünf Nachkommastellen übereinstimmen?
Was bedeutet das für das Integral $\int_0^1 (2 - x^2)\,dx$?

7 Gegeben ist die Funktion f mit $f(x) = 2^x$. Mithilfe eines Rechners sollen über dem Intervall [0; 1] Unter- und Obersummen berechnet werden.

a) Berechnen Sie $\overline{S}_{10}$ und $\underline{S}_{10}$. Geben Sie eine Abschätzung für $\int_0^1 2^x\,dx$ an.

b) Berechnen Sie $\underline{S}_{100}$ und $\overline{S}_{100}$ und geben Sie damit entsprechende Abschätzungen für $\int_0^1 2^x\,dx$ an.

8 Berechnen Sie für das folgende Integral Unter- und Obersummen für 20, 50, 100 und 200 Rechteckstreifen mithilfe eines Rechners. Erläutern Sie, wie mithilfe der Ober- und Untersummen das Integral bestimmt werden kann, und schätzen Sie anhand Ihrer Berechnungen den Wert des Integrals ab.
Hinweis: Achten Sie auf das Monotonieverhalten.

a) $\int_0^5 0{,}2\,x^2\,dx$ **b)** $\int_0^2 (x^2 - 4)\,dx$ **c)** $\int_1^4 \frac{1}{x}\,dx$ **d)** $\int_{-1}^1 (2 - x^2)\,dx$

9 Bestimmen Sie das Integral als Grenzwert der Ober- und Untersummen.

a) $\int_0^4 3x^2\,dx$ **b)** $\int_0^5 (x^2+3)\,dx$ **c)** $\int_0^2 (-x^3)\,dx$

10 Bestimmen Sie das Integral mithilfe geometrischer Überlegungen *ohne* Rückgriff auf Ober- und Untersummen. Skizzieren Sie zunächst den Graphen der Integrandenfunktion.

a) $\int_0^2 (x+2)\,dx$ **b)** $\int_0^3 1\,dx$ **c)** $\int_0^8 (4-\frac{1}{2}x)\,dx$

11 Integrale näherungsweise mit einem Rechner bestimmen

Hier wurde das Integral $\int_{0,5}^6 \frac{1}{5}(x-1)(x-5)(x-8)\,dx$ mithilfe eines Rechners näherungsweise bestimmt.

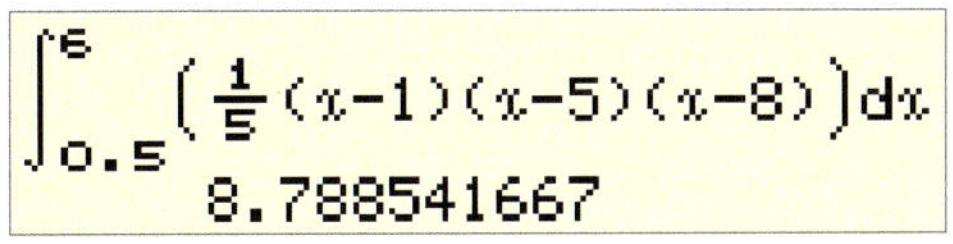

a) Informieren Sie sich über die Möglichkeiten Ihres Rechners, Integrale näherungsweise zu bestimmen, und wenden Sie diese für das hier gezeigte Beispiel an.

b) Benutzen Sie die Integralformeln aus der Aufgabe 4 und berechnen Sie damit folgende Integrale:

(1) $\int_2^7 x^2\,dx$ (2) $\int_1^{10} x^3\,dx$

Berechnen Sie anschließend die Integrale mithilfe Ihres Rechners und vergleichen Sie.

12 Bestimmen Sie das Integral näherungsweise mithilfe eines Rechners.

a) $\int_{-2}^3 (x^3-4x^2+1)\,dx$ **b)** $\int_{-1}^0 x(x-1)^5\,dx$ **c)** $\int_{-3}^3 \frac{x}{x^2+1}\,dx$

13 Geben Sie den Flächeninhalt der Fläche zwischen dem Graphen von f und der x-Achse über dem Intervall I mithilfe eines Integrals an und berechnen Sie dessen Wert.

a) $f(x)=x^2,\ I=[1;3]$ **b)** $f(x)=x^3,\ I=[1;2]$ **c)** $f(x)=x^4,\ I=[-2;2]$

14

a) Zeichnen Sie die Graphen zu f mit $f(x)=\sqrt[3]{x}$ für den Bereich $0 \le x \le 1$.
Bestimmen Sie mittels geometrischer Überlegungen und bekannter Integrale das Integral $\int_0^1 \sqrt[3]{x}\,dx$.

b) Bestimmen Sie $\int_0^b \sqrt[3]{x}\,dx$ sowie $\int_a^b \sqrt[3]{x}\,dx$ für $0 \le a < b$.

15 Untersuchen Sie, welchen Wert b annehmen muss, damit gilt:

a) $\int_0^b x^2\,dx = 9$ **b)** $\int_0^b (x^2-3)\,dx = 0$ **c)** $\int_{-1}^b x^3\,dx = \frac{15}{4}$

16 Ein Auto erhöht seine Geschwindigkeit in 10 s von $80\,\frac{km}{h}$ auf $120\,\frac{km}{h}$. Berechnen Sie die Länge der Strecke, die das Auto in dieser Zeit zurücklegt, falls

a) die Beschleunigung gleichmäßig erfolgt;

b) die Geschwindigkeit des Autos sich entsprechend dem abgebildeten parabelförmigen Graphen des Fahrtenschreibers ändert.

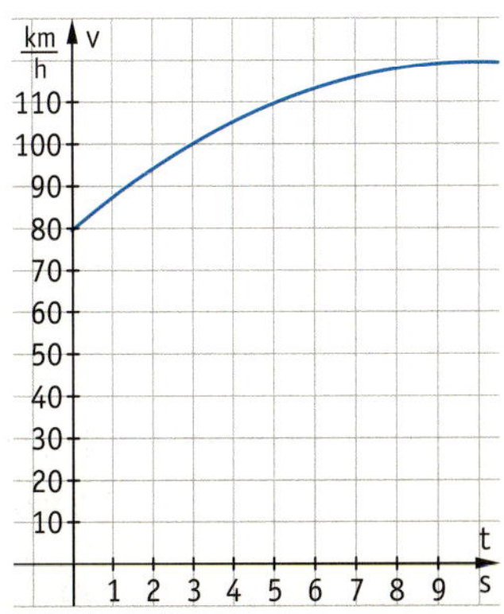

1.2 Zusammenhang zwischen Differenzieren und Integrieren

1.2.1 Integralfunktionen

Einstieg

Unmittelbar nach dem Deichbruch eines Flusses fließen etwa 150 m³ Wasser pro Minute durch die Bruchstelle. Man geht davon aus, dass sich die Bruchstelle durch den Wasserfluss so vergrößert, dass sich innerhalb einer Minute die Durchflussstärke um 30 m³ pro Minute erhöht.

- Beschreiben Sie die Durchflussstärke (in m³ pro Minute) zum Zeitpunkt t nach dem Dammbruch mithilfe eines Funktionsterms f(t). Zeichnen Sie den Graphen von f.
- Wieviel Wasser ist nach 10 min, 20 min, 30 min, x min durch die Bruchstelle geflossen? Beschreiben Sie die Funktion I, die jedem Zeitpunkt x (in min) nach dem Dammbruch die bisher durchgeflossene Wassermenge (in m³) zuordnet, auch mithilfe eines Integrals. Zeichnen Sie den Graphen von I.

Aufgabe

1 Der Kraftstoffverbrauch und die Emissionen bei einem Auto sind bei gleichmäßiger Fahrweise auf den ersten Kilometern nach einem Kaltstart am höchsten, da weder der Motor noch der Katalysator die ideale Betriebstemperatur erreicht haben.

Normalerweise wird der Kraftstoffverbrauch in $\frac{l}{100\,km}$ angegeben. Die nachfolgenden Rechnungen werden jedoch übersichtlicher, wenn wir den Verbrauch in $\frac{l}{km}$ messen.

Die nebenstehende Tabelle zeigt für ein bestimmtes Fahrzeug den *momentanen* Kraftstoffverbrauch in $\frac{l}{km}$ in Abhängigkeit von der Länge der gefahrenen Strecke.

Länge der Fahrstrecke (in km)	1	2	3	4	5
momentaner Kraftstoffverbrauch (in $\frac{l}{km}$)	0,150	0,129	0,113	0,100	0,088

a) Erläutern Sie die Tabelle. Berechnen Sie näherungsweise anhand der Tabelle den insgesamt verbrauchten Kraftstoff nach einer Fahrt von 4 km.

b) Die in der Tabelle angegebenen Datenpaare können gut durch den rechts abgebildeten Graphen der Funktion k mit $k(x) = 0{,}2 - 0{,}05\sqrt{x}$ beschrieben werden.
Begründen Sie, dass das Integral $\int_0^4 k(x)\,dx$ angibt, wie viel Liter Kraftstoff nach einer Fahrstrecke von 4 km insgesamt verbraucht wurden, und berechnen Sie das Integral. Verwenden Sie dazu gegebenenfalls einen Rechner.

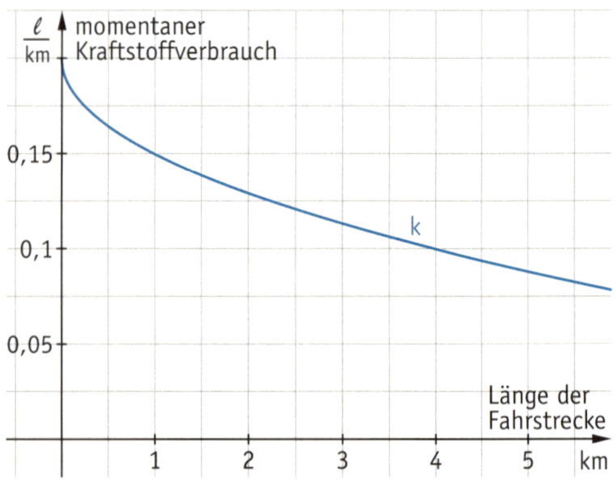

c) Legen Sie eine Wertetabelle mithilfe eines Rechners für x = 1, 2, 3, 4, 5 an und bestimmen Sie eine Funktion, die angibt, wie viel Liter Kraftstoff jeweils nach einer Fahrstrecke von x km insgesamt verbraucht wurden.

Lösung

a) In der Tabelle wird für verschiedene Fahrstreckenlängen (in km) jeweils ein bestimmter Benzinverbrauch $\left(\text{in } \frac{l}{km}\right)$ angegeben. Um den Kraftstoffverbrauch des Fahrzeugs nach insgesamt 4 km näherungsweise zu berechnen, nehmen wir wegen der fehlenden Zwischenwerte vereinfachend an, dass der momentane Kraftstoffverbrauch stückweise konstant ist: 0,150 l während des ersten Kilometers, 0,129 l während des zweiten Kilometers usw.

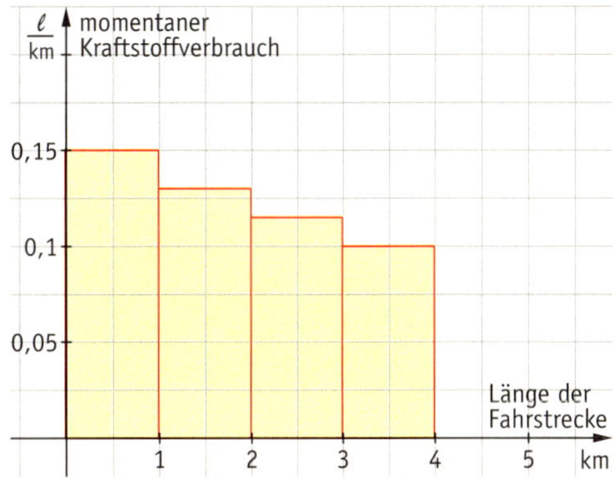

Dann können wir die Menge des verbrauchten Kraftstoffs während der einzelnen Streckenabschnitte durch den orientierten Flächeninhalt der Rechtecke veranschaulichen, die als Breite $\Delta x = 1$ (Länge der Teilstrecken) und als Höhe den jeweiligen als konstant unterstellten momentanen Kraftstoffverbrauch während dieser Teilstrecke haben. Wir erhalten als Näherungswert für den Verbrauch nach 4 km Fahrt:

$$1\,\text{km} \cdot 0{,}150 \frac{l}{\text{km}} + 1\,\text{km} \cdot 0{,}129 \frac{l}{\text{km}} + 1\,\text{km} \cdot 0{,}113 \frac{l}{\text{km}} + 1\,\text{km} \cdot 0{,}100 \frac{l}{\text{km}}$$
$$= (0{,}150 + 0{,}129 + 0{,}113 + 0{,}100)\,l = 0{,}492\,l$$

Während der ersten 4 Fahrkilometer wurde also etwa $\frac{1}{2}$ Liter Kraftstoff verbraucht.

b) Der in Teilaufgabe a) berechnete Näherungswert für den Kraftstoffverbrauch nach einer Fahrt von 4 km ist die Untersumme $\underline{S}_4$ für das Integral $\int_0^4 k(x)\,dx$. In der Abbildung rechts ist dieses Integral als gefärbte Fläche veranschaulicht.

Aus Änderungsraten rekonstruierter Bestand

Dementsprechend gibt das Integral $\int_0^4 k(x)\,dx$ an, wie viel Liter Kraftstoff nach einer Fahrstrecke von 4 km insgesamt verbraucht wurden.

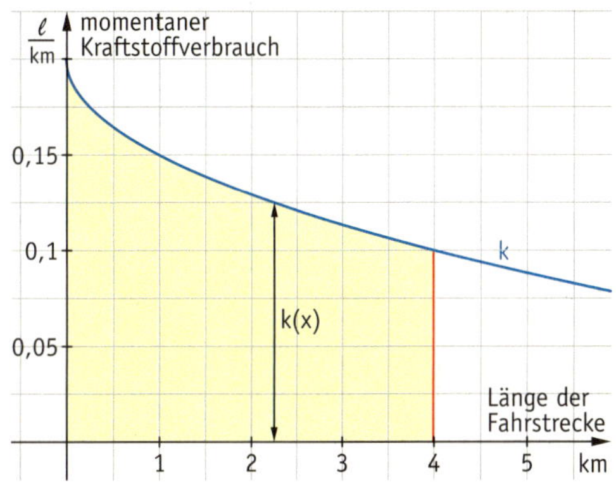

$\int_0^4 (0.2-0.05\sqrt{x})dx$
0.533333095

Mithilfe eines Rechners erhält man

$$\int_0^4 k(x)\,dx = \int_0^4 (0{,}2 - 0{,}05\sqrt{x})\,dx \approx 0{,}533.$$

Ergebnis: Der Kraftstoffverbrauch beträgt nach 4 km Fahrstrecke etwa 0,533 l.

c) Bezeichnet $I(x)$ den Kraftstoffverbrauch nach einer Fahrstrecke von x km, so ist

$$I(x) = \int_0^x k(t)\,dt = \int_0^x (0{,}2 - 0{,}05\sqrt{t})\,dt.$$

Dabei bezeichnen wir die Variable der Funktion k mit t, damit der Buchstabe x nicht in zweierlei Bedeutung vorkommt: einmal als Variable der Funktion k und ein anderes Mal als Variable der Funktion I.

Mithilfe eines Rechners erhält man folgende Wertetabelle:

x (in km)	1	2	3	4	5
I(x) (in l)	0,167	0,306	0,427	0,533	0,627

Auch für jeden weiteren Wert x mit $0 \le x \le 5$ gibt das Integral $\int_0^x k(t)\,dt = \int_0^x (0{,}2 - 0{,}05\sqrt{t})\,dt$ den Kraftstoffverbrauch $I(x)$ in Abhängigkeit von der zurückgelegten Strecke x an.

Durch $I(x) = \int_0^x k(t)\,dt$ ist also eine Funktion I gegeben, die zu jeder Wegstrecke x den bis dahin erfolgten Kraftstoffverbrauch angibt.

Information

Begriff der Integralfunktion

Die in Aufgabe 1 gegebene Funktion k mit $k(x) = 0{,}2 - 0{,}05\sqrt{x}$ ordnet jeder Stelle x der Fahrstrecke den jeweiligen momentanen Kraftstoffverbrauch zu. Zu dieser Funktion haben wir dann die Funktion I gebildet, die zu jeder Stelle x der Fahrstrecke die bis dahin verbrauchte Menge Kraftstoff angibt. Die Funktionswerte I(x) lassen sich jeweils als Integral über die Funktion k in den Grenzen von 0 bis x berechnen:

$$I(x) = \int_0^x k(t)\,dt$$

Die obere Grenze dieses Integrals ist dabei die Variable x. In Aufgabe 1 war die untere Grenze null. Bei anderen Sachsituationen können auch andere Zahlen als untere Grenze vorkommen.

Definition: Integralfunktion

Gegeben ist eine Funktion f.

Für eine fest gewählte Zahl a heißt die Funktion I_a mit

$I_a(x) = \int_a^x f(t)\,dt$,

die jeder Stelle x den Wert des Integrals $\int_a^x f(t)\,dt$ zuordnet,

Integralfunktion von f mit der unteren Grenze a.

Nicht verwechseln mit der Integrandenfunktion f, über die integriert wird.

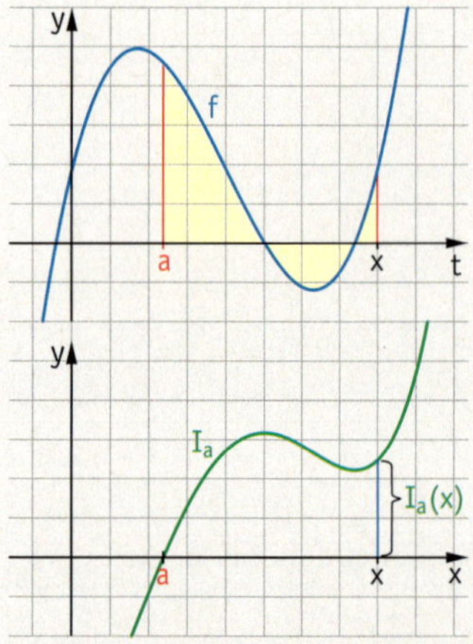

Beispiele

Um die Definition zu verdeutlichen, bestimmen wir zu $f(x) = x^2$ die Integralfunktionen I_0, I_1 und $I_{1,5}$:

(1) $I_0(x) = \int_0^x t^2\,dt = \frac{x^3}{3} - \frac{0^3}{3} = \frac{x^3}{3}$,
für $x > 0$

(2) $I_1(x) = \int_1^x t^2\,dt = \frac{x^3}{3} - \frac{1^3}{3} = \frac{x^3}{3} - \frac{1}{3}$,
für $x > 1$

(3) $I_{1,5}(x) = \int_{1,5}^x t^2\,dt = \frac{x^3}{3} - \frac{1{,}5^3}{3} = \frac{x^3}{3} - 1{,}125$,
für $x > 1{,}5$

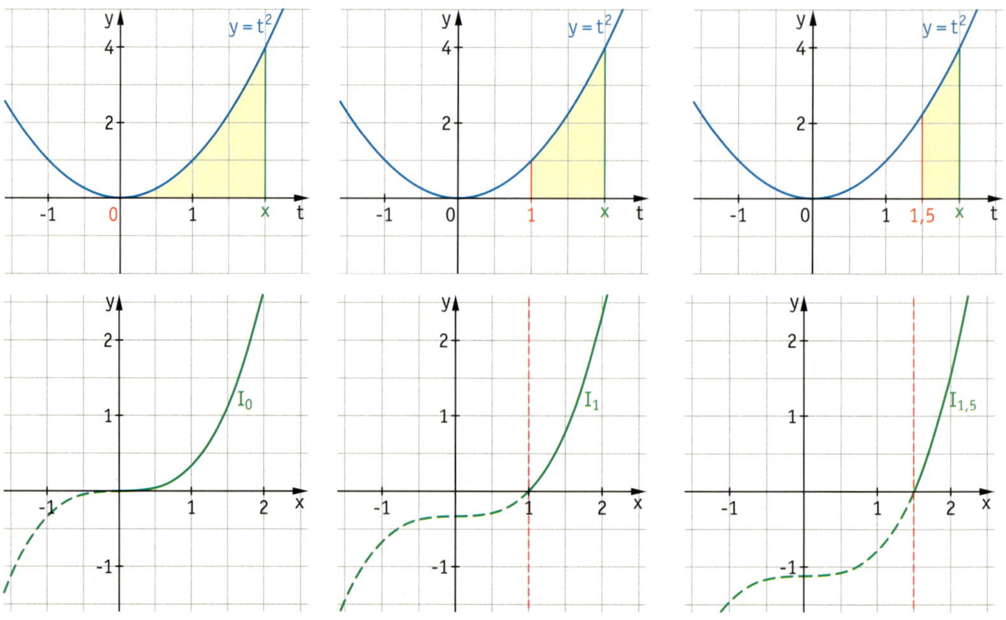

Weiterführende Aufgabe

2 Integrale mit beliebigen Integrationsgrenzen

Wir haben bei der Definition des Integrals $\int_a^b f(x)\,dx$ bisher immer vorausgesetzt, dass $b > a$ ist. Die Beispiele I_0, I_1 und $I_{1,5}$ oben legen aber die Frage einer Definition von $\int_a^b f(x)\,dx$ auch für $b \leq a$ nahe.

a) Verdeutlichen Sie anhand der Beispiele oben, dass die Definition $\int_a^a f(x)\,dx = 0$ sinnvoll ist.

b) Begründen Sie anhand einer Skizze für a, b, c aus dem Definitionsbereich von f mit $a \leq b \leq c$:
$\int_a^b f(x)\,dx + \int_b^c f(x)\,dx = \int_a^c f(x)\,dx.$

c) Begründen Sie, dass die Gleichung $\int_a^b f(x)\,dx + \int_b^c f(x)\,dx = \int_a^c f(x)\,dx$ genau dann für beliebige Integrationsgrenzen a, b, c gilt, falls man $\int_b^a f(x)\,dx = -\int_a^b f(x)\,dx$ setzt.

Integrale mit beliebigen Integrationsgrenzen

(1) $\int_a^a f(x)\,dx = 0$

(2) $\int_b^a f(x)\,dx = -\int_a^b f(x)\,dx$

Beispiele

- $\int_3^3 x^2\,dx = 0$
- $\int_2^1 x^2\,dx = -\int_1^2 x^2\,dx = -\left(\frac{2^3}{3} - \frac{1^3}{3}\right) = -\frac{7}{3}$

Übungsaufgaben

3 Gegeben ist die Funktion f mit $f(x) = 4 - x$.
Bestimmen Sie für $a = -2,\ a = -1,\ \ldots,\ a = 2$ jeweils einen Term für die Integralfunktion I_a.
Stellen Sie die verschiedenen Integralfunktionen grafisch dar. Erläutern Sie die Zusammenhänge.

4 Bestimmen Sie jeweils zum vorgegebenen Wert von a die Integralfunktion I_a von f und zeichnen Sie die Graphen von f und I_a in zwei Koordinatensysteme untereinander.

a) $f(x) = 3x + 1,\ a = 0\ [a = 2;\ a = -1]$

b) $f(x) = 2x - 6,\ a = 0\ [a = 3;\ a = -2]$

c) $f(x) = \frac{1}{2}x - 1,\ a = 0\ [a = 1;\ a = -4]$

d) $f(x) = x^2 + 1,\ a = 0\ [a = 1;\ a = -1]$

5 Bestimmen Sie Funktionsterme für die Integralfunktionen von $f(x) = x^2$ und $g(x) = x^3$.

a) Setzen Sie zunächst voraus, dass die untere Grenze $a \geq 0$ ist.

b) Geben Sie auch jeweils den Funktionsterm im Fall $a < 0$ an.

6 Der Graph rechts zeigt die Zulaufgeschwindigkeit, d.h. die pro Sekunde zulaufende Wassermenge in Liter, beim Füllen einer Badewanne. Bestimmen Sie eine abschnittsweise definierte Funktion F so, dass F(t) die Wassermenge angibt, die sich nach t Sekunden in der Badewanne befindet.

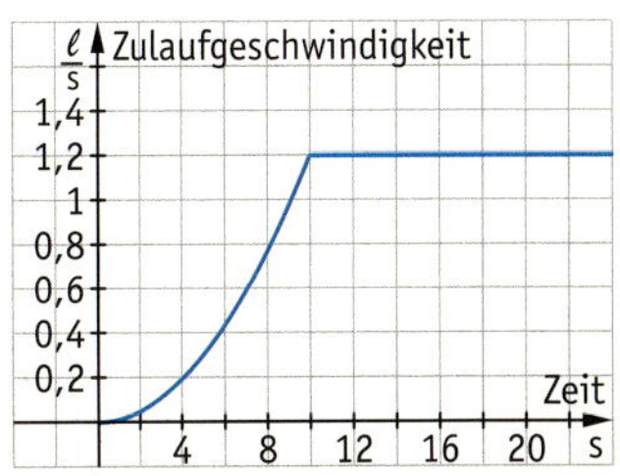

GTR

7 Integralfunktionen mit einem GTR grafisch darstellen

Das nebenstehende GTR-Fenster zeigt, wie man die Integralfunktion direkt in den Funktionen-Editor eingibt. Erläutern Sie die Anzeige und untersuchen Sie, welche Möglichkeiten Ihr Rechner bietet.

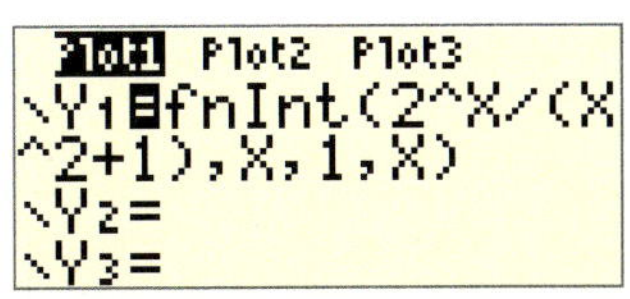

Zeichnen Sie mithilfe eines Rechners den Graphen einer Integralfunktion zu f mit $f(x) = \sqrt{x} \cdot \sin x$ mit $x \geq 0$.

GTR **8** In einem Pumpspeicherwerk wird nachts Wasser aus einem unteren Becken in ein oberes Speicherbecken gepumpt. Zur Stromerzeugung kann das Wasser am Tag über eine Turbine wieder abgelassen werden. Zwischen 20.00 und 22.00 Uhr werden alle 15 Minuten folgende Messungen für die ins Speicherbecken einlaufende Wassermenge aufgezeichnet:

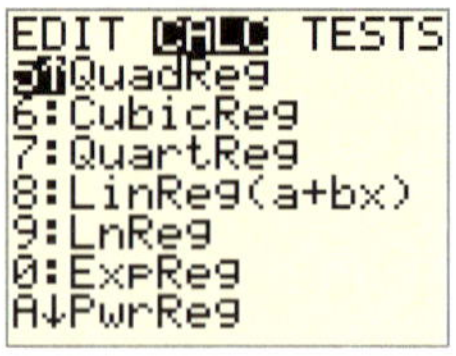

Zeit (in min)	0	15	30	45	60	75	90	105	120
Zulaufstärke (in m^3 pro min)	14	8	10	27	30	46	71	75	99

a) Stellen Sie die Daten grafisch dar. Welcher Funktionsterm passt gut zu den Daten?

b) Bestimmen Sie näherungsweise, welche Wassermengen bis 20.15; 20.30; 20.45; 21.00; 21.15; 21.30; 21.45; 22.00 Uhr insgesamt einfließen, und stellen Sie die ermittelten Werte in einer Tabelle dar.

c) Ermitteln Sie einen Funktionsterm, der gut zu den Wertepaaren der Tabelle aus Teilaufgabe b) passt.

9 Der Fahrtenschreiber eines Lkw zeigt den abgebildeten Zusammenhang zwischen der Zeit t und der Geschwindigkeit v(t) des Fahrzeugs.

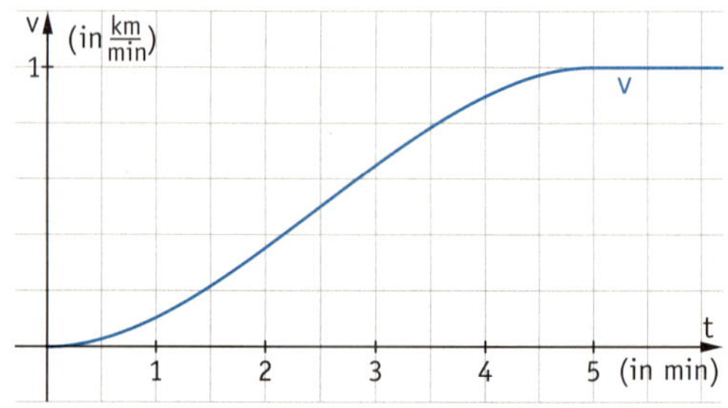

a) Beschreiben Sie v(t) über dem Intervall [0; 5] durch eine ganzrationale Funktion 3. Grades.

b) Erläutern Sie, wie man die Funktion s bestimmt, die angibt, wie viele Kilometer der Lkw vom Startzeitpunkt $t = 0$ bis zum Zeitpunkt $t = x$ zurückgelegt hat. Legen Sie auch eine Wertetabelle für s für $0 \le t \le 2{,}5$ an.

10 Der Graph einer Funktion f ist achsensymmetrisch zur y-Achse [punktsymmetrisch zum Koordinatenursprung].

a) Untersuchen Sie, ob der Graph der Integralfunktion I_a ebenfalls eine Symmetrie aufweist.

b) Untersuchen Sie auch, ob bei Symmetrie einer Integralfunktion auch die Integrandenfunktion eine Symmetrie aufweist.

LK **11** Skizzieren Sie die Graphen zu den Integralfunktionen $I_0(x) = \int_0^x f(t)\,dt$ und $I_1(x) = \int_1^x f(t)\,dt$. Die Abbildung zeigt den Graphen der Integrandenfunktion f.

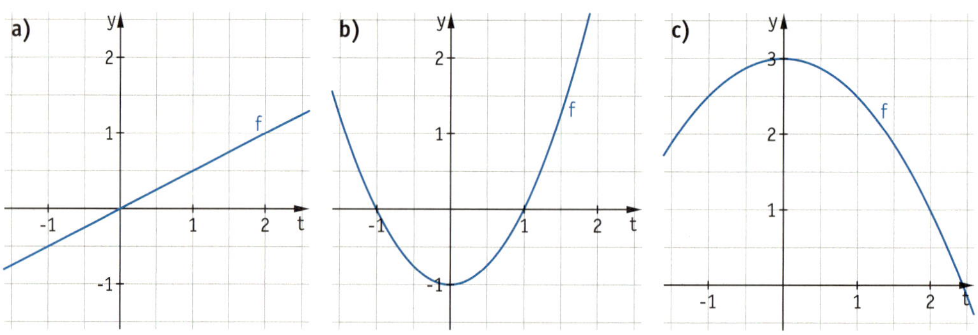

Halbwertzeit
Diejenige Zeitspanne innerhalb derer die vorhandene Menge eines Präparats auf die Hälfte zurückgeht.

12 Nach dem Verzehr von mit Quecksilber kontaminierter Nahrung wurden bei einer Person erhöhte Quecksilberausscheidungen durch den Harn pro Tag gemessen. Die am Tag t ausgeschiedene Menge lässt sich näherungsweise durch $f(t) = 1{,}2 + 2 \cdot 2{,}72^{-0{,}01t}$ (in µg) beschreiben.

a) Geben Sie an, gegen welchen „Normalwert" der Wert der täglichen Ausscheidungen strebt. Berechnen Sie die Halbwertzeit für die über dem Normalwert liegende Menge.

b) Welche Menge Quecksilber sind näherungsweise nach 70 Tagen insgesamt ausgeschieden? Vergleichen Sie diese Menge mit der Menge, die im unbelasteten Fall in dieser Zeit ausgeschieden wurde.

1.2.2 Hauptsatz der Differenzial- und Integralrechnung

Im vorigen Abschnitt haben wir zu einer Funktion f eine neue Funktion I_a mit $I_a(x) = \int_a^x f(t)\,dt$ gebildet, die wir Integralfunktion genannt haben. Wenn f z. B. den momentanen Kraftstoffverbrauch eines Fahrzeuges beschreibt, so gibt die Integralfunktion I_a an, wie groß der Kraftstoffverbrauch vom Zeitpunkt a bis zu einem Zeitpunkt x war.

Allgemeiner kann man sagen, wenn eine Funktion f die momentane Änderungsrate einer Größe beschreibt, dann beschreibt die zugehörige Integralfunktion I_a die Entwicklung der Größe für das Intervall [a; x]. Andererseits wissen wir aber schon, dass die momentane Änderungsrate einer Größe die Ableitung der Funktion ist, die die Entwicklung der Größe beschreibt.

In diesem Abschnitt soll dieser Zusammenhang zwischen der Integralrechnung und der Differenzialrechnung genauer untersucht werden.

Einstieg GTR

Gegeben sind die Funktion f und die Integralfunktion I_0.

(1) $f(x) = x^2 - 4$ $\quad I_0(x) = \int_0^x (t^2 - 4)\,dt$

(2) $f(x) = x^3 - x^2 - 2x$ $\quad I_0(x) = \int_0^x (t^3 - t^2 - 2t)\,dt$

(3) $f(x) = \sin(x)$ $\quad I_0(x) = \int_0^x \sin(t)\,dt$

- Zeichnen Sie mithilfe eines GTR jeweils die Funktion f und die Integralfunktion I_0 in ein gemeinsames Koordinatensystem. Vergleichen Sie die Graphen. Achten Sie dabei insbesondere auf Nullstellen, Extremstellen und Wendestellen.
- Formulieren Sie eine Vermutung über den Zusammenhang zwischen der Integralfunktion I_0 und der Integrandenfunktion f und überprüfen Sie Ihre Vermutung an weiteren Beispielen.

Aufgabe

1 In Gärten werden häufig sogenannte Solarleuchten aufgestellt. Diese Lampen verfügen über Solarzellen, die tagsüber einen Akku laden. Bei Nacht schaltet sich eine LED-Lampe an, die ihren Strom aus dem Akku bezieht.

Unten rechts ist ein (vereinfachter) Graph der Funktion f abgebildet, die die momentane Energieaufnahme bzw. -abgabe des Akkus t Stunden nach Beobachtungsbeginn (Sonnenaufgang) angibt.

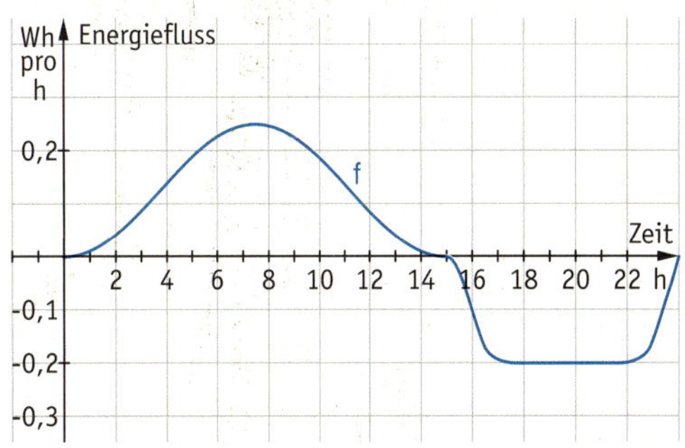

a) Übertragen Sie den Graphen von f in Ihr Heft. Untersuchen Sie, welche Bedeutung die Integralfunktion I_0 in diesem Sachzusammenhang hat. Gehen Sie davon aus, dass der Akku zu Beginn der Beobachtung nicht geladen ist.
Skizzieren Sie unter dem Graphen von f in einem neuen Koordinatensystem für $0 \le t \le 24$ den Graphen der Integralfunktion I_0 von f. Begründen Sie den Verlauf des Graphen der Integralfunktion.

b) Betrachten Sie die Graphen von f und I_0. Welchen Zusammenhang vermuten Sie zwischen den Funktionen f und I_0? Begründen Sie.

Lösung

a) $I_0(x) = \int_0^x f(t)\,dt$ gibt an, wie viel Energie dem Akku vom Beobachtungszeitpunkt $t = 0$ bis zum Beobachtungszeitpunkt $t = x$ zugeführt bzw. entnommen wurde. Geometrisch veranschaulicht wird dies durch den orientierten Flächeninhalt zwischen dem Graphen von f und der Zeitachse über dem Intervall [0; x].

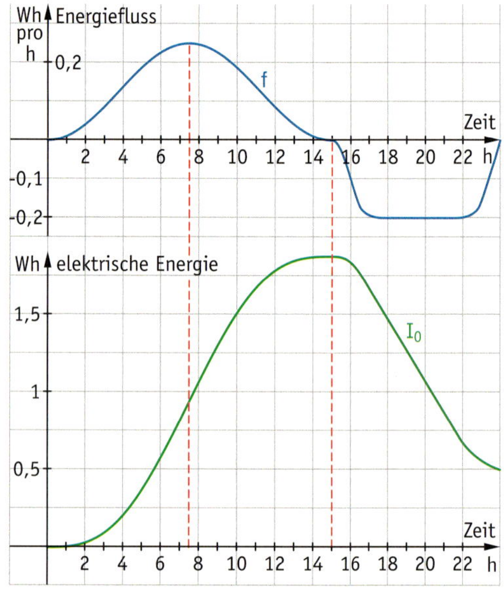

Um den Graphen von I_0 zu skizzieren, betrachten wir also jeweils den orientierten Flächeninhalt, den der Graph von f über dem Intervall [0; x] mit der Zeit-Achse einschließt:

Wir beginnen mit dem Skizzieren des Graphen von I_0 wegen $I_0(0) = 0$ im Koordinatenursprung und setzen den Graphen von I_0 so von links nach rechts fort, dass $I_0(x)$ etwa dem positiv orientierten Flächeninhalt der Fläche entspricht, die der Graph von f über dem Intervall [0; x] mit der Zeitachse einschließt. Dabei wächst der Graph von I_0 zunächst monoton, da wegen $f(t) \geq 0$ der orientierte Flächeninhalt immer größer wird.

Da f(t) zunächst mit wachsendem t immer größer wird, wächst auch I_0 zunächst immer stärker.

Etwa ab der Stelle 7,5 fällt f(t), ab dieser Stelle wächst I_0 nicht mehr so stark.

An der Stelle 15 wechselt f(t) das Vorzeichen und wird negativ. Das bedeutet, dass I_0 ab $x > 15$ fällt, da sich der orientierte Flächeninhalt unter dem Graphen von f für $x > 15$ aus einem positiv orientierten und aus einem negativ orientierten Flächeninhalt zusammensetzt.

Für $x > 15$ gilt also:

$$I_0(x) = \int_0^x f(t)\,dt = \underbrace{\int_0^{15} f(t)\,dt}_{>0} + \underbrace{\int_{15}^{x} f(t)\,dt}_{<0}$$

Daher nehmen die Funktionswerte von I_0 an der Stelle $x = 15$ einen maximalen Wert an und werden danach immer kleiner.

Vorzeichenwechselkriterium

Ist $g'(x_e) = 0$ und hat g' an der Stelle x_e einen (+/–)-Vorzeichenwechsel, dann liegt an der Stelle x_e ein lokaler Hochpunkt des Graphen von g.

b) Beim Skizzieren des Graphen von I_0 haben wir bereits geschlossen, dass wegen des (+/–)-Vorzeichenwechsels von f(t) an der Stelle 15 der Graph von I_0 an der Stelle 15 einen Hochpunkt haben muss. Diesen Sachverhalt kennen wir bereits aus der Differenzialrechnung als ein hinreichendes Kriterium für das Vorliegen eines Hochpunktes. Daher liegt die Vermutung nahe, dass die Integrandenfunktion f die Ableitung der Integralfunktion I_0 ist.

Auch der Zusammenhang zwischen dem Vorzeichen von f(t) und dem Monotonieverhalten von I_0 scheint diese Vermutung zu bestätigen:

Wenn $f(t) \geq 0$, dann wächst I_0 monoton; wenn $f(t) \leq 0$, dann fällt I_0 monoton.

Schließlich haben wir beim Skizzieren des Graphen von I_0 darauf geachtet, dass I_0 dort am stärksten wächst, wo f(t) maximal wird. Das bedeutet, dass die Maximalstelle von f eine Wendestelle von I_0 ist. Auch dieser Zusammenhang zwischen einer Funktion und ihrer Ableitung ist uns aus der Analysis bekannt.

Insgesamt vermuten wir, dass für eine Integrandenfunktion f und die zugehörige Integralfunktion I_0 mit $I_0(x) = \int_0^x f(t)\,dt$ gilt:

Die Ableitung der Integralfunktion I_0 ist die Integrandenfunktion f, also $I_0' = f$.

Information

(1) Vermutung zum Zusammenhang zwischen einer Funktion f und ihren Integralfunktionen

Bildet man zu einer vorgegebenen Funktion f zunächst eine Integralfunktion I_a mit $I_a(x) = \int_a^x f(t)\,dt$ und dann deren Ableitung, so erhält man die Ausgangsfunktion zurück: $I_a' = f$.

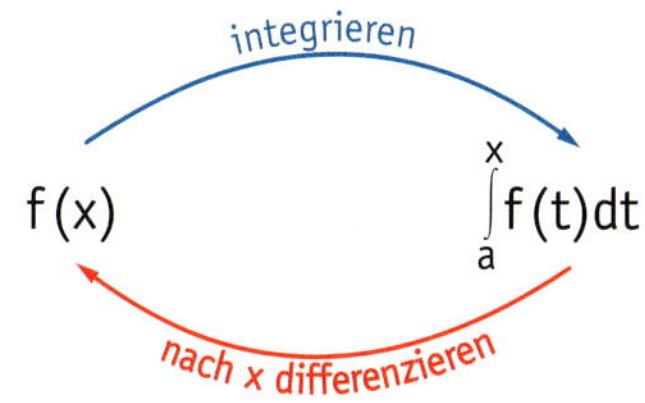

(2) Beweis der Vermutung

Es soll für eine beliebige Stelle x_0 aus dem Definitionsbereich von f gezeigt werden, dass die Ableitung der Integralfunktion I_a an dieser Stelle mit dem Wert von f an dieser Stelle übereinstimmt:

$I_a'(x_0) = f(x_0)$

Um dies zu zeigen, betrachten wir den zu $I_a'(x_0)$ zugehörigen Differenzenquotienten:

$$\frac{I_a(x) - I_a(x_0)}{x - x_0} = \frac{\int_a^x f(t)\,dt - \int_a^{x_0} f(t)\,dt}{x - x_0}$$

$$= \frac{1}{x - x_0}\left(\int_a^x f(t)\,dt - \int_a^{x_0} f(t)\,dt\right)$$

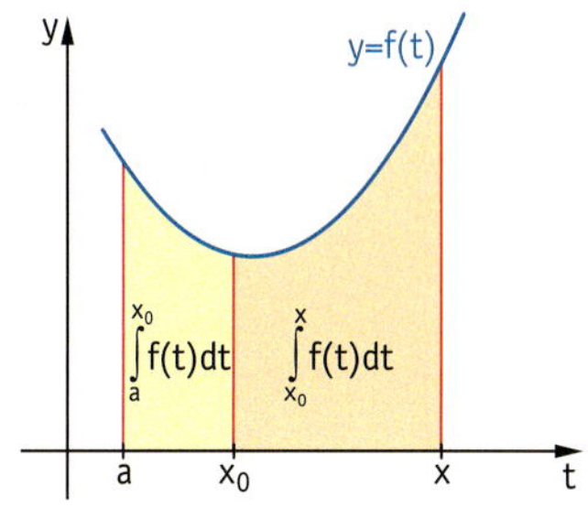

Am Graphen der Funktion erkennt man, dass gilt:

$$\int_a^x f(t)\,dt - \int_a^{x_0} f(t)\,dt = \int_{x_0}^x f(t)\,dt$$ *Siehe auch Aufgabe 2 auf Seite 41.*

Daher erhalten wir: $\frac{I_a(x) - I_a(x_0)}{x - x_0} = \frac{1}{x - x_0}\int_{x_0}^x f(t)\,dt$

Wir müssen somit den Grenzwert von $\frac{1}{x - x_0}\int_{x_0}^x f(t)\,dt$ bestimmen, wenn x gegen x_0 strebt.

Wenn der Graph von f zusammenhängend gezeichnet werden kann, dann kann man eine Zahl z so zwischen x_0 und x finden, dass das Integral $\int_{x_0}^x f(t)\,dt$ genau so groß ist wie die Fläche eines Rechtecks mit den Seitenlängen f(z) und $(x - x_0)$ (siehe Abbildung rechts), also

$$\int_{x_0}^x f(t)\,dt = (x - x_0)\cdot f(z)$$

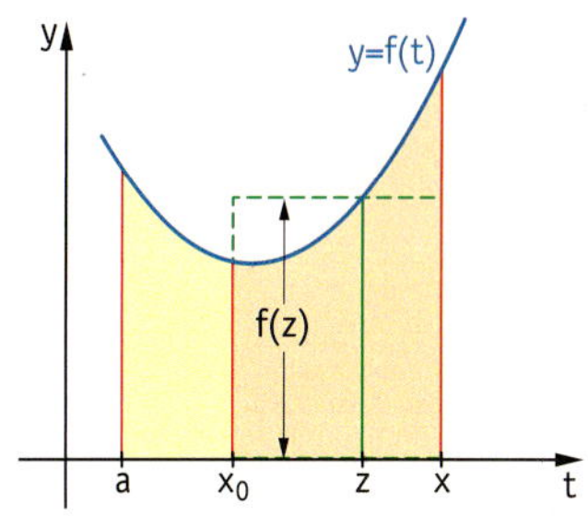

Damit folgt $\frac{1}{x - x_0}\int_{x_0}^x f(t)\,dt = \frac{1}{x - x_0}\cdot(x - x_0)\cdot f(z) = f(z)$ mit $x_0 \le z \le x$.

Diese Umformung ermöglicht es uns, für eine Funktion mit einem zusammenhängenden Funktionsgraphen den Grenzwert von $\frac{1}{x - x_0}\int_{x_0}^x f(t)\,dt$ einfach zu bestimmen, falls x gegen x_0 strebt:

Strebt x gegen x_0, so strebt auch z gegen x_0, da z stets zwischen x_0 und x liegt.

Dann strebt $\frac{I_a(x) - I_a(x_0)}{x - x_0} = \frac{1}{x - x_0}\int_{x_0}^x f(t)\,dt = f(z)$ gegen $f(x_0)$.

Das heißt, $\lim\limits_{x \to x_0} \frac{I_a(x) - I_a(x_0)}{x - x_0} = f(x_0)$, also $I_a'(x_0) = f(x_0)$.

Insgesamt ergibt sich aus diesem Beweis der folgende Satz:

Hauptsatz der Differenzial- und Integralrechnung

Wenn der Graph der Funktion f zusammenhängend gezeichnet werden kann, dann gilt:

Die Ableitung der Integralfunktion I_a mit $I_a(x) = \int_a^x f(t)\,dt$ ist die Integrandenfunktion f.

Das heißt, es gilt:

$$\mathbf{I_a'(x) = f(x)}$$

Information

(3) Zur Voraussetzung eines zusammenhängenden Funktionsgraphen – stetige Funktion

Beim Beweis haben wir über dem Intervall $[x_0;\ x]$ ein Rechteck verwendet, dessen obere Seite den Graphen von f an einer passenden Stelle z so schneidet, dass $\int_{x_0}^{x} f(t)\,dt = (x - x_0)\cdot f(z)$ war. So konnten wir den Differenzenquotienten $\frac{I_a(x) - I_a(x_0)}{x - x_0}$ durch einen Funktionswert f(z) ersetzen und den Grenzwert berechnen.

Hat die Funktion f *keinen* zusammenhängenden Funktionsgraphen, so kann es vorkommen, dass die obere Seite des gesuchten Rechtecks den Graphen von f nicht schneidet. Es gibt dann kein z aus dem Intervall $[x_0;\ x]$, sodass der Funktionswert f(z) die Höhe des gesuchten Rechtecks angibt.

Ein zusammenhängender Funktionsgraph war also für unsere Beweisführung eine wichtige Voraussetzung. Deshalb haben wir im Satz vorausgesetzt, dass f einen zusammenhängenden Graphen hat.

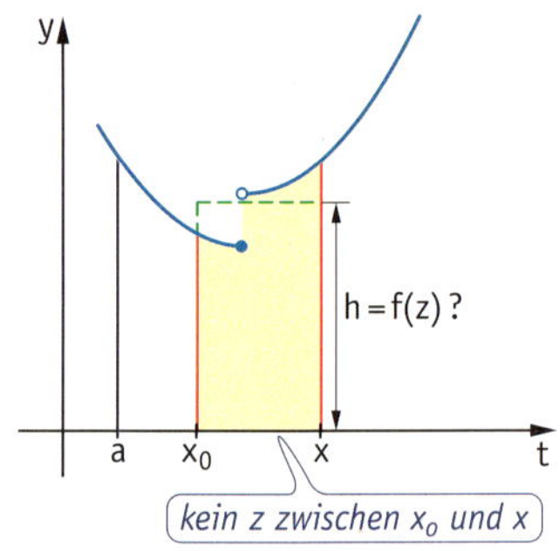

Eine Funktion, deren Graph über einem Intervall zusammenhängt, nennt man **stetig** über diesem Intervall. Die Stetigkeit der Funktion f war also eine wichtige Voraussetzung beim Beweis des Hauptsatzes der Differenzial- und Integralrechnung.

(4) Zur Bedeutung des Hauptsatzes

Der Hauptsatz der Differenzialrechnung und der Integralrechnung stellt einen Zusammenhang zwischen der Integralrechnung und der Differenzialrechnung her:

Integriert man nämlich eine Funktion f und differenziert man anschließend die Integralfunktion, so erhält man wieder die Ausgangsfunktion:

$$\left(\int_a^x f(t)\,dt\right)' = f(x).$$

Integrieren und Differenzieren sind einander entgegengesetzte Operationen.

Das mag zunächst überraschen. Aber da ein Integral den aus Änderungsraten rekonstruierten Bestand angibt, ist dieser Zusammenhang klar:

- Beschreibt eine Funktion f die momentane Änderungsrate eines Bestandes, so ergibt sich der Bestand aus der Integralfunktion I von f, also durch Integrieren von f: $I_a(x) = \int_a^x f(t)\,dt$
- Bildet man die Ableitung I′ der Bestandsfunktion I, so erhält man wiederum die momentane Änderungsrate des Bestandes, also die Funktion f.

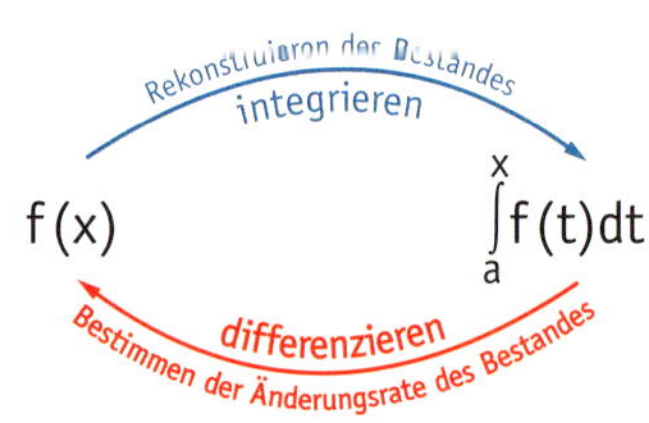

Weiterführende Aufgabe

2 Integralfunktionen bei Graphen mit einem Knick oder einem Sprung

(1)

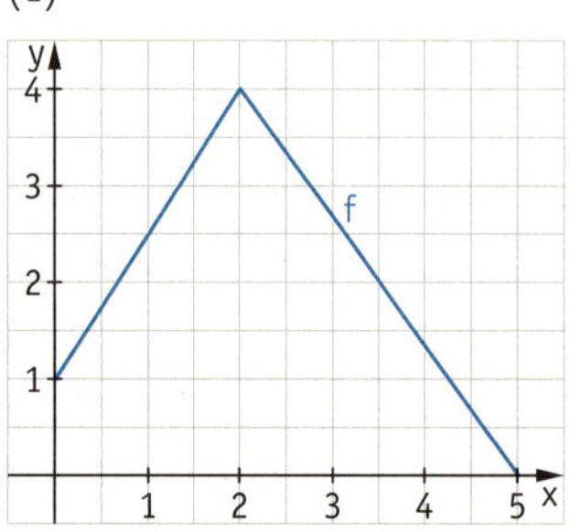

(2)

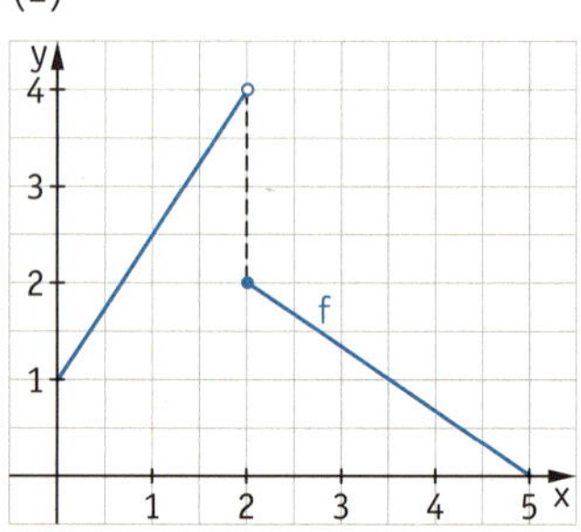

Geben Sie zur Funktion f eine Integralfunktion I_0 für das Intervall [0; 5] an.

Gilt $\left(\int_0^x f(t)dt\right)' = f(x)$? Begründen Sie.

Was fällt auf?

Übungsaufgaben

3 Für ein Segelflugzeug ist die Steig- bzw. Sinkgeschwindigkeit v(t) in Abhängigkeit von der Zeit t im rechts abgebildeten Graphen dargestellt.

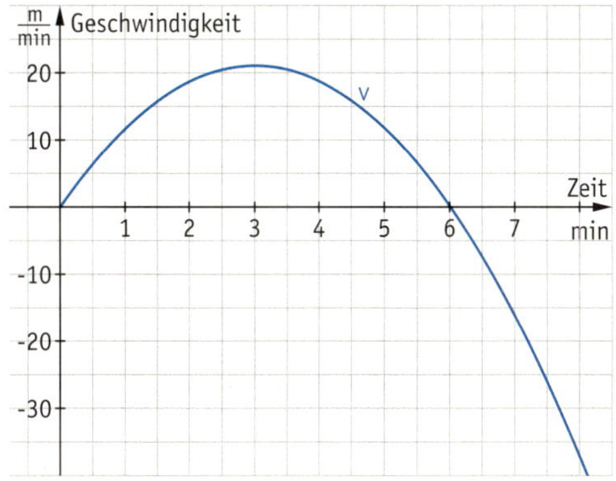

a) Übertragen Sie den Graphen von v in Ihr Heft.
Mit I_0 bezeichnen wir die Integralfunktion von v mit der unteren Grenze null.
Erläutern Sie die Bedeutung von I_0.
Was gibt $I_0(t)$ an?
Skizzieren Sie unter dem Graphen von v in einem neuen Koordinatensystem für $0 \le x \le 8$ den Graphen der Integralfunktion I_0 von v.
Begründen Sie den Verlauf des Graphen der Integralfunktion.

b) Betrachten Sie die Graphen von v und I_0. Welcher Zusammenhang besteht zwischen den Funktionen f und I_0? Begründen Sie.

4 Gegeben ist die Funktion f. Ermitteln Sie für die Integralfunktion I_a und für die Ableitung von I_a jeweils einen Funktionsterm.

a) $f(x) = 4 - x^2;\ a = -2$ **b)** $f(x) = 3x - 12;\ a = 1$ **c)** $f(x) = x^2 + x;\ a = 0$

5 Bestimmen Sie zur Funktion f zunächst die Ableitung und dann zu der Ableitung f′ eine beliebige Integralfunktion. Untersuchen Sie, welcher Zusammenhang zwischen der Integralfunktion von f′ und der gegebenen Funktion f besteht.

a) $f(x) = x^2 - 4x + 5$ **b)** $f(x) = \frac{1}{3}x^3 + 2x$ **c)** $f(x) = 5$

6 Untersuchen Sie, ob die Funktion I eine Integralfunktion zur Integrandenfunktion f ist. Notieren Sie gegebenenfalls I(x) als Integral über f.

a) $f(x) = x^2 + 1;\ I(x) = \frac{1}{3}x^3 + x$
b) $f(x) = 2x - 3;\ I(x) = x^2 - 3x + 2$
c) $f(x) = -x + 2;\ I(x) = -\frac{1}{2}x^2 + 2x - 3$
d) $f(x) = 3x^2 + 2;\ I(x) = x^3 - 2x + 4$

7

Rote Welle

Eine typische Situation im Stadtverkehr: Man hält bei Rot an einer Ampel an, nach etwa einer Minute fährt man bei Grün mit zunächst konstanter Beschleunigung und anschließend mit konstanter Geschwindigkeit weiter. Kaum hat man diese Geschwindigkeit erreicht, kommt die nächste Ampel, an der man stoppen muss.

- Stellen Sie den zeitlichen Verlauf der Geschwindigkeit grafisch dar: v = f(t).
- Welche Bedeutung hat hier die Integralfunktion? Zeichnen Sie deren Graphen direkt unterhalb des Graphen von f.
- Untersuchen Sie, welcher inhaltliche Zusammenhang zwischen den beiden Funktionen besteht. Erläutern Sie auch, welche Bedeutung die Ableitung der Integralfunktion hat.

8 In den Abbildungen sind die Graphen von drei Funktionen und die Graphen von jeweils einer der Integralfunktionen dieser Funktionen dargestellt.

Untersuchen Sie, welche Integralfunktion zu welcher Ausgangsfunktion gehört. Lässt sich jeweils auch die untere Integrationsgrenze a angeben? Beurteilen Sie, ob diese Angabe ggf. eindeutig möglich ist.

(1)

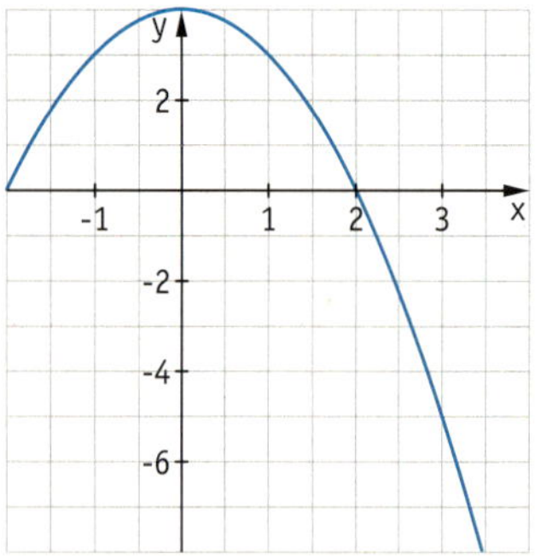

(2)

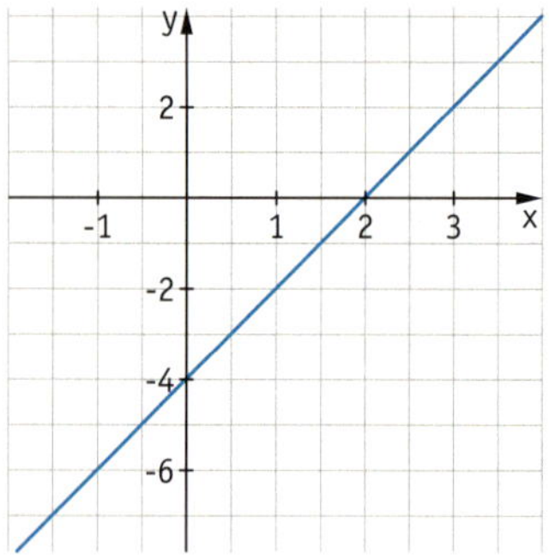

(3)

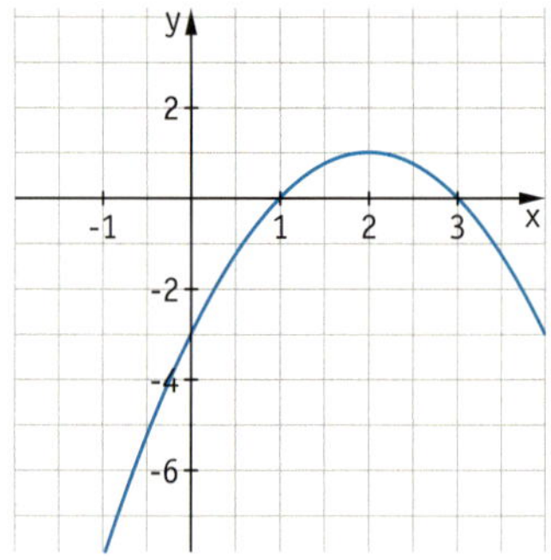

(4)

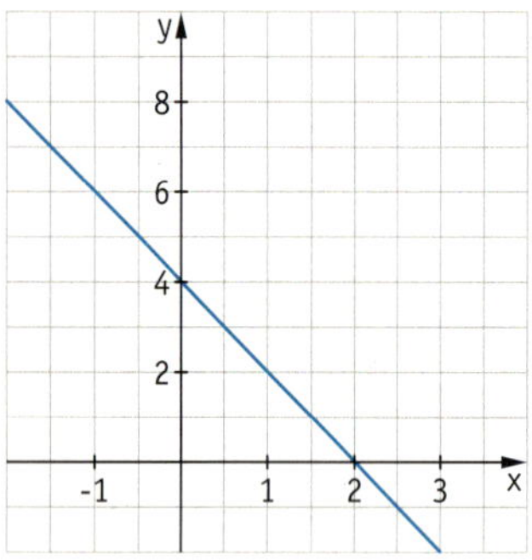

(5)

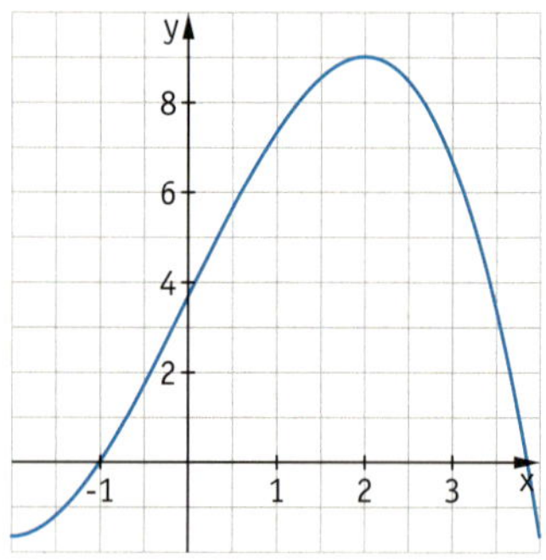

(6)

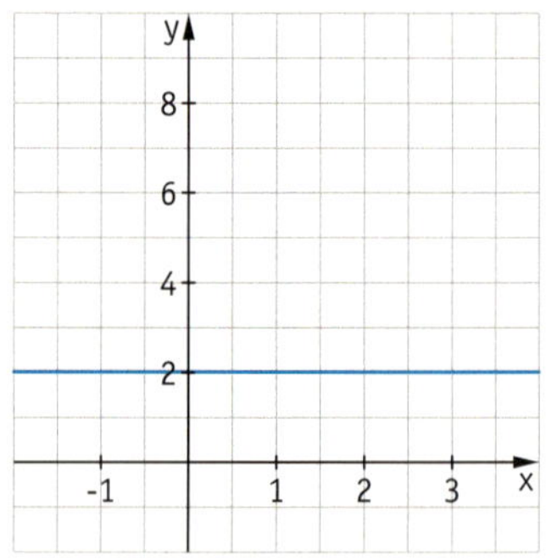

9 Gegeben ist die Funktion f mit $f(x) = \begin{cases} 2x - 2 & \text{für } x \leq 0 \\ 2x + 2 & \text{für } x > 0 \end{cases}$.

a) Zeigen Sie, dass der Funktionsgraph von f an der Stelle 0 nicht zusammenhängend, also die Funktion nicht stetig ist.

b) Zeigen Sie, dass I_{-1} mit $I_{-1}(x) = (|x| + 1)^2 - 4$ eine Integralfunktion für f ist.

c) Zeigen Sie, dass I_{-1} an der Stelle 0 nicht differenzierbar ist.

10 Informieren Sie sich über die Entdeckung des im Hauptsatz der Differenzial- und Integralrechnung formulierten Zusammenhangs zwischen Differenzieren und Integrieren. Würdigen Sie insbesondere die Beiträge der folgenden drei Mathematiker.

ISAAC BARROW (1630 – 1677)

ISAAC NEWTON (1643 – 1727)

GOTTFRIED WILHELM LEIBNIZ (1646 – 1716)

Bereiten Sie einen Vortrag über Ihre Ergebnisse vor.

1.3 Integration mithilfe von Stammfunktionen

Der Hauptsatz der Differenzial- und Integralrechnung besagt, dass die Ableitung der Integralfunktion einer Funktion f mit der Funktion f übereinstimmt.
Dieser Zusammenhang ermöglicht es in vielen Fällen, Integrale auf einfache Weise zu berechnen, ohne die Ermittlung von Grenzwerten von Ober- und Untersummen.

Einstieg

(1) Geben Sie alle Funktionen F an mit $F'(x) = x^4 + 6x + 1$.

(2) Berechnen Sie das Integral $\int_1^2 (x^4 + 6x + 1)\,dx$ mithilfe des Hauptsatzes der Differenzial- und Integralrechnung.

(3) Erstellen Sie eine Formel für die Berechnung des Integrals $\int_a^b f(x)\,dx$ einer beliebigen Funktion f zu der eine Funktion F mit $F'(x) = f(x)$ bekannt ist.

Aufgabe

1

a) Berechnen Sie das Integral mithilfe des Hauptsatzes. Kontrollieren Sie Ihr Ergebnis.

(1) $\int_0^4 (t^3 + 5)\,dt$ (2) $\int_0^{\frac{\pi}{2}} \sin(t)\,dt$

b) Verallgemeinern Sie das in Teilaufgabe a) entwickelte Verfahren zur Berechnung eines Integrals $\int_a^b f(t)\,dt$ mithilfe des Hauptsatzes der Differenzial- und Integralrechnung.

Lösung

a) (1) Das Integral $\int_0^4 (t^3 + 5)\,dt$ ist der Wert der Integralfunktion $I_0(x) = \int_0^x (t^3 + 5)\,dt$ an der Stelle 4.
Um $I_0(4)$ berechnen zu können, benötigen wir einen einfacheren Funktionsterm für $I_0(x)$.

Da die Ableitung der Integralfunktion die Integrandenfunktion ist, suchen wir für I_0 eine Funktion F, deren Ableitung $F'(x) = x^3 + 5$ ergibt.

Offenbar erfüllt die Funktion F mit $F(x) = \frac{1}{4}x^4 + 5x$ diese Gleichung, sodass wir mit $I_0(x) = F(x) = \frac{1}{4}x^4 + 5x$ berechnen können:

$$\int_0^4 (t^3 + 5)\,dt = I_0(4) = F(4) = \frac{1}{4} \cdot 4^4 + 5 \cdot 4 = 84$$

Ergebnis:

$$\int_0^4 (t^3 + 5)\,dt = 84$$

Kontrolle:

Mithilfe des Rechners erhalten wir dasselbe Ergebnis:
Die Rechnung mit $I_0(x) = F(x) = \frac{1}{4}x^4 + 5x$ liefert also das korrekte Ergebnis.

(2) Wie bei (1) benötigen wir für $I_0(x) = \int_0^x \sin(t)\,dt$ einen einfacheren Funktionsterm F(x) mit $F'(x) = \sin(x)$. Für $F(x) = -\cos(x)$ gilt $F'(x) = \sin(x)$.

Setzen wir $I_0(x) = F(x) = -\cos(x)$, so erhalten wir $\int_0^{\frac{\pi}{2}} \sin(t)\,dt = I_0\left(\frac{\pi}{2}\right) = F\left(\frac{\pi}{2}\right) = -\cos\left(\frac{\pi}{2}\right) = 0$.

Dieses Ergebnis kann nicht stimmen.

Ein Blick auf den Graphen der Integrandenfunktion f mit $f(t) = \sin(t)$ zeigt, dass das Integral $\int_0^{\frac{\pi}{2}} \sin(t)\,dt$ positiv sein muss, da der orientierte Flächeninhalt unter dem Graphen von f über dem Intervall $\left[0; \frac{\pi}{2}\right]$ positiv ist.

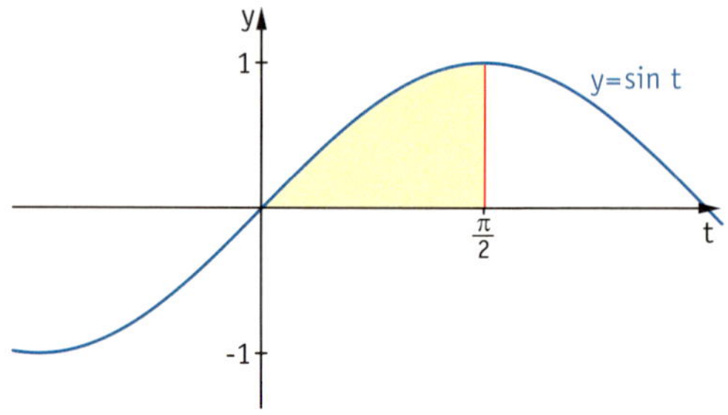

Daher kann die Funktion F mit $F(x) = -\cos(x)$ nicht die gesuchte Integralfunktion I_0 sein.

Da aber sowohl $I_0'(x) = \sin(x)$ als auch $F'(x) = \sin(x)$ gilt, beide Funktionen also *dieselbe* Ableitung haben, können sie sich nur um eine Konstante c unterscheiden:

$$I_0(x) = F(x) + c$$

Den Wert von c können wir ermitteln, indem wir in dieser Gleichung $x = 0$ setzen:

$$0 = I_0(0) = F(0) + c, \text{ also } c = -F(0).$$

Damit erhalten wir $I_0(x) = F(x) - F(0)$ und somit

$$\int_0^{\frac{\pi}{2}} \sin(t)\,dt = F\left(\tfrac{\pi}{2}\right) - F(0) = -\cos\left(\tfrac{\pi}{2}\right) - \left(-\cos(0)\right) = 1$$

Ein Rechner oder ein CAS bestätigt das Ergebnis.

b) Ist F eine beliebige Funktion mit $F'(x) = f(x)$, so unterscheiden sich F und die Integralfunktion I_a mit $I_a(x) = \int_a^x f(t)\,dt$ um eine Konstante c: $I_a(x) = F(x) + c$.

Setzt man $x = a$, so ergibt sich

$$0 = I_a(a) = F(a) + c, \text{ also}$$
$$c = -F(a) \text{ und } I_a(x) = F(x) - F(a).$$

Somit folgt: $\int_a^b f(t)\,dt = I_a(b) = F(b) - F(a)$.

Ergebnis:

Ist f eine beliebige Funktion mit $F'(x) = f(x)$, dann ist $\int_a^b f(t)\,dt = F(b) - F(a)$.

Information

(1) Stammfunktion

Wir halten das Ergebnis von Aufgabe 1 fest und führen dabei zunächst den Begriff *Stammfunktion* ein.

Die Berechnung des Integrals $\int_a^b f(t)\,dt = F(b) - F(a)$ erfolgt mit einer Funktion F, für deren Ableitung gilt: $F'(x) = f(x)$.

Eine derartige Funktion F heißt Stammfunktion von f:

Statt Stammfunktion sagt man auch „Aufleitung“.

Definition

Eine Funktion F heißt **Stammfunktion** zu einer gegebenen Funktion f, wenn f die Ableitung von F ist:

$$F'(x) = f(x)$$

Beispiel

Die Funktion F mit $F(x) = \frac{1}{3}x^3 + 2x^2 - 2x + 1$ ist eine Stammfunktion zu f mit $f(x) = x^2 + 4x - 2$, da $F'(x) = f(x)$.

Bei der Herleitung zur Berechnung eines Integrals mithilfe einer Stammfunktion haben wir den folgenden unmittelbar einleuchtenden Satz benutzt:

Satz: Gesamtheit aller Stammfunktionen zu einer gegebenen Funktion

Ist F eine beliebige Stammfunktion zu einer gegebenen Funktion f über dem Intervall [a; b], so sind alle Stammfunktionen von f über dem Intervall [a; b] gegeben durch

$F(x) + c$ mit $c \in \mathbb{R}$.

Beispiel

F mit $F(x) = \frac{1}{3}x^3$ ist eine Stammfunktion zu f mit $f(x) = x^2$, da $F'(x) = f(x)$.

Aber auch G mit $G(x) = \frac{1}{3}x^3 + 7$ ist eine Stammfunktion zu f.

Der Term $F(x) + c = \frac{1}{3}x^3 + c$ mit $c \in \mathbb{R}$ beschreibt alle Stammfunktionen zu f.

(2) Berechnung von Integralen mithilfe von Stammfunktionen

Aufgrund des Hauptsatzes der Differenzial- und Integralrechnung können wir ein Integral mithilfe einer beliebigen Stammfunktion zur Integrandenfunktion berechnen:

Oft wird auch dieser Satz als „Hauptsatz der Differenzial- und Integralrechnung" bezeichnet.

Satz

Ist F eine beliebige Stammfunktion zu einer Funktion f im Intervall [a; b], so gilt:

$$\int_a^b f(t)\,dt = F(b) - F(a)$$

Für die Differenz der Funktionswerte verwendet man die kurze Schreibweise $F(b) - F(a) = [F(x)]_a^b$.

Beispiel

Zur Berechnung von $\int_2^3 \left(t^2 + \frac{3}{t^2}\right)dt$ wählen wir F mit $F(x) = \frac{x^3}{3} - \frac{3}{x}$ als Stammfunktion zu f mit $f(x) = x^2 + \frac{3}{x^2}$.

Dann erhalten wir $\int_2^3 \left(t^2 + \frac{3}{t^2}\right)dt = \left[\frac{x^3}{3} - \frac{3}{x}\right]_2^3 = \left(\frac{3^3}{3} - \frac{3}{3}\right) - \left(\frac{2^3}{3} - \frac{3}{2}\right) = 8 - \frac{7}{6} = 6\frac{5}{6}$.

(3) Tabelle von Stammfunktionen F zu f

f(x)	m	x	x^n mit $n \in \mathbb{N}$	$\frac{1}{x^n}$, $n \in \mathbb{N}$, $n \geq 2$	$\frac{1}{\sqrt{x}}$	$\sqrt{x}$	sin(x)	cos(x)
F(x)	$m \cdot x$	$\frac{1}{2}x^2$	$\frac{1}{n+1}x^{n+1}$	$-\frac{1}{(n-1)\cdot x^{n-1}}$	$2\cdot\sqrt{x}$	$\frac{2}{3}x\cdot\sqrt{x}$	−cos(x)	sin(x)

Weiterführende Aufgaben

2 Faktor- und Summenregel für Integrale

Beweisen Sie mithilfe von Stammfunktionen die folgenden Integrationsregeln.

Satz: Faktorregel für Integrale

Ein konstanter Faktor kann vor das Integral gezogen werden:

$$\int_a^b k\cdot f(x)\,dx = k\cdot\int_a^b f(x)\,dx$$

Satz: Summenregel für Integrale

Eine Summe von Funktionen kann gliedweise integriert werden:

$$\int_a^b \big(f(x) + g(x)\big)\,dx = \int_a^b f(x)\,dx + \int_a^b g(x)\,dx$$

3 Stammfunktionen und Integralfunktionen

Nach dem Hauptsatz der Differenzial- und Integralrechnung ist jede Integralfunktion einer Funktion f auch eine Stammfunktion zu f.

Untersuchen Sie, welche der folgenden Funktionen F auch Integralfunktionen sind. Geben Sie Bedingungen an, unter denen eine Stammfunktion auch eine Integralfunktion ist.

(1) $F(x) = x^2 - 1$ (3) $F(x) = \cos(x)$

(2) $F(x) = x^2 + 1$ (4) $F(x) = \cos(x) + 2$

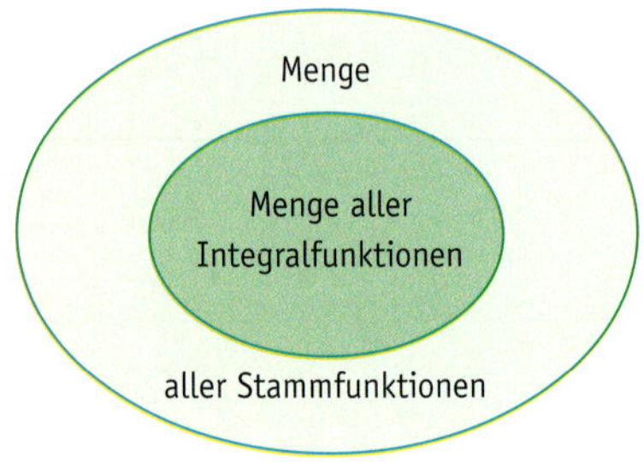

4 Stammfunktionen mit einem Rechner bestimmen

a) Stammfunktionen können mithilfe eines CAS ermittelt werden, wie die rechts abgebildeten Beispiele zeigen. Finden Sie heraus, wie Sie mit Ihrem CAS Stammfunktionen bestimmen können und überprüfen Sie damit die Beispiele.

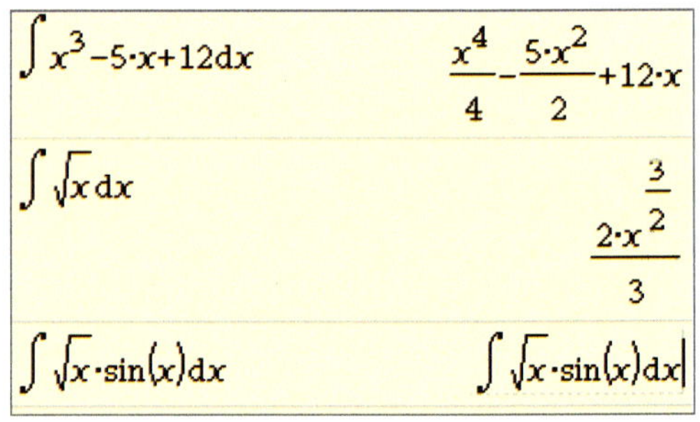

b) Nicht zu jeder Funktion lässt sich eine elementare Stammfunktion finden, so z. B. nicht für $f(x) = \sqrt{x}\cdot\sin(x)$ mit $x \geq 0$. Welches Resultat liefert Ihr Rechner für diesen Fall? Geben Sie dennoch mithilfe eines Integrals einen Term für eine Stammfunktion von f an. Zeichnen Sie den Graphen dieser Stammfunktion und erstellen Sie eine Wertetabelle.

Übungsaufgaben

5 Geben Sie jeweils drei Stammfunktionen von f an.

a) $f(x) = x^5$ **c)** $f(x) = a\,x^n$ **e)** $f(z) = 0$

b) $f(x) = 2x^3 + 5x^2 - 4x + 7$ **d)** $f(x) = \sin x$ **f)** $f(t) = t - \frac{1}{t^2}$

6 Geben Sie eine Stammfunktion von f an, deren Graph durch den vorgegebenen Punkt P verläuft.

a) $f(x) = 3x^5 - 2x^3 + 7;\ P(0|1)$ **b)** $f(x) = \frac{1}{4}x^4 - \frac{1}{2}x^2;\ P(1|0)$ **c)** $f(z) = z^2 - \frac{1}{z^2};\ P(-2|2)$

7 Geben Sie eine Stammfunktion an und berechnen Sie das Integral.

a) $\int_{-1}^{2}(x^3 - x^2)\,dx$ **c)** $\int_{-1}^{1}(4x^3 - 3x^4)\,dx$ **e)** $\int_{1}^{4}\left(2x^3 - \frac{1}{4\sqrt{x}}\right)dx$

b) $\int_{1}^{2}(2x^5 - 3x^3 + 4x)\,dx$ **d)** $\int_{-1}^{3}(a\,t + b\,t^2)\,dt$ **f)** $\int_{-2}^{-1}\left(\frac{2}{x^2} - \frac{4}{x^3}\right)dx$

8 Geben Sie eine Stammfunktion von f über einem geeigneten Intervall an.

a) $f(x) = x(x - 1)$ **c)** $f(x) = \left(1 - \frac{1}{x}\right)\left(1 + \frac{1}{x}\right)$ **e)** $f(x) = \frac{1}{\sqrt{x}}$

b) $f(x) = (x^2 - 2)^2$ **d)** $f(x) = \frac{5x - 4}{x^3}$ **f)** $f(x) = \sqrt{x} - x$

9 Gegeben sind für $x \neq 0$ die Funktionen F_1 mit $F_1(x) = -\frac{1}{x}$ und F_2 mit $F_2(x) = \begin{cases} -\frac{1}{x} + 3 & \text{für } x > 0 \\ -\frac{1}{x} + 2 & \text{für } x < 0 \end{cases}$.

Zeigen Sie, dass beide Funktionen Stammfunktionen zur Funktion f mit $f(x) = \frac{1}{x^2}$ sind, sich aber nicht um eine Konstante unterscheiden. Wieso widerspricht dies nicht der Aussage des Satzes auf Seite 51 oben?

10 Bestimmen Sie $b > 0$ so, dass die Gleichung erfüllt ist. Verdeutlichen Sie Ihr Ergebnis an einer Skizze.

a) $\int_0^b (x^2 - 3)\,dx = 0$ **b)** $\int_1^b (4 - x)\,dx = -4$ **c)** $\int_{-1}^b x^3\,dx = \frac{15}{4}$

11 Bestimmen Sie den orientierten Flächeninhalt der gefärbten Fläche.

(1)

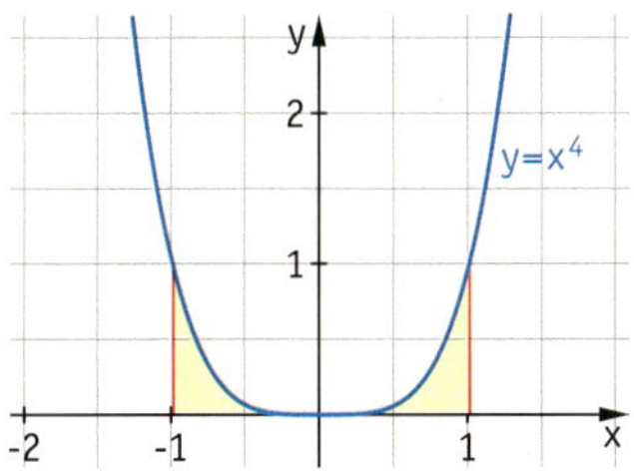

(2)

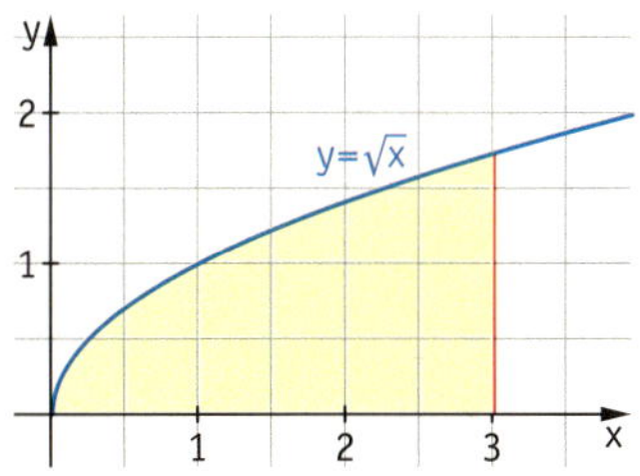

(3)

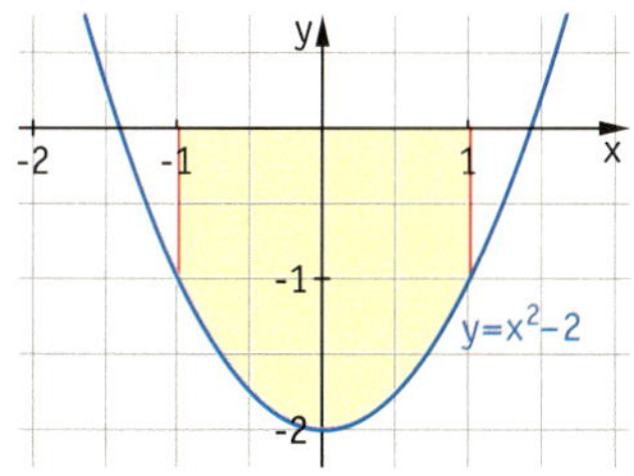

12 Skizzieren Sie die Graphen der Funktion f und ihrer Integralfunktion I_a mit $I_a(x) = \int_a^x f(t)\,dt$ ohne einen Rechner zu verwenden. Überprüfen Sie anschließend Ihr Ergebnis mithilfe eines Rechners.

a) $f(t) = 4 - t^2,\ a = -1$ **b)** $f(t) = \frac{1}{1 + t^2},\ a = 0$ **c)** $f(t) = 1 - \sin(t),\ a = 0$

13 Doreen hat im Physikunterricht die Sinkgeschwindigkeit des Wasserspiegels in einem unten offenen zylindrischen Becher in Abhängigkeit von der Zeit gemessen und dabei folgenden Zusammenhang ermittelt:
$v(t) = 0{,}2 \cdot t - 6{,}431$. Dabei ist die Zeit in s und die Geschwindigkeit in $\frac{cm}{s}$ angegeben.
Die Wassersäule im Glaszylinder hatte zu Beginn der Messung eine Höhe von 78 cm.
Nach welcher Zeit ist der Glaszylinder leer?

14 In die Blutbahn einer Patientin wurden 20 mg eines medizinischen Wirkstoffes zum Zeitpunkt $t = 0$ eingegeben. Die Abbaugeschwindigkeit des Wirkstoffes $\left(\text{in } \frac{mg}{h}\right)$ lässt sich mithilfe der Funktion f mit $f(t) = 2 \cdot 0{,}905^t$ modellieren.

a) Zeichnen Sie den Graphen von f und interpretieren Sie den Verlauf.

b) Untersuchen Sie, wie viel mg des Wirkstoffes nach 12 Stunden abgebaut sind.

c) Untersuchen Sie, nach wie vielen Stunden die Hälfte des Wirkstoffes abgebaut ist.

d) Nach welcher Zeit ist weniger als 1 % der Anfangsmenge des medizinischen Wirkstoffes im Körper der Patientin?

e) Bestimmen Sie näherungsweise die im Laufe eines Monats abgebaute Menge und nehmen Sie Stellung zur Modellierung der Abbaugeschwindigkeit mithilfe der Funktion f.

15 Ein Motorboot fährt zwei Minuten lang mit einer Geschwindigkeit von $12\,\frac{\text{m}}{\text{s}}$. Dann wird der Motor ausgestellt und das Boot fährt noch eine Weile ohne Antrieb weiter. Die Geschwindigkeit v(t) des Bootes $\left(\text{in } \frac{\text{m}}{\text{s}}\right)$ in Abhängigkeit von der Zeit t (in s) ist unten rechts als Graph dargestellt.

a) Berechnen Sie, wie weit das Boot nach 120 s gefahren ist. Wie kann man das Ergebnis im nebenstehenden Koordinatensystem veranschaulichen?

b) Erläutern Sie, wie man die Länge des bis zum Zeitpunkt t zurückgelegten Weges mithilfe von v(t) berechnen kann.

GTR **c)** Berechnen Sie, nach welcher Fahrstrecke das Boot praktisch zum Stillstand kommt, falls für $t \geq 120$ gilt: $v(t) = 132{,}278 \cdot 0{,}9802^t$

d) Geben Sie allgemein an, wie man für einen mit der Geschwindigkeit v(t) bewegten Körper die Länge des im Zeitintervall $[t_1;\ t_2]$ zurückgelegten Weges berechnen kann.

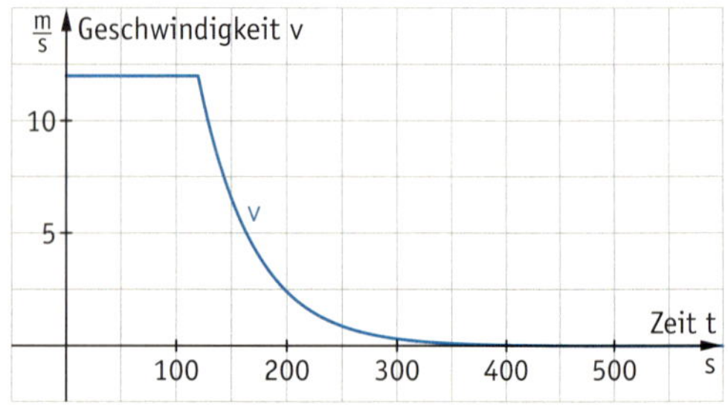

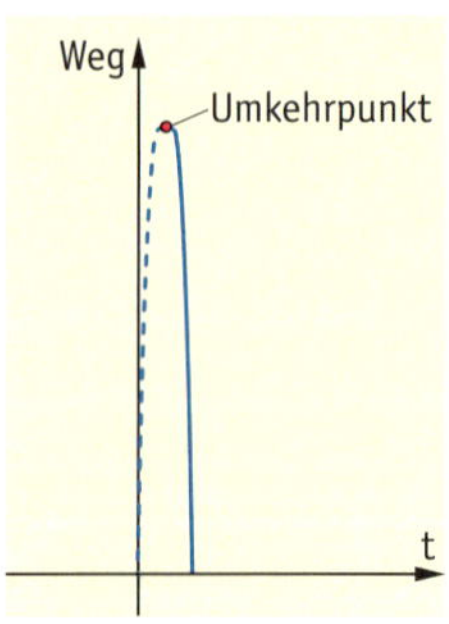

16 Ein Körper wird senkrecht nach oben geworfen. Die Beschleunigung a ist konstant mit $a = -9{,}81\,\frac{\text{m}}{\text{s}^2}$. Zum Zeitpunkt $t = 0$ hat der Körper die Abwurfgeschwindigkeit $v(0) = v_0$.

a) Geben Sie v(t) und s(t) an.

b) Wann wird der Umkehrpunkt erreicht?

c) Bestimmen Sie die Wurfhöhe.

d) Wann kehrt der Wurfkörper wieder in seine Ausgangsposition zurück?

17 Die Erde übt auf einen Körper mit der Masse m eine Gravitationskraft in Richtung des Erdmittelpunktes aus. Wie groß die Gravitationskraft ist, hängt von der Masse m des Körpers und vom Abstand r des Körpers vom Schwerpunkt der Erde ab.

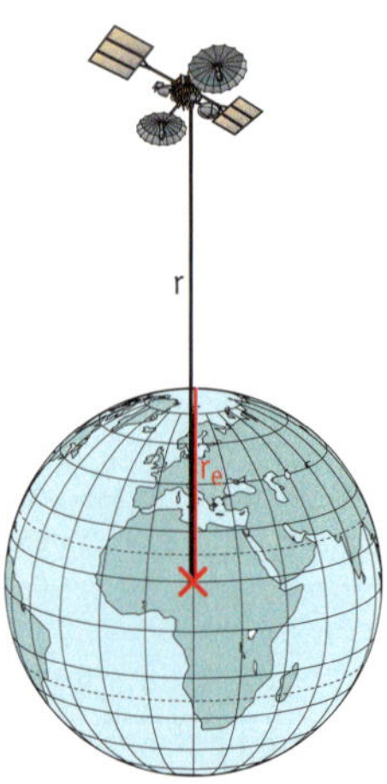

In der Nähe der Erdoberfläche ist die Gravitationskraft F_G nahezu konstant und heißt Gewichtskraft:

$F_G = g \cdot m$ mit $g = 9{,}81\,\frac{\text{m}}{\text{s}^2}$

In der weiteren Umgebung der Erdoberfläche gilt für die Gravitationskraft F_G das *Gravitationsgesetz von* NEWTON:

$F_G = G \cdot \frac{m \cdot M}{r^2}$ mit $G = 6{,}672 \cdot 10^{-11}\,\frac{\text{m}^3}{\text{kg} \cdot \text{s}^2}$; M = Erdmasse $= 5{,}977 \cdot 10^{24}$ kg;
r = Abstand des Körpers vom Schwerpunkt der Erde

Ein Körper der Masse $m = 1$ kg befindet sich auf der Erdoberfläche.

a) Welche Arbeit ist erforderlich, um den Körper von der Erdoberfläche auf die Höhe h zu heben?

b) (1) Welche Arbeit ist erforderlich, um den Körper in die doppelte [10-fache; 100-fache] Entfernung vom Schwerpunkt der Erde zu bringen?

(2) Der Körper wird senkrecht zur Erdoberfläche abgeschossen. Welche Anfangsgeschwindigkeit v muss er haben, damit er in die doppelte Entfernung vom Schwerpunkt der Erde gelangt?

Erdradius $r_E = 6{,}371 \cdot 10^6$ m

(3) Der Körper soll in der doppelten Entfernung vom Schwerpunkt der Erde als Satellit um die Erde kreisen. Welche Arbeit ist dazu aufzuwenden?

1.4 Berechnen von Flächeninhalten

Anfangs haben wir Integrale durch Ober- und Untersummen abgeschätzt. Mithilfe von Stammfunktionen können wir Integrale nun wesentlich einfacher und exakter berechnen.

In diesem Abschnitt wollen wir diese neuen Möglichkeiten nutzen, um Flächeninhalte von Flächen zu berechnen, deren Begrenzungen durch Funktionsgraphen beschrieben werden können.

1.4.1 Fläche zwischen einem Funktionsgraphen und der x-Achse

Einstieg

Die Funktion f ist gegeben durch $f(x) = 2 - x^3$.

- Skizzieren Sie den Graphen von f und berechnen Sie den Flächeninhalt der Fläche, die der Graph von f über dem Intervall [0; 2] mit der x-Achse einschließt.
- Gegeben sind die Funktionen g und h mit $g(x) = (x - 5)(x - 1)(x + 1)$ und $h(x) = |g(x)|$. Vergleichen Sie anhand einer Skizze die Flächeninhalte der Flächen, die die Graphen von g und h mit der x-Achse einschließen, und berechnen Sie die Flächeninhalte mit einem Rechner.

Aufgabe

1 Fläche zwischen Graph und x-Achse

Für den Bau einer Bewässerungsanlage soll für einen offenen Beton-Kanal die Durchflussmenge berechnet werden. Der parabelförmige Querschnitt des Kanals kann durch die Fläche zwischen dem Graphen der Funktion f mit $f(x) = x^2 - 2$ (Einheit m) und der x-Achse beschrieben werden. Die Durchflussgeschwindigkeit des Wassers beträgt $2\,\frac{m}{s}$. Die Durchflussmenge pro Sekunde ergibt sich als Produkt aus dem Querschnittflächeninhalt des Wassers und der Durchflussgeschwindigkeit.

Zeichnen Sie den Graphen von f und berechnen Sie die Durchflussmenge pro Sekunde bei einer Wassertiefe von 2 m in der Kanalmitte.

Lösung

Um die Durchflussmenge zu bestimmen, muss die Querschnittfläche berechnet werden. Da die Wassertiefe in der Kanalmitte 2 m beträgt, ist die Fläche zu berechnen, die vom Graphen von f mit $f(x) = x^2 - 2$ und der x-Achse zwischen den Nullstellen von f eingeschlossen wird. Sie ist in der Abbildung blau gefärbt.

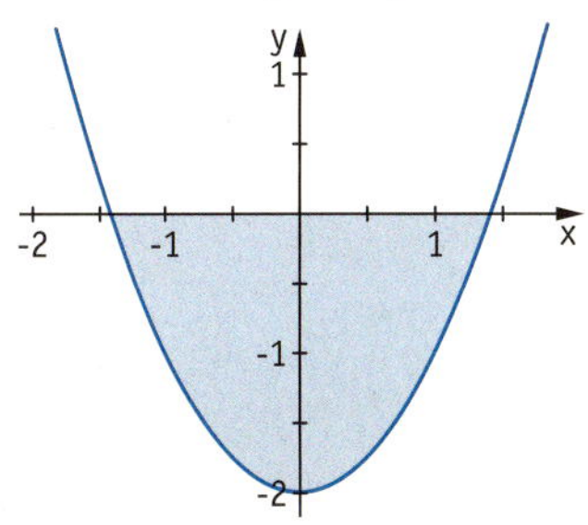

Aus der Gleichung $f(x) = x^2 - 2 = 0$ ergeben sich die Nullstellen $\sqrt{2}$ und $-\sqrt{2}$.

Aufgrund der Symmetrie des Graphen von f gilt:

```
2fnInt(X²-2,X,0,
√(2))
     -3.771236166
```

$$\int_{-\sqrt{2}}^{\sqrt{2}} f(x)\,dx = 2\cdot\int_{0}^{\sqrt{2}} (x^2 - 2)\,dx = 2\cdot\left[\frac{x^3}{3} - 2x\right]_0^{\sqrt{2}} = -\frac{8\sqrt{2}}{3} \approx -3{,}77$$

Da die Fläche unterhalb der x-Achse liegt, ist das Integral $\int_{-\sqrt{2}}^{\sqrt{2}} f(x)\,dx$ negativ. Für den gesuchten Flächeninhalt gilt dann:

$$A = \left|\int_{-\sqrt{2}}^{\sqrt{2}} f(x)\,dx\right| = \frac{8\sqrt{2}}{3} \approx 3{,}77$$

$$\left|\int_{-\sqrt{2}}^{\sqrt{2}} x^2 - 2\,dx\right| \qquad \frac{8\cdot\sqrt{2}}{3}$$

Man erhält als Durchflussmenge:

$$\frac{8\sqrt{2}}{3}\,m^2\cdot 2\,\frac{m}{s} \approx 7{,}54\,\frac{m^3}{s}.$$

Aufgabe

2 Nullstelle im Integrationsintervall

Eine Funktion g ist gegeben durch $g(x) = x^3 - x^2 - 2x$.

a) Berechnen Sie die Nullstellen von g und skizzieren Sie den Graphen von g.
Bestimmen Sie ohne Verwendung eines Rechners den Flächeninhalt der Fläche, die der Graph der Funktion g mit der x-Achse einschließt.

b) Zeichnen Sie den Graphen der Funktion h mit $h(x) = |g(x)| = |x^3 - x^2 - 2x|$ und vergleichen Sie die Flächeninhalte der Flächen, die die Graphen von g und h jeweils mit der x-Achse einschließen.
Bestimmen Sie anschließend die Flächeninhalte näherungsweise mithilfe eines Rechners.

Lösung

a) Das Integrationsintervall wird durch die Nullstellen von g begrenzt.
Aus der Gleichung $g(x) = x^3 - x^2 - 2x = x \cdot (x^2 - x - 2) = 0$ erhält man als Nullstellen -1; 0 und 2.
Da die linke Teilfläche oberhalb der x-Achse liegt, erhält man für den Flächeninhalt:

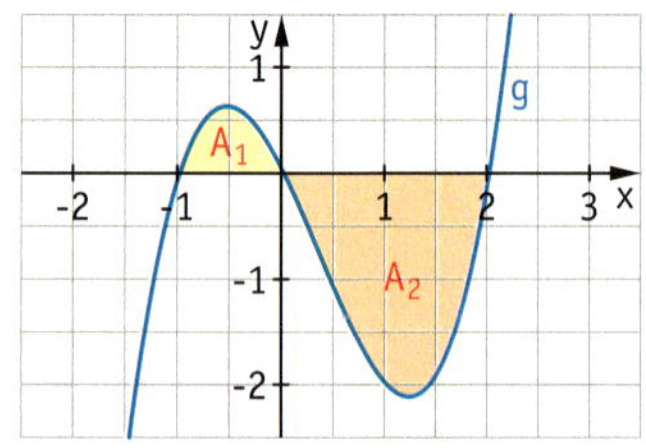

$$A_1 = \int_{-1}^{0} (x^3 - x^2 - 2x)\,dx = \left[\tfrac{1}{4}x^4 - \tfrac{1}{3}x^3 - x^2\right]_{-1}^{0} = \tfrac{5}{12}$$

Da die rechte Teilfläche unterhalb der x-Achse liegt, erhält man für den Flächeninhalt dieser Fläche:

$$A_2 = \left|\int_{0}^{2} (x^3 - x^2 - 2x)\,dx\right| = \left|\left[\tfrac{1}{4}x^4 - \tfrac{1}{3}x^3 - x^2\right]_{0}^{2}\right| = \left|-\tfrac{8}{3}\right| = \tfrac{8}{3}$$

Damit ergibt sich für den gesuchten Flächeninhalt:

$$A = A_1 + A_2 = 3\tfrac{1}{12} \approx 3{,}08$$ *gemessen in der Koordinateneinheit zum Quadrat*

b) Durch die Bildung des Betrages wird der Teil des Graphen von g unterhalb der x-Achse und damit auch die Fläche A_2 im oberen Bild bei der Funktion h an der x-Achse „nach oben" gespiegelt. Der Flächeninhalt bleibt gleich. Da der Flächeninhalt, den der Graph von g mit der x-Achse einschließt, gleich dem Flächeninhalt ist, den der Graph von h mit der x-Achse einschließt, ist

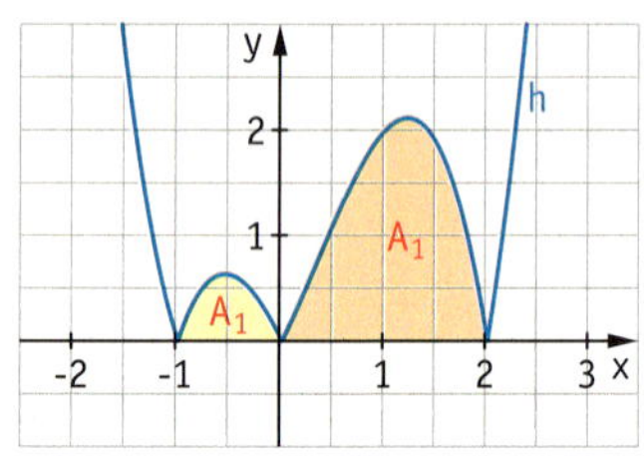

$$A \overset{?}{=} \int_{-1}^{2} |g(x)|\,dx.$$

Weil stets $h(x) = |g(x)| \geq 0$ ist, kann man mithilfe eines Rechners dieses Integral direkt über dem Intervall $[-1; 2]$ näherungsweise berechnen, ohne die zwischen den Integrationsgrenzen liegenden Nullstellen zu berücksichtigen:

```
Plot1 Plot2 Plot3
\Y1=X^3-X²-2X
\Y2=abs(Y1)
\Y3=
```

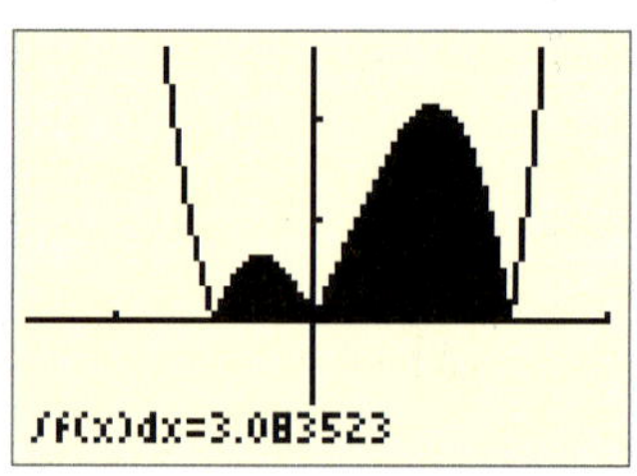


```
fnInt(abs(X^3-X²
-2X),X,-1,2
           3.083336313
```

Also gilt: $A = \int_{-1}^{2} |x^3 - x^2 - 2x|\,dx \approx 3{,}08$

Ein CAS-Rechner bestätigt dieses Ergebnis.

$$\int_{-1}^{2} |x^3 - x^2 - 2 \cdot x|\,dx \qquad 3.08333333333$$

Information

Flächeninhalt der Fläche zwischen einem Funktionsgraphen und der x-Achse berechnen

(1) Um zum Beispiel den Flächeninhalt A der Fläche zwischen dem abgebildeten Graphen der Funktion f und der x-Achse über dem Intervall [a; b] zu berechnen, bestimmt man zunächst die Nullstellen von f, hier x_1, x_2, x_3, und berechnet dann die Integrale und addiert anschließend deren Beträge:

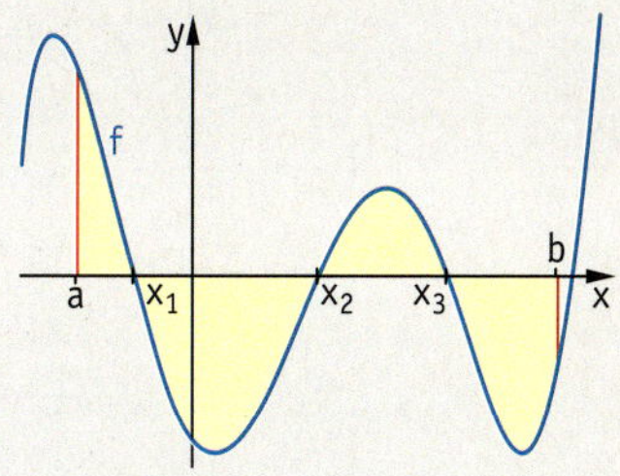

$$A = \left|\int_a^{x_1} f(x)\,dx\right| + \left|\int_{x_1}^{x_2} f(x)\,dx\right| + \left|\int_{x_2}^{x_3} f(x)\,dx\right| + \left|\int_{x_3}^{b} f(x)\,dx\right|$$

(2) Für die näherungsweise Berechnung des Flächeninhalts A der Fläche zwischen dem abgebildeten Graphen der Funktion f und der x-Achse mithilfe eines Rechners oder eines CAS ist es vorteilhaft, mit dem Betrag von f zu rechnen: $A = \int_a^b |f(x)|\,dx$

Man benötigt dabei die Nullstellen zwischen a und b nicht.

Übungsaufgaben

3 Geben Sie eine Stammfunktion zu f an und berechnen Sie den Flächeninhalt der Fläche, die der Graph der Funktion f über dem angegebenen Intervall mit der x-Achse einschließt.

a) $f(x) = x^2 - 2$ [−2; −1]
b) $f(x) = -x^2 + 5x - 6$; [0; 4]
c) $f(x) = 2x^2 - 2x$; [−1; 3]
d) $f(x) = 0{,}25x^3 - 2$; [−4; 1]
e) $f(x) = (2x - 1)^2$ [−1; 3]
f) $f(x) = x + \frac{1}{x^2}$ [1; 2]
g) $f(x) = \frac{x+1}{x^3}$ [1; 4]
h) $f(x) = 2x - \sqrt{2x}$; [2; 3]

4 Ermitteln Sie den Flächeninhalt der Fläche, die der Graph der Funktion f über dem angegebenen Intervall mit der x-Achse einschließt.

a) $f(x) = \frac{1}{2}x^2 - 3x + \frac{7}{2}$; [1,2; 5,6]
b) $f(x) = x^3 - x^2 - 2x + 1$; [−2; 2]
c) $f(x) = (x^2 - 1)^2 - 1$; [−1; 2]
d) $f(x) = \frac{2}{x} - x$; [1; 2]
e) $f(x) = x - \sqrt{x}$; [0; 3]
f) $f(x) = \left(\frac{1}{x} - x\right)^2$ [1; 4]

5 Bestimmen Sie die Intervallgrenze u des Intervalls I so, dass der Graph von f mit der x-Achse über dem Intervall I eine Fläche mit dem Flächeninhalt A einschließt.

a) $f(x) = x + 2$, $I = [1; u]$, $A = 13\frac{1}{2}$
b) $f(x) = -2x + 3$, $I = [0; u]$, $A = 1$
c) $f(x) = 2x^2 - 2x - 12$, $I = [u; 2]$, $A = 43$
d) $f(x) = x^3 - 2x^2 + 1$, $I = [u; 4]$, $A = 26\frac{1}{4}$

6 Untersuchen Sie, wie $k \in \mathbb{R}$ gewählt werden muss, damit die drei Flächenstücke, die der Graph zu f mit $f(x) = x^2 - k$ und $k > 0$ über dem Intervall [−3; 3] mit der x-Achse einschließt, gleich groß sind.

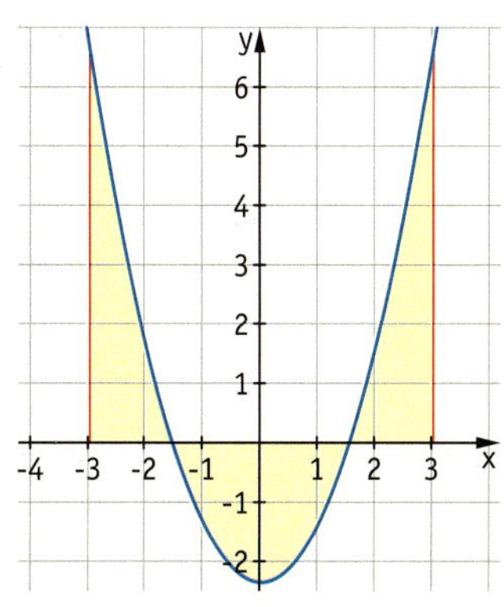

7 Geben Sie eine Stammfunktion an und berechnen Sie den Flächeninhalt der Fläche, die der Graph der Funktion f mit der x-Achse einschließt.

a) $f(x) = 4 - x^2$
b) $f(x) = (x - 2)\cdot(4 - x)$
c) $f(x) = x\cdot(x - 1)\cdot(3 - x)$
d) $f(x) = -x^2 + 6x + 7$
e) $f(x) = x^3 - 3x^2 - x + 3$
f) $f(x) = (x^2 - 1)\left(4 - \frac{1}{x^2}\right)$

8 Berechnen Sie den Flächeninhalt der gefärbten Fläche.

a) $f(x) = x^2 + 1$

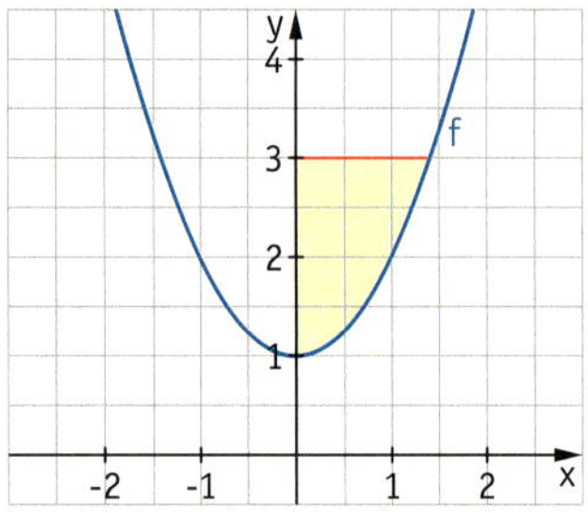

b) $f(x) = \frac{1}{2}x^3 - \frac{1}{2}x$

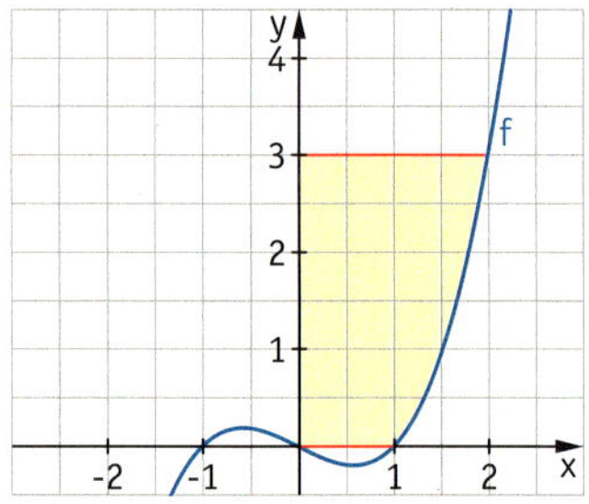

c) $f(x) = -x^3 + 3x^2$

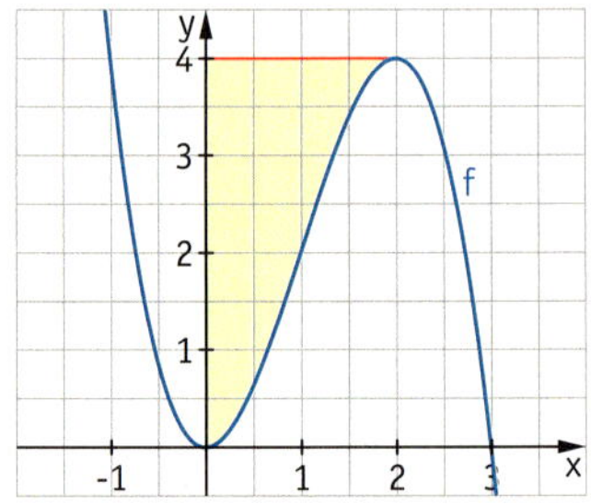

9 Finden Sie einen möglichen Funktionsterm für den Graphen und berechnen Sie damit den Flächeninhalt der gefärbten Fläche.

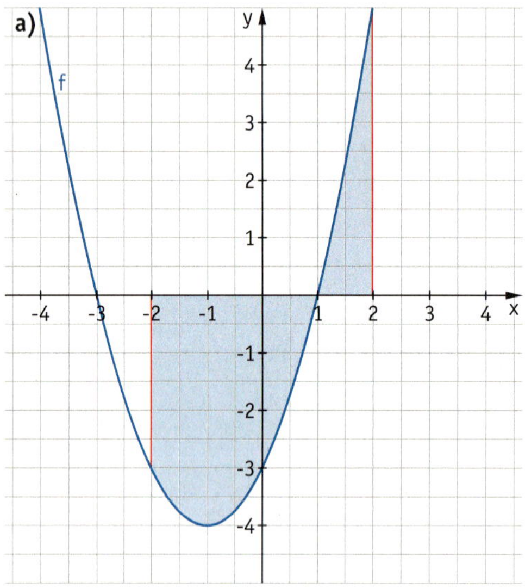

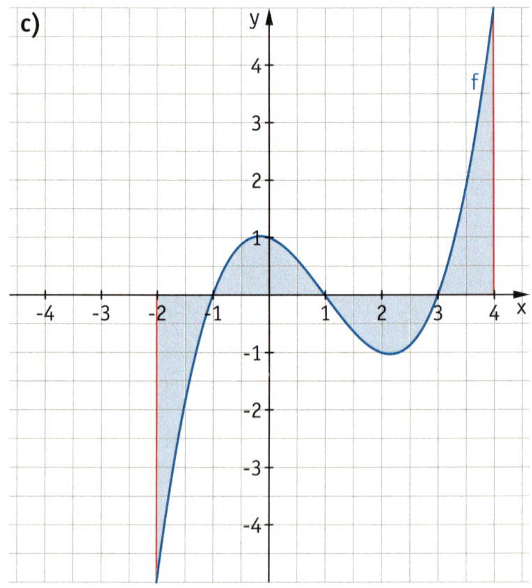

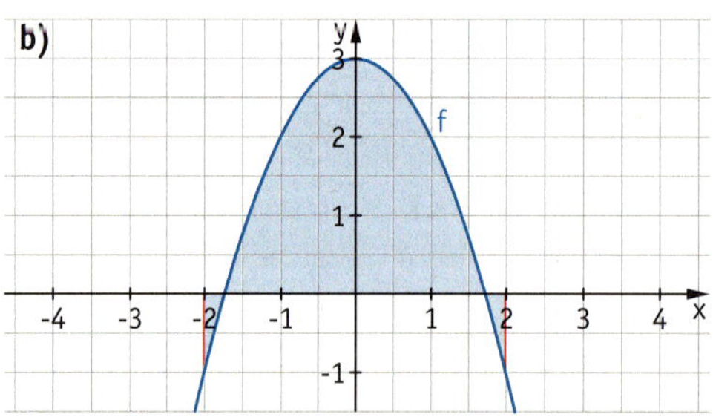

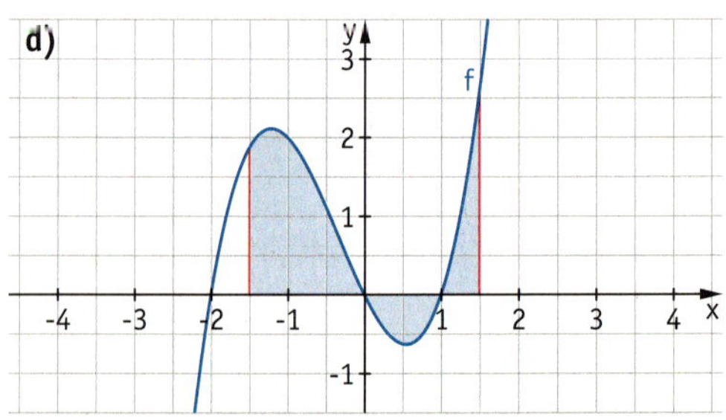

10 Gegeben ist der Graph einer ganzrationalen Funktion vom Grad n.
Vervollständigen Sie die Skalierung des Koordinatensystems so, dass die Fläche, die der Graph von f mit der x-Achse einschließt, den Flächeninhalt A hat.

a) $n = 2$; $A = 4$

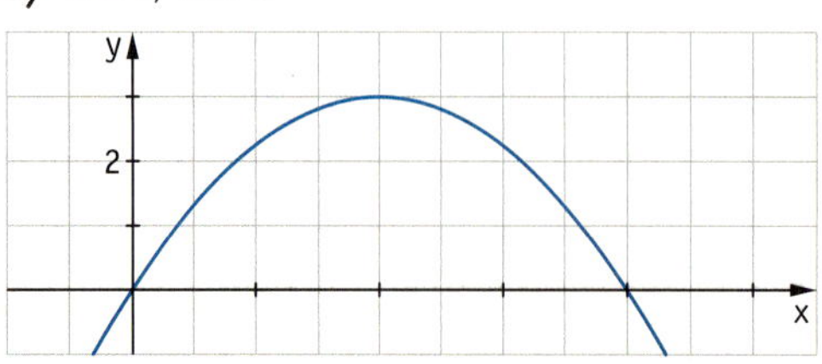

b) $n = 3$; $A = 216$

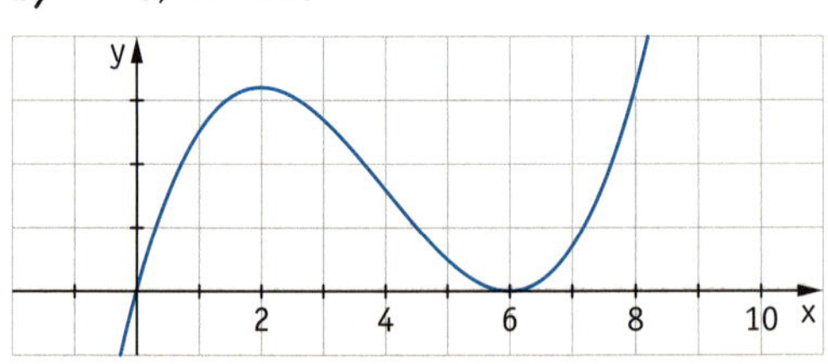

11 Skizzieren Sie den Graphen der Funktion f und bestimmen Sie den Flächeninhalt der Fläche, die der Graph der Funktion f mit der x-Achse einschließt.

a) $f(x) = x^4 - 8x^3 + 18x^2 - 8x$
b) $f(x) = -x^4 + 11x^2 - 18$
c) $f(x) = (x^2 - x - 2) \cdot x$
d) $f(x) = x - 6 + \frac{8}{x}$
e) $f(x) = (x^2 - 4)^2 - 2$
f) $f(x) = x - \sqrt{x}$

12 Begründen Sie ohne zu rechnen, dass die Rechnung fehlerhaft ist. Bestimmen Sie das richtige Ergebnis.

a) $\int_1^3 |x^3 - 6x^2 + 11x - 6|\,dx = \left|\int_1^3 (x^3 - 6x^2 + 11x - 6)\,dx\right| = 0$

b) $\int_{-2}^{1} |x^2 + x - 2|\,dx = \int_{-2}^{1} (x^2 + x - 2)\,dx = -4{,}5$

13 Seit der Antike beherrschen Baumeister die Kunst, Torbögen zu konstruieren, zum Beispiel für Tore, Brücken oder Aquädukte. Die Bögen des Pont du Gard (im 1. Jh. n. Chr. von den Römern erbautes Aquädukt) in Südfrankreich sind in Halbkreisform gebaut. Als sehr stabil erweisen sich auch Bögen, die von Parabelbögen gebildet werden.

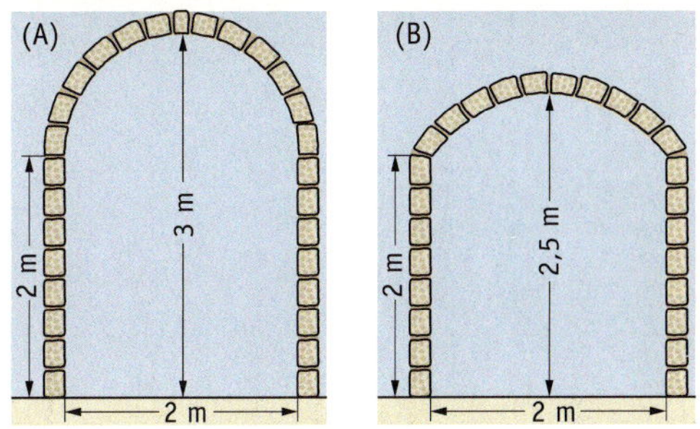

a) Beschreiben Sie anhand der Skizze (A), wie man die Öffnungsfläche bei einem Torbogen in Halbkreisform berechnen könnte.

b) Wie müsste man zur Bestimmung der Öffnungsfläche bei einem von einem Parabelbogen begrenzten Torbogen (B) vorgehen?

c) Vergleichen Sie die Öffnungsflächen der beiden Torbögen (A) und (B) miteinander.

14 Bestimmen Sie $k \in \mathbb{R}$ so, dass der Graph der Funktion f mit der x-Achse eine Fläche vom angegebenen Flächeninhalt A einschließt.
Erläutern Sie anhand einer Skizze den Einfluss des Parameters k.

a) $f(x) = x^2 - kx$; $A = 36$
b) $f(x) = kx^3 - 4x$; $A = 16$
c) $f(x) = 2x^3 + kx$; $A = 9$

15 Gegeben ist die Funktion f mit $f(x) = -x^3 + 3x^2$.
Zerlegen Sie die Fläche, die der Graph von f mit der x-Achse einschließt, so durch eine Parallele zur y-Achse, dass zwei Flächen mit demselben Flächeninhalt entstehen.

16

a) Begründen Sie, dass der Graph der Funktion f mit $f(x) = \sqrt{r^2 - x^2}$ der abgebildete Halbkreis um den Koordinatenursprung mit dem Radius r ist.

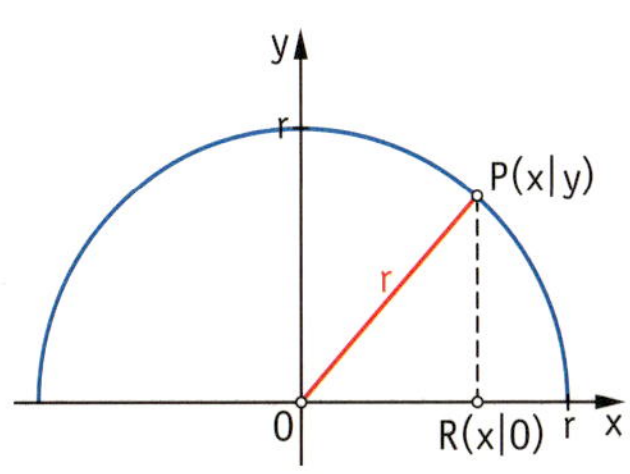

b) Berechnen Sie für einen Kreis mit dem Radius 6 cm den Flächeninhalt eines Kreissegmentes der Höhe 2.

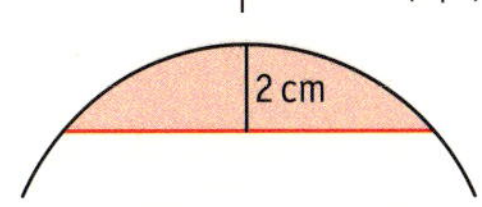

1.4.2 Fläche zwischen zwei Funktionsgraphen

Einstieg

Ein sichelförmiges Metallstück ist durch zwei Parabelbögen begrenzt. Die Oberfläche soll mit einem Speziallack beschichtet werden. Die Kosten hierfür betragen $2{,}40\,\frac{€}{dm^2}$.
Berechnen Sie die Kosten für eine einseitige Beschichtung.

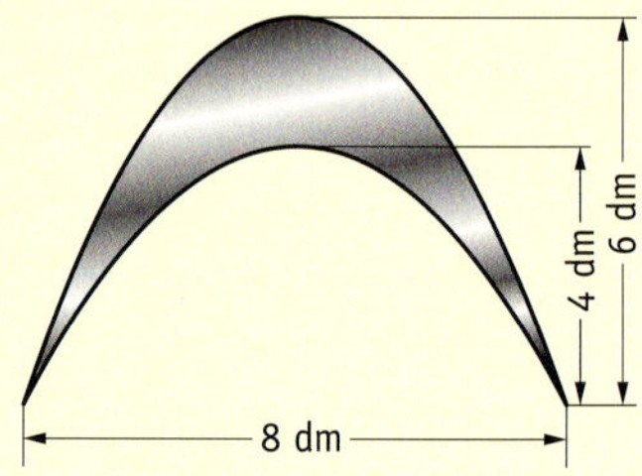

Aufgabe

1 Flächen zwischen zwei Funktionsgraphen

Der Yachthafen eines Segelclubs wird näherungsweise durch parabelförmig angelegte Kaimauern begrenzt.
Bestimmen Sie den Flächeninhalt der in der nebenstehenden Zeichnung blau gefärbten Wendefläche für die Boote.

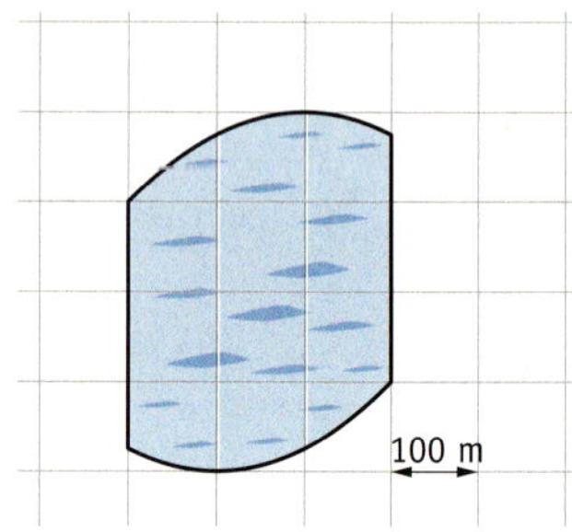

Lösung

Wir wählen das Koordinatensystem wie in der Abbildung rechts mit der Einheit 100 m. In dieser Lage lassen sich die quadratischen Funktionen gut bestimmen. Dann berechnet man den Flächeninhalt zwischen den Funktionsgraphen.

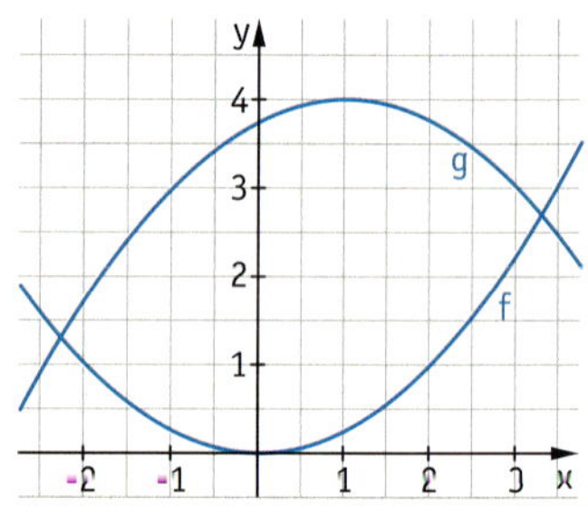

Die Berandungen der Wasserfläche beschreiben wir durch die Funktionen f und g: Der Graph von f ist offensichtlich eine in y-Richtung gestauchte Normalparabel mit dem Streckungsfaktor $\frac{1}{4}$, also
$f(x) = \frac{1}{4}x^2$.
Der Graph von g ist ebenfalls eine Parabel mit dem Streckungsfaktor $-\frac{1}{4}$ und dem Scheitelpunkt $S(1\,|\,4)$, also

$$g(x) = -\frac{1}{4}(x-1)^2 + 4 = -\frac{1}{4}x^2 + \frac{1}{2}x + \frac{15}{4}$$

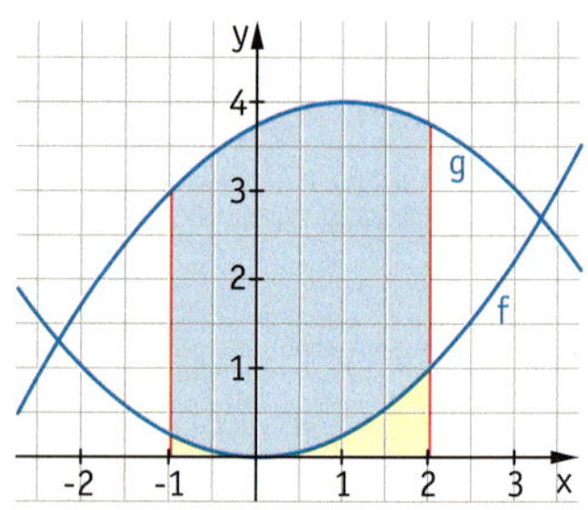

Es muss nun die Fläche zwischen beiden Funktionsgraphen über dem Intervall $[-1;\,2]$ berechnet werden.
Dazu subtrahieren wir vom Flächeninhalt A_1 der Fläche, die der Graph von g über dem Intervall $[-1;\,2]$ mit der x-Achse einschließt, den Flächeninhalt A_2 der Fläche, die der Graph von f über dem Intervall $[-1;\,2]$ mit der x-Achse einschließt:

A_1: 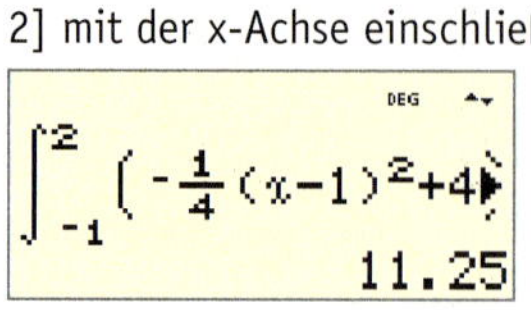

A_2: 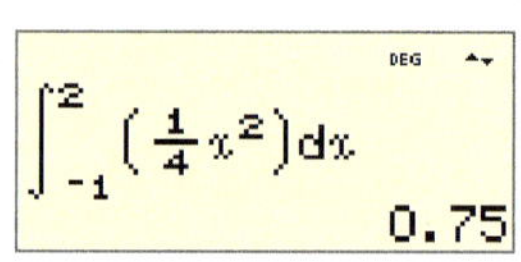

Damit ergibt sich als Flächeninhalt der eingeschlossenen Fläche $A = A_1 - A_2 = 11{,}25 - 0{,}75 = 10{,}5$.
Da wir 100 m als Einheit gewählt haben, beträgt die Wendefläche 10,5 ha oder 105 000 m².

Aufgabe

2 Flächen zwischen zwei sich schneidenden Funktionsgraphen

Zwei Funktionen f und g sind gegeben durch $f(x) = \frac{1}{2}x^3 + \frac{3}{2}x^2 - x - 2$ und $g(x) = x^2 - 2$.
Skizzieren Sie die Graphen von f und g und berechnen Sie den Flächeninhalt der Fläche, die von beiden Graphen eingeschlossen wird.

Lösung

Die eingeschlossene Fläche wird von den Schnittstellen beider Funktionsgraphen begrenzt, die wir als Lösungen der Gleichung

$f(x) = g(x)$, also $\frac{1}{2}x^3 + \frac{3}{2}x^2 - x - 2 = x^2 - 2$

erhalten. Diese Gleichung ist äquivalent zu $x \cdot (x^2 + x - 2) = 0$, woraus sich als Schnittstellen -2; 0 und 1 ergeben.

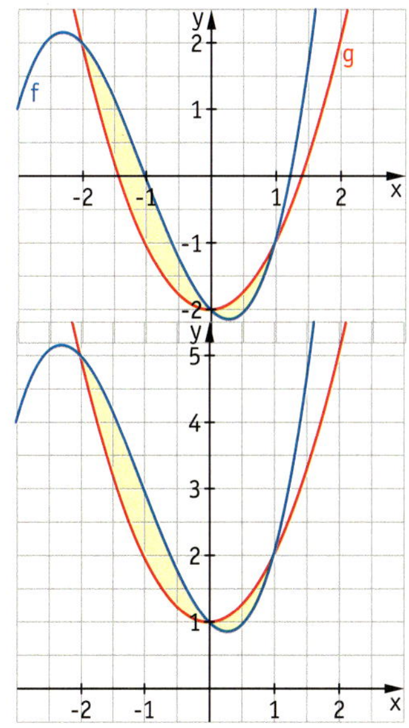

Um eine Fallunterscheidung hinsichtlich oberhalb und unterhalb der x-Achse liegender Flächenteile zu vermeiden, verschieben wir beide Funktionsgraphen um +3 in y-Richtung und berechnen die eingeschlossene Fläche:

$f(x) \geq g(x)$ *$g(x) \geq f(x)$*

$$A = \int_{-2}^{0}\Big((f(x) + 3) - (g(x) + 3)\Big)\,dx + \int_{0}^{1}\Big((g(x) + 3) - (f(x) + 3)\Big)\,dx$$

$$= \int_{-2}^{0}\big(f(x) - g(x)\big)\,dx + \int_{0}^{1}\big(g(x) - f(x)\big)\,dx$$

$$= \int_{-2}^{0}\left(\frac{1}{2}x^3 + \frac{1}{2}x^2 - x\right)dx + \int_{0}^{1}\left(-\frac{1}{2}x^3 - \frac{1}{2}x^2 + x\right)dx$$

$$= \left[\frac{1}{8}x^4 + \frac{1}{6}x^3 - \frac{1}{2}x^2\right]_{-2}^{0} + \left[-\frac{1}{8}x^4 - \frac{1}{6}x^3 + \frac{1}{2}x^2\right]_{0}^{1}$$

$$= \frac{4}{3} + \frac{5}{24} = \frac{37}{24} \approx 1{,}54$$

Unabhängig von der Lage der Graphen von f und g hätten wir die Graphen nicht verschieben müssen, sondern hätten direkt über $f(x) - g(x)$ bzw. $g(x) - f(x)$ integrieren können!

Die Aufteilung des Intervalls ist überflüssig, wenn man über den Betrag der Differenz der Funktionen integriert:

$$A = \int_{-2}^{1}|f(x) - g(x)|\,dx \approx 1{,}54$$

Vergleichen Sie das Rechnerergebnis mit dem exakten Wert.

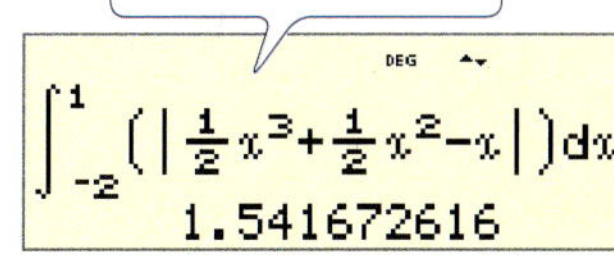

Information

Fläche zwischen zwei Funktionsgraphen über einem Intervall

(1) Um den Flächeninhalt A der Fläche zwischen den Graphen von zwei Funktionen f und g wie im Beispiel rechts dargestellt über dem Intervall [a; b] zu berechnen, bestimmt man zunächst die Schnittstellen von f und g innerhalb von [a; b] (hier: x_1 und x_2) und berechnet dann:

$$A = \int_{a}^{x_1}\big(f(x) - g(x)\big)\,dx + \int_{x_1}^{x_2}\big(g(x) - f(x)\big)\,dx + \int_{x_2}^{b}\big(f(x) - g(x)\big)\,dx$$

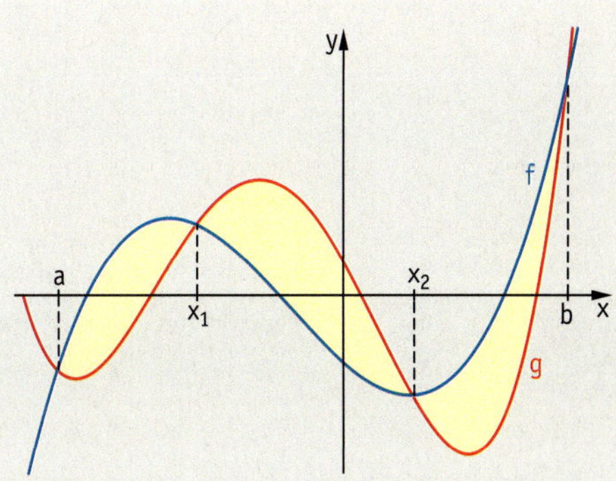

(2) Für die Berechnung des Flächeninhalts A der Fläche zwischen den Graphen der Funktionen f und g mithilfe eines Rechners oder eines CAS ist es vorteilhaft, mit dem Betrag von $f - g$ zu rechnen:

$$A = \int_{a}^{b}|f(x) - g(x)|\,dx$$

Man benötigt dabei nicht die Schnittstellen von f und g innerhalb des Intervalls [a; b]

Übungsaufgaben

3 Berechnen Sie den Flächeninhalt der Fläche, die die Graphen der Funktionen f und g über dem angegebenen Intervall einschließen.

a) $f(x) = x^3$; $g(x) = x$; $[-2; 5]$

b) $f(x) = x^3$; $g(x) = 2x^2 - 15x$; $[-4; 3]$

c) $f(x) = x^4 + 4$; $g(x) = 5x^2$; $[-1; 3]$

d) $f(x) = x^3 + x$; $g(x) = x^2 + 1$; $[0; 2]$

e) $f(x) = x$; $g(x) = \sqrt{x}$; $[0; 1]$

f) $f(x) = \sin\left(\frac{1}{2}x\right)$; $g(x) = -\cos(x)$; $[0; \pi]$

g) $f(x) = \frac{1}{x^2}$; $g(x) = \frac{17}{4} - x^2$; $[1; 3]$

h) $f(x) = x^3$; $g(x) = \sqrt{x}$; $[0; 2]$

4 Skizzieren Sie die Graphen von f und g und berechnen Sie, wie groß der Flächeninhalt der von beiden Funktionsgraphen über dem Intervall I eingeschlossenen Fläche ist.

a) $f(x) = x^3 - 4x + 3$; $g(x) = 4 - \frac{1}{2}x^2$; $I = [-3; 2]$

b) $f(x) = x^2 - 8x + 14$ $g(x) = \sqrt{x}$; $I = [2; 6]$

5 Skizzieren Sie die Graphen von f und g und berechnen Sie den Flächeninhalt der eingeschlossenen Fläche.

a) $f(x) = x^3 - x^2 - 4x + 3$; $g(x) = -x^2 + 3$

b) $f(x) = 3x^3 - 9x^2$; $g(x) = -x^4 + 3x^3$

c) $f(x) = x^4 - 3x^3 + 2$; $g(x) = 4x^2 + 2$

d) $f(x) = -x^4 + x^3 - 50$; $g(x) = 2x^3 - 17x^2 - 5x + 10$

6 Finden Sie passende Funktionsterme zu den Graphen und berechnen Sie den Flächeninhalt der gefärbten Fläche.

a)

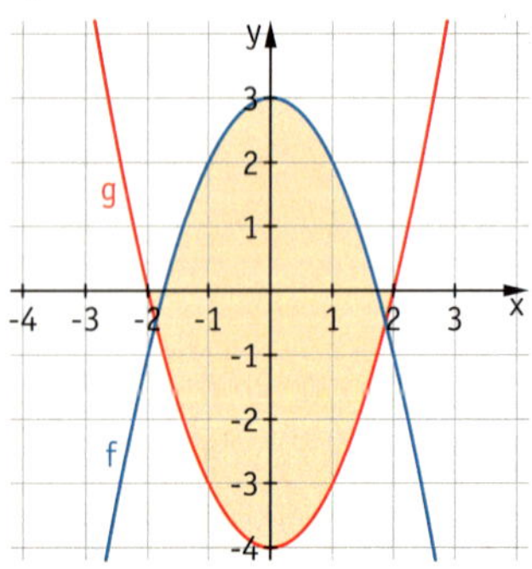

b)

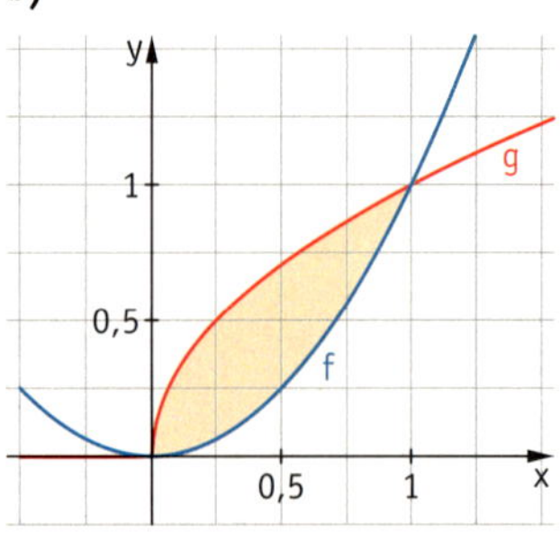

c)

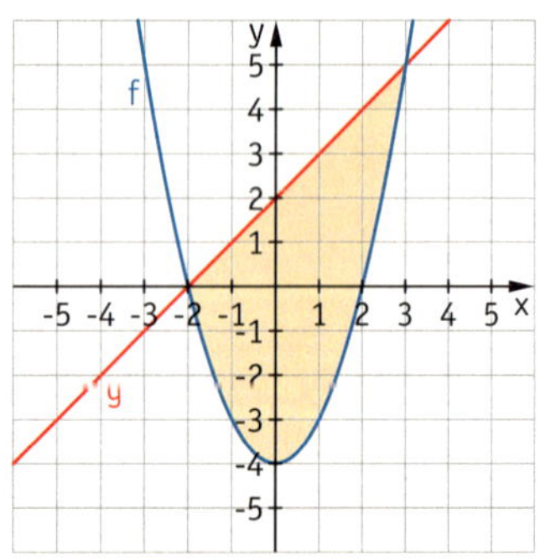

d)

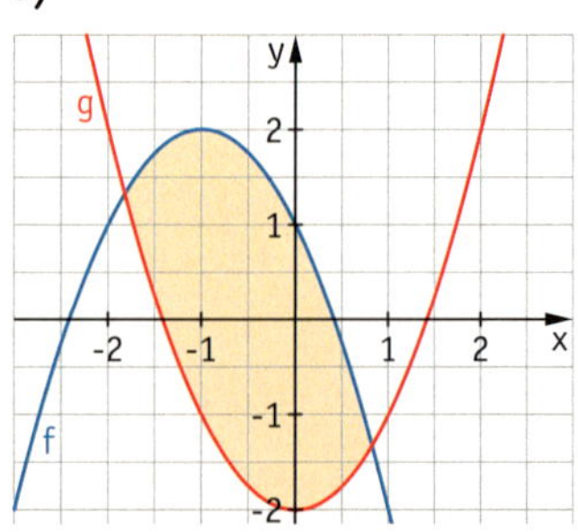

e)

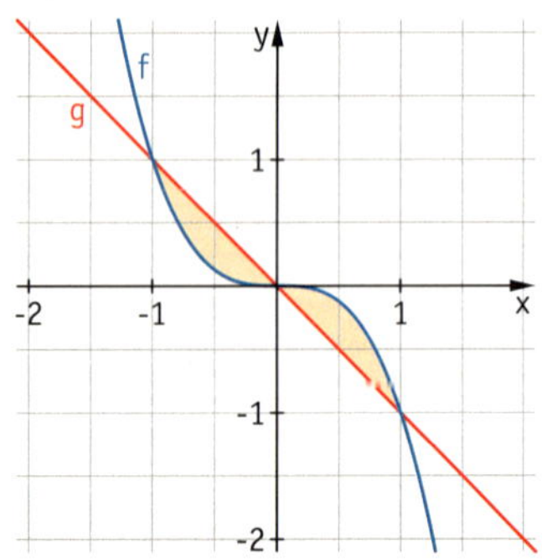

f)

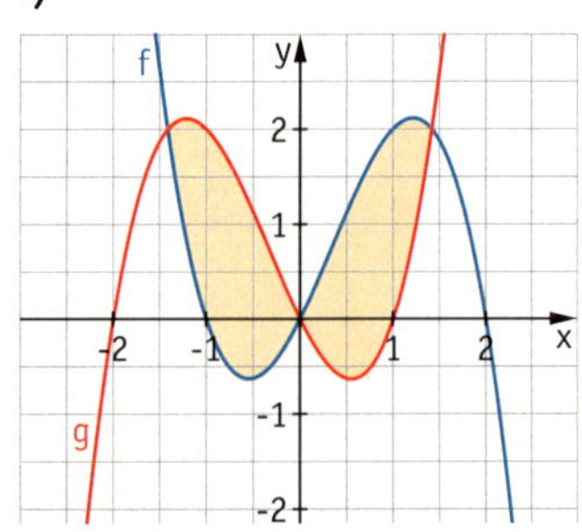

7 Berechnen Sie den Flächeninhalt der Fläche, die der Graph der abgebildeten Parabel, die Tangente an der Stelle 2 und die x-Achse einschließen.

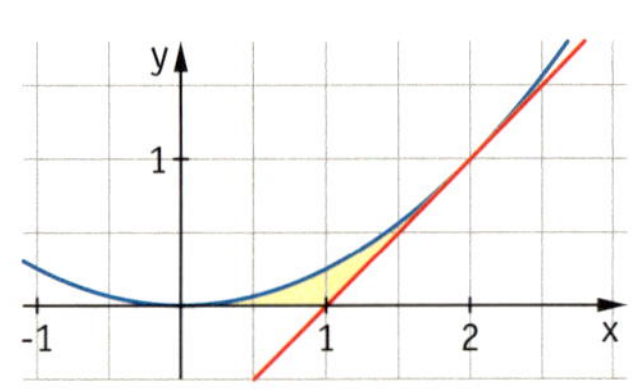

8 Die Funktion f ist gegeben durch $f(x) = x^3 - 4x + 1$.

a) Zeigen Sie mithilfe der Integralrechnung, dass die Tangenten in den Extrempunkten von f mit dem Graphen von f jeweils Flächen mit gleichem Flächeninhalt einschließen.

b) Begründen Sie *ohne* Rückgriff auf die Integralrechnung, dass eine entsprechende Aussage wie in Teilaufgabe a) für jede Funktion 3. Grades gilt, deren Graph Extrempunkte hat.

9 Die abgebildete Fläche ist abschnittsweise durch Parabelbögen oder Geraden berandet.
Geben Sie die jeweiligen Funktionsgleichungen an und berechnen Sie den Flächeninhalt der eingeschlossenen Fläche.

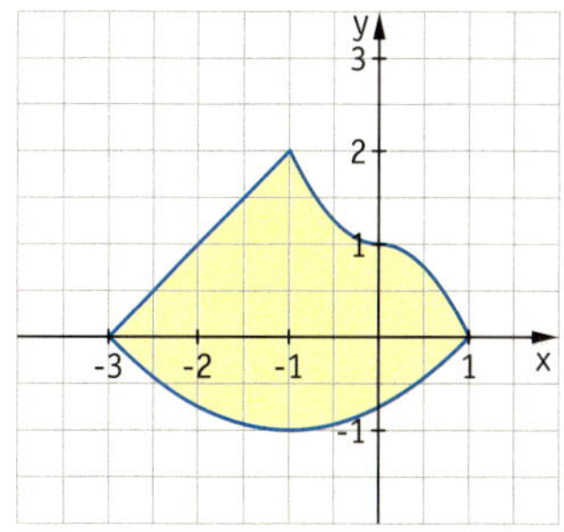

10 Die gefärbten Teile der Schmuckform sollen einseitig mit Blattgold belegt werden. Die Linien sind Parabeln oder Kreise. 1 cm² Blattgold kostet einschließlich Belegung 7,99 Euro. Wie teuer wird die Blattgoldarbeit? Legen Sie das Koordinatensystem geeignet fest.

a)

c)

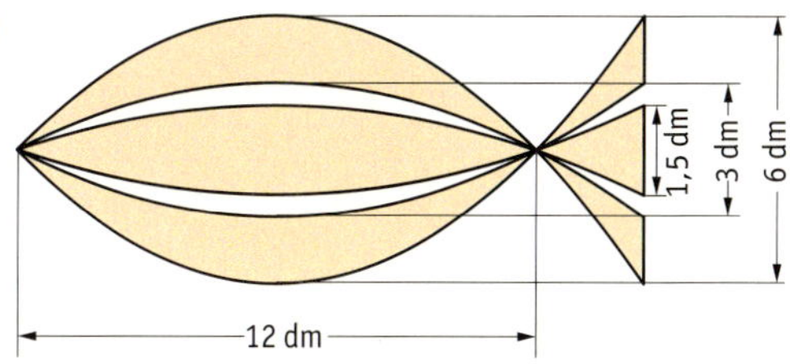

b)

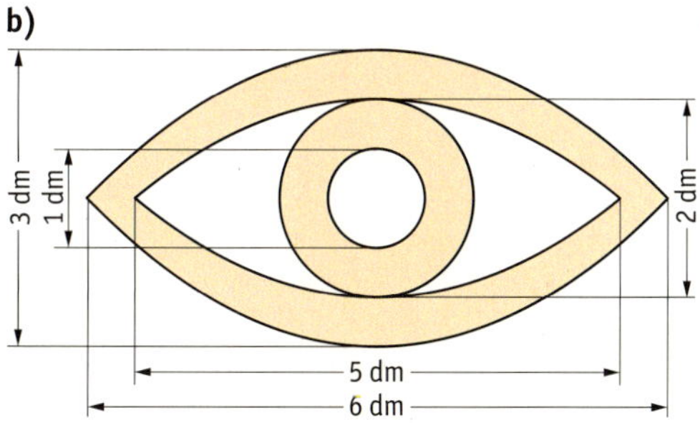

d)

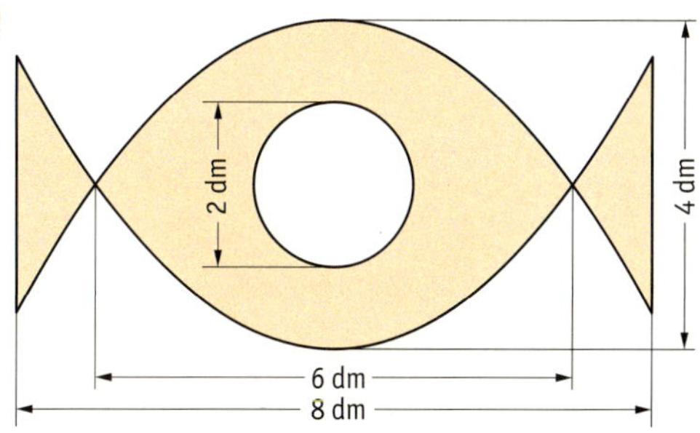

11 Geben Sie die Flächeninhalte $A_1, A_2, \ldots, A_6$ der gefärbten Flächen mithilfe von Integralen an.

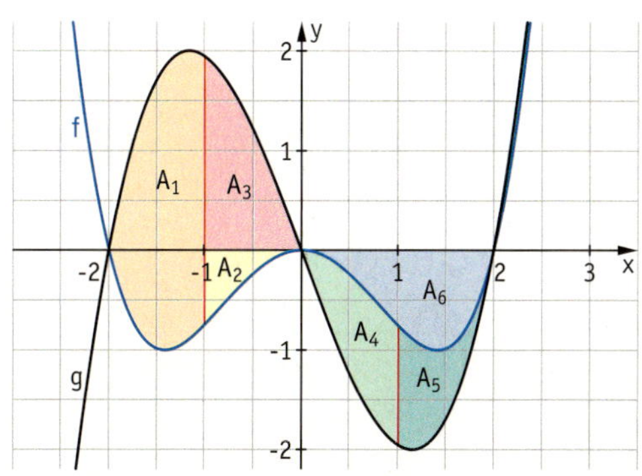

12 Bestimmen Sie $k > 0$ so, dass die Graphen der Funktionen f und g eine Fläche mit dem Flächeninhalt A einschließen.

a) $f(x) = kx^2;\ g(x) = 5kx + 6k;\ A = 1$

b) $f(x) = x^2 + 4x;\ g(x) = k\cdot(x + 4);\ A = \frac{125}{6}$

c) $f(x) = x^2 - k;\ g(x) = k - x^2;\ A = \frac{8}{3}$

d) $f(x) = kx;\ g(x) = \sqrt{x};\ A = \frac{1}{48}$

13 Für $k > 0$ ist die Funktion f_k gegeben durch $f_k(x) = x^3 - 2kx^2 + k^2x$.

a) Zeigen Sie, dass alle Funktionsgraphen einen Tiefpunkt auf der x-Achse haben.

b) Bestimmen Sie k so, dass der Graph von f_k mit der x-Achse eine Fläche mit dem Flächeninhalt 108 einschließt.

c) Bestimmen Sie den Flächeninhalt der Fläche, die der Graph von f_1 mit der Geraden $y = x$ einschließt.

14 Untersuchen Sie, für welches $k > 0$ der Flächeninhalt, den der Graph der Funktion f mit $f(x) = \frac{k-10}{k}x^2 + (20 - 2k)x$ mit der x-Achse einschließt, maximal wird.

15 Die abgebildete Fläche eines Sees kann abschnittsweise annähernd durch Parabelbögen berandet werden.
1 Längeneinheit entspricht 1 km.
Schätzen Sie die Größe des Sees ab.

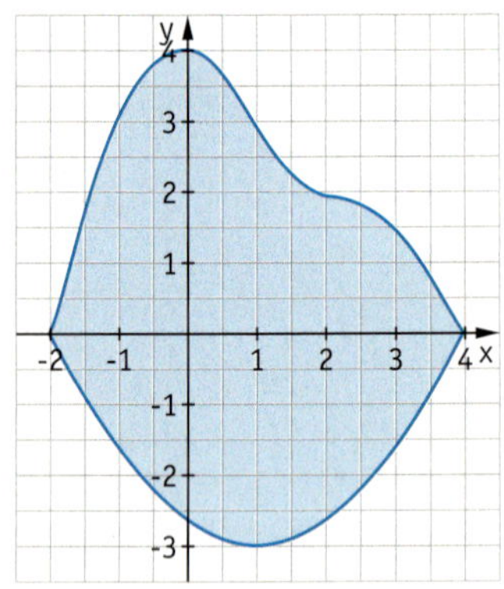

16 Gegeben sind die Funktionen f und g mit $f(x) = x^3 - 4x$ und $g(x) = -\frac{1}{2}x^3 + 2x$.
Skizzieren Sie die Graphen und begründen Sie ohne zu rechnen, dass die folgende Gleichung fehlerhaft ist. Bestimmen Sie das richtige Ergebnis.

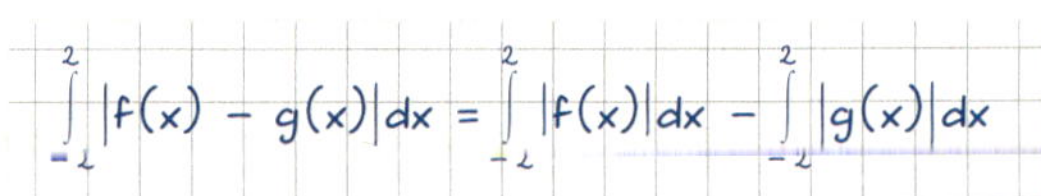

17 Bestimmen Sie $k \in \mathbb{R}$ so, dass die von den Graphen der Funktionen f und g eingeschlossene Fläche den Flächeninhalt A hat. Fertigen Sie eine Skizze an und erläutern Sie daran den Einfluss des Parameters k.

a) $f(x) = x^3;\ g(x) = 2kx^2 - k^2x;\ A = \frac{4}{3}$

b) $f(x) = x^2;\ g(x) = -x^2 + k;\ A = 1$

c) $f(x) = x^2;\ g(x) = 1 - kx^2;\ A = \frac{2}{3}$

d) $f(x) = x^3;\ g(x) = kx;\ A = \frac{1}{4}$

18 Berechnen Sie näherungsweise die Größe des im Zentrum des Bildes abgebildeten Feldes.

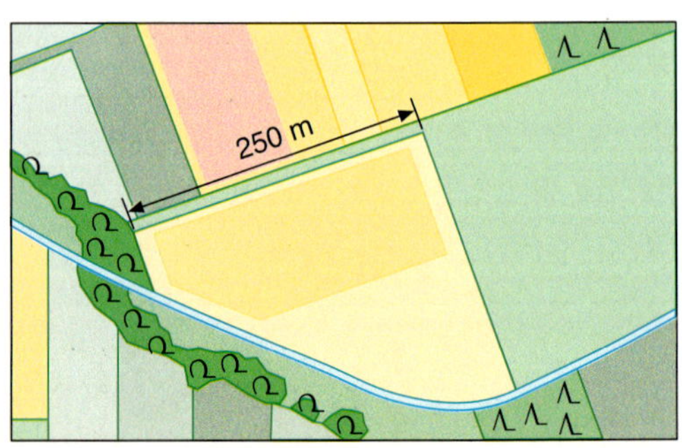

19

a) Begründen Sie die Formel rechts.

Der griechische Mathematiker ARCHIMEDES VON SYRAKUS (287–212 v. Chr.) zeigte, dass der Inhalt der Fläche unter einer Parabel stets $\frac{2}{3}$ vom Produkt aus Grundseite g und Höhe h beträgt.

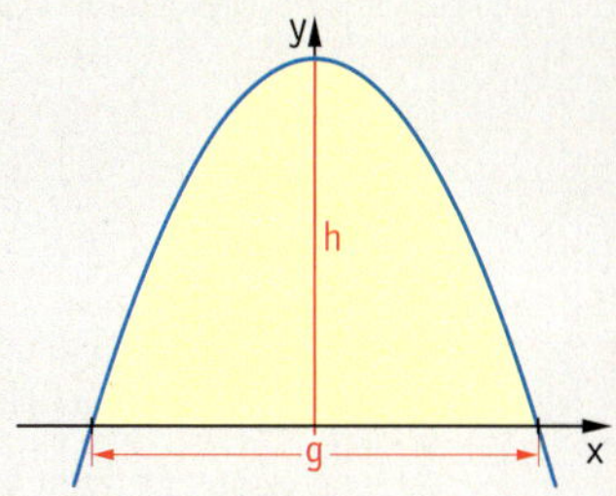

b) Begründen Sie die Verallgemeinerung der Formel des ARCHIMEDES:

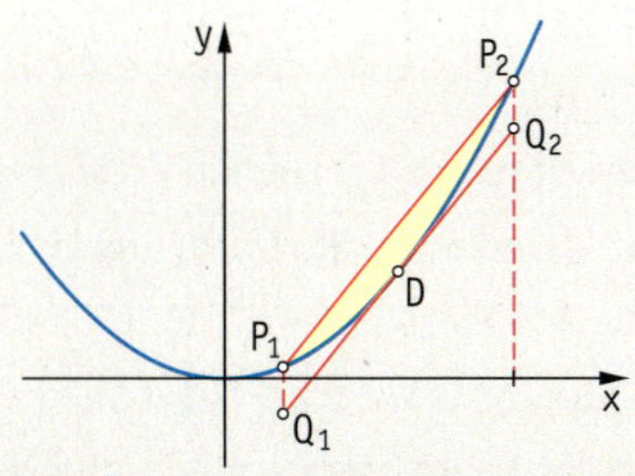

Der Flächeninhalt eines Parabelsegments beträgt zwei Drittel des Parallelogramms, das durch die Sehne und die zu ihr parallele Tangente bestimmt ist.

20 Kirche São Francisco de Assis

Anfang der 1940er-Jahre beschloss die brasilianische Stadt Belo Horizonte zur Entwicklung des Außenbezirks Pampulha ein Gelände zu einem kulturellen Zentrum auszubauen. An einem künstlich angelegten See entstanden verschiedene Gebäude, wie z. B. ein Casino oder eine Kirche.
Die Kirche São Francisco de Assis wurde 1945 gemeinsam von dem Architekten Oscar Niemeyer und dem Ingenieur und Dichter Joaquim Cardoso errichtet. Die paraboloide Betonkonstruktion war bis dahin beim Bau von Flugzeughangars eingesetzt worden.
Aufgrund ihrer außergewöhnlichen Form ist die Kirche heute eines der beliebtesten Postkartenmotive von Belo Horizonte.

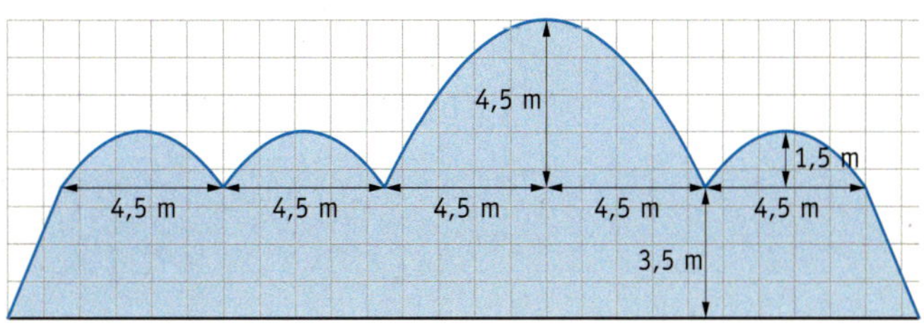

Auf der Rückseite der Kirche ist eine Wandkeramik angebracht. Der höchste Punkt der rückwärtigen Fassade liegt etwa 8 m über dem Boden. Die Gesamtbreite beträgt etwa 25,50 m. Damit die Wandkeramik nicht durch Umwelteinflüsse geschädigt wird, soll sie mit einer Schutzlasur versehen werden. Die Kirchengemeinde hat dafür Geld gesammelt und davon Lasur gekauft, die für etwa 140 m² Wandfläche reichen soll. Untersuchen Sie, ob die gekaufte Schutzlasur für die komplette rückwärtige Fassade ausreicht.

1.4.3 Uneigentliche Integrale

Für die Funktion f mit $f(x) = \frac{1}{x^2}$ können wir über jedem Intervall [a; b] mit $0 < a < b$ die Fläche, die der Graph von f über diesem Intervall mit der x-Achse einschließt, als $\int_a^b \frac{1}{x^2}dx$ berechnen.

Wir wollen in diesem Abschnitt für die Funktion f und weitere Funktionen untersuchen, wie sich der Flächeninhalt verhält, wenn die obere Grenze b des Intervalls [a; b] beliebig groß wird, d. h. b gegen unendlich strebt.

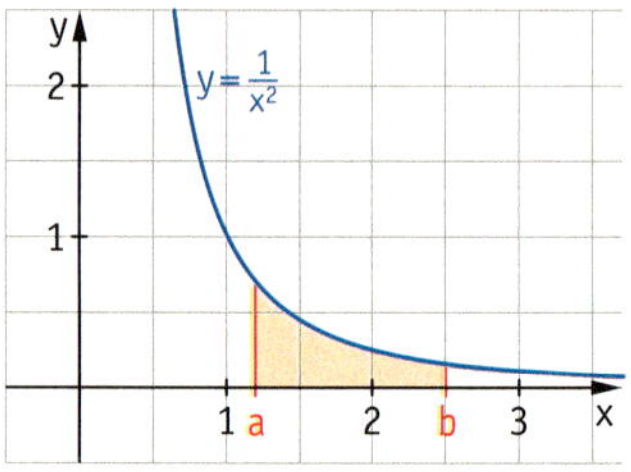

Einstieg

Gegeben sind die Funktionen f und g mit $f(x) = \frac{1}{x}$ und $g(x) = \frac{1}{x^2}$.

- Bestimmen Sie den Flächeninhalt der Fläche unter dem Graphen von f bzw. g über dem Intervall:
  (1) [1; 10] (2) [1; 100] (3) [1; 1 000]
  Interpretieren Sie die Ergebnisse: Was lässt sich über die Größe des Flächeninhalts sagen, wenn die rechte Begrenzung immer weiter ins Unendliche wandert?
- Untersuchen Sie analog zur ersten Teilaufgabe das „Verhalten" der Größe des Flächenstücks bei den Funktionen h_i und deuten Sie die Ergebnisse.
  (1) $h_1(x) = \frac{1}{x^{1,1}}$ (2) $h_2(x) = \frac{1}{x^{1,01}}$ (3) $h_3(x) = \frac{1}{x^{1,001}}$

Aufgabe

1 Gegeben sind die Funktionen g und f.

a) $g(x) = \frac{1}{x^2}$

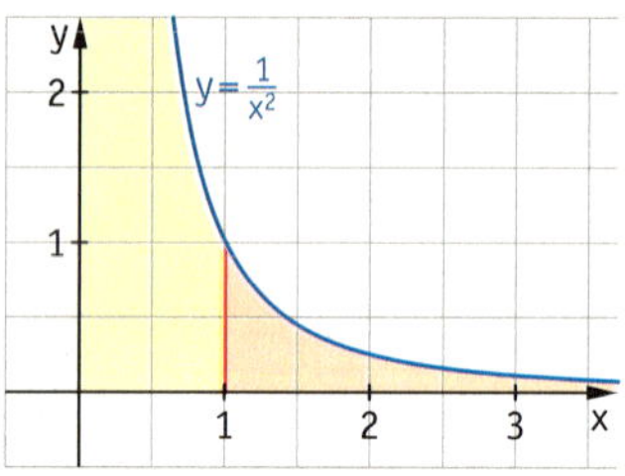

b) $f(x) = \frac{1}{\sqrt{x}}$

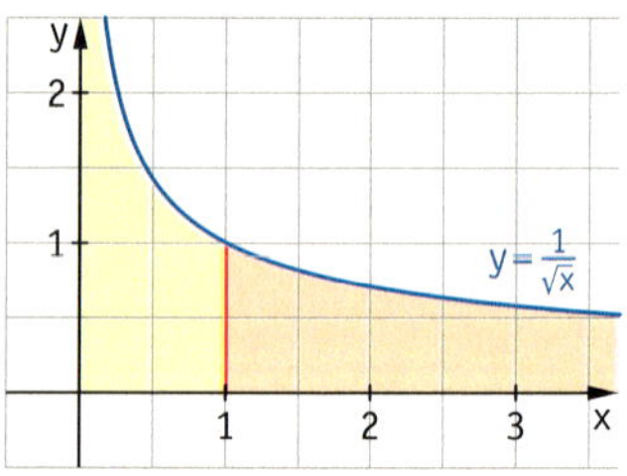

Die Graphen beider Funktionen schmiegen sich den Koordinatenachsen an und schließen über dem Intervall [1; ∞[zusammen mit der x-Achse und über dem Intervall]0; 1] zusammen mit der y-Achse jeweils eine unendlich ausgedehnte Fläche ein.

Untersuchen Sie, ob für diese Flächen ein Flächeninhalt angegeben werden kann.

c) Erläutern Sie, wie man aus dem Ergebnis von Teilaufgabe a) aufgrund geometrischer Überlegungen das Ergebnis von Teilaufgabe b) gewinnen kann.

Lösung

a) Um den Flächeninhalt der Fläche über dem Intervall [1; ∞[zu bestimmen, untersuchen wir, wie sich das Integral $\int_1^b \frac{1}{x^2}dx$ verhält, wenn die Intervallgrenze b beliebig groß wird.

Es gilt: $\int_1^b \frac{1}{x^2}dx = -\frac{1}{b} + 1.$

Wenn $b \to \infty$, dann $-\frac{1}{b} + 1 \to 1.$

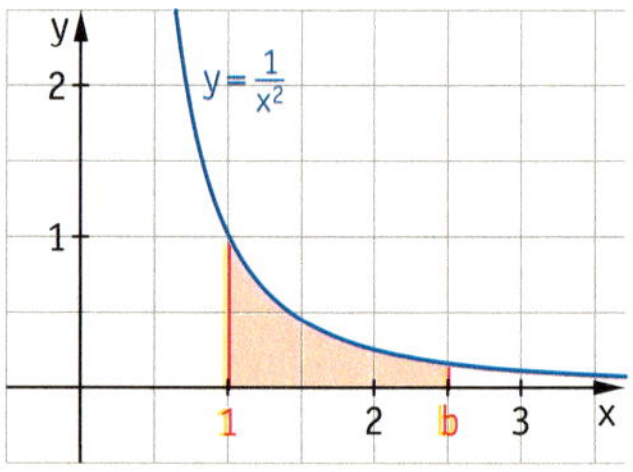

Der Flächeninhalt der Fläche über dem Intervall [1; ∞[ist also 1, obwohl die Fläche nach rechts unbegrenzt ist, also einen unendlichen Umfang hat.

Um den Flächeninhalt der Fläche über dem Intervall]0; 1] zu bestimmen, untersuchen wir, wie sich das Integral $\int_a^1 \frac{1}{x^2}dx$ verhält, wenn sich die untere Intervallgrenze a dem Wert 0 nähert.

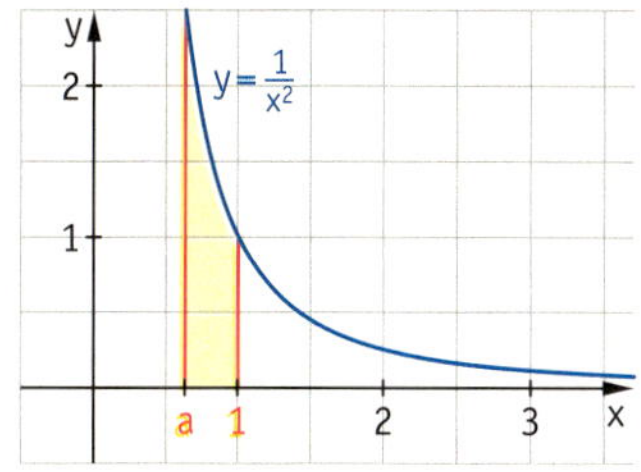

Es gilt: $\int_a^1 \frac{1}{x^2}dx = \left[-\frac{1}{x}\right]_a^1 = -1 + \frac{1}{a}$

Wenn $a \to 0$, dann $-1 + \frac{1}{a} \to \infty$.

Der Flächeninhalt der Fläche über dem Intervall]0; 1] ist unendlich groß.

$\frac{1}{\sqrt{x}} = \frac{1}{x^{\frac{1}{2}}} = x^{-\frac{1}{2}}$

Es gilt: $\int_1^b \frac{1}{\sqrt{x}}dx = \int_1^b x^{-\frac{1}{2}}dx = \left[\frac{x^{\frac{1}{2}}}{\frac{1}{2}}\right]_1^b = \left[2\sqrt{x}\right]_1^b = 2\sqrt{b} - 2$

Wenn $b \to \infty$, dann $2\sqrt{b} - 2 \to \infty$.

Der Flächeninhalt der Fläche über dem Intervall [1; ∞[ist unendlich groß.

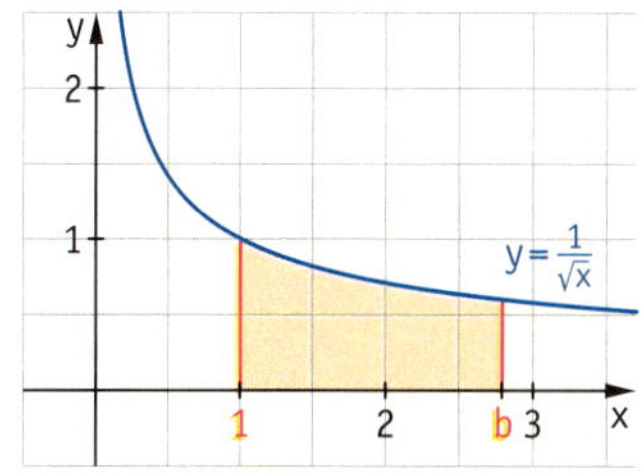

b) Wir verfahren wie bei der Lösung von Teilaufgabe a).

Es gilt: $\int_a^1 \frac{1}{\sqrt{x}}dx = 2 - 2\sqrt{a}$

Wenn $a \to 0$, dann $2 - 2\sqrt{a} \to 2$.

Der Flächeninhalt der Fläche über dem Intervall]0; 1] ist also 2.

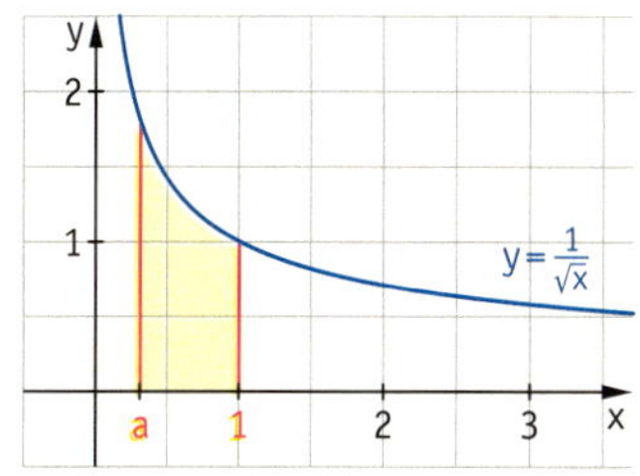

c) Die Ergebnisse von Teilaufgabe b) kann man aus den Ergebnissen von Teilaufgabe a) auch ohne Rechnung aufgrund folgender geometrischer Überlegungen gewinnen: Spiegelt man den Graphen zu $y = \frac{1}{x^2}$ an der Geraden zu $y = x$, so erhält man den Graphen zu $y = \frac{1}{\sqrt{x}}$. Daher ist die Fläche, die der Graph zu $y = \frac{1}{x^2}$ über dem Intervall [1; ∞[mit der x-Achse einschließt, genauso groß wie die Fläche, die der Graph zu $y = \frac{1}{\sqrt{x}}$ mit der y-Achse und der Geraden zu $y = 1$ einschließt. Somit hat der Flächeninhalt der Fläche, die der Graph zu $y = \frac{1}{\sqrt{x}}$ über dem Intervall]0; 1] einschließt, den Wert $1 + 1 = 2$.

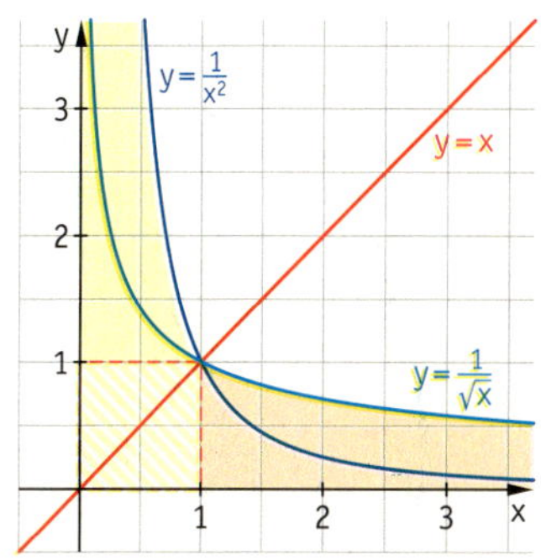

Da der Flächeninhalt der Fläche, die der Graph zu $y = \frac{1}{x^2}$ über dem Intervall]0; 1] mit der y-Achse einschließt, unendlich groß ist, muss auch der Flächeninhalt der Fläche, die der Graph von $y = \frac{1}{\sqrt{x}}$ über dem Intervall [1; ∞[mit der x-Achse einschließt, unendlich groß sein.

Information

Definition des uneigentlichen Integrals

Obwohl Flächenstücke ins Unendliche reichen, also eine unendlich lange Begrenzungslinie haben, kann ihr Flächeninhalt endlich sein. Hierbei kann einmal der Fall vorliegen, dass das „Intervall ins Unendliche reicht"

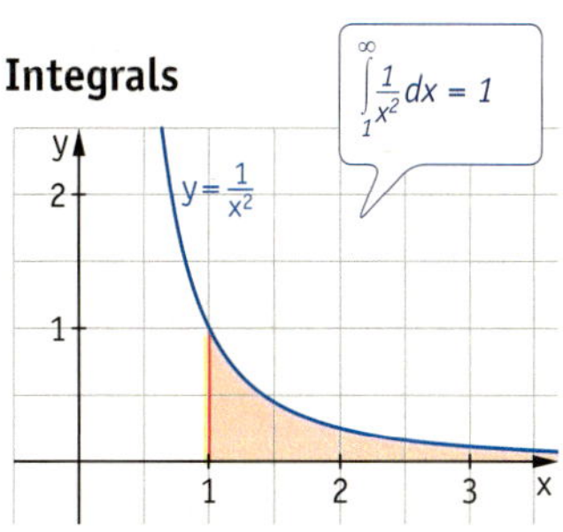

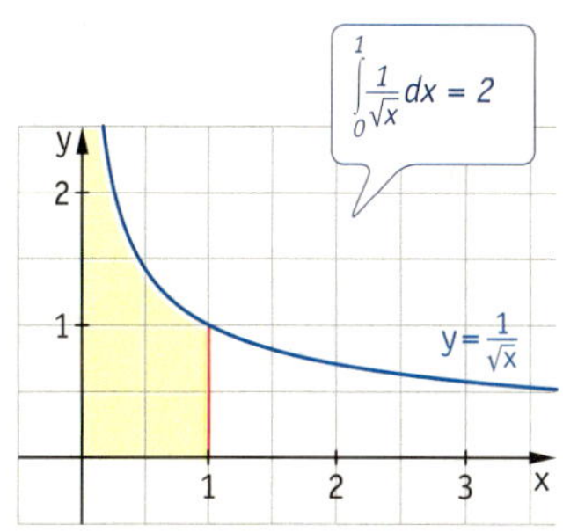

(siehe die linke Grafik) oder, dass die Funktion nicht im ganzen Intervall definiert ist und dort unbeschränkt ist (siehe die rechte Grafik: $\frac{1}{\sqrt{x}}$ nicht definiert für $x = 0$). Es ist daher naheliegend, den Integralbegriff zu erweitern. Der Einfachheit halber setzen wir voraus, dass die Integrandenfunktion stetig ist.

Definition 6

(1) Die Funktion f soll stetig sein für alle $x > a$ bzw. für alle $x < b$. Dann definiert man:

$$\int_a^{+\infty} f(x)\,dx = \lim_{c \to +\infty} \int_a^c f(x)\,dx \qquad \int_{-\infty}^b f(x)\,dx = \lim_{c \to -\infty} \int_c^b f(x)\,dx$$

(2) Die Funktion f soll stetig sein für]a; b] bzw. für [a; b[. Dann ist:

$$\int_a^b f(x)\,dx = \lim_{c \to a} \int_c^b f(x)\,dx, \text{ falls f definiert ist für]a; b];}$$

$$\int_a^b f(x)\,dx = \lim_{c \to b} \int_a^c f(x)\,dx, \text{ falls f definiert ist für [a; b[.}$$

Die Integrale links vom Gleichheitszeichen heißen **uneigentliche Integrale**. Existiert der Grenzwert rechts von den Gleichheitszeichen nicht, sagt man: Das uneigentliche Intergral existiert nicht.

Übungsaufgaben

2 Gegeben ist die Funktion f mit $f(x) = x^{-k}$, $k > 1$.

a) Berechnen Sie für $b > 1$ den Flächeninhalt der Fläche, die der Graph von f über dem Intervall [1; b] mit der x-Achse einschließt. Untersuchen Sie das Verhalten des Flächeninhalts für $b \to \infty$.
Deuten Sie das Ergebnis anschaulich.

b) Führen Sie die Untersuchungen aus Teilaufgabe a) für Exponenten k mit $0 < k < 1$ durch.

3 Gegeben ist die Funktion f. Untersuchen Sie, ob ein uneigentliches Integral $\int_a^{+\infty} f(x)\,dx$ existiert. Berechnen Sie gegebenenfalls den Wert des uneigentlichen Integrals.

a) $f(x) = \frac{2}{x^3}$, $a = 1$ **b)** $f(x) = \frac{1}{\sqrt[3]{x}}$, $a = 8$ **c)** $f(x) = \frac{1}{(2x-1)^2}$, $a = 1$

4 Untersuchen Sie, ob die unbeschränkte Fläche, die der Graph der Funktion f über dem Intervall [0; 1] mit der x-Achse einschließt, einen endlichen Flächeninhalt hat.

a) $f(x) = \frac{1}{\sqrt{x}}$ **b)** $f(x) = \frac{1}{x^3}$ **c)** $f(x) = \frac{-1}{(x-1)^3}$

5 Berechnen Sie das uneigentliche Integral.

a) $\int_1^{\infty} \frac{1}{x^4}\,dx$ **b)** $\int_0^{\infty} \frac{1}{(x+1)^2}\,dx$ **c)** $\int_{-\infty}^{-2} \frac{1}{x^2}\,dx$ **d)** $\int_0^{2} \frac{1}{\sqrt{x}}\,dx$

6 Welche Arbeit ist erforderlich, damit ein Körper der Masse $m = 1\,kg$, der sich auf der Eroberfläche befindet, das Gravitationsfeld der Erde verlassen kann?
Hinweis: Der Schwerpunkt der Erde liegt etwa $6{,}371 \cdot 10^6\,m$ unter der Erdoberfläche.

Arbeit:
$W = \int_a^b F(s)\,ds$

In der weiteren Umgebung der Erdoberfläche gilt für die Gravitationskraft F_G das *Gravitationsgesetz* von NEWTON: $F_G = G \cdot \frac{m \cdot M}{r^2}$ mit $G = 6{,}672 \cdot 10^{-11} \frac{m^3}{kg \cdot s^2}$; M = Erdmasse = $5{,}977 \cdot 10^{24}\,kg$;
r = Abstand des Körpers vom Erdmittelpunkt

a) Beschreiben Sie zunächst, welche Arbeit W_G erforderlich ist, um den Körper in die Höhe x über der Erdoberfläche zu bringen.

b) Welche Arbeit ist erforderlich, damit der Körper das Gravitationsfeld der Erde verlassen kann? In welcher Höhe würde sich der Körper dann (theoretisch) befinden?

GTR **c)** Zeichnen Sie den Graphen, der die Gravitationskraft F_G beschreibt. Deuten Sie die Arbeit W_G als Flächeninhalt unter dem Graphen.

Integralrechnung im Altertum – die Exhaustions-Methode

Schon die Mathematiker im antiken Griechenland beschäftigten sich mit Flächeninhaltsproblemen und erzielten bemerkenswerte Erfolge, obwohl viele Begriffe und Schreibweisen noch nicht so weit entwickelt waren wie heute. Beispielsweise konnten sie den Flächeninhalt einer krummlinig berandeten Fläche mit der Exhaustions-Methode, die der modernen Methode sehr ähnlich ist, beliebig genau annähern. Die Entwicklung dieser Methode ist mit drei Namen besonders eng verbunden.

ANTIPHON (5. Jh. v. Chr.)

Der griechische Philosoph ANTIPHON lebte im fünften Jahrhundert v. Chr. Über sein Leben ist wenig bekannt, es ist noch nicht einmal sicher, ob es zwei berühmte Männer desselben Namens gab, einen Redner und einen Philosophen, oder ob beide Personen identisch waren. Einige seiner Reden sind überliefert worden, die Inhalte seiner philosophischen Texte lassen sich nur anhand von Zitaten in den Werken anderer Autoren rekonstruieren.

ANTIPHON war vermutlich der erste Wissenschaftler, der die Exhaustions-Methode verwendete. Mit ihrer Hilfe wollte er den Kreis quadrieren. Er versuchte, Vielecke (n-Ecke) iterativ so in einen Kreis einzubeschreiben, dass in jedem Schritt die Anzahl der Ecken der Vielecke verdoppelt wird. Nach sehr vielen (nach heutigem mathematischen Verständnis unendlich vielen) Schritten sollte der Flächeninhalt der einbeschriebenen Vielecke mit dem des Kreises zusammenfallen.

EUDOXOS VON KNIDOS (4. Jh. v. Chr.)

EUDOXOS VON KNIDOS, der im vierten Jahrhundert v. Chr. lebte, war Mathematiker, Astronom, Geograph, Philosoph und Politiker. Nach Studienaufenthalten in Süditalien, Athen und Ägypten hielt er in seiner Heimatstadt Vorlesungen und verfasste Schriften zu mathematischen, astronomischen und geographischen Themen. Auch seine Schriften wurden nicht direkt überliefert.

In der Mathematik ist EUDOXOS' Werk über Proportionen und numerische Verhältnisse berühmt geworden, das in wesentlichen Teilen im Buch XII der Elemente des EUKLID überliefert ist. Er entwickelte ein Verständnis der reellen Zahl, das bis zu den Zeiten DESCARTES' (1596 – 1650) grundlegend für mathematische Studien war. Durch diese Erkenntnisse gelang es EUDOXOS, die Methode von ANTIPHON zu festigen und als streng mathematische Theorie auszubauen.

ARCHIMEDES VON SYRAKUS (287 – 212 v. Chr.)

ARCHIMEDES, Mathematiker, Physiker und Techniker, entwickelte die Exhaustions-Methode maßgeblich weiter. Elf seiner Werke sind überliefert, darunter mathematische Arbeiten über die Bestimmung von (Ober-)Flächeninhalten und Volumina (z. B. der Kugel oder von Rotationskörpern). Aufbauend auf ANTIPHONS Ergebnissen gelang es ARCHIMEDES, den Wert von π näherungsweise sehr genau zu berechnen, indem er dem Kreis Vielecke mit beliebig vielen Ecken einbeschrieb.

Durch die Exhaustions-Methode erhielt ARCHIMEDES auch das berühmte Resultat, dass die Fläche, die von einer Parabel und einer die Parabel schneidenden Gerade eingeschlossen wird, $\frac{4}{3}$-mal so groß ist wie die Fläche des durch die Gerade einbeschriebenen Dreiecks (Quadratur der Parabel):

„Der Flächeninhalt eines Parabelsegments ist $\frac{4}{3}$ des Flächeninhalts des Dreiecks, das mit ihm gleiche Grundfläche und Höhe hat."

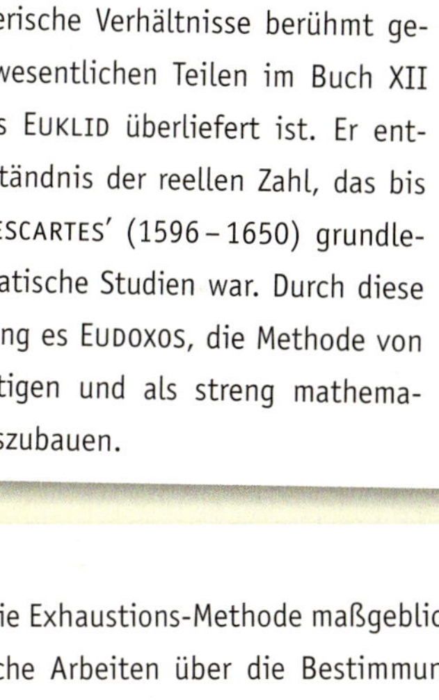

Der Legende nach starb ARCHIMEDES, als 212 v. Chr. römische Truppen Syrakus einnahmen, weil er sich weigerte, seine mathematischen Studien zu unterbrechen. Er soll einem Offizier, der ihn zum General bringen sollte, geantwortet haben: *Noli turbare circulos meos.* (Störe meine Kreise nicht.) Daraufhin soll dieser so erzürnt gewesen sein, dass er ARCHIMEDES erschlug.

Die Exhaustions-Methode

Mithilfe der Exhaustions-Methode (*exhaurire* (lat.): herausnehmen, erschöpfen) wird der Flächeninhalt einer Fläche berechnet, indem man ihr eine Folge von Vielecken einbeschreibt, deren Inhalt man elementar berechnen kann. Im Grenzfall konvergiert diese Folge von Vielecken gegen die zu berechnende Fläche, also fallen im Grenzfall auch die Flächeninhalte zusammen.

So kann man beispielsweise die Fläche zwischen dem Funktionsgraphen einer stetigen Funktion f und der x-Achse über dem Intervall [a; b] mit der Exhaustions-Methode wie folgt berechnen:

Schritt 1: Der gesuchten Fläche wird ein Dreieck einbeschrieben, von dem zwei Ecken in A(a|0) und B(b|0) liegen. Die dritte Ecke entsteht durch Schnitt des Funktionsgraphen in der Mitte des Intervalls.

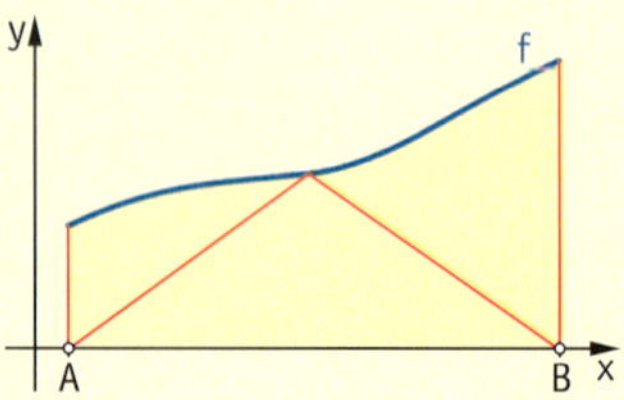

Schritt 2: Auf dieses Dreieck werden zwei weitere Dreiecke aufgesetzt; zwei ihrer Ecken fallen mit dem alten Dreieck zusammen und die dritte entsteht durch Schnitt des Graphen in der Mitte des linken, bzw. rechten Teilintervalls.

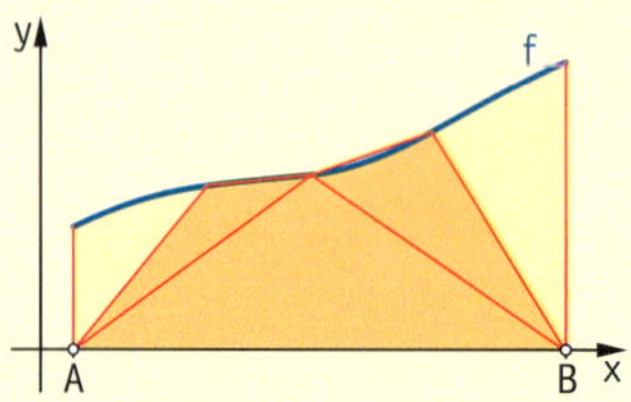

Schritt 3: Der zweite Schritt wird wiederholt. Man erhält zwei weitere Dreiecke und eine verbesserte Näherung des gesuchten Flächeninhalts.

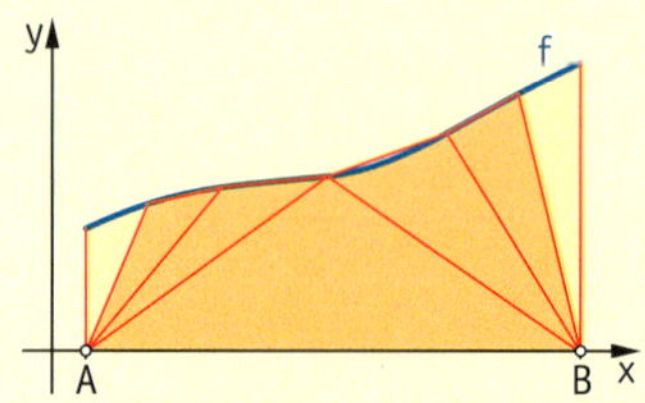

Alle Dreiecke lassen sich elementar berechnen, auch wenn diese Rechnungen mühsam sind. Durch beliebig häufige Wiederholung dieser Iteration kann der Flächeninhalt beliebig genau berechnet werden. Es können sogar Flächeninhalte unter Graphen von Funktionen berechnet werden, zu denen keine Stammfunktionen bekannt sind.

EUDOXOS' Volumenformel für den Kegel

Mithilfe der Exhaustions-Methode konnte EUDOXOS auch das Volumen von Körpern berechnen. Er wies nach, dass das Volumen des Kegels ein Drittel des Volumens des Zylinders mit gleicher Grundfläche und gleicher Höhe ist.

Schritt 1: Einem Kegel mit der Höhe h und dem Radius r wird ein Zylinder umbeschrieben. Man erhält als erste Näherung für das Kegelvolumen $V_1 = \pi \cdot h \cdot r^2$.

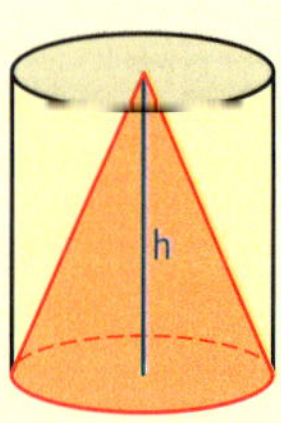

Schritt 2: Anschließend werden dem Kegel zwei Zylinder umbeschrieben, man erhält als Näherung $V_2 = \pi \cdot \frac{h}{2} \cdot r^2 + \pi \cdot \frac{h}{2} \cdot \left(\frac{r}{2}\right)^2$.

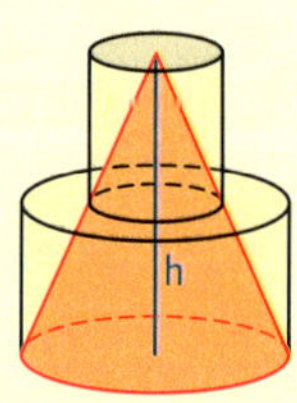

Schritt 3: Bei drei Zylindern, die dem Kegel umschrieben werden, erhält man $V_3 = \pi \cdot \frac{h}{3} \cdot r^2 + \pi \cdot \frac{h}{3} \cdot \left(\frac{2r}{3}\right)^2 + \pi \cdot \frac{h}{3} \cdot \left(\frac{r}{3}\right)^2$.

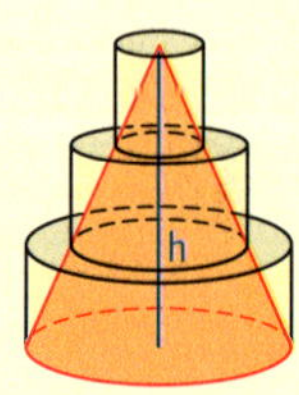

Schritt n: Setzt man das Verfahren fort, so erhält man nach n Schritten:

$$V_n = \frac{\pi \cdot h}{n} \cdot \left(\frac{r}{n}\right)^2 + \frac{\pi \cdot h}{n} \cdot \left(\frac{2r}{n}\right)^2 + \frac{\pi \cdot h}{n} \cdot \left(\frac{3r}{n}\right)^2 + \ldots + \frac{\pi \cdot h}{n} \cdot \left(\frac{(n-1)r}{n}\right)^2 + \frac{\pi \cdot h}{n} \cdot \left(\frac{nr}{n}\right)^2$$

Klammert man aus, ergibt sich:

$$\frac{\pi \cdot h r^2}{n^3} \cdot \left(1 + 2^2 + 3^2 + (n-1)^2 + n^2\right)$$

Es gilt: $1^2 + 2^2 + 3^2 + \ldots + n^2 = \frac{n(n+1)(2n+1)}{6} = \frac{2n^3 + 3n^2 + n}{6}$

Damit ergibt sich als Näherungsformel für den Kegel bei n umschreibenden Zylindern:

$$V_n = \frac{\pi \cdot h r^2 \cdot (2n^3 + 3n^2 + n)}{6n^3} = \pi h r^2 \cdot \left(\frac{1}{3} + \frac{1}{2n} + \frac{1}{6n^2}\right)$$

Für $n \to \infty$ gilt dann: $\lim\limits_{n \to \infty} V_n = \lim\limits_{n \to \infty} \pi h r^2 \cdot \left(\frac{1}{3} + \frac{1}{2n} + \frac{1}{6n^2}\right) = \pi h r^2 \cdot \left(\frac{1}{3} + 0 + 0\right) = \frac{1}{3}\pi h r^2$

1.5 Volumina von Rotationskörpern

Für einige Körper (z. B. Kugel, Pyramide, Kegel) können wir bereits die Volumina berechnen. Wir erarbeiten jetzt weitere Möglichkeiten, Volumina von Körpern zu bestimmen. Dazu beschränken wir uns auf rotationssymmetrische Körper. Solche Körper entstehen dadurch, dass die Fläche unter dem Graphen einer Funktion f über einem Intervall um die x-Achse rotiert.

Einstieg

Das Fassungsvermögen des abgebildeten Glaspokals (1 Einheit entspricht 1 cm) soll bestimmt werden.

- Fassen Sie den Glaspokal als Rotationskörper auf und bestimmen Sie eine Funktionsgleichung für den abgebildeten Funktionsgraphen.
- Bestimmen Sie das Volumen des Rotationskörpers, der dadurch entsteht, dass die Fläche unter dem Graphen der Funktion über dem Intervall [0; 7] um die x-Achse rotiert.
- Wie viel ml fasst der Glaspokal?

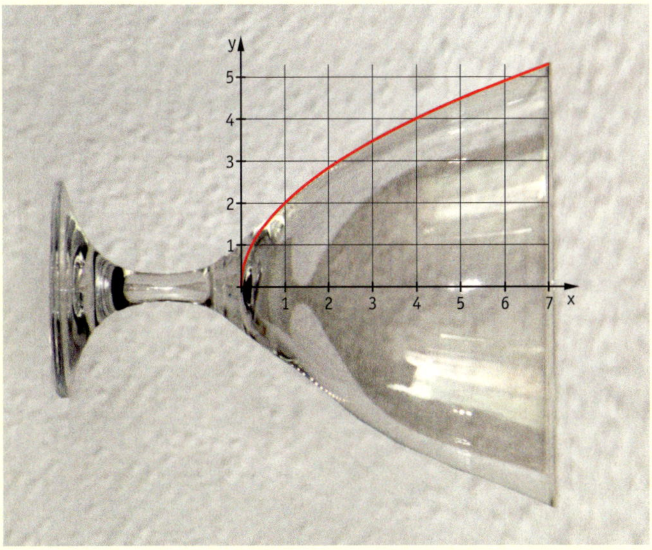

Aufgabe

1 Ein rotationssymmetrischer Stahlbolzen kann durch die Rotation der Fläche unter dem abgebildeten Funktionsgraphen in den Grenzen 0 und 9 um die x-Achse beschrieben werden (1 Einheit entspricht 1 mm). Dabei verläuft der Graph der Funktion f jeweils zwischen 0 und 3 und zwischen 7 und 9 parallel zur x-Achse. Für $3 \le x \le 7$ gilt:

$$f(x) = \frac{1}{2}\sqrt{x^2 - 6x + 13}$$

Berechnen Sie das Volumen des Stahlbolzens.

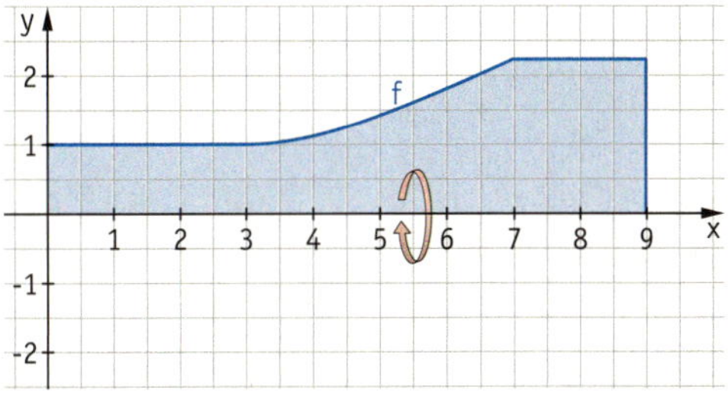

Lösung

Wir stellen uns vor, dass der Stahlbolzen dadurch entsteht, dass die Fläche unter dem Graphen der Funktion f um die x-Achse rotiert.

Der zu $0 \le x \le 3$ gehörende Teil des Bolzens ist ein Zylinder, der durch Rotation eines Rechtecks um die x-Achse entsteht.

Der Radius des Zylinders ist der auf dem Intervall [0; 3] konstante Funktionswert und die Höhe des Zylinders ist die Länge des Intervalls [0; 3], also $r = 1$ und $h = 3$.

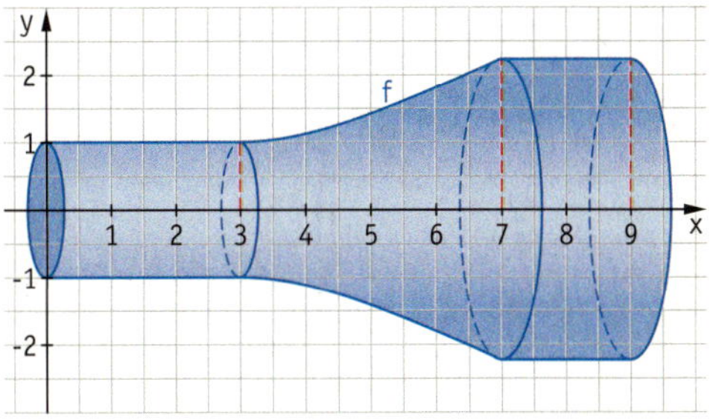

Damit ergibt sich als Volumen für diesen Teil: $V_{links} = \pi \cdot r^2 \cdot h = 3\pi \approx 9{,}4$ (gemessen in mm^3)
Entsprechend erhält man für das Volumen des rechten zylinderförmigen Teils mit dem Radius $r = f(7) = \sqrt{5}$ und $h = 2$: $V_{rechts} = 10\pi \approx 31{,}4$ (gemessen in mm^3).
Das Volumen V_{Mitte} des Rotationskörpers für $3 \le x \le 7$ können wir nicht direkt angeben.

1. Schritt

Um das Volumen zunächst näherungsweise zu berechnen, teilen wir das Intervall $[a; b] = [3; 7]$ in n gleich lange Teilintervalle mit

$$a = x_0 < x_1 < \ldots < x_n = b.$$

Durch Teilung des Intervalls entstehen Scheiben. Jede Scheibe wird durch eine möglichst große innere zylindrische Scheibe und eine möglichst kleine äußere Scheibe der Dicke $\Delta x = \frac{b-a}{n}$ angenähert. Es entstehen ein einbeschriebener und ein umbeschriebener Treppenkörper. Dabei sollen $\underline{S}_n$ das Volumen des einbeschriebenen Treppenkörpers und $\overline{S}_n$ das Volumen des umbeschriebenen Treppenkörpers sein. Jeder Treppenkörper besteht aus n zylindrischen Scheiben.

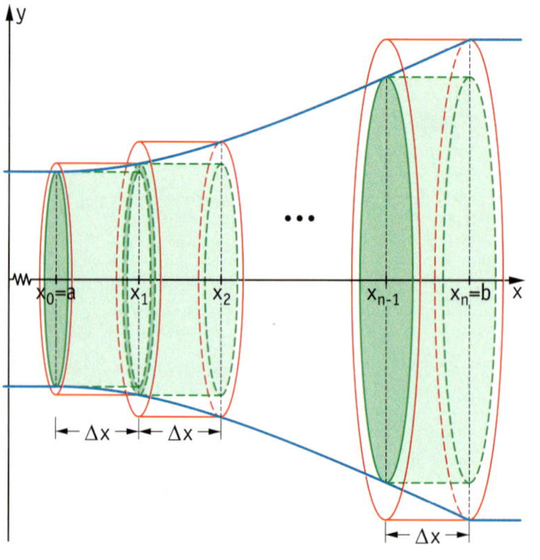

2. Schritt

Wir berechnen das Volumen $\underline{S}_n$ des einbeschriebenen Treppenkörpers. Das Volumen der inneren Scheibe über einem Teilintervall $[x_i; x_{i+1}]$ beträgt aufgrund der Monotonie von f: $\pi \cdot (f(x_i))^2 \cdot \Delta x$.
Also gilt:

$$\underline{S}_n = \pi \cdot (f(x_0))^2 \cdot \Delta x + \pi \cdot (f(x_1))^2 \cdot \Delta x + \ldots + \pi \cdot (f(x_{n-1}))^2 \cdot \Delta x$$

Für das Volumen des umbeschriebenen Treppenkörpers findet man:

$$\overline{S}_n = \pi \cdot (f(x_1))^2 \cdot \Delta x + (\pi \cdot f(x_2))^2 \cdot \Delta x + \ldots + \pi \cdot (f(x_n))^2 \cdot \Delta x$$

wobei $\pi \cdot (f(x_{i+1}))^2 \cdot \Delta x$ das Volumen der äußeren Scheibe über einem Teilintervall $[x_i; x_{i+1}]$ ist.

3. Schritt

Bei der Volumenbestimmung der Treppenkörper wurden die Flächeninhalte $\pi \cdot (f(x_0))^2$, $\pi \cdot (f(x_1))^2$, …, $\pi \cdot (f(x_n))^2$ der Grundflächen der zylindrischen Scheiben jeweils mit der Dicke Δx der Scheibe multipliziert. Die Flächeninhalte der Grundflächen kann man als Funktionswerte einer neuen Funktion g mit $g(x) = \pi \cdot (f(x))^2$ interpretieren. $\underline{S}_n$ und $\overline{S}_n$ sind dann Unter- bzw. Obersummen von g.
Wegen $\overline{S}_n - \underline{S}_n = \pi \cdot (f(x_n))^2 \cdot \Delta x \to 0$ für $n \to \infty$ haben $\overline{S}_n$ und $\underline{S}_n$ denselben Grenzwert und man erhält als Grenzwert für $n \to \infty$:

$$\lim_{n \to \infty} \underline{S}_n = \lim_{n \to \infty} \overline{S}_n = \int_a^b \pi \cdot (f(x))^2 \, dx = V_{Mitte}$$

4. Schritt

Wir berechnen

$$V_{Mitte} = \int_3^7 \pi \cdot \left(\tfrac{1}{2}\sqrt{x^2 - 6x + 13}\right)^2 dx = \frac{\pi}{4}\int_3^7 (x^2 - 6x + 13)\, dx = \frac{\pi}{4}\left[\tfrac{1}{3}x^3 - 3x^2 + 13x\right]_3^7 = \frac{28\pi}{3} \approx 29{,}3$$

Das gesamte Volumen beträgt somit

$$V = V_{links} + V_{Mitte} + V_{rechts} = 3\pi + \frac{28\pi}{3} + 10\pi = \frac{67\pi}{3} \approx 70{,}2$$

Ergebnis: Das Volumen des Stahlbolzens beträgt etwa $70{,}2\,mm^3$.

Information

Die obige Herleitung für das Volumen des mittleren Teils gilt entsprechend für die Rotation des Graphen einer beliebigen stetigen Funktion f über einem Intervall [a; b].
Man erhält die folgende Formel:

Integralformel für das Volumen eines rotationssymmetrischen Körpers

Rotiert die Fläche unter dem Graphen einer Funktion f über dem Intervall [a; b] um die x-Achse, dann gilt für das Volumen V des entstehenden Rotationskörpers:

$$V = \int_a^b \pi \cdot (f(x))^2 \, dx$$

$\pi \cdot (f(x))^2$ ist der Flächeninhalt der Querschnittsfläche an der Stelle x.

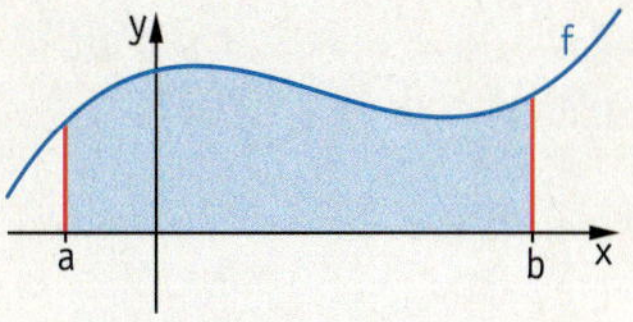

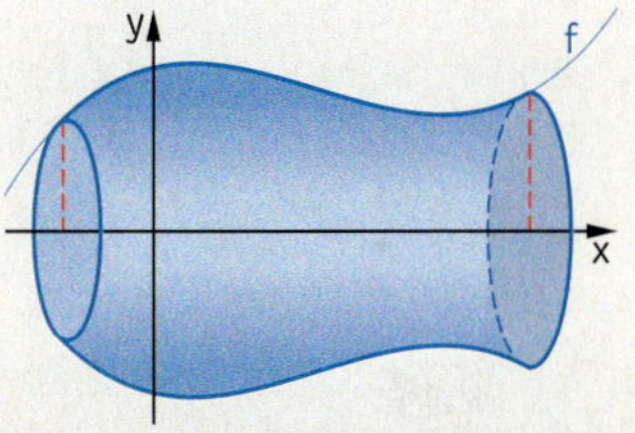

Übungsaufgaben

2 Auch Kreisel sind Rotationskörper. Die abgebildeten Kreisel lassen sich – ohne den Griff – mathematisch beschreiben durch eine Rotation der Fläche unter dem Graphen der Funktion f mit $f(x) = -x^2 + 2x$ über dem Intervall [0; 1].

a) Zeichnen Sie den Graphen der Funktion f über dem Intervall [0; 1]. Wählen Sie dabei 0,5 cm für eine Einheit 1.

b) Berechnen Sie das Volumen des Kreisels näherungsweise, indem Sie den Rotationskörper durch 10, 20 bzw. $n \in \mathbb{N}$ Zylinderscheiben gleicher Dicke von innen bzw. von außen annähern. Schätzen Sie das Volumen des Kreisels durch die Volumina der Näherungsfiguren nach oben und nach unten ab.

c) Zeigen Sie, dass für das Volumen V des Kreisels gilt: $V = \int_0^1 \pi \cdot (f(x))^2 \, dx$.
Berechnen Sie das Volumen.

3 Die Form eines Woks kann näherungsweise durch die Mantelfläche einer Kugelschicht einer Kugel mit dem Radius r = 25 cm beschrieben werden. Die Kugelschicht hat eine Höhe von 9 cm und einen oberen Durchmesser von 40 cm.
Berechnen Sie das Fassungsvermögen des Woks.

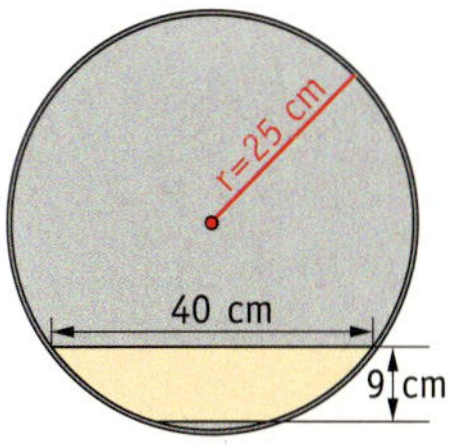

4 Herleitung bekannter Volumenformeln

a) Auch Kegel, Kegelstumpf und Kugel sind rotationssymmetrische Körper. Sie kennen die Volumenformeln bereits oder finden sie in einer Formelsammlung. Leiten Sie diese Formeln mithilfe der Integralformel für das Rotationsvolumen her. Bestimmen Sie auch eine Formel für den Kugelabschnitt.

b) Zeigen Sie: Aus der Integralformel für das Volumen eines Rotationskörpers kann man die Formel für das Zylindervolumen herleiten.

5 Berechnen Sie das Volumen des Körpers, der durch Rotation der Fläche zwischen dem Graphen von f und der x-Achse über dem Intervall I entsteht. Beschreiben Sie die Form des Rotationskörpers.

a) $f(x) = x - 1$, $I = [0; 2]$ **b)** $f(x) = \frac{1}{x}$, $I = [1; 2]$ **c)** $f(x) = \sqrt{2x + 2}$, $I = [-1; 1]$

6 Die Fläche unter dem Graphen von f mit $f(x) = \sqrt{16 - x^2}$ rotiert um die x-Achse. Skizzieren Sie die Fläche und berechnen Sie das Volumen des zugehörigen Rotationskörpers.

7 Die Fläche zwischen den Graphen der Funktionen f und g mit $f(x) = \sqrt{x + 2}$ bzw. $g(x) = \sqrt{x}$ rotiert über dem Intervall $[-0{,}5; 5]$ um die x-Achse. Frederik und Cosima schlagen für die Berechnung des Volumens des entstehenden Rotationskörpers unterschiedliche Lösungswege vor:

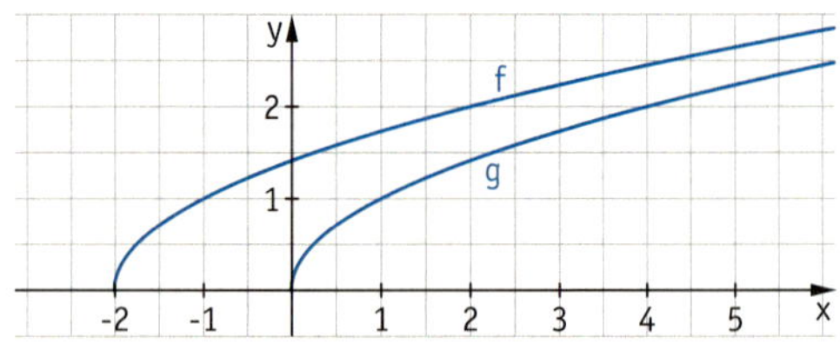

Frederik: $V = \int_{-0{,}5}^{5} \pi \cdot (f(x) - g(x))^2\,dx$ Cosima: $V = \int_{-0{,}5}^{5} \pi \cdot \left((f(x))^2 - (g(x))^2\right)dx$

Nehmen Sie zu den Lösungsvorschlägen Stellung.

8 Gegeben ist das Flächenstück zwischen dem Graphen zu $f(x) = 9 - x^2$ und der x-Achse über dem Intervall $[-3; 3]$. Durch Rotation um die x-Achse entsteht ein Rotationskörper. Berechnen Sie sein Volumen.

9 Die Funktionen f und g sind durch $f(x) = \frac{1}{4}x^2$ und $g(x) = 2\sqrt{x}$ gegeben.

a) Berechnen Sie den Flächeninhalt der von den Graphen von f und g eingeschlossenen Fläche.

b) Bestimmen Sie das Volumen des Rotationskörpers, der bei Rotation dieser Fläche um die x-Achse entsteht.

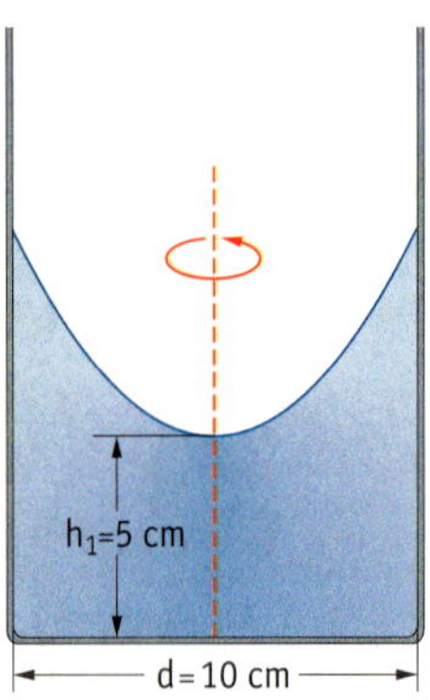

10 Wenn man eine Flüssigkeit in einem Zylinder rotieren lässt, stellt sich diese mit parabolischer Mantelfläche auf. Kann man aus den Angaben in der Grafik die Gleichung der begrenzenden Parabel bestimmen, wenn man weiß, dass das Gefäß mit einem Liter Wasser gefüllt ist?

11 Der Kühlturm eines Kraftwerkes hat eine Höhe von 100 m. Er ist innen hohl. Die Zeichnung zeigt einen Querschnitt durch den Turm längs einer Ebene, welche die Rotationsachse enthält. Dabei entspricht 1 Längeneinheit im Koordinatensystem 10 m in der Wirklichkeit.

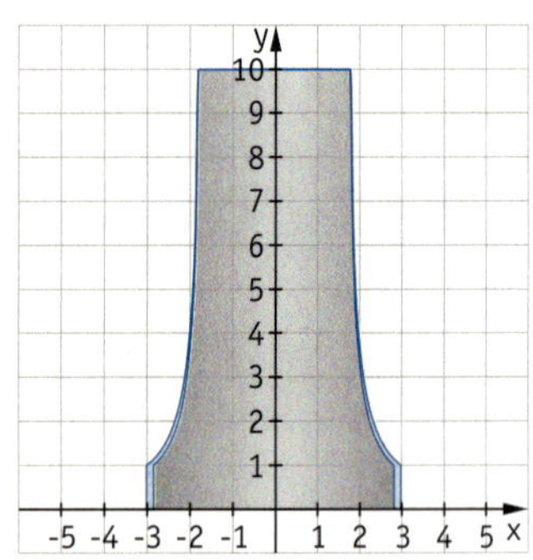

Der Graph der äußeren Begrenzungslinie im 1. Quadranten gehört zur Funktion f, der Graph der inneren Begrenzungslinie im 1. Quadranten zur Funktion g. Unten befindet sich ein ringförmiger Sockel mit der Höhe 10 m.

a) Der Graph von f hat einen Funktionsterm der Form $f(x) = \frac{4}{ax + b}$. Er verläuft durch die Punkte $A(2\,|\,4)$ und $B(3\,|\,1)$. Bestimmen Sie die Zahlen a und b und geben Sie den Funktionsterm an.

b) Der Graph der inneren Begrenzungslinie im ersten Quadranten gehört zu der Funktion g mit $g(x) = \frac{7}{6x - 10}$. Berechnen Sie das Volumen der Baumasse.

Volumenbestimmung bei nicht rotationssymmetrischen Körpern

Die „Salami-Taktik"

Der im Abschnitt 1.6 dargestellte Ansatz zur Bestimmung von Rauminhalten rotationssymmetrischer Körper lässt sich dahingehend verallgemeinern, dass man einen beliebigen Körper in Scheiben zerlegt. Man stellt sich vor, dass der Körper auf der xy-Ebene liegt. Nun zerschneidet man den Körper entlang der x-Achse, senkrecht zur xy-Ebene und zerlegt den Körper so in Scheiben.

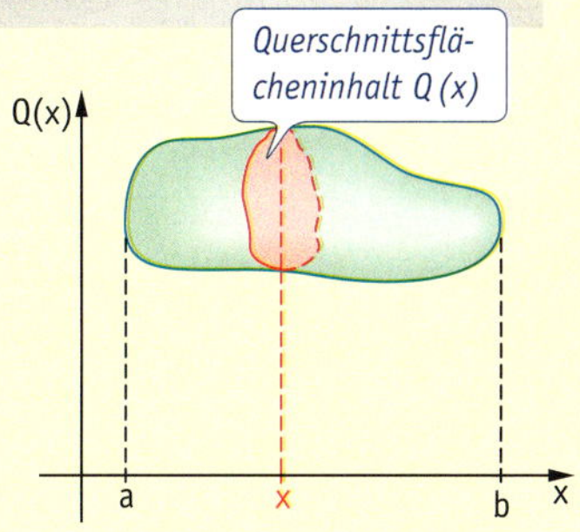

Wir betrachten die Funktion Q, die zu jedem $x \in [a, b]$ den Inhalt $Q(x)$ der Querschnittfläche einer Scheibe angibt.
Wir zerlegen das Intervall $[a, b]$ in n Teilintervalle $[x_i; x_{i+1}]$ für $i = 0, \ldots, (n-1)$. Die Zahl $\underline{x}_i$ aus dem Intervall $[x_i; x_{i+1}]$ sei die Stelle, an der $Q(x)$ im Intervall $[x_i; x_{i+1}]$ minimal wird. Die Zahl $\overline{x}_i$ aus dem Intervall $[x_i, x_{i+1}]$ sei die Stelle, an der $Q(x)$ im Intervall $[x_i, x_{i+1}]$ maximal wird. Dann gilt für das Volumen V des Körpers

$$\sum_{i=0}^{n-1} Q(\underline{x}_i)(x_{i+1} - x_i) \le V \le \sum_{i=0}^{n-1} Q(\overline{x}_i)(x_{i+1} - x_i).$$

Mit der Scheibendicke $\Delta x = x_{i+1} - x_i$ und den entsprechenden Überlegungen aus Abschnitt 1.6 gilt für beliebig dünne Scheiben:

$$V = \lim_{n \to \infty} \sum_{i=0}^{n-1} Q(\underline{x}_i)\,\Delta x = \lim_{n \to \infty} \sum_{i=0}^{n-1} Q(\overline{x}_i)\,\Delta x = \int_a^b Q(x)\,dx$$

Integralformel für den Rauminhalt von Körpern mit bekannter Querschnittsfunktion Q (x)

Die Flächeninhaltsfunktion Q der Querschnittsflächen eines Körpers soll im Intervall [a; b] stetig sein.
Dann gilt für das Volumen V des Körpers über dem Intervall [a; b]:

$$V = \int_a^b Q(x)\,dx$$

BONAVENTURA CAVALIERI (1598 – 1647)

Satz von CAVALIERI

BONAVENTURA CAVALIERI, ein Schüler GALILEIS, entdeckte folgenden Zusammenhang:

> Haben zwei ebene Flächenstücke mit gleich großer Breite an jeder Stelle gleich lange senkrechte Schnitte (siehe Abbildung rechts), dann haben die Flächen den selben Flächeninhalt.

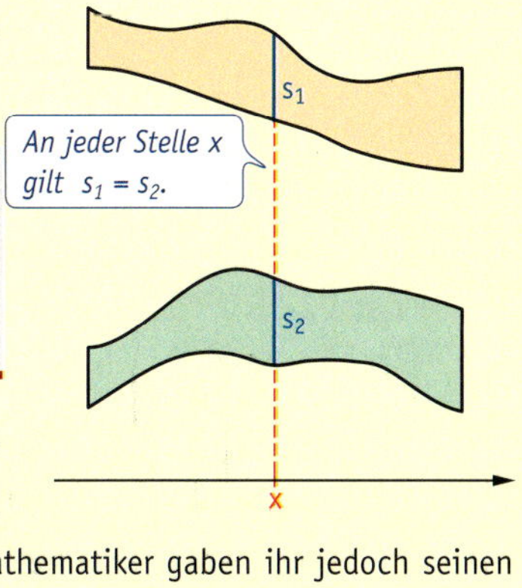

Wegen dieser Entdeckung erhielt CAVALIERI 1629 eine Professur für Mathematik an der Universität in Bologna. Die räumliche Version dieses Satzes wurde von CAVALIERI nie bewiesen, später lebende Mathematiker gaben ihr jedoch seinen Namen.

1 Zeigen Sie mithilfe der Integralformel:

Satz des Cavalieri

Zwei Körper haben dasselbe Volumen, falls man sie so aufstellen kann, dass jede Ebene einer Schar paralleler Ebenen beide Körper in flächeninhaltsgleiche Figuren schneidet.

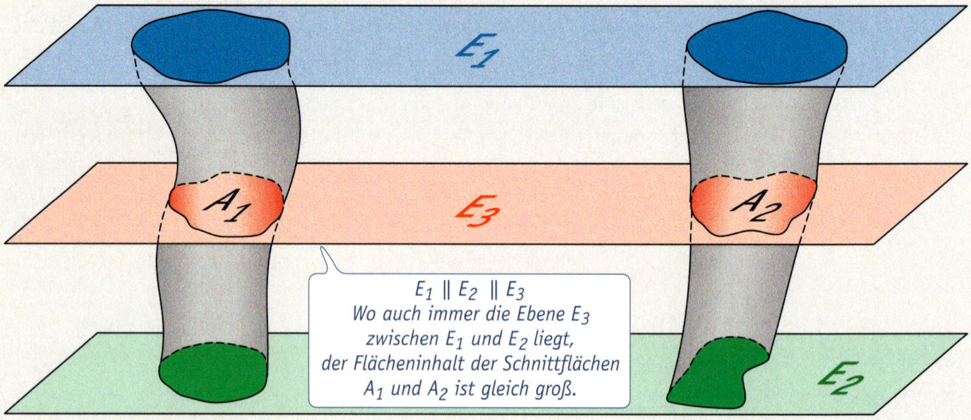

2 Welche Volumenformel gilt für dreiseitige bzw. vierseitige Pyramiden der Höhe h?
Beschreiben Sie, was allgemein für n-seitige Pyramiden bzw. für Kreiskegel der Höhe h gilt.
Was ändert sich, wenn man die Spitze der Pyramiden bzw. Kegel parallel zur Grundfläche verschiebt, sodass schiefe Pyramiden bzw. Kegel entstehen?

3 Ein Keil ist ein Zylinderschnitt, der durch die halbe Zylindergrundfläche sowie die um 45° geneigte Schnittfläche begrenzt ist. Berechnen Sie das Volumen des Keils in der Grafik rechts.

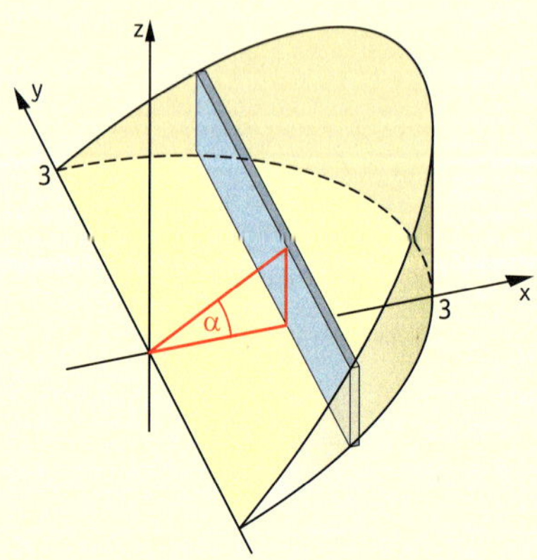

4 Ein Lautsprecher mit quadratischem Querschnitt ist seitlich durch Flächen begrenzt, deren Schnittlinien mit den parallel zur xz-Ebene liegenden Ebenen die Gleichung

$z = 0{,}3x^2 - 0{,}02x + 0{,}01$ haben.

Berechnen Sie das Fassungsvermögen des Lautsprechers.

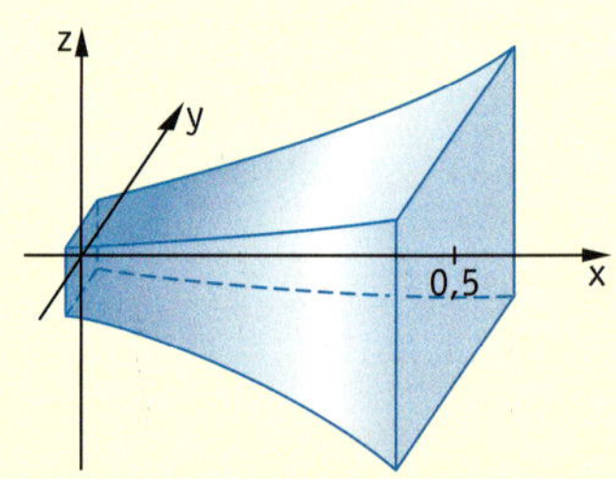

5 Betrachten Sie verschiedene Volumenformeln in der Formelsammlung. Wenden Sie die „Salami-Taktik" an und geben Sie eine Integralformel für das Volumen an. Überprüfen Sie Ihr Ergebnis durch konkrete Berechnungen mit beiden Formeln.

1.6 Numerische Integration **selbst lernen**

Ziel

Aufgrund des Hauptsatzes der Differenzial- und Integralrechnung kann man das Integral über eine stetige Funktion f mithilfe einer Stammfunktion F von f berechnen: $\int_a^b f(x)\,dx = F(b) - F(a)$.
Zu vielen Funktionen f kann man jedoch gar keine Stammfunktion in expliziter Form angeben. Ein Beispiel hierfür ist die Funktion f mit $f(x) = 2^{-0{,}25x^2+x} - 1$. Wir können zu f(x) keinen Stammfunktionsterm F(x) mithilfe der uns bekannten Funktionen zu x^n, e^x, sin(x), cos(x) usw. finden.

In solchen Fällen kann man zur Berechnung des Integrals $\int_a^b f(x)\,dx$ nicht auf den Hauptsatz der Differenzial- und Integralrechnung zurückgreifen, sondern man muss das Integral *näherungsweise* berechnen. Auch ein CAS-Rechner kann ein Integral über eine Funktion, zu der man keine Stammfunktion explizit angeben kann, nur näherungsweise berechnen. Die näherungsweise Berechnung von Integralen bezeichnet man als *numerische Integration.*

In diesem Abschnitt werden Sie verschiedene Verfahren der numerischen Integration kennenlernen.

Zum Erarbeiten

(1) Rechteckverfahren

Wir haben bereits in Abschnitt 1.1.2 ein Verfahren zur numerischen Integration kennengelernt, als wir das Integral $\int_0^2 x^2\,dx$ näherungsweise durch Ober- bzw. Untersummen berechnet haben. Wir haben das Integral angenähert durch orientierte Flächeninhalte von gleich breiten Rechtecken, deren Höhen durch die *größten* bzw. *kleinsten* Funktionswerte der einzelnen Teilintervalle gegeben waren.
Das Rechteckverfahren nähert Integrale durch orientierte Flächeninhalte von gleich breiten Rechtecken an, deren Höhen durch die Funktionswerte in der *Mitte* der einzelnen Teilintervalle gegeben sind:

- Zeichnen Sie den Graphen der Funktion f mit $f(x) = \frac{2^x - 4}{x^2 + 1}$ und berechnen Sie das Integral $\int_{-1}^{7} f(x)\,dx$ näherungsweise mithilfe orientierter Flächeninhalte von 8 gleich breiten Rechtecken, deren Höhen durch die Funktionswerte in der *Mitte* der einzelnen Teilintervalle gegeben sind.

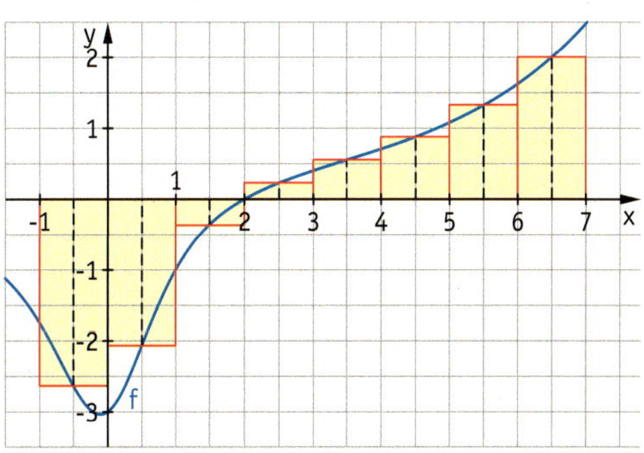

Jedes Rechteck hat die Breite $\frac{b-a}{8} = \frac{7-(-1)}{8} = 1$.
Für die Funktionswerte in der Mitte der einzelnen Teilintervalle erhält man auf Hundertstel gerundet:

x	−0,5	0,5	1,5	2,5	3,5	4,5	5,5	6,5
f(x)	−2,63	−2,07	−0,36	0,23	0,55	0,88	1,32	2,00

Als Näherungswert des Integrals ergibt sich die Summe der orientierten Flächeninhalte der Rechtecke:

$$\int_{-1}^{7} \frac{2^x - 4}{x^2 + 1}\,dx \approx 1 \cdot \big((-2{,}63) + (-2{,}07) + (-0{,}36) + 0{,}23 + 0{,}55 + 0{,}88 + 1{,}32 + 2{,}00\big) = -0{,}08$$

- Der Näherungswert für das Integral lässt sich verbessern, wenn man die Breite der Rechtecke verringert, da dann die Funktionswerte in den Teilintervallen weniger vom Funktionswert in der Mitte des jeweiligen Teilintervalls abweichen.

Verbessern Sie den Näherungswert für das Integral $\int_{-1}^{7} f(x)\,dx$, indem Sie als Intervallbreite 0,02 wählen. Erläutern Sie Ihr Vorgehen und übertragen Sie das Verfahren auf einen Rechner.

Wählt man 0,02 als Wert für die Breite der Rechtecke, so sind die Funktionswerte in der Mitte der jeweiligen Teilintervalle: f(−0,99), f(−0,97), f(−0,95), ..., f(6,93), f(6,95), f(6,97), f(6,99).
Damit erhält man als Näherungswert für das Integral:
$0{,}02 \cdot \big(f(-0{,}99) + f(-0{,}97) + f(-0{,}95) + f(-0{,}93) + \ldots + f(6{,}93) + f(6{,}95) + f(6{,}97) + f(6{,}99)\big)$

Zur Berechnung dieses Wertes gibt man ggf. zunächst den Funktionsterm $f(x) = \frac{2^x - 4}{x^2 + 1}$ in den Rechner ein (z. B. in den Funktionseditior) und berechnet anschließend den Näherungswert für das Integral.

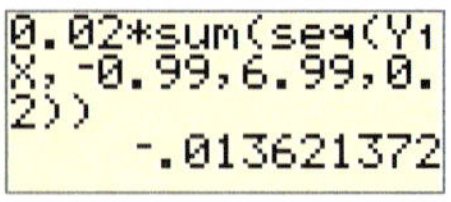

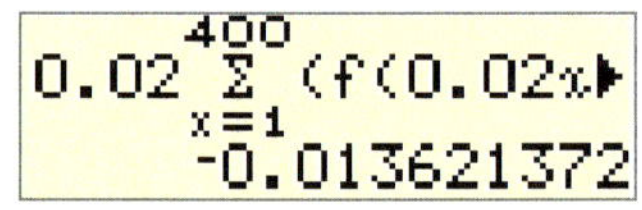

Berechnet man dagegen das Integral direkt mit dem Befehl für die numerische Integration, z. B. **fnInt**, so erhält man

$\int_{-1}^{7} \frac{2^x - 4}{x^2 + 1}\,dx \approx 0{,}013577.$

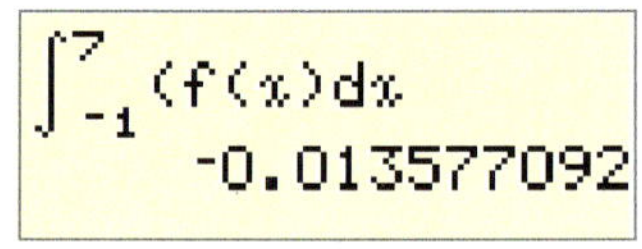

(2) Trapezverfahren

Beim Trapezverfahren werden Integrale näherungsweise durch orientierte Flächeninhalte von *Trapezen* gleicher Höhe und mit zur y-Achse parallelen Seiten berechnet, wie rechts für den Graphen der Funktion f mit

$f(x) = \sqrt{4x^3 - 30x^2 + 50x + 25} - 5, \quad x \geq 0,$

und eine Unterteilung des Intervalls [0; 5] in 10 gleich breite Teilintervalle dargestellt.

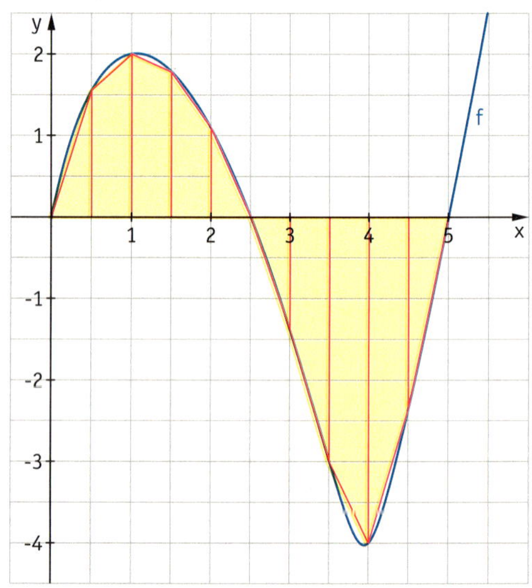

- Berechnen Sie das Integral $\int_0^5 f(x)\,dx$ näherungsweise als Summe orientierter Flächeninhalte der Trapeze.

Jedes Trapez hat die Höhe $\frac{b-a}{10} = \frac{5-0}{10} = 0{,}5.$
Die Funktionswerte an den Rändern der einzelnen Teilintervalle ergeben die Längen der parallelen Seiten der einzelnen Trapeze:

Trapez

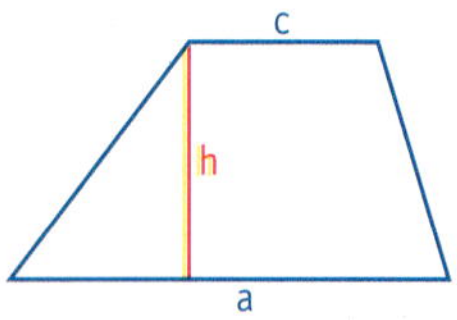

$A = \frac{1}{2}(a+c)h$

x	0	0,5	1	1,5	2	2,5	3	3,5	4	4,5	5
f(x)	0	1,56	2	1,78	1,08	0	−1,39	−3	−4	−2,35	0

Mit der Formel für den Flächeninhalt eines Trapezes erhält man als Summe der orientierten Flächeninhalte der Trapeze:

$$\int_0^5 \sqrt{4x^3 - 30x^2 + 50x + 25} - 5\,dx$$

$$\approx 0{,}5 \cdot \frac{f(0) + f(0{,}5)}{2} + 0{,}5 \cdot \frac{f(0{,}5) + f(1)}{2} + 0{,}5 \cdot \frac{\big(f(1) + f(1{,}5)\big)}{2} + \ldots + 0{,}5 \cdot \frac{\big(f(4) + f(4{,}5)\big)}{2} + 0{,}5 \cdot \frac{\big(f(4{,}5) + f(5)\big)}{2}$$

$$= 0{,}5 \cdot \frac{1}{2} \cdot \big(f(0) + 2 \cdot f(0{,}5) + 2 \cdot f(1) + 2 \cdot f(1{,}5) + \ldots + 2 \cdot f(4) + 2 \cdot f(4{,}5) + f(5)\big)$$

$$= 0{,}5 \cdot \frac{1}{2} \cdot f(0) \quad + 0{,}5 \cdot \big(f(0{,}5) + f(1) + f(1{,}5) + \ldots + f(4) + f(4{,}5)\big) \quad + 0{,}5 \cdot \frac{1}{2} \cdot f(5)$$

$$\approx 0 \quad + 0{,}5 \cdot \big(1{,}56 + 2 + 1{,}78 + 1{,}08 + 0 + (-1{,}39) + (-3) + (-4) + (-2{,}35)\big) + 0$$

$$= 0{,}5 \cdot (-4{,}32)$$

$$= -2{,}16.$$

- Verbessern Sie den Näherungswert für das Integral $\int_0^5 f(x)\,dx$, indem Sie die Breite der Trapeze verringern. Erläutern Sie Ihr Vorgehen und übertragen Sie das Verfahren auf einen Rechner.

Wenn man die Breite der Teilintervalle verringert, erhält man einen besseren Näherungswert, da dann in den einzelnen Teilintervallen die Sehnen dichter am Funktionsgraphen liegen.

Wählt man beispielsweise 0,1 als Wert für die Höhe der Trapeze, so erhält man als Näherungswert für das Integral:

```
0.05*(0+2*sum(se
q(Y1,X,0.1,4.9,0
.1))+0)
      -2.15429024
```

$0{,}1\cdot\frac{1}{2}\cdot\big(f(0) + 2\cdot f(0{,}1) + 2\cdot f(0{,}2) + 2\cdot f(0{,}3) + \ldots + 2\cdot f(4{,}8) + 2\cdot f(4{,}9) + f(5)\big).$

$= 0{,}1\cdot\frac{1}{2}\cdot f(0) + 0{,}1\big(f(0{,}1) + f(0{,}2) + f(0{,}3) + \ldots + f(4{,}8) + f(4{,}9)\big) + 0{,}1\cdot\frac{1}{2}\cdot f(5)$

$= 0$ $\qquad$ $= 0$

```
0.01*(sum(seq(Y1
,X,0.1,4.9,0.1))
+0)
      -.215429024
```

Zur Berechnung dieses Wertes gibt man zunächst den Funktionsterm $f(x) = \sqrt{4x^3 - 30x^2 + 50x + 25} - 5$ in den Rechner ein, z. B. in den Funktioneneditor eines GTR, und berechnet anschließend den Näherungswert für das Integral.

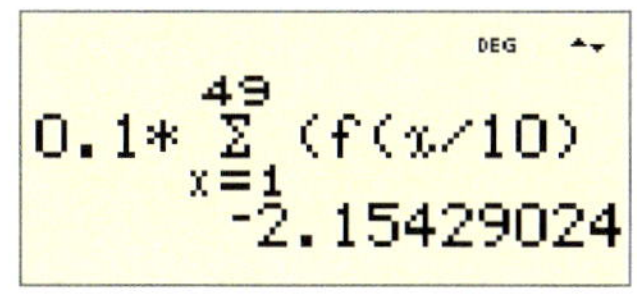

$$\int_0^5 \sqrt{4x^3 - 30x^2 + 50x + 25} - 5\,dx \approx -2{,}154290.$$

Berechnet man dagegen das Integral direkt mit dem Befehl für die numerische Integration, z. B. **fnInt**, so erhält man

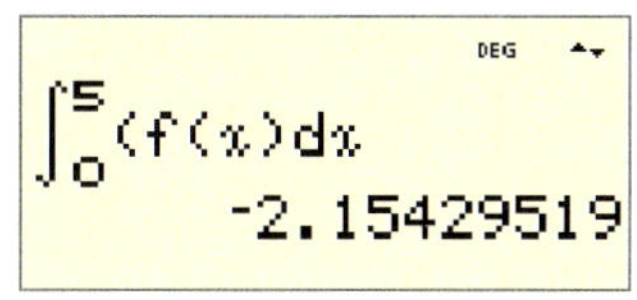

$$\int_0^5 \sqrt{4x^3 - 30x^2 + 50x + 25} - 5\,dx \approx -2{,}154295.$$

Information

(1) Rechteckverfahren

Das Verfahren, Integrale näherungsweise durch orientierte Flächeninhalte von gleich breiten Rechtecken zu bestimmen, deren Höhen durch die Funktionswerte in der Mitte von Teilintervallen gegeben sind, heißt *Rechteckverfahren*. Allgemein gilt:

Rechteckverfahren

$$\int_a^b f(x)\,dx \approx \frac{b-a}{n}\cdot[f(x_1) + f(x_2) + \ldots + f(x_n)]$$

wobei $x_1 = a + \frac{b-a}{2n}$, $x_2 = x_1 + \frac{b-a}{n}$, ..., $x_n = x_{n-1} + \frac{b-a}{n}$

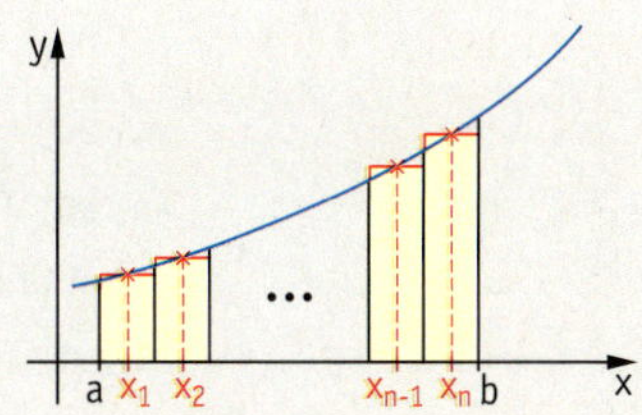

(2) Trapezverfahren

Das Verfahren, Integrale näherungsweise durch orientierte Flächeninhalte von gleich hohen Trapezen zu berechnen, deren parallele Seiten durch die Funktionswerte der zugehörigen Intervallgrenzen der Teilintervalle gegeben sind, heißt Trapezsummenverfahren.

Trapezsummenverfahren

$$\int_a^b f(x)\,dx \approx \frac{b-a}{2n}\big(f(a) + 2\cdot f(x_2) + \ldots + 2\cdot f(x_{n-1}) + f(b)\big)$$

mit

$x_1 = a;\ x_2 = a + \frac{b-a}{n};\ x_3 = x_2 + \frac{b-a}{n};\ \ldots;\ x_n = x_{n-1} + \frac{b-a}{n} = b$

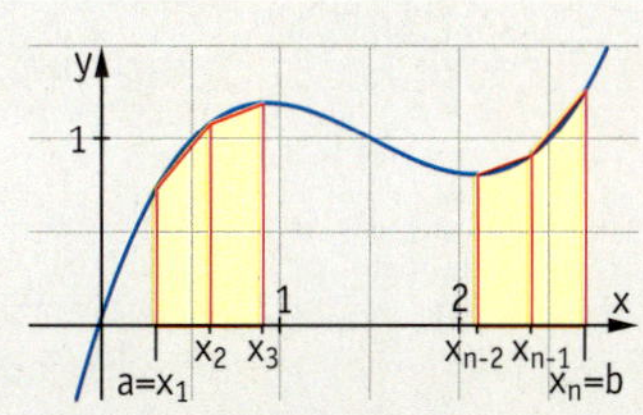

Zum Üben

1

a) Berechnen Sie das Integral $\int_1^6 (2^{-0,25x^2+x} - 1)$ näherungsweise mithilfe orientierter Flächeninhalte von 5 gleich breiten Rechtecken, deren Höhen durch die Funktionswerte in der Mitte der einzelnen Teilintervalle gegeben sind.

b) Verbessern Sie den Näherungswert für das Integral aus Teilaufgabe a), indem Sie entsprechend die orientierten Flächeninhalte von 10 [20] gleich breiten Rechtecken berechnen.

c) Bestimmen Sie $\int_1^6 (2^{-0,25x^2+x} - 1)\,dx$ mithilfe eines Rechners und vergleichen Sie Ihre Ergebnisse mit diesem Wert.

2 Bestimmen Sie das Integral $\int_0^4 \frac{x^2}{2^x + 1}\,dx$ näherungsweise

(1) mit dem Rechteckverfahren, (2) mithilfe von Untersummen, (3) mithilfe von Obersummen.
Bestimmen Sie außerdem das Integral mithilfe eines Rechners und vergleichen Sie die Verfahren miteinander. Stellen Sie Vor- und Nachteile dar.

3 Bestimmen Sie $\int_a^b f(x)\,dx$ näherungsweise

a) mithilfe des Rechteckverfahrens **b)** mithilfe des Trapezverfahrens

für $n = 10$ (20, 50).
Bestimmen Sie das Integral auch mithilfe eines Rechners und vergleichen Sie das Ergebnis mit der Näherung.

(1) $f(x) = \frac{1,5^x}{x}$; $a = 1,\ b = 5$

(2) $f(x) = \sqrt{2^x + x + 1}$; $a = -1,\ b = 3$

(3) $f(x) = \frac{x}{\sqrt{x + 4}}$; $a = 0,\ b = 10$

(4) $f(x) = \sqrt{\frac{x^2 + 1}{x}}$; $a = 2,\ b = 4$

4 Ein Feld wird auf 3 Seiten durch geradlinige Wege und auf einer Seite durch einen Bach begrenzt. Im Abstand von 10 m wird die Breite des Feldes zum Bach gemessen. Bestimmen Sie näherungsweise die Größe der Fläche des Feldes nach dem Trapezsummenverfahren.

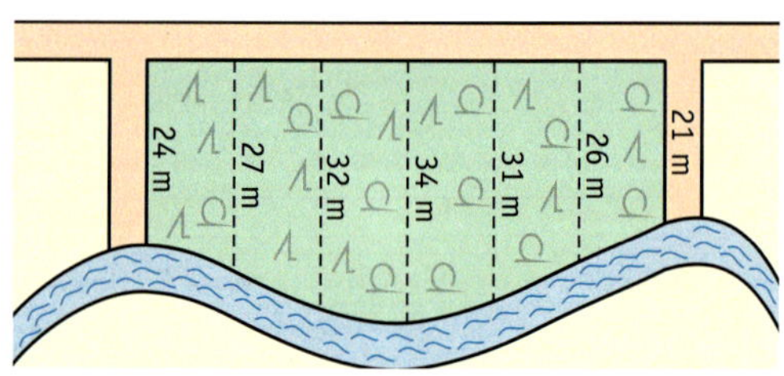

5 Ein Fluss hat an einem Tag die in der Tabelle festgehaltenen Pegelstände.
Bestimmen Sie den Mittelwert der Pegelstände nach dem Trapezsummenverfahren. Vergleichen Sie diesen Wert mit dem arithmetischen Mittel.

Zeit (in h)	0	4	8	12	16	20	24
Pegelstand (in m)	3,82	3,84	3,99	4,15	4,12	4,01	4,05

6

a) Stellen Sie den nebenstehenden Temperaturverlauf grafisch dar.

b) Bestimmen Sie die durchschnittliche Temperatur nach dem Trapezsummenverfahren. Vergleichen Sie diesen Wert mit dem arithmetischen Mittel.

Zeit (in h)	0	4	8	12	16	20	24
Temperatur (in °C)	8,2	6,5	7,4	11,6	14,3	13,0	9,1

Die folgenden Aufgaben helfen Ihnen bei der Organisation des selbstständigen Lernprozesses. Zur Selbstkontrolle sind alle Lösungen dieser Aufgaben im Anhang dieses Buches abgedruckt.

1 Geben Sie eine Stammfunktion von f an, deren Graph durch den vorgegebenen Punkt verläuft.

a) $f(x) = \frac{1}{5}x^5 - x^2 + 4$; $P(-1\,|\,2)$ **b)** $f(x) = \left(\frac{1}{2}x + 4\right)^2$; $P(2\,|\,0)$ **c)** $f(x) = x \cdot (x-2)^2$; $P\left(1\,|\,-\frac{53}{12}\right)$

2 Geben Sie eine Stammfunktion an und berechnen Sie das Integral.

a) $\int_{-2}^{0} (x^3 - 3x)\,dx$ **b)** $\int_{-3}^{3} (x^4 + 2x^2 - 4)\,dx$ **c)** $\int_{-1}^{2} 6(x+3)(x-2)\,dx$

3 Berechnen Sie den Flächeninhalt der gefärbten Fläche.

a)

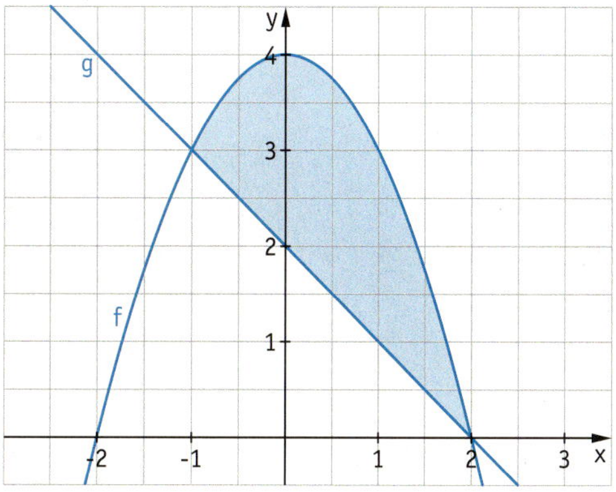

b)

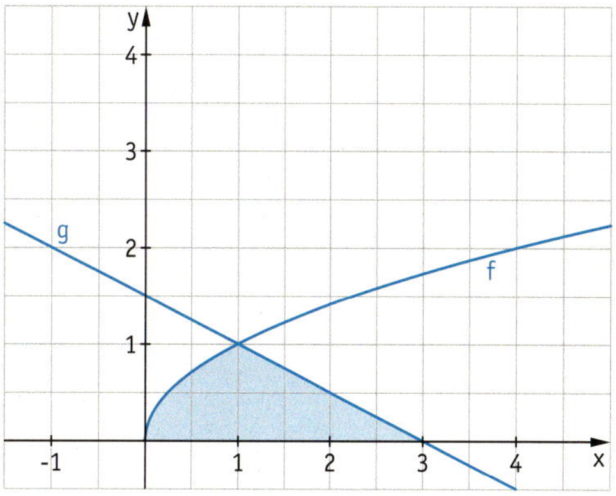

4 Für $k > 0$ ist die Funktion f_k gegeben durch $f_k(x) = x^3 - k^2x$.
Bestimmen Sie k so, dass der Graph von f_k mit der x-Achse eine Fläche mit dem Inhalt 8 einschließt.

5 Berechnen Sie den Flächeninhalt der Fläche, die die Graphen von f und g einschließen.

a) $f(x) = x^3 + 5x^2 - 10x - 6$; $g(x) = x^4 - x^3 - 5x^2 + 4x + 15$

b) $f(x) = 2^{-x}$; $g(x) = -x + 4$

c) $f(x) = \sin(x)$; $g(x) = \cos(x)$; $0 \le x \le 2\pi$

d) $f(x) = \frac{4}{x}$; $g(x) = -\frac{1}{4}(x^2 + 11x + 26)$

6 Vom Koordinatenursprung $O(0\,|\,0)$ wird die Tangente an den Graphen der Funktion f mit $f(x) = x^2 + 2$ gezeichnet (siehe rechts). Berechnen Sie den Flächeninhalt der im ersten Quadranten eingeschlossenen Fläche.

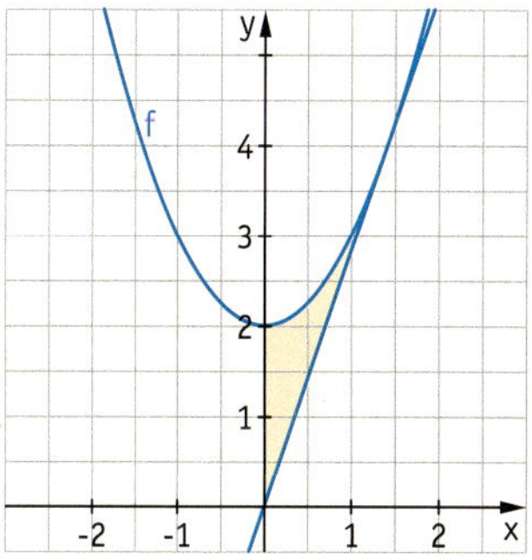

7 Gegeben ist die Funktion f mit $f(x) = 9 - x^2$. Zerlegen Sie die Fläche, die der Graph von f mit der x-Achse einschließt, so durch eine Parallele zur x-Achse, dass zwei Flächen mit demselben Flächeninhalt entstehen.

8 Ein Akku hat eine Energiemenge von 50 Wh gespeichert. Die momentane Änderungsrate der gespeicherten Energiemenge lässt sich durch die Funktion f mit $f(t) = -5 \cdot 0{,}9^t$ beschreiben (t in Stunden, f(t) in Wh pro Stunde). Berechnen Sie den gesamten Energieverlust innerhalb der ersten 24 Stunden.

9 Durch eine parabelförmige Öffnung fließt so Wasser, dass stets die ganze Öffnung ausgefüllt ist (Einheit 1 cm).
Die Durchflussgeschwindigkeit kann angegeben werden durch die Funktion g mit $g(t) = 100 - 0{,}37^t$ $\left(t \text{ in Sekunden, } g(t) \text{ in } \frac{cm}{s}\right)$.
Berechnen Sie, wie viel Wasser innerhalb der ersten 20 Sekunden durch die Öffnung geflossen ist.

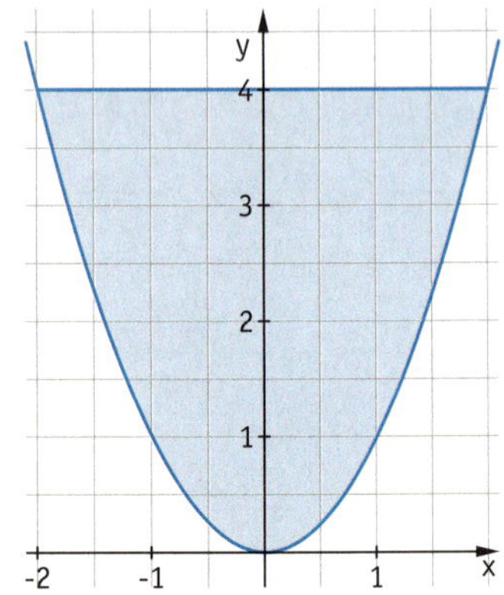

10 Die Änderungsrate der Wirkstoffkonzentration eines Medikamentes im Körper einer Patientin zum Zeitpunkt $t \geq 0$ kann durch die Funktion f mit $f(t) = (12 - 2{,}4t) \cdot 0{,}82^t$ beschrieben werden $\left(t \text{ in Stunden, } f(t) \text{ in } \frac{mg}{l}\right)$.
Zum Zeitpunkt $t = 0$ beträgt die Wirkstoffkonzentration $0\,\frac{mg}{l}$.

a) Ermitteln Sie, zu welchem Zeitpunkt die Wirkstoffkonzentration im Körper der Patientin maximal ist. Wie hoch ist die Wirkstoffkonzentration zu diesem Zeitpunkt?

b) Berechnen Sie für $t > 0$ die Wirkstoffkonzentration im Körper der Patientin.
Untersuchen Sie, wie sich die Wirkstoffkonzentration mit immer größer werdenden t entwickelt.
Welche Einschränkungen ergeben sich hieraus für die Modellierung?

11

a) Zeigen Sie, dass für beliebiges $b > 0$ die Flächeninhalte der gefärbten Flächen stets im Verhältnis 1 : 2 stehen.

b) Verallgemeinern Sie das Ergebnis aus Teilaufgabe a) für eine beliebige Potenzfunktion f mit $f(x) = x^n$ mit $n \in \mathbb{N}$.

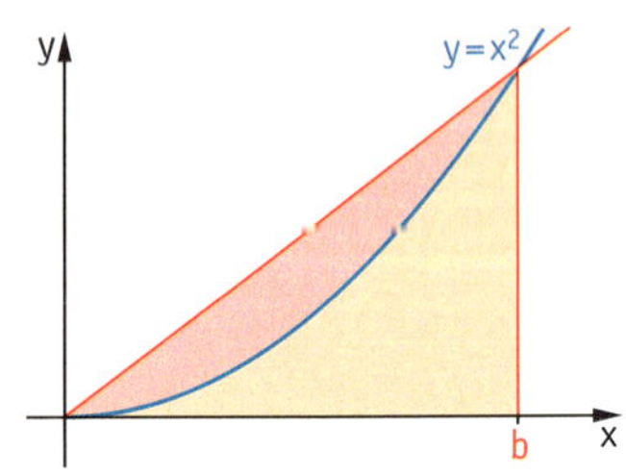

12 Betrachten Sie f mit $f(x) = x^2$ und die Gerade mit $y = a^2$.
Wie verhält sich der Flächeninhalt des Dreiecks zum Inhalt der Fläche zwischen dem Graphen von f und der Geraden, wenn a sich ändert?

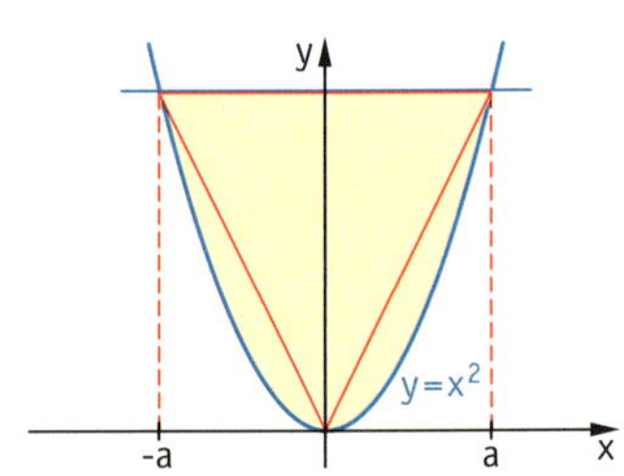

13 Ein Kühlbehälter für eine Flasche kann modelliert werden durch einen Rotationskörper, der durch Rotation der Fläche zwischen den Graphen der Funktionen f und g mit $f(x) = 1{,}1^x + 6$ und $g(x) = 1{,}1^x + 6{,}5$ über dem Intervall $[-25; 0]$ um die x-Achse entsteht (Einheit 1 cm), und durch einen zylinderförmigen Boden mit dem Radius $r = 6{,}5\,\text{cm}$ und der Höhe $h = 0{,}5\,\text{cm}$.
Berechnen Sie das Fassungsvermögen sowie das Volumen des Körpers.

Bleib fit in Exponentialfunktionen und Logarithmen

Zum Aufwärmen

1 In den folgenden Informationstexten werden Wachstumsprozesse dargestellt, die durch Funktionen beschrieben werden können. Erstellen Sie jeweils einen passenden Funktionsterm und den zugehörigen Funktionsgraphen. Gehen Sie dabei davon aus, dass im ersten Beispiel die Algen zu Beginn 1 dm hoch sind bzw. im zweiten Beispiel zu Beginn 1,6 mg radioaktives Iod vorliegt.

Iod-Gewinnung aus dem Meer

Das seltene Element Iod kommt im Meerwasser vor. Algen reichern davon in ihrem Organismus bis zu 20 g je kg Trockenmasse an. Man züchtet deshalb zur Iod-Gewinnung spezielle Algen in ca. 30 m Tiefe. Diese wachsen sehr schnell: Eine Anpflanzung verdoppelt wöchentlich ihre Höhe.

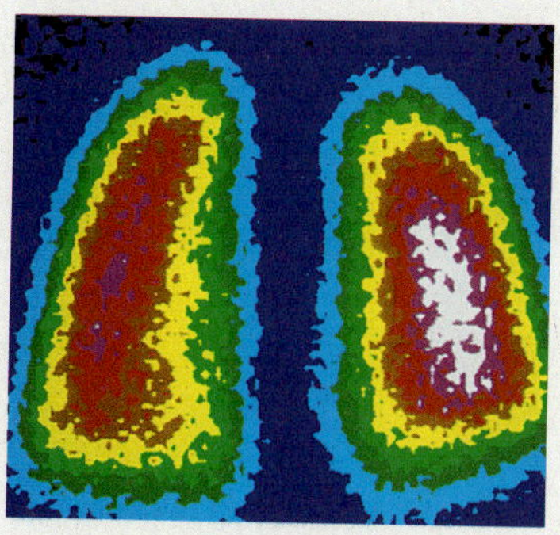

Iod in der Szintigraphie

Zur Untersuchung von Tumoren erhält ein Patient intravenös ein Medikament mit radioaktivem Iod. Dieses reichert sich im kranken und gesunden Gewebe unterschiedlich stark an, sodass mit der von Iod ausgesandten radioaktiven Strahlung Lage und Größe von Tumoren erkannt werden können. Das verwendete radioaktive Iod-Isotop ^{131}I zerfällt nur langsam: Seine Menge halbiert sich wöchentlich.

intravenös: in eine Vene hinein (zu lat. intra: innerhalb; vena: Ader)

2 Zeichnen Sie die Graphen zu Funktionen des Typs $x \mapsto a \cdot b^x$ für verschiedene Werte von a und b. Schreiben Sie eine Zusammenfassung Ihrer Beobachtungen und skizzieren Sie auch einige typische Graphen per Hand.

$x \mapsto f(x)$ ist die Zuordnungsvorschrift einer Funktion f mit der Gleichung $y = f(x)$

3

a) Bestimmen Sie im Kopf den Exponenten, für den gilt:

(1) $2^x = 8$ (2) $3^x = 1$ (3) $5^x = 0{,}2$ (4) $16^x = 4$

b) Ermitteln Sie grafisch eine Lösung der Gleichung $1{,}5^x = 4$.

4 Geben Sie drei Funktionen f des Typs $x \mapsto a \cdot b^x$ an, für die gilt: $f(x + 1) = 3 \cdot f(x)$

Zum Erinnern

(1) Definition der Exponentialfunktionen

Definition

Eine Funktion f mit $f(x) = a \cdot b^x$ mit $a, b \in \mathbb{R}$ und $b > 0$, $b \neq 1$ sowie $a \neq 0$ heißt allgemeine **Exponentialfunktion** zur **Basis** b.

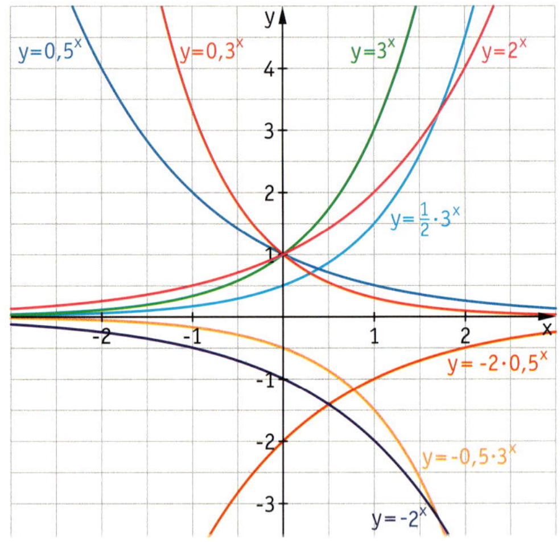

Als Definitionsmenge legen wir, wenn nichts anderes vereinbart ist, $\mathbb{R}$ zugrunde.

Der Graph zu $f(x) = a \cdot b^x$ entsteht aus dem Graphen zu $g(x) = b^x$ durch Strecken mit dem Faktor a parallel zu y-Achse.

(2) Eigenschaften der Exponentialfunktion

Satz

Für jede Exponentialfunktion f mit $f(x) = a \cdot b^x$ gilt:

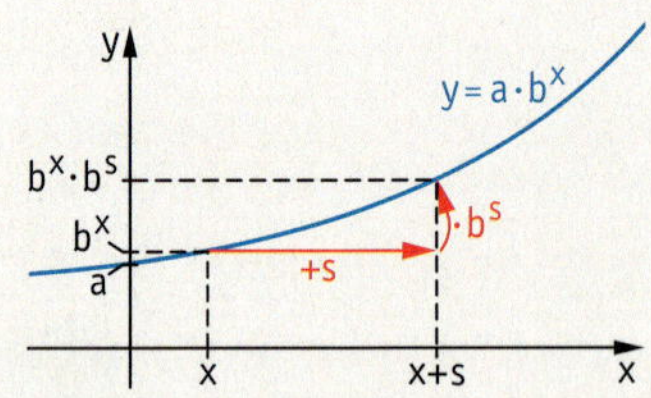

(a) Für $a > 0$ gilt:
- Wenn $0 < b < 1$, dann ist f streng monoton fallend.
- Wenn $b > 1$, dann ist f streng monoton wachsend.

Für $a < 0$ gilt:
- Wenn $0 < b < 1$, dann ist f streng monoton wachsend.
- Wenn $b > 1$, dann ist f streng monoton fallend.

(b) Für $a > 0$ ist $W = \{y \mid y \in \mathbb{R} \text{ und } y > 0\}$ die Wertemenge von f.
Für $a < 0$ ist $W = \{y \mid y \in \mathbb{R} \text{ und } y < 0\}$ die Wertemenge von f.

(c) Die x-Achse ist Asymptote des Graphen von f.

(d) Erhöht man x jeweils um dieselbe Schrittweite s, so muss man den zugehörigen Funktionswert $a \cdot b^x$ mit demselben Faktor b^s multiplizieren *(Grundeigenschaft der Exponentialfunktionen)*.

Potenzgesetz $b^{x+s} = b^x \cdot b^s$

Stelle	Funktionswert
x	$a \cdot b^x$
x + s	$a \cdot b^{x+s}$

(+s von x nach x + s; $\cdot b^s$ von $a \cdot b^x$ nach $a \cdot b^{x+s}$)

(3) Verschieben des Graphen einer Exponentialfunktion

- Verschiebt man den Graphen der Exponentialfunktion zu $f(x) = a \cdot b^x$ um d Einheiten parallel zur y-Achse, so erhält man den Graphen zu $g(x) = a \cdot b^x + d$. Für $d > 0$ wird nach oben verschoben, für $d < 0$ nach unten.
- Verschiebt man den Graphen der Exponentialfunktion zu $f(x) = a \cdot b^x$ um c Einheiten parallel zur x-Achse, so erhält man den Graphen zu $g(x) = a \cdot b^{x-c}$. Für $c > 0$ wird nach links verschoben, für $c < 0$ nach rechts.

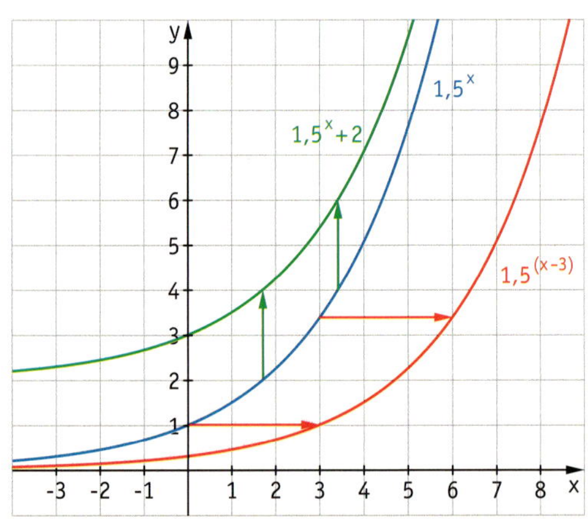

(4) Definition des Logarithmus

Definition

Ist $b^x = y$ mit $y > 0$ und $b > 0$ sowie $b \neq 1$, so nennt man den Exponenten x den **Logarithmus von y zur Basis b.**

Man schreibt: $x = \log_b(y)$

Klammern dürfen weggelassen werden, wenn dadurch keine Missverständnisse entstehen: $\log_b x = \log_b(x)$

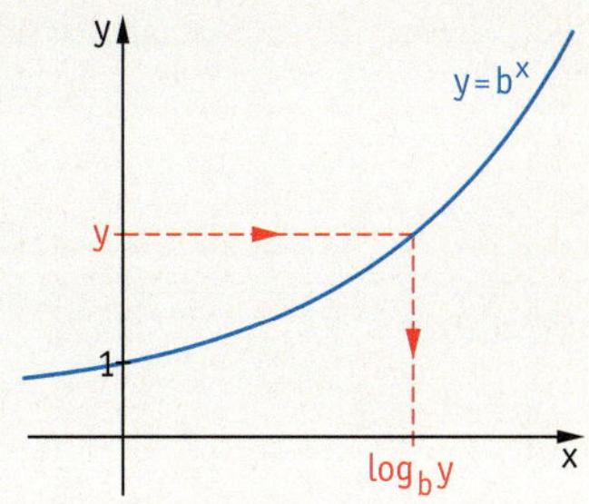

Beispiele

$\log_2(8) = 3$, denn $2^3 = 8$

$\log_2(1) = 0$, denn $2^0 = 1$

$\log_2\left(\frac{1}{4}\right) = -2$, denn $2^{-2} = \frac{1}{2^2} = \frac{1}{4}$

$\log_2(\sqrt{2}) = \frac{1}{2}$, denn $2^{\frac{1}{2}} = \sqrt{2}$

(5) Zusammenhang zwischen Potenzieren und Logarithmieren

Das Logarithmieren ist neben dem Wurzelziehen eine andere Möglichkeit, das Potenzieren rückgängig zu machen: Beim Wurzelziehen wird die Basis der Potenz gesucht, beim Logarithmieren der Exponent.

Satz: Zusammenhang zwischen Potenzieren und Logarithmieren

Für alle $b, x, y \in \mathbb{R}$ mit $y > 0$ und $b > 0$ sowie $b \neq 1$ gilt:

(1) $\log_b(b^x) = x$ (2) $b^{\log_b y} = y$

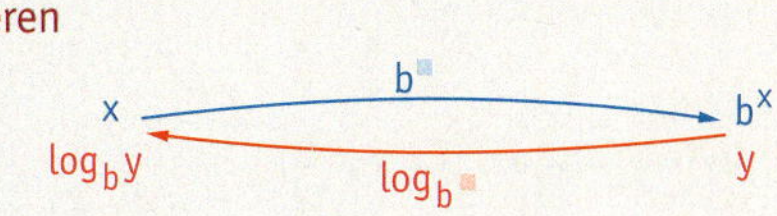

Merke: der Logarithmus ist ein Exponent

Beispiele

- $\log_2 32 = 5$, denn $2^5 = 32$; $2^{\log_2 32} = 32$
- $\log_3 81 = 4$, denn $3^4 = 81$; $3^{\log_3 81} = 81$

(6) Dekadischer Logarithmus

$\log x = \log_{10} x$

Der Logarithmus zur Basis 10 heißt **dekadischer Logarithmus** (Zehnerlogarithmus). Statt $\log_{10} x$ schreibt man kurz $\log x$ oder auch $\lg x$.

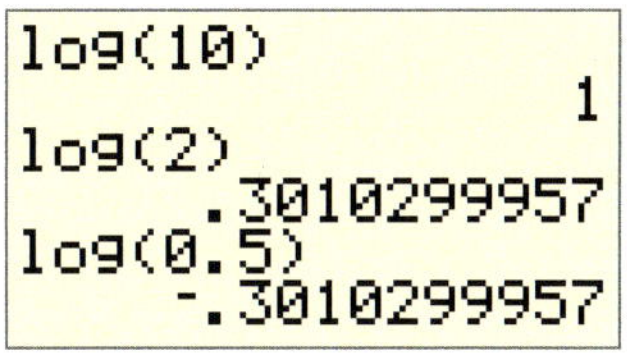

(7) Logarithmengesetze

Satz

Für alle $b, x, y, t \in \mathbb{R}$ mit $x > 0$, $y > 0$ und $b > 0$ sowie $b \neq 1$ gilt:

(1) $\log_b(x \cdot y) = \log_b x + \log_b y$

Der Logarithmus eines Produktes ist die Summe der Logarithmen der Faktoren.

(2) $\log_b\left(\frac{x}{y}\right) = \log_b x - \log_b y$

Der Logarithmus eines Quotienten ist die Differenz der Logarithmen von Dividend und Divisor.

(3) $\log_b(x^t) = t \cdot \log_b x$

Der Logarithmus einer Potenz ist das Produkt aus dem Exponenten und dem Logarithmus der Basis.

(4) Berechnen beliebiger Logarithmen mit dem Taschenrechner:

Für alle $b, x \in \mathbb{R}$ mit $x > 0$ und $b > 0$ sowie $b \neq 1$ gilt: $\log_b x = \frac{\log x}{\log b}$

Zum Trainieren

5 Frau Mayer hat 500 000 Euro im Lotto gewonnen. Sie legt dieses Geld auf einem Konto mit einer 4,5%igen Verzinsung an.

a) Geben Sie das Kontoguthaben in Abhängigkeit von der Zeit an.

b) Zeichnen Sie den Graphen dieser Funktion. Informieren Sie sich dazu über die Verzinsung für Bruchteile eines Jahres. Wie müsste man den Graphen demzufolge genau zeichnen?

6 Frische Vollmilch enthält 1 mg Vitamin C pro 100 ml. Dieses zersetzt sich unter dem Einfluss von Licht. In einer farblosen Glasflasche nimmt der Vitamin-C-Gehalt stündlich um 5 % ab, in einer braun getönten Flasche um 2 %.
Beschreiben Sie den zeitlichen Verlauf des Vitamin-C-Gehalts für beide Fälle durch Funktionen. Zeichnen Sie die Graphen in ein gemeinsames Koordinatensystem.

Sie können zum Überprüfen auch einen GTR verwenden.

7 Die Abbildungen zeigen Graphen zu Funktionen vom Typ $f(x) = a\,b^x + c$. Ermitteln Sie a, b und c passend zum Graphen. Begründen Sie Ihre Lösung.

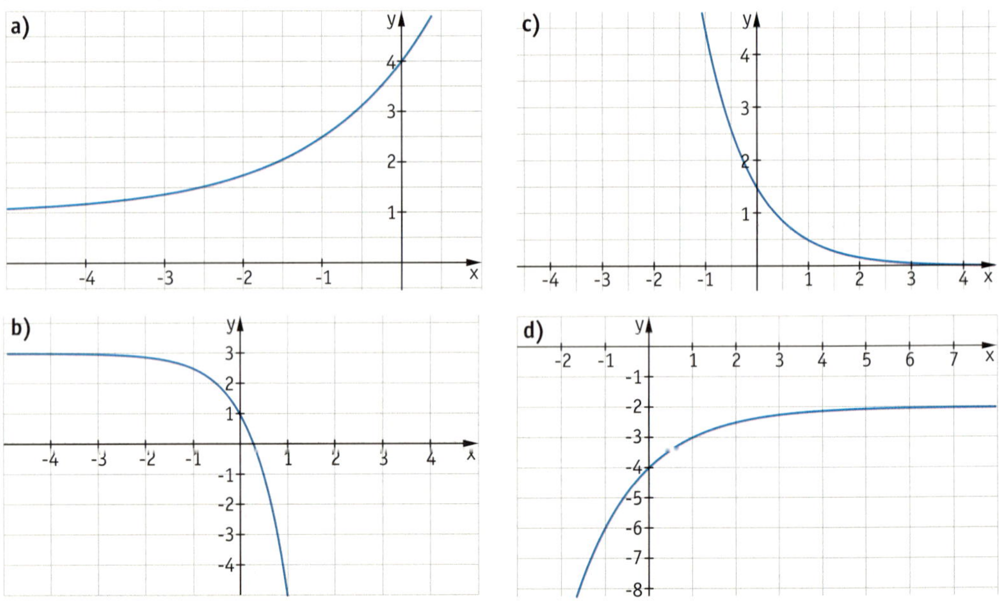

8 Berechnen Sie.

a) $\log_3 9$; **b)** $\log_b(\sqrt[3]{b^2})$; **c)** $\log_3 \frac{1}{27}$; **d)** $\log_a \sqrt{a^k}$; **e)** $\log_3(3^{\frac{4}{5}})$; **f)** $\log_c \sqrt[3]{\frac{1}{c^2}}$; **g)** $\log_3 \sqrt{3}$ **h)** $\log_b \frac{1}{\sqrt[4]{b^7}}$ **i)** $\log(1000)$ **j)** $\log(0{,}01)$

9 Bestimmen Sie die Lösungsmenge.

a) $\log_2 x = 5$ **b)** $\log_3 x = \frac{1}{2}$ **c)** $\log_2 x = -2$ **d)** $\log_{10} x = 0{,}4$ **e)** $\log_b x = 2$

10 Wenden Sie Logarithmengesetze an: **a)** $\log_b (xy)^5$ **b)** $\log_b \sqrt[3]{\frac{a}{\sqrt{b}}}$ **c)** $\log_b \frac{2a^2b^3}{c^4d^5}$

11 Fassen Sie den angegebenen Term mithilfe der Logarithmengesetze zusammen.

a) $\log u + \log v - \log w$ **b)** $2\log x_1 + \frac{1}{2}\log x_2$ **c)** $\frac{2}{3}\log r - \frac{3}{2}\log s$

2 Wachstumsmodelle

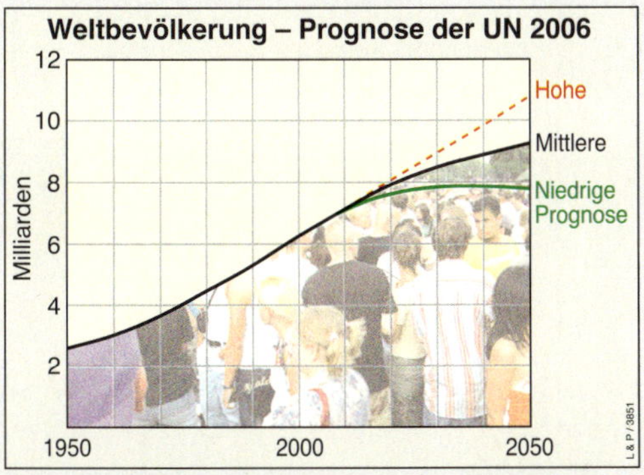

Die Weltbevölkerung wächst und wächst …

Das Wachstum der Weltbevölkerung resultiert aus der Differenz von Geburten und Sterbefällen. Dieser Saldo von Geburten und Sterbefällen wird auch als natürliche Bevölkerungsentwicklung oder natürliches Wachstum bezeichnet. Bei wachsender Weltbevölkerung übersteigt die Zahl der Geburten stets die Zahl der Sterbefälle. Der jährliche Bevölkerungszuwachs von derzeit etwa 78 Millionen Menschen setzt sich beispielsweise aus 136 Millionen Geburten und 58 Millionen Sterbefälle zusammen. In den Entwicklungsländern werden jährlich 123 Millionen Kinder geboren, für die Schulen, Lehrer, Ausbildungs- und Arbeitsplätze, sowie eine medizinische Versorgung bereit gestellt werden müssen.

Weltbevölkerung wächst deutlich langsamer

Der Zuwachs der Weltbevölkerung verlangsamt sich in den nächsten Jahrzehnten. Derzeit leben rund 6,8 Milliarden Menschen auf der Erde, wie das Statistische Bundesamt mitteilte. Den Vereinten Nationen zufolge werde die Weltbevölkerung bis 2050 auf über 9,1 Milliarden Menschen anwachsen. Das sind rund 50 Prozent mehr als im Jahr 2000. Von 1950 bis 2000 hatte die Zuwachsrate noch 142 Prozent betragen.

Bei der Prognose der Weltbevölkerung betrachtet man die momentanen Wachstumsgeschwindigkeiten und macht Modellannahmen, wie diese sich in der Zukunft verändern können. Daraus resultieren dann verschiedene Prognosen für die Entwicklung der Weltbevölkerung. Vergleichen Sie die beiden Prognosen hinsichtlich ihrer Wachstumsgeschwindigkeit.

In diesem Kapitel

- vertiefen Sie Ihre Kenntnisse zu verschiedenen Wachstumsmodellen;
- lernen Sie neue Wachstumsmodelle kennen;
- lernen Sie, wie man Exponential- und Logarithmusfunktionen ableitet;
- lernen Sie weitere Ableitungs- und Integrationsregeln kennen.

Mehr und immer mehr?

Würgegriff der Wasserhyazinthe

1

Wasserhyazinthe

Bei den *Wasserhyazinthen (Eichhornia)* handelt es sich um krautige, schwimmende Wasserpflanzen, die mit aufgeblasenen Blattstielen an der Wasseroberfläche treiben. Die meisten Arten sind mehrjährig, es gibt aber auch einjährige Pflanzen. Die Laubblätter werden an der Sprossbasis gebildet und liegen meistens über der Wasseroberfläche.
Ursprünglich ist die Wasserhyazinthe in den Tropen Südamerikas beheimatet. Über einen botanischen Garten in Java gelangte die Schwimmpflanze 1880 nach Afrika. Ohne natürliche Feinde vermehrte sie sich explosionsartig und gelangte über Bäche und Flüsse in den Viktoriasee. 1988 wurde die Pflanze dort zum ersten Mal gesichtet, zehn Jahre später bedeckte sie Hunderte Quadratkilometer des zweitgrößten Süßwassersees der Welt. Unermüdlich treiben die Ausläufer der Wasserhyazinthe und sie verdoppelt so alle 15 bis 20 Tage ihre Ausmaße.

Wasserhyazinthen überwuchern den Viktoriasee

Vor gut 20 Jahren wurde diese südamerikanische Pflanze erstmals im Viktoriasee gesichtet. Bereits 1998 hielt sie das zweitgrößte Süßwasserbecken der Welt im Würgegriff.
Die Wasserhyazinthe vermehrt sich rasend schnell: Jeden Tag kommen 40 Tonnen Biomasse hinzu. Selbst große Boote kommen nur noch schwer durch das Gestrüpp.

a) Untersuchen Sie das Wachstumsverhalten der Wasserhyazinthen nach den beiden genannten Modellen. Nehmen Sie zu einem Zeitpunkt $t = 0$ einen Anfangsbestand von $100\,m^2$ bzw. kg an. Zeichnen Sie beide Graphen. Vergleichen Sie beide Modellannahmen.

b) Ermitteln Sie die Änderungsraten pro Jahr, pro Monat und pro Tag für beide Schätzungen. Ermitteln Sie die momentanen Wachstumsgeschwindigkeiten näherungsweise. Vergleichen Sie auch damit die beiden Modellannahmen.

c) Untersuchen Sie allgemeiner die Zusammenhänge zwischen den Graphen von Exponentialfunktionen und denen ihrer 1. Ableitungen. Vergleichen Sie Ihre Ergebnisse mit denen Ihres Partners.

Grenzen in Sicht

^{21}F bezeichnet Fluoratome mit 21 Nukleonen im Kern.

2

Radioaktives ^{21}F ist ein β-Strahler, der schnell zerfällt.

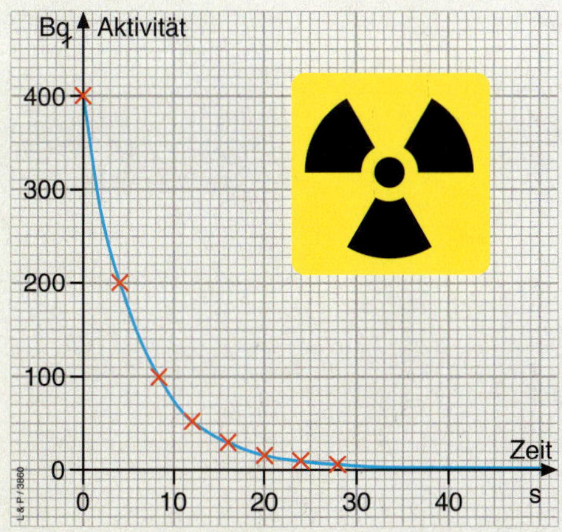

Beim schonenden langsamen Trocknen von Beeren verlieren diese nach und nach das in ihnen enthaltene Wasser.

a) Vergleichen Sie die beiden Abnahmeprozesse und beschreiben Sie diese jeweils durch einen Funktionsterm.

b) Ermitteln Sie in beiden Beispielen die momentanen Änderungsraten näherungsweise. Vergleichen Sie die Werte mit dem jeweiligen Bestand.

Suchen Sie weitere solche Beispiele und stellen Sie Gemeinsamkeiten und Unterschiede heraus.

c) Übertragen Sie die Überlegungen auf eine Größe, die wächst und eine obere Grenze hat. Ermitteln Sie eine Funktionsgleichung für einen solchen Graphen.

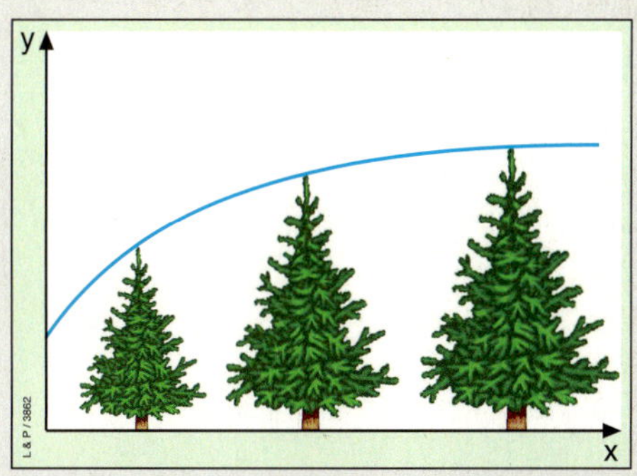

S-förmig zur Grenze

3 Das Wachstum etlicher Größen lässt sich durch einen s-förmigen Kurvenverlauf beschreiben.

a) Bestimmen Sie für das Anwachsen der Weltbevölkerung die Wachstumsgeschwindigkeiten. Was fällt auf?

b) Versuchen Sie, Bedingungen für den s-förmigen Verlauf zu finden.

c) Modellieren Sie diesen Wachstumsprozess abschnittsweise mithilfe von Funktionen für den Anfang und die Schlussphase des Wachstums.

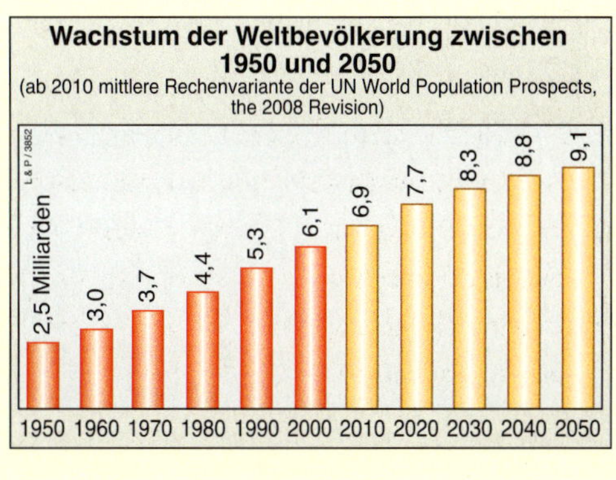

2.1 Exponentielles Wachstum

2.1.1 Wachstumsgeschwindigkeit – e-Funktion

In diesem Abschnitt untersuchen wir die Wachstumsgeschwindigkeit exponentiellen Wachstums.

Einstieg

Die **Wasserlinsengewächse** (Lemnoideae) sind eine Unterfamilie innerhalb der Aronstabgewächse (Araceae). Allen gemeinsam ist, dass es sich um nur wenige Millimeter große „Blättchen" (genauer: Sprossglieder) handelt, denen eine Gliederung in Stängel und Blatt fehlt. Sie schwimmen treibend auf der Oberfläche von Gewässern. Mit den nach unten hängenden Wurzelfäden werden Nährsalze aus dem Wasser aufgenommen. Die Arten der Wasserlinsengewächse treiben in der Regel in Massengesellschaften an der Oberfläche von stehenden, eher nährstoffreichen Gewässern. Luftkammern in ihren Sprossgliedern geben ihnen den nötigen Auftrieb. Im Sommerhalbjahr kann sehr schnell die gesamte Wasserfläche kleinerer bis mittlerer Teiche und Weiher völlig mit einem grünen Schwimmteppich zugedeckt werden. (Quelle: Wikipedia)

Betrachten Sie eine 1 m^2 große Fläche von Wasserlinsen, deren Fläche sich monatlich verdoppelt.

- Beschreiben Sie das Wachstum in einer Tabelle und ermitteln Sie einen zugehörigen Funktionsterm.
- Ermitteln Sie durchschnittliche und momentane Wachstumsgeschwindigkeiten.
- Vergleichen Sie die momentanen Wachstumsgeschwindigkeiten mit den jeweiligen Beständen. Was fällt auf?
- Führen Sie die obigen Überlegungen auch für eine andere Wasserlinsenart durch, deren Fläche sich monatlich verdreifacht.

Einführung

Killeralgen im Mittelmeer

Caulerpa taxifolia, auch „Killeralge" genannt, ist in den Gewässern der Karibik und des Pazifiks beheimatet. Auffällige Merkmale sind ihre frische grüne Farbe und ihre federartigen Blätter. Da die Alge giftig ist, hat sie keine natürlichen Feinde, mit ihrem Gift schadet sie vielen Pflanzen- und Tierarten. Zu Beginn der Achtzigerjahre wurde *Caulerpa taxifolia* aufgrund ihrer auffälligen Färbung als Dekoration für Aquarien mit tropischen Fischen eingesetzt. Bei einer Filterreinigung im Ozeanografischen Institut in Monaco im Jahr 1984 gelang es der Killeralge, ins offene Meer zu entkommen.
Seitdem breitet sie sich unkontrollierbar im Mittelmeerraum aus: Nach nur drei Jahren war der Meeresboden vor der französischen Mittelmeerküste großflächig überwuchert. Die Alge erwies sich schnell als äußerst aggressiver Eindringling: Mit Wurzeln, die sich auf nahezu jedem Untergrund festsetzen können, ist sie praktisch unverwundbar. Experten rechnen mit einer Versechsfachung der bedeckten Fläche von Jahr zu Jahr.

Für einfache Prognosen reicht es aus, die Größe der bedeckten Fläche mithilfe der Faustformel der jährlichen Versechsfachung zu berechnen. Für genauere Prognosen ist es wichtig zu wissen, ob die Wachstumsgeschwindigkeit, also die Änderungsrate der Größe der bedeckten Fläche sich ändert.

Das Wachstum der „Killeralge" werde durch die Funktion beschrieben, die jedem Zeitpunkt x die Größe f(x) der bedeckten Fläche zuordnet.
Die *mittlere Wachstumsgeschwindigkeit* im Zeitintervall $[x, x + h]$ ist die Flächenzunahme pro Zeitspanne:
$\frac{f(x+h) - f(x)}{(x+h) - x} = \frac{f(x+h) - f(x)}{h}$

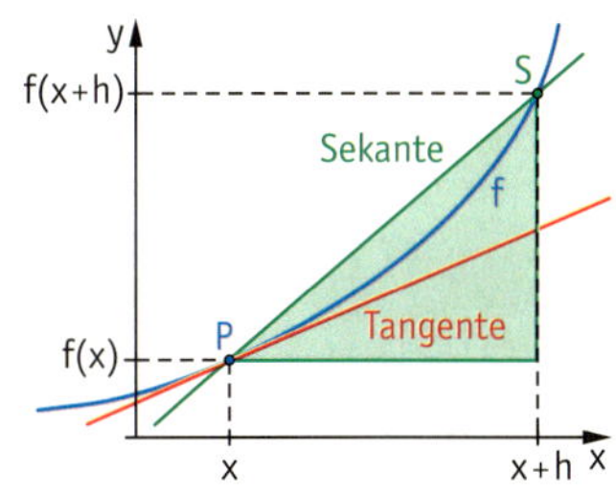

Geometrisch ist dieser Differenzenquotient die Steigung der Sekante des Graphen von f durch die Punkte $P(x\,|\,f(x))$ und $S(x + h\,|\,f(x + h))$.

Die *momentane Wachstumsgeschwindigkeit* zum Zeitpunkt x ist der Grenzwert der mittleren Wachstumsgeschwindigkeit für immer kleiner werdende Zeitintervalle: $\lim\limits_{h \to 0} \frac{f(x+h) - f(x)}{h} = f'(x)$

Geometrisch ist dies die Steigung der Tangente an den Graphen im Punkt $P(x\,|\,f(x))$. Zur Bestimmung der Wachstumsgeschwindigkeit exponentieller Prozesse benötigen wir also die Ableitung der Exponentialfunktionen.

Aufgabe

1 Ableitung von Exponentialfunktionen

a) Zeichnen Sie die Graphen zu $f_2(x) = 2^x$ und $f_3(x) = 3^x$ möglichst genau. Bestimmen Sie durch grafisches Differenzieren an mehreren Stellen die Ableitung.
Zeichnen Sie unter den Funktionsgraphen den Graphen der Ableitungsfunktion, erstellen Sie auch Wertetabellen für die Ableitung. Äußern Sie eine Vermutung.

b) Beweisen Sie Ihre Vermutung, indem Sie allgemein die Ableitung für $f_b(x) = b^x$ bestimmen.

Lösung

Tipp: Sie können die Zeichnungen und Wertetabellen auch von einem GTR erstellen lassen: **nderiv**

a) Für das grafische Differenzieren benötigen wir genaue Zeichnungen der Funktionsgraphen. Zur Bestimmung der Ableitung an einer Stelle zeichnen wir an dieser Stelle nach Augenmaß die Tangente an den Graphen. Dann zeichnen wir ein Steigungsdreieck daran und ermitteln daraus die Steigung.
Im Bild rechts ist das für die Funktion f_2 an der Stelle 0 eingetragen.

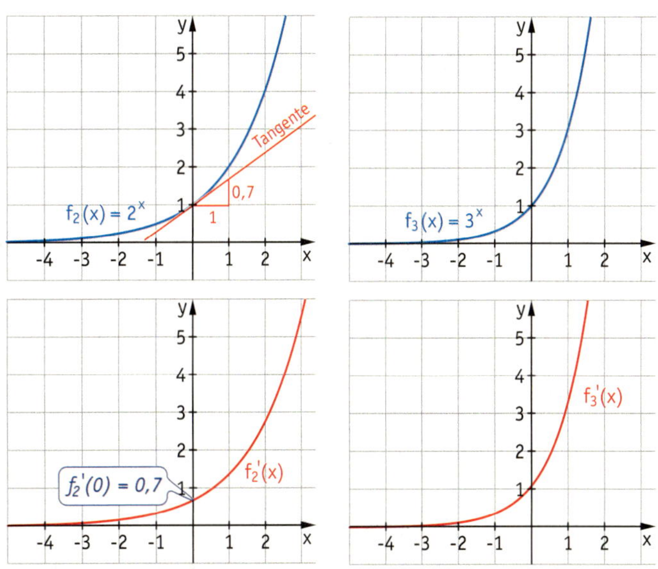

Die Bilder legen die Vermutung nahe, dass die Graphen der Ableitungsfunktionen ebenfalls Graphen von Exponentialfunktionen sind. Wir vermuten, dass die Graphen der Ableitungsfunktionen durch Streckungen parallel zur y-Achse aus den Graphen der Ausgangsfunktionen entstehen, d. h. dass sich die Funktionsterme von f und f′ nur durch einen konstanten Faktor unterscheiden.

Zur Kontrolle berechnen wir die Quotienten $\frac{f_2'(x)}{f_2(x)}$ und $\frac{f_3'(x)}{f_3(x)}$.

x	$f_2(x)$	$f_2'(x)$	$\frac{f_2'(x)}{f_2(x)}$
−2	0,25	0,2	0,8
−1	0,5	0,3	0,6
0	1	0,7	0,7
1	2	1,4	0,7
2	4	2,8	0,7
3	8	5,5	0,7

x	$f_3(x)$	f_3'	$\frac{f_3'(x)}{f_3(x)}$
−2	0,11111	0,1	0,9
−1	0,33333	0,4	1,2
0	1	1,1	1,1
1	3	3,3	1,1
2	9	9,9	1,1
3	27	30	1,1

Es ist $\frac{f_2'(x)}{f_2(x)} \approx 0{,}7$, also $f_2'(x) \approx 0{,}7 \cdot f_2(x)$. Der Graph von f_2' entsteht wohl aus dem Graphen von f_2 durch Streckung parallel zur y-Achse, ungefähr mit dem Faktor 0,7.

Es ist $\frac{f_3'(x)}{f_3(x)} \approx 1{,}1$, also $f_3'(x) \approx 1{,}1 \cdot f_3(x)$. Der Graph von f_3' entsteht wohl aus dem Graphen von f_3 durch Streckung parallel zur y-Achse ungefähr mit dem Faktor 1,1.

Die Streckfaktoren lassen sich gut an der Stelle $x = 0$ ablesen, da sie mit der jeweiligen Ableitung an der Stelle 0 übereinstimmen.

b) Wir wollen die Ableitung für $f_b(x) = b^x$ bestimmen.
Die Steigung der Sekanten durch die Punkte $P\big(x \mid f_b(x)\big)$ und $Q\big(x + h \mid f_b(x + h)\big)$ ist der Differenzenquotient:

$$\frac{b^{x+h} - b^x}{(x + h) - x} = \frac{b^x \cdot b^h - b^x}{h} = \frac{b^h - 1}{h} \cdot b^x$$

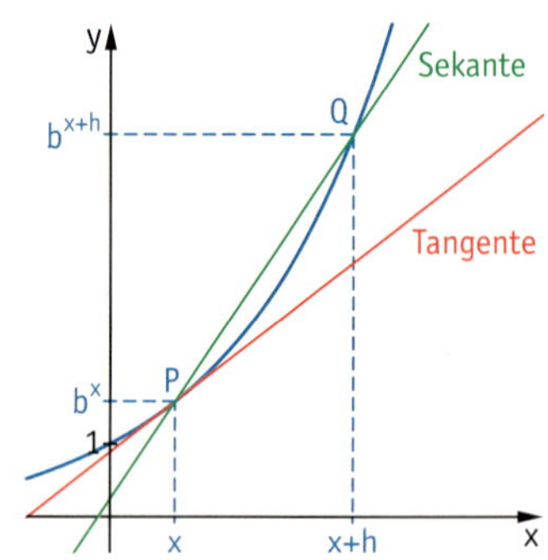

Für die Ableitung ergibt sich daraus:

$$f_b'(x) = \lim_{h \to 0}\left(\frac{b^h - 1}{h} \cdot b^x\right) = \left(\lim_{h \to 0} \frac{b^h - 1}{h}\right) \cdot b^x$$

Dieser Term zeigt schon, dass sich der Graph zu f_b' durch Streckung mit dem Faktor $\lim\limits_{h \to 0} \frac{b^h - 1}{h}$ parallel zur y-Achse aus dem Graphen zu f_b erzeugen lässt.

Der Streckfaktor ist der Grenzwert $\lim\limits_{h \to 0} \frac{b^h - 1}{h} = \lim\limits_{h \to 0} \frac{b^h - b^0}{h - 0}$, also die Ableitung der Funktion f_b an der Stelle 0. (Deren Existenz entnehmen wir der Anschauung.) Damit können wir den Streckfaktor zu jedem b numerisch berechnen.

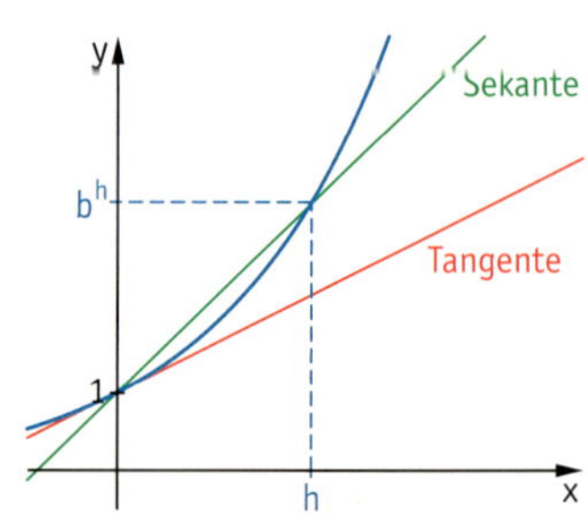

Es ergibt sich folgender Satz:

Kennt man $f_b'(0)$, so kennt man auch $f_b'(x)$

Satz: Ableitung von Exponentialfunktionen
Für eine Exponentialfunktion f_b mit $f_b(x) = b^x$ gilt:

$$f_b'(x) = f_b'(0) \cdot b^x.$$

Der Graph der Ableitungsfunktion f_b' geht also aus dem Graphen von f_b durch Streckung parallel zur y-Achse mit dem Faktor $f_b'(0)$ hervor.

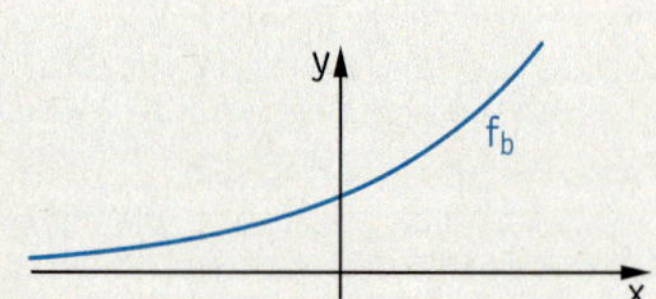

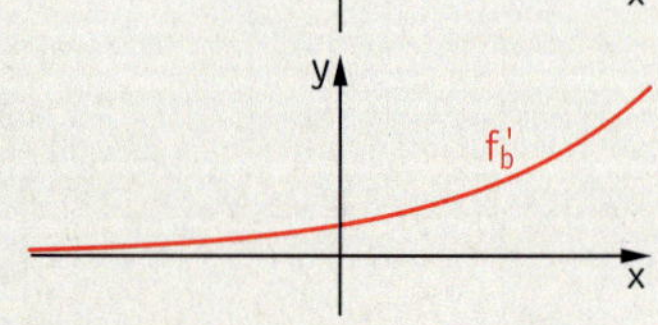

Aufgabe

2 Eine Exponentialfunktion, die mit ihrer Ableitung übereinstimmt

Den Graphen der Ableitung zu $f_2(x) = 2^x$ erhalten wir durch Streckung mit einem Faktor kleiner 1 aus dem Graphen der Funktion f_2. Um den Graphen der Ableitung zu $f_3(x) = 3^x$ zu erhalten, müssen wir den Graphen der Funktion f_3 mit einem Faktor größer 1 strecken. Wir suchen nun eine Exponentialfunktion f_b mit $f_b(x) = b^x$, die mit ihrer Ableitung übereinstimmt. Zu dieser Funktion gehört dann der Streckfaktor 1.

Lösung

Es gibt mehrere Möglichkeiten, diese Exponentialfunktion näherungsweise zu finden.

1. Möglichkeit:

Wir wählen verschiedene Werte für die Basis und kontrollieren anhand des Graphen oder der Wertetabelle, wie gut Funktion und Ableitung übereinstimmen.

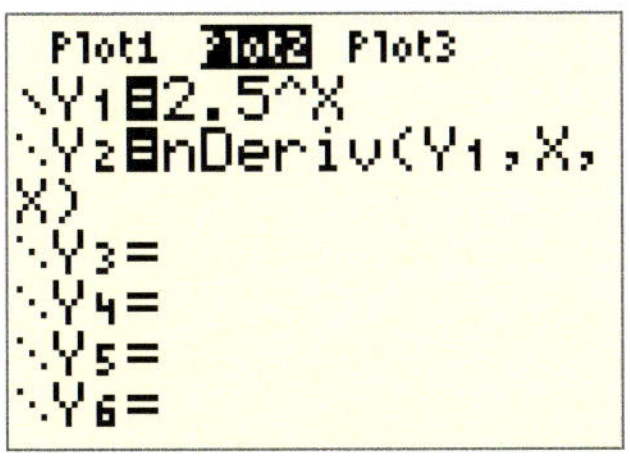

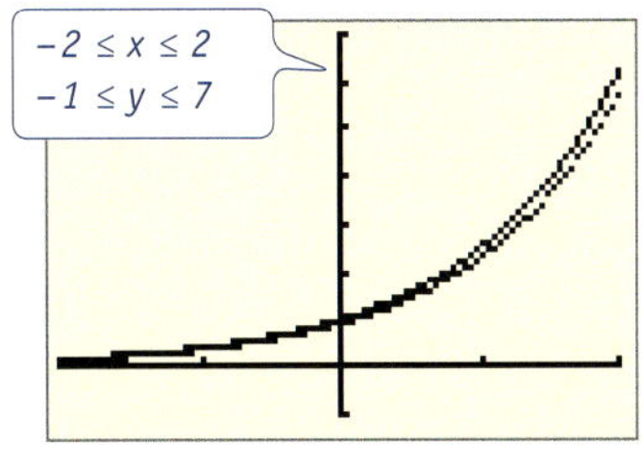

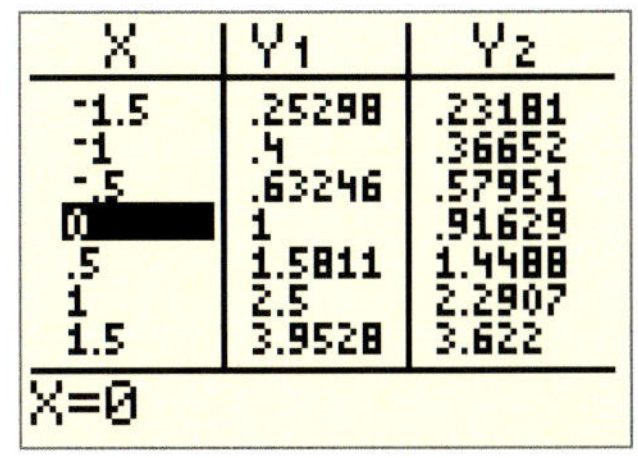

Die gesuchte Basis liegt zwischen 2,7 und 2,8.

2. Möglichkeit:

Gesucht ist die Basis b, für die gilt $f_b'(0) = 1$. Wir nähern dazu die Ableitung $f_b'(0) = \lim\limits_{h \to 0} \frac{b^h - 1}{h}$ durch einen Differenzenquotienten mit $h = \frac{1}{1000}$ an.

Der Differenzenquotient für $h = \frac{1}{1000}$ an der Stelle 0 ist $\frac{b^{\frac{1}{1000}} - 1}{\frac{1}{1000}} = 1000\left(b^{\frac{1}{1000}} - 1\right)$.

Wir suchen die Basis b zwischen 2 und 3, für die dieser Differenzenquotient den Wert 1 hat. Mit einem GTR können wir die Basis numerisch bestimmen. Algebraisch können wir folgendermaßen vorgehen:

Durch Lösen der Gleichung $\frac{b^{\frac{1}{1000}} - 1}{\frac{1}{1000}} = 1$ erhalten wir $b^{\frac{1}{1000}} = 1 + \frac{1}{1000}$, also $b = \left(1 + \frac{1}{1000}\right)^{1000} \approx 2{,}72$.

Ergebnis: Die Exponentialfunktion zu $f_{2,72}(x) = 2{,}72^x$ stimmt fast mit ihrer Ableitung $f_{2,72}'(x) = 1{,}001 \cdot 2{,}72^x$ überein.

Information

(1) Exponentialfunktion, die mit ihrer Ableitung übereinstimmt

In Teilaufgabe 1 b) wurde gezeigt, dass der Graph der Ableitungsfunktion einer Exponentialfunktion aus dem Graphen der Exponentialfunktion durch Streckung parallel zur y-Achse mit dem Faktor $f_b'(0)$ hervorgeht. Anschaulich ist klar, dass es genau eine Exponentialfunktion gibt, die mit ihrer Ableitung übereinstimmt. In Aufgabe 2 haben wir gesehen, dass ihre Basis in der Nähe von 2,72 liegt.

Wir wollen diese Basis nun genauer bestimmen. Der Differenzenquotient zur Bestimmung der Ableitung $f_b'(0)$ der Exponentialfunktion f_b mit $f_b(x) = b^x$ im Intervall [0; h] ist $\frac{b^h - b^0}{h - 0} = \frac{b^h - 1}{h}$.

Setzt man $h = \frac{1}{n}$ ergibt sich daraus $\frac{b^{\frac{1}{n}} - 1}{\frac{1}{n}}$. Für die gesuchte Basis b gilt für große n:

$h = \frac{1}{n}$; für $n \to \infty$ gilt $h \to 0$

$$\frac{b^{\frac{1}{n}} - 1}{\frac{1}{n}} \approx 1 \qquad \left| \cdot \frac{1}{n}\right.$$

$$b^{\frac{1}{n}} - 1 \approx \frac{1}{n} \qquad | + 1$$

$$b^{\frac{1}{n}} \approx 1 + \frac{1}{n} \qquad | \text{ Potenzieren mit } n$$

$$b \approx \left(1 + \frac{1}{n}\right)^n$$

LEONHARD EULER
1707 – 1783

Damit ist die Basis der Exponentialfunktion, die mit ihrer Ableitung übereinstimmt, der Grenzwert $\lim\limits_{n\to\infty}\left(1+\frac{1}{n}\right)^n \approx 2{,}718\ldots$

Man kann zeigen, dass dieser Grenzwert tatsächlich existiert und eine irrationale Zahl ist, d. h. sie kann nicht als Bruch mit ganzzahligem Zähler und Nenner geschrieben werden.

Als Dezimalbruch hat sie unendlich viele Nachkommastellen ohne Periode.

Definition: EULER'sche Zahl

Die **EULER'sche Zahl e** ist der Grenzwert $e = \lim\limits_{n\to\infty}\left(1+\frac{1}{n}\right)^n \approx 2{,}71828182845\ldots$

Information

(2) Definition der e-Funktion

Die Exponentialfunktion f mit $f(x) = e^x$ stimmt nach Information (1) mit ihrer Ableitung überein: $f'(x) = e^x$. An jeder Stelle ist die Tangentensteigung gleich dem Funktionswert an dieser Stelle. Ihrer besonderen Bedeutung wegen erhält sie einen eigenen Namen:

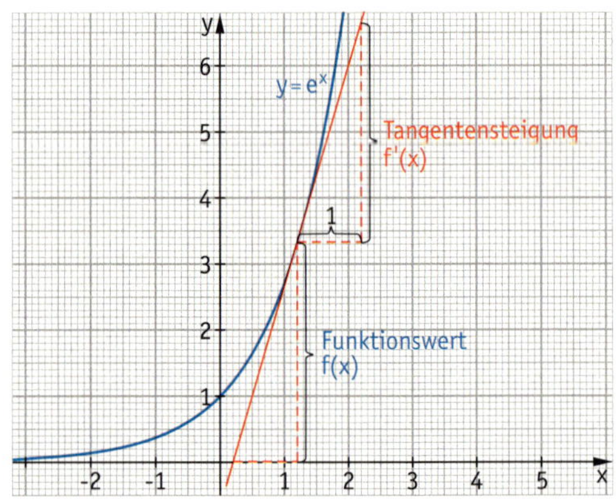

Definition

Die Exponentialfunktion f mit $f(x) = e^x$ und $x \in \mathbb{R}$ wird **e-Funktion** genannt.

Damit können wir knapp formulieren:

Die Ableitung von e^x ist e^x.

Satz: Ableitung der e-Funktion

Die e-Funktion mit $f(x) = e^x$ stimmt mit ihrer Ableitung überein: $f'(x) = e^x$.

Weiterführende Aufgabe

3 Stammfunktionen von $f(x) = e^x$

Eine Funktion F heißt Stammfunktion von f, falls $F'(x) = f(x)$ gilt. Geben Sie eine Stammfunktion von $f(x) = e^x$ an und berechnen Sie damit $\int_{-1}^{1} e^x\,dx$.

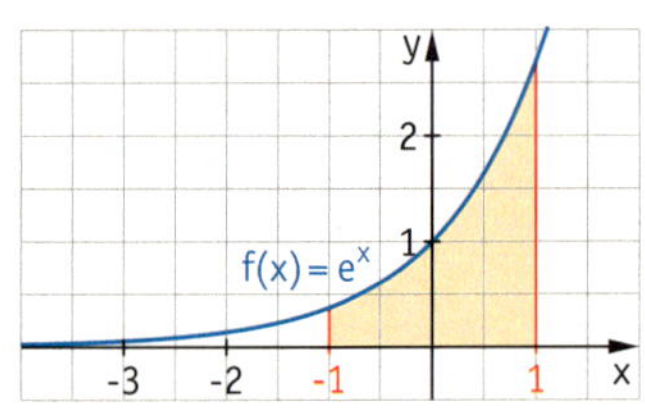

Übungsaufgaben

4 Rechts sehen Sie, wie Marc abgeleitet hat. Überprüfen Sie seine Behauptung.

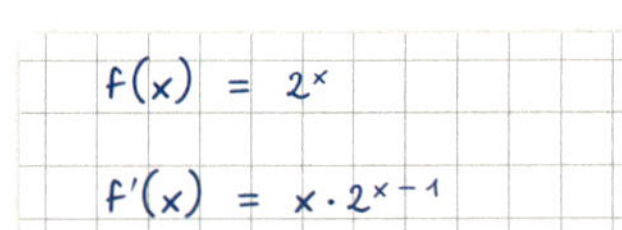

5 Gegeben ist die Funktion f mit $f(t) = 5^t$, die einen Wachstumsprozess beschreibt. Bestimmen Sie wie in der Lösung von Aufgabe 1 mithilfe des Differenzenquotienten näherungsweise die momentane Wachstumsgeschwindigkeit zu einem beliebigen Zeitpunkt t.

6 Zeichnen Sie die Graphen verschiedener Exponentialfunktionen $x \mapsto b^x$ und der dazugehörigen Ableitungen für Basen $b < 1$. Schreiben Sie eine Zusammenfassung Ihrer Beobachtungen und formulieren Sie eine Vermutung.

7 Für eine Exponentialfunktion mit $f(x) = b^x$ gilt: $f'(0) = 1{,}3$.

a) Wie geht der Graph von f′ aus dem Graphen von f hervor?

b) Bestimmen Sie näherungsweise die Basis b für den Funktionsterm von f. Geben Sie auch einen Funktionsterm für f′ an.

8 Überprüfen Sie folgende Behauptung:
Der Graph der Ableitung einer Exponentialfunktion entsteht durch eine Verschiebung des Graphen der Exponentialfunktion parallel zur x-Achse. Für Basen größer als 3 ist der Graph nach links verschoben; für Basen kleiner als 2,5 nach rechts.

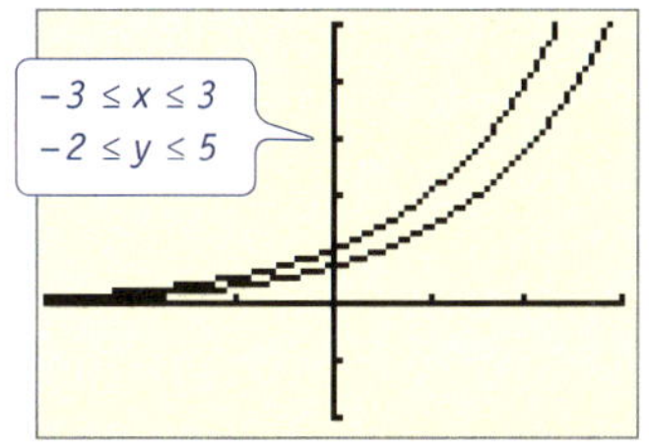

9 Zeichnen Sie die Graphen verschiedener Exponentialfunktionen in ein Koordinatensystem, in dem auch die Gerade g mit der Gleichung $y = 1 + x$ eingezeichnet ist. Ermitteln Sie so einen Näherungswert für die Basis derjenigen Exponentialfunktion, deren Graph diese Gerade als Tangente an der Stelle $x = 0$ hat.

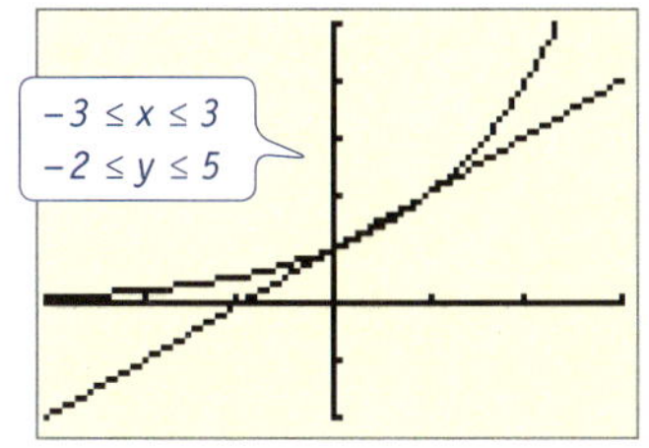

10 Berechnen Sie $\left(1 + \frac{1}{n}\right)^n$ für $n = 1;\ 10;\ 100;\ \dots;\ 10^{14}$.
Was fällt auf? Begründen Sie.

11 Nehmen Sie Stellung zu den Argumentationen.

Max:
$1 + \frac{1}{n} > 1$ für $n \in \mathbb{N}$
also: $\left(1 + \frac{1}{n}\right)^n \to \infty$ für $n \to \infty$

Lea:
$1 + \frac{1}{n} \to 1$ für $n \to \infty$; $1^n = 1$ für alle $n \in \mathbb{N}$
also: $\left(1 + \frac{1}{n}\right)^n \to 1$ für $n \to \infty$

12 Zeichnen Sie den Graphen der Funktion f und geben Sie an, durch welche Abbildung(en) er aus dem Graphen der e-Funktion entsteht.

a) $f(x) = e^x - 1$ **b)** $f(x) = \frac{1}{2}e^x$ **c)** $f(x) = -\frac{1}{4}e^x$ **d)** $f(x) = 2e^x - 3$

13 Die Größe der von einer bestimmten Schimmelpilz-Kultur bedeckten Fläche in cm^2 kann durch den Funktionsterm $3 \cdot e^t$ beschrieben werden, wobei t für die Zeit in Stunden steht.

Penicillin

Der britische Bakteriologe Alexander Fleming entdeckte 1928, dass ein Schimmelpilz, der Pinselschimmel *Penicillium notatum*, besonders wirksam gegen Bakterien ist. Noch heute wird das Antibiotikum Penicillin daraus gewonnen.

a) Ermitteln Sie die durchschnittlichen Wachstumsgeschwindigkeiten der Schimmelpilz-Kultur in den Zeitintervallen
(1) [0; 1], (2) [1; 2], (3) [2; 3], (4) [3; 4], (5) [4; 5].

b) Ermitteln Sie die momentanen Wachstumsgeschwindigkeiten zu den Zeitpunkten
(1) 0, (2) 1, (3) 2, (4) 3, (5) 4 Stunden.

14 Bilden Sie die Ableitungen f′ und f″.

a) $f(x) = e^x + 1$ **c)** $f(x) = 2e^x$ **e)** $f(x) = e^x + x^2 + x + 1$ **g)** $f(x) = 4e^x - 1$

b) $f(x) = e^x + x$ **d)** $f(x) = -3e^x$ **f)** $f(x) = -e^x - x + 5$ **h)** $f(x) = -e^x + 3$

15 Gegeben sind Tangenten an den Graphen der e-Funktion an den Stellen −1; 0; 1; 2; 3. Welchen Schnittpunkt mit der x-Achse haben die Tangenten?

a) Formulieren Sie eine Vermutung und beweisen Sie diese.

b) Untersuchen Sie, welche geometrische Konstruktion für die Tangente sich aus den Überlegungen oben ergibt.

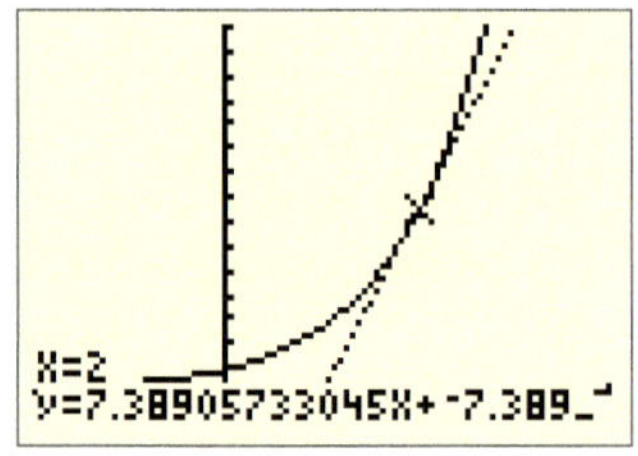

16 Geben Sie eine Stammfunktion F von f an.

a) $f(x) = e^x + 1$ **c)** $f(x) = -e^x - x$

b) $f(x) = 2e^x$ **d)** $f(x) = 2e^x + x^2 - x$

17 Berechnen Sie den Flächeninhalt der Fläche unter dem Graphen von f im Intervall [0; 2].

a) $f(x) = e^x$ **b)** $f(x) = 8 - e^x$ **c)** $f(x) = e^x + x + 2$ **d)** $f(x) = e^x - x$

18 Bestimmen Sie den Parameter k so, dass das Integral den angegebenen Wert hat.

a) $\int_0^1 k e^x \, dx = e$ **b)** $\int_0^1 (e^x - k) \, dx = 0$ **c)** $\int_0^1 (e^x + kx) \, dx = 2$ **d)** $\int_0^k e^x \, dx = e - 1$

19 Welche Stammfunktion zu f hat einen Graphen, der durch den Punkt P verläuft?

a) $f(x) = 2e^x + 1$; $P\left(-1 \middle| \frac{1}{2} + \frac{2}{e}\right)$ **b)** $f(x) = 3x^2 - \frac{e^x}{2}$; $P\left(-1 \middle| -\frac{1}{2e}\right)$

20 Der Graph der Funktion f mit $f(x) = e^x + 1$, seine Tangente im Schnittpunkt mit der y-Achse, die x-Achse und die Gerade mit $x = -4$ begrenzen eine Fläche. Berechnen Sie deren Flächeninhalt.

21

a) Marie und Kevin unterhalten sich über das nebenstehende Angebot.

Marie meint: „*Wer vierteljährlich seine Zinsen haben will, verschenkt sein Geld: 1 % als Zinssatz ist ganz schön wenig.*“

Kevin entgegnet: „*Ich denke, alle Angebote sind gleich günstig: zweimal 2 % sind 4 %, viermal 1 % sind 4 %.*“

> **Unser Angebot:**
> **Bankschatzbriefe**
> Wählen Sie entsprechend Ihren Auszahlungswünschen
> Typ A: jährliche Zinszahlung von 4 %
> Typ B: halbjährliche Zinszahlung von 2 %
> Typ C: vierteljährliche Zinszahlung von 1 %

Bewerten Sie die Argumentation der beiden anhand von Kunden, die die ausgezahlten Zinsen sofort wieder in Bankschatzbriefen desselben Typs anlegen.

b) Erläutern Sie die Überlegung rechts.

c) Welcher Endbetrag ergibt sich bei täglicher, stündlicher, minütlicher, sekündlicher Zinszahlung?

d) Erörtern Sie, ob bei immer kürzeren Zeitspannen das Kapital nach einem Jahr beliebig groß werden kann.

> **Stetige Verzinsung**
> Ausgangskapital 1 000 €, Zinssatz 100 % p. a.
> Kapital nach einem Jahr bei
> - jährlicher Zinszahlung: $K = 1000 \cdot (1 + 1) = 2000$
> - monatlicher Zinszahlung: $K = 1000 \cdot \left(1 + \frac{1}{12}\right)^{12} = 2613{,}04$

2.1.2 Ableitung von Exponentialfunktionen – Natürlicher Logarithmus

Einstieg

Der Graph der e-Funktion steigt steil an. Untersuchen Sie, an welchen Stellen er den Funktionswert 10; 50; 100; 500; 1000 annimmt. Stellen Sie Ihre Ergebnisse mithilfe einer Funktion dar.

Aufgabe

1 Natürlicher Logarithmus

a) Zeichnen Sie den Graphen der e-Funktion. Ermitteln Sie ungefähr, an welchen Stellen die e-Funktion die Funktionswerte $\frac{1}{4}$, $\frac{1}{2}$, 1, 2, 3, 4, 5 annimmt.

b) Zeichnen Sie mithilfe der Ergebnisse aus Teilaufgabe a) den Graphen der Umkehrfunktion der e-Funktion, die *natürliche Logarithmusfunktion*, in dasselbe Koordinatensystem.

Lösung

a) Am Graphen können wir die jeweilige Stelle ungefähr ablesen.
So finden wir z. B. für $e^x = 3$ die Stelle $x \approx 1{,}1$.

x	–1,4	–0,7	0	0,7	1,1	1,4	1,6
$y = e^x$	$\frac{1}{4}$	$\frac{1}{2}$	1	2	3	4	5

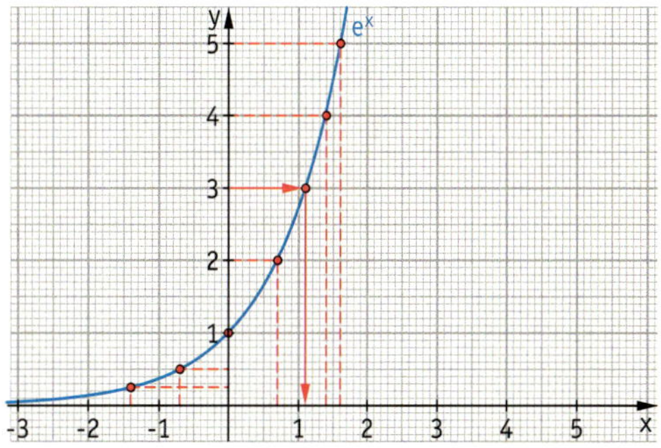

b) Den Graphen der Umkehrfunktion erhält man, indem man den Graphen der Ausgangsfunktion an der Hauptwinkelhalbierenden spiegelt. Die x- und die y-Werte aus der Tabelle in Teilaufgabe a) müssen also nur vertauscht werden.

x	$\frac{1}{4}$	$\frac{1}{2}$	1	2	3	4	5
y	–1,4	–0,7	0	0,7	1,1	1,4	1,6

Damit können wir den Graphen der natürlichen Logarithmusfunktion zeichnen.

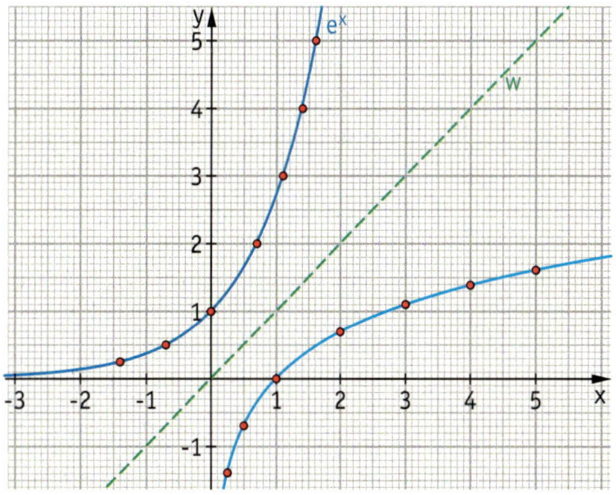

Information

(1) Natürlicher Logarithmus

Stellen, an denen die e-Funktion vorgegebene Funktionswerte annimmt, kann man mithilfe des Logarithmus bestimmen.

logarithmus naturalis

Definition

Der Logarithmus zur Basis e heißt **natürlicher Logarithmus**; er wird mit ln bezeichnet: $\ln(x) = \log_e(x)$
ln (x) ist die Zahl mit der man e potenzieren muss, um das Ergebnis x zu erhalten.
Die Funktion f mit $f(x) = \ln(x)$ und $x > 0$ nennt man **natürliche Logarithmusfunktion.**

Beispiele

$\ln(4) \approx 1{,}3863$, denn $e^{1{,}3863} \approx 4$; $\ln(20{,}09) \approx 3$, denn $e^3 \approx 20{,}09$

Information

(2) Zusammenhang zwischen e-Funktion und natürlichem Logarithmus

Für die ln-Funktion gilt:

$\ln(e^x) = x$ (für alle $x \in \mathbb{R}$)

$e^{\ln(x)} = x$ (für $x > 0$).

Insbesondere gilt: $\ln(e) = 1$

Beachten Sie: Die Einheiten auf den Koordinatenachsen müssen gleich sein.

Der Graph der natürlichen Logarithmusfunktion entsteht durch Spiegelung des Graphen der e-Funktion an der Winkelhalbierenden mit der Gleichung $y = x$.

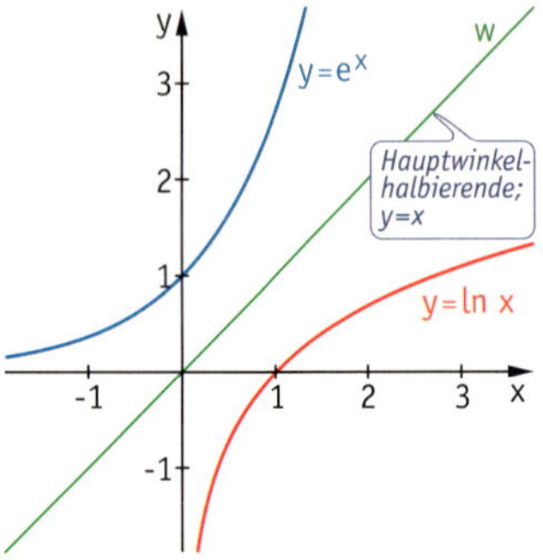

(3) Logarithmengesetze

Die bekannten Logarithmengesetze lauten für den Spezialfall zur Basis e:

(a) $\ln(x \cdot y) = \ln(x) + \ln(y)$ (b) $\ln\left(\frac{x}{y}\right) = \ln(x) - \ln(y)$ (c) $\ln(x^t) = t \cdot \ln(x)$

(4) Ableitung einer beliebigen Exponentialfunktion

Zu Beginn dieses Kapitels haben wir versucht, die Ableitung zu einer Exponentialfunktion zu bestimmen und vorerst nur ein Zwischenergebnis erhalten: $f(x) = b^x$ hat als Ableitung $f'(x) = f'(0) \cdot b^x$, wobei wir den Faktor $f'(0)$ bislang nur numerisch bestimmen können. Andererseits kennen wir die Ableitung der e-Funktion genau. Daher versuchen wir am Beispiel der Exponentialfunktion zu $f(x) = b^x$ die Basis b so zu schreiben, dass sie eine Potenz von e ist.

Wegen $b = e^{\ln(b)}$ gilt: $f(x) = b^x = \left(e^{\ln(b)}\right)^x = e^{(\ln(b)) \cdot x}$

Der Vorfaktor $\ln(b)$ vor der Variablen x bewirkt, dass der Graph der e-Funktion mit dem Faktor $\ln(b)$ parallel zur x-Achse gestreckt wird:

Wegen $b^x = e^{(\ln(b)) \cdot x}$ hat b^x an der Stelle x den Wert, den e^x an der Stelle $(\ln(b)) \cdot x$ hat.

Zeichnet man an der Stelle x eine Tangente mit Steigungsdreieck an den Graphen von f mit $f(x) = b^x$, so kann man sich dieses wie folgt aus dem Steigungsdreieck der Tangente an der Stelle $(\ln(b)) \cdot x$ für die e-Funktion entstanden denken:

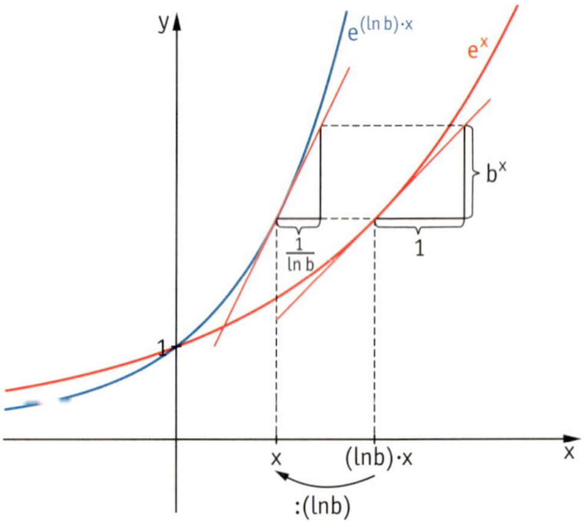

Die e-Funktion hat an der Stelle $(\ln(b)) \cdot x$ die Steigung $e^{(\ln(b)) \cdot x}$, also b^x. Wir können somit dieses Steigungsdreieck so zeichnen, dass die Kathete parallel zur x-Achse die Länge 1 hat und die andere Kathete die Länge b^x.

Durch Streckung mit dem Faktor $\ln b$ parallel zur x-Achse entsteht daraus das Steigungsdreieck zur Tangente der Funktion f mit $f(x) = e^{(\ln(b)) \cdot x}$ an der Stelle x. Bei dieser Streckung bleibt die Länge der Kathete parallel zur y-Achse unverändert. Die andere Kathete hat aber statt der Länge 1 die Länge $\frac{1}{\ln(b)}$.

Damit ergibt sich für die Ableitung von $f(x) = b^x$ an der Stelle x: $f'(x) = \frac{b^x}{\frac{1}{\ln(b)}} = (\ln(b)) \cdot b^x$

Im Sonderfall $b = e$ stimmt dieses Ergebnis mit den schon bekannten Ergebnissen für die e-Funktion überein. Damit ist gezeigt:

Satz: Ableitung einer Exponentialfunktion

Die Exponentialfunktion zu $f(x) = b^x$ mit $b > 0$ und $b \neq 1$ hat die Ableitung $f'(x) = (\ln(b)) \cdot b^x$.

Beispiel: $f(x) = 3^x$, $f'(x) = (\ln(3)) \cdot 3^x \approx 1{,}099 \cdot 3^x$

Aufgabe

2 Ableitung des natürlichen Logarithmus

Das Bilden des natürlichen Logarithmus macht das Potenzieren von e rückgängig: $\ln(e^x) = x$. Die e-Funktion stimmt mit ihrer Ableitung überein.

a) Merlin vermutet, dass auch der natürliche Logarithmus mit seiner Ableitung übereinstimmt. Überprüfen Sie dies, indem Sie den Graphen von f mit $f(x) = \ln(x)$ zeichnen und dann dazu durch grafisches Differenzieren den Ableitungsgraphen skizzieren.

b) Welche Ableitung hat die Logarithmusfunktion f mit $f(x) = \ln(x)$? Untersuchen Sie dies mithilfe eines Rechners und stellen Sie eine Vermutung auf.

Lösung

a) Am Graphen von f lassen sich folgende Aussagen über die Ableitung machen: Der Graph des natürlichen Logarithmus steigt stets an. Zunächst ist die Steigung sehr groß. Dann wird die Steigung für größer werdende x-Werte immer kleiner. Durch grafisches Differenzieren an einigen Stellen kann man Zahlenwerte für die Ableitung ermitteln.
Die Ableitung des natürlichen Logarithmus ist also an jeder Stelle positiv. Der natürliche Logarithmus hat dagegen für $0 < x < 1$ negative Funktionswerte. Also kann der natürliche Logarithmus nicht mit seiner Ableitung übereinstimmen.
Merlins Vermutung ist also falsch.

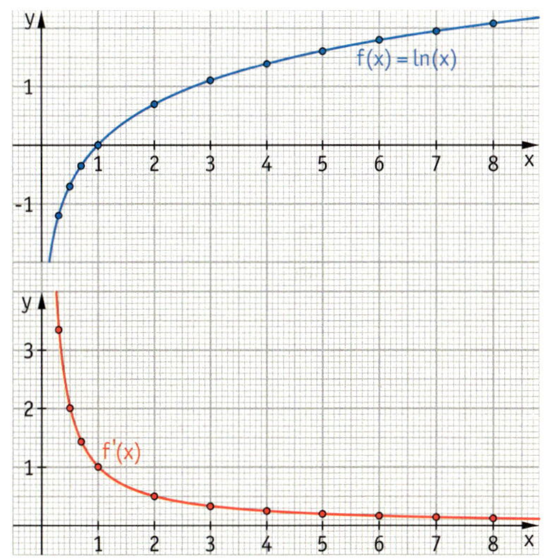

b) Betrachtet man die numerische Ableitung der Logarithmusfunktion in einer Wertetabelle eines Rechners, erkennt man: $f'(1) = 1$; $f'(2) = \frac{1}{2}$; $f'(3) = \frac{1}{3}$; $f'(4) = \frac{1}{4}$; $f'(5) = \frac{1}{5}$ usw. Damit gelangt man zu der Vermutung $f'(x) = \frac{1}{x}$.

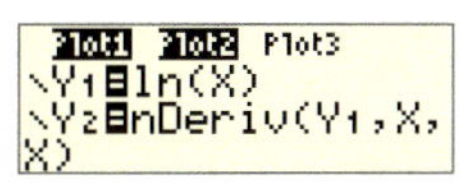

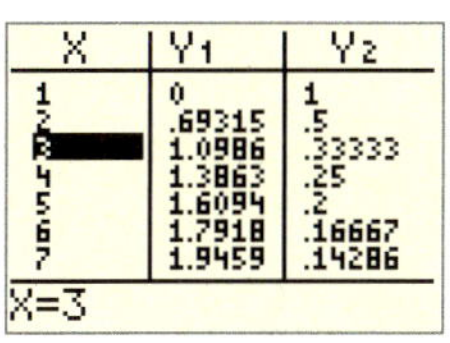

X	Y1	Y2
1	0	1
2	.69315	.5
3	1.0986	.33333
4	1.3863	.25
5	1.6094	.2
6	1.7918	.16667
7	1.9459	.14286

X=3

Information

(5) Ableitung der Logarithmusfunktion

Die Lösung von Aufgabe 2 lässt folgenden Satz vermuten:

Satz: Ableitung des natürlichen Logarithmus
Die Funktion f mit $f(x) = \ln(x)$ hat für alle $x > 0$ die Ableitung $f'(x) = \frac{1}{x}$.

Diesen Satz kann man wie folgt begründen:
An der Stelle ln x hat die e-Funktion mit $g(x) = e^x$ den Funktionswert $g(\ln(x)) = e^{\ln(x)} = x$ und die Ableitung $g'(\ln(x)) = e^{\ln(x)} = x$.
Das Steigungsdreieck an den Graphen der e-Funktion an der Stelle ln (x) ist kongruent zum Steigungsdreieck an den Graphen der Logarithmusfunktion an der Stelle x.
Daraus ergibt sich für den natürlichen Logarithmus die Ableitung $f'(x) = \frac{1}{x}$.

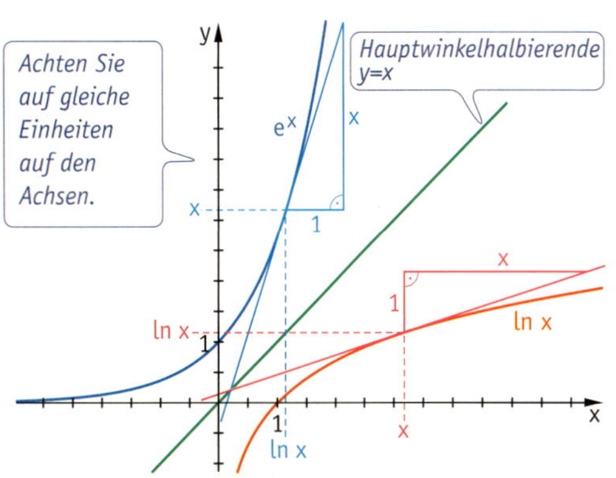

Weiterführende Aufgabe

3 Stammfunktion von f mit $f(x) = \frac{1}{x}$

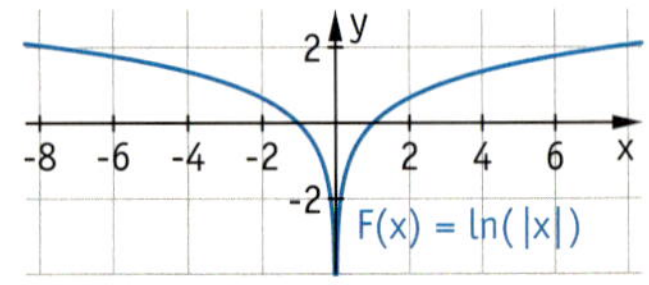

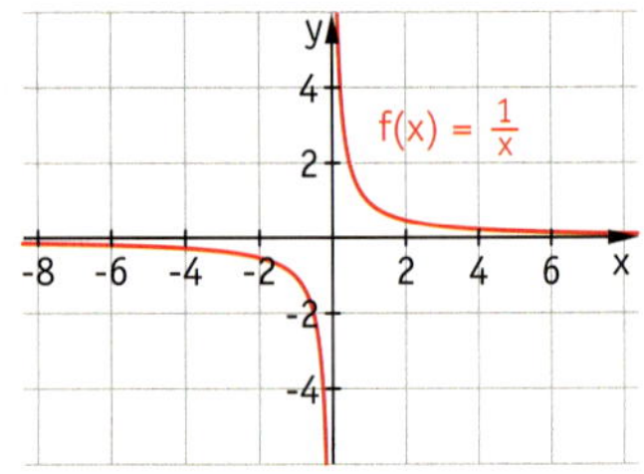

a) Berechnen Sie das Integral $\int_1^5 \frac{1}{x}\,dx$ mithilfe einer Stammfunktion.

b) Beweisen Sie allgemein:

> Für $x \neq 0$ ist $F(x) = \ln(|x|)$ eine Stammfunktion zu $f(x) = \frac{1}{x}$.

Übungsaufgaben

4

a) Zeichnen Sie den Graphen der natürlichen Logarithmusfunktion und beschreiben Sie seinen Verlauf.

b) Verdeutlichen Sie die folgenden Logarithmengesetze durch Zahlenbeispiele am Graphen.

(1) $\ln(x \cdot y) = \ln(x) + \ln(y)$ (2) $\ln\left(\frac{x}{y}\right) = \ln(x) - \ln(y)$ (3) $\ln(x^t) = t \cdot \ln(x)$

5 Vereinfachen Sie folgende Terme:

a) $\ln(e^2)$ **c)** $\ln(\sqrt{e})$ **e)** $\ln\left(\frac{e^2}{k}\right)$ **g)** $\ln\left(\sqrt{\frac{3}{e}}\right)$ **i)** $\ln(\sqrt[n]{e})$ **k)** $e^{-\ln(2)}$

b) $\ln\left(\frac{1}{e^2}\right)$ **d)** $\ln(\sqrt[3]{e})$ **f)** $\ln(2 \cdot e^3)$ **h)** $\ln(e^{3k})$ **j)** $e^{\ln(3)}$ **l)** $e^{\frac{1}{2}\ln(3)}$

6 Fassen Sie zusammen.

a) $\ln(x) + \ln(7)$ **d)** $5 \cdot \ln(x)$ **g)** $\ln(x + 1) - \ln(x) + \ln\left(\frac{1}{x}\right)$

b) $\ln(x) - \ln(2)$ **e)** $4 \cdot \ln(x^2)$ **h)** $3\ln(x) - \ln(2 + x) - \ln(x - 2)$

c) $\ln(x) - 3$ **f)** $2 \cdot \ln(x) + \ln(3)$ **i)** $\ln(e^{x+1}) - \ln(e^{-x^2})$

7 Bestimmen Sie die Lösungsmenge.

a) $\ln(x) = 3$ **d)** $\ln(x + 1) = 2$ **g)** $\ln(3x - 5) = 0$ **j)** $e^{\frac{1}{2}x} = 3$ **m)** $e^{\sqrt{x}} = 2$

b) $\ln(x) = -1$ **e)** $\ln(x^2) = 1$ **h)** $e^x = 2$ **k)** $e^{2x+1} = \frac{1}{2}$ **n)** $e^{3x^2} = 7$

c) $\ln(x) = 0$ **f)** $\ln(\sqrt{x}) = 1$ **i)** $e^x = \pi$ **l)** $e^{x-7} = 1$ **o)** $e^{-x^2} = 1$

8 Zeichnen Sie den Graphen der Funktion f und beschreiben Sie, wie er aus dem Graphen des natürlichen Logarithmus entsteht.

a) $f(x) = \ln(x) + 1$ **c)** $f(x) = \ln(x + 1)$ **e)** $f(x) = 2 \cdot \ln(x)$ **g)** $f(x) = \ln(2x)$

b) $f(x) = \ln(x) - 3$ **d)** $f(x) = \ln(x - 3)$ **f)** $f(x) = \ln\left(\frac{1}{3}x\right)$ **h)** $f(x) = \frac{1}{3}\ln(x)$

9 Bestimmen Sie mögliche Funktionsterme zu den Graphen rechts und überprüfen Sie das Ergebnis mit einem GTR.

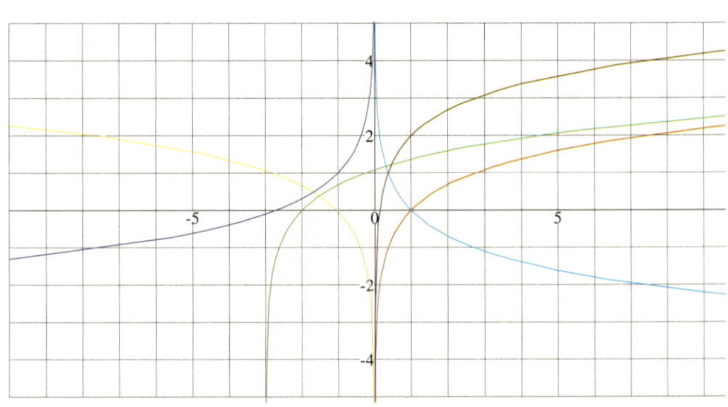

10 Bilden Sie die 1. und 2. Ableitung.

a) $f(x) = 3^x$ **c)** $f(t) = 1{,}02^t + t^2$ **e)** $f(x) = k \cdot k^x - k^x$
b) $f(x) = 2 \cdot 3^x$ **d)** $f(x) = 2{,}5^x - 2{,}5 \cdot 2^x$ **f)** $f(x) = 3^x - e^x$

11 Bestimmen Sie für $b = 3$ [2,5; 0,5] die Gleichung der Tangente an den Graphen der Exponentialfunktion zu $f(x) = b^x$ jeweils an den Stellen -1; 0; 1; 2.
Zeichnen Sie diese Tangenten.

12 An den Graphen von f mit $f(x) = \left(\frac{1}{4}\right)^x$ sollen an den Stellen 1 und -2 die Tangenten gelegt werden. Bestimmen Sie den Schnittpunkt der beiden Tangenten.

13 Bestimmen Sie die Integrale:

a) $\int_2^3 1{,}5^x\,dx$ **b)** $\int_0^5 0{,}4^x\,dx$ **c)** $\int_1^4 3 \cdot 2^{3x}\,dx$ **d)** $\int_{0,5}^1 3^{-x+2}\,dx$

14 Bestimmen Sie den Flächeninhalt der Fläche, die von den Graphen zu $f(x) = 2^x$ und den Geraden mit den Gleichungen $x = 0$ sowie $y = 5$ eingeschlossen wird.

15 Eine Tulpenvase hat einen unteren Durchmesser von 8 cm, einen oberen Durchmesser von 20 cm und eine Höhe von 19 cm. Modellieren Sie den Rand mithilfe einer geeigneten Exponentialfunktion und berechnen Sie das Fassungsvermögen der Vase.

LK **16** Untersuchen Sie, ob man der unbegrenzten Fläche unter dem Graphen der Exponentialfunktion zu $f(x) = \left(\frac{1}{2}\right)^x$ im 1. Quadranten einen endlichen Flächeninhalt zuordnen kann.

17 Bilden Sie die 1. und 2. Ableitung.

a) $f(x) = \ln(x + 1)$ **c)** $f(x) = \ln(1 + kx)$ **e)** $h(t) = \frac{1}{2}\ln\left(\frac{t}{b} - 1\right)$
b) $f(x) = 2\ln(2x)$ **d)** $f(x) = e^{2\ln(x)} + \ln(e^{2x})$ **f)** $f(s) = \ln(3s - 2) + 2s^3$

18 An welchem Punkt ist die Tangente an den Graphen der natürlichen Logarithmusfunktion parallel zur Geraden mit der Gleichung $2x - 3y + 7 = 0$? Bestimmen Sie die Gleichung der Tangente.

19 Berechnen Sie folgende Integrale.

a) $\int_1^5 \frac{1}{x}\,dx$ **b)** $\int_{-4}^{-2} \frac{1}{x}\,dx$ **c)** $\int_2^5 \frac{2}{x}\,dx$ **d)** $\int_1^4 \left(x^2 - \frac{1}{x}\right)dx$ **e)** $\int_1^5 \frac{1}{x+2}\,dx$ **f)** $\int_5^{10} \frac{2}{4x+1}\,dx$

20 Berechnen Sie das Volumen des Körpers, der durch Rotation des Graphen zu $f(x) = \frac{1}{\sqrt{x}}$ um die x-Achse für $1 \le x \le 5$ entsteht.

LK **21** Untersuchen Sie, ob folgende uneigentliche Integrale existieren:

a) $\int_0^1 \frac{1}{x}\,dx$ **b)** $\int_1^\infty \frac{1}{x}\,dx$

2.2 Kettenregel – Lineare Substitution

2.2.1 Kettenregel

Beim Bestimmen der Ableitung der Exponentialfunktion zu $f(x) = b^x$ haben wir den Funktionsterm umgeformt zu $f(x) = e^{\ln(b)\cdot x}$. Im Funktionsterm der e-Funktion steht hier statt der Variablen x der Term $\ln(b)\cdot x$. Diesen kann man als Term einer linearen Funktion mit $v(x) = \ln(b)\cdot x$ auffassen.

Bei der zusammengesetzten Funktion mit $f(x) = e^{\ln(b)\cdot x} = e^{v(x)}$ haben wir die Ableitung mithilfe geometrischer Überlegungen bestimmt. Wir wollen nun solche zusammengesetzten Funktionen allgemeiner untersuchen.

Einstieg

Marc hat wie rechts abgeleitet. Kontrollieren Sie seine Lösung auf verschiedene Weise. Stellen Sie auch den Zusammenhang zwischen der Funktion f und der e-Funktion sowie der Wurzelfunktion her, um ein korrektes Ergebnis zu erhalten.

$f(x) = e^{\sqrt{x}}$
$f'(x) = e^{\sqrt{x}}$,
da $(e^x)' = e^x$

Aufgabe

1 Verketten von Funktionen

Die Vorrangregeln für die Potenz- und Punktrechnung legen die Berechnungsreihenfolge in dem Term e^{x^2} nicht fest. Wir untersuchen nun, ob und, wenn ja, wie sich die Funktionen f mit $f(x) = e^{(x^2)}$ und g mit $g(x) = (e^x)^2$ unterscheiden.

a) Erstellen Sie für die Funktionen f und g jeweils eine Wertetabelle und zeichnen Sie den Graphen.

b) Erläutern Sie den Zusammenhang von f und g mit der e-Funktion und der Quadratfunktion.

Lösung

a) (1) Beim Term $e^{(x^2)}$ muss zu jeder Zahl für x zunächst das Quadrat berechnet und dann anschließend e damit potenziert werden.

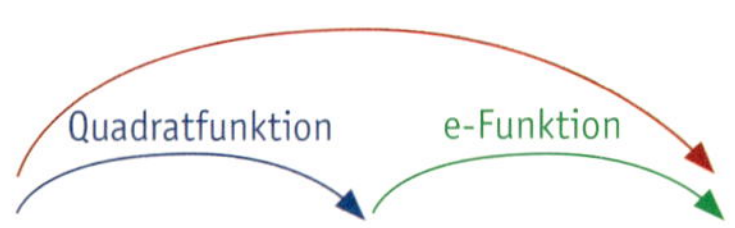

x	x^2	$e^{(x^2)}$
−2	4	$e^4 \approx 54{,}6$
−1	1	$e \approx 2{,}7$
0	0	$e^0 = 1$
1	1	$e \approx 2{,}7$
2	4	$e^4 \approx 54{,}6$

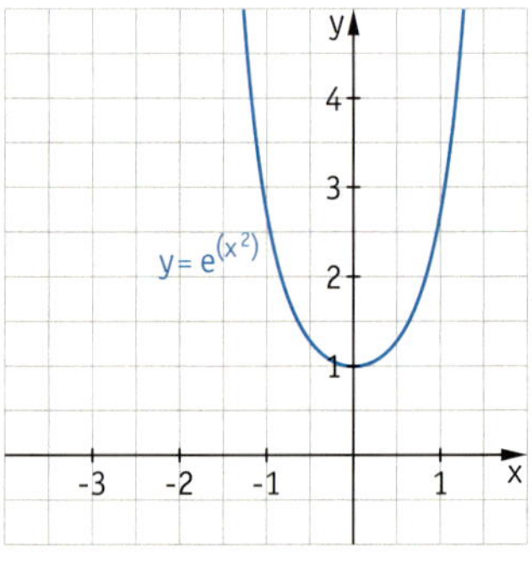

(2) Beim Term $(e^x)^2$ muss zu jeder Zahl für x zunächst die Potenz e^x berechnet und dann der erhaltene Wert quadriert werden.

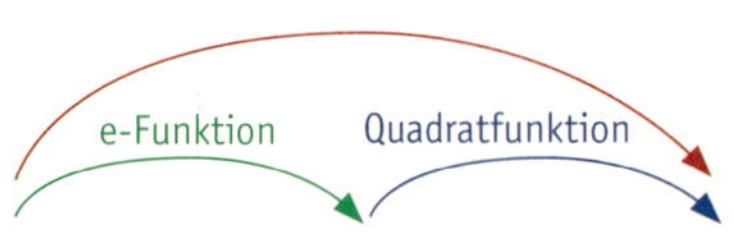

x	e^x	$(e^x)^2$
−2	e^{-2}	$e^{-4} \approx 0{,}02$
−1	e^{-1}	$e^{-2} \approx 0{,}14$
0	$e^0 = 1$	$(e^0)^2 = 1$
1	e	$e^2 \approx 7{,}38$
2	e^2	$e^4 \approx 54{,}6$

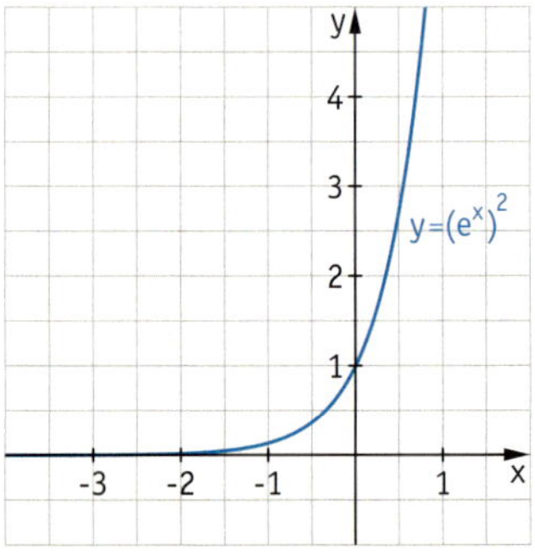

b) Die Funktion $f: x \mapsto e^{(x^2)}$ entsteht durch Hintereinanderausführen der Quadratfunktion $v: x \mapsto x^2$ und der e-Funktion $u: x \mapsto e^x$ in dieser Reihenfolge.
Die Funktion $g: x \mapsto (e^x)^2$ entsteht durch Hintereinanderausführen der e-Funktion $u: x \mapsto e^x$ und der Quadratfunktion $v: x \mapsto x^2$ in dieser Reihenfolge.
Die beiden Funktionen f und g unterscheiden sich nur durch die Reihenfolge, in der die e-Funktion $u: x \mapsto e^x$ und die Quadratfunktion $v: x \mapsto x^2$ nacheinander ausgeführt werden.

Information

(1) Vorrangregel für mehrfaches Potenzieren

Um Klammern einzusparen, vereinbaren wir: $a^{b^c} = a^{(b^c)}$
Sofern Klammern keine andere Reihenfolge vorschreiben, wird die Berechnung also mit dem am weitesten oben stehenden Exponenten begonnen.

(2) Verketten von Funktionen

In Aufgabe 1 wurden zwei Funktionen hintereinander ausgeführt.

Definition

Die **Verkettung** f von zwei Funktionen u und v ist die Funktion mit dem Term $f(x) = u\big(v(x)\big)$.
Man erhält sie folgendermaßen:
Man wendet auf x zuerst die Funktion v an und erhält einen Zwischenwert $v(x)$.
Auf diesen Zwischenwert wird dann die Funktion u angewendet: $f(x) = u\big(v(x)\big)$

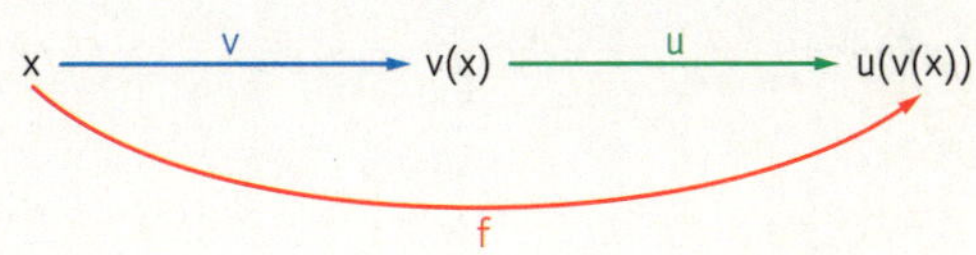

Diese Funktion f mit $f(x) = u\big(v(x)\big)$ ist nur dann erklärt, wenn u an der Stelle $v(x)$ definiert ist.
Die Funktion v nennt man auch *innere Funktion* und die Funktion u *äußere Funktion*.

Beispiel

Gegeben sind die Funktionen u und v mit $v(x) = 2x - 1$ mit $x \in \mathbb{R}$ sowie $u(z) = z^2$ und $z \in \mathbb{R}$.
Dann ist die Verkettung $f(x) = u\big(v(x)\big) = (2x - 1)^2$ für alle $x \in \mathbb{R}$.

Aufgabe

2 Kettenregel

a) Gegeben sind die Funktionen u und v sowie die Verkettung f mit $f(x) = u\big(v(x)\big)$. Eine Änderung der x-Werte bewirkt eine Änderung der Funktionswerte von v und diese Änderung wiederum bewirkt eine Änderung der Funktionswerte von u. Erläutern Sie die folgenden Abbildungen und bestimmen Sie jeweils die Änderungsraten.
Wie hängt die Änderungsrate von f mit den Änderungsraten von u und v zusammen?

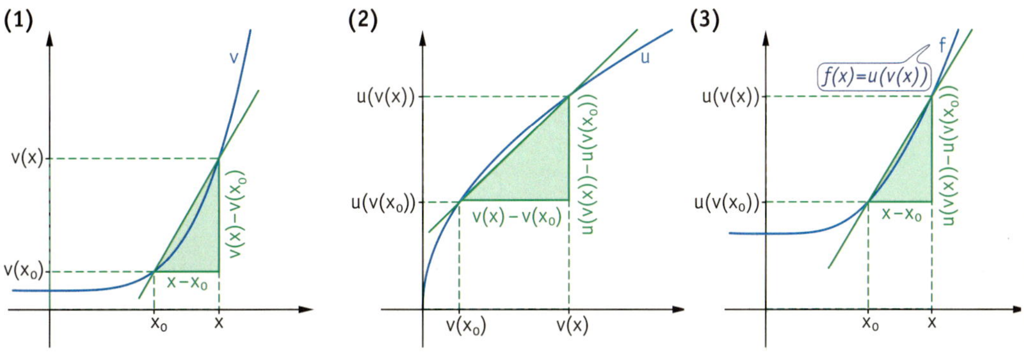

b) Übertragen Sie die Überlegungen aus Teilaufgabe a) auf die lokalen Änderungsraten und formulieren Sie eine Regel für die Ableitung f′ einer Funktion f mit $f(x) = u(v(x))$.

c) Bestimmen Sie nach der Regel aus Teilaufgabe b) die Ableitungen folgender Funktionen:
$f(x) = e^{x^2}$ $g(x) = (e^x)^2$ $h(x) = \sqrt{x^2 + 1}$

Lösung

a) Wir betrachten die eingezeichneten Steigungsdreiecke.

(1)
Die Änderung $x - x_0$ der Argumente von v verursacht die Änderung $v(x) - v(x_0)$ der Funktionswerte von v.
Die Änderungsrate von v ist der Differenzenquotient:
$\frac{v(x) - v(x_0)}{x - x_0}$

(2)
Die Änderung $v(x) - v(x_0)$ der Argumente von u verursacht die Änderung $u(v(x)) - u(v(x_0))$ der Funktionswerte von u.
Die Änderungsrate von u ist der Differenzenquotient:
$\frac{u(v(x)) - u(v(x_0))}{v(x) - v(x_0)}$

(3)
Die Änderung $x - x_0$ der Argumente von f verursacht die Änderung $u(v(x)) - u(v(x_0))$ der Funktionswerte von f.
Die Änderungsrate von f ist der Differenzenquotient:
$\frac{u(v(x)) - u(v(x_0))}{x - x_0}$

Der Differenzquotient unter (3) ist das Produkt aus den Differenzenquotienten unter (1) und (2):

$$\frac{u(v(x)) - u(v(x_0))}{x - x_0} = \frac{v(x) - v(x_0)}{x - x_0} \cdot \frac{u(v(x)) - u(v(x_0))}{v(x) - v(x_0)}$$

Wir verzichten auf einen genauen Beweis.

b) Wir übertragen den Zusammenhang der Änderungsraten auf die lokalen Änderungsraten (Ableitungen).

(1)
Die lokale Änderungsrate von v an der Stelle x_0 ist $v'(x_0)$.

(2)
Die lokale Änderungsrate von u an der Stelle $v(x_0)$ ist $u'(v(x_0))$.

(3)
Die lokale Änderungsrate von f an der Stelle x_0 ist das Produkt aus $v'(x_0)$ und $u'(v(x_0))$; also
$f'(x_0) = v'(x_0) \cdot u'(v(x_0))$

Ergebnis: Für eine verkettete Funktion f mit $f(x) = u(v(x))$ gilt an jeder Stelle x_0:
Wenn die innere Funktion v die Ableitung v′ hat und die äußere Funktion u die Ableitung u′, dann ist $f'(x_0) = v'(x_0) \cdot u'(v(x_0))$. Es gilt also: $f'(x) = v'(x) \cdot u'(v(x))$

c) $f(x) = e^{x^2}$
$v(x) = x^2,\ v'(x) = 2x$
$u(x) = e^x,\ u'(x) = e^x,$
$u'(v(x)) = e^{x^2}$
$f'(x) = v'(x) \cdot u'(v(x))$
$= 2x \cdot e^{x^2}$

$g(x) = (e^x)^2$
$v(x) = e^x,\ v'(x) = e^x$
$u(x) = x^2,\ u'(x) = 2x,$
$u'(v(x)) = 2e^x$
$g'(x) = v'(x) \cdot u'(v(x))$
$= e^x \cdot 2e^x = 2(e^x)^2$

$h(x) = \sqrt{x^2 + 1}$
$v(x) = x^2 + 1,\ v'(x) = 2x$
$u(x) = \sqrt{x},\ u'(x) = \frac{1}{2\sqrt{x}},$
$u'(v(x)) = \frac{1}{2\sqrt{x^2 + 1}}$
$h'(x) = v'(x) \cdot u'(v(x))$
$= 2x \cdot \frac{1}{2\sqrt{x^2 + 1}} = \frac{x}{\sqrt{x^2 + 1}}$

Information (3) **Ableitung verketteter Funktionen**

Satz: Kettenregel
Ist f eine verkettete Funktion mit $f(x) = u(v(x))$ mit den Ableitungen v′ der inneren Funktion und u′der äußeren Funktion, dann gilt:
$f'(x) = v'(x) \cdot u'(v(x))$

Da der Faktor $v'(x)$ die Ableitung der *inneren* Funktion v ist, gilt folgende Merkregel:

Ableitung der Gesamtfunktion = innere Ableitung · äußere Ableitung

Übungsaufgaben

3 Bestimmen Sie soweit möglich
(1) die Verkettung f mit $f(x) = u(v(x))$
(2) die Verkettung g mit $g(x) = v(u(x))$ der Funktionen v und u.

a) $v: x \mapsto e^x;\ x \in \mathbb{R}$
$u: x \mapsto \sqrt{x};\ x \in \mathbb{R}_+$

b) $v: x \mapsto x^2 + 3;\ x \in \mathbb{R}$
$u: x \mapsto \sqrt{x};\ x \in \mathbb{R}_+$

c) $v: x \mapsto e^x;\ x \in \mathbb{R}$
$u: x \mapsto \frac{1}{x};\ x \in \mathbb{R}^*$

4 Zerlegen Sie die angegebene Funktion f in Teilfunktionen v und u so, dass gilt: $f(x) = u(v(x))$

a) $f(x) = e^{2x-1};\ x \in \mathbb{R}$ **b)** $f(x) = \sqrt{3x - 2};\ x \geq \frac{2}{3}$ **c)** $f(x) = \cos\frac{1}{x};\ x \in \mathbb{R}^*$

5 Bestimmen Sie die Ableitung einmal mithilfe der Kettenregel und zum anderen nach einer Termumformung. Vergleichen Sie die Ergebnisse.

a) $f(x) = (3x^2 + 1)^2$ **b)** $f(x) = (e^x - 1)^2$ **c)** $f(x) = (e^x + e^{-x})^2$

6 Bestimmen Sie die Ableitung einer Exponentialfunktion mit dem Funktionsterm $f(x) = b^x$ für eine beliebige Basis $b > 0,\ b \neq 1$ mithilfe der Kettenregel.

7 Leiten Sie ab. Geben Sie eine geeignete Definitionsmenge für f an.

a) $f(x) = e^{4x+5}$
b) $f(x) = e^{x^2-x}$
c) $f(t) = e^{\sqrt{t}}$
d) $f(x) = \sqrt{x^2 + x}$
e) $f(x) = 9 \cdot \sin x^2$
f) $f(x) = e^{\cos x}$

8 Elli hat bei ihren Hausaufgaben nicht alles richtig gemacht. Korrigieren Sie.

a) $f(x) = \sin(x^2)$
$f'(x) = \cos(2x)$

b) $f(x) = (3x + 1)^3$
$f'(x) = 3(3x + 1)^2$

c) $h(x) = \cos(3x^2 - x)$
$h'(x) = (3x - 1)\cos(3x^2 - x)$

9 Bestimmen Sie die Ableitung. Geben Sie eine geeignete Definitionsmenge für f an.

a) $f(x) = (x - 2)^2$
b) $f(x) = (2x^3 + 1)^2$
c) $f(x) = (\sqrt{x} + 1)^2$
d) $f(x) = \left(2 + \frac{1}{x}\right)^2$
e) $f(x) = (x - 4)^5$
f) $f(x) = 2 \cdot (3x - 2)^3$
g) $f(x) = \sqrt{x^2 - 4}$
h) $f(x) = 5 \cdot \sqrt{x - 4}$
i) $f(x) = (2x^2 + x - 1)^4$
j) $f(x) = \sqrt{x \cdot (x + 1)}$
k) $f(x) = \frac{1}{1 + e^x}$
l) $f(x) = \frac{3}{4x + e^x}$

10 Bilden Sie die erste und die zweite Ableitung der Funktion.

a) $f(x) = 2 \cdot e^{x-1}$ **b)** $f(x) = k \cdot k^x - k^{-x}$ **c)** $f(z) = \ln(2z - 1)$ **d)** $v(t) = (t + 5)^x$

LK **11** Bilden Sie die n-te Ableitung von f.

a) $f(x) = 2^x$ **b)** $f(x) = b^x$ **c)** $f(x) = 2^{kx} + x^n$ **d)** $f(x) = (3 - 2x)^n$

LK **12**

a) Bestimmen Sie die Ableitung der Funktionen $f(x) = \sin(e^{2x-1})$, $g(x) = \sqrt{\sin(3^x)}$, $h(x) = \frac{1}{e^{2x-1} + 4}$.
b) Geben Sie für die Ableitung einer Funktion vom Typ $f(x) = u(v(w(x)))$ eine Regel an.

13 Gegeben ist die Funktion f mit $f(x) = x + e^{-\frac{1}{2}x}$.

a) Bestimmen Sie den Tiefpunkt des Funktionsgraphen von f.
b) Begründen Sie, dass sich der Graph von f der Gerade mit der Gleichung $y = x$ annähert.

14 Rechts sehen Sie einen Weg zur Bestimmung der Ableitung des natürlichen Logarithmus. Erläutern Sie.

$$e^{\ln(x)} = x$$
$$(\ln(x))' \cdot e^{\ln(x)} = 1$$
$$(\ln(x))' = \frac{1}{x}$$

15 Ermitteln Sie Funktionen, die die angegebene Ableitung haben.

a) $f'(x) = 2x \cdot e^{x^2}$ **d)** $f'(x) = 4x \cdot e^{x^2}$ **g)** $f'(x) = x^2 \sin(x^3)$

b) $f'(x) = 4 \cdot e^{4x}$ **e)** $f'(x) = 3x^2 e^{x^3}$ **h)** $f'(x) = \frac{3x^2}{2\sqrt{x^3 + 1}}$

c) $f'(x) = e^{2x}$ **f)** $f'(x) = 2x \cos(x^2)$ **i)** $f'(x) = \frac{2x}{x^2 + 1}$

16 In den Schnittpunkten des Graphen der Funktion f mit $f(x) = x^2$ mit dem Einheitskreis (Mittelpunkt $M(0|0)$ und Radius $r = 1$) sind die Tangente an den Graphen und den Einheitskreis gezeichnet.

a) Wo schneiden diese Tangenten die x-Achse [y-Achse]?

b) Die vier Tangenten schließen ein Viereck ein. Bestimmen Sie dessen Flächeninhalt.

17 An den Graphen von f mit $f(x) = \sqrt{x^3 + 5}$ sollen an den Stellen 1 und -1 die Tangenten gelegt werden. Bestimmen Sie den Schnittpunkt der beiden Tangenten, ohne einen GTR oder ein CAS zu verwenden.

2.2.2 Integration durch lineare Substitution

Wir haben die Kettenregel zum Ableiten von Funktionen kennengelernt. Hier erzeugen wir daraus für den Spezialfall, dass die innere Funktion linear ist, eine Regel zum Integrieren.

Einstieg

Bilden Sie Dreiergruppen. Teilen Sie sich die Berechnung der folgenden Integrale mithilfe von Stammfunktionen auf.

$\int_0^3 e^{2x+1}\,dx$ $\int_0^\pi \cos\left(\frac{1}{2}x\right)dx$ $\int_0^4 \sqrt{3x + 4}\,dx$

Berichten Sie sich anschließend über Ihr Vorgehen. Stellen Sie Gemeinsamkeiten und Unterschiede heraus. Versuchen Sie dann, eine allgemeine Integrationsregel zu formulieren.

Aufgabe

1

a) Lina und Johannes haben Stammfunktionen F und G der Funktionen f und g bestimmt.

Lina

$$f(x) = 15 \cdot (3x - 1)^4$$
$$F(x) = \frac{1}{5} \cdot 15 \cdot (3x - 1)^5$$
$$= 3 \cdot (3x - 1)^5$$

Johannes

$$g(x) = (5x + 2)^3$$
$$G(x) = \frac{1}{4} \cdot (5x + 2)^4$$

Überprüfen Sie die Ergebnisse von Lina und Johannes und korrigieren Sie, falls nötig.

b) Bestimmen Sie eine Stammfunktion zu f mit $f(x) = (7x - 5)^{10}$ und berechnen Sie damit $\int_1^2 f(x)\,dx$.

Lösung

> **Kettenregel:**
> Für h mit
> $h(x) = f(ax + b)$ gilt:
> $h'(x) = a \cdot f'(ax + b)$.

a) F ist genau dann eine Stammfunktion von f, wenn gilt: $F'(x) = f(x)$. Also können wir Linas Ergebnis durch Ableiten überprüfen.

Wir leiten F mit $F(x) = 3(3x - 1)^5$ nach der Kettenregel ab und erhalten

$$F'(x) = 3 \cdot 3 \cdot 5(3x - 1)^4 = 3 \cdot 15(3x - 1)^4.$$

Offensichtlich gilt $3 \cdot 15(3x - 1)^4 \neq 15(3x - 1)^4$, also $F' \neq f$.

Korrigiert man jedoch Linas Ergebnis mit dem Faktor $\frac{1}{3}$, dann ist es richtig.

Also ist F mit $F(x) = \frac{1}{3} \cdot 3(3x - 1)^5 = (3x - 1)^5$ eine Stammfunktion von f.

Ebenso leiten wir G mit $G(x) = \frac{1}{4}(5x + 2)^4$ nach der Kettenregel ab und erhalten

$$G'(x) = 5 \cdot 4 \cdot \frac{1}{4}(5x + 2)^3 = 5(5x + 2)^3.$$

Offensichtlich gilt $5(5x + 1)^3 \neq (5x + 2)^3$, also $G' \neq g$.

Korrigiert man jedoch das Ergebnis von Johannes mit dem Faktor $\frac{1}{5}$, dann stimmt es. Also ist G mit $F(x) = \frac{1}{5} \cdot 5(5x + 2)^4 = (5x + 2)^4$ eine Stammfunktion von g.

b) Die Ergebnisse aus Teilaufgabe a) zeigen, dass es nicht ausreicht, beim Aufleiten nur den Exponenten von f zu beachten, sondern man muss auch den Faktor 7 des linearen Terms $7x - 5$ im Inneren von $f(x)$ berücksichtigen.

Nach dem Verfahren bei der Lösung von Teilaufgabe a) müsste dann F mit

$F(x) = \frac{1}{7} \cdot \frac{1}{11} \cdot (7x - 5)^{11} = \frac{1}{77}(7x - 5)^{11}$ eine Stammfunktion von f sein. Ableiten von F bestätigt: $F' = f$.

Damit ergibt sich $\int_1^2 (7x - 5)^{10}\,dx = \left[\frac{1}{77}(7x - 5)^{11}\right]_1^2 = \frac{9^{11} - 2^{11}}{77} \approx 407\,546\,202$.

Information

Integration durch lineare Substitution

Die Lösung von Aufgabe 1 zeigt: Wenn $F(x)$ der Term einer Stammfunktion zu $f(x)$ ist, dann ist $\frac{1}{m}F(mx + n)$ der Term einer Stammfunktion zu $f(mx + n)$.

Dies legt die folgende Regel zur Bestimmung des Integrals einer Funktion mit dem Term $f(mx + n)$ nahe:

> **Satz:** Integration durch lineare Substitution
>
> Ist F eine Stammfunktion der Funktion f, so ist:
>
> $\int_a^b f(mx + n)\,dx = \frac{1}{m}\left[F(mx + n)\right]_a^b$ mit $m \neq 0$

Beispiel

$\int_0^{\pi} \sin(3x + 1)\,dx$ soll bestimmt werden. $f(x) = \sin x$; $F(x) = -\cos x$; $f(3x + 1) = \sin(3x + 1)$

$\int_0^{\pi} \sin(3x + 1)\,dx = \frac{1}{3}\left[-\cos(3x + 1)\right]_0^{\pi} = \frac{1}{3}(-\cos(3\pi + 1) + \cos 1) = \frac{2}{3} \cdot \cos(1) \approx 0{,}360.$

$-\cos(3\pi + 1) = \cos(1)$

Übungsaufgaben

2

a) Gegeben sind die Funktionen f und g mit $f(x) = \sqrt{x}$ und $g(x) = f(3x + 1) = \sqrt{3x + 1}$.
Bestimmen Sie eine Stammfunktion F zu f und anschließend eine Stammfunktion G zu g.
Berechnen Sie auch $\int_2^4 \sqrt{3x + 1}\,dx$.

b) Gegeben sind die Funktionen f und g mit $g(x) = f(mx + n)$. Zeigen Sie: Wenn F eine Stammfunktion zu f ist, dann ist G mit $G(x) = \frac{1}{m}F(mx + n)$ eine Stammfunktion zu g mit $m \neq 0$.

3 Bestimmen Sie eine Stammfunktion zu f.

a) $f(x) = (2x + 8)^3$ **b)** $f(x) = \frac{3}{(2x - 1)^2}$ **c)** $f(x) = 5 \cdot (2 - 3x)^7$ **d)** $f(x) = (x - 4)^3 + \frac{1}{(x - 4)^3}$

4 Berechnen Sie das Integral mithilfe einer Stammfunktion.

a) $\int_{-0,5}^{1,5} (4x - 1)^7\,dx$ **b)** $\int_{-1}^{3} \frac{1}{(x + 4)^3}\,dx$ **c)** $\int_{-3}^{-1} \sqrt{2 - 3x}\,dx$

5 Die Wachstumsgeschwindigkeit einer Bakterienkultur beträgt $w(t) = 1000 \cdot 2^{0,1t}$ pro h (t in h). Zum Zeitpunkt $t = 0$ betrug der Bestand $N(0) = 10000$. Rekonstruieren Sie den Bestand zum Zeitpunkt t.

LK **6** Berechnen Sie folgende Integrale exakt ohne ein Computer-Algebra-System zu verwenden.

a) $\int_{0}^{1} -2x e^{-x^2}\,dx$ **b)** $\int_{1}^{2} 4x^3 e^{x^4}\,dx$ **c)** $\int_{0}^{\sqrt{\pi}} x \cdot \sin(x^2)\,dx$

7 Vor dem Bau von Gezeitenkraftwerken werden in Modellen verschiedene Möglichkeiten für die Durchflussgeschwindigkeit des Wassers durch die Turbinen ausprobiert.

In einem Modell ist diese Durchflussgeschwindigkeit so eingestellt, dass sie sinusförmig mit einer Periode von 10 Minuten zwischen den Werten $1000\,\frac{m^3}{min}$ und $600\,\frac{m^3}{min}$ schwankt.

Berechnen Sie die in 5 Minuten und die in einer Stunde durchgeflossene Wassermenge.

Interpretieren Sie die Werte.

8

Sir William Thomson, Lord Kelvin, (1824 – 1907) britischer Physiker

Mit der Verbreitung der Dampfschifffahrt entstand auch das Bedürfnis nach einer genauen Vorausberechnung der Gezeiten. 1867 verwendete William Thompson, bekannt als Lord Kelvin, ein Verfahren, das auf den französischen Mathematiker Jean-Baptiste Joseph de Fourier zurückgeht. Dabei wird die tatsächliche Gezeitenkurve eines Ortes in eine Anzahl von gleichmäßigen Sinusschwingungen zerlegt. Anders als die unregelmäßige tatsächliche Schwingung können die Sinusschwingungen relativ einfach vorausberechnet werden. Da Sinusschwingungen relativ leicht mechanisch erzeugt werden können, wurde es möglich, mechanische Gezeitenrechenmaschinen zu konstruieren.

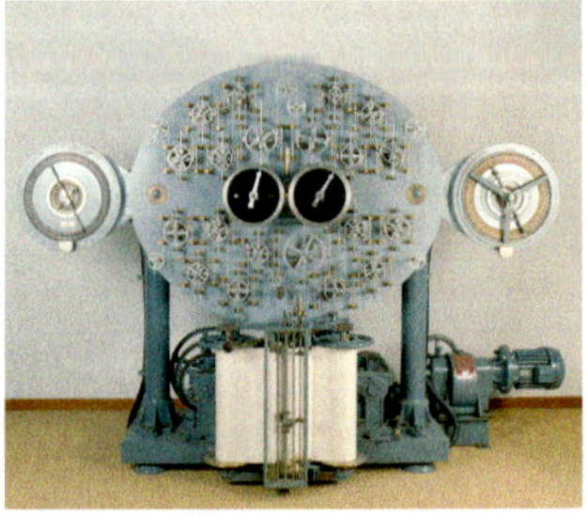

Erste deutsche Gezeitenrechenmaschine von 1916 (Deutsches Schifffahrtsmuseum Bremerhaven)

Jean-Baptiste Joseph Fourier (1762 – 1830), französischer Mathematiker

Die Änderungsrate des Wasserstandes $\left(\text{in } \frac{m}{h}\right)$ eines Hafens kann für einen Tag (von 0 Uhr bis 24 Uhr) näherungsweise durch die Funktion f mit $f(x) = \frac{1}{2}\cos\left(\frac{1}{2}x\right) + \frac{1}{2}\cos\left(\frac{1}{4}x\right)$ beschrieben werden.

a) Rekonstruieren Sie den Wasserstand im Hafen für einen Tag, an dem der Wasserstand um 0 Uhr 2,6 m betrug. Stellen Sie den Wasserstand auch grafisch dar.

b) Untersuchen Sie, zu welcher Tageszeit der Wasserstand maximal ist und wann minimal.

c) Ab einer Wassertiefe von unter 2,5 m dürfen Boote einer bestimmten Größe nicht in den Hafen. Untersuchen Sie, für welche Tageszeiten dies zutrifft.

2.3 Beschreibung von exponentiellem Wachstum mithilfe der e-Funktion

Ziel

In diesem Abschnitt können Sie sich erarbeiten, wie exponentielles Wachstum mithilfe der e-Funktion beschrieben werden kann.

Zum Erarbeiten

(1) Exponentielle Abnahme

Das Cäsium-Isotop ^{137}Cs kommt ausschließlich als Spaltprodukt bei Kernreaktionen vor. Es wird von Menschen über die Luft, über Pflanzen und ganz besonders über Milch und Fleisch aufgenommen. Das Cäsium-Isotop ^{137}Cs hat eine Halbwertzeit von 30 Jahren.

Radioaktive Substanzen zerfallen so, dass für die Halbierung einer vorhandenen Menge der Substanz stets die gleiche Zeitspanne nötig ist, unabhängig von der Größe der vorhandenen Menge. Diese Zeitspanne nennt man **Halbwertszeit**. Der radioaktive Zerfall ist ein exponentieller Abnahmeprozess. In der Physik wird dieser Prozess mit dem folgenden Zerfallsgesetz aus einer Formelsammlung beschrieben: $N = N_0 \cdot e^{-\lambda t}$

Dabei ist N die zum Zeitpunkt t vorhandene Menge der radioaktiven Substanz, N_0 ist die Menge, die zum Beobachtungsbeginn $t = 0$ vorhanden ist, λ ist eine stoffspezifische Zerfallskonstante.

$1\,\mu g = 10^{-6}\,g$ (µg: Mikrogramm)

- Ermitteln Sie das Zerfallsgesetz für eine Menge von $100\,\mu g$ ^{137}Cs.

  Der Einfachheit halber rechnen wir hier – anders als in der Physik – nur mit den Maßzahlen ohne Einheiten. Es ist $N_0 = N(0) = 100$. Die Konstante λ ermitteln wir aus der Bedingung, dass nach 30 Jahren nur noch die Hälfte, also $50\,\mu g$, vorhanden ist:

  $$50 = 100\,e^{-\lambda \cdot 30} \quad |:100$$
  $$\tfrac{1}{2} = e^{-\lambda \cdot 30} \quad |\ln$$
  $$\ln\left(\tfrac{1}{2}\right) = -\lambda \cdot 30 \quad |:(-30)$$
  $$\lambda = \frac{\ln\left(\frac{1}{2}\right)}{-30} \approx 0{,}0231$$

  N(t) statt nur N

  Damit lautet das Zerfallsgesetz $N(t) = 100 \cdot e^{-0{,}0231t}$ und wir können eine Wertetabelle erstellen und den Graphen zeichnen.

t	N(t)
0	100
10	79,4
20	63,0
30	50,0

t	N(t)
40	39,7
50	31,5
60	25,0
70	19,8

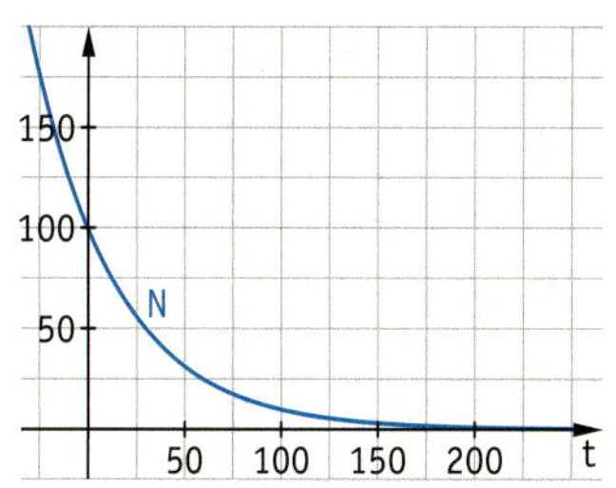

Becquerel (Bq), nach dem Physiker Antoine HENRI BECQUEREL benannte Einheit der Aktivität radioaktiver Stoffe: $1\,Bq = 1\,s^{-1}$ bedeutet 1 radioaktiver Zerfall pro Sekunde.

- Die Bestimmung der vorhandenen ^{137}Cs-Menge erfolgt experimentell über die Messung der Zerfallsgeschwindigkeit in der Einheit Bq, also Zerfälle pro Sekunde.

  Erläutern Sie, warum es möglich ist, mithilfe der Zerfallsgeschwindigkeit die Menge der radioaktiven Isotope zu ermitteln, indem Sie N(t) und N′(t) vergleichen.

  Am Beispiel der $100\,\mu g$ ^{137}Cs gilt für die Menge zum Zeitpunkt t:

  $$N(t) = 100 \cdot e^{-0{,}0231t}$$

  und für die Zerfallsgeschwindigkeit zum Zeitpunkt t

  $$N'(t) = 100 \cdot e^{-0{,}0231t} \cdot (-0{,}0231)$$
  $$= N(t) \cdot (-0{,}0231)$$

  Kettenregel mit linearer innerer Funktion

  d. h. zu jedem Zeitpunkt ist die Zerfallsgeschwindigkeit proportional zur vorhandenen Menge und der Proportionalitätsfaktor ist $-\lambda = -0{,}0231$. Man kann also aus der Zerfallsgeschwindigkeit unmittelbar die noch vorhandene Menge ermitteln.

(2) Exponentielle Zunahme

Bei einer von Grünalgen befallenen Wasserfläche nimmt die befallene Fläche durchschnittlich um 4 % pro Woche zu. Damit ergibt sich der Wachstumsfaktor $1 + \frac{4}{100}$ pro Woche. Die Entwicklung der befallenen Fläche kann durch die Funktion A mit $A(t) = A(0) \cdot 1{,}04^t$ beschrieben werden. Dabei ist A (0) der Flächeninhalt der zum Beobachtungsbeginn befallenen Fläche und t die Zeit in Wochen.

In den Naturwissenschaften beschreibt man exponentielle Prozesse allerdings lieber mithilfe der e-Funktion, weil für sie eine einfache Ableitungsregel gilt und man deshalb auf einfache Weise Wachstumsgeschwindigkeiten bestimmen kann.

- Schreiben Sie den Funktionsterm A (t) mit e als Basis.
  Es gilt: $1{,}04 = e^{\ln 1{,}04} \approx e^{0{,}0392}$
  $A(t) = A(0) \cdot 1{,}04^t = A(0) \cdot (e^{0{,}0392})^t = A(0)\, e^{0{,}0392t}$
- Berechnen Sie, wie lange es dauert, bis sich die Algenfläche verdoppelt hat.
  Aus der Bedingung $A(t) = 2 \cdot A(0)$ folgt
  $2 \cdot A(0) = A(0) \cdot e^{0{,}0392t}$ | : A (0)
  $2 = e^{0{,}0392t}$ | Logarithmieren beider Seiten
  $\ln(2) = 0{,}0392t$ | : 0,0392
  $t = \frac{\ln 2}{0{,}0392} \approx 18$
  Unabhängig davon, wie groß die Algenfläche ist, dauert es stets 18 Wochen, bis sich deren Größe verdoppelt hat.
- Vergleichen Sie die Wachstumsgeschwindigkeit mit der vorhandenen Menge.
  Für die Wachstumsgeschwindigkeit gilt:
  $A'(t) = A(t) \cdot e^{0{,}0392t} \cdot 0{,}0392$
  $= A(t) \cdot 0{,}0392$
  Kettenregel mit linearer innerer Funktion
  D. h. die Wachstumsgeschwindigkeit ist proportional zur vorhandenen Menge.

Information

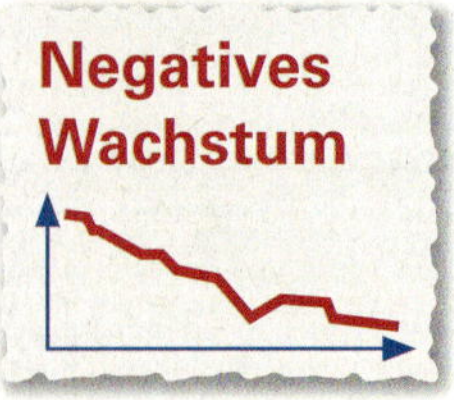

(1) e als Basis für jedes exponentielle Wachstum

Wir benutzen den Begriff exponentielles Wachstum als Oberbegriff für exponentielle Zunahme und exponentielle Abnahme.

Jedes exponentielle Wachstum mit einem Funktionsterm $f(t) = a \cdot b^t$ (mit dem Anfangsbestand $a = f(0)$ zum Zeitpunkt $t = 0$ und $b > 0$) lässt sich mit der EULER'schen Zahl e als Basis schreiben:

$f(t) = a \cdot e^{kt}$ mit $k = \ln b$, da $b^t = \left(e^{\ln(b)}\right)^t = e^{(\ln(b)) \cdot t}$.

Ist $b > 1$, also $k > 0$, so beschreibt die Funktion f eine **exponentielle Zunahme.**

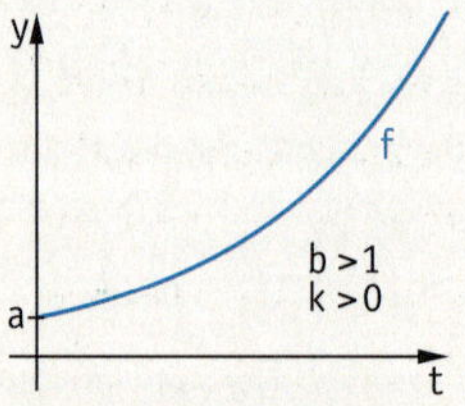

Ist $b < 1$, also $k < 0$, so beschreibt die Funktion f eine **exponentielle Abnahme.**

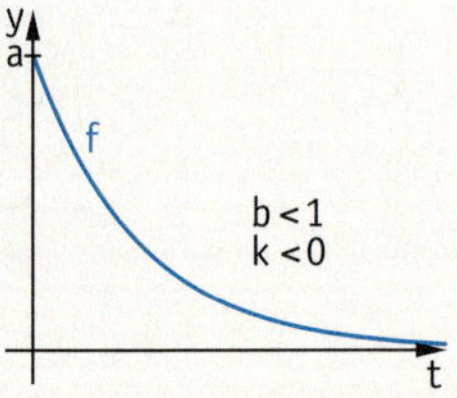

Beispiele

- $f(x) = 2 \cdot 1{,}25^x = 2 \cdot e^{\ln(1{,}25) \cdot x} \approx 2 \cdot e^{0{,}2231 \cdot x}$ *Zunahme: k > 0*
- $f(x) = 9 \cdot 0{,}67^x = 9 \cdot e^{\ln(0{,}67) \cdot x} \approx 9 \cdot e^{-0{,}4005 \cdot x}$ *Abnahme: k < 0*

(2) Wachstumsgeschwindigkeit exponentiellen Wachstums

Bei exponentiellem Wachstum ist die Wachstumsgeschwindigkeit in jedem Moment proportional zum vorhandenen Bestand.

Für $f(t) = a \cdot e^{kt}$ gilt: $f'(t) = a \cdot k \cdot e^{kt} = k \cdot f(t)$

(3) Halbierungszeit bzw. Verdoppelungszeit

Bei einer exponentiellen Abnahme mit dem Funktionsterm $f(t) = a \cdot e^{kt}$, $k < 0$, beträgt die **Halbierungszeit** $t_H = \frac{-\ln(2)}{k}$

Bei einer exponentiellen Zunahme mit dem Funktionsterm $f(t) = a \cdot e^{kt}$, $k > 0$, beträgt die **Verdoppelungszeit** $t_V = \frac{\ln(2)}{k}$.

Zum Üben

1 Über die Atmung und die Haut sowie durch das Trinken von Wasser und die Nahrungsaufnahme nehmen wir täglich radioaktive Stoffe auf, die sich im menschlichen Körper ablagern. Das radioaktive Iod-Isotop ^{131}I lagert sich fast ausschließlich in der Schilddrüse ab und kann Schilddrüsen-Krebs auslösen. Pro Tag zerfallen ca. 8,3 % der aktuellen Masse.

Von einem Menschen wurden 0,5 mg Iod-Isotop ^{131}I aufgenommen.

a) Geben Sie einen Funktionsterm der Exponentialfunktion an, die diesen Zerfallsprozess beschreibt. Verwenden Sie zur Beschreibung die Basis e.

b) Wie lange dauert es, bis noch 320 µg vorhanden sind?

$1\,\mu g = 10^{-6}\,g$ (µg: Mikrogramm)

c) Ermitteln Sie, wie lange es dauert, bis die Iodmenge (1) 0,25 mg (2) 0,125 mg beträgt. Was fällt auf?

d) Beweisen Sie Ihre Vermutung aus Teilaufgabe c).

2

Wer nie sein Beef mit Salmonellen aß

München (dpa) – Kartoffel- und Geflügelsalate können bei Sommerpartys leicht zum Erreger für eine Salmonellenerkrankung werden. Salmonellen finden zwischen 15 und 45 Grad Celsius ideale Wachstumsvoraussetzungen. Die staatliche Beratung für Ernährung wies in München darauf hin, dass sich Salmonellen im lauwarmen Kartoffelsalat und nicht durchgegarten Frikadellen von 800 Keimen in vier Stunden auf über drei Millionen vermehren. Zubereitete Salate sollten unbedingt im Kühlschrank aufbewahrt und in Kühltaschen zur Party transportiert werden. Kartoffel- und Meeresfrüchtesalate sollten schnell abkühlen und in kleinen Mengen aufgeteilt in den Kühlschrank gestellt werden.

a) Beschreiben Sie das Anwachsen der Salmonellen-Anzahl durch eine Exponentialfunktion mit e als Basis und 800 als Anfangswert.

b) Berechnen Sie, wann 1 600, 3 200, 6 400 Salmonellen vorhanden sind. Was fällt auf?

c) Beweisen Sie Ihre Vermutung aus Teilaufgabe b).

3 Milch der Güteklasse 1 enthält etwa 20 000 Keime von Milchsäurebakterien (Laktobazillen) pro ml Milch. In warmer Umgebung (20 °C bis 30 °C) nimmt die Zahl der Keime exponentiell zu. Nach 5 Stunden sind bereits ca. 140 000 Keime pro ml vorhanden. Milch wird sauer, wenn sie etwa 1 000 000 Keime pro ml enthält.
Berechnen Sie, wann die Milch sauer wird.

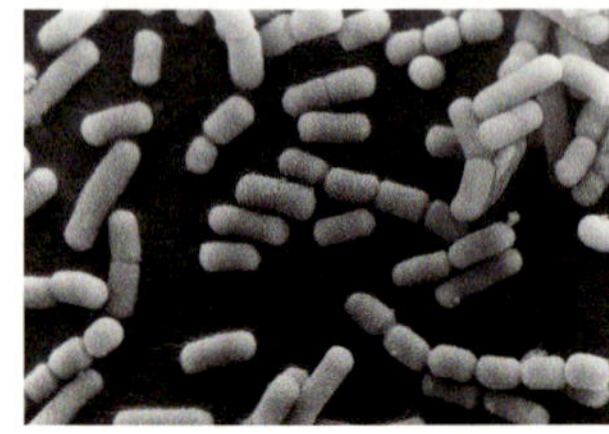

4 Ein exponentieller Wachstumsprozess wird durch eine Funktion f mit $f(t) = a \cdot e^{k \cdot t}$ beschrieben.

a) Erklären Sie den Einfluss des Parameters a auf den Graphen von f.

b) Welchen Einfluss hat eine Veränderung von a auf die Verdoppelungszeit bzw. Halbierungszeit des Wachstumsprozesses?

c) Untersuchen Sie, wie man die Wachstumskonstante k verändern muss, damit die Verdoppelungszeit nur noch halb so groß ist.

5

Am 26. April 1986 fand mit der Explosion des Blocks 4 des Kernkraftwerks in Tschernobyl (Ukraine) die bislang schwerste Katastrophe in der Geschichte der zivilen Nutzung der Atomtechnologie statt. Im radioaktiven Fallout war vor allem das Isotop Cäsium (^{131}Cs) mengenmäßig stark vertreten, das eine Halbwertszeit von 30 Jahren hat. In der „Todeszone" in der Nähe des Reaktors betrug die Bodenbelastung unmittelbar nach dem Reaktorunfall bis zu $55\,000\,000 \frac{\text{Bq}}{\text{m}^2}$.

1 Becquerel (Bq) = 1 radioaktiver Zerfall pro Sekunde

Als „unverseucht" gelten Gebiete mit einer Bodenbelastung unter $35\,000 \frac{\text{Bq}}{\text{m}^2}$.
Bestimmen Sie, wann diese Region wieder bewohnbar sein wird.
Hinweis: Weitere Informationen zur heutigen Lage in Tschernobyl und Antworten auf häufig gestellte Fragen zum Thema finden Sie z. B. auf der Web-Seite des *Bundesamts für Strahlenschutz* in Salzgitter.

6 Nehmen Sie Stellung.

7 Fällt ein Lichtstrahl ins Wasser, so nimmt seine Lichtstärke pro Meter Wassertiefe um 8 % ab.

a) Wie viel Prozent der Lichtstärke an der Wasseroberfläche hat das Licht noch in 3 m Wassertiefe?

b) In welcher Tiefe beträgt die Lichtstärke nur noch die Hälfte der Lichtstärke an der Wasseroberfläche?

8 Einem Patienten wird vor einer langwierigen Operation ein Medikament für die Vollnarkose injiziert, das mit einer Halbwertszeit von 50 min abgebaut wird.

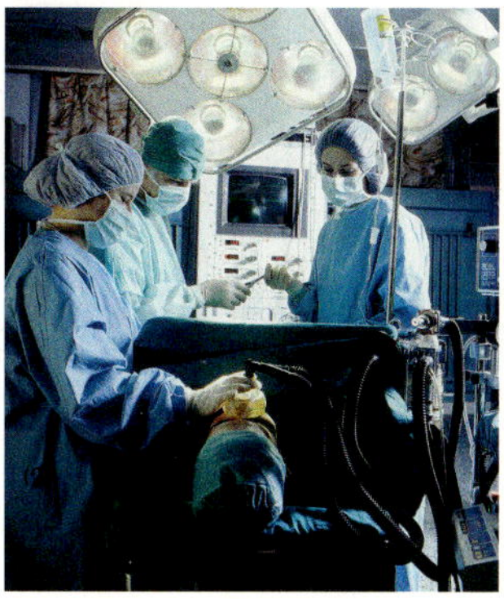

a) Ein Patient erhält 30 Minuten vor der Operation 5 mg dieses Medikaments. Welche Menge ist bei Operationsbeginn noch vorhanden?

b) Eine Stunde nach der ersten Injektion erhält der Patient eine zweite Dosis von 5 mg. Er beginnt aufzuwachen, wenn höchstens noch 1 mg dieses Medikaments im Körper vorhanden ist. Wann ist dies der Fall?

9

Radiocarbon-Methode (^{14}C-Methode)
Wichtiges Verfahren zur Altersbestimmung in der Archäologie und Geologie. Es beruht auf dem radioaktiven Zerfall des Kohlenstoffisotops ^{14}C, das mit einer Halbwertszeit von 5730 Jahren zerfällt. Lebende Organismen enthalten einen bestimmten Anteil von ^{14}C, der durch ständigen Ausgleich mit der Umgebung stabil bleibt und gleich der bekannten, im Wesentlichen stets konstanten ^{14}C-Konzentration in der Natur ist. Mit dem Absterben eines Organismus wird der Kohlenstoffaustausch unterbunden und das im Organismus vorhandene ^{14}C zerfällt unaufhörlich. Der Prozentsatz des noch vorhandenen ^{14}C lässt einen Rückschluss auf das Alter eines Fundes zu.

Am 19. September 1991 fand ein deutsches Ehepaar beim Bergsteigen am Hauslabjoch eine Gletschermumie, die als „Ötzi" weltweit berühmt wurde. In der Kleidung von Ötzi fand man Gräser, die noch ca. 53 % der ursprünglichen ^{14}C-Menge enthielten.
Zu welcher Zeit lebte Ötzi?

10 Überprüfen Sie die Meldung aus dem Jahr 2006.

Umgerechnet etwa 1,7 Millionen Euro fordert ein pensionierter Offizier von der britischen Regierung. Sein Ururgroßvater, der als Korporal an der Schlacht von Waterloo teilgenommen hatte, habe nach dem Sieg nicht das versprochene Handgeld von 20 englischen Pfund erhalten. Inzwischen hätten sich diese 20 Pfund seit der Schlacht im Jahr 1815 auf rund 1,4 Millionen Pfund (rund 1,7 Millionen Euro) vermehrt, wenn man von einer Verzinsung von 6 % ausgeht.

11 Wie beurteilen Sie die Aussage des nebenstehenden Textes? Geben Sie diesen Sachverhalt in einer mathematisch korrekten Darstellung wieder.

Weltbevölkerung
Unter der Weltbevölkerung versteht man die geschätzte Anzahl der Menschen, die zu einem bestimmten Zeitpunkt auf der Erde lebten bzw. leben (werden). Bei einem Wachstum von ca. 80 Millionen Menschen pro Jahr umfasst die Weltbevölkerung im Mai 2007 ca. 6,7 Milliarden Menschen. Man kann zurzeit weiterhin von einem exponentiellen Wachstum ausgehen.

12 In der Tabelle wird die Bevölkerungsentwicklung der USA im 19. Jahrhundert dargestellt.

Jahr	1800	1810	1820	1830	1840	1850	1860	1870	1880	1890
Bevölkerungszahl (in Mio.)	5,3	7,2	9,6	12,9	17,1	23,2	31,4	38,6	50,2	63,0

ExpReg L1,L2,Y1

a) Führen Sie für den Zeitraum von 1800 bis 1890 eine Funktionsanpassung durch. Wie groß war die durchschnittliche prozentuale Wachstumsrate in diesem Zeitraum? Geben Sie die Verdoppelungszeit dieses Wachstumsprozesses an.

b) Im Jahr 1950 hatten die USA ca 151,3 Millionen Einwohner. Untersuchen Sie, ob die Wachstumsentwicklung des 19. Jahrhunderts auch im 20. Jahrhundert Bestand hatte.

13 Füllt man Bier in ein Glas, so bildet sich an der Oberfläche ein weißer Bierschaum. Wenn das Bier eine Weile im Glas steht, kann man beobachten, dass sich die Höhe des Schaums immer weiter verringert. Oft liest man vom „exponentiellen Zerfall des Bierschaums".

a) Überprüfen Sie, ob die vorliegenden Messwerte diese Behauptung bestätigen.

Zeit (in Sekunden)	0	20	40	60	80	100	120	140
Bierschaumhöhe (in cm)	8	6,6	5,4	3,9	3,5	2,9	2,5	2,1

b) Wie lange dauert es, bis die Bierschaumhöhe unter 1 cm gesunken ist?

14 Die folgende Tabelle zeigt die Entwicklung des Passagieraufkommens des Flughafens Frankfurt am Main in den Jahren zwischen 1960 und 2000:

Jahr	Passagiere
1960	2 000 000
1970	9 000 000
1980	18 000 000
1990	30 000 000
2000	49 000 000

Am Ende des Jahres 2000 äußert ein Flughafensprecher die Hoffnung, dass man bis 2010 die Zahl der Passagiere verdoppeln könne.

a) Überprüfen Sie diese Prognose anhand der obigen Daten und stellen Sie Ihre Ergebnisse ausführlich dar.

b) Recherchieren Sie zum Vergleich aktuelle Daten zum Passagieraufkommen am Flughafen Frankfurt.

15 Das Gas Radon 220 sendet radioaktive Strahlung aus. Man kann dies mithilfe einer Ionisationskammer nachweisen. In Abhängigkeit von der verstrichenen Zeit t stellt man folgende Stromstärken I fest:

Zeit t (in s)	0	30	60	90	120	150	180	210	240	270
Stromstärke I (in 10^{-12} A)	29,9	21,5	15,5	11,1	8,0	5,8	4,1	3,0	2,1	1,5

Zeigen Sie, dass die Stromstärke exponentiell fällt.
Ermitteln Sie die Halbwertszeit.

16 Die genetische Information von Lebewesen ist in einer Abfolge von Basenpaaren in der DNA gespeichert. Im Laufe der letzten Jahrzehnte gelang es, den genetischen Code immer weiter zu entschlüsseln. Überprüfen Sie die Behauptung im Bild rechts.

DNA: Abkürzung für **D**esoxyribo**n**uklein**a**cid

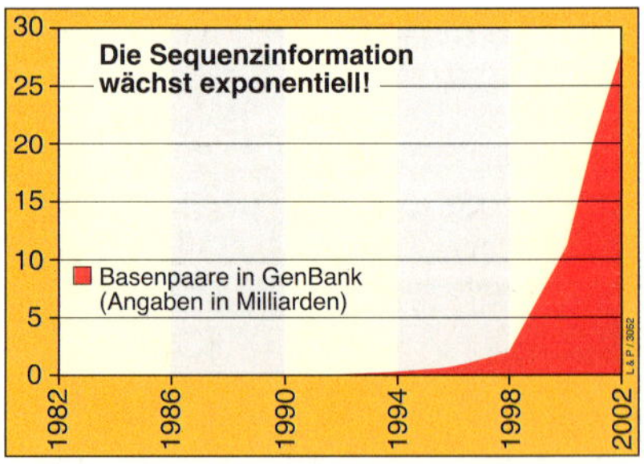

2.4 Differenzialgleichung exponentieller Prozesse

In diesem Abschnitt charakterisieren wir exponentielle Prozesse mithilfe ihrer Wachstumsgeschwindigkeit.

Einstieg

Momentangeschwindigkeit

Kohlenhydrate können durch Hefe zu Alkohol vergoren werden. In eine Flasche Weintraubensaft werden zu Beginn 500 Hefezellen eingebracht. Unter günstigen Bedingungen nimmt die Anzahl der Hefezellen zu jedem Zeitpunkt um 80 % pro Stunde zu.

- Geben Sie einen Funktionsterm der Funktion f an, die diesen Wachstumsprozess beschreibt.
- Bestimmen Sie die Wachstumsgeschwindigkeit zum Zeitpunkt t. Wie groß ist die Wachstumsgeschwindigkeit nach einer Stunde [nach 5 Stunden]? Skizzieren Sie die Graphen der Wachstumsfunktion f und der Wachstumsgeschwindigkeit in einem gemeinsamen Koordinatensystem.

Einführung

Kontaktlinsen können zur Desinfektion in Wasserstoffperoxid (H_2O_2) aufbewahrt werden. Da Wasserstoffperoxid ätzend auf Haut und Schleimhäute wirkt, muss es vor dem Tragen der Kontaktlinsen chemisch zersetzt werden.

Dazu dient das Enzym Katalase:
$2\,H_2O_2\,(l) \rightarrow 2\,H_2O\,(l) + O_2\,(aq)$

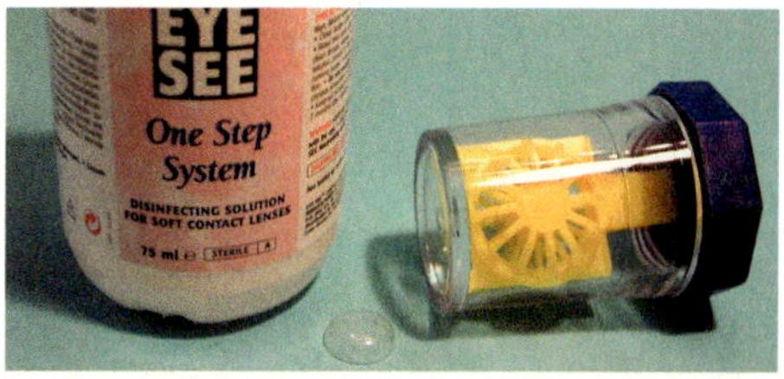

Für eine Gebrauchsinformation des Wasserstoffperoxid-Kontaktlinsen-Systems muss die Geschwindigkeit der Wasserstoffperoxid-Zersetzung bekannt sein, damit nach der Einwirkzeit eine genügend geringe Wasserstoffperoxid-Konzentration c(t) garantiert werden kann.

Die Reaktionsgeschwindigkeit gibt an, wie groß die pro Zeiteinheit abgebaute Menge (gemessen als Konzentrationsdifferenz) ist. Die momentane Reaktionsgeschwindigkeit r(t) erhält man mithilfe der Ableitung c′(t), die die Änderung der Konzentration im Verhältnis zur Zeit beschreibt:

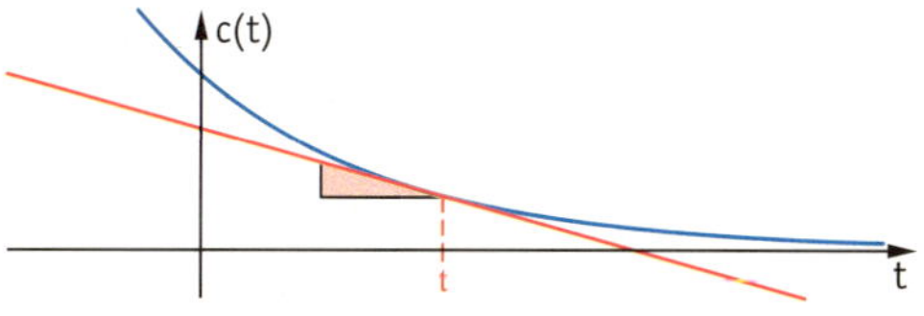

c′(t) ist negativ, also ist −c′(t) eine positive Reaktionsgeschwindigkeit.

$r(t) = -c'(t)$.

Wie hängt die Reaktionsgeschwindigkeit von der Konzentration ab?

In der Einheit mmol = 10^{-3} mol misst man kleine Stoffmengen.

Zur Beantwortung dieser Frage betrachten wir die Reaktionsgeschwindigkeit als Funktion der Konzentration und zeichnen den entsprechenden Graphen.

In einem Schülerversuch wurde gemessen:

t in s	0	30	60	90	120	150	180
c(t) in $\frac{mmol}{l}$	504	407	327	260	210	163	127
r(t) in $\frac{mmol}{l \cdot s}$	3,43	2,95	2,45	1,95	1,62	1,38	1,10

Die Punkte liegen nahezu auf einer Ursprungsgeraden. Wir gehen deshalb davon aus, dass die Reaktionsgeschwindigkeit proportional zur Konzentration ist:

$r(t) \sim c(t)$ also

$-c'(t) \sim c(t)$ und somit

$c'(t) = k \cdot c(t)$

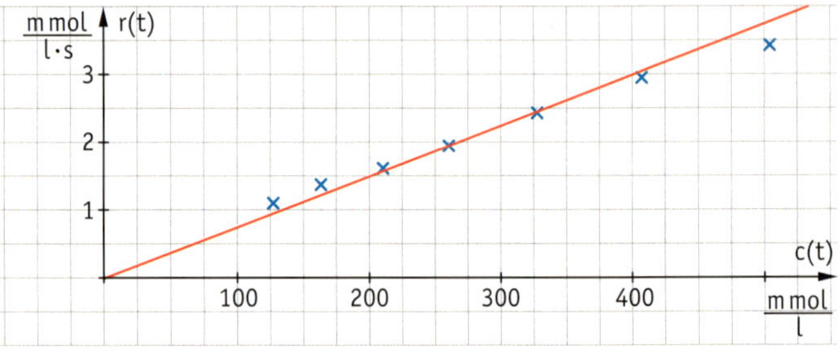

mit einer negativen Konstanten k.

Die Konstante k hat hier die Einheit $\frac{1}{s}$.

Das bedeutet auch, dass die Ableitung $c'(t)$ bis auf einen Proportionalitätsfaktor mit der Funktion $c(t)$ übereinstimmt. Diese Eigenschaft trifft auf jeden Fall für Exponentialfunktionen zu:

Die Funktion mit $f(t) = a e^{kt}$ hat als Ableitung $f'(t) = a \cdot k e^{kt} = k(a e^{kt}) = k f(t)$.

Wenn wir wüssten, dass diese Eigenschaft für keine anderen Funktionen als für Exponentialfunktionen zutrifft, könnten wir daraus schließen, dass es sich bei $c(t)$ um eine Exponentialfunktion handeln muss. Dann könnte man aus den obigen Daten die Formel für die Konzentration in Abhängigkeit von der Zeit ermitteln.

Daraus könnte man dann zu jeder Einwirkzeit von Katalase die noch vorliegende Wasserstoffperoxid-Konzentration berechnen und so bestimmen, wie lange der Katalysator einwirken muss, bis man die Kontaktlinsen wieder tragen kann.

Information

(1) Begriff der Differenzialgleichung

Die Einführung oben führte auf die Gleichung $c'(t) = k \cdot c(t)$.

Dies ist eine Gleichung für eine Funktion, in der auch ihre Ableitung vorkommt. Solche Gleichungen ergeben sich oft aus der Beschreibung naturwissenschaftlicher Probleme.

Definition

Eine Gleichung, in der die erste oder eine höhere Ableitung einer Funktion vorkommt, heißt **Differenzialgleichung.**

In einer Differenzialgleichung kann auch die Funktion selbst oder die Variable vorkommen.

Beispiele

(1) $f'(x) = f(x)$ mit $x \in \mathbb{R}$

(2) $f''(x) = -f(x)$ mit $x \in \mathbb{R}$

(3) $f'(x) = x^2$ mit $x > 0$

(4) $f''(x) = f'(x) + x$ mit $x > 0$

Bei einer Differenzialgleichung muss die *Definitionsmenge* für die gesuchten Funktionen angegeben werden, z. B. $x \in \mathbb{R}_+^*$ (bzw. $x > 0$).

Wenn eine solche Angabe unterbleibt, ist die größtmögliche Definitionsmenge gemeint. Außerdem kann noch eine *einschränkende Bedingung* $\big($z. B. $f(x) > 0\big)$ für die gesuchten Funktionen der Differenzialgleichung hinzukommen.

(2) Unterschied zwischen einer Gleichung für Zahlen und einer Differenzialgleichung

Differenzialgleichungen muss man von Gleichungen für Zahlen unterscheiden.

Die Gleichung $x^2 + 2x - 48 = 0$ ist z. B. eine Gleichung für Zahlen, d. h. Grundmenge ist die Menge $\mathbb{R}$ der reellen Zahlen. Bei einer Differenzialgleichung ist die Grundmenge die Menge der entsprechend oft differenzierbaren Funktionen.

Bei Gleichungen für Zahlen sind einzelne Zahlen Lösungen. Die Zahlen 6 und −8 sind z. B. Lösungen der Gleichung $x^2 + 2x - 48 = 0$, falls ℝ Grundmenge ist. Sie erfüllen die Gleichung, d. h. nach Einsetzen entsteht eine wahre Aussage.
Lösungen einer Differenzialgleichung sind dagegen Funktionen. Man kann alle Lösungsfunktionen einer Differenzialgleichung zu einer Menge zusammenfassen. Dies ist die **Lösungsmenge der Differenzialgleichung.**

(3) Differenzialgleichungen exponentieller Prozesse

Allgemein kann man sagen: Für jede Funktion f mit $f(t) = a \cdot e^{k \cdot t}$, die einen exponentiellen Wachstumsprozess beschreibt, gilt: $f'(t) = k \cdot a \cdot e^{k \cdot t} = k \cdot f(t)$.
Dies bedeutet, dass die Ableitung f′ bis auf einen Faktor k mit der Funktion f übereinstimmt. Die momentane Änderungsrate f′(t) ist also proportional zum aktuellen Bestand f(t).
Die Funktion f des exponentiellen Wachstums mit $f(t) = a \cdot e^{k \cdot t}$ erfüllt die Differenzialgleichung $f'(t) = k \cdot f(t)$, da $f'(t) = k \cdot a \cdot e^{k \cdot t} = k \cdot f(t)$ gilt. Der Proportionalitätsfaktor k der Differenzialgleichung heißt dabei die *Wachstumskonstante* der Wachstumsfunktion. Wie man nachweisen kann, sind Funktionen dieses Typs die einzigen Lösungen der Differenzialgleichung $f'(t) = k \cdot f(t)$. Ausgenommen wird dabei die konstante Funktion f mit $f(x) = 0$. Wir verzichten hier auf einen Nachweis.
Alle Lösungen der Differenzialgleichung $f'(t) = 0{,}05 \cdot f(t)$ haben die Form $f(t) = a \cdot e^{0{,}05 \cdot t}$. Sucht man allerdings die Lösungen dieser Differenzialgleichung mit dem Anfangswert $f(0) = 20$, so gibt es wegen $f(0) = a \cdot e^{0{,}05 \cdot 0} = a$ nur eine Lösung und zwar die Funktion f mit $f(t) = f(0) \cdot e^{0{,}05t} = 20 \cdot e^{0{,}05 \cdot t}$.
Wir fassen die Ergebnisse zusammen:

Satz: Differenzialgleichung exponentiellen Wachstums

Eine **Differenzialgleichung** der Form $f'(t) = k \cdot f(t)$ mit $k \neq 0$ und $f(t) \neq 0$ beschreibt für $k > 0$ einen exponentiellen Zunahmeprozess, für $k < 0$ einen exponentiellen Abnahmeprozess.
Alle Lösungen dieser Differenzialgleichung haben einen Funktionsterm der Form $f(t) = a \cdot e^{k \cdot t}$ mit $a, k \in \mathbb{R}^*$.
Für einen vorgegebenen Anfangswert f(0) hat die Differenzialgleichung nur eine Lösung, nämlich die Funktion f mit $f(t) = f(0) \cdot e^{k \cdot t}$.

Beispiel

Es sollen alle Lösungen der Differenzialgleichung $f'(t) = 0{,}25 \cdot f(t)$ bestimmt werden. Gesucht wird außerdem die Lösung, welche die Anfangsbedingung $f(0) = 4$ erfüllt.
Alle Lösungen dieser Differenzialgleichung sind von der Form $f(t) = a \cdot e^{0{,}25 \cdot t}$ mit $a \neq 0$.
Aus $f(0) = 4$ erhält man $f(t) = 4 \cdot e^{0{,}25 \cdot t}$ als einzige Lösung, welche die Anfangsbedingung erfüllt.

Weiterführende Aufgaben

1 Differenzialgleichung linearer Prozesse

a) Ein Testfahrzeug fährt mit einer konstanten Geschwindigkeit von $400\,\frac{km}{h}$. Zum Zeitpunkt 0 ist es 2 km vom Startpunkt entfernt. Erstellen Sie eine Differenzialgleichung für die Funktion *Zeitpunkt ↦ Entfernung vom Startpunkt*. Lösen Sie diese dann.

b) Lineares Wachstum wird beschrieben durch lineare Funktionen mit dem Term $f(t) = kt + a$. Erstellen Sie eine Differenzialgleichung, die dieses Wachstum beschreibt.

Satz: Differenzialgleichung linearen Wachstums

Alle Lösungen der Differenzialgleichung $f'(x) = k$ haben einen Funktionsterm der Form

$f(x) = kx + a$ mit $a, k \in \mathbb{R}$.

Für einen vorgegebenen Anfangswert $f(0)$ hat die Differenzialgleichung sogar nur eine einzige Lösung, nämlich $f(x) = k \cdot x + f(0)$.

2 Differenzialgleichung einer gleichmäßig beschleunigten Bewegung

Lässt man einen Ball von einem 30 m hohen Turm fallen, so wird dieser gleichmäßig mit der Erdbeschleunigung $g = 9{,}81\,\frac{m}{s^2}$ beschleunigt.

Betrachten Sie die Funktion, die die Höhe des Balles in Abhängigkeit von der Zeit beschreibt.

Erstellen Sie eine Differenzialgleichung und lösen Sie diese.

Satz: Differenzialgleichung einer gleichmäßig beschleunigten Bewegung

Ein Körper wird konstant beschleunigt mit der Beschleunigung a.

Der in Abhängigkeit von der Zeit t zurückgelegte Weg wird mit $s(t)$ bezeichnet.

Wird die Bewegung des Körpers durch die Differenzialgleichung $s''(t) = a$ beschrieben, so ergibt sich daraus für die Geschwindigkeit des Körpers $s'(t) = a \cdot t$.

Daraus folgt für den zurückgelegten Weg in Abhängigkeit von der Zeit: $s(t) = \frac{1}{2} a t^2$

Bei einer Anfangsgeschwindigkeit $v_0 = 0$ und einem Anfangsweg $s_0 = 0$.

In der Physik schreibt man auch $\ddot{s}(t)$ statt $s''(t)$.

Übungsaufgaben

3 Eine Funktion f erfüllt die Differenzialgleichung $f'(t) = 0{,}053 \cdot f(t)$. Zudem ist $f(10) = 25$. Bestimmen Sie $f(0)$ und $f(20)$.

4 Ein Wachstumsprozess wird durch $f'(t) = -0{,}015 \cdot f(t)$ mit $f(0) = 70$ beschrieben.

a) Erläutern Sie die Bedeutung der Zahlen $-0{,}015$ und $f(0) = 70$. Welches Wachstum liegt vor?

b) Geben Sie die Lösung der Differenzialgleichung an und skizzieren Sie ihren Graphen.

5 Beim radioaktiven Zerfall eines Isotops ist die Zerfallsgeschwindigkeit zu jedem Zeitpunkt proportional zur noch vorhandenen Masse des Isotops. Das Isotop Radium ^{226}Ra hat eine Halbwertszeit von 1600 Jahren. Geben Sie die Differenzialgleichung dieses Abnahmeprozesses an.

6 Bestimmen Sie die Lösung der Differenzialgleichung $f'(t) = 2 \cdot t - 1$ mit $f(2) = 7$.

7 In einem Labor wird das Anwachsen einer Population von Insekten untersucht. Im ersten Jahr wächst die Population so, dass zu jedem Zeitpunkt (in Monaten) die Wachstumsgeschwindigkeit 15 % des vorhandenen Bestandes pro Monat ist.

a) Zu Beginn der Beobachtung waren 38 Insekten vorhanden. Geben Sie die Differenzialgleichung des Wachstumsprozesses sowie die Lösung der Gleichung an.

b) Wie groß war die Population nach einem Jahr?

8 Beim Zerfall einer radioaktiven Substanz beträgt die momentane Zerfallsgeschwindigkeit 15 % des Bestands pro Jahr. Philipp behauptet, dass dann nach einem Jahr 15 % der aktuellen Masse zerfallen sind. Nehmen Sie zu dieser Behauptung Stellung.

9 Einer Patientin wird eine halbe Stunde vor einer medizinischen Untersuchung ein Kontrastmittel mit einer Dosis von 8 mg injiziert. Nach der Injektion wird das Kontrastmittel kontinuierlich zu jedem Zeitpunkt um 20 % pro Stunde abgebaut.

a) Beschreiben Sie den Abbau des Kontrastmittels durch eine Differenzialgleichung und geben Sie die Lösung der Gleichung an.

b) Wie hoch ist die Dosis zum Zeitpunkt der Untersuchung? Wie lange dauert es, bis das Kontrastmittel bis auf 1 mg abgebaut ist?

c) Wann dürfte eine zweite Dosis von 8 mg frühestens verabreicht werden, wenn eine Gesamtdosis von 12 mg im Körper nicht überschritten werden sollte?

10 Der Luftdruck p nimmt mit zunehmender Höhe h ab. Geht man von einem Luftdruck von 1013 mbar an der Erdoberfläche aus, so beschreibt die Differenzialgleichung $p'(h) = -0{,}0001251 \cdot p(h)$ mit h in Metern ü. NN und p in mbar die momentane Änderungsrate des Luftdrucks.

a) Bestimmen Sie eine Lösung der Differenzialgleichung. Wie groß ist der Luftdruck auf dem Feldberg im Schwarzwald (1498 m)?

b) In welcher Höhe beträgt der Luftdruck 500 mbar?

c) Kristin hat im Internet recherchiert, dass der Luftdruck sich pro 5 km Höhenzunahme halbiert. Überprüfen Sie dies.

Barometrische Höhenformel

Setzt man eine konstante Lufttemperatur voraus, so gilt für die momentane Änderungsrate des Luftdrucks:

$p'(h) = \frac{\varrho_0}{p(0)} \cdot g \cdot p(h)$ mit h in Metern.

Dabei sind ϱ_0 die Dichte der Luft und p(0) der Luftdruck jeweils an der Erdoberfläche, g die Erdbeschleunigung. Dieser Zusammenhang wird zur Höhenmessung bei Höhenmessgeräten (Altimetern) verwendet.

11 Im Jahre 2009 hat eine kleine Gemeinde am Rande einer Großstadt 10 000 Einwohner. Die Verwaltung geht für die nächsten Jahre von einer jährlichen Zunahme der Bevölkerung um 4 % aus.

a) Erstellen Sie den Funktionsterm für die Einwohnerzahl in Abhängigkeit von der Zeit.

b) Ermitteln Sie die Wachstumsgeschwindigkeit und vergleichen Sie diese mit der Einwohnerzahl.

12 Für das Anwachsen bzw. Abnehmen einer Größe f(t) gelte

a) $f'(t) = 0{,}002\,f(t)$ und $f(0) = 300$ **b)** $f'(t) = -0{,}15\,f(t)$ und $f(0) = 4000$

Ermitteln Sie den Funktionsterm von f. Zeichnen Sie die Graphen von f und f′ und vergleichen Sie sie.

13 Bei einer Betriebsfeier hat ein Betriebsangehöriger um 20 Uhr schon einen Blutalkoholgehalt von 2 ‰. Danach trinkt er keinen Alkohol mehr. Sachverständige verwenden als Faustformel, dass stündlich 0,2 Promillepunkte Alkohol im Körper abgebaut werden.

a) Betrachten Sie den Blutalkoholgehalt (in ‰) als Funktion der Zeit (in Stunden) und erstellen Sie eine Differenzialgleichung dafür.

b) Ab einem Blutalkoholgehalt von 0,5 ‰ ist das Führen eines Fahrzeuges verboten.
Darf der Betriebsangehörige um 2 Uhr nachts mit dem Auto fahren?

c) Welchen Alkoholgehalt hat er morgens um 7 Uhr noch im Blut?

LK 2.5 Begrenztes Wachstum

In diesem Abschnitt behandeln wir Wachstumsprozesse, die nicht über alle Grenzen anwachsen und Abnahmeprozesse, die nicht bis null hin abnehmen.

Einstieg

Eine Flasche mit Saft wurde in einem Kühlschrank auf 7 °C abgekühlt. Sie wird aus dem Kühlschrank herausgenommen und in ein Zimmer mit 24 °C Raumtemperatur gestellt. Bei der Erwärmung der Flüssigkeit beträgt die Temperaturzunahme pro Minute zu jedem Zeitpunkt jeweils 10 % der Differenz zwischen Raumtemperatur und der augenblicklichen Temperatur der Flüssigkeit.

- Erstellen Sie eine Gleichung für die Erwärmungsgeschwindigkeit.
- Zeigen Sie, dass die Funktion T mit $T(t) = 24 - 17 \cdot e^{-0{,}1 \cdot t}$ die Temperatur des Saftes beim Erwärmen beschreibt, wobei die Zeit t in Minuten nach der Entnahme des Getränks aus dem Kühlschrank und die Temperatur T(t) in °C gemessen wird.
  Skizzieren Sie den Graphen der Funktion und geben Sie wesentliche Eigenschaften des Funktionsgraphen an.
- Bestimmen Sie, wann der Saft 23 °C warm ist.

Aufgabe

NEWTON'sches Abkühlungsgesetz
Die Abkühlungsgeschwindigkeit ist proportional zur Temperaturdifferenz.

1 Begrenzte Abnahme

Frisch aufgebrühter 80 °C warmer Kaffee wird in einem 20 °C warmen Raum stehengelassen. In jedem Moment beträgt die Abkühlung pro Minute 15 % der noch vorhandenen Temperaturdifferenz zur Raumtemperatur.

a) Bestimmen Sie anhand einer groben Skizze des Temperaturverlaufs einen Funktionsterm für die Temperatur in Abhängigkeit von der Zeit t.
Kontrollieren Sie Ihren Funktionsterm anhand der gegebenen Information zur Abkühlungsgeschwindigkeit.

b) Ermitteln Sie, wann der Kaffee eine angenehme Trinktemperatur von 45 °C aufweist.

Lösung

a) Die Kaffee-Temperatur wird sich zunächst schnell und dann immer langsamer der Raumtemperatur annähern, sie aber theoretisch nie erreichen. Der Graph sieht aus wie der einer exponentiellen Abnahme, der um 20 nach oben verschoben wurde:

$\vartheta(t) = a \cdot e^{kt} + 20$

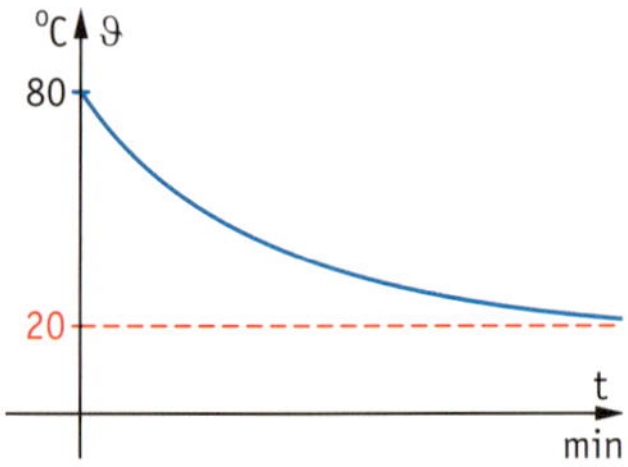

Aus der Anfangsbedingung $\vartheta(0) = 80$ folgt wegen $e^{k \cdot 0} = 1$ sofort:

$a = 60$

Damit lautet der Funktionsterm für die Temperatur in Abhängigkeit von der Zeit:

$\vartheta(t) = 60 \cdot e^{kt} + 20$

Die Abkühlungsgeschwindigkeit ist proportional zur Differenz zwischen Kaffee-Temperatur und Raumtemperatur, also zu $60 \cdot e^{kt}$ mit dem Proportionalitätsfaktor $-0{,}15$.

Abkühlungsgeschwindigkeiten sind negativ

Da die Temperaturdifferenzen exponentiell abnehmen, ist somit $k = -0{,}15$ und folglich

$$\vartheta(t) = 60 \cdot e^{-0{,}15t} + 20.$$

Zur Kontrolle der Abkühlungsgeschwindigkeit bilden wir die Ableitung:

$$\begin{aligned}\vartheta'(t) &= 60 \cdot e^{-0{,}15t} \cdot (-0{,}15)\\ &= \left(60 \cdot e^{-0{,}15} + 20 - 20\right) \cdot (-0{,}15)\\ &= \underbrace{(\vartheta(t) - 20)}_{\text{Temperaturdifferenz zur Raumtemperatur}} \cdot (-0{,}15)\end{aligned}$$

Temperaturdifferenz zur Raumtemperatur

b) Zu lösen ist die Gleichung $\vartheta(t) = 45$, also $45 = 60 \cdot e^{-0{,}15t} + 20$.

Dies kann auf mehreren Wegen geschehen:

grafisch

$0 \le x \le 20$
$0 \le y \le 80$

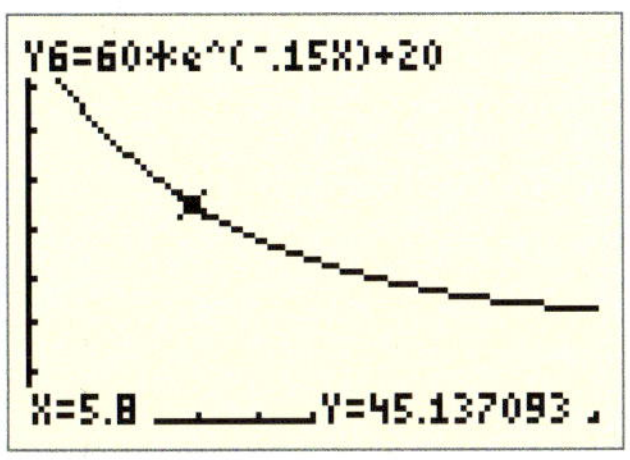

tabellarisch

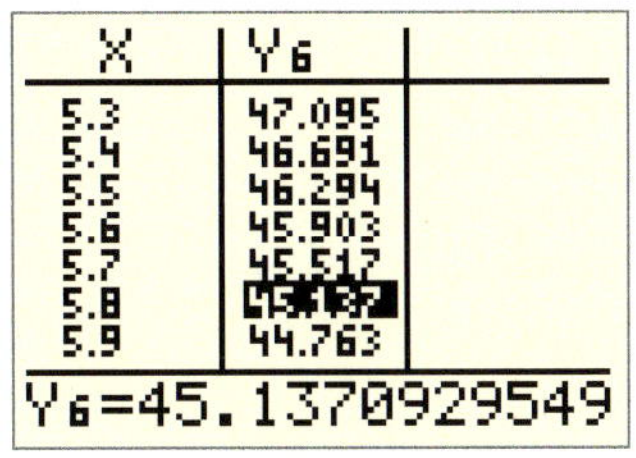

algebraisch

$$\begin{aligned} 45 &= 60 \cdot e^{-0{,}15t} + 20 && |-20\\ 25 &= 60 \cdot e^{-0{,}15t} && |:60\\ \frac{5}{12} &= e^{-0{,}15t} && |\ln\\ \ln\left(\frac{5}{12}\right) &= -0{,}15t && |:(-0{,}15)\\ t &= \frac{\ln\left(\frac{5}{12}\right)}{-0{,}15} \approx 5{,}836\ldots \end{aligned}$$

Ergebnis:

Nach knapp 6 Minuten hat der Kaffee somit die Temperatur von 45 °C erreicht.

Aufgabe

2 Differenzialgleichung der begrenzten Abnahme

Notieren Sie in dem Beispiel von Aufgabe 1 die Information über die Abkühlungsgeschwindigkeit als Differenzialgleichung und ermitteln Sie daraus den Funktionsterm für die Kaffee-Temperatur in Abhängigkeit von der Zeit.

Lösung

Abnahme bedeutet negative Ableitung.

Die Abkühlungsgeschwindigkeit ist durch die Ableitung gegeben:

$\vartheta'(t) = -0{,}15\left(\vartheta(t) - 20\right)$, wobei t in min, $\vartheta(t)$ in °C gemessen wird.

Diese Gleichung ähnelt der Differenzialgleichung exponentieller Prozesse. Noch größere Übereinstimmung ist gegeben, wenn auf der linken Seite statt $\vartheta'(t)$ der wertgleiche Term $\left(\vartheta(t) - 20\right)'$ geschrieben wird:

$$\left(\vartheta(t) - 20\right)' = -0{,}15\left(\vartheta(t) - 20\right)$$

Summenregel der Ableitung

Die Ableitung von $\vartheta(t) - 20$ ist proportional zum Funktionsterm $\vartheta(t) - 20$. Diese Differenzialgleichung hat die Lösung

$$\vartheta(t) - 20 = \left(\vartheta(0) - 20\right)e^{-0{,}15t}; \text{ also}$$

$$\vartheta(t) = 20 + \left(\vartheta(0) - 20\right)e^{-0{,}15t}$$

Weiterführende Aufgabe

3 Begrenzte Zunahme

Milch mit einer Temperatur von 6 °C wird aus dem Kühlschrank genommen und in einen 25 °C warmen Raum gestellt. In jedem Moment erwärmt sie sich pro Minute um 12 % der noch herrschenden Temperaturdifferenz zur Raumtemperatur. Ermitteln Sie

(1) eine Gleichung für die Erwärmungsgeschwindigkeit,

(2) einen Term für die Temperatur in Abhängigkeit von der Zeit,

(3) den Temperaturverlauf.

Information

(1) Begrenztes Wachstum

Bei vielen Zu- oder Abnahmeprozessen im Alltag oder in der Natur ist der Zunahme oder der Abnahme eines Bestands eine natürliche Grenze gesetzt, die man **Sättigungsgrenze** oder auch *Kapazität* nennt.
Solche Prozesse bezeichnet man als *begrenzte Zunahme* oder als *begrenzte Abnahme*, falls gilt:
Die Wachstumsgeschwindigkeit $f'(t)$ eines Bestands $f(t)$ ist bei einem begrenzten Wachstumsprozess proportional zur Differenz aus Sättigungsgrenze S und aktuellem Bestand: $f'(t) = k \cdot \left(S - f(t)\right)$ mit $k > 0$

Der Bestand $f(t)$ nähert sich dann exponentiell an die Sättigungsgrenze S an:
$f(t) = S + \left(f(0) - S\right) e^{-kt}$ mit einer Konstanten $k > 0$.

Begrenzte Zunahme

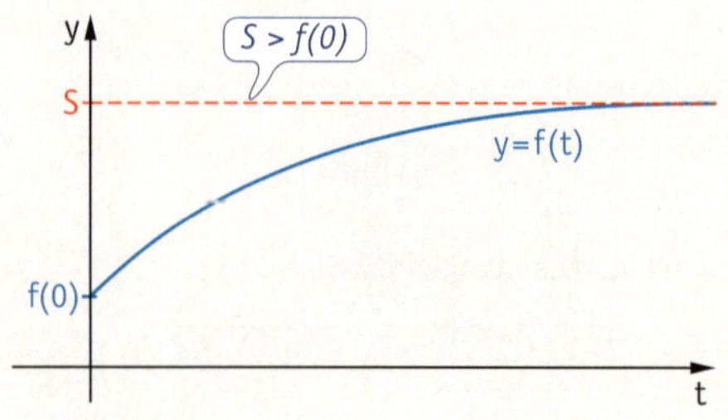

Begrenzte Abnahme

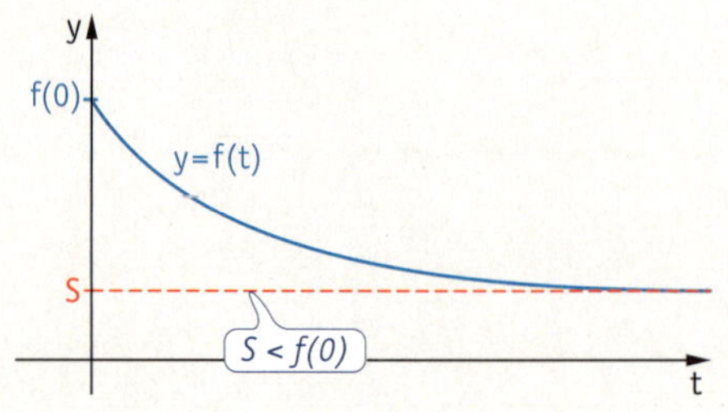

(2) Differenzialgleichung des begrenzten Wachstums

Die Bedingung, dass die Wachstumsgeschwindigkeit proportional zur Differenz aus Sättigungsgrenze und aktuellem Bestand ist, liefert die Differenzialgleichung des begrenzten Wachstums:

$$f'(t) = k \cdot \left(S - f(t)\right) \text{ mit } k > 0.$$

Diese Differenzialgleichung ähnelt der Differenzialgleichung exponentieller Prozesse. Noch größere Übereinstimmung ist gegeben, wenn man $f'(t)$ durch den wertgleichen Term $\left(f(t) - S\right)'$ ersetzt:

$$\left(f(t) - S\right)' = k \cdot \left(S - f(t)\right) \text{ bzw. } \left(f(t) - S\right)' = -k \cdot \left(f(t) - S\right)$$

Die Ableitung von $f(t) - S$ ist also proportional zum Funktionsterm. Jede Lösung dieser Differenzialgleichung hat die Form $f(t) - S = a \cdot e^{-k \cdot t}$ bzw. $f(t) = S + a \cdot e^{-k \cdot t}$

Ein begrenzter Wachstumsprozess wird durch eine Differenzialgleichung der Form

$$f'(t) = k \cdot \left(S - f(t)\right) \text{ mit } k > 0 \text{ beschrieben.}$$

Die Lösungen dieser Differenzialgleichungen sind Funktionen der Form

$$f(t) = S + a \cdot e^{-k \cdot t} \text{ mit } k > 0.$$

Ist der Anfangswert $f(0)$ vorgegeben, so hat die Differenzialgleichung nur die Lösung

$$f(t) = S + \left(f(0) - S\right) \cdot e^{-k \cdot t} \text{ mit } k > 0.$$

Weiterführende Aufgabe

GTR **4 Ermitteln eines Funktionsterms für begrenztes Wachstum mithilfe von Regression**

In einer Gemeinde mit 5 000 Internet-Anschlüssen stellen die Internetnutzer ihre Anschlüsse schrittweise auf DSL um:

Monat	1	2	3	4	5	6	7	8	9	10	11	12
Anzahl	571	1 101	1 507	1 820	2 104	2 415	2 657	2 903	3 150	3 312	3 456	3 602

Beschreiben Sie den Wachstumsprozess als beschränktes Wachstum mit geeigneter Grenze. Ermitteln Sie dann mithilfe des Regressionsbefehls für exponentielle Regression den Funktionsterm.

DSL: Digital **S**ubscriber **L**ines (engl.): Internetverbindung mit hohen Übertragungsraten bis 210 Mbit/s.

Information

(3) Ermitteln des Funktionsterms für begrenztes Wachstum mithilfe von Regression

Bei der Anpassung einer Wachstumsfunktion für begrenztes Wachstum an Datenpaare muss man zunächst die Wachstumsgrenze kennen. Dann kann man die Differenzen zu ihr ermitteln und für diese eine exponentielle Regression durchführen.

(4) Wachstumsprozesse und Modelle der Wirklichkeit

Wir haben drei Arten von Wachstumsprozessen kennengelernt:

- das lineare Wachstum (Änderungsrate ist konstant),
- das exponentielle Wachstum (Änderungsrate ist proportional zum Bestand),
- das beschränkte Wachstum (Änderungsrate ist proportional zum Unterschied zwischen einer Sättigungsgrenze und dem Bestand).

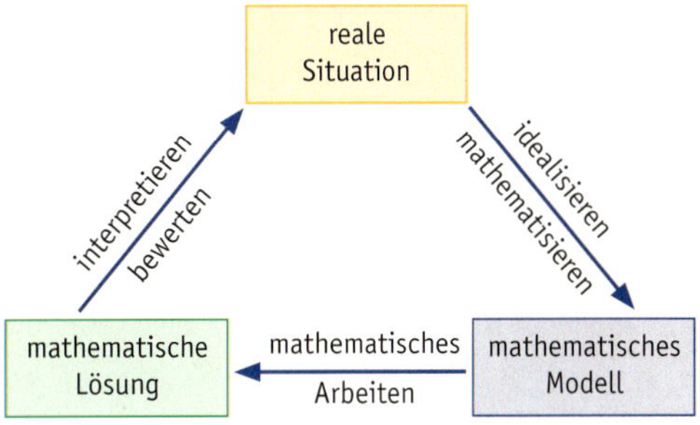

Bei allen behandelten Wachstumsprozessen handelt es sich um sogenannte *mathematische Modelle*. Ein solches mathematisches Modell kann aufgefasst werden als ein Abbild des tatsächlichen Vorgangs in der Wirklichkeit, das jedoch die Wirklichkeit nicht vollständig, sondern nur in Teilaspekten darstellt.
Ein solches mathematisches Modell kann als (anfänglicher) Versuch zur Darstellung der Wirklichkeit erste gute Dienste leisten. Damit wird das Aufstellen von Vorhersagen über zukünftige Entwicklungen möglich, die aber stets an der Realität überprüft werden müssen. Abweichungen der Prognosen von den tatsächlich zu beobachtenden Erscheinungen führen dann zu Veränderungen im Modellansatz. Eine neuerliche Überprüfung an der Realität führt dann vielleicht zu einem wieder geänderten Ansatz. Nach der begründeten Entscheidung für einen Wachstumstyp müssen dann auch alle Konstanten und Beziehungen eventuell vielfach angesetzt, überprüft und andauernd daraufhin untersucht werden, ob die beobachtbare Wirklichkeit noch in angemessener Weise durch die Modellannahmen wiedergegeben wird.
Obwohl Größen in der Realität nur diskrete Werte annehmen – es gibt keine halben Menschen oder Atome –, beschreiben wir sie im Modell der Einfachheit halber stets kontinuierlich. Beim Interpretieren der mathematischen Lösung in der realen Situation ist dann geeignet zu runden.

Übungsaufgaben

5 Pilze können in Dörrautomaten getrocknet werden und verlieren dabei erheblich an Gewicht. Dies zeigt die folgende Messung:

Trockenzeit t (in min)	0	1	4	6	9	12	14	20
Gewicht (in % des Anfangsgewichtes)	100	83	54	39	22	19	14	8

Das Gewicht eines Pilzes sinkt allerdings auch bei längerer Trocknung nicht unter 6 % seines Anfangsgewichts.

a) Stellen Sie die Daten grafisch dar. Welches Wachstumsmodell kann benutzt werden? Begründen Sie Ihre Wahl.

b) Ermitteln Sie anhand geeigneter Wertepaare den Funktionsterm einer Funktion, welche den Gewichtsverlauf bei diesem Modell näherungsweise beschreibt. Zeichnen Sie den Funktionsgraphen in das Koordinatensystem aus Teilaufgabe a).

6 Eine Flüssigkeit mit einer Ausgangstemperatur von 80 °C wird in einem Raum mit der konstanten Raumtemperatur 18 °C abgekühlt. Der Abkühlungsvorgang kann durch die Differenzialgleichung $f'(t) = -0{,}05 \cdot (f(t) - 18)$ mit t in Minuten ab Messbeginn näherungsweise beschrieben werden. Dabei bedeutet f(t) die Temperatur der Flüssigkeit zum Zeitpunkt t in °C.

a) Erläutern Sie, welches Modell dieser Gleichung zugrunde liegt, und geben Sie die Lösung der Differenzialgleichung an.

b) Berechnen Sie den Zeitpunkt, zu dem die Flüssigkeit die Temperatur von 30 °C erreicht hat.

7 Ein begrenzter Wachstumsprozess mit dem Anfangswert 850 kann durch die Gleichung $f'(t) = 0{,}05 \cdot (2000 - f(t))$ beschrieben werden. Überprüfen Sie nebenstehende Lösung.

$f'(t) = 0{,}05 \cdot (2000 - f(t))$
Anfangswert: $f(0) = 850$
Lösung der Differenzialgleichung:
$f(t) = 2000 - 850 \cdot e^{-0{,}05 \cdot t}$

8 Peter mischt seinen Milchkaffee immer aus gleichen Teilen Kaffee und Milch. Nachdem er den Kaffee frisch aufgebrüht hat, schwankt er zwischen folgenden Möglichkeiten, das Getränk abkühlen zu lassen:

- Er gibt in den Kaffee, der noch eine Temperatur von 90 °C hat, sofort die entsprechende Menge Milch, die er aus dem Kühlschrank holt (8 °C). Dann lässt er den Milchkaffee bei einer Zimmertemperatur von 22 °C zum weiteren Abkühlen stehen.
- Er lässt den Kaffee zuerst 5 Minuten lang bei Zimmertemperatur abkühlen und mischt danach mit Milch.

Man kann davon ausgehen, dass sowohl Kaffee als auch Milchkaffee so abkühlen, dass die Abkühlungsgeschwindigkeit 15 % der Temperaturdifferenz zwischen der Temperatur der Flüssigkeit und der Zimmertemperatur pro Minute beträgt.
Welche Temperatur hat der Milchkaffee jeweils nach weiteren 5 Minuten?

9 Eine heiße Flüssigkeit wird bei einer konstanten Umgebungstemperatur von 20 °C abgekühlt. Die Geschwindigkeit der Temperaturabnahme kann durch eine Funktion a mit $a(t) = -69 \cdot k \cdot e^{-k \cdot t}$ näherungsweise beschrieben werden.

a) Um welche Form von Abkühlungsprozess handelt es sich? Begründen Sie Ihre Antwort.

b) Wie hoch war die Temperatur zu Beginn der Messung?

c) 3 Minuten nach Messbeginn hatte die Flüssigkeit eine Temperatur von 73 °C.
Zu welchem Zeitpunkt nimmt die Temperatur erstmals um weniger als 1 Grad pro Minute ab?

10 In einem Naturschutzgebiet versucht man, eine fast ausgestorbene Tierart wieder anzusiedeln. Dazu wird eine Gruppe von 12 Tieren in der Natur ausgesetzt. Zwei Jahre später werden bereits 18 Tiere gezählt. Naturschützer gehen davon aus, dass das Naturschutzgebiet maximal 80 Tieren Lebensraum bieten kann.

a) Geben Sie eine Schätzung ab, wann etwa 90 % des maximalen Bestands erreicht sein könnten. Begründen Sie die Wahl Ihres Modells.

b) Wann ist die momentane Wachstumsrate bei diesem Modell am größten?

c) Nehmen Sie kritisch Stellung zu der von Ihnen vorgenommenen Modellierung.

11 Die Körpertemperatur eines Patienten mit Fieber wird gemessen, sie beträgt 40 °C. Der Patient erhält ein fiebersenkendes Mittel, das die Körpertemperatur nach Wirkungseintritt zu jedem Zeitpunkt stündlich um 80 % der Differenz zur normalen Körpertemperatur von 36,8 °C erniedrigt.
Zeichnen Sie den Graphen der Körpertemperatur nach dem Wirkungseintritt des Medikaments.

12

Für die Behandlung von Krankheiten ist eine quantitativ ausreichende und qualitativ hochwertige medizinische Versorgung besonders bedeutsam. Die medizinische Versorgung hat sich in den letzten Jahren ständig verbessert. Rein rechnerisch entfielen im Jahr 2004 auf jede berufstätige Ärztin und jeden berufstätigen Arzt 269 Einwohner gegenüber 615 im Jahr 1970.

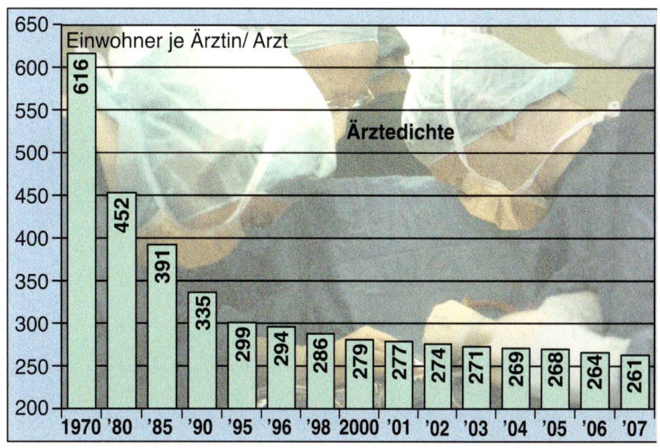

a) Stellen Sie die Daten in einem Koordinatensystem grafisch dar. Führen Sie anhand der Daten der Jahre 1970, 1985 und 2004 eine Funktionsanpassung durch.

b) Welche medizinische Versorgung der Bevölkerung erwarten Sie für die Zukunft? Geben Sie eine Prognose ab.

13

Brutaler Mord vor Nachtclub

Hamburg (dpa, 11.7.) Mitten in einer lauen Hochsommernacht trifft die Polizei vor einem stadtbekannten Nachtclub auf das Opfer eines grausigen Verbrechens. Der einschlägig bekannte Zuhälter Brillanten-Ede liegt tot auf dem Bürgersteig – erschlagen mit einer Sektflasche. Der Gerichtsmediziner erscheint um Mitternacht und misst die Körpertemperatur der Leiche: 30,5 °C. Die Spurensicherung benötigt für ihre Tätigkeit am Tatort geschlagene 2 Stunden und stellt beim Abtransport der Leiche eine Körpertemperatur von 24,5 °C fest. Die Lufttemperatur betrug in diesem Zeitraum nahezu konstant 20 °C.

Zeugenvernehmungen in dem Nachtclub ergeben, dass Edes Ex-Frau Sissi am Abend im Nachtclub zu Gast war und sichtlich erregt wüste Morddrohungen gegen ihren früheren Ehemann ausstieß. Sie verließ die Bar um Viertel nach 11 volltrunken ohne Begleitung. Auch für die Zeit danach kann Sissi wegen eines Filmrisses kein Alibi nachweisen.

Gerichtsmediziner bestimmen den Todeszeitpunkt unter anderem mithilfe des NEWTON'schen Abkühlungsgesetzes.
Untersuchen Sie, ob Sissi als Tatverdächtige in Frage kommt.

2.6 Logistisches Wachstum

In diesem Abschnitt behandeln wir ein weiteres Wachstumsmodell, das Eigenschaften von exponentiellem und begrenztem Wachstum kombiniert.

Einstieg

An einer Schule mit 700 Schülerinnen und Schülern setzen 4 Schüler ein Gerücht in Umlauf. Wie schnell breitet sich das Gerücht aus, wenn jeder Schüler zwei weitere pro Minute informieren kann?

Einführung

Die Höhe einer Hopfenpflanze wurde gemessen. Wenn man die Daten grafisch darstellt, sieht man, dass zu Beginn die Pflanze nur langsam wächst, dann immer schneller und zum Schluss wieder nur langsam.

Zeit in Wochen	0	2	4	6	8	10	12	14	16	18	20	22	24
Höhe in m	0,13	0,25	0,50	0,94	1,66	2,64	3,71	4,61	5,23	5,60	5,80	5,90	5,95

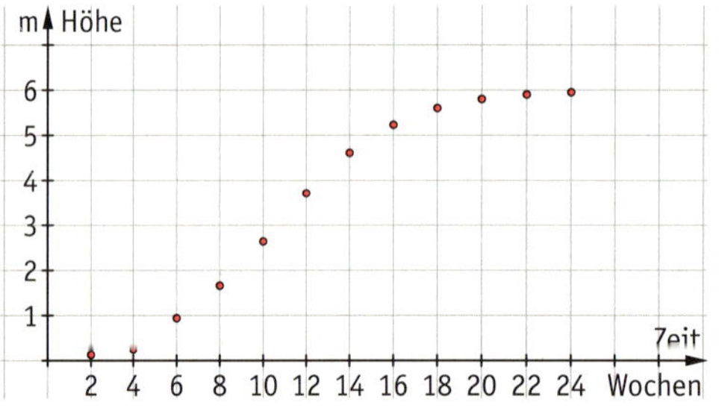

Anfangs scheint die Hopfenpflanze exponentiell zu wachsen. Eine Regression der Daten für die ersten 10 Wochen liefert

$f_1(x) = 0{,}1385 \cdot 1{,}3569^x$.

Gegen Ende scheint begrenztes Wachstum mit der Grenze 6 m vorzuliegen. Eine Regression der Daten ab der 10. Woche liefert

$f_2(x) = 6 - 90{,}469 \cdot 0{,}7356^x$.

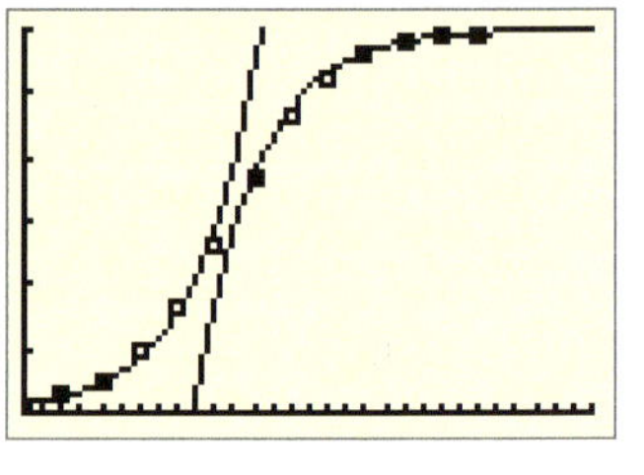

Das Diagramm zeigt, dass das Wachstum der Hopfenpflanze in diesen beiden Bereichen gut durch das Modell des anfangs exponentiellen und später begrenzten Wachstums angepasst wird. Folglich ist die Wachstumsgeschwindigkeit $f'(t)$ zu Beginn proportional zu $f(t)$, also $f'(t) = k_1 f(t)$. Am Ende ist sie proportional zur Differenz zur Grenze $6 - f(t)$ also $f'(t) = k_2\big(6 - f(t)\big)$.
Will man die Wachstumsgeschwindigkeit einheitlich beschreiben, so liegt es nahe, eine Proportionalität zu dem Produkt von $f(t)$ und $\big(6 - f(t)\big)$ anzunehmen:

$f'(t) = k \cdot f(t) \cdot \big(6 - f(t)\big)$

Ein Wachstum mit dieser Eigenschaft bezeichnet man als *logistisches Wachstum*. Der GTR hat einen Regressionsbefehl zur Anpassung an solche Wachstumsdaten.

Wir nutzen diesen Befehl und erhalten damit:

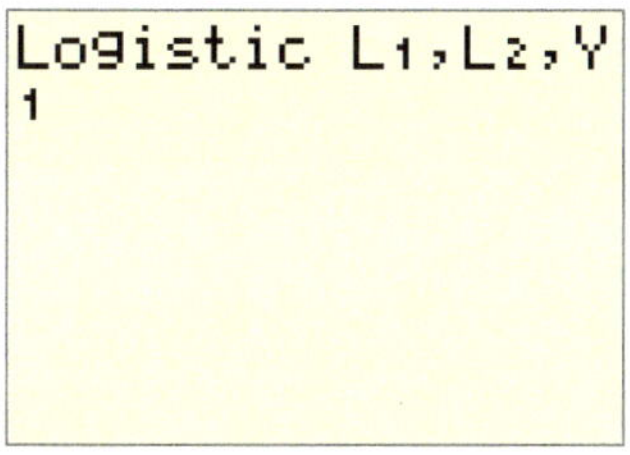

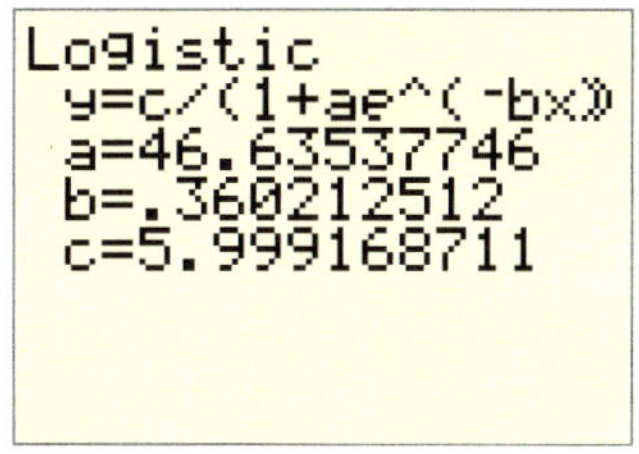

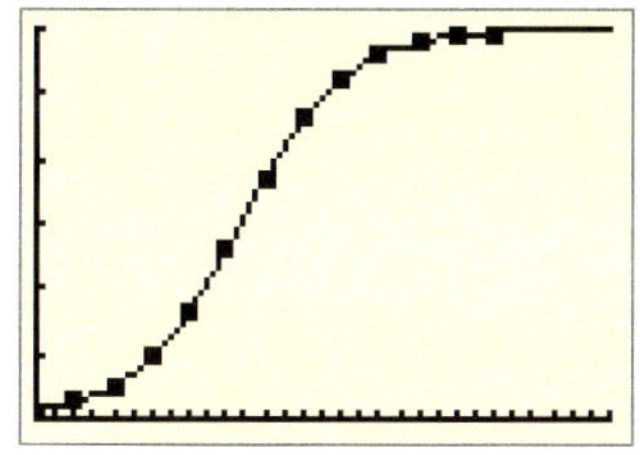

Die Funktion f mit $f(t) = \frac{6}{1 + 46{,}64 \cdot e^{-0{,}36t}}$ beschreibt somit das Wachstum der Hopfenpflanze über den gesamten Zeitbereich gut.

Aufgabe

1 Bedeutung der Parameter im Funktionsterm des logistischen Wachstums

Untersuchen Sie, welche Bedeutung die Parameter a, b, c im Funktionsterm $f(t) = \frac{c}{1 + a\,e^{-bt}}$ für logistisches Wachstum haben, indem Sie

a) $\lim\limits_{t \to \infty} f(t)$ **b)** $f(0)$ CAS **c)** k aus $f'(t) = k\,f(t)\big(S - f(t)\big)$ berechnen.

Lösung

a) Für $t \to \infty$ und $b > 0$ gilt: $e^{-bt} \to 0$, also $f(t) \to \frac{c}{1+0} = c$ d.h. c stimmt mit der Grenze S des logistischen Wachstum überein.

b) $f(0) = \frac{c}{1+a} = \frac{S}{1+a}$

Daraus folgt $a = \frac{S}{f(0)} - 1$

c) $f'(t) = k\,f(t)\,(S - f(t))$, ergibt umgestellt nach k:

$k = \frac{f'(t)}{f(t)(S - f(t))}$

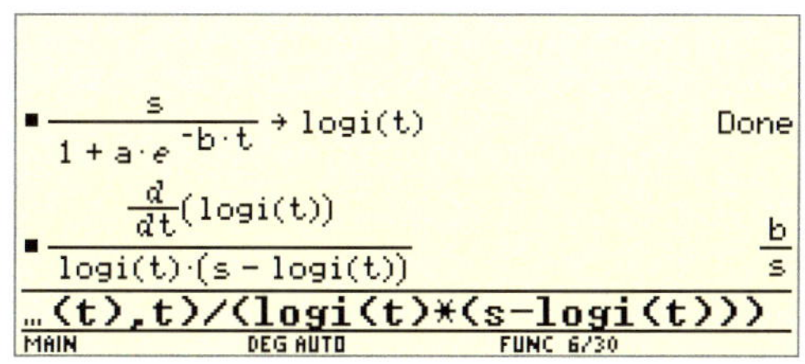

Mit einem CAS erhalten wir als Lösung:

$k = \frac{b}{S}$,

also $b = k\,S$.

Information

(1) Logistisches Wachstum

Wachstumsprozesse wie das Beispiel der Hopfenpflanze, die anfangs nahezu exponentiell und gegen Ende fast wie begrenztes Wachstum verlaufen, kommen häufig vor.

PIERRE-FRANÇOIS VERHULST (1804 – 1849), belgischer Mathematiker, entwickelte das Modell des logistischen Wachstums aus den Bevölkerungsdaten der USA in den Jahren 1790 bis 1840.

Ein Wachstumsprozess, dessen Wachstumsgeschwindigkeit $f'(t)$ proportional zum Produkt aus dem Bestand $f(t)$ und der Differenz zur Sättigungsgrenze $S - f(t)$ ist, also $f'(t) = k \cdot f(t) \cdot \big(S - f(t)\big)$, heißt **logistisch**. Solches Wachstum wird beschrieben durch eine Funktion mit einem Term der Form

$f(t) = \frac{S}{1 + \left(\frac{S}{f(0)} - 1\right)e^{-kSt}}$.

Logistisches Wachstum ist durch eine s-förmige Wachstumskurve gekennzeichnet. Viele grafikfähige Taschenrechner haben Regressionsbefehle, um zu gegebenen Daten eine logistische Wachstumsfunktion zu ermitteln.

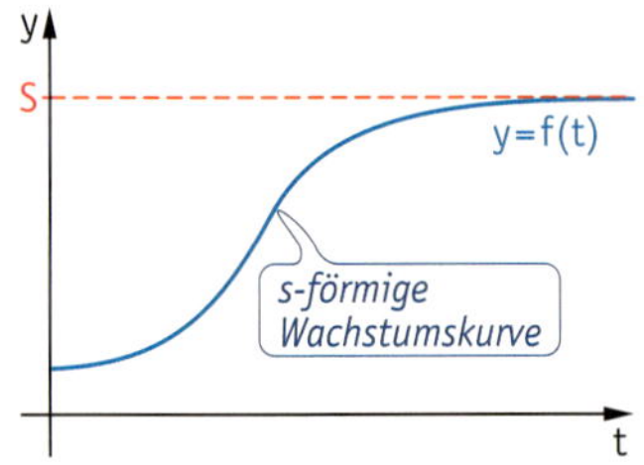

Weiterführende Aufgaben

2 Verschiedene Funktionsterme für logistisches Wachstum

In Formelsammlungen und auch bei verschiedenen grafikfähigen Taschenrechnern wird der Funktionsterm für logistisches Wachstum auf verschiedene Weise notiert. Zeigen Sie, dass alle Terme wertgleich zueinander sind.

(1) $f(t) = \dfrac{S}{1 + \left(\frac{S}{f(0)} - 1\right) e^{-kSt}}$

(2) $f(t) = \dfrac{f(0) \cdot S}{f(0) + \left(S - f(0)\right) e^{-kSt}}$

(3) $f(t) = \dfrac{f(0) \cdot S \cdot e^{kSt}}{f(0)\, e^{kSt} + S - f(0)}$

(4) $f(t) = S - \dfrac{\left(S - f(0)\right) S}{f(0)\, e^{kSt} + S - f(0)}$

3 Wendepunkt beim logistischen Wachstum

Die logistische Wachstumskurve geht von einer Linkskurve in eine Rechtskurve über.

a) Untersuchen Sie an Beispielen mit dem GTR, wann die größte Wachstumsgeschwindigkeit vorliegt. Formulieren Sie eine Vermutung.

CAS **b)** Beweisen Sie diese Vermutung mithilfe eines CAS.

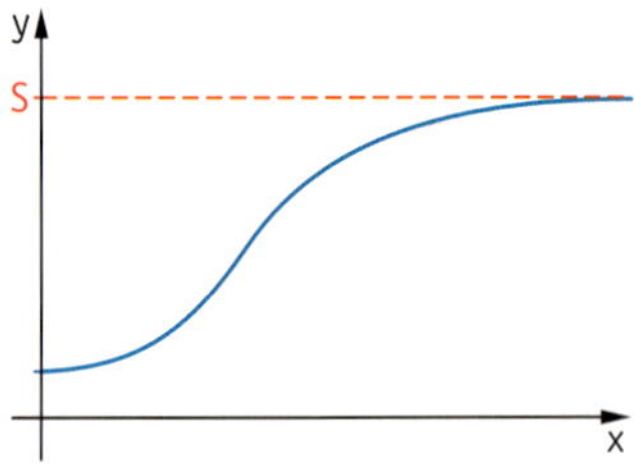

Information

(2) Wendepunkt beim logistischen Wachstum

Satz

Beim logistischen Wachstum liegt die größte Wachstumsgeschwindigkeit dort vor, wo der Bestand f(t) gerade die halbe Sättigungsgrenze S erreicht hat.

Das ist zum Zeitpunkt

$t = \dfrac{\ln\left(\frac{S}{f(0)} - 1\right)}{k \cdot S}$ der Fall.

Dort liegt der Wendepunkt des Graphen.

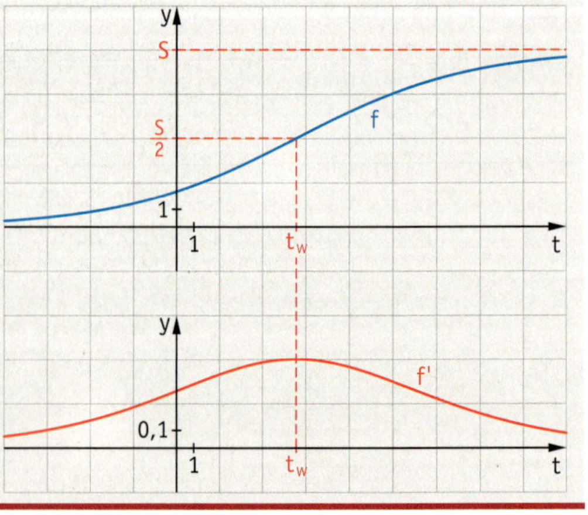

(3) Grenzfälle beim logistischen Wachstum

Wir haben gesehen, dass logistisches Wachstum zu Beginn fast wie exponentielles Wachstum und am Ende fast wie begrenztes Wachstum aussieht.

Wir wollen dies am Term der Wachstumsfunktion untersuchen.

- Für $t \to \infty$ wird im Funktionsterm in der Form (4)
$$f(t) = S - \frac{(S - f(0))S}{f(0)e^{kSt} + S - f(0)}$$
aus der weiterführenden Aufgabe 2 der Term $f(0)e^{kSt}$ immer größer, sodass er den 2. Summanden $S - f(0)$ überwiegt.
Man kann näherungsweise für $t \to \infty$ schreiben:
$$f(t) \approx S - \frac{(S - f(0))S}{f(0)e^{kSt}} = S - \frac{(S - f(0))S}{f(0)}e^{-kSt}$$
Dies ist aber der Term für ein begrenztes Wachstum mit Proportionalitätsfaktor kS zur Wachstumsgeschwindigkeit. Dieser Proportionalitätsfaktor folgt auch aus $f'(t) = k \cdot f(t)(S - f(t)) \approx k \cdot S(S - f(t))$ für $t \to \infty$.
- Für $t \to -\infty$ wird im Funktionsterm in der Form (3)
$$f(t) = \frac{f(0) \cdot S \cdot e^{kSt}}{f(0)e^{kSt} + S - f(0)}$$
im Nenner der Summand $f(0)e^{kSt}$ beliebig klein, d.h. für $t \to -\infty$ gilt näherungsweise:
$$f(t) \approx \frac{f(0)Se^{kSt}}{S - f(0)} = \frac{f(0)S}{S - f(0)}e^{kSt}$$
Dies ist aber der Term für exponentielles Wachstum mit dem Proportionalitätsfaktor kS. Dieser Proportionalitätsfaktor ergibt sich auch aus $f'(t) = kf(t)(S - f(t)) \approx kf(t)(S - 0) = kSf(t)$ für $t \to -\infty$.

Übungsaufgaben

4 In den letzten Jahren hat die Verkehrsleistung des Luftverkehrs ständig zugenommen, wie die nebenstehende Grafik zeigt.

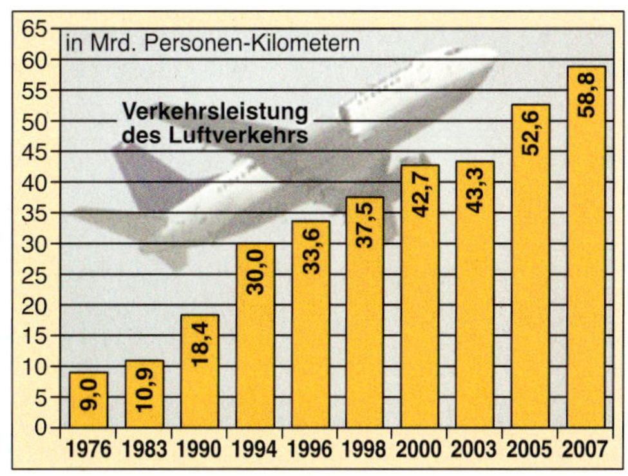

a) Erläutern Sie die verwendete Einheit *Personen-Kilometer* der Verkehrsleistung.

b) Entwerfen Sie zwei verschiedene Modelle, mit denen Sie die Entwicklung zwischen 1976 und 2007 annähernd beschreiben können, und geben Sie anhand dieser Modelle eine Prognose zur Verkehrsleistung im Jahr 2020 ab.

c) Welche Gesamtverkehrsleistung (in Milliarden Personen-Kilometern) erwarten Sie anhand Ihrer Modelle für den Zeitraum zwischen 2003 und 2020? Nehmen Sie dabei auch kritisch Stellung zu Ihren Modellannahmen.

5 In den Teichen einer Fischzuchtanlage werden zu Beginn des Jahres 2006 ca. 1200 Fische gezählt.

a) Solange sich die Fische ungestört vermehren können, kann die Entwicklung des Fischbestandes durch die Gleichung
$f'(t) = 0{,}015 \cdot f(t) \cdot (4000 - f(t))$, t in Jahren ab 2006, beschrieben werden.
Wie viele Fische sind 4 Jahre später vorhanden? Von welchem maximalen Bestand kann man ausgehen?

b) Beschreiben Sie die weitere Entwicklung des Fischbestandes bis zum Jahre 2015, wenn ab 2010 am Ende jeden Jahres 300 Fische abgefischt werden.

6

Weltenergieverbrauch – dramatischer Anstieg bis 2030

Allem Energiesparen zum Trotz: Der Verbrauch an Öl, Gas und Kohle nimmt weltweit dramatisch zu. Die Europäische Union hat Prognosen für das Jahr 2030 vorgelegt. Nach dem Szenario, mit dem heutige Trends fortgerechnet werden, steigt der Energieverbrauch bis dahin um fast 50 Prozent – bezogen auf das Vergleichsjahr 1990.

a)

Jahr	1960	1970	1980	1990	1996	2003
Welt-Energieverbrauch (in Mrd. t SKE)	4,66	7,866	10,416	12,636	13,515	15,20

Steinkohleeinheiten

(nach „Yearbook of World Energy Statistics, UN")

Überprüfen Sie die Prognose der EU für das Jahr 2030. Begründen Sie die Wahl des von Ihnen verwendeten Modells. Erläutern Sie die in der Tabelle verwendete Einheit SKE. Welche Gründe spielen für den dramatischen Anstieg des weltweiten Energieverbrauchs eine Rolle?

b) Nach einer Studie aus dem Jahr 2005 betragen die Energiereserven, die sich unter heutigen oder in naher Zukunft zu erwartenden Bedingungen technisch und wirtschaftlich abbauen lassen, etwa 960 Mrd. Tonnen SKE. In welchem Jahr wären diese Reserven nach Ihrem Modell aufgebraucht?

7 Rechts sehen Sie den Graphen einer Funktion w, die näherungsweise den jährlichen Höhenzuwachs einer Fichte beschreibt.
Die Fichte war zu Beobachtungsbeginn 1 m hoch, ihre maximale Höhe beträgt 50 m.

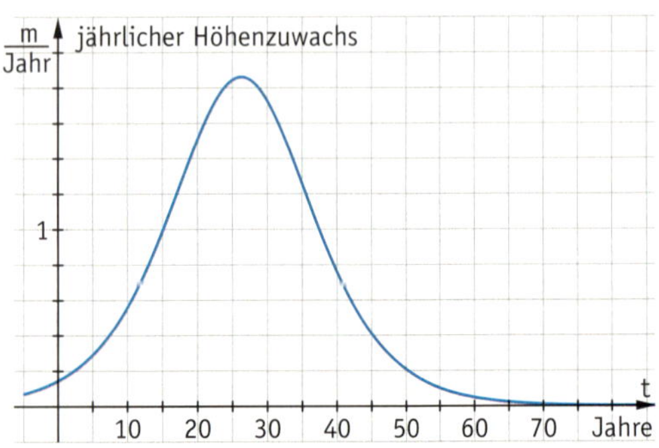

a) Skizzieren Sie den Graphen der Funktion h, welche die Höhe h(t) der Fichte zum Zeitpunkt t (in Jahren ab dem Beobachtungsbeginn) angibt.

b) Welches Wachstumsmodell wird zugrunde gelegt?

c) Nach 10 Jahren hat die Fichte eine Höhe von 4,20 m. Bestimmen Sie jeweils einen Funktionsterm für die Funktion h und die Funktion w.

8 Untersuchen Sie, ob man das Anwachsen der Anzahl der Mobil-Telefone näherungsweise durch logistisches Wachstum beschreiben kann.
Welche durchschnittlichen Handy-Anzahlen pro Einwohner würden sich ergeben?

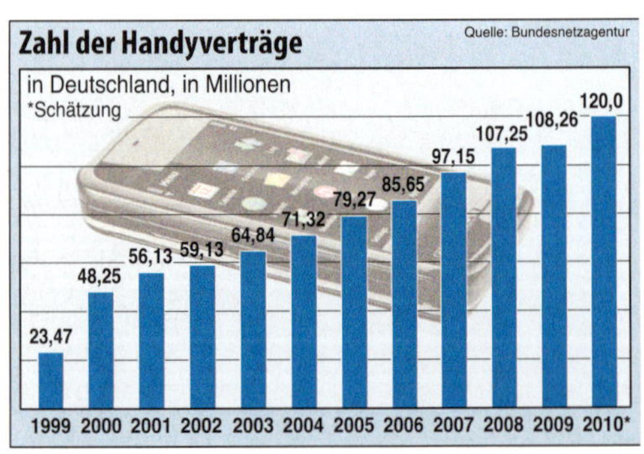

9

Auf halbem Weg zur siebten Milliarde

DSW-Datenreport 2008: Dynamik des Bevölkerungswachstums ungebrochen

Hannover, August 2008. Bis zum Jahr 2050 wird die Menschheit von heute 6,7 Milliarden Menschen auf über 9,3 Milliarden anwachsen. Dies geht aus dem DSW-Datenreport „Weltbevölkerung 2008" hervor, den die Deutsche Stiftung Weltbevölkerung (DSW) zum diesjährigen Weltbevölkerungstag herausgibt.

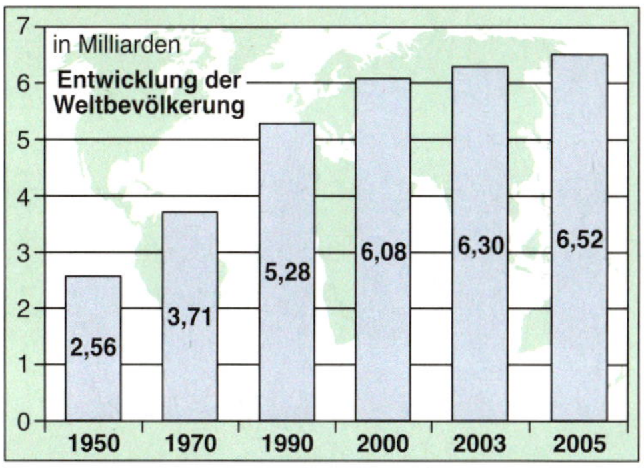

a) Bewerten Sie die Form der Darstellung der Daten in der Grafik oben kritisch. Stellen Sie dann die Entwicklung der Weltbevölkerung in einem für den Rechner geeigneten Koordinatensystem grafisch dar. Beschreiben Sie die Entwicklung ab der Mitte des 20. Jahrhunderts mithilfe eines exponentiellen Wachstumsmodells. Überprüfen Sie mit diesem Modell die Prognose der DSW für das Jahr 2050.

b) Lässt sich mit diesem Modell auch die Entwicklung der Weltbevölkerung vor 1950 gut beschreiben? Wann beginnt nach diesem Modell die Menschheitsgeschichte? Nehmen Sie zu diesem Ergebnis Stellung.

c) Geben Sie ein zweites Modell an, mit dem Sie die Entwicklung der Weltbevölkerung im Zeitraum von 1950 bis 2005 möglichst gut beschreiben können. Welche Prognose erhalten Sie bei diesem Modell für das Jahr 2050?

10 Das Wachsen einer Fichte kann mit dem Modell logistischen Wachstums beschrieben werden. Für die Höhe h(t) (in Meter) in Abhängigkeit von der Zeit t (in Jahren) gilt:

$$h(t) = \frac{80}{1 + 39\,e^{-0{,}1t}}$$

a) Ermitteln Sie ohne Verwendung eines CAS einen Term für die Wachstumsgeschwindigkeit. Stellen Sie diese auch grafisch dar.

b) Bestimmen Sie, wann die Wachstumsgeschwindigkeit maximal ist. Dokumentieren Sie einen Lösungsweg, der ohne Verwendung von CAS und GTR nachvollziehbar ist.

c) Interpretieren Sie das Ergebnis von Teilaufgabe b) am Graphen von h.

11

a) Zeigen Sie ohne Verwendung eines CAS, dass die Funktion zu $f(t) = \frac{15}{1 + 5\,e^{-30t}}$ eine Lösung der Gleichung $f'(t) = 2 \cdot f(t)\big(15 - f(t)\big)$ ist.

b) Beweisen Sie ohne Verwendung eines CAS, dass die in der Information auf Seite 127 angegebene logistische Wachstumsfunktion eine Lösung der zugehörigen Gleichung ist.

12 Beweisen Sie, dass der Wendepunkt einer logistischen Wachstumsfunktion zugleich ihr Symmetriezentrum ist, wenn man $\mathbb{R}$ als Definitionsmenge zugrunde legt.

2.7 Lösen von Differenzialgleichungen

2.7.1 Richtungsfeld – EULER-Verfahren

Einführung

Wir betrachten die Differenzialgleichung $f'(x) = -\frac{x}{f(x)}$ mit $f(x) \neq 0$.
Da $y = f(x)$, schreiben wir $f'(x) = -\frac{x}{y}$. Wir fassen nun $(x \mid y)$ als Koordinaten von Punkten der Ebene auf.
Dann kann man die Gleichung $f'(x) = -\frac{x}{y}$ so deuten:
Jedem Punkt $P(x \mid y)$ der Ebene ist eine Steigung $f'(x) = -\frac{x}{y}$ zugeordnet.

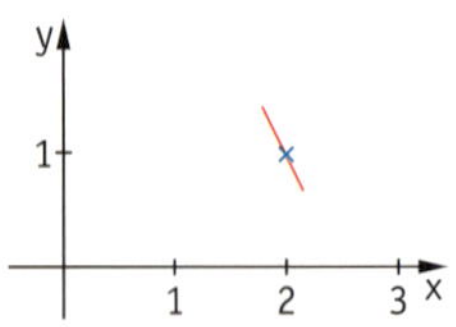

Beispiel

Dem Punkt $P(2 \mid 1)$ ist die Steigung $f'(2) = -\frac{2}{1} = -2$ zugeordnet. Man kann die Steigung durch ein kurzes Geradenstück (einen Strich) andeuten (siehe links). Denkt man sich bei jedem Punkt der Ebene einen solchen Strich gezeichnet, so erhält man das **Richtungsfeld der Differenzialgleichung** $f'(x) = -\frac{x}{f(x)}$. Jeder Strich des Richtungsfeldes gibt die Richtung an, in welcher der Graph einer Lösungsfunktion verläuft.

Zeichnet man in mehreren Punkten diese Striche ein, so erhält man einen guten Eindruck von den Graphen der Lösungsfunktion: Das Richtungsfeld der obigen Differenzialgleichung ist rotationssymmetrisch zum Ursprung. Der Graph der Lösung könnte ein Halbkreis um den Ursprung sein:

$$f(x) = \sqrt{r^2 - x^2}$$

Zur Kontrolle bilden wir die Ableitung mithilfe der Kettenregel:

$$f'(x) = \frac{1}{2\sqrt{r^2 - x^2}} \cdot (-2x) = -\frac{x}{\sqrt{r^2 - x^2}} = -\frac{x}{f(x)}$$

Entsprechendes gilt für den unteren Halbkreis.

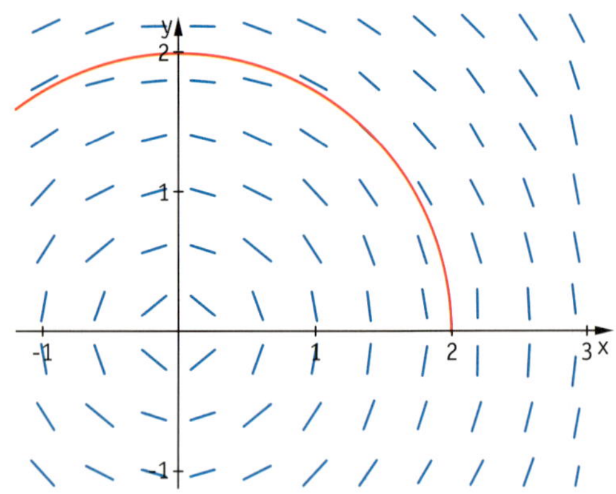

Information

Zeichnen des Richtungsfeldes der Differenzialgleichung mithilfe von CAS

Zunächst wird unter **MODE** für Graphen die Option **DIFF EQUATIONS** ausgewählt. Dann wird im **y=**-Menü die Differenzialgleichung eingegeben. Dabei ist als Variable t statt x zu wählen. Ferner kann man einen Anfangswert für die Lösungsfunktion eingeben.

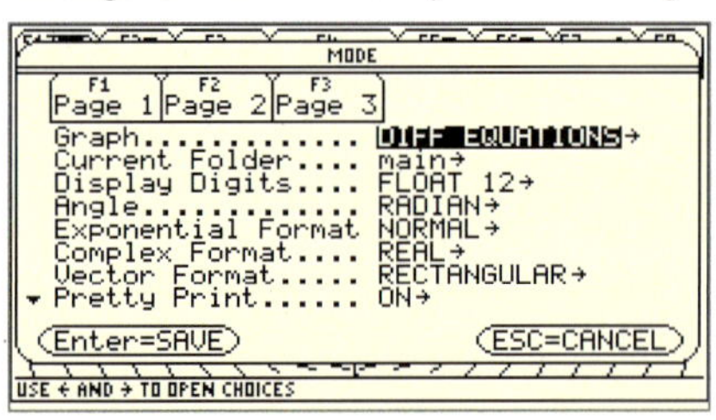

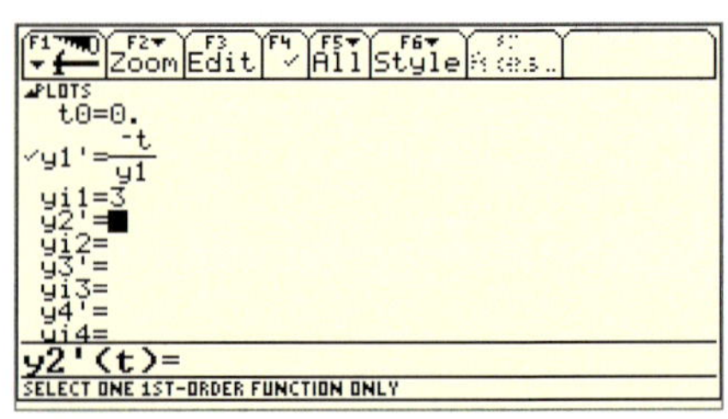

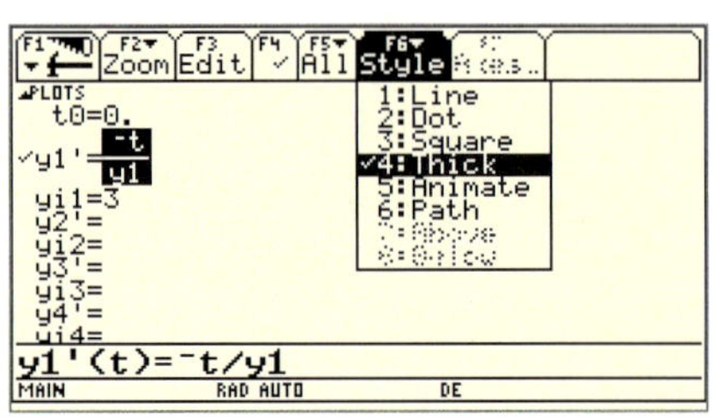

Unter Window wird das Ansichtsfenster vereinbart.

Mit dem Befehl **GRAPH** erhält man schließlich das Richtungsfeld der Differenzialgleichung und zusätzlich den Graphen der Lösungsfunktion zu dem angegebenen Anfangswert. Verzichtet man auf die Eingabe eines Anfangswertes, so erhält man nur das Richtungsfeld.

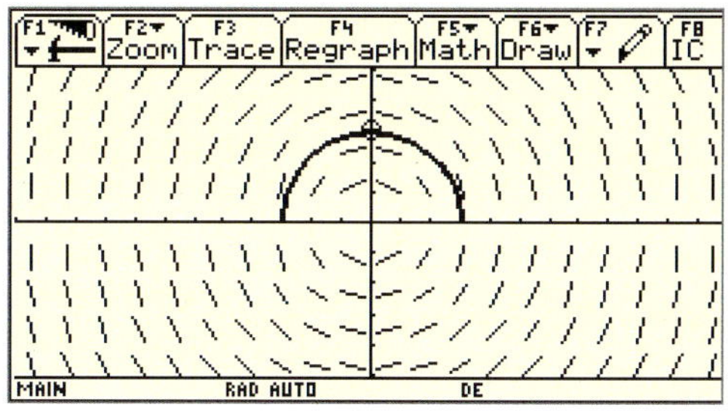

Übungsaufgaben

1 Zeichnen Sie das Richtungsfeld der Differenzialgleichung und tragen Sie näherungsweise die Graphen einiger Lösungsfunktionen in das Richtungsfeld ein.
Kann man eine Vermutung aufstellen? Bestimmen Sie anschließend die Lösungsmenge der Differenzialgleichung und vergleichen Sie das Ergebnis mit der Vermutung.

a) $f'(x) = 2\frac{f(x)}{x},\ x \neq 0,\ f(x) \neq 0$

b) $f'(x) = \frac{f(x)}{x},\ x \neq 0,\ f(x) \neq 0$

c) $f'(x) = 2x\,f(x),\ f(x) \neq 0$

d) $f'(x) = f(x),\ f(x) \neq 0$

e) $f'(x) = 2x$

f) $f'(x) = -\left(f(x)\right)^2$

2 EULER-Verfahren zum numerischen Lösen einer Differenzialgleichung

Das Richtungsfeld liefert die Idee zum näherungsweisen Lösen einer Differenzialgleichung, in der keine höhere als die 1. Ableitung vorkommt.
Man startet bei einem Punkt $P_k\left(x_k \mid f(x_k)\right)$ auf dem Graphen einer Lösungsfunktion. Daraus ergeben sich die Koordinaten eines weiteren Punktes $P_{k+1}\left(x_{k+1} \mid f(x_{k+1})\right)$ auf dem Graphen der Lösungsfunktion näherungsweise dadurch, dass man den Graphen der Funktion durch die Tangente ersetzt.

a) Begründen Sie anhand der Skizze rechts:
Für $x_{k+1} = x_k + h$ folgt
$f(x_{k+1}) = f(x_k) + h \cdot f'(x_k)$ wobei h die *Schrittweite* ist.
Dabei kann $f'(x_k)$ mithilfe der Differenzialgleichung aus dem Wertepaar $\left(x_k \mid f(x_k)\right)$ berechnet werden. Dieses Verfahren setzt man dann entsprechend fort. Hierfür kann ein Taschenrechner oder ein Computer eingesetzt werden. Für kleine Schritte h liefert dieses Verfahren eine gute Näherung.

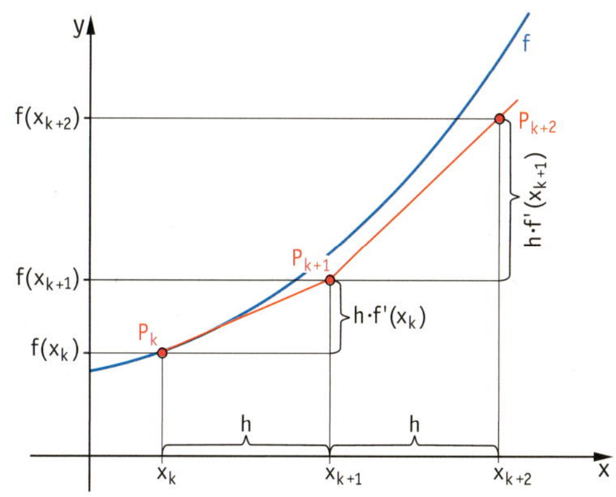

b) Gegeben sei nun die Differenzialgleichung $f'(x) = x + f(x)$.
Bestimmen Sie nach diesem Verfahren die spezielle Lösung im Intervall [1; 1,5], die durch den Punkt $P(1 \mid 1)$ verläuft. Die Schrittweite h soll 0,1 betragen.
Zeichnen Sie den Graphen.

3 Lösen Sie numerisch mit der Schrittweite $h = 0{,}1$ und der Intervalllänge 1.

a) $f'(x) = 1 - f(x)$ mit $f(0) = 0$

b) $f'(x) + 1 = f(x)$ mit $f(0) = 2$

c) $f'(x) = \frac{1}{3}\left(f(x) - 1\right)$ mit $f(1) = 2$

d) $f'(x) = \frac{f(x) - 1}{2}$ mit $f(0) = 2$

e) $f'(x) = \frac{f(x)}{2 - f(x)}$ mit $f(0) = 1$

f) $f'(x) = x^2 + f(x)$ mit $f(0) = 0$

2.7.2 Lösen durch Separation der Variablen

Einführung

(1) Problem

Gesucht sind alle Funktionen f, deren Graphen im 1. Quadranten verlaufen, für die gilt: Zeichnet man der Stelle x die Tangente an den Graphen, so schneidet diese Tangente die x-Achse an der Stelle $\frac{1}{2}x$.

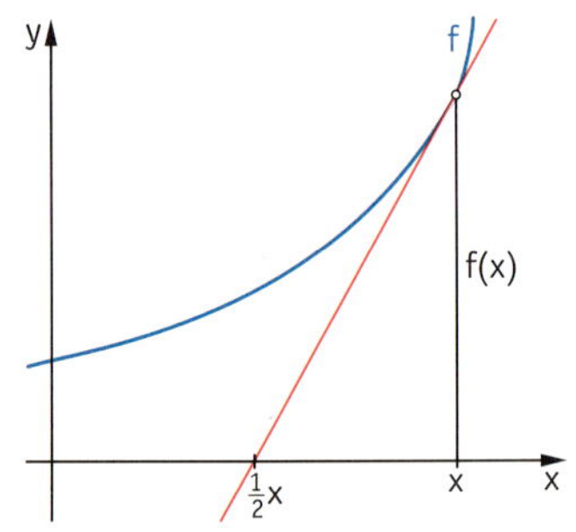

(2) Aufstellen einer Differenzialgleichung

Aus dem Steigungsdreieck der Tangente ergibt sich

$f'(x) = \frac{f(x)}{\frac{1}{2}x} = \frac{2f(x)}{x}$.

Die einschränkende Bedingung lautet $x > 0$ und $f(x) > 0$.

(3) Lösen der Differenzialgleichung nach dem Verfahren der Separation der Variablen

Beim Lösen von Gleichungen für Zahlen formt man in einem ersten Schritt häufig so um, dass die Terme mit der Variablen auf einer Seite stehen und die restlichen Terme auf der anderen Seite der Gleichung. Beim Lösen von Differenzialgleichungen ist es entsprechend günstig, die Terme mit der Funktion und ihrer Ableitung auf eine Seite zu bringen und die übrigen Terme auf die andere Seite der Differenzialgleichung.

$$f'(x) = \frac{f(x)}{\frac{1}{2}x} = \frac{2f(x)}{x} \quad | :f(x)$$

$$\frac{f'(x)}{f(x)} = \frac{2}{x}$$

In dieser Gleichung ist $f(x)$ und $f'(x)$ von dem Term $\frac{2}{x}$ getrennt („separiert").

Um die Funktion zu ermitteln, müsste man den Ableitungsterm aus der Gleichung eliminieren. Dies kann durch „Aufleiten" geschehen.

Die linke Seite ist die Ableitung der Funktion $\ln(f(x))$, die rechte die Ableitung der Funktion $2\ln(x)$. Also können wir schreiben:

$$\ln(f(x))' = (2\ln(x))'$$

Beachte: $x > 0$ und $f(x) > 0$

Wenn die Ableitungen zweier Funktionen in einem Intervall übereinstimmen, müssen die Funktionen nicht unbedingt übereinstimmen, sie können sich aber höchstens um eine additive Konstante $k \in \mathbb{R}$ unterscheiden; also:

$\ln(f(x)) = 2\ln(x) + k$ | Logarithmengesetze

$\ln(f(x)) = \ln(x^2) + k$ | $e^{(\ )}$

$e^{\ln(f(x))} = e^{\ln(x^2)+k} = e^{\ln(x^2)} \cdot e^k$ | Potenzgesetze

$f(x) = e^k \cdot x^2$ | Schreibe kürzer $c = e^k$ als neue Konstante $c > 0$.

$f(x) = cx^2$

(4) Ergebnis

Alle Lösungen der Differenzialgleichung $f'(x) = \frac{2 \cdot f(x)}{x}$ mit $x > 0$ haben den Funktionsterm $f(x) = c \cdot x^2$ mit $c > 0$. Alle diese Funktionen f erfüllen auch die Differenzialgleichung, wie folgende Probe zeigt:

Es gilt $f'(x) = 2c \cdot x$ und somit:

$\frac{2 \cdot f(x)}{x} = \frac{2 \cdot c \cdot x^2}{x} = 2cx$ für $x > 0$.

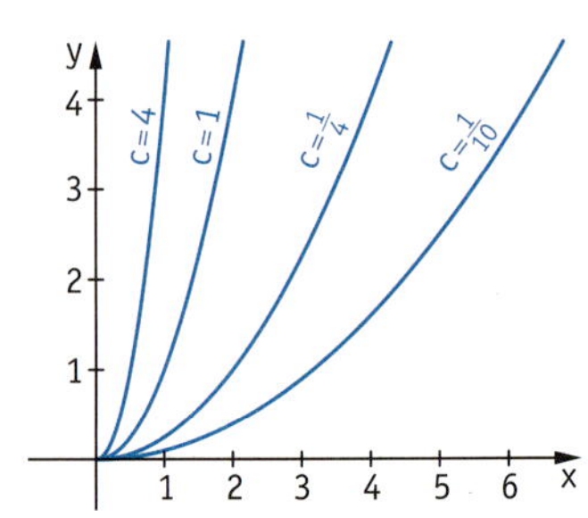

Information

$f'(x) = g(x)$ | Stammfunktion bilden

$f(x) = h(x) + c$, wobei h eine Stammfunktion von g und c eine reelle Zahl ist.

(1) Lösungsverfahren der Separation der Variablen

Man kann manchmal alle Lösungen einer Differenzialgleichung bestimmen, indem man den Funktionsterm $f(x)$ und die Ableitung $f'(x)$ auf die linke Seite der Differenzialgleichung bringt und alle übrigen Terme, wie Zahlen oder Vielfache von x, x^2, ..., auf die rechte Seite. Dann bestimmt man für beide Seiten der Differenzialgleichung die Stammfunktionen. Diese beiden Stammfunktionen können sich höchstens durch eine additive Konstante unterscheiden.

(2) Differenzialgleichungen für Wachstumsprozesse

Aus der Betrachtung der verschiedenen Wachstumsmodelle haben wir verschiedene Differenzialgleichungen erhalten.

Wachstumsmodell	Differenzialgleichung	Alle Lösungsfunktionen haben die Form
linear	$f'(t) = k$	$f(t) = k \cdot t + c$
exponentiell	$f'(t) = k \cdot f(t)$	$f(t) = c \cdot e^{k \cdot t}$
begrenzt	$f'(t) = k \cdot (S - f(t))$	$f(t) = S + c \cdot e^{-k \cdot t}$
logistisch	$f'(t) = k \cdot f(t) \cdot (S - f(t))$	$f(t) = \frac{S}{1 + c \cdot e^{-k \cdot S \cdot t}}$

Die Konstante c kann jeweils durch ein gegebenes Datenpaar $(t \mid f(t))$ angepasst werden.

Weiterführende Aufgabe

1 Lösen der Differenzialgleichungen verschiedener Wachstumsmodelle

a) Lösen Sie die Differenzialgleichung für lineares, exponentielles und begrenztes Wachstum allgemein.

b) Logistische Wachstumsfunktionen haben bekanntlich einen Funktionsterm der Form $f(x) = \frac{a}{1 + b \cdot e^{-k \cdot x}}$.
Die Funktion im Nenner erinnert an Funktionen, die begrenztes Wachstum beschreiben. Man könnte also versuchen, statt $f(x)$ den Kehrwert $\frac{1}{f(x)}$ zu betrachten. Setzen Sie $g(x) = \frac{1}{f(x)}$. Erläutern Sie die Schritte rechts. Bestimmen Sie $g(x)$ und daraus dann $f(x)$.

$$f'(x) = k \cdot f(x) \cdot (S - f(x))$$
$$-\frac{g'(x)}{(g(x))^2} = k \cdot \frac{1}{g(x)} \cdot \left(S - \frac{1}{g(x)}\right)$$
$$g'(x) = -k \cdot (S \cdot g(x) - 1)$$
$$g'(x) = -kS \cdot \left(g(x) - \frac{1}{S}\right)$$

Übungsaufgaben

2 Bestimmen Sie durch Separation die Lösungsmenge der Differenzialgleichung.

a) $f(x) = x \cdot f'(x)$; $x > 0$; $f(x) > 0$

b) $f(x) = -x \cdot f'(x)$; $x > 0$; $f(x) > 0$

3 Bestimmen Sie die Lösungsmenge der Differenzialgleichung.

a) $f'(x) \cdot (f(x))^2 = x$; $x \in \mathbb{R}$; $f(x) > 0$

b) $f'(x) \cdot (f(x))^4 = \sin x$; $x \in \mathbb{R}$; $f(x) > 0$

c) $f'(x) \cdot x^2 + f(x) \cdot 2x = x$; $x \in \mathbb{R} \setminus \{0\}$

d) $f(x) \cdot e^x + f'(x) \cdot e^x = -e^{-x}$; $x \in \mathbb{R}$

4 Bestimmen Sie die Lösungsmenge mit dem Verfahren der Separation.

a) $f'(x) = \frac{x}{(f(x))^3}$ $x \in \mathbb{R}$; $f(x) > 0$

b) $x - f(x) \cdot f'(x) = 0$; $x \in \mathbb{R}$; $f(x) > 0$

c) $f'(x) \cdot f(x) - x^2 = 3$; $x > 0$; $f(x) > 0$

d) $f'(x) = (f(x))^2 \cdot x$; $x \in \mathbb{R}$

5 Bestimmen Sie alle Funktionen f, für die gilt:
Die Tangente an den Graphen von f an der Stelle x verläuft durch den Punkt $P(1 \mid 0)$ [$P(-1 \mid 0)$; $P(0 \mid 1)$; $P(0 \mid -1)$].

2.8 Vermischte Aufgaben

1

a) Welche Prognose für die Bevölkerungszahl in Deutschland im Jahr 2050 können Sie anhand der vorliegenden Daten errechnen?

b) Neuere Prognosen gehen davon aus, dass ab dem Jahr 2006 trotz Zuwanderung die Bevölkerungszahlen in Deutschland jährlich um durchschnittlich 0,3 % abnehmen werden.
Welche Prognose erhalten Sie nach diesem Modell für das Jahr 2050?

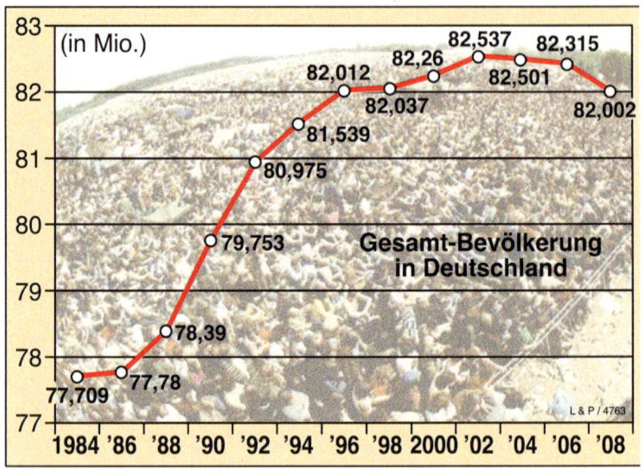

c) Eine Studie aus dem Jahr 1994 zeigt folgende Prognose für den Zeitraum von 1995 bis 2050:

Jahr	1995	2000	2005	2010	2015	2020	2025	2030	2035	2040	2045	2050
Bevölkerung (in Millionen)	81,9	82,3	82,2	81,6	80,7	79,5	78,2	76,8	75,4	74,2	73,1	72,4

Führen Sie für diese Daten eine geeignete Funktionsanpassung durch. Vergleichen Sie die tatsächliche Bevölkerungsentwicklung mit den aus diesem Modell errechneten Werten. Halten Sie dieses Modell für über das Jahr 2050 hinausgehende Prognosen geeignet? Begründen Sie Ihre Antwort.

2 Die Tabelle zeigt die Entwicklung der Haushalte mit Telefonanschluss eines Landes seit 1950:

Jahr	1950	1960	1970	1980	1990	2000	2005
Anzahl der Haushalte (in Millionen)	2,9	8,8	14,9	20,0	21,3	21,9	22,5

a) Führen Sie für die Daten eine Funktionsanpassung durch. Begründen Sie Ihre Wahl des Wachstumsmodells und geben Sie die Parameter dieses Modells an.

b) Wie viele Haushalte mit Telefonanschluss erwarten Sie im Jahr 2020? Ab welchem Jahr liegt der jährliche prozentuale Zuwachs unter 0,5 %?

c) In der Studie wurde die Funktion B mit $B(t) = 25 \cdot \left(\frac{t}{\sqrt{t^2 + 625}}\right) + 1$ zur Beschreibung des Wachstumsprozesses verwendet. Untersuchen Sie dieses Modell und präsentieren Sie Ihre Ergebnisse.

3 Der belgische Mathematiker Pierre-François Verhulst (siehe Seite 127) entwickelte das Modell des logistischen Wachstums aus den Bevölkerungsdaten der USA in den Jahren 1790 bis 1840: Zu Beginn der Beobachtung (1790) betrug die Bevölkerung 3,9 Mio. Aus den weiteren Daten wurde eine Grenze von 200 Mio. und ein Wachstumsfaktor $k = 1{,}589 \cdot 10^{-10}$ ermittelt. Berechnen Sie die damit prognostizierten Bevölkerungsdaten und vergleichen Sie diese mit den gezählten Werten.

Jahr	1790	1800	1820	1840	1860	1880	1900	1920
Einwohner USA (in Mio.)	3,9	5,3	9,6	17,1	31,4	50,2	76,0	106,5

4 In einem Wasserbehälter befinden sich zum Zeitpunkt $t = 0$ ca. $190\,m^3$ Wasser. Die Änderung des Wasservolumens kann durch die momentane Änderungsrate w mit $w(t) = 1{,}36 \cdot e^{-0{,}0272 \cdot t}$ beschrieben werden $\left(t \text{ in Tagen, } w(t) \text{ in } \frac{m^3}{\text{Tag}}\right)$.
Nimmt das Wasservolumen ab oder zu? Begründen Sie Ihre Antwort.
Welche maximale Wassermenge kann man bei dieser Entwicklung auf lange Sicht erwarten?

5 Aus einem Staubecken, das ca. 200 000 m^3 Wasser fasst, werden zur Reparatur des Staudamms etwa drei Viertel des Wassers abgelassen. Nach erfolgter Reparatur wird wieder Wasser eingelassen; die momentane Wasserzuflussrate wird in der folgenden Tabelle beschrieben:

t (in Tagen)	0	5	10	15	20	25	30	35
Momentane Zuflussrate (in m^3 pro Tag)	4 200	5 210	5 480	5 110	4 130	3 010	1 950	1 180

a) Beschreiben Sie die momentane Zuflussrate durch eine ganzrationale Funktion dritten Grades.
Wie viel Wasser ist nach 12 Tagen im Staubecken?
Nach wie vielen Tagen ist bei diesem Modell der Stausee wieder vollständig gefüllt?

b) Ein zweites Modell beschreibt die Wassermenge im Staubecken bei diesem Füllvorgang durch die Funktion w mit $w(t) = 200\,000 - \frac{600\,000}{3 + e^{0{,}112 \cdot t}}$.
Geben Sie den Funktionsterm derjenigen Funktion an, die bei diesem Modell die momentane Wasserzuflussrate beschreibt. Untersuchen Sie, zu welchem Zeitpunkt diese Zuflussrate maximal ist.

LK **6** Die Studie eines Forschungsinstituts aus dem Jahr 2004 zeigt drei verschiedene Prognosen, wie sich die Weltbevölkerung bis 2050 entwickeln könnte.

Jahr	Höchste Prognose (in Milliarden)	Mittlere Prognose (in Milliarden)	Niedrigste Prognose (in Milliarden)
2005	6,52	6,42	6,40
2010	6,98	6,81	6,71
2015	7,43	7,17	6,97
2020	7,89	7,52	7,18
2025	8,34	7,83	7,34
2030	8,79	8,11	7,45
2035	9,25	8,36	7,51
2040	9,71	8,57	7,52
2045	10,16	8,75	7,48
2050	10,62	8,91	7,39

a) Welche Modelle liegen den drei Prognosen zugrunde? Geben Sie zu jedem Modell eine Funktion an, welche die jeweilige Entwicklung der Weltbevölkerungszahlen im Zeitraum zwischen 2005 und 2050 näherungsweise beschreibt.

b) Welche Bevölkerungszahl ermitteln Sie anhand der drei Modelle für das Jahr 2100? Wie beurteilen Sie die verschiedenen Modelle im Hinblick auf langfristige Prognosen über das Jahr 2050 hinaus?

c) Untersuchen Sie, wie groß durchschnittlich die Weltbevölkerung bei den drei Modellen im Zeitraum zwischen 2005 und 2050 ist.

7

a) In welchem Jahr wird die Zahl der Autodiebstähle erstmals unter die 10 000-Grenze sinken, wenn Sie von einem exponentiellen Abnahmemodell ausgehen? Welchen jährlichen prozentualen Rückgang der Diebstahlszahlen erhält man bei diesem Modell? Nennen Sie Gründe für den drastischen Rückgang der Autodiebstähle im angegebenen Zeitraum.

b) Entwerfen Sie ein zweites Modell, das den Rückgang der Zahl der gestohlenen Pkw beschreibt. Erläutern Sie die wichtigsten Unterschiede zwischen den beiden Modellen.

Autoklau in Deutschland

In Deutschland werden immer weniger Autos gestohlen. Mit 23 771 erreichte die Diebstahlstatistik im Jahr 2005 einen neuen Tiefpunkt. Das bedeutet einen Rückgang von 17,1 Prozent im Vergleich zum Vorjahr.

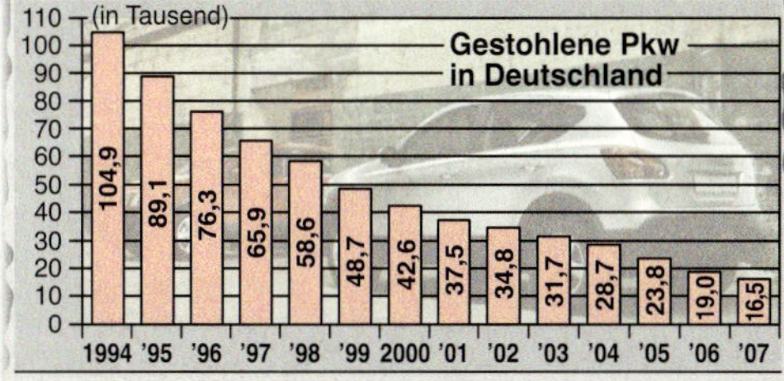

Die folgenden Aufgaben helfen Ihnen bei der Organisation des selbstständigen Lernprozesses. Zur Selbstkontrolle sind alle Lösungen dieser Aufgaben im Anhang dieses Buches abgedruckt.

1 Eine Tierpopulation hat sich in 10 Jahren von 800 auf 2500 Exemplare vermehrt.

a) Welche Funktion beschreibt diesen Prozess, wenn man exponentielles Wachstum voraussetzt?

b) Wie viel Prozent beträgt das jährliche Wachstum, wie groß ist die Verdoppelungszeit?

2 Das Alter von Getränken wie Whisky oder Wein kann nach einer Methode von LIBBY mithilfe des Gehaltes am radioaktiven Wasserstoff-Isotop Tritium ^3H bestimmt werden. Dessen Gehalt ist im natürlichen Wasserkreislauf durch Neubildung in den oberen Schichten der Atmosphäre und radioaktiven Zerfall konstant, in abgetrennten Flüssigkeitsproben kommt kein neues Tritium aus der Atmosphäre hinzu. Der Gehalt nimmt ab mit einer Halbwertszeit von 12,3 Jahren.
Wie alt ist ein Whisky, der nur noch 30 % des ursprünglichen Tritiumgehaltes aufweist?

3 Bilden Sie die 1. Ableitung und vereinfachen Sie soweit wie möglich.

a) $f(x) = e^x - 2^x$ **c)** $f(x) = \ln(x^2 + 1)$ **e)** $f_t(x) = (t + e^{-x})^2$

b) $f(x) = e^{x^2 - 3}$ **d)** $f(x) = \frac{x^2}{e^x}$ **f)** $f_k(x) = \frac{k}{1 + e^{-kx^2}}$

4 Geben Sie jeweils eine Stammfunktion zu f an.

a) $f(x) = 1 + e^{3-2x}$ **b)** $f(x) = \frac{1}{4} \cdot e^{2x} - 3 \cdot e^{-x} + 5$ **c)** $f(x) = e^{5-2x} + \frac{7}{e^{3x}}$

5 Welche Stammfunktion zu f mit $f(x) = \frac{1}{2}e^{2-x}$ hat einen Graphen, der durch $P\left(3 \middle| 2 - \frac{1}{2e}\right)$ geht?

6 Ein Karpfenteich hat Platz für höchstens 2000 Karpfen, zu Beginn befinden sich 500 Karpfen darin. Diese vermehren sich jährlich um 10 % der Differenz zwischen aktuellem und maximal möglichem Bestand.

a) Ermitteln Sie eine Funktion für den Bestand in den nächsten Jahren. Zeichnen Sie den Graphen.

b) Wann leben 1900 Karpfen in dem Teich?

c) Nach 3 Jahren werden 400 Karpfen abgefischt. Wie entwickelt sich nun der Bestand weiter?

7 Der Bestand einer Population von Walen wird in regelmäßigen Abständen von Tierschützen beobachtet und geschätzt. Dabei ergaben sich für die Jahre zwischen 1998 und 2007 folgende Bestände:

Jahr	2000	2001	2002	2003	2004	2005	2006	2007	2008	2009
Anzahl der Wale	430	500	590	720	850	1020	1200	1440	1720	2030

a) Welche Funktion beschreibt den Bestand an Walen ab 1998, wenn man exponentielles Wachstum voraussetzt? Wie groß wäre nach diesem Modell der Bestand im Jahr 2020?

b) Aufgrund des begrenzten Nahrungsangebots ist es sinnvoll, langfristig von einem logistischen Wachstumsprozess auszugehen. Auf wie viele Wale kann bei einem logistischen Modell die Population höchstens anwachsen? In welchem Jahr wäre die momentane Wachstumsrate am größten?

c) Aufgrund klimatischer Veränderungen wird das Nahrungsangebot immer knapper. Ein meeresbiologisches Institut geht deshalb davon aus, dass sich die Entwicklung des Bestands besser durch die Differenzialgleichung $f'(t) = 0{,}174 \cdot f(t) - 0{,}0000029 \cdot (f(t))^2$ mit t in Jahren ab 2007 beschreiben lässt. Welchen Walbestand erhalten Sie mit diesem Modell für das Jahr 2020, welche Höchstzahl für den Walbestand erwarten Sie?

d) Zeichnen Sie die Graphen der drei verschiedenen Wachstumsfunktionen aus den obigen Teilaufgaben in ein gemeinsames Koordinatensystem. Vergleichen Sie die Modelle miteinander.

3 Funktionsuntersuchungen

Viele Anwendungsprobleme lassen sich mithilfe von Funktionen und deren Graphen beschreiben.
Für Modellierungen mit passenden Funktionsgraphen sind Kenntnisse über Funktionen und deren Eigenschaften deshalb unerlässlich.

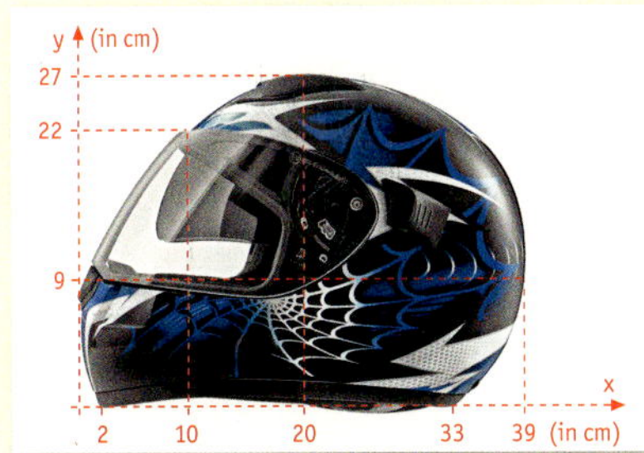

Mithilfe eines Rechners kann man leicht den Verlauf eines Funktionsgraphen, z. B. zu $f(x) = \frac{e^x}{(x^2 - 10x)^2}$, in beliebigen Ansichtsfenstern zeichnen. Dennoch bleibt die Frage offen, ob der gewählte Ausschnitt alle wesentlichen Eigenschaften des Graphen zeigt. Es ist auch möglich, dass es kein Ansichtsfenster gibt, das alle wesentlichen Eigenschaften eines Funktionsgraphen gleichzeitig zeigt.

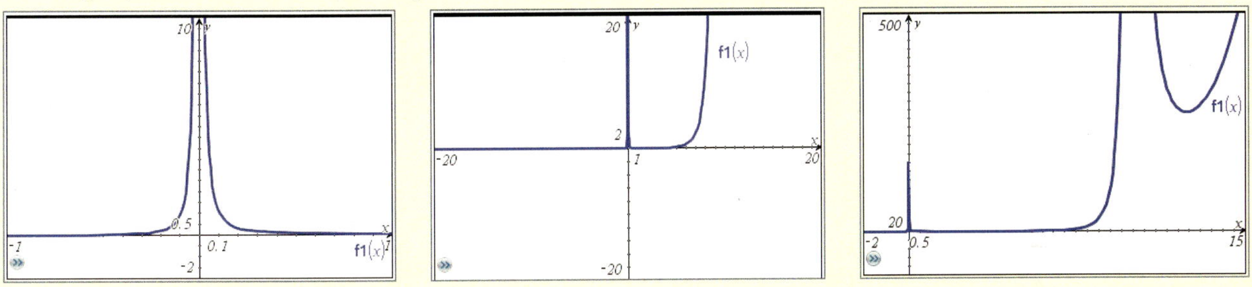

Die oben abgebildeten Ansichtsfenster eines Rechners zeigen Ausschnitte des Graphen von f.
Versuchen Sie mithilfe eines grafikfähigen Rechners oder einer anderen Software ein Ansichtsfenster zu finden, in dem alle wesentlichen Eigenschaften des Graphen von f erkennbar sind. Was stellen Sie dabei fest?
Wie könnte man das Problem beheben?

Hat man keine Möglichkeit, den Graphen einer Funktion mithilfe eines Rechners zeichnen zu lassen, kann man sich dennoch einen groben Überblick über den Verlauf des Funktionsgraphen verschaffen. Dabei kann man rechnerisch wesentliche Eigenschaften des Graphen ermitteln und diesen qualitativ skizzieren.
Bei ganzrationalen Funktionen haben Sie Kriterien kennengelernt, mit denen man aus dem Funktionsterm Eigenschaften wie z.B. Globalverlauf, Symmetrie, Nullstellen, Extrempunkte und Wendepunkte ermitteln kann.
In diesem Kapitel erweitern Sie Ihre Kenntnisse auf weitere Funktionen, deren Terme Summen, Differenzen, Produkte, Quotienten oder Verkettungen anderer Funktionsterme sind und zum Beispiel auch die e-Funktion enthalten können.

In diesem Kapitel

- untersuchen Sie Summen, Produkte, Quotienten und Verkettungen von Funktionen;
- lernen Sie weitere Ableitungs- und Integrationsregeln kennen;
- führen Sie Funktionsuntersuchungen mit Exponentialfunktionen durch;
- lösen Sie Anwendungsaufgaben mithilfe von Funktionen.

Vielfalt von Funktionsgraphen

Nullstellen bei Produkten von Funktionen

1

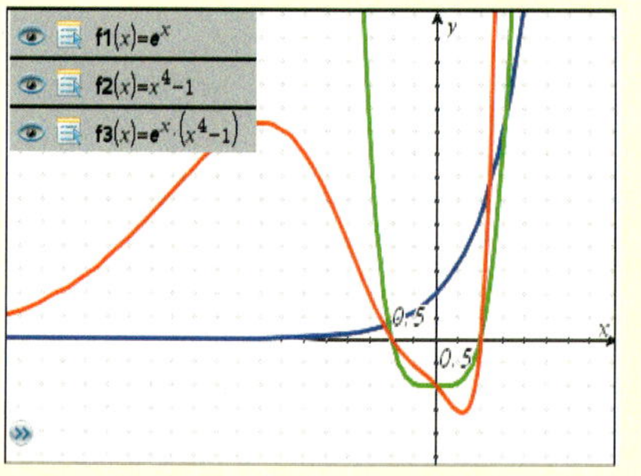

- Rechts sind die Graphen dreier Funktionen mithilfe eines Rechners dargestellt. Ordnen Sie den Funktionstermen die passenden Graphen zu.
  Welcher Zusammenhang besteht zwischen den Termen?
  Untersuchen Sie, wie die Nullstellen der Funktionen zusammenhängen, und begründen Sie diese Zusammenhänge.
  Treffen Sie auch Aussagen über Anzahl und Art der Extrema der Funktion f_3.
- Wir betrachten Funktionen von der Form $f(x) = g(x) \cdot e^x$.
  Wie viele Nullstellen und Extrema können sich ergeben, wenn g
  (1) eine lineare Funktion, (2) eine quadratische Funktion, (3) eine ganzrationale Funtion 3. Grades, (4) eine ganzrationale Funktion n-ten Grades ist? Was kann man über die Art der Extrema aussagen?

Den Rechner hinterfragen

2 Untersuchen Sie mithilfe eines grafikfähigen Rechners oder einer entsprechenden Software, ob die Funktionen f und g ein Maximum besitzen.

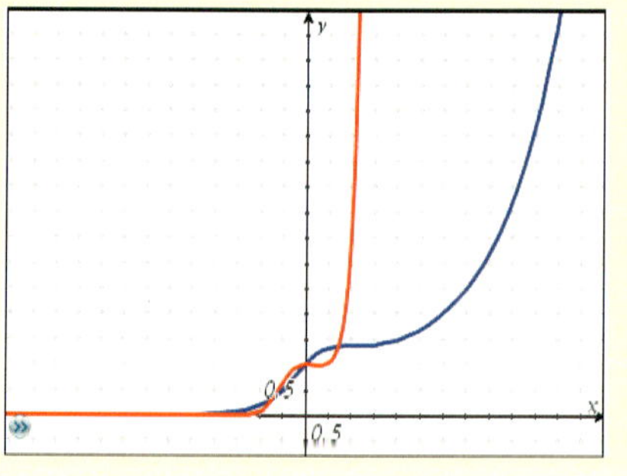

- $f(x) = \frac{e^x}{x^2 + 1}$
- $g(x) = \frac{e^{2x^3}}{x^2 + 1}$

Möglichst viel Volumen mit wenig Material

3 Eine Schachtel hat die Abmessungen: 18,5 cm × 12 cm × 4 cm. Sie wird aus einer Pappe mit den Abmessungen 26,5 cm × 34,0 cm hergestellt. Skizzieren Sie einen Bauplan und untersuchen Sie, ob sich aus dieser Pappe eine derartige Schachtel mit noch größerem Volumen herstellen lässt.

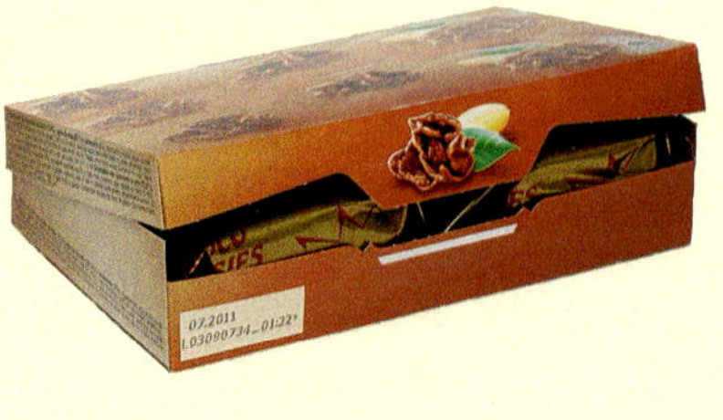

Mit dem Rechner experimentieren

4 Benutzen Sie ein geeignetes Computerprogramm, um sich einen Überblick über Funktionenscharen zu verschaffen.

a) In der Abbildung rechts wurden einige Graphen der Funktionenschar f_a mit $f_a(x) = \frac{x + a}{e^x}$ gezeichnet.
Welche Informationen über die Graphen der Funktionenschar können Sie der Abbildung entnehmen?

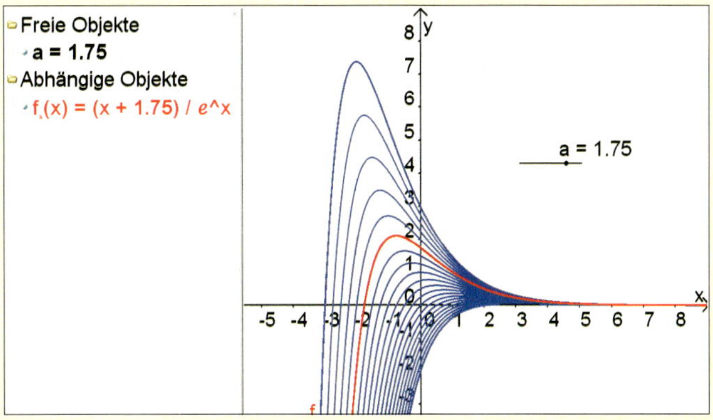

b) Gegeben ist die Funktionenschar f_a mit
$f_a(x) = (x^2 - a x) \cdot e^x$.
Verschaffen Sie sich mithilfe eines Computerprogramms einen Überblick über den Verlauf der dazugehörigen Graphen.
Tragen Sie möglichst viele Informationen darüber zusammen, wie der Parameter a den Verlauf der Graphen beeinflusst.

Divergierende Oszillationen

5

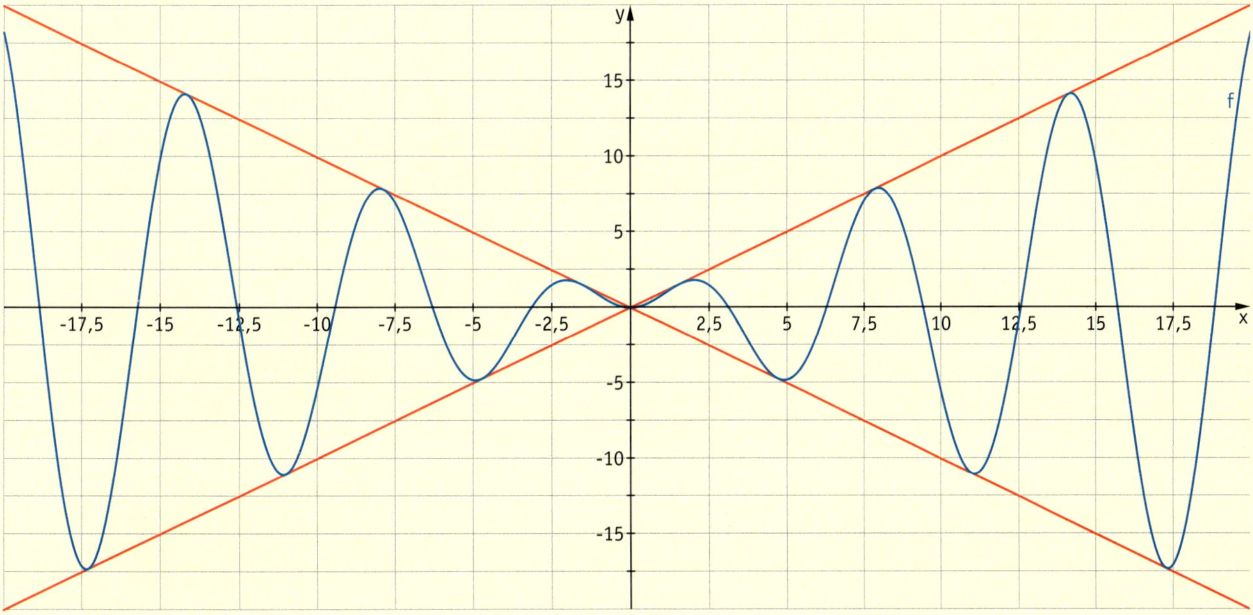

a) Oben sehen Sie den Graphen der Funktion f mit $f(x) = x \cdot \sin(x)$ sowie zwei weitere Graphen. Beschreiben Sie den Graphen von f mithilfe dieser Graphen. Begründen Sie den Verlauf.

b) Untersuchen Sie, an welchen Stellen der Graph von f die anderen Graphen berührt. Begründen Sie, warum das nicht in den Extremstellen der Fall ist.

c) Bestimmen Sie näherungsweise einige Extrempunkte des Graphen von f.

3.1 Summe und Differenz von Funktionen

In diesem Abschnitt werden Strategien zur Untersuchung der Summe und der Differenz zweier Funktionen erarbeitet.

Einstieg

Wählen Sie aus jedem „Topf" eine Funktion aus und bilden Sie die Summe der beiden gewählten Funktionen.

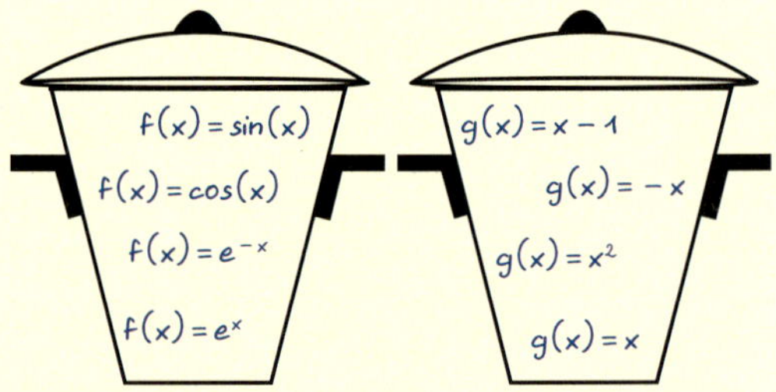

- Ermitteln Sie den ungefähren Verlauf des Graphen der Funktion h mit $h(x) = f(x) + g(x)$ aus den Verläufen der Graphen der gewählten Funktionen f und g.
- Untersuchen Sie wesentliche Eigenschaften der Funktion h, wie Schnittpunkte mit den Koordinatenachsen, Globalverlauf (also das Verhalten von f(x) für $x \to +\infty$ und $x \to -\infty$) und Extrema, indem Sie die bekannten Eigenschaften der beiden gewählten Funktionen f und g berücksichtigen.

Aufgabe

1 Die Funktion f mit $f(x) = \frac{1}{2}e^{-x} + x + 1$ soll ohne Verwendung eines grafikfähigen Rechners auf folgende Eigenschaften untersucht werden:

(1) Punkte, die man leicht finden kann,

(2) Globalverlauf, also das Verhalten für $x \to +\infty$ und $x \to -\infty$,

(3) Extrema.

Skizzieren Sie dazu zunächst die Graphen der beiden bekannten Teilfunktionen f_1 und f_2 mit $f_1(x) = \frac{1}{2}e^{-x}$ und $f_2(x) = x + 1$ und überlegen Sie, wie man daraus den Graphen der Funktion f erhält.

Gehen Sie von den bekannten Eigenschaften der beiden Teilfunktionen f_1 und f_2 aus und ermitteln Sie daraus wesentliche Eigenschaften von f.

Lösung

f_1 ist eine Exponentialfunktion, f_2 eine lineare Funktion. Wir skizzieren zunächst die Graphen der beiden Teilfunktionen f_1 und f_2.

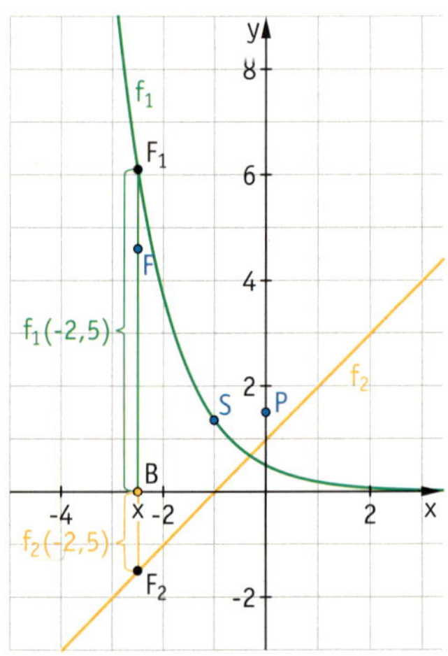

(1) Punkte, die man leicht finden kann

Den Graphen von f erhalten wir, indem wir an jeder Stelle x die zugehörigen y-Werte von f_1 und f_2 addieren. Es gilt also:

$f(x) = f_1(x) + f_2(x)$.

- Wegen $f_2(-1) = 0$ erhalten wir $f(-1) = f_1(-1) + 0$, d.h. der Punkt $S(-1\,|\,1{,}36)$ ist ein gemeinsamer Punkt der Graphen von f und f_1.
- Wir erhalten $f(0) = f_1(0) + f_2(0) = \frac{1}{2} + 1 = 1{,}5$ und damit den Punkt $P(0\,|\,1{,}5)$ als Schnittpunkt des Graphen von f mit der y-Achse.
- An den Graphen von f_1 und f_2 erkennen wir, dass die Funktionswerte beider Teilfunktionen für $x > -1$ größer als null sind. Also müssen auch die Funktionswerte von f für $x > -1$ größer als null sein.
  Da für $x > -1$ die Funktionswerte *beider* Teilfunktionen größer als null sind muss der Graph von f für $x > -1$ oberhalb des Graphen von f_2 verlaufen.
- Für $x < -1$ ist an den Graphen zu erkennen, dass die Funktionswerte von f_1 positiv und die von f_2 negativ sind. Aber wir erkennen auch, dass die Funktionswerte von f_1 betragsmäßig größer sind als

die von f_2, da an jeder Stelle $x \leq -1$ die Länge der Strecke BF_1 mit $B(x|0)$ und $F_1(x|f_1(x))$ größer ist als die Länge der Strecke BF_2 mit $F_2(x|f_2(x))$. Die Funktion f hat somit für den Bereich $x \leq -1$ keine Nullstellen. Wie wir oben bereits gesehen haben, besitzen die Graphen von f und f_1 an der Stelle −1 einen gemeinsamen Punkt. Im Bereich $x < -1$ muss der Graph von f daher unterhalb des Graphen der Exponentialfunktion f_1 verlaufen.

(2) Globalverlauf des Graphen

- Für $x \to \infty$ gilt: $f_1(x) \to 0$ mit $x > 0$ und $f_2(x) \to \infty$, wobei $f_2(x) = x + 1$.
  Damit ergibt sich für die Funktion f insgesamt: $f(x) \to f_2(x) = x + 1 \to \infty$ für $x \to \infty$
- Für $x \to -\infty$ gilt: $f_1(x) \to \infty$ und $f_2(x) \to -\infty$.
  Wie wir aber bereits unter (1) gesehen haben, sind die Funktionswerte von f_1 an jeder Stelle $x \leq -1$ betragsmäßig größer als die von f_2 und dies umso mehr, je weiter links die x-Werte auf der x-Achse liegen. Die Exponentialfunktion f_1 ist somit entscheidend für die Funktionswerte von f im negativen Bereich. Demnach gilt: $f(x) \to \infty$ für $x \to -\infty$.

(3) Extrema

Aufgrund des Globalverlaufs von f muss der Graph von f mindestens einen Tiefpunkt besitzen. Wir ermitteln die möglichen Extremstellen von f mithilfe der Ableitung:

$f'(x) = -\frac{1}{2}e^{-x} + 1$

An Extremstellen gilt: $-\frac{1}{2}e^{-x} + 1 = 0$, also $e^{-x} = 2$.

Da $x = -\ln(2) \approx -0{,}69$ die einzige Lösung der Gleichung ist, ist $-\ln(2)$ die einzige Extremstelle von f. Der Graph von f hat somit den Tiefpunkt $T(-\ln(2)\,|\,2 - \ln(2))$ bzw. näherungsweise $T(-0{,}69\,|\,1{,}3)$.

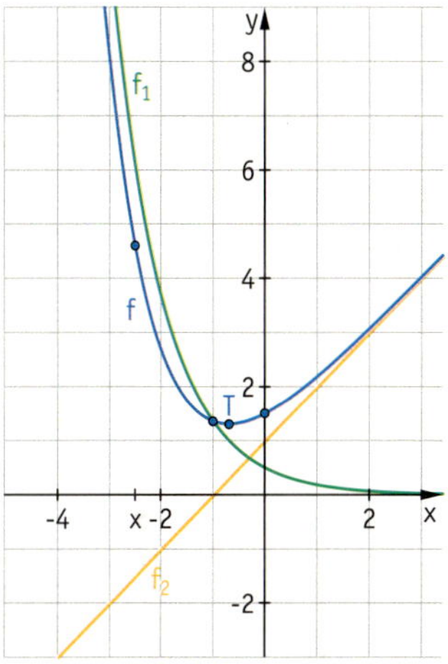

(4) Skizze des Graphen

Mithilfe der obigen Ergebnisse können wir den Graphen von f gut skizzieren.

Information **(1) Summe von Funktionen – Überlagerung von Funktionsgraphen**

Wenn der Term einer Funktion f die Summe zweier einfacher Funktionen f_1 und f_2 ist, so kann man den ungefähren Verlauf des Graphen von f aus den Verläufen der Graphen zu f_1 und f_2 ermitteln. Für jeden Funktionswert von f gilt: $f(x) = f_1(x) + f_2(x)$.

Man kann somit den Graphen von f aus den beiden Graphen von f_1 und f_2, wie im Beispiel rechts dargestellt, durch Überlagerung bestimmen.

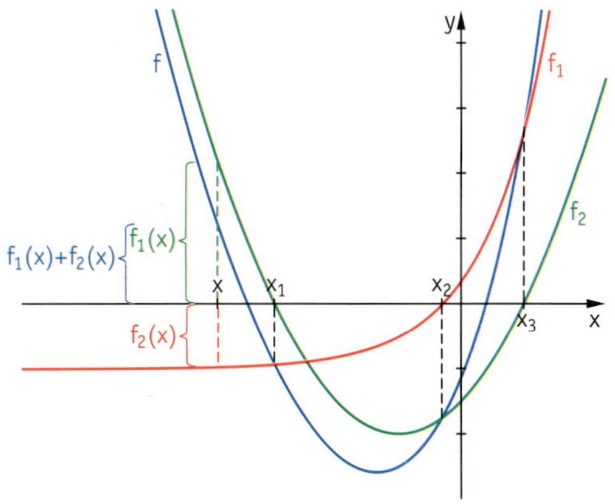

Folgende Eigenschaften der beiden Teilfunktionen f_1 und f_2 sind bei der Untersuchung der Summenfunktion besonders hilfreich:

- An der Nullstelle einer Teilfunktion haben der Graph von f und der Graph der anderen Teilfunktion einen gemeinsamen Punkt.

Zu den Beispielen siehe Abbildung.

Beispiel: Der Graph von f_1 hat eine Nullstelle bei x_2, also haben f und f_2 hier einen gemeinsamen Punkt. Der Graph von f_2 hat zwei Nullstellen bei x_1, und x_3, also haben f und f_1 hier jeweils einen gemeinsamen Punkt.

- Sind die Vorzeichen der Funktionswerte der Teilfunktionen in einem Intervall beide positiv, so verläuft der Graph von f in diesem Intervall oberhalb der beiden Graphen der Teilfunktionen f_1 und f_2.
  Beispiel: Für $x > x_3$ gilt: $f_1(x) > 0$ und $f_2(x) > 0$, und damit $f(x) > f_1(x)$ und $f(x) > f_2(x)$.
- Sind die Vorzeichen der Funktionswerte der Teilfunktionen in einem Intervall beide negativ, so verläuft der Graph von f in diesem Intervall unterhalb der beiden Graphen der Teilfunktionen.
  Beispiel: Für $x_1 < x < x_2$ gilt: $f_1(x) < 0$ und $f_2(x) < 0$, und damit $f(x) < f_1(x)$ und $f(x) < f_2(x)$.
- Sind die Vorzeichen der Funktionswerte der Teilfunktionen in einem Intervall voneinander verschieden, so verläuft der Graph von f in diesem Intervall zwischen den beiden Graphen der Teilfunktionen.
  Beispiel: Für $x_2 < x < x_3$ gilt: $f_1(x) > 0$ und $f_2(x) < 0$, und damit $f_2(x) < f(x) < f_1(x)$.
  Für $x < x_3$ gilt: $f_1(x) < 0$ und $f_2(x) > 0$, und damit $f_1(x) < f(x) < f_2(x)$.

Information

(2) Näherungsfunktion – Asymptote

In Aufgabe 1 haben wir gesehen, dass sich der Graph von f für $x \to \infty$ dem Graphen der Teilfunktion f_2 annähert. Allgemein spricht man bei einem solchen Verhalten auch von einer Näherungsfunktion.

Definition

Eine Funktion a heißt **Näherungsfunktion** einer Funktion f, falls für $x \to \infty$ gilt:
$f(x) - a(x) \to 0$
Entsprechend definiert man den Begriff der Näherungsfunktion im Fall $x \to -\infty$.

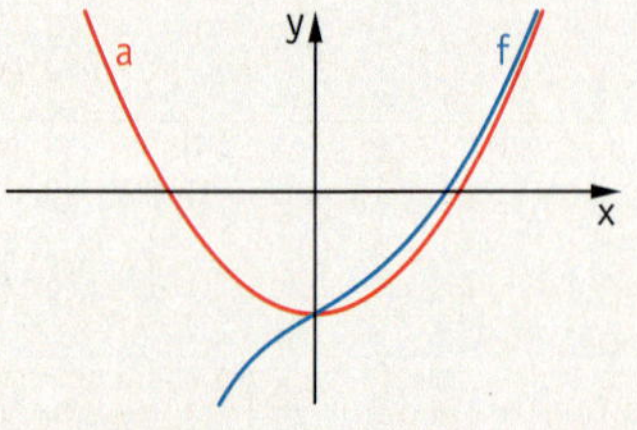

Ist die Näherungsfunktion a eine lineare Funktion, so bezeichnet man die Gerade zu $y = a(x)$ auch als **Asymptote** von f. Ist deren Steigung 0, so spricht man von einer **waagerechten Asymptote**.
Ist die Steigung der Asymptote ungleich 0, so spricht man von einer **schrägen Asymptote**.

Ist f die Summe zweier Teilfunktionen, von denen eine die x-Achse als Asymptote hat, so ist die andere Teilfunktion Näherungsfunktion der Summenfunktion f.

Beispiele

- Zu f mit $f(x) = e^{-x} + x^2$ gehört die Näherungsfunktion a mit $a(x) = x^2$ für $x \to \infty$.
- Zu f mit $f(x) = e^{x} - x$ gehört die Näherungsfunktion a mit $a(x) = -x$ für $x \to -\infty$. Dies ist eine *schräge* Asymptote, da a linear ist und eine von 0 verschiedene Steigung hat.
- Zu f mit $f(x) = e^{-x} - 1$ gehört die Näherungsfunktion a mit $a(x) = -1$ für $x \to \infty$.
  Dies ist eine *waagerechte* Asymptote, da der Graph von a die Steigung 0 hat.

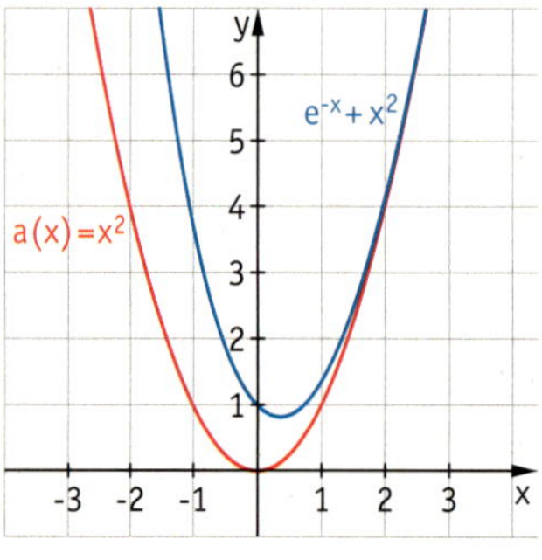

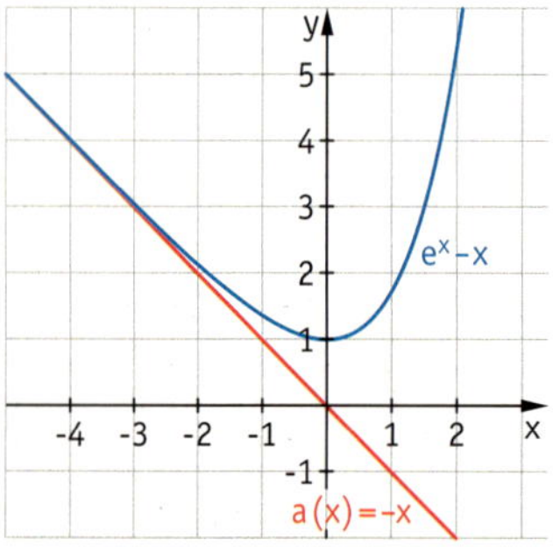

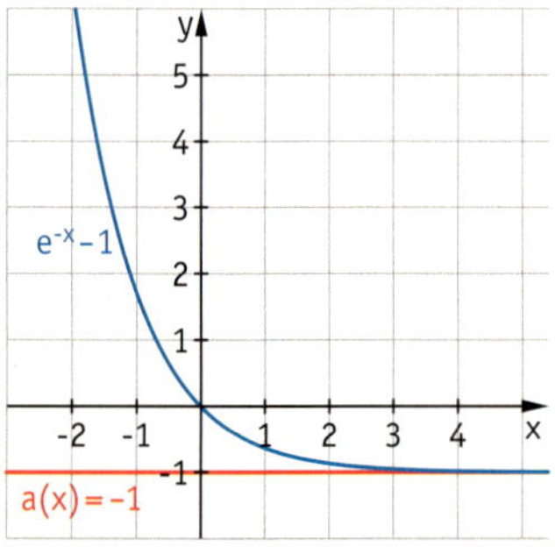

Weiterführende Aufgabe

2 Differenz von Funktionen

Skizzieren Sie den Verlauf des Graphen zu $f(x) = e^x - x^2$ ohne Verwendung eines GTR mithilfe von Teilfunktionen; schreiben Sie dazu den Funktionsterm als Summe.
Geben Sie Eigenschaften der Funktion an.

Übungsaufgaben

3 Unten abgebildet sehen Sie die Graphen zweier Funktionen. Skizzieren Sie hieraus den Graphen der Summe der beiden Funktionen.

a)

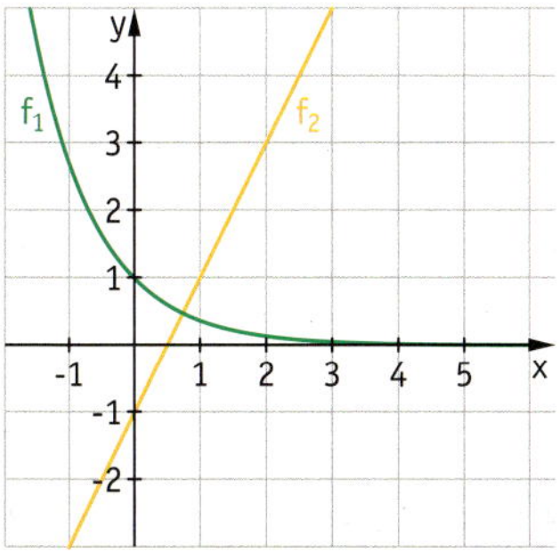

b)

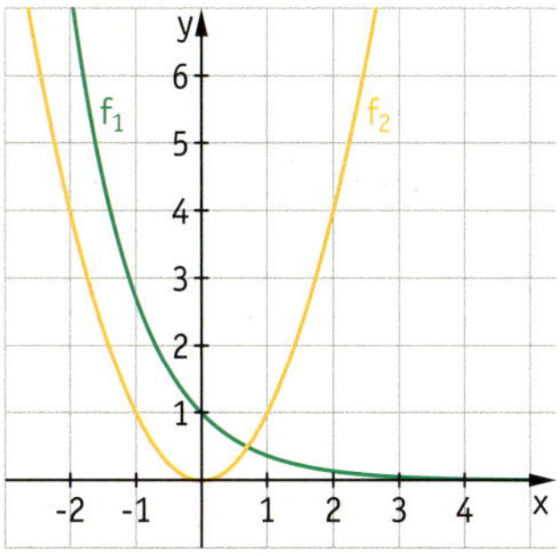

c)

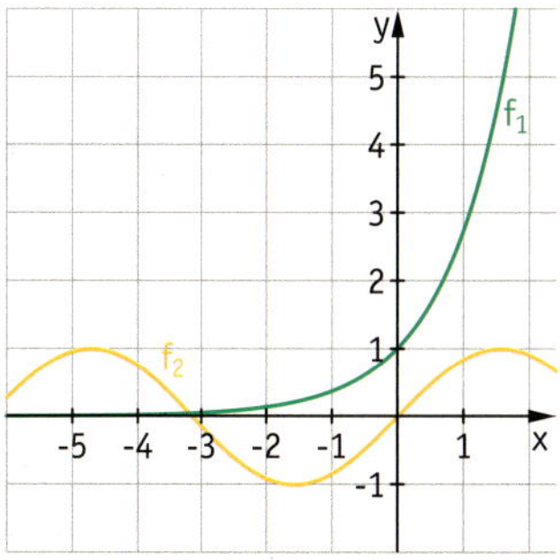

4

a) Skizzieren Sie (ohne GTR) die Graphen der e-Funktion e^x und der Funktion g mit $g(x) = x$. Versuchen Sie aus diesen Graphen den groben Graphenverlauf der Summe $f(x) = e^x + x$ zu ermitteln. Benutzen Sie möglichst keine Hilfsmittel. Untersuchen Sie folgende Eigenschaften des Graphen von f, wie das Verhalten für betragsmäßig große x, Nullstellen, Vorzeichenbereiche und Monotonie. Begründen Sie.

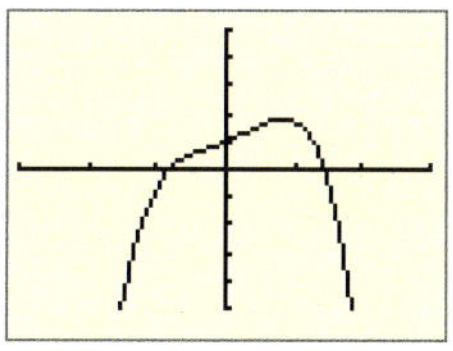

b) Untersuchen Sie, ob der Graph der Funktion $f(x) = e^x - x^4$ den abgebildeten groben Graphenverlauf hat. Nutzen Sie die Strategien aus der Information (1), indem Sie die Differenz als Summe auffassen und die beiden Summanden skizzieren.
Bestimmen Sie die Wendepunkte des Graphen mithilfe von Ableitungen.

5 Skizzieren Sie ohne Verwendung eines GTR den Verlauf des Graphen und nennen Sie Eigenschaften und Näherungsfunktionen.

a) $f(x) = e^x + \frac{1}{2}x$ **c)** $f(x) = e^x - \frac{1}{2}x - 3$ **e)** $f(x) = e^{-x} - \frac{1}{2}x^2$
b) $f(x) = e^x - x + 1$ **d)** $f(x) = e^{-x} + \frac{1}{4}x^2$ **f)** $f(x) = \sin(x) - e^{-x}$

6 Skizzieren Sie ohne Verwendung eines GTR die Graphen zu:

(1) $f(x) = e^x + e^{-x}$ (2) $f(x) = e^x - e^{-x}$ (3) $f(x) = e^{-x} - e^x$

7 Skizzieren Sie den Graphen von f.

a) $f(x) = \sin(x) - \cos(x)$ **b)** $f(x) = 2^x + x$ **c)** $f(x) = 0{,}5^x - x$ **d)** $f(x) = \cos(x) + e^x$

8 Gegeben ist die Funktionenschar f_k mit $k \in \mathbb{R}$. Zeichnen Sie mit einem Rechner für geeignete Werte von k die Graphen der Funktionen f_k. Beantworten Sie nach einem ersten Überblick die folgenden Fragen:

- Welche Nullstellen haben die Graphen?
- Welches Symmetrieverhalten weist der Graph auf?
- Welche Extrempunkte hat der Graph von f_k?

a) $f_k(x) = kx - x^2$ **b)** $f_k(x) = x^2 - kx^4$ **c)** $f_k(x) = x^3 - kx^2$ **d)** $f_k(x) = x^5 - kx^3$

9 Ordnen Sie den Funktionstermen jeweils den passenden Graphen zu.

(1) $f(x) = e^{-x^2} + x$; (2) $f(x) = e^{-2x} + \sin(2x)$; (3) $f(x) = e^{-x} + 3x - 3$.

(A)

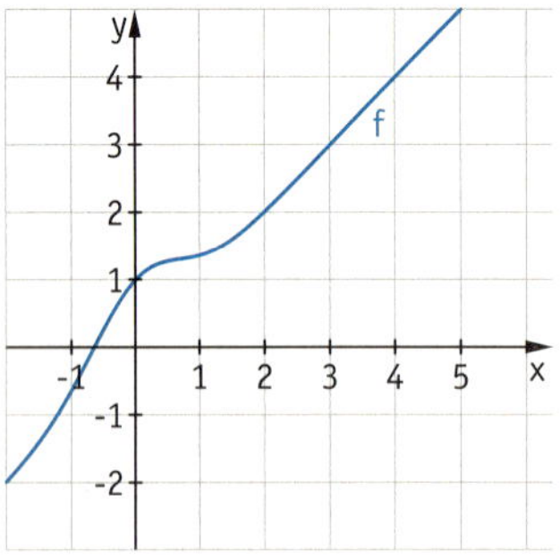

(B)

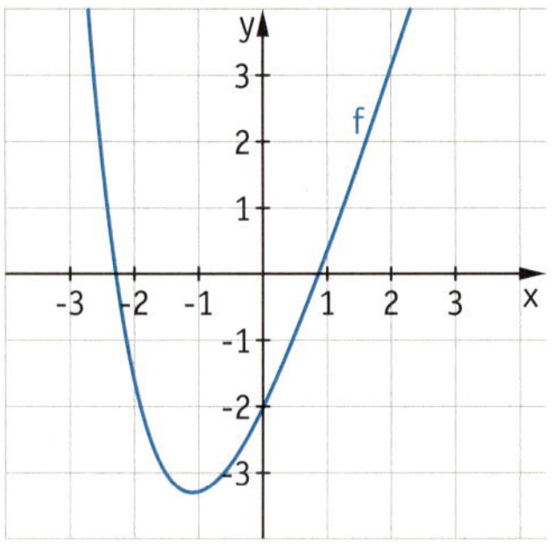

(C)

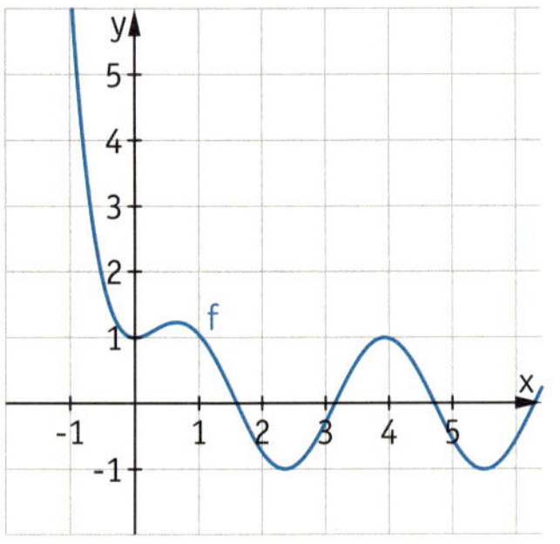

10 Begründen Sie, dass die folgenden Gleichungen keine Lösung haben.

(1) $e^x - x = 0$ (2) $\sin(x) + e^x = -2$ (3) $0{,}5^x + x = 0$

GTR **11** Lukas und Maria untersuchen, welche Kurve eine Hängebrücke bildet.
Die Brücke führt über einen 16 m breiten Schlosssee, an den Enden liegt sie jeweils 2 m über dem Wasser und hängt in der Mitte 1 m durch.
Lukas meint: *„Die Kurve sieht aus wie eine Parabel."*
Maria ist skeptisch und schaut in einem Mathematikbuch nach:

Zum Begriff Kettenlinie

Hängt man eine Kette (oder ein Seil) an den Punkten A und B auf, so nimmt die Kette unter dem Einfluss des Eigengewichts die Form einer Kettenlinie an. Man kann beweisen, dass allgemein die Gleichung einer Kettenlinie lautet: $y = \frac{a}{2}\cdot\left(e^{\frac{x}{a}} + e^{-\frac{x}{a}}\right)$, wobei $e \approx 2{,}718282$.
Hierbei ist der Parameter a mit $a > 0$ durch die mechanischen Bedingungen bestimmt.

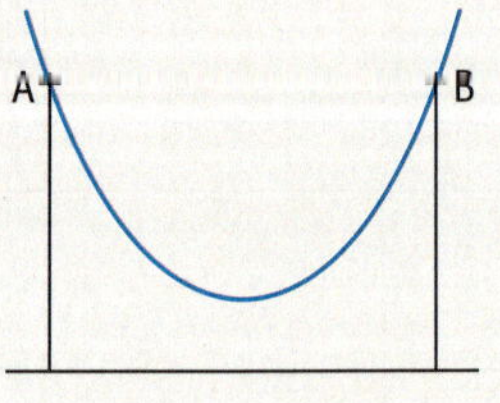

Nach der Wahl eines geeigneten Koordinatensystems haben Maria und Lukas geeignete Funktionen bestimmt, deren Graphen im Intervall $[-8; 8]$ den Verlauf der Hängebrücke wiedergeben.
Lukas gibt die Funktion f mit $f(x) = \frac{1}{64}x^2 + 1$ an.
Maria verwendet die Funktion g mit $g(x) = \frac{30}{2}\left(e^{\frac{x}{30}} + e^{\frac{-x}{30}}\right) - 29$.

a) Zeichnen Sie die Graphen von f und g im Intervall $[-8; 8]$ in ein gemeinsames Koordinatensystem und beurteilen Sie die Ergebnisse von Maria und Lukas.

b) An welchen Stellen weichen die Funktionswerte von f und g am stärksten voneinander ab?

c) Welche Idealisierungen wurden bei den Modellierungen von Maria und Lukas gemacht?

d) Untersuchen Sie, wie sich Marias verschobene Kettenlinie verändert, wenn man statt $a = 30$ andere Werte für diesen Parameter wählt.

3.2 Produkte von Funktionen – Produktregel

3.2.1 Produkte von Funktionen

Ziel

Im Abschnitt 4.1 haben wir Strategien kennen gelernt, die bei der Untersuchung von Funktionen hilfreich sind, die sich als *Summe* zweier Teilfunktionen schreiben lassen.
In diesem Abschnitt können Sie Strategien erarbeiten, die für die Untersuchung von Funktionen nützlich sind, die aus dem *Produkt* zweier Teilfunktionen bestehen.

Zum Erarbeiten

(1) Produkt zweier Funktionen

Die Funktion f mit $f(x) = \sqrt{x} \cdot \sin(x)$ soll ohne Zuhilfenahme eines grafikfähigen Rechners untersucht werden.
Dazu betrachten wir die beiden bekannten Teilfunktionen f_1 mit $f_1(x) = \sqrt{x}$ und f_2 mit $f_2(x) = \sin(x)$.
Wir zeichnen zunächst die Graphen der beiden Teilfunktionen in ein Koordinatensystem und überlegen, welche Eigenschaften von f wir aus deren Verläufen erschließen können. Bei der Zeichnung berücksichtigen wir, dass der Definitionsbereich von f durch die Wurzelfunktion eingeschränkt ist, und betrachten deshalb $x \in \mathbb{R}$ mit $x \geq 0$.

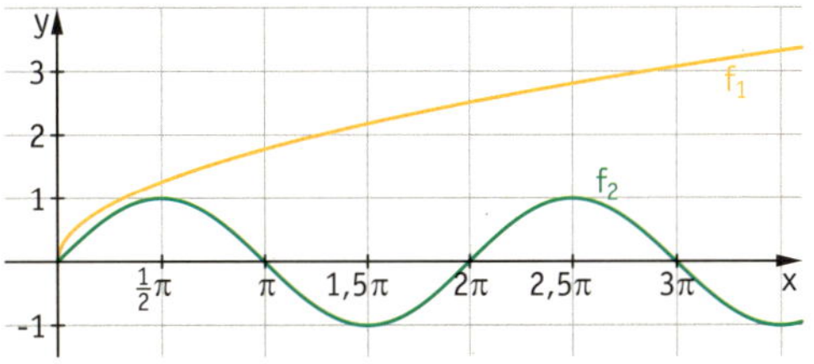

(2) Nullstellen

Jeder Funktionswert von f an einer Stelle x ist das Produkt der beiden Funktionswerte der Teilfunktionen an dieser Stelle. Somit hat f an jeder Nullstelle einer Teilfunktion ebenfalls eine Nullstelle. Hier bedeutet dies, dass jede Stelle $k \cdot \pi$ mit $k \in \mathbb{N}$ auch Nullstelle von f ist.

(3) Gemeinsame Punkte der Graphen

Hat eine Teilfunktion an einer Stelle den Funktionswert 1, so nimmt die Funktion f an dieser Stelle den Funktionswert der anderen Teilfunktion an.
Hier hat die Wurzelfunktion an der Stelle 1 den Funktionswert 1, also nimmt f an der Stelle 1 den Funktionswert der Sinusfunktion an.
Die Sinusfunktion nimmt an jeder Stelle $\frac{\pi}{2}$; $2{,}5\pi$; ...; $(4k + 1) \cdot \frac{\pi}{2}$ mit $k \in \mathbb{N}$ den Funktionswert 1 an, also nimmt f an diesen Stellen den Funktionswert der Wurzelfunktion an.
Die Sinusfunktion nimmt außerdem an jeder Stelle $1{,}5\pi$; $3{,}5\pi$; ...; $(4k - 1) \cdot \frac{\pi}{2}$ mit $k \in \mathbb{N}^*$ den Funktionswert −1 an, also nimmt f an diesen Stellen den Funktionswert der Wurzelfunktion mit entgegengesetztem Vorzeichen an. An dieser Stelle erhält man den zugehörigen Punkt des Graphen von f also als Bildpunkt des Punktes des Graphen der Wurzelfunktion bei Spiegelung an der x-Achse. Somit ist es hilfreich, auch den an der x-Achse gespiegelten Graphen der Wurzelfunktion einzuzeichnen.
Mit den Ergebnissen aus (2) und (3) können wir nun im Koordinatensystem wichtige Punkte des Graphen von f kennzeichnen.

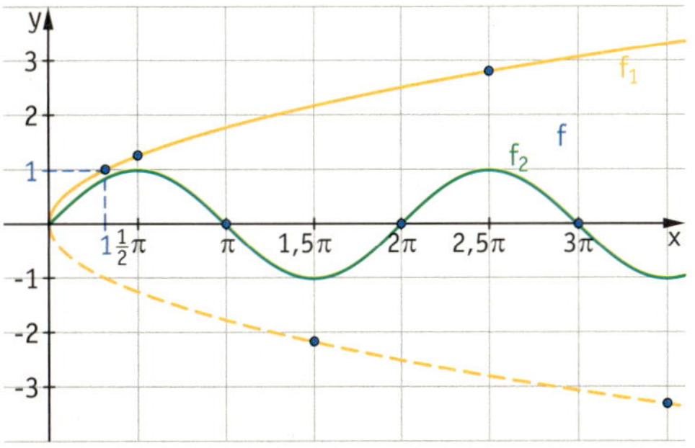

Um den Verlauf von f zwischen den gekennzeichneten Punkten zu klären, untersuchen wir die Vorzeichenbereiche und fragen nach dem Monotonieverhalten und möglichen Extrema von f.

(4) Vorzeichenbereiche

Da die Funktion f das Produkt der beiden Teilfunktionen f_1 und f_2 ist, ergibt sich das Vorzeichen für f(x) an einer Stelle x aus den Vorzeichen von $f_1(x)$ und $f_2(x)$ an dieser Stelle.

- In allen Intervallen $]2k\pi; (2k+1)\pi[$ mit $k \in \mathbb{N}$ sind die Funktionswerte der Sinusfunktion und der Wurzelfunktion positiv, also sind in diesen Intervallen auch die Vorzeichen der Funktion f positiv.
- In allen Intervallen $](2k+1)\pi; (2k+2)\pi[$ mit $k \in \mathbb{N}$ ist der Funktionswert der Sinusfunktion negativ und der Funktionswert der Wurzelfunktion positiv, also sind in diesen Intervallen die Funktionswerte der Funktion f negativ.

(5) Extrema und Monotonie

Wir betrachten z. B. das Intervall $]2\pi; 3\pi[$, in dem f positive Funktionswerte hat:

- von **2π** bis **$2{,}5\pi$**:
  Beide Teilfunktionen sind streng monoton wachsend, also wächst auch die Funktion f streng monoton.
  Außer an der Stelle $2{,}5\pi$ sind alle Werte der Sinusfunktion kleiner als 1, also sind die Funktionswerte von f dort kleiner als die Funktionswerte der Wurzelfunktion.
  Die Funktionswerte der Wurzelfunktion sind alle größer als 1, also sind die Funktionswerte von f dort größer als die Funktionswerte der Sinusfunktion.
  Der Graph von f verläuft hier also zwischen den Graphen der beiden Teilfunktionen.
- an der Stelle **$2{,}5\pi$**:
  Die Sinusfunktion nimmt an der Stelle $2{,}5\pi$ ihren maximalen Funktionswert 1 an. Da in der Umgebung von $2{,}5\pi$ gilt: $\sin(x) < 1$, berührt der Graph von f an der Stelle $2{,}5\pi$ den Graphen der Wurzelfunktion. Die Wurzelfunktion und der Graph der Funktion f haben hier also eine gemeinsame Tangente, deren Steigung größer als null ist, wie man leicht am Graphen der Wurzelfunktion erkennt. Somit liegt hier kein Hochpunkt, sondern f wächst immer noch.
- von **$2{,}5\pi$** bis **3π**:
  Die Sinusfunktion ist streng monoton fallend. Am Graphen beider Teilfunktionen erkennt man auch, dass die Sinusfunktion schon bald stärker fällt als die Wurzelfunktion wächst.

  Zur Bestimmung der genauen Lage des Hochpunkts benötigt man die Ableitung der Produktfunktion f – siehe den folgenden Abschnitt 4.2.2.

  Deshalb muss dicht hinter der Stelle $2{,}5\pi$ ein Hochpunkt des Graphen von f liegen. Nach diesem Hochpunkt fällt die Funktion f dann streng monoton. Der Graph von f liegt auch hier zwischen den Graphen der beiden Teilfunktionen.

Die obigen Überlegungen lassen sich auch auf alle anderen Intervalle mit positiven Funktionswerten von f übertragen. Nur im Intervall $[0; \pi]$ gibt es eine Besonderheit: Hier schneidet f den Graphen von f_1 an der Stelle 1.

Auch bei Intervallen, in denen f negative Funktionswerte annimmt, kann man wie oben beschrieben argumentieren, nur das hier der Graph von f spiegelverkehrt zur x-Achse verläuft.

Mit den obigen Ergebnissen können wir nun den Graphen von f skizzieren.

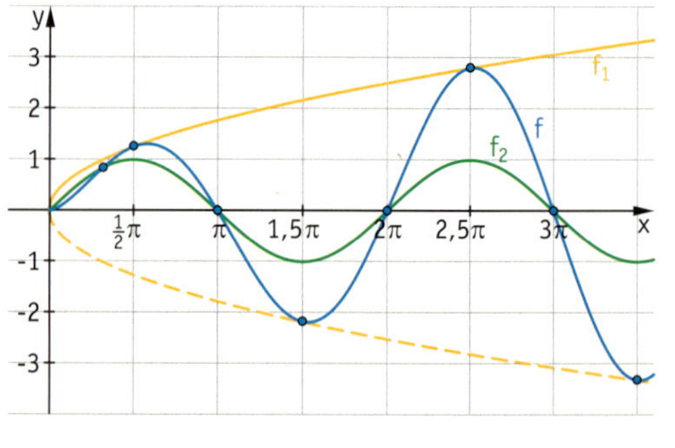

Information

Strategien bei der Untersuchung eines Produkts zweier Funktionen

Ist der Term einer Funktion f das Produkt zweier Funktionsterme $f_1(x)$ und $f_2(x)$, gilt also $f(x) = f_1(x) \cdot f_2(x)$, so kann man mithilfe der folgenden Überlegungen wesentliche Eigenschaften von f erschließen:

Nullstellen:

Jede Nullstelle einer Teilfunktion ist auch Nullstelle der Funktion f.

Beispiel: In der Abbildung rechts sind x_2 und x_5 die Nullstellen von f_2 und somit auch von f.

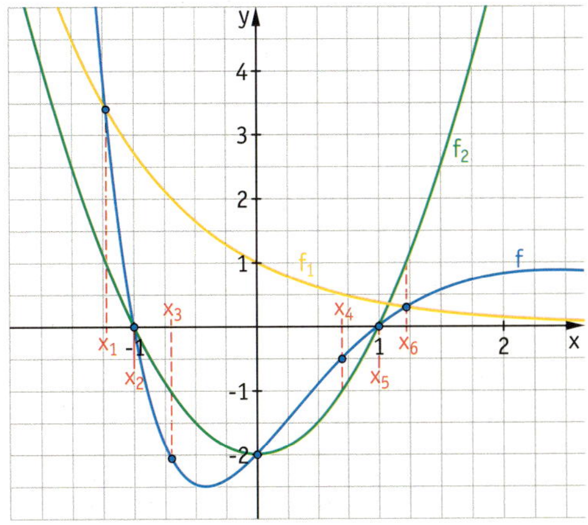

Vorzeichenbereiche:

- Haben beide Teilfunktionen an einer Stelle x Funktionswerte mit gleichem Vorzeichen, so ist der Funktionswert von f dort positiv.
  Zu den Beispielen siehe Abbildung.
  Beispiel: Für alle $x < x_2$ und alle $x > x_5$ gilt: $f(x) > 0$.
- Haben beide Teilfunktionen an einer Stelle x Funktionswerte mit unterschiedlichem Vorzeichen, so ist der Funktionswert von f dort negativ.
  Beispiel: Für $x_2 < x < x_5$ gilt: $f(x) < 0$.

Punkte, die man leicht finden kann:

- Hat eine Teilfunktion an einer Stelle den Funktionswert 1, so hat die Funktion f an dieser Stelle denselben Funktionswert wie die andere Teilfunktion. Der Graph von f berührt oder schneidet dort also den Graphen der anderen Teilfunktion.
  Beispiel: Es gilt: $f_2(x_1) = 1$ und $f_2(x_6) = 1$. Bei x_1 und x_6 haben die Graphen von f_1 und von f je einen gemeinsamen Punkt. Es gilt zudem $f_1(0) = 1$. An der Stelle 0 hat der Graph von f_2 also einen gemeinsamen Punkt mit dem Graphen von f.
- Hat eine Teilfunktion an einer Stelle den Funktionswert –1, so nimmt die Funktion f an dieser Stelle den Funktionswert der andere Teilfunktion mit umgekehrtem Vorzeichen an. Man erhält den Punkt des Graphen von f, indem man den Punkt des Graphen der anderen Teilfunktion an der x-Achse spiegelt.
  Beispiel: Es gilt: $f_2(x_3) = -1$ und $f_2(x_4) = -1$, und somit: $f(x_3) = -f_1(x_3)$ und $f(x_4) = -f_1(x_4)$.

In Zum Erarbeiten (5) haben wir gesehen, dass die Überlegungen zu Extrema und Monotonieverhalten der Produktfunktion recht aufwendig sind und man die Lage der Extrempunkte der Funktion f nur ungefähr angeben kann. Um dies zu verbessern, müsste die Ableitung der Funktion f bekannt sein. Im folgenden Abschnitt 4.2.2 erarbeiten wir daher, wie man die Ableitung einer Funktion bestimmt, die das Produkt zweier Teilfunktionen ist.

Zum Üben

1 Skizzieren Sie den Graphen von f mit $f(x) = f_1(x) \cdot f_2(x)$.

a)

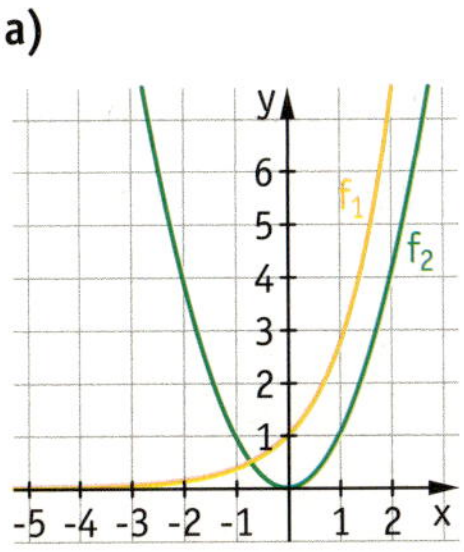

b)

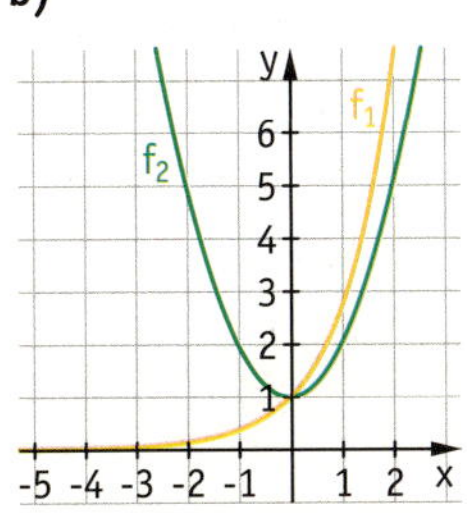

c)

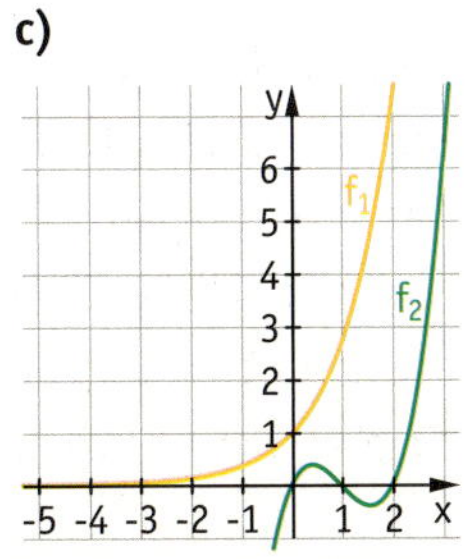

d)

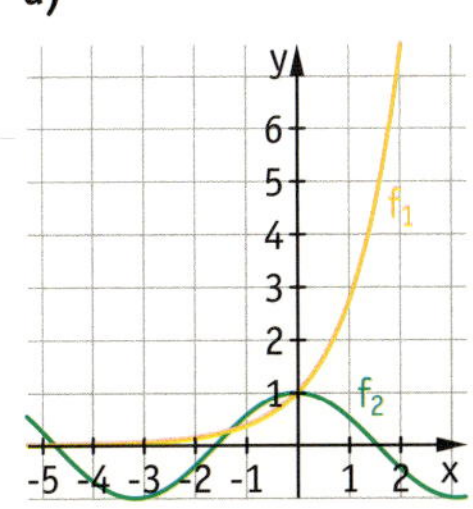

2 Untersuchen Sie den Verlauf des Graphen der Funktion f mit $f(x) = x \cdot \cos(x)$ aus den Verläufen der Graphen zu $f_1(x) = x$ und $f_2(x) = \cos(x)$.

3 Ermitteln Sie ohne Verwendung eines GTR Eigenschaften des Graphen mithilfe geeigneter Teilfunktionen. Skizzieren Sie auch die Graphen.

a) $f(x) = x e^x$ **b)** $f(x) = -x \cdot \cos(x)$ **c)** $f(x) = (2x - 1)e^{-x}$ **d)** $(1 - x^2)e^{-x}$

4 Ordnen Sie die Graphen rechts den Funktionstermen zu und begründen Sie Ihre Entscheidung.

$f_1(x) = (x - 2)e^x$ $f_2(x) = (x + 2)e^{-x}$

$f_3(x) = (x^2 - 4)e^x$ $f_4(x) = (x + 2)e^x$

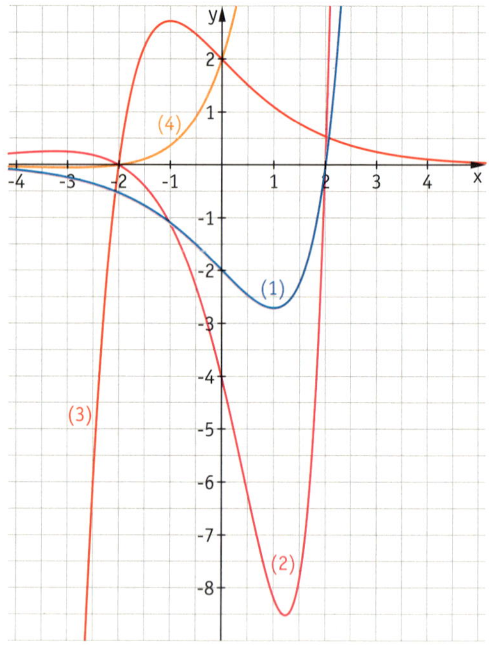

5

Wird bei einem Saiteninstrument ein Ton erzeugt, so wird der Klangkörper durch die Saiten zum Schwingen angeregt. Der Holzkörper strahlt Schallenergie ab, was die Schwingung nach und nach dämpft. Bei diesem Prozess nimmt die sogenannte Amplitude, also die maximale Auslenkung der Schwingung, exponentiell ab. Schlägt man die tiefe A-Saite einer Gitarre an, schwingt diese mit einer Frequenz von 220 Hz. Mit jeder Periode verliert die Saitenschwingung an Amplitude, bis man den Ton nicht mehr hören kann.

Die Schwingung der tiefen A-Saite kann näherungsweise durch den Graphen der Funktion

$$x(t) = x_0 \cdot e^{\frac{-t}{1000}} \cdot \sin\left(0{,}44 \cdot \pi \cdot t + \frac{\pi}{2}\right)$$

beschrieben werden, mit t in der Einheit Millisekunden.

x(t) beschreibt die Auslenkung zum Zeitpunkt t in mm. Die Auslenkung x(0) zum Zeitpunkt 0 beträgt 1 mm.

a) Skizzieren Sie den Verlauf des Graphen der obigen Funktion ohne Zuhilfenahme eines GTR, indem Sie Teilfunktionen betrachten. Interpretieren Sie den Graphen der Funktion im Sachzusammenhang.

b) Die Zeitspanne, in der man die Saitenschwingung des Instruments hören kann, wird als *Sustain* bezeichnet. Die Saitenschwingung soll als nicht mehr hörbar gelten, wenn die Auslenkung nur noch 5 % der Auslenkung zum Zeitpunkt 0 beträgt.
Wie groß ist das Sustain der Schwingung der tiefen A-Saite?

3.2.2 Produktregel – Wachstum der e-Funktion

Im vorherigen Abschnitt haben wir Produkte von Funktionen untersucht. Das genaue Bestimmen charakteristischer Punkte der Graphen solcher Funktionen, wie z. B. Extrempunkte, ist exakt nur mithilfe von Ableitungen möglich. Im Folgenden soll eine Regel entwickelt werden, mit deren Hilfe man die Ableitung einer Funktion bestimmt, die das Produkt zweier Teilfunktionen ist.

Einstieg

Christiane will die Ableitung von f mit $f(x) = x \cdot \sin(x)$ bestimmen. Sie vermutet, dass $f'(x) = 1 \cdot \cos(x)$ ist.

- Wie kommt Sie zu dieser Vermutung? Nehmen Sie dazu Stellung.
- Peter entgegnet: Die Ableitung dieser Funktion müssen wir mithilfe des Differenzenquotienten bestimmen, denn $f'(x) = \lim\limits_{h \to 0} \frac{f(x+h) - f(x)}{h}$. Führen Sie das von Peter vorgeschlagene Verfahren durch.
- Ermitteln Sie auf dieselbe Weise die Ableitung der Funktionen g und h mit $g(x) = x^2 \cdot \sin(x)$ bzw. $h(x) = x^3 \cdot \sin(x)$.
- Verallgemeinern Sie die bisherigen Ergebnisse und stellen Sie eine Regel auf, wie man Funktionen ableitet, die aus einem Produkt zweier differenzierbarer Funktionen bestehen.

Einführung

Produktregel

Wir betrachten eine Funktion f, die Produkt zweier Funktionen u und v ist:

$$f(x) = u(x) \cdot v(x)$$

Um die Ableitung von f an der Stelle x_0 zu bestimmen, bilden wir zunächst den Differenzenquotienten:

$$\frac{f(x) - f(x_0)}{x - x_0} = \frac{u(x) \cdot v(x) - u(x_0) \cdot v(x_0)}{x - x_0}$$

Um $f'(x_0)$ auf $u'(x_0)$ und $v'(x_0)$ zurückzuführen, formen wir den Term rechts so um, dass die Differenzenquotienten von u und v auftreten. Dies wird erreicht, wenn wir im Zähler des Bruches das Produkt $u(x_0) \cdot v(x)$ zugleich subtrahieren und addieren. Dann erhalten wir:

$$\frac{u(x) \cdot v(x) - u(x_0) \cdot v(x) + u(x_0) \cdot v(x) - u(x_0) \cdot v(x_0)}{x - x_0} = \frac{u(x) - u(x_0)}{x - x_0} \cdot v(x) + u(x_0) \cdot \frac{v(x) - v(x_0)}{x - x_0}$$

Nun muss untersucht werden, ob der Grenzwert des Differenzenquotienten für $x \to x_0$ existiert und welchen Wert er hat.

Haben u und v an der Stelle x_0 die Ableitungen $u'(x_0)$ und $v'(x_0)$, so gilt für $x \to x_0$:

$$\frac{u(x) - u(x_0)}{x - x_0} \to u'(x_0), \quad v(x) \to v(x_0) \quad \text{und} \quad \frac{v(x) - v(x_0)}{x - x_0} \to v'(x_0)$$

Also folgt:

$$f'(x_0) = \lim_{x \to x_0} \left[\frac{u(x) - u(x_0)}{x - x_0} \cdot v(x) + u(x_0) \cdot \frac{v(x) - v(x_0)}{x - x_0} \right] = u'(x_0) \cdot v(x_0) + u(x_0) \cdot v'(x_0)$$

So erhalten wir folgendes Ergebnis:

Satz: Produktregel

Wenn die Funktionen u und v die Ableitungen u′ und v′ haben, so hat die Funktion f mit $f(x) = u(x) \cdot v(x)$ die Ableitung:

$$f'(x) = u'(x) \cdot v(x) + u(x) \cdot v'(x).$$

Wir schreiben kurz: $(u \cdot v)' = u' \cdot v + u \cdot v'$

Beispiel

Wir bestimmen die Ableitung der Funktion f mit $f(x) = x \cdot e^x$.

Für $f(x) = u(x) \cdot v(x)$ setzen wir: $u(x) = x$ und $v(x) = e^x$

Es gilt: $u'(x) = 1$ und $v'(x) = e^x$

Damit ergibt sich:

$f'(x) = u'(x) \cdot v(x) + u(x) \cdot v'(x) = 1 \cdot e^x + x \cdot e^x = (1 + x) \cdot e^x$

Weiterführende Aufgabe

1 Wachstumsvergleich der e-Funktion mit Potenzfunktionen

a) Ermitteln Sie den Verlauf der Funktionen zu $f(x) = x^n \cdot e^{-x}$ für $n = 1$, $n = 2$, $n = 3$ und $n = 4$ mithilfe von Teilfunktionen.

b) Äußern Sie eine Vermutung für $\lim\limits_{x \to \infty} x^n e^{-x}$.

Information

Wachstum der e-Funktion im Vergleich zu Potenzfunktionen

Die Ergebnisse aus Aufgabe 1 lassen sich zu den folgenden Aussagen über das Wachstumsverhalten der e-Funktion verallgemeinern:

Satz: Wachstumsverhalten der e-Funktion

Für jede natürliche Zahl n gilt:

$\lim\limits_{x \to \infty} x^n \cdot e^{-x} = 0$ und

$\lim\limits_{x \to -\infty} x^n e^x = 0$

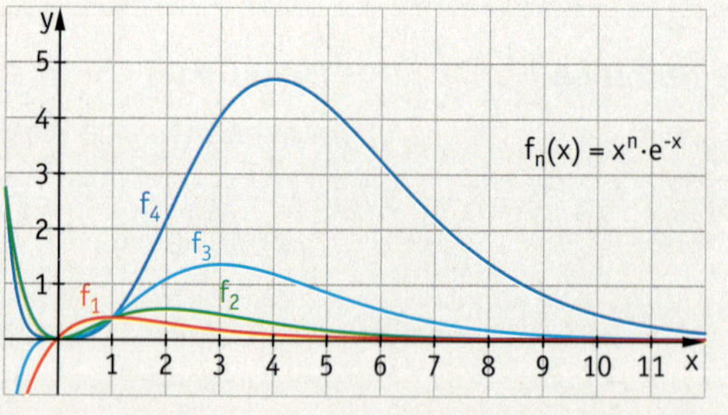

Dieser Satz besagt, dass die e-Funktion „schneller" als jede Potzenfunktion gegen ∞ anwächst.

Beweis des Satzes

(1) Bestimmung von $\lim\limits_{x \to \infty} x^n \cdot e^{-x}$

Um die Aussage $\lim\limits_{x \to \infty} x^n e^{-x} = 0$ zu beweisen, untersuchen wir die Funktion $h(x) = x^{n+1} e^{-x}$ auf Extrema.

Für die Ableitung gilt:

$h'(x) = (n + 1) x^n e^{-x} + x^{n+1} \cdot (-e^{-x})$

$= x^n e^{-x} (n + 1 - x)$

Produktregel, Kettenregel

Aus $h'(x) = 0$ folgt: $x^n = 0$ oder $n + 1 - x = 0$,

also $x = 0$ oder $x = n + 1$.

An der Stelle $n + 1$ wechselt $h'(x)$ das Vorzeichen:

Für $x < n + 1$ ist $h'(x) > 0$; für $x > n + 1$ ist $h'(x) < 0$.

Demzufolge hat h an der Stelle $n + 1$ ein lokales Maximum.

Wegen $h(0) = 0$ und $h(x) > 0$ für alle $x > 0$ gilt sogar $h(x) \le h(n + 1)$ für alle $x \ge 0$.

Das bedeutet $x^{n+1} e^{-x} \le h(n + 1)$.

Dividiert man beide Seiten dieser Ungleichung durch $x \neq 0$, so ergibt sich schließlich folgende Ungleichung für alle $x > 0$:

$$x^n e^{-x} \le \frac{h(n + 1)}{x}$$

Da $h(n+1)$ für jede natürliche Zahl n eine feste Zahl ist, liegen die Funktionswerte der Funktion zu $y = x^n e^{-x}$ also an jeder Stelle x unterhalb der Funktionswerte der Funktion zu $y = \frac{h(n+1)}{x}$.

Da die Funktionswerte dieser beiden Funktionen nicht negativ sind und die Funktion zu $y = \frac{h(n+1)}{x}$ die x-Achse als Asymptote für $x \to \infty$ hat, folgt $\lim\limits_{x \to \infty} x^n e^{-x} = 0$.

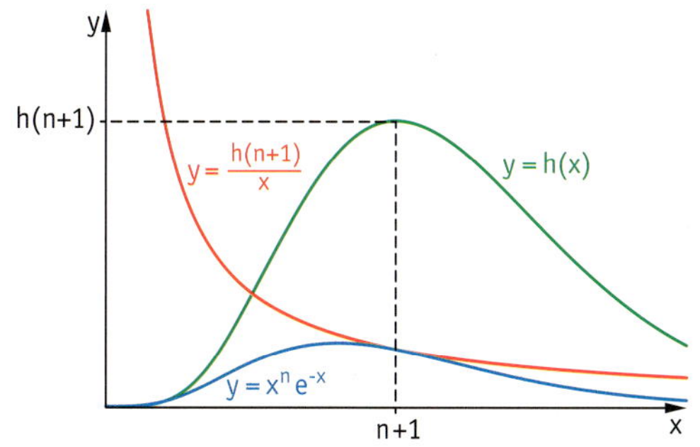

(2) Bestimmung von $\lim\limits_{x \to -\infty} x^n e^x$

Die Bestimmung von $\lim\limits_{x \to -\infty} x^n e^x$ kann man entsprechend zu dem Vorgehen in (1) vornehmen, oder aber noch einfacher auf die Bestimmung von $\lim\limits_{x \to \infty} x^n e^{-x}$ zurückführen:

Es ist $x^n \cdot e^x = (-1)^n \cdot \frac{(-x)^n}{e^{-x}}$.

Wegen $\lim\limits_{x \to \infty} \frac{x^n}{e^x} = 0$ gilt auch $\lim\limits_{x \to -\infty} x^n e^x = \lim\limits_{x \to -\infty} (-1)^n \frac{(-x)^n}{e^{-x}} = (-1)^n \lim\limits_{x \to -\infty} \frac{(-x)^n}{e^{-x}} = (-1)^n \lim\limits_{x \to \infty} \frac{x^n}{e^x} = 0$.

Übungsaufgaben

2 Leiten Sie nach der Produktregel ab.

a) $f(x) = x^2 \cdot e^x$
b) $f(x) = x \cdot \sqrt{x}$
c) $f(x) = \frac{1}{x} \cdot 2^x$
d) $f(x) = e^x \cdot \sqrt{x}$
e) $f(x) = \frac{\sqrt{x}}{x}$
f) $f(x) = \sin(x) \cdot e^x$
g) $f(x) = \sqrt{x} \cdot 3^x$
h) $f(x) = (x^2 + 1) \cdot \sin(x)$
i) $f(x) = x^3 \cdot e^x$
j) $f(x) = 4x \cdot \cos(x)$
k) $f(x) = (\sin(x))^2$
l) $f(x) = e^x \cdot (x^2 - \cos(x))$
m) $f(x) = (x^2 + e^x) \cdot \sqrt{x}$
n) $f(x) = \sqrt{x} \cdot \cos(x)$
o) $f(x) = e^x \cdot \ln(x)$
p) $f(x) = (2x^2 - 9) \cdot e^x$

3 Präzisieren und begründen Sie anhand der Grafik rechts die folgende Aussage:

„Der Graph zu $y = e^{-x}$ verläuft für $x \to \infty$ flacher als der Graph zu jeder Funktion mit $y = \frac{1}{x^n}$, $n \in \mathbb{N}$."

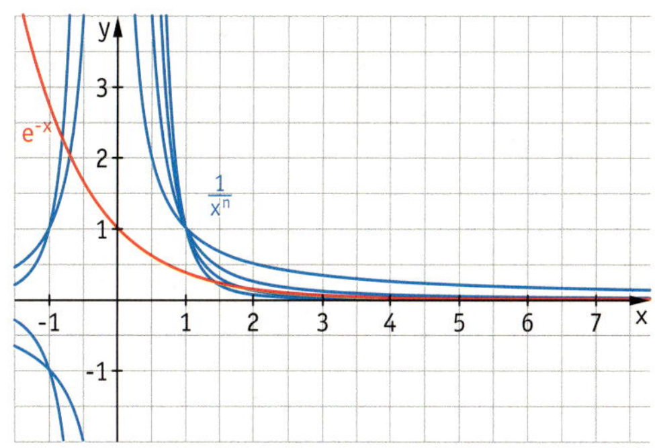

4 Antonio hat bei seinen Hausaufgaben nicht alles richtig gemacht. Korrigieren Sie, wo nötig.

a) $f(x) = x^3 \cdot \sin(x)$
$f'(x) = 3x^2 \cdot \cos(x)$

b) $f(t) = t e^t$
$f'(t) = e^t + t e^t$

c) $f(x) = e^x \cdot \cos(x)$
$f'(x) = e^x \cos(x) + e^x \sin(x)$

5 Bilden Sie die Ableitung.

a) $f(x) = (a + x) \cdot e^x$
b) $f(x) = a x^2 \cdot e^{-x}$
c) $f(x) = a\sqrt{x} \cdot \sin(x)$
d) $f(x) = \frac{\sqrt{x}}{c \cdot x}$; $(c \neq 0)$
e) $f(x) = (2ax)^2 \cdot \frac{1}{x}$
f) $f(x) = \frac{\sin(x) \cdot \cos(x)}{p}$; $(p \neq 0)$

6 Bilden Sie die erste und zweite Ableitung von f, ohne vorher die Klammern aufzulösen.

a) $f(x) = 2x(x + 1)(x^2 + 2)$
b) $f(x) = (4x - 1) \cdot (7x^3 - 4x^2 + x + 2)$
c) $f(x) = (\sin(x) - 1)^2$
d) $f(x) = (\sqrt{x} + 1)^2$

7 Ermitteln Sie die ersten drei Ableitungen der Funktion f mit $f(x) = e^x(x^2 - 1)$. Erläutern Sie, welchen Vorteil die rechts vorgenommene Termumformung nach dem Ableiten hat.

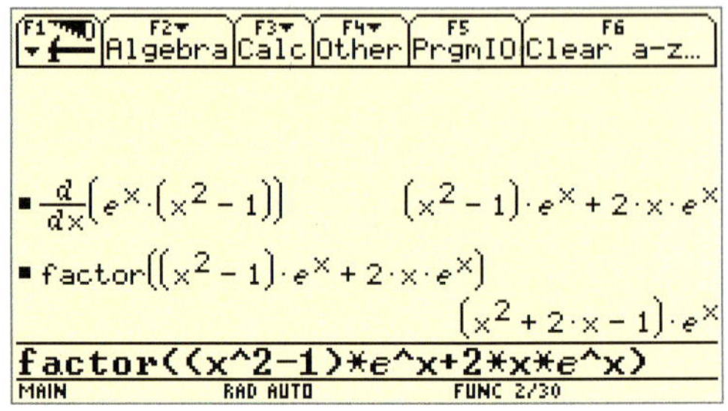

8 Gegeben ist eine Funktion f mit $f(x) = (u(x))^2$. Bestimmen Sie die Ableitung f′ und formulieren Sie eine Regel.

9 Ermitteln Sie die Ableitung zu $f(x) = (\sin(x))^2 + (\cos(x))^2$. Erklären Sie das erstaunliche Ergebnis.

10 Bestimmen Sie die Extrem- und Wendepunkte des Graphen von f ohne einen Rechner.

a) $f(x) = 5 \cdot x \cdot e^{1-x}$ **b)** $f(x) = 10 \cdot x \cdot e^{-\frac{1}{2}x^2}$

LK **11**

a) Zeigen Sie mithilfe der Kettenregel: (1) $\left((u(x))^2\right)' = 2 \cdot u(x) \cdot u'(x)$ (2) $\left((u(x))^3\right)' = 3 \cdot (u(x))^2 \cdot u'(x)$

Wie lautet vermutlich die Regel für $\left((u(x))^n\right)'$?

b) Wenden Sie die Regel aus Teilaufgabe a) auf $(\sin(x))^2$ und $(\sin(x))^3$ an.

c) Erläutern Sie, wie man mit dem Ansatz rechts und der Regel aus Teilaufgabe a) die Produktregel herleiten kann und führen Sie ihn zuende. Nennen Sie dann auch die als Voraussetzung benötigten Ableitungsregeln.

$$(u(x) + v(x))^2 = (u(x))^2 + 2u(x)v(x) + (v(x))^2$$
$$u(x)v(x) = \tfrac{1}{2}\left((u(x) + v(x))^2 - (u(x))^2 - (v(x))^2\right)$$
$$(u(x)v(x))' = \left(\tfrac{1}{2}\left((u(x) + v(x))^2 - (u(x))^2 - (v(x))^2\right)\right)'$$

LK **12** Rechts sehen Sie eine graphische Veranschaulichung des Differenzenquotienten eines Produktes von zwei Funktionen mit positiven Funktionswerten.

Erläutern Sie diese Grafik, indem Sie vom Gesamtinhalt des Rechtecks den Flächeninhalt der dunkleren blauen Fläche abziehen, dann durch h teilen und h gegen 0 gehen lassen.

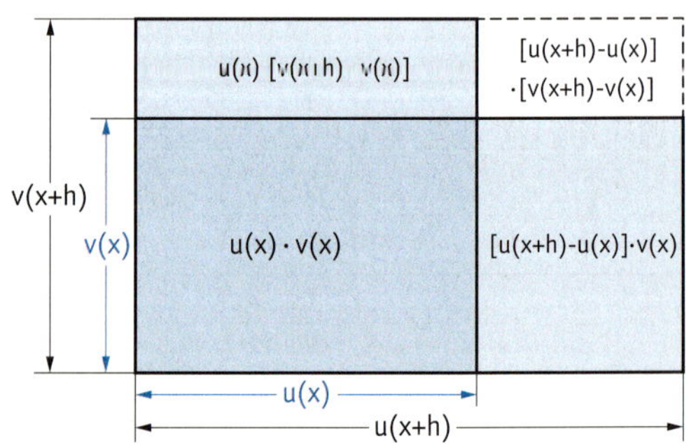

13 Die Faktorregel für die Funktion f mit $f(x) = c \cdot u(x)$ lautet $f'(x) = c \cdot u'(x)$. Sie kann als Spezialfall der Produktregel aufgefasst werden. Zeigen Sie dies.

LK **14**

a) Zeigen Sie, dass für drei Funktionen folgende Regel gilt: $(u \cdot v \cdot w)' = u' \cdot v \cdot w + u \cdot v' \cdot w + u \cdot v \cdot w'$.

Bestimmen Sie dann die Ableitung der Funktion f mit $f(x) = \frac{1}{x} \cdot \sqrt{x} \cdot \sin(x)$.

b) Verallgemeinern Sie die Regel für vier [fünf] Funktionen.

15 Liefert die Ableitung mit der Produktregel das erwartete Ergebnis?

a) $f(x) = \sqrt{x} \cdot \sqrt{x}$ **b)** $g(x) = x \cdot \frac{1}{x}$

LK 3.2.3 Partielle Integration

Bereits im Abschnitt 3.2.2 haben wir gesehen, dass es möglich ist, aus der Kettenregel eine Integrationsregel herzuleiten. Ähnlich lässt sich auch aus der Produktregel ein weiteres Integrationsverfahren entwickeln, indem man den Zusammenhang zwischen Integrieren und Differenzieren ausnutzt.

Einstieg

Erläutern Sie die Überlegungen rechts.

Bestimmen Sie damit $\int\limits_0^{\frac{\pi}{2}} x \cdot \sin(x)\,dx$.

Für $F(x) = x \cdot \cos(x)$ gilt:
$F'(x) = \cos(x) - x \cdot \sin(x)$
Aus $\int\limits_a^b F'(x)\,dx = [F(x)]_a^b$
ergibt sich
$\int\limits_a^b \cos(x)\,dx - \int\limits_a^b x \cdot \sin(x) = [x \cdot \cos(x)]_a^b$

Aufgabe

1

a) Bestimmen Sie die Ableitung der Funktion f mit $f(x) = x \cdot \sin(x)$.

b) Verwenden Sie das Ergebnis von Teilaufgabe a) zur Berechnung von $\int\limits_0^{\pi} x \cdot \cos(x)\,dx$. Leiten Sie parallel dazu eine Gleichung zur Berechnung von $\int\limits_a^b u(x) \cdot v'(x)\,dx$ her.

Lösung

a) Wir wenden die Produktregel $(u\,v)' = u'v + u\,v'$ an:

$$f'(x) = 1 \cdot \sin(x) + x \cdot \cos(x)$$
$$= \sin(x) + x \cdot \cos(x)$$

b) $f'(x) = \sin(x) + x \cdot \cos(x)$

Daraus folgt:

$x \cdot \cos(x) = f'(x) - \sin(x)$

Wir integrieren auf beiden Seiten:

$$\int\limits_0^{\pi} x \cdot \cos(x)\,dx = \int\limits_0^{\pi} f'(x)\,dx - \int\limits_0^{\pi} \sin(x)\,dx$$

$$\int\limits_0^{\pi} x \cdot \cos(x)\,dx = [f(x)]_0^{\pi} - [-\cos(x)]_0^{\pi}$$

$$\int\limits_0^{\pi} x \cdot \cos(x)\,dx = [x \cdot \sin(x)]_0^{\pi} - [-\cos(x)]_0^{\pi}$$
$$= [x \cdot \sin(x) + \cos(x)]_0^{\pi}$$
$$= -2$$

$\big(u(x) \cdot v(x)\big)' = u'(x) \cdot v(x) + u(v) \cdot v'(x)$

Daraus folgt:

$u(x) \cdot v'(x) = \big(u(x) \cdot v(x)\big)' - u'(x) \cdot v(x)$

Wir integrieren auf beiden Seiten:

$$\int\limits_a^b u(x) \cdot v'(x)\,dx = \int\limits_a^b \big(u(x) \cdot v(x)\big)'\,dx - \int\limits_a^b u'(x) \cdot v(x)\,dx$$

$$\int\limits_a^b u(x) \cdot v'(x)\,dx = [u(x) \cdot v(x)]_a^b - \int\limits_a^b u'(x) \cdot v(x)\,dx$$

Information

(1) Partielle Integration

Aus der Produktregel für die Ableitung eines Produktes zweier Funktionen lässt sich die folgende Formel gewinnen:

Satz: Produktintegration

$$\int\limits_a^b u(x) \cdot v'(x)\,dx = [u(x) \cdot v(x)]_a^b - \int\limits_a^b u'(x) \cdot v(x)\,dx$$

Dabei muss man u(x) und v'(x) so wählen, dass das rechte Integral leicht berechnet werden kann.

Beispiel

$\int_0^2 (5x+3)\cdot 2e^{2x}\,dx$ soll berechnet werden.

Setzt man $u(x) = 5x + 3$ und $v'(x) = 2e^{2x}$, so ergeben sich $u'(x) = 5$ und $v(x) = e^{2x}$. Man erhält:

$$\begin{aligned}\int_0^2 (5x+3)\cdot 2\cdot e^{2x}\,dx &= \left[(5x+3)\cdot e^{2x}\right]_0^2 - \int_0^2 5\cdot e^{2x}\,dx \\ &= \left[(5x+3)\cdot e^{2x}\right]_0^2 - \left[\tfrac{5}{2}e^{2x}\right]_0^2 = (13e^4 - 3) - \left(\tfrac{5}{2}e^4 - \tfrac{5}{2}\right) \approx 572{,}78\end{aligned}$$

Weiterführende Aufgaben

2 u (x) und v′ (x) müssen geeignet gewählt werden

Versuchen Sie das Integral $\int_0^2 (5x+3)\cdot 2e^{2x}\,dx$ aus dem Beispiel zu berechnen, indem Sie $u(x) = 2e^{2x}$ und $v'(x) = 5x + 3$ wählen. Was stellen Sie fest?

3 Mehrschrittiges Verfahren der partiellen Integration

a) Berechnen Sie das Integral $\int_1^3 x^2\cdot e^x\,dx$. Verwenden Sie dazu die Formel aus der Information mehrfach.

b) Berechnen Sie $\int_a^b (\cos(x))^2\,dx = \int_a^b \cos(x)\cdot\cos(x)\,dx$. Beachten Sie dazu: $(\sin(x))^2 = 1 - (\cos(x))^2$.

4 „Unsichtbarer" Faktor

Berechnen Sie das Integral $\int_1^e \ln(x)\,dx$. Beachten Sie dazu $\int_1^e \ln(x)\,dx = \int_1^e (\ln(x)\cdot 1)\,dx$.

Geben Sie auch eine Stammfunktion zu $f(x) = \ln(x)$ an.

5 Integration durch Reproduktion des Ausgangsintegrals

Berechnen Sie $\int_0^{\frac{\pi}{2}} (\sin(x))^2\,dx$ mittels partieller Integration und bestätigen Sie Ihr Ergebnis mithilfe von Symmetrieüberlegungen zum Funktionsgraphen.

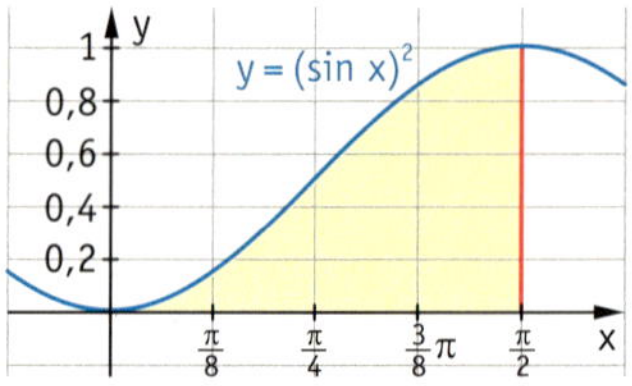

Information

(2) Mehrschrittiges Verfahren der partiellen Integration

Die partielle Integration lässt sich mehrmals hintereinander anwenden, bis das auf der rechten Seite entstehende Integral elementar lösbar ist.

Insbesondere bei Integralen der Form $\int_a^b x^n\cdot f(x)\,dx$ kann man auf diese Weise vorgehen.

Beispiel

Das Integral $\int_a^b x^2\cdot\sin(x)\,dx$ kann man bestimmen, indem man zweimal das Verfahren der partiellen Integration anwendet.

1. Schritt: $u(x) = x^2$ und $v'(x) = \sin(x)$. Man erhält:

$$\int_a^b x^2\cdot\sin(x)\,dx = \left[-x^2\cdot\cos(x)\right]_a^b - \int_a^b (-2x\cdot\cos(x))\,dx$$

2. Schritt: Auf das Integral auf der rechten Seite wendet man nun noch einmal das Verfahren der partiellen Integration an: $u(x) = -2x$ und $v'(x) = \cos(x)$ und erhält:

$$\begin{aligned}\int_a^b x^2\cdot\sin(x)\,dx &= \left[-x^2\cdot\cos(x)\right]_a^b + \left[2x\cdot\sin(x)\right]_a^b - \int_a^b 2\sin(x)\,dx \\ &= \left[-x^2\cdot\cos(x)\right]_a^b + \left[2x\cdot\sin(x)\right]_a^b + \left[2\cos(x)\right]_a^b\end{aligned}$$

(3) Integration durch Reproduktion des Ausgangsintegrals

Kann das bei der partiellen Integration auf der rechten Seite entstehende Integral durch Termumformung mit dem Ausgangsintegral oder einem Vielfachen davon identifiziert werden, so kann man es auf beiden Seiten addieren. Dann erhält man die Lösung durch einfache Äquivalenzumformungen.

Beispiel

Wir berechnen $\int_a^b (\cos(x))^2\,dx$. Da $(\cos(x))^2 = \cos(x)\cdot\cos(x)$, können wir hier das Verfahren der partiellen Integration anwenden. In diesem Fall ist $v(x) = u'(x) = \cos(x)$. Damit erhalten wir:

$$\int_a^b (\cos(x))^2\,dx = [\cos(x)\sin(x)]_b^a - \int_a^b (-\sin(x)\cdot\sin(x))\,dx$$

$$= [\cos(x)\sin(x)]_b^a + \int_a^b \left(1 - (\cos(x))^2\right)dx$$

$$= [\cos(x)\sin(x)]_b^a + [x]_b^a - \int_a^b (\cos(x))^2\,dx$$

Auf beiden Seiten der Gleichung steht nun das gesuchte Integral, wir bringen es auf eine Seite und erhalten damit:

$$2\int_a^b (\cos(x))^2\,dx = [\cos(x)\sin(x)]_b^a + [x]_b^a$$

Daraus ergibt sich:

$$\int_a^b (\cos(x))^2\,dx = \frac{1}{2}\cdot\left([\cos(x)\sin(x)]_b^a + [x]_b^a\right)$$

Übungsaufgaben

6 Berechnen Sie das Integral und geben Sie eine Stammfunktion zum Integranden an.

a) $\int_1^2 (x-2)\cdot e^x\,dx$ **b)** $\int_{-1}^1 (x+1)\,e^x\,dx$ **c)** $\int_0^5 2x\cdot e^{-x}\,dx$ **d)** $\int_1^4 x\cdot\ln(x)\,dx$

7 Berechnen Sie das Integral.

a) $\int_{-1}^2 (x^2+1)e^x\,dx$ **d)** $\int_{-2}^4 (x^2-x)\cdot e^{-x}\,dx$ **g)** $\int_1^2 \frac{\ln x}{x^2}\,dx$

b) $\int_{-3}^0 (x^2+4x+3)\,e^x\,dx$ **e)** $\int_0^1 x^3 e^x\,dx$ **h)** $\int_{-\frac{\pi}{2}}^{\frac{\pi}{2}} x^2\cdot\cos(x)\,dx$

c) $\int_{-2}^1 (-6x^2+4)\,e^x\,dx$ **f)** $\int_1^e x\cdot\ln(x)\,dx$ **i)** $\int_a^b \sin(x)\cdot e^x\,dx$

8 Ermitteln Sie eine Stammfunktion F zu f.

a) $f(x) = x e^{-2x}$ **f)** $f(x) = x^2\cdot e^{-x}$

b) $f(x) = (2x-1)\cdot e^x$ **g)** $f(x) = (x^2-3x+4)\,e^x$

c) $f(x) = x\cdot(x-1)^4$ **h)** $f(x) = x^3\cdot e^{2x}$

d) $f(x) = (2x+5)\cdot(x+2)^8$ **i)** $f(x) = x^2\cdot\ln(x)$

e) $f(x) = x\cdot\cos(x)$ **j)** $f(x) = \frac{x}{2}\sqrt{8-x}$

Beispiel:

$f(x) = x e^{2x}$

$= \left(x e^{2x} + \frac{1}{2}e^{2x}\right) - \frac{1}{2}e^{2x}$

$= \left(\frac{1}{2}x\cdot e^{2x}\right)' - \frac{1}{2}e^{2x}$, also

$F(x) = \frac{1}{2}x e^{2x} - \frac{1}{4}e^{2x} = \left(\frac{1}{2}x - \frac{1}{4}\right)e^{2x}$

9 Ursula und Severin bestimmen eine Stammfunktion zu $f(x) = \sin(x)\cdot\cos(x)$.

Ursula: $\frac{1}{2}(\sin(x))^2$; Severin: $\frac{1}{2}(\cos(x))^2$

Bestimmen Sie selbst eine Stammfunktion und nehmen Sie zu den verschiedenen Ergebnissen Stellung.

3.3 Quotienten von Funktionen – Quotientenregel

In diesem Abschnitt werden Strategien zur Untersuchung eines Quotienten zweier Funktionen erarbeitet. Dabei werden Sie auch eine Regel kennenlernen, mit der man die Ableitung des Quotienten zweier Funktionen bestimmen kann.

Einstieg

Skizzieren Sie den Verlauf des Graphen der Funktion f mit $f(x) = \frac{x^2 - x - 6}{x - 1}$ ohne einen grafikfähigen Rechner zu verwenden, indem Sie die Verläufe geeigneter Teilfunktionen betrachten.

Aufgabe

1 Gegeben ist die Funktion f mit $f(x) = \frac{x^2 - x + 1}{x - 1}$. Untersuchen Sie den Verlauf des Graphen der Funktion f unter Berücksichtigung der Verläufe der beiden Teilfunktionen f_1 und f_2 mit $f_1(x) = x^2 - x + 1$ und $f_2(x) = x - 1$ ohne einen grafikfähigen Rechner zu verwenden.

Lösung

(1) Graphen der Teilfunktionen zeichnen

Wir zeichnen zunächst die Graphen der beiden Teilfunktionen f_1 und f_2 mit $f_1(x) = x^2 - x + 1$ und $f_2(x) = x - 1$ und überlegen uns an deren Verlauf wesentliche Eigenschaften der Funktion f mit $f(x) = \frac{f_1(x)}{f_2(x)}$.

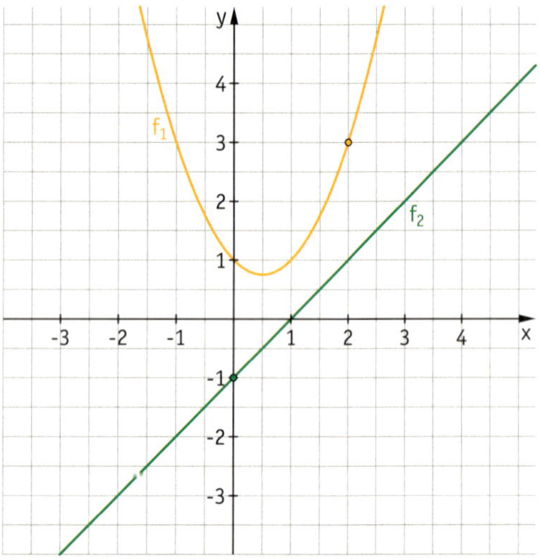

(2) Definitionsbereich

An allen Stellen, an denen die Nennerfunktion f_2 den Funktionswert null annimmt, ist die Funktion f nicht definiert.

Hier gilt $f_2(1) = 0$, also ergibt sich der Definitionsbereich D_f von f mit $D_f = \{x \in \mathbb{R} \mid x \neq 1\}$.

(3) Nullstellen

Die Funktion f kann nur an den Stellen den Funktionswert null annehmen, an den die Zählerfunktion f_1 den Wert null annimmt. Alle Nullstellen der Zählerfunktion f_1, die keine Nullstellen der Nennerfunktion f_2 sind, sind somit auch Nullstellen von f.

Wegen $x^2 - x + 1 > 0$ für alle $x \in \mathbb{R}$ hat f_1 und somit auch f keine Nullstellen.

(4) Schnittpunkte mit den Graphen der Zählerfunktion und weitere Punkte

An den Stellen, an denen die Nennerfunktion f_2 den Wert 1 annimmt, nimmt die Funktion f den Wert der Zählerfunktion f_1 an. Dort trifft also der Graph von f den Graphen von f_1.

Hier gilt: $f_2(2) = 1$, und somit: $f(2) = f_1(2) = 3$.

An den Stellen, an denen die Nennerfunktion f_2 den Wert -1 annimmt, nimmt die Funktion f den Wert der Zählerfunktion f_1 mit umgekehrten Vorzeichen an. Dort erhält man den Punkt des Graphen von f als Bildpunkt des Graphen von f_1 bei der Spiegelung an der x-Achse.

Hier gilt: $f_2(0) = -1$, und somit: $f(0) = -f_1(0) = -1$.

Mit diesen Ergebnissen können wir schon zwei Punkte des Graphen von f in das Koordinatensystem einzeichnen.

(5) Vorzeichenbereiche

Sind die Vorzeichen der Funktionswerte beider Teilfunktionen an einer Stelle x gleich, so hat der Funktionswert der Funktion f an dieser Stelle ein positives Vorzeichen.
Sind die Vorzeichen der Funktionswerte beider Teilfunktionen an einer Stelle x voneinander verschieden, so hat der Funktionswert der Funktion f an dieser Stelle ein negatives Vorzeichen.
Hier ergeben sich die folgenden Vorzeichenbereiche für f:

- Für alle x mit $x < 1$ gilt: $f_1(x) > 0$ und $f_2(x) < 0$, also $f(x) < 0$.
- Für alle x mit $x > 1$ gilt: $f_1(x) > 0$ und $f_2(x) > 0$, also $f(x) > 0$.

(6) Extremstellen und Wendestellen

Wir kennen zwar noch keine Regel für die Ableitung eines Quotienten zweier Funktionen, dennoch können wir f mithilfe der Produktregel und der Kettenregel ableiten, wie man leicht an der folgenden Schreibweise erkennt: $f(x) = \frac{x^2 - x + 1}{x - 1} = (x^2 - x + 1) \cdot (x - 1)^{-1}$
Mithilfe der oben genannten Regeln ergibt sich daraus:

$$\begin{aligned} f'(x) &= (2x - 1) \cdot (x - 1)^{-1} + (x^2 - x + 1) \cdot (-1) \cdot (x - 1)^{-2} \\ &= \frac{2x - 1}{x - 1} - \frac{x^2 - x + 1}{(x - 1)^2} \\ &= \frac{(2x - 1)(x - 1) - (x^2 - x + 1)}{(x - 1)^2} \\ &= \frac{x^2 - 2x}{(x - 1)^2} \end{aligned}$$

Wegen $x^2 - 2x = 0$ für $x_1 = 0$ und für $x_2 = 2$, kann f nur an diesen Stellen Extremstellen haben.

Auch die zweite Ableitung erhalten wir durch Anwenden der Produktregel und der Kettenregel.
Aus $f(x) = (x^2 - 2x) \cdot (x - 1)^{-2}$ ergibt sich damit:

$$\begin{aligned} f''(x) &= (2x - 2) \cdot (x - 1)^{-2} + (x^2 - 2x) \cdot (-2) \cdot (x - 1)^{-3} \\ &= \frac{2x - 2}{(x - 1)^2} - \frac{2x^2 - 4x}{(x - 1)^3} \\ &= \frac{(2x - 2)(x - 1) - 2x^2 + 4x}{(x - 1)^3} \\ &= \frac{2}{(x - 1)^3} \end{aligned}$$

Insgesamt ergibt sich:

- $f''(0) = -2 < 0$, also hat der Graph von f den Hochpunkt $H(0 \mid -1)$.
- $f''(2) = 2 > 0$, also hat der Graph von f den Tiefpunkt $T(2 \mid 3)$.
- Da $f''(x) = \frac{2}{(x - 1)^3} \neq 0$ für alle $x \in D_f$, hat der Graph von f keine Wendepunkte.

(7) Verhalten der Funktionswerte für $x \to \infty$ und $x \to -\infty$ und in der Umgebung der Stelle 1

Um den Graphen von f mit $f(x) = \frac{x^2 - x + 1}{x - 1}$ zu skizzieren, untersuchen wir noch das Verhalten der Funktionswerte für $x \to \infty$ und $x \to -\infty$ und das Verhalten der Funktionswerte in der Nähe von $x = 1$.
Mithilfe der Polynomdivision oder durch Termumformung erhält man $f(x) = \frac{x^2 - x + 1}{x - 1} = \frac{x(x - 1) + 1}{x - 1} = x + \frac{1}{x - 1}$.
Am Term $f(x) = x + \frac{1}{x - 1}$ erkennt man:

Die Gerade zu $y = x$ ist also eine schräge Asymptote des Graphen von f.

- Wenn $x \to \infty$, dann $\frac{1}{x - 1} \to 0$ und somit $f(x) \to x$, also $f(x) \to \infty$.
- Wenn $x \to -\infty$, dann $\frac{1}{x - 1} \to 0$ und somit $f(x) \to x$, also $f(x) \to -\infty$.
- Wenn $x \to 1$ mit $x < 1$, dann $\frac{1}{x - 1} \to -\infty$, also $f(x) \to -\infty$.
  Je mehr man sich der Stelle 1 von links nähert, desto näher ist der Wert des Nenners bei null und desto mehr strebt der Funktionswert gegen $-\infty$.
- Wenn $x \to 1$ mit $x > 1$, dann $\frac{1}{x - 1} \to \infty$, also $f(x) \to \infty$.
  Je mehr man sich der Stelle 1 von rechts nähert, desto näher ist der Nenner bei null und desto mehr strebt der Funktionswert gegen ∞.

(8) Wertebereich

Aus dem Verlauf des Graphen von f für betragsmäßig große x und dem Verhalten der Funktionswerte in der Nähe von $x = 1$ und dem Hochpunkt $H(0 \mid -1)$ sowie dem Tiefpunkt $T(2 \mid 3)$ ergibt sich $W_f = \{y \in \mathbb{R} \mid y \leq -1 \text{ oder } y \geq 3\}$.

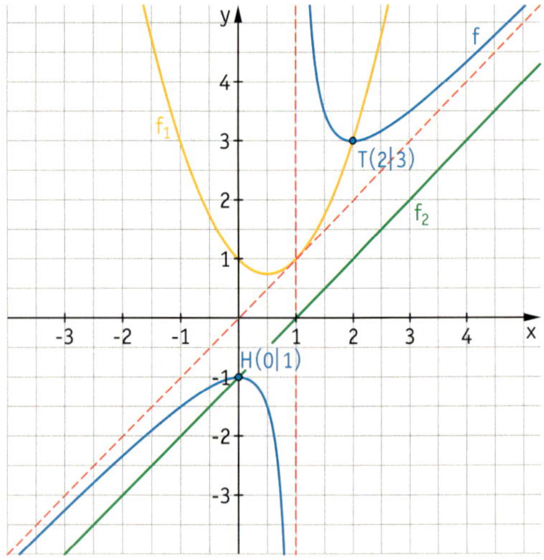

(9) Besonderheiten im Verlauf des Graphen

- Nähern sich die x-Werte von links dem Wert 1, dann gilt: $f(x) \to -\infty$
- Nähern sich die x-Werte von rechts dem Wert 1, dann gilt: $f(x) \to \infty$
- Für $x \to \infty$ und $x \to -\infty$ gilt: $f(x) \to x$

Information

(1) Strategien bei der Untersuchung eines Quotienten zweier Funktionen

Ist der Term einer Funktion f der Quotient zweier Teilfunktionen f_1 und f_2, gilt also $f(x) = \frac{f_1(x)}{f_2(x)}$, so kann man mithilfe folgender Überlegungen wesentliche Eigenschaften der Funktion f erschließen:

Besonderheiten:

An allen Stellen, an denen die Nennerfunktion f_2 den Wert null annimmt, ist die Funktion f nicht definiert.

Man spricht deshalb an diesen Stellen von **Definitionslücken** der Funkton f.

Zu den Beispielen siehe Abbildung.

Beispiel: Die Funktion f_2 in der Abbildung hat an der Stelle -2 eine Nullstelle.

Die Funktion f hat dort also eine Definitionslücke.

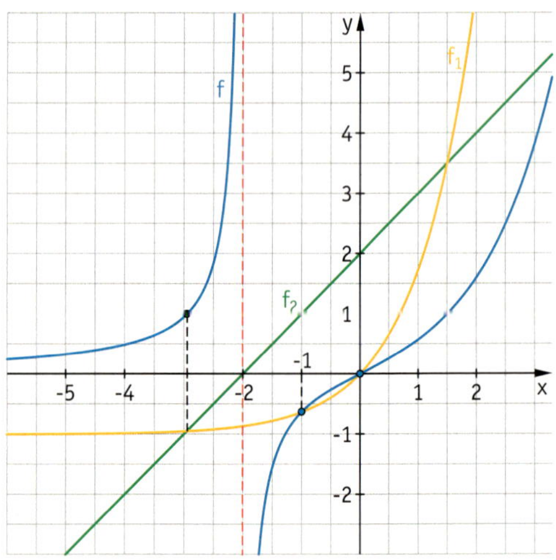

Nullstellen:

Die Nullstellen der Funktion f können nur an den Nullstellen der Zählerfunktion f_1 liegen. Jede Nullstelle von f_1, die keine Nullstelle von f_2 ist, ist auch eine Nullstelle der Funktion f.

Beispiel: Die Funktion f_1 in der Abbildung hat an der Stelle 0 eine Nullstelle, die keine Nullstelle von f_2 ist, somit hat auch f an der Stelle 0 eine Nullstelle.

Vorzeichenbereiche:

- Haben beide Teilfunktionen an einer Stelle Funktionswerte mit gleichen Vorzeichen, so ist der Funktionswert von f dort positiv.

  Beispiel: Für alle x mit $x < -2$ gilt: $f_1(x) < 0$ und $f_2(x) < 0$, also $f(x) > 0$.

  Für alle x mit $x > 0$ gilt: $f_1(x) > 0$ und $f_2(x) > 0$, also $f(x) > 0$.
- Haben beide Teilfunktionen an einer Stelle Funktionswerte mit unterschiedlichen Vorzeichen, so ist der Funktionswert von f dort negativ.

  Beispiel: Für alle x mit $-2 < x < 0$ gilt: $f_1(x) < 0$ und $f_2(x) > 0$, also $f(x) < 0$.

Punkte, die man leicht finden kann:

- Hat die Nennerfunktion f_2 an einer Stelle den Funktionswert 1, so hat die Funktion f an dieser Stelle denselben Funktionswert wie die Zählerfunktion f_1. Der Graph von f berührt oder schneidet dort also den Graphen der Funktion f_1.
  Beispiel: Es gilt $f_2(-1) = 1$, also $f(-1) = f_1(-1)$.
- Hat die Nennerfunktion f_2 an einer Stelle den Funktionswert -1, so nimmt die Funktion f an dieser Stelle den Funktionswert der Zählerfunktion f_1 mit umgekehrtem Vorzeichen an. Man erhält dort den Punkt des Graphen von f, indem man den Punkt des Graphen der Zählerfunktion an der x-Achse spiegelt.
  Beispiel: Es gilt: $f_2(-3) = -1$, also $f(-3) = -f_1(-3)$.

(2) Gebrochenrationale Funktionen

In Aufgabe 1 haben wir einen speziellen Funktionstyp untersucht.

Definition
Eine Funktion, deren Funktionsterm als Quotient $\frac{p(x)}{q(x)}$ von zwei Polynomen $p(x)$ und $q(x)$ mit $q(x) \neq 0$ geschrieben werden kann, heißt **gebrochenrationale Funktion.**

Beispiele

$f(x) = \frac{1}{x}$; $f(x) = \frac{x^2 + 2}{2x}$ $f(x) = \frac{x}{x^2 + 1}$ $f(x) = \frac{2x^3 + 11x^2 + 12x - 10}{x^2 + 6x + 9}$

(3) Verhalten an Definitionslücken

In den Funktionsterm $f(x) = \frac{p(x)}{q(x)}$ einer gebrochenrationalen Funktion können keine reellen Zahlen eingesetzt werden, für die der Nenner null wird.

Die Funktion f hat an diesen Stellen jeweils eine **Definitionslücke.**

Das Verhalten gebrochenrationaler Funktionen an den Definitionslücken kann unterschiedlich sein.

Dazu untersuchen wir mit einem Rechner als Beispiel die Funktion h mit $h(x) = \frac{x^4 - 19x^3 + 34x^2 - 16}{x^2(x-2)}$.

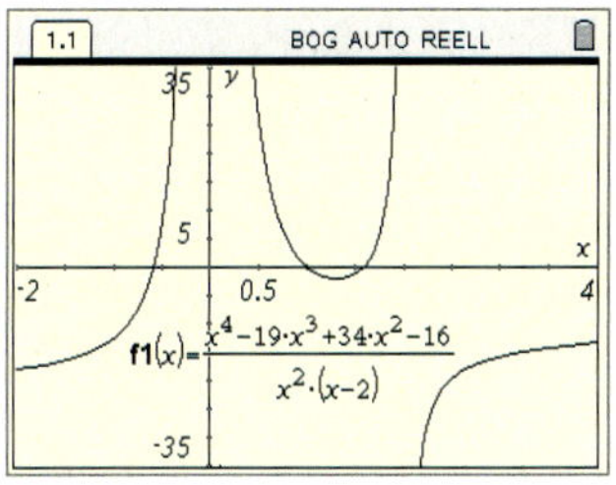

Es gilt: $x^2(x-2) = 0$ für $x_1 = 0$ und für $x_2 = 2$.

Die Funktion h hat also Definitionslücken an den Stellen 0 und 2.

Damit ergibt sich der Definitionsbereich $D_h = \mathbb{R} \setminus \{0; 2\}$.

Der Rechner zeigt, dass ein unterschiedliches Verhalten an diesen Stellen auftritt:

- Für $x \to 0$ gilt: $h(x) \to \infty$.
- Für $x \to 2$ gilt dagegen $h(x) \to \infty$, falls $x < 2$ ist, und $h(x) \to -\infty$, falls $x > 2$ ist.

Nähert man sich der Stelle 2 von links, so streben die Funktionswerte gegen ∞.

Nähert man sich der Stelle 2 von rechts, so streben die Funktionswerte gegen $-\infty$.

Die Funktion h hat an der Stelle 0 einen **Pol ohne Vorzeichenwechsel** und an der Stelle 2 einen **Pol mit Vorzeichenwechsel**.

(4) Quotientenregel

Beim Ermitteln der Ableitung von f haben wir die Produktregel und die Kettenregel kombiniert. Durch diese Strategie kann man generell eine Regel für das Ableiten von Quotienten von Funktionen folgern, indem man die Überlegungen aus Aufgabe 1 verallgemeinert.

Schreiben wir $f(x) = \frac{u(x)}{v(x)} = u(x) \cdot \frac{1}{v(x)} = u(x) \cdot \left(v(x)\right)^{-1}$, so können wir die Ableitung mithilfe der Produkt- und der Kettenregel bilden:

$$f'(x) = u'(x) \cdot \frac{1}{v(x)} + u(x) \cdot \left(-\frac{1}{\left(v(x)\right)^2} \cdot v'(x)\right) = \frac{u'(x)\,v(x) - u(x)\,v'(x)}{\left(v(x)\right)^2}$$

Beachten Sie: Für $g(x) = \frac{1}{x}$ ist $g'(x) = -\frac{1}{x^2}$.

Satz: Quotientenregel

Wenn die Funktionen u und v die Ableitungen u′ und v′ haben, dann hat die Funktion f mit $f(x) = \frac{u(x)}{v(x)}$ mit $v(x) \neq 0$ die Ableitung

$$f'(x) = \frac{u'(x) \cdot v(x) - u(x) \cdot v'(x)}{\left(v(x)\right)^2}.$$

Wir schreiben kurz: $\left(\frac{u}{v}\right)' = \frac{u' \cdot v - u \cdot v'}{v^2}$.

Beispiele

(1) Es ist: $f(x) = \frac{3x + 1}{x^2 + 1}$

Wir setzen: $u(x) = 3x + 1$; $v(x) = x^2 + 1$

Dann ist: $u'(x) = 3$; $v'(x) = 2x$

Damit folgt:

$$f'(x) = \frac{u'(x) \cdot v(x) - u(x) \cdot v'(x)}{\left(v(x)\right)^2} = \frac{3 \cdot (x^2 + 1) - (3x + 1) \cdot 2x}{(x^2 + 1)^2} = \frac{3x^2 + 3 - 6x^2 - 2x}{(x^2 + 1)^2} = \frac{-3x^2 - 2x + 3}{(x^2 + 1)^2}$$

(2) Es ist $f(x) = \frac{\sin(x)}{e^x}$

Wir setzen: $u(x) = \sin(x)$; $v(x) = e^x$

Dann ist: $u'(x) = \cos(x)$, $v'(x) = e^x$

Damit folgt: $f'(x) = \frac{\cos(x) \cdot e^x - \sin(x) \cdot e^x}{(e^x)^2} = \frac{\cos(x) - \sin(x)}{e^x}$

Weiterführende Aufgabe

2 Ableitung der Tangensfunktion

Es ist $\tan(x) = \frac{\sin(x)}{\cos(x)}$.

Bestimmen Sie die Ableitung der Tangensfunktion und vergleichen Sie Ihr Ergebnis mit dem rechts abgedruckten Ausriss aus einer Formelsammlung.

Tabelle von Ableitungen

f(x)	f′(x)	f(x)	f′(x)
c	0	sin x	cos x
x^m	$m \cdot x^{m-1}$	cos x	− sin x
(für alle $m \in \mathbb{R}$) Spezialfall $m = \frac{1}{2}$:		tan x	$\frac{1}{\cos^2 x}$ bzw. $\tan^2 x + 1$

Übungsaufgaben

3 Skizzieren Sie ohne Verwendung eines GTR den groben Verlauf des Graphen der Funktion f mit $f(x) = \frac{e^x}{(x-3)^2}$ mithilfe von Teilfunktionen.

4 Geben Sie jeweils die Definitionslücken der Funktion an und prüfen Sie, ob es sich um einen Pol mit bzw. ohne Vorzeichenwechsel handelt.

a) $f(x) = \frac{x}{x+1}$ **b)** $f(x) = \frac{x^2 - 4}{x - 3}$ **c)** $f(x) = \frac{x^4 + 1}{x^3}$ **d)** $f(x) = \frac{x^2 - 6x + 9}{x^2 + 2x + 1}$

5 Geben Sie die Polstellen und die Asymptote der Funktion f an.

a) $f(x) = \frac{2}{x-3} + 4$ **b)** $f(x) = 2x + \frac{2}{x+2}$ **c)** $f(x) = \frac{1}{x^2 - 10x + 25}$ **d)** $f(x) = \frac{2x+3}{x(x+1)} + \frac{x}{2}$

6 Geben Sie einen möglichen Funktionsterm f(x) für den gezeichneten Graphen an.

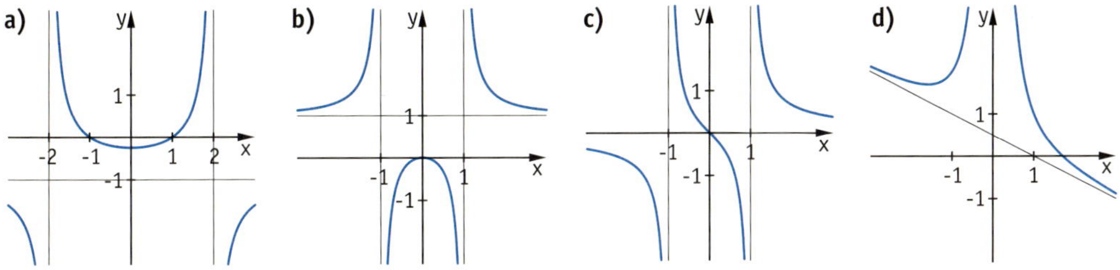

7 Bestimmen Sie a und b so, dass der Graph zu $f(x) = \frac{a}{x^2 + b}$ den Wendepunkt W(1 | 1) hat.

8 Bestimmen Sie a, b ∈ ℝ so, dass die Funktion f mit $f(x) = \frac{x - a}{x^2 + b}$ die Extremstellen – 3 und + 2 hat.

9 Zeichnen Sie die Graphen von $f_1(x) = \frac{e^x - 2}{x - 1}$; $f_2(x) = \frac{e^x - 3}{x - 1}$ und $f_3(x) = \frac{e^x - e}{x - 1}$.
Vergleichen Sie die Eigenschaften der Graphen in der Umgebung der Nullstelle des Nenners.

10 Skizzieren Sie mithilfe geeigneter Teilfunktionen den groben Verlauf des Graphen zu

a) $f(x) = \frac{e^x}{x^2(x - 2)}$ **c)** $f(x) = \frac{e^x - 1}{(x - 2)^2(x + 3)^2}$ **e)** $f(x) = \frac{e^x}{x^2 + 1}$

b) $f(x) = \frac{e^{-x}}{(x - 1)(x + 3)}$ **d)** $f(x) = \frac{e^{-x} - 1}{x(x - 3)}$ **f)** $f(x) = \frac{e^x - 1}{x^2 + 1}$

11 Bestimmen Sie Nullstellen, Asymptoten und Extrempunkte des Graphen zu $f(x) = \frac{e^x - e}{(x - 1)(x + 2)}$.

12 Bilden Sie die Ableitung von f.

a) $f(x) = \frac{x^3 + 2x - 1}{x - 1}$ **c)** $f(x) = \frac{\frac{1}{2}x^2 - x + \frac{1}{7}}{\frac{3}{2}x + 1}$ **e)** $f(x) = \frac{\sqrt{x}}{e^x}$

b) $f(x) = \frac{x^3 + x^2 + 1}{x^2 - 1}$ **d)** $f(x) = \frac{\sqrt{x} \cdot \sin(x)}{e^x}$ **f)** $f(x) = \frac{x^2}{\cos(x)}$

13 Was hat Marcus falsch gemacht?

a) $f(x) = \frac{e^x}{x^2}$ b) $f(x) = \frac{\sin(x)}{x}$

$f'(x) = \frac{e^x}{2x}$ $f'(x) = \frac{\cos(x) + x\sin(x)}{x^2} = \frac{\cos(x)}{x^2} + \frac{\sin(x)}{x}$

14 Beim Abbilden durch eine Sammellinse schneiden sich alle Lichtstrahlen, die von einem Gegenstandspunkt ausgehen und durch die Linse verlaufen, in einem Punkt.
Für eine Linse mit der Brennweite f gilt: Hat ein Gegenstandspunkt den Abstand g von der Mittelebene der Linse, sein Bildpunkt den entsprechenden Abstand b, so liefern einfache geometrische Überlegungen die Linsengleichung: $\frac{1}{g} + \frac{1}{b} = \frac{1}{f}$.

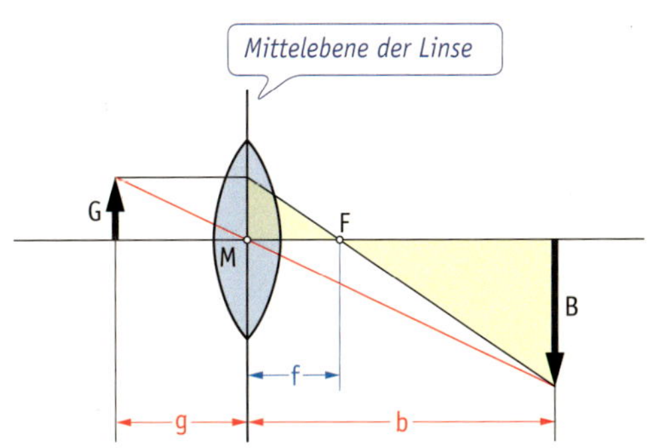

Wählt man z. B. eine Linse mit der Brennweite 10 [cm], so erhält man durch Umstellen der Linsengleichung $b = u(g) = \frac{10g}{g - 10}$.
Untersuchen Sie allgemein die Funktion u und skizzieren Sie den Graphen.
Beschreiben Sie die Besonderheiten im Verlauf des Graphen.

3.4 Zusammenfassung – Funktionsuntersuchungen

In den vorangegangenen Abschnitten haben wir gelernt, wesentliche Eigenschaften von Summen, Produkten und Quotienten von Funktionen ohne Verwendung eines Rechners aus dem Funktionsterm zu bestimmen. Grafikfähige Taschenrechner können Bilder von Funktionsgraphen in einem vorgegebenen Ansichtsfenster anzeigen. Dies ist sehr hilfreich und man bekommt so schnell einen Überblick. Dennoch muss man sich fragen, ob in dem jeweiligen Rechnerfenster alle wesentlichen Eigenschaften erkennbar sind. Die in den vorangegangenen Abschnitten erlernten Strategien und Regeln helfen uns bei der Beantwortung dieser Frage.

Einstieg

Rechts wurde der Graph der Funktion zu $f(x) = \frac{e^x}{x+2}$ mit einem GTR gezeichnet.

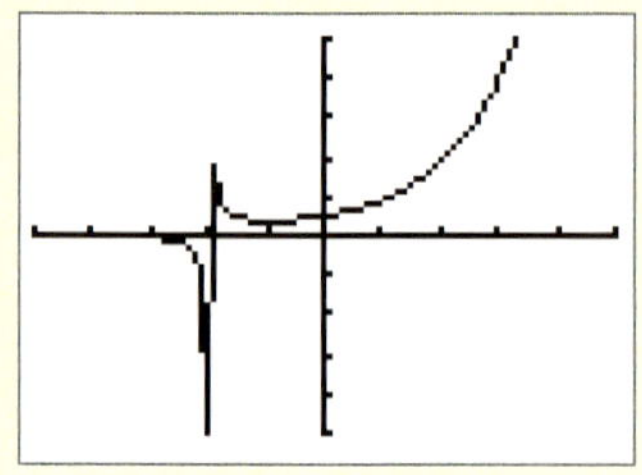

a) An einer Stelle ergibt sich eine Besonderheit. Erläutern Sie diese anhand des Funktionsterms mithilfe der beiden Teilfunktionen. Beschreiben Sie den Verlauf des Graphen an dieser Stelle exakt.

b) Ermitteln Sie die Koordinaten des Tiefpunkts exakt. Dokumentieren Sie Ihren Lösungsweg.

Aufgabe

GTR **1**

Gegeben ist die Funktion f mit $f(x) = e^x \cdot (1 - e^x)^2$.
Untersuchen Sie die Funktion f. Bestimmen Sie dazu alle Schnittpunkte des Graphen mit den Koordinatenachsen, Extrempunkte und Wendepunkte des Graphen von f und beschreiben Sie den Verlauf des Graphen für $x \to \infty$ und $x \to -\infty$.

Lösung

Wir betrachten den Graphen von f mit dem GTR.

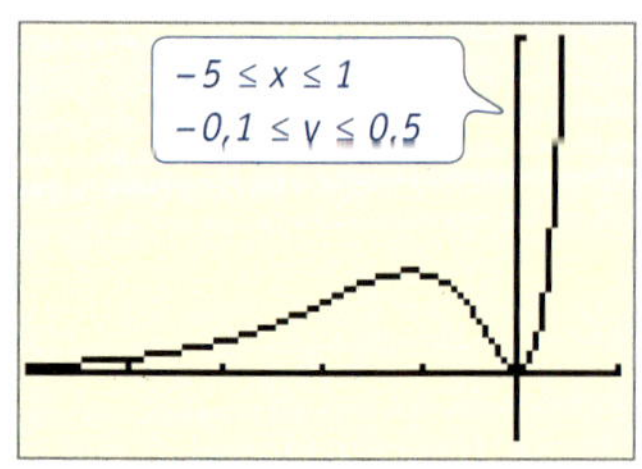

Aus dem Verlauf des Graphen ergeben sich folgende Vermutungen:

- $f(x) \geq 0$ für alle x;
- in der Nähe von −1 liegt ein Hochpunkt;
- $O(0|0)$ ist Tiefpunkt;
- $f(x) \to \infty$ für $x \to \infty$ und $f(x) \to 0$ für $x \to -\infty$.

Wir überprüfen diese Vermutungen nun am Funktionsterm von f.

(1) Definitionsmenge und Wertemenge von f

Die Funktion ist für jede beliebige reelle Zahl definiert,
also $D_f = \mathbb{R}$.
Es gilt $e^x > 0$ für alle $x \in \mathbb{R}$. Daraus folgt:
$e^x \cdot (1 - e^x)^2 \geq 0$ für alle $x \in \mathbb{R}$.
Da $e^x \neq 0$ für alle $x \in \mathbb{R}$, ergibt sich $e^x \cdot (1 - e^x)^2 = 0$ nur für $e^x = 1$, also für $x = 0$.
Somit ist $W_f = \mathbb{R}_+$ und $O(0|0)$ ist Tiefpunkt des Graphen von f.

(2) Nullstellen und Schnittpunkt mit der y-Achse

Aus den Überlegungen unter (1) folgt auch, dass der Produktterm $e^x(1 - e^x)^2$ nur null werden kann, wenn die Funktion im Klammerterm null wird. Also ist $x = 0$ die einzige Nullstelle von f und $O(0|0)$ der gesuchte Schnittpunkt mit der y-Achse.

(3) Verhalten von f(x) für $x \to \infty$ bzw. für $x \to -\infty$ – Globalverlauf

- Für $x \to \infty$ gilt $e^x \to \infty$ und $(1 - e^x)^2 \to \infty$, somit gilt:
  $f(x) = e^x \cdot (1 - e^x)^2 \to \infty$ für $x \to \infty$
- Für $x \to -\infty$ gilt $e^x \to 0$ und $(1 - e^x)^2 \to 1$, somit gilt:
  $f(x) = e^x \cdot (1 - e^x)^2 \to 0$ für $x \to -\infty$

Für $x \to -\infty$ nähert sich der Graph der x-Achse immer mehr an und kommt ihr dabei beliebig nahe. Die Gerade mit $y = 0$ ist somit eine Asymptote des Graphen von f. Wegen $f(x) > 0$ für alle $x \in \mathbb{R}$ erfolgt die Annäherung an die Asymptote von oben.

(4) Extrempunkte

In (1) haben wir bereits festgestellt, dass $O(0\,|\,0)$ Tiefpunkt des Graphen von f ist. Die Betrachtung des Graphen zeigt, dass in der Nähe von $x = -1$ ein Hochpunkt liegt. Es stellt sich die Frage, ob dies alle Extrempunkte sind. Wir untersuchen dazu die Ableitungsfunktion von f:

Aus der Produktregel ergibt sich:

$$\begin{aligned} f'(x) &= e^x \cdot (1 - e^x)^2 + e^x \cdot 2(-e^x)(1 - e^x) \\ &= e^x \cdot (1 - e^x) \cdot [(1 - e^x) + 2(-e^x)] \\ &= e^x \cdot (1 - e^x) \cdot (1 - 3e^x) \end{aligned}$$

Extremstellen können nur an den Stellen liegen, an denen $f'(x) = 0$ gilt. Wegen $e^x > 0$ gilt $f'(x) = 0$ nur in den Fällen $1 - e^x = 0$ bzw. $1 - 3e^x = 0$, also für $x = 0$ bzw. für $x = \ln\left(\frac{1}{3}\right) \approx -1{,}10$.

Somit hat der Graph von f den Tiefpunkt $O(0\,|\,0)$ und den Hochpunkt $H\left(\ln\left(\frac{1}{3}\right)\,\middle|\,\frac{4}{27}\right) \approx (-1{,}10\,|\,0{,}15)$.
Weitere Extrempunkte kann es nicht geben.

(5) Wendepunkte

Von links nach rechts betrachtet, entfernt sich der Graph von f von der x-Achse als Asymptote zunächst in einer Linkskurve. Bei Annäherung an den Hochpunkt erfolgt ein Wechsel in eine Rechtskurve. Also muss links von der Extremstelle $x = \ln\left(\frac{1}{3}\right) \approx 1{,}10$ eine Wendestelle liegen.

Rechts von der Extremstelle $\ln\left(\frac{1}{3}\right)$ beschreibt der Graph von f bei Annäherung an den Tiefpunkt eine Linkskurve. Also muss zwischen den Extremstellen $\ln\left(\frac{1}{3}\right)$ und 0 ein weiterer Wendepunkt liegen.

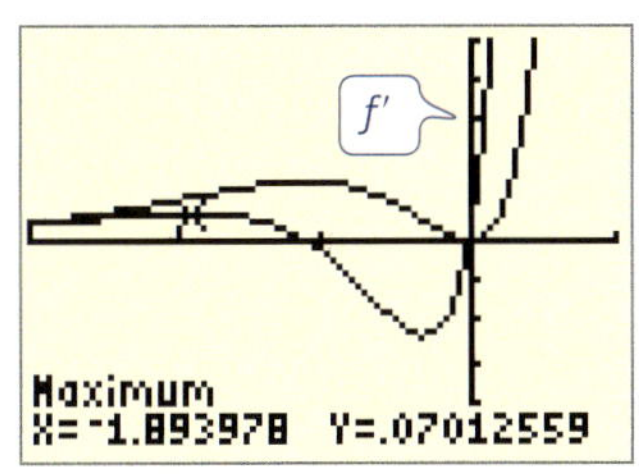

Wir betrachten den Graphen von f′ mit $f'(x) = e^x \cdot (1 - e^x) \cdot (1 - 3e^x)$ und finden mithilfe von dessen Extremstellen für den Graphen von f links von $\ln\left(\frac{1}{3}\right)$ die Wendestelle bei $x \approx -1{,}8940$ und zwischen den beiden Extremstellen von f genau eine Wendestelle bei $x \approx -0{,}3032$, als Extremstellen von f′ mit jeweils sichtbaren Wechsel im Monotonieverhalten.

Weitere Wendestellen von f kann es nicht geben, da der Graph von f′ rechts von seinem Tiefpunkt streng monoton wächst.

Somit hat der Graph von f die Wendepunkte

$W_1 \approx (-1{,}8940\,|\,0{,}10859)$ und
$W_2 \approx (-0{,}3032\,|\,0{,}0505)$.

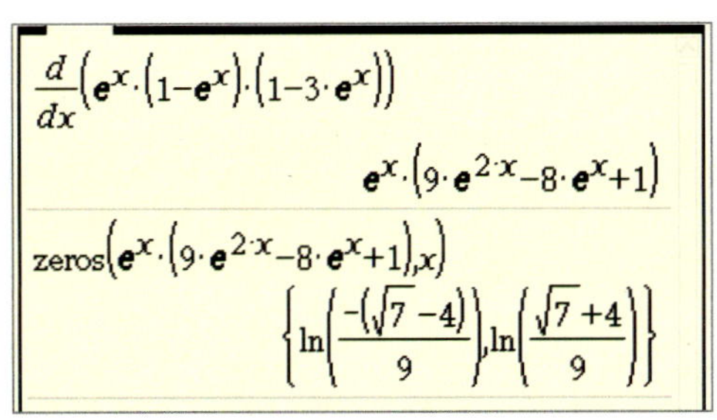

Die exakten Koordinaten dieser Wendepunkte lassen sich mithilfe eines CAS auch algebraisch ermitteln.

Information

Dokumentation einer Funktionsuntersuchung mit einem GTR

Beachten Sie folgende Aspekte der Darstellung bei Ihrer Dokumentation:

- Stellen Sie den Lösungsweg deutlich erkennbar dar.
- Formulieren Sie Ergebnisse und Begründungen in ganzen Sätzen.
- Listen Sie die verwendeten GTR-Werkzeuge in Kurzform auf.
- Übertragen Sie die Graphen von Funktionen und Ableitungsfunktionen sorgfältig vom Display des Rechners ins Heft. Vergessen Sie die Skalierung nicht.
- Beachten Sie bei der Veranschaulichung, dass die Lage charakteristischer Punkte eindeutig erkennbar ist.
- Beachten Sie, dass die mit dem GTR berechneten Koordinaten von Punkten im Allgemeinen nur näherungsweise richtig sind.

Übungsaufgaben

2 Rechts sehen Sie den mit einem GTR erhaltenen Graphen zu $f(x) = \frac{e^x}{-0{,}3x^2 - x + 1}$. Zeichnen Sie die Graphen der e-Funktion und von $g(x) = -0{,}3x^2 - x + 1$. Überlegen Sie, ob das Bild vom GTR den Graphen von f(x) richtig wiedergibt. Begründen Sie.

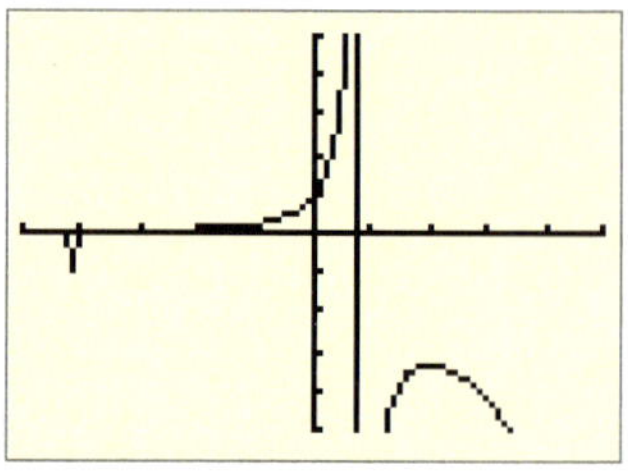

3 Ein Rechner zeichnet den abgebildeten Graphen der Funktion f.
Prüfen Sie, ob die charakteristischen Eigenschaften des Funktionsgraphen vollständig und richtig wiedergegeben sind. Stellen Sie anschließend den Graphen so dar, dass alle charakteristischen Eigenschaften erkennbar sind.

a) $f(x) = \frac{10}{10x^2 + 1}$ **b)** $f(x) = \frac{x + 2}{x^2 - x - 6}$ **c)** $f(x) = \frac{20}{100 \cdot x^2 - 201 \cdot x + 101}$

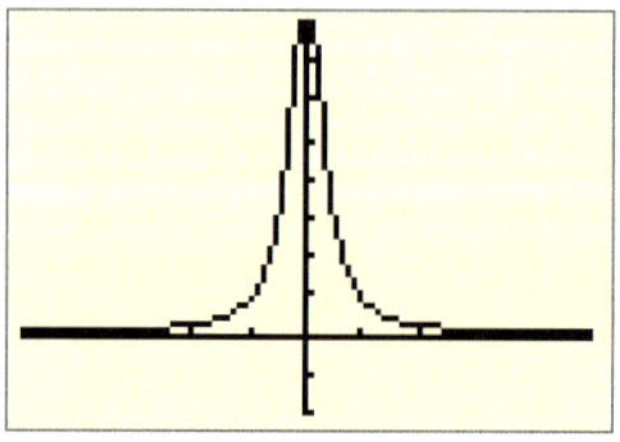

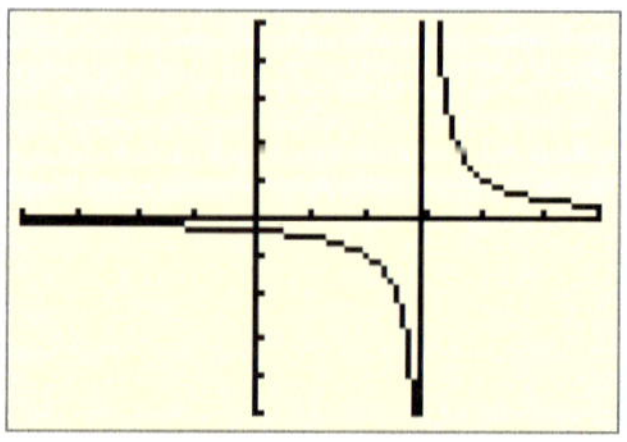

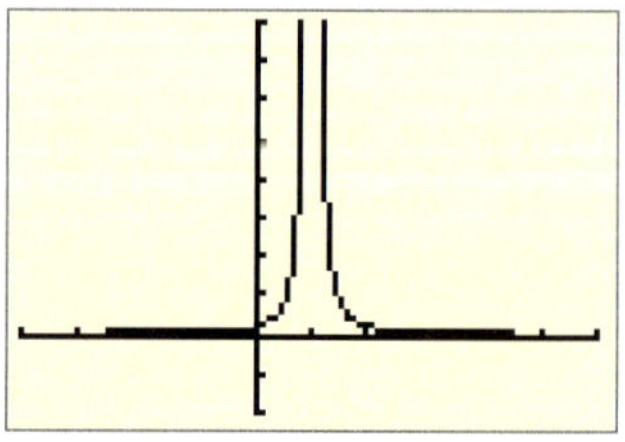

4 Zeigt das GTR-Bild rechts alle wesentlichen Eigenschaften der Funktion f mit $f(x) = (0{,}1x)^2 \cdot e^x$?

$-5 < x < 5$
$-5 < y < 5$

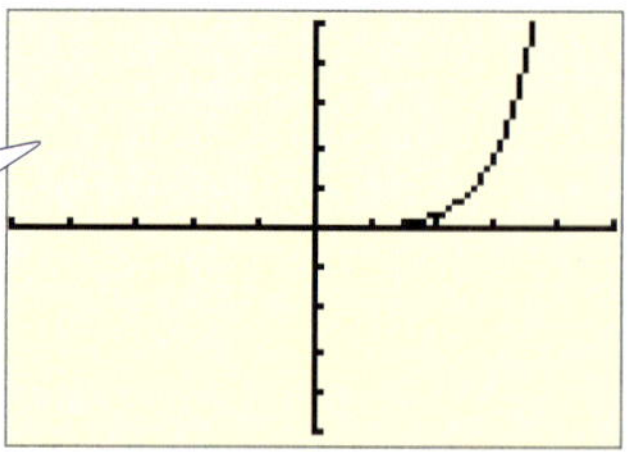

5 Untersuchen Sie den Graphen von f.

a) $f(x) = x^2 - x - e^{-x}$ **c)** $f(x) = e^{2x} - e^x$

b) $f(x) = \frac{e^{0{,}1x^2 - x}}{x - 1}$ **d)** $f(x) = \frac{e^{2x} - 4}{e^x}$

6 Gegeben sind die Funktionen f und g mit $f(x) = (x - 1)e^x$ und $g(x) = (x - 1)e^{-x}$.

a) Untersuchen Sie die Graphen von f und g; zeichnen Sie beide Graphen in ein Koordinatensystem.

b) Berechnen Sie den Flächeninhalt der von beiden Graphen eingeschlossenen Fläche.

7 Begründen Sie, dass die Gleichung keine Lösung hat. Untersuchen Sie dazu geeignete Funktionsgraphen.

a) $e^x + x^2 = 0$ **b)** $e^x - x = 0$ **c)** $(4 - 2x - 2x^2)\,e^x = 5$

8 Bestimmen Sie näherungsweise den Flächeninhalt der Fläche, die der Graph von f zwischen den Nullstellen mit der x-Achse einschließt.

a) $f(x) = (x^2 - 5x + 6)\,e^x$ **b)** $f(x) = (x^3 - x)\,e^x$ **c)** $f(x) = (e - e^x)\cdot(1 - e^x)$

9

a) Berechnen Sie näherungsweise den Flächeninhalt der Fläche, die der Graph von f mit $f(x) = x\cdot e^x$ mit der Tangente durch $P(1\,|\,e)$ im 1. Quadranten einschließt (siehe Grafik rechts).

b) Der Graph von h mit $h(x) = (x^2 - 3x + 3)\cdot e^x$ schließt mit der Tangente durch den Tiefpunkt und der y-Achse im 1. Quadranten eine Fläche ein. Bestimmen Sie den Flächeninhalt dieser Fläche.

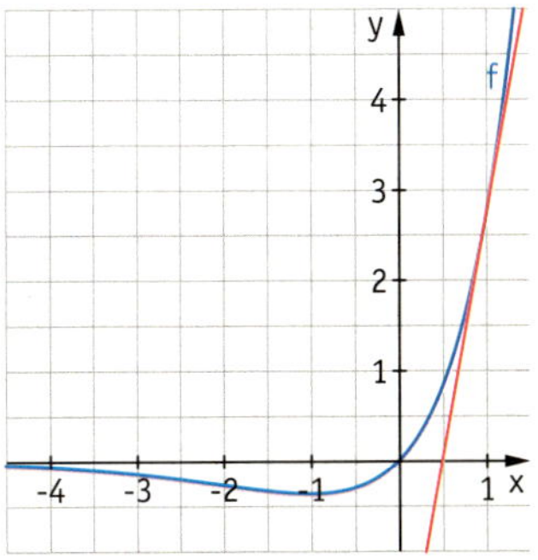

10 Berechnen Sie näherungsweise den Flächeninhalt der Fläche, die von den Graphen von f und von g eingeschlossen wird.

a) $f(x) = e^{2x} + 2;\ g(x) = 3\,e^x$

b) $f(x) = 3\,e^{-x} - 3\,e;\ g(x) = -e^{x+1} + 1$

c) $f(x) = e^x;\ g(x) = (e - 1)\cdot x + 1$

d) $f(x) = x\,e^x;\ g(x) = (x^2 - 2)\,e^x$

11 Ein zwiebelförmiges Schmuckstück hat den nebenstehenden Querschnitt. Der Rand des Querschnittes wird von den Graphen der Funktionen f und g mit $f(x) = 3x^2e^x$ mit $x \le 0$ und $g(x) = -3x^2e^x$ mit $x \le 0$ sowie den Tangenten durch die weiter links liegenden Wendepunkte gebildet.
Bestimmen Sie den Flächeninhalt des Querschnitts.

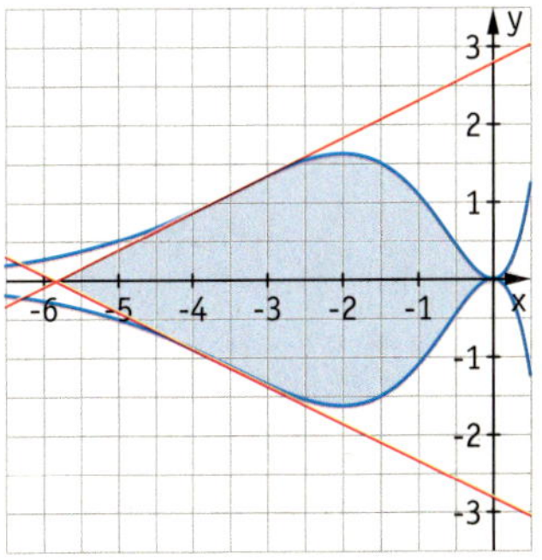

12 Gegeben ist die Funktion f mit $f(x) = e^{2x} - 3\,e^x + 2$.

a) Untersuchen Sie die Funktion f.

GTR **b)** Bestimmen Sie die Koordinaten aller Schnittpunkte der Tangente an der Stelle $x = -3$ mit dem Graphen von f.

13 Gegeben ist die Funktion f mit $f(x) = (x^3 - 3x^2)\cdot e^x$.

a) Untersuchen Sie f auf Nullstellen, Extrema und Verhalten für $x \to +\infty$ bzw. $x \to -\infty$.

b) Welche Aussage kann man – ohne Rechnung – über Anzahl und Lage der Wendepunkte machen? Skizzieren Sie den Graphen von f.

14 Gegeben ist die Funktion f mit $f(x) = \frac{e^x}{1 + e^x}$.

a) Untersuchen Sie f auf Nullstellen, Extrema, Wendepunkte und Verhalten für $x \to \infty$ bzw. $x \to -\infty$.

b) Zeigen Sie: Der Graph von f ist punktsymmetrisch bezüglich des Punktes $P\left(0\,\middle|\,\frac{1}{2}\right)$.

c) Zeigen Sie: $F(x) = \ln(e^x + 1)$ ist eine Stammfunktion von f.
Berechnen Sie damit den Flächeninhalt der Fläche, die im 2. Quadranten vom Graphen von f, der x-Achse und der y-Achse begrenzt wird.

15

a) Gegeben ist die Funktion f mit $f(x) = (x^2 - 1{,}5x) \cdot e^x$.
Untersuchen Sie den Graphen von f auf Nullstellen und Extrempunkte.
Zeichnen Sie den Graphen von f für $-6 \leq x \leq 2$.

b) Für welche Parameterwerte $k \in \mathbb{R}$ hat der Graph zu $y = (x^2 - 1{,}5x + k) \cdot e^x$ *keine* Nullstellen?

16 Eine Skischanze kann im Längsschnitt näherungsweise durch den Graphen der Funktion f mit $f(x) = 30e^{-\frac{x}{12}}$ mit $0 \leq x \leq 38$ dargestellt werden.
Zeichnen Sie den Graphen.
Direkt nach dem Absprung fliegt ein Springer für kurze Zeit auf der Tangente an den Graphen von f an der Absprungstelle $x = 38$. Bestimmen Sie die Gleichung dieser Tangente.

17

a) Rechts ist der Graph einer Funktion f mit $f(x) = -x \cdot e^{ax+b} + c$ dargestellt. Bestimmen Sie den Funktionsterm f(x).
Hinweis: Dort, wo der Graph dem Anschein nach durch Gitterpunkte des Koordinatensystems verläuft, soll er tatsächlich *exakt* durch diese Punkte verlaufen.

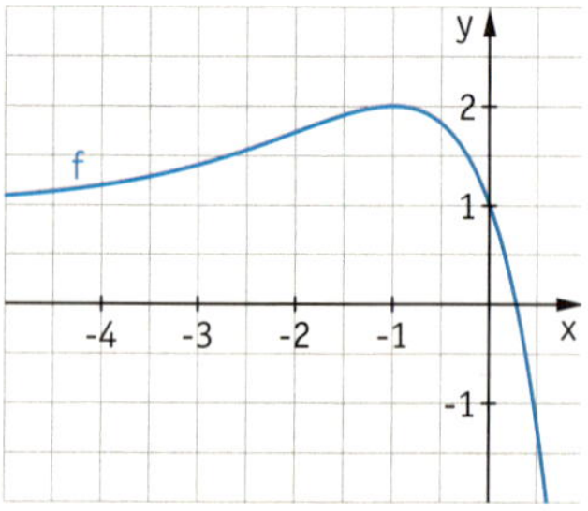

b) Durch Rotation des Graphen der Funktion f mit $f(x) = -x \cdot e^{x+1} + 1$ in den Grenzen -4 und 0 um die x-Achse entsteht ein vasenförmiger Körper.
Zeigen Sie, dass für $h(x) = (f(x))^2 = x^2 e^{2x+2} - 2x e^{x+1} + 1$ eine Stammfunktion gegeben ist durch $H(x) = \left(\frac{1}{2}x^2 - \frac{1}{2}x + \frac{1}{4}\right)e^{2x+2} + (-2x + 2)e^{x+1} + x$.
Berechnen Sie näherungsweise das Fassungsvermögen der Vase.

18 Ein Geländeprofil lässt sich für $x \geq 0$ näherungsweise durch den abgebildeten Graphen darstellen.
Bestimmen Sie einen Funktionsterm der Form $(ax + b) \cdot e^{-x}$, der den Graphen beschreibt.

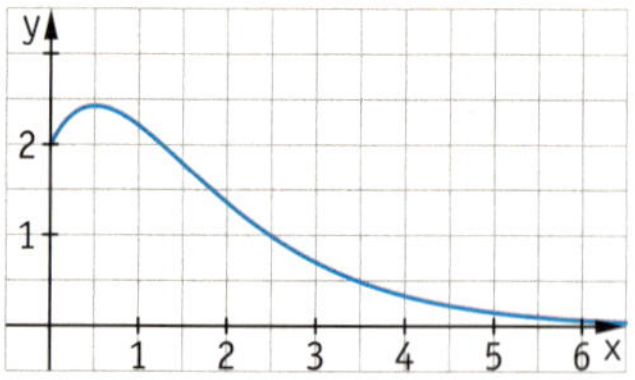

19

a) Zeigen Sie durch Ableiten, dass durch $F(x) = (-x^2 - 2)e^{-x}$ eine Stammfunktion zur Funktion f mit $f(x) = (x^2 - 2x + 2)e^{-x}$ gegeben ist.

b) Berechnen Sie für $b > 0$ den Inhalt der Fläche, die der Graph von f mit der x-Achse in den Grenzen 0 und b einschließt. Was erhält man für $b \to \infty$?

c) Zeigen Sie, dass der Graph von f einen Sattelpunkt besitzt. Bestimmen Sie den Flächeninhalt der Fläche, die der Graph von f mit der Tangente an den Sattelpunkt und der y-Achse einschließt.

3.5 Funktionenscharen untersuchen

Im Abschnitt 1.4 haben wir uns bereits mit Funktionenscharen befasst. In den vorangegangenen Abschnitten haben wir gelernt, Summen, Produkte und Quotienten von Funktionen zu untersuchen und haben uns dafür auch neue Ableitungsregeln erarbeitet. Dies alles soll nun auch bei der Untersuchung von Funktionenscharen angewendet werden.

Einstieg

- Ordnen Sie die Graphen rechts den Funktionen $f_1(x) = (1 - x)e^x$; $f_2(x) = (2 - x)e^x$ und $f_3(x) = (3 - x)e^x$ zu. Begünden Sie.
- Zeigen Sie, dass jede Funktion der Funktionenschar f_k mit $f_k(x) = (k - x)e^x$ und $k \in \mathbb{R}$ genau einen Extrempunkt hat und dass die Extrempunkte aller Funktionen auf dem Graphen der Funktion g mit $g(x) = e^x$ liegen.
- Bestimmen Sie auch eine Gleichung der Ortslinie, auf der die Wendepunkte der Graphen von f_k liegen.

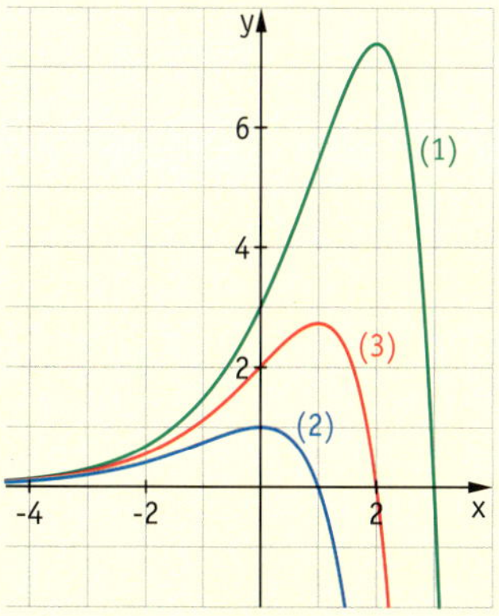

Aufgabe

1 Gegeben ist die Funktionenschar f_k mit $f_k(x) = (e^x - k)^2$ und $k > 0$.
Untersuchen Sie die Funktionenschar f_k.
Zeigen Sie, dass alle Extrempunkte auf dem Graphen einer Funktion g liegen und alle Wendepunkte auf dem Graphen einer Funktion h.
Bestimmen Sie die Funktionsterme von g und h und zeichnen Sie die Ortslinien der Extrema bzw. der Wendepunkte von f_k zusammen mit einigen Graphen der Funktionenschar.

Lösung

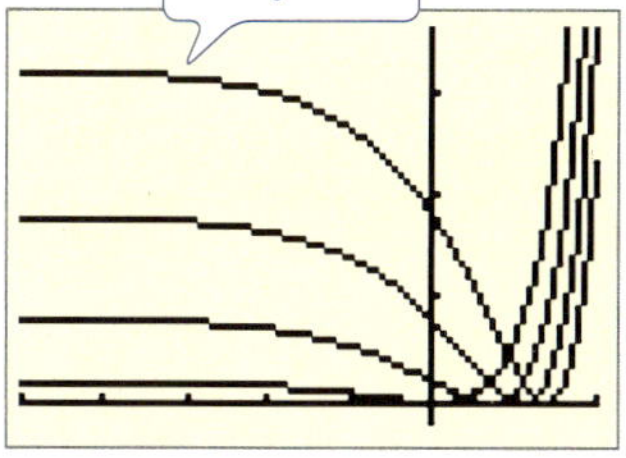

Wir betrachten zunächst die Graphen von f_1, f_2, f_3 und f_4 in einem geeigneten Ansichtsfenster. Aus dem Verlauf des Graphen ergeben sich Vermutungen, die jeweils zu überprüfen sind.

(1) Definitionsmenge und Wertemenge von f_k
Die Funktionen f_k sind für jede beliebige Zahl $x \in \mathbb{R}$ definiert, also $D = \mathbb{R}$.
Offensichtlich gilt $(e^x - k)^2 \ge 0$ für alle $x \in \mathbb{R}$. Außerdem ergibt sich $(e^x - k)^2 = 0$ nur für $x = \ln(k)$, somit ist $W = \mathbb{R}_+$ und $T_k(\ln(k) \mid 0)$ sind Tiefpunkte von f_k.

$\mathbb{R}_+$ ist die Menge der positiven reellen Zahlen einschließlich null.

(2) Nullstellen und Schnittpunkte mit der y-Achse
Aus den Überlegungen unter (1) folgt auch, dass $x = \ln(k)$ die einzige Nullstelle von f_k ist.
Als Schnittpunkte der Graphen mit der y-Achse ergeben sich die Punkte $S_t\left(0 \mid (1 - k)^2\right)$.

(3) Verhalten von $f_k(x)$ für $x \to \infty$ bzw. für $x \to -\infty$ – Globalverlauf
- Für $x \to \infty$ gilt $e^x \to \infty$, somit gilt: $f_k(x) = (e^x - k)^2 \to \infty$ für $x \to \infty$
- Für $x \to -\infty$ gilt $e^x \to 0$, somit gilt: $f_k(x) = (e^x - k)^2 \to k^2$ für $x \to -\infty$

Für $x \to -\infty$ nähert sich der Graph von f_k immer mehr der Geraden mit $y = k^2$ und kommt ihr beliebig nahe. Da $|e^x - k| = |k - e^x| < k$ für $x < 0$, gilt $f_k(x) < k^2$ für $x < 0$, also erfolgt die Annäherung an die Asymptote von unten.

(4) Extrempunkte

In (1) haben wir bereits festgestellt, dass $T_k(\ln(k)\,|\,0)$ Tiefpunkte der Graphen von f_k sind. Es stellt sich die Frage, ob die Graphen von f_k noch weitere Extrempunkte haben. Wir untersuchen dazu die Ableitungsfunktion von f_k: Mit der Kettenregel erhalten wir $f_k'(x) = 2e^x(e^x - k)$.

Extremstellen können nur an den Stellen liegen, an denen $f_k'(x) = 0$ gilt. Wegen $e^x > 0$ gilt $f_k'(x) = 0$ nur im Fall $e^x - k = 0$, also für $x = \ln(k)$.

Somit haben die Graphen von f_k die Tiefpunkte $T_k(\ln(k)\,|\,0)$.

Weitere Extrempunkte kann es nicht geben.

(5) Wendepunkte

Von links nach rechts betrachtet, entfernt sich der Graph von f_k in einer Rechtskurve von der Asymptote mit $y = k^2$. Bei Annäherung an den Tiefpunkt erfolgt ein Wechsel in eine Linkskurve. Somit gibt es links vom Tiefpunkt einen Wendepunkt.

Es stellt sich die Frage, ob es noch weitere Wendepunkte gibt. Wir untersuchen dazu die zweite Ableitung von f_k. Mithilfe der Produktregel erhält man aus $f_k'(x) = 2e^x(e^x - k)$:

$$f_k''(x) = 2e^x(e^x - k) + 2e^x e^x = 2e^x(e^x - k + e^x) = 2e^x(2e^x - k)$$

Wendestellen können nur an den Stellen liegen, an denen $f_k''(x) = 0$ gilt. Wegen $e^x > 0$ gilt $f_k''(x) = 0$ nur im Fall $2e^x - k = 0$, also für $x = \ln\left(\frac{k}{2}\right)$.

Somit haben die Graphen von f_k die Wendepunkte $W_k\left(\ln\left(\frac{k}{2}\right)\,\middle|\,\frac{k^2}{4}\right)$.

Weitere Wendepunkte kann es nicht geben.

(6) Ortslinien

Die Extrempunkte der Graphen von f_k sind $T_k(\ln(k)\,|\,0)$. Alle Extrempunkte liegen also auf der Ortslinie g mit $g(x) = 0$.

Die Wendepunkte der Graphen von f_k sind $W_k\left(\ln\left(\frac{k}{2}\right)\,\middle|\,\frac{k^2}{4}\right)$. Die Wendepunkte haben also die x-Koordinaten $x = \ln\left(\frac{k}{2}\right)$ und die y-Koordinaten $y = \frac{k^2}{4}$. Aus der Gleichung für die x-Koordinaten erhält man $k = 2e^x$. Setzt man dies in die Gleichung der y-Koordinaten ein, so folgt $y = e^{2x}$. Alle Wendepunkte liegen also auf der Ortslinie h mit $h(x) = e^{2x}$.

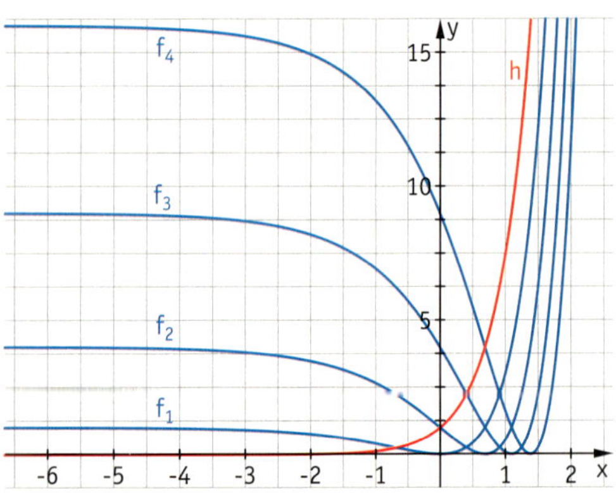

Weiterführende Aufgabe

2 Berührungspunkte

Zeigen Sie: Die Kurven der Funktionenschar f_k mit $f_k(x) = x \cdot e^{-kx^2}$ haben genau einen gemeinsamen Punkt. Schneiden sich die Kurven der Funktionenschar im gemeinsamen Punkt, oder berühren sie sich? Begründen Sie Ihre Antwort rechnerisch.

Übungsaufgaben

3 Untersuchen Sie anhand der zugehörigen Funktionenschar f_k, für welche Parameter k die Gleichung $e^x - kx = 0$ keine Lösung hat. Betrachten Sie dazu die y-Werte der Tiefpunkte in Abhängigkeit von k.

4 Gegeben ist für $k \in \mathbb{R}$ und $k > 0$ die Funktionenschar f_k mit $f_k(x) = x^2 \cdot e^{kx}$.

a) Untersuchen Sie f_k und zeichnen Sie den Graphen für $k = 1; 2; 3; 4$.

b) Zeigen Sie, dass die Ortslinie der Extrempunkte der Funktionenschar eine Parabel ist.

5 Gegeben ist die Funktionenschar $f_k(x) = \frac{k}{1 + k \cdot \cos(x)}$ mit $k \in \mathbb{R} \setminus \{0\}$.

a) Untersuchen Sie die Funktionenschar auf Extrema.

b) Für welche k haben die Graphen der Funktionenschar Definitionslücken?
Welche Arten von Definitionslücken treten auf?

6 Die Querprofile einer Straße samt Böschungen lassen sich durch die Funktionenschar
$f_k(x) = (x^2 + kx + k) \cdot e^{-x}$ mit $2 \le k \le 5$ und $x \ge 0$ modellieren.
Dabei bezieht man x und k auf den Grundriss der Straße und misst x orthogonal zur Straßenachse und k längs der Straßenachse (jeweils in der Einheit Meter).

a) Zeichnen Sie für $2 \le k \le 5$ und $x \ge 0$ die Graphen von f_k.

b) Bestimmen Sie für jeweils festes k die Punkte, in denen der Funktionsgraph von f_k am steilsten abfällt.
Bestimmen Sie außerdem die zugehörige Ortslinie der Punkte. Erklären Sie die Bedeutung dieser Ortslinie im Sachzusammenhang.

c) Zeichnen Sie für $2 \le k \le 5$ und $x \ge 0$ ein Höhenprofil der Böschung.

7 Die Funktion f ist gegeben durch $f(x) = a\,e^x + b\,e^{-x}$ mit festen Zahlen $a, b \in \mathbb{R} \setminus \{0\}$. Zeigen Sie, dass der Graph von f entweder einen Extrempunkt oder einen Wendepunkt besitzt.

8

a) Für $k > 0$ ist $f_k(x) = \frac{(x - k)(kx - 1)}{kx}$ gegeben.
Untersuchen Sie die Funktionenschar f_k auf Nullstellen, Extremstellen und Wendepunkte. Zeichnen Sie die Graphen von f_1 und f_2 in ein Koordinatensystem.

b) Berechnen Sie den Flächeninhalt der Fläche, die der Graph von f_k zwischen den Nullstellen mit der x-Achse einschließt.
Prüfen Sie, ob es ein k gibt, für das der Flächeninhalt extremal wird.

9 Gegeben ist die Funktionenschar f_t mit $f_t(x) = \frac{1}{t} \cdot e^{-tx^2}$ mit $t > 0$.

a) Bestimmen Sie in Abhängigkeit von $t > 0$ die Extrema sowie die Gleichung der Wendetangente.
Skizzieren Sie für $t = \frac{1}{4}$ die Graphen zu f_t und f_t' in ein gemeinsames Koordinatensystem.

b) Bestimmen Sie für $t > 0$ den Schnittpunkt S_t der Graphen zu f_t und f_t'. Ermitteln Sie die Gleichung der Ortskurve aller Schnittpunkte S_t mit $t \in \mathbb{R}_+^*$ an.
Zeigen Sie, dass es einen Wert für t gibt, sodass S_t mit einem Wendepunkt des Graphen f_t zusammenfällt.

c) Zeigen Sie, dass je 2 Graphen der Schar f_t keinen gemeinsamen Punkt haben.

10 Gegeben ist die Funktionenschar f_b mit $f_b(x) = (x - b) \cdot e^x$ und $b \in \mathbb{R}$.

a) Ermitteln Sie charakteristische Eigenschaften der Schar und skizzieren Sie den Graphen zu f_2.

b) Vergleichen Sie die Funktionen f_2' und f_1. Verallgemeinern Sie begründet den Zusammenhang.

c) Der Graph und die x-Achse begrenzen für jedes b ein Flächenstück. Bestimmen Sie den Flächeninhalt und erläutern Sie das benutzte Verfahren.
Deuten Sie das Ergebnis für $b \to -\infty$.

d) Bestimmen Sie die Gleichung der Tangente an den Graphen zu f_b an der Stelle $x = 0$.
Berechnen Sie den Schnittpunkt zweier derartiger Tangenten zu unterschiedlichen Parameterwerten.
Wählen Sie nun die Parameterwerte allgemein und interpretieren Sie das Ergebnis.

3.6 Extremwertprobleme

Mathematik wird oft angewendet, um Prozesse zu optimieren. So kann man beispielsweise die Getränkeverpackung mit minimalen Materialbedarf bei vorgegebenem Inhalt bestimmen oder den Preis eines Produktes so festlegen, dass der Ertrag maximal wird. Solche Extremwertprobleme kennen Sie bereits aus der Einführungsphase.

Es gibt auch innermathematische Extremwertprobleme, meist bei geometrischen Fragestellungen. Viele dieser Probleme sind exakt und mit vergleichsweise wenig Rechenaufwand mithilfe der Differenzialrechnung lösbar.

Einstieg

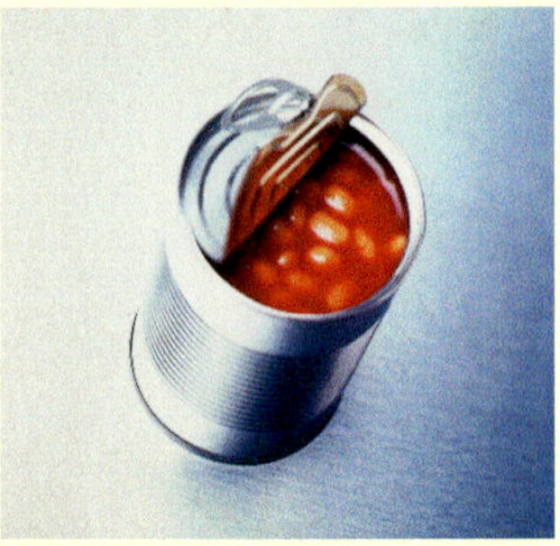

- Viele Lebensmittel werden in einer Konservendose mit einem Volumen von 425 cm³ verkauft. Dabei beträgt die Höhe 10,8 cm und der Durchmesser 7,4 cm.
  Sind die Maße optimal, wenn bei gleichem Volumen möglichst wenig Material verwendet werden soll?
- Der Mantel und die beiden Böden der Dose sind jeweils in einem Falz miteinander verbunden.
  Die nebenstehende Abbildung zeigt, wie ein solcher Falz entsteht. Nach Angaben des Herstellers muss zur Herstellung des Falzes zur Höhe der Dose ein Zuschlag von 1,4 cm (je 7 mm oben und unten) zugegeben werden. Für Boden und Deckel ist ein Zuschlag von je 1,8 cm erforderlich.
  Geben Sie eine Formel an, die für eine zylindrische Dose mit der Höhe h und dem Durchmesser d den Materialverbrauch zur Herstellung der Dose angibt.
  Wie sind nun die Maße einer Dose mit 425 cm³ Inhalt, wenn der Materialverbrauch minimal ist?

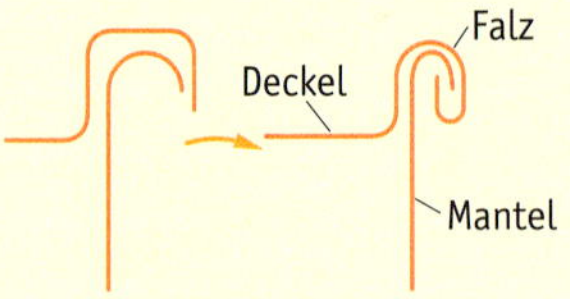

Aufgabe

1 Gegeben ist die Funktion f mit $f(x) = \frac{x}{e^x}$.
Die Katheten eines rechtwinklingen Dreiecks liegen im 1. Quadranten und laufen parallel zu den Koordinatenachsen.
Ein Eckpunkt des Dreiecks ist der Nullpunkt, ein weiterer Eckpunkt liegt auf dem Graphen von f.
Wie muss dieser Punkt liegen, damit der Flächeninhalt des Dreiecks maximal wird?

Lösung

(1) Anfertigen einer Skizze des Sachverhalts
Zunächst zeichnen wir den Graphen der Funktion.
Mögliche Dreiecke haben die Ecken $O(0\,|\,0)$, $A(x\,|\,0)$, $B(x\,|\,f(x))$ und $O(0\,|\,0)$, $C(0\,|\,f(x))$, $D(x\,|\,f(x))$.
Wir zeichnen zwei solcher Dreiecke in die Zeichnung des Funktionsgraphen ein.

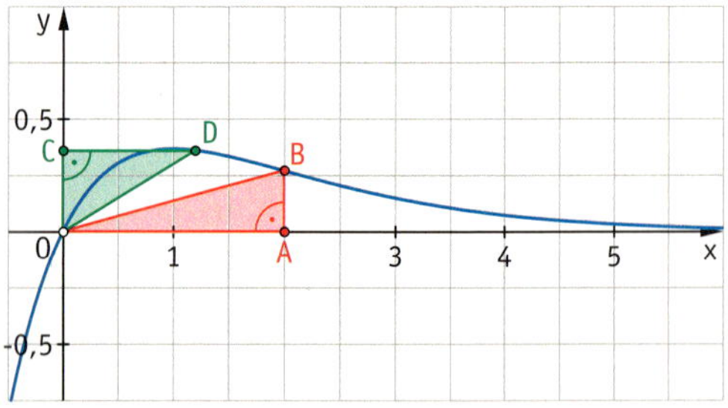

(2) Erstellen einer Funktionsgleichung für den Flächeninhalt
Von allen diesen Dreiecken suchen wir das mit dem größten Flächeninhalt. Der Flächeninhalt sowohl von Dreieck OAB also auch von Dreieck OCD hängt von der Wahl der Stelle x ab.
Er beträgt $A(x) = \frac{1}{2}x \cdot f(x) = \frac{1}{2} \cdot \frac{x^2}{e^x}$.

(3) Algebraische Bestimmung des Maximums

Wir bestimmen das Maximum von A mithilfe der Ableitung von A.

Mit der Quotientenregel erhalten wir $A'(x) = \frac{1}{2} \cdot \frac{2x - x^2}{e^x}$. Aus $A'(x) = 0$ errechnet man: $x_1 = 0$ und $x_2 = 2$ als mögliche Extremstellen von A.

Da $A(x) \geq 0$, $A(0) = 0$ und $A(x) \to 0$ für $x \to \infty$, muss rechts von $x_1 = 0$, also an der Stelle $x_2 = 2$, ein Maximum vorliegen.

Man errechnet $A(2) \approx 0{,}27$ FE als Flächeninhalt der beiden Dreiecke mit dem größten Flächeninhalt. Die beiden Dreiecke sind zueinander kongruent und ergänzen einander zu einem Rechteck.

Weiterführende Aufgabe

2 Randextrema

Ein Landwirt möchte einen neuen Getreidesilo bauen, der die Form eines Zylinders mit einer aufgesetzten Halbkugel haben und 80 m³ Getreide fassen soll. Die gesamte Innenfläche des Silos soll mit einem teuren Isolationsmaterial verkleidet werden.

Untersuchen Sie, ob es Maße für die geplante Form gibt, bei denen die Kosten für die Isolation möglichst gering sind.

Information

Vorgehen beim Lösen von Extremwertproblemen

(1) Erstellen einer Funktionsgleichung für die zu optimierende Größe

(a) Bezeichnen aller wichtigen Größen mit Variablen, häufig an einer Skizze

(b) Gleichung für die zu optimierende Größe angeben, die in der Regel noch von mehreren Variablen abhängt (**Extremalbedingung**)

(c) Gleichung für den Zusammenhang zwischen diesen Variablen aufstellen (**Nebenbedingung**)

(d) Variable in der Extremalbedingung durch Einsetzen der Nebenbedingung eliminieren, sodass die Funktionsgleichung mit nur *einer* Variablen entsteht (**Zielfunktion**)

(e) Definitionsbereich der Zielfunktion ermitteln

(2) Ermitteln der Extremstellen der Zielfunktion

(a) Falls nur Näherungswerte erforderlich sind, kann dies grafisch mithilfe des GTR erfolgen.

(b) Für exakte Werte oder allgemeine Aussagen bestimmt man die Nullstellen der Ableitung der Zielfunktion.

(c) Stets ist zu prüfen, ob am Rand des Definitionsbereiches größere oder kleinere Funktionswerte (**Randextrema**) vorliegen als an den Extremstellen.

Treten die globalen Extrema an den Rändern eines Definitonsbereichs auf, so heißen sie Randextrema.

(3) Ergebnis mit allen relevanten Größen angeben und an der Realität prüfen, ob es sinnvoll ist.

Übungsaufgaben

Goldener Schnitt

Zwei Strecken a und b stehen im Verhältnis des goldenen Schnitts, wenn gilt:
$\frac{(a+b)}{a} = \frac{a}{b}$

3 Gegeben ist die Funktion f mit $f(x) = (x - 1)e^x$.

a) Welches achsenparallele Rechteck im Intervall [0; 1] mit einem Eckpunkt im Nullpunkt und einem weiteren Eckpunkt auf dem Graphen von f ist das größte?

b) Zeigen Sie, dass die auf der x-Achse verlaufende Seite dieses Rechtecks das Intervall im Verhältnis des goldenen Schnitts teilt.

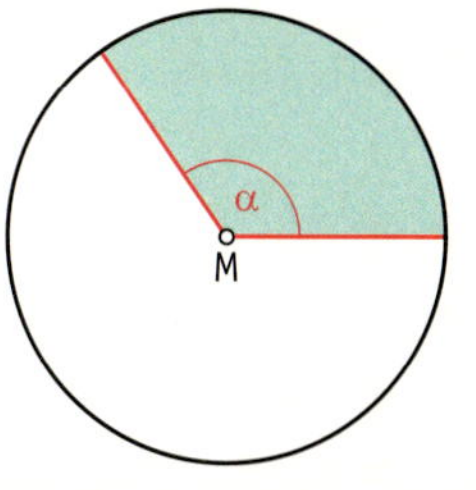

4 Gegeben ist ein Kreis mit dem Radius r. Rollt man einen Kreissektor zusammen entsteht ein Kegel.

Bei welchem Mittelpunktswinkel α des Sektors entsteht ein Kegel mit maximalem Volumen?

5 Welcher Punkt der Parabel mit $y = x^2$ hat den kleinsten Abstand zum Punkt $P(1|\,2)$?

6 Gegeben ist die Funktion f mit $f(x) = \frac{1}{6}x^3 - \frac{3}{2}x$.
Der Punkt P liegt im 2. Quadranten auf dem Graphen von f. Die Gerade OP, die x-Achse sowie die Parallele zur y-Achse durch P begrenzen ein Dreieck. Untersuchen Sie, ob es eine Lage des Punktes P gibt, für die der Flächeninhalt dieses Dreiecks einen extremalen Wert annimmt und bestimmen Sie gegebenenfalls die Art des Extremums.

7 Die Funktion f ist gegeben durch $f(x) = -\frac{1}{4}x^3 + 3x$.
Die Geraden mit den Gleichungen $x = u$ $(u > 0)$ bzw. $x = u + 1$ $(u + 1 < \sqrt{12})$ schneiden die x-Achse und den Graphen von f. Die Schnittpunkte bilden die Ecken eines Trapezes mit dem Flächeninhalt A(u). Bestimmen Sie den Term für A(u). Für welchen Wert u wird der Flächeninhalt des Trapezes möglichst groß?

8 Gegeben sind die Funktionen f und g mit $f(x) = \frac{1}{2}x^2 - 4x + 8$ und $g(x) = -\frac{1}{2}x^2 + 8$. Die Graphen von f und g umschließen im 1. Quadranten eine Fläche, durch die eine Parallele p zur y-Achse gelegt wird. Diese Parallele schneidet den Graphen von f in P und den Graphen von g in Q.
Bestimmen Sie die Lage der Parallelen p so, dass die Länge von $\overline{PQ}$ maximal wird.

9 Gegeben ist die Funktion f mit $f(x) = \frac{1}{6}x^2 \cdot (6 - x)$.
Der Punkt $P(u|v)$ mit $0 < u < 6$ liegt auf dem Graphen von f. Die Koordinatenachsen und die Parallelen zu den Achsen durch P bilden ein Rechteck. Bestimmen Sie u so, dass der Flächeninhalt des Rechteckes maximal ist. Ist für diesen Wert von u der Umfang ebenfalls maximal?

10 Der zeitliche Verlauf der Kondensatorspannung U(t) bei einem Auf- und Entladevorgang eines Kondensators an einer Gleichspannungsquelle über einen konstanten Widerstand kann näherungsweise durch $U(t) = k \cdot e^{-t}(1 - e^{-t})$ mit $t \geq 0$ beschrieben werden. Bestimmen Sie denjenigen Zeitpunkt, an dem die Spannung maximal ist.

Willebrord Snel van Royen (1580 – 1626), niederländischer Astronom und Mathematiker

11 Ein Lichtstrahl wird im Allgemeinen beim Übergang von einem Stoff in einen anderen gebrochen. Bezeichnet c_1 die Geschwindigkeit, mit der sich der Lichtstrahl im oberen Medium bewegt, und c_2 die Geschwindigkeit, mit der sich der Lichtstrahl im unteren Medium bewegt, so erfolgt die Brechung so, dass die Zeit, die der Lichtstrahl insgesamt benötigt, um von P_1 nach P_2 zu gelangen, minimal ist.

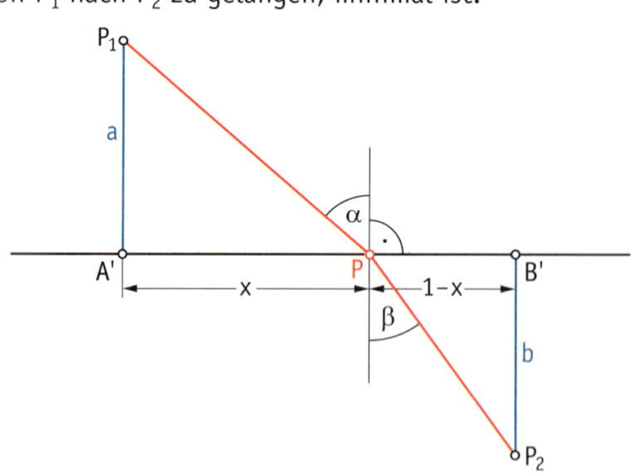

a) Bestimmen Sie x so, dass die Laufzeit des Lichtes von P_1 nach P_2 minimal ist.

b) Zeigen Sie, dass für die Winkel α und β gilt: $\frac{\sin\alpha}{\sin\beta} = \frac{c_1}{c_2}$ (Snellius'sches Brechungsgesetz).

12

Die Ausrottung der Wandertaube

Die nordamerikanische Wandertaube (Ectopistes migratorius) gehörte noch vor etwa einem Jahrhundert zu den häufigsten Vögeln der Welt. Auf dem letzten großen Brutgebiet in Wisconsin nisteten im Jahre 1878 fast 136 Millionen Vögel. Das Gebiet erstreckte sich über ca. 2200 km².

Die Wandertauben waren zu dieser Zeit bei der Bevölkerung eine sehr willkommene Bereicherung des Speisezettels. Die Vögel wurden deshalb unbarmherzig geschossen oder mit Netzen und Fallen an ihren riesigen Brutplätzen gefangen. Martha, die letzte Wandertaube starb 1914 im Zoo von Cincinatti.

Diese tragische Episode über die hemmungslose Ausbeutung des Tierbestandes durch den Menschen gab dem Naturschutzgedanken einen großen Auftrieb und trug wesentlich dazu bei, Schutzgebiete für Tiere zu schaffen.

Reproduktionskurve einer Art als mathematisches Modell

Viele natürliche Ressourcen, z. B. Fisch-, Wald- oder Wildbestände erneuern sich von selbst. Ein Waldbesitzer oder Fischzüchter möchte aber einen möglichst hohen Ertrag erwirtschaften. Wie viel darf er einer natürlichen Ressource entnehmen, ohne sie jedoch – wie im Fall der Wandertaube – zu erschöpfen?

Die sogenannte *Reproduktionskurve* einer Art ist ein wichtiges mathematisches Modell bei der Untersuchung dieser Frage. Sie ist der Graph der Funktion *Populationsgröße der gegenwärtigen Generation* $\mapsto$ *Populationsgröße der darauffolgenden Generation*.

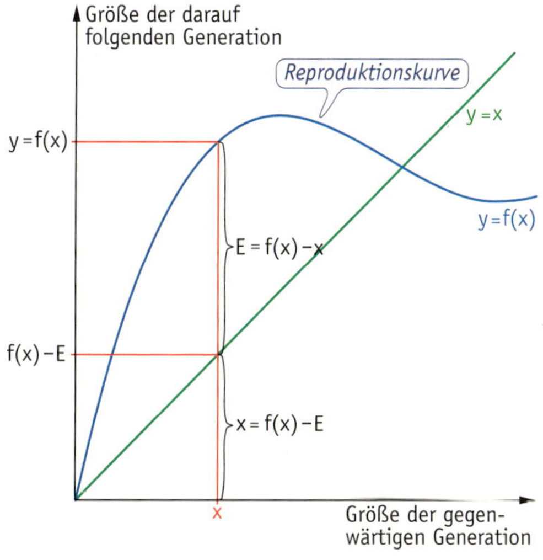

Der exakte Verlauf einer solchen Kurve variiert von Art zu Art, hat jedoch unter vernünftigen biologischen Annahmen meistens eine ähnliche Form wie die blaue Kurve links.

Bei einer wirtschaftlichen Nutzung einer Ressource versucht man, jährlich eine möglichst konstante Entnahme E zu tätigen.

Da die Population in einem Jahr von x auf f(x) zunimmt, beträgt der natürliche Zuwachs $f(x) - x$. Eine konstante Entnahme E wird erreicht, wenn $f(x) - x = E$ gilt.

Damit ist dann E von x funktional abhängig.

Im folgenden nehmen wir an, dass die Population eines Fischbestandes näherungsweise durch eine Reproduktionskurve der Funktion f beschrieben werden kann.

Für $x \in [0;\ 10]$ gilt: $f(x) = 0{,}03\,x^3 - 0{,}67\,x^2 + 4{,}4\,x$ (mit x und f(x) in Tonnen).

Der Züchter möchte – wie oben beschrieben – eine konstante Entnahme E (in Tonnen) aus seinem Teich vornehmen.

Wie groß darf eine Population werden, damit dies gelingt?

Für welche Populationsgröße ist die jährliche Entnahme maximal?

13 Ein Unternehmen stellt Notebooks her. Bei einem Preis von 500 € pro Stück werden wöchentlich 600 Notebooks verkauft. Die Produktionskosten betragen pro Gerät stets 300 €. Außerdem fallen wöchentlich unabhängig von der Anzahl der hergestellten Geräte weitere 20 000 € an Kosten an.

a) Berechnen Sie den wöchentlichen Gewinn.

b) Marktbeobachtungen haben folgenden Zusammenhang zwischen dem Stückpreis p und der pro Woche verkauften Menge y der Notebooks ergeben: $y = \frac{73\,500\,000}{(p - 150)^2}$ für $p > 300$.
Für welchen Preis p wird der Gewinn maximal? Wie groß ist der wöchentliche Gewinn und wie viele Geräte werden pro Woche hergestellt?

c) Alternativ zur Preisgestaltung wie in Teilaufgabe b) überlegt die Unternehmensleitung, den Verkaufspreis unverändert bei 500 € pro Stück zu belassen und gleichzeitig eine Werbekampagne durchzuführen. Es wird folgender Zusammenhang zwischen den wöchentlichen Kosten w für die Werbung und der pro Woche verkauften Menge y der Notebooks angenommen: $y = 1000 - 400\,e^{-0{,}0001 \cdot w}$, $w > 0$.
Zeigen Sie, dass man für $w = 0$ die ursprüngliche Verkaufsmenge erhält.
Der Gewinn in Abhängigkeit von den Werbekosten wird mit h (w) bezeichnet. Geben Sie den Funktionsterm h (w) an und berechnen Sie, wie hoch die Werbekosten w sein müssen, damit der Gesamtgewinn aus Produktion und Vermarktung (Verkaufserlös abzüglich Produktions- und Werbekosten) maximal wird. Wie groß ist der wöchentliche Gewinn und wie viele Geräte werden pro Woche hergestellt?

14 In einem Buch für Wirtschaftsmathematik steht die folgende Aufgabe:

Die Gesamtkosten eines Unternehmens in Abhängigkeit von der produzierten Stückzahl x (Mengeneinheit) lassen sich näherungsweise beschreiben durch die Funktion K mit $K(x) = \frac{1}{5}x^3 - \frac{12}{5}x^2 + 13x + 9$. Der Erlös pro Mengeneinheit beträgt 9 Geldeinheiten. Bei welcher Stückzahl arbeitet das Unternehmen mit Gewinn? Bei welcher Stückzahl ist der Gewinn maximal?

15 Eine Werft stellt Segeljachten her. Die Gesamtkosten in Abhängigkeit von der Anzahl der produzierten Jachten x lassen sich näherungsweise durch die Funktion K beschreiben mit

$K(x) = x^3 - 9x^2 + 28x + 25$ und

$0 \le x \le 16$ mit K (x) in Millionen Euro.

Unter den Stückkosten versteht man die durchschnittlichen Kosten pro produziertem Stück.
Bei welcher Produktionsmenge sind die Stückkosten minimal? Wie hoch sind die Stückkosten dann?

CAS **16** Ein Sattelschlepper soll ein Brückenbauteil auf einem Auflieger transportieren. Der Auflieger hat einen nahezu rechteckigen Grundriss mit einer Breite von 2,80 m.
Die kritischste Stelle des Transportwegs ist eine rechtwinklige Abzweigung von der insgesamt (Hausfront bis Hausfront) 8,80 m breiten Hauptstraße in eine insgesamt 6,20 m breite Nebenstraße.
Wie lang darf das Brückenteil maximal sein, damit diese Abzweigung für den Sattelschlepper passierbar ist?
Die Hinterachse des Aufliegers ist unabhängig lenkbar.

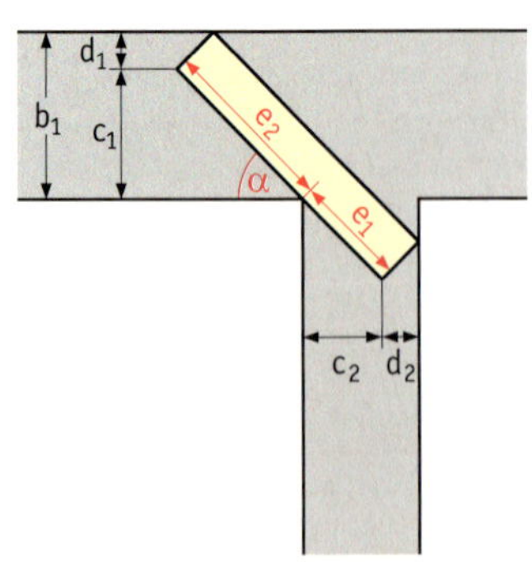

Die folgenden Aufgaben helfen Ihnen bei der Organisation des selbstständigen Lernprozesses. Zur Selbstkontrolle sind alle Lösungen dieser Aufgaben im Anhang dieses Buches abgedruckt.

1 Die Funktionsgraphen der Funktionen zu $f(x) = e^{-x^3}$, $g(x) = (x^2 + 2x)\,e^{-x}$, $h(x) = \frac{e^x}{e^x - 2}$ sind hier abgebildet. Ordnen Sie den Graphen die Funktionsterme zu. Begründen Sie.

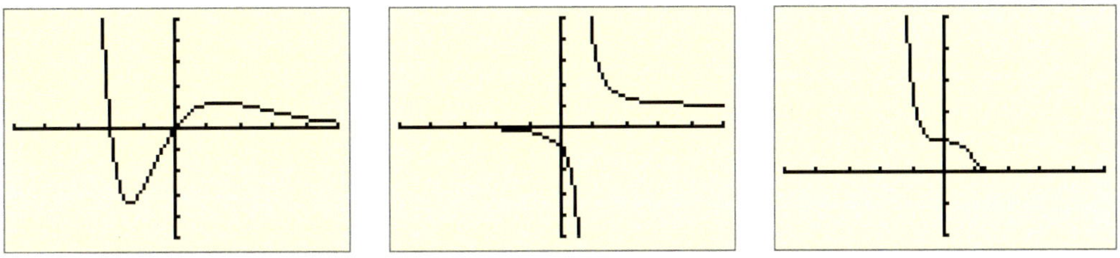

2 Bilden Sie die 1. Ableitung und vereinfachen Sie soweit wie möglich.

a) $f(x) = (x^2 - 1) \cdot e^x$

b) $f(x) = e^{x^2 - 3}$

c) $f(x) = x^3 \cdot e^{2x}$

d) $f(x) = \frac{x^2}{e^x}$

e) $f_t(x) = \frac{x^2 - t}{x - 1}$

LK **f)** $f_t(x) = (t + e^{-x})^2$

3 Geben Sie jeweils eine Stammfunktion zu f an.

a) $f(x) = 1 + e^{3 - 2x}$

b) $f(x) = \frac{1}{4} \cdot e^{2x} - 3 \cdot e^{-x} + 5$

c) $f(x) = e^{5 - 2x} + \frac{7}{e^{3x}}$

4 Gegeben ist die Funktion f durch $f(x) = 5 - e^x$.

a) Untersuchen Sie das Verhalten von f für $x \to \infty$ bzw. für $x \to -\infty$ und bestimmen Sie die Koordinaten der Schnittpunkte des Graphen von f mit den Koordinatenachsen. Skizzieren Sie den Graphen von f.

b) Der Graph von f und die Koordinatenachsen begrenzen eine Fläche. Bestimmen Sie ihren Flächeninhalt.

5 Skizzieren Sie den Graphen von f.

a) $f(x) = \frac{x^2 - 1}{x}$

b) $f(x) = \frac{1}{x + 1} + \frac{1}{x - 1}$

c) $f(x) = \frac{x^3 - 4x^2 + 5x - 1}{x - 2}$

6 Geben Sie eine gebrochenrationale Funktion f mit den geforderten Eigenschaften an.

a) f hat bei -3 und 3 jeweils einen Pol mit Vorzeichenwechsel und die Asymptote mit $y = -2$.

b) f hat keinen Pol und die Gerade zu $y = -x + 4$ als Asymptote.

LK **7** Ordnen Sie die Graphen zu f_k den Parametern $k = -2, -1, 0, 1, 2$ der Funktionsterme begründet zu.

a) $f_k(x) = (x^2 - k) \cdot e^x$

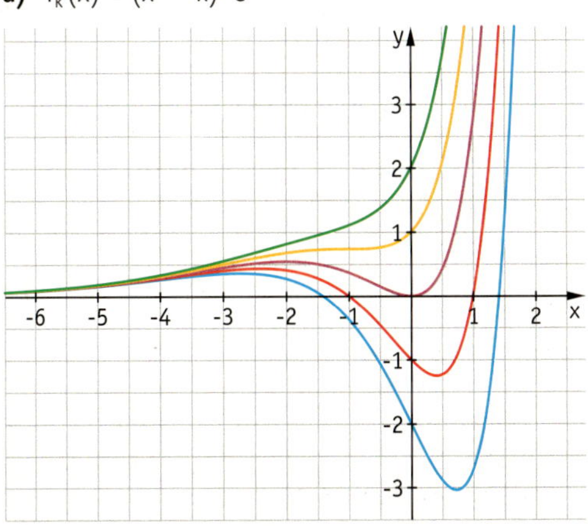

b) $f_k(x) = x\,(x - k)\,e^{-x}$

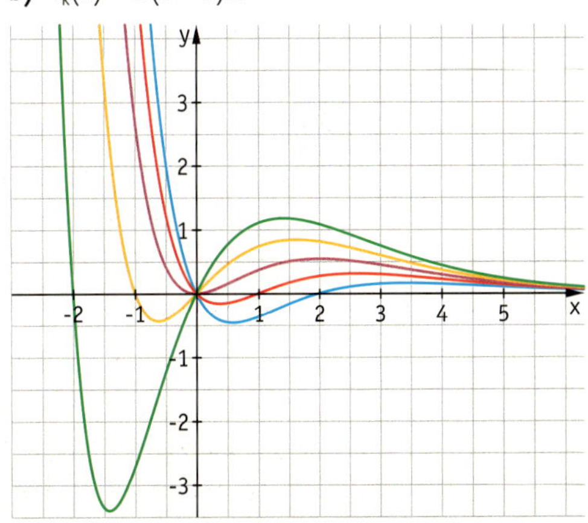

LK **8** Gegeben ist die Funktionenschar f_t mit $f_t(x) = x\,e^{-tx}$ und $t > 0$.
Untersuchen Sie die Funktionenschar f_t. Zeigen Sie, dass alle Extrempunkte der Schar auf dem Graphen einer Funktion g liegen.
Bestimmen Sie den Funktionsterm von g und zeichnen Sie die Ortslinie zusammen mit einigen Graphen der Funktionenschar.

9 Gegeben ist eine Funktionenschar f_t mit $f_t(x) = \frac{1}{t}x^3 + 2x^2 + tx$, $t > 0$.

a) Bestimmen Sie die Nullstellen, Extrem- und Wendepunkte des Graphen von f_t in Abhängigkeit von t. Zeichnen Sie zu verschiedenen Werten von t die zugehörigen Funktionsgraphen.

b) Bestimmen Sie die Gleichung der Ortskurve, auf der alle Wendepunkte der Kurvenschar liegen.

10 Gegeben ist die Funktionenschar f_a mit $f_a(x) = -x^4 + 2x^3 - 2ax + a$.
Bestimmen Sie die Wendepunkte der Graphen der Funktionenschar f_a.
Wie ist a zu wählen, damit der Abstand der Wendepunkte des Graphen von f_a möglichst klein wird?

11 Gegeben ist die Funktionenschar f_b mit $f_b(x) = \frac{b \cdot e^x}{b - e^x}$ mit $b \in \mathbb{R}$.

a) Bestimmen Sie den maximalen Definitionsbereich.

b) Untersuchen Sie die Schar f_b in Abhängigkeit von $x \in \mathbb{R}$ auf asymptotisches Verhalten.

c) Ordnen Sie den rechts abgebildeten Graphen der Schar begründet die entsprechenden Parameter zu.

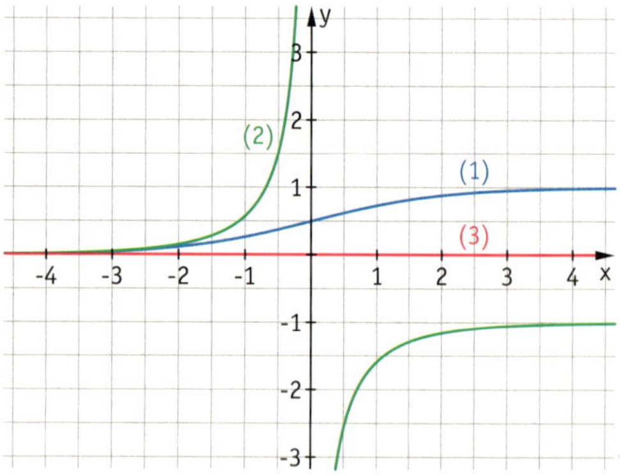

12 Der Punkt $P(u\,|\,f(u))$ liegt auf dem Graphen der Funktion f mit $f(x) = -x^2 + 4$ (siehe Grafik).
Wie ist u zu wählen, damit das Dreieck PQR mit $Q(-2\,|\,0)$ und $R(u\,|\,0)$ maximalen Flächeninhalt hat?

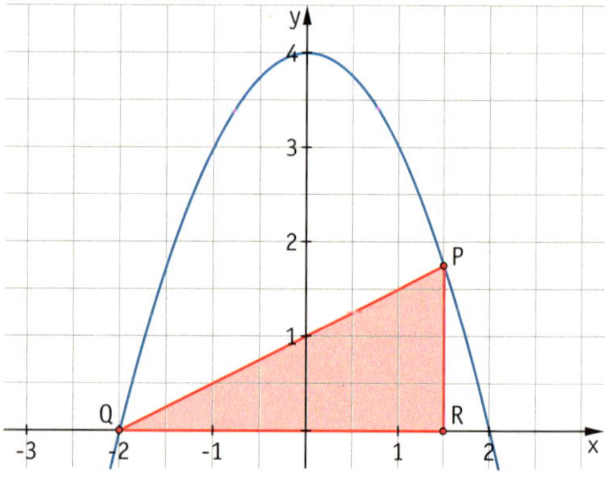

LK **13** Gegeben ist die Funktion f mit $f(x) = \frac{x^4 + x^2 + 1}{x^4 - x^2 + 1}$.

a) Untersuchen Sie das Verhalten des Graphen von f für $x \to -\infty$ und $x \to +\infty$.
Berechnen Sie die Koordinaten der Hoch- und Tiefpunkte.

b) Zeichnen Sie den Graphen im Intervall $[-4; 4]$.
Ermitteln Sie den Definitions- sowie den Wertebereich.

c) Ermitteln Sie die Gleichung der Tangente an der Stelle $x = 0{,}3$ an den Graphen von f und geben Sie einen weiteren Punkt des Graphen an, für den die Steigung der Tangente genau so groß ist.

4 Lineare Gleichungssysteme – Funktionsanpassungen

Bei der Erweiterung eines Schienennetzes oder eines Straßennetzes muss man vorhandene gerade oder gekrümmte Teilstücke möglichst gut miteinander verbinden.
Zwischen Arl und Bonin plant die Bahn eine Verbindung schon vorhandener Bahnstrecken. Welche Aspekte sollten bei der Planung dieser Neubaustrecke von Arl nach Bonin berücksichtigt werden?

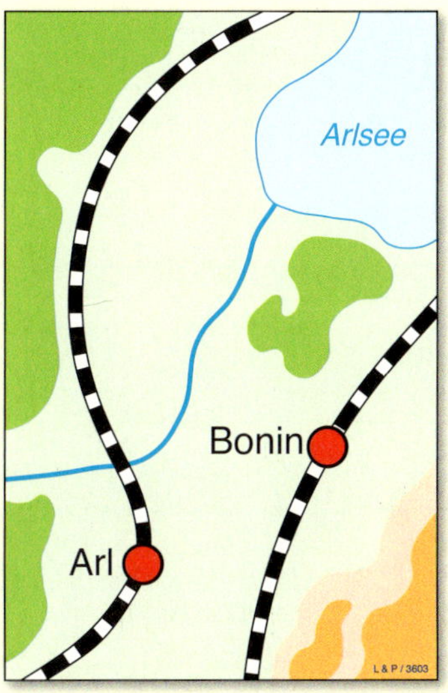

In der Einführungsphase haben wir schon Parabeln zu vorgegebenen Eigenschaften bestimmt. Ein Parabelstück weist stets die gleiche Krümmungsrichtung auf und ist hier nicht geeignet, um die beiden Strecken zu verbinden. Das gesuchte Verbindungsstück muss nämlich in einer Rechtskurve von der westlichen Strecke abzweigen und in einer Linkskurve in die östliche Strecke einmünden.

Wir müssen daher unsere Kenntnisse aus der Einführungsphase erweitern.

In diesem Kapitel

- bestimmen Sie ganzrationale Funktionen mit vorgegebenen Eigenschaften;
- lösen Sie lineare Gleichungssysteme mit drei und mehr Variablen sowohl ohne als auch mit dem Rechner;
- ermitteln Sie zu gegebenen Datenpunkten auf verschiedene Weise Funktionen, deren Graphen gut zu den Datenpunkten passen.

Von Daten zu Funktionen

Vitamin-C-Gehalt verschiedener Säfte

1 Eine Quelle für das lebensnotwendige Vitamin C sind Fruchtsäfte.

Saftsorte	Gehalt an Vitamin C in 100 ml Saft
Bananensaft	18,0 mg
Kirschsaft	35,0 mg
Ananassaft	12,5 mg

a) Wie groß ist der Vitamin-C-Gehalt bei einem Mischgetränk aus 100 ml Bananensaft und jeweils 50 ml Kirsch- und Ananassaft?

b) Untersuchen Sie, ob man 0,5 l Kirsch-Bananensaft so mischen kann, dass die Mischung genau 100 mg Vitamin C enthält.

Lage zweier Geraden im Koordinatensystem

2 Zu einer linearen Gleichung mit zwei Variablen gehört eine Gerade im Koordinatensystem.

a) Welches der beiden Geradenpaare gehört zum folgenden linearen Gleichungssystem? Begründen Sie.

$$\left| \begin{aligned} 2y - x &= 7 \\ y &= 3x - 5 \end{aligned} \right|$$

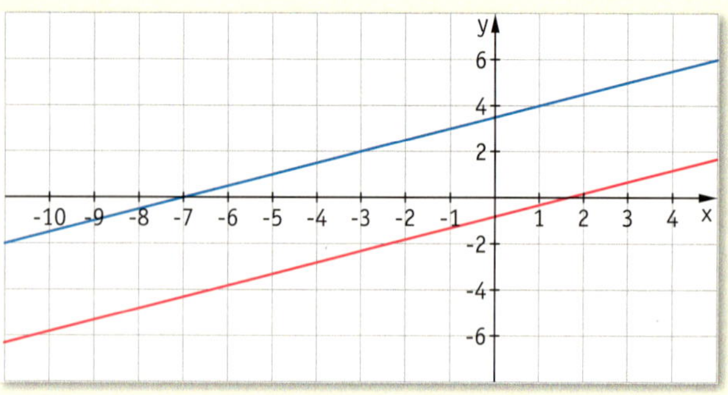

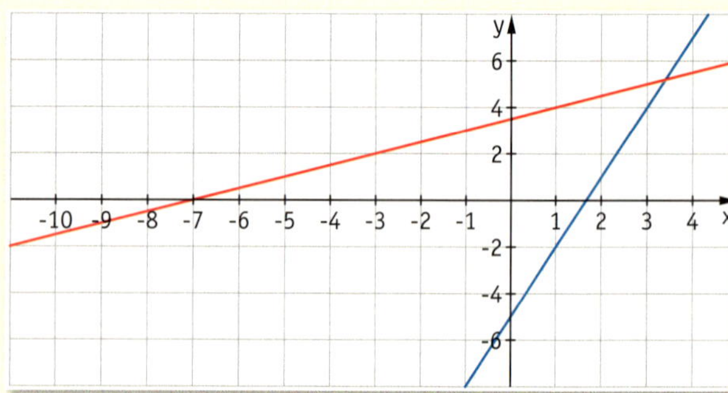

b) Wie viele gemeinsame Punkte können zwei Geraden haben? Was folgt hieraus für die Anzahl der Lösungen eines linearen Gleichungssystems mit zwei Variablen?

c) Geben Sie für die verschiedenen Lösungen eines linearen Gleichungssystems mit zwei Variablen jeweils ein Beispiel an.

d) Übertragen Sie Ihre Überlegungen auf drei Geraden.

Heureka

3 König HIERON DER II. VON SYRAKUS ließ eine 10 kg schwere goldene Krone anfertigen. Von ARCHIMEDES (etwa 287 bis 221 v. Chr.), dem berühmten griechischen Mathematiker und Physiker, wollte HIERON wissen, ob die Krone wirklich aus reinem Gold war. Es wird berichtet, dass Archimedes mehrere Tage über das Problem nachdachte, bis er plötzlich in der Badewanne den Auftrieb entdeckte.

Der römische Baumeister VITRUV berichtete 100 n. Chr., dass die Krone im Wasser knapp 0,625 kg an Gewicht verlor und dass Gold $\frac{1}{19}$ und Silber $\frac{1}{10}$ an Gewicht im Wasser verliert.

Aus wie viel Gold und wie viel Silber bestand die Krone?

> Das **Archimedische Prinzip** besagt, dass ein ganz oder teilweise in Flüssigkeit getauchter Körper eine Auftriebskraft erfährt, die genau so groß ist wie das Gewicht der verdrängten Flüssigkeit.

Glasdesign

4 Ein Designer hat eine Glasserie entworfen. Für die industrielle Herstellung ist es erforderlich, den Umriss der Gläser durch Funktionen zu erfassen.

Wählen Sie ein geeignetes Koordinatensystem. Welche Eigenschaften muss eine passende Funktion besitzen?

Wenn Sie an ganzrationale Funktionen denken: Wie groß muss der Grad der Funktion mindestens sein?

Gleichungssysteme – Lösen mit System

5 Gleichungssysteme aus zwei Gleichungen mit zwei Variablen können Sie schon lösen.
Bestimmen Sie die Lösungsmenge folgender Gleichungssysteme und beschreiben Sie Ihre Lösungsstrategie.

a) $\left| \begin{array}{rrrrl} 2x + & 6y - & 30z + & 12w = & -6 \\ & y - & z + & w = & -2 \\ & & z + & w = & 4 \\ & & & 3w = & -6 \end{array} \right|$

b) $\left| \begin{array}{rrrl} x - & y + & 2z = & 9 \\ -x + & 2y + & z = & -1 \\ 3x + & 2y - & z = & -7 \end{array} \right|$

Planung einer Autobahn

6

Ausbau und Verlegung der A4n zwischen Düren und Kerpen

Zwischen Düren und Kerpen durchquert die Autobahn 4 auf rund neun Kilometern das Abbaufeld des Kohletagebaues Hambach der RWE Power AG.

Etwa 2017 wird der Tagebau die vorhandene Autobahntrasse erreichen und bergbaulich in Anspruch nehmen.

Bis zu diesem Zeitpunkt soll eine Ersatztrasse südlich des Tagebaugebietes entstehen.

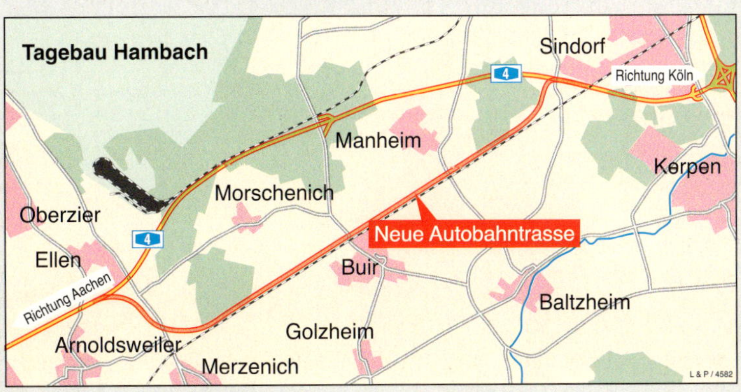

In der Planungsphase sind verschiedene Varianten der Trassenführung diskutiert worden.

a) Überlegen Sie, welche Bedingungen man für den Verlauf der Trasse aufstellen sollte.

b) Analysieren Sie, wie man vorgehen muss, um eine Trasse einer mathematischen Beschreibung zugänglich zu machen.

4.1 Lösen linearer Gleichungssysteme – GAUSS-Algorithmus

Bereits in der Einführungsphase haben wir zur Ermittlung gesuchter Funktionsterme einfache lineare Gleichungssysteme gelöst. In diesem Abschnitt erweitern und vertiefen Sie Ihre Kenntnisse zum Lösen linearer Gleichungssysteme.

Einstieg

Beschreiben Sie die Strategie, die dem rechts begonnenen Lösungsweg zugrunde liegt. Führen Sie ihn dann zu Ende.

$$\left|\begin{array}{rcl} x + y + 3z &=& -5 \\ -x + 3y - z &=& 1 \\ 2x + 10y + 2z &=& -4 \end{array}\right| \quad \cdot(-2)$$

$$\left|\begin{array}{rcl} x + y + 3z &=& -5 \\ 4y + 2z &=& -4 \\ 8y - 4z &=& 6 \end{array}\right|$$

Aufgabe

1 Lösen Sie das lineare Gleichungssystem rechts. Gehen Sie dabei systematisch vor.

$$\left|\begin{array}{rcl} x_1 + 3x_2 + x_3 &=& 2 \\ -2x_1 - 4x_2 + 2x_3 &=& 6 \\ 3x_1 + x_2 + x_3 &=& 8 \end{array}\right|$$

Lösung

Ein wichtiges Zwischenziel zur Lösung eines linearen Gleichungssystems ist die Dreiecksgestalt. Daher eliminieren wir zunächst in der 2. und 3. Gleichung die Summanden mit der Variable x_1. Dies kann erfolgen durch Addieren des Doppelten der 1. Gleichung zur 2. Gleichung sowie des (–3)-fachen der 1. Gleichung zur 3. Gleichung.

$$\left|\begin{array}{rcl} x_1 + 3x_2 + x_3 &=& 2 \\ -2x_1 - 4x_2 + 2x_3 &=& 6 \\ 3x_1 + x_2 + x_3 &=& 8 \end{array}\right| \quad \cdot 2 \quad \cdot(-3)$$

$$\left|\begin{array}{rcl} x_1 + 3x_2 + x_3 &=& 2 \\ 2x_2 + 4x_3 &=& 10 \\ -8x_2 - 2x_3 &=& 2 \end{array}\right| \quad \cdot 4$$

Eliminieren des Summanden mit x_2 aus der 3. Gleichung

$$\left|\begin{array}{rcl} x_1 + 3x_2 + x_3 &=& 2 \\ 2x_2 + 4x_3 &=& 10 \\ 14x_3 &=& 42 \end{array}\right| \quad :14$$

Gleichungssystem in Dreiecksgestalt

$$\left|\begin{array}{rcl} x_1 + 3x_2 + x_3 &=& 2 \\ 2x_2 + 4x_3 &=& 10 \\ x_3 &=& 3 \end{array}\right|$$

Einsetzen und Vereinfachen

$$\left|\begin{array}{rcl} x_1 + 3x_2 &=& -1 \\ 2x_2 &=& -2 \\ x_3 &=& 3 \end{array}\right| \quad :2$$

$$\left|\begin{array}{rcl} x_1 + 3x_2 &=& -1 \\ x_2 &=& -1 \\ x_3 &=& 3 \end{array}\right|$$

Einsetzen und Vereinfachen

$$\left|\begin{array}{rcl} x_1 &=& 2 \\ x_2 &=& -1 \\ x_3 &=& 3 \end{array}\right|$$

Gleichungssystem in Diagonalgestalt

Die Lösung ist das Tripel $(2\,|\,-1\,|\,3)$, die Lösungsmenge ist $L = \{(2\,|\,-1\,|\,3)\}$.

Information

Carl Friedrich Gauss; (1777 – 1855)

(1) Der Gauss-Algorithmus zum Lösen eines linearen Gleichungssystems

Das in der Lösung zu Aufgabe 1 angewandte Verfahren heißt **Gauss-Algorithmus**, benannt nach dem deutschen Mathematiker Carl Friedrich Gauss. Es ermöglicht, für jedes lineare Gleichungssystem die Lösungsmenge *systematisch* zu bestimmen.

Die Grundidee besteht darin, das gegebene System so umzuformen, dass es eine dreiecksähnliche Gestalt hat. Im umgeformten System enthält jede Gleichung eine Variable weniger als die vorhergehende.

Zum Umformen wendet man das Additionsverfahren wiederholt an:

- Multiplikation beider Seiten einer Gleichung mit einer geeigneten Zahl ungleich Null;
- Addition einer Gleichung zu einer anderen, sodass eine Variable eliminiert wird, also wegfällt;
- Vertauschen der Reihenfolge der Gleichungen.

Auch die nicht veränderten Gleichungen muss man weiter mitführen. Das Weglassen einer Gleichung bedeutet nämlich den Verzicht auf eine Bedingung.

Anmerkung

In der obigen Formulierung des Gauss-Algorithmus wird nicht das Einsetzen von Variablenwerten und Vereinfachen erwähnt, das wir in der Lösung der Aufgabe 1 vorgenommen haben.

Das Einsetzen und Vereinfachen muss nicht als eigenes Vorgehen aufgeführt werden, da sich sein Ergebnis auch mit dem Additionsverfahren erreichen lässt:

$$\left|\begin{array}{rcrcrcr} x_1 &+& 3x_2 &+& x_3 &=& 2 \\ && 2x_2 &+& 4x_3 &=& 10 \\ &&&& x_3 &=& 3 \end{array}\right| \quad \text{Einsetzen und Vereinfachen}$$

$$\left|\begin{array}{rcrcr} x_1 &+& 3x_2 &=& -1 \\ && 2x_2 &=& -2 \\ && x_3 &=& 3 \end{array}\right|$$

$$\left|\begin{array}{rcrcrcr} x_1 &+& 3x_2 &+& x_3 &=& 2 \\ && 2x_2 &+& 4x_3 &=& 10 \\ &&&& x_3 &=& 3 \end{array}\right| \quad \cdot(-4) \oplus \quad \cdot(-1) \oplus$$

$$\left|\begin{array}{rcrcr} x_1 &+& 3x_2 &=& -1 \\ && 2x_2 &=& -2 \\ && x_3 &=& 3 \end{array}\right|$$

(2) Einfacheres Notieren eines linearen Gleichungssystems und Lösen mithilfe eines Rechners

Um Schreibarbeit zu sparen und die Übersichtlichkeit zu erhöhen, notiert man ein lineares Gleichungssystem oft in Form eines Zahlenschemas, in dem nur die Koeffizienten notiert werden.

Statt des Gleichungssystems

$$\left|\begin{array}{rcrcrcr} x_1 &+& 6x_2 &-& 3x_3 &=& -6 \\ 4x_1 &+& 3x_2 &+& 3x_3 &=& 3 \\ 4x_1 &-& 3x_2 &+& 6x_3 &=& 18 \end{array}\right| \quad \text{schreibt man} \quad \begin{array}{c} x_1 \;\; x_2 \;\; x_3 \\ \left(\begin{array}{rrrr} 1 & 6 & -3 & -6 \\ 4 & 3 & 3 & 3 \\ 4 & -3 & 6 & 18 \end{array}\right) \end{array}$$

Erweiterte Koeffizienten-Matrix

Mit dieser *erweiterten Koeffizientenmatrix* lassen sich alle Schritte des Gauss-Algorithmus durchführen.

$$\left|\begin{array}{rcrcrcr} x_1 &+& 6x_2 &-& 3x_3 &=& -6 \\ 4x_1 &+& 3x_2 &+& 3x_3 &=& 3 \\ 4x_1 &-& 3x_2 &+& 6x_3 &=& 18 \end{array}\right| \quad \cdot(-4) \oplus \quad \cdot(-4) \oplus \qquad \left(\begin{array}{rrrr} 1 & 6 & -3 & -6 \\ 4 & 3 & 3 & 3 \\ 4 & -3 & 6 & 18 \end{array}\right) \quad \cdot(-4) \oplus \quad \cdot(-4) \oplus$$

$$\left|\begin{array}{rcrcr} x_1 + & 6x_2 &-& 3x_3 &=& -6 \\ - & 21x_2 &+& 15x_3 &=& 27 \\ - & 27x_2 &+& 18x_3 &=& 42 \end{array}\right| \qquad \left(\begin{array}{rrrr} 1 & 6 & -3 & -6 \\ 0 & -21 & 15 & 27 \\ 0 & -27 & 18 & 42 \end{array}\right)$$

$$\vdots \qquad\qquad\qquad \vdots$$

$$\left|\begin{array}{rcl} x_1 &=& 9 \\ x_2 &=& -\frac{16}{3} \\ x_3 &=& -\frac{17}{3} \end{array}\right| \qquad \left(\begin{array}{rrrr} 1 & 0 & 0 & 9 \\ 0 & 1 & 0 & -\frac{16}{3} \\ 0 & 0 & 1 & -\frac{17}{3} \end{array}\right)$$

Wissenschaftlicher Taschenrechner

Viele wissenschaftliche Taschenrechner können Systeme mit bis zu 3 Variablen und 3 Gleichungen lösen, wenn man die Koeffizientenmatrix im Menü **sys-solv** eingibt.

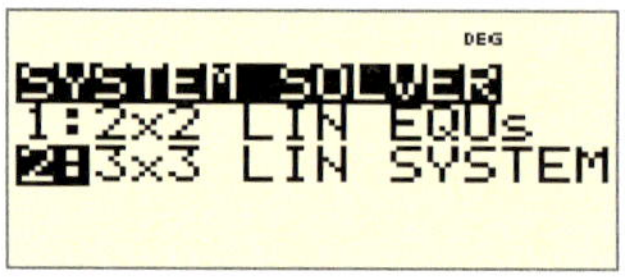

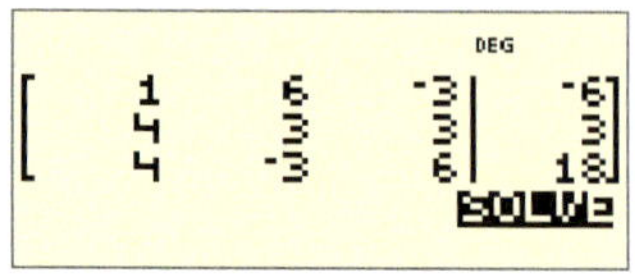

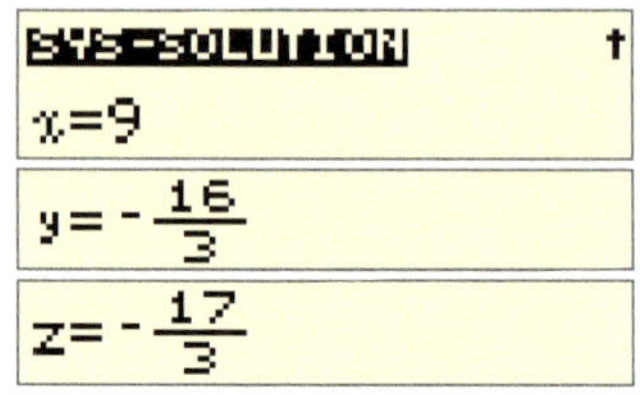

Grafikfähiger Taschenrechner

Grafikfähige Taschenrechner können auch größere Gleichungssysteme lösen. Hier wird als Beispiel aber auch ein Gleichungssystem mit 3 Gleichungen gelöst.

(1) Aufrufen des Untermenüs **EDIT** im **MATRIX**-Menü und Festlegen des Namens:

(2) Festlegen der Anzahl der Zeilen und Spalten und Eingeben der Koeffizienten in die Leerfelder der Matrix:

(3) Aufrufen des **rref**-Befehls im Untermenü **MATH** des **MATRIX**-Menüs:

rref = **r**ow **r**educed **e**cholon **f**orm

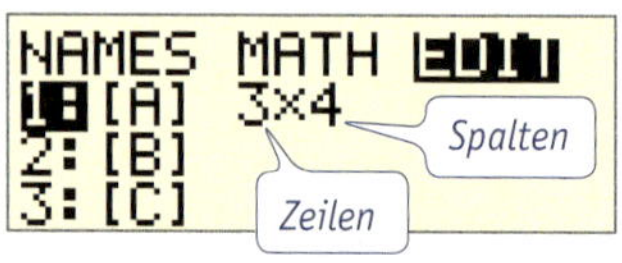

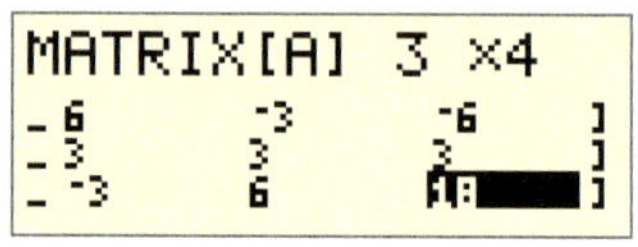

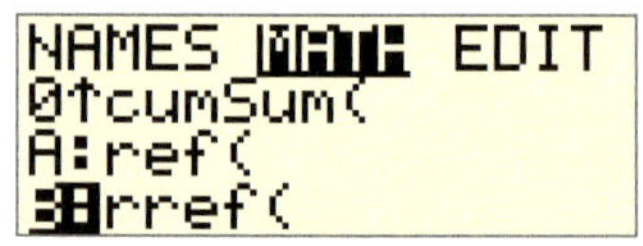

(4) Ergebnis ablesen: $x_1 = 9$, $x_2 = -5{,}3333$ und $x_3 = -5{,}666$.

Eingabe über ***NAMES*** *im* ***MATRIX****-Menü*

Matrix in Diagonalform

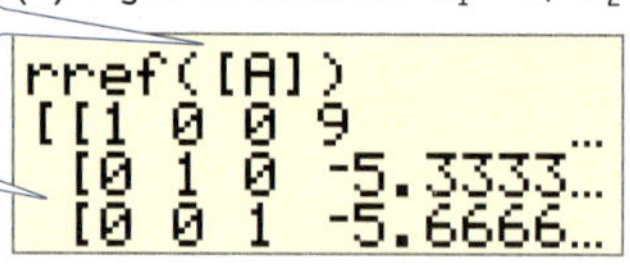

Der Rechnerbefehl **Frac** aus dem **MATH**-Menü gibt das Ergebnis als Bruch an:

$x_1 = 9,\ x_2 = -\frac{16}{3},\ x_3 = -\frac{17}{3}.$

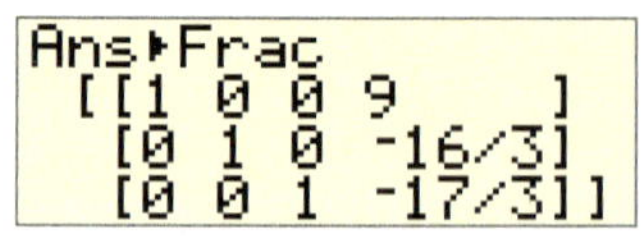

CAS-Rechner

Bei einigen CAS-Rechnern kann man lineare Gleichungssysteme direkt eingeben:

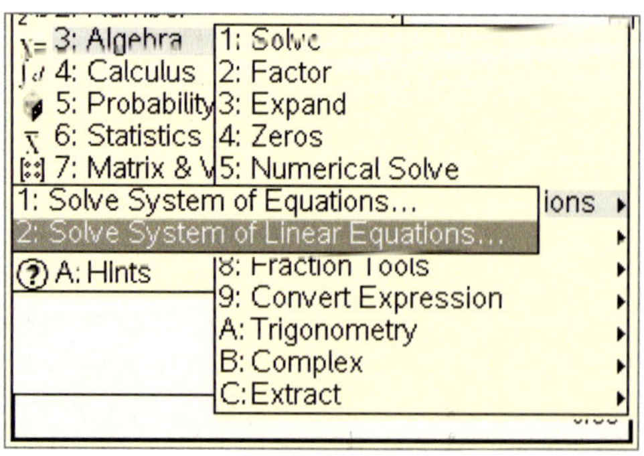

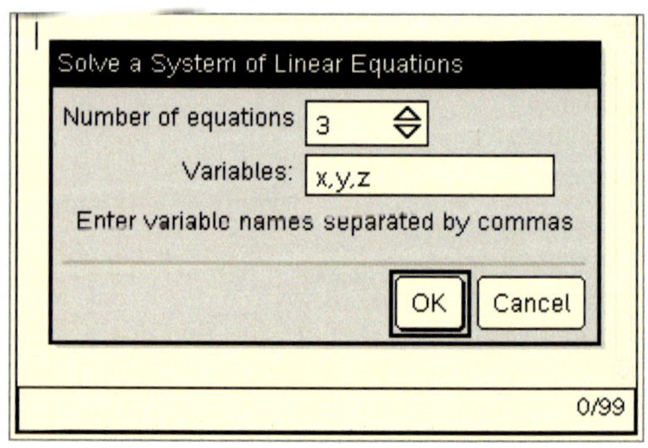

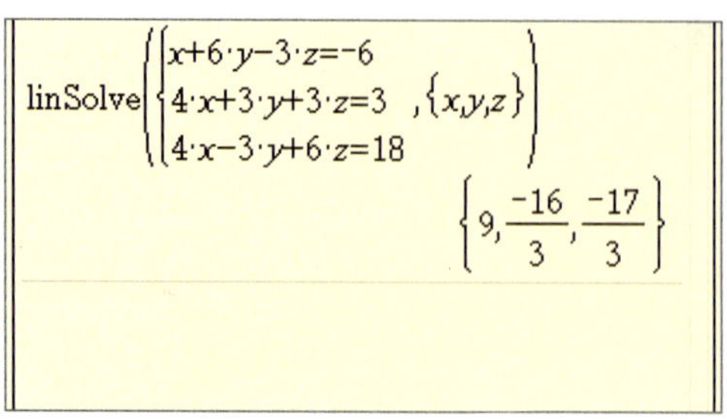

Aufgabe

2 Berechnen Sie alle Lösungen des linearen Gleichungssystems mit dem GAUSS-Algorithmus.

(1) $\left| \begin{array}{l} 2x_1 + 6x_2 - 3x_3 = -6 \\ 4x_1 + 3x_2 + 3x_3 = 6 \\ 4x_1 - 3x_2 + 9x_3 = -2 \end{array} \right|$ (2) $\left| \begin{array}{l} 2x_1 + 6x_2 - 3x_3 = -6 \\ 4x_1 + 3x_2 + 3x_3 = 6 \\ 4x_1 - 3x_2 + 9x_3 = 18 \end{array} \right|$

Lösung

Wir lösen beide Gleichungssysteme mit dem GAUSS-Algorithmus und formen die Systeme in Dreiecksgestalt um. Wir erhalten:

$$\left| \begin{array}{rrrcr} 2x_1 + & 6x_2 - & 3x_3 & = & -6 \\ 4x_1 + & 3x_2 + & 3x_3 & = & 6 \\ 4x_1 - & 3x_2 + & 9x_3 & = & -2 \end{array} \right| \begin{array}{l} \cdot(-2) \\ \oplus \\ \oplus \end{array}$$

$$\left| \begin{array}{rrrcr} 2x_1 + & 6x_2 - & 3x_3 & = & -6 \\ - & 9x_2 + & 9x_3 & = & 18 \\ - & 15x_2 + & 15x_3 & = & 10 \end{array} \right| \begin{array}{l} \\ :3 \\ :(-5) \quad \oplus \end{array}$$

$$\left| \begin{array}{rrrcr} 2x_1 + & 6x_2 - & 3x_3 & = & -6 \\ - & 3x_2 + & 3x_3 & = & 6 \\ & & 0 & = & 4 \end{array} \right|$$

Die letzte Gleichung des obigen Gleichungssystems lautet also:

$0 = 4$

Diese Aussage ist falsch. Damit ist weder das letzte Gleichungssystem noch das Ausgangssystem lösbar.

Die Lösungsmenge des Gleichungssystems ist also die leere Menge: $L = \{ \}$

$$\left| \begin{array}{rrrcr} 2x_1 + & 6x_2 - & 3x_3 & = & -6 \\ 4x_1 + & 3x_2 + & 3x_3 & = & 6 \\ 4x_1 - & 3x_2 + & 9x_3 & = & 18 \end{array} \right| \begin{array}{l} \cdot(-2) \\ \oplus \\ \oplus \end{array}$$

$$\left| \begin{array}{rrrcr} 2x_1 + & 6x_2 - & 3x_3 & = & -6 \\ - & 9x_2 + & 9x_3 & = & 18 \\ - & 15x_2 + & 15x_3 & = & 30 \end{array} \right| \begin{array}{l} \\ :9 \\ :(-15) \quad \oplus \end{array}$$

$$\left| \begin{array}{rrrcr} 2x_1 + & 6x_2 - & 3x_3 & = & -6 \\ - & x_2 + & x_3 & = & 2 \\ & & 0 & = & 0 \end{array} \right|$$

Die letzte Gleichung des obigen Gleichungssystems lautet ausgeschrieben:

$0x_1 + 0x_2 + 0x_3 = 0$

Sie ist allgemeingültig, da sie bei beliebiger Einsetzung der Variablen stets erfüllt ist. Sie liefert keine Einschränkungen für die Lösung des Systems.

Wir müssen uns also nur die verbleibenden Gleichungen ansehen.

Die vorletzte Gleichung lautet: $-x_2 + x_3 = 2$.

Man kann auch x_1 oder x_2 wählen.

Wählt man z. B. für x_3 eine beliebige Zahl t, also $x_3 = t$ mit $t \in \mathbb{R}$, so erhält man $-x_2 + t = 2$ und somit $x_2 = -2 + t$.

Setzt man $x_3 = t$ und $x_2 = -2 + t$ in die erste Gleichung ein, so ergibt sich

$2x_1 + 6 \cdot (-2 + t) - 3 \cdot t = -6$.

Daraus erhält man:

$x_1 = 3 - 1{,}5t$.

Das lineare Gleichungssystem hat somit unendlich viele Lösungen, nämlich alle Zahlentripel der Form $(3 - 1{,}5t \mid -2 + t \mid t)$ mit $t \in \mathbb{R}$.

Die Lösungsmenge ist folglich:

$L = \{(3 - 1{,}5t \mid t - 2 \mid t) \mid t \in \mathbb{R})\}$

Information

(3) Anzahl der Lösungen bei linearen Gleichungssystemen

Ein lineares Gleichungssystem kann

- genau eine Lösung,
- keine Lösung oder
- unendlich viele Lösungen haben.

Beispiele zum Ablesen der Lösung des Rechners bei den Sonderfällen

(1) $\left|\begin{array}{rcrcrcr} -2x_1 &+& 4x_2 &+& 5x_3 &=& 9 \\ 2x_1 &-& 3x_2 &-& x_3 &=& 5 \\ 4x_1 &-& 6x_2 &-& 2x_3 &=& 7 \end{array}\right|$

Das LGS hat keine Lösung, da die Gleichung

$0 \cdot x_1 + 0 \cdot x_2 + 0 \cdot x_3 = 1$ für keine Zahlen x_1, x_2, x_3 erfüllt ist.

Lösungsmenge $L = \{\ \}$

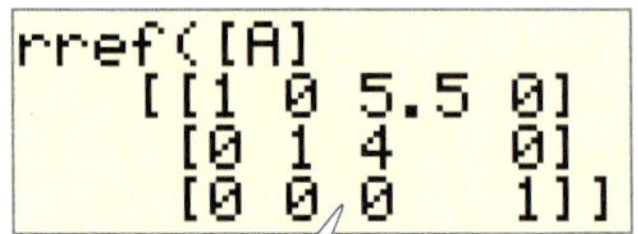

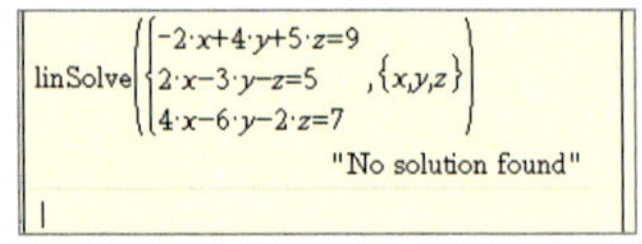

$0 \cdot x_1 + 0 \cdot x_2 + 0 \cdot x_3 = 1$, also $0 = 1$

(2) $\left|\begin{array}{rcrcrcr} 2x_1 &-& 2x_2 &-& 2x_3 &=& -2 \\ x_1 &+& 2x_2 &-& 13x_3 &=& 8 \\ x_1 &+& x_2 &-& 9x_3 &=& 5 \end{array}\right|$

Das LGS hat unendlich viele Lösungen $(x_1 | x_2 | x_3)$ mit

$x_1 = 2 + 5t$,

$x_2 = 3 + 4t$,

$x_3 = t$ und $t \in \mathbb{R}$.

Lösungsmenge $L = \{(2 + 5t | 3 + 4t | t) | t \in \mathbb{R})\}$

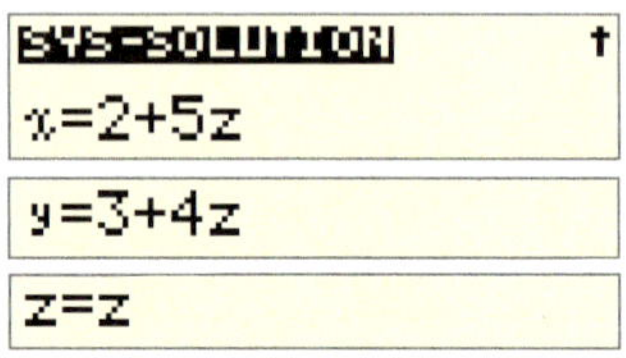

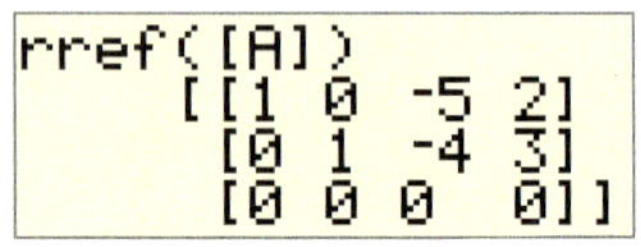

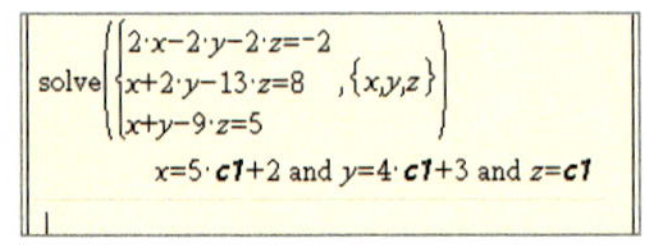

Weiterführende Aufgaben

3 Lösungsmenge mit zwei Parametern

Auch das lineare Gleichungssystem rechts hat unendlich viele Lösungen. Erläutern Sie, wie sich die Lösung dieses Gleichungssystems von der in Aufgabe 1 (2) unterscheidet.

$\left|\begin{array}{rcrcrcr} 2x_1 &+& 6x_2 &-& 3x_3 &=& -6 \\ -x_1 &-& 3x_2 &+& 1{,}5x_3 &=& 3 \\ 4x_1 &+& 12x_2 &-& 6x_3 &=& -12 \end{array}\right|$

4 Anzahl der Variablen ist ungleich der Anzahl der Gleichungen

Bei einem linearen Gleichungssystem kann die Anzahl der Gleichungen verschieden sein von der Anzahl der Variablen. Bestimmen Sie die Lösungsmengen folgender Gleichungssysteme. Was fällt auf?

(1) $\left|\begin{array}{rcrcr} x &+& y &=& 3 \\ 2x &-& 3y &=& -4 \\ 4x &-& y &=& 2 \end{array}\right|$ (2) $\left|\begin{array}{rcrcr} x &+& y &=& 3 \\ 2x &-& 3y &=& -4 \\ 4x &-& y &=& 1 \end{array}\right|$ (3) $\left|\begin{array}{rcrcrcr} x &+& y &-& z &=& 2 \\ x &+& 2y &-& 3z &=& 1 \end{array}\right|$ (4) $\left|\begin{array}{rcrcrcr} x &-& y &-& z &=& 2 \\ -2x &+& 2y &+& 2z &=& 3 \end{array}\right|$

5 Lineares Gleichungssystem mit einem Parameter

Gesucht ist die Lösung für das lineare Gleichungssystem rechts mit einem Parameter $t \in \mathbb{R}$.

$\left|\begin{array}{rcrcrcr} 2x_1 &+& x_2 &+& 2x_3 &=& 5 \\ 3x_1 &+& 2x_2 &+& 3x_3 &=& 8 \\ 4x_1 &+& 3x_2 &+& 4x_3 &=& t+1 \end{array}\right|$

Schreibt man dieses Systems folgendermaßen auf, so zeigt der GTR folgende Lösung:

$\left|\begin{array}{rcrcrcrcr} 2x_1 &+& x_2 &+& 2x_3 &+& 0 \cdot t &=& 5 \\ 3x_1 &+& 2x_2 &+& 3x_3 &+& 0 \cdot t &=& 8 \\ 4x_1 &+& 3x_2 &+& 4x_3 &-& t &=& 1 \end{array}\right|$

Tipp: Notieren Sie die erweiterte Koeffizientenmatrix für dieses LGS.

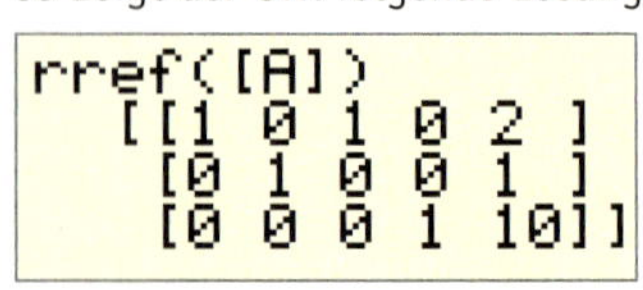

a) Erklären Sie die Vorgehensweise.

b) Begründen Sie, dass das lineare Gleichungssystem für $t = 10$ lösbar ist.
Geben Sie die Lösungen an, indem Sie die Gleichungen der GTR-Lösung ausführlich aufschreiben.

c) Welche Lösungen hat das System für $t \neq 10$?

Übungsaufgaben

6 Bestimmen Sie die Lösungen des linearen Gleichungssystems durch Anwendung des GAUSS-Algorithmus ohne Rechner.

a) $\left|\begin{array}{l} 2x_1 + 3x_2 = 4 \\ 3x_1 + 4x_2 = 5 \end{array}\right|$

b) $\left|\begin{array}{r} x_2 + 3x_3 = 1 \\ x_3 = 1 \\ x_1 + 2x_2 + 2x_3 = 3 \end{array}\right|$

c) $\left|\begin{array}{l} x_1 + 2x_2 + x_3 = 1 \\ 2x_1 + x_2 - x_3 = -1 \\ -x_1 + 2x_2 + 2x_3 = 1 \end{array}\right|$

d) $\left|\begin{array}{l} x_2 - x_3 + x_1 = 0 \\ x_1 - x_2 + x_3 = 0 \\ x_3 - x_1 + x_2 = 0 \end{array}\right|$

e) $\left|\begin{array}{l} 4x + 3y + 3z = 6 \\ x + 3y - z = 4 \\ 4x + 2y + 3z = 1 \end{array}\right|$

f) $\left|\begin{array}{l} z + 3y = 5 - 4x \\ 2x - 5y + 3z = 1 \\ -2z + 5 = 2 - 7x + y \end{array}\right|$

g) $\left|\begin{array}{l} 2a - 3b - 4c = 8 \\ 3a + 5b + c = 10 \\ -4a + b - 3c = 7 \end{array}\right|$

h) $\left|\begin{array}{l} x_1 + 4x_2 + 2x_3 = 2 \\ x_1 + x_2 - x_3 = -1 \\ -x_1 + 4x_2 + 4x_3 = 2 \\ x_1 + 3x_2 + 3x_3 = 5 \end{array}\right|$

i) $\left|\begin{array}{l} a + b + c = 2 \\ a + c + d = 0 \\ a + b + d = -5 \\ b + c + d = -3 \end{array}\right|$

7 Lösen Sie das lineare Gleichungssystem mit einem Rechner.

a) $\left|\begin{array}{l} 2x_1 - x_2 + 3x_3 = -4 \\ -x_1 + x_2 + 2x_3 = -3 \\ -4x_1 + 3x_2 - 3x_3 = -6 \end{array}\right|$

b) $\left|\begin{array}{l} 4a + 3b - c + d = 2 \\ a - b + 3c + 2d = 14 \\ 3a + 2b - c - d = -4 \\ 5a + 3c - 4d = -1 \end{array}\right|$

c) $\left|\begin{array}{l} 7a - 3b + c = 16 \\ a + 2b = -3 \\ b - c = -5 \end{array}\right|$

d) $\left|\begin{array}{l} 2x - 3y + z - u = -19 \\ 4x + 5y - 2z + u = -1 \\ -x + y - 2z + 3u = -1 \\ 3x - 2y + z + 2u = 13 \end{array}\right|$

e) $\left|\begin{array}{l} -6x + 5y - z = 11 \\ -y + 3z = -5 \\ 4x + 2y = 6 \end{array}\right|$

f) $\left|\begin{array}{l} 3a + 2b - 4c = -4 \\ a - b + 5c = 13 \\ 2a + b - 3c = -3 \\ a + b - c = -1 \end{array}\right|$

8 Stellen Sie ein lineares Gleichungssystem mit genauso vielen Gleichungen wie Variablen auf, das die angegebene Lösung hat. Tauschen Sie mit Ihrem Nachbarn und lösen Sie sein lineares Gleichungssystem mit dem GAUSS-Algorithmus als Probe.

a) $(3|2|-1)$ **b)** $(-1|2|0|4)$ **c)** Wählen Sie selbst eine Lösung.

9 Zeigen Sie ohne Rechner, dass das Gleichungssystem keine Lösung hat.

a) $\left|\begin{array}{l} 3x_1 + 2x_2 - 4x_3 = -5 \\ 4x_1 - 3x_2 + x_3 = 11 \\ -x_1 + 5x_2 - 5x_3 = 8 \end{array}\right|$

b) $\left|\begin{array}{l} 4x_1 - 3x_2 - 3x_3 = 3 \\ 2x_1 - 5x_2 - x_3 = 1 \\ x_1 + x_2 - x_3 = 2 \end{array}\right|$

c) $\left|\begin{array}{l} 3x_1 - 2x_2 + 5x_3 = 12 \\ 2x_1 - 3x_2 + 4x_3 = 7 \\ x_1 - 4x_2 + 3x_3 = 5 \end{array}\right|$

10 Bestimmen Sie ohne Rechner die Lösungsmenge. Nutzen Sie einen Rechner zur Kontrolle.

a) $\left|\begin{array}{l} x_1 - x_2 = 3 \\ x_1 + x_3 = 1 \end{array}\right|$

b) $\left|\begin{array}{l} x_1 + x_2 - x_3 = 1 \\ 3x_1 - x_2 - x_3 = 1 \end{array}\right|$

c) $\left|\begin{array}{l} x_1 - x_2 + x_4 = 3 \\ x_1 + 3x_3 - 2x_4 = 2 \\ x_1 + x_2 - x_3 = 0 \end{array}\right|$

d) $\left|\begin{array}{l} 4x_1 + x_2 - x_3 - 3x_4 = 3 \\ 2x_1 - x_2 + 3x_3 - x_4 = -1 \\ x_1 + 2x_2 + x_3 - 3x_4 = 5 \end{array}\right|$

e) $\left|\begin{array}{l} a + b - c = 2 \\ 3a - 2b + c = 3 \\ a - 4b + 3c = -1 \end{array}\right|$

f) $\left|\begin{array}{l} p - 2q + 3r + s = 1 \\ p + q - r + s = -1 \\ 2p - q + r + 2s = 0 \end{array}\right|$

11 Für ein lineares Gleichungssystem ist die erweiterte Koeffizientenmatrix gegeben durch:

$$\begin{pmatrix} 1 & 1-s & 1 \\ 1 & 1+s & 0 \end{pmatrix}$$

a) Finden Sie für $s = 0{,}1$ näherungsweise eine grafische Lösung durch Zeichnen von Geraden. Vergleichen Sie mit der Lösung eines Rechners.

b) Bestimmen Sie dann der Reihe nach für $s = 10^{-6}$, $s = 10^{-7}$ und $s = 10^{-8}$ Lösungen. Formulieren Sie Ihre Beobachtung.

c) Lösen Sie das lineare Gleichungssystem (von Hand) für ein beliebiges $s > 0$ und vergleichen Sie mit den Lösungen aus Teilaufgabe b).

12 Eine, keine oder unendlich viele Lösungen?

Bestimmen Sie die Lösungen der Gleichungssysteme. Falls es unendlich viele Lösungen gibt, geben Sie auch drei Beispiele für Lösungen an.

a) $\left| \begin{array}{l} x - y + z = 4 \\ 2x - y - 3z = 7 \\ x + 5y - 9z = 2 \end{array} \right|$

b) $\left| \begin{array}{l} a + c = 5 \\ b - d = -3 \\ c + d = 4 \\ a + d = 7 \end{array} \right|$

c) $\left| \begin{array}{l} a + b = 1 \\ a + c = 6 \\ c - b = 4 \end{array} \right|$

d) $\left| \begin{array}{l} x - y + z = 4 \\ 2x + y - 3z = 7 \\ x + 5y - 9z = 2 \end{array} \right|$

e) $\left| \begin{array}{l} 3x_1 + 4x_2 + 5x_3 = 5 \\ -2x_1 + 3x_2 - 4x_3 = -4 \\ x_1 - 6x_2 + 3x_3 = 3 \end{array} \right|$

f) $\left| \begin{array}{l} 0{,}5x - 0{,}3y - 0{,}7z = -0{,}5 \\ 0{,}4x + 0{,}3y - 3{,}2z = 0{,}9 \\ 0{,}7x - 0{,}6y - 0{,}1z = 0 \end{array} \right|$

13 Lösen Sie:

a) $\left| \begin{array}{l} x_1 - 2x_2 + x_3 = 3 \\ 3x_1 - 5x_2 + 2x_3 = 9 \\ x_1 - 3x_2 + 2x_3 = -3 \end{array} \right|$

b) $\left| \begin{array}{l} x_1 - 2x_2 + x_3 = 0 \\ 3x_1 - 5x_2 + 2x_3 = 0 \\ x_1 - 3x_2 + 2x_3 = 0 \end{array} \right|$

c) $\left| \begin{array}{l} x_1 - 2x_2 + x_3 = 3 \\ 3x_1 - 5x_2 + 2x_3 = 9 \\ x_1 - 3x_2 + 2x_3 = 3 \end{array} \right|$

14 Lara und Tom haben das folgende lineare Gleichungssystem gelöst.

$\left| \begin{array}{l} a + 2b - 4d = 10 \\ b - 3d = 2 \\ -3b + c + 5d = -11 \end{array} \right|$

Lara: *Meine Lösung ist (−2|14|11|4).* Tom: *Hmm, bei mir ist die Lösung (0|11|7|3).*

Wer hat Recht? Nehmen Sie Stellung.

15 Geben Sie die Lösungsmenge an.

a) $\left| \begin{array}{l} x + y = 3 \\ t \cdot x + y = 1 \end{array} \right|$

b) $\left| \begin{array}{l} x_1 + x_2 + 2x_3 = 3 \\ 2x_1 + t \cdot x_2 + 3x_3 = 1 \\ 3x_1 + 4x_2 + 5x_3 = 4 \end{array} \right|$

c) $\left| \begin{array}{l} x_1 - 4x_2 = 2 \\ 3x_1 + t \cdot x_2 = 1 \\ -2x_1 + t \cdot x_2 = 3 \end{array} \right|$

16 Entscheiden Sie, ob folgende Aussagen wahr oder falsch sind. Begründen Sie Ihre Entscheidung und geben Sie gegebenenfalls ein Gegenbeispiel an.

(1) Nur wenn ein lineares Gleichungssystem weniger Gleichungen als Variablen hat, besitzt es unendlich viele Lösungen.

(2) Wenn in einem linearen Gleichungssystem die Anzahl der Variablen mit der Anzahl der Gleichungen übereinstimmt, hat es stets genau eine Lösung.

(3) Wenn man zwei Gleichungen in einem linearen Gleichungssystem addiert, ändert sich die Lösung.

(4) In keinem linearen Gleichungssystem mit vier Variablen und drei Gleichungen kann die Lösung eindeutig sein.

17 Wo steckt der Fehler? Maren löst das lineare Gleichungssystem mit einem Rechner.

Um das LGS $\left| \begin{array}{l} x_1 - x_2 + 4x_4 = 7 \\ x_1 - 2x_2 + 3x_3 = 3 \\ 2x_1 + 5x_2 - x_3 = -5 \end{array} \right|$ zu lösen, gibt sie die Matrix $A = \begin{pmatrix} 1 & -1 & 4 & 7 \\ 1 & -2 & 3 & 3 \\ 2 & 5 & -1 & -5 \end{pmatrix}$ in ihren Rechner ein. Was hat sie falsch gemacht?

18 Lösen Sie das lineare Gleichungssystem. Verwenden Sie gegebenenfalls einen Rechner.

$\left| \begin{array}{l} 3x_2 + (a + 2) \cdot x_3 = -6 \\ -x_1 + x_2 + (2a - 1) \cdot x_3 = -1 \\ -2x_1 + (3a - 3) \cdot x_3 = -5 \end{array} \right|$ mit $a \in \mathbb{R}$

Zahlenrätsel und historische Aufgaben

19

$134 = 1 \cdot 100 + 3 \cdot 10 + 4 \cdot 1$
Quersumme:
$1 + 3 + 4 = 8$

a) Eine dreiziffrige Zahl hat die Quersumme 15. Das Doppelte der mittleren Ziffer ist dreimal so groß wie die Summe der beiden anderen Ziffern. Streicht man die erste Ziffer, so entsteht eine Zahl, die fünfmal so groß ist wie die Zahl, die durch Streichen der letzten Ziffer entsteht.
Wie lautet die Zahl?

b) Die Quersumme einer vierstelligen Zahl ist 24. Die Tausenderziffer ist das Dreifache der Hunderterziffer. Die Summe der Tausender- und Hunderterziffer ist so groß wie die Summe aus Zehner- und Einerziffer. Die Differenz von Tausender- und Einerziffer ist groß wie die Differenz von Zehner- und Hunderterziffer.
Wie lautet die Zahl?

20 Gesucht sind alle vierstelligen natürlichen Zahlen, die die folgenden drei Eigenschaften erfüllen:
- Subtrahiert man von der vierstelligen Zahl ihre Quersumme, so erhält man 1224.
- Streicht man die erste Ziffer der vierstelligen Zahl, so erhält man eine dreistellige natürliche Zahl. Subtrahiert man von dieser dreistelligen Zahl ihre Quersumme, so erhält man 225.
- Streicht man die ersten zwei Stellen der vierstelligen Zahl, so erhält man eine zweistellige natürliche Zahl. Subtrahiert man von dieser zweistelligen natürlichen Zahl ihre Quersumme, so erhält man 27.

21 In einem magischen Quadrat ergibt die Summe aller Zahlen in jeweils einer Zeile, einer Spalte und einer Diagonale immer dieselbe *magische Konstante*.
Welche magischen Quadrate mit drei Zeilen und drei Spalten und der magischen Konstanten 15 gibt es, wenn

a) die Zahlen nicht unbedingt verschieden sein müssen;

b) die Zahlen alle untereinander verschieden sein müssen?

22 Der spätmittelalterlicher Rechenmeister JOHANNES BUTEO stellte folgende Aufgabe:

Drei Zahlen [sind] zu finden, deren erste mit einem Drittel der übrigen 14 macht.
Die zweite mit einem Viertel der anderen macht 8.
Die dritte ebenso mit dem fünften Teil der übrigen macht 8.

Untersuchen Sie, ob es solche Zahlentripel gibt. Wenn ja, wie viele sind es?

23 Eine historische Aufgabe aus dem alten China:

„Aus 3 Garben einer guten Ernte, 2 Garben einer mittelmäßigen Ernte und 1 Garbe einer schlechten Ernte erhält man den Ertrag von 39 Münzen.
Aus 2 Garben einer guten Ernte, 3 Garben einer mittelmäßigen Ernte und 1 Garbe einer schlechten Ernte erhält man den Ertrag von 34 Münzen.
Aus 1 Garbe einer guten Ernte, 2 Garben mittelmäßiger Ernte und 3 Garben schlechter Ernte erhält man den Ertrag von 26 Münzen.
Wie groß ist der Ertrag einer Garbe der guten, der mittelmäßigen und der schlechten Ernte?"

Anwendungen linearer Gleichungssysteme

24 Ein Versandhandel möchte sein Lager zum Saisonende räumen und plant eine Sonderaktion im Internet: Drei unterschiedlich zusammengestellte Sortimente aus Taschenbüchern, Hörbüchern und Musik-CDs sollen angeboten werden.

	Taschenbücher	Hörbücher	CDs
Sortiment 1	2	2	4
Sortiment 2	3	6	1
Sortiment 3	4	2	1

Das Lager umfasst noch 1890 Taschenbücher, 2400 Hörbücher und 1690 CDs.
Kann die Firma mit dieser Aktion ihr Lager vollständig räumen?

25 Ein Kaffeegroßröster stellt Kaffeemischungen verschiedener Preisklassen her. Von einer Bohnensorte A würden 1 kg im Verkauf 6,00 €, Sorte B 7,50 €, Sorte C 9,00 € und Sorte D 11,25 € kosten.

a) Eine Mischung soll Bohnen der Sorten A, B, C enthalten und 6,75 € pro 1 kg kosten. Begründen Sie, dass man aus diesen Angaben das Gleichungssystem

$$\left| \begin{array}{rcrcrcr} 6a & + & 7{,}5b & + & 9c & = & 6{,}75 \\ a & + & b & + & c & = & 1 \end{array} \right|$$

Wenn es um Anteile geht, die zweite Bedingung beachten!

aufstellen kann. Bestimmen Sie alle Lösungen des Gleichungssystems. Wie groß muss der Anteil der Sorte A mindestens sein?

b) Eine Mischung soll Bohnen der Sorte A, B und D enthalten und 9 € pro 1 kg kosten. Stellen Sie ein Gleichungssystem auf und bestimmen Sie alle Lösungen.
50 % sollen von Sorte D genommen werden. Welche Anteile müssen für Sorte A gewählt werden?

26 Auszug aus einem Möbelprospekt

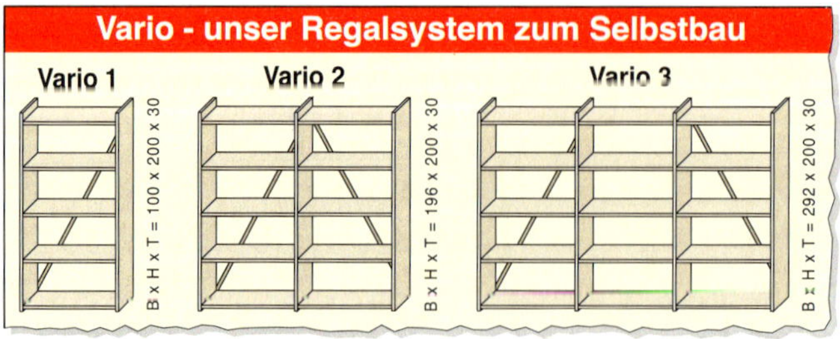

Lagerbestand

Art.-Nr.	Bezeichnung	Bestand
471165	Vario Regalträger	620
475432	Vario Regalboden	1850
476963	Stützstange	350

a) Wie viele Regale der Sorten Vario 1, Vario 2 und Vario 3 können mit dem Lagerbestand hergestellt werden?

b) Ein vierter Regaltyp ist geplant, der aus 5 Regalträgern, 4 Stützstangen und 20 Regalbrettern besteht. Untersuchen Sie, ob es bei unverändertem Lagerbestand auch hier eine Lösung gibt.

27 Müsli-Hersteller Cerealis hat bisher eine Mischung verkauft, die in etwa auf 40 % Weizen- und Roggenflocken, 35 % Cornflakes, 15 % Rosinen und Trockenobst sowie 10 % Nüssen und Mandeln besteht. Nach umfangreichen Verbrauchertests und zurückgehenden Verbraucherzahlen entschließt er sich, die Mischung zu ändern: Die Anteile sollen in Zukunft 50 %, 20 %, 24 % und 6 % betragen. Von der alten Mischung sind noch 1 000 kg vorhanden. Diese soll durch Hinzufügen geeigneter Mengen zur neuen Geschmacksrichtung abgeändert werden. Welches sind die Mindestmengen, die hinzugefügt werden müssen?

28 Der durchschnittliche Tagesbedarf eines Menschen an Vitamin C beträgt 100 mg. Eine wichtige Quelle für dieses lebensnotwendige Vitamin sind Früchte und Fruchtsäfte.
Von einigen Fruchtsäften ist folgendes bekannt:

	Apfelsaft	Ananassaft	Multi-vitaminsaft	Orangensaft
Vitamin-C-Gehalt in 100 ml Saft (in mg)	7,4	12,5	55	35
Energiegehalt pro 100 ml Saft (in kJ)	193	243	197	163

a) Kann man den Vitamin-C-Bedarf mit einem 200-ml-Getränk, das aus allen vier Säften besteht, exakt abdecken? Welche Möglichkeiten gibt es?

b) Marcus möchte mit 200 ml von einem Mischgetränk aus Ananas-, Multivitamin- und Orangensaft seinen Vitamin-C-Bedarf exakt abdecken und dabei genau 397 kJ zu sich nehmen. Untersuchen Sie, ob diese Bedingung erfüllbar ist.

29 Drei Sorten Milch, die 3 %, 4 % bzw. 6 % Fett enthalten, stehen zur Verfügung, um 10 Liter Milch mit 5 % Fettgehalt zu mischen.

a) Welche Mischungsmöglichkeiten bestehen?

b) Welche Mischungen lassen sich mit einem 500-ml-Schöpflöffel herstellen?

c) Die Literpreise sind 0,50 €, 0,80 € und 1 €. Welche Mischung ist die billigste, welche die teuerste?

Bestimmen von Funktionen

Durch geeignete Verschiebung des Graphen der gesuchten Funktion können die Bedingungen und das Gleichungssystem vereinfacht werden.

30 Bestimmen Sie eine ganzrationale Funktion 4. Grades so, dass die Funktion an der Nullstelle 1 einen Sattelpunkt hat. Die Funktion soll außerdem im Punkt $P(2\,|\,2)$ die Steigung 2 haben.

31 Der Graph einer ganzrationalen Funktion vierten Grades ist achsensymmetrisch bezüglich der y-Achse, hat den Wendepunkt $W(1\,|\,0)$ und schließt mit der positiven x-Achse einen Flächeninhalt von 8 Flächeneinheiten ein. Bestimmen Sie einen Funktionsterm.

32 Der Graph einer ganzrationalen Funktion vierten Grades hat im Punkt $P(0\,|\,1)$ einen Sattelpunkt. Die Tangente an den Graphen der Funktion im Punkt P schneidet den Graphen der Funktion bei $x = -10$. Die Tangente und der Graph von f schließen eine Fläche mit dem Flächeninhalt 5 000 Flächeneinheiten ein. Bestimmen Sie den Funktionsterm.

33 Der Umriss eines 15 cm hohen Glases kann in einem geeigneten Koordinatensystem oberhalb der x-Achse durch die Graphen zweier Funktionen beschrieben werden. Für $0 \le x \le 10$ wird der Umriss durch den Graphen einer ganzrationalen Funktion dritten Grades beschrieben, der durch die Punkte $P(0\,|\,3)$, $M(5\,|\,3)$ und $Q(10\,|\,3)$ gehen soll. Im Punkt Q soll der Graph ohne Knick in den Graphen der Funktion h mit $h(x) = \sqrt{0{,}9\,x}$ übergehen. Stellen Sie ein lineares Gleichungssystem auf, mit dem man die gesuchte Funktion ermitteln kann, und lösen Sie es. Geben Sie auch die Funktion an, deren Graph unterhalb der x-Achse den Umriss des Glases beschreibt.

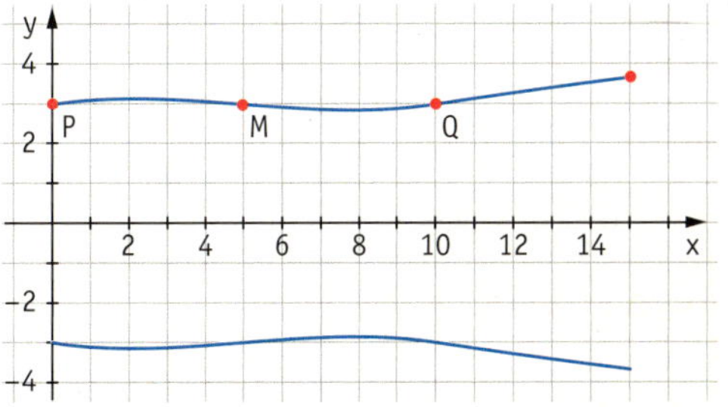

„Ohne Knick an einer Stelle" bedeutet: gleiche Steigung an dieser Stelle.

34

a) Untersuchen Sie, ob es eine ganzrationale Funktion 3. Grades gibt, die eine Nullstelle bei $x = -2$ hat, und deren Graph einen Hochpunkt bei $x = 3$ sowie im Wendepunkt $W(1\,|\,1)$ die Steigung 2 hat.

b) Durch die Punkte $P(-2\,|\,0)$ und $Q(4\,|\,3)$ gehen unendlich viele Parabeln (siehe Grafik rechts). Stellen Sie ein lineares Gleichungssystem für die Parabelgleichungen auf und bestimmen Sie dann die Gleichungen der drei dargestellten Parabeln.

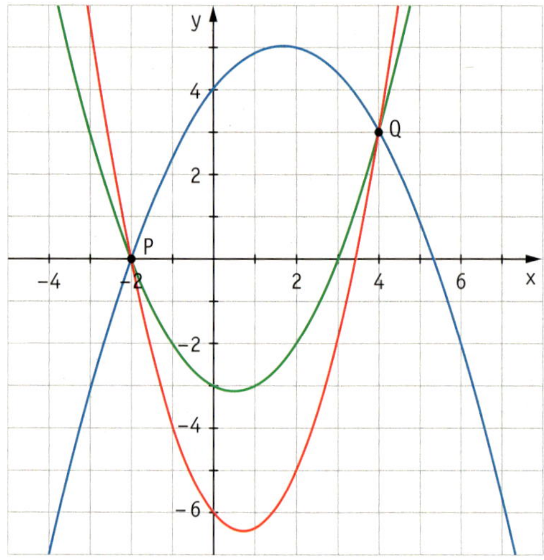

35 Eine Rezeptsammlung für Sportler hält zu jedem Gericht die entsprechenden Nährwertangaben bereit. In der Tabelle rechts sind diese Angaben für drei Gerichte zusammengefasst:

	Eiweiß	Kohlenhydrate	Fett
ACE-Salat (A)	12 %	32 %	56 %
Pasta in Tomaten-Thunfisch-Sauce (P)	21 %	26 %	53 %
Bananenquark (B)	26 %	8 %	66 %

a) Florian möchte aus den drei Gerichten eine Mahlzeit zusammenstellen, die 20 % Kohlenhydrate und 60 % Fett enthalten soll. Stellen Sie zur Bestimmung der passenden Anteile von A, P und B an der Mahlzeit ein lineares Gleichungssystem auf und nennen Sie die inhaltliche Bedeutung der einzelnen Gleichungen.

b) Yasemin interessiert nur der Eiweißgehalt der Mahlzeit. Dieser soll genau 20 % betragen. Zur Berechnung der Anteile von A, P und B, die dann möglich sind, stellt sie das folgende lineare Gleichungssystem auf und gibt dazu die Lösungsmenge an.

$$\left|\begin{array}{l} A + P + B = 1 \\ 0{,}12A + 0{,}21P + 0{,}26B = 0{,}2 \end{array}\right|$$

$$L = \left\{\left(\tfrac{1}{9} + \tfrac{5}{6}t \,\middle|\, \tfrac{8}{9} - \tfrac{14}{9}t \,\middle|\, t\right) \,\middle|\, t \in \mathbb{R}\right\}$$

Bestimmen Sie mithilfe dieser Lösung die Anteile von A und B, wenn der Anteil von P 60 % der Mahlzeit ausmacht. Begründen Sie, warum B keinen Anteil von 60 % an der Mahlzeit ausmachen kann.

36 Durch die Punkte A, B, C, D, E und F mit $A(0\,|\,1)$, $B(1{,}8\,|\,2)$, $C(3{,}9\,|\,2{,}3)$, $D(5{,}2\,|\,1{,}9)$, $E(6{,}5\,|\,1{,}4)$ und $F(8\,|\,1{,}2)$ ist der Umriss einer Computermaus festgelegt.

Ermitteln Sie die Funktionsvorschrift einer ganzrationalen Funktion möglichst niedrigen Grades, die durch die vorgegebenen Punkte verläuft.

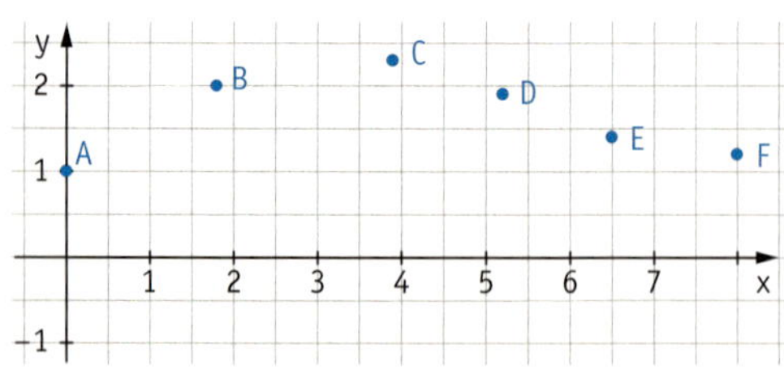

Zeichnen Sie den Graphen der ermittelten Funktion mithilfe Ihres Rechners und beurteilen Sie, ob der von Ihnen ermittelte Graph den Umriss der Computermaus gut annähert.

Computertomografie

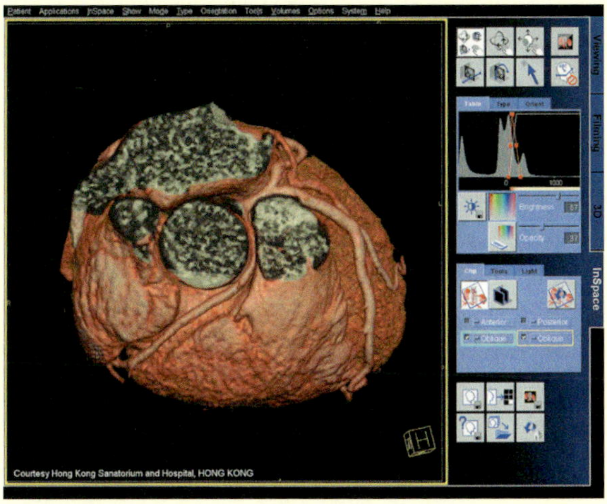

Die Computertomografie wurde von A. M. Cormack und G. N. Hounsfield entwickelt und 1972 eingeführt. Die Computertomografie gilt als größte Weiterentwicklung der Röntgenuntersuchung. Sie wird vor allem in der Tumor- und Bandscheibendiagnostik eingesetzt.

Bei diesem Verfahren wird die zu untersuchende Körperregion mit einem dünnen Röntgenstrahlbündel aus vielen Richtungen durchleuchtet. Dieser als Abtastung bezeichnete Vorgang erfolgt mithilfe einer rotierenden Röntgenstrahlröhre und einem dazugehörigen Strahlendetektor. Die jeweilige Röntgenstrahlabsorption wird für jede Position der Röntgenröhre vom Detektor gemessen, als elektronischer Impuls an einen Computer weitergeleitet und in Form einer linearen Gleichung gespeichert.

So entsteht ein Gleichungssystem mit mehr als 500 000 Variablen und Gleichungen, welches sekundenschnell gelöst wird. Aus der Lösung erhält man Informationen über die Absorption in verschiedenen Körperregionen, die bildlich dargestellt werden. An einem stark vereinfachten Modell untersuchen wir, wie die Daten über das Körperinnere durch das Lösen linearer Gleichungssysteme gewonnen werden können.

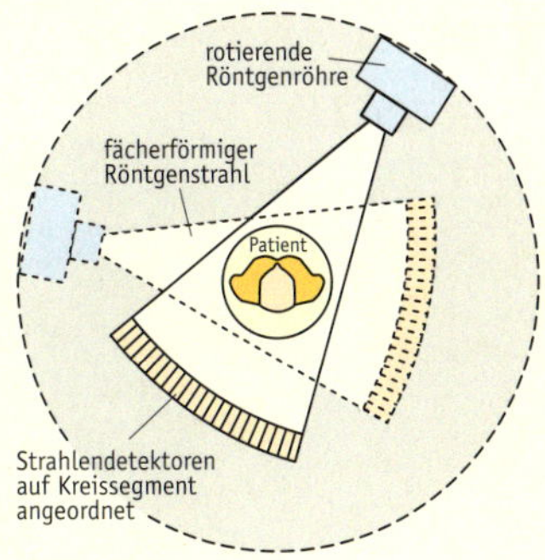

1 Eine Anordnung aus fünf Glaszylindern wird von fünf Lichtstrahlen I, II, III, IV und V durchleuchtet. Die Lichtstrahlen werden verschieden stark gedämpft, je nachdem, welche Zylinder sie durchlaufen haben. Die Dämpfung eines Lichtstrahls gibt Auskunft über die Summe der Dämpfungszahlen a, b, c, d oder e der durchlaufenen Zylinder.

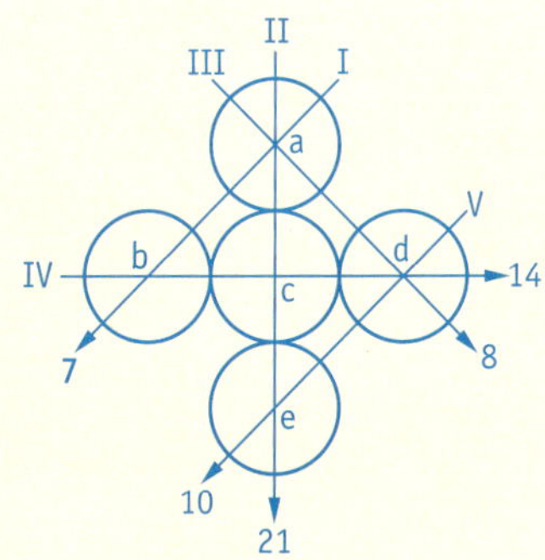

Begründen Sie, dass sich aus den angegebenen Dämpfungen der Lichtstrahlen das nebenstehende Gleichungssystem ergibt. Bestimmen Sie daraus die Werte für a, b, c, d, e.

$$\left|\begin{array}{lllllll} a & + b & & & & = & 7 \\ a & & + c & & + e & = & 21 \\ a & & & + d & & = & 8 \\ & b & + c & + d & & = & 14 \\ & & & d & + e & = & 10 \end{array}\right|$$

2 Erstellen Sie jeweils für die dargestellten Anordnungen das Gleichungssystem und lösen Sie es.

(1)

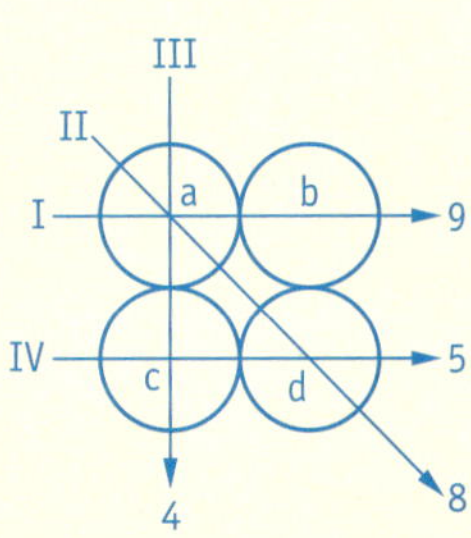

(2)

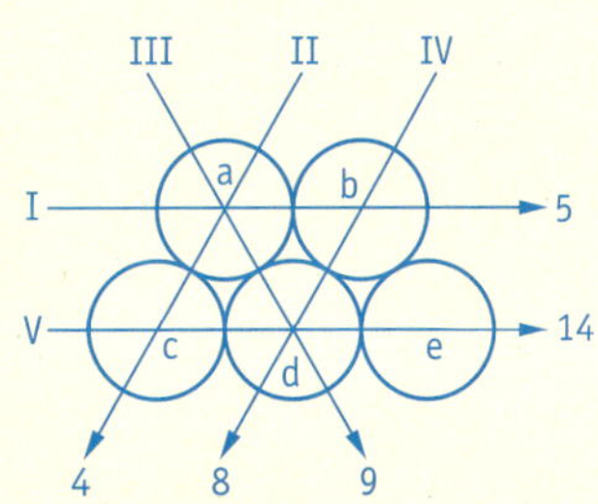

(3)

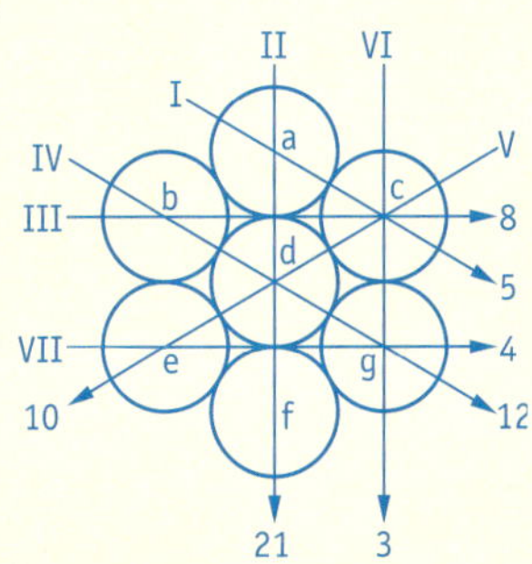

4.2 Modellieren mit Funktionen

4.2.1 Trassierung selbst lernen

Ziel

In diesem Abschnitt lernen Sie Bedingungen kennen, wie zwei Abschnitte einer Trasse (z. B. einer Straße oder eines Gleises) so verbunden werden können, dass der Übergang zwischen beiden Teilen möglichst „glatt" ist. Dann kann er von Fahrzeugen gefahrlos durchfahren werden.

Zum Erarbeiten

Zwei Eisenbahngleise verlaufen in einem Abstand von 5 m parallel zueinander. Zwischen ihnen soll auf einer Länge von 100 m ein Übergang hergestellt werden. Gesucht ist eine Funktion, deren Graph den Übergangsbogen zwischen den beiden Gleisen darstellt.

(1) Einführen eines Koordinatensystems

Damit der Übergang in beiden Richtungen in gleicher Weise befahren werden kann, ist es offensichtlich sinnvoll, den Verlauf des Übergangs punktsymmetrisch zu gestalten. Daher wählen wir den Koordinatenursprung in der Mitte zwischen den beiden Gleisen und in der Mitte des Übergangsstücks.

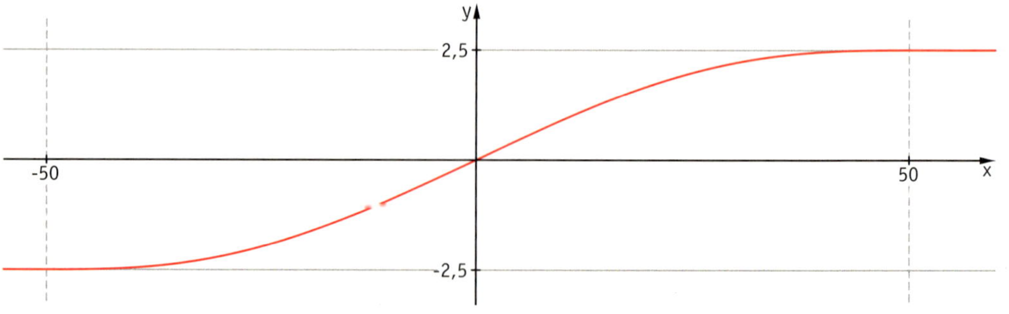

(2) Wahl eines Funktionstyps

Punktsymmetrie zum Ursprung bei einer ganzrationalen Funktion: nur *ungerade* Exponenten

Im einfachsten Fall bietet sich im Intervall $[-50, 50]$ eine ganzrationale Funktion 3. Grades an mit einem Funktionsterm der Form $f(x) = ax^3 + bx$. Die beiden Parameter a und b lassen sich aus folgenden Bedingungen bestimmen:

An der Stelle 50 muss der Übergangsbogen das Gleis treffen:

$f(50) = 2{,}5$

Durch Einsetzen in den Funktionsterm folgt daraus:

$a \cdot 50^3 + b \cdot 50 = 2{,}5$

Ferner soll er hier tangential in das Gleis einmünden, da sich sonst ein Knick ergeben würde, der sich ungünstig auf den Fahrverlauf des Fahrzeugs auswirken würde:

$f'(50) = 0$

Die Ableitung von f hat den Funktionsterm $f'(x) = 3ax^2 + b$. Durch Einsetzen erhält man:

$3a \cdot 50^2 + b = 0$

Insgesamt ergibt sich folgendes Gleichungssystem

$$\left| \begin{array}{ll} a \cdot 50^3 + b \cdot 50 = 2{,}5 \\ 3a \cdot 50^2 + b \quad = 0 \end{array} \right|$$

Dieses Gleichungssystem hat die Lösung $(a \mid b) = (-0{,}00001 \mid 0{,}075)$.

Somit ist der Funktionsterm der gesuchten Funktion f im Intervall [−50, 50]

$f(x) = -0{,}00001\,x^3 + 0{,}075\,x$.

(3) Kritische Betrachtung des Ergebnisses

Beim Bau eines solches Überganges würde dieser an den Anschlussstellen an die geraden Gleise bei höheren Geschwindigkeiten des Zuges zu ruckartigen Bewegungen führen. Die geraden Gleise sind ungekrümmt, der Übergangsbogen weist eine Krümmung auf.

Zur genaueren Analyse betrachten wir die Graphen der Funktionen f, f′ und f″.

$$f(x) = \begin{cases} -2{,}5 & \text{für } -100 \le x < -50 \\ -0{,}00001\,x^3 + 0{,}075\,x & \text{für } -50 \le x \le 50 \\ 2{,}5 & \text{für } 50 < x \le 100 \end{cases}$$

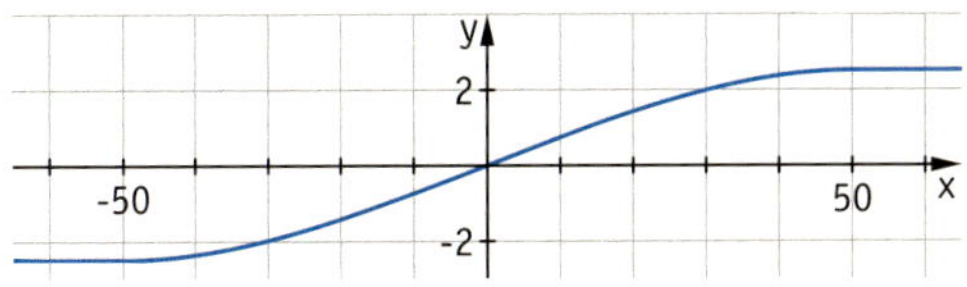

$$f'(x) = \begin{cases} 0 & \text{für } -100 \le x < -50 \\ -0{,}00003\,x^2 + 0{,}075 & \text{für } -50 \le x \le 50 \\ 0 & \text{für } 50 < x \le 100 \end{cases}$$

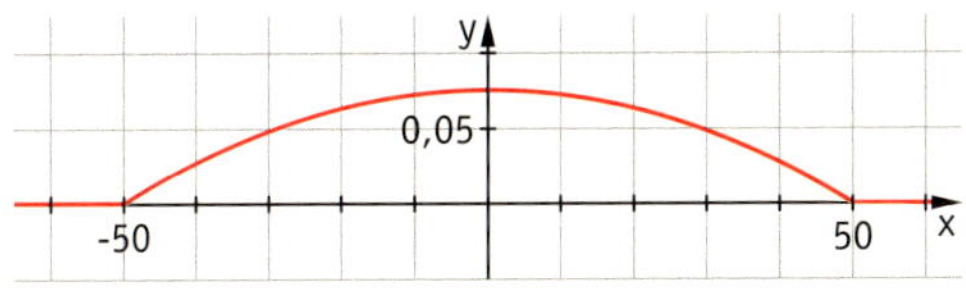

$$f''(x) = \begin{cases} 0 & \text{für } -100 \le x < -50 \\ -0{,}00006\,x & \text{für } -50 \le x \le 50 \\ 0 & \text{für } 50 < x \le 100 \end{cases}$$

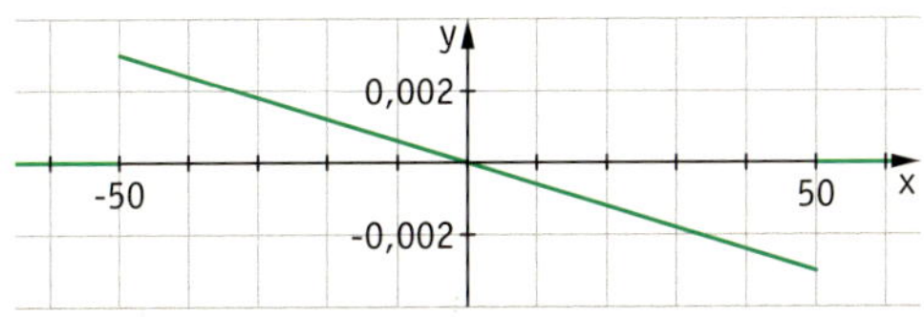

Im Bereich einer Linkskrümmung des Graphen einer Funktion f gilt $f''(x) > 0$, im Bereich einer Rechtskrümmung $f''(x) < 0$.

An den Graphen von f und f′ erkennt man, dass der Übergangsbogen zwar nahtlos und mit gleicher Steigung an die geraden Gleise anschließt, aber mit einem Sprung in den Werten der zweiten Ableitung von 0 im geraden (das heißt ungekrümmten) Teil auf 0,003 bzw. −0,003 an den Enden des gekrümmten Teils (siehe Graph von f″).

So ein Verhalten bezeichnet man als *Krümmungsruck*.

(4) Konstruktion einer Funktion ohne Krümmungsruck an den Anschlussstellen

Neben den schon formulierten Bedingungen $f(50) = 2{,}5$ und $f'(50) = 0$ muss zusätzlich gelten $f''(50) = 0$. Da jetzt drei Bedingungen an die punktsymmetrische ganzrationale Funktion gestellt sind, muss der Funktionsterm mindestens drei Parameter haben, also vom Grad 5 sein: $f(x) = a\,x^5 + b\,x^3 + c\,x$.

Die drei obigen Bedingungen liefern das lineare Gleichungssystem:

$$\left| \begin{array}{l} a \cdot 50^5 + b \cdot 50^3 + c \cdot 50 = 2{,}5 \\ 5a \cdot 50^4 + 3b \cdot 50^2 + c = 0 \\ 20a \cdot 50^3 + 6b \cdot 50 = 0 \end{array} \right|, \text{ also}$$

$$\left| \begin{array}{l} 312\,500\,000\,a + 125\,000\,b + 50\,c = 2{,}5 \\ 31\,250\,000\,a + 7\,500\,b + c = 0 \\ 2\,500\,000\,a + 300\,b = 0 \end{array} \right|$$

Dieses hat die Lösung $(a \mid b \mid c) = (0{,}000000003 \mid -0{,}000025 \mid 0{,}09375)$.

Daraus ergibt sich der folgende Funktionsterm:

$0{,}000000003\,x^5 - 0{,}000025\,x^3 + 0{,}09375\,x$.

Wir betrachten die Graphen der Funktionen f, f′ und f″.

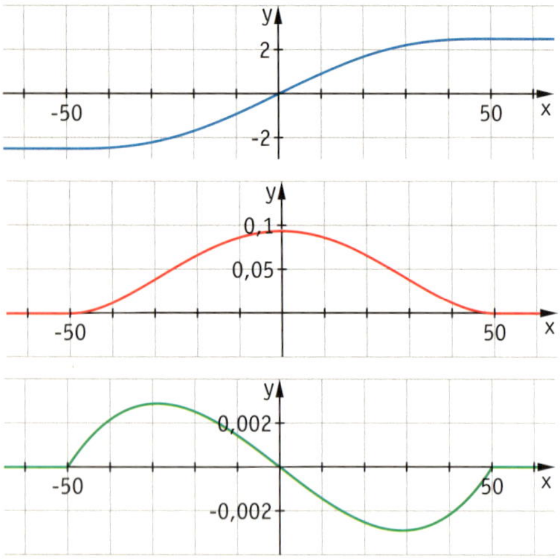

$$f(x) = \begin{cases} -2{,}5 & \text{für } -100 \le x < -50 \\ 0{,}000000003\,x^5 - 0{,}000025\,x^3 + 0{,}09375\,x & \text{für } -50 \le x \le 50 \\ 2{,}5 & \text{für } 50 < x \le 100 \end{cases}$$

$$f'(x) = \begin{cases} 0 & \text{für } -100 \le x < -50 \\ 0{,}000000015\,x^4 - 0{,}000075\,x^2 + 0{,}09375 & \text{für } -50 \le x \le 50 \\ 0 & \text{für } 50 < x \le 100 \end{cases}$$

$$f''(x) = \begin{cases} 0 & \text{für } -100 \le x < -50 \\ 0{,}00000006\,x^3 - 0{,}00015\,x & \text{für } -50 \le x \le 50 \\ 0 & \text{für } 50 < x \le 100 \end{cases}$$

Die Graphen zeigen, dass hier ein Übergang ohne Krümmungsruck vorliegt.

Information

Beim Verbinden von zwei Trassen (Straßen, Gleisen, …), deren Verlauf in einer Ebene durch zwei Funktionen f und g gegeben ist, sollte an der Übergangsstelle x_0 gelten:

- $f(x_0) = g(x_0)$: nahtloser Übergang
- $f'(x_0) = g'(x_0)$: glatter Übergang
- $f''(x_0) = g''(x_0)$: krümmungsruckfreier Übergang

Zum Üben

1

1865 – 1869 Bau der ersten transkontinentalen Eisenbahn Amerikas

Der Bau der ersten Eisenbahnstrecke durch Nordamerika von Küste zu Küste begann in Omaha durch die *Union Pacific Railroad* und in Sacramento durch die *Central Pacific Railroad*. Der Staat gewährte für jedes Streckenstück einen Zuschuss und schenkte den Bahngesellschaften Land entlang der Bahnlinie. Aufgrund dieser Regelung waren die Gesellschaften bestrebt, so schnell wie möglich so viele Streckengleise wie möglich zu verlegen. So kam es zu Beginn des Jahres 1869 dazu, dass die beiden Gesellschaften nahezu parallele Gleise bauten, die einen von Ost nach West und die anderen von West nach Ost. Schließlich einigte man sich darauf, die beiden Strecken in der Nähe des Großen Salzsees in Utah zu verbinden. Am 10. Mai 1869 wurde die Verbindung mit einem symbolischen goldenen Gleisnagel gefeiert. Der Ort der Feier ist heute als *Golden Spike National Historic Site* ausgewiesen. (Wikipedia, April 2009)

Nehmen Sie an, dass die 2 Meilen voneinander entfernten Gleise auf einer Länge von 10 Meilen miteinander verbunden werden sollen. Erstellen Sie eine Funktion, die diesen Übergang beschreibt.

2 Ein Grundstück liegt unterhalb des Straßenniveaus. Überlegen Sie verschiedene Möglichkeiten für die Gestaltung der Auffahrt und vergleichen Sie diese.

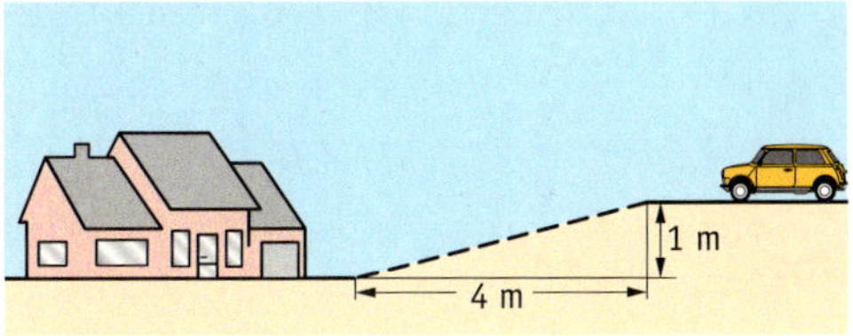

3 Das nebenstehende Bild zeigt den Entwurf einer Metallrutsche für Spielplätze. Das seitliche Profil der Rutsche soll durch den Graphen einer ganzrationalen Funktion modelliert werden und durch deren Extrempunkte begrenzt sein.

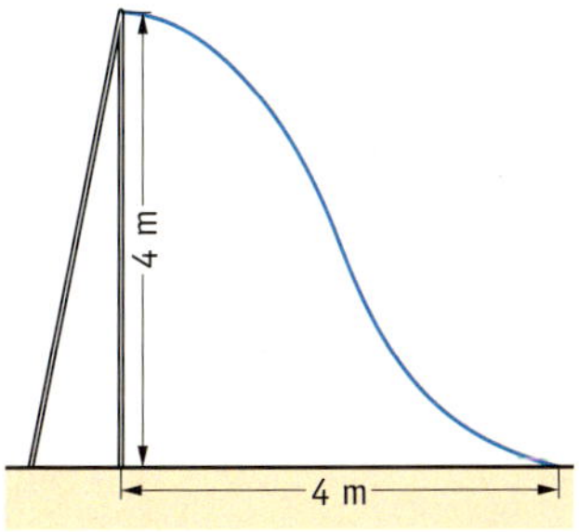

a) Bestimmen Sie einen geeigneten Funktionsterm.

b) Der TÜV fordert von den Herstellern, dass Spielzeugrutschen an keiner Stelle steiler sein dürfen als 50° gegen die Horizontale. Entspricht die Rutsche dieser Anforderung?

c) Entwerfen Sie eine 4 m hohe Rutsche, deren Steigung an der steilsten Stelle genau 45° beträgt.

4 In einer Siedlung sollen zwei Stichstraßen miteinander verbunden werden, um dazwischen einen Supermarkt zu bauen.
Bestimmen Sie eine ganzrationale Funktion f, die den Straßenverlauf des Übergangsbogens zwischen beiden Straßen beschreibt. Vergleichen und bewerten Sie verschiedene Lösungen.

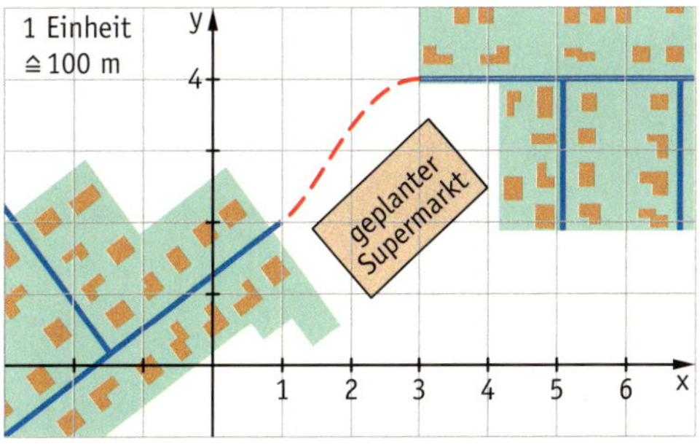

5

Aufbau einer Sprungschanze

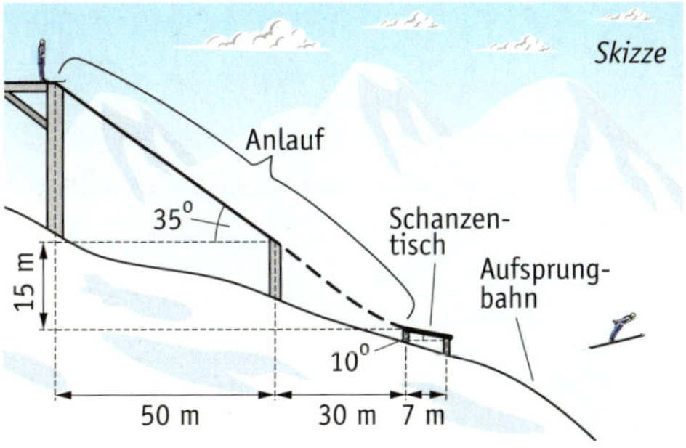

Bei den meisten Schanzen wird der Anlauf auf einem künstlichen Turm errichtet, bei sogenannten Naturschanzen direkt am Berghang. Man kann die Länge des Anlaufs variieren, indem man den Ausstieg oder den Startbalken, auf dem der Skispringer vor Beginn des Sprunges sitzt, verschiebt. Den Startbalken nennt man auch Happle-Balken, nach dem ehemaligen Skispringer und Schanzenbauexperten Wolfgang Happle. Der Schanzentisch ist der Bereich, in dem der Absprung erfolgt. Dieser ist üblicherweise um etwa 10 Grad nach unten geneigt.

Ermitteln Sie eine Funktion zur Beschreibung des Übergangs zwischen dem geradlinigen Teil des Anlaufs und dem Schanzentisch.

6 Um die Ortschaft D, die an der geraden Straße durch A und B liegt, wird eine Umgehungsstraße geplant (1 Einheit = 1 km). Diese soll in A und B tangential und krümmungsruckfrei in die alte Straße münden.

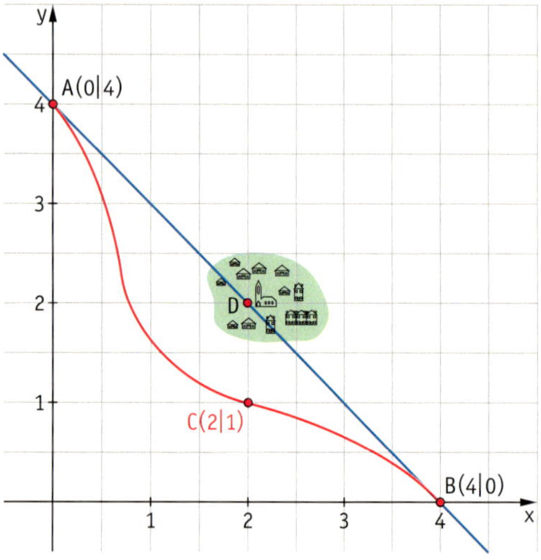

a) Versuchen Sie, den Verlauf der Umgehungsstraße durch eine ganzrationale Funktion 5. Grades zu modellieren. Erklären Sie das überraschende Ergebnis.

b) Stellen Sie den Übergangsbogen durch eine ganzrationale Funktion 6. Grades dar. Wählen Sie diese so, dass (als zusätzliche Bedingung) die Umgehungsstraße durch den Punkt C geht, der genau 1 km südlich der Ortsmitte von D liegt. (Die Ortsmitte von D liegt genau in der Mitte zwischen A und B.)

c) Um Funktionen mit zu hohem Grad zu vermeiden, kann man auch zwei ganzrationale Funktionen vierten Grades ermitteln, deren Graphen die Punkte A und C beziehungsweise C und B miteinander verbinden. Dabei ist natürlich dafür zu sorgen, dass auch in C ein glatter und krümmungsruckfreier Übergang vorliegt.
Führen Sie die erforderlichen Rechnungen durch und vergleichen Sie die beiden Lösungen aus den Teilaufgaben b) und c) miteinander.

7 Die beiden Halbgeraden $y = 0$ (für $x \leq 0$) und $y = 6x - 6$ (für $x \geq 2$) stellen geradlinige Straßenstücke dar, die durch einen Übergangsbogen glatt und krümmungsruckfrei miteinander verbunden werden sollen.
Dieser Übergangsbogen soll sich aus den Graphen zweier ganzrationaler Funktionen 3. Grades zusammensetzen, die an der Stelle 1 zusammenstoßen.
Warum ist eine solche Problemstellung nur in ganz bestimmten Fällen lösbar?

8 Die Graphen rechts zeigen in einem örtlichen Koordinatensystem mit der Einheit km den Verlauf von zwei Straßen, die verbunden werden sollen.
Erstellen Sie eine Gleichung für eine geeignete Verbindungstrasse.

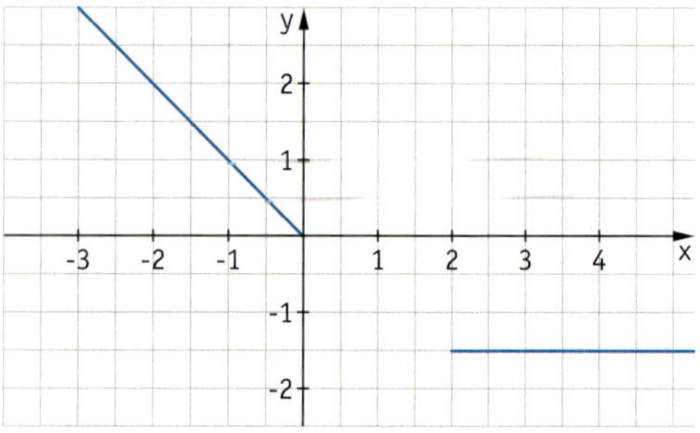

9 Die beiden gradlinigen Gleisstücke sollen durch einen Übergangsbogen glatt und krümmungsruckfrei miteinander verbunden werden.
Bestimmen Sie einen geeigneten Funktionsterm.

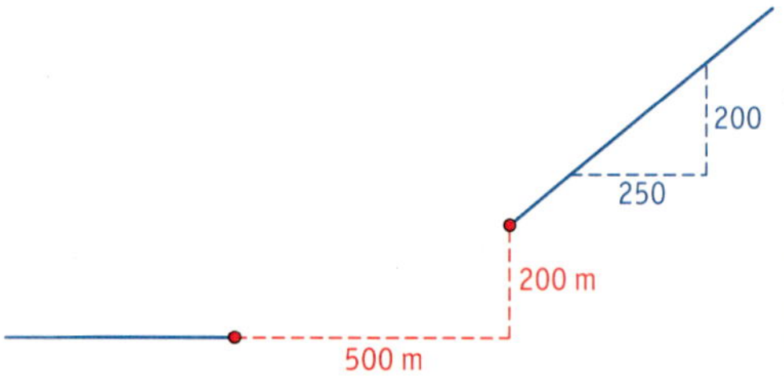

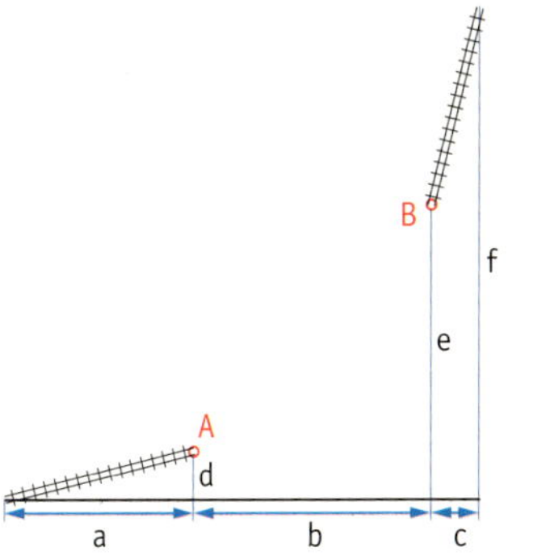

10 Für den Bau einer Bahnlinie soll zwischen zwei geradlinigen Gleisstücken ein Übergangsbogen von A nach B entworfen werden. Die Maße betragen $a = 400\,m$, $b = 500\,m$, $c = 100\,m$, $d = 100\,m$, $e = 600\,m$ und $f = 1\,000\,m$.

a) Nehmen Sie die „Grundlinie“ als x-Achse und ermitteln Sie die Funktionsgleichung für einen glatt und krümmungsruckfrei anschließenden Übergangsbogen. Wie beurteilen Sie Ihr Ergebnis?

b) Passen Sie das Koordinatensystem der Situation geeignet an. Verwenden Sie die Gerade AB als x-Achse, die Mittelsenkrechte der Strecke $\overline{AB}$ als y-Achse und wählen Sie die Einheiten so, dass A und B die Koordinaten $A(-1\,|\,0)$ und $B(1\,|\,0)$ erhalten. Bestimmen Sie die Steigungen mithilfe von Winkelmessungen und nutzen Sie die Symmetrie bereits im Lösungsansatz aus.

c) Wie würden Sie verfahren, wenn keine Symmetrie vorliegen würde (wenn z. B. $f = 800\,m$ statt $f = 1\,000\,m$ vorgegeben wäre)?

11 Verbinden Sie die Halbgeraden $y = -0{,}5 \cdot x$ (für $x \le 0$) und $y = x - 7$ (für $x \ge 10$) durch zwei ganzrationale Funktionen dritten Grades, die an der Stelle 4 zusammenstoßen. In allen drei Anschlusspunkten sollen die Übergänge glatt und krümmungsruckfrei sein.

12 **Untersuchung von Sprungschanzenprofilen**

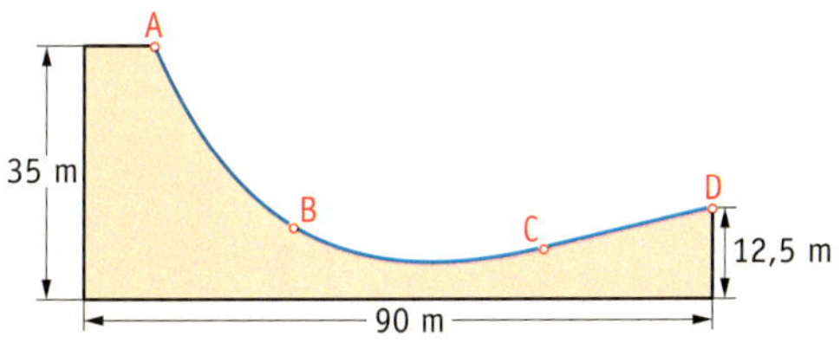

Die Grafik zeigt das seitliche Profil einer Sprungschanze (Längeneinheit m). Die Profilkurve hat bezüglich eines passend gewählten x-y-Koordinatensystems den Definitionsbereich $40 \le x \le 120$ und verläuft durch die Punkte $A(40\,|\,0)$, $B(60\,|\,-25)$, $C(96\,|\,-28)$ und $D(120\,|\,-22{,}5)$. Die Profilkurve soll durch eine Funktion f modelliert werden, die im Intervall $40 \le x \le 96$ durch einen Funktionsterm der Form $y = \frac{a}{x} + bx + c$ und im Intervall $96 \le x \le 120$ durch einen Funktionsterm der Form $y = mx + n$ beschrieben wird.

a) Stellen Sie Gleichungen auf, mit denen sich die Parameterwerte a, b, c, m und n bestimmen lassen. Führen Sie die erforderlichen Rechnungen durch und bestätigen Sie auf diese Weise die folgenden Resultate: $a = 4\,800$; $b = 0{,}75$; $c = -150$; $m = \frac{11}{48}$; $n = -50$

b) Bestimmen Sie den tiefsten Punkt der Profilkurve.

c) Aus Sicherheitsgründen darf die Profilkurve in keinem Punkt einen Knick aufweisen. Überprüfen Sie, ob diese Bedingung erfüllt ist.

d) Die Sprungschanze hat die konstante Breite 4 m und ist aus Beton angefertigt. Berechnen Sie, wie viele Kubikmeter Beton für ihren Bau erforderlich waren.

13 Bestimmen Sie für den Übergang von P nach Q sowohl eine geeignete ganzrationale Funktion 4. Grades als auch eine Funktion der Form $f(x) = a \cdot \cos(b \cdot x) + 1$. Vergleichen Sie die beiden Lösungen.

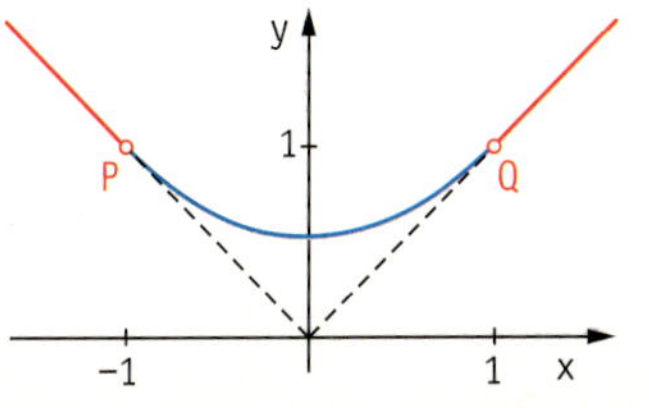

4.2.2 Interpolation mit Polynomen und Splines

Einstieg

Die Tragfläche eines Flugzeuges soll den rechts abgebildeten Querschnitt aufweisen (Maße in dm). Das obere Profil soll durch die Punkte $O(0|0)$, $P(1|1)$, $Q(4|2)$ und $R(10|0)$ verlaufen.

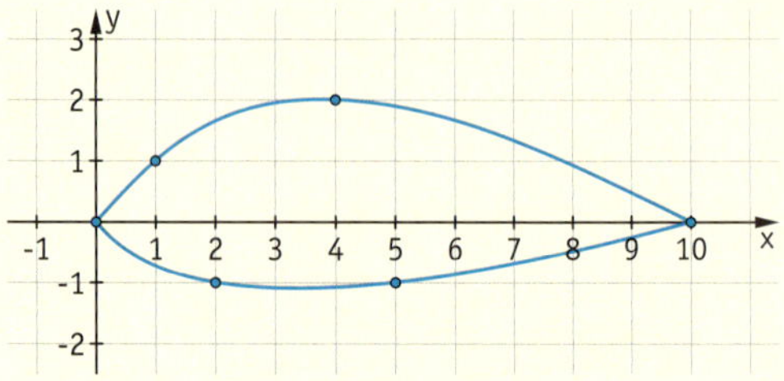

- Ermitteln Sie den Funktionsterm einer ganzrationalen Funktion, deren Graph genau durch diese Punkte verläuft. Bewerten Sie Ihr Ergebnis.
- Passen Sie das Profil in den Intervallen [0; 1], [1; 4] und [4; 10] durch ganzrationale Funktionen 3. Grades an, deren Graphen an den Verbindungsstellen 1 und 4 gut zusammenpassen. Vergleichen Sie mit Ihrem ersten Ergebnis.
- Beschreiben Sie entsprechend der Vorgehensweise oben das untere Profil der Tragfläche.

Aufgabe

1 Interpolation

Ein **Spant** ist ein tragendes Bauteil zur Verstärkung des Rumpfes bei Booten und Schiffen. Die Spanten sind zugleich Träger der Beplankung. Durch diese Bauweise wird gegenüber einer massiven Bauweise (wie beispielsweise beim Einbaum) erheblich Gewicht eingespart. Man unterscheidet nach ihrer Ausrichtung zwischen **Querspanten**, die quer zu Rumpf und Kiel liegen und **Längsspanten**, die parallel zum Kiel liegen. Auf den Spanten werden schmale Bretter (sogenannte **Planken**) befestigt, die die Außenhaut des Schiffes bilden. (Wikipedia, April 2009)

An einer Stelle wird der rechte Querschnitt festgelegt durch die Punkte $P_1(0|-3)$, $P_2(6|0)$, $P_3(8|3)$ und $P_4(9|9)$ (gemessen in der Einheit dm). Zur maschinellen Herstellung des Spantes wird eine Funktion benötigt, deren Graph den Verlauf beschreibt. Ermitteln Sie eine ganzrationale Funktion, deren Graph durch diese Punkte verläuft.
Bewerten Sie Ihr Ergebnis.

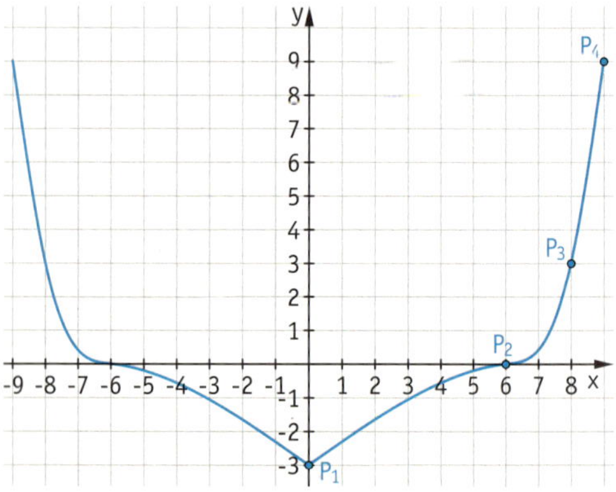

Lösung

Aus diesen vier Punkten ergeben sich vier Bedingungen, aus denen sich dann vier Parameter für den Funktionsterm ermitteln lassen. Folglich bietet sich eine ganzrationale Funktion 3. Grades mit einem Term der Form $f(x) = ax^3 + bx^2 + cx + d$ an.

Die Bedingungen $\left|\begin{array}{l} f(0) = -3 \\ f(6) = 0 \\ f(8) = 3 \\ f(9) = 9 \end{array}\right|$ führen auf das lineare Gleichungssystem

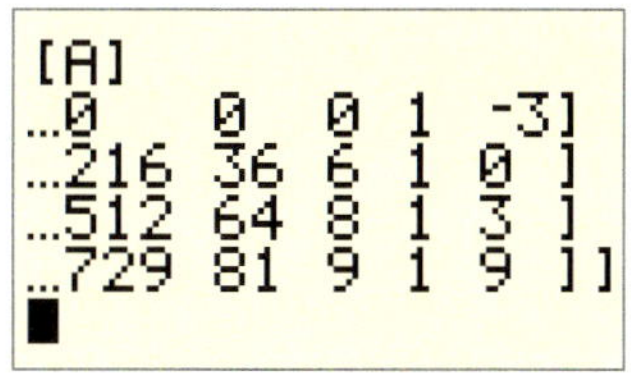

$$\left|\begin{array}{r} d = -3 \\ 216a + 36b + 6c + d = 0 \\ 512a + 64b + 8c + d = 3 \\ 729a + 81b + 9c + d = 9 \end{array}\right|.$$

Dieses lässt sich mit dem rref-Befehl des Rechners lösen:

$(a\,|\,b\,|\,c\,|\,d) = \left(\frac{11}{72}\,\middle|\,\frac{-145}{72}\,\middle|\,\frac{85}{12}\,\middle|\,-3\right)$

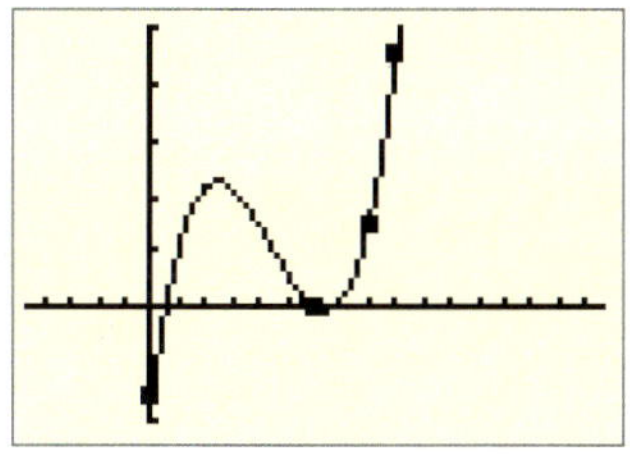

Die gesuchte ganzrationale Funktion 3. Grades hat also den Term $f(x) = \frac{11}{72}x^3 - \frac{145}{72}x^2 + \frac{85}{12}x - 3$ und den nebenstehenden Graphen. Als Profil für einen Querspanten ist dieser Graph wegen der starken Einbuchtung zwischen den ersten beiden Punkten völlig ungeeignet.

Aufgabe

2 Spline-Interpolation

Zur Konstruktion der Spanten wurden früher im Schiffsbau elastisch biegsame Latten verwendet (sogenannte Straklatten oder (engl.) *splines*). An den Interpolationspunkten wurden Gewichte aufgestellt, die die Straklatten zwangen, die Interpolationsbedingungen zu erfüllen: Aufgrund der Elastizität des Materials entstand eine Biegelinie kleinster Gesamtkrümmung.

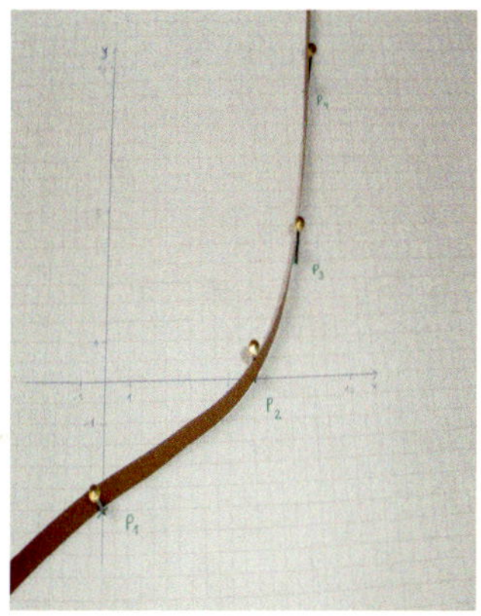

Das Verfahren lässt sich mathematisch modellieren, indem man zwischen den vorgegebenen Stellen der Punkte eine Funktion abschnittsweise aus kubischen Teilfunktionen zusammensetzt. Für die Punkte aus Aufgabe 1 liefert dieses Verfahren die Funktion s mit

$$s(x) = \begin{cases} s_1(x) = a_1x^3 + b_1x^2 + c_1x + d_1 & \text{für } 0 \le x < 6 \\ s_2(x) = a_2x^3 + b_2x^2 + c_2x + d_2 & \text{für } 6 \le x < 8 \\ s_3(x) = a_3x^3 + b_3x^2 + c_3x + d_3 & \text{für } 8 \le x \le 9 \end{cases}$$

Zu bestimmen sind die 12 Parameter a_1, a_2, a_3, a_4, ..., c_3 und d_3.

- An den Anschlussstellen müssen die Funktionswerte der Teilfunktionen überstimmen, und zwar mit den y-Werten der vorgegebenen Punkte. Daraus ergeben sich sechs Bedingungen:
  $s_1(0) = -3$ $\quad s_1(6) = 0$ $\quad s_2(6) = 0$ $\quad s_2(8) = 3$ $\quad s_3(8) = 3$ $\quad s_3(9) = 9$
- An den Anschlussstellen müssen die Steigungen der Teilfunktionen jeweils überstimmen, damit ein knickfreier Übergang erfolgt. Daraus ergeben sich zwei Bedingungen:
  $s_1'(6) = s_2'(6)$ $\quad s_2'(8) = s_3'(8)$
- An den Anschlussstellen müssen die 2. Ableitungen der Teilfunktionen gleich sein, damit ein krümmungsruckfreier Übergang erfolgt. Daraus ergeben sich auch zwei Bedingungen:
  $s_1''(6) = s_2''(6)$ $\quad s_2''(8) = s_3''(8)$ *In der Praxis lag hier kein Gewicht mehr auf den Latten.*
- Am Anfang und am Ende verläuft die Biegelinie ungekrümmt. Daraus ergeben sich auch zwei Bedingungen: $s_1''(0) = 0$ $\quad s_3''(9) = 0$

Ermitteln Sie aus diesen 12 Bedingungen die 12 Parameter für den abschnittsweise definierten Funktionsterm der Funktion s.

Lösung

Mit den Termen für die Ableitung und die 2. Ableitung, z. B. $s_1'(x) = 3a_1x^2 + 2b_1x + c_1$ sowie $s_1''(x) = 6a_1x + 2b_1$, ergeben sich die Bedingungen

$$
\left|\begin{array}{l}
d_1 = -3 \\
216a_1 + 36b_1 + 6c_1 + d_1 = 0 \\
216a_2 + 36b_2 + 6c_2 + d_2 = 0 \\
512a_2 + 64b_2 + 8c_2 + d_2 = 3 \\
512a_3 + 64b_3 + 8c_3 + d_3 = 3 \\
729a_3 + 81b_3 + 9c_3 + d_3 = 9 \\
\\
108a_1 + 12b_1 + c_1 = 108a_2 + 12b_2 + c_2 \\
192a_2 + 16b_2 + c_2 = 192a_3 + 16b_3 + c_3 \\
\\
36a_1 + 2b_1 = 36a_2 + 2b_2 \\
48a_2 + 2b_2 = 48a_3 + 2b_3 \\
\\
2b_1 = 0 \\
54a_3 + 2b_3 = 0
\end{array}\right|
$$

Die Werte für die Parameter d_1 und b_1 sind schon bekannt: $d_1 = -3$ und $b_1 = 0$. Setzt man diese direkt ein, so erhält man ein Gleichungssystem aus 10 Gleichungen mit 10 Variablen:

$$
\left|\begin{array}{l}
216a_1 + 6c_1 = 3 \\
216a_2 + 36b_2 + 6c_2 + d_2 = 0 \\
512a_2 + 64b_2 + 8c_2 + d_2 = 3 \\
512a_3 + 64b_3 + 8c_3 + d_3 = 3 \\
729a_3 + 81b_3 + 9c_3 + d_3 = 9 \\
108a_1 + c_1 - 108a_2 - 12b_2 - c_2 = 0 \\
192a_2 + 16b_2 + c_2 - 192a_3 - 16b_3 - c_3 = 0 \\
36a_1 - 36a_2 - 2b_2 = 0 \\
48a_2 + 2b_2 - 48a_3 - 2b_3 = 0 \\
54a_3 + 2b_3 = 0
\end{array}\right|
$$

Mit dem Rechner lässt sich dieses Gleichungssystem lösen:

$$
\left(a_1 \,|\, c_1 \,|\, a_2 \,|\, b_2 \,|\, c_2 \,|\, d_2 \,|\, a_3 \,|\, b_3 \,|\, c_3 \,|\, d_3\right) = \left(-\tfrac{1}{184} \,\middle|\, \tfrac{16}{23} \,\middle|\, \tfrac{73}{184} \,\middle|\, -\tfrac{333}{46} \,\middle|\, \tfrac{1015}{23} \,\middle|\, -\tfrac{2067}{23} \,\middle|\, -\tfrac{35}{46} \,\middle|\, \tfrac{945}{46} \,\middle|\, -\tfrac{4097}{23} \,\middle|\, \tfrac{11565}{23}\right)
$$

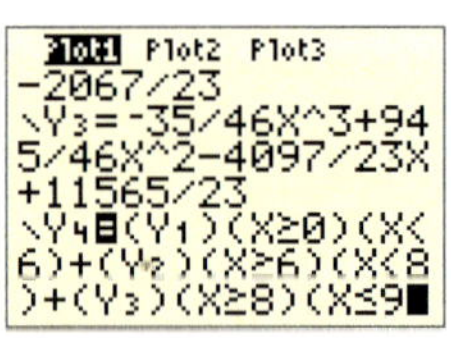

<, >, ≤, ≥ *findet man z. B. im TEST-Menü des GTR.*

Damit ergibt sich der Funktionsterm für die gesuchte Funktion zu

$$
s(x) = \begin{cases}
s_1(x) = -\frac{1}{184}x^3 + \frac{16}{23}x - 3 & \text{für } 0 \le x < 6 \\
s_2(x) = \frac{73}{184}x^3 - \frac{333}{46}x^2 + \frac{1015}{23}x - \frac{2067}{23} & \text{für } 6 \le x < 8 \\
s_3(x) = -\frac{35}{46}x^3 + \frac{945}{46}x^2 - \frac{4097}{23}x + \frac{11565}{23} & \text{für } 8 \le x \le 9
\end{cases}
$$

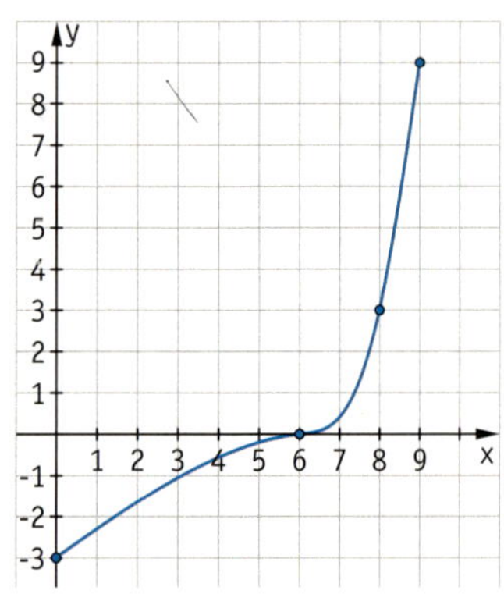

Dieser Funktionsgraph passt sich den gegebenen Punkten ohne überflüssige Krümmungen an. Die Spline-Funktion ist daher wesentlich besser geeignet, das Profil der Schiffsspanten zu beschreiben, als die Funktion aus Aufgabe 1.

Information

(1) Interpolation durch Polynome

Zu n gegebenen Datenpunkten mit paarweise verschiedenen x-Werten gibt es genau eine ganzrationale Funktion (höchstens) n-ten Grades, deren Graph genau durch diese Punkte verläuft. Diese Funktion ist die

Interpolationsfunktion zu diesen Punkten. Ihre Koeffizienten werden mithilfe eines linearen GLeichungssystems aus n Gleichungen mit n Variablen bestimmt. Dieses Gleichungssystem ist stets eindeutig lösbar.

(2) Spline-Interpolation

Es sind n Datenpunkte gegeben. Dazu wird eine Spline-Funktion folgendermaßen bestimmt:

- Die Spline-Funktion ist abschnittsweise definiert, und zwar für die $n - 1$ Abschnitte zwischen den Stellen, die zu den Datenpunkten gehören. Man nennt diese Stellen auch *Stützstellen*.
- In jedem Abschnitt ist der Funktionsterm ganzrational von (höchstens) 3. Grad.
- An den Stützstellen stimmen die Funktionswerte der Teilfunktionen der Abschnitte überein. Ebenso stimmen jeweils die 1. Ableitungen und auch die 2. Ableitungen an diesen Stellen überein.
- Im 1. und im n-ten Datenpunkt ist der Graph der Splinefunktion ungekrümmt; die 2. Ableitung der Funktion hat dort jeweils den Wert 0.

(3) Vergleich Interpolation, Spline-Interpolation

Mit dem Verfahren der Interpolation erhält man einen ganzrationalen Funktionsterm, dessen Graph durch die gegebenen Punkte verläuft. Allerdings kann sich dieser Graph zwischen den gegebenen Punkten stark von diesen entfernen.

Mit der Spline-Interpolation erhält man eine abschnittsweise definierte Funktion durch die gegebenen Punkte, die eine möglichst geringe Krümmung aufweist und deren Graph sich daher auch zwischen den gegebenen Punkten nur wenig von diesen entfernt. Trotz des höheren Rechenaufwandes liefert die Spline-Interpolation daher häufig das brauchbarere Ergebnis.

Übungsaufgaben

3 Ein Metallstreifen ist im Punkt A waagerecht befestigt und liegt im Abstand von 30 cm im Punkt B lose auf. Bei einer bestimmten Belastung beträgt die maximale Durchbiegung 8 cm.

Beschreiben Sie die Form des Metallstreifens durch eine ganzrationale Funktion. Wo genau liegt der tiefste Punkt? Wie groß ist die Durchbiegung genau in der Mitte zwischen A und B?

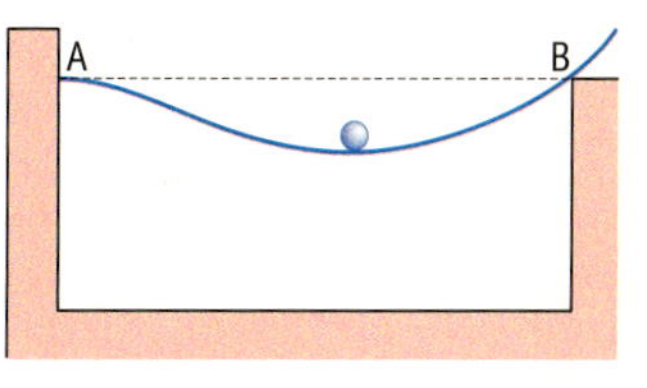

4 Die folgende Tabelle zeigt, wie der Mindestradius einer Kurve von der maximalen Geschwindigkeit abhängt, mit der ein Auto die Kurve bei trockener Fahrbahn durchfahren darf. Beschreiben Sie diesen Zusammenhang mit einer ganzrationalen Funktion.

Welcher Mindestradius ist bei einer Geschwindigkeit von 75 km/h für die Kurve erforderlich?

Geschwindigkeit (in 10 km/h)	3	4	5	6	7	8
Mindestradius (in 10 m)	2,5	5,0	8,0	13,0	19,0	28,0

5 Der Polygonzug $P_0P_1P_2P_3P_4P_5$ erinnert an eine „begradigte" Sinuskurve.

Bestimmen Sie eine ganzrationale Funktion kleinsten Grades, deren Graph durch die Punkte $P_0, P_1, \ldots, P_5$ geht und vergleichen Sie diesen Graphen mit dem der Funktion $x \mapsto \sin\left(\frac{\pi}{2} \cdot x\right)$.

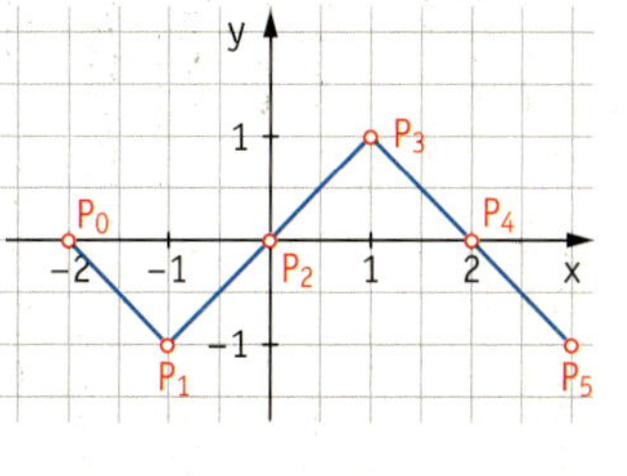

6 Der Graph rechts zeigt die Leistung eines Motors in Abhängigkeit von der Drehzahl.

a) Wählen Sie fünf geeignete Stützstellen und berechnen Sie das Interpolationspolynom.

b) Verwenden Sie für die Bestimmung eines geeigneten Funktionsterms die Koordinaten des Wendepunktes und des Hochpunktes sowie die Steigung im Wendepunkt.

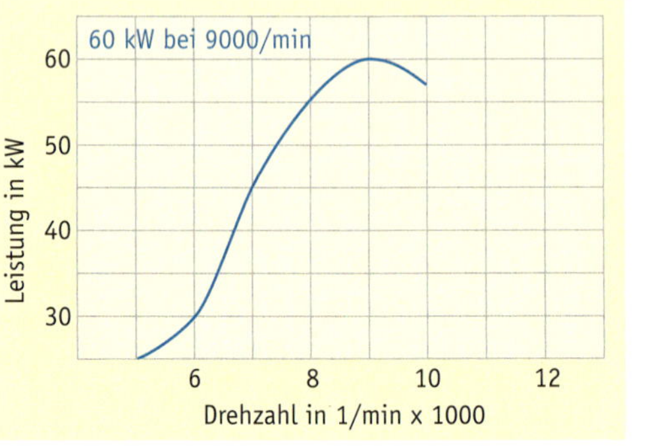

7 Berechnen Sie die kubische Splinefunktion für die Punkte $P_1(0|0)$, $P_2(1|1)$, $P_3(2|3)$, $P_4(3|4)$ und $P_5(5|5)$. Vergleichen Sie Ihren Graphen mit dem des Interpolationspolynoms.

8 Das Profil der Windschutzscheiben von Autos wird aerodynamisch gestaltet. Im Beispiel rechts sind drei Punkte vorgegeben. Ermitteln Sie zu diesen Punkten

(1) eine ganzrationale Funktion möglichst kleinen Grades

(2) eine Spline-Funktion.

Vergleichen Sie beide Lösungen.

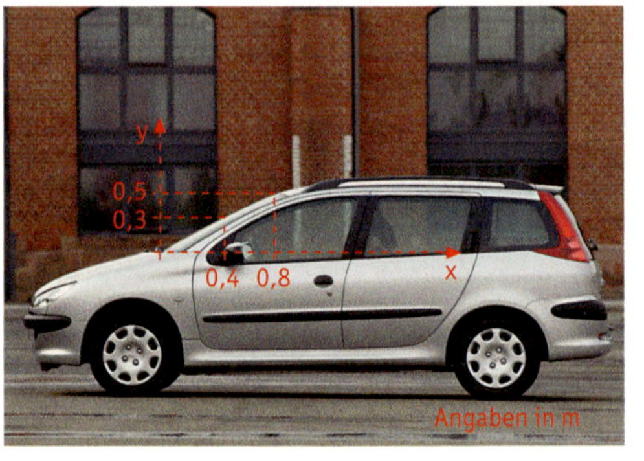

9 Das Profil von Motorradhelmen, die für hohe Geschwindigkeiten geeignet sind, wird ständig optimiert. Bestimmen Sie zu den vorgegebenen Maßen geeignete Spline-Funktionen zur Beschreibung des Profils.

10 Durch die Punkte A, B, C, D und E soll eine Kurve gelegt werden, die sich – bezüglich eines geeignet gewählten Koordinatensystems – durch eine Splinefunktion darstellen lässt.
Verwenden Sie arbeitsteilig Koordinatensysteme zu unterschiedlichen Drehwinkeln und zeichnen Sie die Kurven auf verschiedene Folien. Überprüfen Sie, ob alle Kurven übereinstimmen.
Hinweis: Die Koordinaten der gedrehten Punkte können durch Ausmessen in der Zeichnung ermittelt werden.

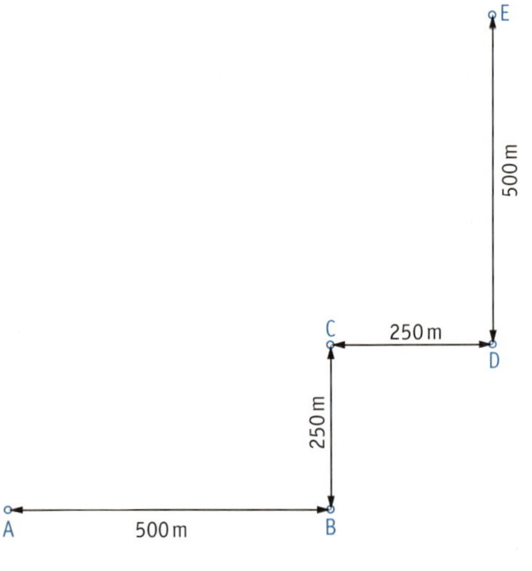

4.2.3 Ausgleichskurven – Regression

Einstieg

Damit elektrische Bauteile in Maschinen oder Anlagen richtig funktionieren, muss bekannt sein, wie der Widerstand des Bauteils von der Stromstärke abhängt. Deshalb gibt es für solche Bauteile Diagramme, in denen durch sogenannte Kennlinien der Zusammenhang zwischen Stromstärke und Widerstand dargestellt ist. Solche Kennlinien werden durch Graphen von Funktionen modelliert.

Kohlefadenlampen waren die ersten funktionsfähigen elektrischen Glühlampen, die ab 1880 nach und nach die Gasbeleuchtung im öffentlichen und privaten Raum ablösten. Seit Beginn des 20. Jahrhunderts wurden andere Materialien (z. B. Wolfram) zur Herstellung der Glühfäden verwendet.

In einem Experiment wird bei einer Kohlefadenlampe der Widerstand in Abhängigkeit von der Stromstärke gemessen. Die Ergebnisse sind in der Tabelle und in der Grafik dargestellt.

Stromstärke I (in Ampère)	0,3	0,4	0,5	0,6	0,7	0,8
Widerstand R (in Ohm)	344	322	310	298	289	276

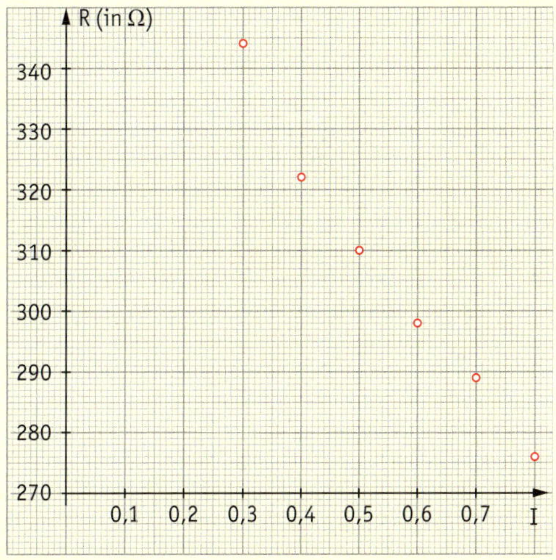

Der Zusammenhang zwischen Stromstärke und Widerstand kann für diesen Messbereich näherungsweise als linear angenommen werden.
Um den Zusammenhang zu modellieren, werden Geraden, sogenannte Ausgleichsgeraden, betrachtet, die zwar nicht genau durch diese Punkte verlaufen, diese aber recht gut annähern.

- Für die Ausgleichsgeraden werden folgende lineare Funktionen vorgeschlagen:
  $f_1(x) = -136x + 384$; $f_2(x) = -110x + 366$
  Zeichnen Sie die Messpunkte $(x_1 | y_1)$, $(x_2 | y_2)$, ..., $(x_6 | y_6)$ und die beiden Geraden in ein gemeinsames Koordinatensystem. Welche der beiden Geraden scheint Ihnen die bessere zu sein?
- Um die Qualität der Annäherungen quantitativ zu erfassen, kann man für beide Funktionen die *Summe der Fehlerquadrate* bilden:
  $(y_1 - f(x_1))^2 + \ldots + (y_6 - f(x_6))^2$
  Erklären Sie die Bedeutung und berechnen Sie die Summe für beide Funktionen.

Einführung

(1) Regression am Beispiel der Körpergröße von Vätern und Söhnen

Regression
Der englische Biologe und Statistiker SIR FRANCIS GALTON (1822 – 1911) verglich die Körpergröße von Männern mit der ihrer Väter. Er fand dabei heraus, dass Söhne von ganz kleinen Vätern nicht so klein wie ihr Vater und Söhne von großen Vätern nicht ganz so groß wie ihr Vater sind. So hat zum Beispiel ein Vater, der um 30 cm größer als der Durchschnitt ist, einen Sohn, der weniger als 30 cm über dem Durchschnitt der Söhne liegt. GALTON formulierte das Ergebnis so, dass die Körpergröße von Söhnen extrem großer bzw. kleiner Väter wieder in Richtung zum Durchschnittswert „zurückschreitet".

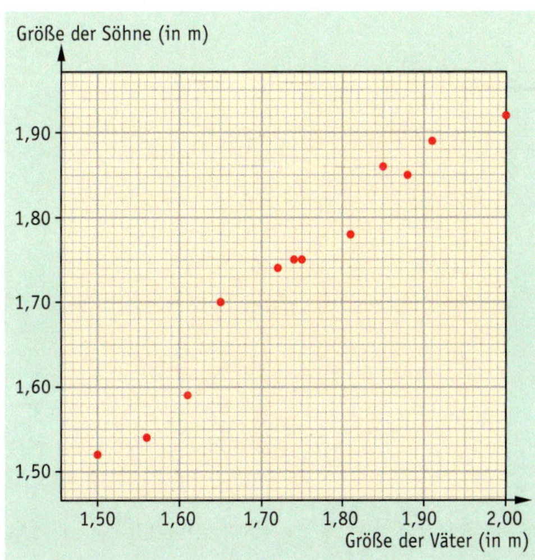

regredior, regressus sum (lat.): zurückgehen

Mit dem GTR kann man leicht eine Gerade bestimmen, die sich den Datenpunkten gut anpasst.

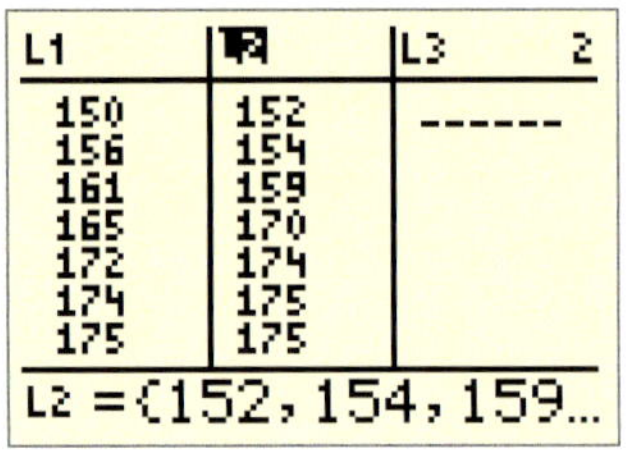

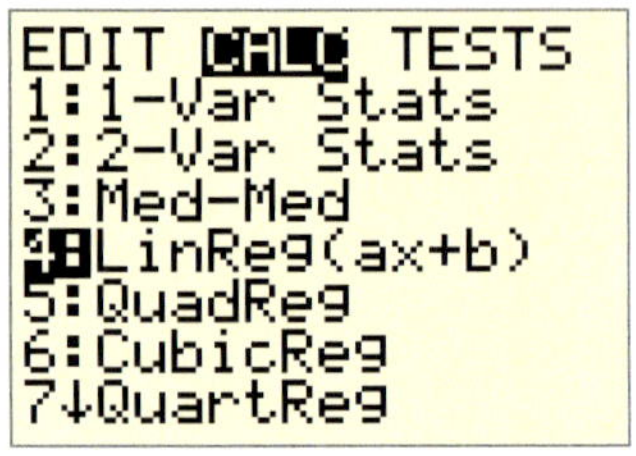

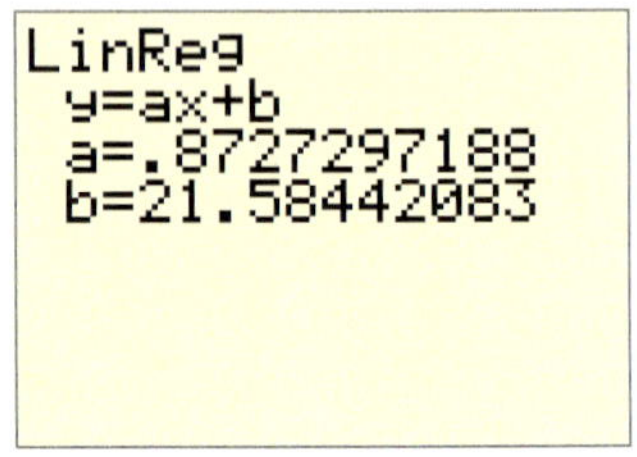

Die Tatsache, dass die Steigung der Regressionsgeraden $y = 0{,}8727 + 21{,}58$ kleiner als 1 ist und die Gerade mitten durch die Punktwolke verläuft, führt genau zu der von GALTON beobachteten Regression („Rückschritt") zum Durchschnitt.

Im Folgenden soll die Formel entwickelt werden, mit dem Rechner die Gleichung einer Regressionsgeraden ermitteln.

(2) Kriterium für die Regressionsgerade

Wir betrachten dazu n Datenpaare $(x_1 | y_1)$, $(x_2 | y_2)$, …, $(x_n | y_n)$ und bestimmen die Gerade mit dem Funktionsterm $f(x) = ax + b$, die sich den Datenpunkten am besten annähert. Dazu gehen wir folgendermaßen vor:

Für jeden Datenpunkt bilden wir die Abweichung des y-Wertes vom zugehörigen Funktionswert der Geraden zu f mit $f(x) = ax + b$, also

$y_1 - (ax_1 + b)$, $y_2 - (ax_2 + b)$, …, $y_n - (ax_n + b)$.

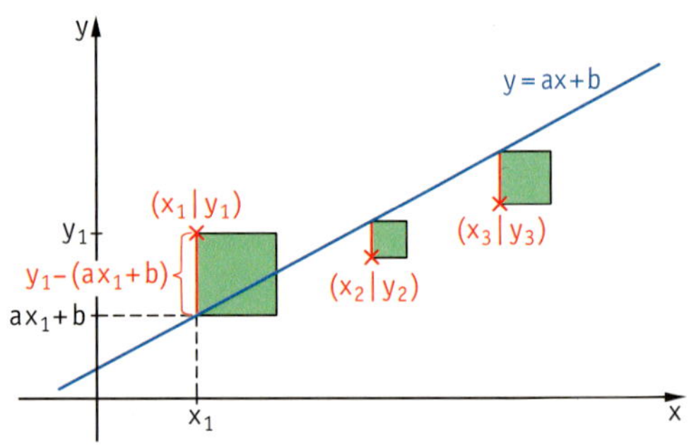

Als Kriterium für die Güte der Anpassung betrachten wir dann die Summe der Quadrate aller dieser Abweichungen $S(a, b) = \left(y_1 - (ax_1 + b)\right)^2 + \left(y_2 - (ax_2 + b)\right)^2 + \ldots + \left(y_n - (ax_n + b)\right)^2$. Gesucht sind also die Steigung a und der y-Achsenabschnitt b der Geraden, sodass $S(a, b)$ minimal wird.

(3) Bestimmen des y-Achsenabschnittes

Der Term $S(a, b)$ kann als Term einer Funktionenschar mit Parameter a und Variable b aufgefasst werden: $S_a(b) = S(a, b)$

Für beliebiges a ist dann das Minimum dieser Funktion S_a gesucht. Dazu leiten wir $S_a(b)$ nach b ab und setzen die 1. Ableitung gleich null.

Ableiten mit der Kettenregel bei linearer innerer Funktion.

$$0 = S_a'(b)$$
$$0 = 2\cdot\left(y_1 - (ax_1 + b)\right)\cdot(-1) + 2\cdot\left(y_2 - (ax_2 + b)\right)\cdot(-1) + \ldots + 2\cdot\left(y_n - (ax_n + b)\right)\cdot(-1) \quad |:(-2)$$
$$0 = y_1 - (ax_1 + b) + y_2 - (ax_2 + b) + \ldots + y_n - (ax_n + b)$$
$$ax_1 + b + ax_2 + b + \ldots + ax_n + b = y_1 + y_2 + \ldots + y_n$$
$$a(x_1 + x_2 + \ldots + x_n) + nb = y_1 + y_2 + \ldots + y_n \quad |:n$$
$$a\cdot\frac{x_1 + x_2 + \ldots + x_n}{n} + b = \frac{y_1 + y_2 + \ldots + y_n}{n}$$
$$a\bar{x} + b = \bar{y}$$

Arithmetisches Mittel der Daten x_i
$\bar{x} = \frac{x_1 + x_2 + \ldots + x_n}{n}$

Arithmetisches Mittel der Daten y_i
$\bar{y} = \frac{y_1 + y_2 + \ldots + y_n}{n}$

Diese Gleichung besagt, dass die Regressionsgerade durch den sogenannten *Schwerpunkt* $P(\bar{x} | \bar{y})$ der Punktwolke verläuft. Aus der Gleichung erhalten wir $b = \bar{y} - a\bar{x}$.

Dieser Term liefert die b-Koordinate des Minimums von S_a, denn der Graph von $S_a(b)$ ist für jeden Wert von a eine nach oben geöffnete Parabel. Dies erkennt man daran, dass der Term von $S_a(b)$ nach dem Ausmultiplizieren einen Term der Form $kb^2 + lb + m$ mit $k > 0$ ergibt.

(4) Bestimmen der Steigung

Einsetzen von $b = \overline{y} - a\overline{x}$ in den Term der Geradengleichung $f(x) = ax + b$.

Wir suchen nun im zweiten Schritt den Wert für a, sodass die Summe der quadratischen Abweichung von der Geraden zu f mit $f(x) = ax + \overline{y} - a\overline{x}$ minimal wird. Diese Summe hängt nur noch von der Variablen a ab.

$$\begin{aligned} S(a) &= \left(y_1 - (ax_1 + \overline{y} - a\overline{x})\right)^2 + \left(y_2 - (ax_1 + \overline{y} - a\overline{x})\right)^2 + \ldots + \left(y_n - (ax_n + y - a\overline{x})\right)^2 \\ &= \left(y_1 - \overline{y} - a(x_1 - \overline{x})\right)^2 + \left(y_2 - \overline{y} - a(x_2 - \overline{x})\right)^2 + \ldots + \left(y_n - \overline{y} - a(x_n - \overline{x})\right)^2 \end{aligned}$$

Zum Bestimmen des Minimums leiten wir wieder mit der Kettenregel mit linearer innerer Funktion ab und erhalten:

$$S'(a) = 2\left(y_1 - \overline{y} - a(x_1 - \overline{x})\right) \cdot \left(-(x_1 - \overline{x})\right) + \ldots + 2\left(y_n - \overline{y} - a(x_n - \overline{x})\right) \cdot \left(-(x_n - \overline{x})\right)$$

Mit der Bedingung $0 = S'(a)$ erhalten wir dann:

$$0 = 2\left(y_1 - \overline{y} - a(x_1 - \overline{x})\right) \cdot \left(-(x_1 - \overline{x})\right) + \ldots + 2\left(y_n - \overline{y} - a(x_n - \overline{x})\right) \cdot \left(-(x_n - \overline{x})\right) \quad |:2$$

$$0 = -(y_1 - \overline{y})(x_1 - \overline{x}) + a(x_1 - \overline{x})^2 - (y_2 - \overline{y})(x_1 - \overline{x}) + a(x_1 - \overline{x})^2 - \ldots - (y_n - \overline{y})(x_1 - \overline{x}) + a(x_n - \overline{x})^2$$

$$(y_1 - \overline{y})(x_1 - \overline{x}) + (y_2 - \overline{y})(x_2 - \overline{x}) + \ldots + (y_n - \overline{y})(x_n - \overline{x}) = a(x_1 - \overline{x})^2 + a(x_2 - \overline{x})^2 + \ldots + a(x_n - \overline{x})^2$$

$$(y_1 - \overline{y})(x_1 - \overline{x}) + (y_2 - \overline{y})(x_2 - \overline{x}) + \ldots + (y_n - \overline{y})(x_n - \overline{x}) = a\left((x_1 - \overline{x})^2 + (x_2 - \overline{x})^2 + (x_n - \overline{x})^2\right)$$

$$a = \frac{(y_1 - \overline{y})(x_1 - \overline{x}) + (y_2 - \overline{y})(x_2 - \overline{x}) + \ldots + (y_n - \overline{y})(x_n - \overline{x})}{(x_1 - \overline{x})^2 + (x_2 - \overline{x})^2 + \ldots + (x_n - \overline{x})^2}$$

An dieser Stelle liegt ein Minimum vor, da der Graph zu dem Term $S(a)$ eine nach oben geöffnete Parabel ist. Dies erkennt man wiederum durch Ausmultiplikation der Teilterme von $S(a)$ und Sortieren nach den Potenzen von a, denn es gilt:

$$\begin{aligned} S(a) &= \left((y_1 - \overline{y}) - a(x_1 - \overline{x})\right)^2 + \ldots + \left((y_n - \overline{y}) - a(x_n - \overline{x})\right)^2 \\ &= \left((x_1 - \overline{x})^2 + \ldots + (x_n - \overline{x})^2\right) \cdot a^2 - 2\left((y_1 - \overline{y})(x_1 - \overline{x}) + \ldots + (y_n - \overline{y})(x_n - \overline{x})\right) \cdot a + \left((y_1 - \overline{y})^2 + \ldots + (y_n - \overline{y})^2\right) \end{aligned}$$

positiver Faktor vor a^2

Information

(1) Regressionsfunktion

In einem Experiment wird gemessen, wie eine Größe y von einer anderen Größe x abhängt. Es werden n Messungen durchgeführt, sodass n Wertepaare $(x_1|y_1)$, $(x_2|y_2)$, …, $(x_n|y_n)$ vorliegen. Eine Funktion f, die derart bestimmt wurde, dass die Summe der n Fehlerquadrate $\left(y_1 - f(x_1)\right)^2 + \left(y_2 - f(x_2)\right)^2 + \ldots + \left(y_n - f(x_n)\right)^2$ minimal ist, heißt **Regressionsfunktion** (von y bezüglich x). Handelt es sich bei der Regressionsfunktion um eine lineare Funktion, so wird der Graph dieser Funktion auch **Regressionsgerade** genannt.

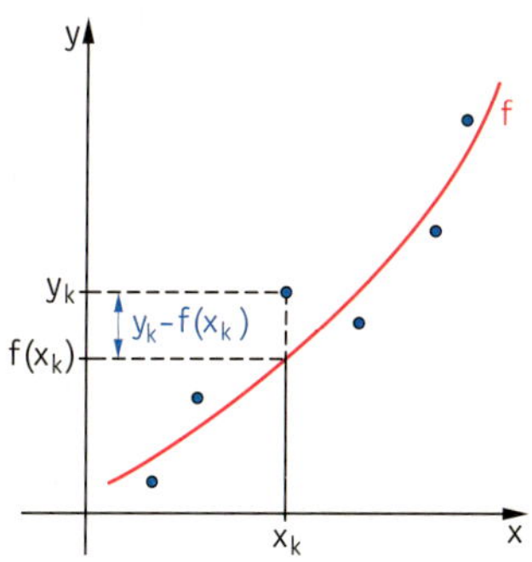

(2) Regressionsgerade

Satz

Für n Datenpaare $(x_1|y_1)$, $(x_2|y_2)$, …, $(x_n|y_n)$ hat die Regressionsgerade mit dem Funktionsterm $f(x) = ax + b$ die Steigung

$$a = \frac{(x_1 - \overline{x})(y_1 - \overline{y}) + (x_2 - \overline{x})(y_2 - \overline{y}) + \ldots + (x_n - \overline{x})(y_n - \overline{y})}{(x_1 - \overline{x})^2 + (x_2 - \overline{x})^2 + \ldots + (x_n - \overline{x})^2}$$

und den y-Achsenabschnitt

$$b = \overline{y} - a\overline{x} = \frac{y_1 + y_2 + \ldots + y_n}{n} - a\frac{x_1 + x_2 + \ldots + x_n}{n}.$$

Die obige Formel für die Steigung a lässt sich noch etwas kürzer notieren, wenn man das **Summenzeichen** verwendet:

Statt $q_1 + q_2 \ldots + q_n$ schreibt man auch $\sum\limits_{i=1}^{n} q_i$.

In dieser Schreibweise lautet die Formel $a = \dfrac{\sum\limits_{i=1}^{n} (x_i - \overline{x})(y_i - \overline{y})}{\sum\limits_{i=1}^{n} (x_i - \overline{x})^2}$.

Weiterführende Aufgabe

1 Modellierung durch Regression mit nicht-linearen Funktionen

In den letzten Jahrzehnten hat die Anzahl der Tankstellen in Deutschland erheblich abgenommen.

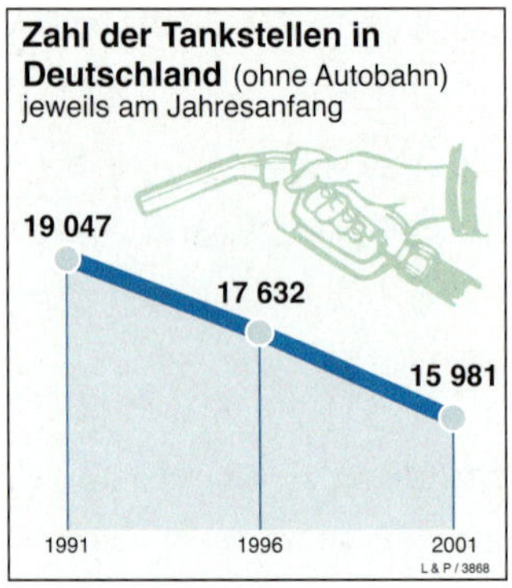

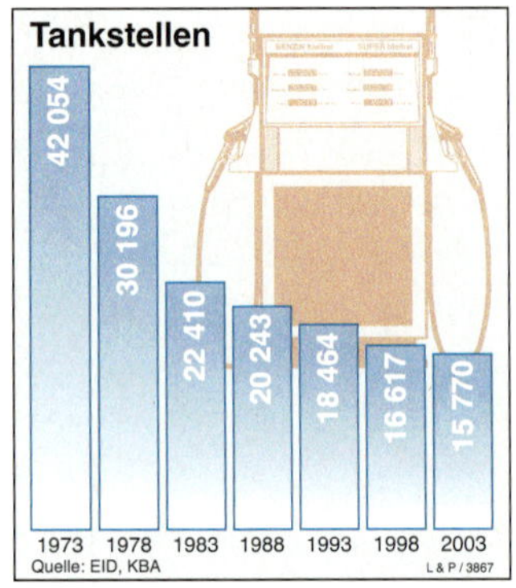

(1) Betrachtet man die linke Grafik, dann könnte man geneigt sein, für die Prognose zukünftiger Bestände ein lineares Modell zu verwenden.
Welche Anzahl an Tankstellen ergäbe sich aus einem linearen Modell als Prognose für das Jahr 2020?

(2) Welchen Eindruck gewinnt man aus der rechten Grafik? Warum erscheint ein lineares Modell in dem betrachteten Sachzusammenhang grundsätzlich nicht geeignet?
Überlegen Sie, welcher Funktionstyp zur Beschreibung eines Abnahmeprozesses eher angemessen ist und bestimmen Sie mithilfe der Möglichkeiten des GTR eine verbesserte Prognose für das Jahr 2020.

Information

(3) Regression mit nicht-linearen Funktionen

Mit dem GTR lassen sich Regressionen nicht nur mit linearen Funktionen durchführen, sondern auch mit vielen anderen: quadratischen, kubischen, exponentiellen, trigonometrischen, …

Eine weitere Möglichkeit des Rechners ist es, diese Regression auf eine lineare zurückzuführen.

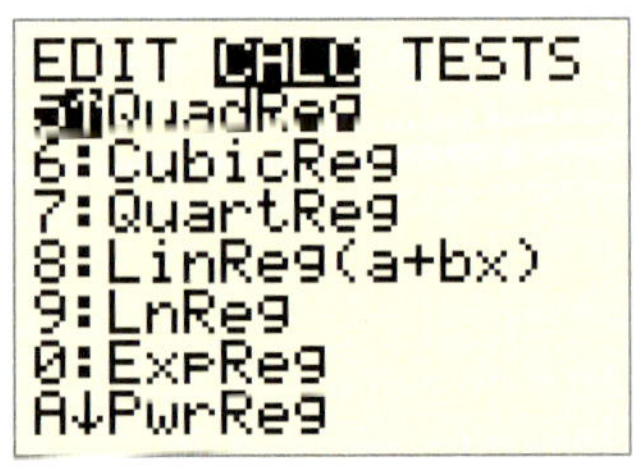

Beispiel

Statt der Exponentialfunktion zu $y = a \cdot b^x$ zu den Datenpaaren $(x_1 | y_1)$, $(x_2 | y_2)$, …, $(x_n | y_n)$ kann man die Gerade zu $\ln(y) = \ln(a\,b^x) = \ln(b) \cdot x + \ln(a)$ zu den Datenpunkten $(x_1 | \ln(y_1))$, $(x_2 | \ln(y_2))$, …, $(x_n | \ln(y_n))$ bestimmen und aus dieser die gesuchte Exponentialfunktion ermitteln.

Übungsaufgaben

2 Die Geschwindigkeit eines Autos, das nach einem Halt vor einer Ampel beschleunigt, wird in Zeitabständen von jeweils einer halben Sekunde gemessen.
Handelt es sich um eine gleichmäßig beschleunigte Bewegung?
Wie groß ist gegebenenfalls die konstante Beschleunigung?

t (in s)	0,5	1,0	1,5	2,0	2,5	3,0
v (in $\frac{m}{s}$)	1,58	3,26	4,84	6,38	8,24	9,72

3 Eine Schraubenfeder dehnt sich durch Belastung immer weiter aus. In einem Versuch wurden dabei folgende Längen der Feder gemessen:

Belastung (in Newton)	0,5	1,0	1,5	2,0	2,5	3,0	3,5	4,0
Länge (in cm)	11,5	13,2	14,3	16,3	17,6	18,7	20,8	22,4

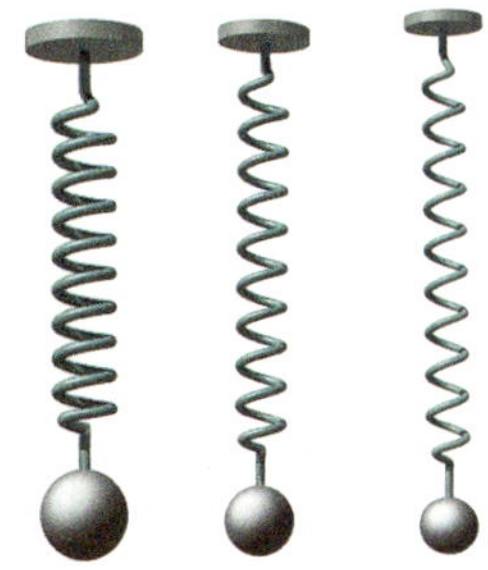

a) Stellen Sie die Daten grafisch dar und zeichnen Sie eine Gerade nach Augenmaß, die sich möglichst gut der Punktmenge anpasst.

b) Bestimmen Sie mit dem Verfahren aus der Einführung die Gleichung einer Regressionsgeraden. Vergleichen Sie mit der Geraden nach Augenmaß.

c) Vergleichen Sie Ihr Ergebnis mit anderen Ergebnissen im Kurs.

4 In einem Experiment wurde der elektrische Widerstand eines Drahtstücks bei verschiedenen Temperaturen gemessen:

Temperatur T (in °C)	50	80	100	120	160
Widerstand R (in Ω)	53,3	58,4	61,9	65,3	72,3

a) Zeichnen Sie die Messpunkte in ein Koordinatensystem und bestimmen Sie die Gleichung der Regressionsgeraden. Beurteilen Sie, ob ein linearer Zusammenhang ein gutes Modell darstellt.

b) Welchen Widerstand hat der Draht bei einer Temperatur von 20 °C?

5 An einem Tag im Mai wurden folgende Temperaturen gemessen:

Uhrzeit	5.00 h	9.00 h	13.00 h	17.00 h	21.00 h
Temperatur	8 °C	9 °C	14 °C	15 °C	12 °C

a) Bestimmen Sie die Regressionsfunktionen dritten und vierten Grades. Vergleichen Sie deren Graphen.

b) Approximieren Sie die Messdaten durch eine passende Sinuskurve.

c) Berechnen Sie für alle drei Approximationen den Tagesmittelwert T_M nach der Formel, die bis März 2001 von Meteorologen verwendet wurde: $T_M = \frac{1}{4} \cdot \left(T(7\,h) + T(14\,h) + 2 \cdot T(21\,h)\right)$.

6 Bei Flaschenkürbissen wurde die Länge und die Breite gemessen.

Länge s (in mm)	60	40	25	200	120
Breite b (in mm)	44	23	13	180	92

Untersuchen Sie, ob die Funktion *Länge → Breite* durch eine Exponentialfunktion oder durch eine Potenzfunktion beschrieben werden kann. Ermitteln Sie die Funktionsgleichung.

7 Recherchieren Sie sportliche Rekorde, z. B. beim Laufen oder anderen Disziplinen der Leichtathletik. Stellen Sie geeignete Fragen und beantworten Sie diese, indem Sie den Daten einen möglichst guten Funktionsgraphen anpassen. Vergleichen und bewerten sie verschiedene Möglichkeiten.

Rekorde auf der Aschenbahn

Keine der derzeitigen Weltrekordhalterinnen kann zurzeit mit der männlichen Konkurrenz mithalten. Das wird sich im Laufe der nächsten Jahrzehnte ändern, vermuten die Physiologen Brian J. Whipp und Susan A. Ward von der University of California anhand ihrer Analyse der Entwicklung der Laufgeschwindigkeiten in der Vergangenheit. Spätestens 2050 sollen die Frauen auf der 200-Meter-Strecke mit den Männern gleichziehen, bei einer Zeit von 18,6 Sekunden.

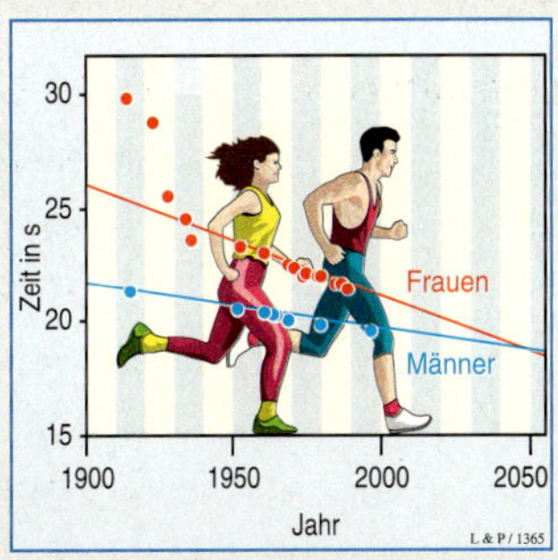

8 Untersuchen Sie, ob für die Planeten unseres Sonnensystems zwischen der mittleren Entfernung x von der Sonne (in Mio. km) und der Umlaufdauer y (in Tagen) ein Zusammenhang der Form $y = a \cdot x^b$ besteht, und bestimmen Sie gegebenenfalls die Konstanten a und b.
Vergleichen Sie das Ergebnis des Linearisierungsverfahrens mit dem der **PwrReg** des GTR.
Hinweis: Die Gleichung $y = a \cdot x^b$ geht durch Logarithmieren über in $\log(y) = b \cdot \log(x) + \log(a)$.
Die Transformation $\overline{y} = \log(y)$, $\overline{x} = \log(x)$ führt demnach zu einem linearen Ansatz.

Planet	Entfernung x	Umlaufdauer y
Merkur	57,9	88
Venus	108,2	225
Erde	149,6	365
Mars	227,9	687
Jupiter	778,3	4329
Saturn	1427	10753
Uranus	2870	30660
Neptun	4497	60150

9 Für den Zusammenhang zwischen der Potentialdifferenz U (in Volt) und der Stromstärke I (in Mikroampere) einer Halbleiterdiode nimmt man ein *exponentielles Modell* $I = I_0 \cdot b^U$ an.
Untersuchen Sie, ob diese Annahme berechtigt ist.

U	0,255	0,315	0,385	0,410	0,455	0,495	0,505	0,515	0,530
I	0,40	1,60	8,90	18,20	52,20	140,0	182,0	223,0	310,0

10

Tankstellensterben geht weiter

EID-Umfrage zum 1. Juli 2007

Zum 1. Juli 2007 ermittelte der Hamburger Erdölinformationsdienst (EID) 14975 Stationen und damit nur 61 weniger als Anfang des Jahres. Damit ist die Zahl der Tankstellen in Deutschland erstmals unter 15000 gesunken. Wie in den vorangegangenen Jahren hat die Zahl der Anlagen allerdings weiterhin nur mäßig abgenommen. Die jährliche Rückgangsrate hat sich von 200 bis 300 Anfang des Jahrzehnts auf 100 bis 200 verringert. Nur mit großer Disziplin dürfte deshalb ein Preiskampf bei immer rückläufiger Nachfrage nach Kraftstoff zu vermeiden sein, hieß es.

Jahr	Anzahl der Tankstellen
1970	46091
1975	34804
1980	27528
1985	19317
1990	19781
1995	17957
1999	16617
2001	16324
2003	15971
2005	15428

In den letzten Jahrzehnten hat sich die Anzahl der Tankstellen in Deutschland stark verringert.

a) Welche Anzahl von Tankstellen kann man aufgrund der bisherigen Entwicklung für das Jahr 2020 vorhersagen?

b) Warum ist ein lineares Modell zur Prognose nicht geeignet?

c) Überlegen Sie, welches Modell zur Beschreibung angemessener erscheint.

d) Bestimmen Sie mithilfe eines GTR eine „passende" Funktion und korrigieren Sie die Vorhersage aus Teilaufgabe a).

4.3 Krümmung von Funktionsgraphen

Einführung

(1) Zum Problem des Krümmungsrucks im Verkehr

Bei Straßen und Bahnstrecken gibt es immer wieder Übergänge zwischen unterschiedlichen Kurven. Dabei werden – im Gegensatz etwa zu Spielzeugeisenbahnen – direkte Übergänge zwischen Kreis- und Streckenstücken vermieden. Ein Fahrzeug, das sich mit einer konstanten Geschwindigkeit auf einer kreisförmigen Kurve vom Radius r bewegt, erfährt nämlich eine zu $\frac{1}{r}$ proportionale Radialkraft, die bei einem plötzlichen Übergang in ein geradliniges Bahnstück ruckartig abbricht. Man spricht von einem für die Verkehrssicherheit äußerst problematischen *Krümmungsruck*.

(2) Krümmung und Krümmungskreise bei ebenen Kurven

Was kann man unter der Krümmung einer ebenen Kurve in einem ihrer Punkte verstehen?
Einen Kreis mit Radius r wird man *konstant gekrümmt* nennen; schwach gekrümmt bei großem r, stark gekrümmt bei kleinem r. Als *Krümmungsmaß* nimmt man daher den Term $\frac{1}{r}$.
Die *Krümmung einer Kurve in einem ihrer Punkte* P definiert man nun als Krümmung des Kreises, der die Kurve in P möglichst gut approximiert – sofern man einen solchen Kreis überhaupt eindeutig bestimmen kann. Gegebenenfalls heißt er der *Krümmungskreis der Kurve im Punkt* P.

(3) Krümmungskreise und Krümmungen von Funktionsgraphen

Gegeben ist eine Funktion f und ein Punkt $P(a \mid f(a))$ ihres Graphen. Wir suchen einen Kreis, der den Graphen in P möglichst gut approximiert. Wir verlangen zunächst, dass der Kreis durch P geht und dort den Graphen von f berührt. Solche Kreise gibt es unendlich viele. Ihre Mittelpunkte liegen auf dem Lot durch P zur Tangente an den Graphen in P. Man nennt dieses Lot die *Normale* des Funktionsgraphen in P.
Dasselbe gilt für jeden Nachbarpunkt $Q(a + h \mid f(a + h))$ des Graphen.
Wir lassen nun Q gegen P streben in der Erwartung, dass es im Grenzfall genau einen Kreis gibt, der beiden Kreis-Scharen angehört und den Graphen von f in P bestmöglich approximiert. Der Mittelpunkt M dieses Kreises ist dann die Grenzlage des Schnittpunkts der beiden Normalen des Funktionsgraphen in P und Q.

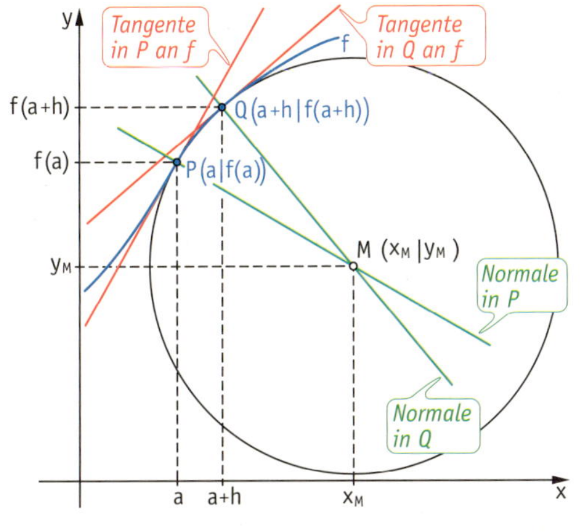

Wir stellen zunächst die Gleichungen für zwei Normalen auf, die Normale in $P(a \mid f(a))$ und die Normale in $Q(a + h \mid f(a + h))$, wobei P und Q auf dem Graphen von f liegen.
$f'(a)$ bzw. $f'(a + h)$ sind die Steigungen der Tangente durch P bzw. durch Q an den Graphen von f. Wir wissen, dass die jeweilige Normale orthogonal zu der zugehörigen Tangente verläuft. Damit erhalten wir die Normalengleichungen

$$y = -\frac{1}{f'(a)}(x - a) + f(a) \quad \text{bzw.}$$

$$y = -\frac{1}{f'(a + h)}(x - a - h) + f(a + h).$$

Zwei Geraden mit den Steigungen m_1 und m_2 sind genau dann orthogonal zueinander, wenn gilt: $m_1 \cdot m_2 = -1$

Gleichung der Geraden durch $P(u \mid v)$ mit der Steigung m:
$y = m(x - u) + v$

(4) Koordinaten des Schnittpunktes $S(x_S \mid y_S)$ der Normalen für $h \to 0$ bestimmen

Da S auf beiden Normalen aus (3) liegt, gilt:

(1) $y_S = -\frac{1}{f'(a)}(x_S - a) + f(a)$

und

(2) $y_S = -\frac{1}{f'(a+h)}(x_S - a - h) + f(a+h)$

Wir multiplizieren beide Seiten der Gleichung (1) mit $f'(a)$ und erhalten (3). Ebenso multiplizieren wir beide Seiten der Gleichung (2) mit $f'(a+h)$ und erhalten (4):

(3) $y_S \cdot f'(a) = a - x_S + f(a) \cdot f'(a)$

(4) $y_S \cdot f'(a+h) = a + h - x_S + f(a+h) \cdot f'(a+h)$

Wir subtrahieren (3) von (4) und erhalten (5):

(5) $y_S \cdot \left(f'(a+h) - f'(a)\right) = h + f(a+h) \cdot f'(a+h) - f(a) \cdot f'(a)$

Wenn wir die Gleichung (5) auf beiden Seiten durch $h \neq 0$ dividieren, so erhalten wir (6):

(6) $y_S \cdot \frac{f'(a+h) - f'(a)}{h} = 1 + \frac{f(a+h) \cdot f'(a+h) - f(a) \cdot f'(a)}{h}$

Auf der linken Seite von (6) steht der Differenzquotient $\frac{f'(a+h) - f'(a)}{h}$ als Faktor.

Auf der rechten Seite können wir aber keine bekannten Differenzquotienten erkennen.

Hier hilft jedoch eine geschickte Umformung:

Wir subtrahieren und addieren im Zähler des Bruchterms auf der rechten Seite von (6) den Term $f(a) \cdot f'(a+h)$ und erhalten (7):

(7) $y_S \cdot \frac{f'(a+h) - f'(a)}{h} = 1 + \frac{f(a+h) \cdot f'(a+h) - f(a) \cdot f'(a+h) + f(a) \cdot f'(a+h) - f(a) \cdot f'(a)}{h}$

Durch Ausklammern auf der rechten Seite erhalten wir daraus (8):

(8) $y_S \cdot \frac{f'(a+h) - f'(a)}{h} = 1 + f'(a+h) \cdot \frac{f(a+h) - f(a)}{h} + f(a) \cdot \frac{f'(a+h) - f'(a)}{h}$

Wir untersuchen die Gleichung (8) für den Fall $h \to 0$. Falls die Funktion f an der Stelle a zweimal differenzierbar ist, so ist der Punkt $S(x_S \mid y_S)$ der gesuchte Mittelpunkt $M(x_M \mid y_M)$ des Krümmungskreises der Graphen von f im Punkt P.

(9) $y_M \cdot f''(a) = 1 + f'(a) \cdot f'(a) + f(a) \cdot f''(a)$

Wir lösen nach y_M auf und erhalten:

$$y_M = f(a) + \frac{1 + \left(f'(a)\right)^2}{f''(a)}$$

Setzen wir y_M in (1) ein und lösen nach x_M auf, so erhalten wir:

$$x_M = a - f'(a) \cdot \frac{1 + \left(f'(a)\right)^2}{f''(a)}$$

(5) Radius des Krümmungskreises in P bestimmen

Den Radius des Krümmungskreises erhalten wir mithilfe des Satzes von PYTHAGORAS:

$$r^2 = (x_M - a)^2 + \left(f(a) - y_M\right)^2$$

Daraus ergibt sich:

$$r^2 = \left(-f'(a) \cdot \frac{1 + (f'(a))^2}{f''(a)}\right)^2 + \left(-\frac{1 + (f'(a))^2}{f''(a)}\right)^2$$

$$r^2 = \frac{(1 + f'(a)^2)^3}{(f''(a))^2}$$

$$r = \frac{\left(\sqrt{1 + \left(f'(a)\right)^2}\right)^3}{|f''(a)|}$$

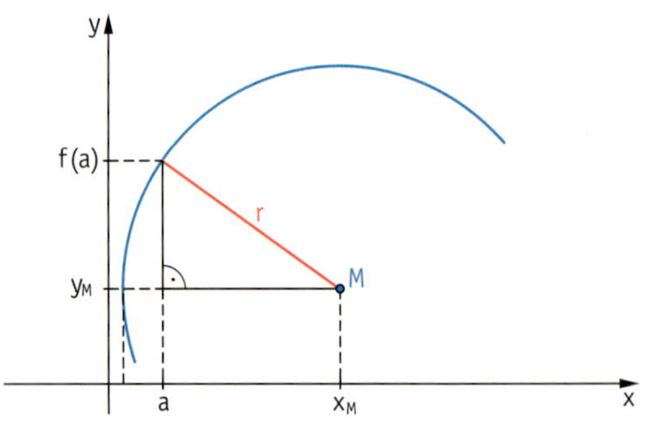

Information

Krümmung und Krümmungsformeln

Wir fassen die Überlegungen aus der Einführung zusammen:

Ist $P\left(a \mid f(a)\right)$ ein Punkt des Graphen einer (zweimal differenzierbaren) Funktion f und gilt außerdem $f''(a) \neq 0$, so existiert ein Kreis, der den Graphen von f in P berührt und der sich in der Nähe von P dem Verlauf des Graphen optimal anpasst. Für die Koordinaten des Mittelpunktes $M(x_M \mid y_M)$ und für den Radius r dieses **Krümmungskreises** gelten die folgenden **Krümmungsformeln:**

$$x_M = a - f'(a) \cdot \frac{1 + \left(f'(a)\right)^2}{f''(a)}; \quad y_M = f(a) + \frac{1 + \left(f'(a)\right)^2}{f''(a)}; \quad \frac{1}{r} = \frac{|f''(a)|}{\left(\sqrt{1 + \left(f'(a)\right)^2}\right)^3}$$

Den Wert $\kappa(a) = \frac{f''(a)}{\left(\sqrt{1 + \left(f'(a)\right)^2}\right)^3}$ bezeichnet man als die **Krümmung** des Graphen von f im Punkt $\left(a \mid f(a)\right)$.

Für $\kappa(a) > 0$ handelt es sich um eine Linkskrümmung, für $\kappa(a) < 0$ um eine Rechtskrümmung.

Die Funktion κ mit $\kappa(x) = \frac{f''(x)}{\left(\sqrt{1 + \left(f'(x)\right)^2}\right)^3}$ heißt die **Krümmungsfunktion** zu der (zweimal differenzierbaren) Funktion f. Sie ordnet jeder Stelle x die entsprechende Krümmung $\kappa(x)$ des Graphen von f zu.

Übungsaufgaben

1

a) Bestimmen Sie die Krümmungskreise der Normalparabel mit $y = x^2$ für die Punkte $P_1(0 \mid 0)$, $P_2(1 \mid 1)$ und $P_3(2 \mid 4)$ und zeichnen Sie diese.

b) Ermitteln Sie auch die Krümmungsfunktion und stellen Sie deren Graphen mithilfe des GTR dar.

c) Bestimmen Sie ferner eine Gleichung der Kurve, auf der alle Krümmungskreismittelpunkte liegen und zeichnen Sie diese Kurve mithilfe des GTR.

2 Im Rahmen der im Mai 2009 vorgestellten Pläne zum Neubau der ICE-Strecke von Frankfurt nach Mannheim könnte Darmstadt einen ICE-Bahnhof erhalten. Entnehmen Sie dem Plan die notwendigen Daten und modellieren Sie den Anschlussbogen für Darmstadt. Bestimmen Sie auch die maximale Krümmung, die der von Ihnen modellierte Bogen aufweist.

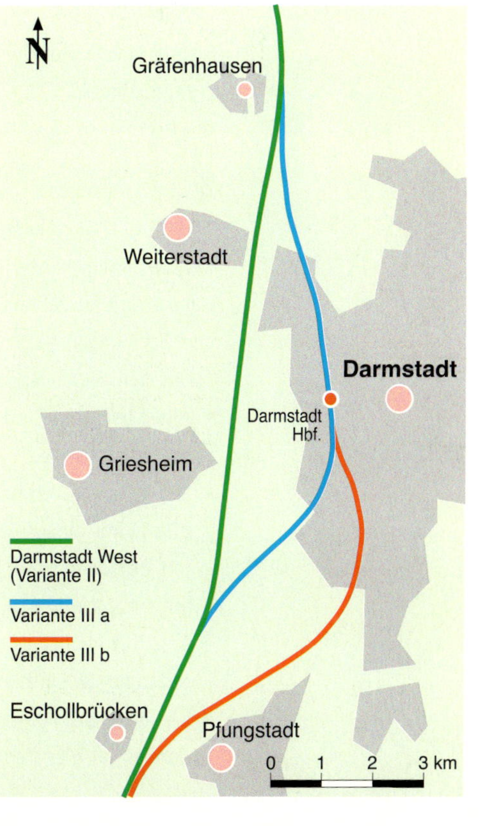

3 Gegeben ist die Funktion f mit $f(x) = 2 - \sqrt{-x^2 - 2x + 8}$. Stellen Sie den Graphen der Krümmungsfunktion f im Fenster Ihres Rechners dar und interpretieren Sie das Ergebnis.

4

a) Untersuchen Sie, in welchen Punkten der Betrag der Krümmung des Graphen von f mit $f(x) = x^3 + x$ seinen größten und seinen kleinsten Wert hat.

b) Begründen Sie mithilfe der Krümmungsformel: Für die Krümmungsfunktion κ einer beliebigen ganzrationalen Funktion gilt $\kappa(x) \to 0$ für $x \to \pm\infty$.

5 Das blaue Streckenstück und das blaue Kreisstück sollen von A nach B glatt und krümmungsruckfrei miteinander verbunden werden.
Bestimmen Sie für den Übergangsbogen eine ganzrationale Funktion p vom Grad 5 und stellen Sie mit einem Rechner auch den Graphen der Krümmungsfunktion κ für $-1 \le x \le 9$ dar.
Begründen Sie, warum neben den Anschlussbedingungen $p(0) = 0$, $p(8) = k(8) = 3$ und $p'(0) = 0$, $p'(8) = k'(8)$ noch die Krümmungsbedingungen $p''(0) = 0$ und $p''(8) = k''(8)$ zu erfüllen sind.

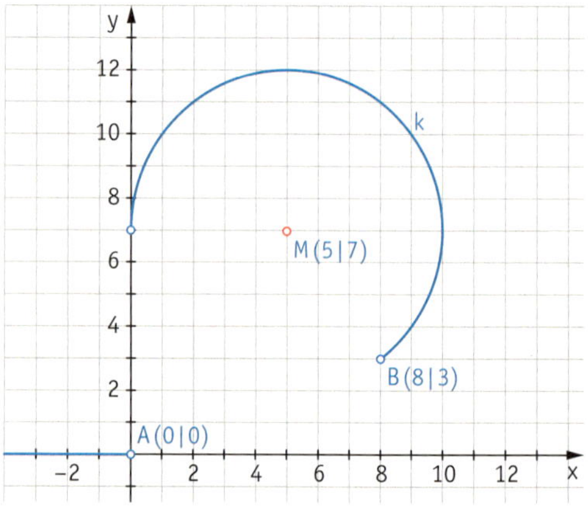

Im Gleis- und Straßenbau werden oft andere, spezielle Kurven verwendet. Es handelt sich dabei um sogenannte *Klothoiden*, das sind Kurven, bei denen sich die Krümmung proportional zur Kurvenlänge ändert. Diese Klothoiden sind zwar keine ganzrationalen Funktionen, bei der numerischen Auswertung jedoch werden auch die Klothoiden durch ganzrationale Funktionen approximiert.

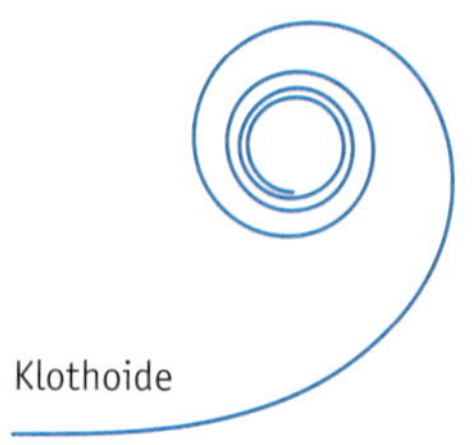

Klothoide

6 Im Kreuzungsbereich zweier Autobahnen soll das Verbindungsstück ABCD (Kurvenstück siehe Grafik unten) vollständig erneuert werden. Dabei können wir bei geeigneter Wahl des Koordinatensystems davon ausgehen, dass die beiden Autobahntrassen Geraden mit den Steigungen −2 bzw. −0,5 darstellen. Beachten Sie bei Ihren Planungen die folgenden Vorgaben:

- Alle Übergänge sind selbstverständlich glatt und krümmungsruckfrei zu realisieren.
- Das gesamte Verbindungsstück soll bei normalen Straßenverhältnissen mit einer Geschwindigkeit von mindestens $75\,\frac{\text{km}}{\text{h}}$ durchfahren werden können; benutzen Sie dazu die Angaben in Aufgabe 4 auf Seite 203.
- Das Kurvenstück BC soll kreisförmig sein, und das Kurvenstück AB entsteht aus CD durch Spiegelung.
- Die Anschlusspunkte A und D sollen vom Kreuzungspunkt nicht unnötig weit entfernt sein.

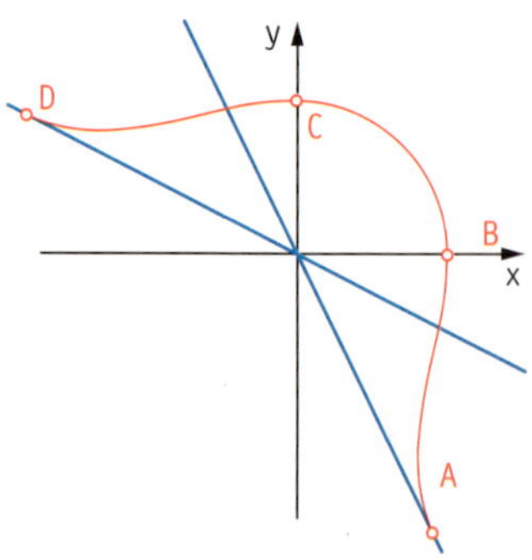

4.4 Taylor-Approximation

Um Funktionswerte einer rationalen Funktion wie zum Beispiel $f(x) = \frac{2x^3 - 5x + 4}{x^2 + 3}$ zu berechnen, benötigt man nur die vier Grundoperationen $+, -, \cdot, :$.

Wie aber lassen sich Zahlenwerte wie zum Beispiel $\sqrt{1{,}12}$, $\sin(0{,}3)$ oder $\log_2(5)$ bestimmen? In Taschenrechnern oder Computern werden dazu Näherungsverfahren für die entsprechenden Funktionen wie die Wurzelfunktion, die Sinusfunktion oder die Logarithmusfunktion verwendet. Dabei werden diese Funktionen mit hoher Genauigkeit durch ganzrationale Funktionen angenähert (approximiert) und deren Funktionswerte mithilfe der Grundoperationen berechnet.

In diesem Zusammenhang sind die folgenden Fragen zu klären:

(1) Wie findet man solche Näherungsfunktionen?

(2) Wie lässt sich feststellen, wie gut die Näherungen sind?

Einstieg

Der Wert $\sqrt{1{,}12}$ soll näherungsweise mithilfe der vier Grundoperationen $+, -, \cdot, :$ bestimmt werden. Dazu soll die Funktion f mit $f(x) = \sqrt{1 + x}$ durch eine ganzrationale Funktion p approximiert werden.

- Bestimmen Sie eine Funktion p mit $p(x) = a \cdot x^2 + b \cdot x + c$, die folgende Bedingungen erfüllt:
  (1) $p(0) = f(0)$, (2) $p'(0) = f'(0)$, (3) $p''(0) = f''(0)$.
  Verwenden Sie den Funktionswert $p(0{,}12)$ als Näherungswert für $\sqrt{1{,}12}$.
- Untersuchen Sie Verbesserungsmöglichkeiten, indem Sie zur Approximation der Wurzelfunktion f auch ganzrationale Funktionen dritten oder vierten Grades heranziehen. Beachten Sie, dass dadurch auch Übereinstimmungen bei höheren Ableitungswerten realisiert werden können.
- Vergleichen Sie die Güte der verschiedenen Näherungen.

Aufgabe

1 Der Wert $\sin(0{,}3)$ soll näherungsweise mithilfe der vier Grundoperationen $+, -, \cdot, :$ bestimmt werden. Dazu soll die Sinusfunktion $f(x) = \sin(x)$ durch eine ganzrationale Funktion approximiert werden.
Wir bezeichnen mit p_n die ganzrationale Näherungsfunktion n-ten Grades, deren Funktionswert $p_n(x)$ und deren Ableitungswerte bis zur n-ten Ableitung an der Stelle $x = 0$ mit den entsprechenden Werten der Sinusfunktion übereinstimmen.

a) Bestimmen Sie die ganzrationale Näherungsfunktion p_5. Berechnen Sie mithilfe dieser Funktion einen Näherungswert für $\sin(0{,}3)$.

b) Ermitteln Sie die Näherungspolynome $p_1(x)$, $p_3(x)$, $p_5(x)$ und $p_7(x)$. Warum kann darauf verzichtet werden, auch die Näherungspolynome mit geradzahligen Indizes zu berechnen? Formulieren Sie auch eine Gesetzmäßigkeit für die Koeffizienten dieser Polynome.

c) Untersuchen Sie unter Verwendung eines Rechners, wie die Graphen der vier Näherungsfunktionen im Intervall $-4 \le x \le 4$ im Vergleich zur Sinuskurve verlaufen.

d) Begründen Sie geometrisch, dass für $x \neq 0$ der Fehlerbetrag $|\sin(x) - p_5(x)|$ kleiner ist als der Differenzbetrag $|p_7(x) - p_5(x)| = \frac{1}{5\,040} \cdot |x|^7$. Welche Folgerung ergibt sich daraus für die Größe des Näherungsfehlers bei der in Aufgabe 1 ermittelten Approximation $\sin(0{,}3) \approx p_5(0{,}3)$?

Lösung

a) Wir gehen von folgendem Ansatz aus:

$p_5(x) = a_0 + a_1 \cdot x + a_2 \cdot x^2 + a_3 \cdot x^3 + a_4 \cdot x^4 + a_5 \cdot x^5$

Folgende Bedingungen müssen an der Stelle null erfüllt sein:

$p(0) = \sin(0) = 0$

$p'(0) = \sin'(0) = \cos(0) = 1$

$p''(0) = \sin''(0) = -\sin(0) = 0$

$p'''(0) = \sin'''(0) = -\cos(0) = -1$

$p^{(4)}(0) = \sin^{(4)}(0) = \sin(0) = 0$

$p^{(5)}(0) = \sin^{(5)}(0) = \cos(0) = 1$

Zur Vereinfachung schreiben wir hier p statt p_5.

Aus diesen Bedingungen erhalten wir die Koeffizienten des Näherungspolynoms p_5.

$a_0 = p(0) = 0$

$a_1 = p'(0) = 1$

$a_2 = \frac{1}{2} \cdot p''(0) = 0$

$a_3 = \frac{1}{2 \cdot 3} \cdot p'''(0) = -\frac{1}{6}$

$a_4 = \frac{1}{2 \cdot 3 \cdot 4} \cdot p^{(4)}(0) = 0$

$a_5 = \frac{1}{2 \cdot 3 \cdot 4 \cdot 5} \cdot p^{(5)}(0) = \frac{1}{120}$

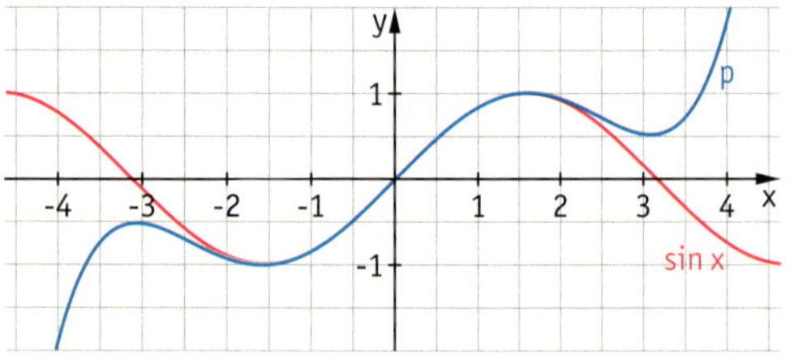

Die Näherungsfunktion besitzt also den Funktionsterm $p_5(x) = x - \frac{1}{6} \cdot x^3 + \frac{1}{120} \cdot x^5$.

Daraus ergibt sich die Approximation $\sin(0{,}3) \approx p_5(0{,}3) = 0{,}29552025$

b) Mittels des Verfahrens aus Teilaufgabe a) erhält man die folgenden Näherungspolynome:

$p_1(x) = x$

$p_3(x) = x - \frac{1}{6} \cdot x^3$

$p_5(x) = x - \frac{1}{6} \cdot x^3 + \frac{1}{120} \cdot x^5$

$p_7(x) = x - \frac{1}{6} \cdot x^3 + \frac{1}{120} \cdot x^5 - \frac{1}{5040} \cdot x^7$

Da alle Koeffizienten mit geradzahligen Indizes gleich null sind, gilt $p_2(x) = p_1(x)$, $p_4(x) = p_3(x)$ u.s.w.

Aus dem Berechnungsverfahren ergibt sich, dass für jede natürliche Zahl $k \leq n$ die k-te Ableitung der Potenz x^k an der Stelle 0 mit dem Wert $f^{(k)}(0)$, d. h. mit der k-ten Ableitung von f an der Stelle 0, übereinstimmt. Daraus folgt: $k \cdot (k-1) \cdot (k-2) \cdot \ldots \cdot 2 \cdot 1 \cdot a_k = f^{(k)}(0)$

Also ist der Koeffizient der Potenz x^k bei allen Näherungspolynomen der Ordnung $n \geq k$ dieselbe:

$$a_k = \frac{f^{(k)}(0)}{1 \cdot 2 \cdot \ldots \cdot k} = \frac{f^{(k)}(0)}{k!}.$$

k! ist das Produkt aller natürlichen Zahlen von 1 bis k (sprich: k-Fakultät).

c) Die Darstellung der Graphen der Näherungsfunktionen p_1, p_3, p_5, … lässt vermuten, dass die Sinuskurve stets zwischen zwei aufeinander folgenden Näherungsgraphen verläuft und dass die Näherungen mit zunehmender Ordnung immer besser werden. (Auf einen Beweis verzichten wir.)

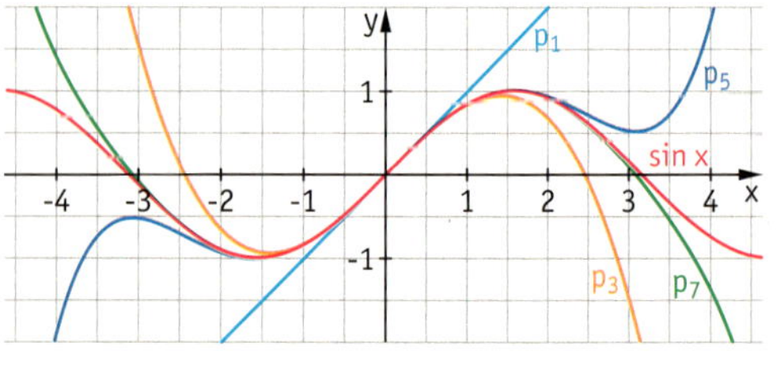

d) An den Graphen erkennt man:

$p_7(x) = x - \frac{1}{6} \cdot x^3 + \frac{1}{120} \cdot x^5 - \frac{1}{5040} \cdot x^7 < \sin(x) < x - \frac{1}{6} \cdot x^3 + \frac{1}{120} \cdot x^5 = p_5(x)$ für $x > 0$ und

$p_5(x) = x - \frac{1}{6} \cdot x^3 + \frac{1}{120} \cdot x^5 < \sin(x) < x - \frac{1}{6} \cdot x^3 + \frac{1}{120} \cdot x^5 - \frac{1}{5040} \cdot x^7 = p_7(x)$ für $x < 0$.

Folglich besteht für alle $x \neq 0$ die Ungleichung

$$|\sin(x) - p_5(x)| < |p_7(x) - p_5(x)| = \frac{1}{5040} \cdot |x^7| = \frac{1}{5040} \cdot |x|^7,$$

sodass sich speziell für $x = 0{,}3$ die folgende Fehlerabschätzung ergibt:

$$|\sin(0{,}3) - p_5(0{,}3)| = |\sin(0{,}3) - 0{,}29552025| < \frac{1}{5040} \cdot 0{,}3^7 = 0{,}000000044.$$

Das Ergebnis der näherungsweisen Berechnung von $\sin(0{,}3)$ lässt sich also folgendermaßen zusammenfassen: $0{,}295520206 < \sin(0{,}3) < 0{,}295520294$.

Information

BROOK TAYLOR (1685 – 1731), englischer Jurist und Mathematiker.

COLIN MACLAURIN (1698 – 1746), schottischer Mathematiker, studierte bereits ab 1709 Mathematik.

Taylor-Approximation

Das folgende Verfahren geht auf die Mathematiker BROOK TAYLOR und COLIN MACLAURIN zurück.

Gegeben ist eine in einer Umgebung der Stelle 0 definierte Funktion f, von der wir voraussetzen, dass bei $x = 0$ alle Ableitungen bis zur Ordnung n existieren.
Dann gibt es eine eindeutig bestimmte Polynomfunktion p_n maximal n-ten Grades, deren Funktionswert und deren Ableitungswerte bis zur Ordnung n an der Stelle 0 mit den entsprechenden Werten von f übereinstimmen.
Dieses Polynom $p_n(x)$ heißt das **n-te TAYLOR-Polynom** von f bezüglich der Entwicklungsstelle 0.

Die Koeffizienten a_k des TAYLOR-Polynoms $p_n(x) = a_0 + a_1 \cdot x + a_2 \cdot x^2 \ldots + a_n \cdot x^n$ lassen sich durch die Ableitungswerte von f ausdrücken: $a_k = \frac{f^{(k)}(0)}{k!}$ $(0 \le k \le n)$.

$f^{(k)}$ ist die k-te Ableitung von f und $k! = 1 \cdot 2 \cdot \ldots \cdot k$ das Produkt aller natürlichen Zahlen von 1 bis k (sprich: k-Fakultät).

In der Hochschulmathematik wird der folgende Satz bewiesen:

Wird eine (hinreichend oft differenzierbare) Funktion f innerhalb einer Umgebung der Stelle 0 durch ihr n-tes Taylor-Polynom approximiert, so gilt für den Näherungsfehler die Darstellung

$$r_n(x) = f(x) - p_n(x) = \frac{x^{n+1}}{(n+1)!} \cdot f^{(n+1)}(z).$$

Dabei ist z eine nicht näher bekannte, von x abhängige Stelle aus der betrachteten Umgebung.

Weiterführende Aufgaben

2 Nicht jede Funktion lässt sich durch ihre TAYLOR-Polynome approximieren

Bei der Sinus- und der Kosinusfunktion sind die Beträge aller Ableitungen durch die Grenze $M = 1$ beschränkt. Weil der Quotient $\frac{x^{n+1}}{(n+1)!}$ für jeden festen x-Wert mit $n \to \infty$ gegen null strebt, folgt damit aus der Formel für den Näherungsfehler, dass diese Funktionen überall durch ihre TAYLOR-Polynome beliebig genau approximiert werden können.

a) Erläutern Sie diese Zusammenhänge.

b) Bei der Funktion f mit $f(x) = \frac{1}{1-x}$ liegt hingegen eine völlig andere Situation vor. Zeigen Sie zunächst exemplarisch für die Fälle $n \le 3$, dass diese Funktion die TAYLOR-Polynome $p_n(x) = 1 + x + x^2 + \ldots\ x^n$ besitzt. Begründen Sie anschließend, dass für jedes $x > 1$ die Beträge der Näherungsfehler $r_n(x) = f(x) - p_n(x)$ beliebig große Werte annehmen können.

3 Verallgemeinerung auf beliebige Entwicklungsstellen x = a

Statt Näherungsfunktionen mit der Entwicklungsstelle $x = 0$ lassen sich auch Näherungsfunktionen mit anderen Entwicklungsstellen $x = a$ bestimmen. Damit die Berechnung der TAYLOR-Polynome nicht unnötig kompliziert wird, geht man von einem Ansatz der Form
$p_n(x) = a_0 + a_1 \cdot (x-a) + a_2 \cdot (x-a)^2 + \ldots + a_n \cdot (x-a)^n$ aus.

a) Gegeben ist die Funktion $f(x) = \sqrt{x}$. Berechnen Sie zu der Entwicklungsstelle $a = 1$ die TAYLOR-Polynome p_0, p_1, p_2, p_3 und p_4. Vergleichen Sie mit dem Einstiegsbeispiel.

b) Bestimmen Sie zu $f(x) = \frac{1}{x}$ und $a = 1$ die TAYLOR-Polynome p_0, p_1, p_2 und p_3.

c) Begründen Sie, dass sich die Koeffizienten der TAYLOR-Polynome zu der Entwicklungsstelle a mit der Formel $a_k = \frac{f^{(k)}(a)}{k!}$ bestimmen lassen.

Übungsaufgaben

4 Geben Sie zu der Funktion f und der Entwicklungsstelle 0 die quadratische Näherungsfunktion p_2 an. Zeichnen Sie die Graphen von f und p_2 im Intervall $-1 < x < 1$.

a) $f(x) = x^3 + 3x^2 - 2x + 1$ **b)** $f(x) = \frac{1}{1+x}$ **c)** $f(x) = \cos(x)$

5 Geben Sie zu der Funktion f und der Entwicklungsstelle 0 die (kubische) Näherungsfunktion p_3 an. Zeichnen Sie die Graphen von f und p_3 im Intervall $-1 < x < 1$.

a) $f(x) = \frac{1}{1-x}$ **b)** $f(x) = \sqrt{4+x}$ **c)** $f(x) = \frac{1}{\sqrt{1+x}}$

6 Berechnen Sie mithilfe eines geeigneten quadratischen (kubischen) TAYLOR-Polynoms Näherungswerte für die folgenden reellen Zahlen. Machen Sie auch eine Aussage über die Näherungsfehler.

a) $\sqrt{3{,}92}$ **b)** $\sin(0{,}24)$ **c)** $\cos(6^0)$

7 Die Funktion f mit $f(x) = x^3 - 2x + 5$ hat an der Stelle 0 einen Wendepunkt.
Woran liegt es, dass die Wendetangente in der Nähe von $x = 0$ die Funktion besonders gut approximiert? Bestimmen Sie, um diese Frage zu beantworten, die TAYLOR-Polynome p_1 und p_2.

8 Geben Sie zu der Funktion f und der Entwicklungsstelle $a = 1$ die Näherungsfunktionen p_2 und p_3 an. Verwenden Sie für p_2 (und entsprechend für p_3) die Darstellungsform $p_2(x) = a_0 + a_1 \cdot (x-1) + a_2 \cdot (x-1)^2$. Woran kann man erkennen, ob $a = 1$ eine Wendestelle der Funktion ist?

a) $f(x) = x^3 - 5x^2 + 8x - 1$; **b)** $f(x) = x^3 - 3x^2 - x + 5$; **c)** $f(x) = \cos\left(\frac{\pi}{2} \cdot x\right)$.

9 Bei der Auswertung von Interferenzversuchen in der Physik findet die Näherungsformel $\sin(\alpha) \approx \tan(\alpha)$ für $0° \le \alpha \le 5°$ Verwendung.
Begründen Sie diese „Faustregel", indem Sie zu der Funktion $f(x) = \tan(x) - \sin(x)$ das TAYLOR-Polynom p_2 für die Entwicklungsstelle 0 bestimmen.
Führen Sie für das entsprechende Intervall auch eine Fehlerabschätzung durch.

10 Näherungsweise Bestimmung der Kreiszahl π
Die Gleichung $2 \cdot \sin(x) - 1 = 0$ hat $x = \frac{\pi}{6}$ als kleinste positive Lösung.
Approximieren Sie die Sinusfunktion durch ihr TAYLOR-Polynom p_9 (bezüglich der Entwicklungsstelle 0) und bestimmen Sie dann die kleinste positive Lösung der Gleichung $2 \cdot p_9(x) - 1 = 0$ näherungsweise unter Verwendung des NEWTON'schen Näherungsverfahrens. Welcher Näherungswert für die Kreiszahl π ergibt sich auf diese Weise?

11 Näherungsweise Lösung einer Differenzialgleichung

a) Gesucht ist eine Funktion f, deren Graph durch den Punkt $P(0\,|\,1)$ verläuft und die die Eigenschaft besitzt, dass für alle reellen x-Werte die Gleichung $f'(x) = f(x)$ erfüllt ist. Eine solche Gleichung, die eine unbekannte Funktion mit ihrer Ableitung verknüpft, wird eine Differenzialgleichung genannt.
Bestimmen Sie die TAYLOR-Polynome $p_1, p_2, \ldots, p_5$ (bezüglich der Entwicklungsstelle 0) und untersuchen Sie unter Verwendung geeigneter Hilfsmittel (zum Beispiel eines GTR) deren Graphen im Intervall $-2 \le x \le 2$.
Führen Sie auch eine Fehleruntersuchung für die Approximation $f(x) \approx p_5(x)$ im Intervall $-2 \le x \le 2$ durch.

b) Verfahren Sie genauso mit der Differenzialgleichung $f'(x) = -2 \cdot f(x)$ und der Bedingung $f(0) = 4$.

Die folgenden Aufgaben helfen Ihnen bei der Organisation des selbstständigen Lernprozesses. Zur Selbstkontrolle sind alle Lösungen dieser Aufgaben im Anhang dieses Buches abgedruckt.

1 Bestimmen Sie die Lösungsmenge durch Anwenden des GAUSS-Algorithmus.

a) $\left| \begin{array}{rcrcrcr} x_1 &+& x_2 &+& x_3 &=& 2 \\ x_1 &+& 2x_2 &+& 4x_3 &=& 1 \\ x_1 &+& 3x_2 &+& 9x_3 &=& 6 \end{array} \right|$

b) $\left| \begin{array}{rcrcrcr} 2x_1 &-& 3x_2 &-& 4x_3 &=& 8 \\ 3x_1 &+& 5x_2 &+& x_3 &=& 10 \\ -4x_1 &+& x_2 &-& 3x_3 &=& 7 \end{array} \right|$

2 Die erweiterte Koeffizientenmatrix eines linearen Gleichungssystems mit 3 Variablen x_1, x_2, x_3 in Dreiecksform ist gegeben durch:

a) $\begin{pmatrix} 1 & 0 & 2 & 0 \\ 0 & 1 & 3 & -1 \\ 0 & 0 & 0 & 4 \end{pmatrix}$ **b)** $\begin{pmatrix} 1 & 0 & 0 & -3 \\ 0 & 1 & 0 & 4 \\ 0 & 0 & 1 & 1 \end{pmatrix}$ **c)** $\begin{pmatrix} 1 & 0 & 2 & 1 \\ 0 & 1 & 3 & -1 \\ 0 & 0 & 0 & 0 \end{pmatrix}$

Schreiben Sie die durch die Koeffizientenmatrix gegebenen Gleichungen ausführlich auf und geben Sie jeweils die Lösungsmenge an.

3 Bestimmen Sie die Lösungsmenge des linearen Gleichungssystems mithilfe eines Rechners:

a) $\left| \begin{array}{rcrcrcr} x_1 &-& 2x_2 &+& 3x_3 &=& 4 \\ 3x_1 &+& x_2 &-& 5x_3 &=& 5 \\ 2x_1 &-& 3x_2 &+& 4x_3 &=& 7 \end{array} \right|$

b) $\left| \begin{array}{rcrcrcr} 2x_1 &-& 5x_2 &+& 3x_3 &=& 3 \\ 4x_1 &-& 12x_2 &+& 8x_3 &=& 4 \\ 3x_1 &+& x_2 &-& 2x_3 &=& 9 \end{array} \right|$

c) $\left| \begin{array}{rcrcrcr} 3x_1 &-& x_2 &+& 2x_3 &=& 1 \\ 7x_1 &-& 4x_2 &-& x_3 &=& -2 \\ -x_1 &-& 3x_2 &-& 12x_3 &=& -5 \end{array} \right|$

4 Gegeben ist das folgende Gleichungssystem:

$\left| \begin{array}{rcrcrcr} x_1 &+& 2x_2 &+& 3x_3 &=& 3 \\ 2x_1 &+& 5x_2 &-& 4x_3 &=& 1 \\ x_1 &+& 2x_2 &-& 5x_3 &=& -5 \end{array} \right|$

(1) Bestimmen Sie die Lösungsmenge.

(2) Ersetzen Sie die dritte Gleichung durch folgende Gleichung: $x_1 + 2x_2 - a x_3 = -5$
Untersuchen Sie, wie der Parameter a die Lösungsmenge beeinflusst.

5 An einer weiträumigen Kreuzung wurde durch Verkehrszählungen festgestellt, wie viele Fahrzeuge (im Mittel pro Zeiteinheit) in der Hauptverkehrszeit ein- und ausfahren. Damit im Kreuzungsbereich kein Stau entsteht, müssen Zufluss und Abfluss an den Knotenpunkten A, B, C, D übereinstimmen. Dies führt auf ein lineares Gleichungssystem für die Verkehrsflüsse x_1, x_2, x_3, x_4 zwischen den Knotenpunkten.

a) Erstellen und lösen Sie dieses lineare Gleichungssystem.

b) Welche der Lösungen aus Teilaufgabe a) sind nicht brauchbar?
Deuten Sie auch die Lösungen, die zu $x_4 = 0$ [$x_4 = 10$; $x_4 = 100$; $x_4 = 500$] gehören.

c) Genügen die in der Verkehrszählung gewonnenen Daten, um über einen verkehrsgerechten Ausbau der Kreuzung beraten zu können?

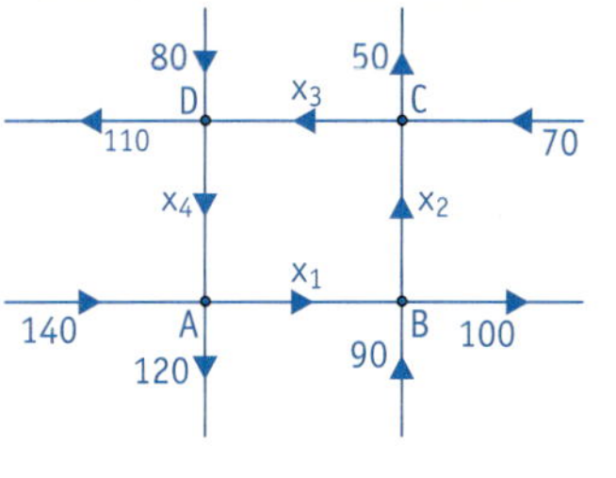

6 Gegeben ist die Funktion f mit $f(x) = x^4 - 10x^2 + 9$. Untersuchen Sie, ob f die einzige Funktion vierten Grades ist, deren Graph achsensymmetrisch zur y-Achse ist und die an den Stellen 1 und 3 Nullstellen und bei $x = \sqrt{5}$ einen Tiefpunkt hat.

7 Im „Höhenplan" eines Straßenstücks sollen die Spitzen – man sagt im Straßenbau auch: die „Kuppen" und die „Wannen" – durch quadratische Parabelstücke ausgerundet werden.
Es gibt mehrere Möglichkeiten. Ermitteln Sie eine Möglichkeit und stellen Sie diese grafisch dar.

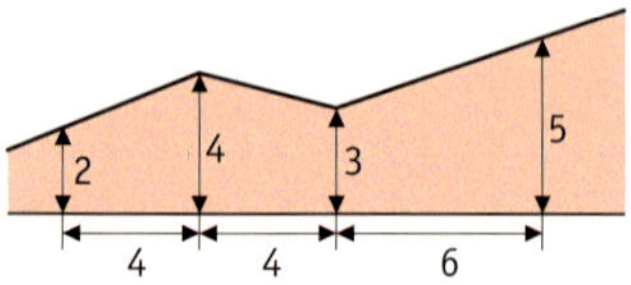

8 Beim Bau einer Go-Kart-Bahn sind die beiden bereits vorhandenen geradlinigen Teilstücke der Fahrbahn durch einen Übergangsbogen glatt miteinander zu verbinden. Dabei wird zusätzlich gefordert, dass dieses Verbindungsstück ein einheitliches Krümmungsverhalten aufweist, also keinen Wendepunkt besitzt.

(1) Prüfen Sie zunächst, ob es eine geeignete ganzrationale Funktion dritten Grades gibt.

(2) Versuchen Sie es dann, falls erforderlich, mit Funktionen vierten Grades.

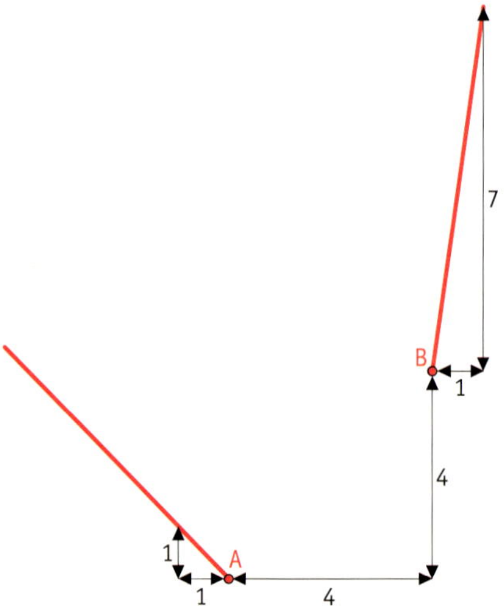

9 Die rechtwinklige Ecke einer Straße soll durch einen Bogen ersetzt werden, um Unfallgefahren zu vermindern. Für die neue Straßenführung soll der Bogen ansetzen an die Straßen, die in einem lokalen Koordinatensystem in der Einheit km beschrieben werden durch $f(x) = x$ für $x \geq 1$ und $g(x) = -x$ für $x \leq -1$.
Bestimmen Sie eine geeignete Funktion.

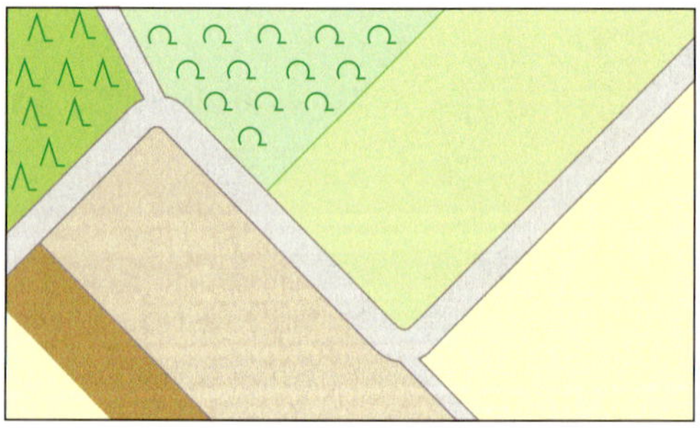

10 Zwei Straßenstücke, die in einem lokalen Koordinatensystem mit der Einheit km durch $f(x) = 0$ für $x \leq 0$ und $g(x) = \frac{1}{2}x$ für $x \geq 1$ bescrieben werden, sollen verbunden werden.
Ermitteln Sie eine geeignete Funktion.

11 Die Durchbiegung von Holzbalken und Metallstreifen spielt bei vielen Bau- und Maschinenkonstruktionen ein wichtige Rolle. Die Theorie der sogenannten „Balkenbiegelehre" ist ein Teilgebiet der technischen Mechanik.
Ein dünner, biegsamer Metallstreifen ist im Punkt F waagerecht eingespannt und liegt im Abstand von 20 cm auf der gleich hohen Spitze L lose auf. Durch sein Eigengewicht biegt sich der Streifen etwas durch. In der Mitte beträgt die Durchbiegung 1 cm. Bestimmen Sie eine ganzrationale Funktion f, die die Form des Metallstreifens näherungsweise beschreibt.

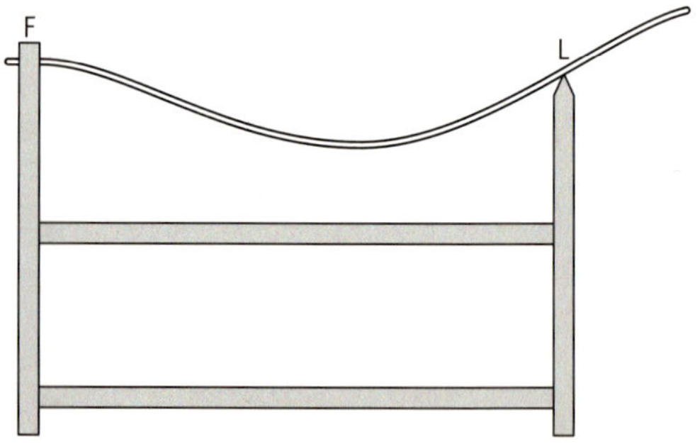

5 Vektoren

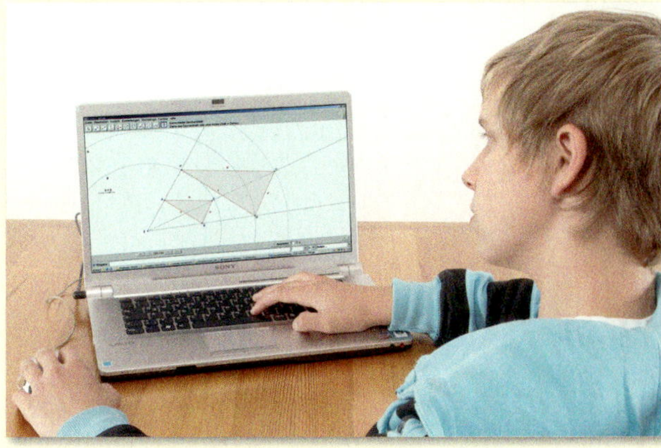

In der Schule konstruiert man mit Lineal, Zirkel und Geodreieck oder verwendet eine dynamische Geometriesoftware, die Konstruktionen geometrischer Figuren mithilfe von Berechnungen durchführt. Auch in der Industrie und der Architektur verwendet man Computer-Software zum geometrischen Konstruieren und Planen, um ebene Bilder von räumlichen Gegenständen zu berechnen, z. B. bei der Entwicklung von Bauteilen, Autos oder bei der Architekturplanung. Dasselbe gilt für das Entwerfen räumlich wirkender Bilder für Computerspiele oder Filme.

Damit eine Software solche Berechnungen durchführen kann, müssen Objekte im Raum mathematisch durch Zahlen und Gleichungen beschrieben werden. Überlegen Sie, wie man Punkte, Kanten und Flächen im Raum durch Zahlen beschreiben könnte und diskutieren Sie Ihre Vorschläge untereinander.

In diesem Kapitel

- erfahren Sie, wie man Punkte im dreidimensionalen Raum mithilfe von Koordinaten beschreibt und grafisch darstellt;
- lernen Sie, wie man Verschiebungen im Raum mithilfe dreidimensionaler Vektoren beschreibt und wie man mit Vektoren rechnet;
- berechnen Sie Abstände und Winkel.

Wo ist was im Raum?

Planung einer Küche – Koordinaten im Raum

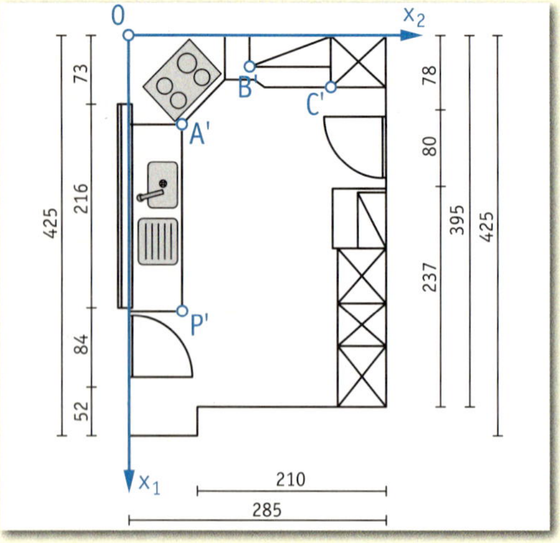

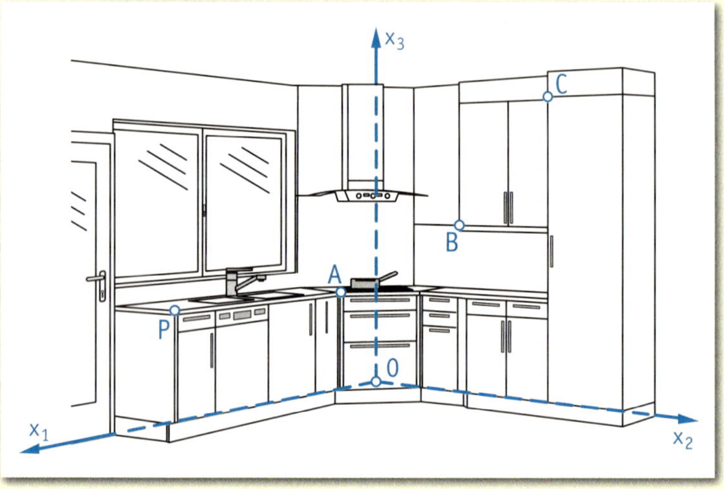

1 Oben sind der Grundriss und eine perspektivische Darstellung einer Küche abgebildet. Für die Planung sind neben den Angaben zur Länge und Breite der einzelnen Küchenmöbel und des Raumes auch Angaben über die Höhen nötig. Die perspektivische Darstellung wurde mithilfe einer Computersoftware erstellt.

Um das Bild zu berechnen, wurde in der hinteren linken Ecke des Raumes ein räumliches Koordinatensystem festgelegt, wodurch jeder Punkt des Raumes durch Koordinaten beschrieben werden kann. Zum Punkt P gelangt man, indem man vom Ursprung aus 289 cm nach vorne geht, dann 60 cm nach rechts und anschließend 85 cm nach oben. Man schreibt dafür P(289 | 60 | 85), analog zur Angabe von Punkten in der Ebene mithilfe von 2 Koordinaten.

Der Punkt C liegt 210 cm hoch und der Hängeschrank hat (ohne die Blendleiste oben) eine Höhe von 80 cm.

- Welchen Abstand hat der Hängeschrank von der Arbeitsplatte?
- Bestimmen Sie die Koordinaten der eingezeichneten Punkte A, B und C.
- Ermitteln Sie den Abstand der beiden Punkte A und B voneinander.

Verschiebung einer Pyramide

2 Rechts ist das Schrägbild einer geraden quadratischen Pyramide in einem räumlichen Koordinatensystem dargestellt.

- Bestimmen Sie die Koordinaten der Eckpunkte.
- Die Pyramide wird verschoben. Dabei wird der Punkt B(4 | 4 | 0) auf den Bildpunkt B′(2 | 6 | 3) abgebildet.
  Bestimmen Sie die Koordinaten der anderen Bildpunkte.
  Zeichnen Sie die verschobene Pyramide und die Verschiebungspfeile im Koordinatensystem.
- Wie kann man diese Verschiebung mithilfe von Koordinaten beschreiben?

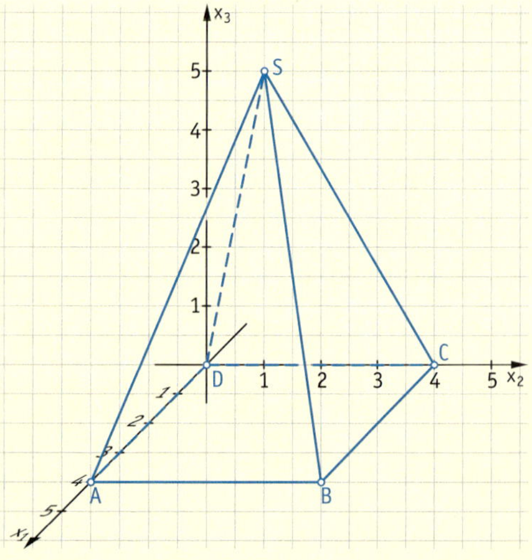

Städtisches Gasleitungsnetz

3 Ein städtisches Gasleitungsnetz besteht aus einem unterirdischen Leitungssystem, Gasschiebern und Wassertöpfen.
Mithilfe der Gasschieber (S) kann die Gaszufuhr für bestimmte Straßenabschnitte unterbrochen werden, mittels der Wassertöpfe (WT) wird das bisweilen in den Leitungen entstehende Kondenswasser abgeleitet.
Die Regelung des Drucks erfolgt oberirdisch an den entsprechenden Reglerstationen der einzelnen Stadtteile.
Um im Falle von Wartungsarbeiten die Gasschieber und Wassertöpfe lokalisieren zu können, werden z. B. an Hauswänden Schilder angebracht. Diese verweisen auf senkrecht über den Gasschiebern und Wassertöpfen liegende Zugangsstellen.

- Das Foto zeigt zwei Schilder für den Gasschieber Nr. 24 und den Wassertopf Nr. 1327, die an einer Hauswand angebracht sind.
  Erläutern Sie die Lage des Gasschiebers und des Wassertopfes.
- Die horizontal verlaufende Leitung zwischen dem Gasschieber und dem Wassertopf muss erneuert werden. Berechnen Sie die Länge des Rohrstücks.
- Auf dem Foto fehlt das auf den Gasschieber Nr. 23 verweisende Schild. Dieser Schieber befindet sich an der gleichen geradlinig verlaufenden Leitung, wobei der Wassertopf in der Mitte zwischen den beiden Schiebern liegt. Zeichnen Sie das zu Schieber Nr. 23 gehörende Schild.

Rechte Winkel rechnerisch nachweisen

4 In der Abbildung rechts sind drei Dreiecke in einem Koordinatensystem dargestellt.

- Geben Sie für jedes Dreieck die Koordinaten der Eckpunkte an.
- Zeigen Sie, dass die Dreiecke rechtwinklig sind.
- Es gibt eine einfache Beziehung zwischen den Koordinaten der Eckpunkte eines rechtwinkligen Dreiecks. Ermitteln Sie diese Beziehung.
- Zeichnen Sie weitere rechtwinklige Dreiecke in das Koordinatensystem. Überprüfen Sie Ihre Vermutung und begründen Sie diese.

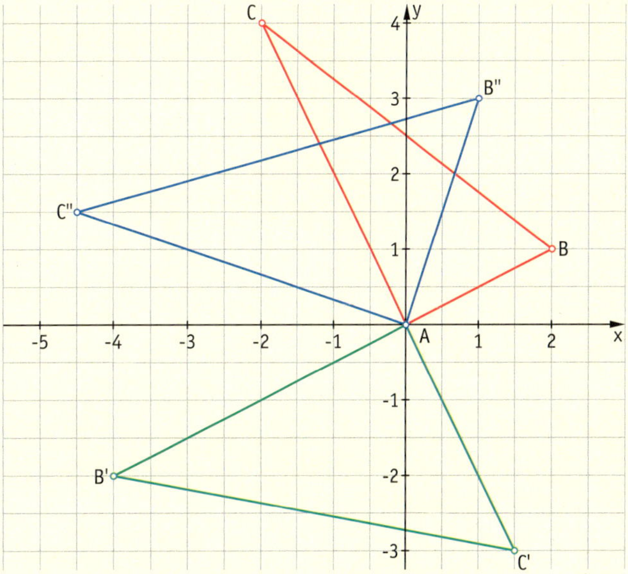

5.1 Punkte und Vektoren im Raum

5.1.1 Punkte im räumlichen Koordinatensystem

Koordinatensysteme dienen der Angabe der Position von Punkten in der Ebene oder im Raum. Sie finden als Hilfsmittel der Mathematik in vielen Bereichen von Wissenschaft und Technik Verwendung, aber auch im Alltag kommen Beispiele von Koordinatensystemen vor. So werden beim Schachbrett die Felder mit Koordinaten, wie z. B. E6, bezeichnet. Die Lage von Hydranten wird auf einem Hinweisschild ebenfalls durch Koordinaten beschrieben.

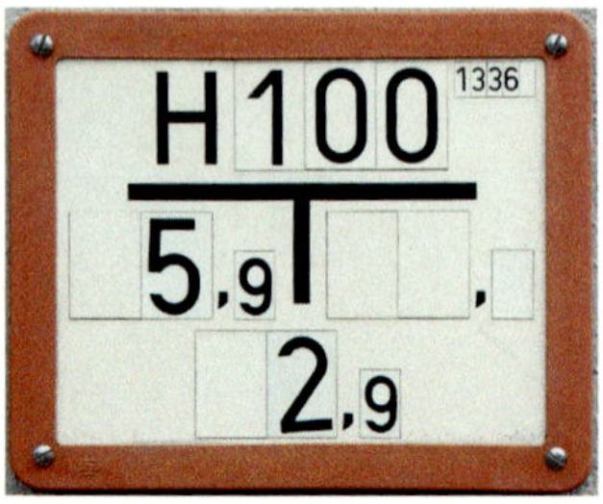

Einstieg

Beschreiben Sie in Ihrem Klassenraum die Lage bestimmter Punkte wie z. B. einer Ecke Ihres Arbeitstisches oder eines Eckpunktes der Tafel möglichst präzise. Erläutern Sie Ihre Vorgehensweise.

Aufgabe

1 Die nebenstehende Abbildung zeigt einen 8 m breiten, 14 m langen und 3 m hohen Flachdachbungalow.

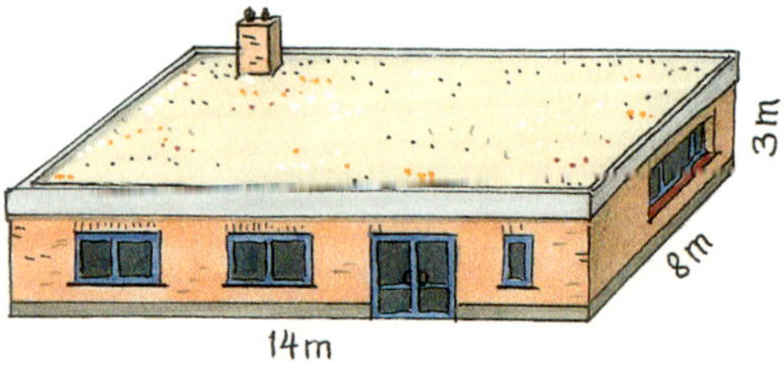

a) Legen Sie möglichst geschickt ein räumliches Koordinatensystem fest und zeichnen Sie ein Schrägbild des Bungalows in dieses Koordinatensystem. Geben Sie die Koordinaten der Eckpunkte des Bungalows an.

b) Der Bungalow soll mit einem 3 m hohen Spitzdach versehen werden. Die Spitze S soll über dem Mittelpunkt der Grundfläche (Schnittpunkt der Diagonalen) liegen. Konstruieren Sie die Dachspitze und geben Sie ihre Koordinaten an.

c) Die rechte Hälfte des Bungalows ist 2,5 m tief unterkellert. Geben Sie die Koordinaten der Eckpunkte des Kellers an und zeichnen Sie ihn in das vorhandene Schrägbild ein.

Lösung

a) In der Ebene haben wir zur Beschreibung der Lage eines Punktes ein Koordinatensystem mit zwei Achsen verwendet.

Um den Bungalow beschreiben zu können, müssen wir außer der Länge und Breite auch noch die Höhe berücksichtigen. Das ebene Koordinatensystem muss also noch um eine dritte Achse so erweitert werden, dass alle drei Achsen paarweise orthogonal zueinander sind.

Sinnvollerweise wählen wir eine Hausecke als Koordinatenursprung. Wir können dann nämlich die drei

Koordinatenachsen so legen, dass sie auf den drei Hauskanten, die in dieser Ecke zusammenstoßen, verlaufen. Legen wir z. B. den Ursprung in die untere Ecke links hinten, so verläuft eine Koordinatenachse in der Verlängerung einer Kante und zeigt nach vorne; wir nennen sie x_1-Achse. Die x_2-Achse zeigt in die Verlängerung einer Kante nach rechts, die x_3-Achse entsprechend nach oben.

Diese Festlegung hat zudem den Vorteil, dass die Koordinaten aller Eckpunkte des Bungalows nicht negativ sind.

Als gemeinsame Längeneinheit auf den drei Achsen wählen wir 1 Meter.

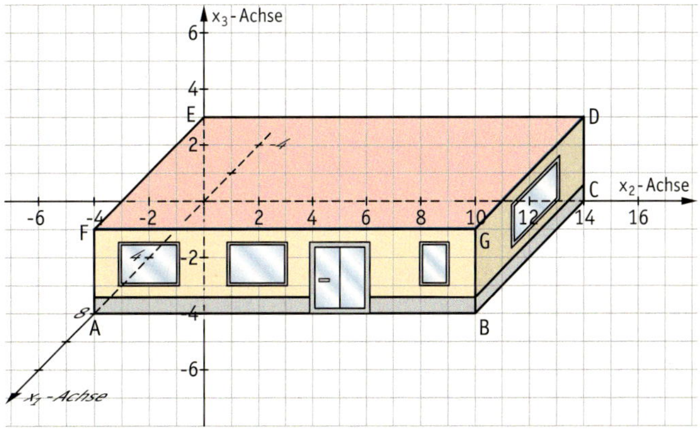

Um vom Ursprung 0 zu Punkt A zu gelangen, muss man auf der x_1-Achse 8 m nach vorne gehen; der Punkt hat also die Koordinaten A (8 | 0 | 0).

Die Koordinaten eines Punktes in der Ebene bilden ein Zahlenpaar, z. B. wird A (2 | 5) durch das Zahlenpaar (2 | 5) angegeben.

Die Koordinaten eines Punktes im Raum bilden ein **Zahlentripel**, z. B. wird B (2 | − 1 | 3) durch das Zahlentripel (2 | − 1 | 3) angegeben.

Zum Punkt B gelangt man, indem man vom Ursprung 8 m nach vorne und 14 m nach rechts geht, also hat dieser Punkt die Koordinaten B (8 | 14 | 0).

Entsprechend findet man für die anderen Punkte: C (0 | 14 | 0), D (0 | 14 | 3), E (0 | 0 | 3), F (8 | 0 | 3), G (8 | 14 | 3).

b) Die Koordinaten der Dachspitze S bestimmen wir folgendermaßen: Die Dachspitze liegt über dem Mittelpunkt der Grundfläche (Schnittpunkt der Diagonalen), also vom Ursprung aus $\frac{1}{2} \cdot 8\,\text{m} = 4\,\text{m}$ nach vorn und $\frac{1}{2} \cdot 14\,\text{m} = 7\,\text{m}$ nach rechts. Ihre Höhe beträgt $3\,\text{m} + 3\,\text{m} = 6\,\text{m}$. Also hat die Dachspitze die Koordinaten S (4 | 7 | 6).

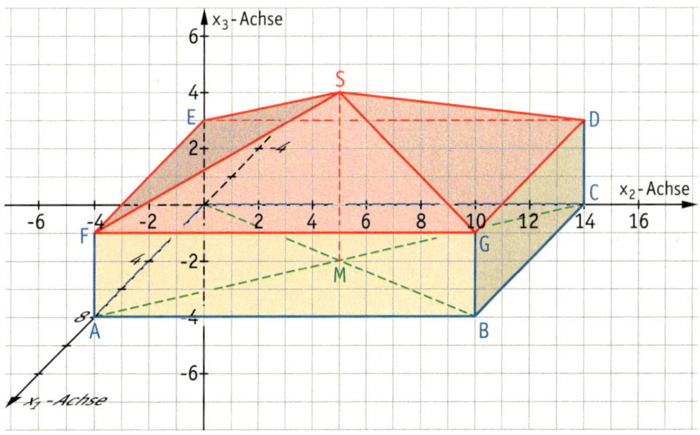

c) Alle Eckpunkte des Kellers liegen 2,5 m tief unter dem Haus, also haben alle vier Kellereckpunkte die dritte Koordinate − 2,5. Die zwei Eckpunkte I bzw. J liegen unterhalb der Ecken B bzw. C des Hauses. Die anderen beiden Eckpunkte H und K liegen unter der Mitte der Kanten AB bzw. 0C.

Die Eckpunkte des Kellers haben somit die Koordinaten:

H (8 | 7 | − 2,5), I (8 | 14 | − 2,5), J (0 | 14 | − 2,5), K (0 | 7 | − 2,5)

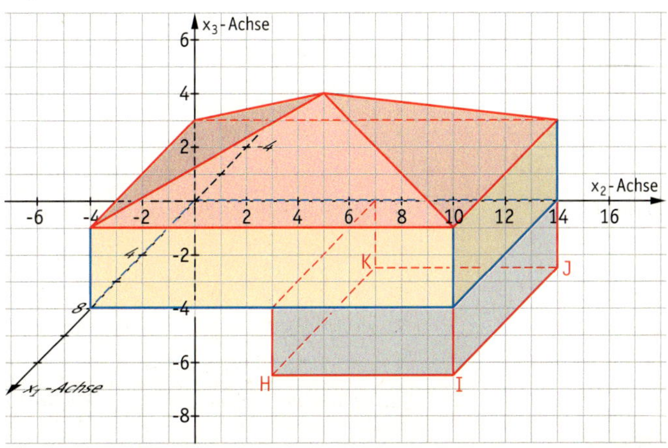

Information

Das Wort **kartesisch** geht zurück auf den lateinischen Namen *Renatus Cartesius* des franz. Philosophen, Mathematikers und Naturwissenschaftlers René Descartes (1596 – 1650).

(1) Ein kartesisches Koordinatensystem im Raum wählen

Um Probleme der Raumgeometrie rechnerisch bearbeiten zu können, muss man die Lage von Punkten im Raum mithilfe eines Koordinatensystems beschreiben können. Dazu wählt man häufig ein **kartesisches Koordinatensystem** mit folgenden Eigenschaften:

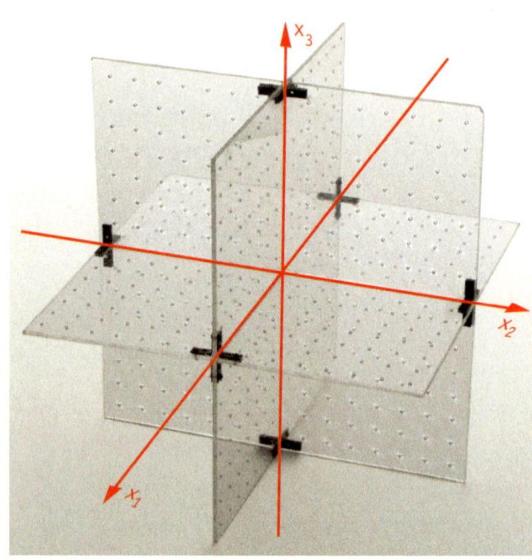

- Es besteht aus drei Zahlengeraden, der x_1-, der x_2- und der x_3-Achse. Statt mit x_1, x_2 und x_3 bezeichnet man die Achsen auch manchmal mit x, y und z.
- Diese Achsen besitzen einen gemeinsamen Nullpunkt O. Er heißt **Ursprung** des Koordinatensystems.
- Die Achsen sind paarweise zueinander orthogonal, d. h. sie liegen zueinander wie die an einer Ecke zusammenstoßenden Kanten eines Quaders.
- Auf den Achsen werden Einheitsstrecken derselben Länge festgelegt. Diese Länge nennt man **Einheit des Koordinatensystems.**
- Zu jedem Zahlentripel, z. B. (6 | – 3 | 2), gehört ein Punkt im Koordinatensystem. Der Punkt P (6 | – 3 | 2) liegt vom Ursprung aus 6 Einheiten in Richtung der x_1-Achse, – 3 Einheiten in Richtung der x_2-Achse und 2 Einheiten in Richtung der x_3-Achse.

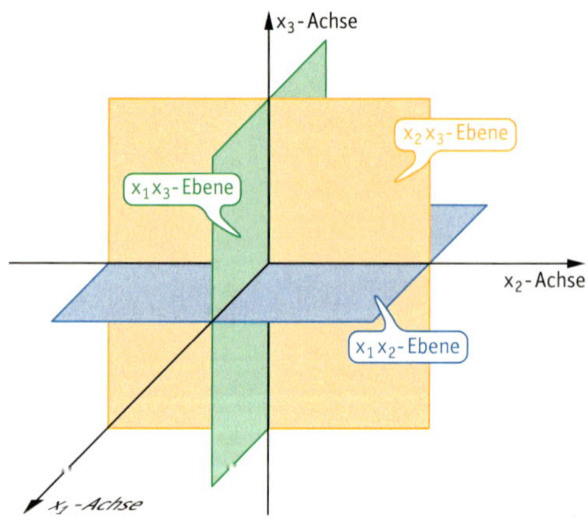

Je zwei Koordinatenachsen spannen eine **Koordinatenebene** auf. So spannen z. B. die x_1- und die x_2-Achse die x_1x_2-Ebene auf.
Die x_1x_2-, die x_1x_3- und die x_2x_3-Koordinatenebene stehen wie die Achsen paarweise orthogonal zueinander.

(2) Ein räumliches kartesisches Koordinatensystem zeichnen

Um ein **Schrägbild** eines räumlichen kartesischen Koordinatensystems zu zeichnen, geht man üblicherweise wie folgt vor:

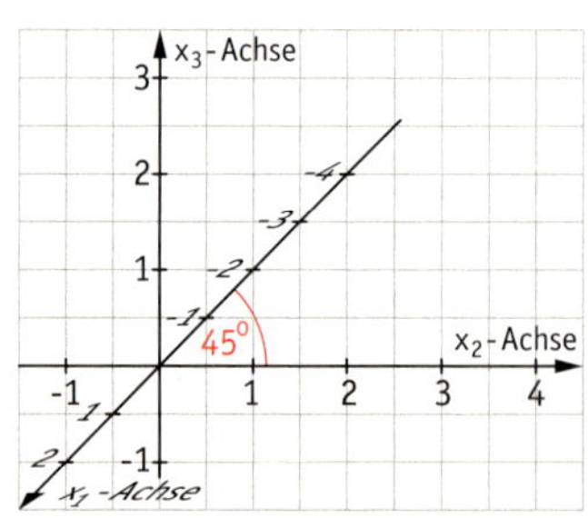

- Man legt die x_2- und die x_3-Achse wie bei einem ebenen kartesischen Koordinatensystem in die Zeichenebene. Die Einheit auf diesen beiden Achsen entspricht der Länge zweier Kästchenseiten.
- Die zur Zeichenebene (x_2x_3-Koordinatenebene) orthogonale x_1-Achse zeichnet man unter einem Verzerrungswinkel $\alpha = 45°$ gegen die Horizontale nach vorne geneigt.
- Die Einheit auf der x_1-Achse entspricht der Länge der Diagonalen eines Kästchens. Die Einheiten auf der x_1-Achse werden somit um den Faktor $k = \frac{1}{2}\sqrt{2} \approx 0{,}7$ verkürzt dargestellt.

Außer dieser Darstellung gibt es unzählig viele andere Möglichkeiten, das Schrägbild eines Koordinatensystems zu zeichnen.

Die beiden folgenden Bilder zeigen zwei Möglichkeiten, die in der Bildenden Kunst und der Darstellenden Geometrie unter den Namen „Kavalierriss“ bzw. „Militärriss“ bekannt sind.

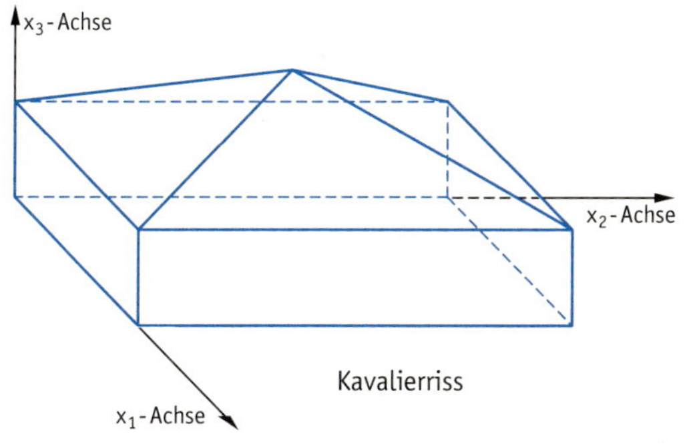

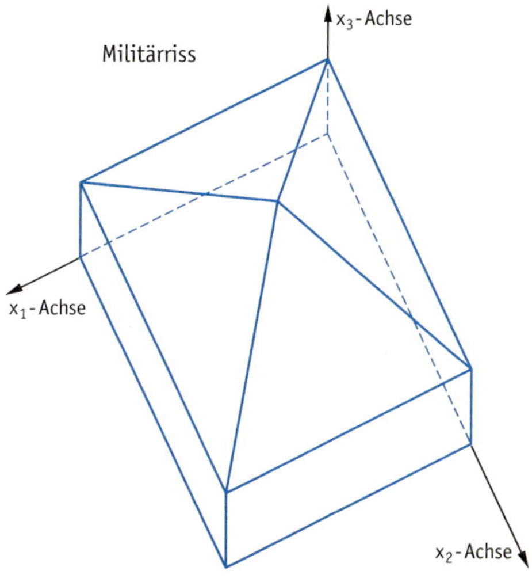

Aufgabe

2

a) Zeichnen Sie die Punkte $A(6\,|\,4\,|\,-1)$, $B(-2\,|\,0\,|\,1{,}5)$ und $C(2\,|\,5\,|\,1)$ in ein Koordinatensystem.

b) Betrachten Sie die Lage des Punktes C im Schrägbild. Welcher Eindruck wird erweckt? Geben Sie weitere Punkte an, die im Schrägbild an derselben Stelle wie C erscheinen.

Lösung

a) Zum Punkt $A(6\,|\,4\,|\,-1)$ gelangt man, indem man vom Ursprung aus 6 Einheiten nach vorne geht, dann noch 4 Einheiten nach rechts und anschließend 1 Einheit nach unten. Zum Punkt $B(-2\,|\,0\,|\,1{,}5)$ gelangt man, indem man vom Ursprung aus 2 Einheiten nach hinten und dann 1,5 Einheiten nach oben geht. Entsprechend kann man den Punkt $C(2\,|\,5\,|\,1)$ einzeichnen.

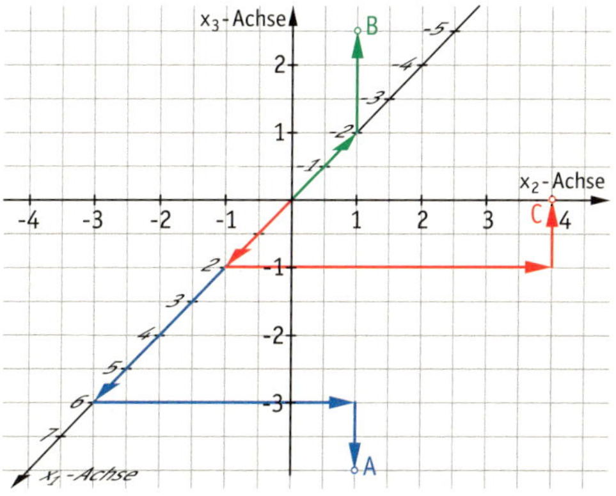

b) Im Schrägbild entsteht der Eindruck, dass der Punkt C auf der x_2-Achse liegt. Der Punkt, der an dieser Stelle auf der x_2-Achse liegt, hat aber die Koordinaten $D(0\,|\,4\,|\,0)$. Die Punkte $C(2\,|\,5\,|\,1)$ und $D(0\,|\,4\,|\,0)$ liegen im Raum an verschiedenen Stellen, ihre Bilder im Schrägbild erscheinen aber trotzdem an ein und derselben Stelle.

Zum Beispiel liegen auch die Bilder der Punkte $R(-8\,|\,0\,|\,-4)$, $S(-3\,|\,2{,}5\,|\,-1{,}5)$, $T(6\,|\,7\,|\,3)$ und $Q(-10\,|\,-1\,|\,-5)$ im Schrägbild an derselben Stelle wie das Bild von Punkt C.

Koordinaten eines Punktes im Schrägbild kann man ohne weitere Informationen nicht ablesen.

Information

(3) Punkte im Schrägbild eines Koordinatensystems zeichnen

Zu jedem Zahlentripel, z. B. $(3\,|\,3\,|\,2)$, gehört ein Punkt mit diesen Koordinaten. Man findet ihn als *Endpunkt eines Koordinatenzuges:* Man geht vom Ursprung aus

- 3 Einheiten in Richtung der x_1-Achse,
- dann 3 Einheiten in Richtung der x_2-Achse,
- schließlich 2 Einheiten in Richtung der x_3-Achse.

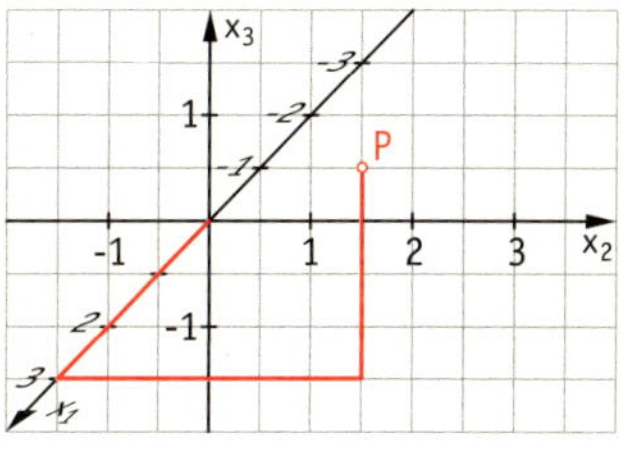

Wir schreiben $P(3\,|\,3\,|\,2)$ und lesen: *Punkt P mit den Koordinaten* 3, 3, 2.

Weiterführende Aufgabe

3 Projektion und Spiegelung eines Punktes

Gegeben ist der Punkt P(2|3|4).

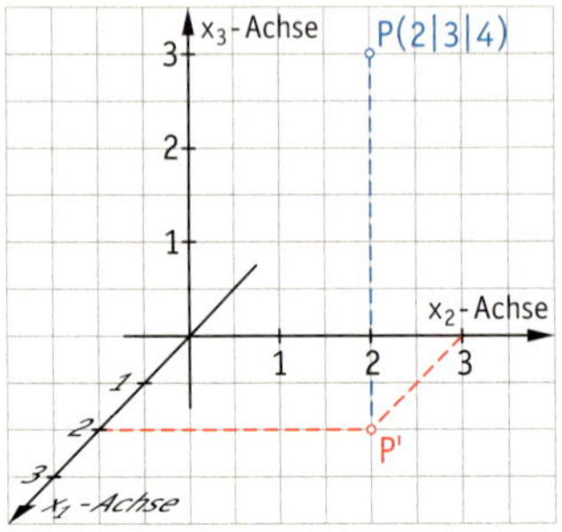

a) Projiziert man den Punkt P parallel zur x_3-Achse in die x_1x_2-Koordinatenebene, so erhält man den Bildpunkt P′ von P in der x_1x_2-Koordinatenebene.
Bestimmen Sie die Koordinaten von P′.

b) Projizieren Sie entsprechend ein Bild von P parallel zur x_2-Achse in die x_1x_3-Koordinatenebene und parallel zur x_1-Achse in die x_2x_3-Koordinatenebene.

c) P wird an der x_1x_2-Koordinatenebene gespiegelt.
Geben Sie die Koordinaten des Bildpunktes an.
Bestimmen Sie auch die Koordinaten der Bildpunkte von P bei Spiegelung an den anderen Koordinatenebenen.

Übungsaufgaben

4 Bestimmen Sie die Koordinaten der angegebenen Punkte des Körpers im nebenstehenden Schrägbild.

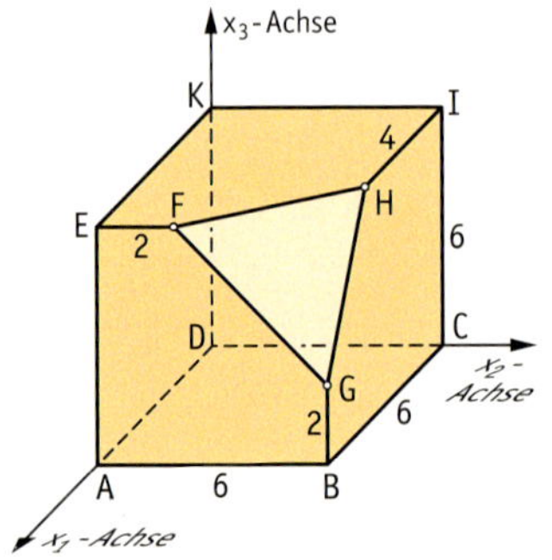

5 Zeichnen Sie das Dreieck mit den Eckpunkten A, B und C in ein Koordinatensystem.

a) A(3|2|4), B(−2|−3|3), C(−4|1|−5)

b) A(−3|−3|2), B(3|1|−1), C(−1|4|1)

6 Lina zeichnet den Punkt P(2|3|4) im Koordinatensystem (siehe Grafik rechts). Was hat sie dabei falsch gemacht?

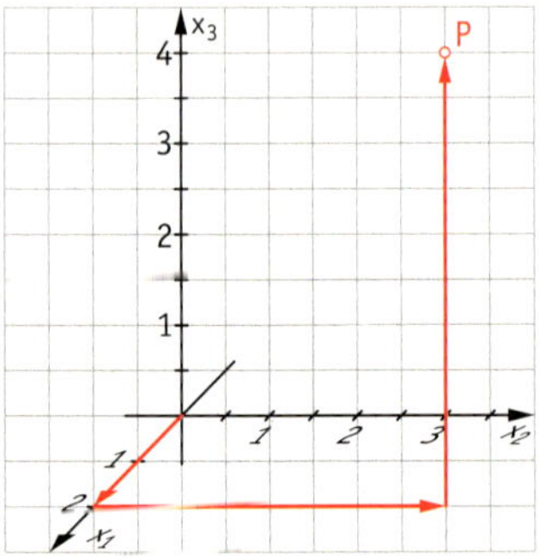

7 Wo liegen im Koordinatensystem alle Punkte,

a) deren x_1-Koordinate [x_2-Koordinate; x_3-Koordinate] null ist;

b) deren x_1-Koordinate und x_2-Koodinate null sind;

c) deren x_3-Koordinate gleich 3 ist;

d) deren x_1-Koordinate gleich 2 ist und deren x_2-Koordinate gleich 3 ist;

e) deren drei Koordinaten gleich sind?

8 Eine quadratische Pyramide mit der Kantenlänge $a = 10\,\text{cm}$ hat die Höhe $h = 8\,\text{cm}$.

a) Wählen Sie ein räumliches Koordinatensystem und zeichnen Sie die Pyramide ein.
Bestimmen Sie die Koordinaten aller Eckpunkte.

b) In Pauls Zeichnung hat die Pyramidenspitze die Koordinaten S(0|−5|4) und ein Eckpunkt hat die Koordinaten A(5|0|−4).
Bestimmen Sie die Koordinaten aller anderen Eckpunkte der Pyramide in Pauls Zeichnung.

9 Zeichnen Sie den Punkt P(3|4|1) in ein Koordinatensystem.
Geben Sie die Koordinaten von drei weiteren Punkten an, deren Bilder im Schrägbild an derselben Stelle liegen wie das Bild von P.

10 Ein Turm hat vereinfacht die Form eines Quaders, auf den eine Pyramide aufgesetzt wurde.

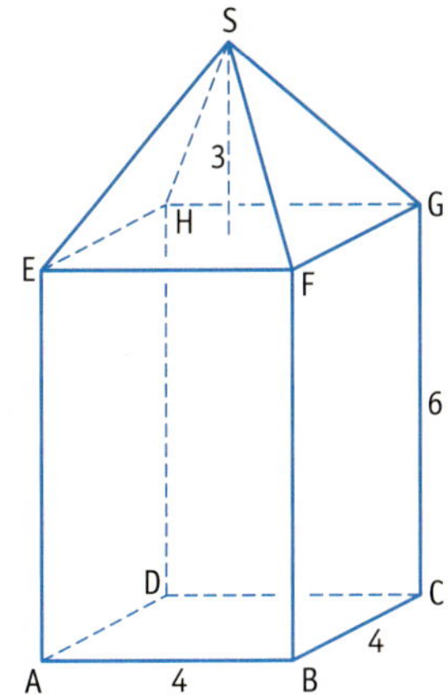

a) Wählen Sie ein Koordinatensystem mit D als Ursprung, sodass die Koordinatenachsen auf den Kanten des Quaders liegen. Zeichnen Sie ein Schrägbild des Turms und geben Sie die Koordinaten seiner Eckpunkte an.

b) Wählen Sie ein zweites Koordinatensystem, bei dem der Ursprung im Mittelpunkt M der Grundfläche ABCD liegt. Bestimmen Sie ebenfalls die Koordinaten aller Eckpunkte des Turms.

c) Vergleichen Sie die Koordinaten der Eckpunkte aus den Teilaufgaben a) und b) miteinander.

11

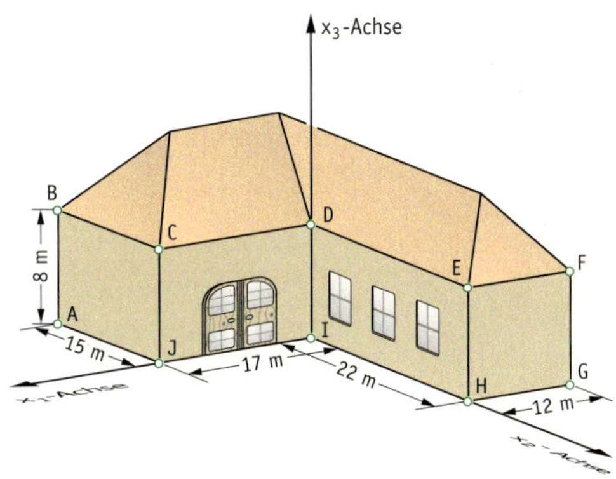

a) Welche Koordinaten haben die eingetragenen Ecken des abgebildeten Gebäudes?

b) Geben Sie an, welche Punkte in der x_1x_2-Ebene, welche in der x_2x_3-Ebene und welche in der x_1x_3-Ebene liegen.

c) Welche Koordinaten hätten die Punkte, wenn der Ursprung in H, die x_1-Achse in Richtung I und die x_3-Achse in Richtung E verliefe? Welche Punkte des Gebäudes liegen jetzt in der x_1x_2-Ebene [x_2x_3-Ebene; x_1x_3-Ebene]?

12 Kevin behauptet:

Der Punkt P liegt in der x_2x_3-Ebene und hat die Koordinaten P(0|3|2), Q liegt in der x_1x_2-Ebene und hat die Koordinaten Q(3|−1|0).

Nehmen Sie zu Kevins Behauptung Stellung.

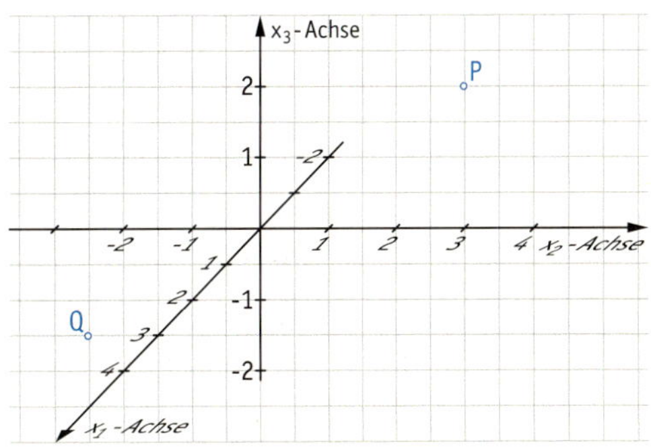

13 Gegeben ist ein Punkt P im Schrägbild. Lassen sich die fehlenden Koordinaten bestimmen?

(1) P(□|□|−2)
(2) P(−2|□|□)
(3) P(□|−2|□)

Begründen Sie.

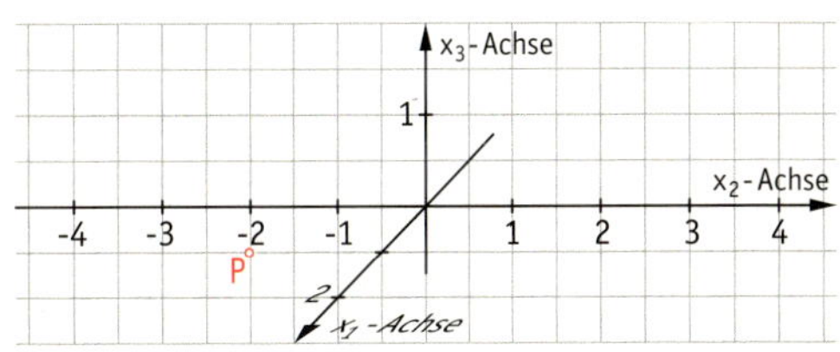

14 Bestimmen Sie die Koordinaten der Bildpunkte der Punkte P(−4|0|0), Q(0|3|0), R(3|−2|4) und S(−8|5|−3), die entstehen, wenn diese Punkte

a) an der x_1x_2-Ebene, **b)** an der x_1x_3-Ebene, **c)** an der x_2x_3-Ebene **d)** am Koordinatenursprung gespiegelt werden.

5.1.2 Vektoren

In der Automobilindustrie gibt es Fertigungsstraßen, in denen Roboter die Autos zusammenbauen.
Um bestimmte Bewegungsabläufe durchzuführen, muss ein Roboter programmiert werden, das heißt, er muss mit den nötigen Informationen versorgt werden. Für die Steuerung werden die Bewegungen in geeignet gewählten Koordinatensystemen mithilfe von Koordinaten beschrieben.

Einstieg

In einem Containerbahnhof werden Container mithilfe eines Containerkrans auf Eisenbahnwaggons verladen.
Bei geeigneter Wahl eines räumlichen Koordinatensystems (Einheiten in m) denken wir uns die Ecke A eines Containers im Punkt A(−10 | 21 | 0).
Der Container soll auf einen Eisenbahnwaggon verladen werden, der parallel zum Container steht. Dabei wird der Container so verschoben, dass sein Eckpunkt A auf den Punkt A′(−5 | 28 | 1,5) des Waggons fällt.

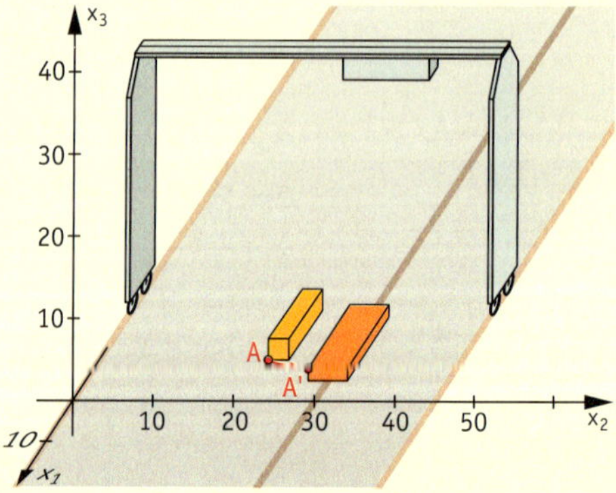

- Zur Steuerung des Krans muss angegeben werden, um wie viele Einheiten dieser den Container jeweils in Richtung der x_1-Achse, in Richtung der x_2-Achse und in Richtung der x_3-Achse bewegen muss. Welche Werte erhält man?
- Der Eckpunkt G des Containers liegt vor der Verschiebung im Punkt G(−17 | 23,5 | 2,5). Geben Sie die Koordinaten seines Bildpunktes G′ nach der Verschiebung an.

Beschreiben sie, wie man diese Koordinaten erhält.

Aufgabe

1 Das Dreieck ABC mit A(0 | 0 | 1), B(2 | −2 | 5) und C(0 | −4 | 1,5) wird so parallel verschoben, dass der Bildpunkt von B die Koordinaten B′(−1 | 2 | 7) hat.

a) Bestimmen Sie die Koordinaten der Bildpunkte A′ und C′. Zeichnen Sie auch beide Dreiecke und die Verschiebungspfeile in ein Koordinatensystem.

b) Angenommen, ein Roboter soll die gleiche Verschiebung wie in Teilaufgabe a) mit einem beliebigen Gegenstand ausführen. Welche Informationen zu der Verschiebung kann man ihm geben?

Lösung

a) Vergleicht man die Koordinaten des Punktes B mit denen seines Bildpunktes B′, so erkennt man:

B(2 | −2 | 5)

−3 ↓   +4 ↓   +2 ↓

B′(−1 | 2 | 7)

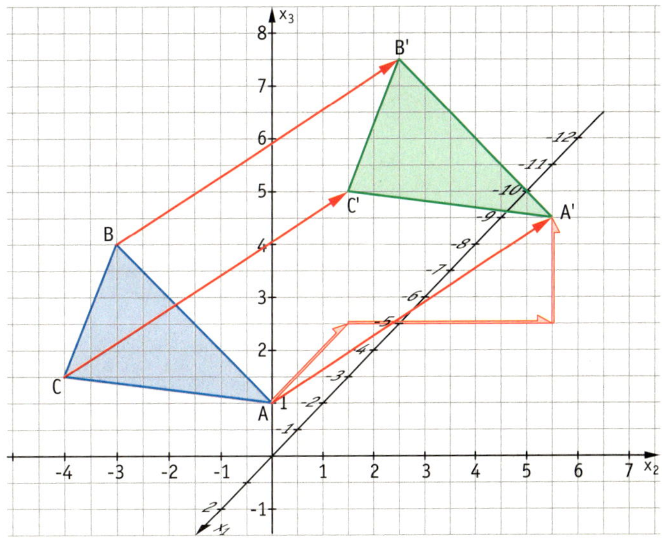

Um den Punkt B (2|−2|5) auf den Punkt B′ (−1|2|7) zu verschieben, muss man

- in x_1-Richtung um 3 Einheiten nach hinten, nämlich vom x_1-Wert 2 zum x_1-Wert −1,
- in x_2-Richtung um 4 Einheiten nach rechts, nämlich vom x_2-Wert −2 zum x_2-Wert 2,
- in x_3-Richtung um 2 Einheiten nach oben, nämlich vom x_3-Wert 5 zum x_3-Wert 7 gehen.

Offensichtlich erhält man die Zahlenangaben der Verschiebung, indem man von den Koordinaten des Bildpunktes B′ die Koordinaten des Punktes B subtrahiert.
Ein negativer Zahlenwert bedeutet dann, dass man gegen die Richtung der jeweiligen Koordinatenachse gehen muss.
Die gleiche Verschiebung muss auch mit den Koordinaten der Punkte A und C durchgeführt werden:

A′(0 **− 3** | 0 **+ 4** | 1 **+ 2**), also A′(−3|4|3) sowie C′(0 **− 3** | −4 **+ 4** | 1,5 **+ 2**), also C′(−3|0|3,5)

b) Bei der Lösung von Teilaufgabe a) haben wir die Koordinaten der Bildpunkte bei der Verschiebung folgendermaßen bestimmt:
1. Koordinate −3, 2. Koordinate +4, 3. Koordinate +2
Man kann die Verschiebung also durch drei Koordinaten beschreiben.
Soll ein Roboter eine solche Verschiebung durchführen, muss er den Gegenstand also um −3 Einheiten in x_1-Richtung, um 4 Einheiten in x_2-Richtung und um 2 Einheiten in x_3-Richtung bewegen.

Information **(1) Vektor**

In Aufgabe 1 haben wir die Verschiebung durch drei Zahlenangaben beschrieben: 3 Einheiten weiter hinten, 4 Einheiten weiter rechts und 2 Einheiten weiter oben. Diese Angaben beschreiben die Verschiebung vollständig. Wir fassen sie in einer Spalte mit Klammern zusammen: $\begin{pmatrix} -3 \\ 4 \\ 2 \end{pmatrix}$

vector (lat.) der Träger, „trägt A nach B“

Definition

(1) Ein **Vektor** mit drei Koordinaten ist ein geordnetes Zahlentripel, das wir als Spalte schreiben.
Zur Abkürzung bezeichnen wir Vektoren mit kleinen Buchstaben und einem darüber gesetztem Pfeil, zum Beispiel $\vec{a} = \begin{pmatrix} 7 \\ 3 \\ -2 \end{pmatrix}$, $\vec{b} = \begin{pmatrix} -4 \\ 1 \\ -5 \end{pmatrix}$.

Man wählt die Spaltenschreibweise, damit keine Verwechslung mit Punktkoordinaten vorkommt.

(2) Der Vektor $\vec{o} = \begin{pmatrix} 0 \\ 0 \\ 0 \end{pmatrix}$ heißt **Nullvektor**.

Information

(2) Zusammenhang zwischen Vektoren und Pfeilen

In Information (1) wurde ein Vektor zur Beschreibung einer Verschiebung verwendet. Die Koordinaten des Vektors geben an, wie man bei der Verschiebung im Koordinatensystem von einem Punkt zu seinem Bildpunkt kommt. Alle Pfeile einer Verschiebung sind parallel zueinander, gleich gerichtet und gleich lang.

In Aufgabe 1 kann durch jeden dieser Pfeile der Vektor $\begin{pmatrix}-3\\4\\2\end{pmatrix}$ geometrisch dargestellt werden.

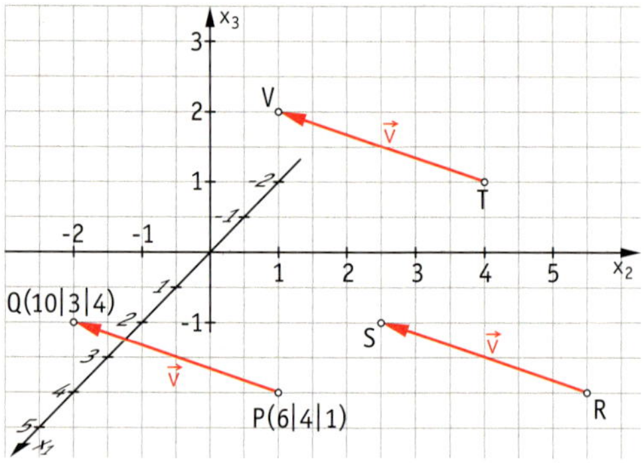

Umgekehrt bestimmt schon ein einzelner Pfeil eine Verschiebung und somit im Koordinatensystem einen Vektor. So veranschaulicht etwa der Pfeil $\overrightarrow{PQ}$ von P(6|4|1) nach Q(10|3|4) den Vektor $\vec{v} = \begin{pmatrix}10-6\\3-4\\4-1\end{pmatrix} = \begin{pmatrix}4\\-1\\3\end{pmatrix}$. Wir schreiben deshalb auch $\overrightarrow{PQ} = \begin{pmatrix}4\\-1\\3\end{pmatrix}$.

Dabei muss allerdings beachtet werden, dass der Vektor $\begin{pmatrix}4\\-1\\3\end{pmatrix}$ nicht an die Punkte P und Q gebunden ist. Er kann auch durch jeden anderen seiner Pfeile, z. B. durch die Pfeile von R nach S oder von T nach U, dargestellt werden.

(3) Ortsvektor eines Punktes

Verschiebt man den Ursprung O mit einem Vektor $\vec{p}$, z. B. dem Vektor $\vec{p} = \begin{pmatrix}4\\5\\6\end{pmatrix}$, so hat der Bildpunkt P dieselben Koordinaten wie der Vektor $\vec{p}$, nämlich P(4|5|6).

Somit kann man die Lage von Punkten in einem Koordinatensystem mithilfe von Vektoren beschreiben.

Bei dieser Verwendungsweise nennt man deshalb den Vektor $\vec{p} = \overrightarrow{OP}$ den **Ortsvektor des Punktes P.**

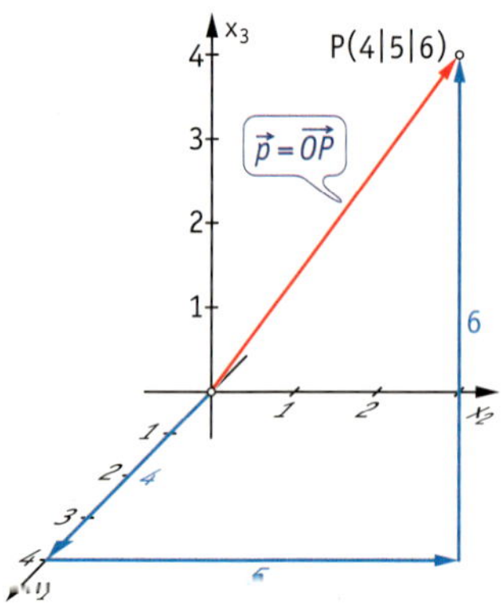

Weiterführende Aufgabe

2 Länge eines Vektors bestimmen

Gegeben ist ein Punkt A. Man erhält den Bildpunkt A' von A durch eine Verschiebung mit dem Vektor $\vec{v} = \begin{pmatrix}5\\7\\1{,}5\end{pmatrix}$.

Erläutern Sie die nebenstehende Abbildung und bestimmen Sie die Länge der Strecke $\overline{AA'}$.

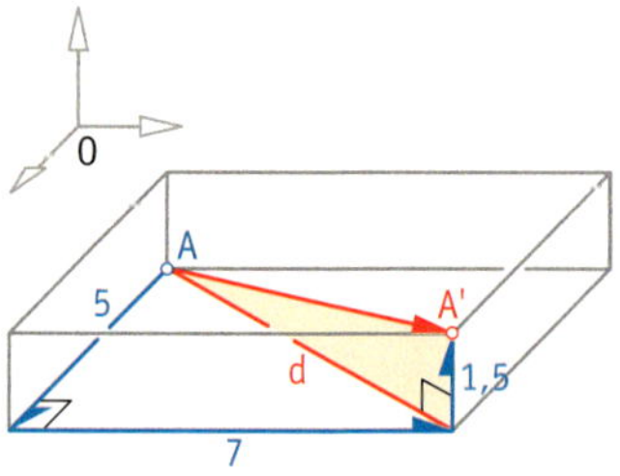

Information

(4) Länge eines Vektors – Abstand zweier Punkte

Definition

(1) Unter der **Länge eines Vektors** $\vec{v}$ versteht man die Länge der Pfeile, die im Koordinatensystem zu dem Vektor gehören. Statt Länge sagt man auch **Betrag** von $\vec{v}$. Die Länge eines Vektors $\vec{v}$ wird mit $|\vec{v}|$ bezeichnet.

(2) Der Nullvektor $\vec{o}$ hat die Länge 0.

Satz

(1) Für die Länge $|\vec{v}|$ eines dreidimensionalen Vektors $\vec{v} = \begin{pmatrix} v_1 \\ v_2 \\ v_3 \end{pmatrix}$ gilt:

$$|\vec{v}| = \sqrt{v_1^2 + v_2^2 + v_3^2}$$

(2) Der Abstand zweier Punkte A und B ist gleich der Länge des Vektors $\overrightarrow{AB}$.
Es gilt also: $|AB| = |\overrightarrow{AB}| = \sqrt{(b_1 - a_1)^2 + (b_2 - a_2)^2 + (b_3 - a_3)^2}$

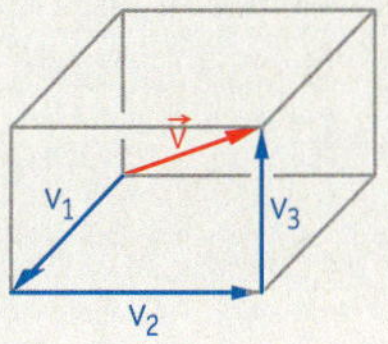

Die Länge wird in der Einheit des Koordinatensystems gemessen.

Beispiel

$A(4|7|-3)$, $B(1|-4|5)$, $\overrightarrow{AB} = \begin{pmatrix} -3 \\ -11 \\ 8 \end{pmatrix}$, $|AB| = |\overrightarrow{AB}| = \sqrt{(-3)^2 + (-11)^2 + 8^2} = \sqrt{194} \approx 13{,}93$

Vereinbarung:

Wir verwenden in allen Längenberechnungen stets die Koordinateneinheit als Längeneinheit und schreiben deshalb keine Maßeinheit auf, außer wenn es die Aufgabenstellung erfordert.

Übungsaufgaben

3

a) Zeichnen Sie drei Pfeile des Vektors $\vec{v} = \begin{pmatrix} -4 \\ -3 \\ 3 \end{pmatrix}$ in ein kartesisches Koordinatensystem ein.

b) Der Vektor $\vec{v}$ bildet bei einer Verschiebung den Punkt $A(3|5|2)$ auf den Punkt A′ ab. Bestimmen Sie die Koordinaten von A′.

c) Bei der gleichen Verschiebung wird der Punkt B auf den Punkt $B'(-8|17|-23)$ abgebildet. Bestimmen Sie die Koordinaten des Punktes B.

d) Prüfen Sie, ob der Punkt $P(8|11|-4)$ ein Bildpunkt von $Q(12|14|1)$ bei der Verschiebung mit $\vec{v}$ ist.

4 Der Vektor $\vec{v} = \begin{pmatrix} -3 \\ 2 \\ -1 \end{pmatrix}$ bildet den Punkt P bei einer Verschiebung auf den Punkt Q ab.
Bestimmen Sie die Koordinaten des fehlenden Punktes.

a) $P(12|-8|25)$
b) $Q(-6|15|17)$
c) $P(-1|-3|-7)$
d) $Q(q|q-5|3q+2)$

5 Betrachten Sie die Figur rechts.

a) Welche der Pfeile von D nach A, von D nach C, von A nach B, von B nach C, von C nach G, von H nach F, von D nach B und von E nach F gehören zum selben Vektor?

b) Bestimmen Sie die Koordinaten aller Vektoren aus Teilaufgabe a).

c) Berechnen Sie die Länge der Vektoren $\overrightarrow{DE}$, $\overrightarrow{DB}$ und $\overrightarrow{DF}$.

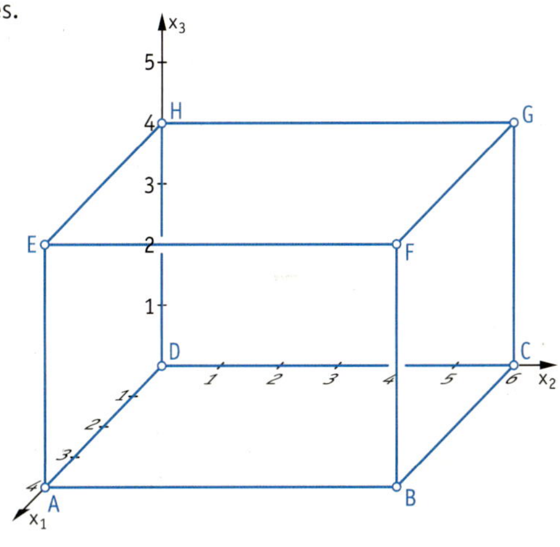

6 Bei einer Verschiebung wird der Punkt P auf den Punkt Q abgebildet. Geben Sie den Vektor an, der diese Verschiebung beschreibt. Berechnen Sie die Länge des Vektors.

a) $P(-3|4|12)$; $Q(4|-2|8)$
b) $P(25|-33|18)$; $Q(28|-37|21)$
c) $P(-8|2|4)$; $Q(11|-7|15)$
d) $P(-8|0|-8)$; $Q(0|-8|0)$

LK **7** Bestimmen Sie die fehlende Koordinate so, dass der Pfeil von A nach B die Länge d hat.

a) $A(5|2|5)$; $B(6|4|b_3)$; $d = 3$
b) $A(-6|a_2|-4)$; $B(-2|3|-4)$; $d = 5$
c) $A(6|3|-5)$; $B(b_1|2|-2)$; $d = 4$
d) $A(-10|21|0)$; $B(4|b_2|5)$; $d = 15$

8

a) Wie viele verschiedene Vektoren sind in der Abbildung unten dargestellt?
Nennen Sie die Pfeile, die zum gleichen Vektor gehören.

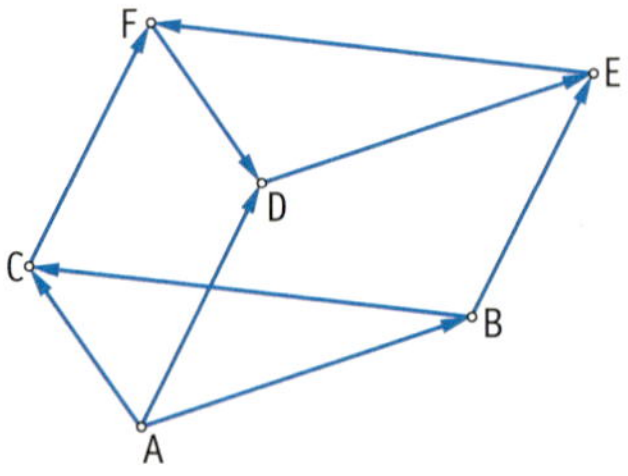

b) Welche Pfeile in der Figur unten gehören zum Vektor $\overrightarrow{AC}$ [$\overrightarrow{AB}$; $\overrightarrow{BC}$; $\overrightarrow{IJ}$; $\overrightarrow{CG}$]?

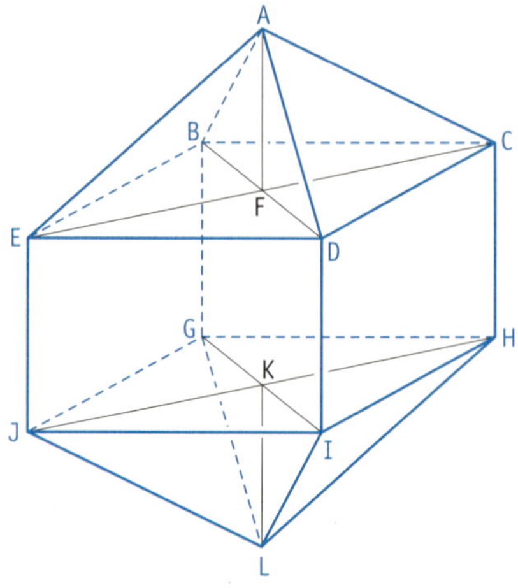

9 Im Koordinatensystem rechts sind die Pfeile von A nach B und von 0 nach C eingezeichnet.

a) Welche Vektoren können zu diesen Pfeilen gehören?

b) Welche Koordinaten müsste man für A und C wählen, damit $\overrightarrow{AB} = \overrightarrow{OC}$ gilt?

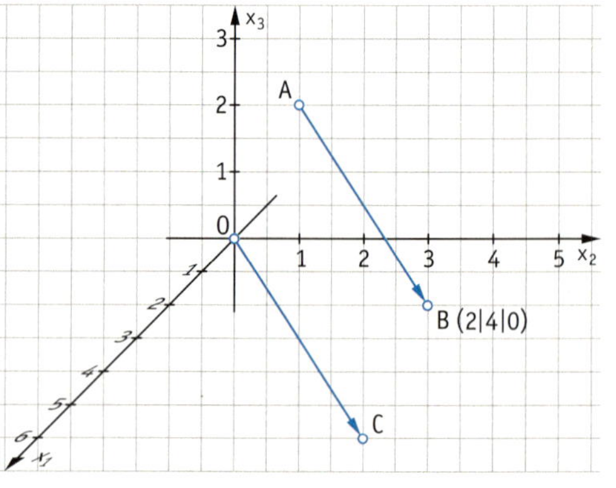

10 Untersuchen Sie, ob die Punkte P(3|1|6), Q(5|−3|4), R(2|−1|1) und S(0|3|1) die aufeinanderfolgenden Eckpunkte eines Parallelogramms sind.

11 In der heutigen technisierten Welt sind Industrieroboter weit verbreitet. Sie können dank ihrer Flexibilität für Schweißarbeiten, zum Schneiden, Bohren, Lackieren, für Montage- und Inspektionsarbeiten sehr effektiv eingesetzt werden.

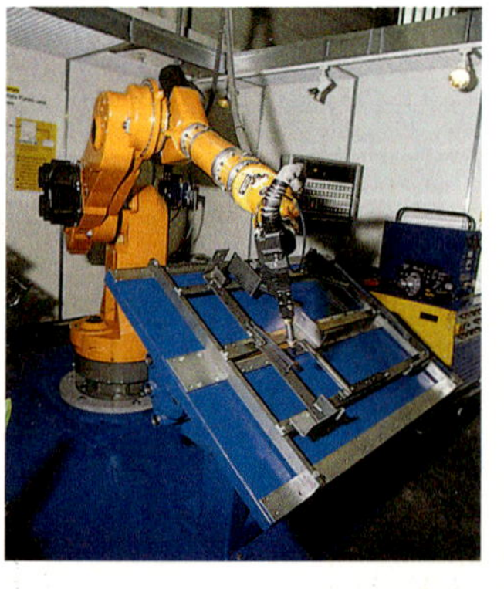

Der Werkzeughalter eines solchen Industrieroboters ist mit einem Bohrer bestückt. Dieser soll von einem Startpunkt S aus geradlinig in Richtung seiner Achse bis zur Einsatzstelle P verschoben werden. Bei geeigneter Wahl eines Koordinatensystems liegt die Bohrerspitze im Punkt S(72|31|95), die Bohrstelle im Punkt P(68|45|83).

a) Zur Steuerung des Roboters muss angegeben werden, um wie viele Einheiten er den Roboterarm jeweils in Richtung der x_1-Achse, in Richtung der x_2-Achse und in Richtung der x_3-Achse bewegen muss.
Welche Werte erhält man?

b) Die Bohrerhalterung liegt vor der Verschiebung im Punkt H(78|28|103). Geben Sie die Koordinaten seines Bildpunktes H′ nach der Verschiebung an.

c) Wie lang ist der Weg der Bohrerspitze bei dieser Verschiebung?

Koordinatensysteme in der Geografie

(1) Kugelkoordinaten

Als **Nullmeridian** legte man für die Länge 1884 den Längenhalbkreis durch die Sternwarte von Greenwich (London) fest, daher auch die Bezeichnung östl. (oder westl.) *Länge von Greenwich*.

(1) Die Erdoberfläche ist zwar unregelmäßig geformt, aber dennoch legt man die Normalnullfläche NN als Oberfläche einer Kugel mit dem Radius 6370 km fest. Die NN-Fläche kann man sich als Fortsetzung der Meeresoberfläche unter dem Festland vorstellen.

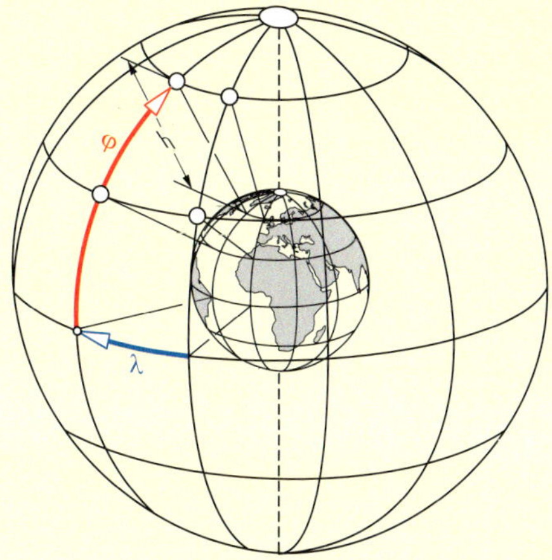

Die Lage eines Punktes nahe der Erdoberfläche erfasst man durch die Kugelkoordinaten:

- *geographische Länge* λ (östl. oder westl.),
- *geographische Breite* φ (nördl. oder südl.) und
- *Höhe* h (über oder unter NN).

Mit einem GPS-Empfänger kann man sich jederzeit die geographischen Daten seiner (oberirdischen) Position anzeigen lassen.

Geographische Koordinaten von einigen Orten in Deutschland:

Sternwarte Babelsberg (Potsdam)	λ = 13° 06,25' östl.	φ = 52° 24,3' nördl.
Sternwarte Bonn	λ = 7° 05,8' östl.	φ = 50° 43,8' nördl.
Sternwarte Hannover	λ = 9° 42,3' östl.	φ = 52° 21,75' nördl.

(2) Um genauere Längen- und Breitengrade zu erhalten, muss man berücksichtigen, dass die Erde tatsächlich *keine* Kugel ist. Deshalb stellt man die Erde als ein Rotationsellipsoid dar. Die Rotationsachse fällt mit der Erdachse durch den Nord- und den Südpol zusammen. Der Abstand zwischen den Polen beträgt 2 · 6 356,752 km, der Äquatorradius 6378,137 km.

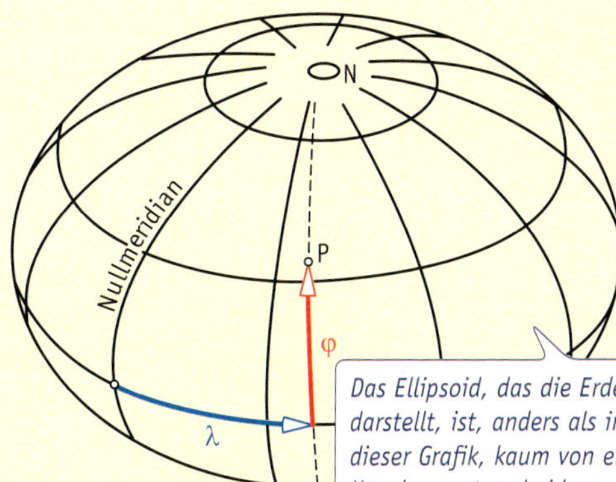

Das Ellipsoid, das die Erde darstellt, ist, anders als in dieser Grafik, kaum von einer Kugel zu unterscheiden.

Für Höhenangaben beim GPS legt man das *Geoid* zugrunde. Das Geoid ist eine Bezugsfläche im Schwerefeld der Erde, die durch Messen der Schwerkraft bestimmt werden kann. Das Geoid wird bei den Weltmeeren in guter Näherung durch den mittleren Meeresspiegel repräsentiert.

(2) Umrechnungen zwischen Kugelkoordinaten und kartesischen Koordinaten

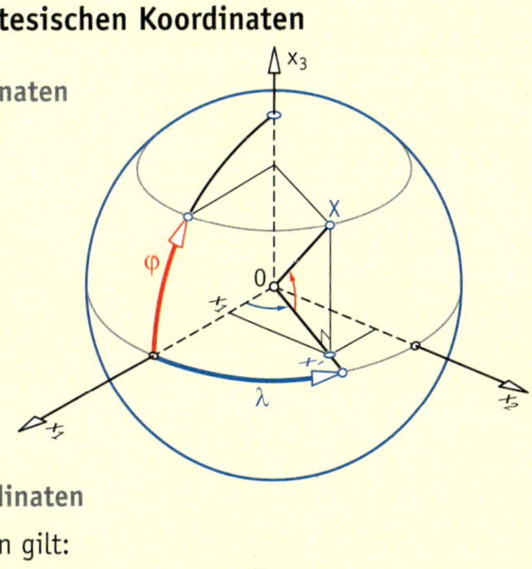

Umrechnung von Kugelkoordinaten in kartesische Koordinaten

Ein Punkt X hat die Kugelkoordinaten $r = |OX|$, λ, φ

mit $r \geq 0$, $-\frac{\pi}{2} \leq \varphi \leq \frac{\pi}{2}$, $0 \leq \lambda < 2\pi$

Im rechtwinkligen Dreieck OXX' gilt:

$$|OX'| = r \cdot \cos(\varphi); \quad \pm|XX'| = x_3 = r \cdot \sin(\varphi)$$

Im rechtwinkligen Dreieck OX_1X' gilt:

$$|OX_1| = x_1 = |OX'| \cdot \cos(\lambda) = r \cdot \cos(\varphi) \cdot \cos(\lambda)$$

$$|X_1X'| = x_2 = |OX'| \cdot \sin(\lambda) = r \cdot \cos(\varphi) \cdot \sin(\lambda)$$

Umrechnung von kartesischen Koordinaten in Kugelkoordinaten

Ein Punkt X hat die kartesischen Koordinaten x_1, x_2, x_3. Dann gilt:

$r = \sqrt{x_1^2 + x_2^2 + x_3^2}$ $\quad$ $\sin(\varphi) = \frac{x_3}{r}$, falls $r > 0$ $\quad$ $\tan(\lambda) = \frac{x_2}{x_1}$, falls $x_1 \neq 0$

5.1.3 Addition und Subtraktion von Vektoren

Im Physikunterricht haben Sie Kräfte als gerichtete Größen kennen gelernt, die sich durch ihre Beträge und ihre Richtungen unterscheiden können und die man durch Kraftpfeile darstellt. Jeder Kraftpfeil bestimmt dann einen Vektor.

Häufig greifen an einem Körper verschiedene Kräfte an, wobei man zur Vereinfachung oft so tut, als ob die Kräfte an einem Punkt des Körpers angreifen würden.

Greifen z. B. an einem Punkt eines Körpers zwei Kräfte an, kann man sich diese durch eine einzige Kraft ersetzt denken, die man *Ersatzkraft* oder *Resultierende* nennt. Im Folgenden soll die Resultierende aus zwei oder auch mehreren Vektoren bestimmt werden.

Die folgenden vier Kräfte wirken auf ein Flugzeug ein:
Die Schwerkraft *wirkt nach unten;*
Der Auftrieb *wirkt nach oben,*
der Vortrieb *wird durch die Triebwerke erzeugt und wirkt nach vorne;*
der Widerstand *wirkt dem Vortrieb entgegen.*

Einstieg

Verschieben Sie ein selbst gewähltes Dreieck ABC mit dem Vektor $\vec{v} = \begin{pmatrix} -3 \\ 4 \\ 2 \end{pmatrix}$ und anschließend das Bilddreieck A′B′C′ mit dem Vektor $\vec{w} = \begin{pmatrix} 2 \\ -3 \\ 1 \end{pmatrix}$.

- Zeichnen Sie das Ausgangsdreieck und die beiden Bilddreiecke in ein räumliches Koordinatensystem.
- Durch welche Verschiebung kann die Hintereinanderausführung dieser beiden Verschiebungen ersetzt werden?

Aufgabe

1 Beim Verladen von Containern in einem Containerbahnhof muss der Kran einen Container verschieben, um einen anderen Container verladen zu können. Dabei wird der Eckpunkt, der sich im Punkt A(−6 | 5 | 5) befindet, zum Punkt A′(4 | −2 | 0) verschoben.

Anschließend wird dieser Container wieder auf einen anderen Stapel von Containern verschoben, der Eckpunkt bewegt sich dabei vom Punkt A′ zum Punkt A″(−4 | −8 | 8).

Zur Vereinfachung stellen wir uns vor, dass in beiden Fällen die Bewegung des Containers geradlinig erfolgt.

a) Geben Sie die beiden Vektoren $\vec{v}$ und $\vec{w}$ an, welche die beiden Verschiebungen beschreiben.

b) Welcher Vektor beschreibt die gesamte Verschiebung von A nach A″? Wie hängt dieser Vektor mit den beiden Vektoren $\vec{v}$ und $\vec{w}$ zusammen?

Lösung

a) Die erste Verschiebung lässt sich durch den Vektor $\vec{v} = \begin{pmatrix} 10 \\ -7 \\ -5 \end{pmatrix}$, die zweite durch den Vektor $\vec{w} = \begin{pmatrix} -8 \\ -6 \\ 8 \end{pmatrix}$ beschreiben.

Von A nach A′: 10 LE nach vorne, 7 LE nach links und 5 LE nach unten

b) Bei der Verschiebung mit dem Vektor $\vec{v}$ ändert sich die erste Koordinate von A um 10. Wird anschließend der Bildpunkt A′ mit dem Vektor $\vec{w}$ verschoben, dann wird die erste Koordinate von A′ um −8 verändert. Insgesamt ändert sich bei der Hintereinanderausführung der beiden Verschiebungen die erste Koordinate von A um $10 + (-8)$, also um 2. Entsprechend ändert sich die zweite Koordinate von A um $-7 + (-6) = -13$ und die dritte um $-5 + 8 = 3$. Dies gilt für jeden Punkt des Containers und für jeden Punkt des Raumes.

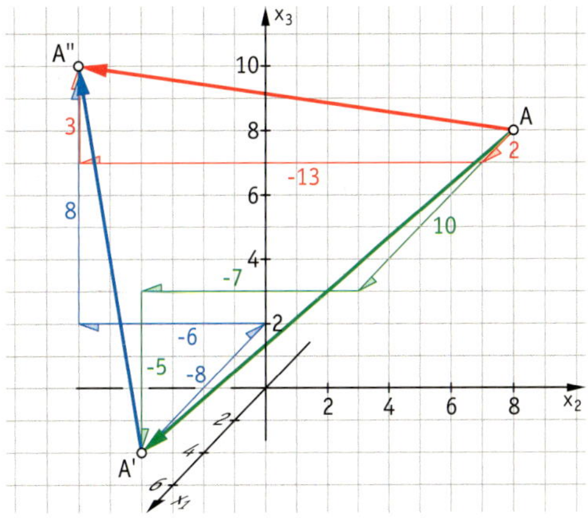

Die Hintereinanderausführung zweier Verschiebungen ist wieder eine Verschiebung. Der Vektor $\vec{z}$ der Hintereinanderausführung hat somit die Koordinaten $\begin{pmatrix} 2 \\ -13 \\ 3 \end{pmatrix}$.

Offensichtlich erhält man die Koordinaten des Vektors $\vec{z}$, indem man die Koordinaten von $\vec{w}$ zu den Koordinaten des Vektors $\vec{v}$ addiert, also

$$\vec{z} = \begin{pmatrix} 10 + (-8) \\ -7 + (-6) \\ -5 + 8 \end{pmatrix} = \begin{pmatrix} 2 \\ -13 \\ 3 \end{pmatrix}.$$

Information

(1) Addieren von Vektoren

Die Hintereinanderausführung zweier Verschiebungen, die durch die Vektoren $\vec{v}$ und $\vec{w}$ bestimmt sind, ergibt wieder eine Verschiebung, die durch einen Vektor $\vec{z}$ beschrieben werden kann.

Anschaulich erhält man einen Pfeil für $\vec{z}$, indem man an die Spitze des Pfeils von $\vec{v}$ einen Pfeil von $\vec{w}$ anhängt. Der Pfeil für $\vec{z}$ reicht dann vom Anfangspunkt des ersten Pfeils zur Spitze des zweiten Pfeils.

Die Koordinaten des Vektors $\vec{z}$ erhält man, indem man die beiden Vektoren $\vec{v}$ und $\vec{w}$ koordinatenweise addiert.

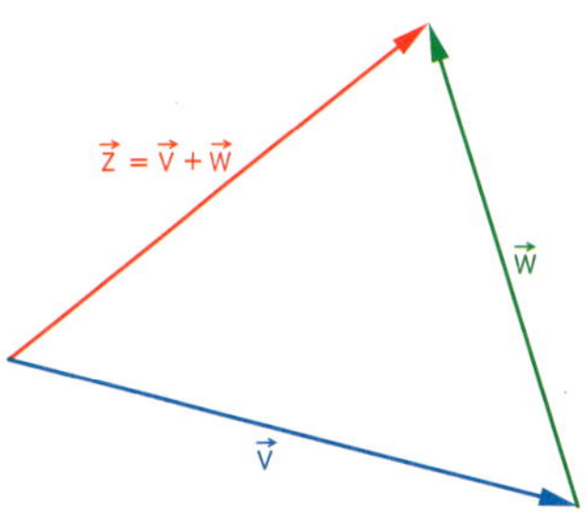

Man sagt deshalb, die beiden Vektoren $\vec{v}$ und $\vec{w}$ werden addiert, und schreibt dafür: $\vec{v} + \vec{w} = \vec{z}$.

(2) Subtrahieren von Vektoren

Wird der Punkt P(−2|−3|2) auf den Punkt Q(4|6|7) verschoben, beschreibt der Vektor $\vec{v} = \begin{pmatrix} 6 \\ 9 \\ 5 \end{pmatrix}$ diese Verschiebung. Dabei erhält man die Koordinaten von $\vec{v}$, indem man von den Koordinaten des Ortsvektors von Q die Koordinaten des Ortsvektors von P subtrahiert, also: $\vec{v} = \begin{pmatrix} 4-(-2) \\ 6-(-3) \\ 7-2 \end{pmatrix}$. Es liegt deshalb nahe, den Vektor $\vec{v}$ wie bei der Addition von Vektoren als Differenz zweier Vektoren $\begin{pmatrix} 4 \\ 6 \\ 7 \end{pmatrix}$ und $\begin{pmatrix} -2 \\ -3 \\ 2 \end{pmatrix}$ zu schreiben,

also $\vec{v} = \begin{pmatrix} 4 \\ 6 \\ 7 \end{pmatrix} - \begin{pmatrix} -2 \\ -3 \\ 2 \end{pmatrix} = \begin{pmatrix} 4-(-2) \\ 6-(-3) \\ 7-2 \end{pmatrix} = \begin{pmatrix} 6 \\ 9 \\ 5 \end{pmatrix}$.

Anschaulich erhält man den Differenzvektor $\vec{q} - \vec{p}$, wenn man zwei Pfeile für die Vektoren $\vec{p}$ und $\vec{q}$ in einem gemeinsamen Punkt anträgt und den Pfeil von der Spitze des Pfeils von $\vec{p}$ zur Spitze des Pfeils von $\vec{q}$ zeichnet. Die Spitze des Differenzvektors $\vec{q} - \vec{p}$ zeigt dann zur Spitze von $\vec{q}$.

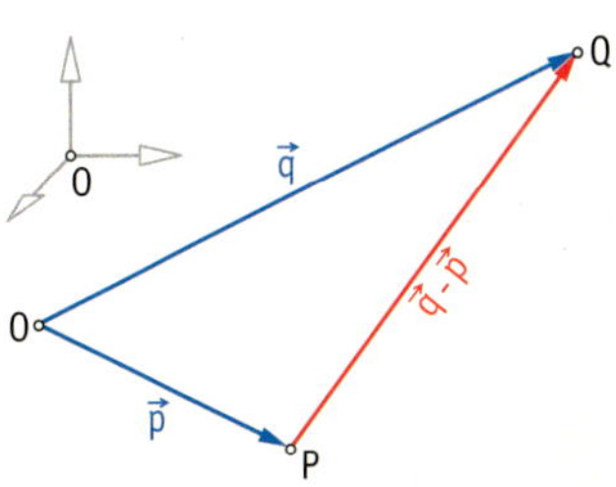

Information

(3) Addition und Subtraktion zweier Vektoren

Vektoren werden koordinatenweise addiert und subtrahiert.

Definition: Summe und Differenz zweier Vektoren

Zwei Vektoren $\vec{a} = \begin{pmatrix} a_1 \\ a_2 \\ a_3 \end{pmatrix}$ und $\vec{b} = \begin{pmatrix} b_1 \\ b_2 \\ b_3 \end{pmatrix}$ werden koordinatenweise **addiert** und **subtrahiert**.

Man nennt den Vektor $\vec{s} = \vec{a} + \vec{b} = \begin{pmatrix} a_1 \\ a_2 \\ a_3 \end{pmatrix} + \begin{pmatrix} b_1 \\ b_2 \\ b_3 \end{pmatrix} = \begin{pmatrix} a_1 + b_1 \\ a_2 + b_2 \\ a_3 + b_3 \end{pmatrix}$

die **Summe** der Vektoren $\vec{a}$ und $\vec{b}$ oder auch den **Summenvektor** von $\vec{a}$ und $\vec{b}$.

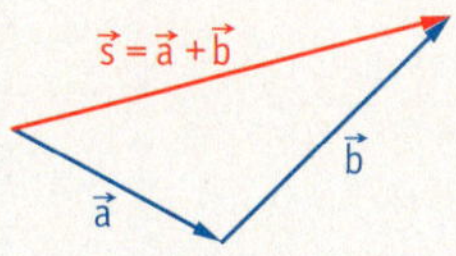

Man nennt den Vektor $\vec{d} = \vec{a} - \vec{b} = \begin{pmatrix} a_1 \\ a_2 \\ a_3 \end{pmatrix} - \begin{pmatrix} b_1 \\ b_2 \\ b_3 \end{pmatrix} = \begin{pmatrix} a_1 - b_1 \\ a_2 - b_2 \\ a_3 - b_3 \end{pmatrix}$

die **Differenz** der Vektoren $\vec{a}$ und $\vec{b}$ oder auch den **Differenzvektor** von $\vec{a}$ und $\vec{b}$.

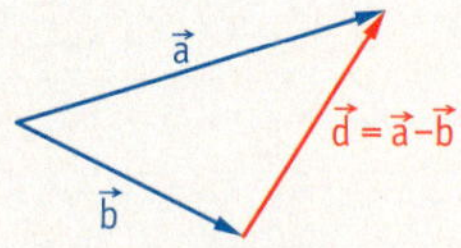

Beispiel

Für $\vec{a} = \begin{pmatrix} -2 \\ 4 \\ 3 \end{pmatrix}$ und $\vec{b} = \begin{pmatrix} 5 \\ 0 \\ -2 \end{pmatrix}$ gilt: $\vec{a} + \vec{b} = \begin{pmatrix} -2+ & 5 \\ 4+ & 0 \\ 3+ & (-2) \end{pmatrix} = \begin{pmatrix} 3 \\ 4 \\ 1 \end{pmatrix}$; $\quad \vec{a} - \vec{b} = \begin{pmatrix} -2- & 5 \\ 4- & 0 \\ 3- & (-2) \end{pmatrix} = \begin{pmatrix} -7 \\ 4 \\ 5 \end{pmatrix}$

(4) Dreiecksregel

Im Koordinatensystem gilt für alle Punkte P, Q und R:

$\overrightarrow{PQ} + \overrightarrow{QR} = \overrightarrow{PR}$.

Man kommt von P nach R auch auf dem Umweg über Q.

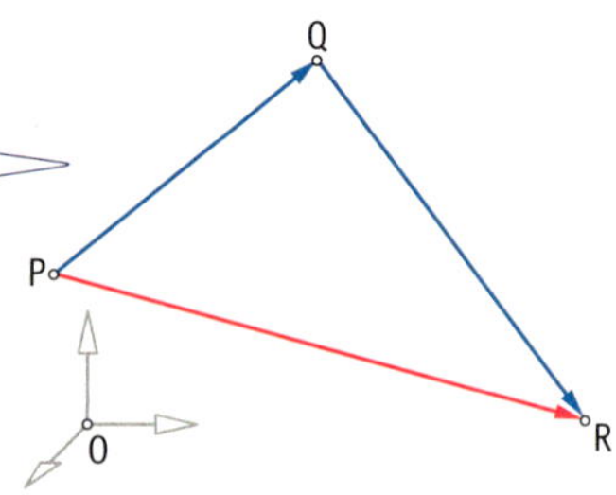

Nach der Dreiecksregel gilt für zwei Punkte P und Q in einem Koordinatensystem mit dem Ursprung 0:

$\overrightarrow{0P} + \overrightarrow{PQ} = \overrightarrow{0Q}$.

Daraus folgt für den Verbindungsvektor $\overrightarrow{PQ}$:

$\overrightarrow{PQ} = \overrightarrow{0Q} - \overrightarrow{0P}$

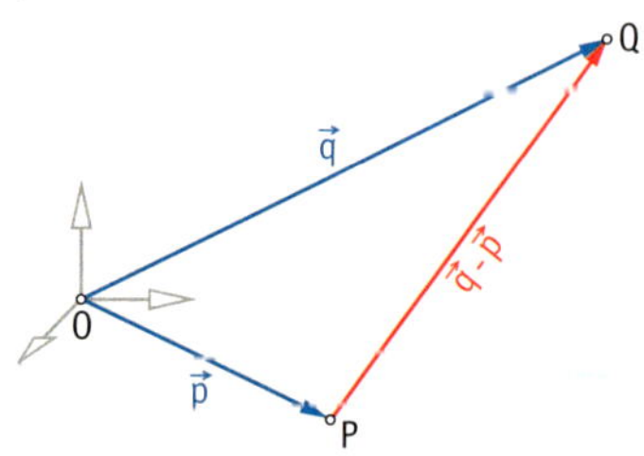

Beispiel

Für die Punkte A(−3|5|−2) und B(2|−4|8) gilt: $\overrightarrow{AB} = \overrightarrow{0B} - \overrightarrow{0A} = \begin{pmatrix} 2 \\ -4 \\ 8 \end{pmatrix} - \begin{pmatrix} -3 \\ 5 \\ -2 \end{pmatrix} = \begin{pmatrix} 2-(-3) \\ -4- \; 5 \\ 8-(-2) \end{pmatrix} = \begin{pmatrix} 5 \\ -9 \\ 10 \end{pmatrix}$

Weiterführende Aufgabe

2 Rechengesetze für Vektoren

Für das Addieren und Subtrahieren von Zahlen kennen Sie mehrere Rechengesetze. Überprüfen Sie, ob diese Rechengesetze auch für das Rechnen mit Vektoren gelten:

(1) $\vec{a} + \vec{b} = \vec{b} + \vec{a}$ (Kommutativgesetz)

(2) $(\vec{a} + \vec{b}) + \vec{c} = \vec{a} + (\vec{b} + \vec{c})$ (Assoziativgesetz)

(3) $\vec{a} - (\vec{b} + \vec{c}) = (\vec{a} - \vec{b}) - \vec{c}$

(4) $\vec{a} + \vec{0} = \vec{a}$

Übungsaufgaben

3 Gegeben sind die Punkte A(3 | 1 | −2) und B(−2 | 5 | 3) sowie die Vektoren $\overrightarrow{AC} = \begin{pmatrix} -3 \\ 1 \\ 9 \end{pmatrix}$ und $\overrightarrow{BD} = \begin{pmatrix} 5 \\ -6 \\ -1 \end{pmatrix}$.

a) Bestimmen Sie die Koordinaten der Punkte C und D.

b) Berechnen Sie die Seitenlängen im Viereck ABCD. Prüfen Sie, ob das Viereck ein Parallelogramm ist.

4

a) Bestimmen Sie die Koordinaten aller Eckpunkte des nebenstehenden Walmdachhauses.

b) Geben Sie die Koordinaten der Vektoren $\overrightarrow{AE}$, $\overrightarrow{FN}$, $\overrightarrow{MH}$, $\overrightarrow{FM}$ und $\overrightarrow{AN}$ an.

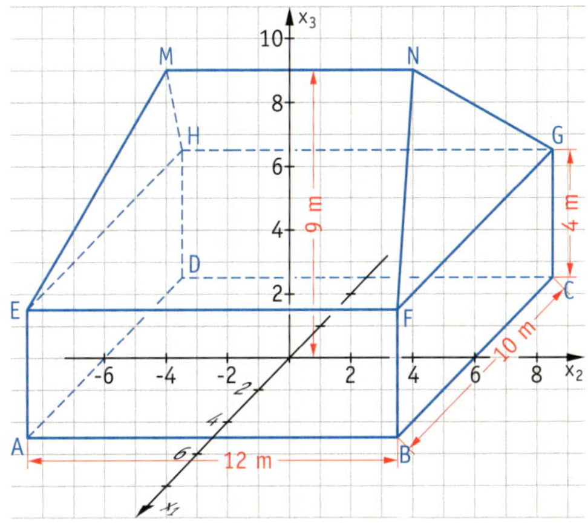

5 Berechnen Sie.

a) $\begin{pmatrix} 2 \\ 3 \\ 5 \end{pmatrix} + \begin{pmatrix} 1 \\ 4 \\ -4 \end{pmatrix}$

b) $\begin{pmatrix} 6 \\ 9 \\ 3 \end{pmatrix} + \begin{pmatrix} -9 \\ -5 \\ 4 \end{pmatrix}$

c) $\begin{pmatrix} 8 \\ -5 \\ 3 \end{pmatrix} + \begin{pmatrix} -6 \\ -1 \\ -3 \end{pmatrix}$

d) $\begin{pmatrix} -3 \\ 2 \\ -4 \end{pmatrix} + \begin{pmatrix} -1 \\ -4 \\ 6 \end{pmatrix} + \begin{pmatrix} 2 \\ 5 \\ -3 \end{pmatrix}$

e) $\begin{pmatrix} 1 \\ 2 \\ 4 \end{pmatrix} - \begin{pmatrix} 3 \\ -1 \\ -1 \end{pmatrix}$

f) $\begin{pmatrix} -3 \\ 2 \\ 1 \end{pmatrix} - \begin{pmatrix} 6 \\ -8 \\ -9 \end{pmatrix}$

g) $\begin{pmatrix} -2 \\ 3 \end{pmatrix} - \begin{pmatrix} 5 \\ -2 \end{pmatrix}$

h) $\begin{pmatrix} -3 \\ 5 \\ -2 \end{pmatrix} - \begin{pmatrix} -7 \\ -1 \\ 3 \end{pmatrix} - \begin{pmatrix} 3 \\ -2 \\ -4 \end{pmatrix}$

i) $\begin{pmatrix} -3 \\ 7 \end{pmatrix} - \begin{pmatrix} -1 \\ 4 \end{pmatrix} + \begin{pmatrix} 8 \\ -2 \end{pmatrix}$

6 Geben Sie die Ortsvektoren aller Eckpunkte des Quaders an.
Bestimmen Sie die Koordinaten der Vektoren $\overrightarrow{EG}$, $\overrightarrow{CA}$ und $\overrightarrow{HB}$.

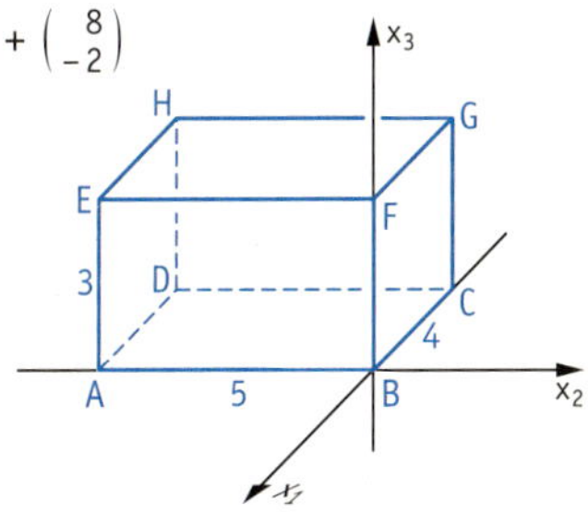

7 Die Zeichnung zeigt das Schrägbild eines Quaders.
Geben Sie Pfeile an, die zu dem angegebenen Vektor gehören.

a) $\vec{a} + \vec{b}$

b) $\vec{a} - \vec{b}$

c) $\vec{b} - \vec{a}$

d) $\vec{a} - \vec{c}$

e) $\vec{b} + \vec{c}$

f) $\vec{b} - \vec{c}$

g) $\vec{a} + \vec{b} + \vec{c}$

h) $\vec{a} - (\vec{b} + \vec{c})$

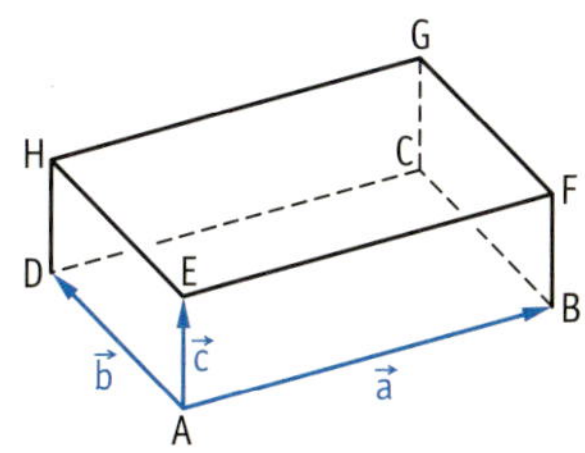

8 Den Gipfel der Schneekoppe (tschechisch Sněžka) kann man über einen Sessellift erreichen. Der Lift führt von einer Talstation T über eine Zwischenstation Z auf die Bergstation B.

Der Vektor $\overrightarrow{TZ} = \begin{pmatrix} 563 \\ 676 \\ 682 \end{pmatrix}$ beschreibt näherungsweise den Weg des Liftes von der Talstation zur Zwischenstation und der Vektor $\overrightarrow{ZB} = \begin{pmatrix} 1162 \\ 973 \\ 1434 \end{pmatrix}$ näherungsweise den Weg von der Zwischenstation zur Bergstation in einem Koordinatensystem mit der Einheit 1 m.

a) Skizzieren Sie den Sachverhalt und bestimmen Sie den Vektor $\overrightarrow{TB}$.

b) Bei einer Erneuerung des Liftes wird die Zwischenstation verlegt. Der Weg von der Talstation zur Zwischenstation wird nun beschrieben durch $\overrightarrow{TZ_{neu}} = \begin{pmatrix} 488 \\ 534 \\ 645 \end{pmatrix}$.
Bestimmen Sie den Vektor $\overrightarrow{Z_{neu}B}$.

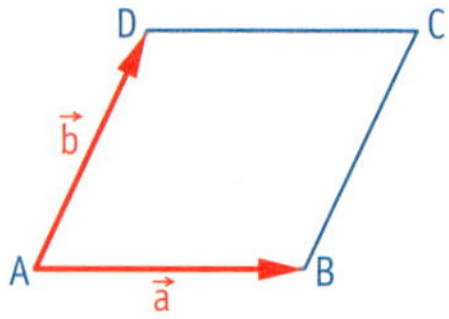

9 Zeichnen Sie ein Parallelogramm, wie links abgebildet.
Zeichnen Sie zu den folgenden Summen und Differenzen von Vektoren einen zugehörigen Pfeil in das Parallelogramm:
$\vec{a} + \vec{b}$; $\vec{a} - \vec{b}$; $\vec{b} - \vec{a}$

10 Gegeben sind die Punkte A, B, C, D, E und die Vektoren $\vec{r} = \overrightarrow{AB}$, $\vec{s} = \overrightarrow{CD}$, $\vec{t} = \overrightarrow{BE}$ und $\vec{u} = \overrightarrow{CA}$.
Beschreiben Sie die Vektoren $\overrightarrow{AC}$, $\overrightarrow{AD}$, $\overrightarrow{AE}$, $\overrightarrow{BA}$, $\overrightarrow{BC}$, $\overrightarrow{BD}$, $\overrightarrow{CB}$, $\overrightarrow{CE}$, $\overrightarrow{DA}$, $\overrightarrow{DB}$ und $\overrightarrow{DE}$ mithilfe von $\vec{r}$, $\vec{s}$, $\vec{t}$ und $\vec{u}$.

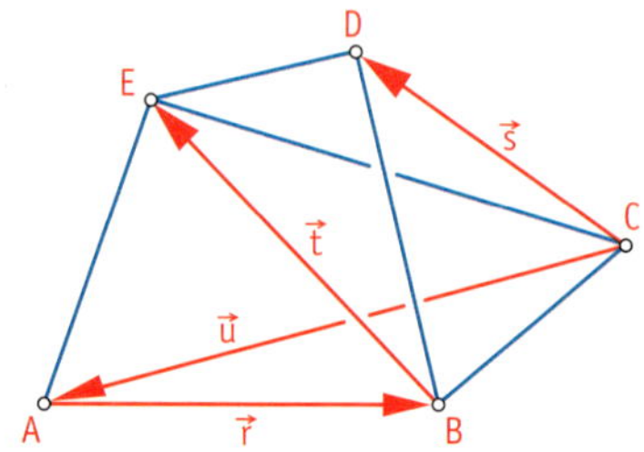

11 Bewerten Sie Annas Überlegung.

> $\overrightarrow{AC} + \overrightarrow{MC} = \overrightarrow{AM}$, denn nach der Dreiecksregel kann man den gemeinsamen Punkt streichen.

12 Bestimmen Sie b so, dass das Dreieck ABC mit den Eckpunkten A(3|7|2), B(−1|b|1) und C(2|3|0) gleichschenklig ist.

13 Überprüfen Sie, ob die Punkte A, B, C und D die Eckpunkte eines Parallelogramms sind.

a) A(−3|2|5), B(1|−4|1), C(2|−1|−2), D(−2|5|2)
b) A(3|0|2), B(−1|5|4), C(7|−3|0), D(−5|8|6)
c) A(0|2), B(3|1), C(5|3), D(2|4)

14 Gegeben sind Pfeile der Vektoren $\vec{a}$, $\vec{b}$ und $\vec{c}$.
Zeichnen Sie einen Pfeil des angegebenen Vektors.

a) $\vec{a} + \vec{b}$
b) $\vec{a} + \vec{b} + \vec{c}$
c) $\vec{a} - \vec{c}$
d) $\vec{c} - \vec{b}$
e) $\vec{b} - \vec{a} + \vec{c}$
f) $\vec{a} - (\vec{b} + \vec{c})$

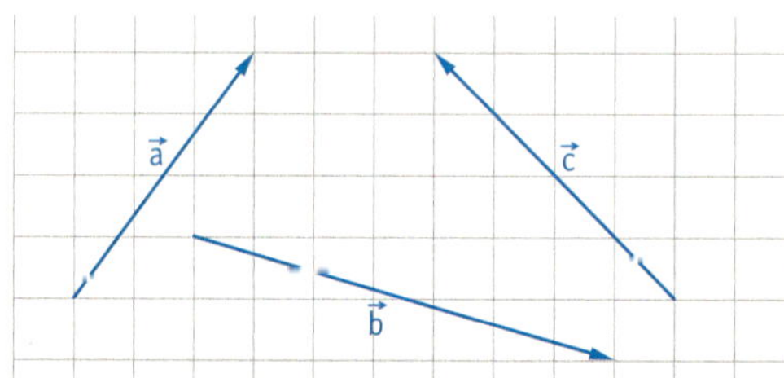

15 Bestimmen Sie die Koordinaten eines Punktes D so, dass das Viereck ABCD ein Parallelogramm ist. Untersuchen Sie, ob dies in jedem Fall möglich ist.

a) A(1|−1|2), B(3|−4|0), C(0|0|0)
b) A(−1|−1|0), B(1|2|3), C(3|5|6)
c) A(0|1|−1), B(2|1|1), C(1|1|0)
d) A(3|4|−2), B(−3|−4|2), C(0|0|0)

16 Gegeben sind die Punkte P, Q, R und S.

a) Beweisen Sie: Wenn $\overrightarrow{PQ} = \overrightarrow{RS}$, dann gilt auch $\overrightarrow{PR} = \overrightarrow{QS}$.
b) Was bedeutet die Aussage in Teilaufgabe a) geometrisch?

17 Gegeben sind die Punkte A(1|2|5), B(−1|8|8), C(−7|5|10) und D(−5|−1|7).

a) Zeigen Sie, dass die Punkte A, B, C und D die Eckpunkte eines Parallelogramms bilden. Wie lang sind die Seiten des Parallelogramms?
b) Beschreiben Sie ein Verfahren, mit dem man untersuchen kann, ob ein Parallelogramm sogar ein Rechteck ist. Wenden Sie dieses Verfahren auf das gegebene Parallelogramm an.

5.1.4 Vervielfachen von Vektoren

Ziel

Im vorigen Abschnitt 5.1.3 wurden zwei Vektoren addiert und subtrahiert. Dabei entsteht jeweils ein neuer Vektor. Durch Antragen der zugehörigen Pfeile in einem Punkt konnten diese Rechenoperationen auch geometrisch gedeutet werden. In diesem Abschnitt können Sie sich erarbeiten, wie man Vektoren mit einer reellen Zahl vervielfacht und welche geometrische Deutung dieser Rechenoperation zugrunde liegt.

Zum Erarbeiten

(1) Ein Wetterballon steigt auf

Ein Wetterballon, bestehend aus einem Ballon und einer Radiosonde, dient in der Meteorologie z. B. zur Messung von Temperatur, Luftdruck oder Luftfeuchtigkeit. Die gesammelten Daten werden per Funk an eine Bodenstation gesendet. Per GPS kann dabei die Position der Radiosonde festgestellt und die Windrichtung ermittelt werden.

Alle Längeneinheiten in m

Nach dem Start steigt eine Sonde in den ersten Minuten nahezu konstant pro Sekunde um den Vektor $\vec{v} = \begin{pmatrix} 0{,}5 \\ -2 \\ 4 \end{pmatrix}$.

Die Radiosonde startet im Punkt $S(145\,|\,23\,|\,98)$. Welche Koordinaten hat der Punkt P_1, in dem sich die Sonde nach einer Sekunde befindet?

Den Ortsvektor $\overrightarrow{OP_1}$ erhält man durch Addition der Vektoren $\overrightarrow{OS}$ und $\vec{v}$, also

$$\overrightarrow{OP_1} = \overrightarrow{OS} + \vec{v} = \begin{pmatrix} 145 \\ 23 \\ 98 \end{pmatrix} + \begin{pmatrix} 0{,}5 \\ -2 \\ 4 \end{pmatrix} = \begin{pmatrix} 145{,}5 \\ 21 \\ 102 \end{pmatrix}.$$

Somit hat der Punkt P_1 die Koordinaten $P_1(145{,}5\,|\,21\,|\,102)$.

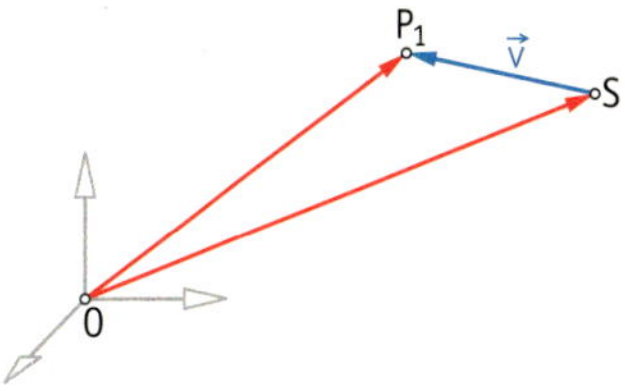

(2) Vielfache eines Vektors

Welche Koordinaten haben die Punkte P_3 und $P_{7,5}$, die die Sonde nach 3 und 7,5 Sekunden passiert?

Da die Radiosonde konstant pro Sekunde um den Vektor $\vec{v} = \begin{pmatrix} 0{,}5 \\ -2 \\ 4 \end{pmatrix}$ steigt, gilt für den Ortsvektor $\overrightarrow{OP_3}$ des Punktes P_3 nach 3 Sekunden:

$$\overrightarrow{OP_3} = \overrightarrow{OS} + \vec{v} + \vec{v} + \vec{v} = \begin{pmatrix} 145 \\ 23 \\ 98 \end{pmatrix} + \begin{pmatrix} 0{,}5 + 0{,}5 + 0{,}5 \\ -2 \quad -2 \quad -2 \\ 4 \quad +4 \quad +4 \end{pmatrix}$$

$$= \begin{pmatrix} 145 \\ 23 \\ 98 \end{pmatrix} + \begin{pmatrix} 3 \cdot 0{,}5 \\ 3 \cdot (-2) \\ 3 \cdot 4 \end{pmatrix} = \begin{pmatrix} 146{,}5 \\ 17 \\ 110 \end{pmatrix}$$

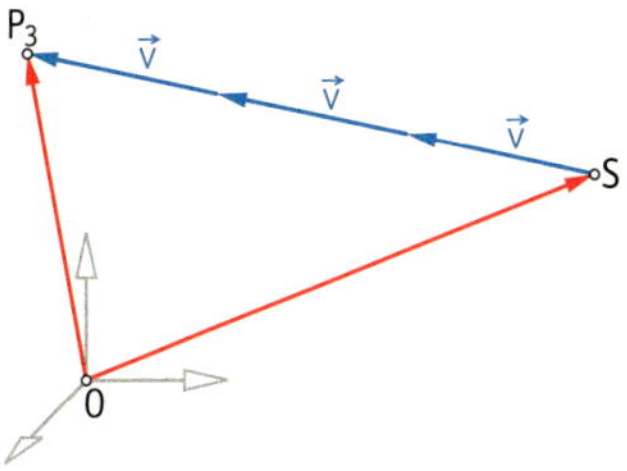

Nach drei Sekunden hat die Sonde einen dreimal so langen Weg zurückgelegt wie nach einer Sekunde.

Den Ortsvektor $\overrightarrow{OP_3}$ haben wir erhalten, indem wir zum Vektor $\overrightarrow{OS}$ dreimal den Vektor $\vec{v}$ addiert haben. Dies entspricht einer Addition eines Vektors mit der dreifachen Länge von $\vec{v}$, was in der Rechnung durch Multiplikation jeder Koordinate von $\vec{v}$ mit dem Faktor 3 realisiert wurde. Dafür schreiben wir $3 \cdot \vec{v}$.

Entsprechend erhält man den Ortsvektor $\overrightarrow{OP_{7,5}}$ indem man einen Vektor mit der 7,5-fachen Länge von $\vec{v}$ zum Vektor $\overrightarrow{OS}$ addiert.

$$\overrightarrow{OP_{7,5}} = \overrightarrow{OS} + 7{,}5 \cdot \vec{v} = \begin{pmatrix} 145 \\ 23 \\ 98 \end{pmatrix} + \begin{pmatrix} 7{,}5 \cdot 0{,}5 \\ 7{,}5 \cdot (-2) \\ 7{,}5 \cdot 4 \end{pmatrix} = \begin{pmatrix} 148{,}75 \\ 8 \\ 128 \end{pmatrix}$$

Die Radiosonde passiert somit nach 3 und 7,5 Sekunden die Punkte $P_3(146{,}5\,|\,17\,|\,110)$ und $P_{7,5}(148{,}75\,|\,8\,|\,128)$.

Information

(1) Vervielfachen eines Vektors

In zum Erarbeiten (2) erhält man die Koordinaten des Vektors $\overrightarrow{SP_3}$, indem man jede Koordinate des Vektors $\vec{v}$ mit dem Faktor 3 multipliziert.

Man schreibt deshalb $\overrightarrow{SP_3} = 3 \cdot \vec{v} = 3 \cdot \begin{pmatrix} 0{,}5 \\ -2 \\ 4 \end{pmatrix} = \begin{pmatrix} 3 \cdot 0{,}5 \\ 3 \cdot (-2) \\ 3 \cdot 4 \end{pmatrix}$.

Entsprechend schreibt man auch $\overrightarrow{SP_{7,5}} = 7{,}5 \cdot \vec{v} = 7{,}5 \cdot \begin{pmatrix} 0{,}5 \\ -2 \\ 4 \end{pmatrix} = \begin{pmatrix} 7{,}5 \cdot 0{,}5 \\ 7{,}5 \cdot (-2) \\ 7{,}5 \cdot 4 \end{pmatrix}$

Definition: Vielfache von Vektoren

Ein Vektor $\vec{v} = \begin{pmatrix} v_1 \\ v_2 \\ v_3 \end{pmatrix}$ wird koordinatenweise mit einer reellen Zahl r **vervielfacht.**

Man nennt den Vektor $r \cdot \vec{v} = r \cdot \begin{pmatrix} v_1 \\ v_2 \\ v_3 \end{pmatrix} = \begin{pmatrix} r \cdot v_1 \\ r \cdot v_2 \\ r \cdot v_3 \end{pmatrix}$ das **r-fache des Vektors** $\vec{v}$.

Die Multiplikation eines Vektors mit einer reellen Zahl *(Skalar)* bezeichnet man auch als *skalare Multiplikation eines Vektors*.

Beispiel

$(-3{,}5) \cdot \begin{pmatrix} 2 \\ -3 \\ 4 \end{pmatrix} = \begin{pmatrix} (-3{,}5) \cdot 2 \\ (-3{,}5)(-3) \\ (-3{,}5) \cdot 4 \end{pmatrix} = \begin{pmatrix} -7 \\ 10{,}5 \\ -14 \end{pmatrix}$

(2) Geometrische Bedeutung des Vervielfachens eines Vektors

Wird ein Vektor $\vec{v} \neq \vec{o}$ mit einer Zahl $r \neq 0$ vervielfacht, so gilt:

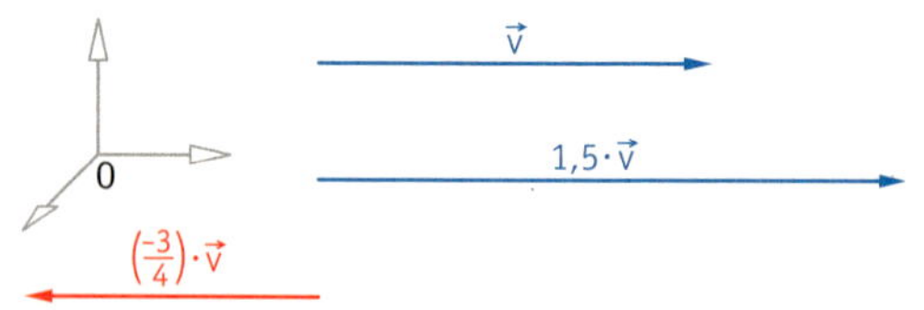

- Die Pfeile des Vektors $r \cdot \vec{v}$ sind parallel zu den Pfeilen des Vektors $\vec{v}$.
- Ist $r > 0$, so haben die Pfeile von $r \cdot \vec{v}$ dieselbe Richtung und die r-fache Länge wie die Pfeile des Vektors $\vec{v}$.
- Ist $r < 0$, so haben die Pfeile von $r \cdot \vec{v}$ die entgegengesetzte Richtung und die $|r|$-fache Länge wie die Pfeile des Vektors $\vec{v}$.

Umgekehrt gilt:

Sind zwei Pfeile parallel zueinander, so sind die beiden zugehörigen Vektoren Vielfache voneinander.

Wir sagen deshalb:

Zwei Vektoren $\vec{u} \neq \vec{o}$ und $\vec{v} \neq \vec{o}$ heißen parallel zueinander, wenn sie Vielfache von einander sind.

(3) Der Gegenvektor eines Vektors

Ein besonderes Vielfaches des Vektors $\vec{v} = \begin{pmatrix} v_1 \\ v_2 \\ v_3 \end{pmatrix}$ ist der Vektor $(-1) \cdot \vec{v} = (-1) \cdot \begin{pmatrix} v_1 \\ v_2 \\ v_3 \end{pmatrix} = \begin{pmatrix} -v_1 \\ -v_2 \\ -v_3 \end{pmatrix}$.

Statt $(-1) \cdot \vec{v}$ schreibt man kurz $-\vec{v}$.

Die Pfeile eines Vektors $\vec{v} \neq \vec{o}$ und seines sogenannten *Gegenvektors* $-\vec{v}$ haben dieselbe Länge, sind zueinander parallel und entgegengesetzt gerichtet.

Beispiel

Zum Vektor $\vec{v} = \begin{pmatrix} 2 \\ -4 \\ 3 \end{pmatrix}$ lautet der Gegenvektor $-\vec{v} = \begin{pmatrix} -2 \\ 4 \\ -3 \end{pmatrix}$.

Man bildet den Gegenvektor eines Vektors $\vec{v}$, indem man bei jeder Koordinate von $\vec{v}$ das Vorzeichen ändert.

(4) Rechengesetze für das Vervielfachen von Vektoren

Für zwei Vektoren $\vec{a} = \begin{pmatrix} a_1 \\ a_2 \\ a_3 \end{pmatrix}$ und $\vec{b} = \begin{pmatrix} b_1 \\ b_2 \\ b_3 \end{pmatrix}$ und eine reelle Zahl r gilt bezüglich der Multiplikation das

Distributivgesetz: $r \cdot (\vec{a} + \vec{b}) = r \cdot \vec{a} + r \cdot \vec{b}$.

Es ist nämlich $r \cdot (\vec{a} + \vec{b}) = r \cdot \left(\begin{pmatrix} a_1 \\ a_2 \\ a_3 \end{pmatrix} + \begin{pmatrix} b_1 \\ b_2 \\ b_3 \end{pmatrix} \right) = r \cdot \begin{pmatrix} a_1 + b_1 \\ a_2 + b_2 \\ a_3 + b_3 \end{pmatrix} = \begin{pmatrix} r \cdot (a_1 + b_1) \\ r \cdot (a_2 + b_2) \\ r \cdot (a_3 + b_3) \end{pmatrix} = \begin{pmatrix} r \cdot a_1 + r \cdot b_1 \\ r \cdot a_2 + r \cdot b_2 \\ r \cdot a_3 + r \cdot b_3 \end{pmatrix} = \begin{pmatrix} r \cdot a_1 \\ r \cdot a_2 \\ r \cdot a_3 \end{pmatrix} + \begin{pmatrix} r \cdot b_1 \\ r \cdot b_2 \\ r \cdot b_3 \end{pmatrix}$

$= r \cdot \begin{pmatrix} a_1 \\ a_2 \\ a_3 \end{pmatrix} + r \cdot \begin{pmatrix} b_1 \\ b_2 \\ b_3 \end{pmatrix} = r \cdot \vec{a} + r \cdot \vec{b}$

Weitere Rechengesetze lassen sich entsprechend herleiten. Wir fassen sie zusammen:

Satz: Rechengesetze für das Vervielfachen von Vektoren

Für alle Vektoren $\vec{a}$ und $\vec{b}$ sowie alle reellen Zahlen r und s gilt:

(1) $r \cdot (s \cdot \vec{a}) = (r \cdot s) \cdot \vec{a}$ (2) $r \cdot (\vec{a} + \vec{b}) = r \cdot \vec{a} + r \cdot \vec{b}$ (3) $(r + s) \cdot \vec{a} = r \cdot \vec{a} + s \cdot \vec{a}$

(5) Mittelpunkt einer Strecke $\overline{AB}$

Beweisen Sie:

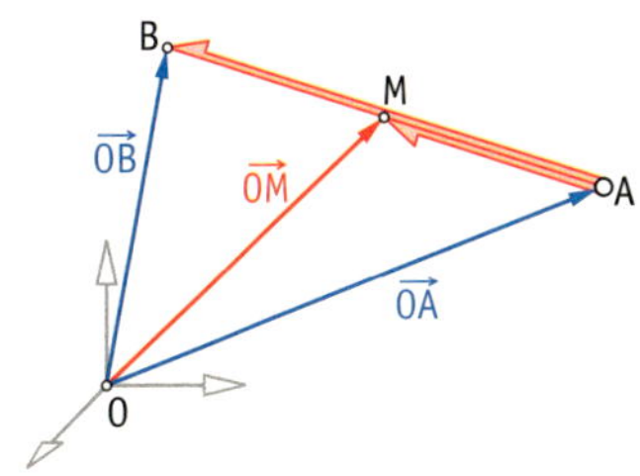

Für den Mittelpunkt M einer Strecke $\overline{AB}$ gilt: $\overrightarrow{OM} = \frac{1}{2} \cdot (\overrightarrow{OA} + \overrightarrow{OB})$.

Zum Üben

1 Berechnen Sie.

a) $2 \cdot \begin{pmatrix} -1 \\ 5 \\ 7 \end{pmatrix}$ **b)** $1{,}5 \cdot \begin{pmatrix} 2 \\ -4 \\ 3 \end{pmatrix}$ **c)** $\left(-\frac{1}{2}\right) \cdot \begin{pmatrix} 4 \\ 0 \\ 5 \end{pmatrix}$ **d)** $(-3) \cdot \begin{pmatrix} 2 \\ 1 \\ -5 \end{pmatrix}$ **e)** $(-1{,}25) \cdot \begin{pmatrix} -4 \\ 6 \\ -5 \end{pmatrix}$

2 Begründen Sie: $\vec{b}$ kann nicht Vielfaches des Vektors $\vec{a} = \begin{pmatrix} 2 \\ 4 \\ 1 \end{pmatrix}$ sein.

(1) $\vec{b} = \begin{pmatrix} -2 \\ -4 \\ 0 \end{pmatrix}$ (2) $\vec{b} = \begin{pmatrix} 1 \\ 4 \\ 3 \end{pmatrix}$ (3) $\vec{b} = \begin{pmatrix} 1 \\ 2 \\ 3 \end{pmatrix}$ (4) $\vec{b} = \begin{pmatrix} t \\ -4 \\ 1 \end{pmatrix}$

3 Schreiben Sie den Vektor $\vec{a}$ als Vielfaches eines Vektors mit einer reellen Zahl.

a) $\vec{a} = \begin{pmatrix} \frac{2}{3} \\ -1 \\ \frac{1}{2} \end{pmatrix}$ **b)** $\vec{a} = \begin{pmatrix} -4 \\ -\frac{3}{4} \\ \frac{1}{3} \end{pmatrix}$ **c)** $\vec{a} = \begin{pmatrix} 18 \\ -12 \\ 24 \end{pmatrix}$ **d)** $\vec{a} = \begin{pmatrix} -\frac{1}{2} \\ 20 \\ \frac{4}{6} \end{pmatrix}$

4 Stellen Sie den rot gezeichneten Vektor mithilfe der Vektoren $\vec{a}$ und $\vec{b}$ dar.

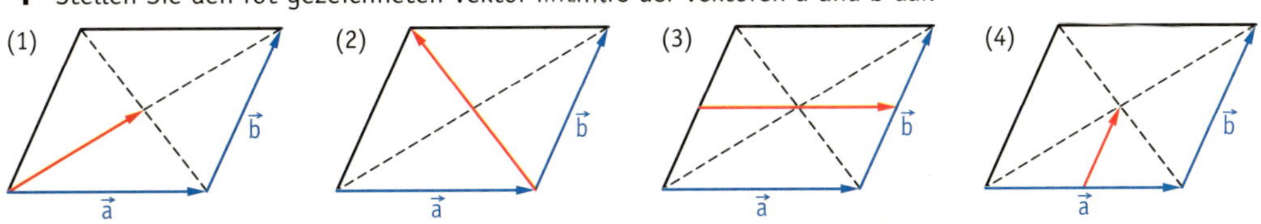

5 Gegeben ist ein Dreieck ABC mit den Eckpunkten A(2|1|4), B(−4|5|6) und C(6|−5|2). M_a, M_b und M_c sind die Seitenmitten des Dreiecks.

Bestimmen Sie die Koordinaten der Vektoren $\overrightarrow{AB}$, $\overrightarrow{AC}$, $\overrightarrow{BC}$ und $\overrightarrow{M_aM_b}$, $\overrightarrow{M_aM_c}$, $\overrightarrow{M_bM_c}$.

Welche Folgerungen können Sie für die Dreiecke ABC und $M_aM_bM_c$ ziehen?

6 Stellen Sie den Vektor mithilfe von $\vec{a}$, $\vec{b}$, $\vec{c}$ dar.

a) $\frac{1}{2}\vec{a} + 2\vec{b}$

b) $2\vec{c} + \frac{1}{2}\vec{a} - \frac{3}{4}\vec{a}$

c) $3\vec{c} - 4\vec{a}$

d) $\vec{a} - \left(2\vec{b} + \frac{1}{2}\vec{c}\right)$

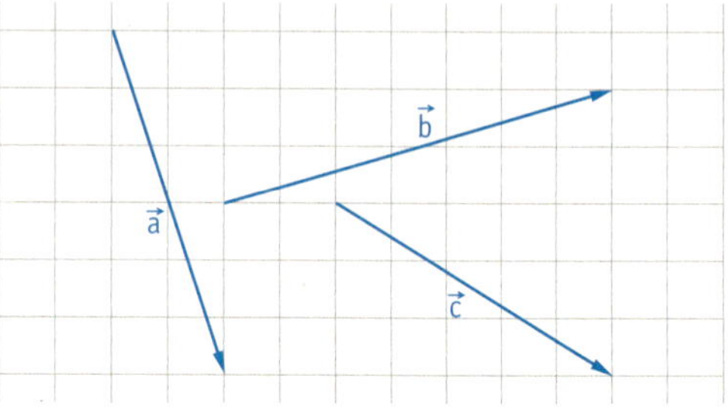

7 Paul berechnet die Koordinaten des Mittelpunkts M der Strecke $\overline{AB}$ mit A(2|8|−4) und B(6|2|6):

$M\left(\frac{6-2}{2}\middle|\frac{2-8}{2}\middle|\frac{6-(-4)}{2}\right)$, also $M(2|-3|5)$.

Untersuchen Sie, was Paul falsch gemacht hat und was diese Koordinaten tatsächlich beschreiben.

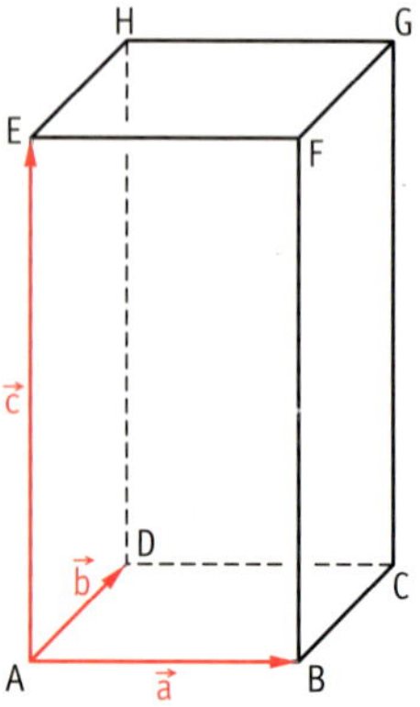

8 M_1, M_2 und M_3 sind die Mitten der Seitenflächen BCGF bzw. CGHD bzw. ABFE des Quaders links. Stellen Sie die Vektoren $\overrightarrow{AM_1}$, $\overrightarrow{M_1M_2}$, $\overrightarrow{HM_3}$ und $\overrightarrow{M_2A}$ mithilfe der Vektoren $\vec{a}$, $\vec{b}$ und $\vec{c}$ dar.

9 Die Pyramide ABCDS rechts ist eine senkrechte quadratische Pyramide.
Stellen Sie die Vektoren $\overrightarrow{MS}$, $\overrightarrow{CS}$ und $\overrightarrow{SB}$ mithilfe der Vektoren $\vec{a}$, $\vec{b}$ und $\vec{c}$ dar.

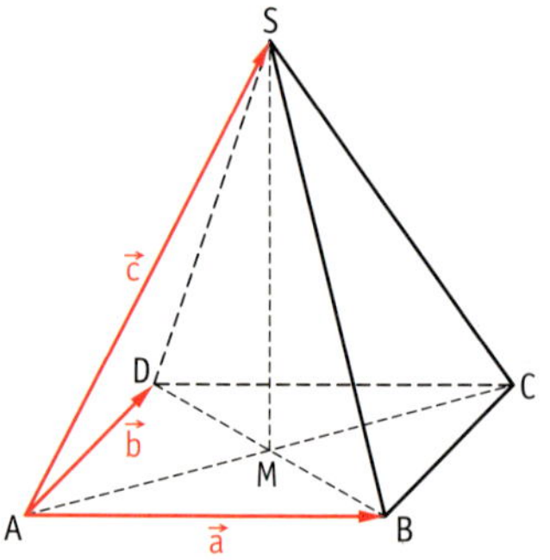

10 Bestimmen Sie einen Vektor, der dieselbe Richtung wie der Vektor $\vec{a}$, aber die Länge 1 hat.

a) $\vec{a} = \begin{pmatrix} 2 \\ -1 \\ 2 \end{pmatrix}$

b) $\vec{a} = \begin{pmatrix} 5 \\ 3 \\ -4 \end{pmatrix}$

c) $\vec{a} = \begin{pmatrix} 9 \\ 0 \\ 5 \end{pmatrix}$

d) $\vec{a} = \begin{pmatrix} 1 \\ 0 \\ 1 \end{pmatrix}$

e) $\vec{a} = \begin{pmatrix} -4 \\ 2 \\ 5 \end{pmatrix}$

f) $\vec{a} = \begin{pmatrix} 0 \\ 7 \\ 7 \end{pmatrix}$

11 Die Punkte P und Q sind Mittelpunkte von zwei Kanten eines Quaders. Stellen Sie den Vektor $\overrightarrow{PQ}$ mithilfe der Vektoren $\vec{a}$, $\vec{b}$ und $\vec{c}$ dar.

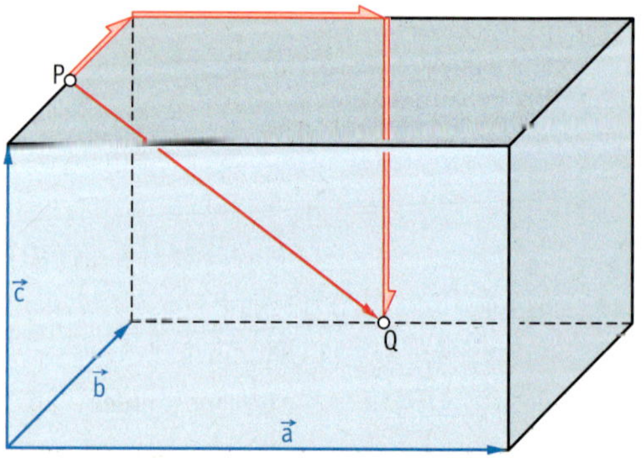

12 Eine Pipeline soll einen Fluss unterqueren. Dazu wird ein Schacht gebohrt. Eine Stunde nach Bohrbeginn befindet sich der Bohrkopf in 1 m Tiefe, 2 m nördlich und 0,5 m westlich von der Ansatzstelle, an der die Bohrung begann.

a) Wo befindet sich der Bohrkopf nach 2 h, 3 h, 5 h Bohrzeit?

b) Veranschaulichen Sie die Lage des Schachts in einem Koordinatensystem.

Bewegung auf dem Wasser

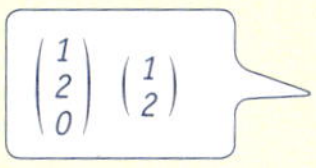

In diesem Blickpunkt werden Bewegungen auf dem Wasser mithilfe von Vektoren beschrieben. Dabei reicht es aus, zweidimensionale Vektoren zu betrachten, da z. B. auf der Wasseroberfläche die Koordinate für die Höhe immer gleich null ist.

Überlagerung von Geschwindigkeiten

Sitzt man in einem Paddelboot und fährt mit der Strömung, so addieren sich die Geschwindigkeiten. Fährt man gegen die Strömung, so muss man die Beträge der Geschwindigkeiten subtrahieren.

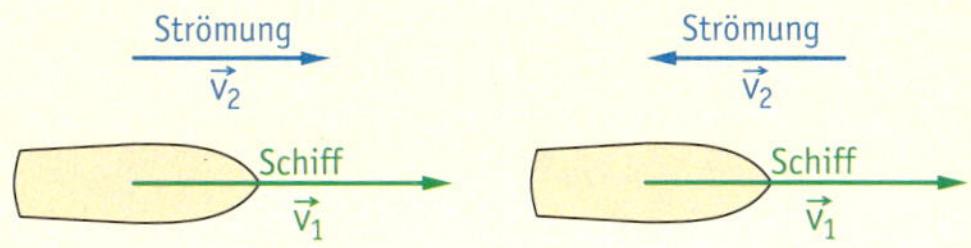

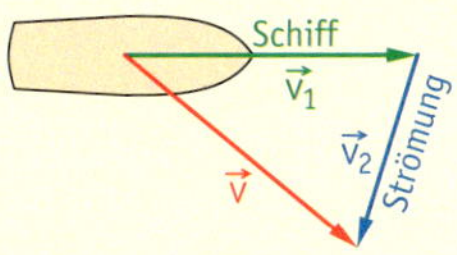

Oft kommen aber Fälle vor, bei denen die Strömungsrichtung und die Richtung, in die z. B. ein Motor das Schiff vorantreibt, verschieden sind. Auch in solchen Fällen kann man die resultierende Geschwindigkeit $\vec{v}$ durch Vektoraddition ermitteln.

Wenn man Geschwindigkeiten überlagert, dann ergibt die Vektoraddition den Vektor der resultierenden Geschwindigkeit. (Die Summe der Beträge der Geschwindigkeiten ist nur dann gleich dem Betrag der resultierenden Geschwindigkeit, wenn die beiden Bewegungen die gleiche Richtung haben.)

1

a) Bestimmen Sie die resultierende Geschwindigkeit $\vec{v}$ zeichnerisch, wenn $\vec{v}_1$ und $\vec{v}_2$ einen Winkel von 65° bzw. 127° bilden und wenn gilt $|\vec{v}_1| = 5\,\frac{m}{s}$ und $|\vec{v}_2| = 3\,\frac{m}{s}$. Man kann dies auch durch eine Rechnung kontrollieren (z. B. mit dem Kosinussatz).

b) Ein Motorboot wird mit $\vec{v}_1 = \begin{pmatrix}3\\2\end{pmatrix}$ durch einen Motor angetrieben auf einem Fluss mit der Strömung $\vec{v}_2 = \begin{pmatrix}-1\\2\end{pmatrix}$ (Einheit in $\frac{m}{s}$). Bestimmen Sie die resultierende Geschwindigkeit.

Überlagerung von Kräften

Wenn zwei Schlepper gleichzeitig ein Schiff ziehen, überlagern sich die beiden Zugkräfte. Mathematisch entspricht auch dies der Vektoraddition. Die resultierende Kraft ist die Summe der beiden Einzelkräfte.

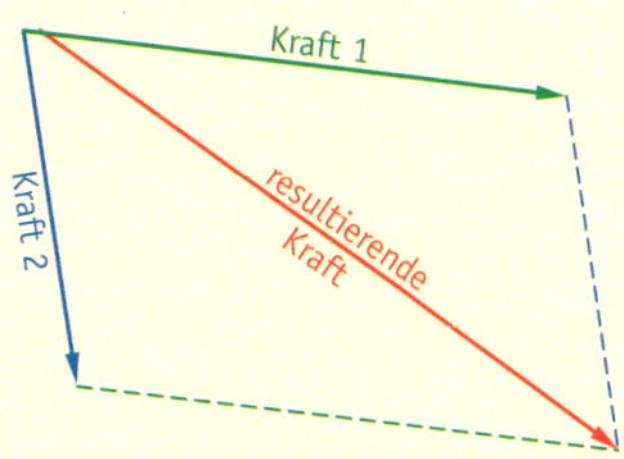

Beim Überlagern von Kräften gelten die gleichen Gesetzmäßigkeiten wie beim Überlagern von Geschwindigkeiten.

2 Ermitteln Sie die resultierende Kraft, wenn zwei Schlepper mit 10 000 N und 30 000 N ziehen und die Richtungen einen Winkel von 65° bilden.

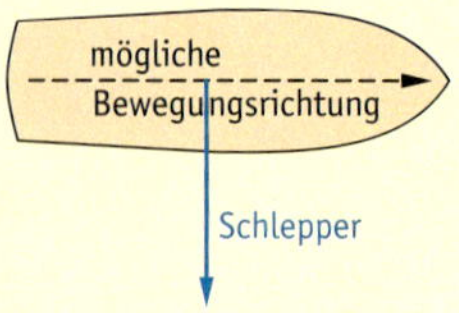

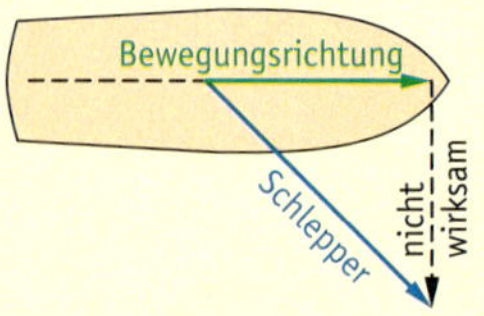

Zerlegen einer Kraft in zwei Kräfte

In vielen Situationen kommt es vor, dass Kräfte nicht ihre volle Wirkung erzielen können. Wenn z.B. ein Schlepper, wie im Bild links ein Schiff in der angegebenen Richtung zieht, kann das Schiff diese Bewegung nicht mitmachen, weil es sich nur in Kielrichtung bewegen kann und diese senkrecht zur Kraft des Schleppers verläuft.

Zieht der Schlepper aber schräg zur Kielrichtung, gibt es einen Teil der Kraft, der wirksam wird. Man zerlegt deshalb die volle Kraft des Schleppers in zwei Teile, deren Summe die volle Kraft ist. Der eine Teil in Kielrichtung treibt das Schiff voran, der andere Teil ist nicht wirksam für die Bewegung.

Beim Zerlegen eines Vektors in zwei Teilvektoren sucht man zwei Vektoren, deren Summe den Ausgangsvektor ergibt. Häufig sind die Richtungen der Teilvektoren durch die Gegebenheiten festgelegt.

3

a) Ermitteln Sie die wirksame Kraft, wenn ein Schlepper, wie im zweiten Bild oben, mit 35 000 N zieht. Untersuchen Sie, wie sich die wirksame Kraft mit dem Winkel zwischen Bewegungsrichtung und Kraftrichtung des Schleppers verändert.

b) Das nebenstehende Bild zeigt den Stapellauf eines Schiffes. Zeichnen Sie die beiden Teilkräfte ein. Ermitteln Sie den Betrag der Kraft, die das Schiff die schiefe Ebene hinab treibt. Ermitteln Sie auch den Betrag der Kraft, mit der das Schiff senkrecht gegen die schiefe Ebene gedrückt wird. Lösen Sie diese Aufgabe zeichnerisch und rechnerisch. Untersuchen Sie, wie sich eine Veränderung des Winkels auf die beiden Teilkräfte auswirkt. Betrachten Sie auch Extremfälle.

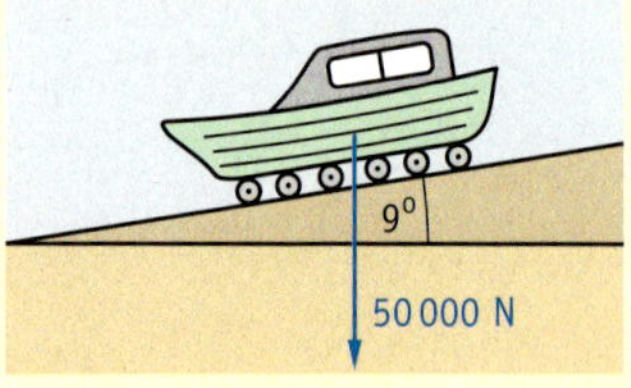

Mehrmaliges Zerlegen einer Kraft

Vielleicht haben Sie schon einmal davon gehört, dass man auch gegen den Wind segeln kann. Dies kann man vereinfacht mit Vektoren erklären.

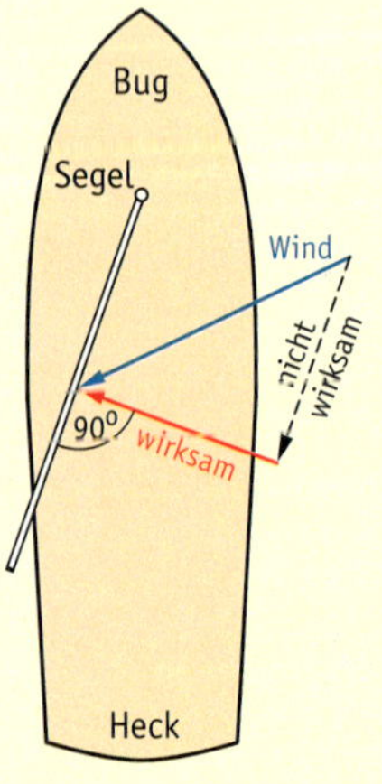

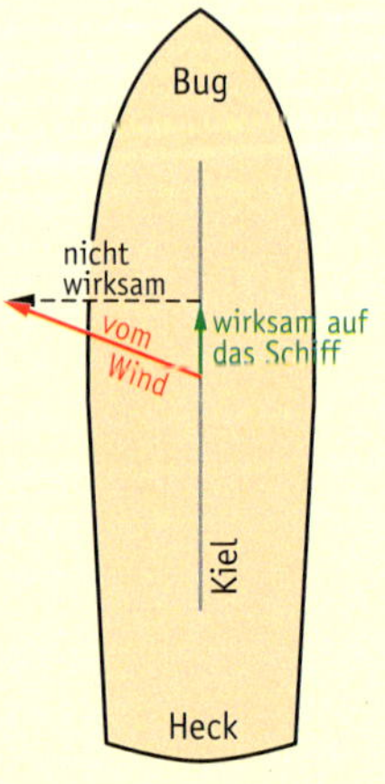

Wenn der Wind parallel zum Segel weht, kann er keine Wirkung ausüben; wenn er senkrecht dazu steht, kann er seine volle Kraft auf das Segel ausüben. Oft jedoch bilden Segel und Wind einen Winkel ungleich 90°. Der senkrecht zum Segel wirksame Teil der Windkraft wird vom Mast auf das Schiff übertragen. Davon ist aber nur der Teil wirksam, der in Kielrichtung verläuft.

Wenn der Wind von hinten kommt und das Segel günstig steht, kommt man gut voran. Die Bilder links zeigen, dass man auch gegen den Wind segeln kann: Der Wind kommt schräg von vorn, das Schiff fährt aber ebenfalls nach vorn.

4 Setzen Sie die Überlegungen zum Segeln gegen den Wind mithilfe einer dynamischen Geometriesoftware um. Dabei sind eigentlich nur Rechtecke zu konstruieren und überflüssige Linien zu verbergen. Zeichnen Sie zuerst ein Beispiel auf Papier. Übertragen Sie diesen Fall in das Programm. Verändern Sie dann auch die Stärke des Windes, die Windrichtung und die Segelrichtung. Verfolgen Sie die jeweiligen Auswirkungen. Demonstrieren Sie das Segeln mit dem Wind und gegen den Wind.

5.2. Skalarprodukt – Orthogonalität

5.2.1 Orthogonalität von Vektoren

An Gebäuden, technischen Anlagen und Geräten treten Ecken auf, in denen geradlinige Kanten unter verschiedenen Winkeln zusammenlaufen. Häufig liegt ein rechter Winkel vor, die Kanten können aber auch nicht rechtwinklig aufeinanderstoßen. Kanten können als Pfeile aufgefasst werden, die man durch Vektoren beschreiben kann.

Wir nennen zwei Vektoren $\vec{u} \neq \vec{o}$ und $\vec{v} \neq \vec{o}$ zueinander orthogonal, wenn sie im Koordinatensystem durch zueinander orthogonale Pfeile dargestellt werden können, und schreiben dann $\vec{u} \perp \vec{v}$.
Im Folgenden soll untersucht werden, wie man erkennen kann, ob zwei Vektoren zueinander orthogonal sind.

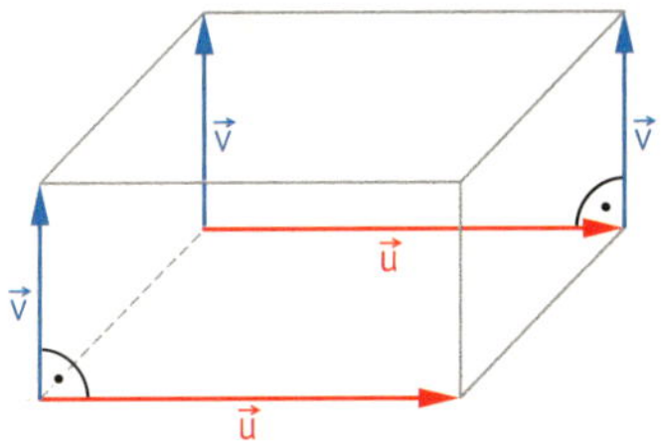

Einstieg

Der griechische Mathematiker PYTHAGORAS wurde um 570 v. Chr. auf der Insel Samos geboren. Ihm zu Ehren steht auf der Hafenmole der nach ihm benannten Stadt Pythagorio auf Samos ein Denkmal. Das aus Stein gefertigte Dreieck hat bezüglich eines Koordinatensystems (Einheit 1 m) die Eckpunkte A(2|2|1), B(2|−1|9) und C(2|−1|1).

- Weisen Sie nach, dass das Dreieck rechtwinklig ist.
- Es gibt Kriterien, mit denen man überprüfen kann, ob zwei Vektoren $a = \begin{pmatrix} a_1 \\ a_2 \\ a_3 \end{pmatrix}$ und $b = \begin{pmatrix} b_1 \\ b_2 \\ b_3 \end{pmatrix}$ orthogonal zueinander sind. Entwickeln Sie ein solches Kriterium.

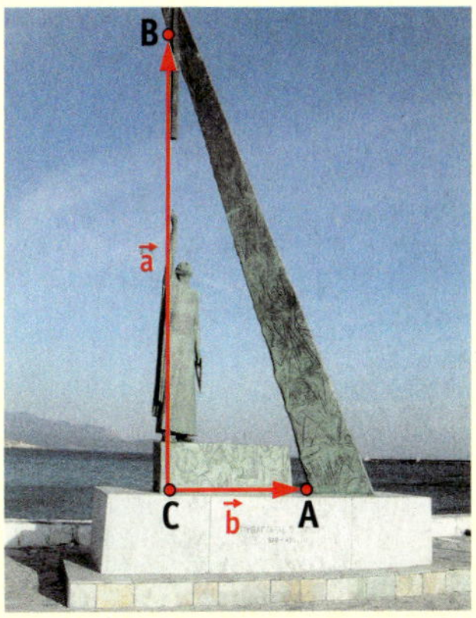

Aufgabe

1

a) Das Dreieck ABC in dem Dach rechts ist durch die zwei Vektoren $\overrightarrow{CA} = \begin{pmatrix} -6 \\ 6 \\ 3 \end{pmatrix}$ und $\overrightarrow{CB} = \begin{pmatrix} -1 \\ -2 \\ 2 \end{pmatrix}$ festgelegt. Untersuchen Sie, ob das Dreieck im Punkt C einen rechten Winkel hat.

b) Leiten Sie ein Kriterium her, mit dem rechnerisch überprüft werden kann, ob zwei Vektoren $\vec{u} = \begin{pmatrix} u_1 \\ u_2 \\ u_3 \end{pmatrix}$ und $\vec{v} = \begin{pmatrix} v_1 \\ v_2 \\ v_3 \end{pmatrix}$ zueinander orthogonal sind.

Lösung

a) Um zu überprüfen, ob das Dreieck ABC rechtwinklig ist, verwenden wir die Umkehrung des Satzes von Pythagoras:

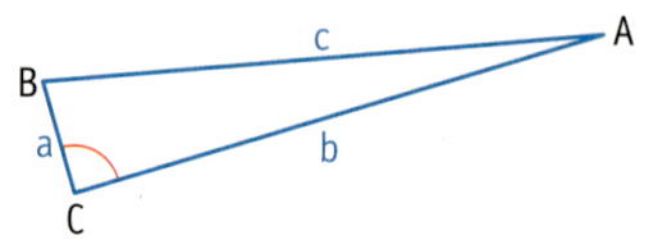

Wenn in einem Dreieck ABC für die Seitenlängen $a^2 + b^2 = c^2$ gilt, dann ist das Dreieck rechtwinklig mit der Hypotenuse c, also einem rechten Winkel im Punkt C.

Wir berechnen zunächst die Längen a, b, c der Seiten des Dreiecks ABC.

$$a = |\overrightarrow{CB}| = \left|\begin{pmatrix}-1\\-2\\2\end{pmatrix}\right| = \sqrt{(-1)^2 + (-2)^2 + 2^2} = \sqrt{9} = 3$$

$$b = |\overrightarrow{CA}| = \left|\begin{pmatrix}-6\\6\\3\end{pmatrix}\right| = \sqrt{(-6)^2 + 6^2 + 3^2} = \sqrt{81} = 9$$

$$c = |\overrightarrow{AB}| = |\overrightarrow{CB} - \overrightarrow{CA}| = \left|\begin{pmatrix}-1\\-2\\2\end{pmatrix} - \begin{pmatrix}-6\\6\\3\end{pmatrix}\right| = \left|\begin{pmatrix}5\\-8\\-1\end{pmatrix}\right| = \sqrt{5^2 + (-8)^2 + (-1)^2} = \sqrt{90}$$

Für die Längen der Seitenvektoren gilt: $9^2 + 3^2 = 90$.

Das Dreieck ist rechtwinklig mit einem rechten Winkel im Punkt C.

Die Vektoren $\overrightarrow{CB}$ und $\overrightarrow{CA}$ sind orthogonal zueinander.

b) Wir machen uns die obigen Überlegungen zunutze. Veranschaulicht man die Vektoren $\vec{u} = \begin{pmatrix}u_1\\u_2\\u_3\end{pmatrix}$ und $\vec{v} = \begin{pmatrix}v_1\\v_2\\v_3\end{pmatrix}$ durch Pfeile, die vom Ursprung 0 aus bis zu den Punkten $U(u_1|u_2|u_3)$ bzw. $V(v_1|v_2|v_3)$ verlaufen, so erhält man ein Dreieck OVU.

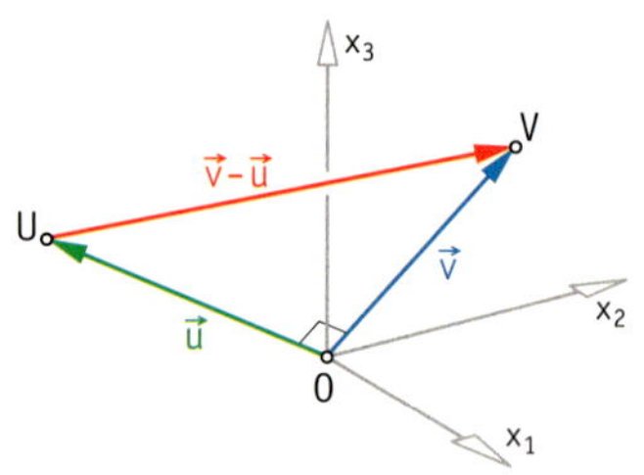

Wenn das Dreieck im Punkt 0 rechtwinklig ist, dann sind die Vektoren $\vec{u}$ und $\vec{v}$ orthogonal zueinander und nach dem Satz des Pythagoras gilt dann:

(1) $|\vec{v} - \vec{u}|^2 = |\vec{u}|^2 + |\vec{v}|^2$

Daran, ob Aussage (1) erfüllt ist oder nicht, erkennt man, ob das Dreieck OVU rechtwinklig ist, also auch, ob die Vektoren $\vec{u}$ und $\vec{v}$ zueinander orthogonal sind.

Sind $\vec{u}$ und $\vec{v}$ nicht orthogonal zueinander, so gilt:

$|\vec{v} - \vec{u}|^2 \neq |\vec{u}|^2 + |\vec{v}|^2$

Hieran erkennt man bei einem Dreieck, dass es nicht rechtwinklig ist.

Nach der Formel für den Betrag eines Vektors ergibt sich:

$$|\vec{u}|^2 = u_1^2 + u_2^2 + u_3^2$$
$$|\vec{v}|^2 = v_1^2 + v_2^2 + v_3^2$$
$$|\overrightarrow{UV}|^2 = |\vec{v} - \vec{u}|^2 = (v_1 - u_1)^2 + (v_2 - u_2)^2 + (v_3 - u_3)^2$$

Setzen wir dies in (1) ein, so erhalten wir:

$$|\vec{v} - \vec{u}|^2 = |\vec{u}|^2 + |\vec{v}|^2$$
$$(v_1 - u_1)^2 + (v_2 - u_2)^2 + (v_3 - u_3)^2 = u_1^2 + u_2^2 + u_3^2 + v_1^2 + v_2^2 + v_3^2$$

Durch Termumformungen auf der linken Seite ergibt sich:

$$u_1^2 + u_2^2 + u_3^2 + v_1^2 + v_2^2 + v_3^2 - 2\cdot(u_1 v_1 + u_2 v_2 + u_3 v_3) = u_1^2 + u_2^2 + u_3^2 + v_1^2 + v_2^2 + v_3^2$$

Äquivalenzumformungen führen zu der Gleichung:

(2) $u_1 v_1 + u_2 v_2 + u_3 v_3 = 0$

Zwei Vektoren $\vec{u}$ und $\vec{v}$ (mit $\vec{u} \neq \vec{o}$ und $\vec{v} \neq \vec{o}$) sind also genau dann zueinander orthogonal, wenn gilt:

$u_1 v_1 + u_2 v_2 + u_3 v_3 = 0$

Damit haben wir ein Kriterium, mit dem man anhand der Koordinaten zweier Vektoren herausfinden kann, ob diese Vektoren zueinander orthogonal sind oder nicht.

Information

(1) Skalarprodukt und Orthogonalität von Vektoren

Bei der Überprüfung, ob zwei Vektoren $\vec{u}$ und $\vec{v}$ orthogonal zueinander sind, berechnen wir aus ihren Koordinaten die Zahl $u_1 v_1 + u_2 v_2 + u_3 v_3$. Die Zahl $u_1 v_1 + u_2 v_2 + u_3 v_3$ hat für je zwei Vektoren $\vec{u} \neq \vec{o}$ und $\vec{v} \neq \vec{o}$ eine geometrische Bedeutung, deshalb führen wir für eine solche Zahl, die aus zwei Vektoren berechnet wird, einen eigenen Namen und die folgende Schreibweise ein.

Definition

Unter dem **Skalarprodukt** zweier Vektoren $\vec{u} = \begin{pmatrix} u_1 \\ u_2 \\ u_3 \end{pmatrix}$ und $\vec{v} = \begin{pmatrix} v_1 \\ v_2 \\ v_3 \end{pmatrix}$ versteht man die reelle Zahl $u_1 v_1 + u_2 v_2 + u_3 v_3$.

Das Skalarprodukt der Vektoren $\vec{u}$ und $\vec{v}$ wird mit $\vec{u} * \vec{v}$ bezeichnet:

$$\vec{u} * \vec{v} = \begin{pmatrix} u_1 \\ u_2 \\ u_3 \end{pmatrix} * \begin{pmatrix} v_1 \\ v_2 \\ v_3 \end{pmatrix} = u_1 v_1 + u_2 v_2 + u_3 v_3$$

Um das Skalarprodukt zweier Vektoren vom Produkt zweier reeller Zahlen zu unterscheiden, benutzen wir in diesem Buch das Zeichen $*$. In anderen Büchern findet man auch andere Schreibweisen wie z. B. $\vec{u} \bullet \vec{v}$ oder $\vec{u} \cdot \vec{v}$.

Beispiel

$$\begin{pmatrix} 3 \\ 4 \\ -1 \end{pmatrix} * \begin{pmatrix} 8 \\ 1 \\ 5 \end{pmatrix} = 3 \cdot 8 + 4 \cdot 1 + (-1) \cdot 5 = 23$$

Die Orthogonalitätsbedingung können wir nun kurz so formulieren:

Satz: Orthogonalitätskriterium für Vektoren

Zwei Vektoren $\vec{u}$ und $\vec{v}$ mit $\vec{u} \neq \vec{o}$ und $\vec{v} \neq \vec{o}$ sind genau dann zueinander orthogonal, wenn ihr Skalarprodukt den Wert null hat.

Für zwei Vektoren $\vec{u} \neq \vec{o}$ und $\vec{v} \neq \vec{o}$ gilt also: $\vec{u} \perp \vec{v}$ genau dann, wenn $\vec{u} * \vec{v} = 0$.

Beispiele

(1) $\vec{u} = \begin{pmatrix} 2 \\ -4 \\ 3 \end{pmatrix}$ und $\vec{v} = \begin{pmatrix} 8 \\ 1 \\ -4 \end{pmatrix}$: $\vec{u} * \vec{v} = \begin{pmatrix} 2 \\ -4 \\ 3 \end{pmatrix} * \begin{pmatrix} 8 \\ 1 \\ -4 \end{pmatrix} = 2 \cdot 8 + (-4) \cdot 1 + 3 \cdot (-4) = 0$. Also $\vec{u} \perp \vec{v}$.

(2) $\vec{a} = \begin{pmatrix} 1 \\ -2 \\ 5 \end{pmatrix}$ und $\vec{b} = \begin{pmatrix} 4 \\ 3 \\ -5 \end{pmatrix}$: $\vec{a} * \vec{b} = \begin{pmatrix} 1 \\ -2 \\ 5 \end{pmatrix} * \begin{pmatrix} 4 \\ 3 \\ -5 \end{pmatrix} = 1 \cdot 4 + (-2) \cdot 3 + 5 \cdot (-5) = -27 \neq 0$

$\vec{a}$ und $\vec{b}$ sind also *nicht* orthogonal zueinander.

(2) Zur Bezeichnung Skalarprodukt

Zunächst wundert man sich über den Namensteil *„-produkt“*. Denn zur Berechnung von $\vec{u} * \vec{v}$ wird eine Summe von Produkten gebildet. Aber wir müssen das Skalarprodukt als eine Rechenoperation für Vektoren auffassen, bei der man je zwei Vektoren $\vec{u}$ und $\vec{v}$ zur Zahl $u_1 v_1 + u_2 v_2 + u_3 v_3$ verknüpft. Für die neue Rechenoperation gelten einige Gesetze, die für die Multiplikation von Zahlen richtig und wichtig sind (siehe Aufgabe 3).

Die Beifügung „Skalar-“ weist darauf hin, dass das Verknüpfungsergebnis eine Zahl und kein Vektor ist.

Man nennt allgemein eine Größe (z. B. Masse, Energie, Volumen) eine *skalare Größe*, wenn zu ihrer Angabe (nach Wahl einer Einheit) eine reelle Zahl genügt.

Das ist anders bei *gerichteten Größen* (vektoriellen Größen) wie Kräften, Geschwindigkeiten und Beschleunigungen. Diese können durch Pfeile veranschaulicht werden. Zu ihrer vollständigen Beschreibung gehört neben dem *Betrag* die Angabe der *Wirkungsrichtung* und oft auch des *Angriffspunktes*.

Weiterführende Aufgaben

2 Skalarprodukt und Länge eines Vektors

Berechnen Sie das Skalarprodukt des Vektors $\vec{u} = \begin{pmatrix} u_1 \\ u_2 \\ u_3 \end{pmatrix}$ mit sich selbst und zeigen Sie:

> Für die Länge (den Betrag) eines Vektors gilt: $|\vec{u}| = \sqrt{\vec{u} * \vec{u}}$.
>
> *Statt $\vec{u} * \vec{u}$ schreibt man auch kurz $\vec{u}^2$*

3 Eigenschaften des Skalarprodukts

Gegeben sind die Vektoren $\vec{u} = \begin{pmatrix} 2 \\ -4 \\ 3 \end{pmatrix}$, $\vec{v} = \begin{pmatrix} 8 \\ 1 \\ -4 \end{pmatrix}$ und $\vec{w} = \begin{pmatrix} -1 \\ 5 \\ 7 \end{pmatrix}$.

Berechnen Sie, falls möglich, die Skalarprodukte und vergleichen Sie die Ergebnisse miteinander.

(1) $\vec{u} * \vec{v}$ und $\vec{v} * \vec{u}$

(2) $3 \cdot (\vec{u} * \vec{v})$, $(3 \cdot \vec{u}) * \vec{v}$ und $\vec{u} * (3 \cdot \vec{v})$

(3) $\vec{u} * (\vec{v} + \vec{w})$ und $\vec{u} * \vec{v} + \vec{u} * \vec{w}$

(4) $(\vec{u} * \vec{v}) * \vec{w}$

(5) $\vec{u} * (\vec{v} * \vec{w})$

(6) $\vec{u} * \vec{o}$

Welche Eigenschaften des Skalarprodukts lassen sich aufgrund Ihrer Ergebnisse vermuten?

4 Skalarprodukt mit einem Rechner bestimmen

Viele Rechner verfügen heute über einen gesonderten Befehl (z. B. **dotP**) zur Berechnung des Skalarprodukts zweier Vektoren. Man kann dieses jedoch auch mithilfe der Multiplikation zweier Listen und des Summenbefehls berechnen.

Die folgenden Rechenfenster zeigen verschiedene Möglichkeiten auf. Erläutern Sie jeweils die Vorgehensweise und bestimmen Sie die unten angegebenen Skalarprodukte mit Ihrem Rechner.

```
dotP([1 2 3],[4 5 -6])          -4
dotP([1;2;3],[4;5;-6])          -4
```

```
DEG
[   1   2   3]
u3=3
```

```
DEG
[   4   5   -6]
v3=-6
```

```
DEG
DotP([u],[v])
              -4
```

```
{1,2,3}→L1
          {1 2 3}
{4,5,-6}→L2
         {4 5 -6}
sum(L1*L2)
               -4
```

```
sum({1,2,3}*{4,5
,-6})
               -4
```

(1) $\begin{pmatrix} 2{,}4 \\ -1{,}8 \\ 3{,}6 \end{pmatrix} * \begin{pmatrix} -4{,}3 \\ 0{,}7 \\ 1{,}2 \end{pmatrix}$ (2) $\begin{pmatrix} -22{,}34 \\ 17{,}53 \\ 83{,}04 \end{pmatrix} * \begin{pmatrix} 102{,}23 \\ 32{,}48 \\ -96{,}08 \end{pmatrix}$ (3) $\begin{pmatrix} 0{,}04 \\ -1{,}38 \\ 12{,}44 \end{pmatrix} * \begin{pmatrix} -21{,}33 \\ -0{,}46 \\ -21{,}08 \end{pmatrix}$

5 Zu einem Vektor einen orthogonalen Vektor bestimmen

Martin hat zu einem Vektor mehrere orthogonale Vektoren ermittelt.
Erläutern Sie sein Vorgehen.
Bestimmen Sie zu folgenden Vektoren jeweils drei orthogonale Vektoren.

$\vec{u} = \begin{pmatrix} 1 \\ 0 \\ 2 \end{pmatrix}$; $\vec{a} = \begin{pmatrix} -2 \\ 1 \\ 2 \end{pmatrix}$;

$\vec{b} = \begin{pmatrix} -1 \\ 3 \\ 3 \end{pmatrix}$; $\vec{w} = \begin{pmatrix} 10 \\ -0{,}5 \\ 7 \end{pmatrix}$

Gegeben: $\vec{u} = \begin{pmatrix} 3 \\ -2 \\ 1 \end{pmatrix}$ Gesucht: $\vec{v}$ mit $\vec{v} \perp \vec{u}$

Lösung: $\begin{pmatrix} 3 \\ -2 \\ 1 \end{pmatrix} * \begin{pmatrix} v_1 \\ v_2 \\ v_3 \end{pmatrix} = 0$

$3v_1 - 2v_2 + v_3 = 0$, also $v_3 = 2v_2 - 3v_1$

Damit ergibt sich:

$\vec{v} = \begin{pmatrix} v_1 \\ v_2 \\ 2v_2 - 3v_1 \end{pmatrix}$ mit beliebigen v_1 und v_2

Man erhält z. B.

$\vec{v} = \begin{pmatrix} 1 \\ 2 \\ 1 \end{pmatrix}$ oder $\vec{v} = \begin{pmatrix} 0 \\ 3 \\ 6 \end{pmatrix}$ oder $\vec{v} = \begin{pmatrix} -2 \\ 1 \\ 8 \end{pmatrix}$

Übungsaufgaben

6 Prüfen Sie, ob die Vektoren $\vec{u}$ und $\vec{v}$ orthogonal zueinander sind.

a) $\vec{u} = \begin{pmatrix} -1 \\ 0 \\ 1 \end{pmatrix}$ und $\vec{v} = \begin{pmatrix} 0 \\ 5 \\ 0 \end{pmatrix}$ **c)** $\vec{u} = \begin{pmatrix} 1 \\ -2 \\ 3 \end{pmatrix}$ und $\vec{v} = \begin{pmatrix} 2 \\ 2 \\ 5 \end{pmatrix}$

b) $\vec{u} = \begin{pmatrix} 2 \\ 1 \\ -3 \end{pmatrix}$ und $\vec{v} = \begin{pmatrix} 1 \\ 1 \\ 1 \end{pmatrix}$ **d)** $\vec{u} = \begin{pmatrix} 3 \\ 0 \\ -2 \end{pmatrix}$ und $\vec{v} = \begin{pmatrix} 2 \\ 11 \\ 3 \end{pmatrix}$

7 Untersuchen Sie, was bei der Berechnung des Skalarprodukts falsch gemacht wurde.

a) $\begin{pmatrix} 2 \\ -1 \\ 3 \end{pmatrix} * \begin{pmatrix} 1 \\ 4 \\ 2 \end{pmatrix} = \begin{pmatrix} 2 \\ -4 \\ 6 \end{pmatrix}$ b) $\begin{pmatrix} 1 \\ 1 \\ 1 \end{pmatrix} * \begin{pmatrix} 1 \\ 1 \\ 1 \end{pmatrix} = 1$

8 Untersuchen Sie, ob die Diagonalen des Vierecks ABCD mit A(3|1|2), B(3|0|−3), C(7|3|−4) und D(6|3|0) zueinander orthogonal sind. Falls ja, welche Aussagen kann man dann über das Viereck machen?

9 Bestimmen Sie $t \in \mathbb{R}$ so, dass die Vektoren $\vec{a}$ und $\vec{b}$ zueinander orthogonal sind.

a) $\vec{a} = \begin{pmatrix} t-3 \\ -2 \\ 6 \end{pmatrix}$, $\vec{b} = \begin{pmatrix} 4 \\ t \\ 1 \end{pmatrix}$ **b)** $\vec{a} = \begin{pmatrix} t^2 \\ 4t \\ 2 \end{pmatrix}$; $\vec{b} = \begin{pmatrix} 4 \\ -2 \\ t+1 \end{pmatrix}$ **c)** $\vec{a} = \begin{pmatrix} t \\ 2+8t \\ 4 \end{pmatrix}$; $\vec{b} = \begin{pmatrix} 2t \\ -2 \\ t+1 \end{pmatrix}$

10 Bestimmen Sie drei Vektoren, die zum Vektor $\vec{v} = \begin{pmatrix} 4 \\ -2 \\ 3 \end{pmatrix}$ orthogonal sind.
Wie viele solcher Vektoren gibt es?

11

a) Geben Sie je vier Vektoren an, die zum Vektor $\vec{v}$ orthogonal sind.

(1) $\vec{v} = \begin{pmatrix} 1 \\ 2 \\ -1 \end{pmatrix}$ (2) $\vec{v} = \begin{pmatrix} 3 \\ 0 \\ 4 \end{pmatrix}$ (3) $\vec{v} = \begin{pmatrix} 0 \\ 1 \\ 0 \end{pmatrix}$ (4) $\vec{v} = \begin{pmatrix} 1 \\ 1 \\ 1 \end{pmatrix}$

b) Begründen Sie geometrisch, dass es zu einem gegebenen Vektor unendlich viele orthogonale Vektoren gibt. Unterscheiden Sie dabei Vektoren im Raum bzw. in der Ebene.

12 Bestimmen Sie für den Dreieckspunkt C die dritte Koordinate so, dass das Dreieck ABC mit A(10|8|0), B(6|11|1) und C(2|8|c_3) rechtwinklig ist.

13

a) Untersuchen Sie, welche Besonderheiten die Dreiecke ABC aufweisen.

(1) A(1|−3|1), B(−1|−1|1) und C(−1|−3|3)

(2) A(2|5|−3), B(−2|2|0) und C(3|1|3)

(3) A(3|1|−2), B(3|−2|−5) und C(3|1|−5)

b) Geben Sie mittels des Skalarprodukts allgemeine Bedingungen für die Vektoren $\overrightarrow{AB}$, $\overrightarrow{BC}$ und $\overrightarrow{CA}$ an, damit ein Dreieck ABC (1) rechtwinklig, (2) gleichschenklig, (3) gleichseitig ist.

14 Die Glaskuppel auf dem Dach eines mehrstöckigen Hauses besteht aus Glaselementen, die von Metallstreben zusammengehalten werden. Einige dieser Streben laufen von der Dachspitze strahlenförmig nach außen.
Den Bauplänen kann man die Koordinaten der Endpunkte zweier solcher Streben entnehmen:
A(0|0|15), B(4|−3|13,5) und C(4|3|13,5), gemessen in m.
Zeigen Sie, dass die beiden Dachstreben im Bild rechts keinen rechten Winkel einschließen.

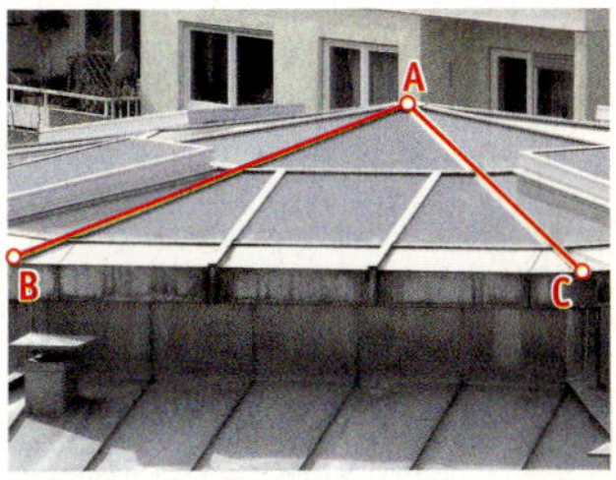

15

a) Bestimmen Sie zu $\vec{v} = \begin{pmatrix} 0 \\ 1 \\ 1 \end{pmatrix}$ und $\vec{u} = \begin{pmatrix} 1 \\ 1 \\ -1 \end{pmatrix}$ einen Vektor, der zu $\vec{v}$ und zu $\vec{u}$ orthogonal ist.

b) Geben Sie zum Vektor $\vec{v} = \begin{pmatrix} 2 \\ -1 \\ 2 \end{pmatrix}$ zwei Vektoren $\vec{u}$ und $\vec{w}$ so an, dass die drei Vektoren paarweise orthogonal zueinander sind.

16 Prüfen Sie, ob die Balken des Tragwerks orthogonal zueinander sind.

17 Überprüfen Sie die Vektoren auf Orthogonalität.

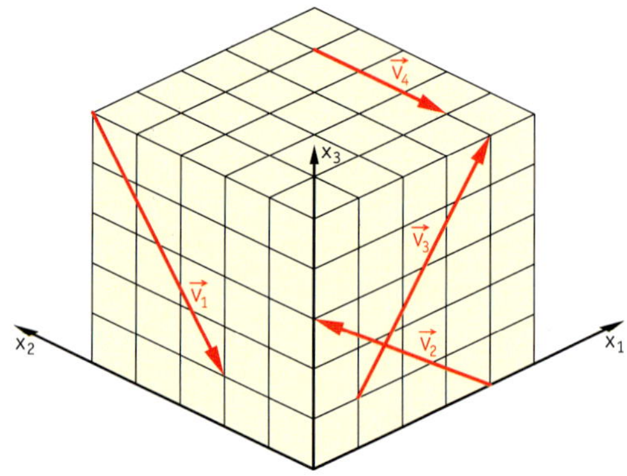

18 Tim behauptet: *Der Vektor $(\vec{a} * \vec{b}) * \vec{c}$ ist ein Vielfaches des Vektors $\vec{c}$.*
Jenny dagegen meint: *Der Term $(\vec{a} * \vec{b}) * \vec{c}$ ergibt keinen Sinn; man kann doch kein Skalarprodukt aus einer Zahl und einem Vektor bilden.*
Nehmen Sie zu den beiden Meinungen Stellung.

19 Auf einem Spielplatz stehen mehrere Stangengerüste als Klettertürme mit schrägen dreieckförmigen Dachflächen.
Die Eckpunkte einer der Dachflächen haben in einem lokalen Koordinatensystem die Koordinaten A(2,45 | 1,3 | 2,25), B(1,9 | 4,45 | 2,38) und C(3,75 | 3,05 | 2,57). Bei der Einweihung des Spielplatzes wurde von rechtwinkligen Dachflächen gesprochen. Stimmt dies?

Einheiten in m

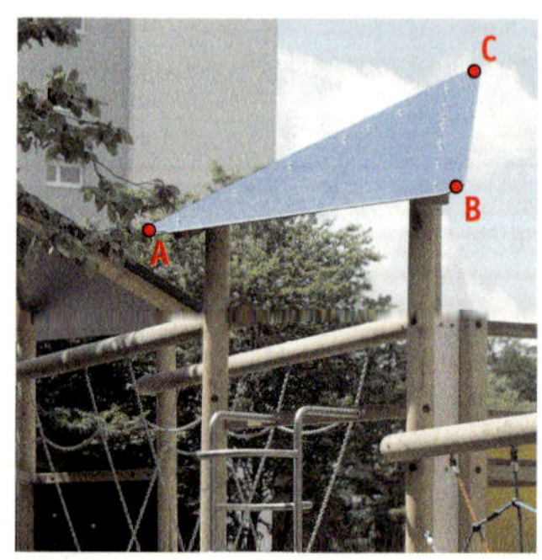

20 In einem Koordinatensystem sind die Punkte A(1 | 1 | 2), B(1 | 6 | 2) und C(4 | 6 | 6) gegeben.
Begründen Sie durch eine Rechnung:
Ein weiterer Punkt D kann so gewählt werden, dass das Viereck ABCD ein Quadrat ist.
Bestimmen Sie die Koordinaten von D.

LK **21** Bestimmen Sie den Zusammenhang zwischen a und b, sodass die Vektoren $\vec{v} = \begin{pmatrix} 2 \\ 4 \\ -1 \end{pmatrix}$ und $\vec{u} = \begin{pmatrix} a \\ 2 \\ 8+b \end{pmatrix}$ orthogonal zueinander sind.

LK **22** Bestimmen Sie zu dem Vektor $\vec{v}$ alle Vektoren, die zu $\vec{v}$ orthogonal sind.

(1) $\vec{v} = \begin{pmatrix} a \\ b \\ 0 \end{pmatrix}$; (2) $\vec{v} = \begin{pmatrix} a \\ b \\ 1 \end{pmatrix}$; (3) $\vec{v} = \begin{pmatrix} a \\ 2 \\ c \end{pmatrix}$

5.2.2 Winkel zwischen zwei Vektoren

Im vorigen Abschnitt 5.2.1 haben wir ein Kriterium kennengelernt, mit dem man mithilfe des Skalarprodukts die Orthogonalität zweier Vektoren überprüfen kann. Im Folgenden soll untersucht werden, wie man Winkel zwischen zwei Vektoren berechnen kann, wenn sie nicht zueinander orthogonal sind.

Einstieg

- Zu zwei Vektoren $\vec{a}$ und $\vec{b}$ mit dem eingeschlossenen Winkel α kann man (wie rechts dargestellt) ein Rechteck festlegen. Zeigen Sie, dass man den Flächeninhalt des Rechtecks wie angegeben berechnen kann.
- Zeigen Sie, dass das Dreieck ABC mit $A(5|3|2)$, $B(1|7|2)$ und $C(1|3|6)$ ein gleichseitiges Dreieck ist.
  Berechnen Sie den Flächeninhalt des Rechtecks, das so wie rechts durch die Vektoren $\overrightarrow{AB}$ und $\overrightarrow{AC}$ und den eingeschlossenen Winkel α festgelegt ist. Berechnen Sie auch $\overrightarrow{AB} * \overrightarrow{AC}$. Was stellen Sie fest?
- Verfahren Sie ebenso mit den Vektoren $\overrightarrow{CA}$ und $\overrightarrow{CB}$. Formulieren Sie eine Vermutung.
- Überprüfen Sie die Vermutung für weitere, selbst gewählte Vektoren, für die Sie die Größe des eingeschlossenen Winkels kennen.

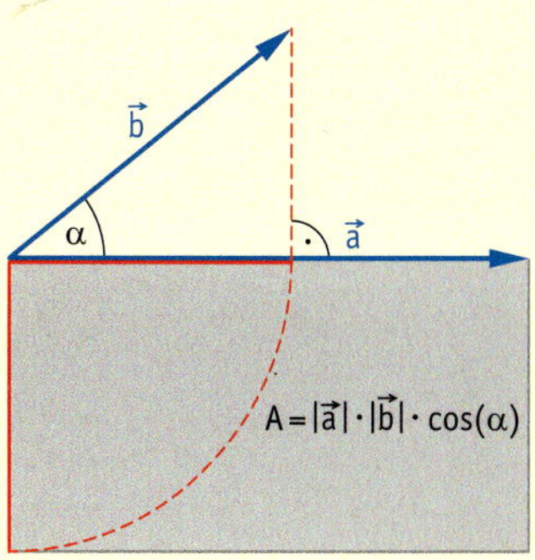

Einführung

(1) Skalarprodukt zueinander paralleler Vektoren

Für den Fall $\vec{u} \perp \vec{v}$ gilt $\vec{u} * \vec{v} = 0$.

Was ergibt sich in den anderen Fällen für das Skalarprodukt $\vec{u} * \vec{v}$?

Betrachten wir zunächst die Fälle, in denen $\vec{u} \parallel \vec{v}$ gilt:

Beide Vektoren sind parallel zueinander, also sind $\vec{u}$ und $\vec{v}$ Vielfache voneinander, und es gibt eine Zahl $k \in \mathbb{R}$ mit $\vec{u} = k \cdot \vec{v}$.

Für das Skalarprodukt ergibt sich damit $\vec{u} * \vec{v} = (k \cdot \vec{v}) * \vec{v} = k \cdot |\vec{v}| \cdot |\vec{v}|$.

Im Fall $k > 0$ ist $|\vec{u}| = k \cdot |\vec{v}|$, also $\vec{u} * \vec{v} = |\vec{u}| \cdot |\vec{v}|$.

Im Fall $k < 0$ ist $|\vec{u}| = -k \cdot |\vec{v}|$, also $\vec{u} * \vec{v} = -|\vec{u}| \cdot |\vec{v}|$.

Bei zueinander parallelen Vektoren $\vec{u}$ und $\vec{v}$ gilt:
Sind $\vec{u}$ und $\vec{v}$ gleichgerichtet, so ist $\vec{u} * \vec{v} = |\vec{u}| \cdot |\vec{v}|$.
Sind $\vec{u}$ und $\vec{v}$ einander entgegengesetzt gerichtet, so ist $\vec{u} * \vec{v} = -|\vec{u}| \cdot |\vec{v}|$.

(2) Winkel zwischen Vektoren im Raum

Wie bei zueinander orthogonalen Vektoren versteht man unter dem Winkel zwischen zwei Vektoren $\vec{u}$ und $\vec{v}$ $(\vec{u}, \vec{v} \neq \vec{o})$ den Winkel zwischen einem Pfeil von $\vec{u}$ und einem Pfeil von $\vec{v}$ mit gemeinsamem Anfangspunkt. Die beiden Vektoren bilden in der Ebene E, in der die beiden Pfeile liegen, zwei Winkel, die sich zu 360° ergänzen.

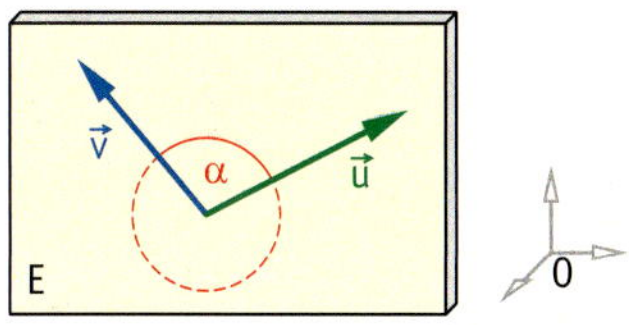

Üblicherweise gibt man den kleineren der beiden Winkel an, es sei denn, die Sachsituation erfordert etwas anderes.

(3) Skalarprodukt beliebiger Vektoren $\vec{u}, \vec{v}$ mit $\vec{u} \neq \vec{o}$ und $\vec{v} \neq \vec{o}$

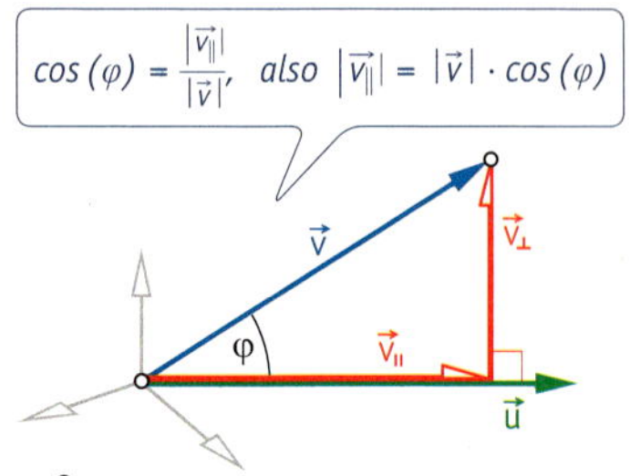

- Man kann im Fall $\varphi < 90°$ den Vektor $\vec{v}$ in einen Anteil $\vec{v}_{\perp}$ orthogonal zum Vektor $\vec{u}$ und einen Anteil $\vec{v}_{\|}$ parallel zu $\vec{u}$ zerlegen: $\vec{v} = \vec{v}_{\perp} + \vec{v}_{\|}$
  Für das Skalarprodukt ergibt sich
  $\vec{u} * \vec{v} = \vec{u} * (\vec{v}_{\perp} + \vec{v}_{\|}) = \vec{u} * \vec{v}_{\perp} + \vec{u} * \vec{v}_{\|} = \vec{u} * \vec{v}_{\|}$, da $\vec{u} * \vec{v}_{\perp} = 0$ gilt.
  Weiter erhält man $\vec{u} * \vec{v} = \vec{u} * \vec{v}_{\|} = |\vec{u}| * |\vec{v}_{\|}| = |\vec{u}| \cdot |\vec{v}| \cdot \cos(\varphi)$.

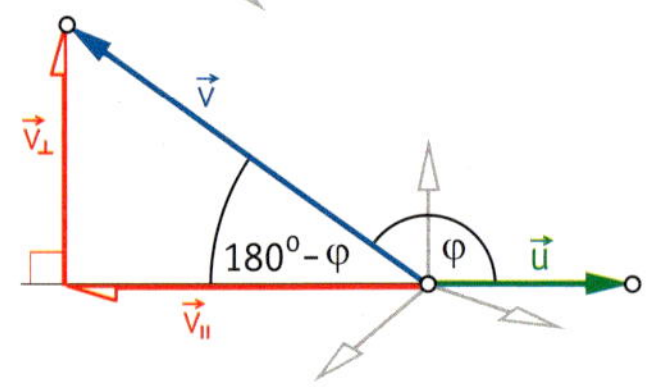

- Im Fall $\varphi > 90°$ ist $\vec{v}_{\|}$ zu $\vec{u}$ entgegengesetzt gerichtet und man erhält: $\vec{u} * \vec{v} = \vec{u} * \vec{v}_{\|} = -|\vec{u}| \cdot |\vec{v}_{\|}|$
  $= -|\vec{u}| \cdot \left(|\vec{v}| \cdot \cos(180° - \varphi)\right)$
  $= |\vec{u}| \cdot |\vec{v}| \cdot \cos(\varphi)$
- Auch im Fall $\varphi = 0$ ist die Formel $\vec{u} * \vec{v} = |\vec{u}| \cdot |\vec{v}| \cdot \cos(\varphi)$ gültig, da $\vec{u}$ und $\vec{v}$ dann zueinander parallel und gleichgerichtet sind. Also gilt: $\vec{u} * \vec{v} = |\vec{u}| \cdot |\vec{v}|$, was sich wegen $\cos(0°) = 1$ auch aus der obigen Formel ergibt.

Satz

Für je zwei Vektoren $\vec{u} \neq \vec{o}$ und $\vec{v} \neq \vec{o}$ mit dem Winkel φ gilt:
$\vec{u} * \vec{v} = |\vec{u}| \cdot |\vec{v}| \cdot \cos(\varphi)$

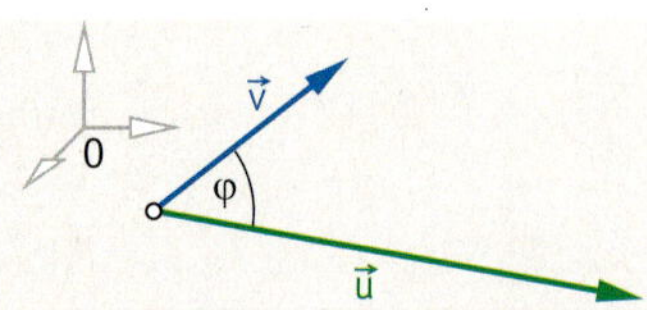

Aufgabe

1 Bei der Planung eines Hauses wird der Lichteinfall im Dachgeschoss auch durch den Winkel am Giebel bestimmt. In einem Koordinatensystem (Einheit 1 m) sind die Eckpunkte eines Giebels gegeben durch A (4 | 3 | 2), B (−5 | 3 | 2) und C (0 | 0 | 3). Berechnen Sie den Winkel, den die Giebelkanten im Eckpunkt C miteinander einschließen.

Lösung

Die gesuchte Winkelgröße ist gleich der Größe des Winkels zwischen den Vektoren $\vec{u} = \overrightarrow{CA}$ und $\vec{v} = \overrightarrow{CB}$, welche die Richtungen der Dachkanten beschreiben. Für das Skalarprodukt $\vec{u} * \vec{v}$ gilt:
$\vec{u} * \vec{v} = |\vec{u}| \cdot |\vec{v}| \cdot \cos(\varphi)$. Der Kosinus des Winkels φ kann daraus wie folgt bestimmt werden: $\cos(\varphi) = \frac{\vec{u} * \vec{v}}{|\vec{u}| \cdot |\vec{v}|}$
Aus dieser Gleichung lässt sich der Winkel φ berechnen.
Wir berechnen zunächst die Verbindungsvektoren $\vec{u} = \overrightarrow{CA}$ und $\vec{v} = \overrightarrow{CB}$:

$$\vec{u} = \overrightarrow{CA} = \begin{pmatrix} 4 \\ 3 \\ 2 \end{pmatrix} - \begin{pmatrix} 0 \\ 0 \\ 3 \end{pmatrix} = \begin{pmatrix} 4 \\ 3 \\ -1 \end{pmatrix} \text{ und } \vec{v} = \overrightarrow{CB} = \begin{pmatrix} -5 \\ 3 \\ 2 \end{pmatrix} - \begin{pmatrix} 0 \\ 0 \\ 3 \end{pmatrix} = \begin{pmatrix} -5 \\ 3 \\ -1 \end{pmatrix}.$$

Für die Längen der Vektoren erhalten wir:

$$|\vec{u}| = \sqrt{\vec{u} * \vec{u}} = \sqrt{4^2 + 3^2 + (-1)^2} = \sqrt{26} \text{ und } |\vec{v}| = \sqrt{\vec{v} * \vec{v}} = \sqrt{(-5)^2 + 3^2 + (-1)^2} = \sqrt{35}$$

Wir berechnen das Skalarprodukt $\vec{u} * \vec{v} = \begin{pmatrix} 4 \\ 3 \\ -1 \end{pmatrix} * \begin{pmatrix} -5 \\ 3 \\ -1 \end{pmatrix} = -10$.

Diese Werte setzen wir in die Gleichung $\cos(\varphi) = \frac{\vec{u} * \vec{v}}{|\vec{u}| \cdot |\vec{v}|}$ ein:

$$\cos(\varphi) = \frac{-10}{\sqrt{26} \cdot \sqrt{35}} \approx -0{,}33$$

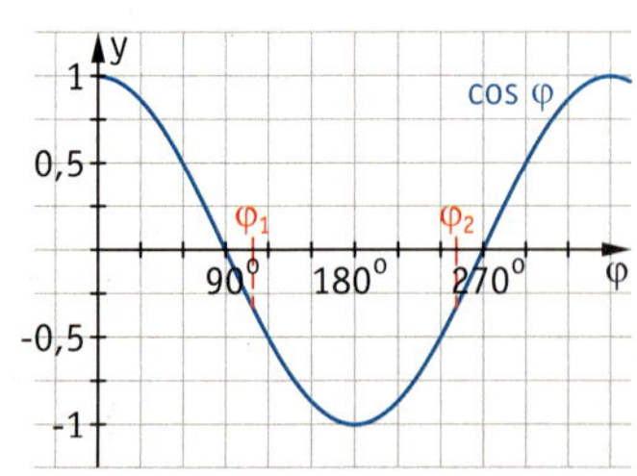

Die Gleichung $\cos\varphi = -0{,}33$ hat zwischen 0° und 360° zwei Lösungen: $\varphi_1 \approx 109°$ und $\varphi_2 \approx 360° - \varphi_1 = 251°$.
Beide Winkel φ_1 und φ_2 ergänzen sich zu 360°. Es kommt am Dachvorsprung nur der kleinere Winkel, also $\varphi_1 = 109°$, infrage.

Information

Winkel zwischen Vektoren im Raum berechnen

Aus dem Satz von Seite 254 ergibt sich:

Satz

Für den Winkel φ zwischen zwei Vektoren $\vec{u}$ und $\vec{v}$ $(\vec{u} \neq \vec{o};\ \vec{v} \neq \vec{o})$ gilt: $\cos(\varphi) = \frac{\vec{u} * \vec{v}}{|\vec{u}| \cdot |\vec{v}|}$ mit $0° \leq \varphi \leq 180°$

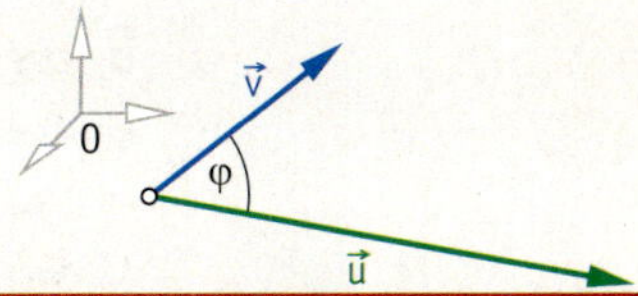

Beispiel

$\vec{u} = \begin{pmatrix} -2 \\ 2 \\ 1 \end{pmatrix}$, $\vec{v} = \begin{pmatrix} 4 \\ 0 \\ 3 \end{pmatrix}$; $|\vec{u}| = \sqrt{\vec{u} * \vec{u}} = 3$; $|\vec{v}| = \sqrt{\vec{v} * \vec{v}} = 5$; $\vec{u} * \vec{v} = -5$; $\cos(\varphi) = \frac{-5}{3 \cdot 5} = -\frac{1}{3}$; also $\varphi \approx 109{,}5°$

Übungsaufgaben

2 Berechnen Sie den Winkel, den die gegebenen Vektoren miteinander einschließen.

a) $\vec{u} = \begin{pmatrix} 2 \\ -1 \\ 2 \end{pmatrix}$; $\vec{v} = \begin{pmatrix} 4 \\ 0 \\ -3 \end{pmatrix}$ **b)** $\vec{u} = \begin{pmatrix} 1 \\ 1 \\ 1 \end{pmatrix}$; $\vec{v} = \begin{pmatrix} -5 \\ 3 \\ -1 \end{pmatrix}$ **c)** $\vec{u} = \begin{pmatrix} -3 \\ -2 \\ 5 \end{pmatrix}$; $\vec{v} = \begin{pmatrix} 7 \\ 1 \\ -4 \end{pmatrix}$

3

a) Weisen Sie nach, dass durch die Vektoren $\vec{u} = \begin{pmatrix} 2 \\ -1 \\ 2 \end{pmatrix}$ und $\vec{v} = \begin{pmatrix} 1 \\ 2 \\ -2 \end{pmatrix}$ und einen gemeinsamen Anfangspunkt $A(1\,|\,1\,|\,2)$ eine Raute bestimmt wird.

b) Ermitteln Sie die Eckpunkte der Raute sowie den Schnittpunkt und den Schnittwinkel der Diagonalen.

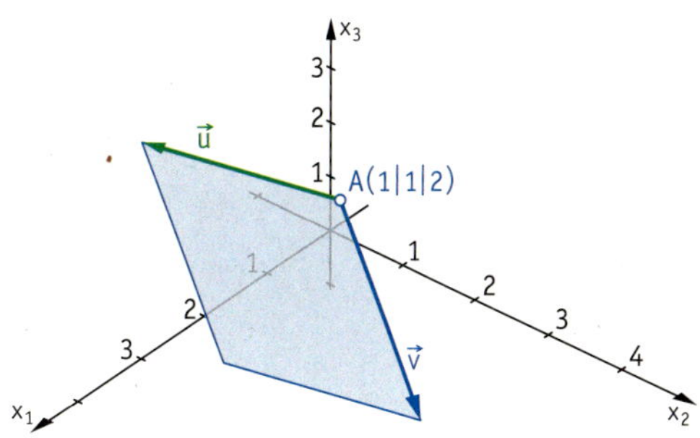

4 Sven erklärt:

Wenn das Skalarprodukt zweier Vektoren einen negativen Wert ergibt, so ist der eingeschlossene Winkel ein stumpfer Winkel.
Ist der Wert dagegen positiv, so ist es ein spitzer Winkel.

Nehmen Sie zu dieser Aussage Stellung.

5 Bestimmen Sie die Längen der Dreiecksseiten und die Innenwinkel des

a) Dreiecks in der Abbildung rechts;

b) Dreiecks ABC mit $A(1\,|\,0\,|\,-4)$, $B(2\,|\,-2\,|\,0)$ und $C(4\,|\,4\,|\,5)$;

c) Dreiecks ABC mit $A(-1\,|\,0\,|\,0)$, $B(0\,|\,1\,|\,0)$, $C(-4\,|\,3\,|\,-2)$.

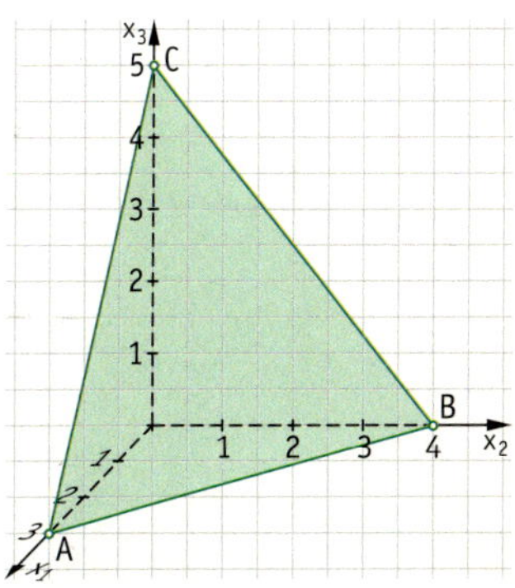

LK **6** Gegeben ist der Vektor $\vec{v} = \begin{pmatrix} 2 \\ 1 \\ 4 \end{pmatrix}$ $\left[\begin{pmatrix} -2 \\ 3 \\ 5 \end{pmatrix}; \begin{pmatrix} -2 \\ 1 \\ -4 \end{pmatrix}; \begin{pmatrix} -2 \\ -3 \\ -5 \end{pmatrix}; \begin{pmatrix} v_1 \\ v_2 \\ v_3 \end{pmatrix}\right]$.

a) Berechnen Sie die Winkel φ_1, φ_2 und φ_3, die der Vektor $\vec{v}$ mit je einer der Koordinatenachsen einschließt.

b) Beweisen Sie allgemein: $\cos^2(\varphi_1) + \cos^2(\varphi_2) + \cos^2(\varphi_3) = 1$.

7 Bestimmen Sie die Innenwinkel des Dreiecks PQR in der Figur rechts.

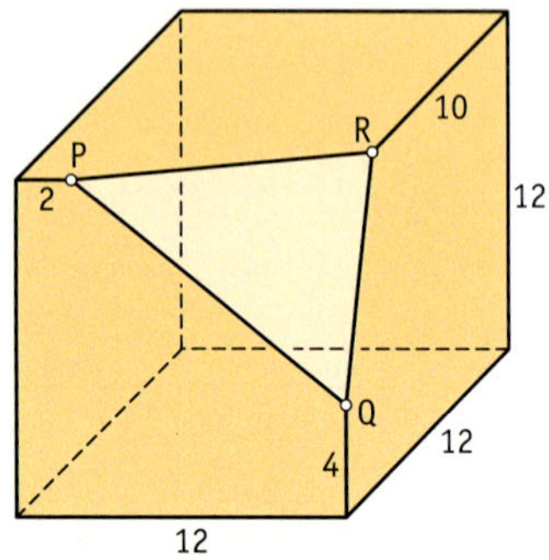

8 Die Abbildung links zeigt einen Würfel mit der Kantenlänge 4 Koordinateneinheiten. Untersuchen Sie, unter welchem Winkel sich jeweils zwei Raumdiagonalen schneiden und ob die Schnittwinkel verschieden groß sind. Erläutern Sie, wie Sie zeichnerisch einen Schnittwinkel zwischen zwei Raumdiagonalen bestimmen können.

9 Mit A(50 | −10 | 131), B(58 | −18 | 127) und C(52 | 0 | 142) werden in einem Koordinatensystem die benachbarten Gitterpunkte im Netz eines Zeltdaches bezeichnet [Angaben in dm]. Zur Herstellung der Seilverbindungen in den Gitterpunkten sowie der Abdeckplatten für die Maschen benötigt man den Winkel, den die Seilstücke miteinander einschließen. Die Verbindungslinien können dabei zur Vereinfachung als Strecken aufgefasst werden. Bestimmen Sie den Winkel bei A.

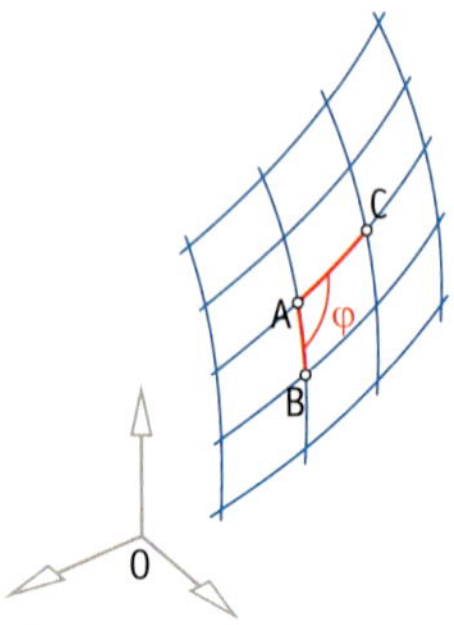

10 Zeigen Sie, dass der Satz auf Seite 255 zur Berechnung des Winkels zwischen zwei Vektoren auch gilt, wenn die beiden Vektoren zueinander parallel sind.

11 Eine Mutter zieht einen Schlitten mit ihren Kindern 300 m weit über eine schiefe ebene Schneefläche. (Die entstehenden Reibungskräfte können vernachlässigt werden.) Sie bringt dabei eine konstante Kraft von 120 N auf.
Bestimmen Sie, wie groß die Kraft ist, die in Wegrichtung wirksam wird und welche Arbeit verrichtet wird.

12 Bestimmen Sie die fehlende Koordinate des Vektors $\vec{b}$ so, dass die Vektoren $\vec{a}$ und $\vec{b}$ den Winkel α einschließen.

a) $\vec{a} = \begin{pmatrix} -3 \\ 4 \\ 1 \end{pmatrix}$; $\vec{b} = \begin{pmatrix} -1 \\ b_2 \\ 1 \end{pmatrix}$; $\alpha = 90°$

b) $\vec{a} = \begin{pmatrix} -2 \\ 1 \\ -2 \end{pmatrix}$; $\vec{b} = \begin{pmatrix} 0 \\ 1 \\ b_3 \end{pmatrix}$; $\alpha = 45°$

13 Ein Viereck hat die Eckpunkte A(−3 | 2 | 5), B(4 | −2 | 1), C(5 | 6 | 8) und D(−2 | 10 | 12).
a) Zeigen Sie, dass das Viereck ein Parallelogramm ist.
b) Berechnen Sie die Seitenlängen und die Größen der Innenwinkel.

14 Zeigen Sie:
Für die Höhe h im abgebildeten Dreieck ABC gilt: $h^2 = |\overrightarrow{AC}|^2 - |\overrightarrow{AC}|^2 \cdot (\cos(\alpha))^2$

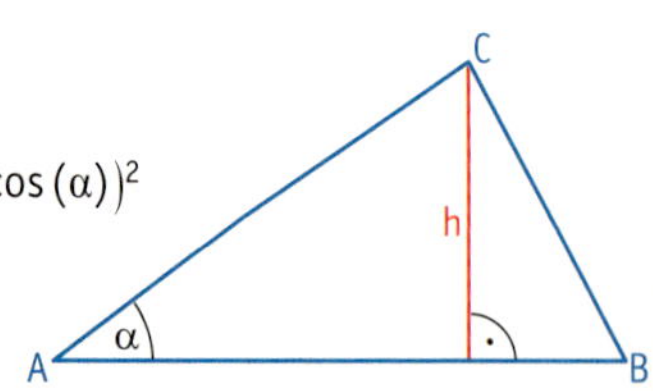

LK 5.4 Vektorräume

In den vorangegangenen Abschnitten, haben wir geometrische Objekte mithilfe 3-dimensionaler Vektoren beschrieben. In vielen Bereichen der Wirtschaft, z. B. in Kaufhäusern oder in Lagern, arbeitet man mit Listen. In diesem Abschnitt wird gezeigt, dass man solche Listen als Vektoren auffassen kann und auch entsprechend mit ihnen rechnet.

5.4.1 Höherdimensionale Vektoren – Vektorräume

Einstieg

Eine Großbäckerei beliefert mehrere Lebensmittelgeschäfte und Supermärkte. Diese bestellen für Montag bis Freitag jeweils gemäß folgender Tabelle:

	Kauf gut	GVM	SB	Billig Kauf
Brötchen	600	4200	1800	400
Milchbrötchen	150	400	–	80
Roggenbrötchen	200	800	500	100
Bauernbrote (1500 g)	150	1000	500	70
Vollkornbrote (750 g)	70	400	250	20

- Berechnen Sie mit Vektoren, wie viel die Großbäckerei montags bis freitags insgesamt täglich ausliefern muss.
- Im Supermarkt GVM bleiben an einem Donnerstag 328 Brötchen, 21 Milchbrötchen, 16 Roggenbrötchen, 103 Bauernbrote und 19 Vollkornbrote übrig. Berechnen Sie mit Vektoren, wie viel verkauft wurde.
- Kauf gut bestellt für Samstag 20 % mehr an Ware, GVM 40 % mehr, SB 35 % mehr, Billig Kauf 15 % mehr. Bestimmen Sie den Auslieferungsvektor der Großbäckerei für einen Samstag.

Aufgabe

1 Ein Hersteller von Spielzeugeisenbahnen bietet für die Spur H0 Starter- und Ergänzungspackungen an. Diese enthalten neben anderen die folgenden Artikel in den notierten Anzahlen:

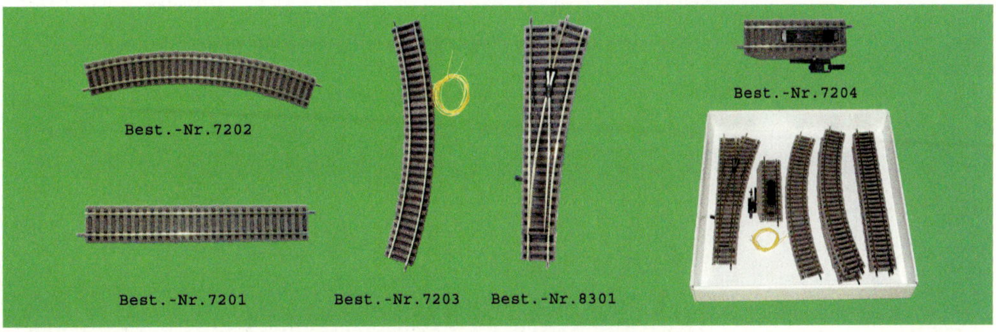

Artikel	Best.-Nr.	Starterpackung A	Starterpackung B	Ergänzungspackung E	Ergänzungspackung F
gebogenes Gleisstück	7202	13	12	2	8
gerades Gleisstück	7201	6	3	10	5
Anschlussgleisstück	7203	1	1	–	1
Weiche	8301	1	–	2	2
Trenngleisstück	7204	1	–	–	2

An Aufträgen liegen vor: 2 500 Starterpackungen A, 1 900 Starterpackungen B, 1 400 Ergänzungspackungen E, 800 Ergänzungspackungen F.

Die Firma hat noch 20 000 gebogene und 15 000 gerade Gleisstücke, 1 000 Anschlussgleisstücke, 2 000 Weichen und 1 000 Trenngleisstücke auf Lager.

Wir stellen den Inhalt der Packung A durch den Vektor $\begin{pmatrix} 13 \\ 6 \\ 1 \\ 1 \\ 1 \end{pmatrix}$ dar.

Stellen Sie auch den Inhalt der anderen Packungen und den Lagerbestand als Vektor dar und berechnen Sie, wie viele Stücke zur Erledigung des Auftrages noch fehlen.

Lösung

Den Inhalt der Packungen und den Lagerbestand geben die folgenden Listen an:

Packung A: $\begin{pmatrix} 13 \\ 6 \\ 1 \\ 1 \\ 1 \end{pmatrix}$, Packung B: $\begin{pmatrix} 12 \\ 3 \\ 1 \\ 0 \\ 0 \end{pmatrix}$, Packung E: $\begin{pmatrix} 2 \\ 10 \\ 0 \\ 2 \\ 0 \end{pmatrix}$, Packung F: $\begin{pmatrix} 8 \\ 5 \\ 1 \\ 2 \\ 2 \end{pmatrix}$, Lagerbestand: $\begin{pmatrix} 20\,000 \\ 15\,000 \\ 1000 \\ 2\,000 \\ 1000 \end{pmatrix}$

Für den Teilebedarf zur Erledigung der Aufträge gilt:

$$2\,500 \cdot \begin{pmatrix} 13 \\ 6 \\ 1 \\ 1 \\ 1 \end{pmatrix} + 1\,900 \cdot \begin{pmatrix} 12 \\ 3 \\ 1 \\ 0 \\ 0 \end{pmatrix} + 1400 \cdot \begin{pmatrix} 2 \\ 10 \\ 0 \\ 2 \\ 0 \end{pmatrix} + 800 \cdot \begin{pmatrix} 8 \\ 5 \\ 1 \\ 2 \\ 2 \end{pmatrix} = \begin{pmatrix} 64\,500 \\ 38\,700 \\ 5\,200 \\ 6\,900 \\ 4\,100 \end{pmatrix}$$

Von der Teilebedarfsliste subtrahieren wir die Liste des Lagerbestands:

$$\begin{pmatrix} 64\,500 \\ 38\,700 \\ 5\,200 \\ 6\,900 \\ 4\,100 \end{pmatrix} - \begin{pmatrix} 20\,000 \\ 15\,000 \\ 1\,000 \\ 2\,000 \\ 1\,000 \end{pmatrix} = \begin{pmatrix} 44\,500 \\ 23\,700 \\ 4\,200 \\ 4\,900 \\ 3\,100 \end{pmatrix}$$

Die letzte Liste gibt an, wie viele Teile zur Erledigung der Aufträge jeweils noch zu fertigen sind.

Information

(1) n-dimensionale Vektoren

In der Aufgabe 1 und der zugehörigen Lösung haben wir gesehen, dass man Listen als Vektoren schreiben kann. Solche Vektoren können auch eine andere Dimension als 3 haben.

> **Definition:** n-dimensionaler Vektor
>
> Ein **Vektor** mit n Koordinaten ist ein geordnetes Zahlentupel aus n Zahlen, das auch als **n-dimensionaler Vektor** bezeichnet wird.

Vektoren werden oft als Spalten geschrieben. Später lernen wir auch noch andere Schreibweisen kennen. In der Lösung von Aufgabe 1 haben wir gesehen, dass man auch 5-dimensionale Vektoren Koordinatenweise addieren, subtrahieren und vervielfachen kann.

Beispiel

$\vec{a} = \begin{pmatrix} 1 \\ 0 \\ -3 \\ 4 \\ 6 \\ -5 \end{pmatrix}$ und $\vec{b} = \begin{pmatrix} 4 \\ -2 \\ 0 \\ 3 \\ 6 \\ 0 \end{pmatrix}$ sind 6-dimensional.

(2) Der Begriff Vektorraum

Wir kennen bereits Rechengesetze für 3-dimensionale Vektoren. Diese Rechengesetze sind auch für n-dimensionale Vektoren gültig. Darüber hinaus gibt es viele andere mathematische Objekte, die man addieren und mit einer reellen Zahl vervielfachen kann, wobei ebenfalls diese Gesetze gelten. Man fasst deshalb Objekte, für welche die folgenden Rechengesetze erfüllt sind, zu einem Oberbegriff zusammen.

Definition: Vektorraum

Eine Menge V mit einer Addition + und einer Vervielfachung · mit reellen Zahlen nennt man einen **Vektorraum**, kurz (V, +, ·), wenn folgende Gesetze für alle $\vec{a}, \vec{b}, \vec{c} \in V$ und $r, s \in \mathbb{R}$ erfüllt sind:

(1) $\vec{a} + \vec{b} = \vec{b} + \vec{a}$ — *Kommutativgesetz*

(2) $(\vec{a} + \vec{b}) + \vec{c} = \vec{a} + (\vec{b} + \vec{c})$ — *Assoziativgesetz*

(3) Es gibt ein $\vec{o} \in V$, sodass für alle $\vec{a} \in V$ gilt: $\vec{a} + \vec{o} = \vec{a}$ — *Existenz eines neutralen Elements*

(4) Zu jedem $\vec{a} \in V$ gibt es ein $-\vec{a} \in V$, sodass gilt: $\vec{a} + (-\vec{a}) = \vec{o}$ — *Existenz von inversen Elementen*

(5) $r \cdot (s \cdot \vec{a}) = (rs) \cdot \vec{a}$

(6) $(r + s) \cdot \vec{a} = (r \cdot \vec{a}) + (s \cdot \vec{a})$

(7) $r \cdot (\vec{a} + \vec{b}) = (r \cdot \vec{a}) + (r \cdot \vec{b})$

(8) $n \cdot \vec{a} = \vec{a} + \vec{a} + \ldots + \vec{a}$ mit n Summanden für $n \in \mathbb{N}^*$

(5)–(8): *Rechenregeln für die Vielfachbildung*

Die Elemente einer solchen Menge V bezeichnet man als Vektoren.

Beispiel

Die Menge aller geordneten Zahlentupel $(x_1 | x_2 | x_3 | \ldots | x_n)$ aus n reellen Zahlen bilden bezüglich der koordinatenweisen Addition und Vervielfachung mit reellen Zahlen einen Vektorraum.

Man bezeichnet diese Menge auch mit $\mathbb{R}^n$ und ihre Elemente als n dimensionale Vektoren.

Übungsaufgaben

2 Ein Hotel hat Zimmer verschiedener Preiskategorien:

I Einzelzimmer (einfach)
II Einzelzimmer (mit Dusche)
III Einzelzimmer (mit Bad/WC)
IV Doppelzimmer (einfach)
V Doppelzimmer (mit Dusche)
VI Doppelzimmer (mit Bad/WC)

Das Hotel besitzt 9 Zimmer der I. Kategorie, 8 der II., 12 der III., 15 der IV., 20 der V. und 18 der VI. Kategorie.

Buchung für Fr. 29.10.

	Reisegesellschaft A	Reisegesellschaft B	Reisegesellschaft C
I	1	2	5
II	3	1	2
III	2	1	4
IV	5	4	3
V	3	10	1
VI	7	10	1

a) Welche Informationen lassen sich sinnvoll zu Vektoren zusammenfassen?

b) Berechnen Sie mithilfe geeigneter Vektoren, wie viele Zimmer in der betreffenden Nacht noch frei sind.

c) Die Reisegruppen kommen alle am selben Tag an. Die erste Reisegruppe bleibt zwei Nächte, die zweite vier Nächte und die dritte nur eine Nacht.
Wie viele Übernachtungen sind durch die drei Reisegruppen in einzelnen Kategorien insgesamt gebucht worden? Berechnen Sie mithilfe von Vektoren.

3 Zeigen Sie: Die Menge aller n-Tupel $(x_1 | x_2 | x_3 | \ldots | x_n)$ reeller Zahlen x_i bildet bezüglich der koordinatenweisen Addition und Vervielfachung mit reellen Zahlen einen Vektorraum.

4 Für die Lagerverwaltung eines Geschäftes sind folgende Daten von Interesse:
Anzahl der Artikel im Geschäft, Anzahl der Artikel im Lager, Preis der Artikel, Einkaufspreis der Artikel, Anzahl der nicht verkäuflichen Artikel, Anzahl der in der letzten Woche verkauften Artikel, Anzahl der vorbestellten Artikel.
Bilden Sie hieraus Vektoren.
Zwischen welchen Vektoren kann es sinnvoll sein, die Rechenoperation Addieren anzuwenden? Ist das Vervielfachen der genannten Vektoren in einer Sachsituation sinnvoll?

5 Das Gartenhaus Limo ist aus verschiedenen Modulen zusammengesetzt. Ausgehend von diesen Modulen bietet der Hersteller verschiedene Gartenhausmodelle zum Verkauf.

Modell / Modul	Limo classic	Limo kompakt	Limo premium	Limo deluxe
Wand (mit 1 Tür)	4	4	4	4
Dach (Überstand 20 cm)	1	1	0	0
Dach (Überstand 200 cm)	0	0	1	1
Fenster	0	1	1	2
Holzboden	0	1	1	1
Terrasse	0	0	0	1

Eine Baumarktkette bestellt 30-mal Limo classic, 45-mal Limo kompakt, 60-mal Limo premium und 50-mal Limo deluxe.
Bestimmen Sie die Anzahlen der einzelnen Module für diese Lieferung.

6 Zeigen Sie, dass die Menge P_3 aller Polynome höchstens dritten Grades (mit geeigneten Rechenoperationen) einen Vektorraum bildet.

7 Zeigen Sie:

a) Alle Lösungen $(x|y)$ der linearen Gleichung $5x - 6y = 0$ bilden bezüglich der koordinatenweisen Addition und Vervielfachung mit reellen Zahlen einen Vektorraum.

b) Die Lösungen $(x|y)$ der linearen Gleichung $5x - 6y = c$ (mit $c \neq 0$) bilden keinen Vektorraum bezüglich der koordinatenweisen Addition und Vervielfachung mit reellen Zahlen.

8 Zeigen Sie, dass die Menge $\mathbb{R}$ der reellen Zahlen bezüglich der üblichen Addition und Multiplikation einen Vektorraum bildet. Warum bildet die Menge der ganzen Zahlen bezüglich der Addition und der Multiplikation mit reellen Zahlen keinen Vektorraum?

9 Beweisen Sie: In jedem Vektorraum gilt $r \cdot \vec{a} = \vec{o}$ genau dann, wenn $r = 0$ oder $\vec{a} = \vec{o}$.

10 Bei einem magischen Quadrat stimmt die Summe der Zahlen jeder Zeile mit der Summe der Zahlen jeder Spalte und der Summe der Zahlen auf jeder der beiden Diagonalen überein. Im Folgenden sollen nicht nur natürliche Zahlen, sondern alle reellen Zahlen zulässig sein. Begründen Sie, dass die Menge der magischen Quadrate mit 16 Feldern einen Vektorraum darstellt.

11 Zeigen Sie: Alle Folgen (a_n) mit $a_{n+1} = a_n + d$ bilden einen Vektorraum.
Hinweis: $(a_1|a_2|a_3|\ldots) = a_1 \cdot (1|1|1|\ldots) + d \cdot (0|1|2|\ldots)$

5.4.2 Basis und Dimension von Vektorräumen

Aufgabe

1 Zauberdreiecke

In die gegebene Dreiecksfigur sollen sechs Zahlen so eingetragen werden, dass die Summen der Zahlen auf jeder der drei Seiten gleich groß sind. Die Zahlen dürfen auch mehrfach vorkommen.

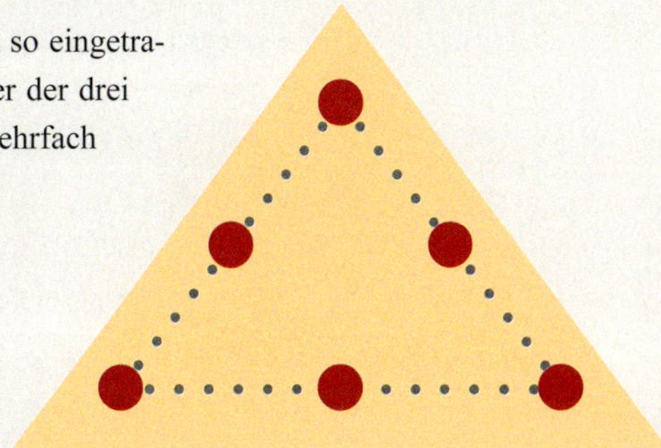

a) Zeichnen Sie selbst solche Zauberdreiecke und versuchen Sie, das Rätsel zu lösen.

b) Untersuchen Sie, wie man weitere Zauberdreiecke aus denen von Teilaufgabe a) herstellen kann.

Lösung

a) Durch Probieren findet man z. B. folgende Zauberdreiecke:

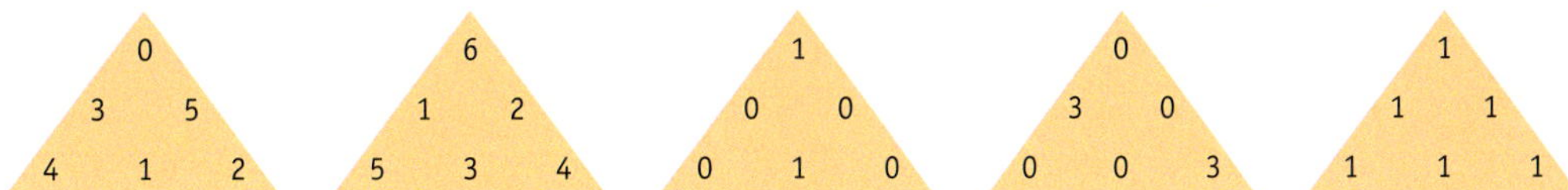

b) Man kann sich aus vorhandenen Zauberdreiecken leicht neue herstellen. Bei der Multiplikation aller Zahlen im Zauberdreieck mit einer Zahl entsteht wieder ein Zauberdreieck. Auch die Summe (und die Differenz) aus zwei Zauberdreiecken ergibt wieder ein Zauberdreieck.

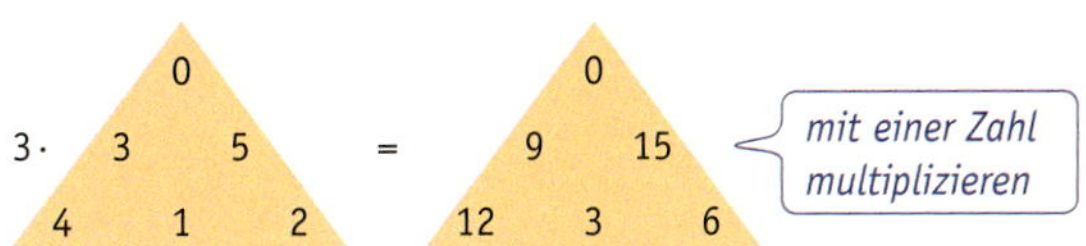

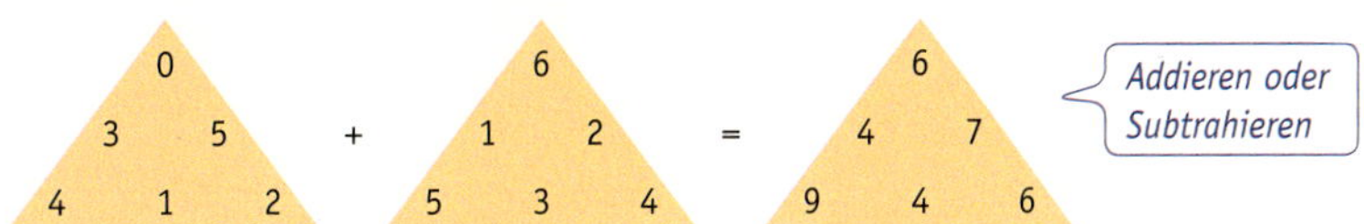

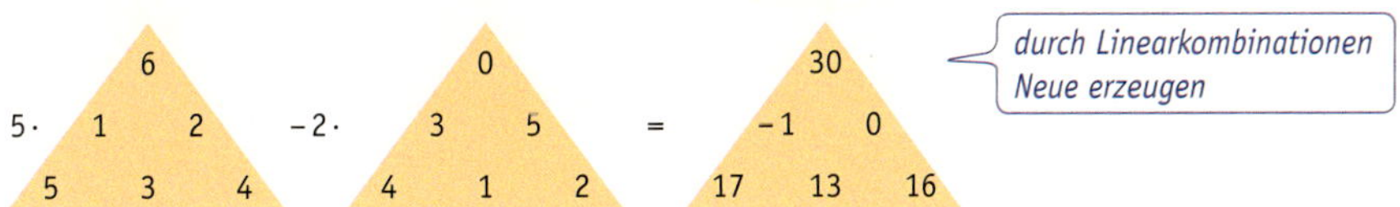

Um Zauberdreiecke zu erzeugen, kann man also auf bereits vorhandene Zauberdreiecke zurückgreifen. Linearkombinationen von Zauberdreiecken sind ebenfalls Zauberdreiecke.

Weiterführende Aufgabe

2 Zauberdreiecke als Vektorraum

Zeigen Sie, dass die Zauberdreiecke aus Aufgabe 1 einen Vektorraum bilden (bezüglich der in der Lösung zur Teilaufgabe b) beschriebenen Addition und Vervielfachung).

Information

(1) Zauberdreiecke herstellen

Mit der Lösung von Teilaufgabe 1 b) liegt die Idee nahe, nach möglichst einfachen Zauberdreiecken (z. B. Summe immer 1) zu suchen, und diese als „Bausteine“ für die Herstellung anderer Zauberdreiecke zu nutzen.

Die folgenden Zauberdreiecke bestehen nur aus den Zahlen Null und Eins und haben alle die Summe eins.

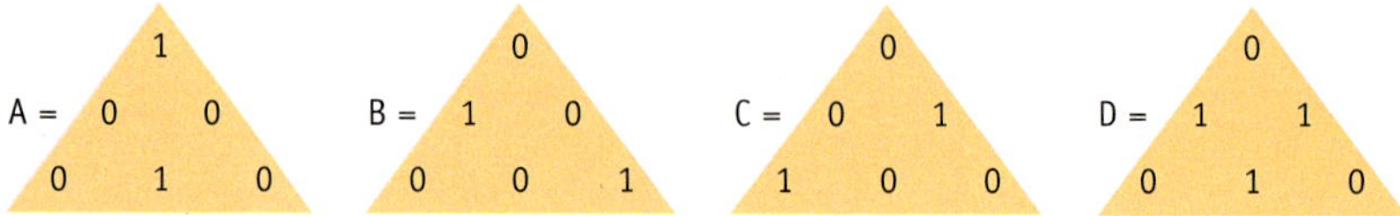

Ein neues Zauberdreieck X kann man nun als Linearkombination dieser Bausteine A, B, C, D erzeugen, z. B.:

$X = 2 \cdot A + B + 3 \cdot C + 4 \cdot D$

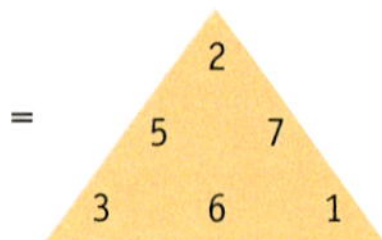

Dieses Zauberdreieck hat die Summe $2 + 1 + 3 + 4 = 10$.

In Aufgabe 2 wird gezeigt, dass die Zauberdreiecke aus Aufgabe 1 einen Vektorraum bilden.

Wir zeigen nun, dass man aus den vier Bausteinen A, B, C und D alle Zauberdreiecke erzeugen kann.

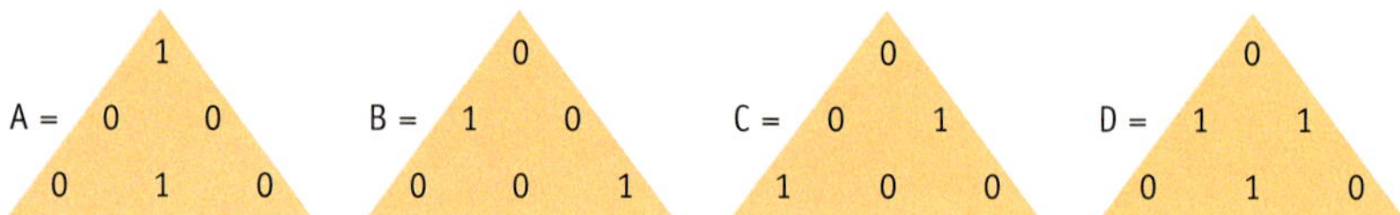

Dazu gehen wir zunächst von einem beliebigen Zauberdreieck X aus, bei dem die Spitzen wie folgt mit beliebigen Zahlen a, b und c belegt sind:

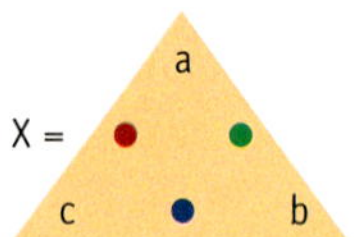

Über die Belegung der Seitenmitten ●, ●, ● machen wir uns zunächst noch keine Gedanken.

Aus dem Ansatz $X = a \cdot A + b \cdot B + c \cdot C + d \cdot D$ ergibt sich: $d \cdot D = X - a \cdot A - b \cdot B - c \cdot C$

Bei dieser Subtraktion der Vielfachen der Bausteine A, B, und C von X stehen auf den Spitzen überall Nullen. Ausgeschrieben ergibt sich:

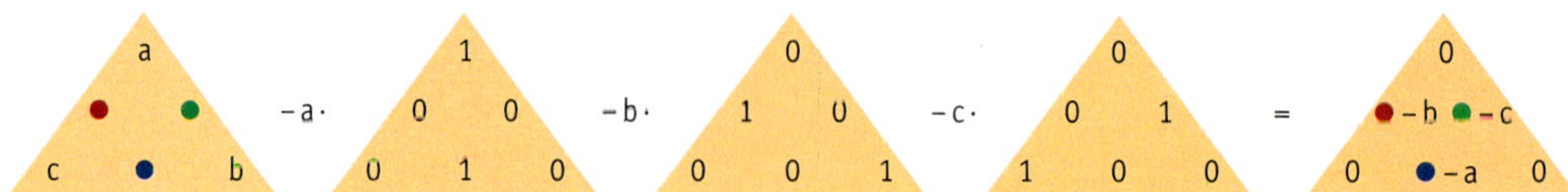

Das neu entstandene Dreieck ist auch ein Zauberdreieck, da X ein Zauberdreieck ist. D. h. auch die Summen der Zahlen auf den Dreiecksseiten haben alle denselben Wert d.

Es gilt also ● − b = ● − c = ● − a = d.

Das neue Dreieck rechts kann man sich entstanden denken durch Multiplikation des Bausteins D mit dem Faktor d.

Für jedes Zauberdreieck X gilt also:

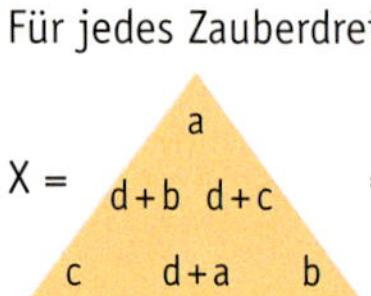

$= a \cdot A + b \cdot B + c \cdot C + d \cdot D$ mit beliebigen Zahlen a, b, c und d.

Die Summe der Zahlen jeder Dreiecksseite beträgt $a + b + c + d$.

(2) Basis und Dimension von Vektorräumen

Vektoren heißen voneinander unabhängig, falls keiner der Vektoren eine Linearkombination der übrigen Vektoren ist.

Bei der Herstellung von Zauberdreiecken wurden Linearkombinationen aus den Bausteinen A, B, C und D gebildet. Diese Bausteine sind voneinander linear unabhängig. In der Information (1) wurde gezeigt, dass jedes Zauberdreieck als Linearkombination aus diesen Bausteinen erzeugt werden kann.

Definition: Basis und Dimension eines Vektorraums

Die Vektoren $\vec{a_1}, \vec{a_2}, \ldots, \vec{a_k} \in V$ eines Vektorraums V bilden eine **Basis** von V, wenn sie linear unabhängig voneinander sind und wenn jeder Vektor $\vec{b} \in V$ als Linearkombination dieser Vektoren erzeugt werden kann, also $\vec{b} = r_1 \cdot \vec{a_1} + r_2 \cdot \vec{a_2} + r_3 \cdot \vec{a_3} + \ldots + r_k \cdot \vec{a_k}$ gilt.

Die reellen Zahlen $r_1, r_2, r_3, \ldots, r_k$ sind dann für jeden Vektor eindeutig bestimmbar.

Die Basis eines Vektorraums ist nicht eindeutig bestimmt. Zwei verschiedene Basen ein und desselben Vektorraums V bestehen jedoch immer aus derselben Anzahl k von Vektoren. Diese Anzahl k nennt man auch **Dimension** des Vektorraums V.

Beispiele

- Die Bausteine A, B, C und D aus Information (1) bilden eine Basis des 4-dimensionalen Vektorraums der Zauberdreiecke.
- Die Zahlenpaare (0 | 1) und (1 | 0) bilden eine Basis des zweidimensionalen Vektorraumes aller Zahlenpaare (a | b) mit $a, b \in \mathbb{R}$.
- Eine Gerade durch den Koordinatenursprung ist durch den Richtungsvektor $\vec{a}$ gegeben.
  Die Koordinatentripel aller Punkte dieser Geraden bilden einen Vektorraum. Das Koordinatentripel des Richtungsvektors ist eine Basis dieses Vektorraums.

Weiterführende Aufgabe

3 Verschiedene Basen für einen Vektorraum

a) Ersetzen Sie in der Basis aus A, B, C und D in Information (1) das Zauberdreieck D durch das

Dreieck E mit 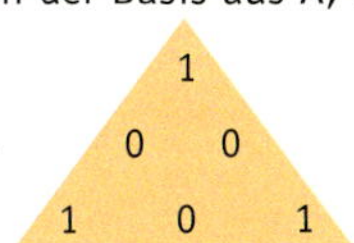

und zeigen Sie, dass A, B, C und E ebenfalls eine Basis bilden.

b) Zeigen Sie, dass alle Lösungen (x | y) mit $x, y \in \mathbb{R}$ der Gleichung $6x - 2y = 0$ einen eindimensionalen Vektorraum bilden und geben Sie drei verschiedene Basen des Vektorraums an.

Eine Teilmenge U eines Vektorraums V heißt Unterraum von V, wenn U bezüglich der Addition und Vervielfachung in V selbst ein Vektorraum ist.

4 Unterräume

Gegeben ist die Menge aller Punktkoordinaten $(x_1 | x_2 | x_3)$ im dreidimensionalen Vektorraum $\mathbb{R}^3$. Die Koordinaten aller Punkte auf einer Geraden g sind eine Teilmenge des Vektorraums $\mathbb{R}^3$. Zeigen Sie:

- Wenn g durch den Koordinatenursprung verläuft, dann bilden die Koordinaten aller Punkte auf g bezüglich der Addition und Vervielfachung selbst einen Vektorraum.
- Wenn g jedoch nicht durch den Koordinatenursprung verläuft, so bilden die Koordinaten aller Punkte auf g bezüglich der Addition und Vervielfachung keinen Vektorraum.

Übungsaufgaben

5 Ein Zauberdreieck soll in den Spitzen die Zahlen 5, 11 und 17 enthalten. Die Seitensumme soll 100 sein. Bestimmen Sie alle Lösungen und formulieren Sie ähnliche Rätsel.

6 Konstruieren Sie Zauberdreiecke mit der Seitensumme null.

7 Wie sieht ein Zauberdreieck aus, welches aus 6 aufeinander folgenden natürlichen Zahlen besteht? Welche Seitensumme hat es?

8 Zeigen Sie: Jedes Zauberdreieck aus 6 aufeinander folgenden natürlichen Zahlen hat eine Seitensumme, welche durch 3 teilbar ist.

9 Ein Zauberdreieck soll aus 6 verschiedenen Bruchzahlen (kleiner als 1) bestehen und die Seitensumme soll 1 sein. Wie viele Möglichkeiten gibt es?

10 Zeigen Sie, dass die Vektoren $\vec{u}$, $\vec{v}$ eine Basis des Vektorraums $\mathbb{R}^2$ bilden. Stellen Sie anschließend den Vektor $\vec{a}$ als Linearkombination der Basisvektoren dar.

a) $\vec{u} = \begin{pmatrix} 3 \\ -1 \end{pmatrix}$, $\vec{v} = \begin{pmatrix} 2 \\ 2 \end{pmatrix}$, $\vec{a} = \begin{pmatrix} -4 \\ 1 \end{pmatrix}$.

b) $\vec{u} = \begin{pmatrix} -2 \\ -3 \end{pmatrix}$, $\vec{v} = \begin{pmatrix} 1 \\ 2 \end{pmatrix}$, $\vec{a} = \begin{pmatrix} 1 \\ 1 \end{pmatrix}$.

11 Zeigen Sie, dass die Vektoren $\vec{u}$, $\vec{v}$, $\vec{w}$ eine Basis des Vektorraums $\mathbb{R}^3$ bilden. Stellen Sie den Vektor $\vec{z}$ als Linearkombination der Basisvektoren $\vec{u}$, $\vec{v}$, $\vec{w}$ dar.

a) $\vec{u} = \begin{pmatrix} 2 \\ 3 \\ 1 \end{pmatrix}$, $\vec{v} = \begin{pmatrix} -1 \\ 2 \\ 0 \end{pmatrix}$, $\vec{w} = \begin{pmatrix} 2 \\ 1 \\ -3 \end{pmatrix}$, $\vec{z} = \begin{pmatrix} 1 \\ 0 \\ 0 \end{pmatrix}$

b) $\vec{u} = \begin{pmatrix} 1 \\ -3 \\ 2 \end{pmatrix}$, $\vec{v} = \begin{pmatrix} 2 \\ -3 \\ 1 \end{pmatrix}$, $\vec{w} = \begin{pmatrix} 0 \\ 3 \\ 0 \end{pmatrix}$, $\vec{z} = \begin{pmatrix} -2 \\ 1 \\ 2 \end{pmatrix}$.

12 Bestimmen Sie die Dimension des von den folgenden Vektoren erzeugten Vektorraums.

a) $\vec{u} = \begin{pmatrix} 3 \\ 2 \\ 1 \end{pmatrix}$, $\vec{v} = \begin{pmatrix} 1 \\ 2 \\ 3 \end{pmatrix}$, $\vec{w} = \begin{pmatrix} 3 \\ 1 \\ 2 \end{pmatrix}$

b) $\vec{a} = \begin{pmatrix} 3 \\ 1 \\ -2 \\ 0 \end{pmatrix}$, $\vec{b} = \begin{pmatrix} 2 \\ 0 \\ -3 \\ 2 \end{pmatrix}$, $\vec{c} = \begin{pmatrix} 1 \\ -2 \\ 1 \\ 4 \end{pmatrix}$, $\vec{d} = \begin{pmatrix} 2 \\ 6 \\ -3 \\ -10 \end{pmatrix}$

13

a) Gegeben sind k Vektoren $\vec{a_1}$, $\vec{a_2}$, $\vec{a_3}$, …, $\vec{a_k}$ eines Vektorraums.
Beweisen Sie, dass diese Vektoren linear abhängig voneinander sind, wenn einer der Vektoren der Nullvektor $\vec{o}$ ist.

b) Warum kann der Nullvektor eines Vektorraums niemals zu einer Basis gehören?

14 Die Vektoren $\vec{a}$ und $\vec{b}$ bilden eine Basis eines Vektorraums. Zeigen Sie, dass dann die Vektoren $\vec{u} = \vec{a} + \vec{b}$ und $\vec{v} = \vec{a} - \vec{b}$ ebenfalls eine Basis dieses Vektorraums sind.

15 Gegeben ist das lineare Gleichungssystem $\left| \begin{matrix} a - b + c + d = 0 \\ a + b - c + d = 0 \end{matrix} \right|$.

a) Zeigen Sie, dass die 4-Tupel $(-1\,|\,0\,|\,0\,|\,1)$ und $(0\,|\,1\,|\,1\,|\,0)$ eine Basis für die Lösungsmenge bilden und dass diese Lösungsmenge ein zweidimensionaler Unterraum des Vektorraums $\mathbb{R}^4$ aller 4-Tupel ist.

b) Bestimmen Sie auch die Lösungsmenge des linearen Gleichungssystems $\left| \begin{matrix} a - b + c + d = 1 \\ a + b - c + d = 0 \end{matrix} \right|$.
Zeigen Sie, dass die Lösungsmenge kein Unterraum des Vektorraums $\mathbb{R}^4$ aller 4-Tupel ist.

16 Die Polynome höchstens dritten Grades bilden einen Vektorraum.
Zeigen Sie, dass die Polynome $a(x) = 1$, $b(x) = x$, $c(x) = x^2$ und $d(x) = x^3$ eine Basis dieses Vektorraums bilden. Welche Dimension hat dieser Vektorraum?

Die folgenden Aufgaben helfen Ihnen bei der Organisation des selbständigen Lernprozesses. Zur Selbstkontrolle sind alle Lösungen dieser Aufgaben im Anhang des Buches abgedruckt.

1 Gegeben sind die Punkte A(6|4|0), B(1|4|0), C(1|1|4) und D(6|1|4).

a) Weisen Sie nach, dass das Viereck ABCD ein Quadrat ist. Zeichnen Sie das Quadrat in ein Schrägbild des Koordinatensystems. Berechnen Sie den Inhalt der Quadratfläche.

b) Bestimmen Sie die Koordinaten des Diagonalenschnittpunktes S.

2 Rechts ist das Schrägbild einer geraden quadratischen Pyramide in einem räumlichen Koordinatensystem dargestellt.

a) Bestimmen Sie die Koordinaten der Eckpunkte.
Wie lang sind die Grund- bzw. Seitenkanten der Pyramide?

b) Welchen Winkel schließen zwei benachbarte Seitenkanten an der Pyramidenspitze ein?

c) Wie groß ist der Winkel zwischen einer Seiten- und einer Grundkante?

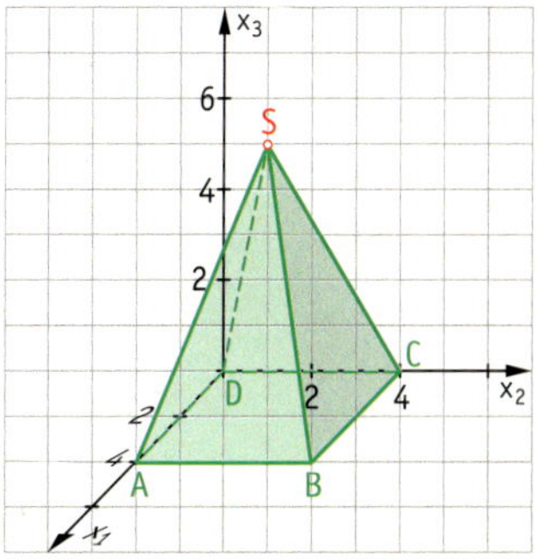

3 Gegeben sind die Punkte A(4|0|0), B(3|6|0) und $C_t(2|2|t)$ mit dem Parameter $t \in \mathbb{R}$.

a) Welche der möglichen Dreiecke ABC_t sind rechtwinklig?

b) Gibt es Werte von t, sodass das Dreieck ABC_t gleichschenklig ist?

4 Berechnen Sie die Innenwinkel und die Seitenlängen im Dreieck ABC.

a) A(−1|−3|8), B(4|−4|6), C(6|−4|8)

b) A(5|−3|4), B(5|2|4) und C(8|2|8)

5 In einem Würfel mit der Kantenlänge 8 cm ist P der Mittelpunkt der Seitenfläche BCGF. Die Punkte Q und R sind Mittelpunkte der Kanten $\overline{GH}$ bzw. $\overline{AB}$. Bestimmen Sie die Innenwinkel und die Seitenlängen des Dreiecks PQR.

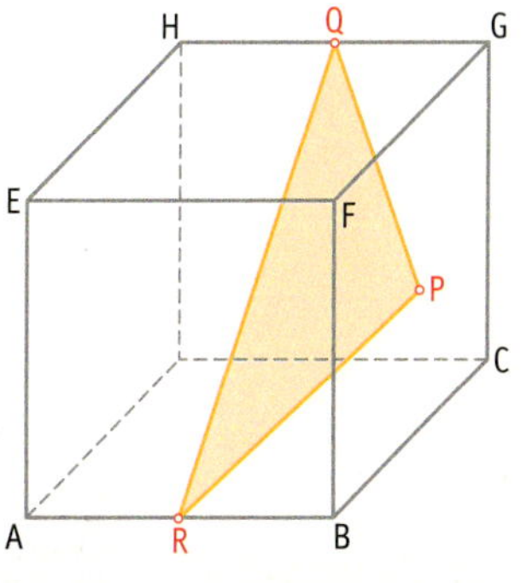

6 Ein Heißluftballon startet in einem lokalen Koordinatensystem mit der Einheit Meter im Punkt S(225|−349|114) und steigt in den ersten fünf Minuten bei nahezu konstanten Windverhältnissen um den Vektor $\vec{v} = \begin{pmatrix} 150 \\ 600 \\ 1200 \end{pmatrix}$.

a) Bestimmen Sie die Koordinaten des Punktes T, in dem sich der Ballon nach 5 min befindet.

b) Berechnen Sie die Durchschnittsgeschwindigkeit des Ballons in dieser Zeit.

7 Berechnen Sie die Größe der Winkel zwischen den Kanten $\overline{BE}$ und $\overline{CE}$ sowie $\overline{BE}$ und $\overline{EF}$ des Walmdachs. Bestimmen Sie die Längen der Dachkante $\overline{BE}$ und der Firstkante $\overline{EF}$.

A(10,5 | −0,5 | 5), B(10,5 | 16,5 | 5),
C(−0,5 | 16,5 | 5), E(5 | 12 | 9), F(5 | 4 | 9)

8 Im Rahmen der Modernisierung der größten Kunstsammlung der Welt, des Pariser Louvre, errichtete im Jahr 1981 der amerikanische Architekt Ieoh Ming Pei eine gläserne Pyramide mit quadratischer Grundfläche, durch die die Besucher in die Eingangshalle des Museums gelangen. Die Grundkante hat eine Länge von 35,40 m, die Pyramidenhöhe beträgt 21,65 m.

a) Zeichnen Sie in einem geeigneten Maßstab ein Schrägbild der Pyramide und legen Sie ein Koordinatensystem fest.

b) Unter welchem Winkel stoßen zwei benachbarte Seitenkanten an der Spitze zusammen?

c) In regelmäßigen Abständen muss die gesamte Glasfläche innen und außen gereinigt werden. Wie groß ist die Glasfläche, die die Reinigungsfirma bei ihrer Rechnung zugrunde legen kann?

9 Bestimmen Sie $t \in \mathbb{R}$ so, dass die Vektoren $\vec{a}$ und $\vec{b}$ zueinander orthogonal sind.

a) $\vec{a} = \begin{pmatrix} t \\ -1 \\ 2 \end{pmatrix}$; $\vec{b} = \begin{pmatrix} 3 \\ 2 \\ t \end{pmatrix}$ **b)** $\vec{a} = \begin{pmatrix} t \\ 2 \\ -1 \end{pmatrix}$; $\vec{b} = \begin{pmatrix} t \\ 1 \\ -1 \end{pmatrix}$ **c)** $\vec{a} = \begin{pmatrix} 1 \\ t-1 \\ 2 \end{pmatrix}$; $\vec{b} = \begin{pmatrix} t^2 \\ 2 \\ 1 \end{pmatrix}$

10 Eine Straßenlampe hängt an einem Drahtseil, das über eine Straße gespannt ist. Die Gewichtskraft der Lampe hat einen Betrag von 300 N.

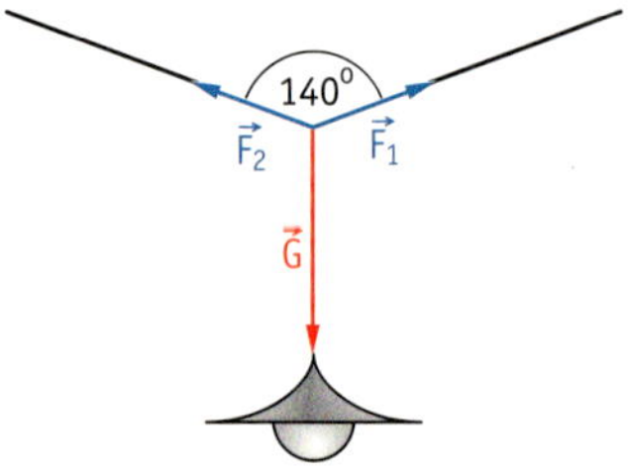

a) Bestimmen Sie zeichnerisch und rechnerisch den Betrag der beiden Zugkräfte $\vec{F_1}$ und $\vec{F_2}$.

b) Kann man das Seil so spannen, dass es am Aufhängepunkt der Lampe keinen Knick erfährt? Begründen Sie Ihre Aussage.

LK **11** Eine Standseilbahn fährt auf einer Rampe bergauf, die einen Neigungswinkel von 40° hat. Mit Fahrgästen hat der Wagen eine Masse von ca. 90 t.

a) Bestimmen Sie die Hangabtriebskraft, die auf den Triebwagen wirkt.

b) Die Reibungskraft, die beim Bergauffahren überwunden werden muss, beträgt etwa 1 % der Gewichtskraft des Wagens. Welche Zugkraft ist mindestens notwendig, damit der Wagen nach oben fährt?

6 Geraden und Ebenen

Kann es bei zwei Flugrouten zu einer Kollision kommen, halten zwei Flugzeuge den geforderten Mindestabstand ein?
Wie steil ist ein Hausdach, unter welchem Winkel stoßen Dachflächen aneinander?
Welchen Schatten wirft der Zeiger einer Sonnenuhr auf eine Hauswand?
Solche und ähnliche Fragen und Probleme können modellhaft mithilfe der Vektorrechnung beschrieben und beantwortet werden.

In Kapitel 5 haben wir schon Punkte im Raum mithilfe von Ortsvektoren beschrieben. In diesem Kapitel werden wir auch Geraden und Ebenen im Raum mithilfe von Vektoren beschreiben und die Vektorrechnung auf geometrische Probleme des Raums anwenden. Das rechnerische Bearbeiten geometrischer Probleme mithilfe der Vektorrechnung nennt man Analytische Geometrie.

In diesem Kapitel

- erfahren Sie, wie man Geraden und Ebenen im dreidimensionalen Raum mithilfe von Koordinaten und Gleichungen mathematisch beschreibt;
- lernen Sie, wie man mit diesen mathematischen Modellen rechnet;
- erarbeiten Sie Methoden, um die Lage von Punkten, Geraden und Ebenen zueinander rechnerisch zu bestimmen;
- berechnen Sie Abstände und Winkel.

Geraden und Ebenen im Raum

Tensegrity

1 Der amerikanische Architekt und Ingenieur RICHARD BUCKMINSTER FULLER (1895 – 1983) setzte den Begriff *Tensegrity* aus den Wörtern *tension* (Spannung) und *integrity* (Zusammenhalt) zusammen. Tensegrity-Strukturen bestehen aus Druckstäben, die allein durch ein System von Zugstäben, Seilen oder Ketten gehalten werden.

Die Fotos zeigen das Projekt „Als die Tannen fliegen lernten" der Landesgartenschau Vöcklabruck 2007 in Österreich.

Vor dem Aufbau einer solchen Tensegrity-Struktur sind umfangreiche Planungen und Berechnungen nötig. Dazu werden die geraden Tannenstämme vereinfacht als Strecken, also Teilstücke von Geraden im Raum beschrieben.

- Beschreiben Sie die Lage dieser Geraden zueinander im Raum. Was ist anders als bei der Lage von Geraden in einer Ebene?
- In einem räumlichen Koordinatensystem hat eine Strecke, die einen Stamm beschreibt, die Endpunkte A(3|5|3) und B(1|7|1). Geben Sie weitere Punkte an, die auf der Strecke liegen. Wie erhält man aus den Koordinaten der Punkte A und B alle Punkte der Geraden durch A und B?
- Ein anderer Stamm der Tensegrity-Struktur wird bei der Planung durch eine Gerade beschrieben, die durch die Punkte C(1|4|1) und D(1|6|3) verläuft. Überlegen Sie, wie man die besondere Lage der Geraden AB und CD zueinander rechnerisch nachweisen kann.

Punkte und Geraden im Koordinatensystem

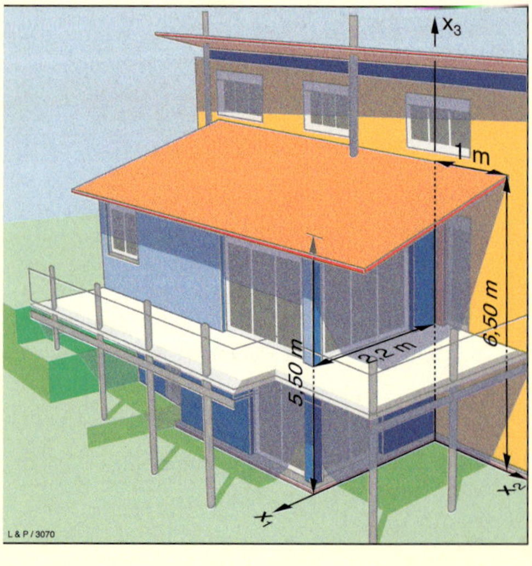

2 Die Abbildung zeigt einen Blick auf das Pultdach eines Hauses.
Ein Koordinatensystem wurde festgelegt.

a) Geben Sie die Koordinaten von 5 Punkten an, die auf der Dachfläche liegen.

b) Geben Sie drei zueinander parallele Geraden an, die in der Ebene der Dachfläche liegen.

c) Geben Sie zwei Geraden an, die sich in einem Punkt S der Dachfläche schneiden und die in der Ebene der Dachfläche liegen.

Wodurch ist eine Ebene festgelegt?

3 Viele Gegenstände aus unserem Alltag z. B. Tischplatten, Schrankwände, Hauswände und Schultafeln haben ebene Flächen. Ebene Flächen kann man sich als Teil einer allseits unbegrenzten ebenen Fläche im Raum vorstellen. Eine solche unbegrenzte Fläche nennen wir *Ebene*.
Eine Gerade im Raum ist durch einen Punkt und einen Richtungsvektor eindeutig festgelegt.
Überlegen Sie, wodurch eine Ebene im Raum festgelegt werden kann. Eine Tischplatte kann z. B. durch vier Beine gehalten werden. Die folgenden Fotos zeigen verschiedene Möglichkeiten, eine Glasplatte mit Füßen und Latten festzulegen; statt der Glasplatte kann man sich auch eine Ebene vorstellen. Experimentieren Sie selbst mit einer Glasplatte oder einem Buch und erläutern Sie, wodurch die Ebene jeweils festgelegt ist.

Der Winkel ist wichtig

4 Herr Müller hat auf dem Dach seines Hauses eine Solaranlage anbringen lassen. Er hat gemessen, dass im Sommer am Nachmittag die Sonnenstrahlen unter einem Winkel von etwa 60° auf die Solarzellen treffen.

a) Fertigen Sie eine Skizze an, bei der Sie so auf die Dachebene schauen, dass diese als Strecke erscheint. Welchen Winkel meint man, wenn man vom Winkel zwischen einer Geraden und einer Ebene spricht?

b) Erläutern Sie anhand Ihrer Skizze mithilfe des Reflexionsgesetzes der Optik, wie man den Winkel zwischen einem einfallenden Lichtstrahl und einer (Spiegel-)Ebene messen kann.

Gläserne Pyramide im Louvre

5 Die gerade gläserne Pyramide im Innenhof des Louvre in Paris hat eine quadratische Grundfläche mit einer Seitenlänge von ca. 35,4 m und eine Höhe von 21,65 m.
Bestimmen Sie den Winkel, den

a) eine Seitenkante mit der Grundfläche;

b) eine Seitenfläche mit der Grundfläche einschließt.

6.1 Geraden im Raum

6.1.1 Parameterdarstellungen von Geraden

In diesem Abschnitt erfahren Sie, wie man Geraden im Raum mithilfe von Vektoren mathematisch beschreiben kann.

Einstieg

Bei einer Tauchfahrt startet ein Tauchboot im Punkt A(5 234 | 805 | −34) bezüglich eines Koordinatensystems mit der Einheit m. Zur Vereinfachung gehen wir davon aus, dass es sich über einen längeren Zeitpunkt nahezu konstant pro Minute um den Vektor $\vec{v} = \begin{pmatrix} 74 \\ 65 \\ -4 \end{pmatrix}$ vorwärts bewegt.

- Beschreiben Sie die Lage der Punkte, die das Tauchboot auf seiner Tauchfahrt nach einer Minute, nach 3 Minuten und nach 5 Minuten passiert. Bestimmen Sie die Koordinaten dieser Punkte.
- Erläutern Sie, wie man die Koordinaten eines beliebigen Punktes des Kurses des Tauchboots erhalten kann, vorausgesetzt, das Tauchboot ändert weder seinen Kurs noch seine Geschwindigkeit.
- Zeigen Sie, dass das Tauchboot auf seinem Kurs den Punkt Q(6 196 | 1 650 | −86) erreicht. Wann ist dies der Fall?

Einführung

Radar
Abkürzung für **ra**dio **d**etection **a**nd **r**anging (engl.)

Beim Funkmessverfahren (Radar) bestimmt man aus der Richtung und der Laufzeit elektromagnetischer Impulse den Ort von Flugzeugen, bezogen auf den Standort der Sende- und Empfangsantenne.
Gemessene Objekte erscheinen auf dem Radarschirm als leuchtende Punkte.
Mithilfe mehrerer Messungen lassen sich die Bahnen von Flugzeugen erfassen.
Um die Bahn eines bewegten Objektes anzuzeigen, muss diese zuvor aus Messdaten errechnet werden.
Wir beschränken uns auf geradlinige Bahnen.
Unser Ziel ist die Beschreibung beliebiger Geraden im Raum mithilfe von Vektoren, damit man anhand der Vektoren durch Rechnung entscheiden kann, wie Punkte und Geraden zueinander liegen. Dazu müssen

wir zuerst klären, wie man Geraden festlegen und vorgeben kann. Es helfen dabei die beiden folgenden Vorstellungen:

(1) Eine Gerade ist eine Bahnkurve eines Körpers, der sich mit konstanter Geschwindigkeit und gleicher Richtung bewegt.
Eine Gerade ist bestimmt durch einen ihrer Punkte und durch ihre Richtung.

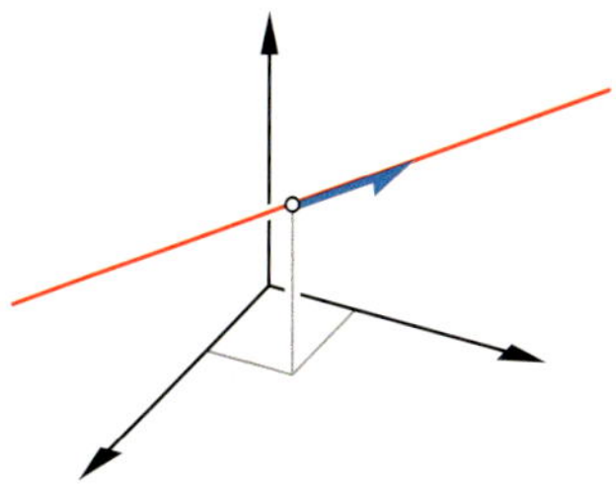

(2) Man konstruiert eine Gerade in der Zeichenebene mithilfe eines Lineals, das an zwei Punkten anliegt. Man kann sich vorstellen, dass ein Lineal auch im Raum an zwei Punkten anliegt.
Zwei Punkte bestimmen genau eine Verbindungsgerade.

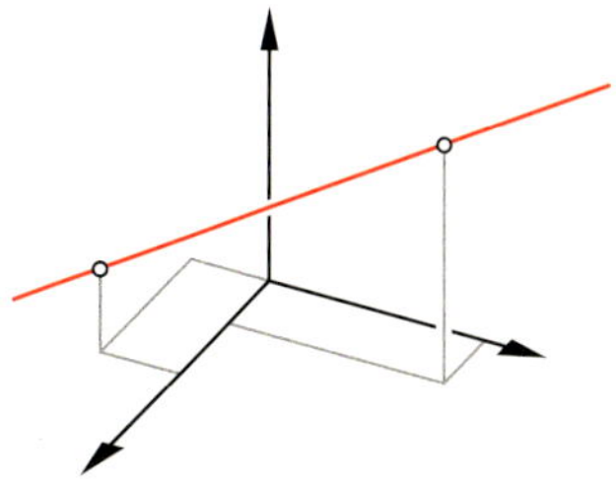

Aufgabe

1 Ein Düsenjet wird von einer Radarstation bezüglich eines Koordinatensystems mit der Einheit km im Punkt P(2|5|2) geortet. Eine Minute später befindet er sich im Punkt Q(16|−7|2,5). In den nächsten Minuten ändert der Jet weder seine Flugrichtung noch seine Geschwindigkeit.

a) Beschreiben Sie die Flugbahn des Flugzeugs während dieser Zeit. In welchem Punkt befindet es sich 3 Minuten nach der ersten Ortung?

b) Wo befand sich das Flugzeug eine halbe Minute vor Beobachtungsbeginn?

c) Später wird der Jet noch in den Punkten A(170|−139|8) und B(254|−259|12) geortet. Hat das Flugzeug bis zum Punkt A bzw. bis zum Punkt B seine Richtung beibehalten?

Lösung

a) Da das Flugzeug eine Zeitlang seine Richtung beibehält, liegt die Flugbahn während dieser Zeit auf einer Geraden durch die Punkte P und Q. Die Flugrichtung kann durch den Vektor

$\vec{v} = \overrightarrow{PQ} = \begin{pmatrix} 16 - 2 \\ -7 - 5 \\ 2{,}5 - 2 \end{pmatrix} = \begin{pmatrix} 14 \\ -12 \\ 0{,}5 \end{pmatrix}$ beschrieben werden. Das Flugzeug bewegt sich also pro Minute

um den Vektor $\vec{v} = \begin{pmatrix} 14 \\ -12 \\ 0{,}5 \end{pmatrix}$ weiter. Drei Minuten nach Beobachtungsbeginn hat sich das Flugzeug dreimal um den Vektor $\vec{v}$ vom Punkt P entfernt und befindet sich im Punkt R. Den dabei zurückgelegten Weg können wir durch den Vektor $\overrightarrow{PR} = 3 \cdot \vec{v}$ beschreiben. Für den Punkt R gilt somit:

$\overrightarrow{OR} = \overrightarrow{OP} + 3 \cdot \vec{v} = \begin{pmatrix} 2 \\ 5 \\ 2 \end{pmatrix} + 3 \cdot \begin{pmatrix} 14 \\ -12 \\ 0{,}5 \end{pmatrix} = \begin{pmatrix} 44 \\ -31 \\ 3{,}5 \end{pmatrix}$.

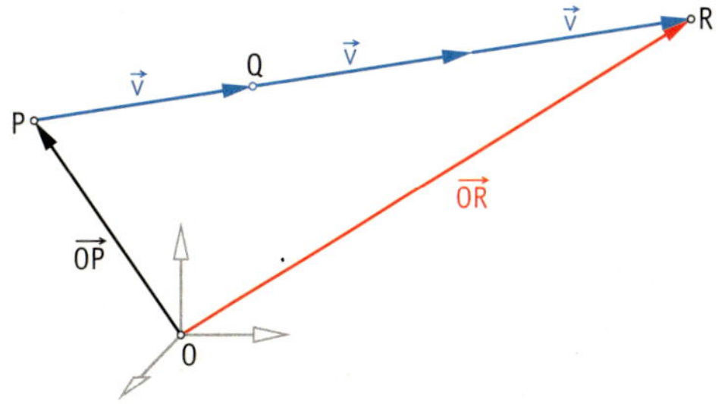

Das Flugzeug befindet sich nach 3 Minuten im Punkt R(44|−31|3,5).

b) Der in einer halben Minute zurückgelegte Weg kann durch den Vektor $\frac{1}{2}\cdot\vec{v}$ beschrieben werden, wenn man voraussetzt, dass Richtung und Geschwindigkeit auch schon vor Beobachtungsbeginn unverändert waren. Um den Punkt S zu erreichen, in dem der Jet sich vor einer halben Minute befand, müssen wir in die entgegengesetzte Richtung gehen. Somit gilt: $\overrightarrow{OS} = \overrightarrow{OP} - \frac{1}{2}\cdot\vec{v} = \begin{pmatrix} 2 \\ 5 \\ 2 \end{pmatrix} - \frac{1}{2}\cdot\begin{pmatrix} 14 \\ -12 \\ 0{,}5 \end{pmatrix} = \begin{pmatrix} -5 \\ 11 \\ 1{,}75 \end{pmatrix}$.

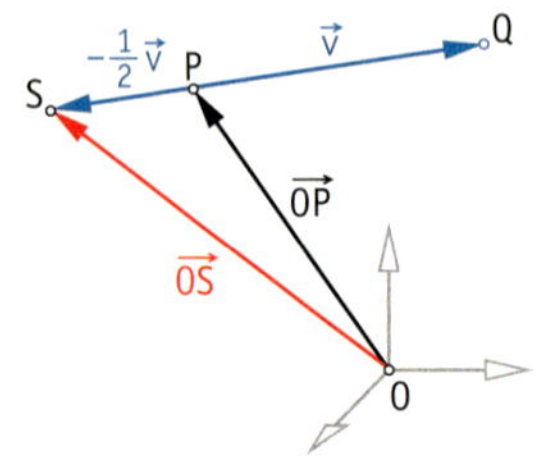

Das Flugzeug befand sich eine halbe Minute vor Beobachtungsbeginn im Punkt $S(-5\,|\,11\,|\,1{,}75)$.

c) Falls das Flugzeug seine Richtung nicht ändert, müssten die Punkte A bzw. B auf der Geraden durch die Punkte P und Q liegen. Der Punkt A müsste also k Minuten nach Beobachtungsbeginn erreicht werden, d. h. es müsste gelten: $\overrightarrow{OA} = \overrightarrow{OP} + k\cdot\vec{v}$, also

$$\begin{pmatrix} 170 \\ -139 \\ 8 \end{pmatrix} = \begin{pmatrix} 2 \\ 5 \\ 2 \end{pmatrix} + k\cdot\begin{pmatrix} 14 \\ -12 \\ 0{,}5 \end{pmatrix} = \begin{pmatrix} 2+14k \\ 5-12k \\ 2+0{,}5k \end{pmatrix}.$$

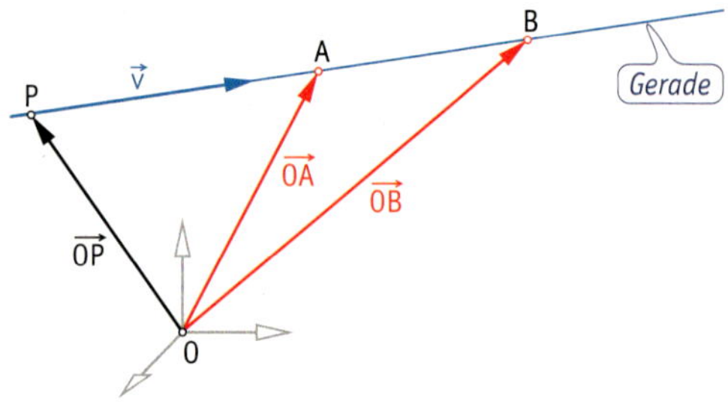

Die Zahl k müsste somit das lineare Gleichungssystem $\left| \begin{array}{l} 170 = 2 + 14k \\ -139 = 5 - 12k \\ 8 = 2 + 0{,}5k \end{array} \right|$ erfüllen.

Durch Vereinfachen erhält man $\left| \begin{array}{l} k = 12 \\ k = 12 \\ k = 12 \end{array} \right|$. Für den Ortsvektor des Punktes A gilt also: $\overrightarrow{OA} = \overrightarrow{OP} + 12\cdot\vec{v}$.

Somit liegt A auf der Geraden durch P und Q. Der Jet erreicht den Punkt A nach 12 Minuten ohne seine Richtung zu ändern. Entsprechend müsste für den Punkt B mit einer Zahl t gelten:

$\overrightarrow{OB} = \overrightarrow{OP} + t\cdot\vec{v}$, also $\begin{pmatrix} 254 \\ -259 \\ 12 \end{pmatrix} = \begin{pmatrix} 2 \\ 5 \\ 2 \end{pmatrix} + t\cdot\begin{pmatrix} 14 \\ -12 \\ 0{,}5 \end{pmatrix} = \begin{pmatrix} 2+14t \\ 5-12t \\ 2+0{,}5t \end{pmatrix}$.

Die Zahl t müsste also das lineare Gleichungssystem $\left| \begin{array}{l} 254 = 2 + 14t \\ -259 = 5 - 12t \\ 12 = 2 + 0{,}5t \end{array} \right|$ erfüllen. Durch Vereinfachen erhält man $\left| \begin{array}{l} t = 18 \\ t = 22 \\ t = 20 \end{array} \right|$. Es gibt also keine Zahl t, die das lineare Gleichungssystem und damit die Gleichung $\overrightarrow{OB} = \overrightarrow{OP} + t\cdot\vec{v}$ erfüllt. B liegt nicht auf der Geraden durch P und Q. Also hat der Jet zwischen A und B seine Richtung geändert.

Information

Parameterdarstellung einer Geraden – Punktprobe

Die Lösung von Aufgabe 1 zeigt, dass wir eine geradlinige Flugbahn durch einen Punkt P dieser Flugbahn und einen Richtungsvektor $\vec{v}$ beschreiben können. Wir verallgemeinern:

Satz: Parameterdarstellung einer Geraden

Durch einen Punkt A und einen Vektor $\vec{v} \neq \vec{o}$ ist eine Gerade g bestimmt. Die Gerade g kann wie folgt beschrieben werden:

g: $\overrightarrow{OX} = \overrightarrow{OA} + k\cdot\vec{v}$ mit $k \in \mathbb{R}$

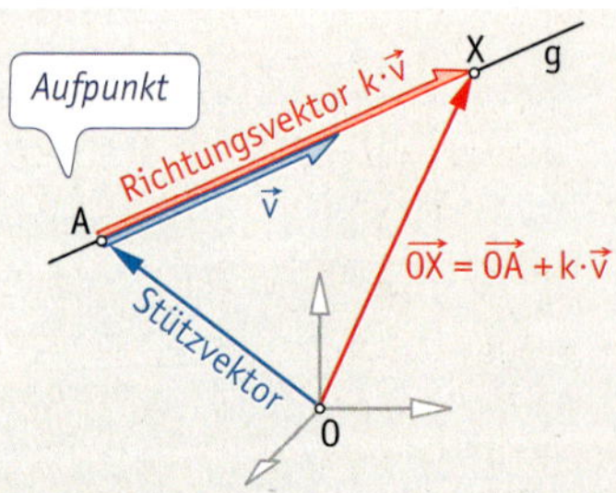

Diese Vektorgleichung bezeichnet man als **Parameterdarstellung** der Geraden g mit dem **Parameter** k. Es gilt:

(1) Setzt man für k irgendeine Zahl in die Parameterdarstellung der Geraden g ein, so ergibt sich der Ortsvektor $\overrightarrow{OX}$ eines Punktes X der Geraden g.

Punktprobe

(2) Für jeden Punkt P der Geraden g gibt es eine Zahl $k \in \mathbb{R}$, sodass $\overrightarrow{OP} = \overrightarrow{OA} + k\cdot\vec{v}$. Für Punkte außerhalb der Geraden g gibt es eine solche Zahl k nicht.

Beispiel

Die Gerade durch den Punkt A(−2 | 3 | 1) mit dem Richtungsvektor $\vec{v} = \begin{pmatrix} 2 \\ -5 \\ 7 \end{pmatrix}$ hat die Parameterdarstellung $g\colon \overrightarrow{OX} = \begin{pmatrix} -2 \\ 3 \\ 1 \end{pmatrix} + k \cdot \begin{pmatrix} 2 \\ -5 \\ 7 \end{pmatrix}$ mit $k \in \mathbb{R}$.

- Wählt man zum Beispiel k = 3, so erhält man den Ortsvektor $\begin{pmatrix} -2 \\ 3 \\ 1 \end{pmatrix} + 3 \cdot \begin{pmatrix} 2 \\ -5 \\ 7 \end{pmatrix} = \begin{pmatrix} 4 \\ -12 \\ 22 \end{pmatrix}$ des Punktes P(4 | −12 | 22) der Geraden g.
- Will man überprüfen, ob der Punkt Q(−12 | 23 | −34) auf g liegt, muss man untersuchen, ob es einen Wert für k gibt, der die Gleichung $\begin{pmatrix} -2 \\ 3 \\ 1 \end{pmatrix} + k \cdot \begin{pmatrix} 2 \\ -5 \\ 7 \end{pmatrix} = \begin{pmatrix} -12 \\ 23 \\ -34 \end{pmatrix}$ erfüllt. Wir schreiben diese Vektorgleichung als Gleichungssystem $\left| \begin{array}{rl} -2 + 2k = & -12 \\ 3 - 5k = & 23 \\ 1 + 7k = & -34 \end{array} \right|$ und formen dieses um zu $\left| \begin{array}{l} k = -5 \\ k = -4 \\ k = -5 \end{array} \right|$.

  Es gibt also keine Zahl k, die alle drei Gleichungen des Gleichungssystems erfüllt. Der Punkt Q liegt somit nicht auf g.

Weiterführende Aufgaben

2 Bestimmen einer Geraden durch zwei Punkte – verschiedene Parameterdarstellungen derselben Geraden

Die Gerade g geht durch die Punkte A(3 | 1 | −2) und B(−2 | 4 | −7).

a) Geben Sie zwei verschiedene Parameterdarstellungen der Geraden g an.

b) Beschreiben Sie, wie man weitere Parameterdarstellungen der Geraden erhalten kann, und geben Sie einige an.

3 Zeichnen einer Geraden

Rechts wurde die Gerade g mit der Parameterdarstellung $\overrightarrow{OX} = \begin{pmatrix} 4 \\ 3 \\ 3 \end{pmatrix} + k \cdot \begin{pmatrix} -2 \\ 1 \\ -3 \end{pmatrix}$ und $k \in \mathbb{R}$ gezeichnet.

Erklären Sie die Vorgehensweise und zeichnen Sie die Gerade h mit $\overrightarrow{OX} = \begin{pmatrix} 3 \\ 1{,}5 \\ 4 \end{pmatrix} + t \cdot \begin{pmatrix} -1 \\ 1{,}5 \\ 4 \end{pmatrix}$ und $t \in \mathbb{R}$.

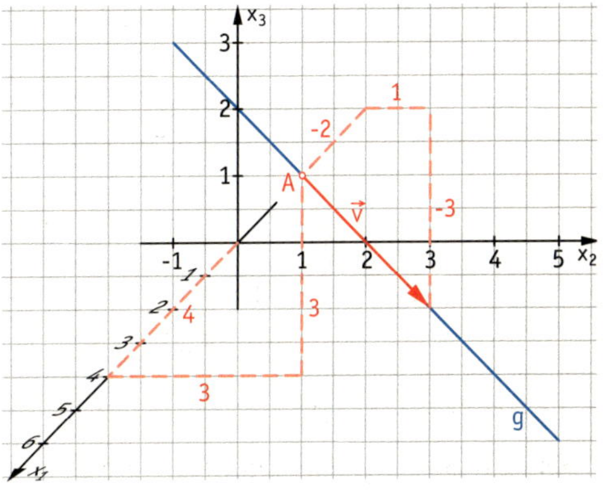

4 Spurpunkte einer Geraden bestimmen

Die Schnittpunkte einer Geraden mit den Koordinatenebenen bezeichnet man als Spurpunkte der Geraden.

a) Erläutern Sie, wie man zum Beispiel den Spurpunkt S_{12} einer Geraden mit der x_1x_2-Koordinatenebene berechnen kann.

b) Bestimmen Sie die Koordinaten der Spurpunkte der Geraden g und zeichnen Sie die Gerade mithilfe ihrer Spurpunkte in ein Koordinatensystem.

(1) $g\colon \overrightarrow{OX} = \begin{pmatrix} 2 \\ 2 \\ 1 \end{pmatrix} + t \cdot \begin{pmatrix} 1 \\ 2 \\ -1 \end{pmatrix}$, $t \in \mathbb{R}$.

(2) $g\colon \overrightarrow{OX} = \begin{pmatrix} -4 \\ 1 \\ 3 \end{pmatrix} + t \cdot \begin{pmatrix} 2 \\ -1 \\ 3 \end{pmatrix}$, $t \in \mathbb{R}$.

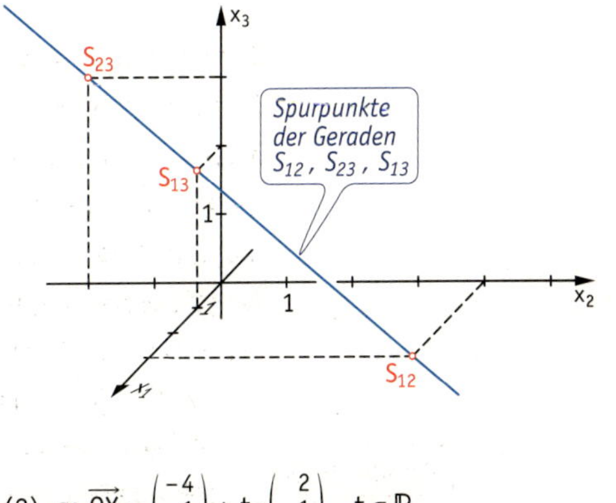

Bezeichnung der Spurpunkte:
- S_{12} ist der Schnittpunkt mit der x_1x_2-Koordinatenebene.
- S_{23} ist der Schnittpunkt mit der x_2x_3-Koordinatenebene.
- S_{13} ist der Schnittpunkt mit der x_1x_3-Koordinatenebene.

Übungsaufgaben

5 Eine Gerade g geht durch den Koordinatenursprung O und den Punkt A(3|−2|4). Geben Sie drei verschiedene Parameterdarstellungen dieser Geraden an.

6 Die Gerade g geht durch die Punkte A und B. Geben Sie jeweils zwei verschiedene Parameterdarstellungen für g an. Prüfen Sie, ob der Punkt P auf g liegt.

a) A(−2|5|3), B(2|−3|1), P(−14|29|9) **b)** A(5|−3|−1), B(2|−1|2), P(−1|1|6)

7 Ermitteln Sie die Spurpunkte der Geraden g und zeichnen Sie damit die Gerade in ein Koordinatensystem

Kann ein Parameter alle reellen Zahlen annehmen, verzichten wir oft auf die Angabe „$\in \mathbb{R}$“.

a) $g: \overrightarrow{OX} = \begin{pmatrix} -4 \\ 8 \\ 9 \end{pmatrix} + r \cdot \begin{pmatrix} 2 \\ -1 \\ -3 \end{pmatrix}$ **b)** $g: \overrightarrow{OX} = \begin{pmatrix} 10 \\ -4 \\ 9 \end{pmatrix} + s \cdot \begin{pmatrix} 0 \\ 2 \\ -3 \end{pmatrix}$ **c)** $g: \overrightarrow{OX} = \begin{pmatrix} 5 \\ -2 \\ 2 \end{pmatrix} + t \cdot \begin{pmatrix} 1 \\ 0 \\ 1 \end{pmatrix}$

8

a) Geben Sie eine Parameterdarstellung der Geraden g durch den Punkt A mit dem Richtungsvektor $\vec{v}$ an. Zeichnen Sie die Gerade in ein Koordinatensystem ein.

(1) A(4|2|3), $\vec{v} = \begin{pmatrix} -2 \\ 3 \\ -4 \end{pmatrix}$ (2) A(2|1|−2), $\vec{v} = \begin{pmatrix} -4 \\ 2 \\ 4 \end{pmatrix}$ (3) A(−3|−3|1), $\vec{v} = \begin{pmatrix} 3 \\ 2 \\ -1 \end{pmatrix}$

b) Bestimmen Sie denjenigen Punkt auf g, dessen x_3-Koordinate null beträgt. Welche geometrische Bedeutung hat dieser Punkt?

9 Beschreiben Sie die Lage der Geraden g im Koordinatensystem. Geben Sie für g eine weitere Parameterdarstellung mit einem anderen Stützvektor an.

Statt $\overrightarrow{OX}$ schreiben wir auch $\vec{x}$.

a) $g: \vec{x} = k \cdot \begin{pmatrix} 1 \\ 1 \\ 0 \end{pmatrix}$ **b)** $g: \vec{x} = r \cdot \begin{pmatrix} 0 \\ 1 \\ 0 \end{pmatrix}$ **c)** $g: \vec{x} = k \cdot \begin{pmatrix} 0 \\ 1 \\ -1 \end{pmatrix}$ **d)** $g: \vec{x} = \begin{pmatrix} 1 \\ 0 \\ 2 \end{pmatrix} + t \cdot \begin{pmatrix} 1 \\ 0 \\ 1 \end{pmatrix}$

10 Erläutern Sie, welche Punkte durch die folgende Parameterdarstellung beschrieben werden.

a) $\vec{x} = \begin{pmatrix} -2 \\ 0 \\ 3 \end{pmatrix} + k \cdot \begin{pmatrix} 1 \\ 3 \\ 0 \end{pmatrix}$ mit $-2 \le k \le 3$ **b)** $\vec{x} = \begin{pmatrix} 0 \\ 2 \\ -5 \end{pmatrix} + r \cdot \begin{pmatrix} 4 \\ -2 \\ 1 \end{pmatrix}$ mit $1 < r < 5$

11 Bestimmen Sie denjenigen Punkt auf der Geraden g,
(1) der in der x_2x_3-Ebene liegt; (2) dessen x_3-Koordinate den Wert 3 hat.

a) $g: \vec{x} = \begin{pmatrix} -4 \\ 15 \\ 1 \end{pmatrix} + k \cdot \begin{pmatrix} 2 \\ -2 \\ -1 \end{pmatrix}$ **b)** $g: \vec{x} = \begin{pmatrix} 9 \\ 21 \\ -6 \end{pmatrix} + k \cdot \begin{pmatrix} 3 \\ 2 \\ -2 \end{pmatrix}$

12 Überprüfen Sie, ob die Punkte A, B und C auf der Geraden g liegen.

a) $g: \vec{x} = \begin{pmatrix} 0 \\ 3 \\ 1 \end{pmatrix} + k \cdot \begin{pmatrix} 2 \\ 1 \\ -2 \end{pmatrix}$
A(−4|1|5), B(2|4|2), C(10|8|−9)

b) $g: \vec{x} = \begin{pmatrix} 1 \\ -2 \\ 5 \end{pmatrix} + t \cdot \begin{pmatrix} -1 \\ 1 \\ -1 \end{pmatrix}$
A(4|−5|8), B(2|−1|4), C(−4|1|2)

13 Zeigen Sie, dass die Punkte P, Q und R auf einer Geraden liegen. Welcher der drei Punkte liegt zwischen den beiden anderen? Begründen Sie.

a) P(−4|2|−2), Q(−6|−2|2), R(−1|8|−8) **b)** P(−15|12|−20), Q(9|−20|−4), R(0|−8|−10)

14 Gegeben ist eine Gerade $g: \vec{x} = \begin{pmatrix} 6 \\ 3 \\ -12 \end{pmatrix} + k \cdot \begin{pmatrix} -4 \\ -2 \\ -6 \end{pmatrix}$.

Kristin erklärt: „Bei einer Parameterdarstellung einer Geraden kommt es nur auf die Richtung, nicht aber auf die Länge der Vektoren an. Die Parameterdarstellung von g kann man also z.B. auch so schreiben: $g: \vec{x} = \begin{pmatrix} 2 \\ 1 \\ -4 \end{pmatrix} + r \cdot \begin{pmatrix} 2 \\ 1 \\ 3 \end{pmatrix}$.“

Nehmen Sie zu Kristins Aussage Stellung.

15

a) Eine Gerade hat keinen Spurpunkt mit der x_1x_3-Ebene. Beschreiben Sie die Lage dieser Geraden im Koordinatensystem und geben Sie ein Beispiel einer solchen Geraden an.

b) Bei welchen Geraden fallen zwei, bei welchen alle drei Spurpunkte auf einen gemeinsamen Punkt? Geben Sie je ein Beispiel einer solchen Geraden an.

c) Geben Sie eine Parameterdarstellung einer Geraden an, die

(1) parallel zur x_1x_2-Ebene ist;

(2) orthogonal zur x_2x_3-Ebene ist.

16

a) Bestimmen Sie die Spurpunkte der Geraden $g\colon \vec{x} = \begin{pmatrix} -15 \\ 10 \\ 3 \end{pmatrix} + t \cdot \begin{pmatrix} 5 \\ -2 \\ 0 \end{pmatrix}$. Zeichnen Sie die Gerade g in ein Koordinatensystem ein und beschreiben Sie die besondere Lage von g.

b) Untersuchen Sie die Fälle, bei denen nur ein oder zwei Spurpunkte einer Geraden existieren. Beschreiben Sie für jeden Fall, welche besondere Lage die Gerade im Koordinatensystem hat, und geben Sie jeweils ein Beispiel einer solchen Geraden an.
Bestimmen Sie jeweils die Spurpunkte dieser Geraden.

c) Wie kann man der Parameterdarstellung einer Geraden direkt ansehen, welcher Sonderfall vorliegt?

17

Ein Tauchboot befindet sich im Punkt $A(-6713\,|\,4378\,|\,-236)$ und fährt auf einem Kurs in Richtung des Vektors $\vec{u} = \begin{pmatrix} 63 \\ -71 \\ -8 \end{pmatrix}$.

Die Wasseroberfläche liegt in der x_1x_2-Koordinatenebene, alle Einheiten sind in Meter angegeben.

Das Tauchboot sucht nach einem Wrack, das in etwa 500 m Tiefe vermutet wird.

a) In welchem Punkt P erreicht das Tauchboot diese Tiefe, wenn es seinen Kurs beibehält?

b) Der Suchscheinwerfer des Tauchboots kann Objekte in circa 100 m Entfernung gerade noch sichtbar machen.
Kann die Crew des Tauchboots im Punkt P das Wrack sehen, das sich im Punkt $W(-4565\,|\,2115\,|\,-508)$ befindet? Begründen Sie durch eine Rechnung.

18

Die Punkte P, Q und R sind Mittelpunkte von Seitenkanten der gezeichneten Körper. Bestimmen Sie für die eingezeichneten Geraden jeweils eine Parameterdarstellung. Legen Sie dazu ein geeignetes Koordinatensystem fest.

a)

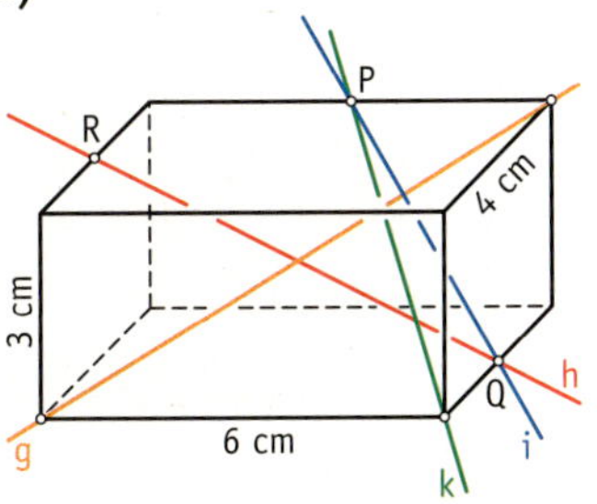

Quader

b)

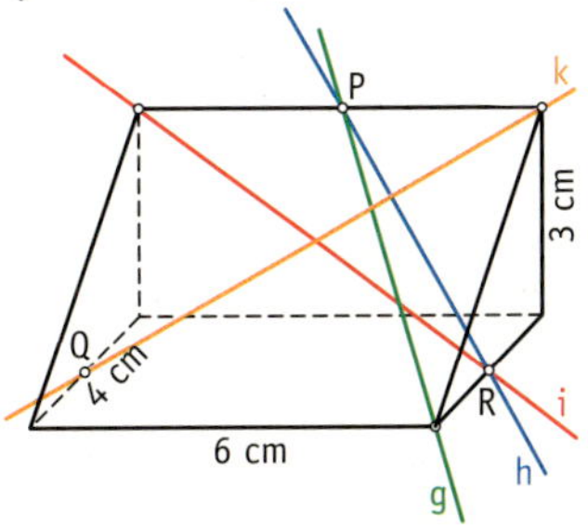

gerades dreiseitiges Prisma

c)

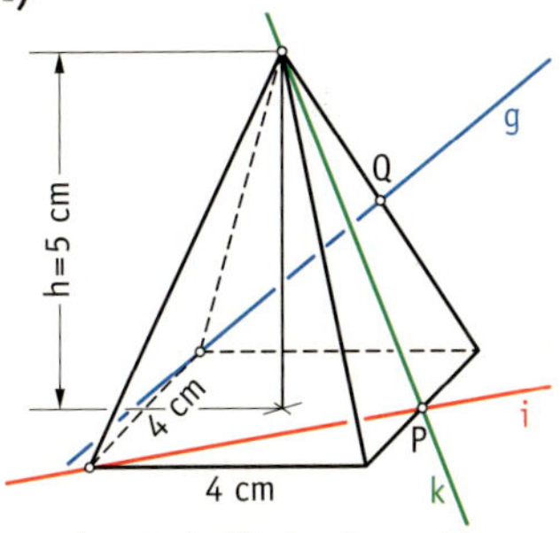

gerade quadratische Pyramide

19

a) Für jede reelle Zahl t ist ein Punkt P_t gegeben durch $P_t(3 + 2t \mid 5t \mid -2 - 4t)$. Zeigen Sie, dass alle Punkte P_t auf einer Geraden liegen, und geben Sie eine Parameterdarstellung dieser Geraden an.

b) Untersuchen Sie, ob die Punkte A_t mit $A_t(2t - 3 \mid 4 - 2t \mid t^2)$ für alle reellen Werte von t auf einer Geraden liegen.

20 Rechts wurden die Geraden $g_1\colon \vec{x} = \begin{pmatrix} 2 \\ 1 \\ 0 \end{pmatrix} + t \cdot \begin{pmatrix} 0 \\ 0 \\ 4 \end{pmatrix}$ und $g_2\colon \vec{x} = \begin{pmatrix} 3 \\ 1 \\ 2 \end{pmatrix} + k \cdot \begin{pmatrix} 2 \\ 4 \\ 1 \end{pmatrix}$ mit einem CAS gezeichnet.

Machen Sie anhand der Abbildung Aussagen zur Lage der Geraden im Koordinatensystem.

Überprüfen Sie diese Aussagen rechnerisch.

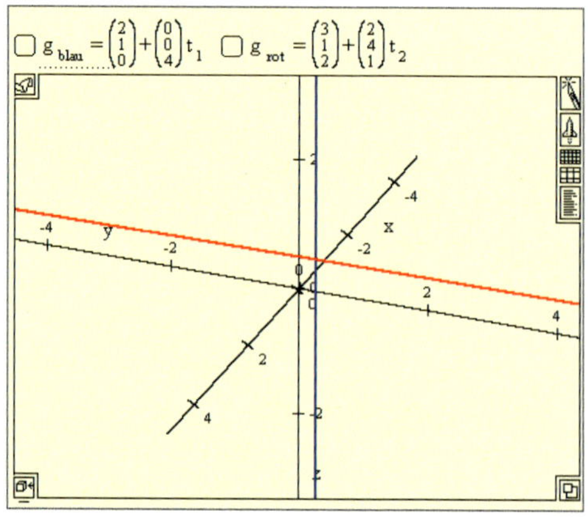

21

LASERSHOW

Lasershows werden häufig in Diskotheken, auf Konzerten oder bei anderen Großveranstaltungen gezeigt. Bei der Beamshow werden die Laserstrahlen in Richtung der Betrachter in den Raum hinein projiziert. Durch im Raum befindlichen Dunst sehen die Zuschauer flächige Muster oder Linien, die sich vom Ausgangspunkt zum Betrachter hin räumlich ausdehnen.

Zur sorgfältigen Planung einer Lasershow muss genau bekannt sein, auf welche Punkte ein bestimmter Laserstrahl trifft. In einem örtlichen Koordinatensystem wird ein Laserstrahl vom Punkt $A(1 \mid 0 \mid 3)$ ausgesandt. Seine Richtung lässt sich durch den Vektor $\vec{v} = \begin{pmatrix} 2 \\ -1 \\ 4 \end{pmatrix}$ beschreiben (Einheit 1 m).

Bestimmen Sie alle Punkte, die von diesem Laserstrahl erreicht werden können.

22 Im Landeanflug auf einen Flughafen überprüft der Pilot ständig seine Position. Augenblicklich befindet sich das Flugzeug im Punkt $K_0(8\,045 \mid -2\,255 \mid 1\,020)$ eines geradlinigen Kurses, 32 Sekunden später im Punkt $K_1(5\,965 \mid -1\,535 \mid 700)$ (alle Einheiten in m). Es soll auf der Landebahn etwa im Punkt $L(1\,500 \mid 50 \mid 0)$ aufsetzen.

a) Wie groß ist seine durchschnittliche Geschwindigkeit zwischen den Punkten K_0 und K_1?

b) Erreicht das Flugzeug den Punkt L ohne Kurskorrektur? Begründen Sie durch eine Rechnung. Wie muss der Pilot im Punkt K_1 gegebenenfalls seinen Kurs ändern?

6.1.2 Lagebeziehungen zwischen Geraden

Gegenstand dieses Abschnitts ist, wie man anhand der Parameterdarstellungen zweier Geraden rechnerisch zu Aussagen über deren gegenseitige Lage im Raum gelangt.

Einstieg

In der nebenstehenden Zeichnung liegen die Geraden g_1, g_2 und g_3 auf den Kanten eines quadratischen Pyramidenstumpfs.

- Erläutern Sie anhand der Zeichnung, welche Lagebeziehungen zwischen zwei Geraden im Raum möglich sind.
- Überlegen Sie, wie man diese Lagebeziehungen an den Parameterdarstellungen zweier Geraden rechnerisch untersuchen kann.

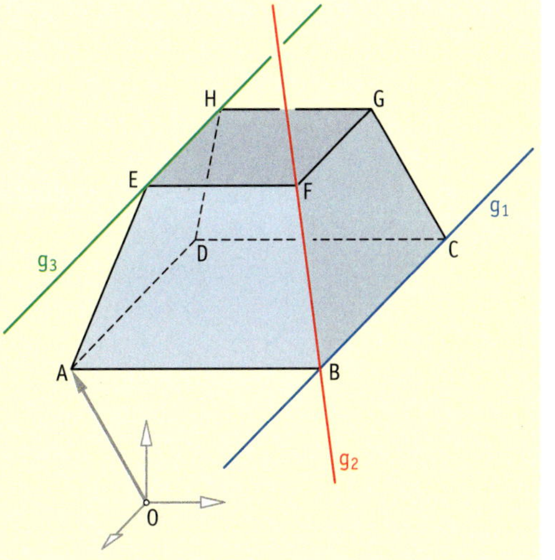

Aufgabe

1 Feststellen der gegenseitigen Lage zweier Geraden durch Rechnung

Gegeben sind die drei Geraden g_1, g_2 und g_3 durch

$$g_1\colon \vec{x} = \begin{pmatrix} 3 \\ -5 \\ 4 \end{pmatrix} + k \cdot \begin{pmatrix} -1 \\ 2 \\ 2 \end{pmatrix},\quad g_2\colon \vec{x} = \begin{pmatrix} -6 \\ 7 \\ 20 \end{pmatrix} + r \cdot \begin{pmatrix} -2 \\ 1 \\ 3 \end{pmatrix},\quad g_3\colon \vec{x} = \begin{pmatrix} 4 \\ 4 \\ 11 \end{pmatrix} + s \cdot \begin{pmatrix} 4 \\ -2 \\ -6 \end{pmatrix} \text{ mit } k, r, s \in \mathbb{R}.$$

Entwickeln Sie ein Verfahren, mit dem man durch Rechnung die gegenseitige Lage zweier Geraden feststellen kann. Untersuchen Sie damit, wie die drei gegebenen Geraden paarweise zueinander liegen.

Lösung

1. Schritt: Untersuchung auf Parallelität

Zwei Geraden sind zueinander parallel, wenn sie in ihren Richtungen übereinstimmen. Dies ist der Fall, wenn ein Richtungsvektor der einen Geraden ein Vielfaches eines Richtungsvektors der anderen Geraden ist. Sind dagegen die Richtungsvektoren zweier Geraden keine Vielfache voneinander, so sind die beiden Geraden nicht zueinander parallel.

Somit kann man eine erste Unterscheidung treffen:

- Die Geraden g_2 und g_3 sind zueinander parallel, da der Richtungsvektor $\begin{pmatrix} 4 \\ -2 \\ -6 \end{pmatrix}$ von g_3 ein Vielfaches des Richtungsvektors $\begin{pmatrix} -2 \\ 1 \\ 3 \end{pmatrix}$ der Geraden g_2 ist, denn es gilt: $\begin{pmatrix} 4 \\ -2 \\ -6 \end{pmatrix} = (-2) \cdot \begin{pmatrix} -2 \\ 1 \\ 3 \end{pmatrix}$
- Die Geraden g_1 und g_2 sind nicht zueinander parallel, da der Richtungsvektor $\begin{pmatrix} -2 \\ 1 \\ 3 \end{pmatrix}$ von g_2 kein Vielfaches des Richtungsvektors $\begin{pmatrix} -1 \\ 2 \\ 2 \end{pmatrix}$ von g_1 ist.
- Da g_2 und g_3 zueinander parallel sind, g_1 und g_2 dagegen nicht, ist g_1 auch nicht parallel zu g_3.

2. Schritt: Untersuchung auf gemeinsame Punkte

- **Fall 1: zueinander parallele Geraden**

  Da eine Gerade durch unterschiedliche Parameterdarstellungen gegeben sein kann, ist nicht auszuschließen, dass es sich bei g_2 und g_3 um dieselbe Gerade handelt. Wenn g_2 und g_3 identisch sind, so ist jeder Punkt von g_2 auch ein Punkt von g_3. Sind dagegen die beiden verschieden voneinander, so haben sie keinen Punkt gemeinsam. Dies kann man schnell überprüfen, indem man z. B. den Aufpunkt $(-6|7|20)$ von g_2 wählt und prüft, ob er auf g_3 liegt, d.h., ob es einen Wert für s gibt, sodass $\begin{pmatrix} -6 \\ 7 \\ 20 \end{pmatrix} = \begin{pmatrix} 4 \\ 4 \\ 11 \end{pmatrix} + s \cdot \begin{pmatrix} 4 \\ -2 \\ -6 \end{pmatrix}$, also $\left| \begin{array}{l} -6 = 4 + 4s \\ 7 = 4 - 2s \\ 20 = 11 - 6s \end{array} \right|$ erfüllt ist.

Durch Umformen erhält man $\left| \begin{array}{l} s = -\frac{5}{2} \\ s = -\frac{3}{2} \\ s = -\frac{3}{2} \end{array} \right|$. Es gibt also keine Zahl s, die das lineare Gleichungssystem und damit auch die Vektorgleichung erfüllt. Der Aufpunkt von g_2 liegt also nicht auf g_3.

Nach unseren Vorüberlegungen bedeutet dies, dass die Geraden g_2 und g_3 keinen gemeinsamen Punkt besitzen; sie sind somit zueinander parallel, aber voneinander verschieden.

- **Fall 2: nicht zueinander parallele Geraden**

  Die Geraden g_1 und g_2 sind nicht zueinander parallel. Besitzen die beiden Geraden einen Schnittpunkt S, so muss es Parameterwerte k und r geben, welche die Gleichungen $\overrightarrow{OS} = \begin{pmatrix} 3 \\ -5 \\ 4 \end{pmatrix} + k \cdot \begin{pmatrix} -1 \\ 2 \\ 2 \end{pmatrix}$ und $\overrightarrow{OS} = \begin{pmatrix} -6 \\ 7 \\ 20 \end{pmatrix} + r \cdot \begin{pmatrix} -2 \\ 1 \\ 3 \end{pmatrix}$, also auch $\begin{pmatrix} 3 \\ -5 \\ 4 \end{pmatrix} + k \cdot \begin{pmatrix} -1 \\ 2 \\ 2 \end{pmatrix} = \begin{pmatrix} -6 \\ 7 \\ 20 \end{pmatrix} + r \cdot \begin{pmatrix} -2 \\ 1 \\ 3 \end{pmatrix}$ erfüllen.

  Dies führt auf das lineare Gleichungssystem $\left| \begin{array}{l} 3 - k = -6 - 2r \\ -5 + 2k = 7 + r \\ 4 + 2k = 20 + 3r \end{array} \right|$, also $\left| \begin{array}{l} -k + 2r = -9 \\ 2k - r = 12 \\ 2k - 3r = 16 \end{array} \right|$.

  Durch weitere Umformungen erhält man hieraus das lineare Gleichungssystem $\left| \begin{array}{r} -k + 2r = -9 \\ 3r = -6 \\ r = -2 \end{array} \right|$ mit $r = -2$ und $k = 5$ als einziger Lösung. Dies bedeutet, dass die Geraden g_1 und g_2 genau einen gemeinsamen Punkt, nämlich den Punkt S, besitzen. Zu ihm gehören die Parameterwerte $k = 5$ und $r = -2$. Setzt man diese Werte in die Parameterdarstellungen von g_1 und g_2 ein, erhält man den Ortsvektor des gemeinsamen Punktes S:

  $\overrightarrow{OS} = \begin{pmatrix} 3 \\ -5 \\ 4 \end{pmatrix} + 5 \cdot \begin{pmatrix} -1 \\ 2 \\ 2 \end{pmatrix} = \begin{pmatrix} -2 \\ 5 \\ 14 \end{pmatrix}$ und $\overrightarrow{OS} = \begin{pmatrix} -6 \\ 7 \\ 20 \end{pmatrix} - 2 \cdot \begin{pmatrix} -2 \\ 1 \\ 3 \end{pmatrix} = \begin{pmatrix} -2 \\ 5 \\ 14 \end{pmatrix}$, also $S(-2|5|14)$.

  Ähnliche Überlegungen führen bei den nicht parallelen Geraden g_1 und g_3 auf die Vektorgleichung $\begin{pmatrix} 3 \\ -5 \\ 4 \end{pmatrix} + k \cdot \begin{pmatrix} -1 \\ 2 \\ 2 \end{pmatrix} = \begin{pmatrix} 4 \\ 4 \\ 11 \end{pmatrix} + s \cdot \begin{pmatrix} 4 \\ -2 \\ -6 \end{pmatrix}$ und das lineare Gleichungssystem $\left| \begin{array}{l} -k - 4s = 1 \\ 2k + 2s = 9 \\ 2k + 6s = 7 \end{array} \right|$.

  Durch Umformen erhält man das Gleichungssystem $\left| \begin{array}{r} -k - 4s = 1 \\ -6s = 11 \\ -2s = 9 \end{array} \right|$, das keine Lösung hat. Die beiden Geraden g_1 und g_3 haben somit keinen gemeinsamen Punkt. Sie sind zwar nicht parallel zueinander, besitzen aber dennoch keinen Schnittpunkt.

Information

(1) Zueinander windschiefe Geraden

In der Ebene haben zwei Geraden, die nicht zueinander parallel sind, stets einen Schnittpunkt. Im Einstieg und bei der Lösung von Aufgabe 1 haben wir gesehen, dass es im Gegensatz dazu im Raum Geraden gibt, die nicht zueinander parallel sind und dennoch keinen gemeinsamen Punkt besitzen. Zwei solche Geraden heißen **windschief zueinander.**

Durch einen Sturm abgeknickte Baumstämme in einem Wald kann man sich vereinfacht als Geraden im Raum vorstellen. Dabei sind Geraden (Baumstämme) zu sehen, die nicht parallel zueinander sind und auch keine gemeinsamen Punkte haben, also windschief zueinander sind.

(2) Wie können zwei Geraden im Raum zueinander liegen?

Gegeben sind die Geraden g und h durch $g\colon \vec{x} = \vec{a} + r \cdot \vec{u}$ bzw. $h\colon \vec{x} = \vec{b} + s \cdot \vec{v}$ mit $r, s \in \mathbb{R}$.
Folgende Fälle sind möglich:

(1) g und h sind zueinander parallel und verschieden.

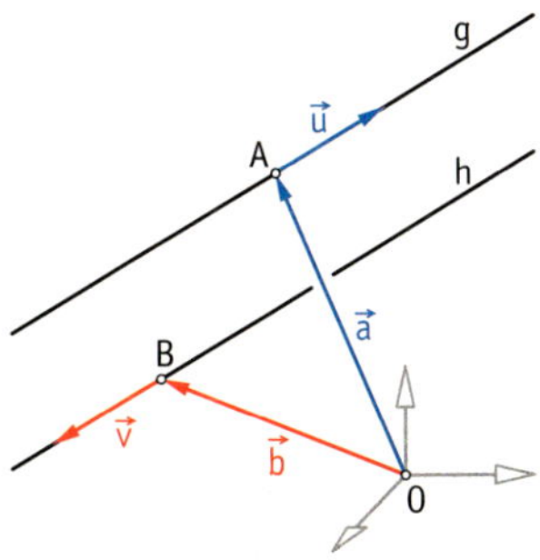

(2) g und h sind identisch.

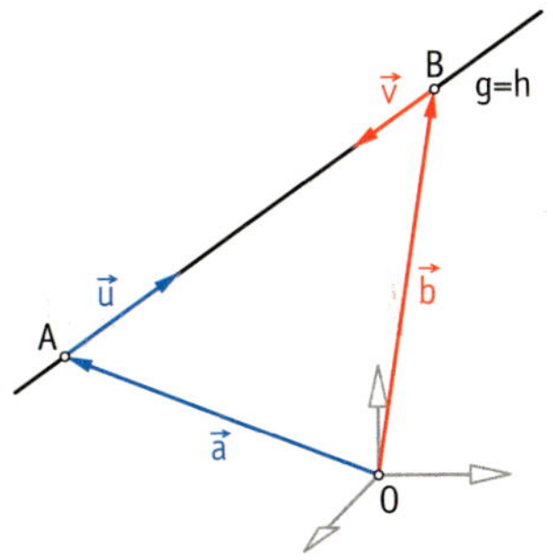

(3) g und h schneiden sich in einem Schnittpunkt S.

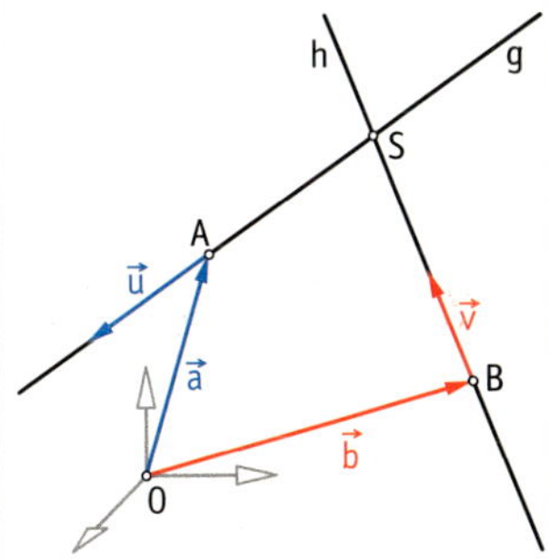

(4) g und h sind nicht zueinander parallel, besitzen aber keinen gemeinsamen Punkt. Sie sind zueinander **windschief**.

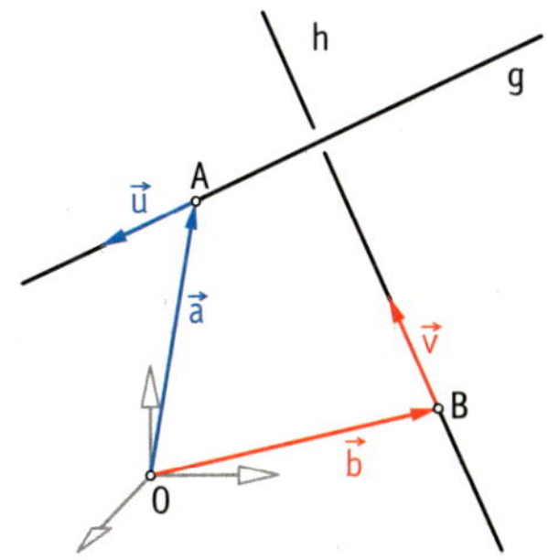

(3) Strategie zur Bestimmung der Lage zweier Geraden zueinander

Da die Untersuchung auf Parallelität zweier Geraden rechnerisch einfacher ist als eine Schnittpunktbestimmung, bietet sich folgende Strategie an.

1. Schritt

Sind die Richtungsvektoren der Geraden g und h Vielfache voneinander?

- ja → $g \parallel h$
- nein → g und h sind nicht zueinander parallel: $g \nparallel h$

2. Schritt

Liegt ein Punkt von g auf h?

- ja → g und h sind identisch: g = h
- nein → g und h sind zueinander parallel, aber verschieden: $g \parallel h$ mit $g \neq h$

Haben g und h einen gemeinsamen Punkt S?

- ja → g und h schneiden sich in einem Punkt S.
- nein → g und h sind zueinander windschief.

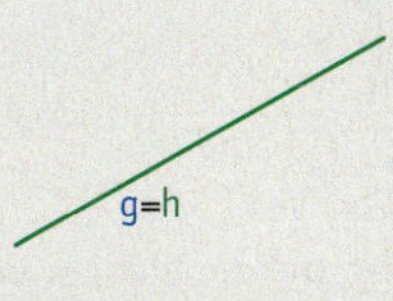

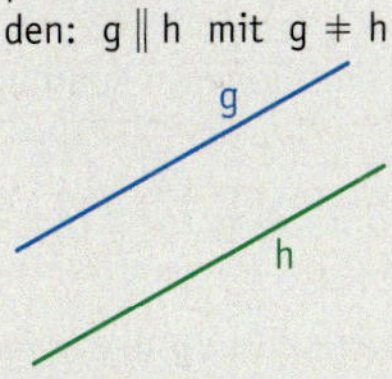

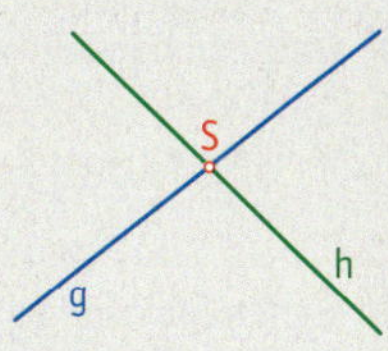

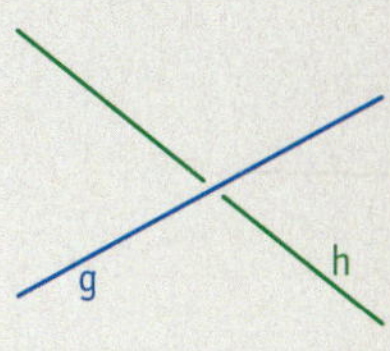

Beispiele

$g\colon \vec{x} = \begin{pmatrix} 2 \\ 1 \\ 3 \end{pmatrix} + r \cdot \begin{pmatrix} -1 \\ 0 \\ 2 \end{pmatrix}$

$h\colon \vec{x} = \begin{pmatrix} 1 \\ 1 \\ 5 \end{pmatrix} + s \cdot \begin{pmatrix} 2 \\ 0 \\ -4 \end{pmatrix}$

$g\colon \vec{x} = \begin{pmatrix} 2 \\ 1 \\ 3 \end{pmatrix} + r \cdot \begin{pmatrix} -1 \\ 0 \\ 2 \end{pmatrix}$

$h\colon \vec{x} = \begin{pmatrix} 2 \\ 2 \\ 1 \end{pmatrix} + s \cdot \begin{pmatrix} -2 \\ 0 \\ 4 \end{pmatrix}$

$g\colon \vec{x} = \begin{pmatrix} 2 \\ 1 \\ 3 \end{pmatrix} + r \cdot \begin{pmatrix} -1 \\ 0 \\ 2 \end{pmatrix}$

$h\colon \vec{x} = \begin{pmatrix} 1 \\ 1 \\ 5 \end{pmatrix} + s \cdot \begin{pmatrix} 1 \\ 2 \\ 1 \end{pmatrix}$

$S(1|1|5)$

$g\colon \vec{x} = \begin{pmatrix} 2 \\ 1 \\ 3 \end{pmatrix} + r \cdot \begin{pmatrix} -1 \\ 0 \\ 2 \end{pmatrix}$

$h\colon \vec{x} = \begin{pmatrix} 2 \\ 2 \\ 1 \end{pmatrix} + s \cdot \begin{pmatrix} 1 \\ 1 \\ 2 \end{pmatrix}$

Information

(4) Zueinander orthogonale Geraden im Raum

In der Ebene haben zueinander orthogonale Geraden immer einen Schnittpunkt. Im Raum kann es zueinander windschiefe Geraden geben, deren Richtungsvektoren zueinander orthogonal sind. Solche Geraden nennt man ebenfalls zueinander orthogonal, auch wenn sie keinen Schnittpunkt besitzen.

Beispiel

Ein Quader hat 12 Kanten. Wählt man eine Kantengerade aus, so ist sie zu drei weiteren Kantengeraden des Quaders *parallel* und zu den restlichen acht Kantengeraden *orthogonal*.

Im Bild sind die Geraden g und k zueinander orthogonal und besitzen einen Schnittpunkt, während die Geraden g und h zueinander orthogonal sind und keinen Schnittpunkt besitzen, da sie zueinander windschief sind.

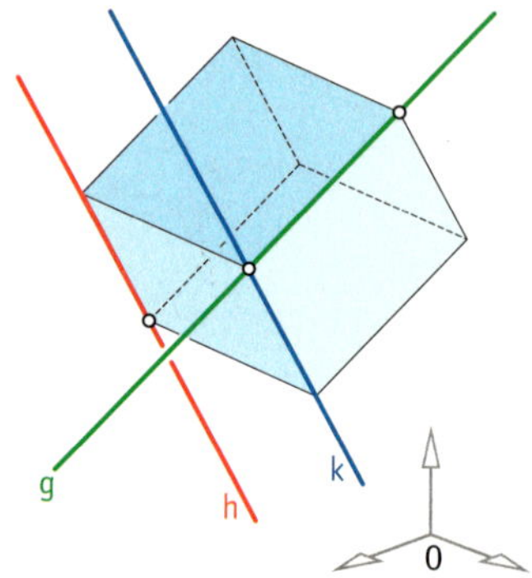

Weiterführende Aufgabe

2 Schnittwinkel von Geraden im Raum

Gegeben sind die beiden Geraden g und h mit den Parameterdarstellungen g: $\vec{x} = \begin{pmatrix} 3 \\ -5 \\ 4 \end{pmatrix} + r \cdot \begin{pmatrix} -2 \\ 2 \\ 1 \end{pmatrix}$ und h: $\vec{x} = \begin{pmatrix} 3 \\ -5 \\ 4 \end{pmatrix} + s \cdot \begin{pmatrix} 2 \\ 10 \\ 11 \end{pmatrix}$ mit $r, s \in \mathbb{R}$.

Die beiden Geraden schneiden einander im Punkt S(3|−5|4) und schließen dort Winkel miteinander ein. Berechnen Sie die Größe des kleinsten eingeschlossenen Winkels, den man als den ***Schnittwinkel*** der beiden Geraden bezeichnet.

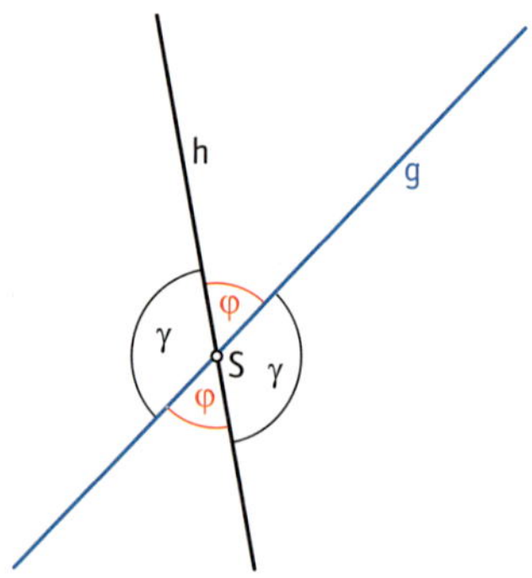

Übungsaufgaben

3 Untersuchen Sie die gegenseitige Lage der Geraden g und h. Geben Sie gegebenenfalls die Koordinaten ihres Schnittpunktes an.

a) g: $\vec{x} = \begin{pmatrix} -1 \\ 3 \\ 2 \end{pmatrix} + k \cdot \begin{pmatrix} 2 \\ 1 \\ -1 \end{pmatrix}$; h: $\vec{x} = \begin{pmatrix} -2 \\ 1 \\ 7 \end{pmatrix} + k \cdot \begin{pmatrix} 1 \\ 0 \\ 1 \end{pmatrix}$

b) g: $\vec{x} = \begin{pmatrix} -5 \\ 1 \\ 2 \end{pmatrix} + k \cdot \begin{pmatrix} -2 \\ 3 \\ -1 \end{pmatrix}$; h: $\vec{x} = \begin{pmatrix} 2 \\ 5 \\ 3 \end{pmatrix} + k \cdot \begin{pmatrix} 4 \\ -6 \\ 2 \end{pmatrix}$

c) g: $\vec{x} = \begin{pmatrix} 4 \\ 1 \\ -2 \end{pmatrix} + k \cdot \begin{pmatrix} 1 \\ -3 \\ 2 \end{pmatrix}$; h: $\vec{x} = \begin{pmatrix} 17 \\ -38 \\ 24 \end{pmatrix} + k \cdot \begin{pmatrix} -5 \\ 15 \\ 10 \end{pmatrix}$

d) g: $\vec{x} = \begin{pmatrix} 5 \\ 0 \\ 3 \end{pmatrix} + r \cdot \begin{pmatrix} 1 \\ 2 \\ 1 \end{pmatrix}$; h: $\vec{x} = \begin{pmatrix} -1 \\ -2 \\ 0 \end{pmatrix} + s \cdot \begin{pmatrix} 4 \\ -2 \\ -1 \end{pmatrix}$

e) g: $\vec{x} = \begin{pmatrix} 3 \\ 6 \\ 4 \end{pmatrix} + r \cdot \begin{pmatrix} 2 \\ 4 \\ 1 \end{pmatrix}$; h: $\vec{x} = \begin{pmatrix} 1 \\ 0 \\ 3 \end{pmatrix} + s \cdot \begin{pmatrix} 2 \\ 3 \\ -1 \end{pmatrix}$

f) g: $\vec{x} = \begin{pmatrix} 1 \\ 0 \\ 2 \end{pmatrix} + r \cdot \begin{pmatrix} 1 \\ -1 \\ 1 \end{pmatrix}$; h: $\vec{x} = \begin{pmatrix} 3 \\ -2 \\ 4 \end{pmatrix} + s \cdot \begin{pmatrix} 4 \\ 6 \\ 0 \end{pmatrix}$

4 Untersuchen Sie, wie die drei Geraden zueinander liegen.

g: $\overrightarrow{OX} = \begin{pmatrix} 2 \\ 0 \\ 3 \end{pmatrix} + r \cdot \begin{pmatrix} -1 \\ 2 \\ 2 \end{pmatrix}$; h: $\overrightarrow{OX} = \begin{pmatrix} 4 \\ 4 \\ 0 \end{pmatrix} + s \cdot \begin{pmatrix} 3 \\ 2 \\ -5 \end{pmatrix}$; k: $\overrightarrow{OX} = \begin{pmatrix} 2{,}5 \\ 4 \\ 0 \end{pmatrix} + t \cdot \begin{pmatrix} -3 \\ -2 \\ 5 \end{pmatrix}$

5 Geben Sie eine Parameterdarstellung der Geraden h an, die parallel zur Geraden g durch den Punkt P verläuft.

a) g: $\vec{x} = \begin{pmatrix} 3 \\ 8 \\ 4 \end{pmatrix} + k \cdot \begin{pmatrix} -2 \\ -3 \\ 5 \end{pmatrix}$; P(15|26|31)

b) g: $\vec{x} = \begin{pmatrix} -2 \\ 3 \\ 1 \end{pmatrix} + k \cdot \begin{pmatrix} 1 \\ -4 \\ 0 \end{pmatrix}$; P(8|16|5)

6 Gegeben ist die Gerade g mit der Parameterdarstellung g: $\vec{x} = \begin{pmatrix} 1 \\ 1 \\ 0 \end{pmatrix} + t \cdot \begin{pmatrix} 4 \\ 2 \\ 1 \end{pmatrix}$.
Geben Sie eine Parameterdarstellung einer Geraden an, die

a) zu g windschief ist;

b) zu g parallel ist;

c) g schneidet.

7 Wie muss man p wählen, damit sich die Geraden g und h schneiden?

$g\colon \vec{x} = \begin{pmatrix} -p \\ 1 \\ -2 \end{pmatrix} + t \cdot \begin{pmatrix} 2 \\ -8 \\ -4 \end{pmatrix}$, $\quad h\colon \vec{x} = \begin{pmatrix} 2 \\ 6 \\ 4p \end{pmatrix} + t \cdot \begin{pmatrix} 2 \\ -2 \\ -4 \end{pmatrix}$

8 Untersuchen Sie, ob die Geraden a, b und c ein Dreieck bilden. Berechnen Sie gegebenenfalls die Koordinaten der Eckpunkte und die Längen der Seiten des Dreiecks.

a) $a\colon \vec{x} = \begin{pmatrix} -11 \\ 16 \\ -7 \end{pmatrix} + k \cdot \begin{pmatrix} 6 \\ -5 \\ 5 \end{pmatrix}$; $\quad b\colon \vec{x} = \begin{pmatrix} 7 \\ -18 \\ 6 \end{pmatrix} + r \cdot \begin{pmatrix} 2 \\ -1 \\ 8 \end{pmatrix}$; $\quad c\colon \vec{x} = \begin{pmatrix} 15 \\ 7 \\ 16 \end{pmatrix} + s \cdot \begin{pmatrix} 4 \\ 3 \\ 4 \end{pmatrix}$

b) $a\colon \vec{x} = \begin{pmatrix} -14 \\ -17 \\ -28 \end{pmatrix} + k \cdot \begin{pmatrix} 10 \\ 13 \\ 26 \end{pmatrix}$; $\quad b\colon \vec{x} = \begin{pmatrix} -3 \\ -2 \\ -5 \end{pmatrix} + r \cdot \begin{pmatrix} 1 \\ 2 \\ -3 \end{pmatrix}$; $\quad c\colon \vec{x} = \begin{pmatrix} 8 \\ 12 \\ 26 \end{pmatrix} + s \cdot \begin{pmatrix} 2 \\ 3 \\ 2 \end{pmatrix}$

9 Prüfen Sie, ob die Geraden g und h zueinander orthogonal sind und ob sie sich schneiden.

a) $g\colon \vec{x} = \begin{pmatrix} 1 \\ 4 \\ 6 \end{pmatrix} + r \cdot \begin{pmatrix} -1 \\ 3 \\ 5 \end{pmatrix} \quad h\colon \vec{x} = \begin{pmatrix} -5 \\ 2 \\ -1 \end{pmatrix} + s \cdot \begin{pmatrix} 7 \\ -1 \\ 2 \end{pmatrix}$ mit $r, s \in \mathbb{R}$

b) $g\colon \vec{x} = \begin{pmatrix} 3 \\ 0 \\ 1 \end{pmatrix} + r \cdot \begin{pmatrix} 4 \\ 2 \\ -1 \end{pmatrix} \quad h\colon \vec{x} = \begin{pmatrix} 3 \\ 1 \\ 4 \end{pmatrix} + s \cdot \begin{pmatrix} 5 \\ -7 \\ 5 \end{pmatrix}$ mit $r, s \in \mathbb{R}$

c) $g\colon \vec{x} = \begin{pmatrix} -2 \\ 1 \\ 3 \end{pmatrix} + r \cdot \begin{pmatrix} 1 \\ -1 \\ 2 \end{pmatrix} \quad h\colon \vec{x} = \begin{pmatrix} 0 \\ 1 \\ 3 \end{pmatrix} + s \cdot \begin{pmatrix} 2 \\ 2 \\ 0 \end{pmatrix}$ mit $r, s \in \mathbb{R}$

10 Gegeben sind zwei Geraden g und h durch

$g\colon \vec{x} = \begin{pmatrix} -2 \\ 6 \\ -3 \end{pmatrix} + k \cdot \begin{pmatrix} 3 \\ -2 \\ 2 \end{pmatrix}$ und

$h\colon \vec{x} = \begin{pmatrix} 7 \\ 4 \\ -4 \end{pmatrix} + k \cdot \begin{pmatrix} 1 \\ -2 \\ 3 \end{pmatrix}$.

Fabian untersucht die Lagebeziehungen der beiden Geraden. Überprüfen Sie seine Lösung und korrigieren Sie gegebenenfalls seine Fehler.

(1) Richtungsvektoren $\begin{pmatrix} 3 \\ -2 \\ 2 \end{pmatrix}$ und $\begin{pmatrix} 1 \\ -2 \\ 3 \end{pmatrix}$ sind keine Vielfachen, also sind g und h nicht parallel.

(2) $\left| \begin{array}{rcl} -2 + 3k &=& 7 + k \\ 6 - 2k &=& 4 - 2k \\ -3 + 2k &=& -4 + 3k \end{array} \right|$

$\left| \begin{array}{rcl} 2k &=& 9 \\ 0 &=& -2 \\ -k &=& -1 \end{array} \right|$

g und h sind windschief.

11 Gegeben sind die Gerade $g\colon \vec{x} = \begin{pmatrix} 2 \\ 1 \\ 8 \end{pmatrix} + r \begin{pmatrix} 2 \\ 0 \\ -1 \end{pmatrix}$ und die Punkte A(3|1|4), B(−2|4|1), C(−2|1|3) und D(3|−2|6).

a) Untersuchen Sie, wie die Gerade g und die Gerade durch die Punkte A und B zueinander liegen. Zeichnen Sie auch.

b) Zeigen Sie, dass die vier Punkte A, B, C und D Eckpunkte eines Parallelogramms sind. In welchem Punkt schneiden sich die Diagonalen dieses Parallelogramms?

12 Vom Parallelogramm ABCD sind die Eckpunkte A(3|1|−2), B(5|−3|4) und C(1|−5|8) gegeben.

a) Bestimmen Sie die Koordinaten des fehlenden Eckpunktes D.

b) M_1 ist der Mittelpunkt der Seite $\overline{AB}$, M_2 der Mittelpunkt der Seite $\overline{BC}$.
Berechnen Sie die Koordinaten des Schnittpunktes der Geraden M_1C und M_2D.

Spat: schiefes Prisma mit Parallelogramm als Grundfläche

13 Ein Spat, wie rechts abgebildet, ist gegeben durch die Punkte A(3|4|2), B(5|4|1), D(3|5|1) und E(4|5|2).

a) Bestimmen Sie die Koordinaten der restlichen Eckpunkte des Spats.

b) Untersuchen Sie, ob die Raumdiagonalen AG und EC zueinander windschief sind.

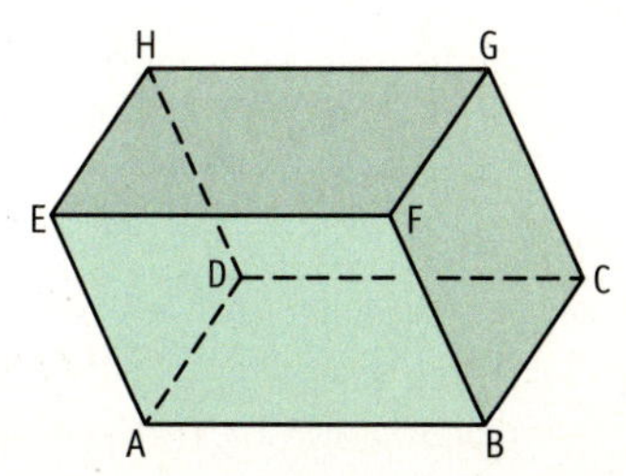

14 Von dem abgebildeten Pyramidenstumpf sind die Punkte A(6|0|0), B(6|6|0), C(0|6|0), E(4|2|5) und F(4|4|5) gegeben. Die Deckfläche EFGH ist ein Quadrat.
P und Q sind die Mittelpunkte der Seiten $\overline{BC}$ und $\overline{FG}$.

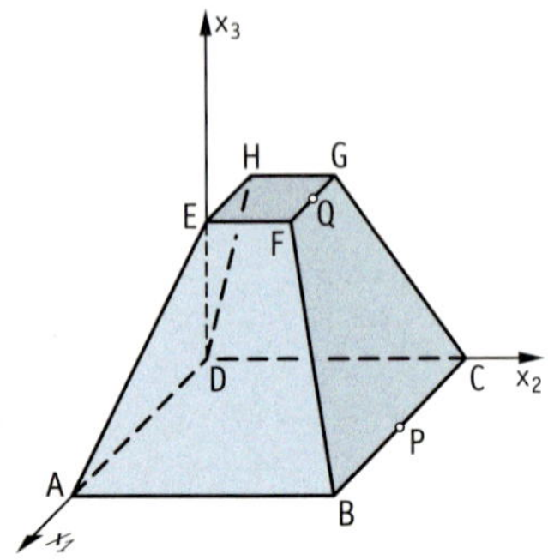

a) Ermitteln Sie die Koordinaten der Punkte G und H.
Zeichnen Sie das Schrägbild des Pyramidenstumpfes in ein Koordinatensystem.

b) Untersuchen Sie die gegenseitige Lage der drei Geraden AQ, BH und EP zueinander.

c) Ergänzen Sie den Pyramidenstumpf zu einer Pyramide. Bestimmen Sie die Koordinaten der Pyramidenspitze S.

15 Bezogen auf ein lokales Koordinatensystem mit der Einheit m kann die Flugroute eines Sportflugzeugs nach dem Start näherungsweise durch die Gerade $g: \vec{x} = \begin{pmatrix} 420 \\ -630 \\ 120 \end{pmatrix} + r \cdot \begin{pmatrix} 40 \\ 50 \\ 11 \end{pmatrix}$ angegeben werden.
In der Nähe des Flugplatzes befindet sich ein Windrad. Der Fußpunkt des Windrads befindet sich im Punkt P(1380|570|0), der höchste Punkt der Umlaufbahn der Rotorblätter liegt 170 m über dem Boden. Überprüfen Sie, ob das Flugzeug bei gleichbleibendem Kurs genau über das Windrad hinweg fliegt. Wenn ja, in welchem Abstand überfliegt es das Windrad?

16 Gegeben sind der Punkt A(9|5|−4) und die Gerade $g: \vec{x} = \begin{pmatrix} 3 \\ -1 \\ 2 \end{pmatrix} + s \cdot \begin{pmatrix} 1 \\ 1 \\ -4 \end{pmatrix}$.
Zeigen Sie, dass alle Punkte $P_t(8 - 2t | 4 - 2t | 8t)$ mit $t \in \mathbb{R}$ auf derjenigen Geraden h liegen, die parallel zu g verläuft und den Punkt A enthält.

17 Gegeben sind die beiden Geraden $g: \vec{x} = \begin{pmatrix} 2 \\ -1 \\ 0 \end{pmatrix} + r \cdot \begin{pmatrix} 3 \\ -1 \\ 2 \end{pmatrix}$ und $h: \vec{x} = \begin{pmatrix} 1 \\ 1 \\ -1 \end{pmatrix} + s \cdot \begin{pmatrix} 2 \\ b \\ c \end{pmatrix}$.
Für welche Werte von b und c

a) sind die Geraden g und h zueinander parallel,

b) schneiden sich g und h im Punkt P(−13|4|−10)?

18 Gegeben sind die Gerade $g: x = \begin{pmatrix} 0,5 \\ 2 \\ -4 \end{pmatrix} + k \cdot \begin{pmatrix} 0 \\ -1 \\ 2 \end{pmatrix}$ und für $t \in \mathbb{R}$ der Punkt $P_t(1 | 2t + 5 | -10 - 4t)$.
Bestimmen Sie eine Parameterdarstellung der Geraden h, auf der alle möglichen Punkte P_t liegen.
Untersuchen Sie, wie die Geraden g und h zueinander liegen.

19 Die Gerade h geht durch den Punkt P und schneidet die Gerade g orthogonal. Bestimmen Sie eine Parameterdarstellung von h und geben Sie die Koordinaten des Schnittpunktes von g und h an.

a) $g: \vec{x} = \begin{pmatrix} 3 \\ -1 \\ 5 \end{pmatrix} + k \cdot \begin{pmatrix} 2 \\ 1 \\ -1 \end{pmatrix}$; P(4|−3|17)

b) $g: \vec{x} = \begin{pmatrix} -5 \\ 2 \\ 4 \end{pmatrix} + k \cdot \begin{pmatrix} 3 \\ -2 \\ 4 \end{pmatrix}$; P(16|25|36)

20 Betrachten Sie die Beispiele in der Information (3) auf Seite 279. Finden Sie selbst passende Beispiele und beschreiben Sie Ihr Vorgehen.

21 Die Positionen von Flugzeugen im Luftraum kann man durch Punkte in einem räumlichen Koordinatensystem mit der Einheit km beschreiben, bei dem die als Ebene betrachtete Erdoberfläche in der x_1x_2-Ebene liegt.

Ein Passagierflugzeug bewegt sich auf einem als geradlinig angenommenen Kurs von Punkt $P(8{,}5|-28|7{,}5)$ pro Sekunde um $\begin{pmatrix} -0{,}12 \\ 0{,}175 \\ 0 \end{pmatrix}$. Zum gleichen Zeitpunkt, in dem sich das Passagierflugzeug im Punkt P befindet, fliegt ein zweites Flugzeug vom Punkt $Q(22|15{,}5|7{,}3)$ aus geradlinig so weiter, dass es sich pro Sekunde um den Vektor $\begin{pmatrix} 0{,}1 \\ -0{,}05 \\ 0{,}001 \end{pmatrix}$ bewegt.

a) Untersuchen Sie, ob es auf den beiden Flugbahnen zu einer Kollision kommen kann.

b) Geben Sie die Geschwindigkeiten der beiden Flugzeuge an.

22

Das Grubenunglück von Lengede

Am 24. Oktober 1963 ereignete sich im niedersächsischen Lengede ein Grubenunglück, als ein Klärteich einbrach und sich ca. 460 000 Kubikmeter Wasser und Schlamm in die Grube „Mathilde" ergossen. Zu diesem Zeitpunkt befanden sich 129 Männer unter Tage. 19 Männer wurden unmittelbar durch den Wassereinbruch getötet, 79 Bergleute konnten am nächsten Tag über Wasserbohrlöcher gerettet werden. Am 1. November wurden 3 weitere Bergleute gerettet, sie befanden sich in einer Luftblase und hatten sich durch Klopfzeichen bemerkbar gemacht. Die am 4. November geplante Trauerfeier für die Totgeglaubten wurde abgesagt, als man am 3. November Lebenszeichen von weiteren Männern aus einem Hohlraum, dem sogenannten „Alten Mann", vernahm. 21 Kumpel konnten sich bei dem Wassereinbruch in den „Alten Mann" retten. Eine Bohrung in diesen Bereich war schwierig. Erst 14 Tage nach dem Wassereinbruch, am 7. November 1963, konnten noch 11 Männer gerettet werden. Dabei kam die sogenannte „Dahlbuschbombe", eine Rettungskapsel, zum Einsatz, mit der die Männer über ein 522 mm dickes Bohrloch zu Tage befördert wurden. Die Geschichte des tragischen Unglücks wurde 2003 in dem zweiteiligen Fernsehdrama „Das Wunder von Lengede" verfilmt.

In einem Bergwerk kam es zu einem Wassereinbruch. Das Wasser steht bei −90 m. Die Bergleute konnten sich in eine Höhle retten. Der Höhleneingang hat die Koordinaten $(120|315|-80)$ in Meter. Ein Stollen verläuft vom Höhleneingang in Richtung $\begin{pmatrix} -25 \\ -36 \\ -12 \end{pmatrix}$.

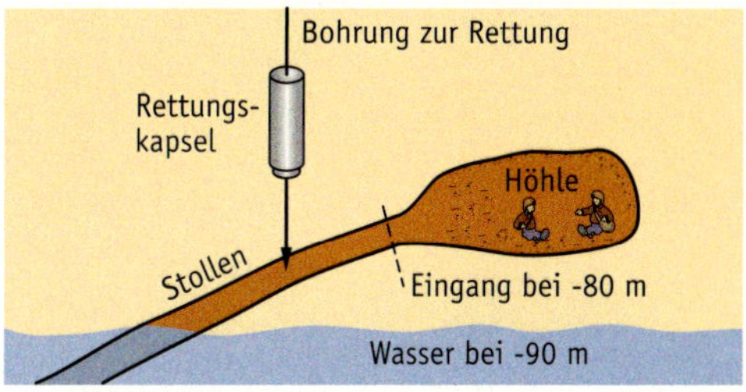

Die Rettungsbohrung soll nicht durch die Höhlendecke erfolgen, da dadurch die Bergleute möglicherweise verletzt werden könnten. Es soll versucht werden, mit einer senkrechten Bohrung von der Erdoberfläche (x_1x_2-Ebene) den Stollen auf einem Teilstück zu treffen, das nicht geflutet ist.

Finden sie den Bereich auf der Erdoberfläche, von dem aus die Bohrungen den Stollen zwischen dem Wasser und dem Höhleneingang treffen.

6.1.3 Abstände zwischen Punkten und Geraden

Wir können jetzt entscheiden, ob Punkte auf einer gegebenen Geraden liegen oder nicht. Häufig ist es auch von Interesse zu wissen, wie weit ein Punkt von einer Geraden entfernt ist.
Zuerst müssen wir uns dazu überlegen, was wir unter dem Abstand eines Punktes von einer Geraden verstehen.

Einstieg

Gegeben sind eine Gerade g und ein Punkt P, der nicht auf g liegt.

- Erläutern Sie, wie man die Punkte A und B auf der Geraden g finden kann, die von P einen vorgegebenen Abstand a haben. Führen Sie die Rechnung für die Gerade $g\colon \vec{x} = \begin{pmatrix} 3 \\ -2 \\ 2 \end{pmatrix} + k \cdot \begin{pmatrix} 1 \\ 4 \\ 1 \end{pmatrix}$, den Punkt P(10 | 8 | 9) und den Abstand a = 18 durch.
- Überlegen Sie, ob der Abstand beliebig klein werden kann.

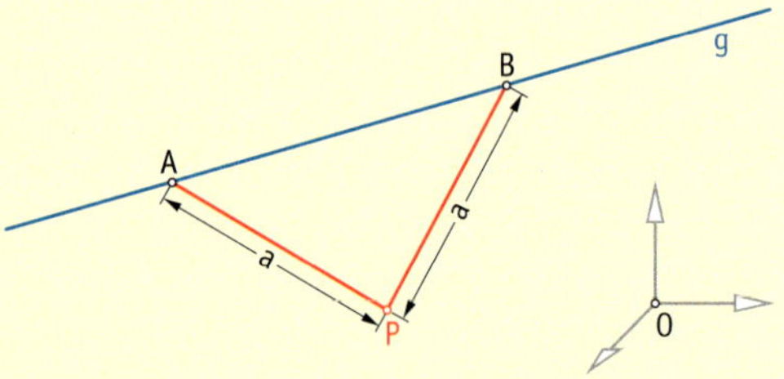

Aufgabe

1 Kurz nach dem Start fliegt ein Flugzeug eine Zeit lang auf einem Kurs, der durch die Gerade

$$g\colon \vec{x} = \begin{pmatrix} -2 \\ 4 \\ 0{,}5 \end{pmatrix} + t \cdot \begin{pmatrix} 5 \\ -3 \\ 0{,}3 \end{pmatrix} \text{ mit } t \in \mathbb{R}$$

näherungsweise beschrieben werden kann.
An welcher Stelle dieses Kurses ist die Entfernung zur Spitze eines Turms, die sich im Punkt S(−1 | 2,5 | 0,2) befindet, am geringsten (Einheit 1 km)?
Berechnen Sie diesen Abstand.

Lösung

Für Punkte X von g ist die Entfernung $|\overline{SX}|$ am kleinsten, wenn g und SX zueinander orthogonal sind, d.h. wenn X der Fußpunkt F des Lotes von S auf g ist.

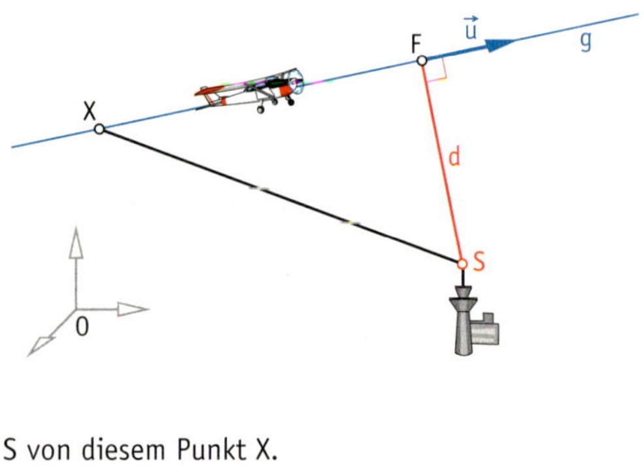

X(−2 + 5t | 4 − 3t | 0,5 + 0,3t) ist ein Punkt der Flugbahn.

Der Vektor $\overrightarrow{SX} = \begin{pmatrix} -1 + 5t \\ 1{,}5 - 3t \\ 0{,}3 + 0{,}3t \end{pmatrix}$ stellt die Verbindung des Punktes S zu einem beliebigen Punkt X der Geraden dar, sein Betrag ist die Entfernung des Punktes S von diesem Punkt X.

Das Lot ist orthogonal zu g, somit müssen auch der Vektor $\overrightarrow{SF}$ und der Richtungsvektor $\vec{u} = \begin{pmatrix} 5 \\ -3 \\ 0{,}3 \end{pmatrix}$ der Geraden g zueinander orthogonal sein, d.h. es muss gelten: $\overrightarrow{SF} * \vec{u} = 0$.

Aus $\overrightarrow{SF} * \vec{u} = \begin{pmatrix} -1 + 5t \\ 1{,}5 - 3t \\ 0{,}3 + 0{,}3t \end{pmatrix} * \begin{pmatrix} 5 \\ -3 \\ 0{,}3 \end{pmatrix} = 34{,}09 \cdot t - 9{,}41 = 0$ folgt $t \approx 0{,}276$.

Mit diesem Parameterwert erhält man als Lotfußpunkt den Punkt F(−0,620 | 3,172 | 0,583).

Der Abstand von S zu F ergibt sich als Betrag des Vektors $\overrightarrow{SF}$: $d = |\overrightarrow{SF}| \approx \left| \begin{pmatrix} 0{,}380 \\ 0{,}672 \\ 0{,}383 \end{pmatrix} \right| \approx 0{,}862$.

Der Abstand der Turmspitze vom Flugkurs beträgt ca. 900 m.

Information

Abstand eines Punktes von einer Geraden

Wir verallgemeinern die Überlegungen aus der Lösung von Aufgabe 1:

Der Abstand **Abst (P; g) eines Punktes P von einer Geraden g** ist die kleinste unter den Entfernungen des Punktes P von allen Punkten X der Geraden g.

Unter den Verbindungsvektoren $\overrightarrow{PX}$ zu einem beliebigen Punkt X der Geraden suchen wir denjenigen, der orthogonal zum Richtungsvektor der Geraden ist. Der Schnittpunkt F einer Orthogonalen zu g ist dann derjenige Geradenpunkt, der P am nächsten liegt.

Somit gilt: Abst (P; g) = $|\overrightarrow{PF}|$

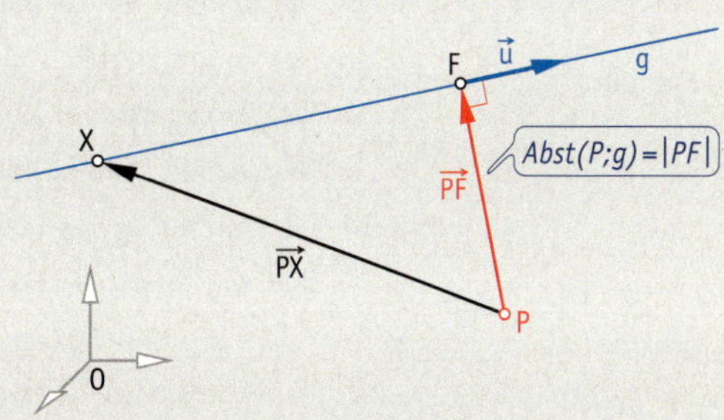

Weiterführende Aufgaben

2 Abstand eines Punktes von einer Geraden als Extremwertproblem

Tobias soll den Abstand des Punktes P(−5 | 20 | −1) von der Geraden g: $\vec{x} = \begin{pmatrix} -2 \\ 3 \\ 1 \end{pmatrix} + t \cdot \begin{pmatrix} 2 \\ -1 \\ 2 \end{pmatrix}$ berechnen.

Da der Abstand von P zu g die kleinste unter allen möglichen Entfernungen eines Punktes der Geraden zu P ist, erinnert sich Tobias, dass er ähnliche Aufgaben schon als Extremwertprobleme in der Analysis gelöst hat. Er beginnt zu rechnen:

Abstand von P zu einem Punkt X(−2 + 2t | 3 − t | 1 + 2t)

$d(t) = \sqrt{(-2+2t+5)^2 + (3-t-20)^2 + (1+2t+1)^2} = \ldots$

Erklären Sie seine Überlegung und vervollständigen Sie die Rechnung.

3 Abstand zueinander paralleler Geraden

Strategie:
Verwenden Sie eines der Verfahren zur Bestimmung des Abstandes eines Punktes von einer Geraden.

Gegeben sind die beiden zueinander parallelen Geraden g und h durch

g: $\vec{x} = \begin{pmatrix} -2 \\ 1 \\ 5 \end{pmatrix} + s \cdot \begin{pmatrix} 3 \\ -2 \\ 4 \end{pmatrix}$; h: $\vec{x} = \begin{pmatrix} 8 \\ -3 \\ 2 \end{pmatrix} + t \cdot \begin{pmatrix} -6 \\ 4 \\ -8 \end{pmatrix}$.

a) Bestimmen Sie den Abstand der beiden zueinander parallelen Geraden.

b) Beschreiben Sie allgemein ein Verfahren, wie man den Abstand zweier zueinander paralleler Geraden berechnen kann.

Übungsaufgaben

4 Berechnen Sie den Abstand des Punktes P von der Geraden g.

a) g: $\vec{x} = \begin{pmatrix} 0 \\ -1 \\ 1 \end{pmatrix} + t \cdot \begin{pmatrix} 2 \\ 1 \\ 0 \end{pmatrix}$; P(4 | 1 | 4)

b) g: $\vec{x} = \begin{pmatrix} 3 \\ 1 \\ 0 \end{pmatrix} + t \cdot \begin{pmatrix} 4 \\ 1 \\ 2 \end{pmatrix}$; P(1 | 2 | 2)

c) g geht durch A(1 | 1 | 0) und B(1 | 3 | 2); P(2 | 1 | 4)

d) g geht durch A(6 | 2 | 1) und B(2 | 1 | 11); P(1 | 1 | 14)

5 Zeigen Sie, dass die Geraden g und h zueinander parallel sind, und berechnen Sie ihren Abstand.

a) g: $\vec{x} = \begin{pmatrix} 4 \\ 0 \\ 3 \end{pmatrix} + s \cdot \begin{pmatrix} 2 \\ -1 \\ 2 \end{pmatrix}$; h: $\vec{x} = \begin{pmatrix} -5 \\ -3 \\ 4 \end{pmatrix} + t \cdot \begin{pmatrix} 4 \\ -2 \\ 4 \end{pmatrix}$

b) g: $\vec{x} = \begin{pmatrix} 6 \\ 1 \\ 4 \end{pmatrix} + s \cdot \begin{pmatrix} 3 \\ -3 \\ 4 \end{pmatrix}$; h: $\vec{x} = \begin{pmatrix} -8 \\ 4 \\ 2 \end{pmatrix} + t \cdot \begin{pmatrix} -6 \\ 6 \\ -8 \end{pmatrix}$

6 Gegeben sind der Punkt A(4 | −3 | 3) und die Gerade g: $\vec{x} = \begin{pmatrix} 6 \\ 3 \\ 1 \end{pmatrix} + t \cdot \begin{pmatrix} 2 \\ 1 \\ -1 \end{pmatrix}$.

a) Bestimmen Sie den Abstand des Punktes A von der Geraden g.

b) Der Punkt A wird an g gespiegelt. Bestimmen Sie die Koordinaten des Bildpunktes A'.

7 Gegeben sind die Gerade $g\colon \vec{x} = \begin{pmatrix} 4 \\ 3 \\ -1 \end{pmatrix} + t \cdot \begin{pmatrix} 1 \\ -2 \\ 1 \end{pmatrix}$ und der Punkt $P(8\,|\,p\,|\,5)$.

a) Begründen Sie, dass der Punkt P für keinen Wert p auf der Geraden g liegt.

b) Bestimmen Sie die fehlende Koordinate p des Punktes P so, dass 5 der Abstand von P zu g ist.

8 Gegeben sind die Gerade $g\colon \vec{x} = \begin{pmatrix} 1 \\ 4 \\ -1 \end{pmatrix} + t \cdot \begin{pmatrix} -1 \\ 2 \\ -3 \end{pmatrix}$ mit $t \in \mathbb{R}$ und die Schar der Geraden $h_a\colon \vec{x} = \begin{pmatrix} 1 \\ 4 \\ 0 \end{pmatrix} + r \cdot \begin{pmatrix} 5 \\ -2a \\ 3a \end{pmatrix}$ mit $r \in \mathbb{R}$ und $a \in \mathbb{R}$.

a) Welche Gerade der Schar ist parallel zur Geraden g?
Bestimmen Sie den Abstand dieser Geraden zur Gerade g.

b) Untersuchen Sie, welche Gerade der Schar zu g orthogonal verläuft.
Sind diese Gerade und die Gerade g zueinander windschief?

9 Gegeben sind die Gerade $g\colon \vec{x} = \begin{pmatrix} 13 \\ 1 \\ -8 \end{pmatrix} + k \cdot \begin{pmatrix} 2 \\ 1 \\ -2 \end{pmatrix}$ mit $k \in \mathbb{R}$ sowie der Punkt $C(6\,|\,2\,|\,8)$.

a) Zeigen Sie, dass C nicht auf g liegt.

b) Beschreiben Sie, wie man auf g zwei Punkte A und B findet, welche die Basis eines gleichschenkligen Dreiecks ABC bilden.

c) Bestimmen Sie die Koordinaten von A und B so, dass der Flächeninhalt des Dreiecks ABC 54 Flächeneinheiten beträgt.

10 Auf dem Frankfurter Flughafen startet ein Flugzeug. Auf dem Foto scheint es den Wolkenkratzern sehr nahe zu kommen. Bezogen auf ein örtliches Koordinatensystem hat die Antennenspitze des höchsten Bürohauses die Koordinaten $B(10\,|\,7{,}5\,|\,0{,}3)$ (Einheit 1 km).
Im Steigflug befindet sich das Flugzeug auf der Geraden $g\colon \vec{x} = \begin{pmatrix} 2 \\ 0 \\ 0 \end{pmatrix} + t \cdot \begin{pmatrix} 3 \\ 2 \\ 1 \end{pmatrix}$ mit $t \in \mathbb{R}$.
Berechnen Sie die minimale Entfernung des Flugzeugs von der Antennenspitze B.

11 Ein geradliniger Stollen soll auf kürzestem Wege mit dem Punkt P eines benachbarten Stollens verbunden werden. In einem lokalen Koordinatensystem (Einheit 1 m) hat die Achse des ersten Stollens die Parameterdarstellung $\overrightarrow{OX} = \begin{pmatrix} 0 \\ 10 \\ 1 \end{pmatrix} + t \cdot \begin{pmatrix} 5 \\ 8 \\ -1 \end{pmatrix}$ mit $t \in \mathbb{R}$.
Der Punkt P liegt in $P(41\,|\,6\,|\,-6)$.
Berechnen Sie die Länge des Verbindungsstollens.

LK **12**

a) Erläutern Sie, was man unter dem Abstand eines Punktes von einer Strecke verstehen kann.

b) Eine Strecke hat die Endpunkte $A(1\,|\,5\,|\,-4)$ und $B(7\,|\,2\,|\,2)$.
Berechnen Sie die Abstände der Punkte $P(8\,|\,9\,|\,0)$ und $Q(9\,|\,-4\,|\,6)$ von der Strecke $\overline{AB}$.

c) Ein Kreis hat den Mittelpunkt M und den Radius r. Erklären Sie, wie man den Abstand eines Punktes P von der Kreislinie bestimmen kann.
Führen Sie die Rechnung für $M(3\,|\,4\,|\,-2)$, $r = 4$ und $P(7\,|\,12\,|\,-2)$ durch.

Licht und Schatten

Wenn Licht auf einen Gegenstand fällt, dann entsteht am Boden oder an der nebenstehenden Wand ein Schatten. Dieses Schattenbild entsteht durch eine geometrische Abbildung des Gegenstandes. Dabei müssen zwei Fälle unterschieden werden:

- Fällt das Licht parallel ein (z. B. Sonnenlicht), spricht man von **Parallelprojektion**.
- Geht das Licht von einer punktförmigen Lichtquelle aus, spricht man von **Zentralprojektion**.

In vielen Bereichen der Computeranimation werden Lichteffekte mit den entsprechenden Schatten eingesetzt. Wie berechnet man solche Schattenbilder?

Beispiel

Ein quaderförmiges Kunstobjekt wird tagsüber von der Sonne angestrahlt und nachts von einem Scheinwerfer beleuchtet. Wie zeichnet und berechnet man jeweils den Schatten?

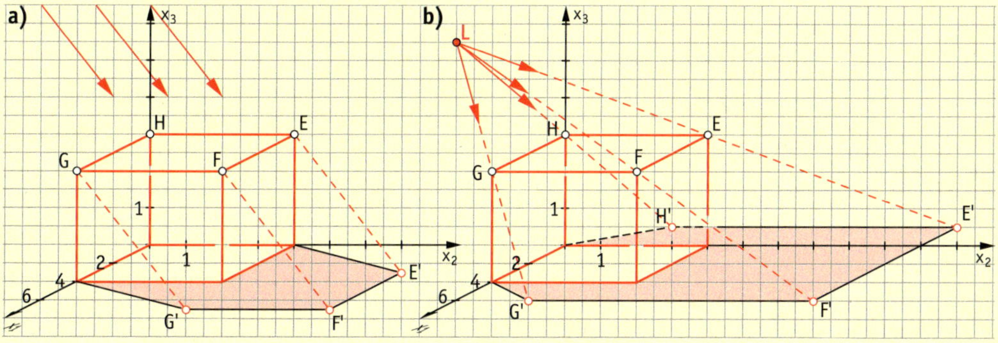

a) Der Quader hat eine Grundfläche von 4 m×4 m und eine Höhe von 3 m. Eine Ecke liegt im Koordinatenursprung. Bestimmen Sie zunächst die Koordinaten der übrigen Eckpunkte des Quaders.

Die parallelen Sonnenstrahlen treffen mit der Richtung $\vec{v} = \begin{pmatrix} 2 \\ 3 \\ -2 \end{pmatrix}$ auf den Quader.

Zunächst machen wir uns klar, dass die Eckpunkte G, F und E den Schatten bestimmen. Der Lichtstrahl durch den Punkt G (eine Gerade mit dem Richtungsvektor $\vec{v}$) trifft die x_1x_2-Ebene in G′, d. h. in G′ gilt: $x_3 = 0$. G′ liegt auf der Geraden mit $\overrightarrow{OX} = \begin{pmatrix} 4 \\ 0 \\ 3 \end{pmatrix} + s \cdot \begin{pmatrix} 2 \\ 3 \\ -2 \end{pmatrix}$ mit der Bedingung $x_3 = 0$, also $0 = 3 - 2s$.

Daraus folgt $s = 1{,}5$.

Setzen wir diesen Wert in die Geradengleichung ein, so erhalten wir G′(7 | 4,5 | 0). Durch analoges Vorgehen erhält man die anderen Schattenpunkte F′(7 | 8,5 | 0) und E′(3 | 8,5 | 0).

b) Nachts befindet sich die Lichtquelle L an der Position L(2 | −2 | 6). In diesem Fall hat jeder Lichtstrahl einen anderen Richtungsvektor. Beispielsweise liegt der Schattenpunkt G auf der Geraden LG mit

$\overrightarrow{OX} = \begin{pmatrix} 2 \\ -2 \\ 6 \end{pmatrix} + t \cdot \begin{pmatrix} 4-2 \\ 0+2 \\ 3-6 \end{pmatrix} = \begin{pmatrix} 2 \\ -2 \\ 6 \end{pmatrix} + t \cdot \begin{pmatrix} 2 \\ 2 \\ -3 \end{pmatrix}$. Aus der Bedingung $x_3 = 0$ gewinnen wir $t = 2$ und somit G′(6 | 2 | 0). Die anderen Schattenpunkte sind F′(6 | 10 | 0), E′(−2 | 10 | 0) und H′(−2 | 2 | 0), wobei H′ von uns aus nicht sichtbar ist.

1 Ein Carport mit den angegebenen Maßen steht auf der Grundstücksgrenze und wirft auf das Nachbargrundstück einen Schatten. Wählt man den Koordinatenursprung wie im Foto, so kann der Lichteinfall bei niedrigem Sonnenstand durch den Vektor $\vec{v} = \begin{pmatrix} 2 \\ 3 \\ -2 \end{pmatrix}$ beschrieben werden und bei hohem Sonnenstand durch $\vec{u} = \begin{pmatrix} 1 \\ 2 \\ -3 \end{pmatrix}$. Berechnen Sie jeweils die Größe der Schattenfläche auf dem Nachbargrundstück.

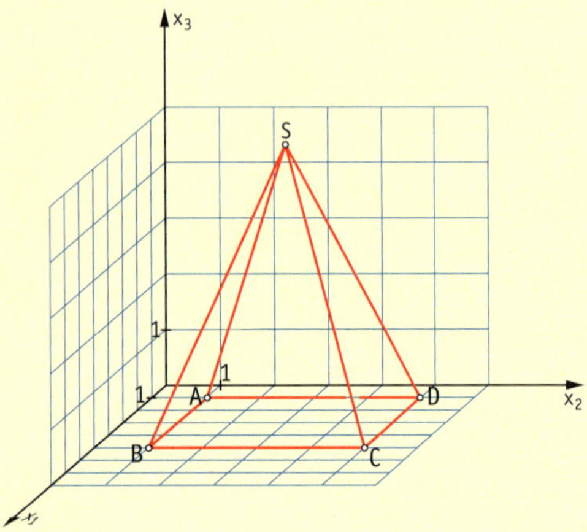

2 Vor einer Wand steht die gerade quadratische Pyramide mit der Kantenlänge 4 Koordinateneinheiten und der Höhe 5 Koordinateneinheiten.

a) Die Pyramide wird von der Sonne beschienen und die Sonnenstrahlen treffen mit der Richtung $\vec{v} = \begin{pmatrix} 2 \\ 3 \\ -2 \end{pmatrix}$ auf die Pyramide.
Berechnen und zeichnen Sie den Schatten.

b) Parallele Lichtstrahlen fallen aus der Richtung $\vec{v} = \begin{pmatrix} 0{,}5 \\ -2 \\ -1 \end{pmatrix}$ auf die Pyramide. Berechnen und zeichnen Sie den Schatten, der am Boden und an der Wand (x_1x_3-Ebene) entsteht.
Hinweis: Berechnen Sie zunächst den Schattenpunkt von S am Boden, um die „Knickstellen" an der x_1-Achse zu erhalten.

c) Bearbeiten Sie die Fragestellung für eine Zentralprojektion mit einer Lichtquelle in L(0|2|10).

3 Vor einer Wand (x_2x_3-Ebene) steht ein kleiner Turm mit quadratischer Grundfläche und der Höhe 6 m.

a) Bestimmen Sie die Eckpunkte.

b) Der Turm wirft einen Schatten auf die Wand und den Boden. Berechnen Sie die Schattenpunkte, wenn die Richtung der Sonnenstrahlen durch $\vec{v} = \begin{pmatrix} -5 \\ 3 \\ -3 \end{pmatrix}$ gegeben ist.

c) Berechnen und zeichnen Sie den Schatten für den Fall, dass der Turm von einer Lichtquelle in L(2|0|10) beleuchtet wird.

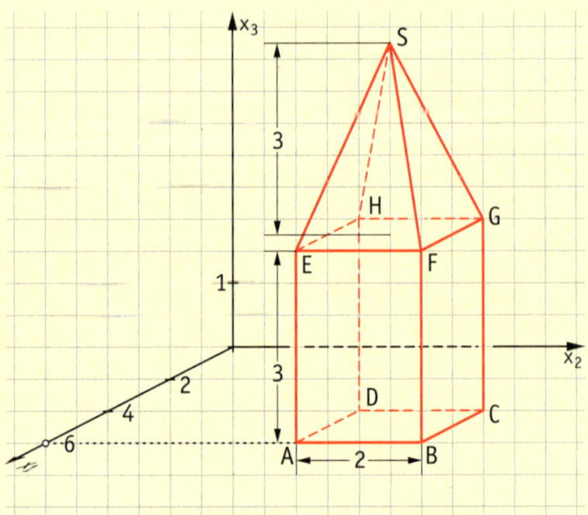

4 Berechnen und zeichnen Sie den Schatten, den die nebenstehende Pyramide mit der Kantenlänge 4 m und der Höhe 6 m auf Boden und Stufe wirft. Die Stufe ist 2 m hoch, ihre untere Kante liegt bei $x_2 = -4$.
Die Richtung des Sonnenlichts ist $\vec{v} = \begin{pmatrix} 0{,}75 \\ -2{,}5 \\ -1 \end{pmatrix}$.

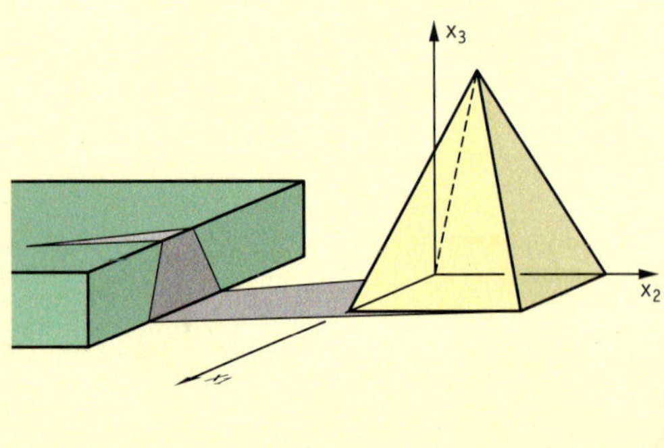

6.2 Ebenen im Raum

6.2.1 Parameterdarstellungen von Ebenen

Im Alltag begegnen wir häufig ebenen oder fast ebenen Flächen wie Hausdächern, Wänden, Solaranlagen oder Schultafeln. Man kann sich eine solche ebene Fläche als Teil einer allseitig unbegrenzten Fläche vorstellen. Eine solche ebene Fläche ohne Begrenzung nennt man **Ebene**.

Einstieg

Die Punkte A(4 | 2 | −2), B(0 | −1 | 1) und C(3 | −3 | 3) bilden ein Dreieck.

- Zeichnen Sie das Dreieck in ein Koordinatensystem.
- Beschreiben Sie die Lage der Punkte P_1 und P_2, deren Ortsvektoren durch $\overrightarrow{OP_1} = \overrightarrow{OA} + 2\cdot\overrightarrow{AB} + \frac{1}{2}\cdot\overrightarrow{AC}$ bzw. $\overrightarrow{OP_2} = \overrightarrow{OA} + 3\cdot\overrightarrow{AB} - 2\cdot\overrightarrow{AC}$ gegeben sind.
- Erläutern Sie, wie man die Ortsvektoren von Punkten erhält, die im Innern des Dreiecks liegen.
  Geben Sie ein Beispiel eines solchen Punktes an.
- Gegeben sind ein Punkt P und zwei Vektoren $\vec{u} \neq \vec{o}$ und $\vec{v} \neq \vec{o}$, die nicht zueinander parallel sind.
  Beschreiben Sie die Lage aller Punkte X mit $\overrightarrow{OX} = \overrightarrow{OP} + r\cdot\vec{u} + s\cdot\vec{v}$ und $r, s \in \mathbb{R}$.

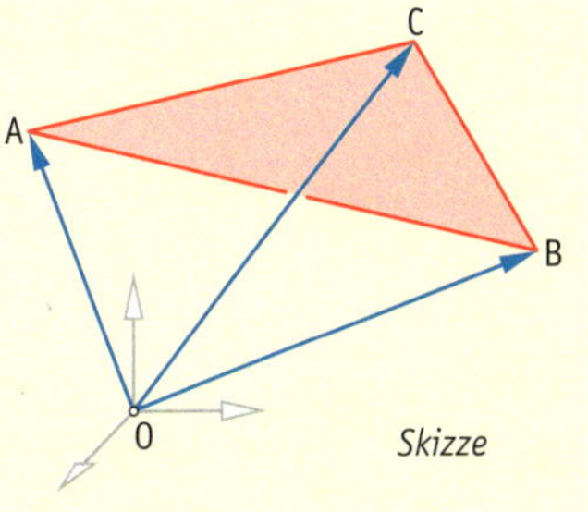

Aufgabe

1

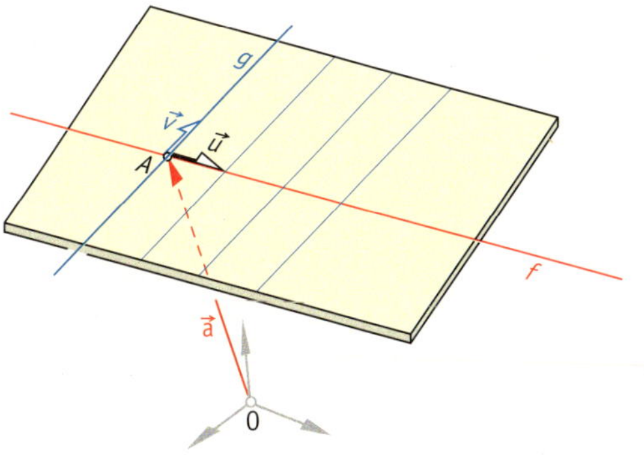

Auf einer Halbinsel im Gremminer See bei Gräfenhainichen in Sachsen-Anhalt kann man fünf ausgediente Schaufelrad- und Eimerkettenbagger besichtigen. Die fünf Bagger, die bis 1991 im Braunkohletagebau eingesetzt wurden, wiegen zusammen etwa 7000 t. Der Standort erhielt wohl auch deshalb den Namen Ferropolis – Stadt aus Eisen. Das Foto oben zeigt zwei Eimerkettenbagger im Einsatz.
Beim Schürfen wird die Eimerkette in Richtung des Vektors $\vec{v}$ gezogen, während sich der Bagger, der sich anfangs im Punkt A befindet, langsam in Richtung des Vektors $\vec{u}$ bewegt.

Der Bagger erzeugt so ein Stück einer Ebene.

Die Fahrbahn des Baggers können wir vereinfacht durch eine Gerade, die wir Leitgerade nennen, beschreiben. Entsprechend bewegt sich die Eimerkette bei jedem Standpunkt des Baggers längs einer Geraden, der erzeugenden Geraden. Somit entsteht die ganze Ebene, wenn man längs der Leitgeraden eine erzeugende Gerade parallel verschiebt.

Gegeben sind der Punkt A und die Vektoren $\vec{u}$ und $\vec{v}$:

Koordinateneinheit 10 m

$A(8|3|6)$, $\vec{u} = \begin{pmatrix} 4 \\ -2 \\ 0 \end{pmatrix}$, $\vec{v} = \begin{pmatrix} 1 \\ 2 \\ 1 \end{pmatrix}$

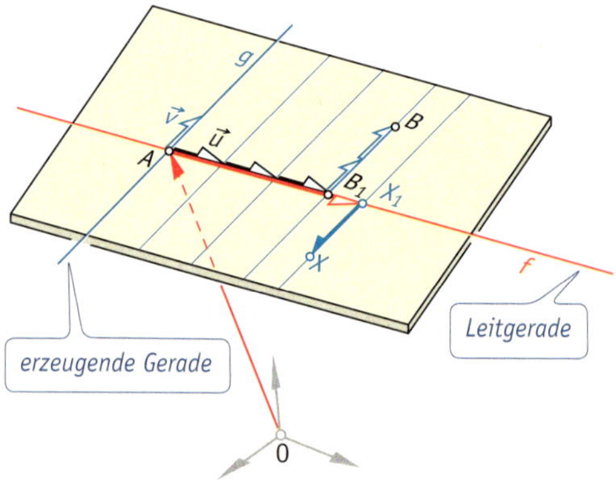

a) Berechnen Sie mit diesen Daten den Ortsvektor des Punktes B in der Figur rechts.

b) Geben Sie den Ortsvektor eines beliebigen Punktes X der Ebene an.

c) Entscheiden Sie begründet, welcher der beiden Punkte $P(10|23|11)$ und $Q(3|13|9)$ in der Ebene liegt und welcher nicht.

Lösung

a) In unserem vereinfachten Modell tun wir so, als ob zuerst der Bagger sich entlang der Leitgeraden von A nach B_1 und anschließend die Eimerkette sich längs einer erzeugenden Geraden von B_1 nach B bewegen würde.

Es ist $\overrightarrow{OB} = \overrightarrow{OA} + \overrightarrow{AB_1} + \overrightarrow{B_1B} = \overrightarrow{OA} + 3\cdot\vec{u} + 2\cdot\vec{v} = \begin{pmatrix} 8 \\ 3 \\ 6 \end{pmatrix} + 3\cdot\begin{pmatrix} 4 \\ -2 \\ 0 \end{pmatrix} + 2\cdot\begin{pmatrix} 1 \\ 2 \\ 1 \end{pmatrix} = \begin{pmatrix} 22 \\ 1 \\ 8 \end{pmatrix}$

b) Man erreicht jeden Punkt X der Ebene, indem man zuerst vom Punkt A aus längs der Leitgeraden geht, bis man im Punkt X_1 auf die erzeugende Gerade durch den Punkt X trifft. Anschließend geht man entlang dieser Geraden bis zum Punkt X.

Dabei ist der Vektor $\overrightarrow{AX_1}$ ein Vielfaches des Vektors $\vec{u}$ und der Vektor $\overrightarrow{X_1X}$ ein Vielfaches des Vektors $\vec{v}$.

Für jeden Punkt X der Ebene gibt es also zwei Zahlen s und t, sodass gilt:

$\overrightarrow{OX} = \overrightarrow{OA} + \overrightarrow{AX_1} + \overrightarrow{X_1X} = \overrightarrow{OA} + s\cdot\vec{u} + t\cdot\vec{v}$.

c) Liegt der Punkt $P(10|23|11)$ in der Ebene, so gibt es zwei Zahlen s und t, für die gilt:

$\overrightarrow{OP} = \overrightarrow{OA} + s\cdot\vec{u} + t\cdot\vec{v}$.

Eingesetzt ergibt sich $\begin{pmatrix} 10 \\ 23 \\ 11 \end{pmatrix} = \begin{pmatrix} 8 \\ 3 \\ 6 \end{pmatrix} + s\cdot\begin{pmatrix} 4 \\ -2 \\ 0 \end{pmatrix} + t\cdot\begin{pmatrix} 1 \\ 2 \\ 1 \end{pmatrix}$ und umgeformt $s\cdot\begin{pmatrix} 4 \\ -2 \\ 0 \end{pmatrix} + t\cdot\begin{pmatrix} 1 \\ 2 \\ 1 \end{pmatrix} = \begin{pmatrix} 2 \\ 20 \\ 5 \end{pmatrix}$.

Wir suchen also zwei Zahlen s und t, die das Gleichungssystem $\left| \begin{array}{r} 4s + t = 2 \\ -2s + 2t = 20 \\ t = 5 \end{array} \right|$ lösen.

Daraus ergibt sich $\left| \begin{array}{l} s = -\frac{3}{4} \\ s = -5 \\ t = 5 \end{array} \right|$.

Das Gleichungssystem besitzt also keine Lösung, d. h. es gibt keine zwei Zahlen s und t, welche die Vektorgleichung $\overrightarrow{OP} = \overrightarrow{OA} + s\cdot\vec{u} + t\cdot\vec{v}$ erfüllen.

Der Punkt P liegt also nicht in der Ebene.

Analog erhält man für Q die Vektorgleichung $\begin{pmatrix} 3 \\ 13 \\ 9 \end{pmatrix} = \begin{pmatrix} 8 \\ 3 \\ 6 \end{pmatrix} + s\cdot\begin{pmatrix} 4 \\ -2 \\ 0 \end{pmatrix} + t\cdot\begin{pmatrix} 1 \\ 2 \\ 1 \end{pmatrix}$

und umgeformt $s\cdot\begin{pmatrix} 4 \\ -2 \\ 0 \end{pmatrix} + t\cdot\begin{pmatrix} 1 \\ 2 \\ 1 \end{pmatrix} = \begin{pmatrix} -5 \\ 10 \\ 3 \end{pmatrix}$.

Dazu gehört das lineare Gleichungssystem $\left| \begin{array}{r} 4s + t = -5 \\ -2s + 2t = 10 \\ t = 3 \end{array} \right|$ mit der Lösung $t = 3$ und $s = -2$.

Der Punkt $Q(3|13|9)$ liegt also in der Ebene.

Information

Parameterdarstellung einer Ebene – Punktprobe

Man kann jede Ebene durch einen ihrer Punkte und durch zwei Richtungsvektoren, die nicht zueinander parallel sind, festlegen, wie wir bei der Lösung zu Aufgabe 1 gesehen haben.

Satz: Parameterdarstellung einer Ebene

Durch einen Punkt A und zwei Vektoren $\vec{u} \neq \vec{o}$ und $\vec{v} \neq \vec{o}$, die nicht parallel zueinander sind, ist eine Ebene E bestimmt. Die Ebene E kann wie folgt beschrieben werden:

$$E: \overrightarrow{OX} = \overrightarrow{OA} + s \cdot \vec{u} + t \cdot \vec{v} \text{ mit } s, t \in \mathbb{R}$$

Diese Vektorgleichung bezeichnet man als **Parameterdarstellung** der Ebene E mit den **Parametern** s und t.

Es gilt:

(1) Setzt man für s und t zwei beliebige Zahlen in die Parameterdarstellung der Ebene E ein, so ergibt sich der Ortsvektor eines Punktes der Ebene.

(2) Für jeden Punkt P der Ebene E gibt es zwei Zahlen $s, t \in \mathbb{R}$, sodass $\overrightarrow{OP} = \overrightarrow{OA} + s \cdot \vec{u} + t \cdot \vec{v}$ gilt. Für jeden Punkt, der nicht in der Ebene liegt, gibt es solche Zahlen nicht.

Punktprobe

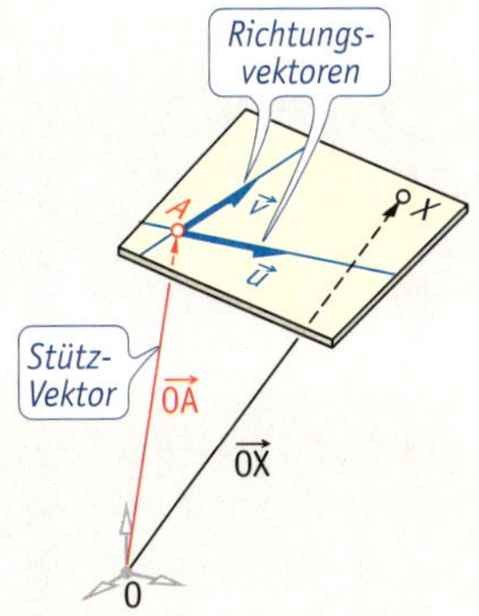

Beispiele

- Gegeben sind $A(2\,|\,-1\,|\,3)$, $\vec{u} = \begin{pmatrix} 1 \\ 0 \\ -2 \end{pmatrix}$ und $\vec{v} = \begin{pmatrix} -6 \\ 5 \\ 9 \end{pmatrix}$. $\vec{u}$ ist nicht parallel zu $\vec{v}$.

  Wir erhalten damit eine Vektorgleichung der Ebene, die durch den Punkt A geht und von den Vektoren $\vec{u}$ und $\vec{v}$ aufgespannt wird.

  $E: \overrightarrow{OX} = \begin{pmatrix} 2 \\ -1 \\ 3 \end{pmatrix} + s \cdot \begin{pmatrix} 1 \\ 0 \\ -2 \end{pmatrix} + t \cdot \begin{pmatrix} -6 \\ 5 \\ 9 \end{pmatrix}$

  Wenn die Parameter alle reellen Zahlen annehmen können, lassen wir „$\in \mathbb{R}$" oft weg.

  Wählen wir z. B. $s = 2$ und $t = -1$ erhalten wir den Ortsvektor $\overrightarrow{OP} = \begin{pmatrix} 2 \\ -1 \\ 3 \end{pmatrix} + 2 \cdot \begin{pmatrix} 1 \\ 0 \\ -2 \end{pmatrix} - \begin{pmatrix} -6 \\ 5 \\ 9 \end{pmatrix} = \begin{pmatrix} 10 \\ -6 \\ -10 \end{pmatrix}$, also den Punkt $P(10\,|\,-6\,|\,-10)$ der Ebene.

- Gegeben sind $A(3\,|\,-6\,|\,5)$, $\vec{u} = \begin{pmatrix} 3 \\ -5 \\ 1 \end{pmatrix}$ und $\vec{v} = \begin{pmatrix} -6 \\ 10 \\ -2 \end{pmatrix}$. Durch A, $\vec{u}$ und $\vec{v}$ ist keine Ebene bestimmt, da die beiden Vektoren parallel zueinander sind. Es gilt nämlich $\vec{v} = -2 \cdot \vec{u}$.

Weiterführende Aufgaben

2 Verschiedene Parameterdarstellungen derselben Ebene

Gegeben sind die drei Punkte $A(2\,|\,3\,|\,-2)$, $B(-2\,|\,5\,|\,6)$ und $C(7\,|\,0\,|\,-7)$.

Maren und Janik haben die folgenden Parameterdarstellungen für die Ebene E bestimmt, die durch die drei Punkte A, B und C festgelegt ist. Erläutern Sie, wie diese Parameterdarstellungen zustande gekommen sind. Geben Sie selbst zwei weitere Parameterdarstellungen für die Ebene E an.

Maren:

$E: \vec{x} = \begin{pmatrix} 2 \\ 3 \\ -2 \end{pmatrix} + r \cdot \begin{pmatrix} -4 \\ 2 \\ 8 \end{pmatrix} + t \cdot \begin{pmatrix} 5 \\ -3 \\ -5 \end{pmatrix}$

Janik:

$E: \overrightarrow{OX} = \begin{pmatrix} -2 \\ 5 \\ 6 \end{pmatrix} + s \cdot \begin{pmatrix} 2 \\ -1 \\ -4 \end{pmatrix} + t \cdot \begin{pmatrix} 9 \\ -5 \\ -13 \end{pmatrix}$

3 Festlegen einer Ebene durch Punkte und Geraden

Beschreiben Sie, wie man durch Punkte und Geraden eine Ebene festlegen kann.

Skizzieren Sie die verschiedenen Fälle und erläutern Sie jeweils, wie man eine Parameterdarstellung der Ebene erhält.

Übungsaufgaben

4 Eine Ebene geht durch den Punkt A(3|−5|10) und hat die Richtungsvektoren $\vec{u} = \begin{pmatrix} -1 \\ 6 \\ 2 \end{pmatrix}$ und $\vec{v} = \begin{pmatrix} 3 \\ -0{,}5 \\ 12 \end{pmatrix}$.

a) Geben Sie eine Parameterdarstellung der Ebene an.

b) Bestimmen Sie die Punkte der Ebene E: $\overrightarrow{OX} = \overrightarrow{OA} + s \cdot \vec{u} + t \cdot \vec{v}$ zu den folgenden Parameterwerten.

(1) $s = 2;\ t = 3$ (2) $s = -4;\ t = 12$ (3) $s = 0{,}6;\ t = -2{,}4$ (4) $s = \frac{1}{5};\ t = -\frac{3}{8}$

5 Eine Ebene kann durch drei Punkte, die nicht auf einer Geraden liegen, festgelegt werden. Geben Sie eine Parameterdarstellung an.

a) P(0|1|2); Q(2|0|4); R(4|8|0)

b) P(1|1|1); Q(2|2|3); R(10|4|6)

c) A(1|−2|3); B(3|4|−2); C(3|4|5)

d) E(0|7|2); F(−10|0|8); G(−4|−4|0)

6 Eine Ebene kann festgelegt werden durch eine Gerade g und einen Punkt P, der nicht auf der Geraden g liegt. Geben Sie eine Parameterdarstellung der Ebene an.

a) g: $\vec{x} = \begin{pmatrix} 4 \\ 0 \\ 2 \end{pmatrix} + s \cdot \begin{pmatrix} 3 \\ -1 \\ -3 \end{pmatrix}$; P(1|4|−1)

b) g: $\vec{x} = \begin{pmatrix} 1 \\ 0 \\ 0 \end{pmatrix} + s \cdot \begin{pmatrix} 5 \\ 2 \\ -3 \end{pmatrix}$; P(2|4|−3)

c) g: $\vec{x} = \begin{pmatrix} -200 \\ 150 \\ 30 \end{pmatrix} + t \cdot \begin{pmatrix} 10 \\ -10 \\ 5 \end{pmatrix}$; P(0|0|0)

7 Gegeben sind zwei Geraden g und h. g: $\vec{x} = \begin{pmatrix} -3 \\ 2 \\ -1 \end{pmatrix} + s \cdot \begin{pmatrix} -1 \\ 2 \\ 1 \end{pmatrix}$; h: $\vec{x} = \begin{pmatrix} -2 \\ 0 \\ -2 \end{pmatrix} + t \cdot \begin{pmatrix} 2 \\ 1 \\ -1 \end{pmatrix}$

Zeigen Sie, dass sich die Geraden g und h in einem Punkt schneiden. Geben Sie eine Parameterdarstellung der Ebene an, die durch diese beiden Geraden festgelegt ist.

8 Eine Ebene kann festgelegt werden durch zwei verschiedene zueinander parallele Geraden g_1 und g_2. Geben Sie eine Parameterdarstellung der Ebene an.

a) g_1: $\vec{x} = \begin{pmatrix} 5 \\ 0 \\ 2 \end{pmatrix} + s \cdot \begin{pmatrix} 3 \\ -1 \\ 4 \end{pmatrix}$; g_2: $\vec{x} = \begin{pmatrix} 0 \\ -1 \\ -1 \end{pmatrix} + t \cdot \begin{pmatrix} -3 \\ 1 \\ -4 \end{pmatrix}$

b) g_1: $\vec{x} = \begin{pmatrix} 2 \\ 1 \\ 3 \end{pmatrix} + s \cdot \begin{pmatrix} 1 \\ 1 \\ -2 \end{pmatrix}$; g_2: $\vec{x} = \begin{pmatrix} 3 \\ -4 \\ 1 \end{pmatrix} + t \cdot \begin{pmatrix} -3 \\ -3 \\ 6 \end{pmatrix}$

9 Das Dach einer Kirche hat die Form einer geraden quadratischen Pyramide mit einer Höhe von 12 m und einer Breite von 5 m. Legen sie selbst ein Koordinatensystem fest und bestimmen Sie Parameterdarstellungen für die Ebenen, in welchen die Seitenflächen und die Grundfläche der Pyramide liegen.

10 Gegeben ist die Parameterdarstellung einer Ebene: $\vec{x} = \begin{pmatrix} -2 \\ 0 \\ 1 \end{pmatrix} + s \cdot \begin{pmatrix} 1 \\ 1 \\ 1 \end{pmatrix} + t \cdot \begin{pmatrix} -1 \\ 2 \\ 0 \end{pmatrix}$

Wählen Sie drei Punkte in der Ebene. Entwickeln Sie aus den Koordinaten dieser drei Punkte eine andere Parameterdarstellung der Ebene.

11 Kim hat versucht, zu drei gegebenen Punkten A, B, und C eine Parameterdarstellung einer Ebene aufzustellen, in der diese drei Punkte liegen. Beurteilen Sie die Lösung.

A(2|4|0); B(5|7|−2); C(11|13|−6)

$$\overrightarrow{OX} = \begin{pmatrix} 2 \\ 4 \\ 0 \end{pmatrix} + r \cdot \begin{pmatrix} 5-2 \\ 7-4 \\ -2-0 \end{pmatrix} + s \cdot \begin{pmatrix} 11-2 \\ 13-4 \\ -6-0 \end{pmatrix}$$

$$\overrightarrow{OX} = \begin{pmatrix} 2 \\ 4 \\ 0 \end{pmatrix} + r \cdot \begin{pmatrix} 3 \\ 3 \\ -2 \end{pmatrix} + s \cdot \begin{pmatrix} 9 \\ 9 \\ -6 \end{pmatrix}$$

12 Eine Ebene geht durch den Punkt A(2|1|3) und hat die Richtungsvektoren $\vec{u} = \begin{pmatrix} 2 \\ -3 \\ 1 \end{pmatrix}$ und $\vec{v} = \begin{pmatrix} 2 \\ 1 \\ 3 \end{pmatrix}$. Überprüfen Sie, welcher der folgenden Punkte in dieser Ebene liegt.

$P_1(4|-6|12)$, $P_2(-8|3|9)$, $P_3(-2{,}6|-6{,}1|3{,}7)$

13 Geben Sie eine Parameterdarstellung für die Ebene an, in der das Dreieck bzw. das Viereck liegt. Die Punkte liegen entweder in den Koordinatenebenen oder ihr Abstand von der x_1x_2-Ebene ist eingezeichnet. Eine Kästchenlänge entspricht einer Koordinateneinheit.

a)

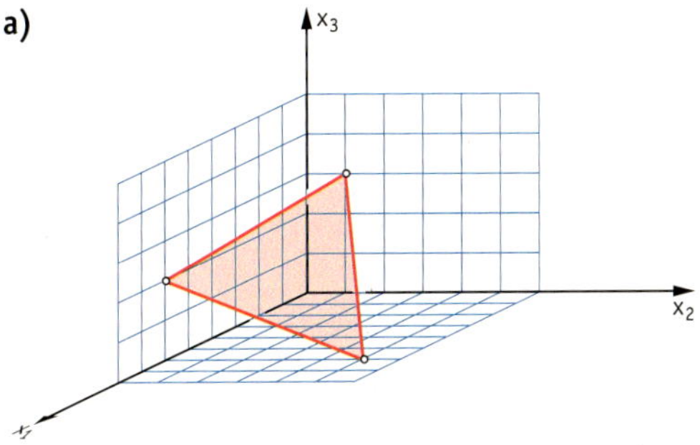

b)

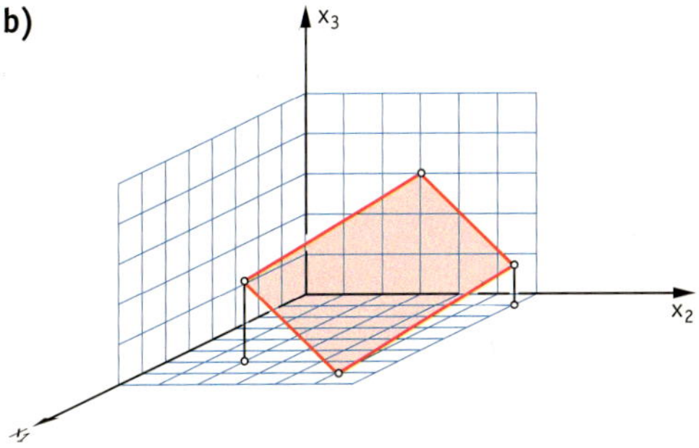

14 Timo hat überprüft, ob der Punkt P(5|0|11) in der Ebene mit der Parametergleichung $\vec{x} = \begin{pmatrix} 3 \\ 1 \\ 4 \end{pmatrix} + s \cdot \begin{pmatrix} -2 \\ 3 \\ -1 \end{pmatrix} + t \cdot \begin{pmatrix} 0 \\ 1 \\ 3 \end{pmatrix}$ liegt. Erläutern Sie, was Timo dabei falsch gemacht hat.

$$\begin{pmatrix} 5 \\ 0 \\ 11 \end{pmatrix} = \begin{pmatrix} 3 \\ 1 \\ 4 \end{pmatrix} + s \cdot \begin{pmatrix} -2 \\ 3 \\ -1 \end{pmatrix} + t \cdot \begin{pmatrix} 0 \\ 1 \\ 3 \end{pmatrix}, \text{ also } \left| \begin{array}{rl} 2 = & -2s \\ -1 = & 3s + t \\ 7 = & -s + 3t \end{array} \right|$$

Übertragen in den GTR:

```
[[2  -2 0]
 [-1  3  1]
 [7  -1  3]]
rref([A])
 [[1 0 .5]
  [0 1 .5]
  [0 0 0 ]]
```

Der Punkt P liegt in der Ebene, zu ihm gehören die Parameterwerte s = 0,5 und t = 0,5.

15 Prüfen Sie, ob der Punkt P in der Ebene E mit der Parameterdarstellung $\vec{x} = \begin{pmatrix} 1 \\ 2 \\ 3 \end{pmatrix} + s \cdot \begin{pmatrix} -1 \\ 0 \\ 3 \end{pmatrix} + t \cdot \begin{pmatrix} 1 \\ 1 \\ 1 \end{pmatrix}$ liegt. Wenn ja, bestimmen Sie die Werte für s und t.

a) $P(2|3|4)$ **b)** $P(-2|1|8)$ **c)** $P\left(1\frac{1}{6}\middle|2\frac{2}{3}\middle|1\frac{1}{6}\right)$ **d)** $P\left(\frac{7}{4}\middle|\frac{7}{4}\middle|-\frac{1}{4}\right)$

16 Bestimmen die Punkte P_1, P_2, P_3 und P_4 ein ebenes Viereck?

a) $P_1(7|2|-1)$ $P_3(0|-2|2)$ $P_2(-1|2|3)$ $P_4(3|2|1)$

b) $P_1(2|1|3)$ $P_3(0|0|4)$ $P_2(-2|2|1)$ $P_4(-2|-1|5)$

c) $P_1(5|-1|5)$ $P_3(3|2|-5)$ $P_2(1|1|-1)$ $P_4(7|0|-1)$

17 Gegeben sind vier Punkte P_1, P_2, P_3 und P_4.

a) Welche Lage müssen die Geraden $g = P_1P_2$ und $h = P_3P_4$ zueinander haben, damit die vier Punkte in einer Ebene liegen?

b) Bestimmen Sie für die Punkte aus Aufgabe 5 Parameterdarstellungen der Geraden g und h und entscheiden Sie gemäß Teilaufgabe a), ob P_1, P_2, P_3 und P_4 in einer Ebene liegen.

18 Prüfen Sie, ob durch die folgende Angabe eine Ebene festgelegt ist. Formulieren Sie die jeweils zu prüfenden Kriterien.

a) Gegeben sind drei Punkte P, Q und R:

(1) $P(1|2|3)$, $Q(2|3|4)$, $R(3|4|5)$ (2) $P(4|0|1)$, $Q(-1|0|-2)$, $R(-6|0|-5)$

b) Gegeben sind eine Gerade g und ein Punkt P:

(1) $g\colon \vec{x} = \begin{pmatrix}1\\0\\0\end{pmatrix} + s\cdot\begin{pmatrix}5\\2\\-3\end{pmatrix}$; $P(14|6|9)$ (2) $g\colon \vec{x} = \begin{pmatrix}1\\-1\\2\end{pmatrix} + s\cdot\begin{pmatrix}-1\\0\\3\end{pmatrix}$; $P(-9|-1|32)$

c) Gegeben sind zwei Geraden g_1 und g_2:

(1) $g_1\colon \vec{x} = \begin{pmatrix}2\\1\\4\end{pmatrix} + s\cdot\begin{pmatrix}3\\0\\1\end{pmatrix}$; $g_2\colon x = \begin{pmatrix}1\\2\\3\end{pmatrix} + t\cdot\begin{pmatrix}-1\\2\\1\end{pmatrix}$

(2) $g_1\colon \vec{x} = \begin{pmatrix}1\\1\\0\end{pmatrix} + s\cdot\begin{pmatrix}-1\\1\\2\end{pmatrix}$; $g_2\colon \vec{x} = \begin{pmatrix}2\\1\\-1\end{pmatrix} + t\cdot\begin{pmatrix}0\\1\\1\end{pmatrix}$

(3) $g_1\colon \vec{x} = \begin{pmatrix}5\\0\\2\end{pmatrix} + s\cdot\begin{pmatrix}3\\-1\\4\end{pmatrix}$; $g_2\colon \vec{x} = \begin{pmatrix}-1\\2\\-6\end{pmatrix} + t\cdot\begin{pmatrix}6\\-2\\8\end{pmatrix}$

(4) $g_1\colon \vec{x} = s\cdot\begin{pmatrix}2\\-1\\0\end{pmatrix}$; $g_2\colon \vec{x} = \begin{pmatrix}2\\3\\1\end{pmatrix} + t\cdot\begin{pmatrix}4\\-2\\0\end{pmatrix}$

19 Gegeben ist eine Ebene E durch folgende Parameterdarstellung: $E\colon \vec{x} = \begin{pmatrix}3\\1\\2\end{pmatrix} + s\cdot\begin{pmatrix}1\\-1\\2\end{pmatrix} + t\cdot\begin{pmatrix}2\\1\\4\end{pmatrix}$

a) Woran erkennt man leicht, dass die Geraden g_1 und g_2 in der Ebene liegen?

$g_1\colon \vec{x} = \begin{pmatrix}3\\1\\2\end{pmatrix} + t\cdot\begin{pmatrix}1\\-1\\2\end{pmatrix}$; $g_2\colon \vec{x} = \begin{pmatrix}3\\1\\2\end{pmatrix} + t\cdot\begin{pmatrix}2\\1\\4\end{pmatrix}$

b) Geben Sie einen Punkt P an, der nicht in der Ebene E liegt. Bestimmen Sie eine Parameterdarstellung einer Ebene, die den Punkt P enthält und die Ebene E in der Geraden g_1 schneidet. Fertigen Sie eine Skizze an und erläutern Sie Ihr Vorgehen.

c) Bestimmen Sie eine Parameterdarstellung einer Ebene, die den Punkt P aus Teilaufgabe b) enthält und die parallel zu E verläuft. Erläutern Sie Ihr Vorgehen.

20 Parameterdarstellungen von speziellen Ebenen

Geben Sie eine Parameterdarstellung der Ebene an,

a) die durch die x_1- und x_2-Achse aufgespannt wird (x_1x_2-Koordinatenebene);

b) die durch die x_2- und x_3-Achse aufgespannt wird (x_2x_3-Koordinatenebene);

c) die durch $P(3|1|-2)$ verläuft und parallel zur x_1x_3-Koordinatenebene ist;

d) die zur x_1- und x_2-Achse parallel ist und die x_3-Achse bei 2 schneidet;

e) welche die x_1-Achse bei 3, die x_2-Achse bei 1 und die x_3-Achse bei -1 schneidet;

f) welche mit der x_1x_2 Koordinatenebene die Punkte $P(3|0|0)$ und $Q(0|-2|0)$ gemeinsam hat und die x_3-Achse bei 4 schneidet;

g) welche die x_3-Achse enthält und mit der x_1x_2-Ebene die Gerade $g\colon \vec{x} = t\cdot\begin{pmatrix}1\\2\\0\end{pmatrix}$ gemeinsam hat.

21 Von einem Würfel der Kantenlänge 4 wird eine Ecke abgeschnitten.

a) Geben Sie eine Parameterdarstellung für die Ebene an, in der die Schnittfläche liegt.

b) Welche Einschränkungen sind für die Parameter vorzunehmen, damit die Gleichung die dreieckige Schnittfläche beschreibt?

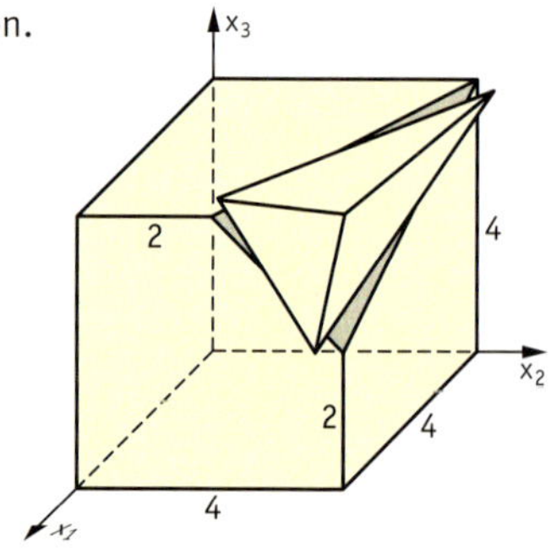

6.2.2 Lagebeziehungen zwischen Gerade und Ebene

Sie haben gelernt, anhand der Parameterdarstellungen zweier Geraden ihre gegenseitige Lage zueinander rechnerisch zu unterscheiden. Im Folgenden soll untersucht werden, welche Lagebeziehungen zwischen einer Geraden und einer Ebene möglich sind und wie man sie rechnerisch analysieren kann.

Einstieg

- Skizzieren Sie die verschiedenen möglichen Lagebeziehungen zwischen einer Gerade und einer Ebene.
- Erläutern Sie, wie Sie rechnerisch untersuchen können, wie viele gemeinsame Punkte eine Gerade und eine Ebene besitzen.
- Wie können Sie von der Anzahl der gemeinsamen Punkte auf die Lagebeziehung zwischen Gerade und Ebene schließen?

Aufgabe

1 Schnittpunkt einer Geraden mit einer Ebene bestimmen

Angaben in 10 m

Die Wand eines Hochhauses wird während einer Show von einem Laser angestrahlt. Der Laserstrahler befindet sich im Punkt $A(5\,|\,6\,|\,1)$ und strahlt in Richtung des Vektors $\vec{v} = \begin{pmatrix} -1 \\ -2 \\ 3 \end{pmatrix}$.

Die Hauswand liegt in der Ebene E mit der Parameterdarstellung $E\colon \vec{x} = \begin{pmatrix} 1 \\ 0 \\ 0 \end{pmatrix} + r \cdot \begin{pmatrix} -1 \\ 6 \\ 0 \end{pmatrix} + s \cdot \begin{pmatrix} 0 \\ 0 \\ 20 \end{pmatrix}$.

An welcher Stelle trifft der Laserstrahl auf die Ebene, in der die Hauswand liegt?

Lösung

Der Laserstrahl kann durch eine Gerade beschrieben werden mit der Parameterdarstellung:

$$g\colon \vec{x} = \overrightarrow{OA} + t \cdot \vec{v} = \begin{pmatrix} 5 \\ 6 \\ 1 \end{pmatrix} + t \cdot \begin{pmatrix} -1 \\ -2 \\ 3 \end{pmatrix} \text{ mit } t \in \mathbb{R}$$

Wir suchen die Koordinaten des Schnittpunktes S dieser Geraden mit der Ebene E.

Der Punkt S liegt sowohl auf der Geraden g als auch in der Ebene E. Sein Ortsvektor $\overrightarrow{OS}$ erfüllt also sowohl die Parameterdarstellung der Geraden als auch die der Ebene.

S liegt auf g: $\overrightarrow{OS} = \begin{pmatrix} 5 \\ 6 \\ 1 \end{pmatrix} + t \cdot \begin{pmatrix} -1 \\ -2 \\ 3 \end{pmatrix}$ für ein bestimmtes t;

S liegt auf E: $\overrightarrow{OS} = \begin{pmatrix} 1 \\ 0 \\ 0 \end{pmatrix} + r \cdot \begin{pmatrix} -1 \\ 6 \\ 0 \end{pmatrix} + s \cdot \begin{pmatrix} 0 \\ 0 \\ 20 \end{pmatrix}$ für ein bestimmtes r und ein bestimmtes s.

Für r, s und t erhält man somit die Vektorgleichung: $\begin{pmatrix} 5 \\ 6 \\ 1 \end{pmatrix} + t \cdot \begin{pmatrix} -1 \\ -2 \\ 3 \end{pmatrix} = \begin{pmatrix} 1 \\ 0 \\ 0 \end{pmatrix} + r \cdot \begin{pmatrix} -1 \\ 6 \\ 0 \end{pmatrix} + s \cdot \begin{pmatrix} 0 \\ 0 \\ 20 \end{pmatrix}$

Durch Umstellen ergibt sich:

$$-r \cdot \begin{pmatrix} -1 \\ 6 \\ 0 \end{pmatrix} - s \cdot \begin{pmatrix} 0 \\ 0 \\ 20 \end{pmatrix} + t \cdot \begin{pmatrix} -1 \\ -2 \\ 3 \end{pmatrix} = \begin{pmatrix} 1 \\ 0 \\ 0 \end{pmatrix} - \begin{pmatrix} 5 \\ 6 \\ 1 \end{pmatrix}$$

Umgeschrieben in ein Gleichungssystem erhält man:

$$\left| \begin{array}{rcrcrcr} r & & & - & t & = & -4 \\ -6r & & & - & 2t & = & -6 \\ & - & 20s & + & 3t & = & -1 \end{array} \right|$$

Das Gleichungssystem hat als einzige Lösung das Tripel $(r\,|\,s\,|\,t) = (-0{,}25\,|\,0{,}6125\,|\,3{,}75)$. Dabei sind $r = -0{,}25$ und $s = 0{,}6125$ die Parameterwerte des Schnittpunktes in der Ebene, $t = 3{,}75$ ist sein Parameterwert auf der Geraden. Wird $t = 3{,}75$ in die Parameterdarstellung der Geraden eingesetzt, so ergibt sich für den Ortsvektor des gesuchten Schnittpunktes S:

$$\overrightarrow{OS} = \begin{pmatrix} 5 \\ 6 \\ 1 \end{pmatrix} + 3{,}75 \cdot \begin{pmatrix} -1 \\ -2 \\ 3 \end{pmatrix} = \begin{pmatrix} 1{,}25 \\ -1{,}5 \\ 12{,}25 \end{pmatrix}.$$

Setzt man zur Kontrolle $r = -0{,}25$ und $s = 0{,}6125$ in die Parameterdarstellung der Ebene ein, dann erhält man denselben Ortsvektor $\overrightarrow{OS}$. Die Gerade g und die Ebene E schneiden sich also im Punkt $S(1{,}25\,|\,-1{,}5\,|\,12{,}25)$.

Ergebnis

Der Laserstrahl trifft im Punkt $S(1{,}25\,|\,-1{,}5\,|\,12{,}25)$ auf die Ebene, in der die Hochhauswand liegt.

Weiterführende Aufgaben

2 Lage von Gerade und Ebene zueinander

a) Untersuchen Sie, wie eine Gerade und eine Ebene zueinander liegen können. Was bedeuten die verschiedenen Möglichkeiten für die Lösung des bei der Untersuchung entstehenden Gleichungssystems?

b) Welcher Fall liegt hier vor?

$g\colon \vec{x} = \begin{pmatrix}1\\-1\\4\end{pmatrix} + t\cdot\begin{pmatrix}2\\1\\-6\end{pmatrix};\quad E\colon \vec{x} = \begin{pmatrix}1\\2\\1\end{pmatrix} + r\cdot\begin{pmatrix}1\\2\\-4\end{pmatrix} + s\cdot\begin{pmatrix}0\\-3\\2\end{pmatrix};\quad r, s, t \in \mathbb{R}$

c) Zeigen Sie, dass die Gerade $g\colon \vec{x} = \begin{pmatrix}2\\1\\-1\end{pmatrix} + t\cdot\begin{pmatrix}1\\-4\\0\end{pmatrix}$ mit $t \in \mathbb{R}$ in der Ebene E Liegt.

d) Geben Sie drei Parameterdarstellungen für Geraden an, die nicht parallel zueinander sind und die alle in der Ebene E liegen.

LK **3 Die Lagebeziehung zwischen einer Geraden und einer Ebene mithilfe der Richtungsvektoren untersuchen**

Gegeben sind die Ebene $E\colon \vec{x} = \begin{pmatrix}1\\2\\1\end{pmatrix} + r\cdot\begin{pmatrix}1\\2\\-4\end{pmatrix} + s\cdot\begin{pmatrix}0\\-3\\2\end{pmatrix}$ und die Gerade $g\colon \vec{x} = \begin{pmatrix}1\\2\\1\end{pmatrix} + t\cdot\begin{pmatrix}2\\13\\-14\end{pmatrix}$;

a) Man kann den beiden Parameterdarstellungen sofort entnehmen, dass der Punkt $P(1\,|\,2\,|\,1)$ ein gemeinsamer Punkt der Geraden und der Ebene ist. Wie kann man anhand der Richtungsvektoren die Lagebeziehung zwischen g und E untersuchen?

b) Formulieren Sie ein Kriterium, mit dem man feststellen kann, ob eine Gerade parallel zu einer Ebene verläuft oder ob die Gerade die Ebene schneidet.

Information

(1) Die gemeinsamen Punkte einer Geraden mit einer Ebene bestimmen

Das Bestimmen der gemeinsamen Punkte einer Geraden und einer Ebene führt auf die Aufgabe, ein 3×3-Gleichungssystem zu lösen. Es gibt genau drei verschiedene Fälle:

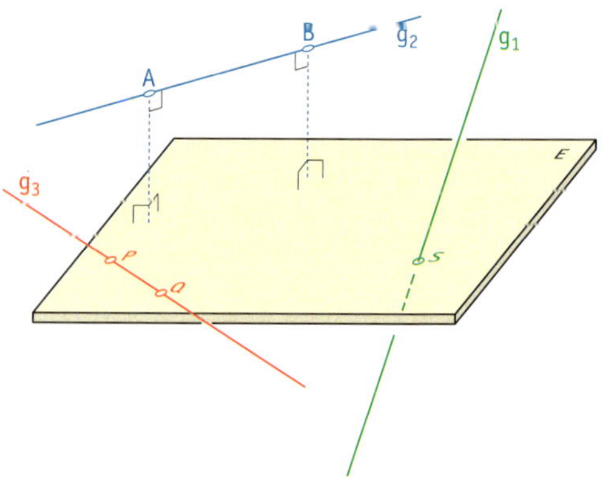

- Das lineare Gleichungssystem hat genau eine Lösung, d. h. die Gerade schneidet die Ebene in einem Punkt S.
- Das lineare Gleichungssystem hat keine Lösung, d. h. die Gerade verläuft parallel zur Ebene und hat mit dieser keinen gemeinsamen Punkt.
- Das lineare Gleichungssystem hat unendlich viele Lösungen, d. h. die Gerade liegt ganz in der Ebene.

(2) Linearkombination von Vektoren

In der Lösung der Aufgaben 2 und 3 kommen Vektoren vor, die als Summen von Vielfachen anderer Vektoren dargestellt werden, wie $\begin{pmatrix}2\\13\\-14\end{pmatrix} = r\cdot\begin{pmatrix}1\\2\\-4\end{pmatrix} + s\cdot\begin{pmatrix}0\\-3\\2\end{pmatrix}$ oder $\vec{x} = \begin{pmatrix}1\\2\\1\end{pmatrix} + r\cdot\begin{pmatrix}1\\2\\-4\end{pmatrix} + s\cdot\begin{pmatrix}0\\-3\\3\end{pmatrix}$.

Dafür verwendet man folgende Sprechweise:

Man lässt auch den Fall $n = 1$ zu, d. h. $r\cdot\vec{a}$ bezeichnet man auch als Linearkombination des Vektors $\vec{a}$.

Definition: Linearkombination

Man nennt eine Summe von Vielfachen von Vektoren $r_1\cdot\vec{a_1} + r_2\cdot\vec{a_2} + \ldots + r_n\cdot\vec{a_n}$ eine **Linearkombination** der Vektoren $\vec{a_1}, \vec{a_2}, \ldots, \vec{a_n}$.

(3) Lineare Abhängigkeit und Unabhängigkeit von Vektoren

Sind $\vec{u}$ und $\vec{v}$ Richtungsvektoren der Ebene E, so lässt sich jeder Vektor, der in E liegt, als Linearkombination der beiden Richtungsvektoren darstellen.

Definition: Lineare Abhängigkeit und Unabhängigkeit von Vektoren

(1) Vektoren heißen **voneinander linear abhängig**, falls wenigstens einer dieser Vektoren eine Linearkombination der übrigen Vektoren ist.

(2) Vektoren heißen **voneinander linear unabhängig**, falls keiner der Vektoren eine Linearkombination der übrigen ist.

Beispiele

- Zwei parallele Vektoren sind voneinander linear abhängig, da jeder der beiden ein Vielfaches des anderen ist. So sind die Vektoren $\begin{pmatrix}-2\\5\\3\end{pmatrix}$ und $\begin{pmatrix}6\\-15\\-9\end{pmatrix}$ voneinander linear abhängig, da $\begin{pmatrix}6\\-15\\-9\end{pmatrix} = -3\cdot\begin{pmatrix}-2\\5\\3\end{pmatrix}$ und $\begin{pmatrix}-2\\5\\3\end{pmatrix} = \left(-\frac{1}{3}\right)\cdot\begin{pmatrix}6\\-15\\-9\end{pmatrix}$ gilt.
- Die Vektoren $\vec{u} = \begin{pmatrix}3\\2\\-1\end{pmatrix}$, $\vec{v} = \begin{pmatrix}1\\0\\2\end{pmatrix}$ und $\vec{w} = \begin{pmatrix}4\\6\\-13\end{pmatrix}$ sind voneinander linear abhängig, da sich z. B. $\vec{w}$ in der Form $\vec{w} = 3\cdot\vec{u} - 5\cdot\vec{v}$ als Linearkombination der Vektoren $\vec{u}$ und $\vec{v}$ schreiben lässt.

LK (4) Gegenseitige Lage von Gerade und Ebene mithilfe der Richtungsvektoren erkennen

Sind die Parameterdarstellungen einer Geraden $g\colon \vec{x} = \vec{a} + k\cdot\vec{u}$ und einer Ebene $E\colon \vec{x} = \vec{b} + r\cdot\vec{v} + s\cdot\vec{w}$ mit $k, r, s \in \mathbb{R}$ gegeben, so ist Folgendes möglich:

$\vec{u}, \vec{v}, \vec{w}$ sind voneinander linear abhängig
→ g ist parallel zu E
→ g liegt in E

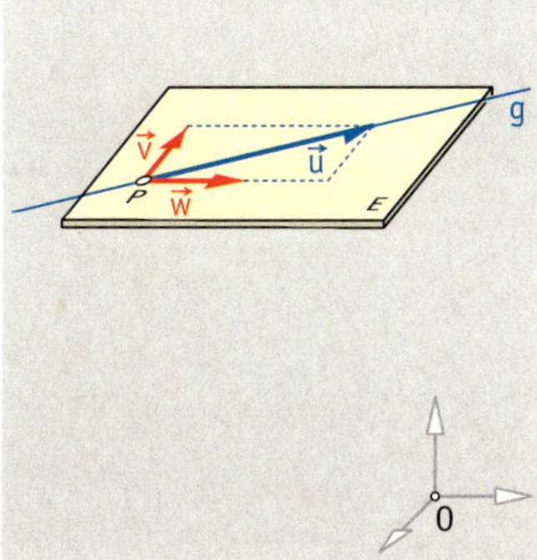

→ g ist parallel zu E, g liegt nicht in E

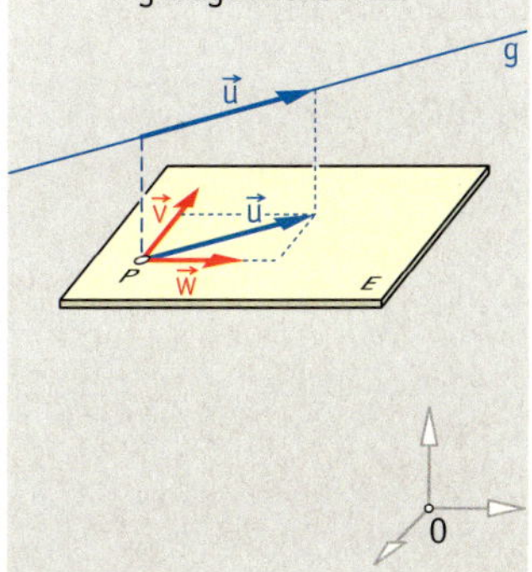

$\vec{u}, \vec{v}, \vec{w}$ sind voneinander linear unabhängig
→ g schneidet E in genau einem Punkt

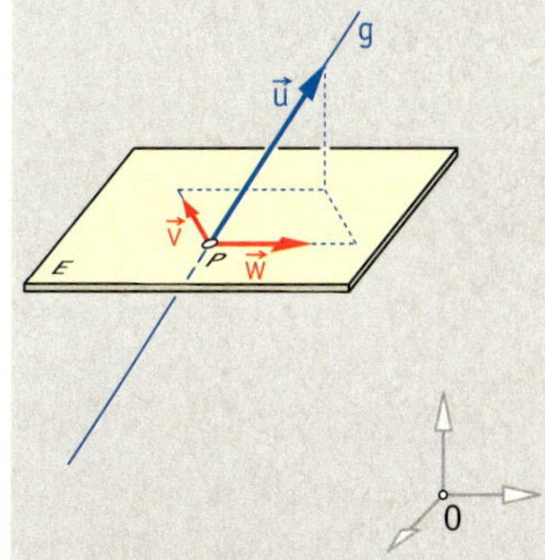

Übungsaufgaben

4 Untersuchen Sie, ob die Gerade g und die Ebene E Schnittpunkte miteinander haben.

a) (1) $g\colon \vec{x} = \begin{pmatrix} 3 \\ 2 \\ 1 \end{pmatrix} + r \cdot \begin{pmatrix} 1 \\ -1 \\ 0 \end{pmatrix}$; $E\colon \vec{x} = \begin{pmatrix} 2 \\ 0 \\ -1 \end{pmatrix} + s \cdot \begin{pmatrix} 2 \\ 1 \\ 1 \end{pmatrix} + t \cdot \begin{pmatrix} -1 \\ 3 \\ 1 \end{pmatrix}$

(2) $g\colon \vec{x} = \begin{pmatrix} -1 \\ -2 \\ 4 \end{pmatrix} + r \cdot \begin{pmatrix} 1 \\ 0 \\ 1 \end{pmatrix}$; $E\colon \vec{x} = \begin{pmatrix} 4 \\ -1 \\ 3 \end{pmatrix} + s \cdot \begin{pmatrix} 2 \\ 1 \\ -1 \end{pmatrix} + t \cdot \begin{pmatrix} 3 \\ 1 \\ 0 \end{pmatrix}$

(3) g geht durch A(1 | −6 | −3) und hat den Richtungsvektor $\vec{v} = \begin{pmatrix} 0 \\ -3 \\ -1 \end{pmatrix}$; $E\colon \vec{x} = \begin{pmatrix} -1 \\ 3 \\ 2 \end{pmatrix} + s \cdot \begin{pmatrix} 1 \\ -1 \\ 0 \end{pmatrix} + t \cdot \begin{pmatrix} 2 \\ 1 \\ 1 \end{pmatrix}$

(4) g geht durch A(2 | −3 | 5) und hat den Richtungsvektor $\vec{v} = \begin{pmatrix} 4 \\ -1 \\ -3 \end{pmatrix}$; $E\colon \vec{x} = \begin{pmatrix} 2 \\ -3 \\ 5 \end{pmatrix} + r \cdot \begin{pmatrix} 4 \\ -1 \\ -3 \end{pmatrix} + s \cdot \begin{pmatrix} 2 \\ -3 \\ 4 \end{pmatrix}$

b) Warum muss man bei (4) aus Teilaufgabe a) nicht rechnen?

5 Gegeben sind eine Ebene $E\colon \vec{x} = \begin{pmatrix} 3 \\ -2 \\ 5 \end{pmatrix} + r \cdot \begin{pmatrix} 3 \\ -2 \\ 1 \end{pmatrix} + s \cdot \begin{pmatrix} 2 \\ -2 \\ 5 \end{pmatrix}$ mit $r, s \in \mathbb{R}$ und ein Punkt A(−1 | 2 | 3).

a) Geben Sie die Parameterdarstellung einer Geraden an, die durch A verläuft und E schneidet.

b) Geben Sie die Parameterdarstellung einer Geraden an, die durch A verläuft und zu E parallel verläuft.

c) Geben Sie die Parameterdarstellung einer Geraden an, die ganz in E liegt.

6 Überprüfen Sie, ob sich der Vektor $\vec{w}$ als Linearkombination der Vektoren $\vec{u}$ und $\vec{v}$ darstellen lässt.

a) $\vec{u} = \begin{pmatrix} 1 \\ 2 \\ -3 \end{pmatrix}$, $\vec{v} = \begin{pmatrix} 4 \\ 0 \\ 1 \end{pmatrix}$, $\vec{w} = \begin{pmatrix} 2 \\ -4 \\ 7 \end{pmatrix}$

b) $\vec{u} = \begin{pmatrix} 2 \\ 1 \\ 0 \end{pmatrix}$, $\vec{v} = \begin{pmatrix} 3 \\ -1 \\ 0 \end{pmatrix}$, $\vec{w} = \begin{pmatrix} -1 \\ 2 \\ 1 \end{pmatrix}$

c) $\vec{u} = \begin{pmatrix} -4 \\ 5 \\ 12 \end{pmatrix}$, $\vec{v} = \begin{pmatrix} 1 \\ -2 \\ 6 \end{pmatrix}$, $\vec{w} = \begin{pmatrix} 2 \\ -3 \\ 0 \end{pmatrix}$

d) $\vec{u} = \begin{pmatrix} -1 \\ 3 \\ 4 \end{pmatrix}$, $\vec{v} = \begin{pmatrix} 0 \\ 7 \\ 5 \end{pmatrix}$, $\vec{w} = \begin{pmatrix} 7 \\ -14 \\ 33 \end{pmatrix}$

7 Überprüfen Sie, ob die Vektoren voneinander linear abhängig oder unabhängig sind.

a) $\begin{pmatrix} 3 \\ 1 \\ -2 \end{pmatrix}, \begin{pmatrix} 6 \\ 2 \\ 4 \end{pmatrix}$

b) $\begin{pmatrix} 2 \\ -2 \\ -4 \end{pmatrix}, \begin{pmatrix} -5 \\ 5 \\ -10 \end{pmatrix}$

c) $\begin{pmatrix} 1 \\ 4 \\ 0 \end{pmatrix}, \begin{pmatrix} 3 \\ 6 \\ 4 \end{pmatrix}$

d) $\begin{pmatrix} 3 \\ -1 \\ -4 \end{pmatrix}, \begin{pmatrix} 1 \\ 2 \\ 0 \end{pmatrix}, \begin{pmatrix} -4 \\ 2 \\ 2 \end{pmatrix}$

e) $\begin{pmatrix} 1 \\ -1 \\ -2 \end{pmatrix}, \begin{pmatrix} 0 \\ 2 \\ 1 \end{pmatrix}, \begin{pmatrix} 3 \\ -13 \\ -11 \end{pmatrix}$

f) $\begin{pmatrix} 4 \\ 2 \\ 1 \end{pmatrix}, \begin{pmatrix} 16 \\ 10 \\ 4x+3 \end{pmatrix}, \begin{pmatrix} 1 \\ 1 \\ x \end{pmatrix}$

8 Interpretieren Sie die Ergebnisse des GTR. Wie liegen Gerade und Ebene zueinander?

```
rref([A])
    [[1 0  2 0]
     [0 1 -1 0]
     [0 0 0  1]]
```

```
rref([A])
    [[1 0 -2 1]
     [0 1 -1 1]
     [0 0 0  0]]
```

```
rref([A])
  [[1 0 0 -5.5]
   [0 1 0 5   ]
   [0 0 1 7.5 ]]
```

9

a) Zeigen Sie mithilfe der Richtungsvektoren, dass die Gerade $g\colon \vec{x} = \begin{pmatrix} 5 \\ -3 \\ 4 \end{pmatrix} + k \cdot \begin{pmatrix} 0 \\ 5 \\ 9 \end{pmatrix}$ mit $k \in \mathbb{R}$ parallel zur Ebene $E\colon \vec{x} = \begin{pmatrix} 3 \\ 5 \\ -1 \end{pmatrix} + r \cdot \begin{pmatrix} 2 \\ -1 \\ 1 \end{pmatrix} + s \cdot \begin{pmatrix} -3 \\ 4 \\ 3 \end{pmatrix}$ mit $r, s \in \mathbb{R}$ ist.

b) Erläutern Sie, wie man anschließend untersuchen kann, ob g in E liegt oder nicht.

10 Ein Lichtstrahl aus Punkt A(1 | 1 | −9) ist auf den Punkt B(−2 | 4 | 6) gerichtet.
Welcher Punkt der von den Punkten $P_1(-1 | 3 | 5)$, $P_2(-8 | 8 | 2)$, $P_3(13 | -7 | 3)$ aufgespannten Ebene wird von diesem Lichtstrahl getroffen?

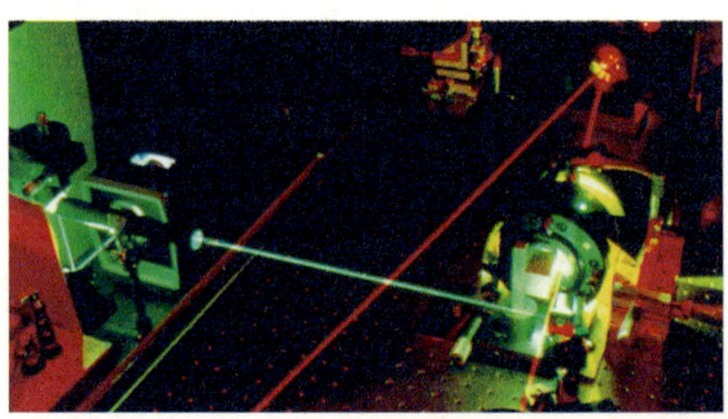

11 Gegeben sind die Gerade $g: \vec{x} = \begin{pmatrix} 2 \\ -3 \\ 5 \end{pmatrix} + t \cdot \begin{pmatrix} 4 \\ -1 \\ -3 \end{pmatrix}$ und die Punkte $A(1|2|0)$, $B(3|5|0)$, $D(1|4|6)$.

Untersuchen Sie, ob die Gerade g das Parallelogramm ABCD trifft.

12 Die Wasseroberfläche wird durch die x_1x_2-Ebene dargestellt. Die Koordinateneinheiten sind in 100 m angegeben. Ein Tauchboot befindet sich im Punkt $P(25|-12|-4)$ unter Wasser und bewegt sich in Richtung des Vektors $\vec{v} = \begin{pmatrix} -2 \\ 3 \\ 1 \end{pmatrix}$.

Die Wassertiefe beträgt 800 m. Taucht das Boot auf oder ab? In welchem Punkt der Wasseroberfläche taucht das Boot auf oder trifft es auf dem Meeresboden auf?

13 Es sind eine Geradenschar $g_a: \vec{x} = \begin{pmatrix} 1 \\ -6 \\ -3 \end{pmatrix} + t \cdot \begin{pmatrix} 0 \\ -3 \\ a \end{pmatrix}$ und eine Ebene $E: \vec{x} = \begin{pmatrix} -1 \\ 3 \\ 2 \end{pmatrix} + r \cdot \begin{pmatrix} 1 \\ -1 \\ 0 \end{pmatrix} + s \cdot \begin{pmatrix} 2 \\ 1 \\ 1 \end{pmatrix}$

gegeben. Bestimmen Sie a so, dass g_a mit E keinen gemeinsamen Punkt hat.

14 Die Gerade g verläuft auf der x_2-Achse.

a) Geben Sie die Parameterdarstellung einer Ebene E an, sodass $A(0|2|0)$ der Schnittpunkt der Geraden g mit der Ebene E ist.

b) Geben Sie die Parameterdarstellung einer Ebene E an, zu der g parallel ist.

15 Fassen Sie die Geraden $g: \vec{x} = \begin{pmatrix} 1 \\ 1 \\ 3 \end{pmatrix} + t \cdot \begin{pmatrix} -1 \\ 1 \\ 2 \end{pmatrix}$ und $h: \vec{x} = \begin{pmatrix} 3 \\ 1 \\ -2 \end{pmatrix} + t \cdot \begin{pmatrix} -1 \\ 1 \\ 2 \end{pmatrix}$ als Schnittgeraden der abgebildeten Figur auf.

Geben Sie drei geeignete Ebenen an.

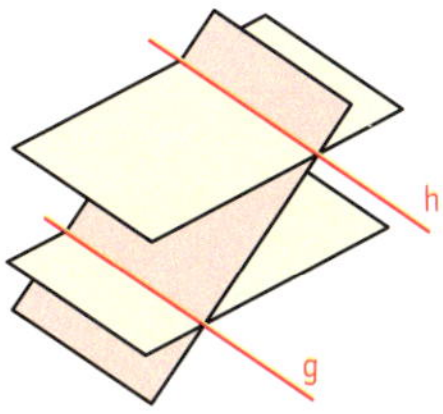

16 Bei der Planung und dem Bau eines Daches sind viele Berechnungen erforderlich. Die Maßangaben in der Zeichnung sind in Meter angegeben. Erstellen Sie für die Dachflächen E_1 und E_2 jeweils eine Parameterdarstellung.

Ermitteln Sie für das Schornsteinrohr die Koordinaten des Punktes, an dem es die Dachfläche E_1 durchstößt.

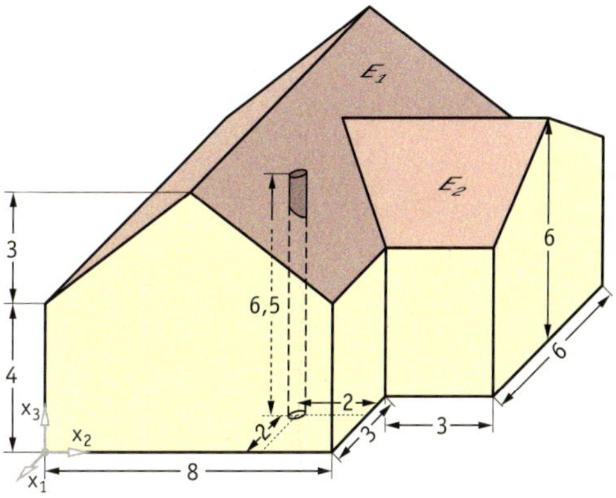

17 Die Abbildung zeigt eine gerade quadratische Pyramide, deren Grundfläche in der x_1x_2-Ebene liegt.

a) Bestimmen Sie die fehlenden Koordinaten der Eckpunkte B, D und E sowie des Mittelpunktes P der Kante $\overline{AE}$.

b) Die Ebene F enthält die Punkte P, Q und R. Sie schneidet die Kante $\overline{DE}$ im Punkt S. Berechnen Sie die Koordinaten von S.

c) Unter welchem Winkel schneiden sich die Geraden BE und QR?

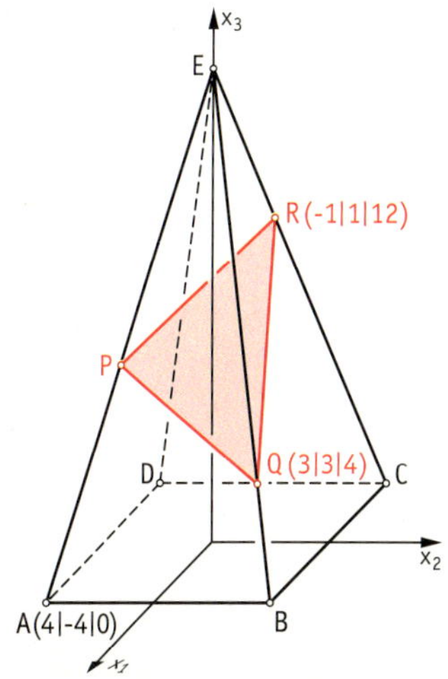

6.2.3 Lagebeziehung zwischen zwei Ebenen

Sie haben gelernt, wie zwei Geraden oder eine Ebene und eine Gerade zueinander liegen können und wie man diese Lagebeziehung rechnerisch bestimmen kann. In diesem Abschnitt wird nun die gegenseitige Lage zweier Ebenen zueinander anhand ihrer Parameterdarstellungen untersucht.

Einstieg

- An Berghängen wird häufig Wasser gesammelt und in Rinnen abgeleitet. In einer solchen Rinne stoßen die Bodenfläche und eine der beiden Seitenflächen in der Kante g zusammen.

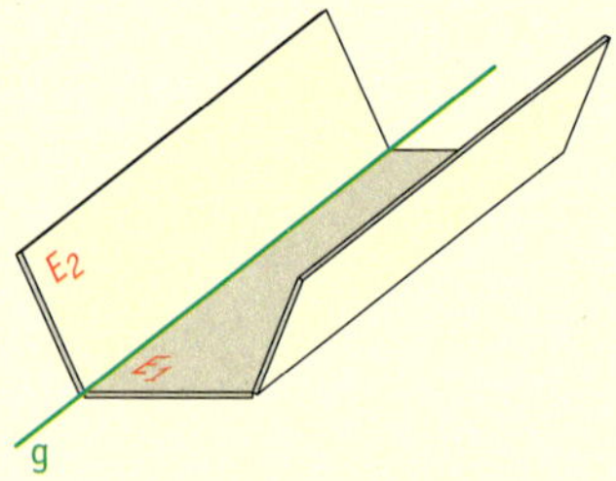

  Die Bodenfläche liegt in der Ebene
  $E_1: \vec{x} = \begin{pmatrix} 3 \\ -6 \\ 1 \end{pmatrix} + r \cdot \begin{pmatrix} -4 \\ 5 \\ 3 \end{pmatrix} + s \cdot \begin{pmatrix} 2 \\ -1 \\ -1 \end{pmatrix}$, eine der Seitenflächen liegt in der Ebene
  $E_2: \vec{x} = \begin{pmatrix} -13 \\ 2 \\ 3 \end{pmatrix} + k \cdot \begin{pmatrix} -4 \\ 1 \\ 1 \end{pmatrix} + t \cdot \begin{pmatrix} -5 \\ 0 \\ 1 \end{pmatrix}$.
  Bestimmen Sie eine Parameterdarstellung der Geraden durch die Kante g.
- Die Ebenen E_1 und E_2 haben eine Gerade gemeinsam, sie schneiden einander also in dieser Geraden. Welche anderen Lagebeziehungen zwischen zwei Ebenen sind noch möglich?
  Erläutern Sie diese Lagen anhand von Skizzen.
  Formulieren Sie Kriterien, nach denen Sie die gegenseitige Lage zweier Ebenen untersuchen können.

Aufgabe

1

a) Beschreiben Sie, wie zwei Ebenen im Raum zueinander liegen können.
Skizzieren Sie die verschiedenen Fälle.

b) Von zwei Ebenen ist je eine Parameterdarstellung gegeben.
Erläutern Sie am Beispiel der beiden Ebenen E_1 und E_2, wie man deren Lagebeziehung rechnerisch untersuchen kann.

$E_1: \vec{x} = \begin{pmatrix} 2 \\ 3 \\ 2 \end{pmatrix} + r \cdot \begin{pmatrix} -1 \\ 0 \\ 4 \end{pmatrix} + s \cdot \begin{pmatrix} 2 \\ 1 \\ 2 \end{pmatrix}$; $E_2: \vec{x} = \begin{pmatrix} 0 \\ 2 \\ 0 \end{pmatrix} + k \cdot \begin{pmatrix} 3 \\ 3 \\ 1 \end{pmatrix} + t \cdot \begin{pmatrix} 2 \\ 3 \\ 5 \end{pmatrix}$

Lösung

a) Es gibt genau drei verschiedene Fälle:

(1) Die Ebenen E und F schneiden sich in einer Schnittgeraden g.

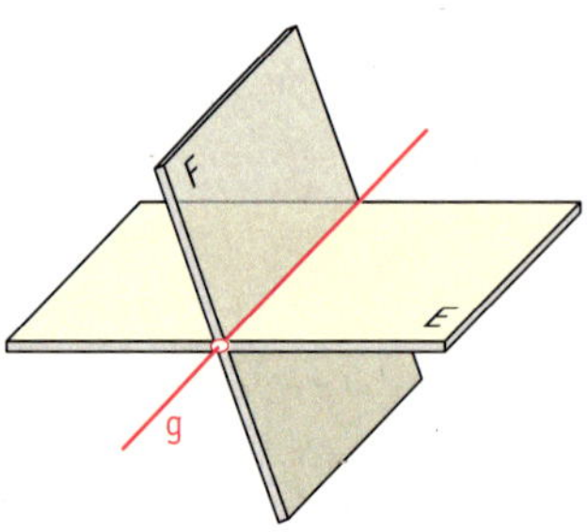

(2) Die Ebenen E und F liegen parallel zueinander und haben keinen gemeinsamen Punkt.

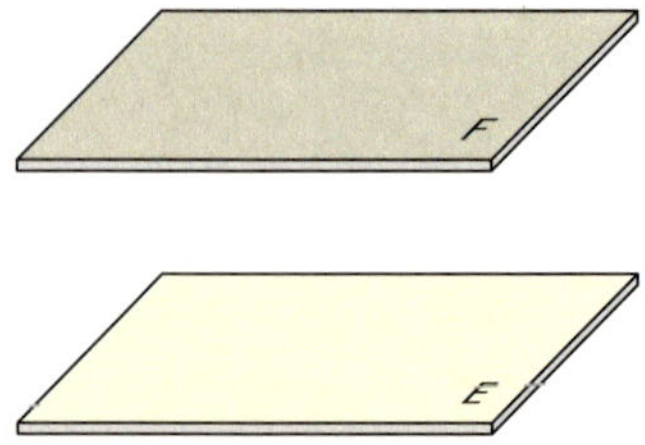

(3) Die Ebenen E und F sind identisch.

b) Der Ortsvektor $\overrightarrow{OP}$ jedes gemeinsamen Punktes P der beiden Ebenen E_1 und E_2 erfüllt die beiden Vektorgleichungen $\overrightarrow{OP} = \begin{pmatrix}2\\3\\2\end{pmatrix} + r\cdot\begin{pmatrix}-1\\0\\4\end{pmatrix} + s\cdot\begin{pmatrix}2\\1\\2\end{pmatrix}$ und $\overrightarrow{OP} = \begin{pmatrix}0\\2\\0\end{pmatrix} + k\cdot\begin{pmatrix}3\\3\\1\end{pmatrix} + t\cdot\begin{pmatrix}2\\3\\5\end{pmatrix}$.

Zu jedem gemeinsamen Punkt muss es also Parameterwerte r, s, k und t geben, welche die Vektorgleichung

$\begin{pmatrix}2\\3\\2\end{pmatrix} + r\cdot\begin{pmatrix}-1\\0\\4\end{pmatrix} + s\cdot\begin{pmatrix}2\\1\\2\end{pmatrix} = \begin{pmatrix}0\\2\\0\end{pmatrix} + k\cdot\begin{pmatrix}3\\3\\1\end{pmatrix} + t\cdot\begin{pmatrix}2\\3\\5\end{pmatrix}$ erfüllen.

Diese Vektorgleichung führt auf ein Gleichungssystem mit drei Gleichungen und vier Variablen:

$$\left|\begin{array}{l} 2 - r + 2s = 3k + 2t \\ 3 + s = 2 + 3k + 3t \\ 2 + 4r + 2s = k + 5t \end{array}\right| \text{ bzw. } \left|\begin{array}{l} -r + 2s - 3k - 2t = -2 \\ s - 3k - 3t = -1 \\ 4r + 2s - k - 5t = -2 \end{array}\right| \text{ und somit } \left|\begin{array}{l} r - t = 0 \\ s = -1 \\ k + t = 0 \end{array}\right|$$

mit der Lösung $k = -t$, $s = -1$, $r = t$.

Setzt man $r = t$ und $s = -1$ in die Parameterdarstellung von E_1 ein, erhält man

$\vec{x} = \begin{pmatrix}2\\3\\2\end{pmatrix} + t\cdot\begin{pmatrix}-1\\0\\4\end{pmatrix} + (-1)\cdot\begin{pmatrix}2\\1\\2\end{pmatrix} = \begin{pmatrix}0\\2\\0\end{pmatrix} + t\cdot\begin{pmatrix}-1\\0\\4\end{pmatrix}$. Entsprechend erhält man

$\vec{x} = \begin{pmatrix}0\\2\\0\end{pmatrix} - t\cdot\begin{pmatrix}3\\3\\1\end{pmatrix} + t\cdot\begin{pmatrix}2\\3\\5\end{pmatrix} = \begin{pmatrix}0\\2\\0\end{pmatrix} + t\cdot\begin{pmatrix}-1\\0\\4\end{pmatrix}$, wenn man $k = -t$ in die Parameterdarstellung von E_2 einsetzt.

Alle Parameterwerte $k = -t$, $s = -1$, $r = t$ erfüllen für jeden beliebigen Wert von t das ursprüngliche Gleichungssystem. Die zugehörigen Punkte liegen auf der Geraden g mit der Parameterdarstellung

$g: \vec{x} = \begin{pmatrix}0\\2\\0\end{pmatrix} + t\cdot\begin{pmatrix}-1\\0\\4\end{pmatrix}$. Diese Gerade ist die Schnittgerade der beiden Ebenen E_1 und E_2.

Weiterführende Aufgaben

2 Zueinander parallele Ebenen ohne gemeinsamen Punkt

Gegeben sind zwei Ebenen E_1 und E_2 durch die Parameterdarstellungen

$E_1: \vec{x} = \begin{pmatrix}2\\-1\\1\end{pmatrix} + r\cdot\begin{pmatrix}1\\2\\-3\end{pmatrix} + s\cdot\begin{pmatrix}-4\\0\\2\end{pmatrix}$ und $E_2: \vec{x} = \begin{pmatrix}1\\2\\1\end{pmatrix} + k\cdot\begin{pmatrix}-2\\4\\-4\end{pmatrix} + t\cdot\begin{pmatrix}1\\6\\-8\end{pmatrix}$. Bestimmen Sie, wie die beiden Ebenen zueinander liegen. Erläutern Sie den Unterschied der Lösungsmenge im Vergleich zu Aufgabe 1.

3 Identische Ebenen

Zeigen Sie, dass durch $E_1: \vec{x} = \begin{pmatrix}2\\-4\\-2\end{pmatrix} + r\cdot\begin{pmatrix}6\\-6\\-1\end{pmatrix} + s\cdot\begin{pmatrix}-8\\18\\7\end{pmatrix}$ und $E_2: \vec{x} = \begin{pmatrix}0\\8\\4\end{pmatrix} + k\cdot\begin{pmatrix}4\\6\\5\end{pmatrix} + t\cdot\begin{pmatrix}2\\18\\11\end{pmatrix}$ dieselbe Ebene beschrieben wird.

4 Untersuchen der Lagebeziehung mithilfe der Richtungsvektoren

Erläutern Sie anhand von Skizzen, wie man mithilfe der Richtungsvektoren entscheiden kann, ob zwei Ebenen parallel zueinander sind oder sich schneiden.

Information

Lagebeziehung zwischen zwei Ebenen bestimmen

Das Bestimmen der gemeinsamen Punkte zweier Ebenen wie in Aufgabe 1 führt auf das Lösen eines 3×4-Gleichungssystems. Es gibt drei mögliche Fälle:

- Das lineare Gleichungssystem hat *keine* Lösung. Das bedeutet, dass die beiden Ebenen keinen gemeinsamen Punkt haben und parallel zueinander liegen (siehe Seite 300, Fall (2)).
- Das lineare Gleichungssystem hat *unendlich viele* Lösungen, wobei man *genau einen* der vier Parameter aus den Parameterdarstellungen der beiden Ebenen frei wählen kann (siehe Seite 300, Fall (1)).
  Das bedeutet, dass beide Ebenen unendlich viele Punkte gemeinsam haben, die auf einer Geraden liegen.
- Das lineare Gleichungssystem hat *unendlich viele* Lösungen, wobei man *genau zwei* der vier Parameter aus den Parameterdarstellungen der beiden Ebenen frei wählen kann. Das bedeutet, dass die Ebenen alle Punkte gemeinsam haben, die Ebenen sind identisch (siehe Seite 300, Fall (3)).

Übungsaufgaben

5 Gegeben ist eine Ebene $E: \vec{x} = \begin{pmatrix} 0 \\ 0 \\ 9 \end{pmatrix} + r \cdot \begin{pmatrix} 4 \\ 0 \\ 3 \end{pmatrix} + s \cdot \begin{pmatrix} 0 \\ 2 \\ -3 \end{pmatrix}$.

Untersuchen Sie die gegenseitige Lage der Ebenen E und F. Geben Sie gegebenenfalls eine Parameterdarstellung der Schnittgeraden an.

a) $F: \vec{x} = \begin{pmatrix} 2 \\ 0 \\ 3 \end{pmatrix} + k \cdot \begin{pmatrix} 0 \\ 2 \\ -3 \end{pmatrix} + t \cdot \begin{pmatrix} -2 \\ 3 \\ -3 \end{pmatrix}$

b) $F: \vec{x} = \begin{pmatrix} 8 \\ 0 \\ 3 \end{pmatrix} + r \cdot \begin{pmatrix} -2 \\ 3 \\ -3 \end{pmatrix} + s \cdot \begin{pmatrix} 8 \\ -2 \\ -3 \end{pmatrix}$

c) F geht durch $A(4|4|0)$, $B(0|4|3)$ und $C(0|0|0)$.

d) F ist festgelegt durch $A(2|1|1)$ und $g: \vec{x} = \begin{pmatrix} 1 \\ 0 \\ -3 \end{pmatrix} + t \cdot \begin{pmatrix} 1 \\ 1 \\ 0 \end{pmatrix}$

6 Bestimmen Sie, wie die beiden Ebenen zueinander liegen.

a) $E_1: \vec{x} = \begin{pmatrix} 2 \\ 0 \\ 1 \end{pmatrix} + r \cdot \begin{pmatrix} -2 \\ 1 \\ -1 \end{pmatrix} + s \cdot \begin{pmatrix} -1 \\ 0 \\ -1 \end{pmatrix}$ $E_2: \vec{x} = \begin{pmatrix} 0 \\ -2 \\ 1 \end{pmatrix} + k \cdot \begin{pmatrix} 1 \\ 1 \\ 1 \end{pmatrix} + t \cdot \begin{pmatrix} 1 \\ 2 \\ 2 \end{pmatrix}$

b) $E_1: \vec{x} = \begin{pmatrix} 2 \\ -1 \\ 1 \end{pmatrix} + r \cdot \begin{pmatrix} 1 \\ 2 \\ -3 \end{pmatrix} + s \cdot \begin{pmatrix} -4 \\ 0 \\ 2 \end{pmatrix}$ $E_2: \vec{x} = \begin{pmatrix} -1 \\ 1 \\ 0 \end{pmatrix} + r \cdot \begin{pmatrix} -2 \\ 4 \\ -4 \end{pmatrix} + s \cdot \begin{pmatrix} 1 \\ 6 \\ -8 \end{pmatrix}$

c) $E_1: \vec{x} = \begin{pmatrix} -6 \\ 0 \\ 0 \end{pmatrix} + r \cdot \begin{pmatrix} 6 \\ 4 \\ 0 \end{pmatrix} + s \cdot \begin{pmatrix} 6 \\ 0 \\ 3 \end{pmatrix}$ $E_2: \vec{x} = \begin{pmatrix} 0 \\ 0 \\ 0 \end{pmatrix} + r \cdot \begin{pmatrix} 4 \\ 1 \\ 0 \end{pmatrix} + s \cdot \begin{pmatrix} 3 \\ 0 \\ -1 \end{pmatrix}$

d) $E_1: \vec{x} = \begin{pmatrix} 0 \\ 5 \\ 0 \end{pmatrix} + r \cdot \begin{pmatrix} 0 \\ -5 \\ 2 \end{pmatrix} + s \cdot \begin{pmatrix} -10 \\ -5 \\ 0 \end{pmatrix}$ $E_2: \vec{x} = \begin{pmatrix} 2 \\ 1 \\ 1 \end{pmatrix} + r \cdot \begin{pmatrix} -3 \\ 1 \\ 1 \end{pmatrix} + s \cdot \begin{pmatrix} 2 \\ 1 \\ 0 \end{pmatrix}$

e) $E_1: \vec{x} = \begin{pmatrix} -7 \\ 5 \\ 2 \end{pmatrix} + s \cdot \begin{pmatrix} 9 \\ 1 \\ 7 \end{pmatrix} + t \cdot \begin{pmatrix} 0 \\ -8 \\ 3 \end{pmatrix}$ $E_2: \vec{x} = \begin{pmatrix} 2 \\ 6 \\ 9 \end{pmatrix} + r \cdot \begin{pmatrix} 9 \\ -7 \\ 10 \end{pmatrix} + k \cdot \begin{pmatrix} 9 \\ -17 \\ 13 \end{pmatrix}$

7 Die Gerade g mit der Parameterdarstellung $g: \vec{x} = \begin{pmatrix} 3 \\ 2 \\ -1 \end{pmatrix} + t \cdot \begin{pmatrix} 1 \\ -2 \\ 2 \end{pmatrix}$ ist die Schnittgerade der beiden Ebenen E_1 und E_2. Geben Sie Parameterdarstellungen der beiden Ebenen an, wenn der Punkt $A(5|0|1)$ in der Ebene E_1 und der Punkt $B(-3|2|-4)$ in der Ebene E_2 liegt.

8 Gegeben sind die Ebenen E_1 und E_2 durch die Parameterdarstellungen:

$E_1: \vec{x} = \begin{pmatrix} 2 \\ 1 \\ 2 \end{pmatrix} + r \cdot \begin{pmatrix} -1 \\ 4 \\ 0 \end{pmatrix} + t \cdot \begin{pmatrix} 2 \\ 1 \\ 3 \end{pmatrix}$ $E_2: \vec{x} = \begin{pmatrix} 4 \\ 2 \\ 4 \end{pmatrix} + r \cdot \begin{pmatrix} -2 \\ 8 \\ 0 \end{pmatrix} + t \cdot \begin{pmatrix} 4 \\ 2 \\ 6 \end{pmatrix}$

a) Untersuchen Sie, wie die beiden Ebenen zueinander liegen.

b) Die Ebene E_3 ist zur Ebene E_1 parallel und geht durch den Punkt $P(2|1|6)$.
Bestimmen Sie eine Parameterdarstellung der Ebene E_3.

c) Eine Ebene E_4 ist zur Ebene E_1 parallel. Geben Sie drei mögliche Parameterdarstellungen für E_4 an.

9 Wie liegt die Ebene $E: \vec{x} = \begin{pmatrix} 2 \\ -4 \\ 1 \end{pmatrix} + r \cdot \begin{pmatrix} 1 \\ -3 \\ 0 \end{pmatrix} + s \cdot \begin{pmatrix} -2 \\ 1 \\ 0 \end{pmatrix}$ zur x_1x_2-Ebene?

10 Welche der Ebenen E_1, E_2 und E_3 sind parallel zur Ebene E oder sind dieselbe Ebene E?

$E_1: \vec{x} = \begin{pmatrix} 2 \\ 2 \\ 1 \end{pmatrix} + r \cdot \begin{pmatrix} 3 \\ 2 \\ 0 \end{pmatrix} + t \cdot \begin{pmatrix} -1 \\ 0 \\ 1 \end{pmatrix}$

$E_2: \vec{x} = \begin{pmatrix} 8 \\ 0 \\ 0 \end{pmatrix} + r \cdot \begin{pmatrix} -2 \\ 3 \\ 0 \end{pmatrix} + t \cdot \begin{pmatrix} -2 \\ 0 \\ 3 \end{pmatrix}$

$E_3: \vec{x} = \begin{pmatrix} 2 \\ 1 \\ 13 \end{pmatrix} + r \cdot \begin{pmatrix} 2 \\ 0 \\ 3 \end{pmatrix} + t \cdot \begin{pmatrix} 0 \\ 1 \\ -1 \end{pmatrix}$

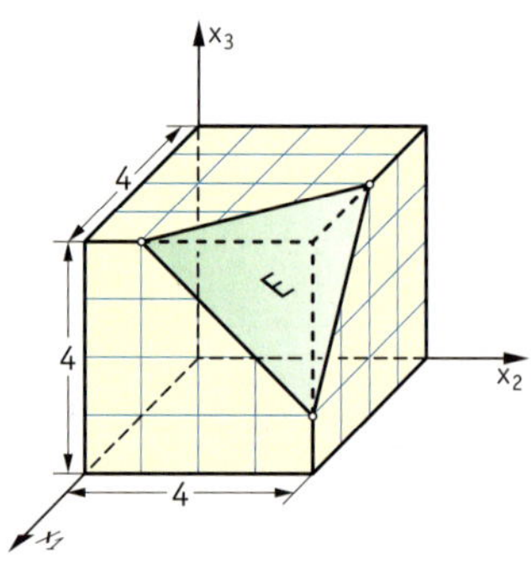

11 Geben Sie jeweils drei Beispiele für zwei Ebenen E_1 und E_2 an, die folgende Schnittgerade haben:

(1) x_1-Achse (2) x_2-Achse (3) x_3-Achse (4) $g: \vec{x} = t \cdot \begin{pmatrix} 1 \\ 1 \\ 1 \end{pmatrix}$

6.2.4 Normalenvektor und Koordinatengleichung einer Ebene

Parameterdarstellungen von Ebenen sind oft unbequem bei der rechnerischen Untersuchung von Lagebeziehungen oder der Berechnung von Abständen. Diese Berechnungen verlaufen häufig einfacher, wenn man die Ebenen statt durch Parameterdarstellungen durch Koordinatengleichungen beschreibt.

Einstieg

Gegeben sind eine Gerade g und eine Ebene E.

$g: \vec{x} = \begin{pmatrix} 2 \\ 2 \\ 1 \end{pmatrix} + t \cdot \begin{pmatrix} 0 \\ 0 \\ 1 \end{pmatrix}$ $\qquad$ $E: \vec{x} = \begin{pmatrix} 1 \\ 1 \\ 1 \end{pmatrix} + r \cdot \begin{pmatrix} 1 \\ 0 \\ 0 \end{pmatrix} + s \cdot \begin{pmatrix} 0 \\ 1 \\ 0 \end{pmatrix}$

- Die Gerade g schneidet die Ebene E in einem Punkt L. Bestimmen Sie den Punkt L und zeichnen Sie die Gerade g und die Ebene E in einem Koordinatensystem.
  Erläutern Sie die Aussage „g ist orthogonal zu E".
- Zeichnen Sie auch die drei Punkte A(0|0|1), B(1|0|1) und C(2|2|2) in das Koordinatensystem ein und verbinden Sie die Punkte mit dem Punkt L. Wo entstehen rechte Winkel und wo nicht? Wie kann man an diesem Sachverhalt erkennen, welcher Punkt in E liegt und welcher nicht?

Aufgabe

1 Der Schattenstab einer Sonnenuhr hat die Richtung des Vektors $\vec{n} = \begin{pmatrix} 1 \\ 1 \\ -1 \end{pmatrix}$ und steht im Punkt A(−3|2|4) orthogonal auf der Ebene E, in der das Ziffernblatt der Sonnenuhr liegt. Ein Punkt auf dem Ziffernblatt hat die Koordinaten B(−2|6|9).

a) Erklären Sie die Bedeutung der Aussage: „Der Schattenstab steht orthogonal auf der Ebene E." Überprüfen Sie, ob die Punkte C(3|5|13) und D(−4|8|5) in dieser Ebene liegen.

b) Geben Sie ein Kriterium an, mit dessen Hilfe man entscheiden kann, ob ein Punkt X in dieser Ebene liegt oder nicht. Bestimmen Sie drei weitere Punkte, die in der Ebene des Zifferblatts liegen.

Lösung

a) Der Schattenstab liegt auf einer Geraden g, die orthogonal zur Ebene E verläuft. Dies bedeutet, dass die Gerade g orthogonal zu allen Geraden der Ebene E ist. Die Richtung des Schattenstabs wird beschrieben durch den Vektor $\vec{n} = \begin{pmatrix} 1 \\ 1 \\ -1 \end{pmatrix}$.

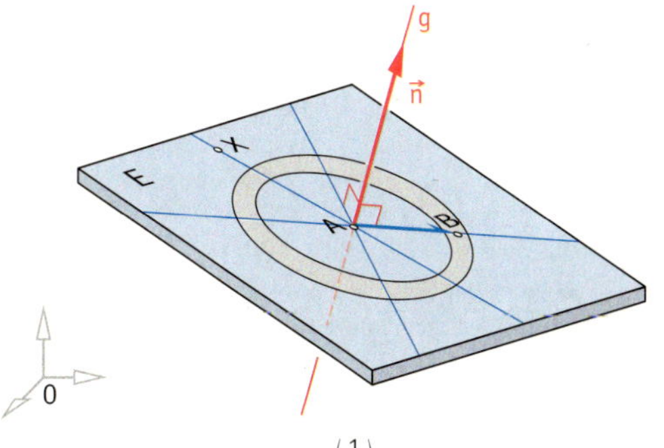

Der Vektor $\vec{n}$ ist somit orthogonal zu den Richtungsvektoren aller Geraden, die in der Ebene E liegen, also zu allen Richtungsvektoren der Ebene.

Da A und B in der Ebene liegen, muss der Vektor $\vec{n}$ orthogonal zum Vektor $\overrightarrow{AB} = \begin{pmatrix} 1 \\ 4 \\ 5 \end{pmatrix}$ sein.

Wir überprüfen dies: $\vec{n} * \overrightarrow{AB} = 1 \cdot 1 + 1 \cdot 4 - 1 \cdot 5 = 0$

Entsprechend kann man dies für die Punkte C und D untersuchen:

$\vec{n} * \overrightarrow{AC} = \begin{pmatrix} 1 \\ 1 \\ -1 \end{pmatrix} * \begin{pmatrix} 6 \\ 3 \\ 9 \end{pmatrix} = 6 + 3 - 9 = 0$ und $\vec{n} * \overrightarrow{AD} = \begin{pmatrix} 1 \\ 1 \\ -1 \end{pmatrix} * \begin{pmatrix} -1 \\ 6 \\ 1 \end{pmatrix} = -1 + 6 - 1 = 4 \neq 0$

Die Vektoren $\vec{n}$ und $\overrightarrow{AC}$ sind orthogonal zueinander, folglich liegt C in der Ebene. Dagegen sind die beiden Vektoren $\vec{n}$ und $\overrightarrow{AD}$ nicht orthogonal zueinander. Somit kann D nicht in dieser Ebene liegen.

b) Wenn ein Punkt $X \neq A$ in der Ebene liegt, dann liegt auch der Verbindungsvektor $\overrightarrow{AX}$ in der Ebene. Somit gilt: $\vec{n} \perp \overrightarrow{AX}$ und $\vec{n} * \overrightarrow{AX} = 0$. Liegt ein Punkt X dagegen nicht in dieser Ebene, so sind die beiden Vektoren $\vec{n}$ und $\overrightarrow{AX}$ nicht orthogonal zueinander, und es gilt $\vec{n} * \overrightarrow{AX} \neq 0$.

Ein Punkt $X(x_1 | x_2 | x_3)$ liegt also genau dann in der Ebene, wenn gilt: $\vec{n} * \overrightarrow{AX} = 0$.

Nun ist $\overrightarrow{AX} = \begin{pmatrix} x_1 + 3 \\ x_2 - 2 \\ x_3 - 4 \end{pmatrix}$, damit ergibt sich $\vec{n} * \overrightarrow{AX} = \begin{pmatrix} 1 \\ 1 \\ -1 \end{pmatrix} * \begin{pmatrix} x_1 + 3 \\ x_2 - 2 \\ x_3 - 4 \end{pmatrix} = 0$, also

$$1 \cdot (x_1 + 3) + 1 \cdot (x_2 - 2) - 1 \cdot (x_3 - 4) = 0.$$

Zusammengefasst erhält man daraus die Koordinatengleichung $x_1 + x_2 - x_3 + 5 = 0$. Ein Punkt $X(x_1 | x_2 | x_3)$ liegt also genau dann in der Ebene, wenn seine Koordinaten diese Gleichung erfüllen.

Zum Beispiel erfüllen die Koordinaten der Punkte $P_1(0 | 0 | 5)$, $P_2(1 | -6 | 0)$ und $P_3(-2 | -2 | 1)$ diese Koordinatengleichung und liegen deshalb in der Ebene.

Information

(1) Normalenvektor einer Ebene

Einen Vektor $\vec{n} \neq \vec{o}$, der orthogonal zu allen Richtungsvektoren einer Ebene ist, nennt man orthogonal zu dieser und **Normalenvektor** der Ebene. Alle Normalenvektoren einer Ebene sind Vielfache voneinander.

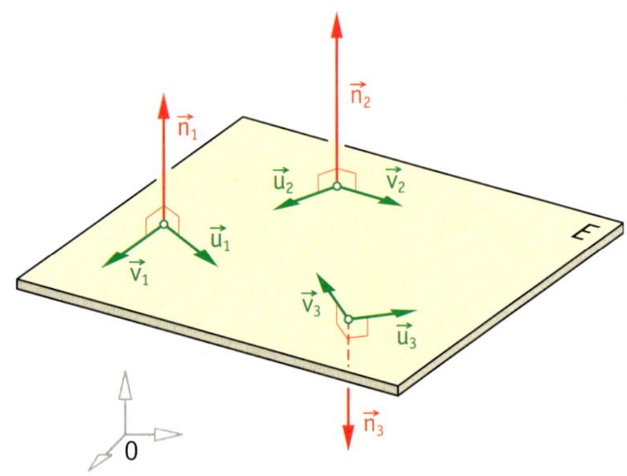

(2) Festlegen einer Ebene durch einen Punkt und einen Normalenvektor

Wir verallgemeinern die Überlegungen aus Aufgabe 1:

Satz: Koordinatengleichungen einer Ebene

Gegeben sind ein Punkt $A(a_1 | a_2 | a_3)$ einer Ebene E und ein Normalenvektor $\vec{n} = \begin{pmatrix} n_1 \\ n_2 \\ n_3 \end{pmatrix}$ von E.

Ein Punkt $X(x_1 | x_2 | x_3)$ liegt genau dann in dieser Ebene, wenn sein Ortsvektor $\overrightarrow{OX} = \begin{pmatrix} x_1 \\ x_2 \\ x_3 \end{pmatrix}$ die folgende Gleichung erfüllt:

$$\vec{n} * (\overrightarrow{OX} - \overrightarrow{OA}) = 0, \text{ also:}$$

$$\vec{n} * \overrightarrow{OX} = \vec{n} * \overrightarrow{OA}$$

Mit $d = \vec{n} * \overrightarrow{OA}$ ergibt sich daraus die Koordinatengleichung

$$n_1 \cdot x_1 + n_2 \cdot x_2 + n_3 \cdot x_3 = d$$

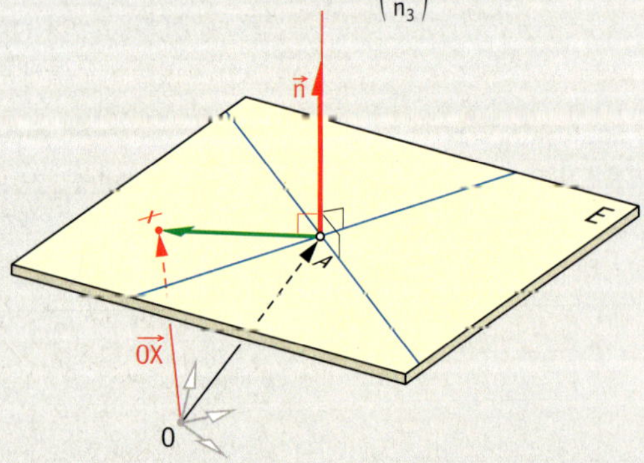

Eine solche Gleichung nennt man ***Normalenform*** *einer Ebene. Mit $\vec{x} = \overrightarrow{OX}$ und $\vec{a} = \overrightarrow{OA}$ schreibt man dafür auch $\vec{n} * (\vec{x} - \vec{a}) = 0$.*

Eine solche Gleichung nennt man ***Koordinatengleichung*** *einer Ebene.*

Beispiel

Zu der Ebene mit dem Punkt $A(-6 | 5 | 7)$ und dem Normalenvektor $\vec{n} = \begin{pmatrix} 2 \\ -3 \\ 4 \end{pmatrix}$ erhalten wir die Normalenform einer Ebenengleichung:

$$\begin{pmatrix} 2 \\ -3 \\ 4 \end{pmatrix} * \left[\begin{pmatrix} x_1 \\ x_2 \\ x_3 \end{pmatrix} - \begin{pmatrix} -6 \\ 5 \\ 7 \end{pmatrix} \right] = 0$$

Durch Berechnen des Skalarproduktes ergibt sich daraus:

$$\begin{pmatrix} 2 \\ -3 \\ 4 \end{pmatrix} * \begin{pmatrix} x_1 \\ x_2 \\ x_3 \end{pmatrix} = \begin{pmatrix} 2 \\ -3 \\ 4 \end{pmatrix} * \begin{pmatrix} -6 \\ 5 \\ 7 \end{pmatrix}, \text{ und somit: } 2x_1 - 3x_2 + 4x_3 = -12 - 15 + 28, \text{ also: } 2x_1 - 3x_2 + 4x_3 = 1$$

(3) Geometrische Deutung einer linearen Gleichung – Koordinatengleichung einer Ebene

Jede Ebene kann durch einen Punkt und einen Normalenvektor der Ebene eindeutig bestimmt werden. Wir können somit eine Ebene auch durch Koordinatengleichungen beschreiben. Gehört aber andererseits zu jeder linearen Gleichung für die Variablen x_1, x_2 und x_3 auch eine Ebene?

Beispiel: $6x_1 - 4x_2 + x_3 = 18$

Wir untersuchen die Lösungsmenge dieser Gleichung.

Dazu wählen wir für x_1 und x_2 jeweils einen beliebigen Wert, also z. B. $x_1 = s$ und $x_2 = t$ mit $s, t \in \mathbb{R}$, und stellen nach x_3 um. Somit ergibt sich:

$\left| \begin{array}{l} x_1 = s \\ x_2 = t \\ x_3 = 18 - 6s + 4t \end{array} \right|$ und als Vektorgleichung geschrieben $\begin{pmatrix} x_1 \\ x_2 \\ x_3 \end{pmatrix} = \begin{pmatrix} 0 \\ 0 \\ 18 \end{pmatrix} + s \cdot \begin{pmatrix} 1 \\ 0 \\ -6 \end{pmatrix} + t \cdot \begin{pmatrix} 0 \\ 1 \\ 4 \end{pmatrix}$.

Diese Vektorgleichung ist eine Parameterdarstellung der Ebene, die durch den Punkt $P(0|0|18)$ und die Richtungsvektoren $\vec{u} = \begin{pmatrix} 1 \\ 0 \\ -6 \end{pmatrix}$ und $\vec{v} = \begin{pmatrix} 0 \\ 1 \\ 4 \end{pmatrix}$ festgelegt ist. Der Vektor $\vec{n} = \begin{pmatrix} 6 \\ -4 \\ 1 \end{pmatrix}$ ist ein Normalenvektor dieser Ebene.

Verallgemeinert kann man sagen, dass eine lineare Gleichung der Form $a \cdot x_1 + b \cdot x_2 + c \cdot x_3 = d$ eine Ebene beschreibt, falls nicht alle drei Zahlen a, b, c zugleich Null sind. Diese Gleichung ist eine *Koordinatengleichung* der Ebene.

Man kann an der Koordinatengleichung den Normalenvektor $\begin{pmatrix} a \\ b \\ c \end{pmatrix} \neq \vec{o}$ der Ebene ablesen.

Weiterführende Aufgaben

2 Koordinatengleichungen von Ebenen mit besonderer Lage im Koordinatensystem

a) Gegeben sind die Koordinatengleichungen zweier Ebenen E_1 und E_2.

E_1: $x_2 = 3$; E_2: $5x_1 + 2x_2 = 10$

Wie liegen die Ebenen im Koordinatensystem? Fertigen Sie eine Zeichnung an.

b) Untersuchen Sie allgemein, wie eine Ebene mit der Koordinatengleichung $ax_1 + bx_2 + cx_3 = d$ zum Koordinatensystem liegt, wenn einige Koeffizienten a, b, c oder d gleich null sind.

3 Schrägbild einer Ebene mithilfe der Spurpunkte zeichnen

Man kann das Schrägbild einer Ebene leicht zeichnen, wenn man die Ebenenpunkte kennt, die auf den Koordinatenachsen liegen. Diese Punkte heißen **Spurpunkte der Ebene.** Entsprechend nennt man die Schnittgeraden einer Ebene mit den Koordinatenebenen **Spurgeraden der Ebene.**

Spurpunkte einer Ebene sind die Schnittpunkte der Koordinatenachsen mit dieser Ebene.

Skizzieren Sie, wie in der Abbildung rechts, die Ebene E mit der Koordinatengleichung $6x_1 + 4x_2 + 3x_3 = 12$ mithilfe ihrer Spurpunkte.

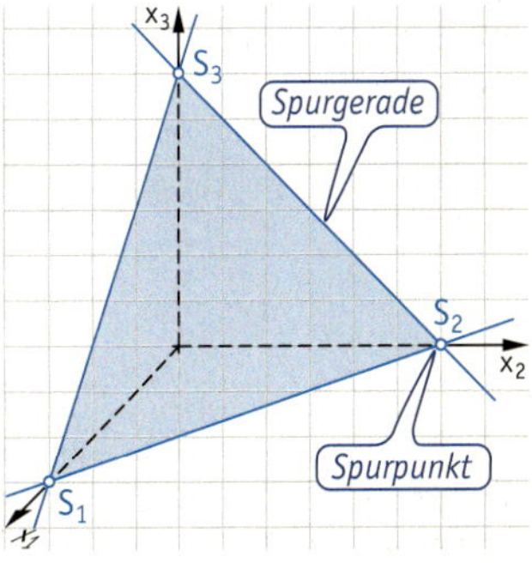

Übungsaufgaben

4 Geben Sie Gleichungen der durch den Punkt A und den Normalenvektor $\vec{n}$ gegebenen Ebene an, sowohl in Normalenform als auch mit Koordinaten.

a) $A(2|3|2)$, $\vec{n} = \begin{pmatrix} 2 \\ 1 \\ 2 \end{pmatrix}$ **b)** $A(6|-2|3)$, $\vec{n} = \begin{pmatrix} 4 \\ 0 \\ -3 \end{pmatrix}$ **c)** $A(0|0|0)$, $\vec{n} = \begin{pmatrix} 1 \\ 1 \\ 1 \end{pmatrix}$

5 Prüfen Sie, ob die Punkte P, Q, R zur Ebene E gehören.

a) E: $\begin{pmatrix} 2 \\ 3 \\ -1 \end{pmatrix} * \left[\vec{x} - \begin{pmatrix} 3 \\ 2 \\ 0 \end{pmatrix} \right] = 0$, $P(3|1|5)$, $Q(1|4|1)$, $R(6|0|0)$

b) E: $-2x_1 + 3x_2 - 5x_3 = 10$, $P(5|0|2)$, $Q(-1|-4|-4)$, $R(0|0|2)$

6

a) Durch die lineare Gleichung wird jeweils eine Ebene im Koordinatensystem dargestellt. Bestimmen Sie die Spurpunkte und zeichnen Sie einen Ausschnitt der Ebene E.

(1) E: $3x_1 + 4x_2 + 2x_3 = 12$
(2) E: $-x_1 = 15 - 3x_2 + 5x_3$
(3) E: $-6x_1 - 12x_2 + 8x_3 = -24$
(4) E: $\frac{2}{3}x_1 + \frac{1}{6}x_2 - \frac{1}{3}x_3 = \frac{2}{3}$
(5) E: $2x_1 - 4x_2 + 2x_3 = 0$
(6) E: $x_1 + 2x_2 = 4$

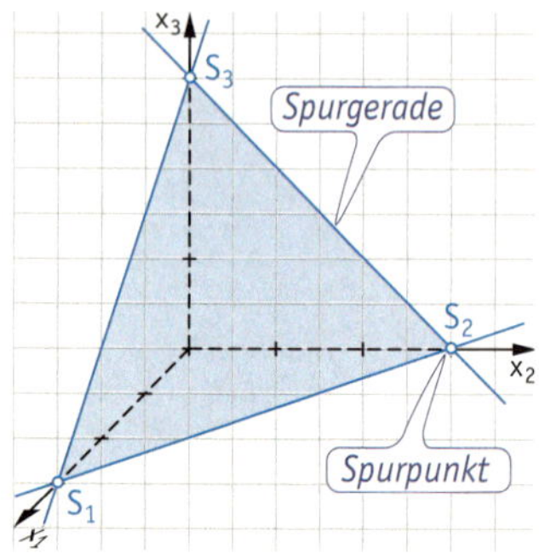

b) Beschreiben Sie, wie man allgemein vorgeht, um die Spurpunkte einer Ebene aus einer Koordinatengleichung zu bestimmen.

c) Können Spurpunkte einer Ebene zusammenfallen? Wie viele Spurpunkte hat eine Ebene mindestens?

7 Bestimmen Sie eine Koordinatengleichung der Ebene, deren Ausschnitt abgebildet ist.

a)

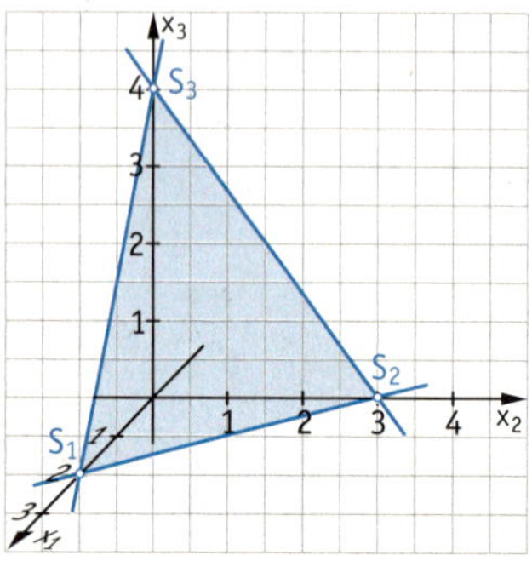

b)

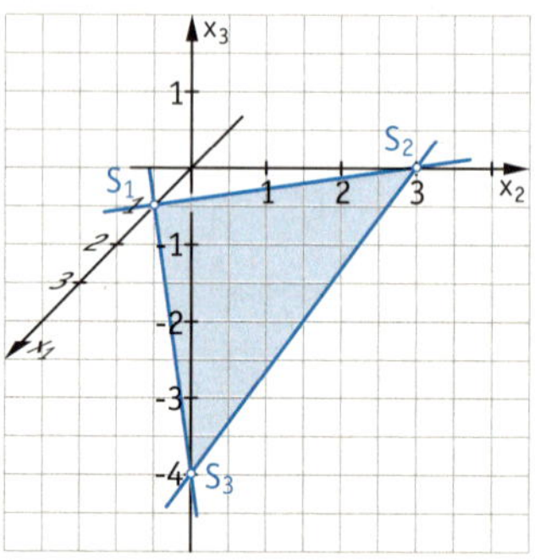

c)

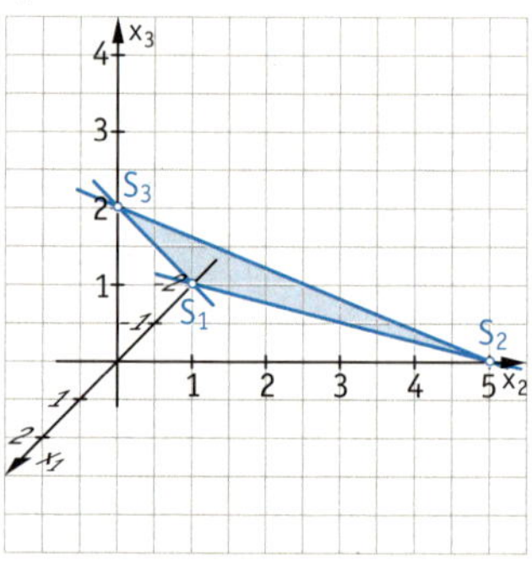

8 Geben Sie die Lage der Ebene im Koordinatensystem an und bestimmen Sie eine Parameterdarstellung der Ebene an. Zeichnen Sie einen Ausschnitt der Ebene.

a) $2x_1 + 3x_2 = 6$
b) $x_2 + 2x_3 = 4$
c) $x_1 - x_2 = 0$
d) $5x_1 = 10$
e) $x_2 = 0$
f) $x_3 = -2$

9 Für alle $t \in \mathbb{R}$ ist eine Schar von Ebenen E_t gegeben durch:
E_t: $(t^2 - 1) \cdot x_1 - (2t + 2) \cdot x_2 + (t^2 + t) \cdot x_3 + 3t + 3 = 0$
Untersuchen Sie, für welche Werte von t die zugehörige Ebene E_t parallel zu einer Koordinatenebene ist.

10 Bestimmen Sie eine Parameterdarstellung der Ebene E.

a) E: $x_1 + x_2 - x_3 = 2$ **b)** E: $2x_1 - x_2 + x_3 = -1$ **c)** E: $x_1 + 3x_2 - x_3 = 5$ **d)** E: $3x_1 - 2x_2 - x_3 = 3$

11 Geben Sie zu der Ebene E jeweils zwei Ebenen an, die parallel zu E liegen.

a) E: $2x_1 - 3x_2 + x_3 = 5$
b) E: $4x_1 - x_2 + x_3 = -2$
c) E: $x_1 - x_3 = 0$
d) E: $x_2 + 2x_3 = 6$

12 Der Punkt $P(p_1 | 0 | 0)$ liegt auf der x_1-Achse. Bestimmen Sie die Koordinatengleichung einer Ebene mit dem Punkt P, die orthogonal zur x_1-Achse ist.

13 Für alle $t \in \mathbb{R}$ ist eine Schar von Ebenen E_t gegeben durch E_t: $3t \cdot x_1 + 4t \cdot x_2 + 3 \cdot x_3 - 6t = 0$.

a) Welche Ebene der Schar enthält den Punkt $P(2 | 3 | 6)$?

b) Für welchen Wert von t ist E_t orthogonal zur Geraden g: $\vec{x} = \begin{pmatrix} 4 \\ 2 \\ -3 \end{pmatrix} + k \cdot \begin{pmatrix} 3 \\ 4 \\ 1 \end{pmatrix}$?

6.2.5 Parameterdarstellung und Koordinatengleichung einer Ebene

Ebenen können durch Parameterdarstellungen oder durch Koordinatengleichungen beschrieben werden. Es gibt unterschiedliche Rechenwege, wie man von einer Darstellungsform einer Ebene in die andere kommt. Einige von ihnen sollen im Folgenden betrachtet werden.

Einstieg

Aus den Bauplänen können die Koordinaten A(8|0|10), B(12,5|6|6) und C(0|6|10) dreier Eckpunkte eines ebenen Hausdaches ermittelt werden (Einheit 1 m).

- Bestimmen Sie eine Parameterdarstellung der Ebene, in der das Hausdach liegt.
- Berechnen Sie einen Normalenvektor dieser Ebene und geben Sie damit eine Koordinatengleichung der Ebene an.
- Julia formt das lineare Gleichungssystem $\left|\begin{array}{l} x_1 = 8 + 9r - 4s \\ x_2 = 12r + 3s \\ x_3 = 10 - 8r \end{array}\right|$ um zu $\left|\begin{array}{l} 9r - 4s = x_1 - 8 \\ 12r + 3s = x_2 \\ 8r = 10 - x_3 \end{array}\right|$ und löst nach r und s auf.

  Sie erhält die Koordinatengleichung $x_1 + \frac{4}{3}x_2 + \frac{25}{8}x_3 = \frac{157}{4}$. Ergänzen Sie die Zwischenrechnungen und erläutern Sie, wie dieses Ergebnis mit der Lösung der vorherigen Teilaufgabe zusammenhängt.

Aufgabe

1 Von einer Parameterdarstellung zu einer Koordinatengleichung durch Eliminieren der Parameter

Gegeben ist eine Ebene durch die Parameterdarstellung $E\colon \overrightarrow{OX} = \begin{pmatrix} 1 \\ 1 \\ 3 \end{pmatrix} + r \cdot \begin{pmatrix} 1 \\ -1 \\ 2 \end{pmatrix} + s \cdot \begin{pmatrix} 1 \\ 2 \\ 5 \end{pmatrix}$ mit $r, s \in \mathbb{R}$.

Schreiben Sie die Parameterdarstellung als lineares Gleichungssystem und eliminieren Sie in einer Gleichung die Parameter r und s. Erläutern Sie das Ergebnis.

Lösung

Aus der Vektorgleichung $\begin{pmatrix} x_1 \\ x_2 \\ x_3 \end{pmatrix} = \begin{pmatrix} 1 \\ 1 \\ 3 \end{pmatrix} + r \cdot \begin{pmatrix} 1 \\ -1 \\ 2 \end{pmatrix} + s \cdot \begin{pmatrix} 1 \\ 2 \\ 5 \end{pmatrix}$ erhält man das lineare Gleichungssystem

$$\left|\begin{array}{l} r + s = x_1 - 1 \\ -r + 2s = x_2 - 1 \\ 2r + 5s = x_3 - 3 \end{array}\right|.$$

Man formt wie beim GAUSS'schen Algorithmus so um, dass in einer Gleichung die Parameter wegfallen:

$$\left|\begin{array}{l} r + s = x_1 - 1 \\ 3s = x_1 + x_2 - 2 \\ -3s = 2x_1 - x_3 + 1 \end{array}\right|, \text{ also: } \left|\begin{array}{l} r + s = x_1 - 1 \\ 3s = x_1 + x_2 - 2 \\ 0 = 3x_1 + x_2 - x_3 - 1 \end{array}\right|.$$

Liegt ein Punkt $P(x_1|x_2|x_3)$ in der Ebene E, so erfüllen seine Koordinaten die Gleichung $3x_1 + x_2 - x_3 - 1 = 0$. Diese Gleichung ist eine Koordinatengleichung der Ebene E.

Aufgabe

2 Von einer Parameterdarstellung zu einer Koordinatengleichung mithilfe eines Normalenvektors

Die drei Punkte A(5|2|0), B(8|3|2) und C(7|3|4) legen eine Ebene fest. Bestimmen Sie einen Normalenvektor dieser Ebene und geben Sie eine Koordinatengleichung der Ebene an.

Lösung

Eine Parameterdarstellung der Ebene lautet z. B. $\overrightarrow{OX} = \begin{pmatrix} 5 \\ 2 \\ 0 \end{pmatrix} + r \cdot \begin{pmatrix} 3 \\ 1 \\ 2 \end{pmatrix} + s \cdot \begin{pmatrix} 2 \\ 1 \\ 4 \end{pmatrix}$ mit $r, s \in \mathbb{R}$.

Ein Normalenvektor $\vec{n} = \begin{pmatrix} n_1 \\ n_2 \\ n_3 \end{pmatrix}$ der Ebene ist zu allen Richtungsvektoren der Ebene orthogonal.

Somit gilt: $\vec{n} * \begin{pmatrix} 3 \\ 1 \\ 2 \end{pmatrix} = 0$ und $\vec{n} * \begin{pmatrix} 2 \\ 1 \\ 4 \end{pmatrix} = 0$, also

$3n_1 + n_2 + 2n_3 = 0$ und $2n_1 + n_2 + 4n_3 = 0$.

Die Koordinaten des gesuchten Normalenvektors müssen also das Gleichungssystem

$\left| \begin{matrix} 3n_1 + n_2 + 2n_3 = 0 \\ 2n_1 + n_2 + 4n_3 = 0 \end{matrix} \right|$ erfüllen. Durch Umformen erhalten wir $\left| \begin{matrix} n_1 \quad - 2n_3 = 0 \\ n_2 + 8n_3 = 0 \end{matrix} \right|$.

Setzt man $n_3 = t$ mit $t \in \mathbb{R}$, so hat dieses Gleichungssystem die Lösung $n_1 = 2t$; $n_2 = -8t$; $n_3 = t$, also unendlich viele Lösungen. Mit einem Normalenvektor $\vec{n} \neq \vec{o}$ sind nämlich auch alle Vielfachen dieses Vektors Normalenvektoren dieser Ebene.

Für uns genügt irgendeine Lösung $\vec{n} \neq \vec{o}$.

Wählt man z. B. $t = 1$, erhält man $\vec{n} = \begin{pmatrix} 2 \\ -8 \\ 1 \end{pmatrix}$.

siehe Information (2) Seite 284

Mit dem Normalenvektor $\vec{n} = \begin{pmatrix} 2 \\ -8 \\ 1 \end{pmatrix}$ und dem Punkt $A(5|2|0)$ können wir folgende Gleichung aufstellen:

$\begin{pmatrix} 2 \\ -8 \\ 1 \end{pmatrix} * \left(\vec{x} - \begin{pmatrix} 5 \\ 2 \\ 0 \end{pmatrix} \right) = 0$. Hieraus erhalten wir die Koordinatengleichung $2x_1 - 8x_2 + x_3 + 6 = 0$.

Weiterführende Aufgaben

3 Achsenabschnittsform einer Ebene

a) Zeigen Sie:

Hat eine Ebene die Spurpunkte $S_1(a_1|0|0)$, $S_2(0|a_2|0)$ und $S_3(0|0|a_3)$, wobei a_1, a_2, a_3 jeweils ungleich null sind, so ist die Gleichung $\frac{x_1}{a_1} + \frac{x_2}{a_2} + \frac{x_3}{a_3} = 1$ eine Koordinatengleichung dieser Ebene. Man bezeichnet eine solche Gleichung als **Achsenabschnittsform** der Ebene.

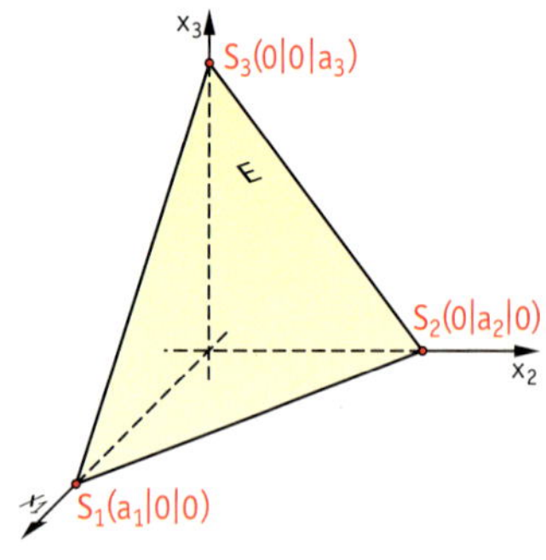

b) Untersuchen Sie, ob es eine solche Achsenabschnittsform auch dann gibt, wenn die Ebene nur zwei Spurpunkte oder nur einen Spurpunkt besitzt.

4 Von der Koordinatengleichung zur Parameterdarstellung

Gegeben ist die Ebene mit der Gleichung $0{,}5x_1 + 2x_2 + 3x_3 = 6$.

a) Berechnen Sie aus der Ebenengleichung drei Ebenenpunkte und entwickeln Sie daraus eine Parameterdarstellung der Ebene. Worauf müssen Sie achten?

b) Betrachten Sie die Koordinatengleichung als ein lineares Gleichungssystem mit einer Gleichung und drei Variablen. Erstellen Sie aus der Lösung dieses Gleichungssystems eine Parameterdarstellung für die Ebene, wie im Beispiel rechts.

Beispiel

Gegeben ist eine Ebene E.

E: $2x_1 + 4x_2 - 3x_3 = 8$

(1) Die Gleichung nach x_1 umstellen:
$x_1 = 4 - 2x_2 + 1{,}5x_3$

(2) Wir setzen $x_2 = s$ und $x_3 = t$:
$x_1 = 4 - 2s + 1{,}5t$
$x_2 = s$
$x_3 = t$

(3) Die Lösung in Vektorschreibweise übertragen:
$\vec{x} = \begin{pmatrix} 4 \\ 0 \\ 0 \end{pmatrix} + s \cdot \begin{pmatrix} -2 \\ 1 \\ 0 \end{pmatrix} + t \cdot \begin{pmatrix} 1{,}5 \\ 0 \\ 1 \end{pmatrix}$

Übungsaufgaben

5 Gegeben ist eine Ebene durch den Punkt $A(-4|6|2)$ mit den Richtungsvektoren $\vec{u} = \begin{pmatrix} 4 \\ -3 \\ 0 \end{pmatrix}$ und $\vec{v} = \begin{pmatrix} -4 \\ 3 \\ 2 \end{pmatrix}$. Bestimmen Sie eine Koordinatengleichung für die Ebene. Welche besondere Lage hat diese Ebene im Koordinatensystem?

6 Geben Sie eine Koordinatengleichung der Ebene an.

a) $\vec{x} = \begin{pmatrix} 3 \\ 0 \\ 0 \end{pmatrix} + s \cdot \begin{pmatrix} 2 \\ 1 \\ 0 \end{pmatrix} + t \cdot \begin{pmatrix} -1 \\ -2 \\ 1 \end{pmatrix}$ mit $s, t \in \mathbb{R}$

b) $\vec{x} = \begin{pmatrix} 1 \\ 1 \\ -3 \end{pmatrix} + s \cdot \begin{pmatrix} -3 \\ 1 \\ 0 \end{pmatrix} + t \cdot \begin{pmatrix} 1 \\ -3 \\ 1 \end{pmatrix}$ mit $s, t \in \mathbb{R}$

c) $\vec{x} = \begin{pmatrix} 0 \\ -1 \\ 2 \end{pmatrix} + s \cdot \begin{pmatrix} 0 \\ 2 \\ 3 \end{pmatrix} + t \cdot \begin{pmatrix} 0 \\ -3 \\ 1 \end{pmatrix}$ mit $s, t \in \mathbb{R}$

d) $\vec{x} = \begin{pmatrix} 1 \\ -2 \\ 1 \end{pmatrix} + s \cdot \begin{pmatrix} 1 \\ -4 \\ -1 \end{pmatrix} + t \cdot \begin{pmatrix} 0 \\ 7 \\ 1 \end{pmatrix}$ mit $s, t \in \mathbb{R}$

7 Bestimmen Sie eine Parameterdarstellung der Ebene E.

a) E: $x_1 + x_2 - x_3 = 2$

b) E: $2x_1 - x_2 + x_3 = -1$

c) E: $x_1 + 3x_2 - x_3 = 5$

d) E: $3x_1 - 2x_2 - x_3 = 3$

e) E: $2x_1 - x_3 = 0$

f) E: $x_2 = -2$

8 Bestimmen Sie eine Koordinatengleichung der Ebene, deren Ausschnitt abgebildet ist.

Die Punkte liegen in den Koordinatenebenen.

a)

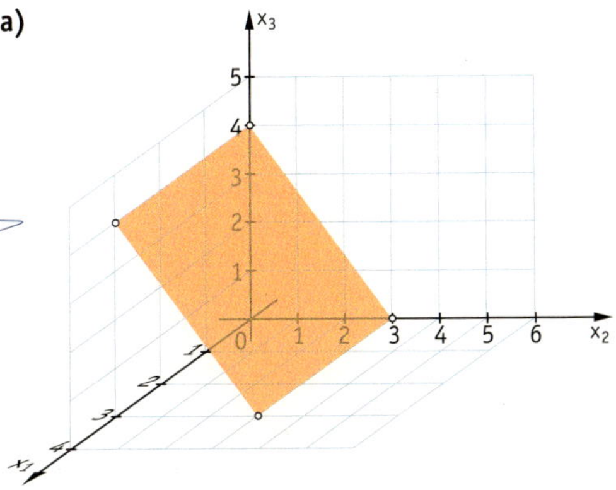

b)

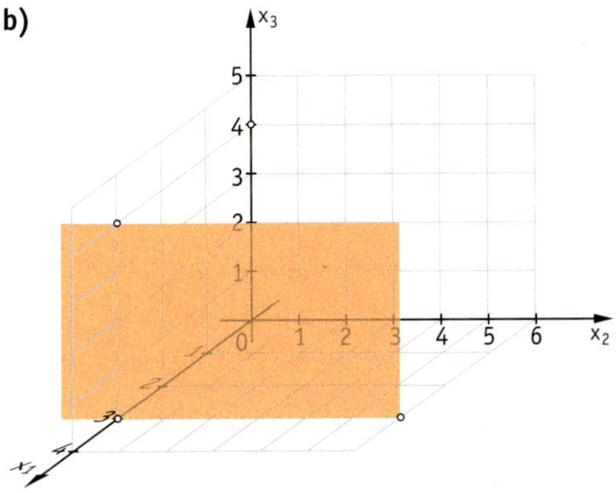

c)

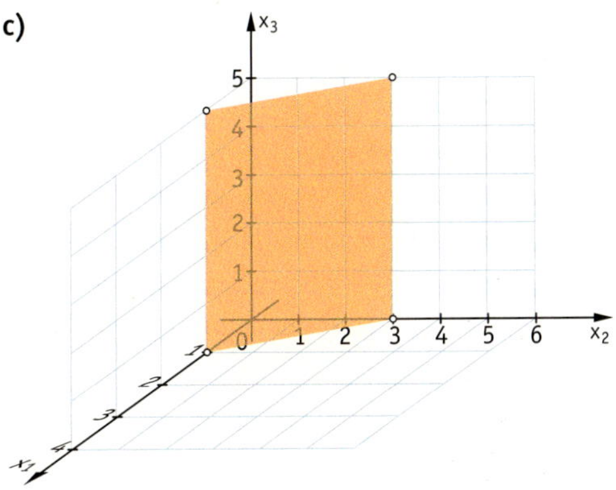

d)

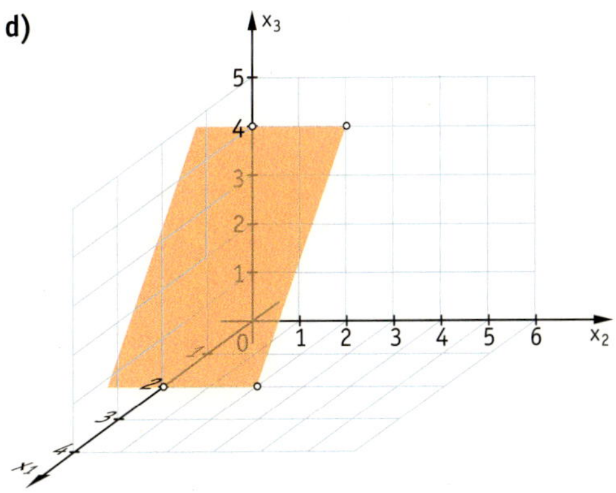

9 Gegeben sind zwei Geraden g_1 und g_2.

(1) Prüfen Sie, wie die Geraden zueinander liegen.

(2) Geben Sie eine Parameterdarstellung der Ebene an, die durch die beiden Geraden festgelegt ist.

(3) Bestimmen Sie eine Koordinatengleichung dieser Ebene.

a) $g_1: \vec{x} = \begin{pmatrix} 1 \\ 1 \\ 1 \end{pmatrix} + s \cdot \begin{pmatrix} -3 \\ 2 \\ -1 \end{pmatrix}$ und $g_2: \vec{x} = \begin{pmatrix} -1 \\ 3 \\ 0 \end{pmatrix} + t \cdot \begin{pmatrix} 2 \\ -1 \\ 0{,}5 \end{pmatrix}$ mit $s, t \in \mathbb{R}$

b) $g_1: \vec{x} = \begin{pmatrix} 4 \\ 1 \\ -2 \end{pmatrix} + s \cdot \begin{pmatrix} -4 \\ 2 \\ 4 \end{pmatrix}$ und $g_2: \vec{x} = \begin{pmatrix} 1 \\ 1 \\ 3 \end{pmatrix} + t \cdot \begin{pmatrix} 6 \\ -3 \\ 6 \end{pmatrix}$ mit $s, t \in \mathbb{R}$

10 Bestimmen Sie eine Koordinatengleichung der Ebene E. Fertigen Sie zuerst eine Skizze an.

a) E geht durch den Punkt $P(1|2|-3)$ und ist orthogonal zur x_1-Achse.

b) E geht durch den Punkt $P(2|2|1)$ und ist orthogonal zur x_2-Achse.

c) E geht durch den Punkt $P(4|1|1)$ und ist parallel zur x_2x_3-Ebene.

11 Von einer Ebene kennt man die angegebenen Koordinatengleichung. Zeichnen Sie die Ebene.

a) $\frac{1}{6}x_1 - \frac{1}{2}x_2 + \frac{1}{12}x_3 = 1$ **c)** $x_2 - x_3 = 1$ **e)** $x_1 - 2x_2 + x_3 = 0$

b) $8x_1 + \frac{16}{7}x_3 = 8$ **d)** $x_1 = 3$ **f)** $x_2 = 0$

12 Zeigen Sie: Geht eine Ebene durch den Koordinatenursprung, so wird sie immer durch eine Koordinatengleichung der Form $a \cdot x_1 + b \cdot x_2 + c \cdot x_3 = 0$ beschrieben.

13 Gegeben ist eine Ebene E.

E: $x_1 - 2x_2 + 4x_3 = 5$

Bestimmen Sie drei Geraden, die parallel zur Ebenen E verlaufen und nicht in E liegen. Beschreiben Sie Ihr Vorgehen.

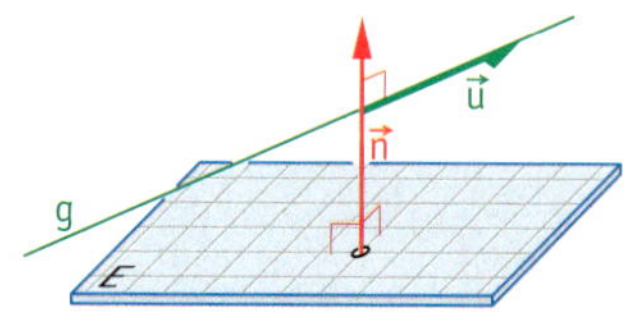

14 Gegeben ist ein Würfel mit der Kantenlänge 6. M ist die Mitte der Kante $\overline{AB}$.

a) Bestimmen Sie eine Koordinatengleichung der Ebene, in der das Dreieck MCH liegt.

b) Berechnen Sie den Flächeninhalt und die Größe der Innenwinkel des Dreiecks.

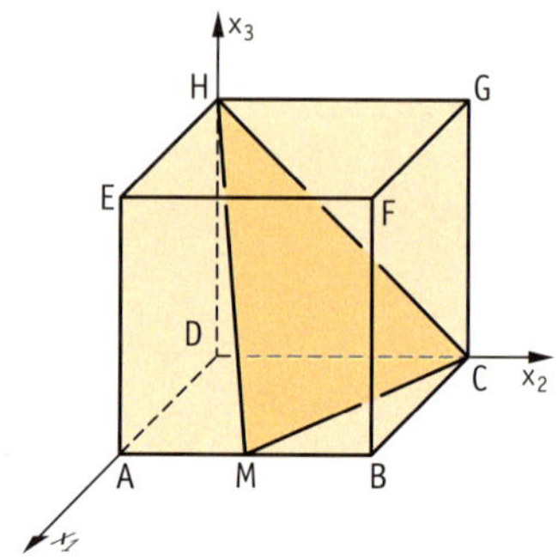

LK **15** Für alle $t \in \mathbb{R}$ sind in einem Koordinatensystem die Punkte $P(-7|5|0)$, $Q_t(-7|6|2t+2)$ und $R_t(-1|3t+5|0)$ gegeben. Die Ebene E_t enthält die Punkte P, Q_t und R_t.

a) Bestimmen Sie eine Koordinatengleichung von E_t.

b) Für welchen Wert von t ist E_t parallel zu

(1) mindestens einer Koordinatenachse;

(2) einer Koordinatenebene?

16 Von einem Würfel mit der Kantenlänge 6 werden zwei gegenüberliegende Ecken abgeschnitten.

a) Bestimmen Sie je eine Koordinatengleichung der beiden Ebenen E_1 und E_2, in denen die Schnittflächen liegen.

b) Prüfen Sie, ob die Ebenen E_1 und E_2 zueinander parallel sind.

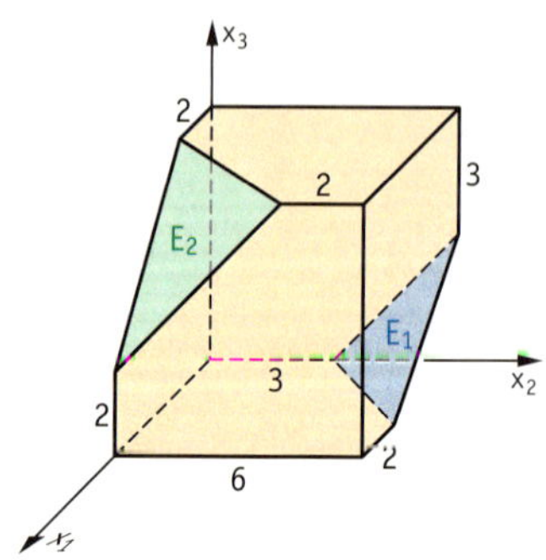

LK **17** Gegeben sind die Geraden g: $\vec{x} = \begin{pmatrix} 3 \\ -4 \\ 0 \end{pmatrix} + r \cdot \begin{pmatrix} 1 \\ -2 \\ 0 \end{pmatrix}$ und h: $\vec{x} = \begin{pmatrix} 0 \\ 2 \\ 0 \end{pmatrix} + s \cdot \begin{pmatrix} 3 \\ 4 \\ 5 \end{pmatrix}$.

a) Berechnen Sie die Koordinaten des Schnittpunktes S sowie den Schnittwinkel der beiden Geraden.

b) Stellen Sie eine Koordinatengleichung der Ebene E_1 auf, die von den Geraden g und h aufgespannt wird.

c) E_2 ist orthogonal zur E_1 und enthält die Gerade g. Bestimmen Sie eine Koordinatengleichung von E_2.

LK **18** Für jedes $t \in \mathbb{R}$ ist eine Schar von Ebenen E_t durch die Koordinatengleichung $x_1 + (t-3) \cdot x_2 + (2t-1) \cdot x_3 + 4t - 7 = 0$ gegeben.

a) Untersuchen Sie, welche der Ebenen zu einer der Koordinatenachsen parallel sind. Welche Ebene enthält den Koordinatenursprung?

b) Zeigen Sie, dass keine der Ebenen E_t orthogonal zur x_3-Achse ist. Untersuchen Sie, ob es Ebenen der Schar gibt, die zu einer anderen Koordinatenachse orthogonal sind.

6.2.6 Lagebeziehungen zwischen Ebenen und Geraden mithilfe von Normalenvektoren untersuchen

Bereits in den Abschnitten 6.2.2 und 6.2.3 wurden die Lagebeziehungen zwischen Geraden und Ebenen bzw. zwischen zwei Ebenen untersucht.
Jetzt haben Sie mit den Normalenvektoren einer Ebene ein weiteres Instrument, mit dessen Hilfe man oft leichter zu Aussagen über Lagebeziehungen geometrischer Objekte gelangt.
In diesem Abschnitt können Sie sich einige Strategien hierfür erarbeiten.

Zum Erarbeiten

(1) Lage von Gerade und Ebene zueinander

Gegeben sind eine Ebene und drei Geraden. Wie liegen die Geraden bezüglich der Ebene?

E: $3x_1 - 4x_2 + x_3 = 5$

g_1: $x = \begin{pmatrix} 1 \\ 5 \\ -2 \end{pmatrix} + t \cdot \begin{pmatrix} 1 \\ 2 \\ -3 \end{pmatrix}$; g_2: $\vec{x} = \begin{pmatrix} 5 \\ 3 \\ 2 \end{pmatrix} + t \cdot \begin{pmatrix} 3 \\ 2 \\ -1 \end{pmatrix}$; g_3: $\vec{x} = \begin{pmatrix} 4 \\ 1 \\ -2 \end{pmatrix} + t \cdot \begin{pmatrix} 4 \\ 3 \\ 0 \end{pmatrix}$

Wir untersuchen dazu, wie die Richtungsvektoren der drei Geraden im Vergleich zum Normalenvektor der Ebene liegen.

- **Skalarprodukte des Normalenvektors mit den Richtungsvektoren der Geraden bilden – Aussagen zur Lage**

Man erhält den Normalenvektor $\vec{n} = \begin{pmatrix} 3 \\ -4 \\ 1 \end{pmatrix}$ aus der Koordinatengleichung von E.

Für die Skalarprodukte von $\vec{n}$ und den jeweiligen Richtungsvektoren der Geraden ergibt sich:

$\begin{pmatrix} 3 \\ -4 \\ 1 \end{pmatrix} * \begin{pmatrix} 1 \\ 2 \\ -3 \end{pmatrix} = -8 \neq 0$; $\begin{pmatrix} 3 \\ -4 \\ 1 \end{pmatrix} * \begin{pmatrix} 3 \\ 2 \\ -1 \end{pmatrix} = 0$; $\begin{pmatrix} 3 \\ -4 \\ 1 \end{pmatrix} * \begin{pmatrix} 4 \\ 3 \\ 0 \end{pmatrix} = 0$

Die Gerade g_1 ist nicht parallel zur Ebene E und schneidet diese in einem Punkt. Die Geraden g_2 und g_3 sind parallel zur Ebene E. Damit bleiben noch folgende Fragen offen:
In welchem Punkt S schneidet die Gerade g_1 die Ebene E?
Liegt eine oder liegen sogar beide Geraden g_2 und g_3 in der Ebene E?

- **Gemeinsamen Schnittpunkt von g_1 und E bestimmen**

Die Koordinaten des Schnittpunktes $S(s_1 | s_2 | s_3)$ der Geraden g_1 mit der Ebene E erfüllen sowohl die Koordinatengleichung der Ebene als auch die Parameterdarstellung der Geraden g_1. Es gilt also $3s_1 - 4s_2 + s_3 = 5$ (*), und es gibt einen Wert $t \in \mathbb{R}$, sodass gilt

$\begin{pmatrix} s_1 \\ s_2 \\ s_3 \end{pmatrix} = \begin{pmatrix} 1 \\ 5 \\ -2 \end{pmatrix} + t \cdot \begin{pmatrix} 1 \\ 2 \\ -3 \end{pmatrix}$, oder anders geschrieben: $s_1 = 1 + t$, $s_2 = 5 + 2t$, $s_3 = -2 - 3t$.

Setzt man dies in die Gleichung (*) ein, so erhält man eine Gleichung, aus der man den Parameterwert t berechnen kann. Hier ergibt sich $t = -3$.
Durch Einsetzen dieses Wertes in die Parametergleichung der Geraden g_1 erhält man schließlich den Schnittpunkt $S(-2 | -1 | 7)$.

- **Prüfen, ob g_2 bzw. g_3 in E liegen**

Man bestimmt dazu einfach jeweils einen Punkt auf der Geraden und prüft, ob dieser Punkt in E liegt, d.h. ob seine Koordinaten die Koordinatengleichung von E erfüllen. Der Einfachheit halber kann man z.B. den Aufpunkt der Geraden wählen, also $t = 0$ setzen.
Für g_2 ergibt sich $P_2(5 | 3 | 2)$ und für g_3 der Punkt $P_3(4 | 1 | -2)$. Setzt man die Koordinaten von P_2 und P_3 jeweils in die Koordinatengleichung von E ein, so erkennt man, dass P_2 in E liegt und P_3 nicht.
Die Gerade g_2 liegt also in E; die Gerade g_3 ist parallel zu E und liegt nicht in E.

Information

(1) Untersuchung der gegenseitigen Lage zwischen Gerade und Ebene

Gegeben sind eine Gerade $g: \vec{x} = \vec{a} + t \cdot \vec{u}$ mit $t \in \mathbb{R}$ und eine Ebene $E: \vec{n} * \overrightarrow{OX} = d$.

Es gibt drei unterschiedliche gegenseitige Lagen zwischen Gerade und Ebene:

(1) Die Gerade schneidet die Ebene in einem Punkt S.

(2) Die Gerade verläuft parallel zur Ebene, liegt aber nicht in ihr.

(3) Die Gerade liegt in der Ebene.

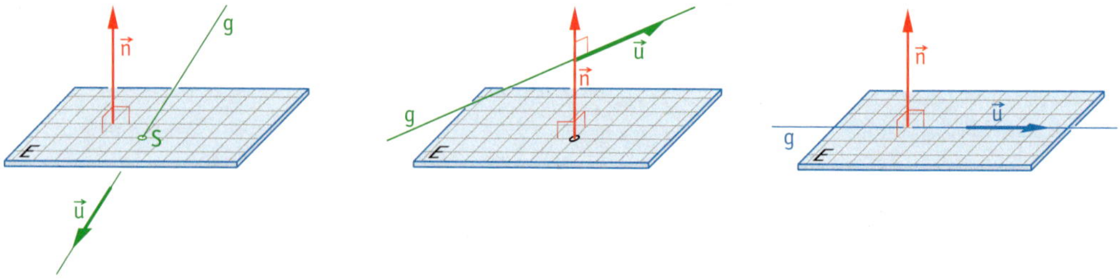

Ist das Skalarprodukt $\vec{n} * \vec{u} \neq 0$, so schneidet die Gerade die Ebene.

Gilt dagegen $\vec{n} * \vec{u} = 0$, so kommen zwei verschiedene gegenseitige Lagen in Frage. Wir brauchen ein weiteres Kriterium, mit dem wir die beiden Fälle unterscheiden können. Liegt der Aufpunkt A von g in E, so liegt g in E. Andernfalls ist g parallel zu E, liegt aber nicht in ihr.

1. Schritt

Gilt $\vec{n} * \vec{u} = 0$?

$\vec{n}$ ist ein Normalenvektor der Ebene.
$\vec{u}$ ist ein Richtungsvektor der Geraden.

- nein → Die Gerade g schneidet die Ebene E in einem Punkt.
- ja → Die Gerade g ist parallel zur Ebene E.

2. Schritt

Liegt ein Punkt A der Geraden in E?

- nein → Die Gerade g ist parallel zu E, liegt aber nicht in ihr.
- ja → Die Gerade g liegt ganz in E.

Zum Erarbeiten

(2) Lage zweier Ebenen zueinander

Gegeben sind zwei Ebenen E_1 und E_2 mit den Normalenvektoren $\vec{n_1}$ bzw. $\vec{n_2}$.

(1) E_1 und E_2 schneiden einander in einer Geraden g.

(2) E_1 und E_2 sind parallel zueinander und verschieden.

(3) E_1 und E_2 sind identisch.

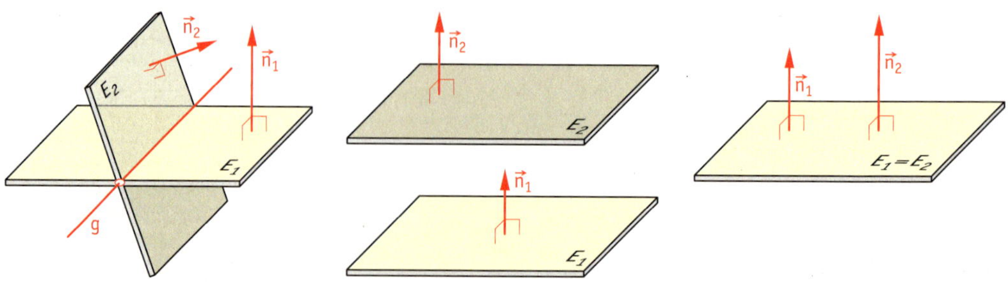

Geben Sie jeweils ein Beispiel an und beschreiben Sie ein rechnerisches Verfahren, mit dem man entscheiden kann, welcher Fall vorliegt.

Beispiele

- **Zwei zueinander parallele, aber voneinander verschiedene Ebenen**

E_1: $3x_1 + 2x_2 - 5x_3 = 12$; E_2: $9x_1 + 6x_2 - 15x_3 = 25$

Die beiden Normalenvektoren sind Vielfache voneinander, denn es gilt: $3 \cdot \begin{pmatrix} 3 \\ 2 \\ -5 \end{pmatrix} = \begin{pmatrix} 9 \\ 6 \\ -15 \end{pmatrix}$

E_1 und E_2 sind also parallel zueinander.

Sie sind aber nicht identisch, da die beiden Koordinatengleichungen nicht durch Äquivalenzumformungen auseinander hervor gehen. Multipliziert man die Koordinatengleichung von E_1 auf beiden Seiten mit 3, so ergibt sich $9x_1 + 6x_2 - 15x_3 = 36 \neq 25$.

- **Identische Ebenen**

E_1: $-2x_1 + 6x_2 - 16x_3 = -22$; E_2: $x_1 - 3x_2 + 8x_3 = 11$

Die beiden Koordinatengleichungen sind äquivalent zueinander. Multipliziert man z. B. die Koordinatengleichung von E_1 auf beiden Seiten mit $-\frac{1}{2}$, so erhält man die Koordinatengleichung von E_2. Die Ebenen E_1 und E_2 sind identisch.

- **Schnittgerade zweier Ebenen bestimmen**

E_1: $x_1 - 2x_2 + 4x_3 = 1$; E_2: $x_1 + 3x_3 = 2$

Die beiden Normalenvektoren $\begin{pmatrix} 1 \\ -2 \\ 4 \end{pmatrix}$ und $\begin{pmatrix} 1 \\ 0 \\ 3 \end{pmatrix}$ sind keine Vielfachen voneinander.

Die Ebenen E_1 und E_2 schneiden einander in einer Geraden g.

Die Koordinaten eines gemeinsamen Punktes erfüllen also beide Koordinatengleichungen, d.h. sie sind eine Lösung des linearen Gleichungssystems $\left| \begin{array}{l} x_1 - 2x_2 + 4x_3 = 1 \\ x_1 + 0x_2 + 3x_3 = 2 \end{array} \right|$.

Als Lösung ergibt sich $x_3 = t$, $x_2 = 0{,}5 + 0{,}5t$; $x_1 = 2 - 3t$ mit $t \in \mathbb{R}$. Durch Übertragen in die Vektorschreibweise erhält man daraus eine Parameterdarstellung der Schnittgeraden g: $\vec{x} = \begin{pmatrix} 2 \\ 0{,}5 \\ 0 \end{pmatrix} + t \cdot \begin{pmatrix} -3 \\ 0{,}5 \\ 1 \end{pmatrix}$.

Information

(2) Untersuchung der gegenseitigen Lage zweier Ebenen

1. Zwei Ebenen sind zueinander *parallel*, wenn ihre *Normalenvektoren Vielfache voneinander* sind.
   Geht in diesem Fall die Koordinatengleichung der einen Ebene durch eine Multiplikation mit einer Zahl ungleich null aus der Koordinatengleichung der anderen Ebene hervor, so sind die Ebenen identisch.
   Andernfalls sind die beiden Ebenen *parallel* zueinander, *aber nicht identisch.*
2. Sind die *Normalenvektoren* zweier Ebenen *keine Vielfachen* voneinander, so *schneiden sich* die beiden Ebenen in einer Schnittgeraden.

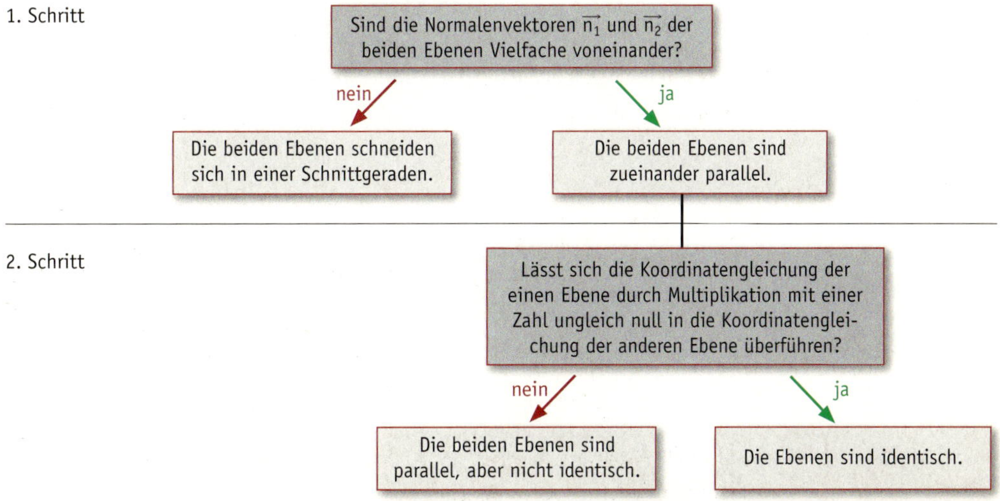

Zum Üben

1 Prüfen Sie, wie die Gerade g und die Ebene E zueinander liegen.

a) $g: \vec{x} = \begin{pmatrix} 2 \\ 1 \\ 4 \end{pmatrix} + r \cdot \begin{pmatrix} 3 \\ 1 \\ 2 \end{pmatrix}$; E: $x_1 + x_2 - 2x_3 = 3$

b) $g: \vec{x} = \begin{pmatrix} 3 \\ 2 \\ 1 \end{pmatrix} + r \cdot \begin{pmatrix} 1 \\ -1 \\ 0 \end{pmatrix}$; E: $2x_1 + 3x_2 - 7x_3 = 11$

c) $g: \vec{x} = \begin{pmatrix} 0 \\ 1 \\ -1 \end{pmatrix} + r \cdot \begin{pmatrix} 3 \\ -2 \\ -1 \end{pmatrix}$; E: $x_1 + 2x_2 - x_3 = 3$

d) $g: \vec{x} = \begin{pmatrix} 1 \\ -2 \\ 1 \end{pmatrix} + r \cdot \begin{pmatrix} 2 \\ -1 \\ -1 \end{pmatrix}$; E: $x_1 + x_2 - x_3 = 1$

2 Gegeben sind eine Gerade g durch einen Punkt A und durch den Richtungsvektor $\vec{u}$ sowie eine Ebene E durch eine Koordinatengleichung. Bestimmen Sie alle gemeinsamen Punkte von Gerade und Ebene.

a) $A(1|2|3)$; $\vec{u} = \begin{pmatrix} 1 \\ 2 \\ -3 \end{pmatrix}$; E: $x_1 - 2x_2 - 3x_3 = 6$

b) $A(0|3|2)$; $\vec{u} = \begin{pmatrix} 1 \\ 2 \\ 3 \end{pmatrix}$; E: $2x_1 - 2x_2 - 2x_3 = 3$

c) $A(2|-1|1)$; $\vec{u} = \begin{pmatrix} -1 \\ 3 \\ 1 \end{pmatrix}$; E: $x_1 + x_2 - 3x_3 = 1$

d) $A(3|-2|-1)$; $\vec{u} = \begin{pmatrix} 1 \\ 1 \\ -2 \end{pmatrix}$; E: $-x_1 + x_2 - x_3 = -2$

3 Die Projektionsfläche wird durch die x_2x_3-Ebene dargestellt. Die Lage des Zeigestocks kann durch die Gerade $g: \vec{x} = \begin{pmatrix} -1 \\ 1 \\ 2 \end{pmatrix} + r \cdot \begin{pmatrix} 1 \\ 1{,}5 \\ 3 \end{pmatrix}$ beschrieben werden. In welchem Punkt berührt der Zeigestock die Projektionsfläche?

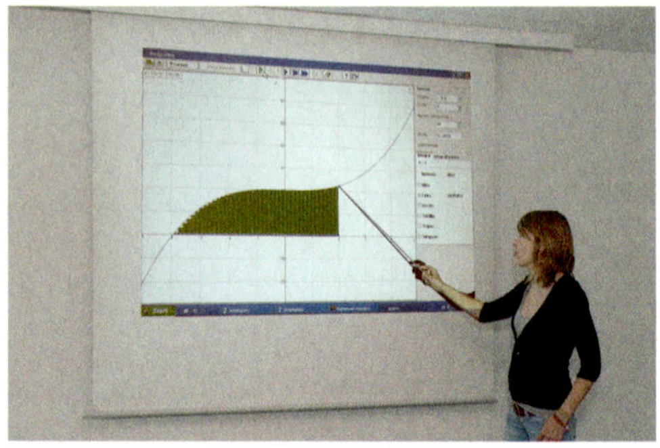

4

Das Bild zeigt die künstlerische Gestaltung „MIKADO" des Eingangs eines Gymnasiums. Dabei wird eine schrägstehende Stütze, gestaltet als Mikadostab, durch die Überdachungsebene des Eingangs geführt. In einem geeigneten Koordinatensystem ist die Überdachungsebene E durch die Koordinatengleichung $2x_1 - x_2 + 14x_3 = 48$ gegeben (Koordinateneinheit 1 m).

Die gelbe Stütze verläuft entlang der Geraden $g: \vec{x} = \begin{pmatrix} 8 \\ 0 \\ -2 \end{pmatrix} + r \cdot \begin{pmatrix} -4 \\ 2 \\ 5 \end{pmatrix}$.

Wo durchstößt die gelbe Stütze das Dach?

5 Gegeben sind die Gerade g und die Ebene E.

(1) $g: \vec{x} = \begin{pmatrix} 2 \\ 9 \\ -4 \end{pmatrix} + r \cdot \begin{pmatrix} 1 \\ 2 \\ 3 \end{pmatrix}$; E: $x_1 + 2x_2 + 3x_3 = 8$

(2) $g: \vec{x} = \begin{pmatrix} 3 \\ 5 \\ 2 \end{pmatrix} + r \cdot \begin{pmatrix} 1 \\ 3 \\ 2 \end{pmatrix}$; E: $2x_2 - 3x_3 = 4$

a) Ermitteln Sie die Lage von g und E zueinander.

b) Ändern Sie die Gleichung von g so, dass g in E liegt.

6 Gegeben sind eine Ebene E: $-2x_1 + 5x_2 - x_3 = 10$ und ein Punkt $A(1|-2|4)$.
Geben Sie die Parameterdarstellung einer Geraden an, die

a) durch A verläuft und E schneidet;

b) durch A verläuft und E nicht schneidet;

c) in E liegt.

7 Einen anderen Weg, mit dem man den Abstand eines Punktes P von einer Geraden g bestimmen kann, zeigt die folgende Reihe von Abbildungen:

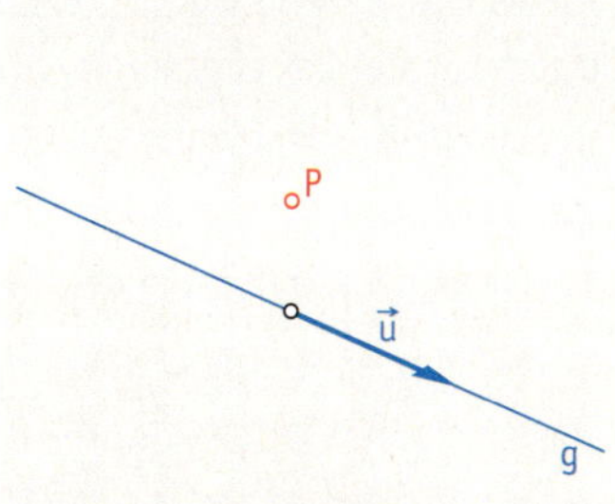

Ausgangssituation:
- Gerade g mit Richtungsvektor $\vec{u}$;
- Punkt P, der nicht auf g liegt.

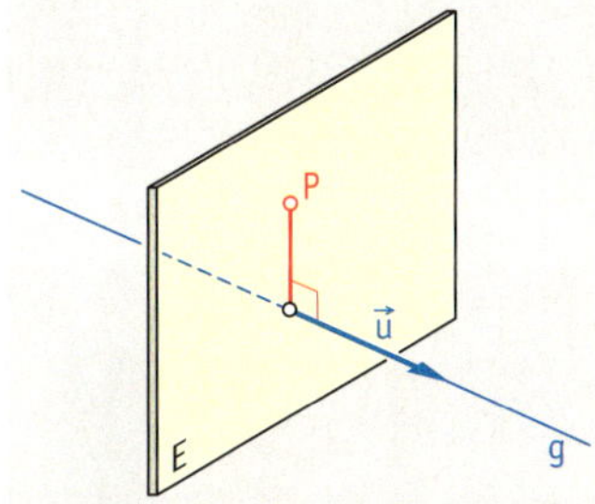

Hilfsebene E einführen:
- E enthält den Punkt P;
- E ist orthogonal zu g.

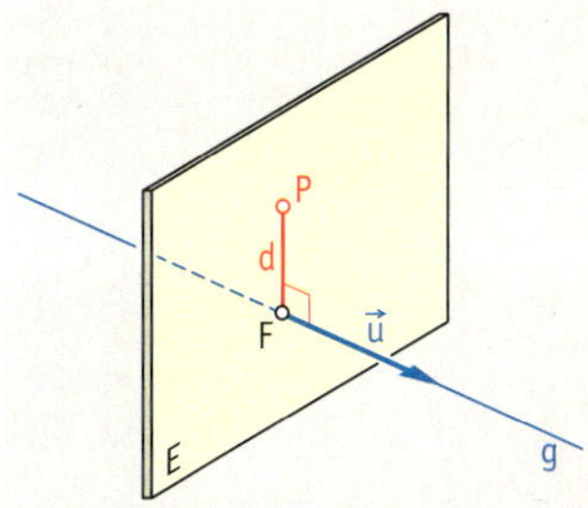

Lotfußpunkt F ist der Schnittpunkt von g und E.

Berechnen Sie den Abstand des Punktes $P(4|-5|8)$ von der Geraden $g\colon \vec{x} = \begin{pmatrix} 6 \\ 1 \\ 6 \end{pmatrix} + s \cdot \begin{pmatrix} 3 \\ -2 \\ 4 \end{pmatrix}$ mithilfe des geschilderten Verfahrens.

8 Gegeben sind eine Schar von Geraden $g_a\colon x = \begin{pmatrix} 1 \\ -6 \\ -3 \end{pmatrix} + r \cdot \begin{pmatrix} 0 \\ -3 \\ a \end{pmatrix}$ und die Ebene $E\colon x_1 + x_2 - 3x_3 = 5$.

Bestimmen Sie den Parameter a so, dass die Gerade g_a die Ebene E nicht schneidet.

9 Die Gerade g hat die Parameterdarstellung $\vec{x} = \begin{pmatrix} 1 \\ 2 \\ 1 \end{pmatrix} + r \cdot \begin{pmatrix} 4 \\ -2 \\ 0 \end{pmatrix}$. Bestimmen Sie Parameterdarstellungen zweier Ebenen, die einander in g schneiden. Geben Sie auch Koordinatengleichungen an.

10 Zeigen Sie: Die Gerade g liegt in der Ebene E_1. Geben Sie eine von E_1 verschiedene Ebene E_2 an, die ebenfalls g enthält.

a) $E_1\colon x_1 + 2x_2 - x_3 = 4$ $\quad g\colon \vec{x} = \begin{pmatrix} 1 \\ 1 \\ -1 \end{pmatrix} + r \cdot \begin{pmatrix} 1 \\ -1 \\ -1 \end{pmatrix}$ mit $r \in \mathbb{R}$

b) $E_1\colon x_1 - x_2 = 1$ $\quad g\colon \vec{x} = \begin{pmatrix} 3 \\ 2 \\ 2 \end{pmatrix} + r \cdot \begin{pmatrix} 2 \\ 2 \\ 1 \end{pmatrix}$ mit $r \in \mathbb{R}$

c) $E_1\colon x_1 + x_2 - 3x_3 = 2$ $\quad g\colon \vec{x} = \begin{pmatrix} 4 \\ 1 \\ 1 \end{pmatrix} + r \cdot \begin{pmatrix} 2 \\ 1 \\ 1 \end{pmatrix}$ mit $r \in \mathbb{R}$

11 Gegeben ist eine dreiseitige Pyramide $SP_1P_2P_3$ mit den Ecken $S(1|-1|1)$, $P_1(3|5|1)$, $P_2(5|-5|5)$ und $P_3(3|3|-1)$.

a) Die Ebene mit der Gleichung $8x_1 + x_2 - x_3 = 11$ schneidet die Pyramide in einem Dreieck. Fertigen Sie eine Skizze an. Berechnen Sie den Flächeninhalt des Dreiecks.

b) Welche Strecke der Geraden mit $\vec{x} = \begin{pmatrix} 2 \\ 1 \\ 1 \end{pmatrix} + t \cdot \begin{pmatrix} 1 \\ -1 \\ 1 \end{pmatrix}$ liegt innerhalb der Pyramide?

12 Bestimmen Sie eine Parameterdarstellung der Schnittgeraden beider Ebenen.

a) $E_1\colon x_1 + x_2 - x_3 = 1;\; E_2\colon 4x_1 - x_2 - x_3 = 3$ **b)** $E_1\colon -2x_1 + 3x_2 - 4x_3 = 12;\; E_2\colon -x_1 + 4x_2 - 3x_3 = 0$

13 Prüfen Sie, ob die Ebenen zueinander parallel bzw. ob sie identisch sind.

a) $E_1\colon 6x_1 + 3x_2 - 9x_3 = 15$
$E_2\colon -2x_1 - x_2 + 3x_3 = -5$
$E_3\colon 4x_1 + 2x_2 + 6x_3 = 5$

b) $E_1\colon 2x_1 + x_2 = 5$
$E_2\colon 4x_1 + 2x_2 + x_3 = 10$
$E_3\colon 4x_1 + 2x_2 = 3$

c) $E_1\colon x_1 = 1$
$E_2\colon x_1 = -1$
$E_3\colon x_1 = 0$

LK 6.2.7 Vektorprodukt

Bewegen sich in einem Magnetfeld elektrisch geladene Teilchen quer zu den Feldlinien des Magnetfeldes, so werden sie abgelenkt. Das Magnetfeld übt also auf frei bewegliche elektrische Ladungen eine Kraft F_L aus, die nach dem niederländischen Forscher HENDRIK ANTOON LORENTZ (1853 – 1928) LORENTZ-Kraft genannt wird. Sie ist orthogonal zu den Feldlinien und orthogonal zur Bewegungsrichtung der Elektronen. Ihre Richtung kann man mit der sogenannten *Linke-Hand-Regel* bestimmen.

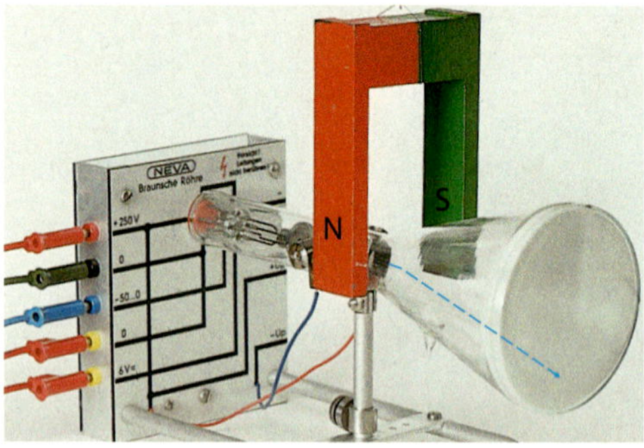

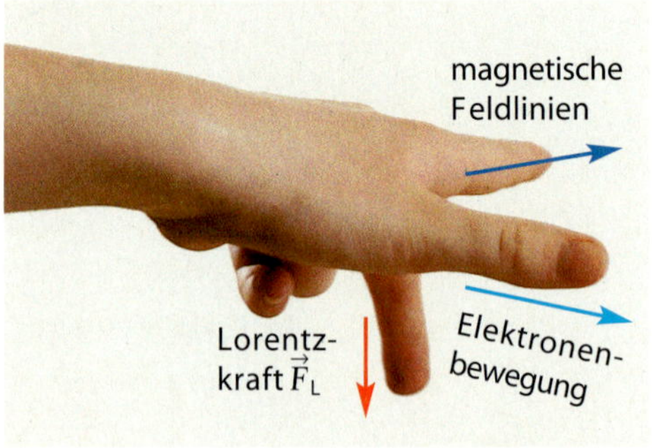

Dabei sucht man also einen Vektor, der zu zwei gegebenen Vektoren orthogonal ist.

Einstieg

Eine Ebene wird durch die Richtungsvektoren $\vec{u} = \begin{pmatrix} 3 \\ 5 \\ -2 \end{pmatrix}$ und $\vec{v} = \begin{pmatrix} 0 \\ -1 \\ 3 \end{pmatrix}$ aufgespannt.

- Geben Sie drei Normalenvektoren der Ebene an.
- Erläutern Sie, wie man zu zwei Vektoren $\vec{u}$ und $\vec{v}$ einen Vektor $\vec{w}$ findet, der sowohl zu $\vec{u}$ als auch zu $\vec{v}$ orthogonal ist.

Aufgabe

1

a) Bestimmen Sie zu den Vektoren $\vec{a} = \begin{pmatrix} 2 \\ -3 \\ 1 \end{pmatrix}$ und $\vec{b} = \begin{pmatrix} 1 \\ 2 \\ -1 \end{pmatrix}$ einen Vektor $\vec{c} = \begin{pmatrix} c_1 \\ c_2 \\ c_3 \end{pmatrix}$, der zu beiden Vektoren orthogonal ist.

b) Geben Sie alle möglichen Lösungen für $\vec{c} = \begin{pmatrix} c_1 \\ c_2 \\ c_3 \end{pmatrix}$ an.
Wie unterscheiden sich die verschiedenen Lösungsvektoren?

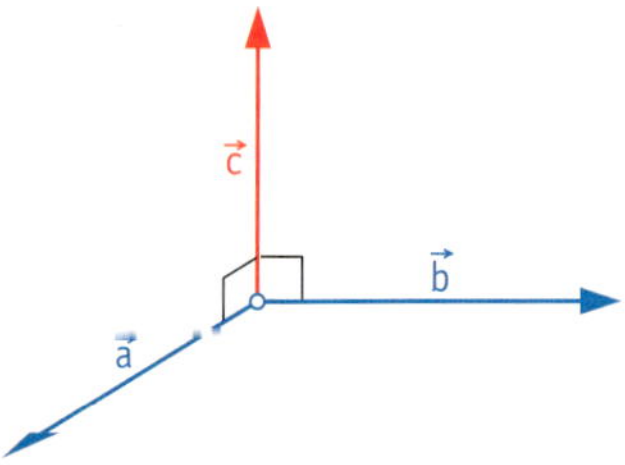

Lösung

a) Für den gesuchten Vektor $\vec{c}$ muss gelten: $\vec{a} * \vec{c} = 2c_1 - 3c_2 + c_3 = 0$ und $\vec{b} * \vec{c} = c_1 + 2c_2 - c_3 = 0$.

Seine Koordinaten müssen somit das lineare Gleichungssystem $\left| \begin{matrix} 2c_1 - 3c_2 + c_3 = 0 \\ c_1 + 2c_2 - c_3 = 0 \end{matrix} \right|$ erfüllen.

Durch Umformen kann man das lineare Gleichungssystem auf folgende Form bringen:

$$\left| \begin{matrix} 7c_1 \qquad - c_3 = 0 \\ 7c_2 - 3c_3 = 0 \end{matrix} \right|; \text{ also } \left| \begin{matrix} c_1 = \frac{1}{7}c_3 \\ c_2 = \frac{3}{7}c_3 \end{matrix} \right|$$

Setzt man z. B. $c_3 = 7$, so ergibt sich $c_1 = 1$ und $c_2 = 3$, also $\vec{c} = \begin{pmatrix} 1 \\ 3 \\ 7 \end{pmatrix}$.

b) Alle möglichen Vektoren, die sowohl zu $\vec{a}$ als auch $\vec{b}$ orthogonal sind, haben die Form

$$\begin{pmatrix} \frac{1}{7}c_3 \\ \frac{3}{7}c_3 \\ c_3 \end{pmatrix} = \frac{c_3}{7} \cdot \begin{pmatrix} 1 \\ 3 \\ 7 \end{pmatrix} = t \cdot \begin{pmatrix} 1 \\ 3 \\ 7 \end{pmatrix} \text{ mit } t = \frac{c_3}{7} \text{ und } t \neq 0.$$

Diese Vektoren sind also Vielfache voneinander, sie unterscheiden sich nur durch ihre Länge, aber nicht durch ihre Richtung.

Information

(1) Vektorprodukt zweier Vektoren

Führt man die Rechnung allgemein mit den Vektoren $\vec{a} = \begin{pmatrix} a_1 \\ a_2 \\ a_3 \end{pmatrix}$, $\vec{b} = \begin{pmatrix} b_1 \\ b_2 \\ b_3 \end{pmatrix}$ und $\vec{c} = \begin{pmatrix} c_1 \\ c_2 \\ c_3 \end{pmatrix}$ durch, so ergibt sich das lineare Gleichungssystem

$$\left| \begin{array}{l} a_1 \cdot c_1 + a_2 \cdot c_2 + a_3 \cdot c_3 = 0 \\ b_1 \cdot c_1 + b_2 \cdot c_2 + b_3 \cdot c_3 = 0 \end{array} \right|.$$

Durch Umformungen, wie beim GAUSS'schen Algorithmus kommt man auf die Form

$$\left| \begin{array}{l} a_1 \cdot c_1 \quad + a_2 \cdot c_2 \quad + a_3 \cdot c_3 = 0 \\ \quad (a_2 b_1 - a_1 b_2) \cdot c_2 + (a_3 b_1 - a_1 b_3) \cdot c_3 = 0 \end{array} \right| \text{ und anschließend auf}$$

$$\left| \begin{array}{l} (a_2 b_1 - a_1 b_2) \cdot c_1 \quad + (a_2 b_3 - a_3 b_2) \cdot c_3 = 0 \\ \quad (a_2 b_1 - a_1 b_2) \cdot c_2 + (a_3 b_1 - a_1 b_3) \cdot c_3 = 0 \end{array} \right|.$$

Man erhält: $\left| \begin{array}{l} c_1 = \frac{a_2 b_3 - a_3 b_2}{a_1 b_2 - a_2 b_1} \cdot c_3 \\ c_2 = \frac{a_3 b_1 - a_1 b_3}{a_1 b_2 - a_2 b_1} \cdot c_3 \end{array} \right|$, falls $a_1 b_2 - a_2 b_1 \neq 0$. c_3 ist frei wählbar (aber $c_3 \neq 0$).

Wählt man $c_3 = a_1 b_2 - a_2 b_1$, so erhält man für $\vec{c}$ den Vektor $\vec{c} = \begin{pmatrix} a_2 b_3 - a_3 b_2 \\ a_3 b_1 - a_1 b_3 \\ a_1 b_2 - a_2 b_1 \end{pmatrix}$, der zu zwei gegebenen Vektoren $\vec{a} = \begin{pmatrix} a_1 \\ a_2 \\ a_3 \end{pmatrix}$ und $\vec{b} = \begin{pmatrix} b_1 \\ b_2 \\ b_3 \end{pmatrix}$ orthogonal ist.

Statt Vektorprodukt sagt man auch Kreuzprodukt.

Definition: Vektorprodukt

Für je zwei Vektoren $\vec{a} = \begin{pmatrix} a_1 \\ a_2 \\ a_3 \end{pmatrix}$ und $\vec{b} = \begin{pmatrix} b_1 \\ b_2 \\ b_3 \end{pmatrix}$ kann man den Vektor $\begin{pmatrix} a_2 b_3 - a_3 b_2 \\ a_3 b_1 - a_1 b_3 \\ a_1 b_2 - a_2 b_1 \end{pmatrix}$ berechnen.

Er heißt das **Vektorprodukt von $\vec{a}$ und $\vec{b}$** und wird mit $\vec{a} \times \vec{b}$, gelesen a Kreuz b, bezeichnet.

Beispiel

Für $\vec{a} = \begin{pmatrix} 0 \\ 4 \\ 5 \end{pmatrix}$ und $\vec{b} = \begin{pmatrix} 5 \\ -2 \\ 3 \end{pmatrix}$ erhält man $\vec{a} \times \vec{b} = \begin{pmatrix} 4 \cdot 3 \quad - 5 \cdot (-2) \\ 5 \cdot 5 \quad - 0 \cdot 3 \\ 0 \cdot (-2) - 4 \cdot 5 \end{pmatrix} = \begin{pmatrix} 22 \\ 25 \\ -20 \end{pmatrix}$.

Das folgende *Rechenschema* erleichtert die Berechnung des Vektorprodukts:

$$\vec{a} \times \vec{b} = \begin{pmatrix} a_2 b_3 - a_3 b_2 \\ a_3 b_1 - a_1 b_3 \\ a_1 b_2 - a_2 b_1 \end{pmatrix}$$

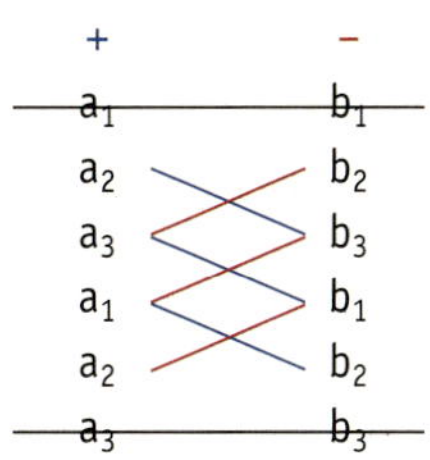

(2) Rechengesetze

Satz: Gesetze für das Vektorprodukt

Für alle Vektoren $\vec{a}$, $\vec{b}$ und $\vec{c}$ und alle reellen Zahlen r gilt:

(1) Wenn $\vec{a}$ und $\vec{b}$ Vielfache voneinander sind, dann ist $\vec{a} \times \vec{b} = \vec{o}$.

(2) $\vec{b} \times \vec{a} = -(\vec{a} \times \vec{b})$

(3) $\vec{a} \times (\vec{b} + \vec{c}) = (\vec{a} \times \vec{b}) + (\vec{a} \times \vec{c})$

(4) $\vec{a} \times (r \cdot \vec{b}) = r \cdot (\vec{a} \times \vec{b})$

Anmerkung:

Für das Vektorprodukt gilt also nicht das Kommutativgesetz, sondern das unter (2) im Satz angegebene Rechengesetz.

Information

(3) Geometrische Deutung des Vektorprodukts

Der Vektor $\vec{a} \times \vec{b}$ ist zu den Vektoren $\vec{a}$ und $\vec{b}$ orthogonal (falls $\vec{a} \neq 0$, $\vec{b} \neq 0$ und $\vec{a}$ nicht parallel zu $\vec{b}$).

Zudem gilt:
Trägt man Pfeile der drei Vektoren $\vec{a}$, $\vec{b}$ und $\vec{a} \times \vec{b}$ in einem Punkt an, so folgen sie aufeinander wie die x_1-, die x_2- und die x_3-Achse.
Man sagt: Die drei Vektoren $\vec{a}$, $\vec{b}$ und $\vec{a} \times \vec{b}$ bilden ein **Rechtssystem**, wobei der Winkel zwischen $\vec{a}$ und $\vec{b}$ kein rechter Winkel sein muss.

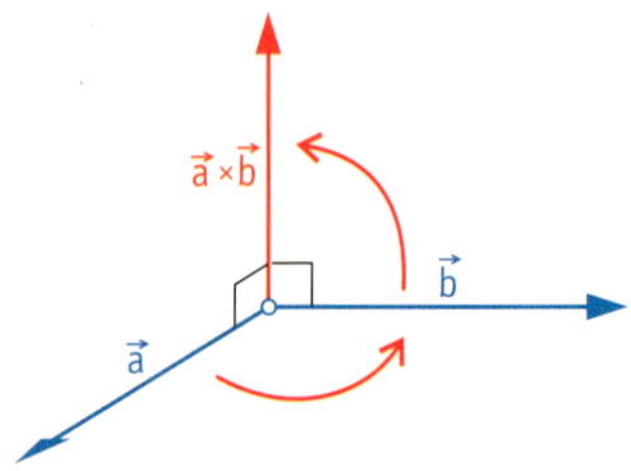

Für die Länge des Vektors $\vec{a} \times \vec{b}$ gilt:

$$\begin{aligned}
&|\vec{a} \times \vec{b}|^2 \\
&= (a_2 b_3 - a_3 b_2)^2 + (a_3 b_1 - a_1 b_3)^2 + (a_1 b_2 - a_2 b_1)^2 \\
&= (a_2 b_3)^2 + (a_3 b_2)^2 + (a_3 b_1)^2 + (a_1 b_3)^2 + (a_1 b_2)^2 + (a_2 b_1)^2 - 2 \cdot (a_2 a_3 b_2 b_3 + a_1 a_3 b_1 b_3 + a_1 a_2 b_1 b_2) \\
&= \left(a_1^2 + a_2^2 + a_3^2\right) \cdot \left(b_1^2 + b_2^2 + b_3^2\right) - (a_1 b_1 + a_2 b_2 + a_3 b_3)^2 \\
&= |\vec{a}|^2 \cdot |\vec{b}|^2 - (\vec{a} * \vec{b})^2 \\
&= |\vec{a}|^2 \cdot |\vec{b}|^2 - |\vec{a}|^2 \cdot |\vec{b}|^2 \cdot (\cos(\alpha))^2 \\
&= |\vec{a}|^2 \cdot |\vec{b}|^2 \cdot \left(1 - (\cos(\alpha))^2\right) = |\vec{a}|^2 \cdot |\vec{b}|^2 \cdot (\sin(\alpha))^2 = \left(|\vec{a}| \cdot |\vec{b}| \cdot \sin(\alpha)\right)^2
\end{aligned}$$

α ist der Winkel zwischen $\vec{a}$ und $\vec{b}$.

Beachte: $(\sin(\alpha))^2 + (\cos(\alpha))^2 = 1$

Wegen $0° < \alpha < 180°$ ist $\sin(\alpha) > 0$.
Für die Länge des Vektors $\vec{a} \times \vec{b}$ erhält man somit:

$$|\vec{a} \times \vec{b}| = |\vec{a}| \cdot |\vec{b}| \cdot \sin(\alpha).$$

Dies ist aber gerade der Flächeninhalt des Parallelogramms, das von den Vektoren $\vec{a}$ und $\vec{b}$ aufgespannt wird.

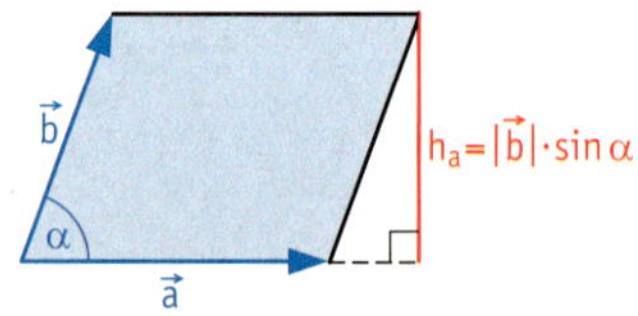

Satz: Flächeninhalt eines Parallelogramms
Spannen zwei Vektoren $\vec{a}$ und $\vec{b}$ ein Parallelogramm auf, so gilt für dessen Flächeninhalt A:

$$A = |\vec{a} \times \vec{b}| = |\vec{a}| \cdot |\vec{b}| \cdot \sin(\alpha)$$

(4) Vektorprodukte mit einem CAS berechnen

Ein CAS-Rechner besitzt auch zur Berechnung des Vektorprodukts zweier Vektoren $\vec{a}$ und $\vec{b}$ einen vordefinierten Befehl **crossP**.
Dieser Befehl liefert den Vektor $\vec{a} \times \vec{b}$.

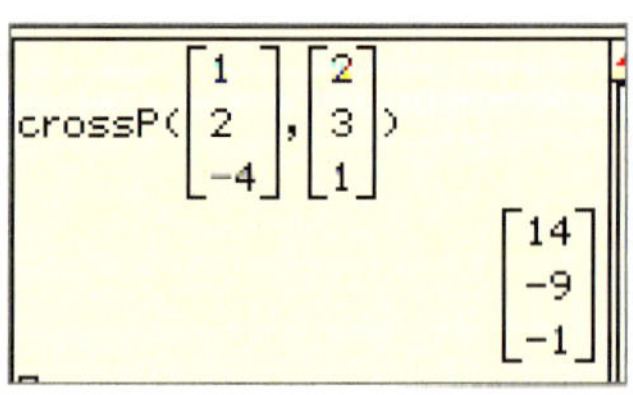

Weiterführende Aufgaben

2 Beweise der Rechengesetze für das Vektorprodukt
Weisen Sie die Gültigkeit der Rechengesetze (1) bis (4) aus dem Satz von Seite 297 nach.

3 Flächeninhalt eines Dreiecks
Begründen Sie:
Für den Flächeninhalt eines Dreiecks ABC gilt: $A = \frac{1}{2} \cdot |\overrightarrow{AB} \times \overrightarrow{AC}|$

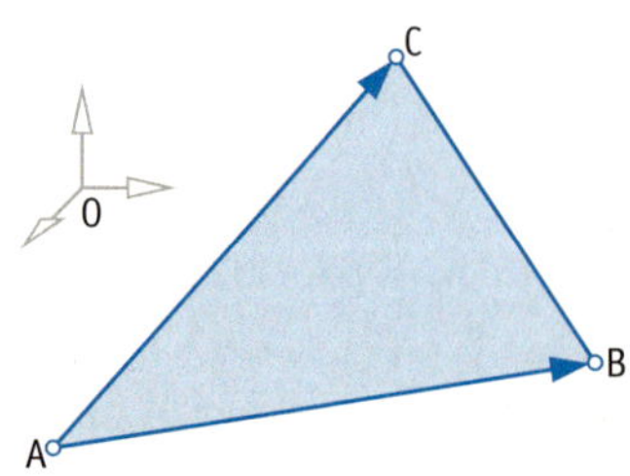

4 Zeigen Sie: Zwei Vektoren $\vec{u} \neq \vec{o}$ und $\vec{v} \neq \vec{o}$ sind genau dann parallel zueinander, wenn gilt: $\vec{u} \times \vec{v} = \vec{o}$.

Übungsaufgaben

5 Bestimmen Sie drei Vektoren, die sowohl zum Vektor $\vec{u} = \begin{pmatrix} 3 \\ 5 \\ -2 \end{pmatrix}$ als auch zum Vektor $\vec{v} = \begin{pmatrix} 0 \\ -1 \\ 3 \end{pmatrix}$ orthogonal sind.

6 Berechnen Sie das Vektorprodukt der Vektoren $\vec{a}$ und $\vec{b}$.

a) $\vec{a} = \begin{pmatrix} 3 \\ -1 \\ 2 \end{pmatrix}$; $\vec{b} = \begin{pmatrix} 4 \\ 2 \\ -3 \end{pmatrix}$ **b)** $\vec{a} = \begin{pmatrix} 0 \\ -5 \\ 2 \end{pmatrix}$; $\vec{b} = \begin{pmatrix} 3 \\ 2 \\ -4 \end{pmatrix}$ **c)** $\vec{a} = \begin{pmatrix} 2 \\ -1 \\ 1 \end{pmatrix}$; $\vec{b} = \begin{pmatrix} 1 \\ 0 \\ 4 \end{pmatrix}$

7 Berechnen Sie den Flächeninhalt des Dreiecks PQR.

a) $P(-3|1|4)$, $Q(2|-5|8)$, $R(6|8|-5)$ **b)** $P(-4|-5|3)$, $Q(0|2|-4)$, $R(-1|7|12)$

8 Bestimmen Sie einen Vektor, der zu den Vektoren $\vec{u}$ und $\vec{v}$ orthogonal ist und die Länge 1 hat.

a) $\vec{u} = \begin{pmatrix} 2 \\ -1 \\ 1 \end{pmatrix}$, $\vec{v} = \begin{pmatrix} 1 \\ 0 \\ 1 \end{pmatrix}$ **b)** $\vec{u} = \begin{pmatrix} -3 \\ -1 \\ 2 \end{pmatrix}$, $\vec{v} = \begin{pmatrix} 2 \\ -2 \\ 1 \end{pmatrix}$

9 Eine Ebene ist gegeben durch eine Parameterdarstellung. Bestimmen Sie mithilfe des Vektorprodukts eine Koordinatengleichung der Ebene.

a) $\vec{x} = \begin{pmatrix} 3 \\ 0 \\ 0 \end{pmatrix} + s \cdot \begin{pmatrix} 2 \\ 1 \\ 0 \end{pmatrix} + t \cdot \begin{pmatrix} -1 \\ -2 \\ 1 \end{pmatrix}$ mit $s, t \in \mathbb{R}$

b) $\vec{x} = \begin{pmatrix} 1 \\ 1 \\ -3 \end{pmatrix} + s \cdot \begin{pmatrix} -3 \\ 1 \\ 0 \end{pmatrix} + t \cdot \begin{pmatrix} 1 \\ -3 \\ 1 \end{pmatrix}$ mit $s, t \in \mathbb{R}$

c) $\vec{x} = \begin{pmatrix} 0 \\ -1 \\ 2 \end{pmatrix} + s \cdot \begin{pmatrix} 0 \\ 2 \\ 3 \end{pmatrix} + t \cdot \begin{pmatrix} 0 \\ -3 \\ 1 \end{pmatrix}$ mit $s, t \in \mathbb{R}$

d) $\vec{x} = \begin{pmatrix} 1 \\ -2 \\ 1 \end{pmatrix} + s \cdot \begin{pmatrix} 1 \\ -4 \\ -1 \end{pmatrix} + t \cdot \begin{pmatrix} 0 \\ 7 \\ 1 \end{pmatrix}$ mit $s, t \in \mathbb{R}$

10 Gegeben sind die Punkte $A(-1|3|5)$, $B(2|5|5)$, $C(4|3|2)$ und $D(10|-6|12)$.
Zeigen Sie, dass die Punkte A, B, C und D die Eckpunkte einer dreiseitigen Pyramide sind.
Bestimmen Sie den Oberflächeninhalt der Pyramide.

11 Von einem Prisma ABCDEFGH sind die Punkte $A(-1|5|-3)$, $B(3|8|-4)$, $C(2|10|-2)$, $D(-2|7|-1)$ und $F(1|10|2)$ gegeben.

a) Untersuchen Sie, was für ein besonderes Viereck die Grundfläche ABCD ist.

b) Ermitteln Sie die Seitenflächen mit dem größten Flächeninhalt.

Skizze:

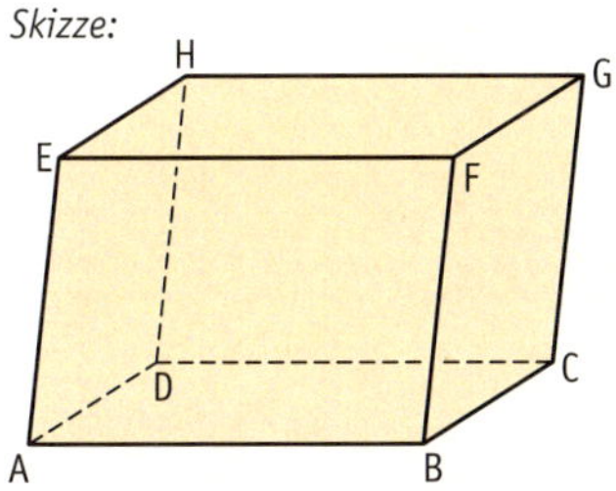

12 Die Ebene E schneidet einen Würfel mit der Kantenlänge 10 cm. Dabei entsteht das Viereck PQRS.

a) Bestimmen Sie die Koordinaten des Punktes R.

b) Berechnen Sie den Flächeninhalt des Vierecks PQRS.

c) Bestimmen Sie die Innenwinkel des Vierecks.

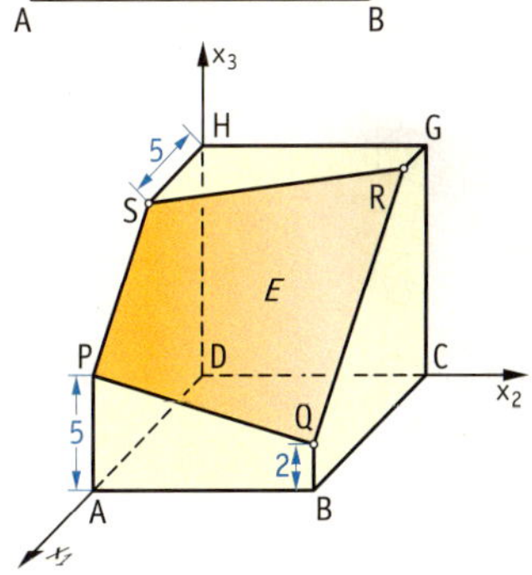

13 Für jedes t enthält die Ebene E_t die Punkte $A(-1|1|-1)$, $B_t(-1|2|2t+1)$ und $C_t(5|3t+1|-1)$. Die Gerade g_t ist für jedes t orthogonal zu E_t und verläuft durch den Punkt $P(7|-11|4)$.

a) Für welchen Wert von t verläuft g_t parallel zu einer Koordinatenachse?

b) Berechnen Sie für diesen Wert von t den Flächeninhalt des Dreiecks AB_tC_t.

Ein **Spat** ist ein vierseitiges Prisma mit einem Parallelogramm als Grundfläche.

14 Ein Spat wird durch die Vektoren $\vec{a}$, $\vec{b}$ und $\vec{c}$ aufgespannt.
Zeigen Sie:
Für das Volumen eines Spats gilt:

$$V = \left|\left(\vec{a} \times \vec{b}\right) * \vec{c}\right|$$

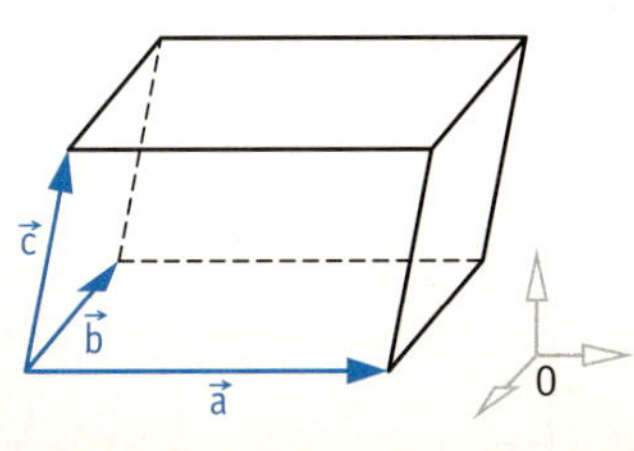

6.3 Winkel zwischen Geraden und Ebenen

6.3.1 Winkel zwischen einer Geraden und einer Ebene

Auf Bauwerke wirken aufgrund ihres Eigengewichtes und ihrer Nutzung erhebliche Gewichtskräfte ein. Das Tragwerk eines Gebäudes hat die Aufgabe, über Träger, Balken, Seilabspannungen u. ä. diese Kräfte sicher in den Boden abzuleiten. Kenntnisse über die Winkel, unter denen diese tragenden Elemente auf Flächen treffen, sind dabei unerlässlich.

Einstieg

- Daniel behauptet: *Wenn die Gerade g die Ebene E schneidet, erhalte ich den Schnittwinkel zwischen Gerade und Ebene, indem ich den Winkel zwischen dem Richtungsvektor von g und einem der Richtungsvektoren von E berechne.*
  Begründen Sie, weshalb Daniels Behauptung im Allgemeinen falsch ist.

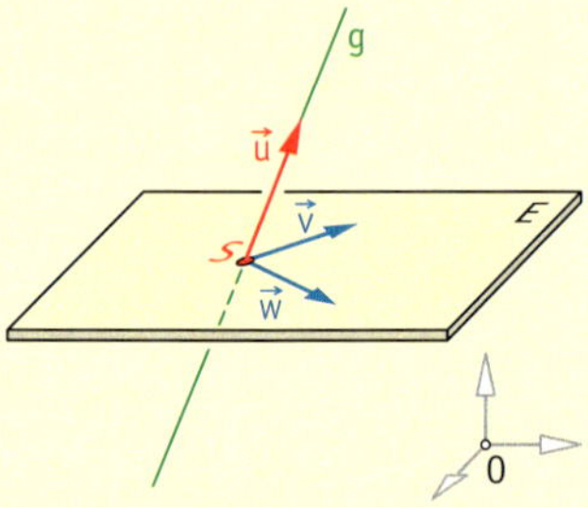

- Erläutern Sie mithilfe eines Buches, eines Stiftes und eines Geo-Dreiecks, wie man den Schnittwinkel zwischen einer Ebene und einer Geraden definieren kann.
- Beschreiben Sie eine Strategie, wie man die Größe dieses Winkels berechnen kann, wenn ein Normalenvektor der Ebene gegeben ist.

Aufgabe

1 Auf dem Dach eines Hauses sind Solarzellen angebracht. Zur Mittagszeit eines Tages treffen die Sonnenstrahlen unter einem bestimmten Winkel auf die Solarzellen.

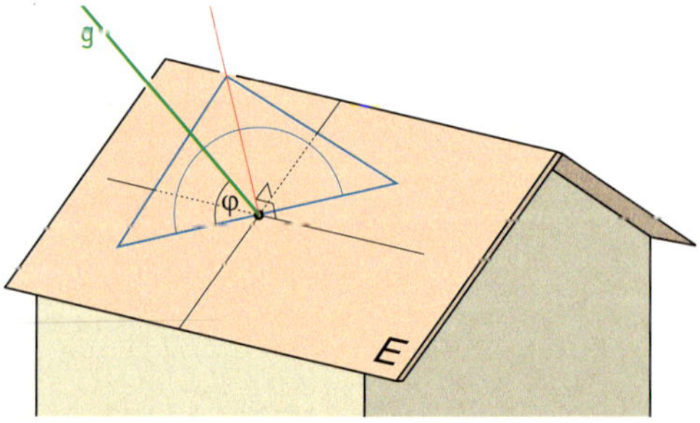

a) Überlegen Sie anhand der Grafik oben rechts, wie ein solcher Winkel φ zwischen einer Geraden und einer Ebene gemessen werden kann. Veranschaulichen Sie dazu mithilfe eines Buches, eines Stiftes und eines Geodreiecks, in welcher Ebene das Geodreieck liegt.
Welche Winkelgrößen sind dabei sinnvoll?

b) Wie kann man die Größe des Winkels φ berechnen? Geben Sie eine Formel an.

c) Gegeben sind der Normalenvektor $\vec{n}$ einer Ebene E und der Richtungsvektor $\vec{v}$ einer Geraden g.
$\vec{n} = \begin{pmatrix} 4 \\ 8 \\ -1 \end{pmatrix}$; $\vec{v} = \begin{pmatrix} 2 \\ -9 \\ 6 \end{pmatrix}$
Begründen Sie, dass E und g einander in einem Punkt schneiden.
Berechnen Sie den Winkel φ zwischen E und g.

Lösung

a) Die Ebene des Geodreiecks muss orthogonal zur Ebene E stehen und die Gerade g enthalten. Das heißt, in der Ebene des Geodreiecks liegen die Gerade g und eine zu E orthogonale Gerade. Die Skalenmitte des Geodreiecks muss im Schnittpunkt von g und E liegen. Man gibt die Neigung der Geraden gegen eine Ebene als Winkelgröße φ mit $0° \leq \varphi \leq 90°$ an.

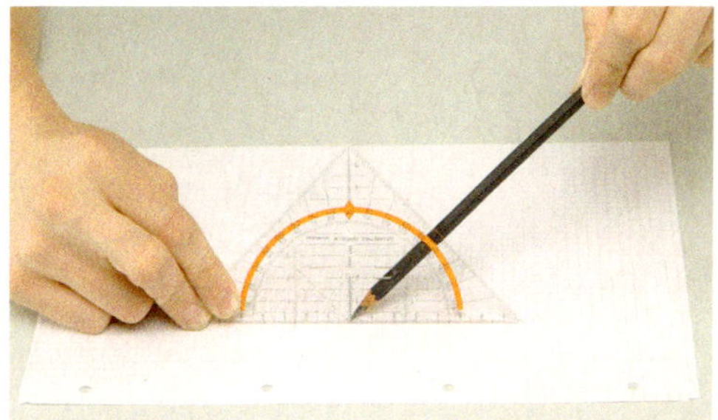

b) Wir betrachten das Dreieck SFG mit den Punkten S und G auf der Geraden g und einen rechten Winkel im Punkt F der Ebene sowie den gesuchten Winkel φ im Punkt S. Dieses Dreieck SFG liegt zusammen mit dem Normalenvektor $\vec{n}$ in der Ebene des Geodreiecks. Für die Winkelsumme $\varphi^* + \varphi$ gilt offensichtlich $\varphi^* + \varphi = 90°$, also $\varphi^* = 90° - \varphi$ und somit $\cos(\varphi^*) = \sin(\varphi)$.
Der Winkel φ^* ist der Winkel zwischen dem Richtungsvektor $\vec{v}$ von g und dem Normalenvektor $\vec{n}$ von E.

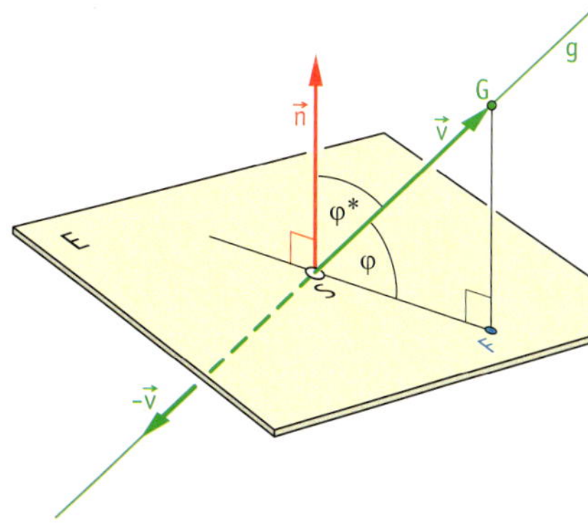

Kennt man statt des Richtungsvektors $\vec{v}$ der Geraden den in der Grafik dargestellten entgegengesetzten Richtungsvektor $-\vec{v}$, so kann man dessen Gegenvektor verwenden oder in der weiteren Rechnung $(-\vec{v}) * \vec{n}$ durch den Betrag $|\vec{v} * \vec{n}|$ ersetzen. In beiden Fällen erhält man wegen $\cos(\varphi^*) = \frac{|\vec{v} * \vec{n}|}{|\vec{v}| \cdot |\vec{n}|}$ schließlich $\sin(\varphi) = \frac{|\vec{v} * \vec{n}|}{|\vec{v}| \cdot |\vec{n}|}$.

c) Wir berechnen: $\vec{v} * \vec{n} = \begin{pmatrix} 2 \\ -9 \\ 6 \end{pmatrix} * \begin{pmatrix} 4 \\ 8 \\ -1 \end{pmatrix} = 2 \cdot 4 - 9 \cdot 8 - 6 \cdot 1 = -70$, also $|\vec{v} * \vec{n}| = 70$. Der Richtungsvektor $\vec{v}$ von g und der Normalenvektor $\vec{n}$ von E liegen nicht orthogonal zueinander, denn ihr Skalarprodukt ist von null verschieden, also schneiden sich g und E in einem Punkt. Weiter ergibt sich:

$$|\vec{v}| = \sqrt{2^2 + (-9)^2 + 6^2} = 11, \quad |\vec{n}| = \sqrt{4^2 + 8^2 + (-1)^2} = 9, \quad \sin(\varphi) = \frac{|\vec{v} * \vec{n}|}{|\vec{v}| \cdot |\vec{n}|} = \frac{70}{99}, \text{ also } \varphi \approx 45°.$$

Ergebnis: Die Gerade g schneidet die Ebene E unter einem Winkel von etwa 45°.

Information

Winkel zwischen einer Gerade und einer Ebene

Man berechnet den Winkel φ zwischen einer Geraden mit dem Richtungungsvektor $\vec{v}$ und einer Ebene mit dem Normalenvektor $\vec{n}$ aus $\sin(\varphi) = \frac{|\vec{v} * \vec{n}|}{|\vec{v}| \cdot |\vec{n}|}$ und $0° \leq \varphi \leq 90°$.

Übungsaufgaben

2 Bestimmen Sie die Größe des Winkels zwischen der Geraden g und der Ebene E.

a) g: $\vec{x} = \begin{pmatrix} 3 \\ 1 \\ 2 \end{pmatrix} + t \cdot \begin{pmatrix} -2 \\ 5 \\ 8 \end{pmatrix}$
E: $x_1 + 2x_3 = 6$

b) g: $\vec{x} = \begin{pmatrix} 4 \\ -1 \\ 3 \end{pmatrix} + s \cdot \begin{pmatrix} 0 \\ -2 \\ 1 \end{pmatrix}$
E: $5x_1 + x_2 + 3x_3 = 3$

c) g: $\vec{x} = \begin{pmatrix} 1 \\ 4 \\ -1 \end{pmatrix} + r \cdot \begin{pmatrix} 0 \\ -1 \\ 0 \end{pmatrix}$
E: $3x_1 + 2x_2 + x_3 = -4$

3 Gesucht wird der Winkel unter dem die Gerade g die Ebene E schneidet.
E: $2x_1 - x_2 + 3x_3 = 12$, g: $\vec{x} = \begin{pmatrix} 1 \\ 2 \\ 3 \end{pmatrix} + t \cdot \begin{pmatrix} -1 \\ 1 \\ 1 \end{pmatrix}$
Marios Lösung lautet: *g und E schneiden sich unter einem Winkel von 0°*. Nehmen Sie Stellung.

4 Berechnen Sie die Größen der Winkel zwischen den eingezeichneten Raumdiagonalen des Quaders und den Koordinatenebenen.

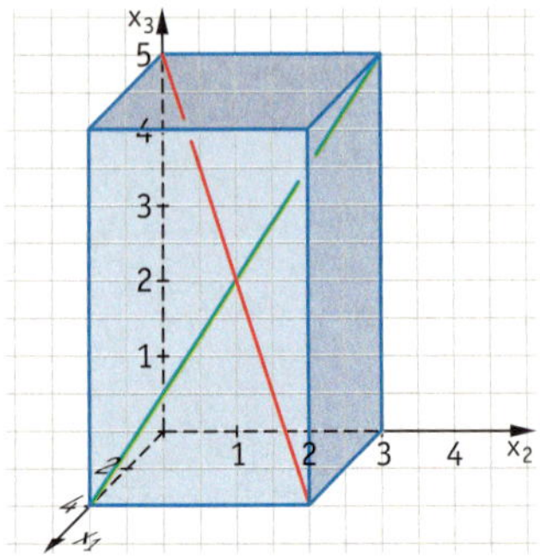

5 Gegeben sind zwei Ebenen:
E_1: $3x_1 - 2x_2 + x_3 = 2$; E_2: $x_1 - x_2 + 2x_3 = 0$
Bestimmen Sie die Spurpunkte und zeichnen Sie die Ebenen.
Wie groß sind die Winkel zwischen den Ebenen und den Koordinatenachsen?

6 Berechnen Sie den Schnittpunkt sowie den Schnittwinkel von g und E. Bestimmen Sie auch die Gerade, die in E verläuft und die durch orthogonale Projektion von g auf E entsteht.

a) g: $\vec{x} = \begin{pmatrix} 2 \\ 1 \\ 3 \end{pmatrix} + t \cdot \begin{pmatrix} -2 \\ 1 \\ 1 \end{pmatrix}$
E: $x_1 + x_2 + x_3 = 6$

b) g: $\vec{x} = \begin{pmatrix} 1 \\ 1 \\ 1 \end{pmatrix} + t \cdot \begin{pmatrix} 2 \\ 1 \\ 3 \end{pmatrix}$
E: $x_1 + x_2 - x_3 = 1$

c) g: $\vec{x} = \begin{pmatrix} 1 \\ -2 \\ 1 \end{pmatrix} + t \cdot \begin{pmatrix} 1 \\ 2 \\ -3 \end{pmatrix}$
E: $\vec{x} = \begin{pmatrix} -4 \\ -6 \\ 4 \end{pmatrix} + r \cdot \begin{pmatrix} 5 \\ 2 \\ 3 \end{pmatrix} + s \cdot \begin{pmatrix} 1 \\ 1 \\ 1 \end{pmatrix}$

7

Das Schweißen mithilfe von Laserstrahlen wird in der Automobilindustrie heute für sogenannte Fügeaufgaben beim Zusammenfügen von Blechbauteilen praktiziert.

Aufgrund der berührungslosen Wirkungsweise eignet sich dieses Verfahren zur Automatisierung der Herstellungsprozesse mithilfe von Robotern.

Eine Arbeitsfläche, auf der geschweißt werden soll, liegt in einer Ebene mit der Koordinatengleichung $2x_1 + 3x_2 + x_3 = 0$. Ein Laserstrahl soll auf den Koordinatenursprung, welcher in der Fläche liegt, auftreffen. Der Winkel zur Fläche soll dabei 30° betragen. Bestimmen Sie einen Richtungsvektor für die Gerade, auf der der Laserstrahl verlaufen kann. Die Laserquelle soll einen Abstand von 25 cm vom Schweißpunkt haben. Wo kann die Laserquelle im Koordinatensystem (Einheit 1 cm) liegen?

8 Die Punkte A(−4 | −1 | 6), B(0 | −3 | 2), C(−2 | 1 | −2) und D bilden die Grundfläche einer geraden quadratischen Pyramide mit der Spitze S und der Höhe 9. Die Spitze liegt oberhalb der x_1x_2-Ebene.

a) Geben Sie die fehlenden Koordinaten des Eckpunktes D und der Spitze S an.

b) Bestimmen Sie den Winkel, unter dem sich benachbarte Seitenkanten an der Spitze schneiden.

c) Ermitteln Sie den Winkel, den eine Seitenkante mit der Grundfläche einschließt.

9 Ein Hang liegt in der Ebene E mit E: $x_1 + 2 \cdot x_2 + 4 \cdot x_3 - 8 = 0$. Im Punkt F(2 | 1 | 1) steht ein 8 m hoher Mast orthogonal zur x_1x_2-Ebene (Einheit 1 m).

a) Parallele Sonnenstrahlen fallen in Richtung des Vektors $\vec{u} = \begin{pmatrix} 1 \\ -2 \\ -2 \end{pmatrix}$ ein.
Bestimmen Sie die Koordinaten des Schattens der Mastspitze. Unter welchem Winkel treffen die Sonnenstrahlen auf den Hang?

b) Der Mast soll durch Stahlseile am Hang abgesichert werden. Eines dieser Seile ist in 2 m Höhe am Mast befestigt und verläuft orthogonal zum Hang. In welchem Punkt wird das Seil am Hang verankert? Welchen Winkel bilden Mast und Seil?

6.3.2 Winkel zwischen zwei Ebenen

Ziel

Wir haben bisher gelernt, wie man den Winkel zwischen zwei Geraden oder einer Geraden und einer Ebene misst und berechnet. In diesem Abschnitt werden Sie lernen, wie man den Winkel zwischen zwei Ebenen misst und die Größe dieses Winkels berechnen kann.

Zum Erarbeiten

(1) Wie misst man den Winkel zwischen zwei Ebenen?

Zwei Ebenen E_1 und E_2 schneiden sich in einer Geraden. Dreht man eine der beiden Ebenen um die Schnittgerade in die andere hinein (bzw. aus ihr heraus), so laufen dabei ihre Punkte auf Kreisbögen. Diese liegen in Ebenen orthogonal zur Schnittgeraden. Der Winkel zwischen beiden Ebenen gibt das Maß einer solchen Drehung an.

Zum Messen muss man ein Geodreieck so halten, dass die Schnittgerade der beiden Ebenen eine Orthogonale der Ebene G des Geodreiecks ist, die durch den Skalenmittelpunkt des Geodreiecks verläuft.

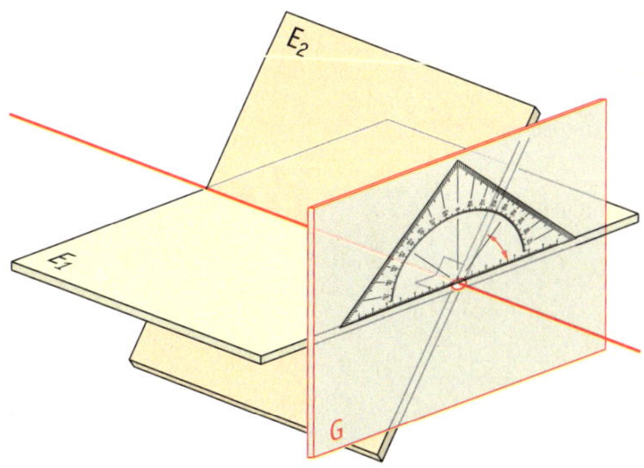

(2) Wie kann man die Größe eines Winkels zwischen zwei Ebenen berechnen?

Wir schauen längs der Schnittgeraden der beiden Ebenen E_1 und E_2. Die beiden Ebenen erscheinen dann als Geraden und der Winkel δ zwischen den Ebenen unverzerrt.

Je nach Wahl der Normalenvektoren $\vec{n_1}$ von E_1 (bzw. $\vec{n}_1'$ von E_1) und $\vec{n_2}$ von E_2 schließen diese auch den Winkel δ ein oder den Winkel δ' mit $\delta + \delta' = 180°$.

Für Situationen wie in der Abbildung gilt:

$$\cos(\delta) = \frac{\vec{n_1} * \vec{n_2}}{|\vec{n_1}| \cdot |\vec{n_2}|} \quad \text{und}$$

$$\cos(\delta') = \frac{\vec{n}_1' * \vec{n_2}}{|\vec{n}_1'| \cdot |\vec{n_2}|} = \cos(180° - \delta) = -\cos(\delta)$$

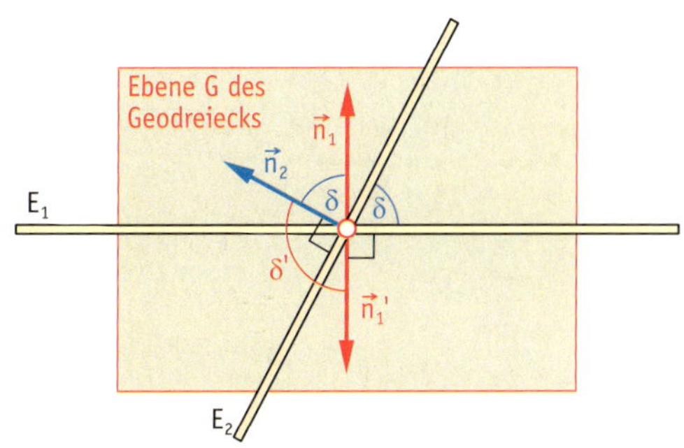

Beide Fälle zuammengefasst, erhalten wir:

Für den Schnittwinkel δ zweier Ebenen mit den Normalenvektoren $\vec{n_1}$ und $\vec{n_2}$ gilt:

$$\cos(\delta) = \frac{|\vec{n_1} * \vec{n_2}|}{|\vec{n_1}| \cdot |\vec{n_2}|} \quad \text{umit } 0° \le \delta \le 90°$$

Beispiel

Gegeben sind zwei Ebenen E_1 und E_2 durch die Koordinatengleichungen $E_1\colon x_1 - 8x_2 + 4x_3 = 25$ und $E_2\colon 6x_1 + 9x_2 - 2x_3 = 17$.

Wir berechnen den Schnittwinkel zwischen den beiden Ebenen:

$$\cos(\delta) = \frac{\left|\begin{pmatrix} 1 \\ -8 \\ 4 \end{pmatrix} * \begin{pmatrix} 6 \\ 9 \\ -2 \end{pmatrix}\right|}{\left|\begin{pmatrix} 1 \\ -8 \\ 4 \end{pmatrix}\right| \cdot \left|\begin{pmatrix} 6 \\ 9 \\ -2 \end{pmatrix}\right|} = \frac{|1 \cdot 6 + (-8) \cdot 9 + 4 \cdot (-2)|}{\sqrt{81} \cdot \sqrt{121}} = \frac{|-74|}{99} = \frac{74}{99}, \quad \text{also } \delta \approx 41{,}6°$$

Zum Üben

1 Berechnen Sie den Schnittwinkel zwischen den Ebenen E_1 und E_2.

a) $E_1\colon x_1 + x_2 + x_3 = 3$
$E_2\colon x_1 - x_2 + x_3 = 3$

b) $E_1\colon x_1 - x_2 = 1$
$E_2\colon x_1 + x_3 = 2$

c) $E_1\colon x_1 + 2x_2 + 4x_3 = 2$
$E_2\colon 2x_1 + 3x_2 - 2x_3 = 1$

d) $E_1\colon x_1 + x_2 + x_3 = 1$
$E_2\colon \vec{x} = \begin{pmatrix} 2 \\ -1 \\ 1 \end{pmatrix} + r\cdot\begin{pmatrix} 1 \\ 1 \\ -1 \end{pmatrix} + s\cdot\begin{pmatrix} 2 \\ 1 \\ 3 \end{pmatrix}$

e) $E_1\colon x_1 - x_3 = 0$
$E_2\colon \vec{x} = \begin{pmatrix} 1 \\ 1 \\ 1 \end{pmatrix} + r\cdot\begin{pmatrix} 1 \\ 3 \\ 3 \end{pmatrix} + s\cdot\begin{pmatrix} 2 \\ -1 \\ 2 \end{pmatrix}$

f) $E_1\colon \vec{x} = \begin{pmatrix} 1 \\ 2 \\ 3 \end{pmatrix} + r\cdot\begin{pmatrix} 1 \\ 1 \\ -1 \end{pmatrix} + s\cdot\begin{pmatrix} 2 \\ 1 \\ 0 \end{pmatrix}$
$E_2\colon \vec{x} = \begin{pmatrix} 1 \\ 2 \\ 3 \end{pmatrix} + r\cdot\begin{pmatrix} 2 \\ 2 \\ 1 \end{pmatrix} + s\cdot\begin{pmatrix} 1 \\ 3 \\ -2 \end{pmatrix}$

g) $E_1\colon \vec{x} = \begin{pmatrix} 2 \\ 2 \\ 1 \end{pmatrix} + r\cdot\begin{pmatrix} 1 \\ -1 \\ 1 \end{pmatrix} + s\cdot\begin{pmatrix} -2 \\ 1 \\ 3 \end{pmatrix}$
$E_2\colon \vec{x} = \begin{pmatrix} 1 \\ 0 \\ -1 \end{pmatrix} + r\cdot\begin{pmatrix} 2 \\ 1 \\ -1 \end{pmatrix} + s\cdot\begin{pmatrix} 2 \\ 1 \\ 1 \end{pmatrix}$

h) E_1 enthält die Punkte $A(1|5|9)$, $B(5|3|5)$, $C(3|7|1)$, E_2 die Punkte $P(8|9|0)$, $Q(1|1|12)$, $R(6|6|5)$.

2 Unter welchen Winkeln schneidet die Ebene E die drei Koordinatenebenen? Bestimmen Sie auch die Koordinaten der Spurpunkte von E und zeichnen Sie damit einen Ausschnitt der Ebene.

a) $E\colon x_1 - x_2 - 2x_3 = 6$

b) $E\colon \vec{x} = \begin{pmatrix} 2 \\ 1 \\ 1 \end{pmatrix} + r\cdot\begin{pmatrix} 1 \\ 2 \\ 1 \end{pmatrix} + s\cdot\begin{pmatrix} -1 \\ 3 \\ 2 \end{pmatrix}$

c) $E\colon x_1 + 3x_2 - 4x_3 - 12 = 0$

d) $E\colon \vec{x} = \begin{pmatrix} -9 \\ 5 \\ 5 \end{pmatrix} + r\cdot\begin{pmatrix} 3 \\ -1 \\ -1 \end{pmatrix} + s\cdot\begin{pmatrix} 9 \\ -3 \\ -5 \end{pmatrix}$

3

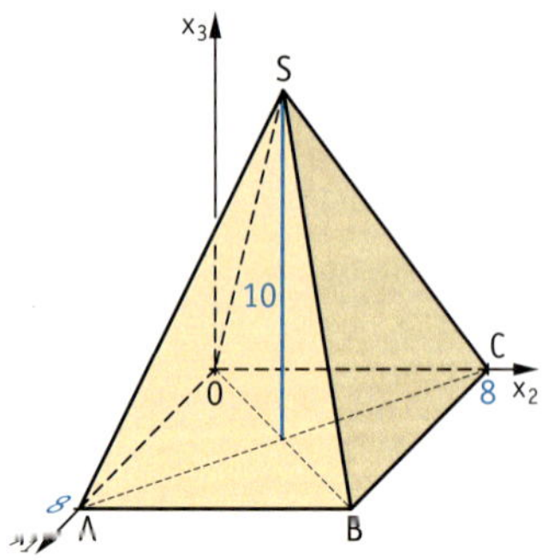

a) Berechnen Sie den Winkel zwischen zwei benachbarten Seitenflächen der Pyramide rechts.

b) Die Pyramide wird von der Ebene
$E\colon 20\cdot x_1 + 5\cdot x_2 + 18\cdot x_3 - 220 = 0$ geschnitten.
Bestimmen Sie den Flächeninhalt der Schnittfigur.

c) Unter welchem Winkel schneidet die Ebene E die Seitenkante $\overline{AS}$?

4 Von einem Würfel der Kantenlänge 4 wird an der Ecke F ein Stück abgeschnitten, die Schnittfläche bildet das Dreieck PQR.

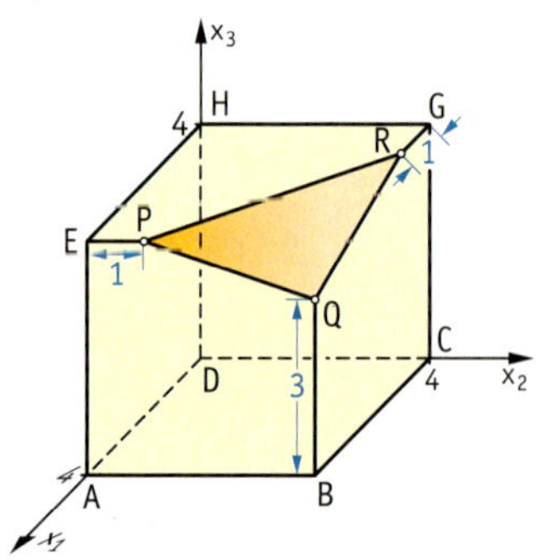

a) Unter welchem Winkel stößt das Dreieck PQR an die Seitenflächen durch die Punkte B, C und G bzw. an die Deckfläche durch die Punkte E, G und H?

b) Bestimmen Sie das Volumen des abgebildeten Körpers.

c) Wie groß ist der Flächeninhalt des Dreiecks PQR?

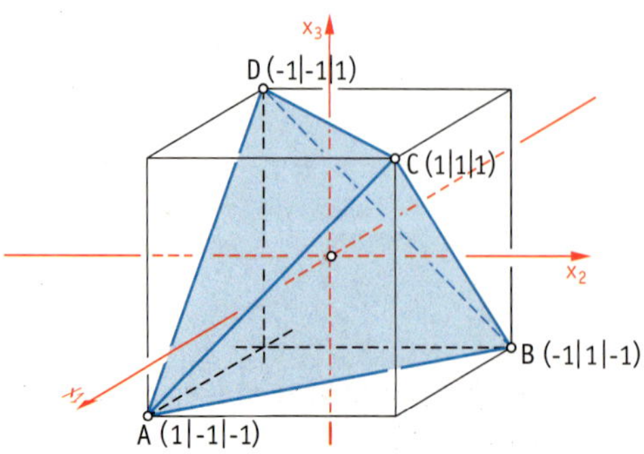

Ein **regelmäßiges Tetraeder** wird von 4 gleichseitigen kongruenten Dreiecken begrenzt.

5 Ein regelmäßiges Tetraeder wird aus Diagonalen der Seitenflächen eines geeigneten Würfels gebildet. Berechnen Sie den Winkel zwischen zwei Seitenflächen des abgebildeten Tetraeders.
Berechnen Sie das Volumen und den Oberflächeninhalt des Tetraeders.

6 Rechts ist ein Haus abgebildet, die Maße sind in Meter angegeben.

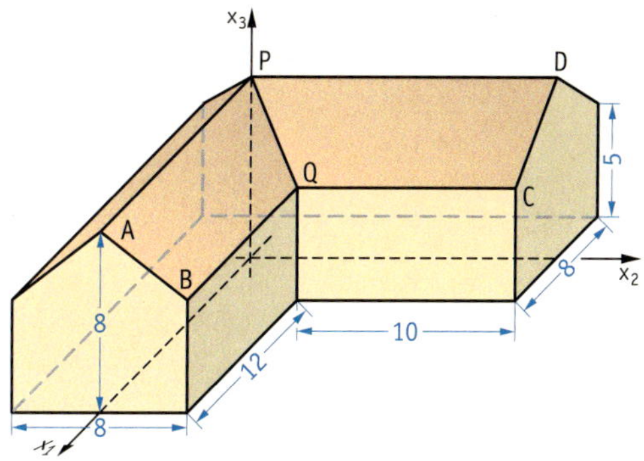

a) Wie groß ist die Dachneigung?
Berechnen Sie die Flächeninhalte der Dachflächen ABQP und PQCD.
Unter welchem Winkel stoßen diese Dachflächen zusammen?

b) Bestimmen Sie die Länge der Dachkehle $\overline{PQ}$.

c) Im Punkt $K(3|10|k_3)$ der Dachfläche PQCD ragt ein Edelstahlschornstein 2 m weit aus dem Dach. Bestimmen Sie k_3 und den Abstand, den die Schornsteinspitze von dieser Dachfläche hat.

7 Bezogen auf ein lokales Koordinatensystem mit der Einheit m liegt ein Hausdach so, dass der Dachboden ABCD in der x_1x_2-Ebene liegt und das Dach symmetrisch zur x_2x_3-Ebene ist. Gegeben sind die Eckpunkte $A(3|-5|0)$, $B(3|5|0)$, $E(2|-3|3)$ und $F(2|3|3)$.

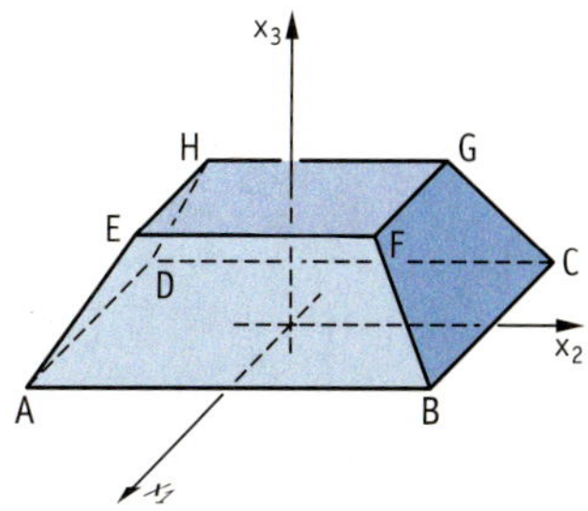

a) Geben Sie die fehlenden Koordinaten der restlichen Eckpunkte des Dachs an. Zeichnen Sie ein Schrägbild des Dachs in ein Koordinatensystem. Bestimmen Sie die Neigungswinkel der Seitenflächen des Dachs.

b) Im Punkt $P(0|4|0)$ steht ein 5 m langer Mast orthogonal auf dem Dachboden. Wie weit ragt der Mast aus dem Dach heraus?
Der Mast wird mit Drahtseilen abgespannt, ein Seil verläuft von der Mitte des Masts orthogonal zur Dachfläche BCGF. Wie lang ist dieses Seil?

8 Die „Knickpyramide von Snofru" wurde von dem ägyptischen König Snofru (um 2550 v. Chr.) in der Nähe des Dorfs Dahschur erbaut. Wahrscheinlich war die Pyramide zuerst als Bauwerk mit 300 Königsellen Länge (1 Königselle = 52,4 cm) und einem Neigungswinkel von 60° geplant. Aufgrund von Stabilitätsproblemen musste der Bauplan geändert werden.
Die Skizze zeigt den Grund- und den Aufriss der Pyramide.

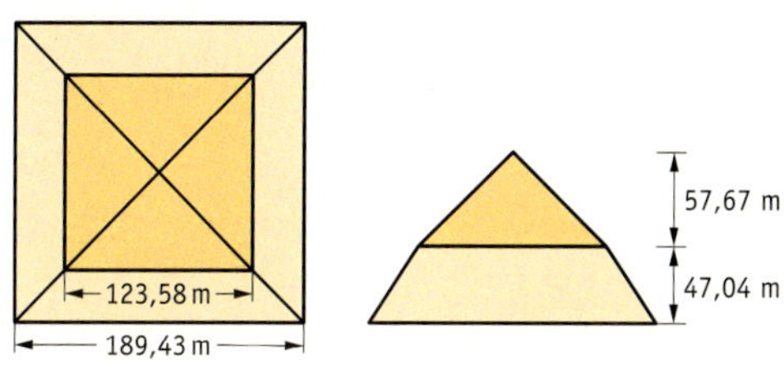

a) Wählen Sie ein geeignetes Koordinatensystem und zeichnen Sie ein Schrägbild der Knickpyramide. Im Internet findet man die Angabe, dass der Böschungswinkel des unteren Teils 54° 27′ 44″ beträgt. Überprüfen Sie diese Angabe.
Berechnen Sie den Innenwinkel, den die beiden Teilflächen einer Seitenfläche miteinander einschließen.

b) Welche Höhe hätte die Pyramide erreicht, wenn der ursprüngliche Bauplan verwirklicht worden wäre?

6.4 Abstandsberechnungen

6.4.1 Abstand eines Punktes von einer Ebene

Im Abschnitt 6.1.3 haben wir bereits Verfahren kennengelernt, mit denen man den Abstand eines Punktes von einer Geraden berechnen kann. In diesem Teilkapitel werden nun die Abstandsberechnungen mit der Bestimmung des Abstands eines Punktes von einer Ebene fortgesetzt.

Einstieg

- Die Masten von Skiliften werden in steilem Gelände manchmal durch Seilabspannungen oder Stangen im Boden gesichert. Ein Mast steht auf einem Hang, der in der Ebene $E\colon 2 \cdot x_1 + x_2 + 2 \cdot x_3 - 12 = 0$ liegt. Eines der Seile wird im Punkt $S(8\,|\,4\,|\,10)$ befestigt und verläuft orthogonal zum Hang. In welchem Punkt wird das Seil am Hang verankert, wie lang muss das Seil mindestens sein?
- Erläutern Sie, was man unter dem Abstand eines Punktes von einer Ebene versteht. Beschreiben Sie anhand einer Skizze, wie man diesen Abstand berechnen kann.

Aufgabe

1 Bestimmen des Abstandes eines Punktes von einer Ebene

In einem Baugebiet muss nach den gültigen Richtlinien der Schornstein den First um 0,5 m überragen oder die Ausströmöffnung (Schornsteinoberkante) muss von der Dachfläche einen Mindestabstand von 1 m besitzen.

In einem Koordinatensystem mit der Einheit m, das durch die Bodenplatte des Hauses und eine Vertikale bestimmt wird, kann die Dachfläche durch eine Ebene mit der Gleichung $3x_1 + 4x_3 = 12$ beschrieben werden.

Der hintere höchste Punkt P des Schornsteins hat die Koordinaten $(-2\,|\,3\,|\,6)$.

Die Firstlinie verläuft durch die Punkte $S(-4\,|\,0\,|\,6)$ und $T(-4\,|\,6\,|\,6)$.

a) Untersuchen Sie, ob der Schornstein mit der Ausströmöffnung den First überragt.

b) Überprüfen Sie, ob der Punkt P den erforderlichen Abstand von der Dachfläche hat.

Lösung

a) Die Firstlinie durch S und T verläuft in der Höhe 6, der Punkt $P(-2\,|\,3\,|\,6)$ liegt in derselben Höhe. Der Schornstein überragt also den First nicht um 0,5 m.

b) Zu der Ebene E mit der Gleichung $3x_1 + 4x_3 = 12$ gehört der Normalenvektor $\vec{n} = \begin{pmatrix} 3 \\ 0 \\ 4 \end{pmatrix}$.

Die Gerade g durch den Punkt $P(-2\,|\,3\,|\,6)$ mit dem Richtungsvektor $\vec{n}$ ist orthogonal zu E.

Sie hat die Parameterdarstellung

$$g\colon \vec{x} = \begin{pmatrix} -2 \\ 3 \\ 6 \end{pmatrix} + r \cdot \begin{pmatrix} 3 \\ 0 \\ 4 \end{pmatrix}.$$

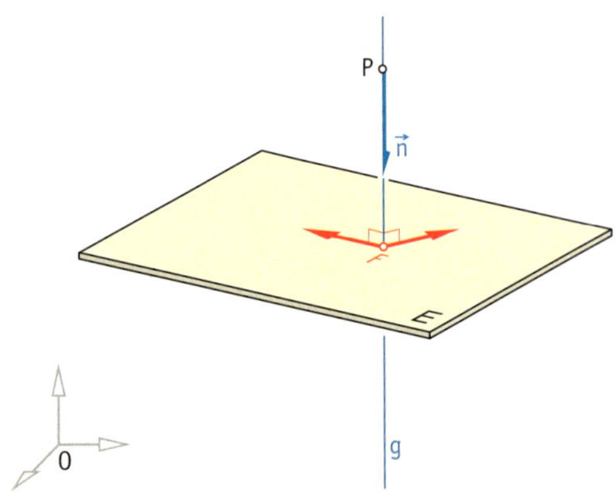

Um den Schnittpunkt F der Geraden g mit der Ebene E zu bestimmen, setzen wir $x_1 = -2 + 3r$ und $x_3 = 6 + 4r$ aus der Parameterdarstellung von g in die Gleichung der Ebene ein und lösen nach r auf:

$$3\cdot(-2+3r) + 4\cdot(6+4r) = 12$$
$$25r + 18 = 12$$
$$r = -\frac{6}{25}$$

Einsetzen von r in die Parameterdarstellung der Geraden ergibt:

Die Gerade g schneidet die Ebene E im Punkt F(−2,72 | 3 | 5,04).

$$\overrightarrow{PF} = -\frac{6}{25}\cdot\vec{n} = -\frac{6}{25}\cdot\begin{pmatrix}3\\0\\4\end{pmatrix},\quad |PF| = |\overrightarrow{PF}| = \frac{6}{25}\cdot 5 = 1{,}2$$

Die Länge der Strecke $\overline{PF}$ beträgt 1,2. Damit hat die Schornsteinoberkante einen Abstand von 1,2 m zur Dachfläche. Insgesamt sind also die Richtlinien für den Schornstein erfüllt.

Weiterführende Aufgaben

2 Abstand einer Geraden zu einer parallelen Ebene

a) Gegeben sind die Gerade $g\colon \vec{x} = \begin{pmatrix}11\\-11\\1\end{pmatrix} + r\cdot\begin{pmatrix}5\\7\\-4\end{pmatrix}$ und die Ebene $E\colon 3x_1 - x_2 + 2x_3 = 18$.
Zeigen Sie, dass g parallel zu E verläuft, aber nicht in E liegt.

b) Beschreiben Sie allgemein anhand einer Skizze, wie man den Abstand einer Geraden zu einer parallelen Ebene berechnen kann.
Führen Sie dieses Verfahren am Beispiel der gegebenen Ebene E und der Gerade g durch.

3 Abstand zueinander paralleler Ebenen

a) Gegeben sind die beiden Ebenen $E_1\colon 10x_1 - 2x_2 + 11x_3 = 30$ und $E_2\colon -20x_1 + 4x_2 - 22x_3 - 30 = 0$.
Zeigen Sie, dass die beiden Ebenen parallel zueinander und verschieden sind.

b) Beschreiben Sie allgemein anhand einer Skizze, wie man den Abstand zueinander paralleler Ebenen berechnen kann. Ermitteln Sie den Abstand der gegebenen Ebenen E_1 und E_2.

Information

Abstand eines Punktes von einer Ebene

Der Abstand (P; E) ist die kleinste unter den Entfernungen des Punktes P von allen Punkten der Ebene E.
Die Orthogonale zur Ebene E durch den Punkt P schneidet die Ebene im Punkt F. Der Punkt F ist derjenige Ebenenpunkt, welcher P am nächsten liegt:

$|PF| = \text{Abst}(P; E)$

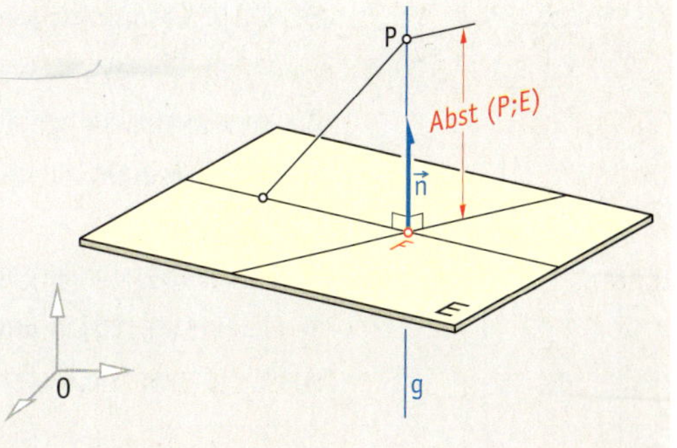

Das Verfahren aus Aufgabe 1 kann man wie folgt zusammenfassen:

Gegeben sind eine Ebene $E\colon \vec{n} * \vec{x} = d$ sowie ein Punkt P.

(1) Man bestimmt eine Parameterdarstellung einer **Orthogonalen** g durch P zur Ebene E, also:
$g\colon \vec{x} = \overrightarrow{OP} + r\cdot\vec{n}$

(2) Der Schnittpunkt F der Orthogonalen g mit der Ebene E wird bestimmt.

(3) Der Abstand des Punktes P von der Ebene E ist der Abstand der beiden Punkte P und F voneinander:
$\text{Abst}(P; E) = |PF|$

Übungsaufgaben

4 Berechnen Sie den Abstand des Punktes P von der Ebene E.

a) $P(2|-1|2)$; $E: 2x_1 + x_2 + 2x_3 = 6$

b) $P(-1|8|6)$; $E: 8x_1 + 4x_2 + x_3 - 27 = 0$

c) $P(0|0|0)$; $E: 12x_1 - 4x_2 + 3x_3 + 26 = 0$

d) $P(0|1|2)$; $E: x_1 = 7$

e) $P(1|1|1)$; $E: \vec{x} = \begin{pmatrix}1\\0\\1\end{pmatrix} + r\cdot\begin{pmatrix}-2\\1\\1\end{pmatrix} + s\cdot\begin{pmatrix}1\\1\\0\end{pmatrix}$

f) $P(1|-2|0)$; $E: \vec{x} = r\cdot\begin{pmatrix}2\\1\\-1\end{pmatrix} + s\cdot\begin{pmatrix}0\\1\\0\end{pmatrix}$

5 Zeigen Sie, dass die Gerade g und die Ebene E zueinander parallel sind.
Bestimmen Sie ihren Abstand.

a) $g: \vec{x} = \begin{pmatrix}3\\-1\\2\end{pmatrix} + r\cdot\begin{pmatrix}2\\1\\3\end{pmatrix}$; $E: x_1 + x_2 - x_3 = 5$

b) $g: \vec{x} = \begin{pmatrix}1\\-2\\1\end{pmatrix} + k\cdot\begin{pmatrix}2\\-1\\0\end{pmatrix}$; $E: \vec{x} = \begin{pmatrix}3\\0\\4\end{pmatrix} + r\cdot\begin{pmatrix}1\\3\\2\end{pmatrix} + s\cdot\begin{pmatrix}-1\\4\\2\end{pmatrix}$

6 Zeigen Sie, dass die Ebenen E_1 und E_2 zueinander parallel sind. Berechnen Sie ihren Abstand.

a) $E_1: 3x_1 - x_2 + 2x_3 = 6$; $E_2: -9x_1 + 3x_2 - 6x_3 = 24$

b) $E_1: \vec{x} = \begin{pmatrix}-2\\3\\4\end{pmatrix} + r\cdot\begin{pmatrix}1\\1\\2\end{pmatrix} + s\cdot\begin{pmatrix}-1\\2\\2\end{pmatrix}$; $E_2: 2x_1 + 4x_2 - 3x_3 = 9$

c) $E_1: \vec{x} = \begin{pmatrix}-1\\1\\3\end{pmatrix} + r\cdot\begin{pmatrix}1\\1\\-1\end{pmatrix} + s\cdot\begin{pmatrix}-1\\2\\0\end{pmatrix}$; $E_1: \vec{x} = \begin{pmatrix}4\\3\\5\end{pmatrix} + k\cdot\begin{pmatrix}-3\\3\\1\end{pmatrix} + t\cdot\begin{pmatrix}5\\-4\\-2\end{pmatrix}$

7 Bestimmen Sie die Gleichungen aller Ebenen, die von der Ebene E den Abstand 2 haben.

a) $E: x_1 + 2x_2 - 2x_3 = 3$

b) $E: 6x_1 - 3x_2 + 2x_3 - 7 = 0$

c) $E: x_1 + x_2 = 0$

d) $E: x_1 - 2x_3 = 3$

8 Das Viereck ABCD mit $A(13|-8|7)$, $B(9|-4|9)$ und $C(7|-8|13)$ ist die quadratische Grundfläche einer schiefen Pyramide, deren Spitze im Punkt $S(20|10|20)$ liegt.

a) Bestimmen Sie die Koordinaten des fehlenden Eckpunktes D.

b) Berechnen Sie die Höhe und das Volumen der Pyramide.

c) Berechnen Sie den Oberflächeninhalt der Pyramide.

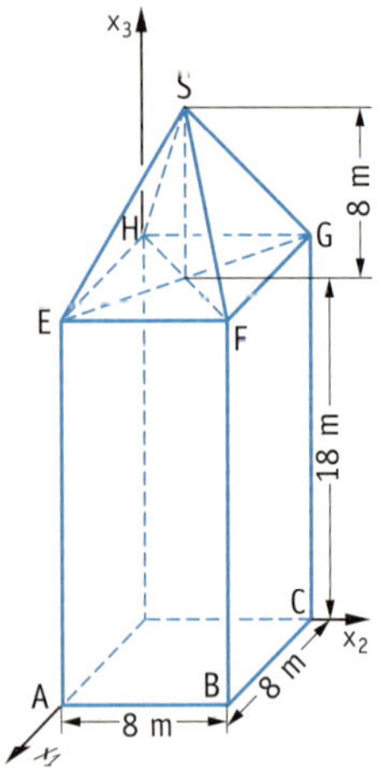

9 Ein Kirchturm hat vereinfacht die Form eines Quaders mit einer aufgesetzten geraden quadratischen Pyramide. Ein insgesamt 15 m langer Fahnenmast ist im Innern der Turmspitze im Mittelpunkt der Kante $\overline{EH}$ angebracht und verläuft orthogonal zur Dachfläche FGS.
In welchem Punkt durchstößt er diese Dachfläche, wie weit reicht der Mast ins Freie?

10 Die Ebene E enthält die Punkte $A(5|10|-2)$, $B(-2|14|3)$ und $C(2|2|5)$, die Gerade g geht durch die Punkte $P(8|p|5)$ und $Q\ (14|9|q)$.

a) Bestimmen Sie p und q so, dass die Gerade g orthogonal zu E ist.

b) Berechnen Sie die Abstände der Punkte P und Q von der Ebene E. Liegen die beiden Punkte auf derselben Seite der Ebene E?

11 Gegeben sind die Ebene $E: \begin{pmatrix}2\\-1\\2\end{pmatrix} * \vec{x} - 12 = 0$ und die Gerade $g: \vec{x} = \begin{pmatrix}8\\-4\\5\end{pmatrix} + k\cdot\begin{pmatrix}-3\\2\\4\end{pmatrix}$.

a) Zeigen Sie, dass die Gerade g zur Ebene E parallel ist, und berechnen Sie ihren Abstand von der Ebene E.

b) Geben Sie eine Parameterdarstellung der Geraden h an, die zur Geraden g bezüglich der Ebene E symmetrisch liegt.

6.4.2 Die HESSE'sche Normalenform einer Ebene

Im Abschnitt 6.4.1 haben wir ein Verfahren zur Bestimmung des Abstandes eines Punktes P von einer Ebene E kennengelernt. Nach diesem Verfahren soll hier nun eine Formel für den Abstand eines Punktes P von einer Ebene E entwickelt werden.

Einstieg

- Erläutern Sie anhand einer Skizze, wie man den Abstand eines Punktes von einer Ebene bestimmen kann.
- Entwickeln Sie eine Formel, mit der man den Abstand eines Punktes $P(p_1 | p_2 | p_3)$ zu einer Ebene E mit der Koordinatengleichung $a x_1 + b x_2 + c x_3 = d$ bestimmen kann.

Einführung

Formel für den Abstand eines Punktes von einer Ebene

Gegeben sind eine Ebene E mit $\vec{n} * \vec{x} = d$ und ein Punkt $P(p_1 | p_2 | p_3)$.

- Wir bestimmen die Orthogonale zu E durch P:
  $\vec{x} = \overrightarrow{OP} + r \cdot \vec{n}$.
- Der Punkt F liegt auf der Orthogonalen:
  $\overrightarrow{OF} = \overrightarrow{OP} + r \cdot \vec{n}$ mit passendem $r \in \mathbb{R}$.
- Der Punkt F liegt in der Ebene E:
  $\vec{n} * \overrightarrow{OF} = d$, also $\vec{n} * \overrightarrow{OP} + r \cdot (\vec{n} * \vec{n}) = d$, also:
  $r = \frac{d - \vec{n} * \overrightarrow{OP}}{\vec{n} * \vec{n}}$

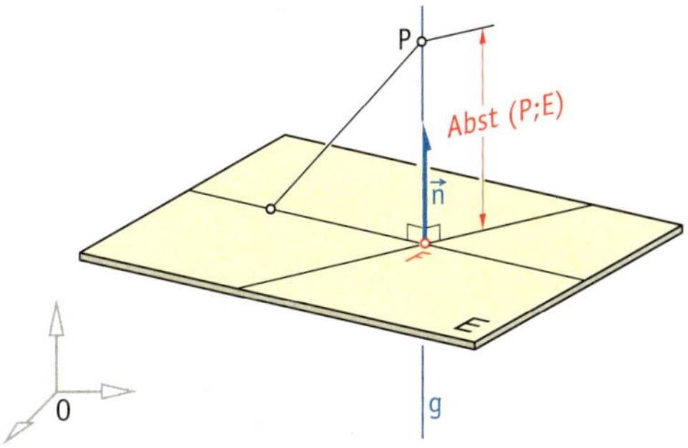

Insgesamt ergibt sich also:

$$\text{Abst}(P;\,E) = |\overrightarrow{PF}| = \left|\overrightarrow{OF} - \overrightarrow{OP}\right| = |r \cdot \vec{n}|$$

$\vec{n} * \vec{n} = |\vec{n}|^2$

$$= \left|\frac{d - \vec{n} * \overrightarrow{OP}}{\vec{n} * \vec{n}} \cdot \vec{n}\right| = \frac{|\vec{n} * \overrightarrow{OP} - d| \cdot |\vec{n}|}{\vec{n} * \vec{n}} = \frac{|\vec{n} * \overrightarrow{OP} - d|}{|\vec{n}|}$$

Somit kann man folgende Formel angeben:

Formeln für den Abstand eines Punktes von einer Ebene

Gegeben ist eine Ebene E durch die Gleichung $a x_1 + b x_2 + c x_3 = d$ bzw. durch die Gleichung $\vec{n} * \overrightarrow{OX} = d$ mit $\vec{n} = \begin{pmatrix} a \\ b \\ c \end{pmatrix}$ und ein Punkt $P(p_1 | p_2 | p_3)$. Dann gilt:

$$\text{Abst}(P;\,E) = \frac{|a p_1 + b p_2 + c p_3 - d|}{\sqrt{a^2 + b^2 + c^2}} \quad \text{bzw.} \quad \text{Abst}(P;\,E) = \frac{1}{|\vec{n}|} \cdot \left|\vec{n} * \overrightarrow{OP} - d\right|$$

Beispiel

E: $10 x_1 - 2 x_2 + 11 x_3 = 30$ und $P(3 | 1 | -2)$,

also $\text{Abst}(P;\,E) = \frac{|10 \cdot 3 - 2 \cdot 1 + 11 \cdot (-2) - 30|}{\sqrt{10^2 + (-2)^2 + 11^2}} = \frac{|-24|}{15} = 1{,}6$;

bzw. $\vec{n} = \begin{pmatrix} 10 \\ -2 \\ 11 \end{pmatrix}$ und $\vec{n} * \overrightarrow{OP} = \begin{pmatrix} 10 \\ -2 \\ 11 \end{pmatrix} * \begin{pmatrix} 3 \\ 1 \\ -2 \end{pmatrix} = 6$,

also $\text{Abst}(P;\,E) = \frac{1}{15} \cdot |6 - 30| = \frac{24}{15} = 1{,}6$.

Aufgabe

1 Gegeben sind eine Ebene E mit E: $2 x_1 + x_2 - 2 x_3 = 8$ und die Punkte $P(3 | 4 | 1)$, $Q(-2 | 1 | 3)$ und $R(5 | 2 | -1)$. Bestimmen Sie mithilfe der Formel aus der Einführung die Abstände dieser Punkte von der Ebene E.

Lösung

Wir lesen die Koordinaten des Normalenvektors $\vec{n}$ direkt aus der Koordinatengleichung ab und bestimmen die Länge von $\vec{n}$: $\vec{n} = \begin{pmatrix} 2 \\ 1 \\ -2 \end{pmatrix}$; $|\vec{n}| = \sqrt{4+1+4} = 3$

Wir setzen nun die Koordinaten der Punkte in die Formel ein und berechnen den jeweiligen Abstand:

$\text{Abst}(P; E) = \frac{1}{3} \cdot |2 \cdot 3 + 1 \cdot 4 - 2 \cdot 1 - 8| = 0$. Das bedeutet, P liegt in der Ebene E.

$\text{Abst}(Q; E) = \frac{1}{3} \cdot |2 \cdot (-2) + 1 \cdot 1 - 2 \cdot 3 - 8| = \frac{17}{3}$

$\text{Abst}(R; E) = \frac{1}{3} \cdot |2 \cdot 5 + 1 \cdot 2 - 2(-1) - 8| = 2$

Information

Ebenengleichung in HESSE'scher Normalenform

Liegt ein Punkt P in einer Ebene E, so gilt $\text{Abst}(P; E) = 0$. Aus der Abstandsformel ergibt sich damit für eine Ebene E mit $E\colon a x_1 + b x_2 + c x_3 = d$ und einen Punkt $P(p_1 | p_2 | p_3)$ der Ebene:

$\frac{1}{|\vec{n}|} \cdot \left(\vec{n} * |\overrightarrow{OP}| - d\right) = 0$ also $\frac{a p_1 + b p_2 + c p_3 - d}{\sqrt{a^2 + b^2 + c^2}} = 0$

Eine Gleichung $\frac{1}{|\vec{n}|} \cdot \left(\vec{n} * |\overrightarrow{OX}| - d\right) = 0$ wird **HESSE'sche Normalenform** einer Ebene genannt.

Setzt man in den Term einer Ebenengleichung, die in HESSE'scher Normalenform vorliegt, die Koordinaten eines Punktes P ein, so erhält man bis auf das Vorzeichen $\text{Abst}(P; E)$. Punkte, für die man beim Einsetzen null erhält, die also den Abstand $\text{Abst}(P; E) = 0$ zur Ebene haben, sind Punkte der Ebene.

LUDWIG OTTO HESSE (1811–1874), Professor für Mathematik in Königsberg, Halle, Heidelberg, München

Beispiel

- Die Ebene mit der Gleichung $10x_1 - 2x_2 + 11x_1 = 30$ hat wegen $\sqrt{10^2 + 2^2 + 11^2} = 15$ als eine HESSE'sche Normalenform: $\frac{1}{15} \cdot (10x_1 - 2x_2 + 11x_3 - 30) = 0$.
- Setzt man nun z. B. die Koordinaten von $P(3|1|-2)$ in die linke Seite der Gleichung ein, so erhält man: $\frac{1}{15} \cdot \left(10 \cdot 3 - 2 \cdot 1 + 11 \cdot (-2) - 30)\right) = -\frac{24}{15}$, also $\text{Abst}(P; E) = \left|-\frac{24}{15}\right| = 1{,}6$.

Übungsaufgaben

2 Berechnen Sie den Abstand des Punktes P von der Ebene E.

a) $P(2|-1|2)$; $E\colon 2x_1 + x_2 + 2x_3 - 6 = 0$

b) $P(-1|8|6)$; $E\colon 8x_1 + 4x_2 + x_3 = 27$

c) $P(5|8|11)$; $E\colon x = \begin{pmatrix} -1 \\ 8 \\ 6 \end{pmatrix} + r \cdot \begin{pmatrix} 1 \\ -2 \\ 0 \end{pmatrix} + s \cdot \begin{pmatrix} 2 \\ -3 \\ -4 \end{pmatrix}$

d) $P(3|1|-1)$; $E\colon \begin{pmatrix} 2 \\ 2 \\ -1 \end{pmatrix} * \left[\vec{x} - \begin{pmatrix} 5 \\ 3 \\ -2 \end{pmatrix}\right] = 0$

e) $P(-2|2|3)$; $E\colon \begin{pmatrix} 4 \\ 5 \\ 1 \end{pmatrix} * \vec{x} = -5$

f) $P(1|-2|0)$; $E\colon \vec{x} = r \cdot \begin{pmatrix} 2 \\ 1 \\ -1 \end{pmatrix} + s \cdot \begin{pmatrix} 0 \\ 1 \\ 0 \end{pmatrix}$

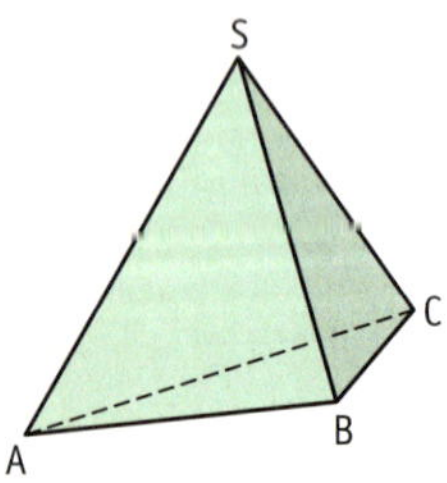

3 Eine dreiseitige Pyramide hat die Grundfläche ABC mit $A(13|-1|5)$, $B(9|3|5)$ und $C(13|3|10)$ und die Spitze $S(3|-3|15)$. Berechnen Sie die Höhe und das Volumen der Pyramide.

4 Bestimmen Sie alle Punkte, die von der Ebene $E\colon \vec{x} = \begin{pmatrix} 2 \\ -1 \\ 4 \end{pmatrix} + r \cdot \begin{pmatrix} 1 \\ 0 \\ -2 \end{pmatrix} + s \cdot \begin{pmatrix} 2 \\ 1 \\ 1 \end{pmatrix}$ den Abstand 3 haben.

5

a) Zeigen Sie, dass die beiden Ebenen $E_1\colon \vec{x} = \begin{pmatrix} -1 \\ 3 \\ 5 \end{pmatrix} + r \cdot \begin{pmatrix} 1 \\ 0 \\ -1 \end{pmatrix} + s \cdot \begin{pmatrix} 2 \\ -2 \\ 3 \end{pmatrix}$ und $E_2\colon 2x_1 + 5x_2 + 2x_3 + 5 = 0$ zueinander parallel sind, und berechnen Sie ihren Abstand.

b) Bestimmen Sie alle Punkte, die von den beiden Ebenen denselben Abstand haben.

6 Gegeben sind die Ebene $E\colon 2x_1 + x_2 + 2x_3 + 20 = 0$ und die Gerade $g\colon \vec{x} = \begin{pmatrix} 11 \\ -7 \\ 5 \end{pmatrix} + k \cdot \begin{pmatrix} 3 \\ -1 \\ 5 \end{pmatrix}$.

a) Zeigen Sie, dass g die Ebene schneidet, und bestimmen Sie die Koordinaten des Schnittpunktes.

b) Ermitteln Sie die Koordinaten derjenigen Punkte auf g, deren Abstand von der Ebene 5 beträgt.

7 Robin berechnet den Abstand a zweier zueinander paralleler Ebenen.
Überprüfen Sie seine Rechnung und korrigieren Sie gegebenenfalls.

E_1: $3x_1 - 2x_2 + 2x_3 - 14 = 0$ und
E_2: $3x_1 - 2x_2 + 2x_3 - 31 = 0$
$a = 31 - 14 = 17$

8 Gegeben sind die Punkte A(3|0|6), B(7|−2|2), und C(5|2|−2).

a) Zeigen Sie, dass es einen Punkt D gibt, sodass das Viereck ABCD ein Quadrat ist.

b) Dieses Quadrat ist die Grundfläche einer geraden Pyramide mit der Höhe h = 6.
Bestimmen Sie die Koordinaten der beiden möglichen Pyramidenspitzen S_1 und S_2.
Zeichnen Sie ein Schrägbild der beiden Pyramiden.

c) S ist diejenige Pyramidenspitze, die oberhalb der x_1x_2-Ebene liegt. Zeigen Sie, dass S auf der Geraden $g: x = \begin{pmatrix} 6 \\ 3 \\ 12 \end{pmatrix} + k \cdot \begin{pmatrix} 1 \\ 1 \\ -4 \end{pmatrix}$ mit $k \in \mathbb{R}$ liegt. Begründen Sie, dass sich das Volumen der Pyramide ABCDS nicht ändert, wenn S auf der Geraden g wandert.

9 Gegeben ist eine Ebene E durch E: $x_1 + 2x_2 + 2x_3 - 12 = 0$.

a) Bestimmen Sie die Koordinaten der Spurpunkte S_1, S_2 und S_3 von E. Zeichnen Sie das Dreieck $S_1S_2S_3$ in ein Koordinatensystem.

b) Die Punkte O, S_1, S_2 und S_3 sind die Eckpunkte einer Pyramide. Berechnen Sie das Volumen und den Oberflächeninhalt der Pyramide.

c) Im Innern der Pyramide liegt ein Punkt M, der von allen Seitenflächen und von der Grundfläche denselben Abstand hat. Bestimmen Sie die Koordinaten von M.

10 Gegeben sind die Punkte A(6|1|−2), B(4|3|−2), C(2|3|0) und D(2|1|2).

a) Die Punkte A, B, C und D sind benachbarte Eckpunkte eines ebenen regelmäßigen Sechsecks. Bestimmen Sie die Koordinaten der beiden fehlenden Eckpunkte E und F.
Zeichnen Sie das Sechseck in ein Koordinatensystem ein.

b) Das Sechseck ABCDEF ist die Grundfläche einer geraden Pyramide, deren Spitze S in der x_1x_3-Ebene liegt. Berechnen Sie das Volumen dieser Pyramide.

c) Im Innern der Pyramide liegt ein Punkt P, der von den Seitenflächen und der Grundfläche der Pyramide denselben Abstand hat. Ermitteln Sie seine Koordinaten.

11 Gegeben sind die Ebene E_1: $5x_1 + 4x_2 + 3x_3 + 9 = 0$ und die Gerade $g: \vec{x} = \begin{pmatrix} 4 \\ 0 \\ 2 \end{pmatrix} + k \cdot \begin{pmatrix} 1 \\ 6 \\ 2 \end{pmatrix}$.
Die Ebene E_2 enthält die Punkte A(5|6|4), B(5|3|8) und D(10|2|1).

a) Zeigen Sie, dass die beiden Ebenen zueinander parallel sind, und berechnen Sie ihren Abstand.
Untersuchen Sie, ob der Punkt A auf der Geraden g liegt.

b) Bestimmen Sie den Schnittpunkt S von g und E_1.

12 Gegeben ist ein Würfel der Kantenlänge 4. Eine Ebene, die durch B geht, schneidet eine Ecke des Würfels so ab, dass P genauso weit von E entfernt ist wie Q von G.

a) Bestimmen Sie die Koordinaten von P und Q so, dass die Schnittfläche den Flächeninhalt 6 hat.

b) Ermitteln Sie das Volumen des Restkörpers.

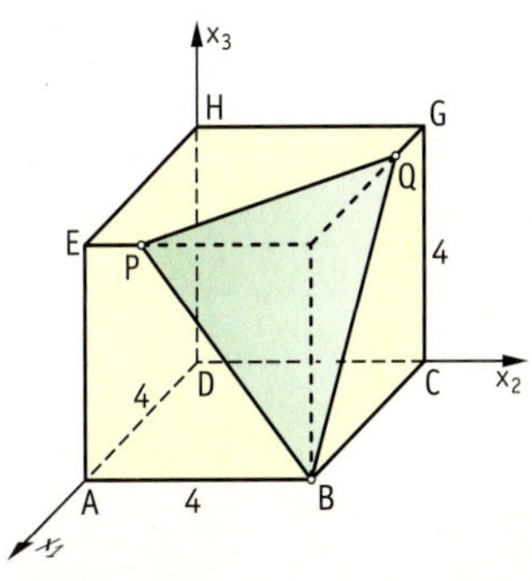

6.4.3 Abstand zueinander windschiefer Geraden

Einstieg

Gegeben ist ein schiefes Prisma mit quadratischer Grundfläche ABCD und der Deckfläche EFGH. Die Koordinaten der folgenden Punkte sind bekannt:
A(4|0|0), D(0|0|0), C(0|4|0), E(4|2|6), H(0|2|6), G(0|6|6)

- Bestimmen Sie die Koordinaten der fehlenden Punkte B und F. Zeichnen Sie das Prisma in einem Koordinatensystem.
- Begründen Sie, dass die Geraden FH und AC zueinander windschief sind. Welchen Abstand haben diese Geraden voneinander?
- Wie kann man die kürzeste Verbindung zweier zueinander windschiefer Geraden bestimmen?

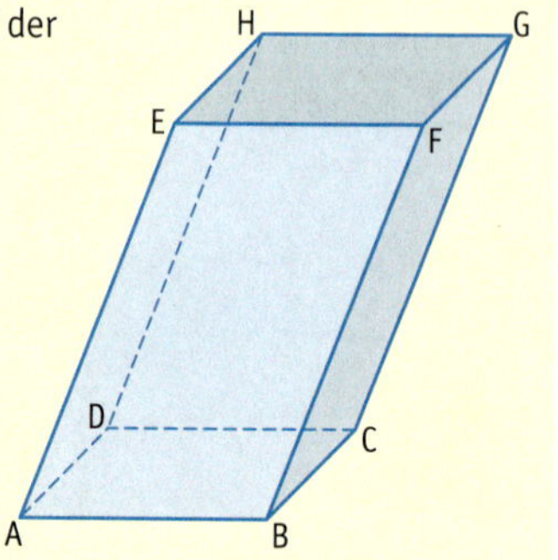

Einführung

Flugzeuge dürfen einander in der Luft nicht zu nahe kommen. Die Flugsicherung muss Flugrouten so planen und vergeben, dass Mindestabstände nach allen Seiten eingehalten werden. Dabei taucht das Problem auf, wie man den kürzesten Abstand zweier Flugrouten bestimmen kann.
Zur Vereinfachung nehmen wir geradlinige Flugbahnen an.

(1) Wie misst man den Abstand zueinander windschiefer Geraden?

Gegeben sind zwei zueinander windschiefe Geraden g und h. Wir vergleichen die Entfernungen der Punkte X auf g von den Punkten Y auf h miteinander:
Die kleinste dieser Entfernungen ist der Abstand der beiden zueinander windschiefen Geraden g und h.
Wir vermuten: Wird diese Entfernung in den Punkten P auf g und Q auf h angenommen, so schneidet die Verbindungsgerade PQ die beiden zueinander windschiefen Geraden g und h jeweils orthogonal.

(2) Abstand zweier zueinander windschiefer Geraden

Um die Vermutung zu überprüfen, suchen wir zuerst eine Gerade s, welche die gegebenen windschiefen Geraden orthogonal schneidet.
Dann vergleichen wir den Abstand der Schnittpunkte mit dem Abstand beliebiger Punkte der zueinander windschiefen Geraden.

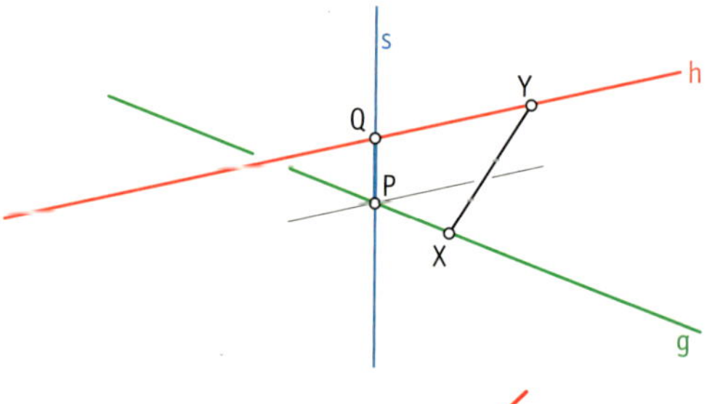

- Wir legen eine Ebene E so durch die Gerade g, dass die Gerade h parallel zu E verläuft.
  Dann schauen wir in orthogonaler Richtung auf die Ebene:
  Der scheinbare Kreuzungspunkt der zueinander windschiefen Geraden g und h liegt auf der gesuchten Geraden s, welche g in einem Punkt P und h in einem Punkt Q orthogonal schneidet.

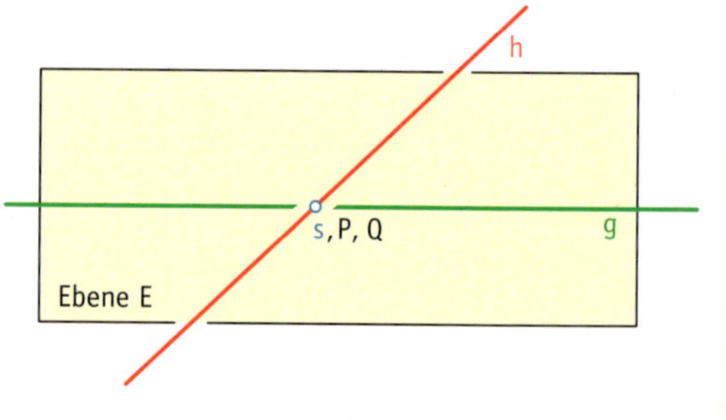

- Nun blicken wir entlang der Geraden g:
  Diese erscheint jetzt als Punkt, die Ebene E als Gerade, die Gerade s orthogonal dazu und die Strecke $\overline{PQ}$ in wahrer Länge. Die Strecke $\overline{PQ}$ ist kürzer als jede andere Strecke $\overline{XY}$ mit X auf g und Y auf h.
  Also stimmt die Vermutung.

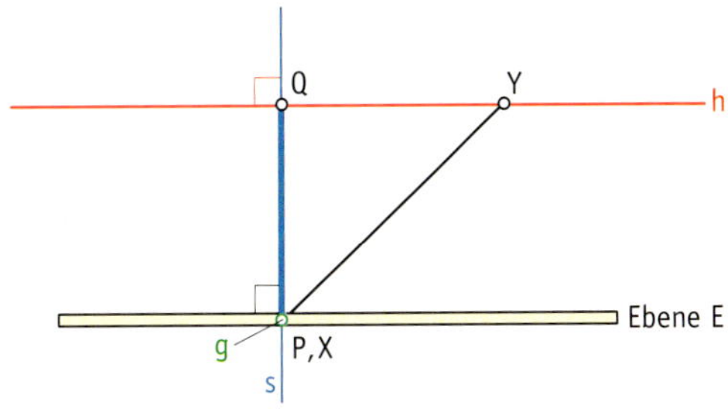

Aufgabe

1 Die Flugroute eines Sportflugzeugs kann durch die Gerade $g: \vec{x} = \begin{pmatrix} -2 \\ 3 \\ 5 \end{pmatrix} + k \cdot \begin{pmatrix} 1 \\ 2 \\ 0 \end{pmatrix}$ näherungsweise beschrieben werden. Ein Verkehrsflugzeug befindet sich ebenfalls auf geradlinigem Kurs, es wird zuerst im Punkt $A(1|-6|2)$ und später wieder im Punkt $B(5|6|4)$ geortet (Einheit 1 km).
Die beiden Flugbahnen sind zueinander windschief.
Bestimmen Sie ihren Abstand.

Lösung

Wir beschreiben die Flugroute des Verkehrsflugzeugs näherungsweise durch eine Gerade $h: \vec{x} = \begin{pmatrix} 1 \\ -6 \\ 2 \end{pmatrix} + r \cdot \begin{pmatrix} 2 \\ 6 \\ 1 \end{pmatrix}$.
Für den Ortsvektor $\overrightarrow{OP}$ eines Punktes P auf g gilt:

$$\overrightarrow{OP} = \begin{pmatrix} -2 + k \\ 3 + 2k \\ 5 \end{pmatrix}$$

Für den Ortsvektor $\overrightarrow{OQ}$ eines Punktes Q auf h gilt:

$$\overrightarrow{OQ} = \begin{pmatrix} 1 + 2r \\ -6 + 6r \\ 2 + r \end{pmatrix}$$

Somit ergibt sich für den Verbindungsvektor $\overrightarrow{PQ}$:

$$\overrightarrow{PQ} = \overrightarrow{OQ} - \overrightarrow{OP} = \begin{pmatrix} 3 - k + 2r \\ -9 - 2k + 6r \\ -3 + r \end{pmatrix}$$

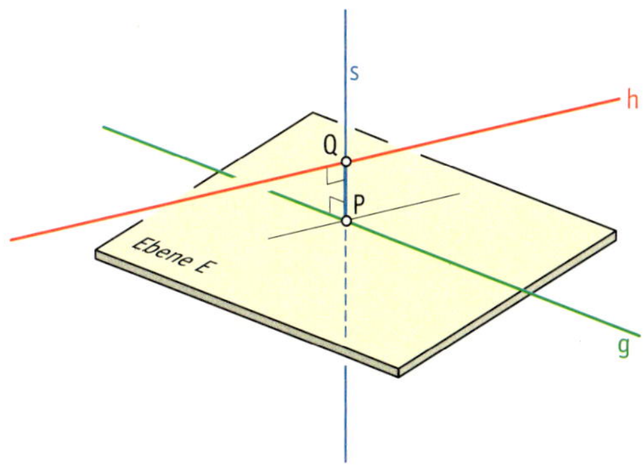

Nach unseren Vorüberlegungen ist die Gerade PQ orthogonal zu beiden Geraden g und h, folglich gelten die Bedingungen $PQ \perp g$ und $PQ \perp h$.

Für die Richtungsvektoren gilt also: (1) $\overrightarrow{PQ} * \begin{pmatrix} 1 \\ 2 \\ 0 \end{pmatrix} = 0$ und (2) $\overrightarrow{PQ} * \begin{pmatrix} 2 \\ 6 \\ 1 \end{pmatrix} = 0$

Berechnet man die beiden Skalarprodukte, so erhält man das lineare Gleichungssystem

$\left| \begin{matrix} -5k + 14r - 15 = 0 \\ -14k + 41r - 51 = 0 \end{matrix} \right|$, das die einzige Lösung $k = 11$ und $r = 5$ besitzt.

Mit diesen Werten erhält man den Vektor $\overrightarrow{PQ} = \begin{pmatrix} 2 \\ -1 \\ 2 \end{pmatrix}$ und die Punkte $P(9|25|5)$ und $Q(11|24|7)$ der Geraden PQ. Damit ergibt sich der Abstand $|\overrightarrow{PQ}| = 3$. Die Flugrouten haben einen Abstand von 3 km.

Weiterführende Aufgabe

2 Alternativer Lösungsweg zum Berechnen des Abstandes windschiefer Geraden

Gegeben sind zwei zueinander windschiefe Geraden g und h durch $g: \vec{x} = \begin{pmatrix} 2 \\ 7 \\ -6 \end{pmatrix} + r \cdot \begin{pmatrix} 2 \\ 3 \\ 0 \end{pmatrix}$ und $h: \vec{x} = \begin{pmatrix} 2 \\ -3 \\ 7 \end{pmatrix} + s \cdot \begin{pmatrix} 2 \\ 0 \\ -1 \end{pmatrix}$.

Marina sagt: *Ich bestimme eine Ebene E, die g enthält und parallel zu h ist. Der Abstand der beiden Geraden voneinander ist dann gleich dem Abstand der Geraden h von der Ebene E.*
Überprüfen Sie diese Behauptung und berechnen Sie mit diesem Verfahren den Abstand der Geraden.

Übungsaufgaben

3 Zeigen Sie, dass die Geraden g und h zueinander windschief sind, und bestimmen Sie ihren Abstand.

a) g: $\vec{x} = \begin{pmatrix} -2 \\ 8 \\ -1 \end{pmatrix} + r \cdot \begin{pmatrix} 2 \\ -2 \\ 3 \end{pmatrix}$; h: $\vec{x} = \begin{pmatrix} 7 \\ 4{,}5 \\ 3 \end{pmatrix} + s \cdot \begin{pmatrix} -1 \\ 2 \\ 1 \end{pmatrix}$

b) g: $\vec{x} = \begin{pmatrix} -5 \\ 2 \\ 7 \end{pmatrix} + r \cdot \begin{pmatrix} 3 \\ 1 \\ -1 \end{pmatrix}$; h geht durch A(12|−7|8) und B(4|−2|12)

c) g geht durch A(−1|−1|5) und B(5|7|72), h geht durch C(−1|19|−5) und D(7|25|−9)

4 Berechnen Sie die Abstände der Geraden g von den Koordinatenachsen.

a) g: $\vec{x} = \begin{pmatrix} 3 \\ 1 \\ -2 \end{pmatrix} + r \cdot \begin{pmatrix} 1 \\ -1 \\ 2 \end{pmatrix}$

b) g: $\vec{x} = \begin{pmatrix} 1 \\ 2 \\ 1 \end{pmatrix} + r \cdot \begin{pmatrix} -2 \\ 1 \\ 3 \end{pmatrix}$

5 Zeigen Sie, dass es genau eine Gerade gibt, welche die Geraden g: $\vec{x} = \begin{pmatrix} -2 \\ 0 \\ 4 \end{pmatrix} + r \cdot \begin{pmatrix} 4 \\ -3 \\ 1 \end{pmatrix}$ und h: $\vec{x} = \begin{pmatrix} 6{,}25 \\ 0 \\ -5 \end{pmatrix} + s \cdot \begin{pmatrix} 4 \\ 3 \\ -2 \end{pmatrix}$ orthogonal schneidet. Geben Sie die Koordinaten der Schnittpunkte an.

6 Gegeben sind die beiden Geraden g: $\vec{x} = \begin{pmatrix} 2 \\ 7 \\ -6 \end{pmatrix} + r \cdot \begin{pmatrix} 2 \\ 3 \\ 0 \end{pmatrix}$ und h: $\vec{x} = \begin{pmatrix} 2 \\ -3 \\ 7 \end{pmatrix} + s \cdot \begin{pmatrix} 2 \\ 0 \\ -1 \end{pmatrix}$.

a) Berechnen Sie den Abstand von g und h.

b) Bestimmen Sie eine Parameterdarstellung der Parallelen zu g, welche die Gerade h schneidet und den geringsten Abstand zu g hat.

7 Gegeben sind die beiden Geraden g: $\vec{x} = \begin{pmatrix} 3 \\ 4 \\ 6 \end{pmatrix} + r \cdot \begin{pmatrix} 2 \\ -3 \\ 0 \end{pmatrix}$ und h: $\vec{x} = \begin{pmatrix} -2 \\ 1 \\ 14 \end{pmatrix} + s \cdot \begin{pmatrix} -4 \\ 1 \\ 0 \end{pmatrix}$.

Tina behauptet: *Die beiden Geraden sind zueinander windschief und ihr Abstand beträgt 8. Das kann ich direkt aus ihren Parameterdarstellungen ablesen.*

Wie macht sie das? Erläutern Sie ihre Überlegung. Hat sie recht?

LK **8** Gegeben sind die Gerade g: $\vec{x} = \begin{pmatrix} -3 \\ 6 \\ 4 \end{pmatrix} + r \cdot \begin{pmatrix} 2 \\ -2 \\ 1 \end{pmatrix}$ sowie die Punkte A(3|3|−5) und B(−1|1|−1).

Die Gerade h enthält die Punkte A und B.

a) Zeigen Sie, dass die Geraden g und h zueinander windschief sind. Es gibt eine Kugel, welche die beiden Geraden in den Endpunkten eines Durchmessers berührt. Bestimmen Sie den Mittelpunkt und den Radius dieser Kugel.

b) Es gibt eine Gerade k durch den Punkt P(4|2|0), welche die Geraden g und h schneidet. Ermitteln Sie eine Parameterdarstellung von k. Untersuchen Sie, wie diese Gerade zur Kugel liegt.

9 Gegeben ist eine Gerade g: $\vec{x} = \begin{pmatrix} -2 \\ 1 \\ 3 \end{pmatrix} + r \cdot \begin{pmatrix} 4 \\ -2 \\ 1 \end{pmatrix}$.

Gesucht ist eine Gerade h, die windschief zu g ist und von g den Abstand 10 hat.

a) Überlegen Sie, wie man eine solche Gerade h finden kann. Fertigen Sie dazu auch Skizzen an, mit deren Hilfe Sie Ihr Vorgehen beschreiben können.

b) Vergleichen Sie Ihre Lösungsstrategien untereinander.

10 Eine Flugüberwachung ortet ein Verkehrsflugzeug. Bezogen auf ein lokales Koordinatensystem, in dessen Ursprung sich die Flugüberwachung befindet, kann die Flugroute des Verkehrsflugzeugs näherungsweise durch die Gerade g: $\vec{x} = \begin{pmatrix} -2 \\ 3 \\ 2 \end{pmatrix} + r \cdot \begin{pmatrix} 3 \\ -5 \\ 1 \end{pmatrix}$ angegeben werden.

Zum gleichen Zeitpunkt erfasst die Flugüberwachung auch ein Sportflugzeug, dessen Kurs durch die Gerade h: $\vec{x} = \begin{pmatrix} 1 \\ 4 \\ 3 \end{pmatrix} + s \cdot \begin{pmatrix} -2 \\ -2 \\ 0 \end{pmatrix}$ beschrieben werden kann (Einheit in km). Untersuchen Sie, ob die beiden Flugzeuge auf diesen Routen jederzeit einen geforderten Mindestabstand von 600 m einhalten.

Die folgenden Aufgaben helfen Ihnen bei der Organisation des selbstständigen Lernprozesses. Zur Selbstkontrolle sind alle Lösungen dieser Aufgaben im Anhang dieses Buches abgedruckt.

1

a) Beschreiben Sie, wie man den Abstand eines Punktes von einer Geraden berechnen kann.

b) Welchen Abstand hat $P(6|27|-2)$ von der Geraden g, die durch $A(1|6|2)$ und $B(0|3|-2)$ geht?

c) Welcher Punkt Q auf g hat den kleinsten Abstand zu P?

2 Gegeben sind die Ebenen $E_1: 3x_1 + x_2 - 2x_3 = d$ und $E_2: 6x_1 + 2x_2 + cx_3 = 8$.

a) Wie ist c zu wählen, damit die Ebenen parallel zueinander sind?

b) Für welche Paare (c; d) sind die Ebenen identisch?

3 Der Punkt $A(-8|0|4)$ und die Gerade $g: \vec{x} = \begin{pmatrix} -1 \\ 0 \\ 7 \end{pmatrix} + k \cdot \begin{pmatrix} 23 \\ 6 \\ 0 \end{pmatrix}$ mit $k \in \mathbb{R}$ bestimmten eine Ebene E_1.

Eine zweite Ebene E_2 hat die Parameterdarstellung $E_2: \vec{x} = \begin{pmatrix} -2 \\ 3 \\ 2 \end{pmatrix} + r \cdot \begin{pmatrix} 3 \\ 1 \\ 0 \end{pmatrix} + s \cdot \begin{pmatrix} 3 \\ 0 \\ 2 \end{pmatrix}$ mit $r, s \in \mathbb{R}$.

Zeigen Sie, dass die beiden Ebenen einander schneiden und ermitteln Sie eine Parameterdarstellung der Schnittgeraden der Ebenen E_1 und E_2.

4 Gegeben sind die Geraden $g: \vec{x} = \begin{pmatrix} 3 \\ -2 \\ 4 \end{pmatrix} + t \cdot \begin{pmatrix} 4 \\ 1 \\ -1 \end{pmatrix}$ und $h: \vec{x} = \begin{pmatrix} 2 \\ -4 \\ 7 \end{pmatrix} + t \cdot \begin{pmatrix} -4 \\ 0 \\ 2 \end{pmatrix}$ mit $t \in \mathbb{R}$.

a) Erläutern Sie, wie man den Abstand zweier zueinander windschiefer Geraden berechnen kann.

b) Zeigen Sie, dass die Geraden g und h windschief zueinander sind, und bestimmen Sie ihren Abstand.

c) Bestimmen Sie die Punkte G auf g und H auf h, die den geringsten Abstand voneinander haben.

5 In einem Hochseilklettergarten ist ein Seil nahezu geradlinig zwischen den Punkten $P(2|1|4)$ und $Q(-2|1|8)$ gespannt (Einheit 1 m).
Für eine Erweiterung der Anlage soll ein Mast errichtet werden, der im Punkt $R(0|2|0)$ orthogonal auf der x_1x_2-Ebene steht.
Die Mastspitze S soll von dem Seil einen Abstand von 3 m haben und höher als das Seil liegen.
Bestimmen Sie die Koordinaten von S.

6 Eine quadratische Pyramide hat die Grundfläche ABCD mit $A(6|0|0)$, $B(0|6|0)$, $C(-6|0|0)$ und $D(0|-6|0)$ und die Spitze $S(0|0|12)$.

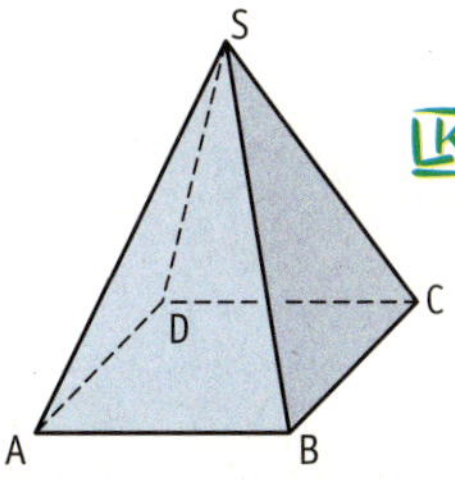

a) Berechnen Sie das Volumen der Pyramide.

LK **b)** Im Inneren der Pyramide gibt es einen Punkt P, der von allen Flächen der Pyramide den gleichen Abstand hat.
Bestimmen Sie die Koordinaten von P.

c) Der Punkt S_k ist ein Punkt der Geraden $s: \vec{x} = \begin{pmatrix} 6 \\ 3 \\ 12 \end{pmatrix} + k \cdot \begin{pmatrix} 2 \\ 1 \\ 0 \end{pmatrix}$.
Begründen Sie, dass alle Pyramiden $ABCDS_k$ das gleiche Volumen wie die Pyramide ABCDS besitzen.

7 Gegeben sind die Punkte $A(3|8|1)$, $B(2|4|8)$, $C(8|4|-2)$, die Ebene $E_1\colon 5x_1 + 4x_2 + 3x_3 + 20 = 0$ sowie die Gerade g mit: $\vec{x} = \begin{pmatrix} 1 \\ -4 \\ -3 \end{pmatrix} + t \cdot \begin{pmatrix} 1 \\ 6 \\ 2 \end{pmatrix}$, $t \in \mathbb{R}$.

Die Ebene E_2 enthält die Punkte A, B und C.

a) Zeigen Sie, dass die Ebenen E_1 und E_2 parallel zueinander sind. Bestimmen Sie ihren Abstand.

b) Geben Sie den Schnittpunkt und den Schnittwinkel von g mit E_1 an.

c) Bestimmen Sie einen Punkt auf g, der von E_1 und E_2 gleich weit entfernt ist.

8 Von einem Flugplatz, der in der x_1x_2-Ebene liegt, hebt ein Sportflugzeug im Punkt $A(4|1|0)$ von der Startbahn ab. Es fliegt in den ersten drei Minuten auf einem Kurs, der annähernd durch die Gerade $g\colon \vec{x} = \begin{pmatrix} 4 \\ 1 \\ 0 \end{pmatrix} + r \cdot \begin{pmatrix} 18 \\ 14 \\ 3 \end{pmatrix}$ (r in Minuten ab dem Abheben), beschrieben werden kann. Die Längeneinheit beträgt 100 m. Nach drei Minuten ändert der Pilot seinen Kurs und fliegt in den nächsten 20 Minuten ohne weitere Kursänderung pro Minute um den Vektor $\vec{u} = \begin{pmatrix} 22 \\ 19 \\ 1{,}2 \end{pmatrix}$ weiter.

a) Mit welcher Geschwindigkeit hebt die Maschine vom Boden ab? In welchem Punkt befindet sich das Flugzeug 10 Minuten nach dem Abheben? Welche Geschwindigkeit hat es zu diesem Zeitpunkt?

b) Ein zweites Flugzeug befindet sich in dem Moment, in dem das Sportflugzeug in A abhebt, im Punkt $B(220|-180|32)$. Es bewegt sich über längere Zeit pro Minute um den Vektor $\vec{v} = \begin{pmatrix} 14 \\ 25 \\ 0 \end{pmatrix}$ weiter.
Wie weit sind die beiden Flugzeuge 10 Minuten nach dem Abheben des Sportflugzeugs voneinander entfernt?

c) Untersuchen Sie, ob es zu einer Kollision kommen könnte, wenn die beiden Flugzeuge ihren Kurs beibehalten.

9 Gegeben sind die Punkte $A(4|2|-1)$, $B(4|7|-1)$ und $C(7|7|3)$.

a) Stellen Sie eine Koordinatengleichung der Ebene E durch die Punkte A, B, C auf.
Ein Punkt D kann so gewählt werden, dass das Viereck ABCD ein Quadrat ist. Geben Sie die Koordinaten von D an. Zeichnen Sie das Quadrat in ein Koordinatensystem.

b) Für $t \in \mathbb{R}$ ist ein Punkt $S_t(17 + 3t|7 + t|8 + 4t)$ gegeben. Weisen Sie nach, dass alle Punkte S_t auf einer Geraden g liegen und geben Sie eine Parameterdarstellung dieser Geraden an.
Zeigen Sie, dass g parallel zu E verläuft und berechnen Sie den Abstand von g zu E.

c) M ist der Schnittpunkt der Diagonalen des Quadrats ABCD. Zeigen Sie, dass es einen Wert t_0 gibt, für den die Gerade MS_{t_0} orthogonal zur Ebene E ist. Bestimmen Sie die Koordinaten des Punktes S_{t_0}.
Berechnen Sie das Volumen der Pyramide $ABCDS_{t_0}$.

10 Gegeben ist die Ebene E mit $E\colon \vec{x} = \begin{pmatrix} 1 \\ 0 \\ -2 \end{pmatrix} + r \cdot \begin{pmatrix} 3 \\ -3 \\ 4 \end{pmatrix} + s \cdot \begin{pmatrix} 1 \\ -3 \\ 0 \end{pmatrix}$ mit $r, s \in \mathbb{R}$, die Gerade g mit $g\colon \vec{x} = \begin{pmatrix} 1 \\ 6 \\ 2 \end{pmatrix} + t \cdot \begin{pmatrix} 1 \\ 3 \\ 4 \end{pmatrix}$ mit $t \in \mathbb{R}$, sowie die Punkte $A(6|13|-2)$ und $B(2|3|2)$.

a) Geben Sie eine Koordinatengleichung von E an. Zeigen Sie, dass B und g in E liegen. Welchen Abstand hat A zu E, welchen B zu g?

b) Bestimmen Sie eine Parameterdarstellung der Geraden h, die A enthält, g schneidet und orthogonal zu g ist. Ermitteln Sie den Winkel, den h mit E einschließt. Untersuchen Sie, ob es Punkte auf h gibt, die zur x_1x_2-Ebene und x_1x_3-Ebene denselben Abstand haben.

7 Matrizen LK

Eine Unternehmensberatung hat für einen Discounter untersucht, welcher Anteil der versendeten Werbe-E-Mails in Abhängigkeit vom Versandzeitpunkt geöffnet wird.

Die nachfolgende Tabelle zeigt die Prozentsätze der geöffneten Werbe-E-Mails in Abhängigkeit von den Wochentagen und dem Zeitraum des Versands.

	0-6 Uhr	6-9 Uhr	9-12 Uhr	12-15 Uhr	15-18 Uhr	18-21 Uhr	21-24 Uhr
Montag	15,2	32,8	30,7	30,4	28,7	35,7	21,4
Dienstag	14,4	33,5	28,4	30,4	29,5	28,5	18,3
Mittwoch	11,8	25,7	19,0	28,8	25,3	22,4	15,6
Donnerstag	14,7	18,3	20,1	25,2	23,4	20,8	22,2
Freitag	16,7	26,1	26,4	32,1	30,0	28,5	15,6
Durchschnitt	14,6	27,3	24,9	29,4	27,4	27,2	18,6

An der Tabelle kann man zum Beispiel ablesen, dass durchschnittlich etwa 30,7 % aller Werbe-Mails, die montags zwischen 9 und 12 Uhr versendet werden, geöffnet werden.

Erläutern Sie den Aufbau der Tabelle und geben Sie weitere Informationen an, die man der Tabelle entnehmen kann.
Aus Gründen der Übersichtlichkeit ist es oft sinnvoll, Datenmaterial in Tabellenform zu notieren.
In vielen Bereichen der Wirtschaft werden deshalb Daten oder Beziehungen zwischen ökonomischen Größen in Tabellenform dargestellt.

Die Schreibweise in Form einer Tabelle ermöglicht es, Zusammenhänge zu analysieren und mit den Daten zu rechnen. Tabellen, mit denen gerechnet werden kann, bezeichnet man als *Matrizen*.

In diesem Kapitel:

- lernen Sie, wie man mit Matrizen rechnet;
- beschreiben und untersuchen Sie Abbildungen in der Ebene und im Raum mithilfe von Matrizen;
- beschreiben Sie Materialverflechtungen und Zustandsänderungen mithilfe von Matrizen;
- untersuchen Sie sich wiederholende Prozesse mithilfe von Matrizen.

Überblick behalten mit Tabellen

Absatzplanung

1 Ein Fernsehhersteller beliefert jeden Monat 4 Verkaufsfilialen mit verschiedenen TV-Modellen.
Für die Absatzplanung eines Jahres sind monatlich für 9 Monate die in der Tabelle unten angegebenen Lieferzahlen geplant. In den Sommermonaten Juni und Juli soll jeweils nur die Hälfte geliefert werden und zum Weihnachtsgeschäft im Dezember das Doppelte.

Modell / Filiale	26 Zoll LCD TV	32 Zoll LCD TV	42 Zoll LCD TV		52 Zoll LCD TV	
	HD ready	HD ready	HD ready	Full HD	HD ready	Full HD
Filiale A	8	14	8	16	4	16
Filiale B	4	6	14	20	6	8
Filiale C	0	14	4	12	0	32
Filiale D	0	8	0	22	0	14

Berechnen Sie die geplanten Jahresabsatzzahlen für die jeweiligen Geräte und Filialen.

Abbildungen

2 In einem geeignet gewählten Koordinatensystem kann ein Haus durch die Punkte A(0 | 0 | 0), B(8 | 0 | 0), C(8 | 12 | 0), D(0 | 12 | 0), E(0 | 0 | 6), F(8 | 0 | 6), G(8 | 12 | 6), H(0 | 12 | 6), I(4 | 3 | 10) und K(4 | 9 | 10) dargestellt werden (Einheit in m).
Zu einem bestimmten Zeitpunkt fallen die Sonnenstrahlen parallel zum Vektor $\vec{v} = \begin{pmatrix} 2 \\ 2 \\ -1 \end{pmatrix}$ ein.

- Fertigen Sie für das Haus eine Zeichnung in einem dreidimensionalen Koordinatensystem an.
- Berechnen Sie die Schattenpunkte der angegebenen Eckpunkte des Hauses in der x_1x_2-Ebene und zeichnen Sie den Schatten in das Koordinatensystem ein.
- Berechnen Sie die Bildpunkte der Punkte $P_1(1 | 0 | 0)$, $P_2(0 | 1 | 0)$ und $P_3(0 | 0 | 1)$.
- Der Schattenpunkt eines beliebigen Punktes $P(p_1 | p_2 | p_3)$ in der x_1x_2-Ebene soll berechnet werden.
  Verwenden Sie dazu die obigen Teilergebnisse und untersuchen Sie, wie der Ortsvektor des Bildpunktes von $P(p_1 | p_2 | p_3)$ mithilfe der Ortsvektoren der Bildpunkte der Einheitsvektoren $\vec{e_1} = \begin{pmatrix} 1 \\ 0 \\ 0 \end{pmatrix}$, $\vec{e_2} = \begin{pmatrix} 0 \\ 1 \\ 0 \end{pmatrix}$ und $\vec{e_3} = \begin{pmatrix} 0 \\ 0 \\ 1 \end{pmatrix}$ berechnet werden kann.

Wechselverhalten

3 In einer Region gibt es drei Autowerkstätten: Autohaus Abel, Autowerkstatt Berner und CarRepair Colde.
Alle drei Werkstätten sind mit ihrer Auftragslage zufrieden.
Langjährige Marktbeobachtungen zeigen, dass bedingt durch Werbung und Sonderaktionen jährlich einige Stammkunden ihre Werkstatt wechseln. So wechseln von der Firma Abel etwa 5 % der Stammkunden zur Autowerkstatt Berner und 10 % zu CarRepair Colde; von der Autowerkstatt Berner wechseln etwa 10 % zu CarRepair Colde und 15 % zum Autohaus Abel; von der Firma CarRepair Colde wechseln jeweils 5 % zum Autohaus Abel und zur Autowerkstatt Berner.

- Stellen Sie das Wechselverhalten übersichtlich in einem Diagramm dar.
- Zurzeit hat das Autohaus Abel 660 Stammkunden, die Autowerkstatt Berner 402 Stammkunden und die Firma CarRepair Colde 642 Stammkunden. Beschreiben Sie die Entwicklung der Kundenzahlen in den nächsten drei Jahren.
- Untersuchen Sie, ob es eine Verteilung der insgesamt 1704 Kunden auf die drei Werkstätten gibt, bei der sich die Anzahl der Kunden für die einzelnen Werkstätten trotz des beschriebenen Wechselverhaltens nicht verändert.

Von Rohstoffen über Zwischenprodukte zum Endprodukt

4 Es gibt verschiedene Verfahren zur Herstellung von Kerzen: das Gießverfahren, das Pressverfahren, das Tauchverfahren und das Ziehverfahren.
Eine Firma stellt Kerzen im Ziehverfahren her. Dabei wird ein 120 Meter langer Docht über große Trommeln geführt und durch ein Becken mit Paraffin gezogen. Es bildet sich ein langer Strang, der danach in kleine Stücke zerteilt wird.
Bei der Produktion einer Serie von 20 cm langen Kerzen entstehen vier Endprodukte aus drei Zwischenprodukten und fünf Rohstoffen. Die Grafik unten zeigt, woraus sich die einzelnen Produkte zusammensetzen.

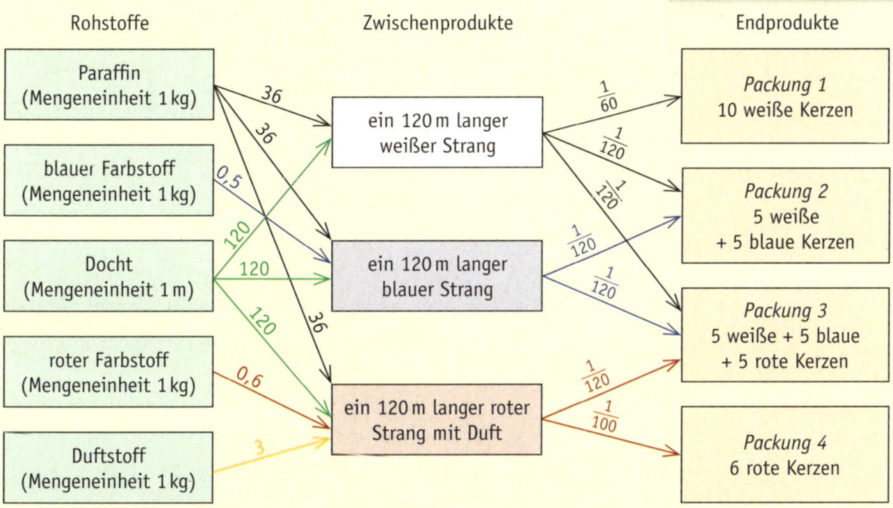

- Bestimmen Sie, wie viele Rohstoffe für die Herstellung jeder einzelnen Packung benötigt werden.
- Entwerfen Sie ein Modell zur Bestimmung der benötigten Rohstoffeinheiten bei beliebigen Bestellmengen der Endprodukte.

7.1 Rechnen mit Matrizen

Bisher kennen Sie Matrizen nur als vereinfachte Schreibweise für lineare Gleichungssysteme. In diesem Abschnitt lernen Sie Matrizen als vereinfachte Darstellung von Tabellen aus vielen verschiedenen Anwendungssituationen kennen und erfahren, wie man auch sinnvoll mit diesen mathematischen Objekten rechnen kann.

7.1.1 Matrizen – Addieren, Subtrahieren und Vervielfachen

Einstieg

In einer Stadt wurden von 12:00 Uhr bis 16:00 Uhr an drei Straßen S_1, S_2 und S_3 Verkehrszählungen durchgeführt. Dabei wurde unterschieden zwischen Lkw, Pkw, motorisierten Zweirädern und Fahrrädern.

Straße \ Fahrzeug	Lkw	Pkw	motoris. Zweiräder	Fahrräder
S_1	42	254	12	13
S_2	75	382	17	0
S_3	0	138	5	89

Pro Stunde ergaben sich durchschnittlich die in der obenstehenden Tabelle dargestellten Werte.

- Wie viele Fahrzeuge haben insgesamt die einzelnen Straßen durchschnittlich pro Stunde passiert?
- Während der Hauptverkehrszeit wurden folgende Werte ermittelt:

16:00 Uhr – 17:00 Uhr

Straße \ Fahrzeug	Lkw	Pkw	motoris. Zweiräder	Fahrräder
S_1	75	533	16	11
S_2	127	611	21	0
S_3	0	207	7	102

17:00 Uhr – 18:00 Uhr

Straße \ Fahrzeug	Lkw	Pkw	motoris. Zweiräder	Fahrräder
S_1	58	406	18	9
S_2	82	554	19	0
S_3	0	152	5	90

Wie viele der einzelnen Fahrzeugtypen wurden während der Hauptverkehrszeit an den jeweiligen Straßen gezählt?

- Stellen Sie übersichtlich dar, wie viele Lkw, Pkw, motorisierte Zweiräder und Fahrräder während des gesamten Beobachtungszeitraums an den einzelnen Straßen gezählt wurden.

Aufgabe

1 Das Zentrallager einer Warenhauskette will an seine vier Filialen in Darmstadt, Frankfurt, Kassel und Wiesbaden jeweils fünf verschiedene Typen von Handys liefern. Der Lieferumfang für den Monat Januar wird durch die nebenstehende Tabelle angegeben.

Filiale \ Typ	C102	C104	C105	C110	C112
Darmstadt	200	300	300	100	100
Frankfurt	200	250	300	150	100
Kassel	150	200	250	100	100
Wiesbaden	200	200	300	150	150

a) Lesen Sie aus der Tabelle ab, wie viele Handys nach Kassel geliefert werden. Welches Handy wird am häufigsten ausgeliefert?

b) In den Monaten Februar bis November sollen die Filialen jeweils im gleichen Umfang wie im Januar beliefert werden. Bestimmen Sie die Tabelle, die den gesamten Lieferumfang für die ersten 11 Monate des Jahres beschreibt.

c) Wegen des Weihnachtsgeschäftes sollen die Filialen im Dezember entsprechend der nebenstehenden Tabelle beliefert werden. Berechnen Sie den gesamten Lieferumfang für die Monate November und Dezember.

Filiale \ Typ	C102	C104	C105	C110	C112
Darmstadt	200	350	400	150	150
Frankfurt	250	300	350	200	150
Kassel	300	250	250	100	100
Wiesbaden	200	300	350	250	250

Lösung

a) Durch Addition der Werte in den *Zeilen* für Kassel erhält man 150 + 200 + 250 +100 + 100 = 800. Also werden 800 Handys im Januar nach Kassel geliefert.
Durch Addition der Werte in den *Spalten* erhält man die Gesamtlieferzahlen für die einzelnen Typen von Handys im Monat Januar:
Das Handy C105 wird am häufigsten geliefert.

Typ	C102	C104	C105	C110	C112
Lieferumfang	750	950	1 150	500	450

b) Den Lieferumfang für die ersten 11 Monate erhält man, indem man sämtliche Zahlen der Tabelle mit dem Faktor 11 multipliziert:

Filiale \ Typ	C102	C104	C105	C110	C112
Darmstadt	2 200	3 300	3 300	1 100	1 100
Frankfurt	2 200	2 750	3 300	1 650	1 100
Kassel	1 650	2 200	2 750	1 100	1 100
Wiesbaden	2 200	2 200	3 300	1 650	1 650

c) Den Lieferumfang für die Monate November und Dezember zusammen erhält man, indem man jeweils die Zahlen in den einander entsprechenden Zellen beider Tabellen addiert:

Filiale \ Typ	C102	C104	C105	C110	C112
Darmstadt	400	650	700	250	250
Frankfurt	450	550	650	350	250
Kassel	450	450	500	200	200
Wiesbaden	400	500	650	400	400

500 = 200 + 300

Information

(1) Matrizen als Tabellen

Lässt man in der Tabelle aus Aufgabe 1 die Angaben über Filialen und Typen weg, so reduziert sich die Tabelle auf eine rechteckige Anordnung von Zahlen.

2. Spalte

$$A = \begin{pmatrix} 200 & 300 & 300 & 100 & 100 \\ 200 & 250 & 300 & 150 & 100 \\ 150 & 200 & 250 & 100 & 100 \\ 200 & 200 & 300 & 150 & 150 \end{pmatrix}$$

3. Zeile

Eine solche Darstellung, die man durch zwei Klammern einschließt, nennt man eine **Matrix**.
Die hier dargestellte Matrix hat 4 Zeilen und 5 Spalten. Sie heißt dementsprechend eine 4×5-Matrix (sprich: „4-Kreuz-5-Matrix") oder 4,5-Matrix. Wir verwenden nur die erste Schreibweise.

*Merke: Zeilen **z**uerst, **S**palten **s**päter*

Die Zahlen in der Matrix heißen **Elemente** der Matrix. Sie werden allgemein mit a_{ij} bezeichnet. Dabei gibt i die Zeile und j die Spalte an, in der das Element jeweils steht. Zum Beispiel gilt: $a_{32} = 200$, da in der 3. Zeile und 2. Spalte die Zahl 200 steht.
Die einzelnen Elemente der Matrix, aber auch die Summen der in den Zeilen bzw. Spalten stehenden Elemente haben in Sachsituationen jeweils eine konkrete Bedeutung (siehe Aufgabe 1).

a_{ij}
1. Index i: Zeilennummer
2. Index j: Spaltennummer

Definition: $m \times n$-Matrix

Eine Zahlentabelle wie rechts mit $a_{ij} \in \mathbb{R}$ für alle vorkommenden i, j heißt **Matrix A** mit m Zeilen und n Spalten, kurz $m \times n$-Matrix oder Matrix vom Typ $m \times n$.

$$\mathbf{A} = \begin{pmatrix} a_{11} & a_{12} & \cdots & a_{1n} \\ a_{21} & a_{22} & \cdots & a_{2n} \\ \vdots & \vdots & \vdots & \vdots \\ a_{m1} & a_{m2} & \cdots & a_{mn} \end{pmatrix}, \quad m, n \in \mathbb{N}$$

Man schreibt kurz: $\mathbf{A} = (a_{ij})$; $i = 1, \ldots, m$; $j = 1, \ldots, n$.
Eine Matrix **A** heißt **quadratisch**, wenn sie ebenso viele Zeilen wie Spalten hat, d.h. wenn gilt: $m = n$.

Untersucht man mehrere Matrizen, so verwendet man entsprechend die Schreibweise $\mathbf{B} = (b_{kl})$, $\mathbf{C} = (c_{ik})$ usw.

Beispiel

$A = \begin{pmatrix} -1 & 3 & 4 \\ 4 & -2 & 1 \end{pmatrix}$ ist eine 2 × 3-Matrix mit den Elementen

$a_{11} = -1,\ a_{12} = 3,\ a_{13} = 4,\ a_{21} = 4,\ a_{22} = -2,$

$a_{23} = 1$

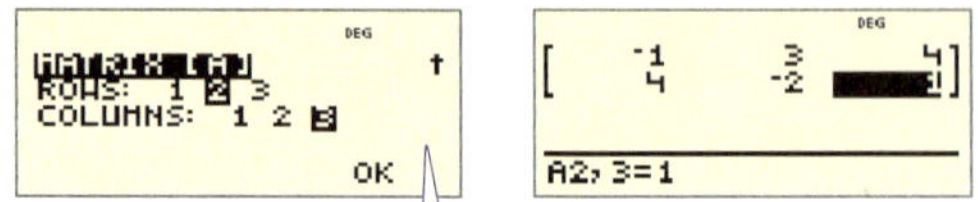

Machen Sie sich mit der Eingabe einer Matrix in Ihren Rechner vertraut.

Information

(2) Addieren, Subtrahieren und Vervielfachen von Matrizen

Das Vervielfachen und Addieren von Matrizen ist wie bei Vektoren elementweise definiert.

Definition: Vervielfachen von Matrizen

Eine Matrix **A** wird mit einer reellen Zahl r **vervielfacht** (multipliziert), indem man jedes Element von **A** mit r multipliziert. Man schreibt kurz: $r \cdot \mathbf{A} = r \cdot (a_{ij}) = (r \cdot a_{ij})$

$r \cdot \mathbf{A}$ heißt das **r-fache** der Matrix **A**.

Beispiel

$(-3) \cdot \begin{pmatrix} -2 & 1 \\ 4 & -1 \end{pmatrix} = \begin{pmatrix} (-3)\cdot(-2) & (-3)\cdot 1 \\ (-3)\cdot 4 & (-3)\cdot(-1) \end{pmatrix} = \begin{pmatrix} 6 & -3 \\ -12 & 3 \end{pmatrix}$

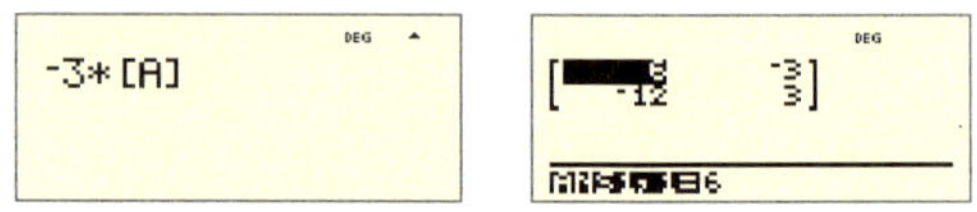

Definition: Addieren und Subtrahieren von Matrizen

Zwei Matrizen **B** und **C** mit jeweils derselben Anzahl an Zeilen und Spalten werden **addiert** bzw. **subtrahiert**, indem man die in den Matrizen an gleichen Stellen stehenden Elemente addiert bzw. subtrahiert.

Man schreibt kurz: $\mathbf{B} + \mathbf{C} = (b_{ij}) + (c_{ij}) = (b_{ij} + c_{ij})$ $\mathbf{B} - \mathbf{C} = (b_{ij}) - (c_{ij}) = (b_{ij} - c_{ij})$

B + **C** heißt die **Summe** der Matrizen **B** und **C**. **B** – **C** heißt **Differenz** der Matrizen **B** und **C**.

Beispiel

$\begin{pmatrix} 1 & -5 & 2 \\ 4 & 2 & -3 \end{pmatrix} + \begin{pmatrix} 2 & 0 & -2 \\ 3 & 1 & -1 \end{pmatrix} = \begin{pmatrix} 1+2 & -5+0 & 2-2 \\ 4+3 & 2+1 & -3-1 \end{pmatrix}$

$= \begin{pmatrix} 3 & -5 & 0 \\ 7 & 3 & -4 \end{pmatrix}$

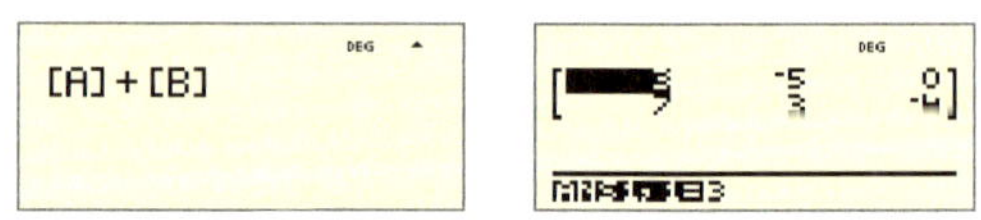

Zum Vervielfachen, Addieren und Subtrahieren von Matrizen mithilfe eines Rechners verwendet man die Tasten für das gewöhnliche Multiplizieren, Addieren bzw. Subtrahieren.

(3) Vektoren und Matrizen

Jede Spalte in der Lieferumfangsmatrix für Januar (siehe Aufgabe 1, Seite 340) stellt eine 4 × 1-Matrix dar.

Zum Beispiel ergibt sich aus der 2. Spalte: $\begin{pmatrix} 300 \\ 250 \\ 200 \\ 200 \end{pmatrix}$

3 × 1-Matrizen sind uns als Vektoren aus der analytischen Geometrie bekannt, beispielsweise $\vec{u} = \begin{pmatrix} 3 \\ -1 \\ 2 \end{pmatrix}$.

Eine m × 1-Matrix, die nur aus einer Spalte $\begin{pmatrix} a_1 \\ a_2 \\ \vdots \\ a_m \end{pmatrix}$ besteht, heißt **m-dimensionaler Spaltenvektor**.

Eine 1 × n-Matrix, die nur aus einer Zeile $(a_1 \mid a_2 \mid \dots \mid a_n)$ besteht, heißt **n-dimensionaler Zeilenvektor.**

Koordinaten von Punkten im 3-dimensionalen Raum schreiben wir als 3-dimensionale Zeilenvektoren.

Man kann sich jede Matrix aus Zeilen- bzw. Spaltenvektoren zusammengesetzt denken, z. B. besteht die Matrix $\mathbf{A} = \begin{pmatrix} 3 & -2 & 1 \\ 4 & 0 & 3 \end{pmatrix}$ aus den Zeilenvektoren $(3 \mid -2 \mid 1)$ und $(4 \mid 0 \mid 3)$ bzw. aus den Spaltenvektoren $\begin{pmatrix} 3 \\ 4 \end{pmatrix}$, $\begin{pmatrix} -2 \\ 0 \end{pmatrix}$ und $\begin{pmatrix} 1 \\ 3 \end{pmatrix}$.

Hinweis: Bei Punkten und Zeilenvektoren trennen wir die einzelnen Koordinaten durch senkrechte Striche. Insbesondere, wenn statt Zahlen Terme als Koordinaten angegeben sind, trennen die senkrechten Striche solche Koordinaten deutlich voneinander. Beim Schreiben von Matrizen verzichten wir auf eine solche Trennung zwischen den Elementen.

Übungsaufgaben

2 Notieren Sie die 3 × 4-Matrix mit: $a_{13} = 4$, $a_{31} = 1$, $a_{11} = 3$, $a_{24} = 1$, $a_{32} = 4$, $a_{21} = -2$, $a_{12} = 5$, $a_{22} = -2$, $a_{33} = 5$. Die übrigen Elemente sind 0.

3 Gegeben sind die Matrizen

$$\mathbf{A} = \begin{pmatrix} 3 & -2 & 1 \\ 0 & 1 & 2 \\ 2 & 0 & 1 \end{pmatrix},\quad \mathbf{B} = \begin{pmatrix} 2 & 0 & -1 \\ 1 & 1 & 2 \\ -4 & -2 & 1 \end{pmatrix},\quad \mathbf{C} = \begin{pmatrix} 0 & -4 & -2 \\ 2 & -1 & 2 \\ -2 & 0 & 2 \end{pmatrix}.$$

Um Klammern einzusparen gilt: Vervielfachen wird vor Addieren/Subtrahieren durchgeführt.

Berechnen Sie:

a) $\mathbf{A} + \mathbf{B}$ **d)** $\mathbf{A} - \mathbf{B}$ **g)** $\mathbf{A} + \mathbf{B} - \mathbf{C}$

b) $3 \cdot \mathbf{B}$ **e)** $-0{,}1 \cdot \mathbf{C}$ **h)** $2 \cdot \mathbf{A} - \mathbf{C}$

c) $\mathbf{C} - 2 \cdot (\mathbf{A} + \mathbf{B})$ **f)** $\mathbf{A} - (\mathbf{C} - 2 \cdot \mathbf{A}) + \mathbf{C}$ **i)** $\mathbf{B} - 2 \cdot (\mathbf{A} + \mathbf{B}) + 3 \cdot \mathbf{A}$

4 Erläutern Sie, was hier falsch gemacht wurde.

$$A = \begin{pmatrix} -2 & 3 \\ 10 & -5 \end{pmatrix},\quad B = \begin{pmatrix} 3 & 0 & 7 \\ -4 & 2 & 5 \\ 8 & 6 & -10 \end{pmatrix}$$

$$A + B = \begin{pmatrix} 1 & 3 & 7 \\ 6 & -3 & 5 \\ 8 & 6 & -10 \end{pmatrix}$$

5 Die Matrix **D** gibt die Entfernung zwischen den Städten Berlin, Bonn, Hamburg und München in km an (jeweils in alphabetischer Reihenfolge von oben nach unten bzw. von links nach rechts):

$$D = \begin{pmatrix} 0 & 622 & 291 & 675 \\ 608 & 0 & 496 & 600 \\ 285 & 450 & 0 & 820 \\ 587 & 588 & 755 & 0 \end{pmatrix}$$

Dabei werden im rechten oberen Teil die Entfernungen für Bahnverbindungen und im linken unteren Teil die Entfernungen über die Straße angegeben.

a) Bestimmen Sie folgende Entfernungen: München – Berlin (Straße), Hamburg – München (Bahn), Berlin – Hamburg (Straße), Bonn – München (Bahn).

b) Geben Sie an, bei welchen Städten die Verbindung mit der Bahn kürzer als über die Straße ist.

c) Entfernungstabellen zwischen Großstädten sind Beispiele für Matrizen. Nennen und erläutern Sie weitere Beispiele.

6 Ein Großhändler besitzt in einer Stadt fünf Filialen F_1, F_2, F_3, F_4, F_5. Mit d_{ij} wird der Fahrweg in km von der Filiale F_i zur Filiale F_j bezeichnet.

$$D = \begin{pmatrix} \dots & 2{,}2 & \dots & 2{,}6 & \dots \\ \dots & \dots & \dots & 1{,}9 & \dots \\ 2{,}3 & 1{,}8 & \dots & \dots & 1{,}7 \\ \dots & \dots & 2{,}7 & \dots & 3{,}0 \\ 2{,}0 & 2{,}4 & \dots & \dots & \dots \end{pmatrix}$$

a) Vervollständigen Sie die Entfernungsmatrix $\mathbf{D} = (d_{ij})$ auf sinnvolle Weise.

b) Erläutern Sie die Besonderheiten der Matrix **D** und gehen Sie dabei auf die Bedeutung der Zeilen- bzw. der Spaltenvektoren ein.

7.1.2 Multiplizieren von Matrizen

Einstieg

Ein Teeversand bietet drei verschiedene Geschenkpackungen mit Tee an. Die Zusammensetzung der einzelnen Packungen aus fünf verschiedenen Sorten Tee ist in der Tabelle rechts dargestellt (Angaben in kg).

Sorte \ Packung	Auslese	Exquisit	Elite	Premium
Darjeeling First Flush	0	0,025	0,050	0,100
Darjeeling Second Flush	0,050	0,050	0,050	0,100
Darjeeling Blatt	0,100	0,100	0	0
Assam Royal Sanker	0,050	0,500	0,100	0,100
Ceylon Blatt	0,100	0,100	0	0

- Ein Händler ordert 20 Geschenkpackungen Premium, jeweils 100 Packungen Elite und Exquisit sowie 150 Packungen Auslese. Wie viele Kilogramm der einzelnen Sorten muss der Teeversand für die Lieferung verwenden? Beschreiben Sie den Lösungsweg und schreiben Sie das Ergebnis als Vektor.
- Der Teeversand liefert an drei Geschäfte Packungen in dem in der Tabelle rechts angegebenen Umfang. Welche Mengen der einzelnen Teesorten sind für jeden der drei Aufträge erforderlich? Schreiben Sie das Ergebnis als Matrix.

Packung \ Händler	Teekontor	Teeshop	Teewelt
Auslese	100	300	400
Exquisit	200	400	300
Elite	250	300	300
Premium	250	200	100

Aufgabe

1 Multiplizieren einer Matrix mit einem Vektor

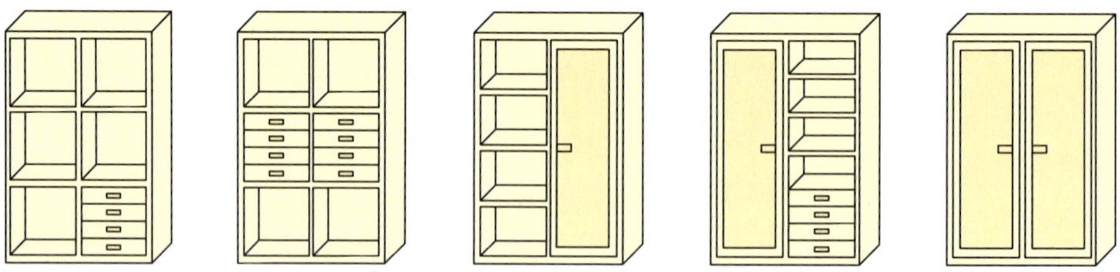

Athen **Bern** **Prag** **Rom** **Wien**

Ein Möbelhersteller bietet ein Möbelsystem an, dessen Schränke nach den Wünschen der Kunden auf fünf verschiedene Arten (Modell Athen, Modell Bern, Modell Prag, Modell Rom, Modell Wien) aus den Grundelementen *Korpus*, *Tür*, *Einlegeboden* und *Schubladensatz* zusammengestellt werden können. In der folgenden Tabelle ist angegeben, wie viele Grundelemente jeweils für die fünf Schrankmodelle benötigt werden.

Grundelemente \ Modelle	Athen	Bern	Prag	Rom	Wien
Korpusse	1	1	1	1	1
Türen	0	0	1	1	2
Einlegeböden	3	0	3	3	6
Schubladensätze	1	2	0	1	0

Kürzer geschrieben als Matrix:

$$\mathbf{A} = \begin{pmatrix} 1 & 1 & 1 & 1 & 1 \\ 0 & 0 & 1 & 1 & 2 \\ 3 & 0 & 3 & 3 & 6 \\ 1 & 2 & 0 & 1 & 0 \end{pmatrix}$$

Folgender Auftrag zur Lieferung der verschiedenen Schrankmodelle ist zu bearbeiten:

Athen : 20 Stück
Bern : 25 Stück
Prag : 40 Stück
Rom : 50 Stück
Wien : 70 Stück

Auftragsvektor

$$\vec{b} = \begin{pmatrix} b_1 \\ b_2 \\ b_3 \\ b_4 \\ b_5 \end{pmatrix} = \begin{pmatrix} 20 \\ 25 \\ 40 \\ 50 \\ 70 \end{pmatrix}$$

Berechnen Sie, wie viele Grundelemente jeweils hergestellt werden müssen. Beschreiben Sie den Lösungsweg und schreiben Sie das Ergebnis als Vektor.

Lösung

Man erhält die Produktionszahlen für die einzelnen Grundelemente, indem man die Bestellmengen der einzelnen Modelle jeweils mit der zu dem Modell gehörigen Anzahl an Grundelementen multipliziert:

Korpusse	$1 \cdot 20 + 1 \cdot 25 + 1 \cdot 40 + 1 \cdot 50 + 1 \cdot 70 = 205$
Türen	$0 \cdot 20 + 0 \cdot 25 + 1 \cdot 40 + 1 \cdot 50 + 2 \cdot 70 = 230$
Einlegeböden	$3 \cdot 20 + 0 \cdot 25 + 3 \cdot 40 + 3 \cdot 50 + 6 \cdot 70 = 750$
Schubladensätze	$1 \cdot 20 + 2 \cdot 25 + 0 \cdot 40 + 1 \cdot 50 + 0 \cdot 70 = 120$

Produktionsvektor
$\vec{c} = \begin{pmatrix} 205 \\ 230 \\ 750 \\ 120 \end{pmatrix}$

Information

(1) Multiplizieren einer Matrix mit einem Vektor

Die einzelnen Koordinaten des Produktionsvektors $\vec{c}$ erhält man als *Skalarprodukt* des entsprechenden Zeilenvektors der Matrix **A** mit dem Vektor $\vec{b}$:

$$\begin{matrix} & & \begin{array}{|c|} 20 \\ 25 \\ 40 \\ 50 \\ 70 \end{array} \\ & & \downarrow \\ \text{2. Zeile} \rightarrow & \begin{array}{|ccccc|} 1 & 1 & 1 & 1 & 1 \\ 0 & 0 & 1 & 1 & 2 \\ 3 & 0 & 3 & 3 & 6 \\ 1 & 2 & 0 & 1 & 0 \end{array} \rightarrow & \begin{array}{|c|} 205 \\ 230 \\ 750 \\ 120 \end{array} \end{matrix}$$

$$230 = \begin{pmatrix} 0 \\ 0 \\ 1 \\ 1 \\ 2 \end{pmatrix} * \begin{pmatrix} 20 \\ 25 \\ 40 \\ 50 \\ 70 \end{pmatrix} = 0 \cdot 20 + 0 \cdot 25 + 1 \cdot 40 + 1 \cdot 50 + 2 \cdot 70$$

Man nennt den Vektor $\vec{c}$ das **Produkt** der Matrix **A** mit dem Vektor $\vec{b}$ und schreibt:

$$\mathbf{A} \cdot \vec{b} = \vec{c} \quad \text{also} \quad \begin{pmatrix} 1 & 1 & 1 & 1 & 1 \\ 0 & 0 & 1 & 1 & 2 \\ 3 & 0 & 3 & 3 & 6 \\ 1 & 2 & 0 & 1 & 0 \end{pmatrix} \cdot \begin{pmatrix} 20 \\ 25 \\ 40 \\ 50 \\ 70 \end{pmatrix} = \begin{pmatrix} 205 \\ 230 \\ 750 \\ 120 \end{pmatrix}$$

*Ein **Produkt einer Matrix mit einem Vektor** kennzeichnen wir durch einen Punkt „·", also: $\mathbf{A} \cdot \vec{b}$.*

Beachten Sie: Die Multiplikation einer Matrix **A** mit einem Vektor $\vec{b}$ ist nur möglich, wenn die *Anzahl der Spalten von* **A** mit der *Anzahl der Zeilen von* $\vec{b}$ übereinstimmt.

Aufgabe

2 Multiplizieren von zwei Matrizen

Bei dem Möbelhersteller aus Aufgabe 1 sind folgende drei Bestellaufträge eingegangen:

Modell \ Möbelhaus	Möbelhaus X	Möbelhaus Y	Möbelhaus Z
Athen	10	30	25
Bern	15	40	25
Prag	40	20	50
Rom	40	10	40
Wien	50	10	30

Berechnen Sie für die einzelnen Aufträge die Anzahl der jeweils erforderlichen Grundelemente.
Beschreiben Sie den Lösungsweg.
Schreiben Sie das Ergebnis als Matrix.

Lösung

Die Produktionszahlen für die einzelnen Aufträge lassen sich wie in Aufgabe 1 berechnen. Um die Berechnung übersichtlicher zu gestalten, schreiben wir die Produktionsmatrix

$\mathbf{A} = \begin{pmatrix} 1 & 1 & 1 & 1 & 1 \\ 0 & 0 & 1 & 1 & 2 \\ 3 & 0 & 3 & 3 & 6 \\ 1 & 2 & 0 & 1 & 0 \end{pmatrix}$ und die Auftragsmatrix $\mathbf{B} = \begin{pmatrix} 10 & 30 & 25 \\ 15 & 40 & 25 \\ 40 & 20 & 50 \\ 40 & 10 & 40 \\ 50 & 10 & 30 \end{pmatrix}$ gegeneinander versetzt und bilden die Skalarprodukte jedes Zeilenvektors der Matrix **A** mit jedem Spaltenvektor der Matrix **B**:

Matrix B

	Möbelhaus		
	X	Y	Z
Athen	10	30	25
Bern	15	40	25
Prag	40	20	50
Rom	40	10	40
Wien	50	10	30

Matrix A

	Athen	Bern	Prag	Rom	Wien
Korpusse	1	1	1	1	1
Türen	0	0	1	1	2
Einlegeböden	3	0	3	3	6
Schubladensätze	1	2	0	1	0

Matrix C

155	110	170
180	50	150
570	240	525
80	120	115

*Skalarprodukt der 2. Zeile von **A** mit der 3. Spalte von **B***

Beispielsweise müssen 150 Türen für den Auftrag des Möbelhauses Z hergestellt werden.

Die Matrix $\mathbf{C} = \begin{pmatrix} 155 & 110 & 170 \\ 180 & 50 & 150 \\ 570 & 240 & 525 \\ 80 & 120 & 115 \end{pmatrix}$ gibt an, wie viele Grundelemente für die einzelnen Auftraggeber zu fertigen sind.

In der ersten Zeile kann man ablesen, dass man 155 Korpusse für das Möbelhaus X, 110 Korpusse für das Möbelhaus Y und 170 Korpusse für das Möbelhaus Z benötigt.

Information

(2) Multiplizieren von Matrizen

Man nennt die Matrix **C** das *Produkt* der Matrizen **A** und **B** und schreibt:

$$\mathbf{A} \cdot \mathbf{B} = \mathbf{C} \text{ bzw. } \begin{pmatrix} 1 & 1 & 1 & 1 & 1 \\ 0 & 0 & 1 & 1 & 2 \\ 3 & 0 & 3 & 3 & 6 \\ 1 & 2 & 0 & 1 & 0 \end{pmatrix} \cdot \begin{pmatrix} 10 & 30 & 25 \\ 15 & 40 & 25 \\ 40 & 20 & 50 \\ 40 & 10 & 40 \\ 50 & 10 & 30 \end{pmatrix} = \begin{pmatrix} 155 & 110 & 170 \\ 180 & 50 & 150 \\ 570 & 240 & 525 \\ 80 & 120 & 115 \end{pmatrix}$$

Definition: Multiplizieren von Matrizen

Gegeben sind eine $l \times m$-Matrix $\mathbf{A} = (a_{ij})$ und eine $m \times n$-Matrix $\mathbf{B} = (b_{jk})$.

Dann ist das **Produkt** der beiden Matrizen **A** und **B** als eine $l \times n$-Matrix $\mathbf{C} = (c_{ik})$ definiert, deren Elemente man wie folgt erhält:

Jedes Element c_{ik} von $\mathbf{C} = (c_{ik})$ berechnet man als Skalarprodukt des i-ten Zeilenvektors der Matrix **A** mit dem k-ten Spaltenvektor der Matrix **B**. Man schreibt $\mathbf{C} = \mathbf{A} \cdot \mathbf{B}$.

Beachten Sie: Man kann zu zwei Matrizen **A** und **B** nur dann das Produkt $\mathbf{A} \cdot \mathbf{B}$ bilden, wenn die *Anzahl der Spalten des ersten Faktors* **A** mit der *Anzahl der Zeilen des zweiten Faktors* **B** übereinstimmt.

Zur Durchführung der Multiplikation liest man die Matrix **A** zeilenweise und die Matrix **B** spaltenweise. Die Elemente des Produktes erhält man als Skalarprodukt der Zeilenvektoren von **A** mit den Spaltenvektoren von **B**.

Beispiel

$\mathbf{A} = (a_{ij}) = \begin{pmatrix} 2 & -2 & 4 \\ 1 & -5 & -3 \end{pmatrix}$, $\mathbf{B} = (b_{jk}) = \begin{pmatrix} -1 & 2 & 4 \\ 2 & -3 & 0 \\ 1 & -1 & 2 \end{pmatrix}$

A ist eine 2×3-Matrix, **B** ist eine 3×3-Matrix. Das Produkt $\mathbf{C} = \mathbf{A} \cdot \mathbf{B}$ ist eine 2×3-Matrix:

$$\mathbf{A} \cdot \mathbf{B} = \begin{pmatrix} 2 & -2 & 4 \\ 1 & -5 & -3 \end{pmatrix} \cdot \begin{pmatrix} -1 & 2 & 4 \\ 2 & -3 & 0 \\ 1 & -1 & 2 \end{pmatrix} = \begin{pmatrix} -2 & 6 & 16 \\ -14 & 20 & -2 \end{pmatrix} = (c_{ik})$$

Zum Beispiel erhält man c_{23}, indem man die 2. Zeile von **A** mit der 3. Spalte von **B** multipliziert:

$c_{23} = a_{21} \cdot b_{13} + a_{22} \cdot b_{23} + a_{23} \cdot b_{33} = 1 \cdot 4 + (-5) \cdot 0 + (-3) \cdot 2 = -2$

Ein Produkt $\mathbf{B} \cdot \mathbf{A}$ kann man *nicht* bilden, weil die Anzahl der Spalten von **B** und die Anzahl der Zeilen von **A** *verschieden* sind.

Zum Multiplizieren von Matrizen mithilfe eines Rechners kann man nach Eingabe der Matrizen die Tasten für das gewöhnliche Multiplizieren verwenden:

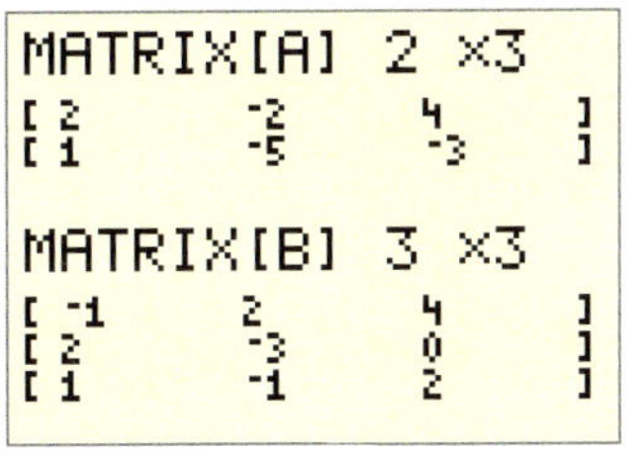

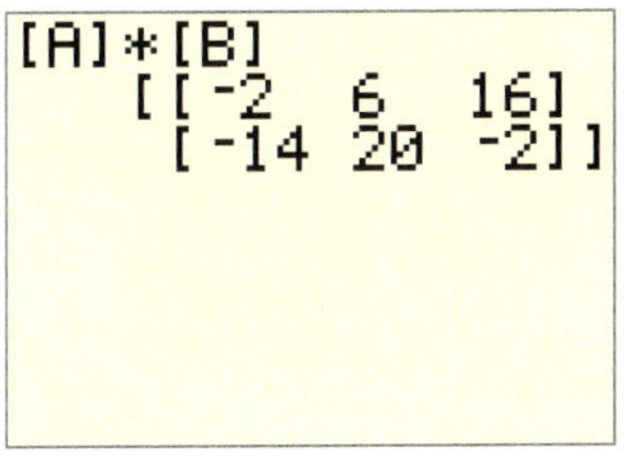

(3) Gesetze für das Multiplizieren von Matrizen

Satz: Gesetze für das Multiplizieren von Matrizen

Für Matrizen **A**, **B**, **C** gilt stets

$(\mathbf{A} \cdot \mathbf{B}) \cdot \mathbf{C} = \mathbf{A} \cdot (\mathbf{B} \cdot \mathbf{C})$, (Assoziativgesetz)

$(\mathbf{A} + \mathbf{B}) \cdot \mathbf{C} = (\mathbf{A} \cdot \mathbf{C}) + (\mathbf{B} \cdot \mathbf{C})$, (Distributivgesetz)

$\mathbf{A} \cdot (\mathbf{B} + \mathbf{C}) = (\mathbf{A} \cdot \mathbf{B}) + (\mathbf{A} \cdot \mathbf{C})$, (Distributivgesetz)

$(r \cdot \mathbf{A})(s \cdot \mathbf{B}) = rs \cdot (\mathbf{A} \cdot \mathbf{B})$, wobei $r, s \in \mathbb{R}$, falls die Matrizenterme definiert sind.

Auf einen Beweis verzichten wir in diesem Buch.

Beispiel

Punkt- vor Strichrechnung

$$\begin{pmatrix} 2 & -1 & 4 \\ 2 & -2 & -3 \end{pmatrix} + \begin{pmatrix} 0 & 3 & 2 \\ 3 & 1 & -1 \end{pmatrix} \cdot \begin{pmatrix} 2 & -4 & 3 \\ -1 & 3 & 3 \\ -2 & 4 & 1 \end{pmatrix} = \begin{pmatrix} 2 & -1 & 4 \\ 2 & -2 & -3 \end{pmatrix} + \begin{pmatrix} -7 & 17 & 11 \\ 7 & -13 & 11 \end{pmatrix} = \begin{pmatrix} -5 & 16 & 15 \\ 9 & -15 & 8 \end{pmatrix}$$

Weiterführende Aufgabe

3 Einheitsmatrix

Beim Multiplizieren reeller Zahlen ist die Zahl 1 *neutral bezüglich der Multiplikation*:

Es ist stets $1 \cdot a = a \cdot 1 = a$ für alle $a \in \mathbb{R}$.

a) Machen Sie sich allgemein klar, dass für die 3×3-Matrix $\mathbf{E_3} = \begin{pmatrix} 1 & 0 & 0 \\ 0 & 1 & 0 \\ 0 & 0 & 1 \end{pmatrix}$ gilt:

- Ist **A** eine beliebige $m \times 3$-Matrix, so ist $\mathbf{A} \cdot \mathbf{E_3} = \mathbf{A}$.
- Ist **B** eine beliebige $3 \times n$-Matrix, so ist $\mathbf{E_3} \cdot \mathbf{B} = \mathbf{B}$.

b) Untersuchen Sie die Multiplikation der Matrizen $\mathbf{E_2} = \begin{pmatrix} 1 & 0 \\ 0 & 1 \end{pmatrix}$ und $\mathbf{E_4} = \begin{pmatrix} 1 & 0 & 0 & 0 \\ 0 & 1 & 0 & 0 \\ 0 & 0 & 1 & 0 \\ 0 & 0 & 0 & 1 \end{pmatrix}$ mit anderen Matrizen.

Information

(4) Einheitsmatrix

Wenn die Anzahl n der Zeilen und Spalten bekannt ist, schreibt man auch oft E statt E_n.

Definition: Einheitsmatrix

Eine quadratische $n \times n$-Matrix $\mathbf{E_n} = (e_{ij})$ heißt **Einheitsmatrix**, wenn für ihre Elemente e_{ij} gilt: $e_{ij} = \begin{cases} 1, \text{ falls } i = j \\ 0, \text{ falls } i \neq j \end{cases}$.

$$\mathbf{E_n} = \underbrace{\begin{pmatrix} 1 & 0 & 0 & \dots & 0 \\ 0 & 1 & 0 & \dots & 0 \\ 0 & 0 & 1 & \dots & 0 \\ \vdots & \vdots & \vdots & \ddots & \vdots \\ 0 & 0 & 0 & \dots & 1 \end{pmatrix}}_{n \text{ Spalten}} \Big\} n \text{ Zeilen}$$

Für alle quadratischen $n \times n$-Matrizen **A** gilt: $\mathbf{A} \cdot \mathbf{E_n} = \mathbf{E_n} \cdot \mathbf{A} = \mathbf{A}$

Übungsaufgaben

4 Berechnen Sie das Produkt der Matrix mit dem Vektor, ohne einen Rechner zu benutzen.

a) $\begin{pmatrix} 1 & -1 \\ 2 & 3 \end{pmatrix} \cdot \begin{pmatrix} 2 \\ -1 \end{pmatrix}$

b) $\begin{pmatrix} 1 & -3 & 2 \\ 0 & 2 & 5 \end{pmatrix} \cdot \begin{pmatrix} -3 \\ 0 \\ 1 \end{pmatrix}$

c) $\begin{pmatrix} 1 & -1 & 2 \\ 2 & 1 & 0 \\ 0 & 0 & 1 \end{pmatrix} \cdot \begin{pmatrix} 3 \\ 1 \\ -2 \end{pmatrix}$

d) $\begin{pmatrix} 1 & 2 \\ 0 & -1 \\ -2 & 3 \\ 1 & 3 \\ 4 & 0 \end{pmatrix} \cdot \begin{pmatrix} 2 \\ -3 \end{pmatrix}$

5 Ein Hersteller von Pferdefutter bietet vier Sorten Futter an. Die Zusammensetzung kann der Tabelle entnommen werden.

Zutat \ Sorte	Fithorse	Extrahorse	Premiumhorse	Foalhorse
Gerstenflocken	20	10	20	10
Hafer geschrotet	10	15	10	20
Maisflocken	15	20	10	5
Weizengrießkleie	5	10	5	10
Zuckerrübenmelasse	0	5	0	10
Kräuter	15	10	20	10
Pflanzenöl	5	0	5	5

(Angaben in Mengeneinheiten pro Sack)

a) Ein Gestüt bestellt die folgenden Mengen: 30 Säcke Fithorse, 25 Säcke Extrahorse, 45 Säcke Premiumhorse und 12 Säcke Foalhorse. Berechnen Sie die benötigten Mengeneinheiten der Zutaten.

b) Die Bestellung von fünf Gestüten wird durch folgende Auftragsmatrix beschrieben:

$$\begin{pmatrix} 26 & 46 & 22 & 78 & 12 \\ 36 & 58 & 75 & 19 & 32 \\ 102 & 79 & 66 & 58 & 24 \\ 15 & 10 & 12 & 8 & 4 \end{pmatrix}$$

Bestimmen Sie die erforderlichen Mengeneinheiten der einzelnen Zutaten für jedes Gestüt.

6 Berechnen Sie das Matrizenprodukt.

a) $\begin{pmatrix} 1 & -4 & 2 \\ -1 & 0 & 1 \end{pmatrix} \cdot \begin{pmatrix} 2 & -3 \\ -2 & 0 \\ 5 & 1 \end{pmatrix}$

b) $\begin{pmatrix} 2 & -3 \\ -2 & 0 \\ 5 & 1 \end{pmatrix} \cdot \begin{pmatrix} 1 & -4 & 2 \\ -1 & 0 & 1 \end{pmatrix}$

c) $\begin{pmatrix} 2 & -2 & 1 \\ -4 & 1 & 3 \\ 1 & 2 & 3 \end{pmatrix} \cdot \begin{pmatrix} 0 & 1 & 1 \\ 1 & 0 & 1 \\ 1 & 1 & 1 \end{pmatrix}$

d) $\begin{pmatrix} 1 & 1 & 0 \\ 0 & 1 & 1 \\ 1 & 0 & 1 \end{pmatrix} \cdot \begin{pmatrix} 2 & 3 & 1 \\ 1 & -2 & -4 \\ -1 & 2 & 3 \end{pmatrix}$

e) $\begin{pmatrix} 1 & -2 & 0 & 2 & 4 \\ 2 & -5 & 3 & 0 & 1 \end{pmatrix} \cdot \begin{pmatrix} 1 & 0 & 3 \\ -2 & -1 & 4 \\ 4 & 0 & 8 \\ -9 & -5 & 1 \\ 0 & 0 & 2 \end{pmatrix}$

f) $\begin{pmatrix} 1 & 0 & -4 \\ 1 & -1 & 2 \\ 3 & 0 & -1 \end{pmatrix} \cdot \begin{pmatrix} 1 & 0 & -4 \\ 1 & -1 & 2 \\ 3 & 0 & -1 \end{pmatrix}$

7 Untersuchen Sie, welche Fehler bei der Rechnung gemacht wurden.

a) $\begin{pmatrix} 1 & 4 \\ 2 & 5 \\ 3 & 6 \end{pmatrix} \cdot \begin{pmatrix} -2 & 4 \\ 3 & 0 \\ 1 & -1 \end{pmatrix} = \begin{pmatrix} -2 & 16 \\ 6 & 0 \\ 3 & -6 \end{pmatrix}$

b) $\begin{pmatrix} 1 & -1 & 2 & 0 \\ 5 & 1 & -2 & 3 \\ 2 & 2 & 1 & 0 \end{pmatrix} \cdot \begin{pmatrix} 1 & 2 & 3 \\ 0 & -1 & 2 \end{pmatrix} = \begin{pmatrix} 17 & 7 & 1 & 6 \\ -1 & 3 & 4 & -3 \end{pmatrix}$

8 Gegeben sind die Matrizen $\mathbf{A} = \begin{pmatrix} -2 & 5 & 0 \\ 3 & 1 & 2 \end{pmatrix}$, $\mathbf{B} = \begin{pmatrix} -1 & 2 \\ 2 & 1 \end{pmatrix}$, $\mathbf{C} = \begin{pmatrix} -1 & 3 \\ 3 & 1 \\ 7 & -2 \end{pmatrix}$.

Untersuchen Sie, welche Produkte von Matrizen man bilden kann. Führen Sie die Rechnungen durch.

9 Ein Getränkehändler beliefert Kunden A, B, C mit vier Weinsorten: Der Kunde A erhält 10 Kartons der Sorte I, 5 Kartons der Sorte II, 3 Kartons der Sorte IV. Kunde B erhält 6 Kartons der Sorte I, 15 Kartons der Sorte II, 10 Kartons der Sorte III, 1 Karton der Sorte IV. Der Kunde C bekommt 20 Kartons der Sorte III und 10 Kartons der Sorte IV.

Die Preise (in € pro Karton) sind durch den Preisvektor $\vec{p} = \begin{pmatrix} 15 \\ 20 \\ 30 \\ 45 \end{pmatrix}$ angegeben.

Schreiben Sie die Auslieferung an die drei Kunden als Matrix, und berechnen Sie, welche Beträge die Kunden jeweils zahlen müssen.

10 Ein Landhandel stellt aus den Nährstoffen Stickstoff (N), Kaliumoxid (K_2O) und Calciumoxid (CaO) zwei Sorten Mischdünger her. Die nebenstehende Tabelle gibt die Nährstoffanteile der Düngersorten an. Ein Kunde bestellt 25 t von der Düngersorte Agragold und 15 t von der Düngersorte Bonaflor.

Berechnen Sie als Matrizenprodukt, wie viele Tonnen der Nährstoffe N, K_2O und CaO für diesen Kundenauftrag gebraucht werden.

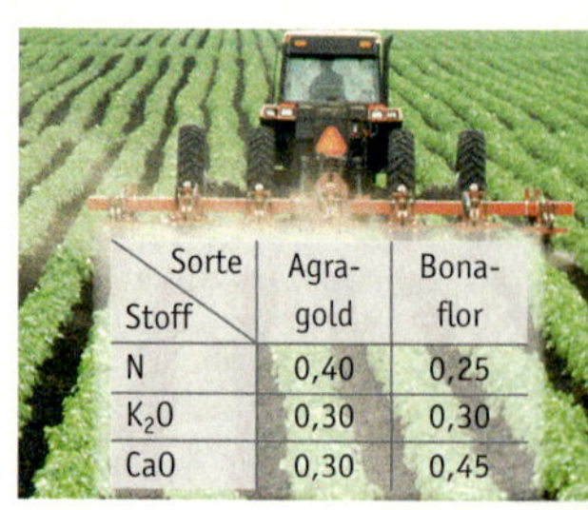

Stoff \ Sorte	Agragold	Bonaflor
N	0,40	0,25
K_2O	0,30	0,30
CaO	0,30	0,45

7.2 Abbildungsmatrizen

Die Darstellung von interaktiven 3D-Objekten in Computerspielen oder von Animationen in Spielfilmen wurden seit einigen Jahren zu einer derartigen Perfektion entwickelt, dass man manche virtuellen Darstellungen kaum mehr von echten Aufnahmen unterscheiden kann. Grundlage dieser Computeranimationen sind teilweise komplizierte und aufwendige Berechnungen, mit denen dreidimensionale Gegenstände gedreht, verschoben oder verzerrt und auf den zweidimensionalen Bildschirm gebannt werden. Diese ermöglichen uns z. B. virtuelle 3D-Stadtrundgänge und vieles andere mehr.

Animationen aus dem ZDF-Film „The Future is wild" – Vision von der Zukunft der Erde

Die mathematische Grundlage für 3D-Darstellungen mithilfe des Computers ist die *algebraische Beschreibung geometrischer Abbildungen* in der Ebene und auch im Raum, wie Drehungen, Spiegelungen, Streckungen und Projektionen des Raumes auf eine Ebene.

In den beiden folgenden Abschnitten werden grundlegende geometrische Abbildungen in der Ebene und im Raum durch Matrizen beschrieben.

Bereits in Abschnitt 5.1.2 haben wir gesehen, dass sich jede Verschiebung im Raum durch einen Vektor $\vec{v} = \begin{pmatrix} a \\ b \\ c \end{pmatrix}$ beschreiben lässt. Seine Koordinaten geben an, wie man zu jedem Punkt $P(x_1 | x_2 | x_3)$ den Ortsvektor des Bildpunktes P′ bei der Verschiebung berechnet:

$$\overrightarrow{OP'} = \begin{pmatrix} x_1 + a \\ x_2 + b \\ x_3 + c \end{pmatrix} = \overrightarrow{OP} + \vec{v}$$

Wir untersuchen im Folgenden weitere einfache Abbildungen in der Ebene wie z. B. die Spiegelung an einer Geraden oder die Drehung um einen Punkt. *Aus Gründen der Vereinfachung beschränken wir uns dabei auf Spiegelungen an Geraden durch den Koordinatenursprung und auf Drehungen um den Koordinatenursprung.* Dabei soll gezeigt werden, wie sich derartige Spiegelungen und Drehungen algebraisch mithilfe von Matrizen beschreiben lassen.

Einstieg

Spiegelung an einer Geraden

Gegeben ist die Gerade $g: \overrightarrow{OX} = \begin{pmatrix} x_1 \\ x_2 \end{pmatrix} = r \cdot \begin{pmatrix} 4 \\ 3 \end{pmatrix}$ mit $r \in \mathbb{R}$.

- Die Punkte $A(1 | 0)$ und $B(0 | 1)$ werden an der Geraden g gespiegelt. Berechnen Sie die Ortsvektoren der Bildpunkte A′ und B′.
- Der Punkt $P(6 | 2)$ wird ebenfalls an der Geraden g gespiegelt. Schreiben Sie den Ortsvektor von P als Linearkombination der Einheitsvektoren des Koordinatensystems $\begin{pmatrix} 1 \\ 0 \end{pmatrix}$ und $\begin{pmatrix} 0 \\ 1 \end{pmatrix}$ und berechnen Sie unter Verwendung der Ergebnisse aus der ersten Teilaufgabe den Ortsvektor des Bildpunktes P′ von P.
- Berechnen Sie für einen beliebigen Punkt $P(x_1 | x_2)$ den Ortsvektor des Bildpunktes P′ bei der Spiegelung an der Geraden g. Beschreiben Sie, wie man den Ortsvektor des Bildpunktes mithilfe der Bilder der Einheitsvektoren $\begin{pmatrix} 1 \\ 0 \end{pmatrix}$ und $\begin{pmatrix} 0 \\ 1 \end{pmatrix}$ berechnen kann.

Aufgabe

1 Drehung um den Koordinatenursprung

a) Die Punkte A(1|0) und B(0|1) werden um den Koordinatenursprung um $\varphi = 30°$ gedreht.
Fertigen Sie eine Zeichnung an und berechnen Sie die Ortsvektoren der Bildpunkte A′ und B′.

b) Der Punkt P(5|4) wird um den Koordinatenursprung um $\varphi = 30°$ gedreht.
Zeichnen Sie den Punkt P mit dem zugehörigen Koordinatenrechteck sowie das Bild des gedrehten Koordinatenrechtecks. Berechnen Sie anschließend den Ortsvektor des Bildpunktes P′ von P.

c) Verallgemeinern Sie das Ergebnis aus Teilaufgabe b) für die Drehung eines beliebigen Punktes $P(x_1|x_2)$ um den Koordinatenursprung um $\varphi = 30°$. Schreiben Sie $\overrightarrow{OP'}$ als Matrizenprodukt aus einer Matrix **T** und dem Ortsvektor $\overrightarrow{OP}$ von P: $\overrightarrow{OP'} = \mathbf{T} \cdot \overrightarrow{OP}$.

d) Begründen Sie anhand einer beispielhaften Zeichnung folgende Verallgemeinerung für eine beliebige Abbildung in der Ebene, die das Quadratraster der Ebene auf ein Parallelogrammraster sowie den den Koordinatenursprung O(0|0) auf sich abbildet:
Man kann den Ortsvektor des Bildpunktes eines beliebigen Punktes P unter dieser Abbildung berechnen als $\overrightarrow{OP'} = \mathbf{T} \cdot \overrightarrow{OP}$.
*Dabei sind die Spaltenvektoren der Matrix **T** die Bilder der Einheitsvektoren unter dieser Abbildung.*
Nennen Sie Beispiele derartiger Abbildungen.

Lösung

a) Für den Bildpunkt $A'(a_1'|a_2')$ gilt:
$a_1' = \cos(30°) = \frac{\sqrt{3}}{2}$ und $a_2' = \sin(30°) = \frac{1}{2}$,
also $\overrightarrow{OA'} = \begin{pmatrix} \frac{\sqrt{3}}{2} \\ \frac{1}{2} \end{pmatrix} \approx \begin{pmatrix} 0{,}866 \\ 0{,}5 \end{pmatrix}$.

Entsprechend erhält man
$\overrightarrow{OB'} = \begin{pmatrix} -\frac{1}{2} \\ \frac{\sqrt{3}}{2} \end{pmatrix} \approx \begin{pmatrix} -0{,}5 \\ 0{,}866 \end{pmatrix}$.

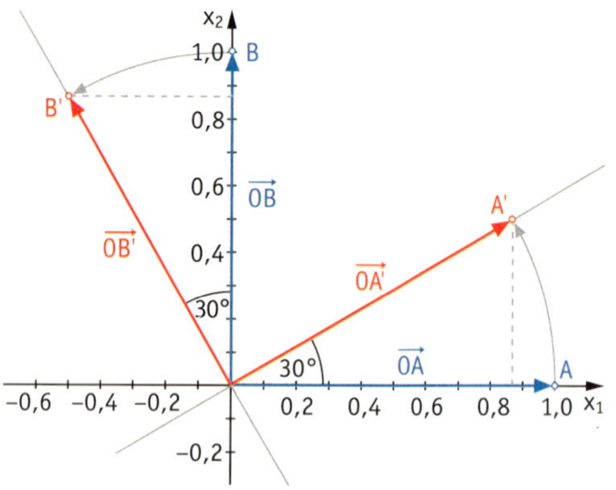

b) Mit dem Punkt P wird auch das zugehörige Koordinatenrechteck um 30° gedreht.
Das Koordinatenrechteck von P wird aufgespannt von den Vektoren
$\overrightarrow{p_1} = \begin{pmatrix} 5 \\ 0 \end{pmatrix} = 5 \cdot \begin{pmatrix} 1 \\ 0 \end{pmatrix}$ und $\overrightarrow{p_2} = \begin{pmatrix} 0 \\ 4 \end{pmatrix} = 4 \cdot \begin{pmatrix} 0 \\ 1 \end{pmatrix}$.
Daher wird das Koordinatenrechteck von P′ aufgespannt von den Bildvektoren $\overrightarrow{p_1'}$ und $\overrightarrow{p_2'}$ zu $\overrightarrow{p_1}$ und $\overrightarrow{p_2}$. Wie in Teilaufgabe a) folgt

$$\overrightarrow{p_1'} = 5 \cdot \begin{pmatrix} \frac{\sqrt{3}}{2} \\ \frac{1}{2} \end{pmatrix} \text{ und } \overrightarrow{p_2'} = 4 \cdot \begin{pmatrix} -\frac{1}{2} \\ \frac{\sqrt{3}}{2} \end{pmatrix}.$$

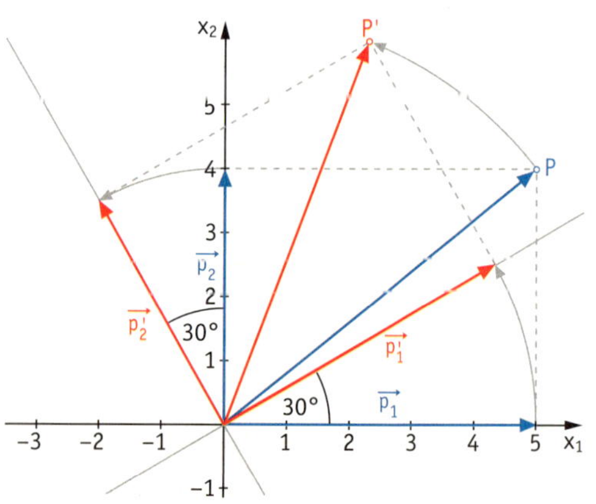

Somit ergibt sich

$$\overrightarrow{OP'} = \overrightarrow{p_1'} + \overrightarrow{p_2'} = 5 \cdot \begin{pmatrix} \frac{\sqrt{3}}{2} \\ \frac{1}{2} \end{pmatrix} + 4 \cdot \begin{pmatrix} -\frac{1}{2} \\ \frac{\sqrt{3}}{2} \end{pmatrix} = \begin{pmatrix} \frac{5\sqrt{3} - 4}{2} \\ \frac{4\sqrt{3} + 5}{2} \end{pmatrix} \approx \begin{pmatrix} 2{,}33 \\ 5{,}96 \end{pmatrix}.$$

c) Das Koordinatenrechteck eines beliebigen Punktes $P(x_1|x_2)$ wird aufgespannt von den Vektoren $\overrightarrow{p_1} = \begin{pmatrix} x_1 \\ 0 \end{pmatrix} = x_1 \cdot \begin{pmatrix} 1 \\ 0 \end{pmatrix}$ und $\overrightarrow{p_2} = \begin{pmatrix} 0 \\ x_2 \end{pmatrix} = x_2 \cdot \begin{pmatrix} 0 \\ 1 \end{pmatrix}$. Daher wird das Koordinatenrechteck von P′ von den zugehörigen Bildvektoren $\overrightarrow{p_1'} = x_1 \cdot \begin{pmatrix} \frac{\sqrt{3}}{2} \\ \frac{1}{2} \end{pmatrix}$ und $\overrightarrow{p_2'} = x_2 \cdot \begin{pmatrix} -\frac{1}{2} \\ \frac{\sqrt{3}}{2} \end{pmatrix}$ aufgespannt.

Damit folgt:

$$\overrightarrow{OP'} = \overrightarrow{p_1'} + \overrightarrow{p_2'} = x_1 \cdot \begin{pmatrix} \frac{\sqrt{3}}{2} \\ \frac{1}{2} \end{pmatrix} + x_2 \cdot \begin{pmatrix} -\frac{1}{2} \\ \frac{\sqrt{3}}{2} \end{pmatrix} = \begin{pmatrix} \frac{\sqrt{3}}{2} \cdot x_1 - \frac{1}{2} \cdot x_2 \\ \frac{1}{2} \cdot x_1 + \frac{\sqrt{3}}{2} \cdot x_2 \end{pmatrix}$$

Diesen Vektor kann man als Produkt einer Matrix **T** mit dem Ortsvektor von P schreiben:

$$\begin{pmatrix} \frac{\sqrt{3}}{2} & -\frac{1}{2} \\ \frac{1}{2} & \frac{\sqrt{3}}{2} \end{pmatrix} \cdot \begin{pmatrix} x_1 \\ x_2 \end{pmatrix} = \begin{pmatrix} \frac{\sqrt{3}}{2} & -\frac{1}{2} \\ \frac{1}{2} & \frac{\sqrt{3}}{2} \end{pmatrix} \cdot \overrightarrow{OP}$$

Die gesuchte Matrix **T**, durch welche die Drehung eines beliebigen Punktes um den Koordinatenursprung um 30° beschrieben werden kann, lautet somit $\mathbf{T} = \begin{pmatrix} \frac{\sqrt{3}}{2} & -\frac{1}{2} \\ \frac{1}{2} & \frac{\sqrt{3}}{2} \end{pmatrix}$.

d) Wir können die vorangegangenen Überlegungen unmittelbar übertragen.

In der Zeichnung ist beispielhaft eine Abbildung in der Ebene dargestellt, die das Quadratraster der Ebene auf ein Parallelogrammraster abbildet und dabei den Koordinatenursprung O(0|0) fest lässt.

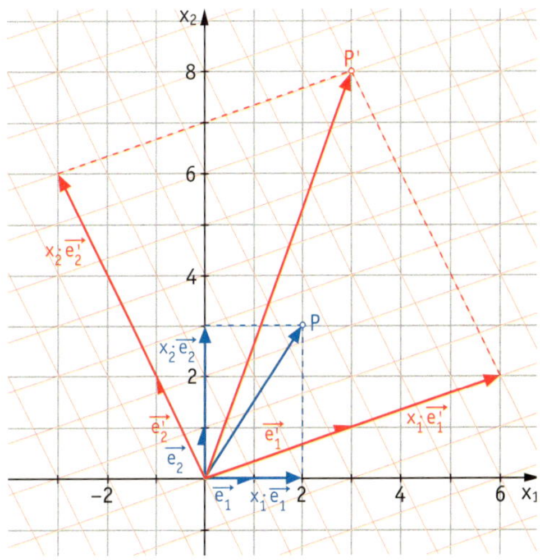

Das Koordinatenrechteck eines beliebigen Punktes $P(x_1|x_2)$ wird aufgespannt von den Vektoren $\overrightarrow{p_1} = \begin{pmatrix} x_1 \\ 0 \end{pmatrix} = x_1 \cdot \overrightarrow{e_1}$ und $\overrightarrow{p_2} = \begin{pmatrix} 0 \\ x_2 \end{pmatrix} = x_2 \cdot \overrightarrow{e_2}$.

Dann wird das Koordinatenparallelogramm des Bildpunktes $P'(x_1'|x_2')$ von den zugehörigen Bildvektoren $\overrightarrow{p_1'} = x_1 \cdot \overrightarrow{e_1'}$ und $\overrightarrow{p_2'} = x_2 \cdot \overrightarrow{e_2'}$ aufgespannt.

Daher ist

$$\overrightarrow{OP'} = \overrightarrow{p_1'} + \overrightarrow{p_2'} = x_1 \cdot \overrightarrow{e_1'} + x_2 \cdot \overrightarrow{e_2'}$$
$$= \mathbf{T} \cdot \begin{pmatrix} x_1 \\ x_2 \end{pmatrix} = \mathbf{T} \cdot \overrightarrow{OP},$$

wobei die Spaltenvektoren der Matrix **T** die Vektoren $\overrightarrow{e_1'}$ und $\overrightarrow{e_2'}$ sind, also die Bilder der Einheitsvektoren unter dieser Abbildung.

Beispiele für Abbildungen, die das Quadratraster der Ebene auf ein Parallelogrammraster abbilden, sind

- Drehungen um den Koordinatenursprung,
- Spiegelungen an einer Geraden durch den Koordinatenursprung,
- Zentrische Streckungen mit dem Koordinatenursprung als Zentrum.

Information

(1) Abbildungen und Matrizen

In der Lösung von Aufgabe 1 haben wir eine Abbildung betrachtet, die das Quadratraster der Ebene auf ein Parallelogrammraster abbildet, wobei der Koordinatenursprung fest bleibt.

Weil dabei das Koordinatenrechteckeines jeden Punktes P auf ein Koordinatenparallelogramm des Bildpunktes P' abgebildet wird, lässt sich der Ortsvektor von P' berechnen als $\overrightarrow{OP'} = \mathbf{T} \cdot \overrightarrow{OP}$, wobei die 2×2-Matrix **T** die Bildvektoren $\overrightarrow{e_1'}$ und $\overrightarrow{e_2'}$ der Einheitsvektoren als Spaltenvektoren hat.

Spat = Prisma mit Parallelogramm als Grundfläche

Diese Überlegungen lassen sich unmittelbar auf Abbildungen im Raum übertragen, die das Würfelraster des Raumes auf ein Spatraster abbilden und dabei den Koordinatenursprung O(0|0|0) fest lassen. Daher können wir auch zum Beispiel Drehungen im Raum um eine Achse durch den Koordinatenursprung, Spiegelungen im Raum an einer Geraden durch den Koordinatenursprung und Spiegelungen im Raum an einer Ebene durch den Koordinatenursprung mithilfe einer Abbildungsgleichung $\overrightarrow{OP'} = \mathbf{T} \cdot \overrightarrow{OP}$ beschreiben, wobei die Spaltenvektoren der Matrix **T** die Bilder der Einheitsvektoren unter dieser Abbildung sind.

Wir halten daher fest:

Abbildungsgleichung einer Abbildung in der Ebene oder im Raum

Für eine Abbildung in der Ebene bzw. im Raum, die das Quadratraster der Ebene auf ein Parallelogrammraster bzw. das Würfelraster des Raumes auf ein Spatraster und den Koordinatenursprung auf sich abbildet, gilt:

Man kann den Ortsvektor des Bildpunktes eines beliebigen Punktes P unter dieser Abbildung berechnen als

$$\overrightarrow{OP'} = \mathbf{T} \cdot \overrightarrow{OP}.$$

Dabei sind die Spaltenvektoren der Matrix **T** die Bilder der Einheitsvektoren unter dieser Abbildung. Die Matrix **T** heißt **Abbildungsmatrix** zur Abbildung. Eine derartige Abbildung heißt **affine Abbildung**.

Beispiele:

- Für die Spiegelung der Zeichenebene an der Geraden $g: \vec{x} = r \cdot \begin{pmatrix} 1 \\ -1 \end{pmatrix}$ mit $r \in \mathbb{R}$ gilt:

  $\vec{e_1} = \begin{pmatrix} 1 \\ 0 \end{pmatrix} \mapsto \vec{e_1'} = \begin{pmatrix} 0 \\ -1 \end{pmatrix}$ und

  $\vec{e_2} = \begin{pmatrix} 0 \\ 1 \end{pmatrix} \mapsto \vec{e_2'} = \begin{pmatrix} -1 \\ 0 \end{pmatrix}$.

  Damit ist $\mathbf{T} = \begin{pmatrix} 0 & -1 \\ -1 & 0 \end{pmatrix}$ die zugehörige Abbildungsmatrix.

  Hat der Punkt P den Ortsvektor $\overrightarrow{OP} = \begin{pmatrix} 2 \\ -1 \end{pmatrix}$, so errechnet man als Ortsvektor des Bildpunktes P':

  $\overrightarrow{OP'} = \begin{pmatrix} 0 & -1 \\ -1 & 0 \end{pmatrix} \cdot \begin{pmatrix} 2 \\ -1 \end{pmatrix} = \begin{pmatrix} 1 \\ -2 \end{pmatrix}$

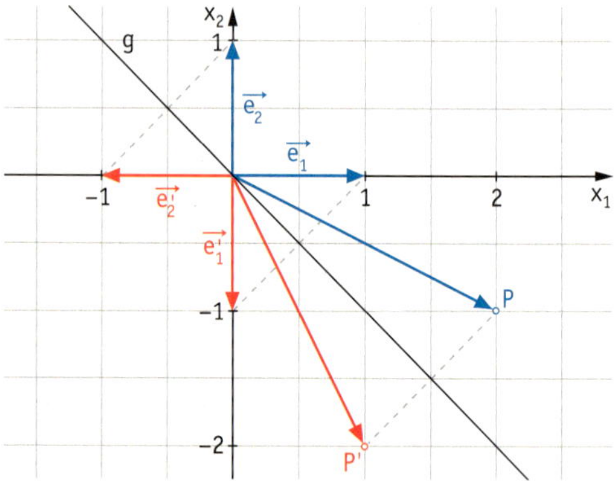

- Bei der abgebildeten Drehung des Raumes um die 1. Koordinatenachse um $\varphi = 45°$ wird der Vektor $\vec{e_1}$ auf sich abgebildet, $\vec{e_2}$ wird auf $\begin{pmatrix} 0 \\ \frac{\sqrt{2}}{2} \\ \frac{\sqrt{2}}{2} \end{pmatrix}$ abgebildet und $\vec{e_3}$ auf $\begin{pmatrix} 0 \\ -\frac{\sqrt{2}}{2} \\ \frac{\sqrt{2}}{2} \end{pmatrix}$. Daher ist

  $\overrightarrow{OP'} = \frac{1}{2} \cdot \begin{pmatrix} 2 & 0 & 0 \\ 0 & \sqrt{2} & -\sqrt{2} \\ 0 & \sqrt{2} & \sqrt{2} \end{pmatrix} \cdot \overrightarrow{OP}$

  die zugehörige Abbildungsgleichung.

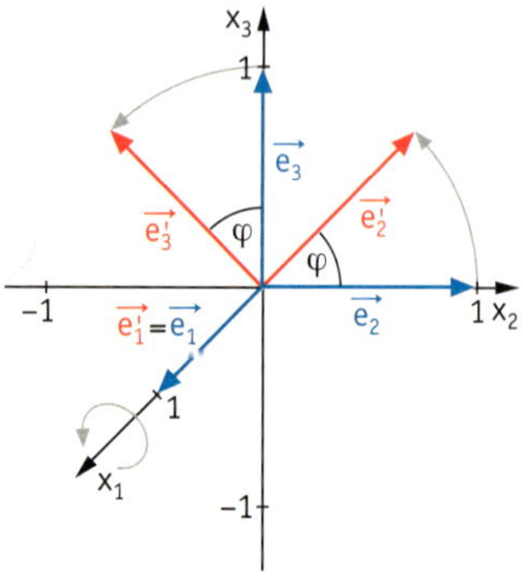

Weiterführende Aufgaben

2 Parallelprojektion vom Raum in die x_1x_2-Ebene

Der Schatten eines räumlichen Gegenstandes in einer Ebene, verursacht vom Sonnenlicht, hängt unter anderem vom jeweiligen Sonnenstand ab und von der Ebene, in die der Schatten fällt.

Als Ebene wählen wir die x_1x_2-Ebene eines kartesischen Koordinatensystems. Dann ist die 3. Koordinate der projizierten Punkte jeweils null. Aufgrund der Entfernung der Sonne von der Erde können wir davon ausgehen, dass die Sonnenstrahlen (näherungsweise) parallel einfallen.

Die Richtung der Sonnenstrahlen kann somit durch einen Vektor $\vec{v}$, der vom Sonnenstand abhängt, beschrieben werden. In diesem Fall soll $\vec{v} = \begin{pmatrix} 1 \\ 2 \\ -1 \end{pmatrix}$ sein.

a) Berechnen Sie zu einem beliebigen Punkt P mit dem Ortsvektor $\overrightarrow{OP} = \begin{pmatrix} x_1 \\ x_2 \\ x_3 \end{pmatrix}$ den Ortsvektor $\overrightarrow{OP'}$ des Bildpunktes P'. Geben Sie die zu dieser Parallelprojektion gehörende Abbildungsgleichung an.

b) Bestimmen Sie allgemein die Abbildungsgleichung für eine Parallelprojektion in die x_1x_2-Ebene mit dem Projektionsvektor $\vec{v} = \begin{pmatrix} v_1 \\ v_2 \\ v_3 \end{pmatrix}$ mit $v_3 \neq 0$.
Begründen Sie zunächst, warum die Einschränkung $v_3 \neq 0$ sinnvoll ist.

c) Begründen Sie, dass die Spaltenvektoren der zur Parallelprojektion gehörenden Abbildungsmatrix die Bilder der Einheitsvektoren des Koordinatensystems sind.

d) Erläutern Sie, inwiefern man auch bei einer Parallelprojektion in eine Ebene sagen kann, dass das Würfelraster des Raumes auf ein Parallelogrammraster abgebildet wird.

3 Abbildung zu einer vorgegebenen Matrix identifizieren

Untersuchen Sie, welche geometrische Abbildung durch die Abbildungsgleichung gegeben ist. Untersuchen Sie dazu, wie die Koordinateneinheitsvektoren $\vec{e_1} = \begin{pmatrix} 1 \\ 0 \end{pmatrix}$ und $\vec{e_2} = \begin{pmatrix} 0 \\ 1 \end{pmatrix}$ bzw. $\vec{e_1} = \begin{pmatrix} 1 \\ 0 \\ 0 \end{pmatrix}$, $\vec{e_2} = \begin{pmatrix} 0 \\ 1 \\ 0 \end{pmatrix}$ und $\vec{e_3} = \begin{pmatrix} 0 \\ 0 \\ 1 \end{pmatrix}$ abgebildet werden.

a) $\overrightarrow{OP'} = \begin{pmatrix} 2 & -2 \\ 2 & 2 \end{pmatrix} \cdot \overrightarrow{OP}$ **b)** $\overrightarrow{OP'} = \begin{pmatrix} 0 & -1 & 0 \\ -1 & 0 & 0 \\ 0 & 0 & 0 \end{pmatrix} \cdot \overrightarrow{OP}$

4 Verketten von Abbildungen

Die Punkte der Ebene werden zunächst um 90° um den Ursprung gedreht und anschließend an der Geraden $g: \vec{x} = r \cdot \begin{pmatrix} 1 \\ 1 \end{pmatrix}$ mit $r \in \mathbb{R}$ gespiegelt.

a) Geben Sie die zu diesen Abbildungen gehörigen Matrizen $\mathbf{T}_{90°}$ und $\mathbf{T}_g$ an.

b) Bestimmen Sie die Matrix $\mathbf{T}_{ges}$ zur *Verkettung* beider Abbildungen, indem Sie die Bilder der Einheitsvektoren des Koordinatensystems berechnen.
Zeigen Sie, dass $\mathbf{T}_{ges}$ das *Produkt* der Matrizen $\mathbf{T}_{90°}$ und $\mathbf{T}_g$ ist: $\mathbf{T}_{ges} = \mathbf{T}_g \cdot \mathbf{T}_{90°}$.

c) Berechnen Sie $\mathbf{T}_{90°} \cdot \mathbf{T}_g$ und $\mathbf{T}_g \cdot \mathbf{T}_{90°}$. Was bedeutet das Ergebnis für die Reihenfolge der Verkettung dieser Abbildungen?

5 Umkehrabbildung einer Abbildung

Gegeben ist eine Abbildung in der Ebene mit der Abbildungsmatrix $\mathbf{T} = \begin{pmatrix} -0{,}6 & 0{,}8 \\ 0{,}8 & 0{,}6 \end{pmatrix}$ und der zugehörigen Abbildungsgleichung $\overrightarrow{OP'} = \mathbf{T} \cdot \overrightarrow{OP}$.

a) Bestimmen Sie eine Abbildungsmatrix **U** so, dass die zu **U** gehörende Abbildung die Umkehrabbildung zur vorgegebenen Abbildung ist, d. h., die Bildpunkte P' der vorgegebenen Abbildung wieder zurück auf ihre Urbildpunkte P abbildet.

b) Zeigen Sie: Es ist $\mathbf{U} \cdot \mathbf{T} = \mathbf{E}_2$ und $\mathbf{T} \cdot \mathbf{U} = \mathbf{E}_2$.
Erläutern Sie die geometrische Bedeutung dieser Gleichungen.

c) Begründen Sie, dass es zur Abbildung mit $\overrightarrow{OP'} = \begin{pmatrix} 1 & 0{,}5 \\ 0 & 0 \end{pmatrix} \cdot \overrightarrow{OP}$ keine Umkehrabbildung gibt.

6 Fixpunkte einer Abbildung

Bestimmen Sie alle Fixpunkte der durch die Abbildungsgleichung gegebenen Abbildung. Das sind alle Punkte P, die unter dieser Abbildung mit ihren Bildpunkten identisch sind. Begründen Sie, dass alle Fixpunkte auf einer Geraden liegen.

a) $\overrightarrow{OP'} = \begin{pmatrix} 1{,}36 & -0{,}48 \\ -0{,}48 & 1{,}64 \end{pmatrix} \cdot \overrightarrow{OP}$ **b)** $\overrightarrow{OP'} = \frac{1}{3} \cdot \begin{pmatrix} -1 & 2 & -2 \\ 2 & -1 & -2 \\ -2 & -2 & -1 \end{pmatrix} \cdot \overrightarrow{OP}$

7 Fixgerade einer Abbildung

Gegeben ist die Abbildung mit der Gleichung $\overrightarrow{OP'} = \begin{pmatrix} 0 & 1 \\ 2 & 1 \end{pmatrix} \cdot \overrightarrow{OP}$.

a) Zeigen Sie, dass der Koordinatenursprung $0(0|0)$ einziger Fixpunkt der Abbildung ist.

b) Geraden, die bei einer Abbildung auf sich selbst abgebildet werden, heißen *Fixgeraden* der Abbildung. Zeigen Sie, dass die Gerade $g: \vec{x} = r \cdot \begin{pmatrix} 1 \\ -1 \end{pmatrix}$ mit $r \in \mathbb{R}$ Fixgerade der Abbildung ist. Erläutern Sie, wie die einzelnen Geradenpunkte abgebildet werden.

c) Bestimmen Sie eine weitere Gerade h, die ebenfalls Fixgerade bezüglich der Abbildung ist.

d) Begründen Sie allgemein für eine Abbildung mit der Abbildungsgleichung $\overrightarrow{OP'} = \mathbf{T} \cdot \overrightarrow{OP}$:
Ist die Gerade g mit $g: \vec{x} = r \cdot \vec{u}$ mit $r \in \mathbb{R}$ eine Fixgerade der Abbildung, so ist das Bild des Richtungsvektors $\vec{u}$ von g ein Vielfaches des Richtungsvektors $\vec{u}$ von g.
Prüfen Sie, ob auch die Umkehrung dieses Satzes gilt.

Information

(2) Zusammenhang zwischen geometrischen Abbildungen und Abbildungsgleichungen

In den vorangegangenen Aufgaben haben wir verschiedene geometrische Abbildungen betrachtet, bei denen jeweils Punkte einer Ebene (Zeichenebene) wieder in diese abgebildet werden. Zu ihnen haben wir jeweils eine Abbildungsgleichung gefunden, mit der die Abbildung beschrieben werden kann. Wir haben damit eine Beziehung zwischen Abbildungen, also geometrischen Objekten, und Abbildungsgleichungen, also algebraischen Objekten hergestellt:

geometrische Abbildung $\mapsto$ Abbildungsgleichung

Andererseits haben wir auch umgekehrt mithilfe einer vorgegebenen Abbildungsgleichung eine geometrische Abbildung erklärt, indem wir den Bildpunkt P′ des jeweils abzubildenden Punktes P über die Abbildungsgleichung $\overrightarrow{OP'} = \mathbf{T} \cdot \overrightarrow{OP} + \vec{v}$ definiert haben.
Auf diese Weise kann man jeder derartigen Abbildungsgleichung eine Abbildung zuordnen:

Abbildungsgleichung $\mapsto$ geometrische Abbildung

Verdeutlichen Sie das an einem Beispiel.

Während sich jeder derartigen Abbildungsgleichung eine geometrische Abbildung zuordnen lässt, kann man jedoch nicht jeder geometrischen Abbildung eine Abbildungsgleichung der Form $\overrightarrow{OP'} = \mathbf{T} \cdot \overrightarrow{OP} + \vec{v}$ zuordnen.

Der hier angesprochene Zusammenhang zwischen Abbildungen und Matrizengleichungen ist ein weiteres Beispiel für eine enge Wechselbeziehung zwischen Geometrie und Algebra. Die *algebraische Beschreibung geometrischer Objekte und Zusammenhänge* einerseits sowie eine *geometrische Interpretation algebraischer Objekte und Zusammenhänge* andererseits sind zentrale Inhalte der Linearen Algebra und der Analytischen Geometrie.

(3) Umkehrabbildung – zueinander inverse Matrizen

Die Umkehrabbildung zu einer vorgegebenen Abbildung ist diejenige Abbildung, die Bildpunkte P′ der vorgegebenen Abbildung wieder zurück auf ihre Urbildpunkte P abbildet.
Nicht zu jeder Abbildung gibt es eine Umkehrabbildung.
Wenn es zu einer Abbildung mit der Abbildungsmatrix **T** eine Umkehrabbildung mit zugehöriger Abbildungsmatrix **U** gibt, so gilt: $\mathbf{U} \cdot \mathbf{T} = \mathbf{E}_2$ und $\mathbf{T} \cdot \mathbf{U} = \mathbf{E}_2$.
Solche Matrizen, deren Produkt die Einheitsmatrix ergibt, heißen *invers zueinander*.

Definition: Zueinander inverse Matrizen

Zwei quadratische $n \times n$-Matrizen **A** und **B** mit $\mathbf{A} \cdot \mathbf{B} = \mathbf{E}_n$ und $\mathbf{B} \cdot \mathbf{A} = \mathbf{E}_n$ heißen **invers zueinander**.
Man schreibt man auch: $\mathbf{B} = \mathbf{A}^{-1}$.
Entsprechend kann man auch $\mathbf{A} = \mathbf{B}^{-1}$ schreiben.

Diese Schreibweise ist zulässig, weil man leicht zeigen kann, dass jede quadratische Matrix höchstens eine inverse besitzt.

Beispiel

Für $\mathbf{A} = \begin{pmatrix} 1 & 2 & -1 \\ -5 & 2 & 4 \\ -2 & -3 & 2 \end{pmatrix}$ ist $\mathbf{A}^{-1} = \begin{pmatrix} 16 & -1 & 10 \\ 2 & 0 & 1 \\ 19 & -1 & 12 \end{pmatrix}$, denn $\mathbf{A} \cdot \mathbf{A}^{-1} = \begin{pmatrix} 1 & 0 & 0 \\ 0 & 1 & 0 \\ 0 & 0 & 1 \end{pmatrix}$ und $\mathbf{A}^{-1} \cdot \mathbf{A} = \begin{pmatrix} 1 & 0 & 0 \\ 0 & 1 & 0 \\ 0 & 0 & 1 \end{pmatrix}$.

Falls es zu einer Matrix **A** eine inverse Matrix $\mathbf{A}^{-1}$ gibt, kann man diese mithilfe eines Rechners bestimmen. Dazu verwendet man nach Eingabe von **A** beim Rechner die Operation X^{-1} und beim CAS die Tastenfolge ^– 1.

(4) Fixpunkt, Fixvektor

Bei einzelnen Abbildungen kann es vorkommen, dass manche Punkte auf sich selbst abgebildet werden. Derartige Punkte nennt man Fixpunkte der Abbildung.

Definition: Fixpunkt – Fixvektor

Wird ein Punkt P unter einer Abbildung auf sich selbst abgebildet, so nennt man diesen Punkt einen **Fixpunkt** der Abbildung.
Ist die Abbildung durch eine Matrix **T** definiert, so gilt $\overrightarrow{OP} = \mathbf{T} \cdot \overrightarrow{OP}$.
Ein Vektor $\vec{x}$ mit $\vec{x} = \mathbf{T} \cdot \vec{x}$ heißt **Fixvektor** bzgl. der Matrix **T**.

Beispiel

Wegen $\frac{1}{25} \cdot \begin{pmatrix} 22 & 4 \\ -21 & 53 \end{pmatrix} \cdot \begin{pmatrix} 4 \\ 3 \end{pmatrix} = \begin{pmatrix} 4 \\ 3 \end{pmatrix}$ ist der Punkt P(4 | 3) Fixpunkt der zur Abbildungsgleichung $\overrightarrow{OP'} = \frac{1}{25} \cdot \begin{pmatrix} 22 & 4 \\ -21 & 53 \end{pmatrix} \cdot \overrightarrow{OP}$ gehörenden geometrischen Abbildung.

Übungsaufgaben

Spiegelungen an einer Geraden

8 Bestimmen Sie die Abbildungsmatrix für eine Spiegelung an der Geraden g.

a) g: $\vec{x} = r \cdot \begin{pmatrix} 1 \\ -1 \end{pmatrix}$ mit $r \in \mathbb{R}$ **b)** g: $\vec{x} = r \cdot \begin{pmatrix} 2 \\ 1 \end{pmatrix}$ mit $r \in \mathbb{R}$ **c)** g: $\vec{x} = r \cdot \begin{pmatrix} 3 \\ -2 \end{pmatrix}$ mit $r \in \mathbb{R}$

9 Gegeben sind die Punkte A(5 | 10) und B(– 11 | 2).
Bestimmen Sie die Gerade g und die zugehörige Abbildungsmatrix **T** so, dass A und B Symmetriepartner bezüglich einer Spiegelung an g sind.

10 Gegeben ist das Dreieck ABC mit A(– 1 | – 1), B(4 | 2) und C(2 | 5).
Berechnen Sie die Eckpunkte des Bildes bei Spiegelung an g: $\vec{x} = r \cdot \begin{pmatrix} 2 \\ -1 \end{pmatrix}$ mit $r \in \mathbb{R}$.

11 Zeigen Sie, dass die Matrix $\mathbf{T} = \begin{pmatrix} -0{,}28 & -0{,}96 \\ -0{,}96 & 0{,}28 \end{pmatrix}$ Abbildungsmatrix für die Spiegelung an einer Geraden g durch den Ursprung ist. Bestimmen Sie eine Parameterdarstellung für g.

12

a) Gegeben sind die Gerade $g: \vec{x} = \binom{2}{3} + r \cdot \binom{3}{-4}$ mit $r \in \mathbb{R}$ und der Punkt $P(4\,|\,5)$.
Bestimmen Sie den Bildpunkt P′ von P bei Spiegelung an g. Verschieben Sie zunächst g und P so, dass die Gerade durch den Koordinatenursprung verläuft.

b) Gegeben ist eine Gerade $g: \vec{x} = \vec{a} + r \cdot \vec{u}$ mit $r \in \mathbb{R}$.
Begründen Sie, dass für einen beliebigen Punkt P die Abbildungsgleichung bei einer Spiegelung an g lautet: $\overrightarrow{OP'} = \mathbf{T} \cdot (\overrightarrow{OP} - \vec{a}) + \vec{a}$.
Dabei ist **T** die Matrix zur Spiegelung an derjenigen Geraden h durch den Koordinatenursprung, die parallel zu g ist.

c) Geben Sie die Abbildungsgleichung für die Spiegelung aus Teilaufgabe a) an.

13

a) Erklären Sie geometrisch, wie man an einer Geraden im Raum spiegeln kann.

b) Bestimmen Sie die Abbildungsmatrix für eine Spiegelung an der Geraden g.
(1) $g: \vec{x} = r \cdot \begin{pmatrix} 1 \\ 1 \\ 0 \end{pmatrix}$ mit $r \in \mathbb{R}$ (2) $g: \vec{x} = r \cdot \begin{pmatrix} 1 \\ -1 \\ 2 \end{pmatrix}$ mit $r \in \mathbb{R}$ (3) $g: \vec{x} = r \cdot \begin{pmatrix} 2 \\ 2 \\ 1 \end{pmatrix}$ mit $r \in \mathbb{R}$

c) Erklären Sie den Zusammenhang zwischen einer Spiegelung an einer Geraden g im Raum und einer Drehung um diese Gerade um 180°.

14

Zeigen Sie, dass durch die Matrix **T** eine Spiegelung an einer Geraden g im Raum beschrieben wird. Bestimmen Sie eine Parameterdarstellung für g.

a) $\mathbf{T} = \frac{1}{3} \cdot \begin{pmatrix} -1 & 2 & -2 \\ 2 & -1 & -2 \\ -2 & -2 & -1 \end{pmatrix}$ **b)** $\mathbf{T} = \frac{1}{49} \cdot \begin{pmatrix} -41 & -24 & 12 \\ -24 & 23 & -36 \\ 12 & -36 & -31 \end{pmatrix}$

Spiegelungen an einer Ebene im Raum

15

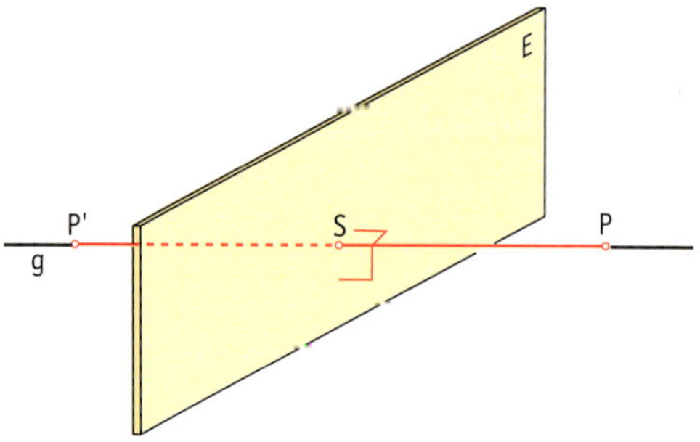

a) Gegeben sind die Ebene $E: \begin{pmatrix} 1 \\ -1 \\ 1 \end{pmatrix} * \vec{x} = 0$ und die Punkte $P(3\,|-3\,|\,6)$ und $P'(-5\,|\,5\,|-2)$.
Zeigen Sie, dass die Punkte P und P′ Symmetriepartner bezüglich einer Spiegelung an E sind.

b) Bestimmen Sie die Bildvektoren der Einheitsvektoren des Koordinatensystems $\vec{e_1} = \begin{pmatrix} 1 \\ 0 \\ 0 \end{pmatrix}$, $\vec{e_2} = \begin{pmatrix} 0 \\ 1 \\ 0 \end{pmatrix}$ und $\vec{e_3} = \begin{pmatrix} 0 \\ 0 \\ 1 \end{pmatrix}$ bei einer Spiegelung an E.

c) Bestimmen Sie unter Verwendung der Ergebnisse der zweiten Teilaufgabe eine Abbildungsmatrix für die Spiegelung an E.

16 Bestimmen Sie eine Abbildungsgleichung zur Spiegelung an der Ebene E.

a) E: $\begin{pmatrix} 0 \\ 0 \\ 1 \end{pmatrix} * \vec{x} = 0$ **b)** E: $\vec{x} = r \cdot \begin{pmatrix} 0 \\ 1 \\ 1 \end{pmatrix} + s \cdot \begin{pmatrix} 0 \\ 1 \\ 0 \end{pmatrix}$ mit $r, s \in \mathbb{R}$ **c)** E: $\begin{pmatrix} 0 \\ -1 \\ 1 \end{pmatrix} * \vec{x} = 0$

17 Bestimmen Sie eine Abbildungsmatrix **M** so, dass aufgrund der Abbildungsgleichung $\overrightarrow{OP'} = \mathbf{M} \cdot \overrightarrow{OP}$ die Punkte A, B und C wie folgt abgebildet werden:

$A(2|2|1) \mapsto A'(2|6|9)$, $B(2|-1|-2) \mapsto B'(9|-6|2)$, $C(-1|2|-2) \mapsto C'(6|7|-6)$.

Begründen Sie die folgende Rechnung mithilfe eines Taschenrechners:

- Eingabe der Matrix $\mathbf{A} = \begin{pmatrix} 2 & 2 & -1 \\ 2 & -1 & 2 \\ 1 & -2 & -2 \end{pmatrix}$ der Ortsvektoren der Punkte; und der Matrix $\mathbf{B} = \begin{pmatrix} 2 & 9 & 6 \\ 6 & -6 & 7 \\ 9 & 2 & -6 \end{pmatrix}$ der zugehörigen Bildvektoren.
- Bilden des Produktes: $\mathbf{B} \cdot \mathbf{A}^{-1}$

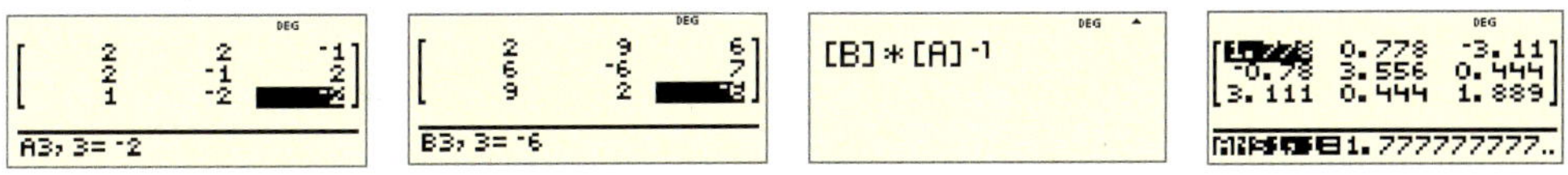

18 Zeigen Sie, dass durch die Matrix $\mathbf{T} = \frac{1}{9} \cdot \begin{pmatrix} 1 & 4 & -8 \\ 4 & 7 & 4 \\ -8 & 4 & 1 \end{pmatrix}$ eine Spiegelung an einer Ebene E beschrieben wird. Bestimmen Sie eine Gleichung für E in Normalenform.

Parallelprojektionen vom Raum in eine Ebene

19 Der Punkt $P(1|-2|1)$ wird parallel zum Projektionsvektor $\vec{v_1} = \begin{pmatrix} 2 \\ 2 \\ -3 \end{pmatrix}$ in die x_2x_3-Ebene projiziert. Bestimmen Sie die Koordinaten des Bildpunktes.

Bestimmen Sie für diese Projektion allgemein die Koordinaten eines Punktes $P(x_1|x_2|x_3)$.

20 Das Dreieck ABC mit $A(3|3|2)$, $B(0|4|3)$, $C(2|0|1)$ wird parallel zum Projektionsvektor $\vec{v}$ in die x_1x_3-Ebene projiziert.

Berechnen Sie die Eckpunkte des Bilddreiecks. Zeichnen Sie jeweils das Bilddreieck.

a) $\vec{v} = \begin{pmatrix} 2 \\ 2 \\ -1 \end{pmatrix}$ **b)** $\vec{v} = \begin{pmatrix} -3 \\ 1 \\ 1 \end{pmatrix}$ Was fällt auf?

21 Bestimmen Sie die Abbildungsmatrix für eine Parallelprojektion des Raumes parallel zur Geraden g in die x_1x_3-Ebene als Projektionsebene.

a) g: $\vec{x} = r \cdot \begin{pmatrix} 2 \\ 1 \\ 2 \end{pmatrix}$ mit $r \in \mathbb{R}$ **b)** g: $\vec{x} = r \cdot \begin{pmatrix} 1 \\ 3 \\ -2 \end{pmatrix}$ mit $r \in \mathbb{R}$ **c)** g: $\vec{x} = r \cdot \begin{pmatrix} 1 \\ 2 \\ 1 \end{pmatrix}$ mit $r \in \mathbb{R}$

22 In einem passend gewählten Koordinatensystem hat die Terrasse eines Cafés die Eckpunkte $P(0|-2|0)$, $Q(4|-2|0)$, $R(4|6|0)$, $S(0|6|0)$. Die Terrassenmarkise, die an der in der x_2x_3-Ebene liegenden Hauswand angebracht ist, hat die Eckpunkte $A(0|0|3)$, $B(3|0|2{,}5)$, $C(3|6|2{,}5)$ und $D(0|6|3)$. Die Sonnenstrahlen fallen parallel zum Vektor $\vec{v} = \begin{pmatrix} -1 \\ -1 \\ -2 \end{pmatrix}$ ein.

Untersuchen Sie, welcher Bereich der Terrasse im Schatten liegt.

23 In einem Koordinatensystem verlaufen die parallel einfallenden Sonnenstrahlen parallel zur x_2x_3-Ebene. Der Einfallswinkel zur $1x_1x_2$-Ebene ist $\alpha = 60°$.

a) Bestimmen Sie die Abbildungsmatrizen der hierdurch festgelegten Projektionen in die x_1x_2-Ebene.

b) Berechnen Sie das Schattenbild, das ein Turm mit den nachfolgenden Koordinaten in die x_1x_2-Ebene wirft: $A(1|1|0)$, $B(3|1|0)$, $C(3|3|0)$, $D(1|3|0)$, $E(1|1|4)$, $F(3|1|4)$, $G(3|3|4)$, $H(1|3|4)$, $S(2|2|6)$.

24 Eine Parallelprojektion in die x_1x_2-Ebene hat als Abbildungsmatrix die Matrix $\mathbf{T} = \begin{pmatrix} 1 & 0 & -4 \\ 0 & 1 & 3 \\ 0 & 0 & 0 \end{pmatrix}$. Bestimmen Sie einen Richtungsvektor der zugehörigen parallelen Geraden.

25

a) Zeigen Sie, dass bei einer Parallelprojektion zwei zueinander parallele Geraden im Raum entweder zueinander parallele Bildgeraden haben oder beide jeweils auf einen Punkt abgebildet werden.

b) Zeigen Sie, dass bei einer Parallelprojektion die Bilder dreier Raumpunkte einer Geraden entweder zusammenfallen oder in derselben Weise angeordnet sind wie die Raumpunkte und auch dasselbe Teilverhältnis bestimmen.

Hinweis: Wählen Sie als Projektionsebene die x_1x_2-Ebene. Warum ist das ohne Einschränkung der Allgemeinheit der Aussagen möglich?

c) Bearbeiten Sie a) und b) rein geometrisch ohne zu rechnen.

Drehungen

26 Gegeben ist das Dreieck ABC mit $A(-2|-1)$, $B(2|-1)$ und $C(0|2)$. Das Dreieck soll um den Koordinatenursprung um 60° gedreht werden. Berechnen Sie die Koordinaten des Bilddreiecks.

27 Zeigen Sie, dass durch $\mathbf{T}_{45°} = \begin{pmatrix} \frac{\sqrt{2}}{2} & -\frac{\sqrt{2}}{2} \\ \frac{\sqrt{2}}{2} & \frac{\sqrt{2}}{2} \end{pmatrix} = \frac{\sqrt{2}}{2} \cdot \begin{pmatrix} 1 & -1 \\ 1 & 1 \end{pmatrix}$ eine Drehung um 45° um den Koordinatenursprung beschrieben wird.

28 Zeigen Sie, dass zur *Drehung um den Winkel φ um den Koordinatenursprung* die Abbildungsgleichung

$$\overrightarrow{OP'} = \begin{pmatrix} \cos(\varphi) & -\sin(\varphi) \\ \sin(\varphi) & \cos(\varphi) \end{pmatrix} \cdot \overrightarrow{OP} \text{ gehört.}$$

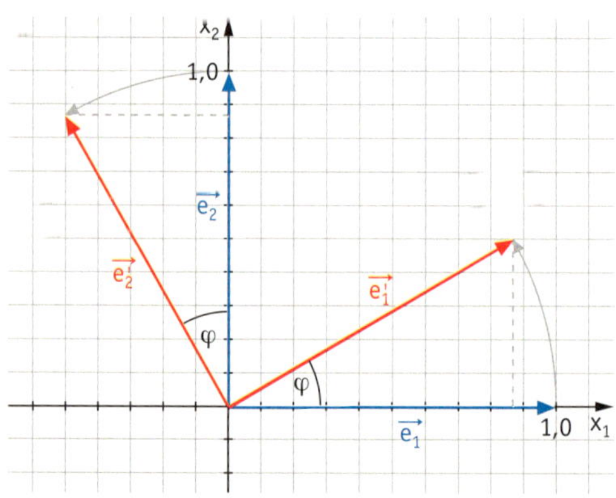

29 Zu einer Drehung um den Koordinatenursprung gehört die Abbildungsmatrix
$\mathbf{T} = \frac{1}{2} \cdot \begin{pmatrix} \sqrt{3} & -1 \\ 1 & \sqrt{3} \end{pmatrix}$.
Bestimmen Sie den Drehwinkel φ.

30 Ein Bürostuhl wird um eine Achse um den Winkel φ gedreht. Die Drehung soll durch Abbildungsmatrizen beschrieben werden.

a) Wählen Sie ein geeignetes räumliches Koordinatensystem, in dem die Drehung beschrieben werden kann und erklären Sie, inwiefern es zwei Möglichkeiten für diese Drehung gibt.

b) Überlegen Sie zunächst anhand der entsprechenden Drehung in einer Ebene, wie ein Punkt in der Ebene abgebildet wird.

Berücksichtigen Sie anschließend die 3. Koordinate und geben Sie die Abbildungsmatrizen an.

31 Bestimmen Sie eine Abbildungsmatrix für die Drehung im Raum.

a) Drehung um die 2. Koordinatenachse um 180°

b) Drehung um die 1. Koordinatenachse um 90°

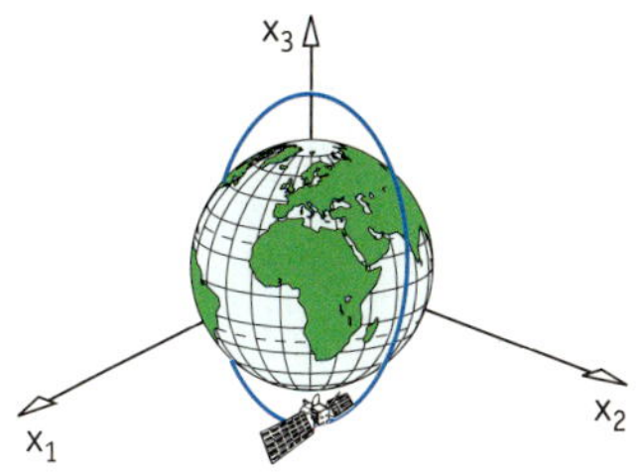

32 Bei einer Drehung im Raum um die 2. Koordinatenachse wird der Punkt $P(5\,|\,6\,|\,0)$ auf den Punkt $P'(3\,|\,6\,|\,4)$ abgebildet. Stellen Sie den Sachverhalt in einer geeigneten Skizze dar und bestimmen Sie eine zugehörige Abbildungsgleichung. Wie groß ist der Drehwinkel?

33 Untersuchen Sie, welche Drehung im Raum durch die Matrix $\mathbf{T} = \begin{pmatrix} 0 & 0 & -1 \\ 0 & 1 & 0 \\ 1 & 0 & 0 \end{pmatrix}$ gegeben ist.

34 Zeigen Sie: Eine Drehung um die 3. Koordinatenachse hat als Abbildungsmatrix die Matrix
$\mathbf{D}_{+\varphi} = \begin{pmatrix} \cos(\varphi) & \sin(\varphi) & 0 \\ -\sin(\varphi) & \cos(\varphi) & 0 \\ 0 & 0 & 1 \end{pmatrix}$ bzw. $\mathbf{D}_{-\varphi} = \begin{pmatrix} \cos(\varphi) & -\sin(\varphi) & 0 \\ \sin(\varphi) & \cos(\varphi) & 0 \\ 0 & 0 & 1 \end{pmatrix}$.

Streckungen

35 Der Koordinatenursprung sei Zentrum einer *zentrischen Streckung* in der Ebene mit dem Streckfaktor $s \in \mathbb{R}$.
Berechnen Sie für einen beliebigen Punkt $P(x_1\,|\,x_2)$ den Ortsvektor des Bildpunktes und zeigen Sie, dass diese Abbildung durch die Matrix $s \cdot \mathbf{E}$ beschrieben wird, wobei $\mathbf{E} = \begin{pmatrix} 1 & 0 \\ 0 & 1 \end{pmatrix}$ die Einheitsmatrix ist.

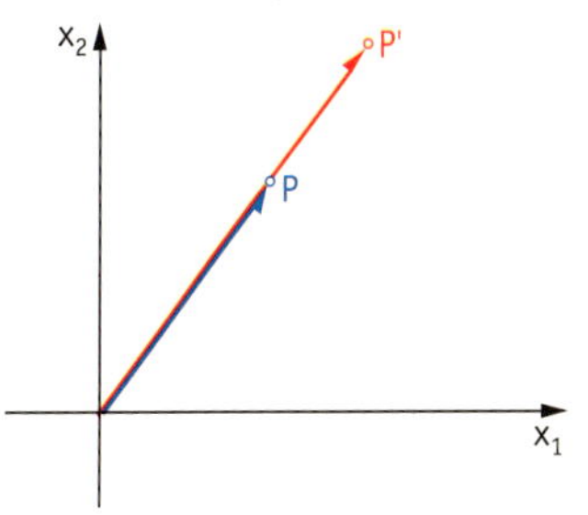

36 Berechnen Sie zur Abbildungsmatrix $\mathbf{T} = \begin{pmatrix} 3 & 0 & 0 \\ 0 & 3 & 0 \\ 0 & 0 & 3 \end{pmatrix}$ für die folgenden Punkte jeweils den Bildpunkt: $A(2\,|\,3\,|\,-4)$, $B(0\,|\,0\,|\,0)$, $C(-2\,|\,3\,|\,1)$, $D(0{,}5\,|\,0\,|\,-2)$, $E(1\,|\,1\,|\,1)$.
Beschreiben Sie die Abbildung geometrisch.

Zentralprojektionen

37 Gegeben sind der Punkt $Z(0\,|\,0\,|\,0)$ und die Ebene $E: \begin{pmatrix} 1 \\ -2 \\ 2 \end{pmatrix} * \vec{x} = 3$
$\left[Z(z_1\,|\,z_2\,|\,z_3) \text{ und } E: \begin{pmatrix} a \\ b \\ c \end{pmatrix} * \vec{x} = d\right]$.
Es sei $P(p_1\,|\,p_2\,|\,p_3)$ ein beliebiger Punkt im Raum mit $P \neq Z$.
Bei einer Zentralprojektion des Raumes von Z nach E ist der Bildpunkt P′ des Punktes P der Schnittpunkt der Geraden durch P und Z mit E.
Berechnen Sie den Ortsvektor für den Bildpunkt P′ von P.

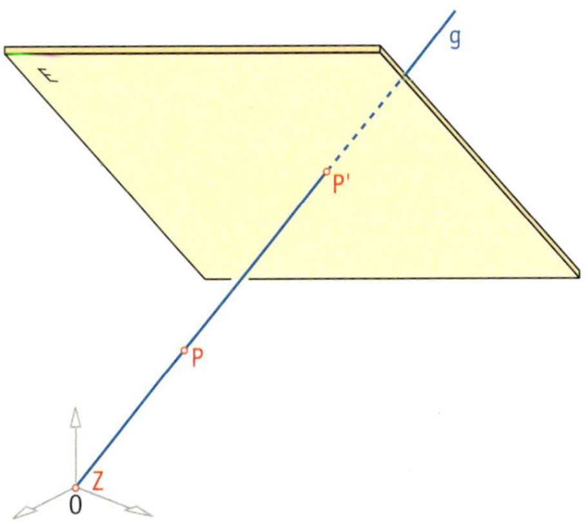

38 Das Zentrum einer Zentralprojektion ist der Punkt $Z(4\,|\,0\,|\,4)$. Projektionsebene ist die x_2x_3-Ebene.

a) Bestimmen Sie den Bildpunkt P′ zu $P(x_1\,|\,x_2\,|\,x_3)$.

b) Durch $A(0\,|\,0\,|\,0)$, $B(0\,|\,2\,|\,0)$, $C(-4\,|\,1\,|\,0)$ und $D(-2\,|\,1\,|\,5)$ ist eine dreiseitige Pyramide gegeben. Berechnen Sie die Bildpunkte und zeichnen Sie das Bild in ein x_2x_3-Koordinatensystem.

39 Gegeben ist die Ebene $E: \begin{pmatrix} 1 \\ 0 \\ 0 \end{pmatrix} * \vec{x} = 0$. Durch die Punkte $P(0|-2|0)$, $Q(0|0|0)$, $R(-2|0|0)$, $S(-2|-2|0)$, $T(0|-2|4)$, $U(0|0|4)$, $V(-2|0|4)$, $W(-2|-2|4)$ und $X(-1|-1|6)$ wird ein Turm beschrieben. Berechnen Sie die Bilder bei einer Zentralprojektion in die x_2-x_3-Ebene mit dem Projektionszentrum

Bei der **Stereoskopie** (griech.: *stereos* = massiv, fest; *skopein* = betrachten) werden jeweils unterschiedliche zweidimensionale Bilder aus zwei leicht abweichenden Betrachtungswinkeln in das linke und das rechte Auge gebracht. Dadurch ordnet der Mensch den dargestellten Objekten Entfernungen zu und gewinnt ein dreidimensionales Bild, obwohl die Bilder nur zweidimensional sind. Oft wird dazu eine Stereoskopie-Brille verwendet. Die Verfahren der Stereoskopie sind jedoch unterschiedlich und entwickeln sich ständig weiter.

a) $Z_1(6|0|2)$ (linkes Auge), **b)** $Z_2(6|1|2)$ (rechtes Auge).

Zeichnen Sie die Bilder des Turmes nebeneinander auf ein Blatt: Bild zu Z_1 rechts, Bild zu Z_2 links. Betrachten Sie beide Bilder aus einem Abstand von etwa 30 cm und bringen Sie sie durch Schielen zur Deckung. Was fällt auf?

Verketten von Abbildungen

40 Mit der Matrix $\mathbf{S} = \begin{pmatrix} 1 & -1 \\ 1 & 1 \end{pmatrix}$ ist durch die Abbildungsgleichung $\overrightarrow{OP'} = \begin{pmatrix} 1 & -1 \\ 1 & 1 \end{pmatrix} \cdot \overrightarrow{OP}$ eine Abbildung in der Ebene gegeben.

a) Berechnen Sie die Bildpunkte des Dreiecks ABC mit $A(4|-1)$, $B(8|2)$ und $C(5|5)$. Zeichnen Sie das Dreieck ABC und das Bilddreieck A′B′C′ in ein Koordinatensystem. Beschreiben Sie die zur Abbildungsmatrix **S** gehörende Abbildung geometrisch.

b) Durch die Matrix $\mathbf{T} = \frac{1}{2} \cdot \begin{pmatrix} 1 & 1 \\ -1 & 1 \end{pmatrix}$ ist eine weitere Abbildung in der Ebene gegeben. Untersuchen Sie, wie durch diese Abbildung das Bilddreieck A′B′C′ aus Teilaufgabe a) abgebildet wird.

c) Bestimmen Sie die Abbildungsmatrizen für die beiden möglichen Verkettungen der Abbildungen aus den Teilaufgaben a) und b).

41 Gegeben sind die Geraden $g: \vec{x} = r \cdot \begin{pmatrix} 3 \\ 2 \end{pmatrix}$ mit $r \in \mathbb{R}$ und $h: \vec{x} = s \cdot \begin{pmatrix} 1 \\ 5 \end{pmatrix}$ mit $s \in \mathbb{R}$. Es wird zunächst an der Geraden g gespiegelt und anschließend an der Geraden h.
Berechnen Sie die Abbildungsmatrix der Verkettung der Spiegelungen und geben Sie an, welche Abbildung sie beschreibt.

42 Die Geraden g und h verlaufen durch den Koordinatenursprung. $\mathbf{T}_g$ ist die Abbildungsmatrix für die Spiegelung an g, $\mathbf{T}_h$ Abbildungsmatrix für die Spiegelung an h.

a) Außerdem gilt $\mathbf{T}_g \cdot \mathbf{T}_h = \begin{pmatrix} 1 & 0 \\ 0 & 1 \end{pmatrix}$. Was ergibt sich für die Lage von g und h zueinander?

b) Außerdem gilt $\mathbf{T}_g \cdot \mathbf{T}_h = \begin{pmatrix} -1 & 0 \\ 0 & -1 \end{pmatrix}$. Was ergibt sich für die Lage von g und h zueinander?

43 Gegeben sind die Ebenen $E_1: \begin{pmatrix} 1 \\ -1 \\ 0 \end{pmatrix} * \vec{x} = 0$ und $E_2: \begin{pmatrix} 1 \\ 0 \\ 0 \end{pmatrix} * \vec{x} = 0$.

a) $\mathbf{S}_1$ ist die Abbildungsmatrix zur Spiegelung an E_1, $\mathbf{S}_2$ ist die Abbildungsmatrix zur Spiegelung an E_2. Bestimmen Sie $\mathbf{S}_1$ und $\mathbf{S}_2$.

b) Geben Sie die Abbildungsmatrix **T** für die Verkettung beider Abbildungen (erst Spiegelung an E_1, dann Spiegelung an E_2) an.

c) Welche geometrische Abbildung wird durch **T** beschrieben?

44 Gegeben sind ein Quadrat ABCD mit A(8|0), B(10|2), C(8|4) und D(6|2) sowie die Abbildung in der Ebene mit der Abbildungsgleichung $\overrightarrow{OP'} = \begin{pmatrix} 0,75 & -0,25 \\ 0,25 & 0,75 \end{pmatrix} \cdot \overrightarrow{OP}$.

a) Beschreiben Sie die rechts abgebildete Figurenkette und zeigen Sie, dass die wiederholte Anwendung der Abbildung diese Figurenkette erzeugt.

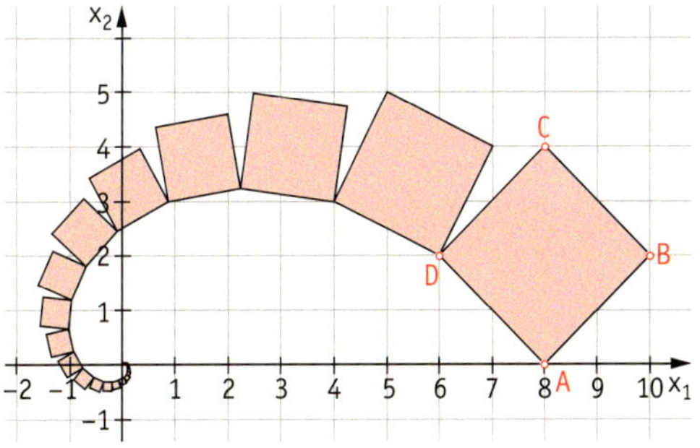

b) Bestimmen Sie eine Abbildungsgleichung so, dass die Figurenfolge vom Quadrat ABCD ausgehend in die entgegengesetzte Richtung fortgesetzt wird.

c) Erläutern Sie: Denkt man sich die Folge der Quadrate jeweils ohne Ende nach innen und nach außen fortgesetzt, so wird die gesamte Folge bei dieser Abbildung auf sich selbst abgebildet.

45 Gegeben sind die Punkte A(2|−1|−1), B(−1|2|−1) und C(−1|−1|2).

a) Zeigen Sie, dass das Dreieck ABC gleichseitig ist.

b) Bestimmen Sie eine Abbildungsmatrix **T** für eine Abbildung, die A auf B, B auf C abbildet und den Punkt F(1|1|1) als Fixpunkt hat.

c) Bestimmen Sie *alle* zur Abbildungsmatrix **T** gehörenden Fixpunkte.

d) Zeigen Sie, dass die Ebenen E_1: $\begin{pmatrix} 1 \\ -1 \\ 0 \end{pmatrix} * \vec{x} = 0$ und E_2: $\begin{pmatrix} 0 \\ -1 \\ 1 \end{pmatrix} * \vec{x} = 0$ die Menge der Fixpunkte (vgl. Teilaufgabe c)) als Schnittgerade haben. Bestimmen Sie außerdem den Winkel, den die Ebenen E_1 und E_2 einschließen.

e) Geben Sie die Abbildungsmatrix $\mathbf{S_1}$ für die Spiegelung an E_1 und die Abbildungsmatrix $\mathbf{S_2}$ für die Spiegelung an E_2 an.

f) Zeigen Sie, dass die Abbildungsmatrix für die Verkettung (erst Spiegelung an E_2, dann Spiegelung an E_1) die Matrix **T** (aus Teilaufgabe b)) ist, und begründen Sie, dass die Matrix **T** (aus Teilaufgabe b)) eine Drehung um g um 120° beschreibt.

46 Gegeben sind die Punkte A(1|2|−3), B(3|8|6) und C(19|−10|1).

a) Zeigen Sie, dass das Dreieck ABC rechtwinklig ist, und bestimmen Sie eine Parameterdarstellung und eine Koordinatengleichung für die durch A, B und C bestimmte Ebene E.
[*Teilergebnis:* E: $6x_1 + 7x_2 - 6x_3 = 38$]

b) Das Dreieck ABC wird zunächst an der Ebene E^*: $x_1 - x_2 = 0$ und anschließend an der 1. Koordinatenachse gespiegelt.
Geben Sie die Koordinaten des Bilddreiecks A′B′C′ (Bild von ABC bei Spiegelung an E*) und des Bilddreiecks A″B″C″ (Bild von A′B′C′ bei Spiegelung an der 1. Koordinatenachse) an.
Bestimmen Sie diejenige Abbildungsmatrix, die ABC direkt auf A″B″C″ abbildet, als Produkt von Matrizen.

c) Bestimmen Sie alle Fixpunkte der Matrix $\mathbf{M} = \begin{pmatrix} 0 & 1 & 0 \\ -1 & 0 & 0 \\ 0 & 0 & -1 \end{pmatrix}$.

Zueinander inverse Matrizen – Umkehrabbildungen

47 Untersuchen Sie, ob die Matrizen **A** und **B** zueinander invers sind.

a) $\mathbf{A} = \begin{pmatrix} 1 & -3 \\ 1 & -4 \end{pmatrix}$, $\mathbf{B} = \begin{pmatrix} 4 & -3 \\ 1 & -1 \end{pmatrix}$

b) $\mathbf{A} = \begin{pmatrix} -1 & 2 & 0 \\ 0 & -1 & 1 \\ 1 & 1 & 1 \end{pmatrix}$, $\mathbf{B} = \frac{1}{4}\begin{pmatrix} -2 & -2 & 2 \\ 1 & -1 & 1 \\ 1 & 3 & 1 \end{pmatrix}$

48 Das Beispiel rechts zeigt, wie mithilfe linearer Gleichungssysteme eine inverse Matrix bestimmt wurde.

$$\begin{pmatrix} a & b \\ c & d \end{pmatrix} \cdot \begin{pmatrix} 4 & 3 \\ 2 & 1 \end{pmatrix} = \begin{pmatrix} 1 & 0 \\ 0 & 1 \end{pmatrix}$$

$$\left| \begin{array}{l} 4a + 2b = 1 \\ 3a + b = 0 \end{array} \right| \text{ liefert } \left| \begin{array}{l} a = -\tfrac{1}{2} \\ b = \tfrac{3}{2} \end{array} \right|$$

$$\left| \begin{array}{l} 4c + 2d = 0 \\ 3c + d = 1 \end{array} \right| \text{ liefert } \left| \begin{array}{l} c = 1 \\ d = -2 \end{array} \right|$$

a) Erläutern Sie das Verfahren.
Bestimmen Sie mithilfe des Verfahrens die zur Matrix $\mathbf{A} = \begin{pmatrix} 1 & 1 \\ 1 & -1 \end{pmatrix}$ inverse Matrix.

b) Versuchen Sie auch mit diesem Verfahren für die Matrix $\mathbf{B} = \begin{pmatrix} 1 & 1 \\ 1 & 1 \end{pmatrix}$ eine inverse Matrix zu bestimmen. Was stellen Sie fest?

49 Gegeben ist die Matrix **A**. Bestimmen Sie ohne Verwendung eines Rechners **B** so, dass **A** und **B** invers zueinander sind.
Setzen Sie dazu $\mathbf{B} = \begin{pmatrix} a & b \\ c & d \end{pmatrix}$.

a) $\mathbf{A} = \begin{pmatrix} 0 & 2 \\ -2 & 0 \end{pmatrix}$ **b)** $\mathbf{A} = \begin{pmatrix} 2 & 1 \\ 1 & -1 \end{pmatrix}$ **c)** $\mathbf{A} = \begin{pmatrix} 1 & 3 \\ 4 & 0 \end{pmatrix}$ **d)** $\mathbf{A} = \begin{pmatrix} -2 & 5 \\ -2 & 6 \end{pmatrix}$

50 Gegeben ist die Matrix **A**. Bestimmen Sie $\mathbf{A}^{-1}$.

a) $\mathbf{A} = \begin{pmatrix} -2 & 4 \\ 5 & -8 \end{pmatrix}$ **b)** $\mathbf{A} = \begin{pmatrix} 4 & 0 & 2 \\ -9 & -1 & -5 \\ 1 & 8 & 2 \end{pmatrix}$ **c)** $\mathbf{A} = \begin{pmatrix} 2 & -1 & -2 \\ 2 & 2 & 1 \\ 1 & -2 & 2 \end{pmatrix}$ **d)** $\mathbf{A} = \begin{pmatrix} \frac{1}{2} & \frac{2}{3} & -\frac{1}{2} \\ \frac{4}{3} & -\frac{3}{4} & 1 \\ 0 & -\frac{1}{2} & \frac{1}{2} \end{pmatrix}$

51 Eine affine Abbildung in der Ebene bildet den Vektor $\vec{e_1} = \begin{pmatrix} 1 \\ 0 \end{pmatrix}$ auf den Vektor $\vec{e_1'} = \begin{pmatrix} 2 \\ -2 \end{pmatrix}$ und den Vektor $\vec{e_2} = \begin{pmatrix} 0 \\ 1 \end{pmatrix}$ auf den Vektor $\vec{e_2'} = \begin{pmatrix} -2 \\ -2 \end{pmatrix}$ ab. Der Koordinatenursprung ist Fixpunkt.

a) Bestimmen Sie die zu dieser Abbildung gehörende Abbildungsmatrix **S**.

b) Die Gerade g ist gegeben durch $g: \vec{x} = \begin{pmatrix} 4 \\ 1 \end{pmatrix} + r \cdot \begin{pmatrix} 1 \\ 2 \end{pmatrix}$ mit $r \in \mathbb{R}$.
Bestimmen Sie eine Parameterdarstellung für die Bildgerade.

c) Bestimmen Sie eine Abbildungsmatrix **T** für die Umkehrabbildung der zu **S** gehörenden Abbildung. Berechnen Sie die Matrizenprodukte $\mathbf{T} \cdot \mathbf{S}$ und $\mathbf{S} \cdot \mathbf{T}$. Begründen Sie die Ergebnisse für die Matrizenprodukte $\mathbf{T} \cdot \mathbf{S}$ und $\mathbf{S} \cdot \mathbf{T}$ auch ohne Rechnung.

Abbildung zu einer vorgegebenen Matrix

52 Mit der Matrix $\mathbf{S} = \begin{pmatrix} 0{,}6 & 0{,}8 \\ 0{,}8 & -0{,}6 \end{pmatrix}$ ist durch die Abbildungsgleichung $\overrightarrow{OP'} = \mathbf{S} \cdot \overrightarrow{OP}$ eine Abbildung in der Ebene gegeben.

a) Berechnen Sie die Bildpunkte des Vierecks ABCD mit A(3|−3), B(7|0), C(9|8) und D(1|5). Zeichnen Sie das Viereck ABCD und das Bild A'B'C'D' in ein Koordinatensystem.
Hinweis: Mit einem GTR kann man die Berechnung auf *eine* Matrizenmultiplikation verkürzen:

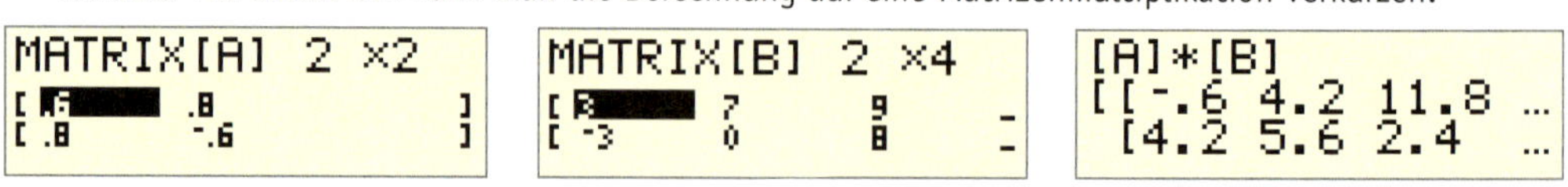

b) Stellen Sie anhand der Zeichnung aus Teilaufgabe a) eine Vermutung auf, welche Abbildung durch die Matrix **S** beschrieben wird, und überprüfen Sie diese Vermutung.

53 Übertragen Sie die Schriftzüge in ein Koordinatensystem und bestimmen Sie (näherungsweise) eine affine Abbildung, die aus dem dunklen Schriftzug den helleren Schriftzug erzeugt.

54

a) Eine Abbildung in der Ebene ist gegeben durch die Abbildungsgleichung $\overrightarrow{OP'} = \begin{pmatrix} 2 & 1 \\ 1 & 2 \end{pmatrix} \cdot \overrightarrow{OP}$. Zeigen Sie, dass das Quadratraster des Koordinatensystems durch diese Abbildung auf ein Parallelogrammraster abgebildet wird.
Erläutern Sie den Unterschied zwischen der Abbildung mit der obigen Abbildungsgleichung und der Abbildung mit der Abbildungsgleichung $\overrightarrow{OP'} = \begin{pmatrix} 2 & 1 \\ 1 & 2 \end{pmatrix} \cdot \overrightarrow{OP} + \begin{pmatrix} 3 \\ 2 \end{pmatrix}$.

b) Berechnen Sie das Bild eines beliebigen Punktes $P(x_1 \mid x_2)$ unter der Abbildung mit der Abbildungsgleichung $\overrightarrow{OP'} = \begin{pmatrix} 2 & 1 \\ 1 & 2 \end{pmatrix} \cdot \overrightarrow{OP} + \begin{pmatrix} 3 \\ 2 \end{pmatrix}$.
Zeigen Sie, dass der Bildpunkt im Bildkoordinatensystem mit $O'(3 \mid 2)$ als Koordinatenursprung und den Bildvektoren der Einheitsvektoren $\overrightarrow{e_1'}$ und $\overrightarrow{e_2'}$ als Einheitsvektoren dieselben Koordinaten hat wie P, d.h., dass gilt: $\overrightarrow{O'P'} = x_1 \cdot \overrightarrow{e_1'} + x_2 \cdot \overrightarrow{e_2'}$.

Fixpunkte

55 Bestimmen Sie einen Fixvektor zur Matrix **M**.

a) $\mathbf{M} = \begin{pmatrix} 0{,}2 & 0{,}3 \\ 0{,}8 & 0{,}7 \end{pmatrix}$

b) $\mathbf{M} = \begin{pmatrix} 0{,}5 & 0{,}1 \\ 0{,}5 & 0{,}9 \end{pmatrix}$

c) $\mathbf{M} = \begin{pmatrix} 0{,}4 & 0{,}6 \\ 0{,}6 & 0{,}4 \end{pmatrix}$

d) $\mathbf{M} = \begin{pmatrix} 0{,}2 & 0{,}1 & 0{,}2 \\ 0{,}3 & 0{,}8 & 0{,}4 \\ 0{,}5 & 0{,}1 & 0{,}4 \end{pmatrix}$

e) $\mathbf{M} = \begin{pmatrix} 0 & 1 & 0 \\ 1 & 0 & 0 \\ 0 & 0 & 1 \end{pmatrix}$

f) $\mathbf{M} = \begin{pmatrix} 1 & 0 & 0 \\ 0 & 1 & 0 \\ 0 & 0 & 1 \end{pmatrix}$

56 Durch die Abbildungsgleichung $\overrightarrow{OP'} = \begin{pmatrix} 2 & -1 \\ 0 & 1 \end{pmatrix} \cdot \overrightarrow{OP}$ ist eine Abbildung in der Ebene gegeben. Bestimmen Sie alle Fixpunkte dieser Abbildung.

57 Mit der Matrix $\mathbf{S} = \begin{pmatrix} -0{,}28 & 0{,}96 \\ 0{,}96 & 0{,}28 \end{pmatrix}$ ist durch die Abbildungsgleichung $\overrightarrow{OP'} = \mathbf{S} \cdot \overrightarrow{OP}$ eine Abbildung in der Ebene gegeben.

a) Bestimmen Sie alle Fixpunkte dieser Abbildung.

b) Zeigen Sie, dass die Gerade g mit $g\colon \vec{x} = r \cdot \begin{pmatrix} 4 \\ -3 \end{pmatrix}$ und $r \in \mathbb{R}$ ebenfalls unter dieser Abbildung auf sich abgebildet wird. Erläutern Sie in diesem Zusammenhang die Aussage „Die Gerade g ist eine Fixgerade, aber keine Fixpunktgerade."

58 Gegeben ist die Abbildungsgleichung $\overrightarrow{OP'} = \begin{pmatrix} 1 & 1 \\ 4 & -2 \end{pmatrix} \cdot \overrightarrow{OP}$.

a) Zeigen Sie, dass für diese Abbildung die Gerade $g\colon \vec{x} = r \cdot \begin{pmatrix} 1 \\ 1 \end{pmatrix}$ mit $r \in \mathbb{R}$ eine Fixgerade, aber keine Fixpunktgerade ist.

b) Untersuchen Sie die Abbildung auf weitere Fixgeraden.

59 Gegeben ist die Abbildungsgleichung $\overrightarrow{OP'} = \frac{1}{3} \cdot \begin{pmatrix} 5 & -1 \\ -2 & 4 \end{pmatrix} \cdot \overrightarrow{OP}$.

a) Zeigen Sie, dass für beliebiges $a \in \mathbb{R}$ die Gerade g_a mit $g_a\colon \vec{x} = \begin{pmatrix} a \\ 2a \end{pmatrix} + r \cdot \begin{pmatrix} 1 \\ -1 \end{pmatrix}$ und $r \in \mathbb{R}$ Fixgerade dieser Abbildung ist.

b) Untersuchen Sie die Abbildung auf weitere Fixgeraden.

60 Gegeben ist die Abbildungsmatrix $\mathbf{T} = \begin{pmatrix} 0{,}4 & -0{,}4 & -0{,}4 \\ -0{,}3 & 0{,}8 & -0{,}2 \\ -0{,}3 & -0{,}2 & 0{,}8 \end{pmatrix}$.

a) Berechnen Sie die Bildpunkte zu folgenden Punkten: $A(0 \mid 1 \mid -1)$, $B(-2 \mid 2 \mid 1)$, $C(4 \mid 2 \mid 2)$.

b) Berechnen Sie alle Fixpunkte der zugehörigen Abbildung und bestimmen Sie die zugrunde liegende Abbildung.

7.3 Weitere Anwendungen der Matrizenrechnung

7.3.1 Übergangsmatrizen

Neben der Beschreibung und Untersuchung von Abbildungen gibt es viele weitere Anwendungsbereiche von Matrizen.
In diesem Abschnitt erfahren Sie, wie man die Veränderung von Zuständen und die Entwicklung von Populationen mithilfe von Matrizen beschreiben kann.

Einstieg

Call a Bike – So leihen Sie Ihr CallBike aus

Blinkt das Schloss des CallBikes grün, ist es frei und kann entliehen werden. Blinkt es rot, ist das CallBike belegt.
Zur Entleihe eines freien Fahrrads rufen Sie die rot umrandete Telefonnummer auf dem Deckel des CallBike-Schlosses an. Sie erhalten sofort einen 4-stelligen Öffnungscode, den Sie über das Display unter dem Deckel eintippen. Das Schloss entriegelt sich und Sie können den Sperrriegel entfernen. Kurz nach dem Öffnen des Schlosses erhalten Sie einen ‚Anruf in Abwesenheit'. Hiermit übermitteln wir Ihnen nochmals den Öffnungscode. Beim Anruf aus einer Telefonzelle oder über das Festnetz halten Sie bitte Ihre Kundennummer bereit.

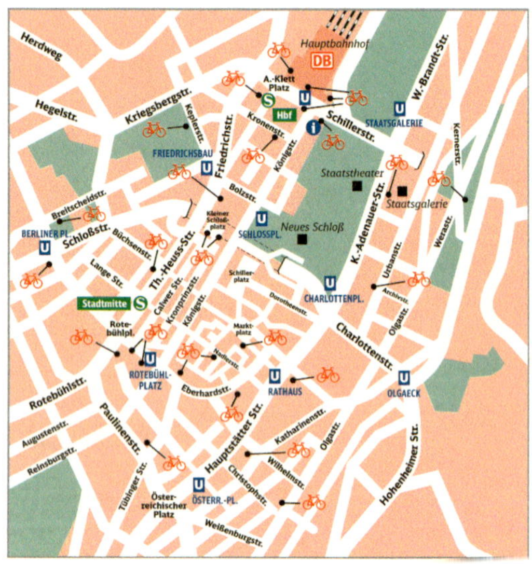

In einer Stadt gibt es einen Call a Bike-Service, bei dem man sich an einer Station ein Fahrrad mieten und es später an einer anderen Station wieder zurückgeben kann. Von den Fahrrädern sind 30 % am Hauptbahnhof stationiert, 25 % am Rathaus, 15 % am Rotebühlplatz und weitere 30 % sind auf andere Stationen in der Stadt verteilt. Aus langfristigen Beobachtungen ist bekannt, dass im Laufe eines Tages etwa folgende Übergänge stattfinden:

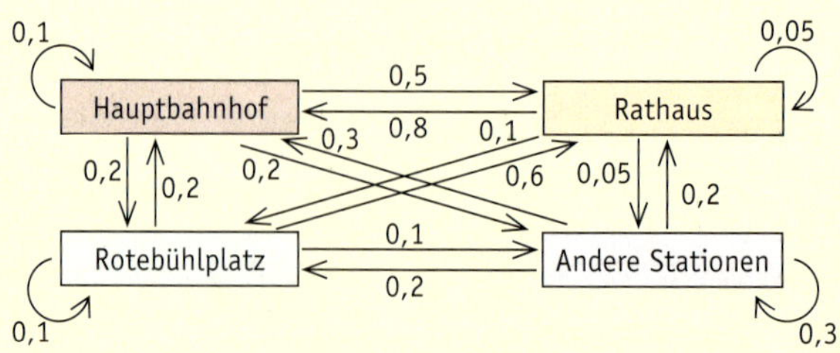

- Erläutern Sie anhand der Grafik das Übergangsverhalten an einem Tag und bestimmen Sie eine Matrix, mit deren Hilfe man die Übergänge beschreiben kann.
- Berechnen Sie mithilfe der Matrix, wie die Fahrräder nach einem Tag auf die Stationen verteilt sind.
- Wie sind die Fahrräder nach 2 Tagen, 1 Woche, 2 Wochen verteilt?

Aufgabe

1 Ein Logistikunternehmen hat Standorte in Hamburg, Frankfurt und Dresden.
Dem Unternehmen liegen näherungsweise die folgenden Erfahrungswerte für die Übergänge innerhalb eines Arbeitstages vor:
Von den zu Beginn eines Werktages in Hamburg befindlichen Lkw sind am Ende des Tages 25 % in Dresden und 45 % in Frankfurt. Von den Fahrzeugen in Frankfurt sind abends 20 % in Dresden und 45 % in Hamburg, während 50 % der nachts in Dresden stationierten Fahrzeuge am Abend in Hamburg und 20 % in Frankfurt sind. Die restlichen Fahrzeuge sind abends jeweils wieder an ihrem Ausgangsstandort.

Aufgrund einer vorangegangenen technischen Überprüfung sind zu Beginn der Woche 25 % der Fahrzeuge in Hamburg stationiert, 65 % der Fahrzeuge in Frankfurt und 10 % der Fahrzeuge in Dresden.

a) Stellen Sie die Übergänge zwischen den einzelnen Standorten in einer Grafik und in einer Tabelle dar.

b) Notieren Sie eine Matrix, welche die Übergänge darstellt, und berechnen Sie mithilfe der Matrix die Verteilung der Fahrzeuge auf die einzelnen Standorten am Ende des ersten Tages.

c) Berechnen Sie die Verteilung nach 2 Tagen [3 Tagen, 4 Tagen, 2 Arbeitswochen].

Lösung

a) Bei der grafischen Darstellung kennzeichnen wir die Übergänge durch Pfeile und notieren die Übergangswerte an den Pfeilen:

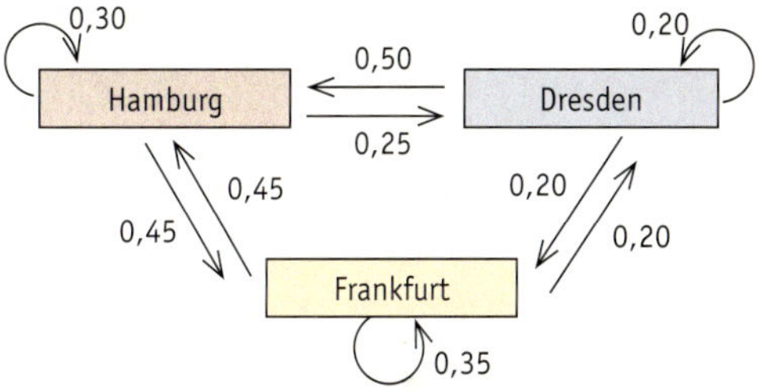

Bei der Darstellung mithilfe einer Tabelle notieren wir zeilenweise die Zugänge zu den einzelnen Standorten und spaltenweise die Abgänge von den einzelnen Standorten:

		Abgänge von		
		Hamburg	Frankfurt	Dresden
Zugänge nach	Hamburg	0,30	0,45	0,50
	Frankfurt	0,45	0,35	0,20
	Dresden	0,25	0,20	0,30

b) Die Matrix können wir direkt der Tabelle entnehmen: $\mathbf{M} = \begin{pmatrix} 0{,}30 & 0{,}45 & 0{,}50 \\ 0{,}45 & 0{,}35 & 0{,}20 \\ 0{,}25 & 0{,}20 & 0{,}30 \end{pmatrix}$.

Zu Beginn des ersten Tages befinden sich 25 % der Fahrzeuge in Hamburg, 65 % der Fahrzeuge in Frankfurt und 10 % der Fahrzeuge in Dresden. Wie man der Matrix entnimmt, befinden sich am Ende des Tages hiervon 30 % bzw. 45 % bzw. 50 % in Hamburg, somit

$0{,}30 \cdot 0{,}25 + 0{,}45 \cdot 0{,}65 + 0{,}50 \cdot 0{,}10 = 0{,}4175 \approx 42\,\%$ der Fahrzeuge.

Man erhält also die Anzahl der Fahrzeuge am Abend in Hamburg durch Multiplikation des 1. Zeilenvektors der Matrix **M** mit dem Vektor $\overrightarrow{x_0} = \begin{pmatrix} 0{,}25 \\ 0{,}65 \\ 0{,}10 \end{pmatrix}$ der Anfangsverteilung der Fahrzeuge.

Da man entsprechend auch die Werte für die anderen Standorte erhält, können wir die Anzahl der Fahrzeuge an den einzelnen Standorten am Ende des ersten Tages als Produkt der Matrix **M** mit dem Vektor $\overrightarrow{x_0}$ berechnen:

$$\mathbf{M} \cdot \overrightarrow{x_0} = \begin{pmatrix} 0{,}30 & 0{,}45 & 0{,}50 \\ 0{,}45 & 0{,}35 & 0{,}20 \\ 0{,}25 & 0{,}20 & 0{,}30 \end{pmatrix} \cdot \begin{pmatrix} 0{,}25 \\ 0{,}65 \\ 0{,}10 \end{pmatrix} = \begin{pmatrix} 0{,}4175 \\ 0{,}3600 \\ 0{,}2225 \end{pmatrix} \approx \begin{pmatrix} 42\,\% \\ 36\,\% \\ 22\,\% \end{pmatrix}.$$

Am Ende des ersten Tages befinden sich somit etwa 42 % der Lkw in Hamburg, 36 % in Frankfurt und 22 % in Dresden.

c) Die Verteilung nach zwei Tagen erhalten wir, indem wir analog zu unserem Vorgehen in der Teilaufgabe b) den Vektor, der die Verteilung am Ende des ersten Tages beschreibt, mit der Matrix **M** multiplizieren. Wir erhalten somit für die Verteilung am Ende des zweiten Tages:

$$\overrightarrow{x_2} = \mathbf{M} \cdot \overrightarrow{x_1} = \begin{pmatrix} 0{,}30 & 0{,}45 & 0{,}50 \\ 0{,}45 & 0{,}35 & 0{,}20 \\ 0{,}25 & 0{,}20 & 0{,}30 \end{pmatrix} \cdot \begin{pmatrix} 0{,}4175 \\ 0{,}3600 \\ 0{,}2225 \end{pmatrix} = \begin{pmatrix} 0{,}3985 \\ 0{,}3584 \\ 0{,}2431 \end{pmatrix} \approx \begin{pmatrix} 40\,\% \\ 36\,\% \\ 24\,\% \end{pmatrix}.$$

Mit einem Rechner kann man $\overrightarrow{x_2}$ wegen $\overrightarrow{x_2} = \mathbf{M} \cdot \overrightarrow{x_1} = \mathbf{M} \cdot (\mathbf{M} \cdot \overrightarrow{x_0}) = (\mathbf{M} \cdot \mathbf{M}) \cdot \overrightarrow{x_0}$ direkt aus dem Anfangsvektor berechnen, da man das Produkt $\mathbf{M} \cdot \mathbf{M}$ wie die Potenz einer Zahl direkt als $\mathbf{M}^2$ eingeben kann:

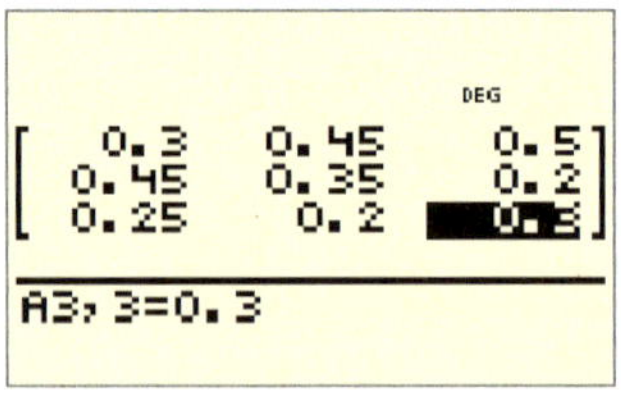

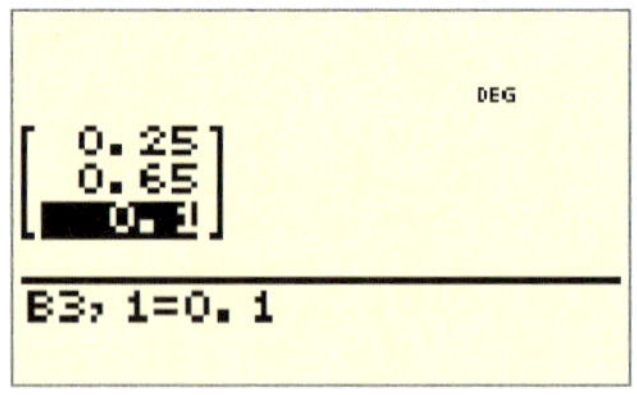

Für die Verteilung nach 3, 4 bzw. 10 Tagen erhalten wir:

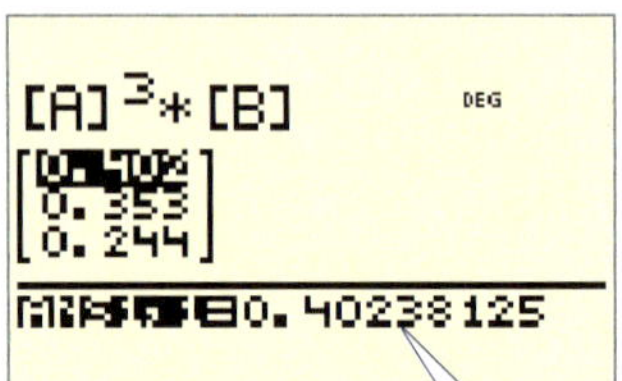

Beachten Sie, dass die Dezimalstellen der Anzeige des Rechners nicht gegebene Genauigkeit vortäuschen, da bereits die Ausgangsdaten Näherungswerte sind.

Information

(1) Zustandsänderungen beschreiben

Zustandsänderungen kann man übersichtlich mithilfe eines sogenannten Übergangsdiagramms oder mithilfe einer Übergangsmatrix darstellen.

In einem **Übergangsgraphen (Übergangsdiagramm)** werden Zustände und deren Übergangsbedingungen anschaulich dargestellt. Diese Übergangsbedingungen können die Anteile der Objekte angeben, die während eines Zeitraums von einem Zustand in einen anderen übergehen. Sie können aber auch Wahrscheinlichkeiten sein, mit denen ein Objekt von dem einen Zustand in einen anderen wechselt.

In einer **Übergangsmatrix** werden die Zustandsbedingungen tabellarisch zusammengefasst. Wenn man die Zugänge zeilenweise und die Abgänge spaltenweise notiert, kann man aus einem (Anfangs-)Zustand, der durch einen Vektor dargestellt wird, den zeitlich folgenden Zustand durch Multiplikation der Übergangsmatrix mit dem Vektor berechnen. Beispielsweise haben wir in der Lösung der Aufgabe 1 aus der Verteilung der Lkw zu Beginn des Arbeitstages mit dem **Anfangsvektor** $\overrightarrow{x_0} = \begin{pmatrix} 0{,}25 \\ 0{,}65 \\ 0{,}10 \end{pmatrix}$ die Verteilung am Ende des Tages berechnet, indem wir den Anfangsvektor mit der **Übergangsmatrix** $\mathbf{M} = \begin{pmatrix} 0{,}30 & 0{,}45 & 0{,}50 \\ 0{,}45 & 0{,}35 & 0{,}20 \\ 0{,}25 & 0{,}20 & 0{,}30 \end{pmatrix}$ multipliziert haben: $\overrightarrow{x_1} = \begin{pmatrix} 0{,}30 & 0{,}45 & 0{,}50 \\ 0{,}45 & 0{,}35 & 0{,}20 \\ 0{,}25 & 0{,}20 & 0{,}30 \end{pmatrix} \cdot \begin{pmatrix} 0{,}25 \\ 0{,}65 \\ 0{,}10 \end{pmatrix}$.

Die Matrix der Tabelle entnehmen:

	0,30	0,45	0,50
	0,45	0,35	0,20
	0,25	0,20	0,30

Man kann in der Übergangsmatrix die Abgänge auch zeilenweise und die Zugänge auch spaltenweise notieren. Dann muss man jedoch die Übergangsmatrix von links mit dem Anfangsvektor multiplizieren, wobei dieser dann als Zeilenvektor geschrieben werden muss.

Festlegung: In diesem Buch wird immer der Zugang in der Zeile notiert.

Eine Übergangsmatrix **M**, die in den Zeilen die Zugänge und in den Spalten die Abgänge beschreibt, ist stets eine $n \times n$-Matrix und besteht ausschließlich aus nicht-negativen Zahlen.
Haben alle Spaltensummen einer solchen Übergangsmatrix den Wert 1, so nennt man die Matrix eine stochastische Matrix.

Definition: Stochastische Matrix

Eine $n \times n$-Matrix **M**, die nur aus nicht-negativen Zahlen besteht und deren Spaltensummen jeweils den Wert 1 haben, heißt **stochastische Matrix.**

Beispiele

$\mathbf{M_1} = \begin{pmatrix} 0{,}7 & 0{,}45 \\ 0{,}3 & 0{,}55 \end{pmatrix}$, $\mathbf{M_2} = \begin{pmatrix} 0{,}8 & 0{,}4 & 0{,}6 \\ 0{,}1 & 0{,}3 & 0{,}2 \\ 0{,}1 & 0{,}3 & 0{,}2 \end{pmatrix}$

Es gibt auch Übergangsmatrizen, die keine stochastischen Matrizen sind (siehe Weiterführende Aufgabe 2).

(2) Potenzen einer Matrix

Bei der Lösung von Teilaufgabe 1 c) haben wir einen neuen Verteilungsvektor erneut mit der Übergangsmatrix multipliziert, also das Produkt $\mathbf{M} \cdot (\mathbf{M} \cdot \vec{x_0}) = (\mathbf{M} \cdot \mathbf{M}) \cdot \vec{x_0}$ gebildet.

Definition: Potenz einer Matrix

Für eine natürliche Zahl $k \in \mathbb{N}$ bezeichnet man das k-fache Produkt einer $n \times n$-Matrix **M** mit sich selbst als **k-te Potenz von M** und schreibt dafür $\mathbf{M}^k$.

Eine Potenz einer Matrix kann man mithilfe eines Rechners mittels der ^-Taste berechnen.

Beispiel

$\mathbf{M} = \begin{pmatrix} 0{,}5 & 0{,}2 & 0{,}4 \\ 0{,}2 & 0 & 0{,}1 \\ 0{,}3 & 0{,}8 & 0{,}5 \end{pmatrix}$, $\mathbf{M}^3 = \begin{pmatrix} 0{,}415 & 0{,}418 & 0{,}416 \\ 0{,}128 & 0{,}130 & 0{,}129 \\ 0{,}457 & 0{,}452 & 0{,}455 \end{pmatrix}$

```
[A]^3
[[.415 .418 .41…
 [.128 .13  .12…
 [.457 .452 .45…
```

Weiterführende Aufgaben

2 Fixvektor einer Übergangsmatrix

Sprachwissenschaftler beschäftigen sich unter anderem mit typischen Eigenschaften von Sprachen. Dazu gehört auch die Abfolge von Konsonanten und Vokalen in einer Sprache. In einem Roman folgt auf einen Konsonanten in 48 % der Fälle wieder ein Konsonant, in 17 % der Fälle auf einen Vokal wieder ein Vokal; Satzzeichen und Zwischenräume werden nicht beachtet.

a) Stellen Sie das Übergangsdiagramm und die Übergangsmatrix auf.

b) Eine beliebige Stelle aus dem Roman wird herausgegriffen; der ausgewählte Buchstabe ist ein Vokal. Berechnen Sie die Wahrscheinlichkeit, dass der 1., 2., 3., 4., 5. folgende Buchstabe wieder in Vokal ist.

c) Wie groß sind die Wahrscheinlichkeiten für einen Vokal, wenn der ausgewählte Buchstabe in Teilaufgabe b) ein Konsonant ist?

d) Welche Vermutung ergibt sich aus den Rechnungen in den Teilaufgaben b) und c)?
Untersuchen Sie dazu die Potenzen der Übergangsmatrix für möglichst große Exponenten.

3 Populationsentwicklungen mithilfe von Matrizen beschreiben

Wenn man Glück hat, kann man Ende April bis Ende Juni Maikäfer in freier Natur fliegen sehen. Besonders nach dem Ausfliegen im Frühjahr treffen sich die Käfer, um zu fressen und um sich zu paaren. Ein Phänomen dabei ist, dass in Abständen von 3 bis 4 Jahren in einigen Gebieten besonders viele Maikäfer ausfliegen, obwohl die Maikäfer als selten und vom Aussterben bedroht gelten. Man spricht dann auch von sogenannten Flugjahren oder Maikäferjahren.

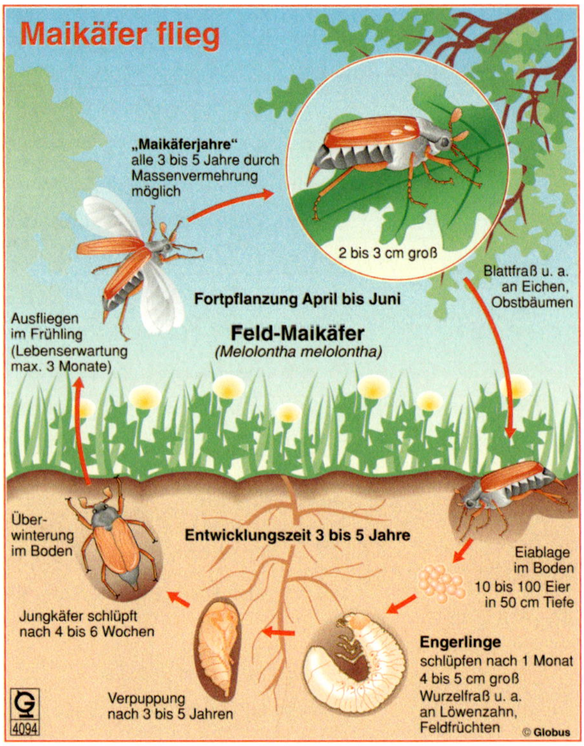

Da nur die weiblichen Tiere die Eier legen, betrachten wir die Anzahl der weiblichen Tiere einer Population jedes Jahr im Mai.

In einer Modellannahme gehen wir davon aus, dass innerhalb eines Jahres Folgendes passiert: Die Weibchen legen Eier, aus denen sich etwa 40 einjährige Engerlinge entwickeln (sogenannte Reproduktionsrate).

30 % der einjährigen Engerlinge entwickeln sich zu zweijährigen Engerlingen.

Von den zweijährigen Engerlingen entwickeln sich 30 % zu dreijährigen Engerlingen und nur 0,2 % der zweijährigen Engerlinge verpuppen sich und schlüpfen als weibliche Käfer.

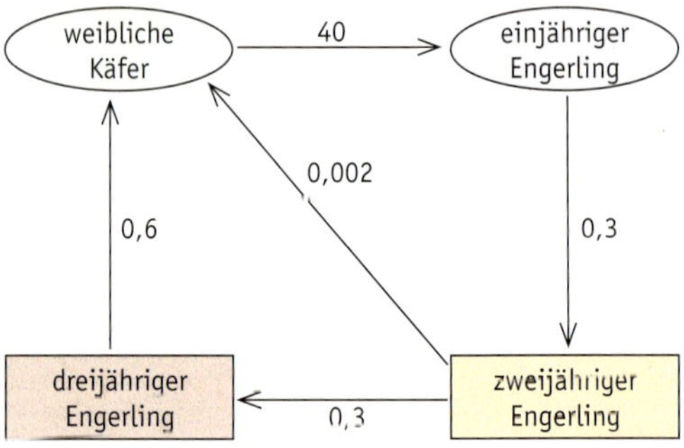

60 % der dreijährigen Engerlinge entwickeln sich zu weiblichen Käfern.

Eine fiktive Modellpopulation hat einen aktuellen Bestand von 800 weiblichen Käfern, 200 einjährigen Engerlingen, 200 zweijährigen Engerlingen und 100 dreijährigen Engerlingen.

a) Bestimmen Sie einen Anfangsvektor und eine Übergangsmatrix und untersuchen Sie, ob eine stochastische Matrix vorliegt.

b) Bestimmen Sie die Anzahl der weiblichen Käfer für die nächsten 16 Jahre. Erläutern Sie das Phänomen der sogenannten Flugjahre.

c) Untersuchen Sie, in welchen Jahren die Population der Maikäfer offensichtlich besonders bedroht ist. Erläutern Sie, warum trotzdem kaum die Gefahr besteht, dass die Maikäfer aussterben.

Information

(3) Fixvektor und Grenzmatrix einer Übergangsmatrix

Bei der Lösung von Aufgabe 2 haben wir gesehen, dass es zu einer Übergangsmatrix **M** einen Vektor $\overrightarrow{p_F}$ geben kann, sodass gilt: $\mathbf{M} \cdot \overrightarrow{p_F} = \overrightarrow{p_F}$.

Ein solcher Vektor heißt **Fixvektor der Übergangsmatrix** (siehe auch Definition auf Seite 355). Man kann zeigen, dass eine Matrix **M** einen Fixvektor besitzt, wenn sich ihre Potenzen $\mathbf{M}^k$ für große Werte von k nicht mehr ändern, wenn also $\mathbf{M}^k$ im Fall $k \to \infty$ gegen eine sogenannte **Grenzmatrix** $\mathbf{M}^\infty$ strebt. Die Spaltenvektoren einer Grenzmatrix $\mathbf{M}^\infty$ sind gleich dem Fixvektor $\overrightarrow{p_F}$ der Matrix **M**.

(4) Populationsentwicklungen mithilfe von Matrizen beschreiben

In Aufgabe 2 wurde eine Population von Individuen in verschiedenen Entwicklungsstadien betrachtet, die innerhalb einer Entwicklungsphase mit gewissen Überlebenswahrscheinlichkeiten ein höheres Entwicklungsstadium erreichen und sich außerdem innerhalb einer Entwicklungsphase vermehren oder sterben können. In die Übergangsmatrix, die diese Entwicklung beschreibt, gehen sowohl die Überlebenswahrscheinlichkeiten als auch die Reproduktionsrate als Koeffizienten ein.

Solche Übergangsmatrizen sind im Allgemeinen keine stochastischen Matrizen, da die Spaltensummen nicht den Wert 1 annehmen müssen.

Übungsaufgaben

4 Geben Sie zum folgenden Übergangsdiagramm die zugehörige Übergangsmatrix an.

a) 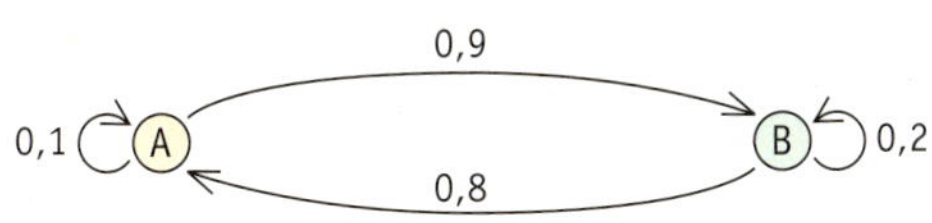

b) 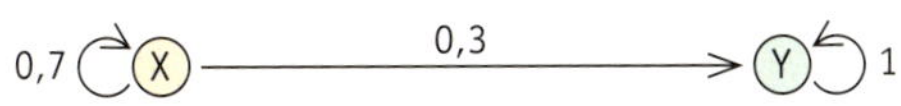

c) 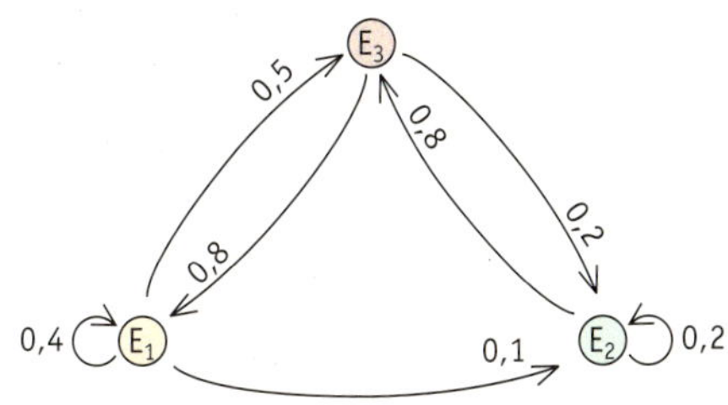

5 Geben Sie ein zugehöriges Übergangsdiagramm an. Ergänzen Sie gegebenenfalls fehlende Angaben.

a) $\begin{pmatrix} 0{,}1 & 0{,}3 \\ 0{,}9 & 0{,}7 \end{pmatrix}$ b) $\begin{pmatrix} 0 & 1 \\ 1 & 0 \end{pmatrix}$ c) $\begin{pmatrix} 0{,}2 & 0{,}3 & 0{,}5 \\ 0{,}1 & 0{,}5 & 0{,}1 \\ 0{,}7 & 0{,}2 & 0{,}4 \end{pmatrix}$ d) $\begin{pmatrix} 0{,}4 & \dots & \dots \\ \dots & 0{,}8 & 1 \\ 0{,}2 & 0{,}1 & \dots \end{pmatrix}$

6 Bestimmen Sie die Matrixpotenzen $\mathbf{M}^2$, $\mathbf{M}^4$, $\mathbf{M}^8$.

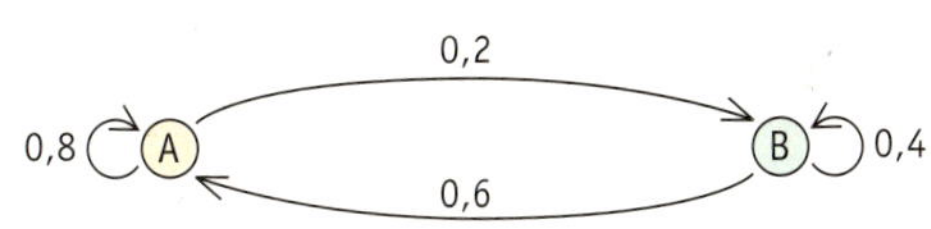

7 In einem Kurort gibt es zwei Warteplätze für den innerstädtischen Taxiverkehr: am Kurhaus und am Bahnhof. Aufträge gehen nur an die beiden Standplätze. Nach Erledigung eines Auftrags fahren die Taxen jeweils zum nächsten Warteplatz. Durch Beobachtung stellt man fest, dass im Mittel 30 % der Taxen, die morgens am Bahnhof stehen, abends wieder dort stehen. Je 50 % der Taxen, die morgens am Kurhaus stehen, sind am Abend wieder am Kurhaus bzw. am Bahnhof. Die Taxifahrer kehren morgens an denjenigen Warteplatz zurück, an dem sie am Vorabend ihren Dienst beendeten.

Am Abend des 0. Tages steht

(1) jeweils die Hälfte der Taxen an den beiden Warteplätzen,

(2) ein Drittel am Bahnhof und zwei Drittel am Kurhaus.

Bestimmen Sie, wie sich die Taxen auf die beiden Warteplätze am Ende des 1., 2., 3. Tages verteilen. Ermitteln Sie auch die Verteilung auf lange Sicht.

8 Ein Marktforschungsinstitut hat langfristig das jährliche Wechselverhalten von Abonnenten dreier TV-Zeitschriften untersucht. Die nebenstehende Übersicht zeigt das Ergebnis.

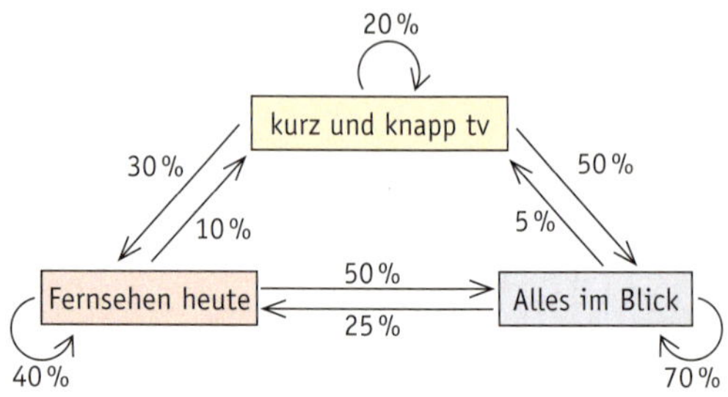

a) Erläutern Sie die Übersicht. Beschreiben Sie das Wechselverhalten mithilfe einer Matrix.

b) Die drei TV-Zeitschriften teilen sich derzeit einen regionalen Markt mit folgenden Anteilen:
- *kurz und knapp tv:* 45 %
- *Fernsehen heute:* 20 %
- *Alles im Blick:* 35 %

Bestimmen Sie die Marktanteile nach einem Jahr, zwei Jahren und fünf Jahren bei unverändertem Wechselverhalten. Beurteilen Sie diese Prognosen.

c) Am Ende eines Jahres haben die Zeitschriften folgende Marktanteile:
- *kurz und knapp tv: 9 %*
- *Fernsehen heute: 29 %*
- *Alles im Blick: 62 %*

Bestimmen Sie die Marktanteile zu Beginn des Jahres und beurteilen Sie die Entwicklung.

9 Ein Versicherungsunternehmen versichert ein bestimmtes Risiko in drei Tarifklassen SF_0, SF_1 und SF_2. Im Laufe eines Jahres erfolgen aufgrund mehrjähriger Erfahrung folgende Übergänge:

- 40 % der Versicherungsnehmer der Tarifklasse SF_0 werden in die Tarifklasse SF_1 umgestuft, 50 % der Versicherungsnehmer der Tarifklasse SF_0 verbleiben in dieser Tarifklasse.
- Von den Versicherungsnehmern der Tarifklasse SF_1 wechseln 20 % in die Tarifklasse SF_0, 40 % verbleiben in der Tarifklasse SF_1, 30 % wechseln in die Tarifklasse SF_2 .
- 50 % der Versicherungsnehmer der Tarifklasse SF_2 verbleiben in ihrer Tarifklasse, 30 % wechseln in die Tarifklasse SF_1 und 10 % in die Tarifklasse SF_0.
- Die übrigen wechseln den Versicherer.
- Außerdem erfolgen im Laufe eines Jahres etwa 10 000 neue Versicherungsabschlüsse. Davon treten 20 % in die Tarifklasse SF_0 ein und der Rest in die Tarifklasse SF_1.

a) Zu Beginn eines Jahres befanden sich von den insgesamt 106 560 Versicherungsnehmern 27,08 % in der Tarifklasse SF_0 und 44,87 % in der Tarifklasse SF_1. Berechnen Sie die Anzahlen der Versicherungsnehmer in den einzelnen Tarifklassen nach 1 Jahr [nach 2 Jahren, nach 5 Jahren].

b) Berechnen Sie ausgehend von der in Teilaufgabe a) vorgegebenen Verteilung die Verteilung des Vorjahres.

10 Für zwei nahe beieinander liegende Städte A und B haben Untersuchungen für die jeweiligen Bewohner die folgenden Umzugswahrscheinlichkeiten pro Jahr ergeben: Von den Personen, die in A wohnen, ziehen 4 % nach B und 2 % in einen anderen Ort. Der Rest bleibt in A wohnen. Von den in B wohnhaften Personen ziehen jeweils 1 % nach A oder in einen anderen Ort. Der Rest bleibt in B wohnen.
Im Jahr 2010 wohnen 12 300 Personen in A, während für B die Einwohnerzahl 8100 beträgt. Die Geburten und Todesfälle gleichen sich innerhalb eines Jahres in den beiden Orten jeweils aus.
Berechnen Sie für beide Städte die Einwohnerzahlen nach 5 Jahren, falls

a) von den Personen, die außerhalb dieser beiden Orte wohnen, niemand nach A oder B zieht.

b) von den Personen, die außerhalb dieser beiden Orte wohnen, pro Jahr etwa 20 Personen nach A und etwa 30 Personen nach B ziehen.

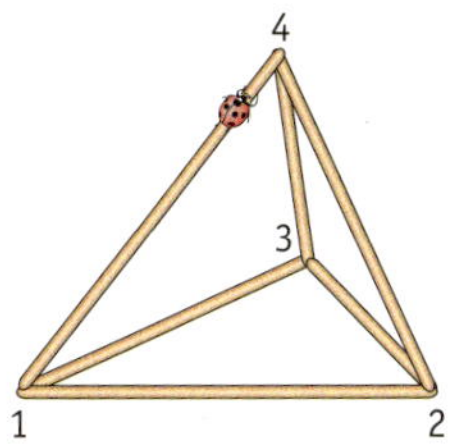

11 Ein Käfer wandert auf dem Drahtmodell eines Tetraeders entlang. Ist er in einer Ecke angekommen, so wählt er zufällig einen der drei Wege zu den anderen Ecken aus (d. h. er kann auch den Weg wieder zurücklaufen, den er gerade gekommen ist).

a) Bestimmen Sie die Übergangsmatrix **M** und die Matrixpotenzen $\mathbf{M}^2$, $\mathbf{M}^4$, $\mathbf{M}^8$.

b) Nach einiger Zeit rastlosen Wanderns merkt der Käfer, dass die Wege von 1, 2, 3 nach 4 beschwerlicher sind als die anderen; daher entscheidet er sich für diese Wege nur noch halb so oft wie für die beiden anderen Möglichkeiten. Untersuchen Sie jetzt die Veränderung der Übergangsmatrix **M** und ihrer Potenzen.

12 In einem Betrieb arbeiten unabhängig voneinander drei Produktionseinheiten.
In regelmäßigen Abständen wird kontrolliert, ob die Maschinen einwandfrei arbeiten.
Falls dies nicht der Fall ist, kann die Reparatur einer Maschine bis zum nächsten Kontrollzeitpunkt erfolgen. Die Wahrscheinlichkeit für den Ausfall einer Maschine während eines Zeitabschnitts ist p.

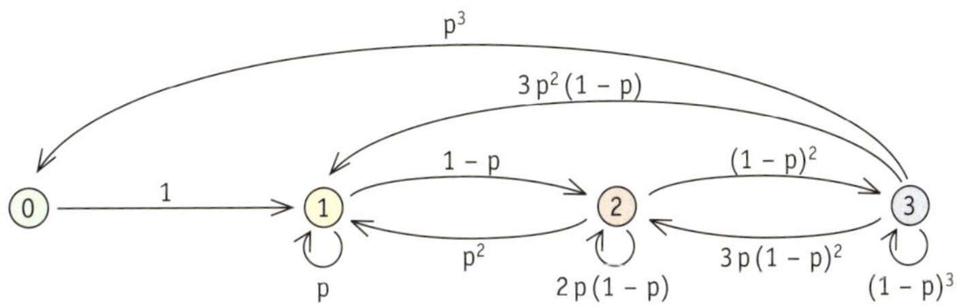

a) Erläutern Sie das Übergangsdiagramm.

b) Berechnen Sie für $p = 0{,}1$ $[p = 0{,}2;\ p = 0{,}05]$ die Matrixpotenzen **M**, $\mathbf{M}^2$, $\mathbf{M}^4$.

c) Bestimmen Sie den Fixvektor für $p = 0{,}1$ $[0{,}2;\ 0{,}05]$ und hiermit den Mittelwert der betriebsbereiten Maschinen.

Zum Fixvektor s. Information (4) auf Seite 355.

13 Bei einer Fledermaus-Population unterscheidet man zwischen Jungtieren, einjährigen Tieren, zweijährigen Tieren und dreijährigen Alttieren. 20 % der Jungtiere überleben das erste Jahr und sind dann zeugungsfähig. Innerhalb eines Jahres werden durchschnittlich pro einjährigem Tier 5 Jungtiere und pro zweijährigem Tier 2 Jungtiere geboren. Während des zweiten Lebensjahres sterben 30 % der einjährigen Tiere, während des dritten Lebensjahres 60 % der zweijährigen Tiere.

Die dreijährigen Alttiere sind nicht mehr zeugungsfähig und sterben sämtlich innerhalb des vierten Lebensjahres.
In einem bisher von der Fledermausart nicht bevölkerten Reservat werden 50 einjährige und 20 zweijährige Tiere ausgesetzt.

a) Veranschaulichen Sie die Zusammenhänge anhand eines Übergangsgraphen und geben Sie eine Matrix an, die die Übergänge beschreibt.

b) Wie viele Fledermäuse der verschiedenen Altersgruppen bevölkern das Reservat nach 1 Jahr [2, 3, 4, 5 Jahren]? Nach wie vielen Jahren bevölkern mehr als 500 Fledermäuse das Reservat?

c) Zeigen Sie, dass die Population ausstirbt, falls die Sterblichkeitsquote der Jungtiere 95 % beträgt. Nach wie vielen Jahren ist die Fledermausart ausgestorben?

14 Geben Sie die zugehörige Übergangsmatrix an.

a)

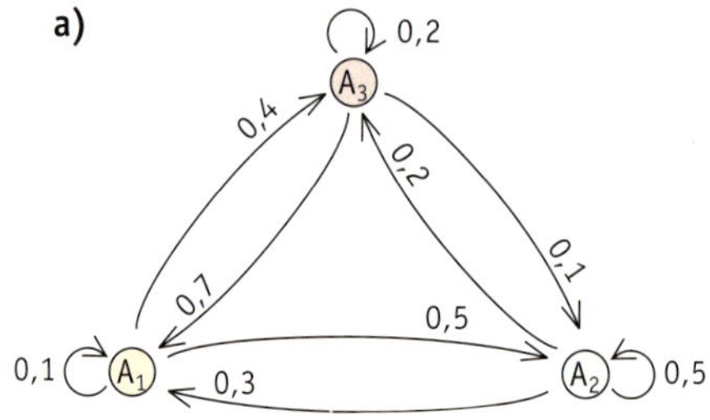

b)

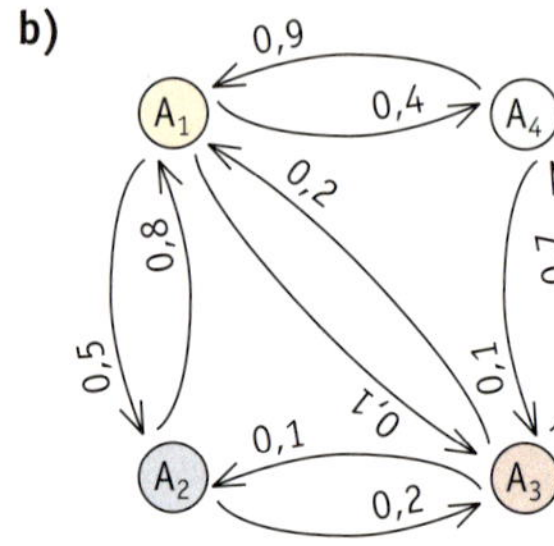

15 In einem Reservat wurden die Wanderbewegungen von Zebras beobachtet. Dazu wurde das Reservat in 5 Regionen unterteilt. Eine Anzahl von Tieren wurde markiert und man konnte ein einigermaßen stabiles Wanderverhalten der Tiere beobachten. Die Übergangsmatrix beschreibt das Wanderverhalten der Tiere.

	Region 1	Region 2	Region 3	Region 4	Region 5
Region 1	0,60	0,10	0,05	0,20	0,15
Region 2	0,10	0,50	0,10	0,20	0,15
Region 3	0,05	0,10	0,70	0,10	0,00
Region 4	0,10	0,05	0,05	0,40	0,15
Region 5	0,15	0,25	0,10	0,10	0,55

Eine Zählung ergab für die 5 Regionen die folgenden Bestandsmengen: 2500, 3600, 1700, 2100, 2400.

a) Stellen Sie die Entwicklung in einem Übergangsdiagramm dar und betrachten Sie die Entwicklung über die nächsten 4 Jahre, wenn sich das Wanderverhalten der Tiere nicht verändert.

b) Betrachten Sie die langfristige Entwicklung des Tierbestands in den einzelnen Regionen bei stabilem Wanderverhalten. Bestimmen Sie die Verteilung 2 Jahre vor der Zählung. Erläutern Sie Ihr Verfahren.

c) In den Regionen 1 und 5 sterben 20 % des jeweiligen Bestandes und in der Region 3 kommen von außen 10 % des jeweiligen Bestandes hinzu. Das Wanderungsverhalten wird ansonsten nicht beeinflusst. Untersuchen Sie die weitere Entwicklung der Tierpopulation.

16 Längere Beobachtungen einer Tierpopulation unter normalen Lebensbedingungen haben zu folgender Übergangsmatrix bezüglich der Entwicklung der Herde geführt ($E_{m/w}$ Erwachsene männlich/weiblich; $J_{m/w}$ Einjährige männlich/weiblich; $N_{m/w}$ Neugeborene männlich/weiblich):

$$M = \begin{array}{c} \\ E_m \\ E_w \\ J_m \\ J_w \\ N_m \\ N_w \end{array} \begin{array}{c} \begin{matrix} E_m & E_w & J_m & J_w & N_m & N_w \end{matrix} \\ \begin{pmatrix} 0{,}9 & 0 & 0{,}8 & 0 & 0 & 0 \\ 0 & 0{,}9 & 0 & 0{,}8 & 0 & 0 \\ 0 & 0 & 0 & 0 & 0{,}6 & 0 \\ 0 & 0 & 0 & 0 & 0 & 0{,}6 \\ 0 & 0{,}5 & 0 & 0 & 0 & 0 \\ 0 & 0{,}4 & 0 & 0 & 0 & 0 \end{pmatrix} \end{array}$$

a) Erläutern Sie die Matrix mithilfe der Begriffe Überlebensrate, Geburtenrate und Todesrate.
Zeichnen Sie das zur Matrix gehörende Übergangsdiagramm.

b) Die Tierpopulation mit 15 erwachsenen männlichen Tieren, 15 erwachsenen weiblichen Tieren, 8 einjährigen männlichen Tieren und 8 einjährigen weiblichen Tieren wird nun in einem Reservat angesiedelt, in dem von ähnlichen Lebensbedingungen ausgegangen werden kann. Betrachten Sie die langfristige Entwicklung dieser Herde.
Die Größe des Reservats und ein insgesamt ausgewogener Tierbestand lassen allerdings kein beliebiges Wachstum zu. Ab einer bestimmten Populationsgröße muss eine Abschussquote festgelegt werden, sodass sich die Herde nicht weiter vergrößert und möglichst auch in ihrer Struktur unverändert bleibt. Machen Sie begründete Aussagen über eine entsprechend festzulegende Abschussquote.

c) Nach 20 Jahren verändern sich die Lebensbedingungen durch eine sich ausbreitende Dürrezone derart, dass insbesondere die Überlebensrate bei den weiblichen Einjährigen negativ beeinflusst wird. Erläutern Sie die Auswirkungen auf die langfristige Entwicklung der Herde.

7.3.2 Anwendung der Matrizenmultiplikation bei mehrstufigen Produktionsprozessen

Produktionsprozesse laufen oft über verschiedene Produktionsstufen ab. In diesem Abschnitt erfahren Sie, wie man den Materialbedarf zwischen einzelnen Produktionsstufen mithilfe von Matrizen beschreibt und berechnet.

Einstieg

Ein Süßwarenhersteller stellt aus drei Rohstoffen R_1, R_2, R_3 (z. B. Zucker, Kakao, Fette) drei Endprodukte E_1, E_2, E_3 (Schokoladensorten) her. Dabei werden zunächst Zwischenprodukte Z_1, Z_2 (halbfertige Mischungen) hergestellt, welche dann weiter zu den Endprodukten verarbeitet werden.
Im Diagramm rechts geben die Zahlen an den Pfeilen an, wie viele Tonnen jeweils für eine Tonne des entstehenden Produktes verarbeitet werden. Zum Beispiel werden 0,3 Tonnen R_1, 0,4 Tonnen R_2 und 0,3 Tonnen R_3 für eine Tonnen Z_1 benötigt.

- Beschreiben Sie den Materialbedarf zwischen Rohstoffen und Zwischenprodukten sowie zwischen Zwischenprodukten und Endprodukten jeweils durch eine Matrix.
- Ein Supermarkt bestellt 500 Mengeneinheiten zu je 1 kg von E_1, 800 Mengeneinheiten zu je 1 kg von E_2 und 600 Mengeneinheiten zu je 1 kg von E_3. Berechnen Sie den Rohstoffbedarf für diese Lieferung.

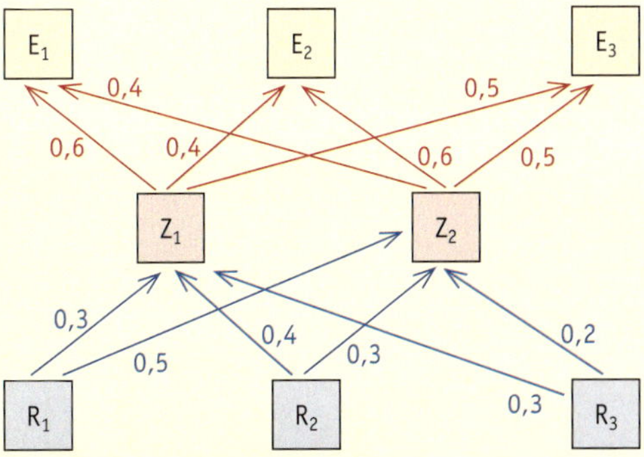

Aufgabe

1 Ein Sägewerk stellt Carports in drei Varianten her. Als Rohstoffe werden Fichtenstämme und Holzschutz-Imprägniersalz verwendet. Für den Bau der Carports werden vier Zwischenprodukte benötigt: Kanthölzer, Dachbalken, Bretter und Dachlatten. Diese Zwischenprodukte werden mit einem sogenannten Sägegatter aus den Fichtenstämmen gesägt und anschließend zum Schutz in einer Kesseldruckimprägnierung (s. Foto rechts) mit Holzschutz-Imprägniersalz behandelt, wobei das Imprägniersalz durch den Kesseldruck etwa 3 cm tief in das Holz eindringt und einen wirksamen, dauerhaften Langzeitschutz gegen Schädlinge, Witterungseinflüsse, Pilzbefall und Fäulnis garantiert.

Das Foto zeigt einen offenen Kessel mit Holzpaketen, die zur Druckimprägnierung in den Kessel geschoben werden.

Die Übersicht auf der folgenden Seite zeigt den jeweiligen Materialbedarf. An den Pfeilen stehen dabei die jeweils benötigten Mengen.

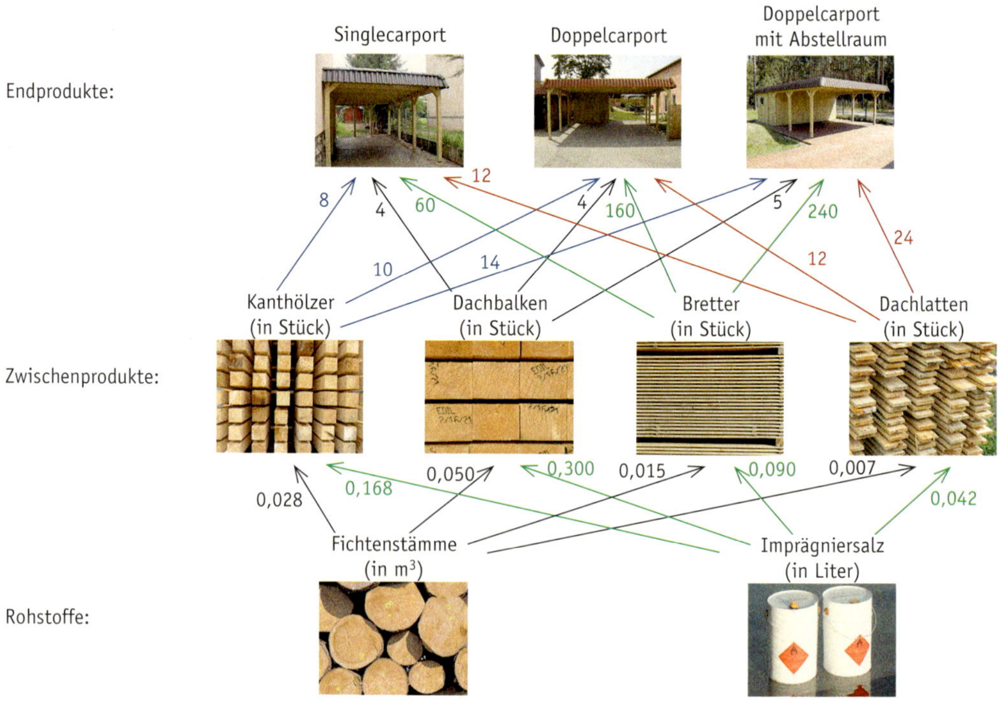

a) Beschreiben Sie den Materialbedarf an Zwischenprodukten für die Endprodukte sowie den Materialbedarf an Rohstoffen für die Zwischenprodukte jeweils mithilfe einer Matrix.
Ermitteln Sie damit den Rohstoffbedarf für einen Carport jeder Sorte.

b) Ein Baumarkt bestellt 12 Singlecarports, 18 Doppelcarports und 15 Doppelcarports mit Abstellraum. Berechnen Sie den Bedarf an Zwischenprodukten und den Bedarf an Rohstoffen für diese Lieferung.

Lösung

a) Für den Materialbedarf an Zwischenprodukten für die Endprodukte können wir aus der Übersicht die folgende Tabelle bzw. Bedarfsmatrix erstellen:

Zwischenprodukte \ Endprodukte	Singlecarport	Doppelcarport	Doppelcarport mit Abstellraum
Kanthölzer	8	10	14
Dachbalken	4	4	5
Bretter	60	160	240
Dachlatten	12	12	24

$$\mathbf{M}_{ZE} = \begin{array}{c} \text{Zwischen-} \\ \text{produkte} \end{array} \overset{\text{Endprodukte}}{\begin{pmatrix} 8 & 10 & 14 \\ 4 & 4 & 5 \\ 60 & 160 & 240 \\ 12 & 12 & 24 \end{pmatrix}}$$

Für einen Doppelcarport mit Abstellraum werden 24 Dachlatten benötigt.

Für den Materialbedarf an Rohstoffen für die Zwischenprodukte erhalten wir aus der Übersicht:

Rohstoffe \ Zwischenprodukte	Kanthölzer	Dachbalken	Bretter	Dachlatten
Fichtenstämme (in m³ pro Stück)	0,028	0,050	0,015	0,007
Imprägniersalz (in Liter pro Stück)	0,168	0,300	0,090	0,042

$$\mathbf{M}_{RZ} = \text{Rohstoffe} \overset{\text{Zwischenprodukte}}{\begin{pmatrix} 0{,}028 & 0{,}050 & 0{,}015 & 0{,}007 \\ 0{,}168 & 0{,}300 & 0{,}090 & 0{,}042 \end{pmatrix}}$$

Die Herstellung einer Dachlatte erfordert 0,042 Liter Imprägniersalz.

Für einen Singlecarport entnimmt man den Tabellen bzw. Matrizen den folgenden Rohstoffbedarf:

Fichtenstämme (in m^3): $8 \cdot 0{,}028 + 4 \cdot 0{,}050 + 60 \cdot 0{,}015 + 12 \cdot 0{,}007 = 1{,}408$

Imprägniersalz (in Liter pro Stück): $8 \cdot 0{,}168 + 4 \cdot 0{,}300 + 60 \cdot 0{,}090 + 12 \cdot 0{,}042 = 8{,}448$

Den Rohstoffbedarf für einen Singlecarport erhält man somit, indem man die Materialbedarfsmatrix $\mathbf{M}_{RZ} = \begin{pmatrix} 0{,}028 & 0{,}050 & 0{,}015 & 0{,}007 \\ 0{,}168 & 0{,}300 & 0{,}090 & 0{,}042 \end{pmatrix}$ an Rohstoffen für die Zwischenprodukte mit der ersten Spalte der Materialbedarfsmatrix $\mathbf{M}_{ZE} = \begin{pmatrix} 8 & 10 & 14 \\ 4 & 4 & 5 \\ 60 & 160 & 240 \\ 12 & 12 & 24 \end{pmatrix}$ an Zwischenprodukten für die Endprodukte multipliziert.

Entsprechend erhält man den Rohstoffbedarf für einen Doppelcarport, indem man die Materialbedarfsmatrix $\mathbf{M}_{RZ}$ mit der zweiten Spalte der Materialbedarfsmatrix $\mathbf{M}_{ZE}$ multipliziert.
Den Rohstoffbedarf für einen Doppelcarport mit Abstellraum berechnet man aus dem Produkt der Matrix $\mathbf{M}_{RZ}$ mit der dritten Spalte der Matrix $\mathbf{M}_{ZE}$. Somit lässt sich der Bedarf an Rohstoffen zur Herstellung der Carports aus dem Produkt der beiden Matrizen berechnen:

$$\mathbf{M}_{RZ} \cdot \mathbf{M}_{ZE} = \begin{pmatrix} 0{,}028 & 0{,}050 & 0{,}015 & 0{,}007 \\ 0{,}168 & 0{,}300 & 0{,}090 & 0{,}042 \end{pmatrix} \cdot \begin{pmatrix} 8 & 10 & 14 \\ 4 & 4 & 5 \\ 60 & 160 & 240 \\ 12 & 12 & 24 \end{pmatrix} = \begin{pmatrix} 1{,}408 & 2{,}964 & 4{,}410 \\ 8{,}448 & 17{,}784 & 26{,}460 \end{pmatrix}$$

Für die einzelnen Carport-Varianten ergibt sich daraus der folgende Rohstoffverbrauch aus den Spalten der Produktmatrix:

Singlecarport:	1,408 m^3 Fichtenstämme und 8,448 Liter Imprägniersalz
Doppelcarport:	2,964 m^3 Fichtenstämme und 17,784 Liter Imprägniersalz
Doppelcarport mit Abstellraum:	4,41 m^3 Fichtenstämme und 26,46 Liter Imprägniersalz

b) Die in Teilaufgabe a) bestimmte Matrix $\mathbf{M}_{RE} = \mathbf{M}_{RZ} \cdot \mathbf{M}_{ZE} = \begin{pmatrix} 1{,}408 & 2{,}964 & 4{,}410 \\ 8{,}448 & 17{,}784 & 26{,}460 \end{pmatrix}$ gibt spaltenweise den Rohstoffbedarf für die einzelnen Carport-Varianten an.
Damit erhält man als Rohstoffbedarf für die Bestellung:

$$\vec{b} = 12 \cdot \begin{pmatrix} 1{,}408 \\ 8{,}448 \end{pmatrix} + 18 \cdot \begin{pmatrix} 2{,}964 \\ 17{,}784 \end{pmatrix} + 15 \cdot \begin{pmatrix} 4{,}410 \\ 26{,}460 \end{pmatrix} = \begin{pmatrix} 1{,}408 & 2{,}964 & 4{,}410 \\ 8{,}448 & 17{,}784 & 26{,}460 \end{pmatrix} \cdot \begin{pmatrix} 12 \\ 18 \\ 15 \end{pmatrix} = \begin{pmatrix} 136{,}398 \\ 818{,}388 \end{pmatrix}.$$

Für die Bestellung werden 136,398 m^3 Fichtenstämme und 818,388 Liter Imprägniersalz benötigt.
Den Vektor $\vec{b}$ für den Rohstoffbedarf kann man also als Produkt der Matrix $\mathbf{M}_{RE} = \mathbf{M}_{RZ} \cdot \mathbf{M}_{ZE}$ mit dem Auftragsvektor $\vec{a} = \begin{pmatrix} 12 \\ 18 \\ 15 \end{pmatrix}$ berechnen: $\vec{b} = \mathbf{M}_{RE} \cdot \vec{a}$

Information

(1) Materialverflechtungen grafisch beschreiben – Gozintograph

In den Aufgaben 1 und 2 wurde für sehr einfache Produktionsprozesse der Bedarf der Endprodukte an Rohstoffen, also an *Materialien* ermittelt. Eine grafische Übersicht, aus der hervorgeht, wie die Endprodukte mit den Rohstoffen und Zwischenprodukten mengenmäßig *verflochten* sind, nennt man **Gozintograph**. Als Beispiel ist ein Gozintograph für einen zweistufigen Produktionsprozess mit zwei Rohstoffen, drei Zwischenprodukten und zwei Endprodukten abgebildet.

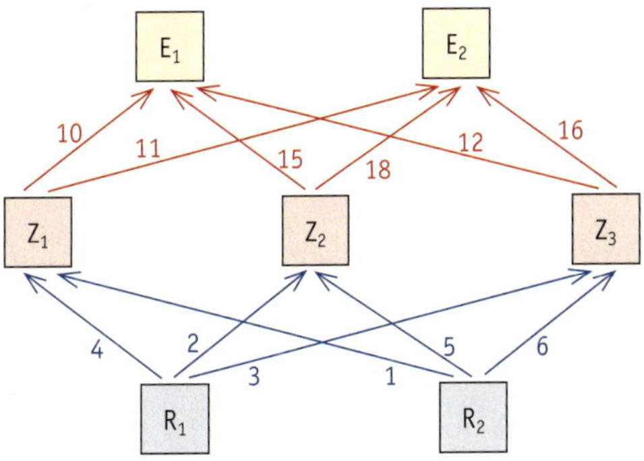

Der Name Gozintograph ist eine scherzhafte Verballhornung: Der Mathematiker ANDREW VAZSONYI gab als Urheber den (fiktiven) italienischen Mathematiker *Zepartzat Gozinto* an, was nichts anderes bedeutet als „the part that goes into". Diese Bezeichnung ist mittlerweile allgemein akzeptiert.

Produktionsprozesse verlaufen ausgehend von den Rohstoffen oft auch über mehrere Stufen von Zwischenprodukten zum Endprodukt.
Der Gozintograh eines Produktionsprozesses beschreibt die mengenmäßige **Materialverflechtung** für den Produktionsprozess, die Pfeile im Gozintographen sind dabei von den Rohstoffen über die Zwischenprodukte zum Endprodukt gerichtet. An einem Pfeil steht dabei *immer*, wie viel von **einer** Mengeneinheit des vorangegangenen Produkts, Materials oder Rohstoffs zur Herstellung **einer** Mengeneinheit des nachfolgenden Produkts oder Materials benötigt wird.

Information

(2) Materialverflechtungen mithilfe von Matrizen beschreiben

Man kann eine Materialverflechtung auch mithilfe von Matrizen beschreiben. Der Vorteil dabei liegt in der rechnerischen Bestimmung des Materialbedarfs mithilfe der Matrizen. Das folgende Beispiel bezieht sich auf den Gozintographen aus der Information (1).

Materialverbrauchsmatrix 1

A_{RZ}	Z_1	Z_2	Z_3
R_1	4	2	3
R_2	1	5	6

•

Materialverbrauchsmatrix 2

B_{ZP}	P_1	P_2
Z_1	10	11
Z_2	15	18
Z_3	12	16

=

Produktmatrix

C_{RP}	P_1	P_2
R_1	106	128
R_2	157	197

$\mathbf{A}_{RZ} = \begin{pmatrix} 4 & 2 & 3 \\ 1 & 5 & 6 \end{pmatrix}$; $\mathbf{B}_{ZP} = \begin{pmatrix} 10 & 11 \\ 15 & 18 \\ 12 & 16 \end{pmatrix}$; $\mathbf{C}_{RP} = \mathbf{A}_{RZ} \cdot \mathbf{B}_{ZP} = \begin{pmatrix} 106 & 128 \\ 157 & 197 \end{pmatrix}$

Die Matrix $\mathbf{A}_{RZ}$ beschreibt den Materialbedarf an Rohstoffen für die Zwischenprodukte, $\mathbf{B}_{ZP}$ den Bedarf an Zwischenprodukten für die Endprodukte. Man nennt diese Matrizen deshalb auch **Materialverbrauchsmatrizen**. Die Produktmatrix $\mathbf{C}_{RP} = \mathbf{A}_{RZ} \cdot \mathbf{B}_{ZP}$ beschreibt den Bedarf an Rohstoffen für die Endprodukte.

Beim Aufstellen der Materialverbrauchsmatrizen muss man sich entscheiden, welche Informationen man in der Zeile und welche man in der Spalte notiert.

Übungsaufgaben

2

In einer Bäckerei werden aus den Ausgangsstoffen Wasser, Backmischung, Mohnsamen und Sonnenblumenkerne ein Rohteig und eine Körner-Mischung hergestellt. Aus dem Rohteig und der Körner-Mischung werden dann zwei verschiedene Brötchen-Sorten hergestellt. Die folgende Übersicht zeigt die Zusammensetzung der Zwischenprodukte und der Brötchen, die Zahlen geben die benötigten Mengen für 1 g des Zwischenprodukts bzw. für ein Brötchen in g an.

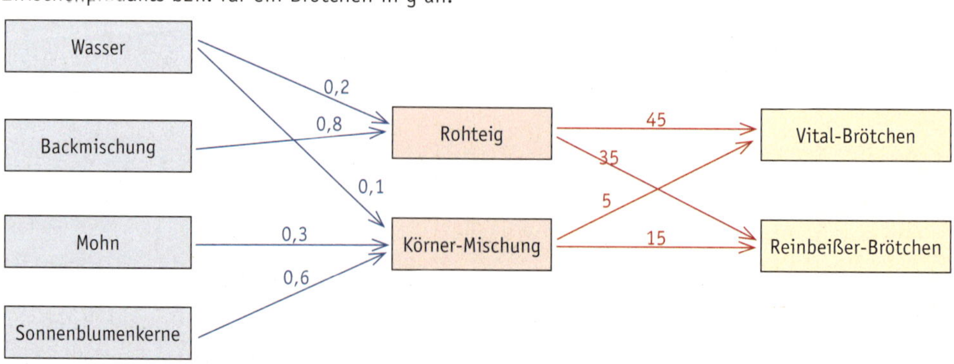

Untersuchen Sie, wie viel von den Ausgangsstoffen Wasser, Backmischung, Mohn und Sonnenblumenkerne für eine Tagesproduktion von 5 000 Vital- und 1 000 Reinbeißer-Brötchen benötigt werden.

3 Ein Betrieb arbeitet in zwei Produktionsstufen. Er stellt in der ersten Produktionsstufe aus drei Rohstoffen R_1, R_2, R_3, drei Zwischenerzeugnisse Z_1, Z_2, Z_3 her. Diese Zwischenerzeugnisse werden in der zweiten Produktionsstufe zu zwei Enderzeugnissen E_1 und E_2 weiterverarbeitet. Der jeweilige Materialbedarf ist im folgenden Diagramm dargestellt. Dabei geben die Zahlen an den Pfeilen an, wie viele Einheiten jeweils für ein neues Erzeugnis verbraucht werden.

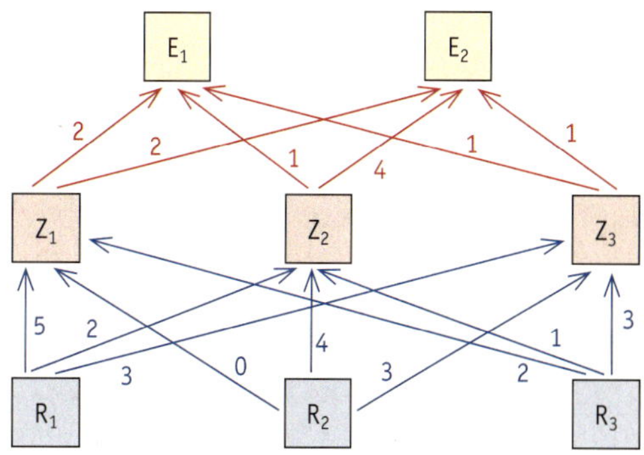

a) Stellen Sie den Materialverbrauch für jede Produktionsstufe als Matrix dar.

b) Berechnen Sie, wie viele Rohstoffeinheiten jeweils für die Herstellung einer Mengeneinheit E_1 bzw. einer Mengeneinheit E_2 benötigt werden.

c) In der Realität sind Produktionsprozesse viel komplexer. Überlegen Sie, inwiefern hier starke Einschränkungen vorgenommen sind.

d) Drei Verkaufsfilialen bestellen Endprodukte. Der Auftrag kann durch die Auftragsmatrix $\mathbf{A} = \begin{pmatrix} 80 & 150 & 0 \\ 100 & 70 & 30 \end{pmatrix}$ beschrieben werden. Berechnen Sie für jeden einzelnen Auftrag jeweils den Bedarf an Zwischenprodukten und Rohstoffen.

4 Vervollständigen Sie den abgebildeten Gozintographen für die Materialverflechtung bei der Herstellung von Jeansjacken und Jeanshosen. Schätzen Sie dazu selbst den benötigten Mengenbedarf.

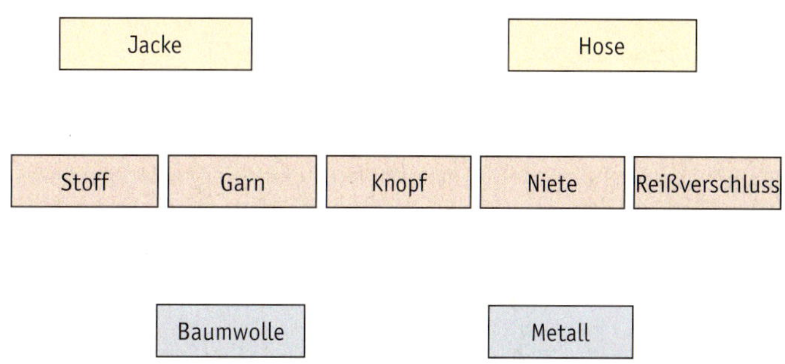

Bestimmen Sie anschließend für verschiedene selbstgewählte Auftragsmengen die zugehörigen Produktionsmengen. Präsentieren Sie Ihre Überlegungen und begründen Sie dabei Ihre Vorgehensweise.

5 Ein Winzer verkauft 5 Rotweinsorten: Blauer Michel, Winzers Roterde, Späte Traube, Lieblicher Himmel, Schwarze Erde. Aus drei Traubensorten werden drei Gärmischungen hergestellt:

- Mischung A: 30 % Portugieser und 70 % Dornfelder;
- Mischung B: 50 % Dornfelder und 50 % Schwarzriesling;
- Mischung C: 10 % Portugieser und 80 % Dornfelder und 10 % Schwarzriesling.

Zur Reifung der 5 Weinsorten füllt er die Gärmischungen in Holzfässer:

- Blauer Michel: 20 % Mischung A, 40 % Mischung B und 40 % Mischung C;
- Winzers Roterde: 50 % Mischung A, 50 % Mischung C;
- Späte Traube: 30 % Mischung A, 70 % Mischung B;
- Lieblicher Himmel: je $\frac{1}{3}$ von jeder Mischung;
- Schwarze Erde: 80 % Mischung A; 15 % Mischung B und 5 % Mischung C.

Von seinem Wein verkauft der Winzer jedes Jahr etwa 850 Flaschen Blauer Michel, 1 300 Flaschen Winzers Roterde, 1 750 Flaschen Späte Traube, 900 Flaschen Lieblicher Himmel und 2 100 Flaschen Schwarze Erde. Geben Sie dem Winzer eine Empfehlung, in welchem Verhältnis die Anbaumengen der Traubensorten zueinander stehen sollten.

6 In einem zweistufigen Produktionsprozess werden in der ersten Produktionsstufe aus zwei Rohstoffen R_1 und R_2 drei Zwischenerzeugnisse Z_1, Z_2 und Z_3 hergestellt. Die Verbrauchsmengen werden dabei durch die Matrix $\mathbf{A} = \begin{pmatrix} 2 & 4 & 3 \\ 3 & 1 & 2 \end{pmatrix}$ beschrieben.

In der zweiten Produktionsstufe werden aus den drei Zwischenerzeugnissen Z_1, Z_2 und Z_3 zwei Enderzeugnisse E_1 und E_2 hergestellt.

Die zugehörige Verbrauchsmengenmatrix für die zweite Produktionsstufe lautet: $\mathbf{B} = \begin{pmatrix} 2 & 3 \\ 1 & 3 \\ 2 & 1 \end{pmatrix}$.

a) Erläutern Sie die Bedeutung der Elemente der Matrizen **A** und **B**. Zeichnen Sie den zugehörigen Gozintographen.

b) Die Anzahlen der von vier Kunden in Auftrag gegebenen Enderzeugnisse E_1 und E_2 sind in der Matrix $\mathbf{C} = \begin{pmatrix} 40 & 90 & 80 & 50 \\ 50 & 0 & 50 & 70 \end{pmatrix}$ ausgewiesen.
Berechnen Sie den Rohstoffverbrauch für die einzelnen Kundenaufträge.

7 Ein Hersteller von Zäunen fertigt 80 cm hohe Holzzaunfelder mit Stahlblechornamenten in den Breiten 0,8 m und 1,6 m an. Aus Douglasienholz werden zunächst die Latten und die Rahmenteile für den Zaun geschnitten und gehobelt. Für eine 1 m lange Latte werden etwa 0,0008 m³ Holz benötigt und für ein 1 m langes Rahmenteil etwa 0,0024 m³ Holz. Für 1 Ornamentteil benötigt man 0,24 m² Stahlblech. Für den Zusammenbau der schmalen Zaunfelder benötigt man 7 m Latten und 3,2 m Rahmen und außerdem 1 Ornamentteil. Für das breite Zaunfeld werden 13 m Latten sowie 4,8 m Rahmen und 2 Ornamentteile benötigt.

a) Drei Baumärkte haben die folgenden Bestellungen abgegeben:
- Baumarkt in Essen: 80 Zaunfelder (0,8 m) und 140 Zaunfelder (1,6 m);
- Baumarkt in Gelsenkirchen: 60 Zaunfelder (0,8 m) und 120 Zaunfelder (1,6 m);
- Baumarkt in Dortmund: 150 Zaunfelder (0,8 m) und 400 Zaunfelder (1,6 m);

Bestimmen Sie den Bedarf an Douglasienholz und Stahlblech für diese Bestellung.

b) Bei Eingang des Auftrags aus Teilaufgabe a) stellt der Hersteller fest, dass er keine fertigen Zaunelemente mehr auf Lager hat. Deshalb überprüft er, ob noch genug Latten, Rahmen und Ornamentteile für den Auftrag vorhanden sind.
Ermitteln Sie, wie viele von diesen Teilen er für den Auftrag benötigt.

8 Der Graph zeigt die Materialverflechtung bei der Herstellung von Bilderrahmen.

a) Beschreiben Sie die Materialverflechtung mithilfe von Matrizen.

b) Von jedem Rahmen sollen 3 000 Stück gefertigt werden. Bestimmen Sie die dafür erforderlichen Mengen an Holz, Glas und Pressplatten.

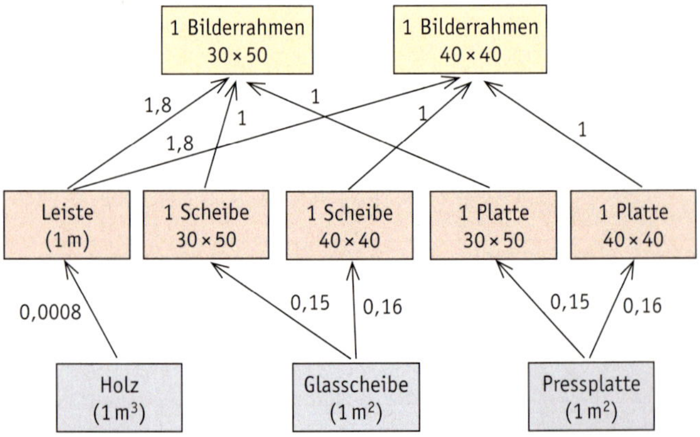

Die folgenden Aufgaben helfen Ihnen bei der Organisation des selbstständigen Lernprozesses. Zur Selbstkontrolle sind alle Lösungen dieser Aufgaben im Anhang dieses Buches abgedruckt.

Rechnen mit Matrizen

1 Berechnen Sie folgende Matrizenterme.

a) $3 \cdot \begin{pmatrix} 1 & -2 \\ 2 & 1 \end{pmatrix} - 4 \cdot \begin{pmatrix} -1 & 3 \\ 0 & -2 \end{pmatrix}$

b) $\begin{pmatrix} 2{,}5 & -1{,}5 & 0 \\ 1 & -1 & 2 \end{pmatrix} \cdot \begin{pmatrix} -1 & 2 & 2 \\ -4 & 0 & -1 \\ 1 & 1 & 2 \end{pmatrix}$

c) $\left(\begin{pmatrix} 2{,}2 & -2 \\ 1 & 4{,}5 \\ -3{,}5 & 2 \end{pmatrix} - \begin{pmatrix} 2 & -4 \\ 0 & -2{,}5 \\ -3 & 2 \end{pmatrix} \right) \cdot \begin{pmatrix} 0 & -2 & 3 \\ 5 & 2 & 2 \end{pmatrix}$

d) $\begin{pmatrix} -1 & 2 \\ 1 & -2 \end{pmatrix}^2$

2 Bestimmen Sie die zur Matrix **A** inverse Matrix.

a) $\mathbf{A} = \begin{pmatrix} -1 & 2 \\ -1 & 3 \end{pmatrix}$ (ohne Verwendung eines Rechners)

b) $\mathbf{A} = \begin{pmatrix} 2 & 1 & 3 \\ -1 & 3 & 0 \\ 1 & -1 & 1 \end{pmatrix}$

3 Eine Ziegelei beliefert drei Bauunternehmen mit drei Sorten von Pflasterklinkern.
Eine Palette Typ „Bremen" kostet 205 €, eine Palette Typ „Hamburg" kostet 249 € und eine Palette Typ „Lübeck" kostet 210 €.
Es gehen folgende Lieferungen an die einzelnen Kunden:

Kramer & Co.:	200 Paletten Typ „Bremen", 250 Paletten Typ „Hamburg", 100 Paletten Typ „Lübeck"
Schnermann KG:	150 Paletten Typ „Bremen", 350 Paletten Typ „Hamburg", 200 Paletten Typ „Lübeck"
Südbeck OHG:	250 Paletten Typ „Bremen", 150 Paletten Typ „Hamburg", 150 Paletten Typ „Lübeck"

Schreiben Sie die Auslieferung an die drei Baustellen als Matrix und berechnen Sie, welche Beträge die Kunden jeweils zahlen müssen.

Abbildungsmatrizen

4 Das Dreieck ABC mit A(13|0), B(15|4) und C(5|2) wird so um den Koordinatenursprung O(0|0) gedreht, dass A′(12|5) der Bildpunkt von A ist.

a) Zeichnen Sie das Dreieck ABC in einem Koordinatensystem und führen Sie die Drehung durch.

b) Bestimmen Sie die Abbildungsmatrix der Drehung und den Drehwinkel.
Berechnen Sie die Koordinaten der Bildpunkte von B und C.

c) Das Dreieck ABC wird an der Geraden $g\colon \vec{x} = r \cdot \begin{pmatrix} 5 \\ 3 \end{pmatrix}$ mit $r \in \mathbb{R}$ gespiegelt. Bestimmen Sie die zugehörige Abbildungsgleichung und berechnen Sie die Bildpunkte.

5

a) Eine affine Abbildung bildet das Quadratraster der Zeichenebene auf das abgebildete Parallelogrammraster ab. Bestimmen Sie eine mögliche Abbildungsgleichung.

b) Beschreiben Sie, wie die Abbildung zur Abbildungsgleichung $\overrightarrow{OP'} = \begin{pmatrix} 0 & -1 \\ 1 & 0 \end{pmatrix} \cdot \overrightarrow{OP} + \begin{pmatrix} 2 \\ 1 \end{pmatrix}$ das Quadratraster der Zeichenebene abbildet.

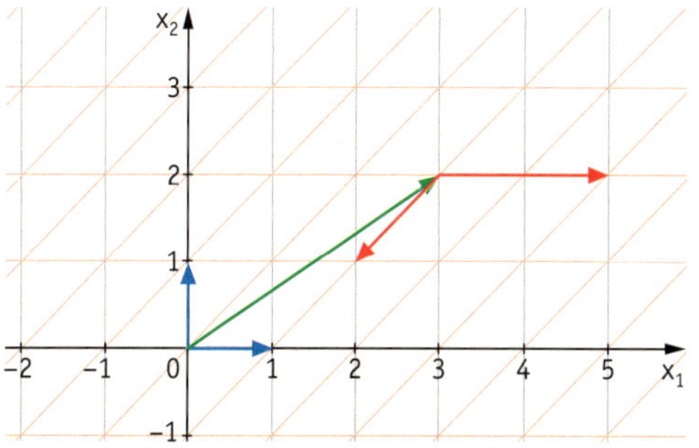

6 Ein Gebäude ist in einem Koordinatensystem durch folgende Punkte modellhaft angegeben: A(0|0|0), B(6|0|0), C(6|8|0), D(0|8|0), E(0|0|3), F(6|0|3), G(6|8|3), H(0|8|3), P(3|0|6), Q(3|8|6).
Dabei beschreibt die Strecke $\overline{PQ}$ den Dachfirst. Durch die Strecke $\overline{RS}$ mit R(4|0|5) und S(4|0|10) ist ein Antennenstab dargestellt.

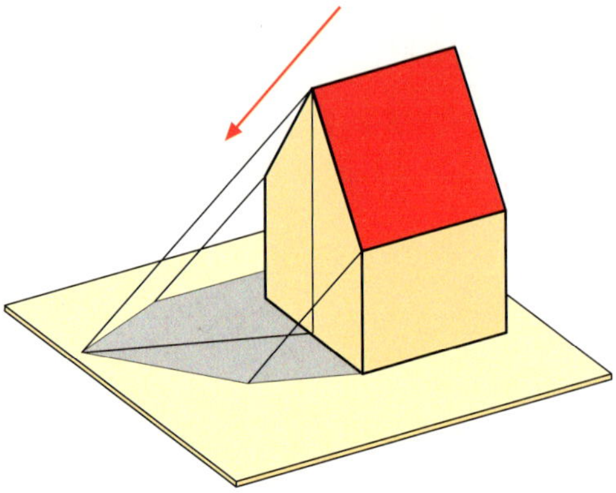

a) Die Sonnenstrahlen fallen parallel zum Vektor $\vec{v_1} = \begin{pmatrix} 0 \\ 1 \\ 1 \end{pmatrix}$ ein. Berechnen Sie das Bild des Schattens vom Gebäude und vom Antennenstab in der x_1x_2-Ebene. Zeichnen Sie den Schatten ein.

b) Zu einem anderen Zeitpunkt fallen die Sonnenstrahlen parallel zum Vektor $\vec{v_2} = \begin{pmatrix} 3 \\ 3 \\ -4 \end{pmatrix}$ ein. Berechnen Sie das Bild des Schattens vom Antennenstab auf dem Dach des Gebäudes und in der Grundebene.

Übergangsmatrizen

7 In einer Kleinstadt gibt es zwei große Einkaufsmärkte für Lebensmittel und einige Einzelhändler. Das monatliche Wechselverhalten der 8 200 Haushalte wird durch den nebenstehenden Graphen veranschaulicht.

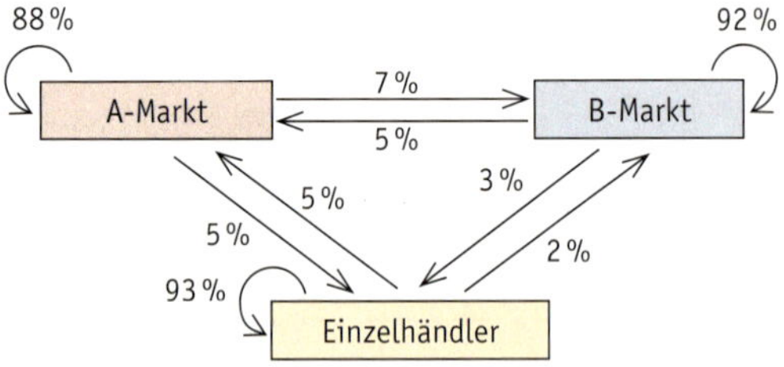

a) Geben Sie die Übergangsmatrix **M** an.

b) Berechnen Sie für eine Anfangsverteilung von 3 900 Haushalten, die beim A-Markt, 2 700 Haushalten, die beim B-Markt, und 1 600 Haushalten, die bei Einzelhändlern einkaufen, die Verteilungen der nächsten drei Monate. Berechnen Sie auch die Verteilung des Vormonats.

c) Untersuchen Sie, ob es eine Verteilung bezüglich des Einkaufsverhaltens der Haushalte gibt, die sich bei dem angegebenen Wechselverhalten in den folgenden Monaten nicht mehr ändert.

8 Bei einem Forschungsprojekt mit Insekten wurde modellhaft das abgebildete Entwicklungsschema festgestellt. Die Insekten leben maximal drei Wochen. Die Anteile der Insekten, die aus der Eiablage schlüpfen bzw. die jeweilige Woche überleben, sind ebenso wie die durchschnittliche Größe der Eiablage im Übergangsgraphen dargestellt. Dabei werden nur weibliche Tiere gezählt.

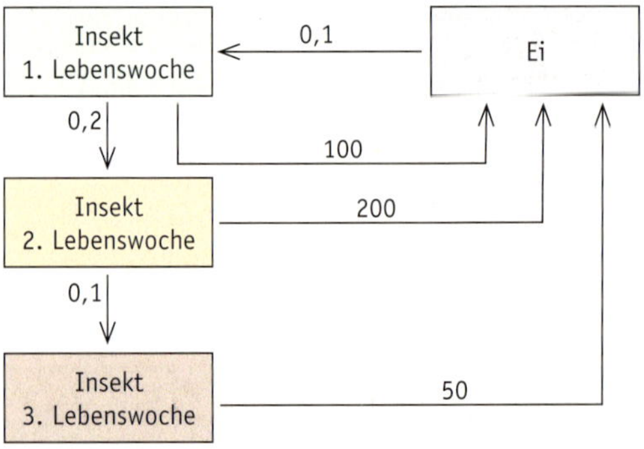

a) Der Laborversuch wurde mit 500 Eiern gestartet. Berechnen Sie die Anzahl der Exemplare der einzelnen Altersstufen während der ersten 5 Wochen.

b) Anders als es beim abgebildeten Übergangsgraphen zu erwarten ist, wurden am Ende der zweiten Woche nach Versuchsbeginn 10 000 Eier und 50 einwöchige Insekten gezählt. Geben Sie die Übergangsmatrix an. Untersuchen Sie, wie die Parameter des Übergangsgraphen geändert werden müssen, damit das Modell zu den gemessenen Zahlen passt.

Bleib fit im Umgang mit Wahrscheinlichkeiten

Zum Aufwärmen

Oktaeder

1 Ein regelmäßiges Oktaeder wird zum Würfeln benutzt. Es wird einmal geworfen.

a) Mit welcher Wahrscheinlichkeit treten die einzelnen Ergebnisse auf?

b) Welche Wahrscheinlichkeit hat das Ereignis *Die Augenzahl ist eine gerade Primzahl*?

c) Welche Wahrscheinlichkeit hat das Ereignis *Die Augenzahl ist eine ungerade Primzahl*?

d) Wie oft wird das Ereignis *Augenzahl 1 oder 2* in 400 Würfen mit diesem Oktaeder ungefähr auftreten?

e) Wie oft wird das Ereignis *Die Augenzahl ist größer als fünf* in 1 000 Würfen mit diesem Oktaeder ungefähr auftreten?

2 Die abgebildeten kleinen durchbohrten Holzwürfel, die auch zu einer Kette aufgereiht werden können, werden bei einem Glücksspiel als Würfel benutzt. Wenn beim Würfeln eine Fläche mit Loch oben liegt, darf man ein Feld vorrücken.

a) Welche Ergebnisse sind beim Werfen mit einem solchen Holzwürfel möglich?

b) Marie denkt: *Bei jedem Wurf habe ich die Wahrscheinlichkeit von einem Drittel, dass ich vorrücken kann.*
Nehmen Sie Stellung dazu.

Zur Erinnerung

(1) Zufallsversuche und Wahrscheinlichkeit von Ergebnissen

In der Stochastik beschäftigt man sich mit **Zufallsversuchen**. Das sind Vorgänge, bei denen es vom Zufall abhängt, welches **Ergebnis** auftritt. Es lässt sich aber nicht voraussagen, welches Ergebnis bei der nächsten Durchführung eines Zufallsversuchs eintritt.
Die Menge aller möglichen Ergebnisse eines Zufallsversuches bezeichnen wir als **Ergebnismenge** S. (Siehe auch die Beispiele in Zur Erinnerung (4))

PIERRE SIMON DE LAPLACE, (1749 – 1827)

Wir unterscheiden zwei Typen von Zufallsversuchen:

- **LAPLACE-Versuche:** Aufgrund der Versuchsanordnung ist kein Grund ersichtlich, warum eines der möglichen Ergebnisse eine größere oder kleinere Chance hat aufzutreten. Wir ordnen deshalb jedem möglichen Ergebnis die gleiche Wahrscheinlichkeit zu.

  Beispiele
  Werfen einer Münze, Werfen eines Würfels, Drehen eines Glücksrads mit gleich großen Sektoren, Drehen eines Rouletterads, Ziehen einer Kugel aus einer Urne mit fünf verschiedenfarbigen Kugeln.

- **Nicht-LAPLACE-Versuche:** Die Wahrscheinlichkeiten für die einzelnen möglichen Ergebnisse sind nicht alle gleich und lassen sich nicht durch Symmetrieüberlegungen (oder Ähnliches) erschließen. Man kann diese Wahrscheinlichkeiten nur näherungsweise bestimmen. Einen solchen Schätzwert für die Wahrscheinlichkeit eines Ergebnisses erhält man aus der *relativen Häufigkeit*, mit der das Ergebnis in einer langen Versuchsreihe, z. B. einer umfangreichen Erhebung, auftritt.

(2) Empirisches Gesetz der großen Zahlen

Der Ausgang jeder einzelnen Durchführung eines Zufallsversuches ist rein zufällig und daher nicht vorhersehbar. Mit zunehmender Versuchszahl ändert sich jedoch die relative Häufigkeit eines Ergebnisses immer weniger. Sie liegt dann in der Nähe der Wahrscheinlichkeit dieses Ergebnisses.

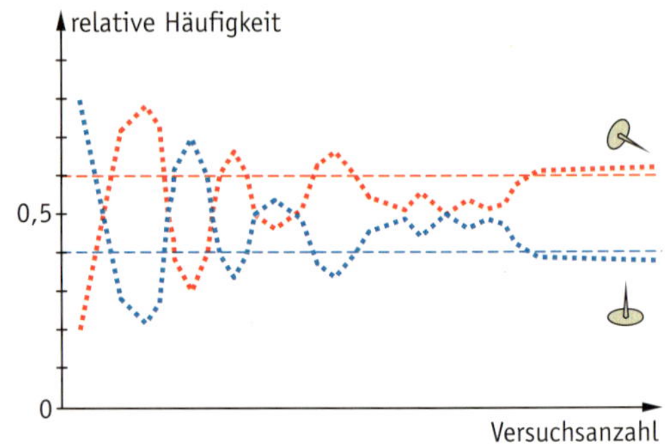

JOSEPH BERTRAND
(1822 – 1900)
Mathematikprofessor
in Paris

Beispiel

Werfen einer Reißzwecke S = {, }

Diese Stabilisierung der relativen Häufigkeiten bei langen Versuchsreihen wird oft dahingehend missverstanden, dass die Wahrscheinlichkeit für das Auftreten eines Ergebnisses zunimmt, wenn das Ergebnis mehrfach hintereinander nicht aufgetreten ist, oder geringer wird, wenn das Ergebnis vorübergehend häufiger als erwartet aufgetreten ist.

Dies ist nicht der Fall: *Der Zufall hat weder ein Gewissen, noch ein Gedächtnis …* (JOSEPH BERTRAND, *Calcul des probabilités*, 1889)

(3) Wahrscheinlichkeit und relative Häufigkeit

Wahrscheinlichkeit und relative Häufigkeit sind grundsätzlich verschiedene Begriffe: Wahrscheinlichkeiten dienen der Prognose, sie geben Auskunft über die Chancen in bevorstehenden Zufallsversuchen. Dagegen machen relative Häufigkeiten immer Aussagen über bereits durchgeführte Zufallsversuche.

Kennen wir die Wahrscheinlichkeit p für das Ergebnis eines Zufallsversuchs, dann können wir eine Prognose für zukünftige Durchführungen des Zufallsversuchs abgeben:

Wahrscheinlichkeit als Schätzwert für zu erwartende relative Häufigkeiten

- Die Wahrscheinlichkeit p eines Ergebnisses gibt an, welche relative Häufigkeit man bei häufiger Versuchsdurchführung für dieses Ergebnis erwarten kann.

Häufigkeitsinterpretation der Wahrscheinlichkeit

- Hat das Ergebnis eines Zufallsversuchs die Wahrscheinlichkeit p, dann erwarten wir für große n, dass das Ergebnis bei n-facher Durchführung des Versuchs ungefähr $n \cdot p$-mal auftreten wird.

Beispiel

Die Wahrscheinlichkeit für Augenzahl 6 beim Werfen eines Würfels beträgt $\frac{1}{6}$. Beim 600-fachen Werfen eines Würfels kann man erwarten, dass Augenzahl 6 ungefähr 100-mal auftritt.

(4) Ereignisse

Ergebnisse eines Zufallsversuchs lassen sich zu **Ereignissen** zusammenfassen.

Beispiele

- *Drehen eines Glücksrads mit 6 Sektoren*
  Die Ergebnismenge S besteht aus 6 möglichen Ergebnissen:
  S = {1, 2, 3, 4, 5, 6}
  Beispiele für *Ereignisse*:
  E_1: *Die Nummer ist gerade.* E_2: *Der Sektor ist rot.*
  E_1: = {2, 4, 6} E_2: = {1, 4, 6}

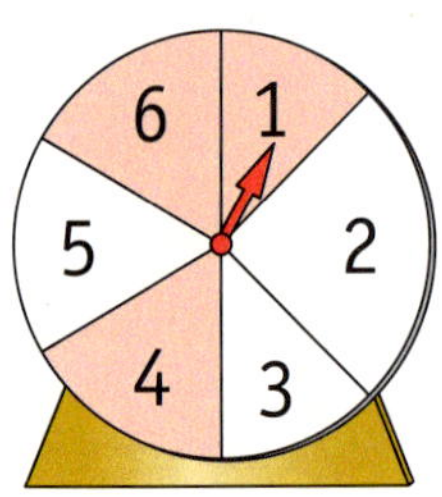

- *Ziehen einer Karte aus vier Karten (Neun, Zehn, Bube, Dame)*
  Ergebnismenge S = {Neun, Zehn, Bube, Dame}
  Beispiele für *Ereignisse*:
  E_1: *Auf der Karte ist eine Zahl,* E_1: = {Neun, Zehn}; E_2: *Auf der Karte ist ein Bild,* E2: = {Bube, Dame}

Für die Berechnung der Wahrscheinlichkeit eines Ereignisses gilt eine einfache Regel:

Elementare Summenregel

Betrachtet man bei einem Zufallsversuch mehrere Ergebnisse und fragt nach der Wahrscheinlichkeit, dass eines dieser Ergebnisse eintritt, so fasst man diese Ergebnisse zu einem **Ereignis** zusammen. Gehören zum Ereignis E die Ergebnisse $a_1, a_2, \ldots, a_m$, so gilt für die Wahrscheinlichkeit P(E) des Ereignisses E:

$$P(E) = P(a_1) + P(a_2) + \ldots + P(a_m)$$

Beispiel

Bei einem Glücksrad mit 6 gleich großen Sektoren mit den Nummern 1 bis 6 betrachten wie das Ereignis E_1: *Die Nummer ist gerade*:

$$P(\{2, 4, 6\}) = P(2) + P(4) + P(6) = \frac{1}{4} + \frac{1}{6} + \frac{1}{6} = \frac{7}{12}$$

Ein Ereignis K, das alle Ergebnisse der Ergebnismenge S enthält, wird als **sicheres Ereignis** bezeichnet. Ein Ereignis L, das keines der Ergebnisse aus der Ergebnismenge S enthält, wird als **unmögliches Ereignis** bezeichnet.

Es gilt: $P(K) = P(S) = 1$ und $P(L) = P(\{\ \}) = 0$.

Im Falle eines LAPLACE-Versuchs vereinfacht sich die elementare Summenregel:
Da alle Ergebnisse die gleiche Wahrscheinlichkeit haben, braucht man nur zu zählen, wie viele Ergebnisse zum Ereignis gehören.

LAPLACE-Regel

Bei einem LAPLACE-Versuch gilt für die Wahrscheinlichkeit P(E) eines Ereignisses:

$$P(E) = \frac{\text{Anzahl der zu E gehörenden Ergebnisse}}{\text{Anzahl aller möglichen Ergebnisse}}$$ *Anzahl der günstigen Fälle durch Anzahl aller Fälle*

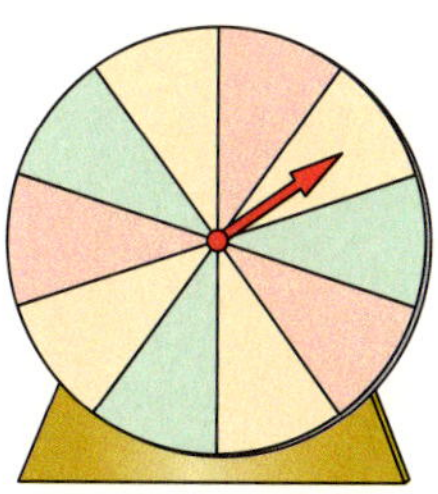

Beispiel: Anwendung der LAPLACE-Regel

Beim Drehen eines Glückrads mit gleich großen Sektoren zählt man die zugehörigen Sektoren.

$P(\text{rot}) = \frac{3}{10}$ *3 von 10 Sektoren*

$P(\text{blau}) = 0$ *unmögliches Ereignis*

$P(\text{gelb oder rot oder grün}) = 1$ *sicheres Ereignis*

Mit einem Ereignis E kennt man gleichzeitig auch, das sogenannte **Gegenereignis** $\overline{E}$ von E. Das Gegenereignis $\overline{E}$ enthält alle die Ergebnisse der Ergebnismenge S des Zufallsversuchs, die *nicht* zu E gehören.

Komplementärregel

Gegeben ist ein Ereignis E einer Ergebnismenge S. Die Wahrscheinlichkeit P(E) des Ereignisses E und die Wahrscheinlichkeit $P(\overline{E})$ des zugehörigen Gegenereignisses $\overline{E}$ ergänzen sich zu 1:

$$P(E) + P(\overline{E}) = 1$$

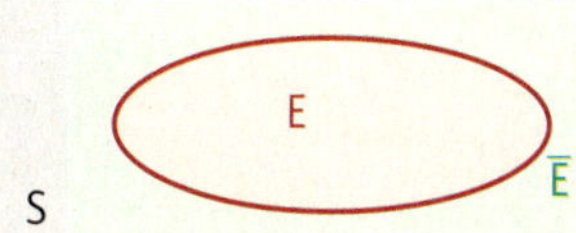

Die Komplementärregel wird angewendet zur Berechnung der Wahrscheinlichkeit eines Ereignisses, wenn die Wahrscheinlichkeit des Gegenereignisses einfacher zu bestimmen ist: $P(E) = 1 - P(\overline{E})$.

Beispiel

Aus einer Urne mit 50 gleichartigen Kugeln, die mit 1 bis 50 nummeriert sind, wird eine Kugel zufällig gezogen. Dann gilt für die Nummer der gezogenen Kugel:

P (Die Nummer ist nicht durch 5 teilbar)

= 1 – P (Die Nummer ist durch 5 teilbar)

$= 1 - \frac{10}{50} = 1 - 0{,}2 = 0{,}8$

Setzt sich ein Ereignis E aus Ereignissen E_1 und E_2 zusammen, dann gilt die allgemeine Summenregel, die sich aus der elementaren Summenregel erschließen lässt:

Allgemeine Summenregel für Ereignisse

$P(E) = P(E_1 \cup E_2) = P(E_1) + P(E_2) - P(E_1 \cap E_2)$

dabei wird $E_1 \cup E_2$ als das **Oder-Ereignis** und $E_1 \cap E_2$ als das **Und-Ereignis** der beiden Ereignisse E_1 und E_2 bezeichnet.

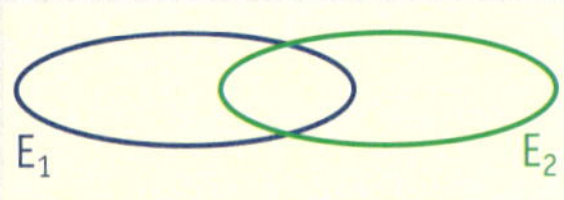

Die Regel besagt, dass man bei der Berechnung von zusammengesetzten Ereignissen darauf achten muss, dass man gemeinsame Ergebnisse der beiden Ereignisse nicht doppelt berücksichtigt.

Beispiel

Aus einer Urne mit 50 gleichartigen Kugeln, die mit 1 bis 50 nummeriert sind, wird eine Kugel zufällig gezogen. Dann gilt für die Nummer der gezogenen Kugel:

P (Die Nummer ist durch 4 oder 6 teilbar)

= P (Die Nummer ist durch 4 teilbar) + P (Die Nummer ist durch 6 teilbar)

– P(Die Nummer ist durch 4 und durch 6 teilbar)

$= P(\{4, 8, 12, 16, \ldots, 48\}) + P(\{6, 12, 18, \ldots, 48\}) - P(\{12, 24, 36, 48\})$

$= \frac{12}{50} + \frac{8}{50} - \frac{4}{50} = 0{,}24 + 0{,}16 - 0{,}08 = 0{,}32$

Zum Trainieren

1 Beim Roulettespiel läuft eine Kugel über den Rand einer kreisförmigen Schüssel und bleibt schließlich zufällig auf einem der 37 gleich großen Felder liegen.

a) Wie groß ist die Wahrscheinlichkeit, dass die Kugel auf dem Feld mit der Nummer 1 liegen bleibt?

b) Das Rouletterad wird 370-mal gedreht. Was kann man erwarten, wie oft die Kugel auf dem Feld mit der Nummer 1 liegen bleibt?

c) Mit einem Roulettespiel wird eine sehr lange Versuchsreihe durchgeführt, z. B. 100 000 Versuche.
Die relativen Häufigkeiten für die Ergebnisse 0, 1 ,2, …, 35, 36 werden für jede Anzahl der Versuche in ein Koordinatensystem eingetragen. Skizzieren Sie eine mögliche Entwicklung der relativen Häufigkeiten für eine solche Versuchsreihe.

2 In Deutschland sind 17,2 Millionen Einwohner unter 21 Jahre alt, 37,2 Millionen unter 40 Jahre alt; 45,1 Millionen Einwohner sind 40 Jahre oder älter, davon sind 20,6 Millionen mindestens 60 Jahre alt. Eine Person wird zufällig ausgewählt.
Mit welcher Wahrscheinlichkeit ist diese Person mindestens 21, aber unter 60 Jahre alt?

3 Bei folgenden Zufallsversuchen ist kein Grund ersichtlich, warum die verschiedenen möglichen Ergebnisse mit unterschiedlichen Wahrscheinlichkeiten auftreten sollten.
Geben Sie die verschiedenen möglichen Ergebnisse und deren Wahrscheinlichkeiten an.

(1) Werfen eines Spielwürfels

(2) Werfen eines regulären Tetraeders

(3) Drehen eines Glücksrades mit 10 Sektoren

(4) Ziehen einer Karte aus 32 Skatkarten

4 Ein Spielautomat ist so konstruiert, dass man mit einer Wahrscheinlichkeit von 25 % einen bestimmten Geldbetrag gewinnt. Jemand will 50 [30; 100] Spiele durchführen. Geben Sie eine Prognose ab, wie oft diese Person gewinnen wird. Bestimmen Sie auch die zu erwartende relative Häufigkeit der gewonnenen Spiele, d. h. den voraussichtlichen Anteil der gewonnenen Spiele.

5 Dass beim Würfeln die Augenzahl 3 mit Wahrscheinlichkeit $\frac{1}{6}$ auftritt, kann man sich auf verschiedene Weise veranschaulichen. Welche der folgenden Deutungen sind richtig, welche sind falsch?
(1) Bei jedem 6. Wurf erscheint eine 3.
(2) Unter 6 Würfen tritt mindestens eine 3 auf.
(3) Wenn 6-mal keine 3 aufgetreten ist, nimmt die Wahrscheinlichkeit für eine 3 zu.
(4) Wirft man einen Würfel n-mal, z. B. n = 600, dann tritt Augenzahl 3 ungefähr $\frac{n}{6}$-mal (also bei n = 600 ungefähr 100-mal) auf.
(5) Wenn bei 6 Würfen keine 3 auftritt, dann ist der Würfel gezinkt.
(6) Wenn jemand 1 € darauf wettet, dass eine 3 beim nächsten Wurf fällt, dann kann man 5 € dagegen setzen.

6 Aus einer Urne mit 50 gleichartigen Kugeln wird zufällig eine Kugel gezogen. Die Kugeln tragen die Nummern 1, 2, ..., 50.
Betrachten Sie die folgenden Ereignisse E_1, E_2, ..., E_6 und geben Sie jeweils die zu den Ereignissen gehörende Menge von Ergebnissen an.
Berechnen Sie die Wahrscheinlichkeit folgender Ereignisse.

E_1: *Die Nummer auf der Kugel ist eine Primzahl.*
E_2: *Die Nummer auf der Kugel ist durch 9 teilbar.*
E_3: *Die Nummer ist ungerade.*
E_4: *Die Nummer ist eine zweistellige Zahl.*
E_5: *Die Nummer ist durch 5 teilbar.*
E_6: *Die Nummer ist kleiner als 32.*
E_7: *Die Nummer auf der Kugel ist 51.*
E_8: *Die Nummer auf der Kugel ist größer null.*

7 Bestimmen Sie für die regulären Polyeder [Tetraeder; Hexaeder; Oktaeder, Dodekaeder; Ikosaeder] die Wahrscheinlichkeit für das Ereignis:
(1) Die Augenzahl ist keine Primzahl.
(2) Die Augenzahl ist durch 2 oder durch 3 teilbar.
(3) Die Augenzahl ist durch 4 oder durch 6 teilbar.
(4) Die Augenzahl ist weder durch 4 noch durch 5 teilbar.

a

Tetraeder

b

Hexaeder

c

Oktaeder

d

Dodekaeder

e

Ikosaeder

8 Aus einem Skatspiel mit 32 Spielkarten wird zufällig eine Karte gezogen. Mit welcher Wahrscheinlichkeit tritt folgendes Ereignis ein?
Die gezogene Karte
(1) ist eine Pik-Karte,
(2) trägt eine Zahl,
(3) ist eine rote Karte,
(4) ist ein schwarzes Ass.

9

KARL LANDSTEINER, (1868 Wien – 1943 New York), entdeckte 1901 das AB0-Blutgruppensystem; 1930 Nobelpreis für Medizin

Bei Blutspenden muss man genauestens die Blutgruppenzugehörigkeit von Spender und Empfänger beachten. Menschen mit Blutgruppe 0 besitzen Antikörper der Blutgruppen A und B, können also keine Blutspenden von Menschen der Blutgruppen A, B oder AB erhalten. Bei Menschen mit Blutgruppe A entwickeln sich Antikörper gegen das Blut der Blutgruppe B und umgekehrt. Menschen mit Blutgruppe AB besitzen keine Antikörper. Menschen mit der Blutgruppe 0 sind also ideale Spender; Menschen mit der Blutgruppe AB ideale Empfänger.
In Mitteleuropa sind die Blutgruppen so verteilt, wie es das Kreisdiagramm zeigt.

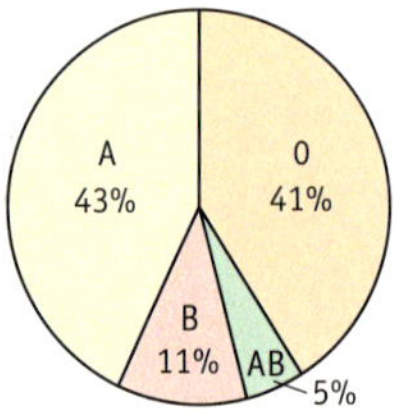

a) Drei Personen kommen zur Blutspende. Wie groß ist die Wahrscheinlichkeit, dass
(1) alle drei Personen die gleiche Blutgruppe haben,
(2) drei Personen lauter verschiedene Blutgruppen haben?

b) Ein Patient mit Blutgruppe 0 [A; B; AB] benötigt dringend eine Blutspende.
Mit welcher Wahrscheinlichkeit ist unter drei Personen, die zur Blutspende kommen, mindestens ein geeigneter Spender?

10

a) Aus einem Spiel mit 28 Dominosteinen wird zufällig ein Stein gezogen. Mit welcher Wahrscheinlichkeit
(1) hat dieser Stein zwei gleiche Hälften,
(2) ist die Summe der Augen auf den beiden Steinhälften gleich 5 [8]?

b) Aus dem Spiel werden alle Steine entfernt, die in (mindestens) einer der Steinhälften 6 Augen [5 oder 6 Augen] enthalten.
Welche Wahrscheinlichkeit haben die Ereignisse (1), (2) aus Teilaufgabe a) jetzt?

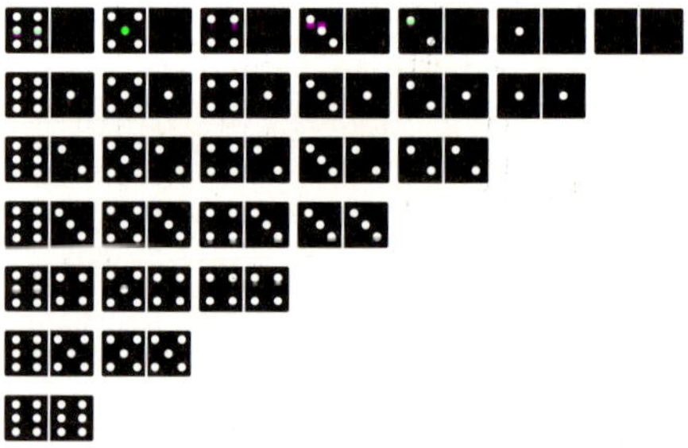

11 Betrachten Sie die folgenden Ereignisse. Geben Sie jeweils das Gegenereignis an.
(1) Von 20 zufällig ausgesuchten Personen haben mindestens 2 am gleichen Tag Geburtstag.
(2) Beim 5-fachen Werfen eines Würfels wird mindestens einmal eine 6 geworfen.
(3) Beim 10-fachen Werfen einer Münze tritt höchstens 8-mal Wappen auf.
(4) Beim 50-fachen Werfen einer Münze tritt mehr als 30-mal Zahl auf.
(5) Beim 50-fachen Werfen einer Münze tritt weniger als 20-mal Wappen auf.

8 Beschreibende Statistik – Wahrscheinlichkeitsrechnung

Täglich begegnen uns in den Medien Informationen mit statistischen Daten zu wirtschaftlichen und sozialen Vorgängen in unserer Welt. Für solche Informationen müssen Daten systematisch erfasst und ausgewertet werden. Schon im Vorfeld ist genau zu überlegen, welche Daten erhoben werden müssen. Zur Auswertung fasst man dann oftmals eine große Zahl von Einzeldaten in Tabellen zusammen, vergleicht repräsentative Werte miteinander und veranschaulicht die erhobenen Daten in einer Grafik.

Welche Informationen kann man der nebenstehenden Grafik entnehmen?

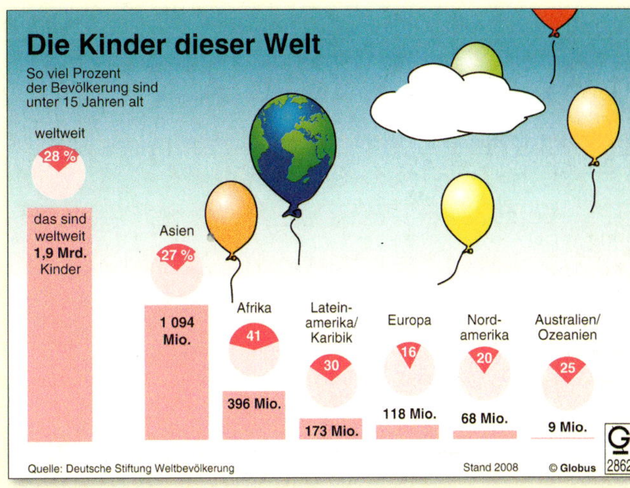

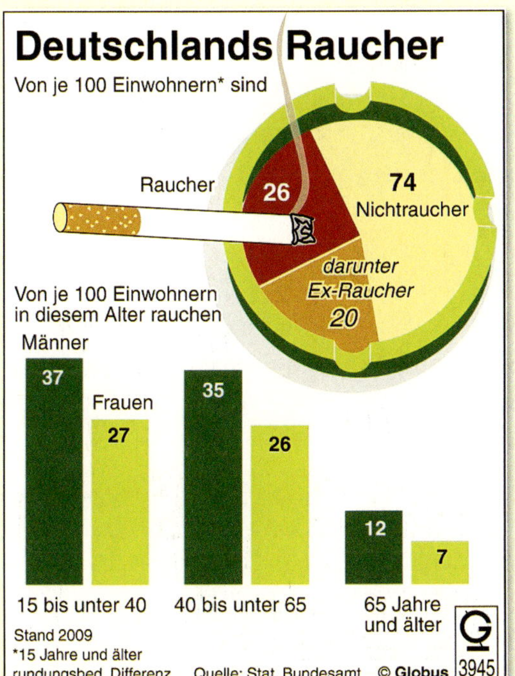

Wie kann man erschließen, wie groß der Anteil der Raucher unter den Frauen bzw. den Männern insgesamt ist?

In diesem Kapitel

- untersuchen Sie Mittelwerte und Streuung von Daten;
- haben Sie die Möglichkeit, die Grundlagen der Wahrscheinlichkeitsrechnung zu wiederholen und zu vertiefen;
- lernen Sie, wie man Wahrscheinlichkeiten für Zufallsexperimente berechnet;
- erfahren Sie, wie man die neu erworbenen Kenntnisse in Alltagssituationen anwenden kann.

Auswerten von Daten – Berechnen von Wahrscheinlichkeiten

Gerecht verteilt?

1 Die Grafik zeigt die Verteilung des Gesamteinkommens auf die Bevölkerung in Deutschland.

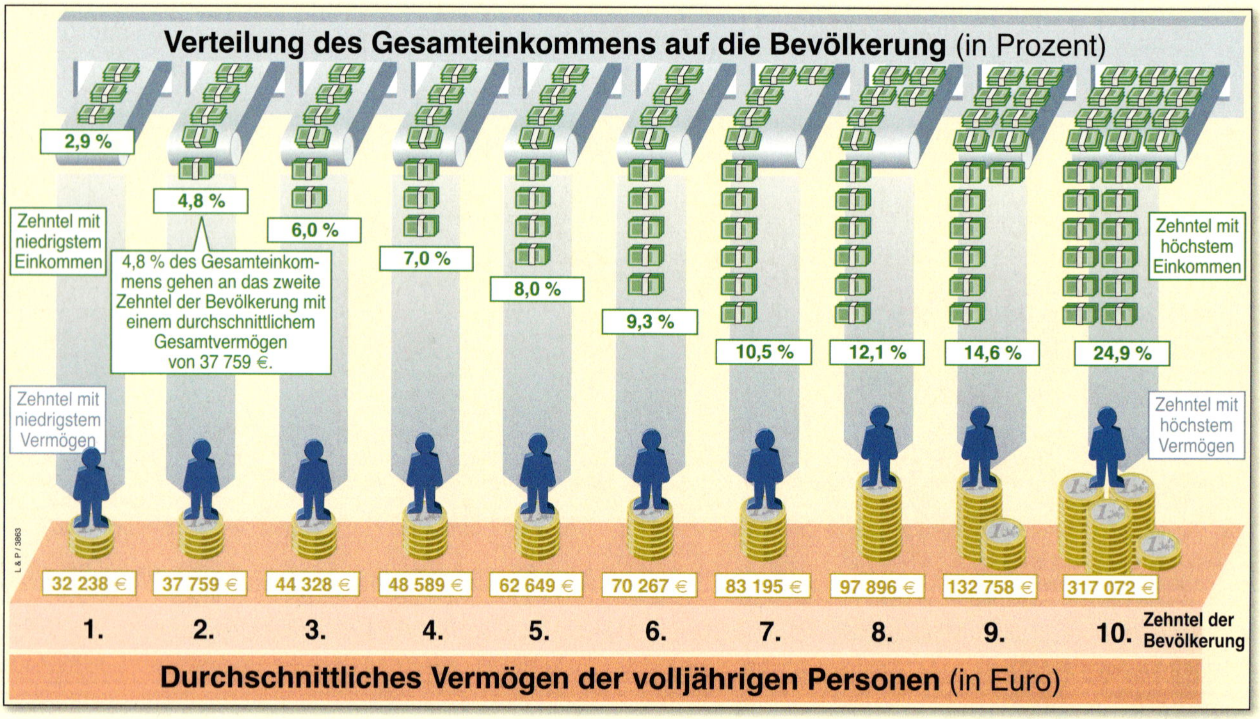

- Welche Aussagen über die Vermögensverteilung lassen sich aus der Grafik ablesen? Erarbeiten Sie in Gruppenarbeit einen geeigneten Text zur Erläuterung.
- Zeichnen Sie einen Boxplot zur Einkommensverteilung.
- Bestimmen Sie aus den gegebenen Informationen einen ungefähren Wert für das durchschnittliche Vermögen der volljährigen Personen in Deutschland.

Häufigkeiten schätzen

2 Im Jahr 2008 wurden in Deutschland insgesamt 682 514 Kinder geboren, davon waren 332 652 Mädchen.
In Hessen wurden im gleichen Jahr 51 752 Kinder geboren.
Wie viele Mädchen waren vermutlich darunter?

Einwohner und Haushalte

3 Statistiker versuchen, durch Modellrechnungen zukünftige Veränderungen in unserer Gesellschaft zu erfassen.

(1) Aus den Angaben der nebenstehenden Grafik kann man erschließen, wie viele Menschen in Deutschland gelebt haben bzw. voraussichtlich leben werden.
Durch welche Rechnung ist dies möglich?

(2) Wie verändert sich die mittlere Anzahl der Personen pro Haushalt bis 2030? Führen Sie die hierzu notwendigen Rechnungen durch.
Wie genau sind die berechneten Werte?

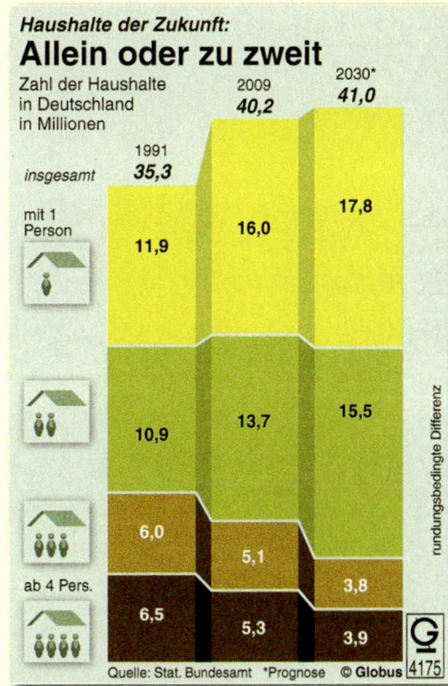

Kein Groschengrab

4 Bei einem Glücksspielautomaten drehen sich unabhängig voneinander drei Zylinder, auf denen jeweils die drei Symbole *Herz*, *Krone* und *Ball* gleich oft vorkommen.

Wenn bei einem Spiel die Zylinder zum Stillstand gekommen sind, gewinnt man einen angemessenen Betrag, falls die drei sichtbaren Symbole alle gleich sind (siehe die Abbildungen) oder falls sie alle voneinander verschieden sind.

- Welche Auszahlungsbeträge wären bei den verschiedenen Gewinnfällen angemessen?
- Wie müsste die Auszahlungsregelung verändert werden,
  (1) wenn es nur darauf ankommt, wie viele Herzen bei Stillstand der Zylinder zu sehen sind,
  (2) wenn auf jedem Zylinder ein Herz, zwei Kronen und drei Fußbälle vorkommen?
- Die Spieldauer an diesem Gerät beträgt 15 Sekunden pro Spiel. Welchen Einsatz darf der Betreiber des Spielautomaten pro Spiel höchstens fordern?

Auszug aus der *Spielverordnung*
(in der Fassung der Bekanntmachung vom 27. Januar 2006):

„§ 12 … (2) Der Antragsteller hat mit dem Antrag eine schriftliche Erklärung vorzulegen, dass bei dem von ihm zur Prüfung eingereichten Geldspielgerät
a) Gewinne in solcher Höhe ausgezahlt werden, dass bei langfristiger Betrachtung kein höherer Betrag als 33 Euro je Stunde als Kasseninhalt verbleibt, …"

Chancen beim Lotto

5 Beim Lottospiel *6 aus 49* werden nacheinander sechs Kugeln aus einem Ziehungsgefäß mit 49 gleichartigen, nummerierten Kugeln gezogen. In der Zeitung kann man immer wieder lesen, dass die Chancen für *6 Richtige* circa 1 zu 14 Millionen sind. Können Sie sich vorstellen, wie klein die Chancen sind? Vergleichen Sie die Gewinn-Wahrscheinlichkeit für den Lotto-Sechser mit der Wahrscheinlichkeit,

(1) beim Münzwurf k_1-mal hintereinander Wappen zu haben,

(2) beim Werfen eines Würfels k_2-mal hintereinander eine Sechs zu würfeln.

Wie groß sind die Anzahlen k_1 bzw. k_2, sodass die Wahrscheinlichkeit etwa $\frac{1}{14\,000\,000}$ beträgt?

8.1 Häufigkeitsverteilungen

8.1.1 Mittelwerte einer Häufigkeitsverteilung

Für einen einfachen Überblick oder einen schnellen Vergleich werden erhobene Daten manchmal auf eine einzige Kennzahl reduziert, selbst dann, wenn sehr viele Daten erhoben wurden.

Einstieg

Eine Auswertung der Ergebnisse aller Fußballspiele der letzten zehn Bundesliga-Spielzeiten ergab: In 6,9 % der Spiele wurde kein Tor geschossen, in 14,5 % der Spiele nur ein Tor usw., siehe Tabelle. Wie viele Tore waren dies im Mittel pro Spiel?

Anzahl der Tore	0	1	2	3	4	5	6	7	8	9	10
Anteil der Spiele	6,9 %	14,5 %	24,5 %	21,7 %	16,8 %	8,8 %	4,2 %	1,6 %	0,7 %	0,2 %	0,1 %

Einführung

Eine Erbsen-Neuzüchtung wird auf ihren Ertrag hin untersucht. Dazu wird in einer Stichprobe untersucht, wie viele Erbsen die Hülsen jeweils enthalten.

Anzahl der Erbsen	1	2	3	4	5	6	7	8	9
Anzahl der Hülsen mit dieser Erbsenzahl	4	25	36	44	47	29	21	4	2

Für die bisherige Sorte ist aus langjähriger Erfahrung bekannt:

Anzahl der Erbsen	1	2	3	4	5	6	7	8	9
Anteil der Hülsen mit dieser Erbsenzahl	6 %	14 %	20 %	21 %	17 %	12 %	7 %	2 %	1 %

Zum Vergleich kann man für beide Erbsensorten Säulendiagramme zeichnen. Dabei bietet es sich für den bequemen Vergleich an, in beiden Fällen relative Häufigkeiten zu verwenden. Von der Neuzüchtung wurden $4 + 25 + 36 + 44 + 47 + 29 + 21 + 4 + 2 = 212$ Hülsen ausgezählt. Damit bestimmen wir die relative Häufigkeit, z. B. für 1 Erbse pro Hülse:

$$\frac{4}{212} \approx 0{,}0189 \approx 2\,\%$$

Berechnet man auch die übrigen relativen Häufigkeiten, so ergeben sich folgende Säulendiagramme.

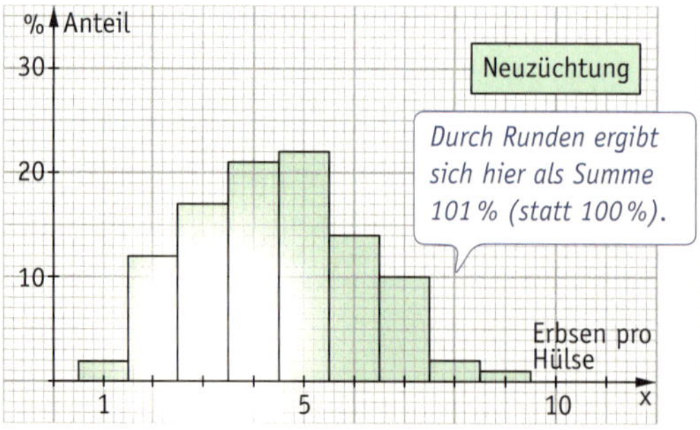

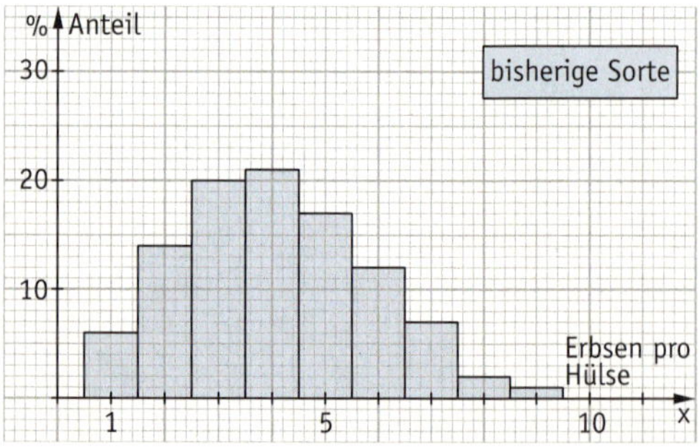

Auf den ersten Blick erkennt man, dass bei der Neuzüchtung wenige Erbsen pro Hülse seltener vorkommen als bei der bisherigen Sorte. Zum genaueren Vergleich kann man berechnen, wie viele Erbsen durchschnittlich pro Hülse vorkommen. Für die Neuzüchtung ergibt sich:

4 Hülsen mit je 1 Erbse — *2 Hülsen mit je 9 Erbsen*

$$\frac{4\cdot 1 + 25\cdot 2 + 36\cdot 3 + 44\cdot 4 + 47\cdot 5 + 29\cdot 6 + 21\cdot 7 + 4\cdot 8 + 2\cdot 9}{212} \approx 4{,}5$$

Für die bisherige Sorte sind keine absoluten Häufigkeiten, sondern nur relative Häufigkeiten in % angegeben. Stellen wir uns vor, dass 100 Hülsen untersucht wurden, so ergibt sich:

$$\frac{6\cdot 1 + 14\cdot 2 + 20\cdot 3 + 21\cdot 4 + 17\cdot 5 + 12\cdot 6 + 7\cdot 7 + 2\cdot 8 + 1\cdot 9}{100} \approx 4{,}1$$

Diesen Term kann man auch so umformen, dass er die gegebenen relativen Häufigkeiten enthält:

$$\frac{6}{100}\cdot 1 + \frac{14}{100}\cdot 2 + \frac{20}{100}\cdot 3 + \frac{21}{100}\cdot 4 + \frac{17}{100}\cdot 5 + \frac{12}{100}\cdot 6 + \frac{7}{100}\cdot 7 + \frac{2}{100}\cdot 8 + \frac{1}{100}\cdot 9 \approx 4{,}1$$

6 % — *1 %*

Man erkennt, dass die Neuzüchtung durchschnittlich fast eine halbe Erbse pro Hülse mehr erhält als die bisherige Sorte.

Information

(1) Merkmale und ihre Merkmalsausprägungen

In der Einführung wurden Erbsenhülsen daraufhin untersucht, wie viele Erbsen pro Hülse enthalten sind. Man hätte bei diesen Hülsen auch die Länge, das Gewicht oder die Farbe untersuchen können.

Beim **Merkmal** *Anzahl der Erbsen pro Hülse* kommen als **Merkmalsausprägungen** natürliche Zahlen (in unserer Stichprobe von 1 bis 9) vor. Beim Merkmal *Länge* wären es Längenangaben, z. B. zwischen 3 cm und 8 cm, gewesen. Merkmale, bei denen sich die Ausprägungen durch Zahlen oder Größen angeben lassen, nennt man **quantitative Merkmale**. Das Merkmal *Farbe* dagegen hat z. B. die Ausprägung hellgrün, mittelgrün und dunkelgrün; man spricht hier von einem **qualitativen Merkmal**.

Die n = 200 Erbsen aus dem Beispiel in der Einführung bezeichnet man als **Merkmalsträger**.

(2) Absolute und relative Häufigkeit, Häufigkeitsverteilung eines Merkmals

Unter der **absoluten Häufigkeit** einer Merkmalsausprägung versteht man die Anzahl der Merkmalsträger, auf welche die Merkmalsausprägung zutrifft; z. B. 17 dunkelgrüne Erbsenhülsen.

Als **relative Häufigkeit** einer Merkmalsausprägung bezeichnet man den Anteil, mit dem diese Ausprägung unter den Merkmalsträgern einer Erhebung auftritt; z. B. $\frac{17}{212} \approx 0{,}08 = 8\,\%$ dunkelgrüne Erbsenhülsen.

Relative Häufigkeiten oder Anteile werden in Prozent, als Bruch oder als Dezimalbruch angegeben.

Eine Tabelle oder eine grafische Darstellung, in der jeder Merkmalsausprägung eines bestimmen Merkmals eine relative Häufigkeit zugeordnet wird und in der die Summe der relativen Häufigkeiten 1 beträgt, beschreibt die **Häufigkeitsverteilung** dieses Merkmals.

Da die Tabelle alle möglichen Ausprägungen eines Merkmals enthält, muss die Summe der zugehörigen relativen Häufigkeiten stets 100 % ergeben. Häufigkeitsverteilungen kann man gut mit Säulen- oder Kreisdiagrammen veranschaulichen.

Gegebenenfalls muss man bei einer Ausprägung anders runden.

Hessen-Wahl 2009

Partei	Anteil
CDU	37,2 %
SPD	23,7 %
FDP	16,2 %
Grüne	13,7 %
Die Linke	5,4 %
andere	3,8 %

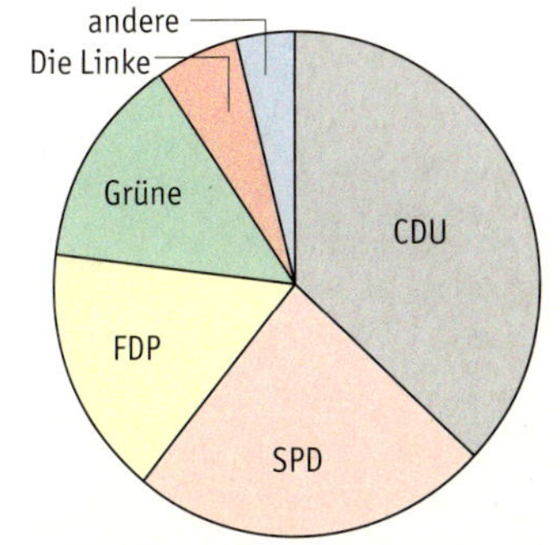

Information

(3) Arithmetisches Mittel einer Häufigkeitsverteilung

In der Einführung haben wir gesehen, wie das arithmetische Mittel berechnet werden kann, wenn Werte mehrfach vorkommen oder wenn die relative Häufigkeit von Werten angegeben ist.

Treten die Merkmalswerte $x_1, x_2, \dots x_m$ mit den absoluten Häufigkeiten $H(x_1), H(x_2), \dots, H(x_m)$ auf, so berechnet man das arithmetische Mittel $\overline{x}$ der insgesamt n Merkmalsträger wie folgt:

$$\overline{x} = \frac{1}{n} \cdot \left(H(x_1) \cdot x_1 + H(x_2) \cdot x_2 + \dots + H(x_m) \cdot x_m\right), \text{ wobei gilt: } H(x_1) + H(x_2) + \dots + H(x_m) = n.$$

Für die relativen Häufigkeiten $h(x_i) = \frac{H(x_i)}{n}$ ergibt sich daher folgende Formel:

Im Alltag bezeichnet man das arithmetische Mittel auch kurz als Mittelwert oder Durchschnittswert.

Definition: Arithmetisches Mittel einer Häufigkeitsverteilung

Gegeben ist ein quantitatives Merkmal mit den Merkmalsausprägungen (Merkmalswerten) $x_1, x_2, x_3, \dots, x_m$. Sind $h(x_1), h(x_2), h(x_3), \dots, h(x_m)$ die zugehörigen relativen Häufigkeiten, mit denen diese Merkmalsausprägungen auftreten, dann ist das **arithmetische Mittel $\overline{x}$ der Häufigkeitsverteilung** definiert durch:

$$\overline{x} = h(x_1) \cdot x_1 + h(x_2) \cdot x_2 + h(x_3) \cdot x_3 + \dots + h(x_m) \cdot x_m,$$

wobei gilt: $h(x_1) + h(x_2) + \dots + h(x_m) = 1$.

Man bezeichnet $\overline{x}$ auch als *gewichtetes Mittel* der Ausprägungen $x_1, x_2, x_3, \dots, x_m$.

Liegen statistische Daten nicht als Einzeldaten sondern nur in Form von klassierten Daten vor, so kann man ersatzweise den Mittelwert der Klassenmitten berechnen (siehe Abschnitt 8.1.2).

(4) Berechnen des arithmetischen Mittels mithilfe eines wissenschaftlichen Taschenrechners oder eines GTR

Beispiel

Häufigkeitsverteilung mit absoluten Häufigkeiten

Merkmalswert	1	2	3	4	5
absolute Häufigkeit	78	68	26	20	8

Mit dem wissenschaftlichen Taschenrechner oder einem GTR kann man das arithmetische Mittel berechnen, indem man die Häufigkeitsverteilung als Listen eingibt.

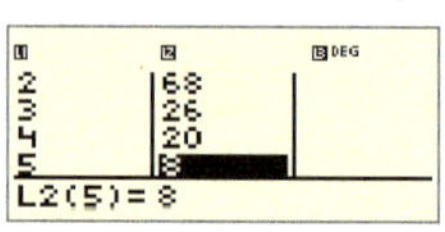

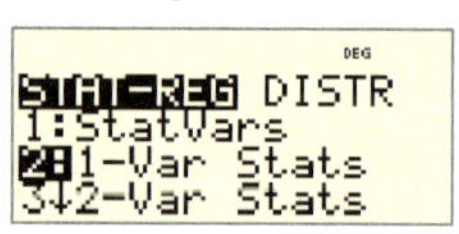

Mit einem GTR kann man das arithmetische Mittel auch direkt berechnen:

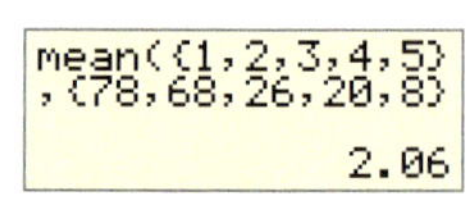

Beispiel

Dieselbe Häufigkeitsverteilung mit relativen Häufigkeiten

Merkmalswert	1	2	3	4	5
relative Häufigkeit	0,39	0,34	0,13	0,10	0,04

n = 1 bedeutet hier: Die Summe relativen Häufigkeiten in L2 ist 1.

Hier gibt man in die zweite Liste statt der absoluten die relativen Häufigkeiten ein, und erhält dann:

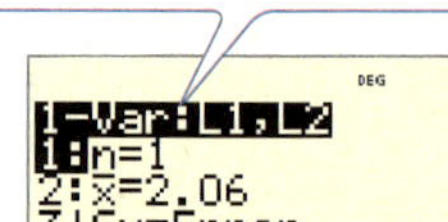

Auch die direkte Eingabe beim GTR ist mit den relativen Häufigkeiten möglich:

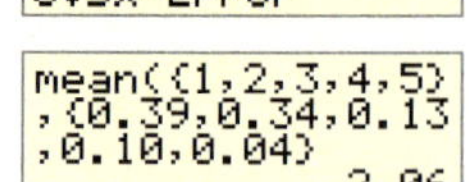

1 Berechnen Sie die durchschnittliche Körpergröße neugeborener Mädchen.

Körpergröße (in cm)	48	49	50	51	52	53	54	55	56	57
Anteil der Mädchen	3 %	3 %	12 %	12 %	17 %	19 %	10 %	13 %	8 %	3 %

2 Bei einer Umfrage in einer Stadt wurden 200 Haushalte nach der Anzahl der Haustiere befragt. Die Auswertung erbrachte folgendes Ergebnis:

Anzahl der Haustiere	0	1	2	3	4	5	6	7	8
Anzahl der Haushalte	82	64	28	12	6	2	4	0	2

Berechnen Sie die durchschnittliche Anzahl der Haustiere je Haushalt.

3 Bei einer Verkehrszählung wurde untersucht, wie viele Personen in den erfassten Pkw saßen (siehe Grafik rechts).
Bestimmen Sie das arithmetische Mittel $\overline{x}$ der Anzahl der Personen pro Pkw.

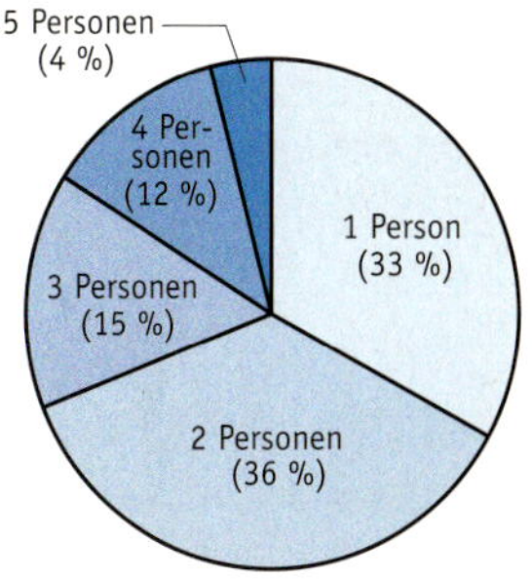

Anzahl der mitfahrenden Personen im PKW

4 Berechnen Sie das arithmetische Mittel. Was gibt es an?

Anzahl der Pkw pro Haushalt	0	1	2	3	4
Anzahl der befragten Haushalte	21	128	85	23	3

5 Die Spieler von zwei Handballvereinen (1. HC und LHV) veranstalteten anlässlich eines Jubiläumsfestes einen Vergleichs-Sprint über 100 m. Es ergaben sich folgende Zeiten in Sekunden:

1. HC	12,5	11,4	12,2	11,6	13,0	12,6	12,2	11,8	12,6	12,5	13,2
LHV	11,4	12,4	11,7	13,2	10,7	12,4	12,0	14,2	13,1	12,2	12,5

a) Welcher Verein hat besser abgeschnitten?

b) In beiden Vereinen ist ein Spieler 12,5 s gelaufen. Wie ist diese Leistung vereinsintern zu werten?

6 Am 1. Januar 2008 waren in Deutschland insgesamt 41 183 594 Pkw zugelassen.

a) Was bedeuten die Angaben in der nebenstehenden Tabelle? Wie lässt sich hieraus ablesen, wie viele der am 01. 01. 2008 zugelassenen Fahrzeuge im Jahr 2000 [1995; 2005] ihre Erstzulassung erhielten?

b) Bestimmen Sie den Anteil der Pkw, die zum ersten Mal in den Jahren 2004 oder 2005 [vor dem Jahr 2000, zwischen 2000 und 2006] zugelassen wurden?

c) Erstellen Sie eine angemessene grafische Darstellung der Daten.

Erstzulassung nach dem	Anzahl Pkw
01. 01. 2007	2 809 519
01. 01. 2006	5 937 349
01. 01. 2005	8 966 430
01. 01. 2004	11 745 096
01. 01. 2003	14 468 808
01. 01. 2002	17 123 898
01. 01. 2001	19 747 032
01. 01. 2000	22 321 712
01. 01. 1999	25 172 554
01. 01. 1998	27 831 237
01. 01. 1997	30 226 684
01. 01. 1996	32 403 814
01. 01. 1995	34 278 366
01. 01. 1994	35 761 388
01. 01. 1993	36 960 089
01. 01. 1992	38 053 826

7 Die Gäste einer Jugendherberge werden nach ihrer Nationalität erfasst. Für den Computer-Fragebogen bedeuten: 1 deutsch, 2 französisch, 3 englisch, 4 spanisch, 5 griechisch.
Vom Computer wurde ausgezählt:

Nationalität	1	2	3	4	5
Anzahl	5 703	1 474	451	124	59

Woher kommt der typische Gast?

8 In einer Zeitung war die nebenstehende Schlagzeile abgedruckt. Anlass hierfür war eine Veröffentlichung des Kraftfahrt-Bundesamtes mit Daten des zurückliegenden Jahres. Die Tabelle unten enthält Angaben über die Lackfarben der Pkw, die im Jahr 2007 neu zugelassen wurden. (Aktuelle Daten findet man im Internet unter *www.kba.de.*)
Haben Frauen tatsächlich einen anderen Farbgeschmack als Männer?
Ist die Schlagzeile berechtigt?
Untersuchen Sie anhand der angegebenen Daten die Häufigkeitsverteilung des *qualitativen Merkmals Autofarbe*.

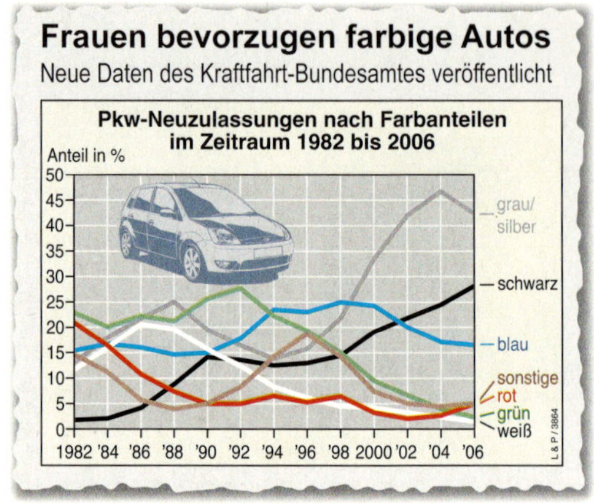

Zulassungen	gesamt	weiß	rot/gelb/orange	blau	grün	grau/silber	schwarz	sonstiges
gesamt	3 146 163	91 004	254 744	475 473	50 923	1 244 933	963 565	65 521
weiblich	398 385	10 277	56 140	65 863	6 822	134 554	114 977	9 752
andere	2 747 778	80 727	198 604	409 610	44 101	1 110 379	848 588	55 769

In der Tabelle sind die auf Männer zugelassenen Fahrzeuge nicht ausdrücklich aufgeführt. Unter „andere Zulassungen" sind auch Zulassungen von Firmen und Gesellschaften (sogenannten „juristischen Personen") enthalten. Insofern wird – streng genommen – der Farbgeschmack von *Frauen* mit dem der *Männer und „juristischen Personen"* verglichen.

9

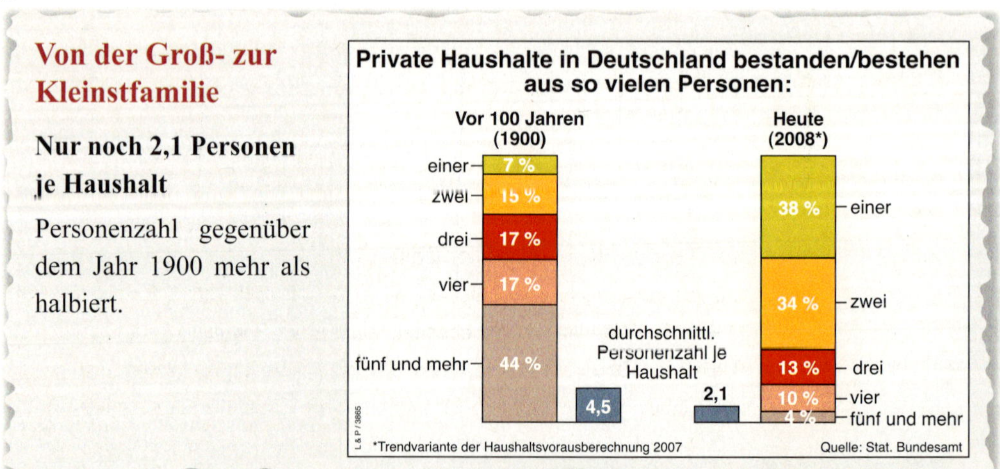

a) Berechnen Sie aus den angegebenen relativen Häufigkeiten für beide Jahre die durchschnittliche Personenanzahl je Haushalt.

b) Erklären Sie Abweichungen Ihrer Werte von den in der Grafik angegebenen Werten.
Tipp: Die Ausprägung *fünf und mehr* kann noch weiter unterteilt werden. Denken Sie sich mögliche relative Häufigkeiten aus.
Wie erklären Sie sich, dass einer der beiden berechneten Durchschnittswerte viel stärker vom angegebenen Wert abweicht als der andere?

8.1.2 Klassieren von Daten – Histogramme

Ziel

Hier lernen Sie, dass es sinnvoll ist, bei manchen Erhebungen die einzelnen Daten zusammenzufassen, und wie man damit weiterarbeitet.

Zum Erarbeiten

(1) Einteilen von Daten in Klassen

Die Schülerinnen und Schüler eines Kurses haben mit einem Videofilm zu Situationen im Straßenverkehr ihre Reaktionszeiten auf ein unerwartetes Ereignis gemessen:

1,02 s, 1,15 s, 1,10 s, 1,26 s, 1,19 s,
1,11 s, 1,06 s, 1,13 s, 1,15 s, 1,18 s,
1,22 s, 1,04 s, 1,11 s, 1,16 s, 1,17 s,
1,24 s, 1,07 s, 1,21 s, 1,09 s, 1,14 s

Wollte man mit den Daten in dieser Form ein Säulendiagramm zeichnen, so wäre das wenig aussagekräftig, da fast alle Werte keinmal oder nur einmal vorkommen; nur zwei Werte kommen doppelt vor. Das bedeutet, dass alle anderen Säulen gleich hoch wären. Wir fassen daher die Werte in sogenannten *Klassen* zusammen. Mit diesen zusammengefassten Werten erhält man ein prägnantes Säulendiagramm.

Reaktionszeit (in s)	Absolute Häufigkeit	Relative Häufigkeit
$1,00 \le t < 1,05$	II	10 %
$1,05 \le t < 1,10$	III	15 %
$1,10 \le t < 1,15$	IIII	25 %
$1,15 \le t < 1,20$	IIII I	30 %
$1,20 \le t < 1,25$	III	15 %
$1,25 \le t < 1,30$	I	5 %

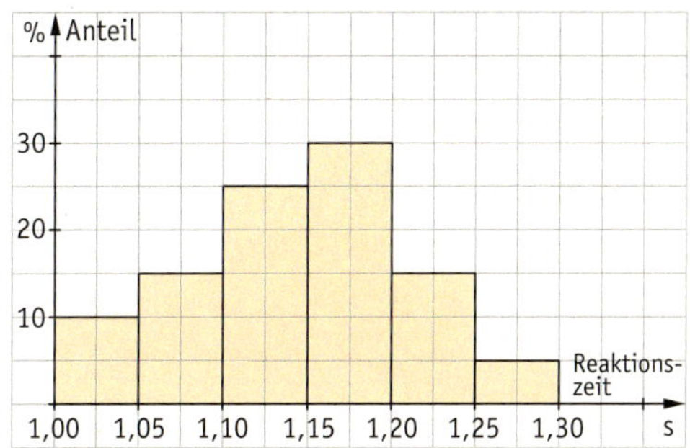

(2) Arithmetisches Mittel klassierter Daten

Aus den Originaldaten ergibt sich als arithmetisches Mittel der Reaktionszeiten (in s) mithilfe des GTR $\overline{x} = 1,14$. Bei manchen Erhebungen werden die Originaldaten gar nicht veröffentlicht, sondern nur die klassierten Daten. Auch aus ihnen lässt sich näherungsweise das arithmetische Mittel der Daten berechnen, indem man ersatzweise für die Daten der Klasse die Klassenmitte wählt.

Für das Intervall $1,00 \le t \le 1,05$ rechnet man also mit der Klassenmitte 1,025 usw. Damit erhalten wir als Näherungswert für das arithmetische Mittel der Originaldaten:

$$\overline{x} \approx 0,1 \cdot 1,025 + 0,15 \cdot 1,0725 + 0,25 \cdot 1,125 + 0,3 \cdot 1,175 + 0,15 \cdot 1,225 + 0,05 \cdot 1,275 \approx 1,145$$

(3) Zeichnerische Darstellung bei unterschiedlich breiten Klassen

Die Arbeitnehmer in Deutschland haben teilweise lange Wege zur Arbeitsstätte.

Weg l zum Arbeitsplatz (in km)	$0 \le l < 10$	$10 \le l < 20$	$20 \le l < 50$	$50 \le l < 100$
Anteil der Arbeitnehmer (in %)	47	27	21	5

Vergleichen Sie die folgenden grafischen Darstellungen zu diesen Daten.

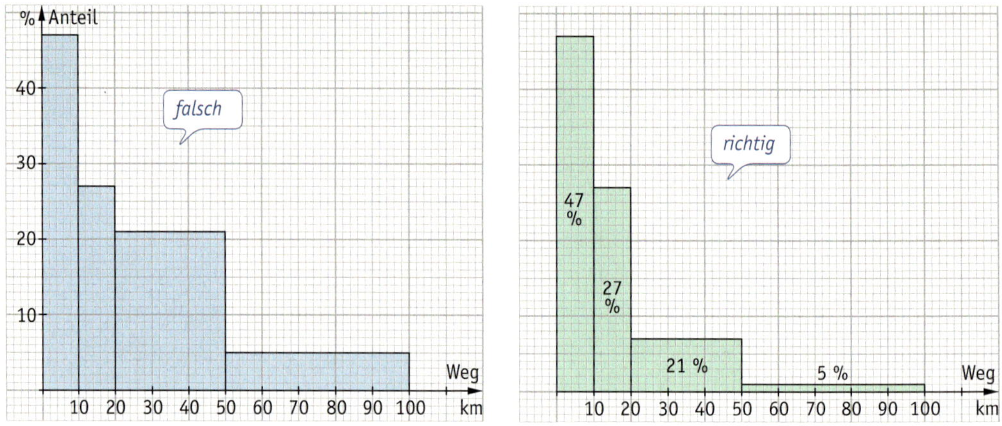

Bei der linken Darstellung wurden trotz unterschiedlich breiter Klassen die Säulenhöhen entsprechend den relativen Häufigkeiten gezeichnet. Dadurch erscheint der Anteil der Arbeitnehmer mit einem Weg von 20 km bis 50 km wesentlich größer als der mit einem Weg von 10 km bis 20 km, da man sich unwillkürlich am Flächeninhalt orientiert.

Bei der rechten Darstellung dagegen wurde für eine dreimal so breite Klasse nur eine ein Drittel so hohe Säule gezeichnet. Die Anteile werden hier durch die Flächeninhalte veranschaulicht und vermitteln einen angemessenen optischen Eindruck.

Information

(1) Klassieren von Daten

Werden in einer statistischen Erhebung quantitative Merkmale mit sehr vielen zahlenmäßig verschiedenen Werten betrachtet, so ist es sinnvoll, mehrere benachbarte Werte zu **Klassen** zusammenzufassen. Ergebnisse, die auf eine Klassengrenze fallen, werden im Allgemeinen der unteren Klasse zugeordnet.

Die Anzahl der Klassen sollte nicht zu groß, aber auch nicht zu klein gewählt werden: 7 bis 15 Klassen sind üblich.

(2) Praktischer Mittelwert klassierter Daten

Liegen statistische Daten nur in Form von klassierten Daten vor, dann ist es üblich, statt des arithmetischen Mittels der nicht vorliegenden Einzelwerte ersatzweise das *arithmetische Mittel der Klassenmitten* zu berechnen (oft als *praktischer Mittelwert* bezeichnet).

Oft ist es allerdings schwierig, einen angemessenen Wert für die Klassenmitte der „untersten“ bzw. „obersten“ Klasse anzugeben. Besonders problematisch ist es beispielsweise, wenn die letzte Klasse nach oben offen ist, z. B: „monatliches Einkommen: über 10 000 €“. Dann gibt es für diese Klasse keine Klassenmitte und man muss einen dem Sachverhalt angemessenen Wert verwenden.

(3) Histogramme klassierter Daten

Liegen statistische Daten in Form klassierter Daten vor, dann wird die Häufigkeitsverteilung oft mithilfe eines **Histogramms** dargestellt. Dieses setzt sich aus einzelnen Rechtecken zusammen, deren *Breite* durch die jeweilige Klasse bestimmt ist und deren *Flächeninhalt* proportional zu den zugehörigen Häufigkeiten ist. Wenn die Häufigkeitsverteilung durch relative Häufigkeiten gegeben ist, dann ist der gesamte Flächeninhalt aller Rechtecke gleich 1.

Damit man sich beim „Lesen“ eines Histogrammes nicht irrtümlich an der 2. Achse orientiert (sich also auf die Höhe der Rechtecke konzentriert), werden keine Bezeichnungen an diese Achse geschrieben.

Beispiel

Altersverteilung der Einwohner Deutschlands

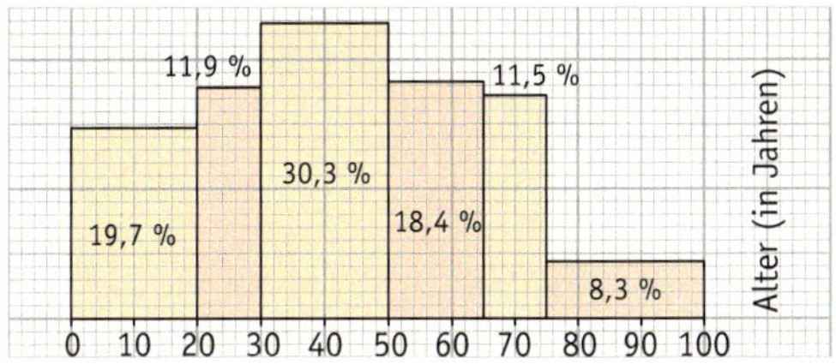

Es ist allerdings zweifelhaft, ob diese Grafik hilfreich ist, denn dadurch, dass die Klasseneinteilungen sehr unterschiedlich sind, verliert man den „Überblick".

(4) Zeichnen von Histogrammen mit dem GTR

Mit dem GTR kann man die Histogramme zu klassierten Daten zeichnen, deren Klassen alle gleich breit sind. Dazu sind die Klassenmitten und die Häufigkeiten in zwei Listen einzugeben (mit dem Befehl **STAT**).

Unter **STATPLOT** muss dann das Histogramm vereinbart werden. Nachdem mit **WINDOW** das Zeichenfenster festgelegt wurde, kann mit **GRAPH** das Histogramm gezeichnet werden.

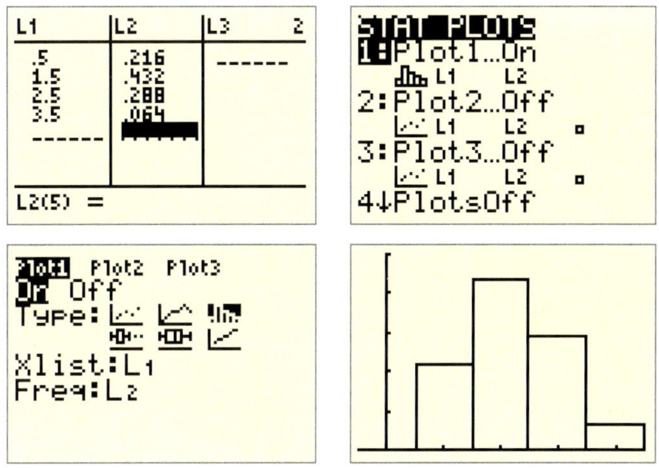

Zum Üben

1 In einer Fabrik für Verpackungsmaterial wurde eine neue Art von Brothülle auf Wasserdampfdurchlässigkeit geprüft. Bei 50 Exemplaren fand man nach einer zweitägigen Lagerung bei 40 °C bei den verpackten Broten folgende Gewichtsminderung (in g).

5,6	1,0	4,6	8,1	2,7	2,6	13,0	9,8	11,9	2,0
3,4	12,4	1,8	4,5	6,3	5,0	8,3	8,0	8,2	3,1
3,0	3,8	5,8	1,8	11,8	4,0	5,7	2,6	8,2	4,7
3,8	5,9	1,8	2,4	2,6	2,5	4,0	1,4	3,5	6,0
5,9	1,7	10,4	6,0	8,1	3,2	9,8	7,7	2,0	8,1

a) Begründen Sie, warum es sinnvoll ist, eine Klasseneinteilung vorzunehmen.

b) Unterteilen Sie in Klassen: 0 g bis unter 2,5 g; 2,5 g bis unter 5 g; ...
Berechnen Sie die relativen Häufigkeiten und zeichnen Sie ein Säulendiagramm.

2 Auf einer Teststrecke wurde die Geschwindigkeit von 38 Rennwagen in $\frac{km}{h}$ gemessen:
393; 331; 421; 327; 199; 219; 318; 389; 299; 294; 371; 365; 293; 325; 293; 397; 209; 273; 269; 268; 201; 281; 394; 363; 351; 369; 388; 282; 313; 211; 416; 213; 201; 320; 327; 359; 220; 338

Führen Sie drei Klasseneinteilungen mit verschiedenen Breiten durch. Zeichnen Sie jeweils ein Säulendiagramm der absoluten Häufigkeiten. Vergleichen Sie daran die durchgeführten Klasseneinteilungen.

3 Kraftfahrer, die keinen Unfall verursachen, zahlen im Laufe der Zeit immer weniger Versicherungsprämie. Die Versicherungen erfassen dazu die Anzahl der (ununterbrochenen) schadenfreien Jahre. Die folgende Tabelle zeigt, wie viele Kraftfahrer wie lange schon schadenfrei sind. Zeichnen Sie ein Histogramm.

Schadenfreie Jahre	0 – 1	1 – 2	2 – 3	3 – 4	4 – 5	5 – 6	6 – 8	8 – 10	10 – 14	14 – 17	18 – 25
Anteil der Versicherten (in %)	9,3	4,8	4,8	4,7	5,0	5,1	9,7	10,1	16,2	9,4	20,9

4 Das Tabellenkalkulationsblatt enthält statistische Angaben über das zulässige Gesamtgewicht von in Deutschland zugelassenen Pkw. Die Klassen wurden dabei so gebildet, dass Pkw, die gleichen steuerlichen und rechtlichen Regeln unterliegen, zu einer Klasse gehören.

	A	B	C
1	**Zulässiges Gesamtgewicht (in kg)**	**Anzahl der Pkw**	**Anteil**
2	0 bis 1000	338174	0,8%
3	1001 bis 1400	9597757	21,5%
4	1401 bis 1700	17434798	39,0%
5	1701 bis 2000	11785190	26,4%
6	2001 bis 2800	5144794	11,5%
7	2801 bis 3500	354601	0,8%
8	3501 bis 5000	1989	0,0%
9	gesamt	44657303	100,0%

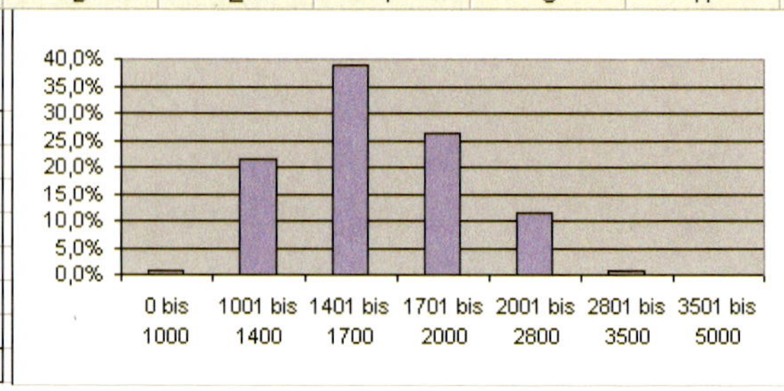

Stellen Sie die Häufigkeitsverteilung in einem Histogramm dar.
Erläutern Sie die Unterschiede zwischen dem Histogramm und dem oben abgebildeten Säulendiagramm.

5 Auf einer Teststrecke hat man bei Lkw die Geschwindigkeiten in $\frac{km}{h}$ gemessen:

78,6	66,1	84,2	65,4	39,7	43,8	63,5	88,6	59,8	58,7
74,2	73,0	58,6	65,0	58,6	96,7	41,8	54,6	53,8	53,5
40,1	56,2	78,7	72,6	70,1	73,8	77,5	56,3	62,5	42,1
83,2	19,4	40,2	63,9	65,3	71,7	43,9	67,5		

a) Teilen Sie diese Daten in Klassen mit folgenden Klassenmitten auf:
(1) $20\frac{km}{h}$, $30\frac{km}{h}$, …, $100\frac{km}{h}$ (2) $20\frac{km}{h}$, $40\frac{km}{h}$, …, $100\frac{km}{h}$

b) Berechnen Sie das arithmetische Mittel mithilfe der Klassenmitten und mit den Werten der Urliste. Vergleichen Sie. Erklären Sie mögliche Abweichungen.

6

a) Bestimmen Sie die durchschnittliche Wochenarbeitszeit in West- bzw. Ostdeutschland.

b) Woran liegt es, dass der berechnete Mittelwert nicht mit dem in der Grafik angegebenen Wert übereinstimmt?

7 In einer Erhebung wurden die Personen nach der Größe der Wohnungen gefragt. Bestimmen Sie den Mittelwert.

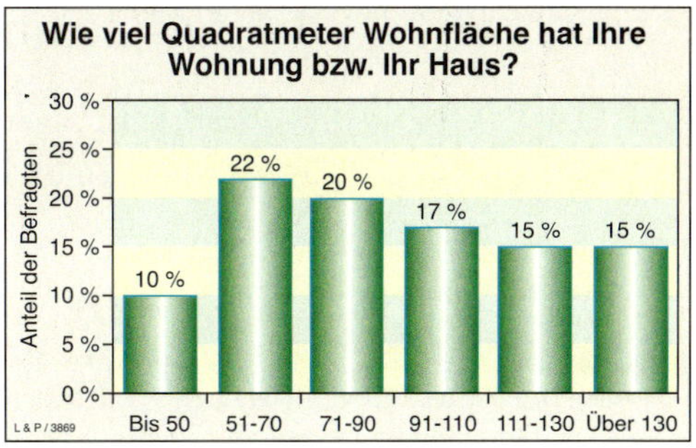

8 Die folgenden Diagramme zeigen die Häufigkeitsverteilungen der Merkmale

(1) Alter der Lehrerinnen und Lehrer an deutschen Schulen

(2) Kinderzahl von Frauen über 15 Jahren.

Bestimmen Sie jeweils das arithmetische Mittel der Verteilung.

(1)

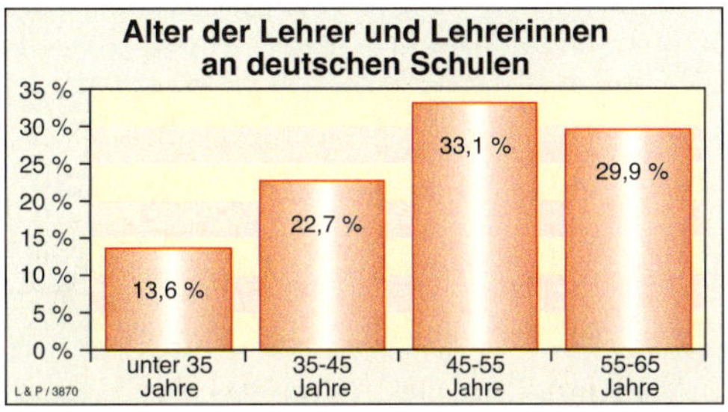

(2)

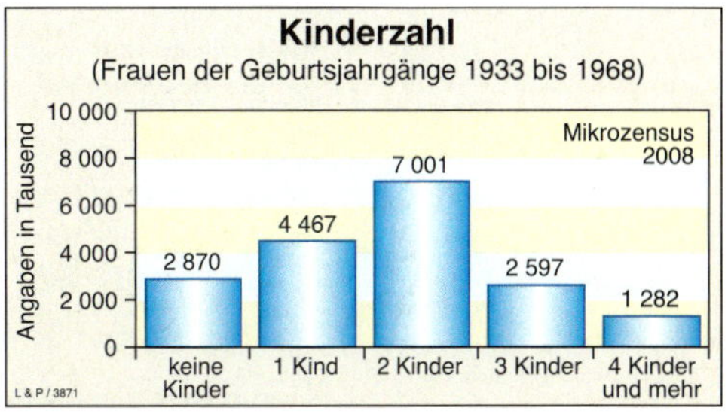

9 Die nebenstehende Grafik gibt einen Überblick darüber, wie groß die Gemeinden und Städte sind, in denen die Bundesbürger wohnen. Dabei sind bezüglich der Gemeindegröße Klassen unterschiedlicher Breite gebildet worden. Wie kann man aus diesen Angaben eine „mittlere Gemeindegröße" berechnen? Welche Setzungen für die ganz kleinen bzw. ganz großen Gemeinden sind notwendig?

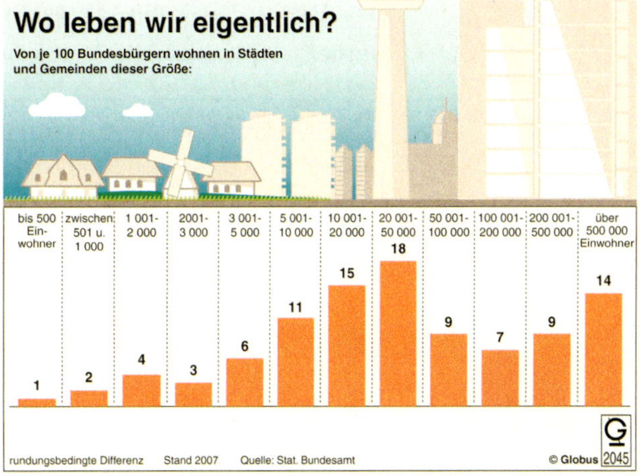

10 Der Grafiker hat die statistischen Daten über Männer im Alter von über 15 Jahren in Form von Kreisdiagrammen dargestellt.

(1) Welche Merkmale werden betrachtet? Welche Merkmalsausprägungen werden unterschieden?

(2) Stellen Sie die Daten in Form von Säulendiagrammen dar.

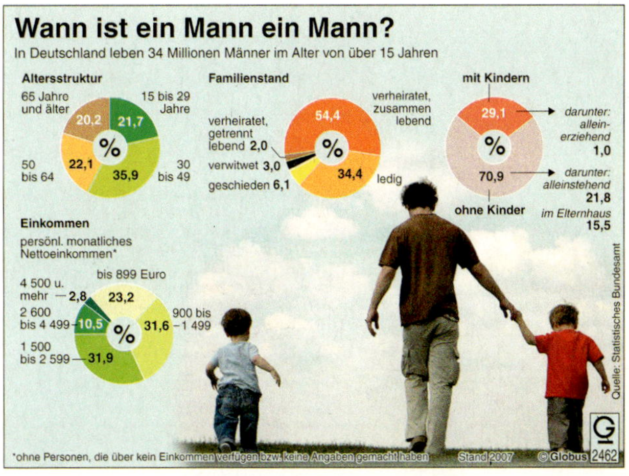

8.1.3 Median und Quantile einer Häufigkeitsverteilung

Bei vielen statistischen Untersuchungen ist allein das arithmetische Mittel als Kennzahl nicht ausreichend, um die erhobenen Daten zu charakterisieren oder um angemessene Vergleiche zu ermöglichen. In diesem Abschnitt lernen wir deshalb weitere Kennzahlen kennen, die oft verwendet werden.

Einstieg

Bildungspolitiker über Testergebnisse besorgt

Seit dem Jahr 2000 werden in der Mehrzahl der Mitgliedsländer der OECD *(Organisation for Economic Cooperation and Development)* internationale Schulleistungsuntersuchungen durchgeführt mit dem Ziel, die Kenntnisse und Fähigkeiten von 15-Jährigen zu messen. Diese erste PISA-Studie im Jahr 2000 (PISA steht für *Programme for International Student Assessment*) sorgte bei den Bildungspolitikern vor allem wegen des schlechten Abschneidens der deutschen Schülerinnen und Schüler sowie wegen der großen Unterschiede zwischen den Bundesländern für große Aufregung.

Die Grafik rechts zeigt die Ergebnisse aus der PISA-Studie 2009 im Fach Mathematik für den „Testsieger" Finnland im Vergleich zum OECD-Durchschnitt, zu Deutschland insgesamt und zu den Ergebnissen einiger Bundesländer.
Recherchieren Sie, welche Bedeutung die Größe und die Lage der Rechtecke hat und wofür die unterschiedlich gefärbten Teilrechtecke stehen. Formulieren Sie dazu einen Text in der Art eines Zeitungsartikels. Recherchieren Sie auch, welche Ergebnisse in Hessen erzielt wurden.

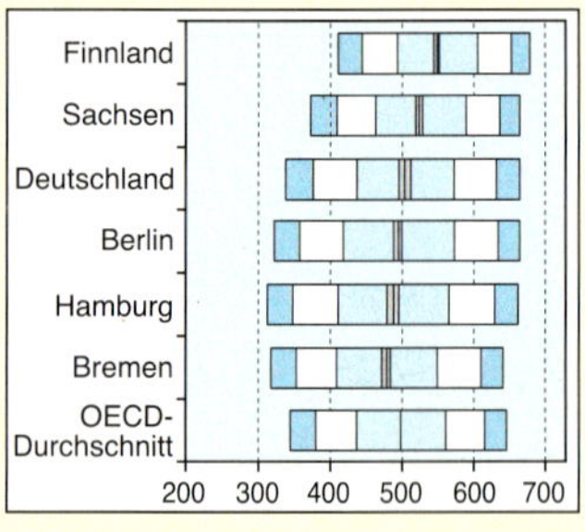

Einführung

Häufigkeitsverteilungen mithilfe von Boxplots vergleichen

Bei einem Vergleichstest zweier Kurse wurden folgende Punkte erreicht:

Kurs 1: 4, 18, 20, 26, 27, 30, 30, 30, 31, 31, 31, 32, 32, 32, 35, 38, 38, 40, 42, 42, 43, 44, 46, 46, 49
Kurs 2: 0, 10, 14, 18, 18, 20, 22, 24, 26, 26, 28, 34, 34, 34, 36, 37, 38, 40, 40, 40, 44, 46, 48, 50

Die beiden Ergebnisse sollen miteinander verglichen werden. Wir bestimmen zunächst jeweils das arithmetische Mittel der Verteilung.

	arithmetisches Mittel
Kurs 1	33,48 Punkte
Kurs 2	30,29 Punkte

Man erkennt: Im Kurs 1 erreichten die Schülerinnen und Schüler im Durchschnitt mehr Punkte als im Kurs 2.
Allerdings erreichten 50 % der Schülerinnen und Schüler aus Kurs 2 mindestens 34 Punkte, was dem Kurs 1 nicht gelang. Ein Vergleich der beiden Ergebnisse einzig anhand des arithmetischen Mittels liefert hier nicht genügend Informationen.
Wir bestimmen deshalb zusätzlich für jeden Kurs die Punktzahl, die

- in der Mitte der geordneten Liste steht, dieser Wert wird als *Median* bezeichnet;
- in der Mitte der unteren Datenhälfte liegt, dieser Wert wird als *unteres Quartil* bezeichnet;
- in der Mitte der oberen Datenhälfte liegt, dieser Wert wird als *oberes Quartil* bezeichnet.

Wir erhalten folgende Werte:

	unteres Quartil	Median	oberes Quartil
Kurs 1	30 Punkte	32 Punkte	42 Punkte
Kurs 2	21 Punkte	34 Punkte	40 Punkte

Box (engl.): Kasten
Plot (engl.): math. grafische Darstellung

Zum Vergleich zeichnen wir zu diesen Werten sogenannte *Boxplots*.

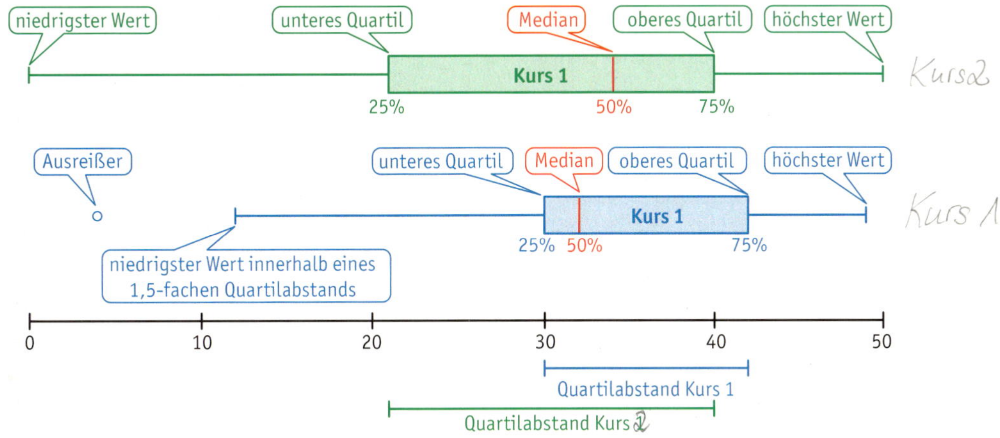

An den Boxplots kann man ablesen:

- 75 % der Schülerinnen und Schüler aus Kurs 1 haben 30 Punkte oder mehr erreicht, im Kurs 2 haben 75 % der Schülerinnen und Schüler 21 Punkte oder mehr erreicht.
- 25 % der Schülerinnen und Schüler aus Kurs 1 haben 42 Punkte oder mehr, im Kurs 2 haben 25 % der Schülerinnen und Schüler 40 Punkte oder mehr erreicht.

Aufgrund dieser Auswertung kann man sagen, dass der Kurs 1 die besseren Ergebnisse erzielt hat.

Information

(1) Median und Quartile einer Häufigkeitsverteilung bestimmen – Boxplots zeichnen

Die Einführung zeigt, dass es oft sinnvoll ist, eine gegebene Datenmenge zu ordnen und geeignet zu unterteilen:

quart (lat.): Viertel

Definition

- Ein Wert, der in der Mitte einer geordneten Liste steht, wird als **Median** bezeichnet. Dieser unterteilt also die geordnete Datenmenge in eine untere und eine obere Hälfte.
- Der Wert $\mathbf{Q_1}$, der die untere Hälfte wiederum in zwei Teile teilt, wird als **unteres Quartil** bezeichnet.
- Entsprechend teilt das **obere Quartil** $\mathbf{Q_3}$ die obere Datenhälfte.

Die Definition von Median und Quartilen wird nicht einheitlich verwendet. In diesem Buch verfahren wir, wie im Folgenden dargestellt. Auch die meisten Taschenrechner gehen dementsprechend vor.

- Ist die Anzahl der Daten *ungerade*, dann wird der Median weder zur unteren noch zur oberen Datenhälfte gezählt. (Das heißt, er wird bei der Berechnung der Quartile nicht einbezogen.)

  Beispiel: Kurs 1:

  4, 18, 20, 26, 27, 30 | 30, 30, 31, 31, 31, 32 | 32 | 32, 35, 38, 38, 40, 42 | 42, 43, 44, 46, 46, 49.
- Ist die Anzahl der Daten gerade, dann ist der Median definiert als arithmetisches Mittel der größten Zahl der unteren Datenhälfte und des kleinsten Werts der oberen Datenhälfte.

  Beispiel: Kurs 2:

  0, 10, 14, 18, 18, 20 | 22, 24, 26, 26, 28, 34 | 34, 34, 36, 37, 38, 40| 40, 40, 44, 46, 48, 50.

  Hier ist der Median also zu berechnen als $\frac{34 + 34}{2} = 34$.

  Diese Regelung wird analog bei der Berechnung der Quartile angewandt; $Q_1 = \frac{20 + 22}{2} = 21$ und $Q_3 = \frac{40 + 40}{2} = 40$.

Die Lage wichtiger Quantile einer Häufigkeitsverteilung kann man in **Boxplots** veranschaulichen.

Boxplots bestehen aus einem Kasten, in welchem die senkrechten Linien die einzelnen Quartile auf der Merkmalsachse kennzeichnen.

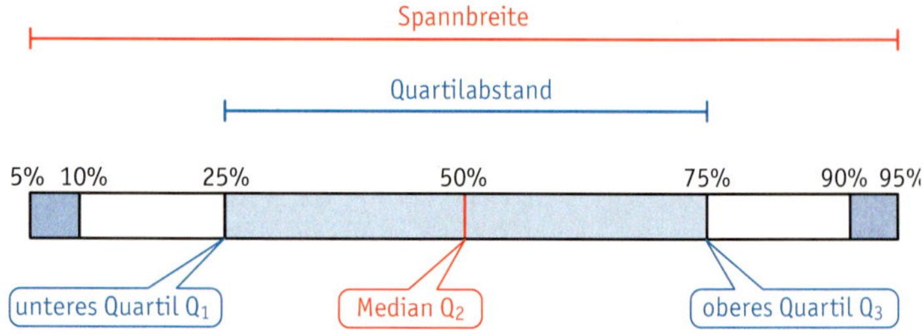

Die Differenz $Q_3 - Q_1$ wird als **Quartilabstand** bezeichnet, die Differenz $P_{95} - P_5$ als **Spannbreite.**

Whisker (engl.): Schnurrhaare einer Katze

Bei manchen Boxplots trägt man links bzw. rechts vom oberen bzw. unteren Quartil sogenannte *Whisker* ab (siehe Beispiel in der Einführung). Eine mögliche Vereinbarung zur Breite der Whisker lautet: Die Whisker reichen entweder bis zum 1,5-fachen des Quartilabstands oder (sofern diese Werte nicht erreicht werden) bis zum kleinsten oder größten Wert der Datenmenge. Daten, die außerhalb des Bereichs liegen, der durch die Whisker beschrieben wird, werden als *Ausreißer* aufgefasst und durch Kreise oder Kreuze angedeutet. Boxplots geben also anschaulich wieder, wie sich die Ausprägungen eines Merkmals auf die Merkmalsachse verteilen.

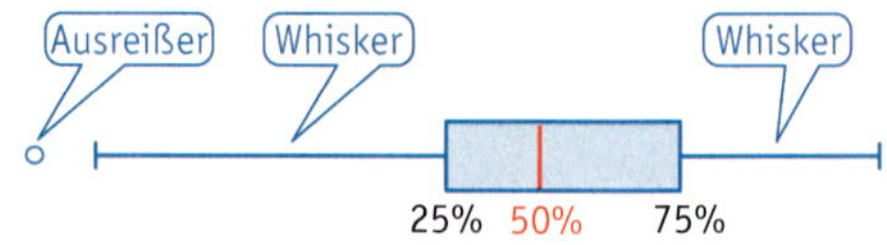

Information

(2) Quartile mithilfe eines Rechners bestimmen

Viele Taschenrechner können Daten, die in Listen eingegeben werden, automatisch auswerten.

Beispiel

Auswertung der Daten aus der Einführung für den Kurs 1

Insgesamt 25 Werte

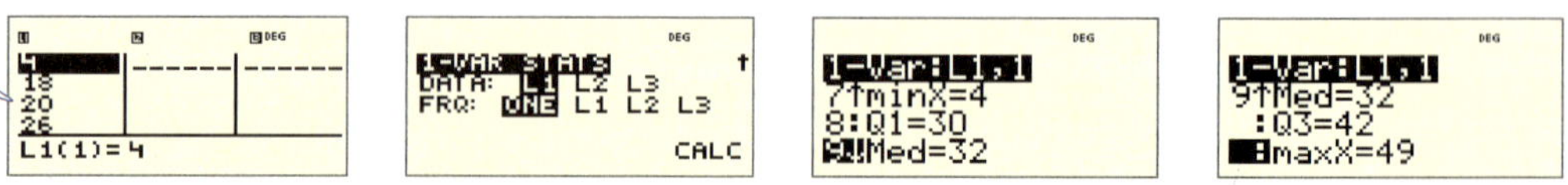

Mit einem GTR kann man sich zudem noch die Boxplots anzeigen lassen.

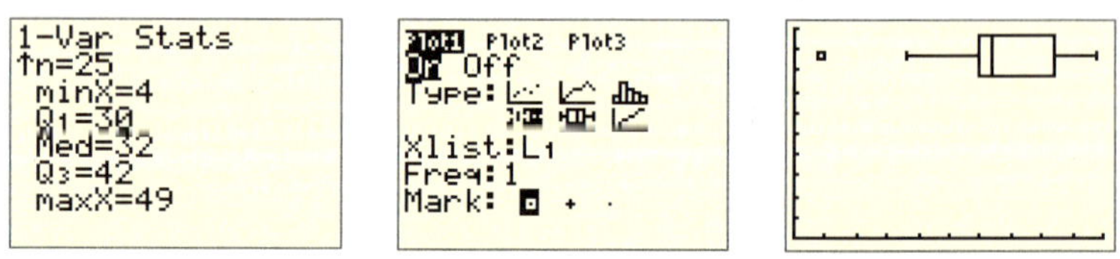

Aufgabe

1 Bestimmung der Quartile von Häufigkeitsverteilungen

Pkw werden immer schneller

Höchstgeschwindigkeit	Anzahl der neu zugelassenen Pkw	
	2008	1990
bis 130 km/h	5 244	121 799
von 131 bis 140 km/h	22 007	70 493
von 141 bis 150 km/h	107 567	270 244
von 151 bis 160 km/h	233 822	476 160
von 161 bis 170 km/h	384 589	568 785
von 171 bis 180 km/h	384 744	471 343
von 181 bis 190 km/h	517 187	447 178
von 191 bis 200 km/h	362 422	297 198

Höchstgeschwindigkeit	Anzahl der neu zugelassenen Pkw	
	2008	1990
von 201 bis 210 km/h	433 657	106 900
von 211 bis 220 km/h	191 510	84 721
von 221 bis 230 km/h	194 643	72 531
von 231 bis 240 km/h	100 321	31 643
von 241 bis 250 km/h	130 406	13 984
über 250 km/h	21 916	7 770
Unbekannt	5	34
Insgesamt	3 090 040	3 040 783

Im Jahr 1990 wurden in Deutschland 3 040 783 Pkw neu zugelassen, im Jahr 2008 waren dies 3 090 040. Wie lässt sich die Zeitungsschlagzeile aus den Häufigkeitsverteilungen ableiten? Bestimmen Sie dazu jeweils den Median und die Quartile Q_1 und Q_3 der beiden Verteilungen.

Lösung

In der Tabelle ist angegeben, für wie viele Pkw die Höchstgeschwindigkeit in einem bestimmten Intervall ligt. Aus diesen Informationen ermitteln wir zunächst die Gesamtzahl der Fahrzeuge, die eine Höchstgeschwindigkeit bis zu einem bestimmten Wert haben, indem wir jeweils die Tabellenwerte bis zu dieser Geschwindigkeit addieren (man sagt auch: *kumulieren*): 1990 hatten beispielsweise 121 799 von insgesamt 3 040 783 Fahrzeugen eine Höchstgeschwindigkeit von bis zu 130 km/h, das sind 4,01 %.

121 709 + 70 493, also zusammen 192 202 Fahrzeuge hatten eine Höchstgeschwindigkeit von bis zu 140 km/h, das sind $\frac{192\,202}{3\,040\,783} \approx 6{,}32\,\%$.

192 202 + 270 244, also zusammen 462 446 Fahrzeuge konnten maximal eine Höchstgeschwindigkeit von 150 km/h erreichen, das sind $\frac{462\,446}{3\,040\,783} \approx 15{,}21\,\%$.

Entsprechend kann man die Berechnung der *kumulierten relativen Häufigkeiten* für das Jahr 1990 und das Jahr 2008 fortsetzen:

Höchstgeschwindigkeit bis einschließlich ... km/h	Anteil der Fahrzeuge 2008	Anteil der Fahrzeuge 1990
130	0,17 %	4,01 %
140	0,88 %	6,32 %
150	4,36 %	15,21 %
160	11,93 %	30,87 %
170	24,38 %	49,58 %
180	36,83 %	65,08 %
190	53,56 %	79,78 %

Höchstgeschwindigkeit bis einschließlich ... km/h	Anteil der Fahrzeuge 2008	Anteil der Fahrzeuge 1990
200	65,29 %	89,56 %
210	79,33 %	93,07 %
220	85,52 %	95,86 %
230	91,82 %	98,24 %
240	95,07 %	99,28 %
250	99,29 %	99,74 %
über 250	100,00 %	100,00 %

Um die Werte innerhalb einer Klasse genauer zu bestimmen, zeichnen wir Polygonzüge für die Anteile der Fahrzeuge und bestimmen die Stellen für die Werte 25 %, 50 % und 75 %.

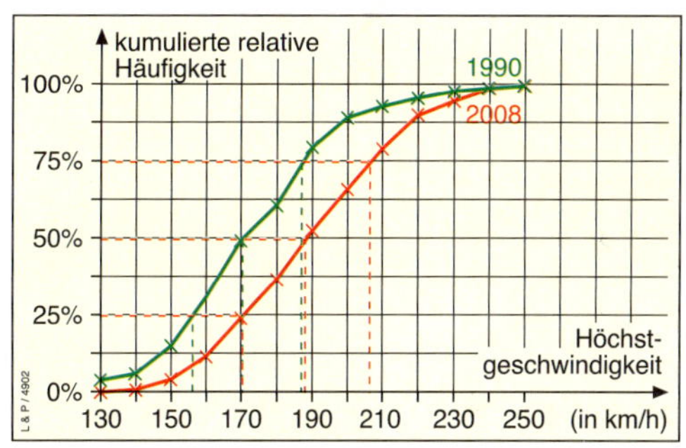

Wir finden mithilfe der Zeichnung in etwa folgende Werte:

	Verteilung 2008	Verteilung 1990
1. Quartil Q_1	171 km/h	157 km/h
Median M	188 km/h	170 km/h
3. Quartil Q_3	207 km/h	187 km/h

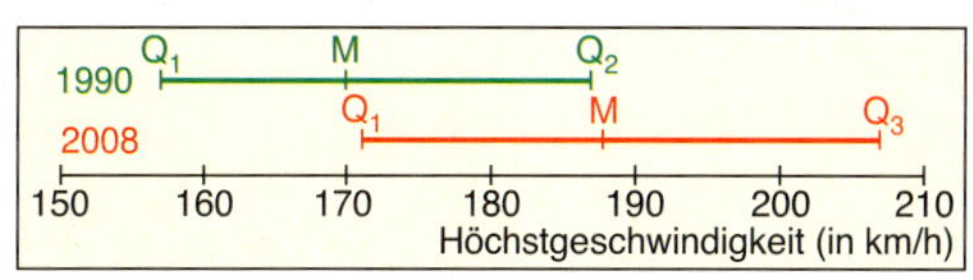

Während 1990 bei der Hälfte der neu zugelassenen Pkw die Höchstgeschwindigkeit ca. 170 km/h betrug, ist sie bei den Neuzulassungen 2008 auf 188 km/h angestiegen. Ein Viertel der Fahrzeuge fuhr 1990 höchstens 157 km/h; 2008 waren es 171 km/h. Die 25 % schnellsten Pkw hatten 2008 eine Höchstgeschwindigkeit von über 200 km/h. Der Unterschied der Quartilswerte betrug 1990 ca. 30 km/h, 2008 ca. 36 km/h.

Zusammenfassend kann man festhalten:

Die Pkw von 2008 sind im Mittel um 18 km/h schneller geworden. Der Unterschied zwischen langsameren und schnelleren Fahrzeugen hat sich ebenfalls erhöht (um 6 km/h, Differenz der Quartilswerte).

Die Schlagzeile der Zeitung bringt dies zum Ausdruck.

Information

quantum (lat.): wie viel

(3) Quantile

In Teil (1) der Information wurden Median und Quartile definiert, durch die eine geordnete Datenmenge unterteilt werden kann. Allgemein definiert man das **p %-Quantil** folgendermaßen:

Definition

Als das **p %-Quantil** einer Häufigkeitsverteilung bezeichnet man denjenigen Wert, der eine Datenmenge so unterteilt, dass gilt:

- p % der Daten liegen unterhalb des p %-Quantils,
- (100 – p) % liegen oberhalb des p %-Quantils.

centum (lat.): hundert

Statt p %-Quantil ist auch die Bezeichnung **p %-Perzentil** üblich.

Beispiele

- unteres Quartil Q_1 = 25 %-Quantil (kurz P_{25}),
- Median = 50 %-Quantil (kurz P_{50})
- oberes Quartil = 75 %-Quantil (P_{75})

Das 25 %-Quantil P_{25}, das 50 %-Quantil P_{50} und das 75 %-Quantil P_{75}, also die Quartile Q_1, Q_2 und Q_3, unterteilen eine geordnete Datenmenge in vier gleich große Teile.

der Median

(4) Quartile und Quantile bei großen Datenmengen bestimmen

cumulare (lat.): anhäufen

Sind große Datenmengen gegeben, dann bestimmt man die Quartile Q_1, Q_2 (den Median) und Q_3 anhand der *kumulierten relativen Häufigkeiten* der geordneten Datenmenge.

Diese kumulierten relativen Häufigkeiten erhält man aus einer Tabelle mit relativen Häufigkeiten durch fortgesetztes Aufaddieren der relativen Häufigkeiten, sodass am Ende der kumulierten Tabelle immer die relative Häufigkeit 100 % steht.

Die kumulierte relative Häufigkeit ist

- bei Q_1 erstmals $\geq 0{,}25$;
- bei Q_2 erstmals $\geq 0{,}5$;
- bei Q_3 erstmals $\geq 0{,}75$.

Entsprechend verfährt man bei beliebigen Quantilen.

Übungsaufgaben

2 Die dem Buch *EdM Einführungsphase* beigefügte CD enthält auch ein Programm zum Testen des Reaktionsvermögens: Auf der Bildschirmfläche erscheint ein gelber Punkt, der größer wird. Gemessen wird, nach welcher Zeit man die Leertaste drückt.

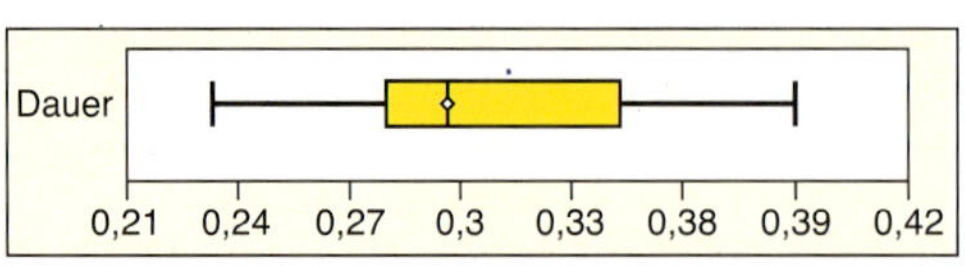

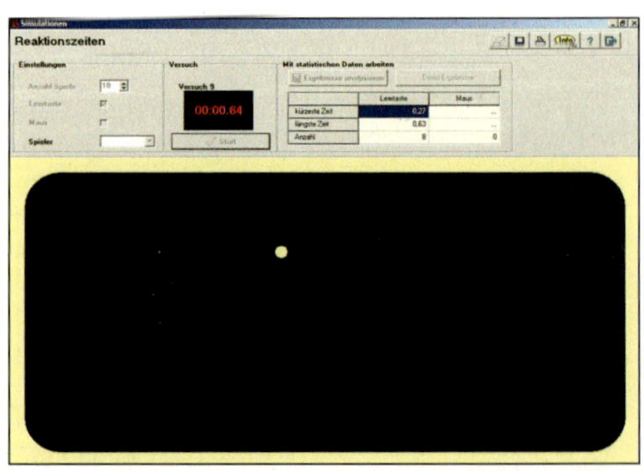

Die Abbildung zeigt ein Boxplot, das die Verteilung der Reaktionszeiten von 20 Versuchen wiedergibt. Führen Sie diesen Versuch mit mehreren Spielern als Wettbewerb durch und analysieren Sie die gemessenen Reaktionszeiten.

3 Ordnen Sie die Häufigkeitsdiagramme den passenden Boxplots zu.
Erklären Sie die unterschiedliche Länge der Whisker.

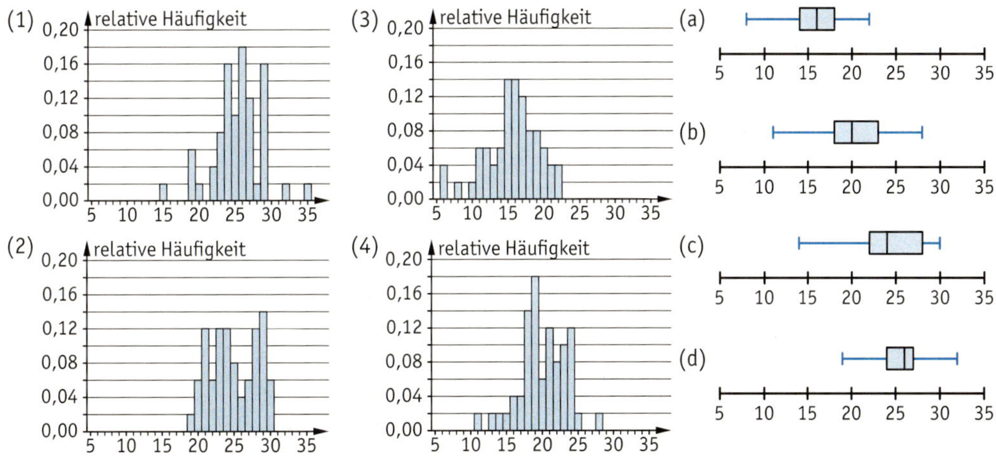

quintus (lat): fünf

4 Im sogenannten *Wohlfahrtssurvey* werden die Quintile des Haushaltseinkommens angegeben. Der letzte wurde im Jahr 1998 durchgeführt.

	mittleres monatliches Einkommen	Quintile				
		1.	2.	3.	4.	5.
Haushalte (insgesamt)	2003 €	7,8 %	13,1 %	17,8 %	23,5 %	37,9 %
1-Personen-Haushalte	1285 €	8,9 %	14,2 %	18,1 %	22,9 %	35,9 %
Paare ohne Kinder	2312 €	10,2 %	14,5 %	18,0 %	22,5 %	34,9 %
Alleinerziehende	1592 €	9,5 %	14,0 %	18,1 %	23,2 %	35,1 %
Paare mit Kindern	2735 €	10,8 %	15,1 %	18,2 %	22,4 %	33,4 %

Erläuterung: 1. Quintil: das Fünftel der Haushalte mit den niedrigsten Einkommen
5. Quintil: das Fünftel der Haushalte mit den höchsten Einkommen

Beispiel: Die einkommensärmsten 20 % der Haushalte erhielten 7,8 % des Einkommens aller Haushalte.

a) Formulieren Sie Aussagen über die Einkommensverteilung in verschiedenen Bevölkerungsgruppen.

b) Welche Aussagen sind hinsichtlich des 40 %-Quantils möglich?

5 *Känguru der Mathematik* ist der weltweit größte Mathematik-Wettbewerb, der in jedem Jahr am dritten Donnerstag im März durchgeführt wird. 2010 nahmen in Deutschland insgesamt 824 022 Schülerinnen und Schüler teil. In der Tabelle ist zusammengefasst, wie viele Teilnehmer welche Punktzahlen erreichten.
Erstellen Sie die zugehörige kumulierte Häufigkeitsverteilung für die Ergebnisse (mit aufsteigender Punktzahl) und stellen Sie diese in Form eines Polygonzuges dar (wie in Aufgabe 1).

a) Lesen Sie aus der grafischen Darstellung die Quartile ab und zeichnen Sie ein Boxplot zur Verteilung der erreichten Punktzahlen.

b) Lesen Sie auch die 10 %-, 20 %-, 30 %-, …, 100 %-Perzentile ab.

Punkte (In Klammern die Punktgrenzen in 3 bis 6)		Insgesamt
150,00	(120,00)	350
140,00 – 149,95	(112,00 – 119,75)	1383
130,00 – 139,95	(104,00 – 111,75)	4948
120,00 – 129,95	(96,00 – 103,75)	13 501
110,00 – 119,95	(88,00 – 95,75)	24 181
100,00 – 109,95	(80,00 – 87,75)	44 639
90,00 – 99,95	(72,00 – 79,75)	65 658
80,00 – 89,95	(64,00 – 71,75)	90 947
70,00 – 79,95	(56,00 – 63,75)	123 165
60,00 – 69,95	(48,00 – 55,75)	134 414
50,00 – 59,95	(40,00 – 47,75)	134 327
40,00 – 49,95	(32,00 – 39,75)	101 463
30,00 – 39,95	(24,00 – 31,75)	57 115
20,00 – 29,95	(16,00 – 23,75)	23 130
10,00 – 19,95	(8,00 – 15,75)	4555
0,00 – 9,95	(0,00 – 7,75)	336
Insgesamt		824 022

8.1.4 Empirische Varianz – empirische Standardabweichung

Im letzten Abschnitt haben wir mit den p%-Quantilen Kennzahlen ermittelt, durch welche eine Datenmenge in Bereiche eingeteilt werden kann, in denen p% der Daten einer Erhebung liegen. In diesem Abschnitt lernen wir eine Kenngröße kennen, durch die sich das Streuverhalten einer Datenmenge charakterisieren lässt.

Einstieg

Bei einem Schul-Sportfest treten jeweils die besten Leichtathleten in Klassenmannschaften gegeneinander an.

In der 10d gibt es zwei Schüler, die beide sehr gute Leistungen im Weitsprung gezeigt haben. Die Klasse steht nun vor der Entscheidung, welcher von beiden die 10d im Weitsprung-Wettbewerb vertreten soll:

Daniel sprang zuletzt 5,21 m; 5,10 m; 5,32 m; 4,95 m; 5,02 m.

Tobias erreichte 4,89 m; 5,26 m; 5,07 m; 5,15 m; 5,13 m; 5,22 m.

Beide schafften im Mittel eine Sprungweite von 5,12 m und auch der Abstand von kleinster zu größter Sprungweite betrug bei beiden 0,37 m. Allein anhand dieser Kennzahlen kann man also keine Entscheidung für einen der beiden treffen. Neben guten Sprungweiten spielt für ein erfolgreiches Abschneiden in einem Wettkampf aber auch die Zuverlässigkeit (Konstanz der Leistungen) eine entscheidende Rolle.

Bei wem der beiden Schüler traten die geringeren Leistungsschwankungen auf?

Einführung

Bei einer Klausur erreichten die 11 Mädchen und 12 Jungen eines Kurses folgende Punktzahlen:

Mädchen	14			17			20			23	24		26	27		29	30		32	33	
Jungen		15	16	17		19			22			25			28	29	30		32	33	34

Welche der beiden Gruppen war die homogenere Gruppe, d. h. bei welcher Gruppe traten untereinander die größten Abweichungen bei den Punktzahlen auf?

Bestimmt man das arithmetische Mittel der Punktzahlen, stellt man fest, dass es bei beiden Gruppen übereinstimmt:

$$\overline{x}_{\text{Mädchen}} = \frac{1}{11}\cdot(14 + 17 + \ldots + 32 + 33) = 25$$

und

$$\overline{x}_{\text{Jungen}} = \frac{1}{12}\cdot(15 + 16 + \ldots + 33 + 34) = 25$$

Wir untersuchen daher verschiedene in der Mathematik gebräuchliche Kenngrößen, um das jeweilige Streuverhalten um das arithmetische Mittel $\overline{x} = 25$ zu charakterisieren.

(1) Die Spannweite

Die Differenz aus dem Maximum und dem Minimum einer Stichprobe, die sogenannte *Spannweite*, ist für beide Gruppen gleich:

- bei den Mädchen: $x_{max} - x_{min} = 33 - 14 = 19$
- bei den Jungen: $x_{max} - x_{min} = 34 - 15 = 19$

*Nicht zu verwechseln mit der Spann**breite**, siehe Abschnitt 8.1.3*

(2) Die mittlere lineare Abweichung vom arithmetischen Mittel

Die *mittlere lineare Abweichung der Daten* vom arithmetischen Mittel $\overline{x} = 25$ beträgt:

- bei den Mädchen: $\frac{1}{11}\cdot\left(|14 - 25| + |17 - 25| + \ldots + |32 - 25| + |33 - 25|\right) \approx 4{,}91$
- bei den Jungen: $\frac{1}{12}\cdot\left(|15 - 25| + |16 - 25| + \ldots + |33 - 25| + |34 - 25|\right) = 6$

(3) Die mittlere quadratische Abweichung – empirische Varianz – empirische Standardabweichung

Rechnerisch ist es oft einfacher, statt der Beträge der Differenzen die Quadrate der Differenzen zu berechnen. Dies führt zur *mittleren quadratischen Abweichung vom arithmetischen Mittel*, der sogenannten *empirische Varianz*:

- bei den Mädchen: $\bar{s}^2 = \frac{1}{11}\cdot[(14-25)^2 + (17-25)^2 + \ldots + (32-25)^2 + (33-25)^2] = 34$
- bei den Jungen: $\bar{s}^2 = \frac{1}{12}\cdot[(15-25)^2 + (16-25)^2 + \ldots + (33-25)^2 + (34-25)^2] = 44{,}5$

Die Wurzel $\bar{s}$ aus der empirischen Varianz $\bar{s}^2$ nennt man *empirische Standardabweichung*

- bei den Mädchen: $\bar{s} = \sqrt{34} \approx 5{,}83$
- bei den Jungen: $\bar{s} = \sqrt{44{,}5} \approx 6{,}67$

Sowohl bei der mittleren linearen Abweichung als auch bei der empirischen Standardabweichung zeigt sich, dass die Gruppe der Mädchen eine geringere Streuung hinsichtlich der Punktzahlen um den arithmetischen Mittelwert aufweist.

Information **(1) Streuungsmaße bei quantitativen Merkmalen**

In der Beschreibenden Statistik verwendet man bei quantitativen Merkmalen verschiedene Kenngrößen, um das Streuverhalten von Daten um den Mittelwert (das arithmetische Mittel) zu charakterisieren.

Spannweite: nicht zu verwechseln mit der Spannbreite, siehe Abschnitt 8.1.3

Definition

Gegeben ist ein quantitatives Merkmal mit den Merkmalswerten $x_1, x_2, \ldots, x_n$.

- Die Differenz aus dem größten und dem kleinsten Wert einer Stichprobe heißt **Spannweite.**
- Das arithmetische Mittel der Abstände aller Daten zum arithmetischen Mittel der Daten heißt **mittlere lineare Abweichung** vom Mittelwert:
  $\frac{1}{n}\cdot[|x_1-\bar{x}| + |x_2-\bar{x}| + \ldots + |x_n-\bar{x}|]$.
- Das arithmetische Mittel der Abweichungsquadrate heißt **mittlere quadratische Abweichung** vom Mittelwert:
  $\bar{s}^2 = \frac{1}{n}\cdot[(x_1-\bar{x})^2 + (x_2-\bar{x})^2 + \ldots + (x_n-\bar{x})^2]$
  $\bar{s}^2$ wird auch als **empirische Varianz** bezeichnet.
- Die Wurzel $\bar{s}$ aus der empirischen Varianz $\bar{s}^2$ nennt man **empirische Standardabweichung**
  $\bar{s} = \sqrt{\frac{1}{n}\cdot[(x_1-\bar{x})^2 + (x_2-\bar{x})^2 + \ldots + (x_n-\bar{x})^2]}$.

Während man die Spannweite aus nur zwei Merkmalswerten einer Datenmenge berechnet, werden bei der mittleren linearen Abweichung und der empirischen Standardabweichung *alle* Daten berücksichtigt. Durch des Verwenden der Beträge bzw. das Quadrieren wird erreicht, dass keine negativen Summanden auftreten.

Im Gegensatz zur mittleren linearen Abweichung werden bei der Berechnung der mittleren quadratischen Abweichung Daten, die stärker von Mittelwert abweichen, durch das Quadrieren stärker gewichtet. Es sind jedoch vor allem (inner-)mathematische Gründe, warum man in der Praxis eher die mittlere quadratische Abweichung berechnet: Terme mit Quadraten lassen sich häufig leichter vereinfachen als solche mit Betragsstrichen.

Bei der mittleren quadratischen Abweichung erhält man eine Angabe in einer quadrierten Größeneinheit. (Beispiel: Bei Längenmessungen in der Einheit Meter wird $\bar{s}^2$ in der Einheit m^2 angegeben.) Damit man das Maß für die Streuung in der gleichen Einheit wie die Messwerte und den Mittelwert angeben kann, berechnet man die Wurzel $\bar{s}$, die empirische Standardabweichung.

Weiterführende Aufgaben

1 Empirische Varianz und empirische Standardabweichung bei einer Häufigkeitsverteilung

In einem Bio-Bauernhof wird naturtrüber Apfelsaft in 1-Liter-Flaschen abgefüllt. Bei einer Kontrolle der beiden Abfüllanlagen wurden jeweils die Volumina von 50 Flaschen überprüft.

Welche der beiden Abfüllanlagen arbeitet zuverlässiger?

Bestimmen Sie dazu jeweils die mittlere quadratische Abweichung $\bar{s}^2$ vom Mittelwert und die empirische Standardabweichung mithilfe der Definition unten.

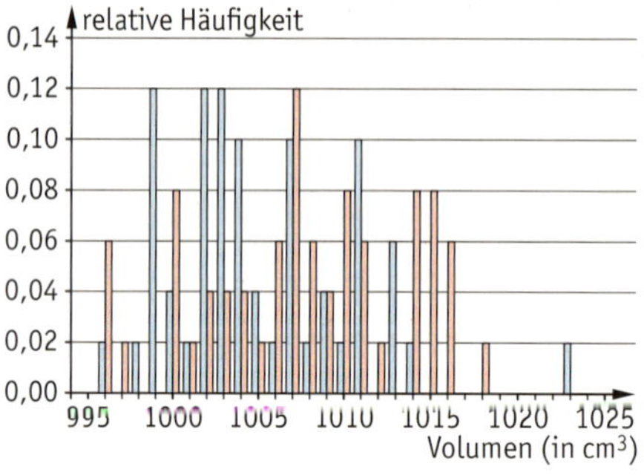

Füllmenge in cm³	relative H. Anlage 1	relative H. Anlage 2
995	0,00	0,00
996	0,02	0,06
997	0,00	0,02
998	0,02	0,00
999	0,12	0,00
1000	0,04	0,08
1001	0,02	0,02
1002	0,12	0,04
1003	0,12	0,04
1004	0,10	0,04
1005	0,04	0,02
1006	0,02	0,06
1007	0,10	0,12
1008	0,02	0,06
1009	0,04	0,04
1010	0,02	0,08
1011	0,10	0,06
1012	0,00	0,02
1013	0,06	0,00
1014	0,02	0,08
1015	0,00	0,08
1016	0,00	0,06
1017	0,00	0,00
1018	0,00	0,02
1019	0,00	0,00
1020	0,00	0,00
1021	0,00	0,00
1022	0,00	0,00
1023	0,02	0,00
1024	0,00	0,00
1025	0,00	0,00

Definition: Empirische Varianz und empirische Standardabweichung bei einer Häufigkeitsverteilung

Gegeben ist eine Häufigkeitsverteilung mit dem quantitativen Merkmal mit den Ausprägungen x_1, x_2, ..., x_m und den zugehörigen relativen Häufigkeiten $h(x_1)$, $h(x_2)$, ..., $h(x_m)$.

Dann berechnet man die **mittlere quadratische Abweichung (empirische Varianz)** vom Mittelwert $\bar{x}$ wie folgt:

$$\bar{s}^2 = (x_1 - \bar{x})^2 \cdot h(x_1) + (x_2 - \bar{x})^2 \cdot h(x_2) + \ldots (x_m - \bar{x})^2 \cdot h(x_m)$$

Die **empirische Standardabweichung** der Häufigkeitsverteilung ist:

$$\bar{s} = \sqrt{(x_1 - \bar{x})^2 \cdot h(x_1) + (x_2 - \bar{x})^2 \cdot h(x_2) + \ldots (x_m - \bar{x})^2 \cdot h(x_m)}$$

2 Einfachere Berechnung von $\bar{s}^2$

Der Term von $\bar{s}^2$ kann vereinfacht werden. Zeigen Sie die Gültigkeit der folgenden Formeln.

(1) $\bar{s}^2 = \frac{1}{n} \cdot \left(x_1^2 + x_2^2 + \ldots + x_n^2\right) - \bar{x}^2$ für die empirische Varianz bei einem qualitativen Merkmal;

(2) $\bar{s}^2 = \left(x_1^2 \cdot h(x_1) + x_2^2 \cdot h(x_2) + \ldots + x_m^2 \cdot h(x_m)\right) - \bar{x}^2$ für die empirische Varianz bei einer Häufigkeitsverteilung.

Information

(2) Berechnen der empirischen Standardabweichung mithilfe eines Rechners

Die empirische Standardabweichung $\bar{s}$ wird in vielen Taschenrechnern mit σx bezeichnet.

Beispiele

- Berechnen von $\bar{s}$ beim quantitativen Merkmal *Punktzahlen der Mädchen* aus der Einführung

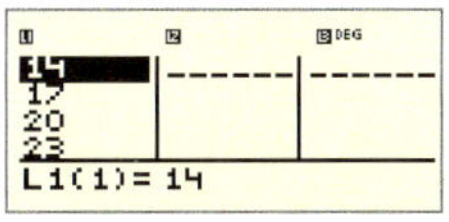

- Berechnen von $\bar{s}$ bei der Häufigkeitsverteilung der Abfüllanlage 1 aus der weiterführenden Aufgabe 1

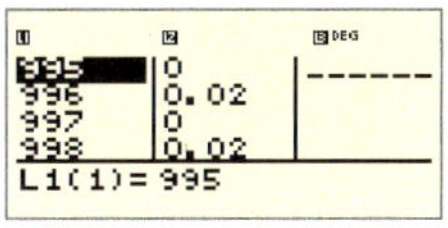

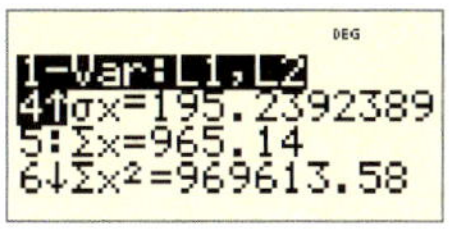

Übungsaufgaben

3 Bei einem Schulfest verkauften zwei Klassen jeweils 400 Lose. Bei welcher Klasse kann man eher von einer Leistung der gesamten Klasse sprechen, bei welcher von stärkerem individuellen Einsatz? Zeichnen Sie auch die Histogramme.

Anzahl k der verkauften Lose		15	16	17	18	19	20	21	22	23	24	25	26
Anteil der Schüler in %, die k Lose verkauften	Kl. a	10	0	15	5	10	20	5	5	20	10	0	0
	Kl. b	20	5	10	5	5	5	5	15	10	5	10	5

4

a) Bei den Olympischen Spielen in Bejing im Jahr 2008 erzielten die sechs besten Athleten im Weitsprung der Männer die folgenden Weiten (Angaben in Meter). Bestimmen Sie den Mittelwert und die empirische Standardabweichung der Olympialeistung der gewerteten Versuche. Fehlversuche sind mit x gekennzeichnet und sollen nicht beachtet werden. Welche Aussage kann man den berechneten Werten entnehmen?

1	Saladino Aranda Irving Jahir	Panama	x	8,17	8,21	8,34	x	x
2	Mokoena Khotso	South Africa	7,86	x	8,02	8,24	x	x
3	Camejo Ibrahim	Cuba	7,94	8,09	8,08	7,88	7,93	8,20
4	Makusha Ngonidzashe	Zimbabwe	8,19	8,06	8,05	8,10	8,05	6,48
5	Martinez Wilfredo	Cuba	7,60	7,90	x	8,04	x	8,19
6	Badji Ndiss Kaba	Senegal	8,03	x	8,02	8,16	8,03	7,92

Recherchieren Sie weitere Daten aus olympischen Wettbewerben und werten Sie diese aus.

5 Nur neun Mannschaften gehörten von der Spielzeit 1999/2000 bis zur Spielzeit 2008/09, also zehn Spielzeiten lang, der Fußball-Bundesliga an. In der Tabelle sind die Punktstände dieser Mannschaften am Ende der jeweiligen Spielzeit abgedruckt. Welche Mannschaft hatte in den zehn Jahren die geringsten Leistungsschwankungen? Bestimmen Sie dazu jeweils die empirische Standardabweichung.

	99/00	00/01	01/02	02/03	03/04	04/05	05/06	06/07	07/08	08/09
Bayer 04 Leverkusen	73	57	69	40	65	57	52	51	51	49
Bayern München	73	63	68	75	68	77	75	60	76	67
Borussia Dortmund	40	58	70	58	55	55	46	44	40	59
Hamburger SV	59	41	40	56	49	51	68	45	54	61
Hertha BSC Berlin	50	56	61	54	39	58	48	44	44	63
FC Schalke 04	39	62	61	49	50	63	61	68	64	50
VfB Stuttgart	48	38	50	59	64	58	43	70	52	64
VfL Wolfsburg	49	47	46	46	42	48	34	37	54	69
Werder Bremen	47	53	56	52	74	59	70	66	66	45

8.2 Mehrstufige Zufallsversuche

8.2.1 Pfadregeln

Einstieg

Ein Glücksrad wird zweimal gedreht. Zeichnen Sie das zugehörige Baumdiagramm.

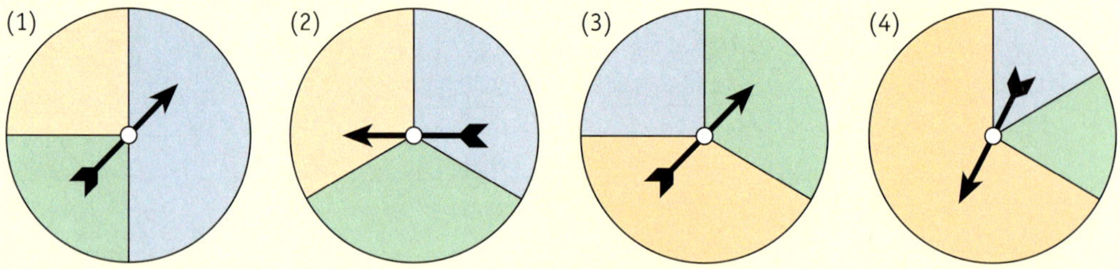

- Welche Wahrscheinlichkeit hat das Ergebnis (Rot | Grün)?
- Welche Wahrscheinlichkeit hat das Ereignis *Zweimal dieselbe Farbe*?
- Bei welchem Glücksrad ist es günstig, auf das Ereignis *Zweimal dieselbe Farbe* zu setzen?

Aufgabe

1 Bei nationalen und internationalen Meisterschaften werden Dopingkontrollen durchgeführt, die verhindern sollen, dass sich Sportler mit unlauteren Methoden Vorteile verschaffen. Dopingmittel werden durch Harnuntersuchungen nachgewiesen.

In den letzten Jahren wurde folgendermaßen verfahren: Zunächst wird die A-Probe untersucht. Falls diese „positiv" ist (d. h. dass Hinweise auf die Verwendung eines Dopingmittels vorliegen), wird der Sportler angehört; auf Verlangen des Sportlers kann dann die B-Probe unter Aufsicht untersucht werden. Falls dann die B-Probe ebenfalls positiv ausfällt, wird der Sportler disqualifiziert und eventuell für weitere Wettkämpfe gesperrt. Falls die zweite Probe negativ ist, wird das Untersuchungsverfahren eingestellt.

Da es vorkommen kann, dass ein „Dopingsünder" nicht überführt wird, weil zufällig die B-Probe negativ ausfällt, gibt es Überlegungen, für den Fall einer positiv getesteten A-Probe und einer negativ getesteten B-Probe eine weitere Probe zu untersuchen.

Vergleichen Sie das zurzeit geltende Verfahren mit der eventuell zukünftig umgesetzten Regelung für den Fall, dass durch das angewandte Prüfverfahren das verwendete Dopingmittel mit einer Wahrscheinlichkeit von (1) $p = 0{,}25$; (2) $p = 0{,}5$; (3) $p = 0{,}75$; (4) $p = 0{,}9$ bei den Proben entdeckt wird.

Lösung

Das bisherige Prüfverfahren können wir wie folgt darstellen:

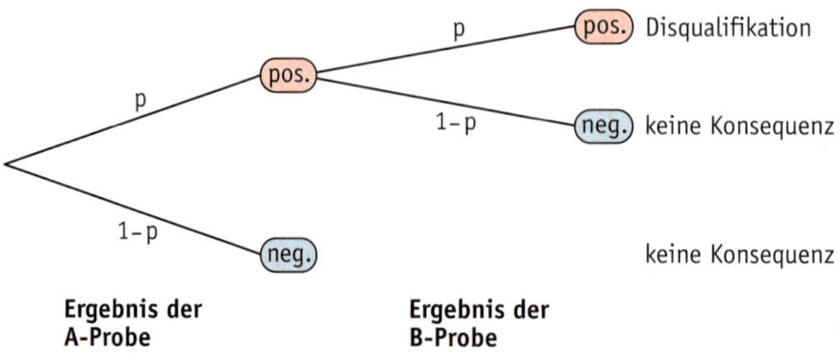

Das geplante neue Verfahren sieht dann wie folgt aus:

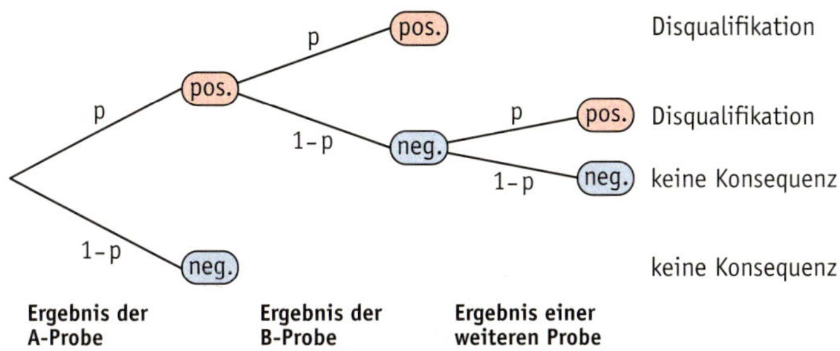

Die Wahrscheinlichkeiten der durch ein Baumdiagramm dargestellten zwei- bzw. dreistufigen Zufallsversuche berechnen wir mithilfe der Pfadregeln. Außerdem verwenden wir die Komplementärregel.
Die Wahrscheinlichkeiten eines Pfades ergeben sich durch Multiplizieren der Wahrscheinlichkeiten längs des Pfades (Pfadmultiplikationsregel). Setzt sich ein Ereignis aus mehreren Pfaden zusammen, dann addiert man die Wahrscheinlichkeiten der einzelnen Pfade, die zum Ergebnis gehören (Pfadadditionsregel).

Die Wahrscheinlichkeit, dass der gedopte Sportler disqualifiziert wird, ist daher

- nach geltender Regelung: $P(\text{Disqualifikation}) = p^2$; $P(\text{keine Konsequenz}) = 1 - p^2$,
  denn die Wahrscheinlichkeit für das Ereignis *keine Konsequenz* und für das (Gegen-)Ereignis *Disqualifikation* ergänzen sich zu 1.
- nach geplanter Regelung: $P(\text{Disqualifikation}) = p^2 + p^2(1 - p) = p^2 \cdot (2 - p)$
  $P(\text{keine Konsequenz}) = 1 - p^2 \cdot (2 - p)$

Falls das verwendete Dopingmittel mit Wahrscheinlichkeit p erkannt wird, bedeutet dies:

Disqualifikation	p = 0,25	p = 0,5	p = 0,75	p = 0,9
geltende Regelung	6 %	25 %	56 %	81 %
geplante Regelung	11 %	37,5 %	70 %	89 %

keine Konsequenz	p = 0,25	p = 0,5	p = 0,75	p = 0,9
geltende Regelung	94 %	75 %	44 %	19 %
geplante Regelung	89 %	62,5 %	30 %	11 %

Die Einführung der neuen Kontrollregelung würde also die Chancen deutlich verbessern, Sportler, die Dopingmittel verwenden, als „Doping-Sünder“ zu entlarven.

Information

(1) Pfadregeln

Mehrstufige Zufallsversuche kann man mithilfe von **Baumdiagrammen** darstellen; dabei entsprechen die einzelnen Pfade den möglichen Ergebnissen des Zufallsversuchs.

Beispiel

Zweimaliges Ziehen einer Kugel aus einer Urne, die zu $\frac{1}{4}$ mit grünen Kugeln (Ergebnis a) und zu $\frac{3}{4}$ mit orangefarbigen Kugeln (Ergebnis b) gefüllt ist.

Kontrolle:
(1) $\frac{1}{4} + \frac{3}{4} = 1$
Die Summe der Wahrscheinlichkeiten nach jeder Verzweigung ist gleich 1.
(2) $\frac{1}{16} + \frac{3}{16} + \frac{3}{16} + \frac{9}{16} = 1$
Die Summe der Wahrscheinlichkeiten aller Pfade ist gleich 1.

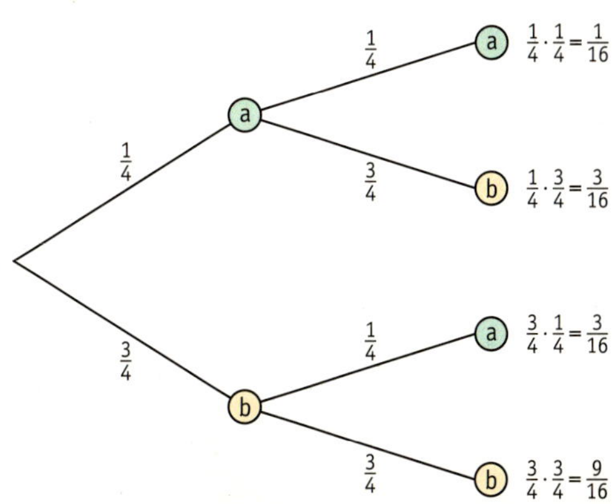

Pfadmultiplikationsregel

Bei einem mehrstufigen Zufallsversuch ist die Wahrscheinlichkeit eines Ergebnisses (eines Pfades im Baumdiagramm) gleich dem Produkt der Wahrscheinlichkeiten längs des zugehörigen Pfades im Baumdiagramm.

Pfadadditionsregel

Setzt sich bei einem mehrstufigen Zufallsversuch ein Ereignis aus verschiedenen Pfaden im Baumdiagramm zusammen, dann erhält man die Wahrscheinlichkeit des Ereignisses durch Addition der einzelnen Pfadwahrscheinlichkeiten.

Im Beispiel oben ergibt sich für das Ereignis *Beide Kugeln haben dieselbe Farbe* die Wahrscheinlichkeit $p_1 = \frac{1}{16} + \frac{9}{16} = \frac{5}{8}$, für das Gegenereignis *Die beiden Kugeln haben unterschiedliche Farben* entsprechend die Wahrscheinlichkeit $p_2 = 1 - p_1 = \frac{3}{8}$.

Weiterführende Aufgabe

2 Simulation anstelle einer Berechnung

Der Schweizer Mathematiker und Physiker DANIEL BERNOULLI, ein Neffe von JACOB BERNOULLI, versuchte um 1760, ein Modell für die Dauer von Ehen aufzustellen. Dabei spielte in der damaligen Zeit die Möglichkeit der Ehescheidung keine Rolle, denn Ehen wurden nach dem Prinzip „bis dass der Tod euch scheidet" geschlossen. Damals war jedoch die Sterblichkeit sehr hoch, sodass die Dauer von Ehen vor allem hiervon abhing.

DANIEL BERNOULLI (1700 – 1782)

Wir betrachten 10 Ehepaare, wobei die Ehepartner ungefähr gleich alt sein sollen. Die Sterblichkeit bei Frauen und Männern sehen wir hierbei als gleich an. Innerhalb eines gewissen Zeitraums sterben „zufällig" 10 der 20 betrachteten Personen. Wie viele Paare sind hierunter, d. h. wie viele Ehen bestehen auch noch nach dem betrachteten Zeitraum? Wie groß ist die Wahrscheinlichkeit dafür, dass unter den 10 überlebenden Personen 0, 1, 2, 3, 4, 5 Paare sind?

Da die Berechnung der Wahrscheinlichkeit schwierig und mit den uns zur Verfügung stehenden Mitteln nicht zu leisten ist, wollen wir den Zufallsversuch *simulieren*, d. h. mit geeigneten Zufallsgeräten nachspielen.

a) Welche Simulationen sind geeignet?

b) Führen Sie den Zufallsversuch in der Klasse insgesamt 300-mal durch, um eine Vorstellung von der Größenordnung der gesuchten Wahrscheinlichkeiten zu erhalten. Stellen Sie die Häufigkeitsverteilung der Zufallsgröße X: *Anzahl der Ehepaare* mithilfe eines Histogramms (Säulendiagramms) dar.

Ikosaeder

c) Jemand hat die Idee, ein reguläres Ikosaeder zur Simulation zu benutzen. Begründen Sie, warum dieses Zufallsgerät nicht gut zur Simulation des Versuchs geeignet ist.

Information

(2) Simulation von Zufallsversuchen – Grundmodelle der Simulation

Bei der Simulation von Zufallsversuchen geht es darum, einen Zufallsversuch mit anderen einfacheren Mitteln nachzuspielen, d. h. der eigentliche Zufallsversuch wird durch einen anderen ersetzt. Dabei muss vor allem darauf geachtet werden, dass ein geeignetes *stochastisches Modell* benutzt wird, d. h. die Versuchsanordnung bei der Simulation muss von der Struktur her mit der Versuchsanordnung des zu simulierenden Zufallsversuchs übereinstimmen.

Simulationen werden häufig mithilfe von beschrifteten Karten, Spielsteinen oder würfelähnlichen Zufallsgeräten durchgeführt. Auch kommt es vor, dass Kugeln aus Ziehungsgefäßen (Urnen) gezogen werden. Dabei müssen wir zwei Modelle unterscheiden:

- **Ziehen mit Zurücklegen**
  Beim *Ziehen mit Zurücklegen* wird nach der Ziehung die gezogene Kugel wieder in die Urne zurückgelegt; daher wird durch das Zurücklegen der vorherige Zustand wieder hergestellt. Dieser Vorgang kann beliebig oft durchgeführt werden.
- **Ziehen ohne Zurücklegen**
  Beim *Ziehen ohne Zurücklegen* wird nach der Ziehung die gezogene Kugel nicht wieder zurückgelegt; daher verändert sich die Situation durch die Ziehung. Sind anfangs n Kugeln in der Urne, dann ist spätestens nach n Ziehungen der Zufallsversuch beendet. Man könnte sogar schon nach $n - 1$ Ziehungen aufhören, da man ja dann weiß, welche Kugel übrig bleibt; die Ziehung wird in der Regel zur Kontrolle dennoch durchgeführt.

Diese Grundmodelle der Urnenziehung werden auch als **Ziehen mit Wiederholung** bzw. als **Ziehen ohne Wiederholung** bezeichnet.

Übungsaufgaben

3 Bei einem Wettspiel wird vereinbart, dass die Mannschaft gewinnt, die zuerst 5 Punkte errungen hat. Beim Stand von 3 : 2 für die eine Mannschaft muss das Spiel unterbrochen werden.
Man einigt sich darauf, den Preis, den der Sieger erhalten sollte, entsprechend den Chancen zu verteilen, die sich ergeben, wenn die restlichen Spielrunden mithilfe eines Münzwurfs entschieden werden (sogenanntes *Problème des partis*).

a) Simulieren Sie den Versuch mithilfe von Zufallszahlen.

b) Geben Sie andere Möglichkeiten an, wie man den Zufallsversuch simulieren kann.

c) Bestimmen Sie die Wahrscheinlichkeit dafür, dass die erste bzw. die zweite Mannschaft gewonnen hätte. Zeichnen Sie dazu ein geeignetes Baumdiagramm.

KARL LANDSTEINER, (1868 Wien – 1943 New York), entdeckte 1901 das AB0-Blutgruppensystem; 1930 Nobelpreis für Medizin

4

Bei Blutspenden muss man genauestens die Blutgruppenzugehörigkeit von Spender und Empfänger beachten. Menschen mit Blutgruppe 0 besitzen Antikörper der Blutgruppen A und B, können also keine Blutspenden von Menschen der Blutgruppen A, B oder AB erhalten. Bei Menschen mit Blutgruppe A entwickeln sich Antikörper gegen das Blut der Blutgruppe B und umgekehrt. Menschen mit Blutgruppe AB besitzen keine Antikörper. Menschen mit der Blutgruppe 0 sind also ideale Spender; Menschen mit der Blutgruppe AB ideale Empfänger.
In Mitteleuropa sind die Blutgruppen so verteilt, wie es das Kreisdiagramm zeigt.

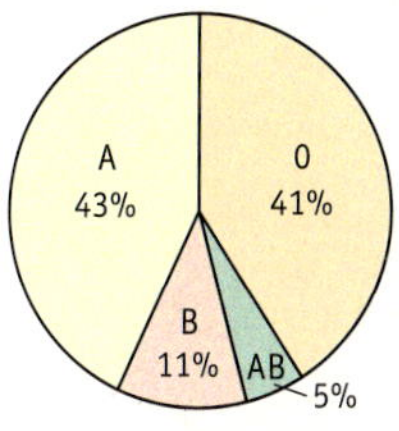

a) Drei Personen kommen zur Blutspende. Wie groß ist die Wahrscheinlichkeit, dass
(1) alle drei Personen die selbe Blutgruppe haben,
(2) drei Personen lauter verschiedene Blutgruppen haben?

b) Ein Patient mit Blutgruppe 0 [A; B; AB] benötigt dringend eine Blutspende.
Mit welcher Wahrscheinlichkeit ist unter den drei Personen mindestens ein geeigneter Spender?

5 Man darf die Pfadmultiplikationsregel nicht unüberlegt anwenden.

(1) 43 % der Bewohner Deutschlands haben *Blutgruppe A*. 30 % der Blutspender beim Deutschen Roten Kreuz sind *unter 20 Jahre alt*. Ein Blutspender beim DRK wird ausgelost.
Mit welcher Wahrscheinlichkeit ist dies eine Person *unter 20 Jahre mit Blutgruppe A*?

(2) 43 % der Schülerinnen und Schüler einer Klasse haben im Fach Deutsch eine gute Note (*sehr gut* oder *gut*); im Fach Englisch sind es 30 %. Warum ist es falsch, nach der Pfadmultiplikationsregel zu schließen, dass 12,9 % der Schülerinnen und Schüler in beiden Fächern eine gute Note haben?

6 Aus einer Klasse mit 18 Mädchen und 9 Jungen sollen einige Jugendliche ausgelost werden. Dies geschieht mithilfe eines Glücksrads mit 27 gleich großen Sektoren.
Wie groß ist die Wahrscheinlichkeit für ein „repräsentatives" Ergebnis? Welche Ergebnisse wären nicht „repräsentativ"? Bestimmen Sie die Wahrscheinlichkeiten für das Ergebnis
(1) zwei Mädchen und ein Junge
(2) vier Mädchen und zwei Jungen
(3) sechs Mädchen und drei Jungen

7 Bevor ein Buch gedruckt wird, werden die probeweise gedruckten Seiten auf Fehler durchgesehen. Der erste Kontrolleur findet erfahrungsgemäß 70 % der Fehler und korrigiert sie. Bei den nächsten beiden Kontrollen werden (von übrig bleibenden Fehlern) 50 % bzw. 30 % entdeckt.
Mit welcher Wahrscheinlichkeit ist ein Fehler, der ursprünglich in einem Drucktext vorhanden war, auch nach diesen drei Kontrollen noch nicht entdeckt?
Führen Sie eine geeignete Simulation des Zufallsversuchs durch.

BLAISE PASCAL (1623 – 1662)

PIERRE DE FERMAT (1607 oder 1608 – 1665)
FERMAT wurde nicht – wie lange angenommen – 1601 geboren, sondern im letzten Vierteljahr des Jahres 1607 oder in den ersten 12 Tagen des Jahres 1608.

8 BLAISE PASCAL (1623 – 1662) und PIERRE FERMAT (1607/08 – 1665) korrespondierten 1654 über ein Problem, das der CHEVALIER DE MERÉ gestellt hatte. Dies gilt als die „Geburtsstunde" der Wahrscheinlichkeitsrechnung.

> Warum lohnt es sich darauf zu wetten, dass beim vierfachen Würfeln mit einem Würfel mindestens eine Sechs fällt, aber nicht darauf, dass beim 24-fachen Würfeln mit zwei Würfeln mindestens ein Sechser-Pasch auftritt?

Führen Sie eine Simulation des Zufallsversuchs durch. Ist der Vorteil des einen Spielers zu erkennen?

9 Ein Glücksrad hat n gleich große Sektoren. k der n Sektoren sind rot gefärbt, die übrigen weiß.
a) Das Glücksrad wird zweimal gedreht. Welche Wahrscheinlichkeit hat das Ereignis E_1 bzw. E_2?
E_1: *Zwei gleiche Farben* E_2: *Zwei verschiedene Farben*
b) Das Glücksrad wird dreimal gedreht. Welche Wahrscheinlichkeit hat das Ereignis *mindestens zwei Farben sind gleich*?

10
a) Mithilfe des Befehls **randInt**(1, 49, 6) oder auch **randlist**(6, 1, 49) eines GTR kann man sechs Zahlen aus der Menge der Zahlen {1; 2; 3; …; 49} erzeugen.
Warum ist dieser Befehl nicht immer geeignet, die Ziehung der Glückszahlen des Lottospiels *6 aus 49* zu simulieren?
b) Erzeugen Sie 100-mal 10 ganzzahlige Zufallszahlen zwischen 1 und 49. Wie oft sind die ersten 6 der erzeugten Zahlen als Lottozahlen brauchbar? Wie oft kommt es vor, dass man auch die 7., 8., 9., 10. erzeugte Zahl benötigt, um die 6 Glückszahlen zusammen zu bekommen?
c) Wie groß ist die Wahrscheinlichkeit, dass die ersten 6 erzeugten Zahlen voneinander verschieden sind?

Ikosaeder

11 Simulieren Sie den Zufallsversuch zur Durchführung der Dopingkontrolle in Aufgabe 1 mithilfe
a) eines GTR; **b)** eines Kartenspiels; **c)** eines regelmäßigen (20 flächigen) Ikosaeders.
Beschreiben Sie, wie bei diesen Zufallsgeräten die Zuordnung „positive Kontrolle" bzw. „negative Kontrolle" erfolgen kann.

8.2.2 Abzählverfahren zum Bestimmen von Wahrscheinlichkeiten

Einstieg

Die Jugendabteilung eines Sportvereins besteht aus 32 Jugendlichen. Sie hat 4 Restkarten für nebeneinanderliegende Sitzplätze bei einem Fußballländerspiel geschenkt bekommen. Diese sollen gerecht verteilt werden. Dafür sind zwei Möglichkeiten im Gespräch:

(1) Es werden 32 Lose mit den Namen hergestellt.

(2) Es wird ein Rouletterad gedreht, das gleich große, von 0 bis 36 beschriftete Felder hat.

Beschreiben Sie, wie man bei beiden Verfahren vorgeht, und vergleichen Sie diese. Wie ist die Angabe zu berücksichtigen, dass die Restkarten im Prinzip gleichwertig sind?

Aufgabe

1 Anzahl der Möglichkeiten beim Ziehen mit und ohne Zurücklegen

In einer Klasse sind 30 Schülerinnen und Schüler. Für ein Konzert stehen 5 nummerierte Freikarten für verschiedene Preisklassen zur Verfügung.

(1) Welche Verfahren sind für das Verlosen geeignet? Geben Sie Beispiele an.

(2) Wie viele Möglichkeiten gibt es für die Klassenlehrerin, die Karten zu verteilen?

Lösung

(1) Die Verlosung der Karten kann prinzipiell als *Ziehen mit Zurücklegen* oder als *Ziehen ohne Zurücklegen* durchgeführt werden. Für das erste Verfahren kann beispielsweise ein Glücksrad mit 30 gleich großen Sektoren oder ein „30er-Würfel“ verwendet werden. Sogar mit einem Roulette-Rad ist diese Art der Auslosung möglich: Den Schülerinnen und Schülern der Klasse werden die Felder 1 bis 30 zugeordnet. Falls die Kugel auf einem der übrigen Felder liegen bleibt, wiederholt man den Vorgang.
Eine Urne mit 30 Losen (welche die Namen der Schülerinnen und Schüler tragen können) kann sowohl für das Ziehen mit Zurücklegen als auch für das Ziehen ohne Zurücklegen verwendet werden.
Auch das Glücksrad mit 30 gleich großen Sektoren eignet sich für das Ziehen ohne Zurücklegen: Wiederholt sich hier ein Ergebnis, dann wird der Auslosungsvorgang wiederholt.

(2) An den folgenden Baumdiagrammen für die Verlosung der ersten beiden Karten kann man (im Prinzip) die Anzahl der Möglichkeiten der Kartenvergabe ablesen:

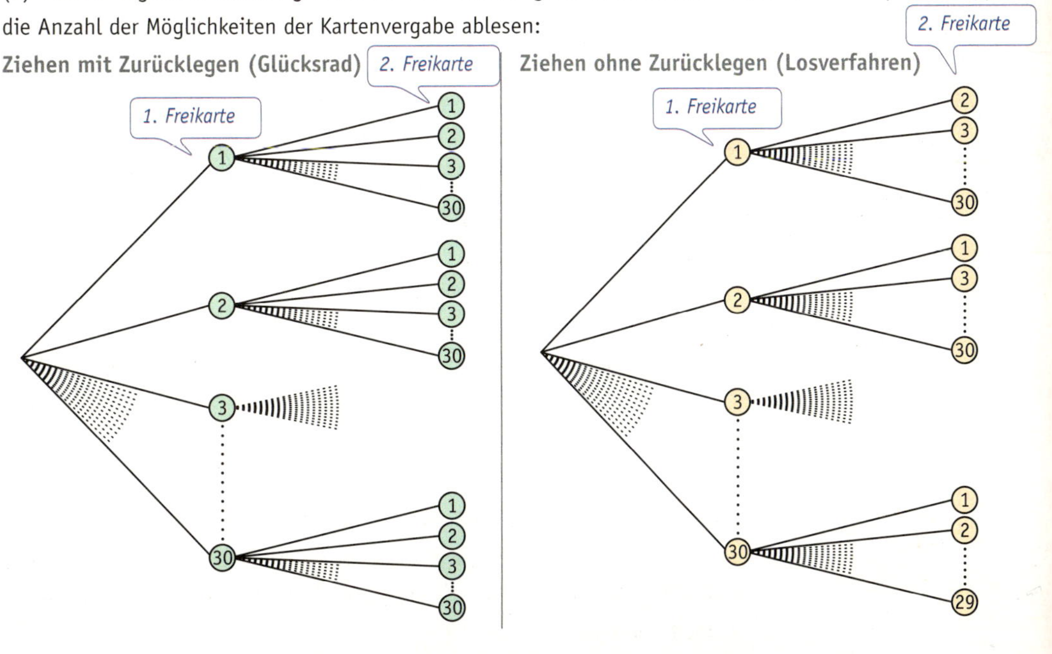

Denkt man sich die Baumdiagramme vollständig gezeichnet (d. h. für die Verlosung aller 5 Karten müssten jeweils rechts noch dreimal die Äste des Diagramms ergänzt werden), so erkennt man für die beiden Verfahren die Anzahl der Möglichkeiten, die Karten zu verteilen.

Ziehen mit Zurücklegen (Glücksrad)

1. Freikarte: Es gibt 30 Möglichkeiten.
2. Freikarte: jeweils wieder 30 Möglichkeiten
3. Freikarte: jeweils wieder 30 Möglichkeiten
4. Freikarte: jeweils wieder 30 Möglichkeiten
5. Freikarte: jeweils wieder 30 Möglichkeiten

Ergebnis: Die Anzahl der Möglichkeiten, die Karten zu verteilen, beträgt beim Glücksradverfahren:
$30 \cdot 30 \cdot 30 \cdot 30 \cdot 30 = 30^5 = 24\,300\,000$

Ziehen ohne Zurücklegen (Losverfahren)

1. Freikarte: Es gibt 30 Möglichkeiten.
2. Freikarte: jeweils noch 29 Möglichkeiten
3. Freikarte: jeweils noch 28 Möglichkeiten
4. Freikarte: jeweils noch 27 Möglichkeiten
5. Freikarte: jeweils noch 26 Möglichkeiten

Ergebnis: Die Anzahl der Möglichkeiten, die Karten zu verteilen, beträgt beim Losverfahren:
$30 \cdot 29 \cdot 28 \cdot 27 \cdot 26 = 17\,100\,720$

Information

(1) Allgemeines Zählprinzip der Kombinatorik

In der Lösung der Aufgabe 1 wurde eine wichtige Regel der Kombinatorik angewandt:

Allgemeines Zählprinzip der Kombinatorik

Nacheinander sollen k Entscheidungen (Auswahlen) getroffen werden.

Angenommen, auf der ersten Stufe gibt es n_1 Möglichkeiten;
auf der zweiten Stufe gibt es n_2 Möglichkeiten;
⋮
auf der k-ten Stufe gibt es n_k Möglichkeiten.

Dann gibt es *insgesamt* $n_1 \cdot n_2 \cdot \ldots \cdot n_k$ Möglichkeiten.

Wendet man das allgemeine Zählprinzip auf Ziehvorgänge an, so ergibt sich: Die Anzahl der möglichen Ergebnisse von mehrstufigen Ziehvorgängen mit und ohne Zurücklegen bestimmen wir, indem wir uns die zugehörigen Baumdiagramme mit ihren Verzweigungen vorstellen. Die Anzahl aller Möglichkeiten erhalten wir dann durch Multiplikation der jeweiligen Anzahl von Verzweigungen auf den einzelnen Stufen.

(2) Typen von Urnenziehungen

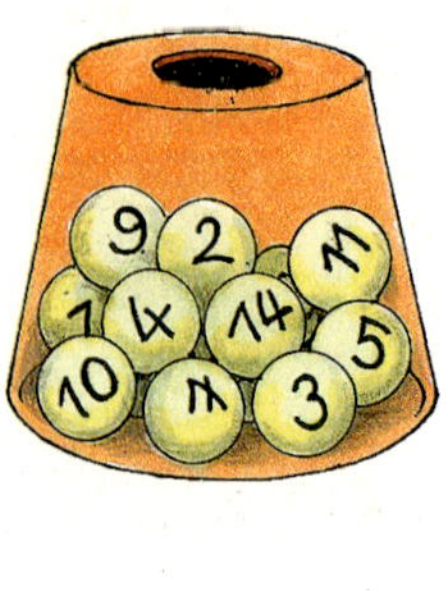

In der Stochastik benutzt man verschiedene Geräte zur Durchführung von Ziehungen bzw. Verlosungen. Alle Geräte lassen sich durch das sogenannte **Urnenmodell** beschreiben: Aus einem Gefäß (Urne), werden Lose oder Kugeln gezogen. Wir unterscheiden Ziehen *mit* Zurücklegen und Ziehen *ohne* Zurücklegen:

Satz

(a) **Ziehen mit Zurücklegen** (Geordnete Auswahl mit Wiederholungen)
Gegeben ist eine Urne mit n unterscheidbaren Kugeln. Es wird k-mal nacheinander eine Kugel gezogen und wieder zurückgelegt. Dies ist auf $\underbrace{n \cdot n \cdot \ldots \cdot n}_{k \text{ Faktoren}}$, also n^k verschiedene Arten möglich.

(b) **Ziehen ohne Zurücklegen** (Geordnete Auswahl ohne Wiederholung)
Gegeben ist eine Urne mit n unterscheidbaren Kugeln. Es wird k-mal nacheinander eine Kugel gezogen und nicht wieder zurückgelegt ($k \leq n$).
Dies ist auf $\underbrace{n \cdot (n-1) \cdot \ldots \cdot (n-k+1)}_{k \text{ Faktoren}}$ verschiedene Arten möglich.

Da beim Münzwurf, beim Würfeln, beim Drehen eines Glücksrades nach jedem Versuch wieder alle möglichen Ergebnisse auftreten können, kann man diese Zufallsversuche auch als Ziehen *mit* Zurücklegen interpretieren. Mit diesen Zufallsgeräten lassen sich aber auch Ziehungen *ohne* Zurücklegen *simulieren:* Tritt bei einer Versuchsdurchführen ein Ergebnis auf, das bereits vorher vorgekommen war, dann beachtet man dieses Ergebnis nicht und wiederholt den Versuch so lange, bis ein Ergebnis auftritt, das bis dahin noch nicht vorkam.

facultas (lat.)
Möglichkeit

Statt des Terms $1 \cdot 2 \cdot 3 \cdot \ldots \cdot (n-1) \cdot n$ schreibt man auch n! (lies: *n Fakultät*).

Definition

Für $n \geq 2$ ist **n Fakultät**

$$\mathbf{n! = n \cdot (n-1) \cdot (n-2) \cdot \ldots \cdot 3 \cdot 2 \cdot 1}$$

Zusätzlich soll gelten: **1! = 1** und **0! = 1**

Die Anzahl der Möglichkeiten beim *Ziehen ohne Zurücklegen* kann man daher auch folgendermaßen notieren:

$$n \cdot (n-1) \cdot \ldots \cdot (n-k+1) = \frac{n!}{(n-k)!}$$

(3) Berechnen der Anzahl der Möglichkeiten mithilfe eines Rechners

Die Anzahl der möglichen Verlosungen in Aufgabe 1 kann man auch mithilfe eines wissenschaftlichen Taschenrechners direkt berechnen.

Der Quotient $\frac{n!}{(n-k)!}$ kann in einigen Rechnern mithilfe des Befehls **nPr** berechnet werden.

```
DEG
30^5          24300000
```

```
DEG
30!/(30-5)!
      17100720
```

```
DEG
30 nPr 5
      17100720
```

Auf Englisch bezeichnet man diese Art der Ziehung als permutations.

Aufgabe

2 Anzahl der Möglichkeiten beim Ziehen ohne Zurücklegen und ohne Berücksichtigung der Reihenfolge

a) Bei einem Schulfest wird ein Lottospiel *3 aus 5* veranstaltet. Man gewinnt, wenn man von den 5 Zahlen auf dem Lottoschein die drei richtigen angekreuzt hat. Bei der Ziehung der drei Gewinnzahlen werden nacheinander 3 Kugeln aus einer Urne mit 5 Kugeln ohne Zurücklegen gezogen.
Wie viele Möglichkeiten gibt es, den abgebildeten Lottoschein auszufüllen? Mit welcher Wahrscheinlichkeit gewinnt man?

b) Übertragen Sie die Überlegungen aus Teilaufgabe a) auf das Lottospiel *6 aus 49*. Mit welcher Wahrscheinlichkeit hat man *6 Richtige*?

c) Beim Lottospiel *6 aus 49* gewinnt man beispielsweise auch, wenn man nur 4 Zahlen richtig angekreuzt hat. Wie groß ist die Wahrscheinlichkeit hierfür?

Lösung

a) Um systematisch alle Möglichkeiten aufzulisten, stellen wir uns den Vorgang so vor: Die drei Kugeln werden nacheinander ohne Zurücklegen gezogen; anschließend aber beachtet man nicht mehr, in welcher Reihenfolge die Kugeln gezogen wurden. Da es nicht auf die Reihenfolge der Ziehung ankommt, könnte man auch die drei Gewinnkugeln mit einem Griff aus der Urne ziehen.
Für das dreifache Ziehen ohne Zurücklegen gibt es $5 \cdot 4 \cdot 3$, also 60 Möglichkeiten:

1; 2; 3	1; 2; 4	1; 2; 5	1; 3; 4	1; 3; 5	1; 4; 5	2; 3; 4	2; 3; 5	2; 4; 5	3; 4; 5
1; 3; 2	1; 4; 2	1; 5; 2	1; 4; 3	1; 5; 3	1; 5; 4	2; 4; 3	2; 5; 3	2; 5; 4	3; 5; 4
2; 1; 3	2; 1; 4	2; 1; 5	3; 1; 4	3; 1; 5	4; 1; 5	3; 2; 4	3; 2; 5	4; 2; 5	4; 3; 5
2; 3; 1	2; 4; 1	2; 5; 1	3; 4; 1	3; 5; 1	4; 5; 1	3; 4; 2	3; 5; 2	4; 5; 2	4; 5; 3
3; 1; 2	4; 1; 2	5; 1; 2	4; 1; 3	5; 1; 3	5; 1; 4	4; 2; 3	5; 2; 3	5; 2; 4	5; 3; 4
3; 2; 1	4; 2; 1	5; 2; 1	4; 3; 1	5; 3; 1	5; 4; 1	4; 3; 2	5; 3; 2	5; 4; 2	5; 4; 3

Mögliche Anordnungen der Zahlen 1, 2, 3

Mögliche Anordnungen der Zahlen 3, 4, 5

In jeder Spalte stehen dieselben Zahlen, nur jeweils in anderer Reihenfolge. Es gibt $3 \cdot 2 \cdot 1$, also 6 Reihenfolgen von 3 Zahlen. Somit gibt es (nur) $\frac{5 \cdot 4 \cdot 3}{3 \cdot 2 \cdot 1} = \frac{60}{6}$, also 10 Möglichkeiten, drei Kugeln mit einem Griff aus einer Urne mit 5 Kugeln zu entnehmen:

- Ziehen nacheinander ohne Zurücklegen: $5 \cdot 4 \cdot 3 = 60$ Möglichkeiten
- Anordnung der 3 gezogenen Zahlen: $3 \cdot 2 \cdot 1 = 6$ Möglichkeiten
- Ziehungen mit einem Griff: $\frac{5 \cdot 4 \cdot 3}{3 \cdot 2 \cdot 1} = 10$ Möglichkeiten

Ergebnis

Es gibt 10 gleich wahrscheinliche Möglichkeiten, 3 Kugeln mit einem Griff aus einer Urne zu ziehen.
Die Wahrscheinlichkeit zu gewinnen beträgt demnach $\frac{1}{10}$.

b) Analog zur Teilaufgabe a) gibt es $49 \cdot 48 \cdot 47 \cdot 46 \cdot 45 \cdot 44$ verschiedene Möglichkeiten, die sechs Glückszahlen zu ziehen. Diese sechs Glückszahlen können sich auf $6 \cdot 5 \cdot 4 \cdot 3 \cdot 2 \cdot 1 = 720$ verschiedene Arten ergeben. Daher gibt es (nur) $\frac{49 \cdot 48 \cdot 47 \cdot 46 \cdot 45 \cdot 44}{6 \cdot 5 \cdot 4 \cdot 3 \cdot 2 \cdot 1} = 13\,983\,816$ verschiedene Gewinnzahl-Kombinationen beim Lottospiel *6 aus 49*.
Die Wahrscheinlichkeit für *6 Richtige* ist also $\frac{1}{13\,983\,816}$.

c) Um auf einem Tippzettel *4 Richtige* zu haben, muss man irgendwelche 4 Gewinnzahlen und irgendwelche 2 Nicht-Gewinnzahlen angekreuzt haben. Dabei kann jede der Möglichkeiten mit 4 Gewinnzahlen mit jeder der Möglichkeiten mit 2 Nicht-Gewinnzahlen kombiniert werden.
Es gibt analog zu den Teilaufgaben a) und b) $\frac{6 \cdot 5 \cdot 4 \cdot 3}{4 \cdot 3 \cdot 2 \cdot 1} = 15$ Möglichkeiten, 4 Zahlen aus 6 auszuwählen, und $\frac{43 \cdot 42}{2 \cdot 1} = 903$ Möglichkeiten, 2 Zahlen aus den 43 Zahlen, die keine Gewinnzahlen sind.

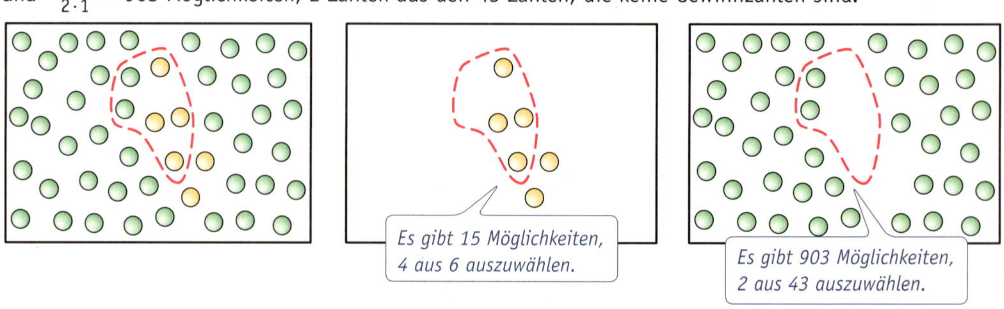

LAPLACE'sche Regel:
Anzahl der günstigen Fälle dividiert durch Anzahl der möglichen Fälle

Insgesamt gibt es also $15 \cdot 903 = 13\,545$ solcher Kombinationen. Die Wahrscheinlichkeit für 4 Richtige berechnet sich also nach der LAPLACE'schen Regel:

$$P(\textit{4 Richtige}) = \frac{13\,545}{13\,983\,816} \approx 0{,}00097 \approx 0{,}097\,\%$$

Information

(4) Anzahl der Möglichkeiten beim Ziehen mit einem Griff – Binomialkoeffizient

Ziehvorgänge in der Art der Lottoziehung wie in Aufgabe 2 könnten auch als Ziehung mit einem Griff aufgefasst werden. Bei der Bestimmung der Anzahl der Möglichkeiten muss man berücksichtigen, dass es nicht auf die Reihenfolge ankommt, in der die Kugeln gezogen werden. Daher muss die Anzahl der möglichen Ziehungsergebnisse dividiert werden durch die Anzahl der Möglichkeiten, die k gezogenen Kugeln anzuordnen. Die Anzahl der möglichen Stichproben berechnet sich also wie folgt:

- k-faches Ziehen ohne Zurücklegen aus einer Urne mit n Kugeln: $n \cdot (n-1) \cdot \ldots \cdot (n-k+1)$ Möglichkeiten
- Anordnen der k Kugeln: $k!$ Möglichkeiten
- Weil jede der $n \cdot (n-1) \cdot \ldots \cdot (n-k+1)$ Möglichkeiten auf k! Arten umgestellt werden kann, gibt es bei der Ziehung mit einem Griff $\frac{n \cdot (n-1) \cdot \ldots \cdot (n-k+1)}{k!}$ Möglichkeiten.

Für diesen Ausdruck führt man eine Abkürzung ein:

Definition

Für natürliche Zahlen n und k mit $k \leq n$ setzt man $\binom{n}{k} = \frac{n \cdot (n-1) \cdot (n-2) \cdot \ldots \cdot (n-(k-1))}{k!} = \frac{n!}{k!\,(n-k)!}$

$\binom{n}{k}$ wird gelesen als n über k und heißt **Binomialkoeffizient**.

Beispiele

$\binom{7}{3} = \frac{7 \cdot 6 \cdot 5}{3 \cdot 2 \cdot 1} = 35$ $\qquad \binom{10}{5} = \frac{10 \cdot 9 \cdot 8 \cdot 7 \cdot 6}{5 \cdot 4 \cdot 3 \cdot 2 \cdot 1} = 252$ $\qquad \binom{4}{1} = \frac{4}{1} = 4$

Daraus ergibt sich, dass sich dieser Bruch stets kürzen lässt, z. B. $\binom{10}{5} = \frac{10 \cdot 9 \cdot 8 \cdot 7 \cdot 6}{5 \cdot 4 \cdot 3 \cdot 2 \cdot 1} = 252.$

Der Bruchterm $\binom{n}{k} = \frac{n \cdot (n-1) \cdot \ldots \cdot (n-(k-1))}{k \cdot (k-1) \cdot \ldots \cdot 1}$ gibt eine Anzahl an; sein Wert ist also eine natürliche Zahl.
Zusammenfassend erhalten wir:

Satz: Ziehen auf einen Griff (Ungeordnete Stichprobe)

Gegeben ist eine Urne mit n unterscheidbaren Kugeln. Es werden k Kugeln mit einem Griff entnommen, d.h. es wird eine k-elementige Teilmenge der n-elementigen Menge gebildet.

Dies ist auf $\binom{n}{k} = \underbrace{\frac{n \cdot (n-1) \cdot (n-2) \cdot \ldots \cdot (n-(k-1))}{k \cdot (k-1) \cdot (k-2) \cdot \ldots \cdot 1}}_{\text{je k Faktoren}} = \frac{n!}{k!\,(n-k)!}$ verschiedene Arten möglich.

Beispiel: Aus einer Urne mit 20 Kugeln mit den Nummern 1 bis 20 werden 4 Kugeln mit einem Griff gezogen. Dies ist auf $\binom{20}{4} = \frac{20 \cdot 19 \cdot 18 \cdot 17}{4 \cdot 3 \cdot 2 \cdot 1} = 4845$ verschiedene Arten möglich.

(5) Berechnung der Binomialkoeffizienten mithilfe des Rechners

Im Rechner-Menü zur Wahrscheinlichkeitsrechnung ist die Option nCr enthalten (C steht für *combinations*), mit deren Hilfe man auch Wahrscheinlichkeiten wie in Teilaufgabe 2c) direkt bestimmen kann.

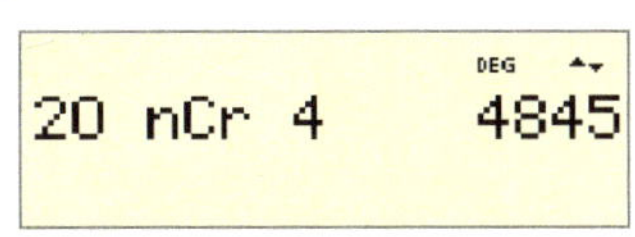

Weiterführende Aufgabe

3 Anordnung von Dingen

Begründen Sie folgenden Satz:

Satz: Anordnen von Dingen

Für n verschiedene Dinge gibt es n! verschiedene Anordnungen auf n Plätzen.

Übungsaufgaben

4

a) Die Angestellte einer Versicherung muss nacheinander 6 Kunden aufsuchen.
Auf wie viele Arten ist dies möglich?

b) Auf wie viele Weisen können 8 Autos in einer Reihe auf einem Parkplatz aufgestellt werden?

c) Ein Hotel hat 7 Einbettzimmer. Es kommen am Abend 7 einzeln reisende Personen an.
Auf wie viele Weisen können diese auf die Zimmer verteilt werden?

d) Bei den Schülern der 10. Klasse wird eine Umfrage gemacht: 5 Popgruppen sollen nach ihrer Beliebtheit angeordnet werden. Wie viele Reihenfolgen sind möglich?

e) Ein Mathematiklehrer lässt Klassenarbeiten immer in einem Raum mit Einzeltischen schreiben. Im Raum sind 32 Einzeltische [28 Einzeltische].
Auf wie viele Arten kann er den 28 Schülerinnen und Schülern seiner Klasse Plätze zuweisen?

f) Nacheinander kommen 5 Patienten in das Wartezimmer eines Arztes, in dem 12 Stühle stehen.
Wie viele Möglichkeiten haben die Patienten, Platz zu nehmen?

g) Auf der Speisekarte eines Restaurants stehen für das Tagesmenü drei verschiedene Vorspeisen, fünf Hauptgerichte und vier Desserts zur Auswahl.
Wie viele Möglichkeiten gibt es, das eigene Menü zusammenzustellen?

5 Für eine Tombola wurden 1000 Lose verkauft, welche die Nummern 000, 001, ..., 999 tragen.

a) Die Gewinnzahl für die Tombola wird so bestimmt: In einer Urne sind 10 Kugeln mit den Nummern 0, 1, 2, ..., 9. Nacheinander werden drei Kugeln herausgenommen. Diese bestimmen in der Reihenfolge der Ziehung die Hunderter-, Zehner- und Einerziffer der Gewinnzahl. Jemand hält das Verfahren für fehlerhaft, da einige Losnummern „benachteiligt" sind.
Was halten Sie von dieser Kritik?

b) Das Auslosungsverfahren wird aufgrund der Kritik wie folgt geändert: Man legt in eine Urne insgesamt 30 Kugeln, je 3 mit den Nummern 0, 1, 2, ... , 9. Dann werden wieder nacheinander drei Kugeln herausgenommen.
Ist das Verfahren jetzt in Ordnung?

6

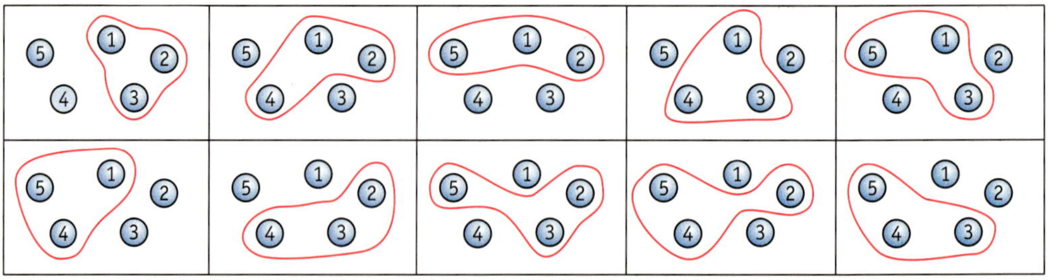

Man kann sich die Situation in Teilaufgabe 2 a) so wie in der Abbildung dargestellt veranschaulichen. Erläutern Sie die Grafik.

7 Aus einer Urne mit drei Kugeln wird dreimal hintereinander eine Kugel gezogen. Hierfür gibt es 6 Möglichkeiten. Was halten Sie von folgender Erläuterung?

„Es gibt 6 Möglichkeiten: Bei der ersten Ziehung gibt es drei Möglichkeiten, bei der zweiten zwei und bei der dritten Ziehung eine Möglichkeit. Insgesamt sind dies 3 + 2 + 1, also 6 Möglichkeiten."

8 Wenn am Wochenende Fußballspiele der 1. oder 2. Liga z. B. wegen Unbespielbarkeit des Fußballfeldes ausfallen, muss das Ergebnis des Spiels für die Totowette ausgelost werden. Dabei bedeutet 1 einen Sieg der Heimmannschaft und 2 einen Sieg der Gastmannschaft und 0 ein Unentschieden.
Angenommen, alle 13 Spiele der Fußballwette fallen aus. Wie viele verschiedene Toto-Gewinnreihen könnten dann ausgelost werden?

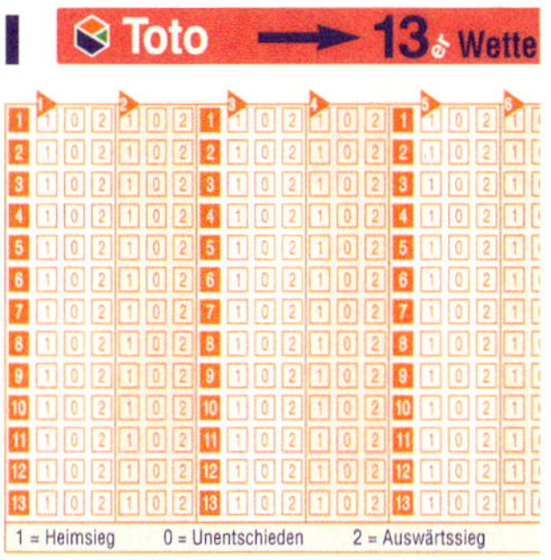

9 Bei Pferderennen kann man darauf wetten, welche Pferde im Ziel den 1., 2. und 3. Platz einnehmen. Jemand, der keine Ahnung von den teilnehmenden Reitern und Pferden hat, gibt bei einem Rennen mit 12 gleich guten Rennpferden einen beliebigen Tipp ab, z. B. 9; 3; 11.
Mit welcher Wahrscheinlichkeit ist dieser Tipp vollständig richtig? Wie hoch ist die Wahrscheinlichkeit, dass man wenigstens die richtigen drei Pferde für die Spitzengruppe des Rennens ausgewählt hat?

10

a) Aus einem gut gemischten Skatspiel mit 32 Karten werden 4 Karten gezogen. Wie groß ist die Wahrscheinlichkeit dafür, dass dies
(1) die 4 Asse; (2) zwei Asse und zwei Damen; (3) mindestens zwei Asse sind?

b) Aus einem gut gemischten Skatspiel mit 32 Karten werden 8 Karten gezogen.
Wie groß ist die Wahrscheinlichkeit dafür, dass dies
(1) die 8 Kreuz-Karten; (2) vier Kreuz- und vier Pik-Karten; (3) acht schwarze Karten sind?

c) Aus einem gut gemischten Kartenspiel werden 4 Karten gezogen.
Wie groß ist die Wahrscheinlichkeit dafür, dass die vier Karten vier verschiedene Farben haben (also genau 1 Kreuz-Karte, 1 Pik-Karte, 1 Herz-Karte, 1 Karo-Karte darunter ist)?
Ergibt sich ein Unterschied, wenn das Kartenspiel 32 Karten umfasst, oder wenn dies 52 Karten sind wie bei einem Rommé-Spiel (ohne Joker)?

d) Aus einem gut gemischten Skatspiel mit 32 Karten werden 8 Karten gezogen.
Wie groß ist die Wahrscheinlichkeit dafür, dass die acht Karten acht verschiedene Werte haben (also genau eine 7, eine 8, eine 9, eine 10, ein Bube, eine Dame, ein König, ein Ass darunter ist)?

Louis Braille
(1809 – 1852)

11

Der Blindenlehrer Louis Braille, selbst schon im Alter von drei Jahren erblindet, entwickelte mit 16 Jahren eine noch heute gebräuchlich Blindenschrift, die auch Braille-Schrift genannt wird. Jedes Schriftzeichen (Buchstabe, Satzzeichen, Zahl) besteht aus drei Zeilen mit jeweils zwei Zeichen. Jedes einzelne Zeichen ist entweder mit einer Erhebung versehen oder flach.

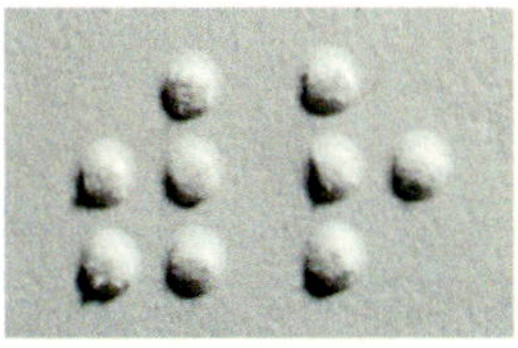

Wie viele verschiedene Zeichen sind auf diese Weise darstellbar?

12

a) Beim Lottospiel *6 aus 49* gibt es verschiedene Gewinnränge.

(1) Man gewinnt z. B. auch, wenn man 5 der 6 Gewinnzahlen richtig angekreuzt hat (5 Richtige).

(2) Nachdem die 6 Glückszahlen gezogen sind, wird aus den verbleibenden 43 Kugeln noch eine weitere gezogen. Diese bestimmt die sogenannte Zusatzzahl. In einem der Gewinnränge gewinnt man auch, wenn man 3 der 6 Gewinnzahlen und die Zusatzzahl richtig angekreuzt hat (3 Richtige mit Zusatzzahl).

Wie groß sind in (1) bzw. (2) die Gewinnwahrscheinlichkeiten?

Anzahl der Richtigen	Wahrscheinlichkeit
0	$\frac{6\,096\,454}{13\,983\,816}$
1	$\frac{5\,775\,588}{13\,983\,816}$
2	$\frac{1\,851\,150}{13\,983\,816}$
3	$\frac{246\,820}{13\,983\,816}$
4	$\frac{13\,545}{13\,983\,816}$
5	$\frac{258}{13\,983\,816}$
6	$\frac{1}{13\,983\,816}$

b) Bestimmen Sie die Wahrscheinlichkeit für einen Lottotipp mit folgendem Gewinnrang:

(1) 4 Richtige mit Zusatzzahl; (2) 5 Richtige mit Zusatzzahl.

c) Begründen Sie die nebenstehenden Wahrscheinlichkeiten für einen Lottotipp mit 0, 1, 2, 3, 4, 5, 6 Richtigen *mit* oder *ohne* Zusatzzahl.

d) Für eine Lottoziehung am Samstag werden ungefähr 70 Millionen Tipps abgegeben, am Mittwoch ungefähr 40 Millionen. Schätzen Sie, wie viele Tipps mit 0, 1, 2, ..., 6 Richtigen darunter sein werden. Wie viele ungefähr werden gewinnen, weil die Zusatzzahl richtig getippt ist?

e) In einigen Ländern sind bzw. waren andere Lottospiele üblich. Vergleichen Sie die Gewinnchancen im 1. Gewinnrang (alle angekreuzten Zahlen sind Gewinnzahlen).

(1) Schweden: *7 aus 35*
(2) Belgien: *6 aus 42*
(3) Finnland: *7 aus 39*
(4) USA: *5 aus 55*
(5) Litauen: *6 aus 30*
(6) Dänemark: *7 aus 36*
(7) Polen: *5 aus 42*
(8) Niederlande: *6 aus 45*
(9) Italien: *6 aus 90*
(10) Bulgarien: *5 aus 35*

13

Die Bezeichnung *Binomialkoeffizient* für die Zahlen $\binom{n}{k} = \frac{n \cdot (n-1) \cdot \ldots \cdot (n-k+1)}{k \cdot (k-1) \cdot \ldots \cdot 1}$ hängt mit der Rolle zusammen, die diese Zahlen bei den binomischen Formeln spielen.

Beachten Sie: Beim Ausmultiplizieren des Terms $(a + b)^5$ wählt man aus jeder der 5 Klammern je ein Glied aus und multipliziert diese Glieder miteinander.

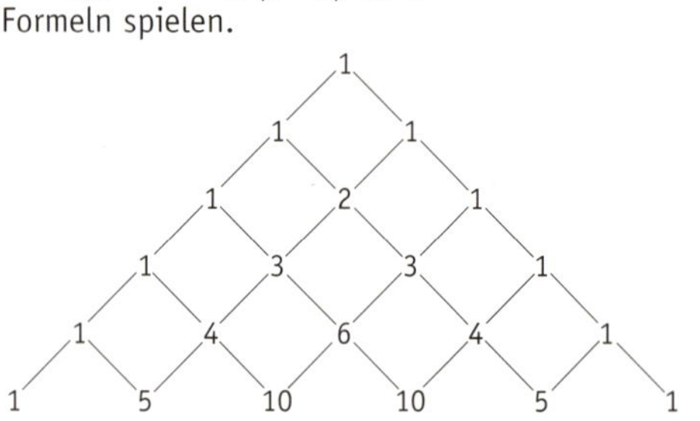

PASCAL'sches Dreieck

a) Begründen Sie hiermit:

$(a + b)^5 = (a + b)(a + b)(a + b)(a + b)(a + b)$
$= a^5 + 5a^4b + 10a^3b^2 + 10a^2b^3 + 5ab^4 + b^5$

b) Begründen Sie:

$(a + b)^5 = (a + b)^4(a + b) = (a^4 + 4a^3b + 6a^2b^2 + 4ab^3 + b^4) \cdot (a + b)$

mithilfe des PASCAL'schen Dreiecks.

c) Lösen Sie die Klammern auf:

(1) $(a + b)^6$ (2) $(a - b)^7$ (3) $(a + b)^{10}$

8.3 Bedingte Wahrscheinlichkeiten

8.3.1 Darstellen von Daten in Vierfeldertafeln

Ziel

Wenn statistische Daten in den Medien veröffentlicht werden, dann geschieht dies selten in Form von vollständigen Tabellen, aus denen die Leser bzw. Zuschauer selbst die Informationen entnehmen können. In den meisten Fällen werden nur einzelne Aspekte ausgewählt und dargestellt, sodass die Informationen über die behandelten Themen oft unvollständig sind.
Statistische Daten geben Informationen darüber, mit welchen (absoluten oder relativen) Häufigkeiten bestimmte Merkmale und deren Ausprägungen in einer betrachteten Gesamtheit auftreten. Untersucht man gleichzeitig zwei Merkmale, dann ist es wichtig, dass die enthaltenen Informationen übersichtlich präsentiert und richtig interpretiert werden. In diesem Abschnitt werden Sie hierfür verschiedene Darstellungsformen kennen lernen.

Zum Erarbeiten

(1) Rekonstruktion von Daten – Vierfeldertafeln

Die im Zeitungsartikel enthaltenen ausgewählten Informationen über Schulabgänger von allgemeinbildenden Schulen lassen sich vervollständigen:

Mädchen bei höheren Schulabschlüssen vorn

Düsseldorf 2009 Wie aus den jetzt veröffentlichten Daten des Statistischen Landesamtes NRW hervorgeht, machen die Mädchen bessere Abschlüsse als die Jungen: Im zurückliegenden Schuljahr verließen insgesamt 219 100 Schülerinnen und Schüler die allgemeinbildenden Schulen, darunter 49,9 % Mädchen. 74 900 Abgänger erreichten als Abschluss die Allgemeine Hochschulreife (AHR) oder Fachhochschulreife (FHR); hier betrug der Mädchenanteil 55,1 %.

Im Artikel sind Informationen über zwei Merkmale (Geschlecht bzw. Schulabschluss) mit jeweils zwei Merkmalsausprägungen (*Mädchen* bzw. *Junge* und *Fachhochschulreife/Allgemeine Hochschulreife* bzw. *anderer/kein Abschluss*) enthalten, die sich in Form einer Tabelle in einer **Vierfeldertafel** mit *absoluten Häufigkeiten* darstellen lassen:

55,1 % von 74 900 *49,9 % von 219 100*

absolute Häufigkeiten		Schulabschluss FHR/AHR	Schulabschluss anderer/kein Abschluss	gesamt
Geschlecht	Mädchen	41 300	68 000	109 300
Geschlecht	Jungen	33 600	76 200	109 800
	gesamt	74 900	144 200	219 100

blau eingetragene Zahlen: durch Differenzbildung ermittelt

Hieraus gewinnt man eine Vierfeldertafel mit *relativen* Häufigkeiten, indem man jeweils die absolute Häufigkeit durch die Gesamtzahl der erfassten Personen, also durch 219 100, dividiert.

relative Häufigkeiten		Schulabschluss FHR/AHR	Schulabschluss anderer/kein Abschluss	gesamt
Geschlecht	Mädchen	0,189	0,310	0,499
Geschlecht	Jungen	0,153	0,348	0,501
	gesamt	0,342	0,658	1

(2) Übersichtliche Darstellung der Informationen durch Baumdiagramme

Wenn man nähere Informationen zu den Schulabgängern erhalten möchte, gibt es zwei Möglichkeiten: Entweder man betrachtet zunächst das Merkmal *Geschlecht* und dann das Merkmal *Schulabschluss* und stellt die sich hieraus ergebenden Informationen in Form eines Baumdiagramms dar oder man geht in der umgekehrten Reihenfolge vor. Zu einer Vierfeldertafel gehören also grundsätzlich zwei Baumdiagramme.

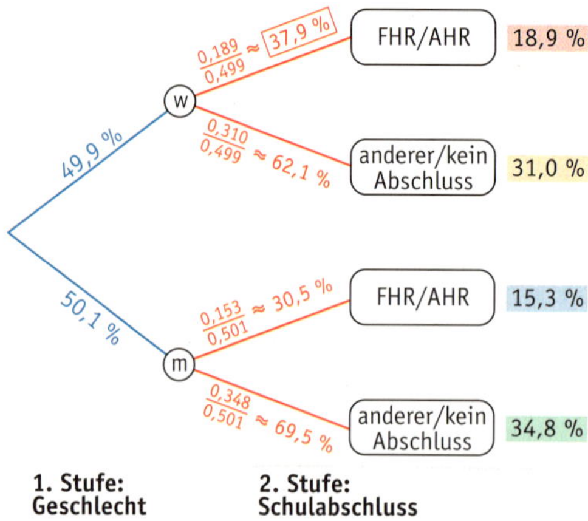

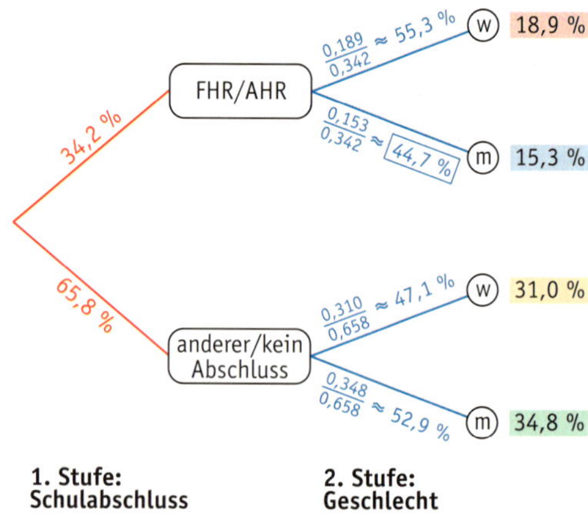

Die an den Baumdiagrammen notierten relativen Häufigkeiten kann man als Schätzwerte für Wahrscheinlichkeiten auffassen, wenn Schulabgänger zufällig ausgewählt werden. Diese Schätzwerte geben an, mit welchen Wahrscheinlichkeiten bestimmte Ereignisse auftreten.

Die am Ende der Pfade notierten Pfad-Wahrscheinlichkeiten entsprechen den Wahrscheinlichkeiten in den inneren Feldern der Vierfeldertafel.

Beispiele

- Aus der Gesamtheit aller Schulabgänger wird eine Person zufällig ausgewählt.
  Wie groß ist die Wahrscheinlichkeit, dass es sich um ein Mädchen handelt?
  Wie groß ist die Wahrscheinlichkeit, dass eine Person die FHR/AHR erreicht hat?
  Die Wahrscheinlichkeiten lassen sich in der Vierfeldertafel als *Zeilen- bzw. Spaltensumme* ablesen. Sie stehen daher als Wahrscheinlichkeiten jeweils an den Pfaden auf der 1. Stufe des 1. Baumdiagramms bzw. des 2. Baumdiagramms: 49,9 % bzw. 34,2 %.
- Aus der Gesamtheit aller Mädchen, die im vergangenen Jahr die Schule verlassen haben, wird eine Person ausgewählt.
  Wie groß ist die Wahrscheinlichkeit, dass diese den Abschluss FHR/AHR erreicht hat?
  Die *Wahrscheinlichkeit eines einzelnen Pfades auf der 2. Stufe* beim *ersten* Baumdiagramm erhält man durch Quotientenbildung innerhalb einer Zeile der Vierfeldertafel: $p = \frac{0{,}189}{0{,}499} \approx 0{,}379$, oder mit absoluten Häufigkeiten berechnet: $p = \frac{41\,300}{109\,300} \approx 0{,}378$.
  Nach Pfadmultiplikationsregel gilt: $0{,}499 \cdot p = 0{,}189$
- Aus der Gesamtheit aller Schulabgänger des letzten Jahres mit FHR/AHR wird eine Person zufällig ausgewählt.
  Wie groß ist die Wahrscheinlichkeit, dass es sich um einen Jungen handelt?
  Die *Wahrscheinlichkeit eines einzelnen Pfades auf der 2. Stufe* beim *zweiten* Baumdiagramm erhält man durch Quotientenbildung innerhalb einer Spalte der Vierfeldertafel: $p = \frac{0{,}153}{0{,}342} \approx 0{,}447$, oder mit absoluten Häufigkeiten berechnet: $p = \frac{33\,600}{74\,900} \approx 0{,}449$.
  Nach Pfadmultiplikationsregel gilt: $0{,}342 \cdot p = 0{,}153$

Hinweis: Berechnet man die Wahrscheinlichkeiten der Pfade auf 2. Stufe mit den absoluten Häufigkeiten, erhält man geringfügig abweichende Werte.

Information

(1) Vierfeldertafel

Oben haben wir statistische Daten über zwei Merkmale mit je zwei Ausprägungen in einer Tabelle mit vier *inneren Feldern*, einer **Vierfeldertafel**, notiert.

In die *inneren Felder* der Vierfeldertafel wird eingetragen, wie viele der Merkmalsträger (im Beispiel oben: Schulabgänger) bestimmte Kombinationen von Ausprägungen haben (z.B. ein *Mädchen* sind *und* einen *anderen/keinen Abschluss* haben). Für die einzelnen Merkmalsausprägungen kann man Summen bilden, die in die *Randfelder* der Vierfeldertafel eingetragen werden. Schließlich wird in das Randfeld unten rechts die Gesamtzahl aller insgesamt betrachteten Merkmalsträger *(Grundgesamtheit)* notiert.

Durch die Angaben in den inneren Feldern ist eine Vierfeldertafel eindeutig festgelegt, d.h. alle anderen Felder (das heißt: die Randfelder) lassen sich hieraus eindeutig berechnen.

(2) Zwei mögliche Baumdiagramme

Man nennt die beiden Baumdiagramme auch Umkehrungen voneinander.

Zu jeder Vierfeldertafel gehören zwei mögliche Baumdiagramme, die sich durch die Reihenfolge unterscheiden, in der die beiden in der Vierfeldertafel erfassten Merkmale betrachtet werden.

Die Wahrscheinlichkeiten, die an der 2. Stufe der beiden Baumdiagrammen stehen, ergeben sich (nach der Pfadmultiplikationsregel) als Quotienten innerhalb einer Zeile bzw. innerhalb einer Spalte der Vierfeldertafel. In der Regel unterscheiden sich die Wahrscheinlichkeiten der beiden Baumdiagramme auf der 2. Stufe, da sie sich auf verschiedene Merkmale und daher auf verschiedene Teilgesamtheiten beziehen.

Dagegen stimmen die (am Ende der Pfade notierten) Pfadwahrscheinlichkeiten bis auf die Reihenfolge überein, da sie die Wahrscheinlichkeiten der inneren Felder *derselben* Vierfeldertafel sind.

		Merkmal B		
		B_1	B2	gesamt
Merkmal A	A_1	p_1	p_2	●
	A_2	p_3	p_4	●
gesamt		■	■	1

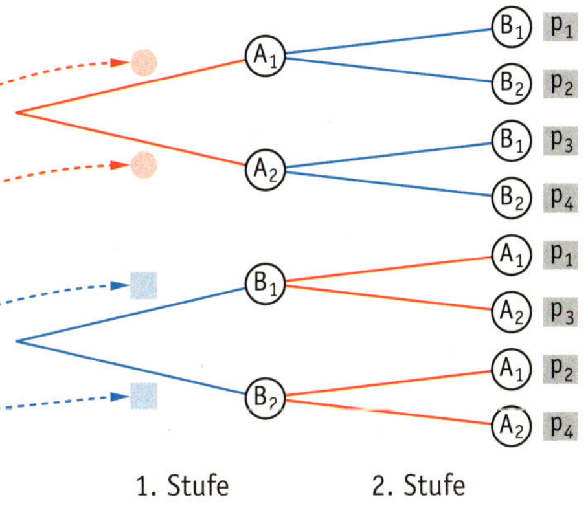

Zum Üben

1 Lesen Sie die beiden Zeitungsartikel zur theoretischen Führerscheinprüfung. Zeigen sie dann, dass beide Zeitungsartikel auf Daten beruhen, die zur selben Vierfeldertafel gehören.

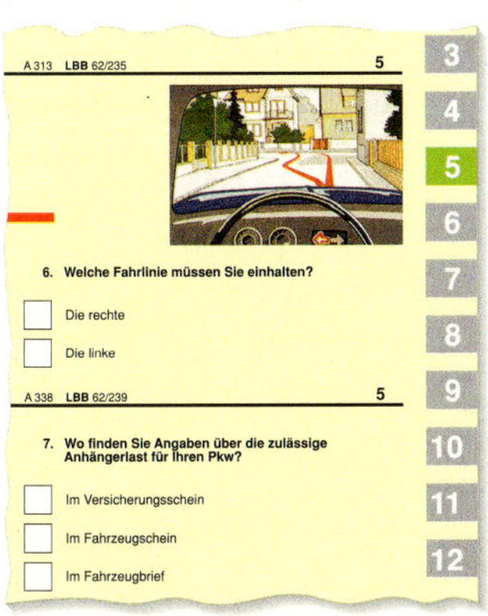

75 % der Anmeldungen zur theoretischen Führerscheinprüfung erfolgen als Erstmeldungen.
Von diesen Prüfungen gehen 73 % erfolgreich aus, während 43 % der Kandidaten, die zur Wiederholungsprüfung antreten, auch bei dieser Prüfung durchfallen.

31 % der Prüflinge bestehen die theoretische Führerscheinprüfung nicht; von diesen hatten es 34 % schon vorher mindestens einmal vergeblich versucht.
Unter den erfolgreichen Kandidaten sind immerhin 20 %, die vorher schon einmal durchgefallen waren.

2 Zeigen Sie, dass die beiden Artikel auf denselben statistischen Daten beruhen. Auf welche Veränderungen wollen die Autoren der beiden Artikel besonders aufmerksam machen?

Fahrstuhleffekt im Schulsystem

Eltern wünschen einen höheren Bildungsabschluss für ihre Kinder

37 % aller 10- bis 16-Jährigen besuchen derzeit die Schulform Gymnasium. Jedoch nur 35 % dieser Jugendlichen haben Eltern, von denen mindestens ein Elternteil selbst zum Gymnasium ging. Umgekehrt findet man unter den Schülerinnen und Schülern, die eine Haupt- oder Realschule besuchen, nur 8 %, bei denen mindestens ein Elternteil ein Gymnasium absolvierte.

Schulform Gymnasium immer beliebter

Viele Eltern bevorzugen aber eine Schulform, die ihnen bekannt ist

72 % der Eltern, von denen mindestens ein Elternteil selbst ein Gymnasium besuchte, schicken heute ihr Kind wieder auf ein Gymnasium; bei den Eltern, die beide eine Haupt- oder Realschule absolvierten, ist es ähnlich: 71 % lassen ihr Kind ebenfalls eine Schule dieser Schulform besuchen. Der Anteil der Gymnasiasten ist allerdings in einer Generation von 18 % auf 37 % angewachsen.

3 Bei den Bundestagswahlen 2009 zeigte sich, dass auch 19 Jahre nach der Wiedervereinigung Unterschiede im Wahlverhalten zwischen den neuen und alten Bundesländern bestehen. Die auf der 1. Stufe des Baumdiagramms angegebenen Anteile beziehen sich auf die Anteile der in Ost und West abgegebenen gültigen Stimmen.

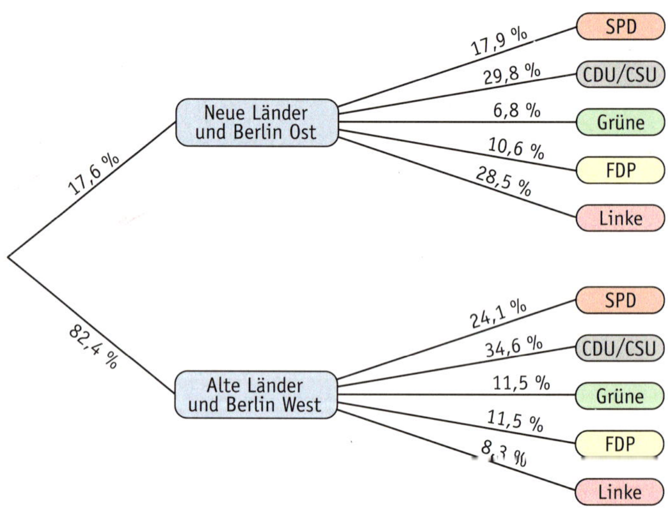

(1) Bestimmen Sie die zugehörige Mehrfeldertafel.

(2) Erstellen Sie auch das Baumdiagramm, bei dem auf der 1. Stufe die verschiedenen Parteien und auf der 2. Stufe das Wahlgebiet betrachtet wird.
Schreiben Sie dazu einen kurzen Zeitungstext.

4 Das Baumdiagramm enthält Informationen zu den im Verkehrszentralregister in Flensburg erfassten Personen über das Geschlecht (**m**ännlich, **w**eiblich) und die Frage, ob der Führerschein entzogen wurde (**j**a, **n**ein).

a) Erstellen Sie eine Vierfeldertafel mit relativen Häufigkeiten.

b) Entwickeln Sie aus der Vierfeldertafel das andere mögliche Baumdiagramm. Schreiben Sie hierzu einen kurzen Zeitungsartikel.

Im Flensburger Zentralregister sind 6,7 Millionen Personen registriert; wegen der Schwere des Verkehrsvergehens wurden in vielen Fällen die Führerscheine entzogen.

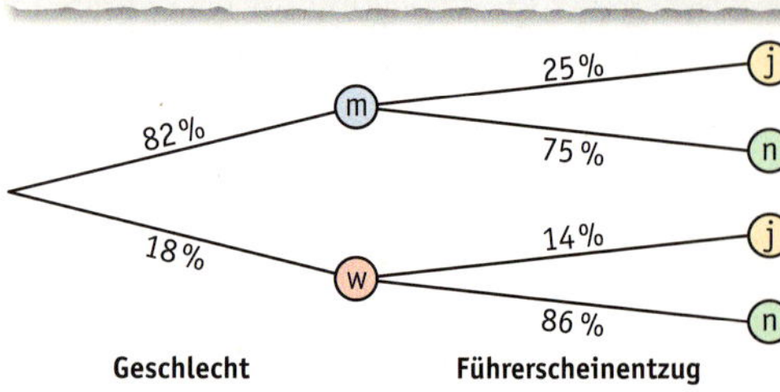

5 Eine Arbeitsmarkt-Statistik enthält folgende Informationen über Teilzeit- und Vollzeitbeschäftigte in Deutschland:

	weiblich	männlich	gesamt
Vollzeit	21,9 %	44,0 %	65,9 %
Teilzeit	23,4 %	10,7 %	34,1 %
gesamt	45,3 %	54,7 %	100,0 %

a) Stellen Sie diese Informationen auf zwei Arten durch Baumdiagramme dar.

b) Schreiben Sie dazu Zeitungstexte, die wie folgt beginnen: Von 1000 Erwerbstätigen …

(1) … sind 453 weiblich und 547 männlich …

(2) … haben 659 einen Vollzeit-Job und 341 eine Teilzeit-Beschäftigung. …

6

Wirtschaftswissenschaften beliebtestes Studienfach bei Frauen und Männern

Im Wintersemester 2009/2010 sind 46,4 % der Studierenden an nordrhein-westfälischen Hochschulen Frauen; von diesen haben 16,5 % das Fach Wirtschaftswissenschaften belegt. Bei den Männern entschieden sich sogar 18,3 % für diesen Fachbereich.

Stellen Sie die Informationen des Zeitungsartikels in Form eines Baumdiagramms dar und zeigen Sie, dass man die Informationen auch in der folgenden Form hätte veröffentlichen können:

> 17,5 % der Studierenden an den nordrhein-westfälischen Hochschulen haben das Fach Wirtschaftswissenschaften belegt; von diesen sind 43,9 % Frauen. Nimmt man alle übrigen Fachrichtungen zusammen, dann liegen auch dort die Männer mit einem Anteil von 53,1 % vorn.

7 Bei den Bundestagswahlen 2009 erreichte die CDU/CSU insgesamt 33,8 % der abgegebenen gültigen Zweitstimmen [die SPD 23,0 %]. Bei den Wählern unter 35 Jahren, deren Stimmen insgesamt 19,7 % der Stimmen ausmachten, kam die CDU/CSU auf 28,2 % [die SPD auf 17,5 %]; bei den Wählern zwischen 35 und 60 erreichte die CDU/CSU 29,7 % [die SPD 22,2 %]. Bei den Wählern über 60 Jahren, deren Stimmen insgesamt 34,7 % der Stimmen ausmachten, kam die CDU/CSU auf 42,4 % [die SPD auf 27,3 %].
Stellen Sie die Informationen in einem Baumdiagramm übersichtlich dar. Betrachten Sie dabei nur die Stimmen für die CDU/CSU [für die SPD] und für die übrigen Parteien.
Welche Aussagen kann man dem umgekehrten Baumdiagramm entnehmen?

8 Stellen Sie die Informationen in einem Baumdiagramm zusammen.
Welche Aussagen kann man dem umgekehrten Baumdiagramm entnehmen?
Bestimmen Sie auch die zugehörige 4-Felder-Tafel.

> Auch bei den Bundestagswahlen 2009 profitierte die CDU/CSU am meisten von der Möglichkeit für die Wahlberechtigten, ihre Stimme durch Briefwahl abzugeben: Während sie bei den Briefwählern auf 37,3 % der Stimmen kam, erreichte sie bei den Urnen-Wählern gerade einmal 32,9 %.
>
> Bei der SPD war es umgekehrt: Sie erhielt 23,6 % der Stimmen bei den Urnen-Wählern, aber nur 20,8 % bei den Briefwählern. Insgesamt waren durch Briefwahl 21,4 % aller gültigen Stimmen abgegeben worden.

8.3.2 Bedingte Wahrscheinlichkeiten – Abhängigkeit und Unabhängigkeit von Merkmalen

Einstieg

Widersprechen sich die Angaben in dem Zeitungsartikel rechts oder können die Informationen so stimmen?

33 % aller Männer rauchen.
61 % aller Raucher sind Männer.
22 % aller Frauen rauchen.
54 % aller Nichtraucher sind Frauen.

Aufgabe

1 Ablesen von Informationen aus Mehrfeldertafeln

Betrachten Sie die Ausschnitte aus zwei Zeitungsmeldungen nach den Bundestagswahlen 2009:

„… Bei der Bundestagswahl erreichte die CDU/CSU einen Stimmanteil von 33,8 %, die SPD nur 23,0 %. Beide Parteien erhielten ihre Stimmen überwiegend von Frauen: CDU/CSU zu 55,6 %, SPD zu 51,7 %. Die anderen Parteien wurden überwiegend von Männern gewählt (Stimmanteil der Männer 51,9 %) …“

„… 51,5 % der Wählerinnen und Wähler der Bundestagswahl waren Frauen. Wenn nur Frauen das Wahlrecht gehabt hätten, wäre die CDU/CSU mit 36,5 % als Sieger aus der Wahl hervorgegangen, die SPD hätte 23,1 % erreicht. Bei den Männern lag die CDU/CSU ebenfalls vorne, allerdings nur mit 30,9 %, aber auch hier deutlich vor der SPD (22,9 %) …“

Die Angaben in den Zeitungsausschnitten scheinen sich zu widersprechen, zumindest sind die Prozentangaben unterschiedlich.

	CDU/CSU	SPD	andere	gesamt
Männer	15,0 %	11,1 %	22,4 %	48,5 %
Frauen	18,8 %	11,9 %	20,8 %	51,5 %
Gesamt	33,8 %	23,0 %	43,2 %	100,0 %

Zeigen Sie, dass sich die in den beiden Texten enthaltenen Informationen tatsächlich aus der nebenstehenden Datenquelle (Mehrfeldertafel) ablesen bzw. entwickeln lassen. Spielt das Geschlecht bei der Stimmabgabe eine Rolle?

Lösung

Beide Zeitungstexte enthalten Informationen über zwei Merkmale, nämlich über das Merkmal *Anteil der Zweitstimmen der Parteien* mit den Ausprägungen *SPD, CDU/CSU* und *übrige Parteien* sowie über das Merkmal *Stimmanteil der Geschlechter* mit den Ausprägungen *Männer* und *Frauen*.

Die Reihenfolge, in der diese beiden Merkmale betrachtet werden, ist jedoch unterschiedlich:

(1) erst Partei, dann Geschlecht (2) erst Geschlecht, dann Partei

Die schwarzen Werte wurden aus den Zeitungsmeldungen abgelesen. Die roten Werte wurden ergänzt.

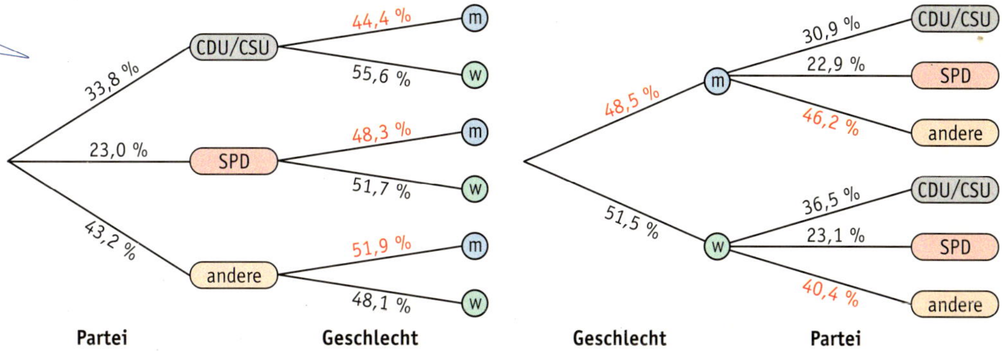

Multipliziert man die Anteile längs der Pfade in den beiden Baumdiagrammen aus, dann erkennt man, dass es sich um die in der Mehrfeldertafel angegebenen Anteile handelt.

Beispiel

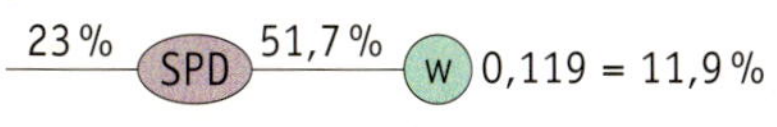

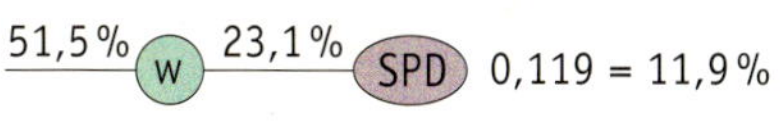

Die Wahlergebnisse (relative Häufigkeiten) lassen sich in Form der Mehrfeldertafel erfassen. Betrachtet man zunächst das Merkmal *Partei*, dann lesen wir die Anteile in der unteren Summenzeile der Mehrfeldertafel ab, z. B. SPD 23,0 %. Diese 23,0 % setzen sich aus 11,1 % (Männer) und 11,9 % (Frauen) zusammen. Durch Quotientenbildung erhalten wir den Anteil der Männer- bzw. Frauenstimmen an den SPD-Stimmen:

$\frac{11{,}1\,\%}{23{,}0\,\%} \approx 0{,}483 = 48{,}3\,\%$; $\quad \frac{11{,}9\,\%}{23{,}0\,\%} \approx 0{,}517 = 51{,}7\,\%$

Betrachtet man zunächst das Merkmal *Geschlecht*, dann geht man entsprechend von der rechten Summenspalte der Mehrfeldertafel aus und bildet Quotienten innerhalb der Zeilen, z. B. den Anteil der CDU/CSU-Stimmen unter den Männern bzw. den Frauen:

$\frac{15{,}0\,\%}{48{,}5\,\%} \approx 0{,}309 = 30{,}9\,\% \quad \frac{18{,}8\,\%}{51{,}5\,\%} \approx 0{,}365 = 36{,}5\,\%$

In beiden Fällen sind die Anteile voneinander verschieden.

Information

(1) Abhängigkeit und Unabhängigkeit von Merkmalen

In Aufgabe 1 haben wir untersucht, ob das Geschlecht bei der Stimmabgabe eine Rolle spielt. Wir stellten fest, dass es zum Teil deutliche Unterschiede im Wahlverhalten von Frauen und Männern bei der Bundestagswahl 2009 gab. Dies konnten wir an *beiden* Baumdiagrammen ablesen. Betrachtet man erst das Merkmal *Partei*, dann ergaben sich unterschiedliche Wahrscheinlichkeiten für Männer und Frauen auf der 2. Stufe. Betrachtet man erst das Merkmal *Geschlecht*, dann ergaben sich unterschiedliche Wahrscheinlichkeiten für die verschiedenen Parteien auf der 2. Stufe.

Ob das Geschlecht hinsichtlich des Wahlverhaltens eine Rolle spielt, kann man unmittelbar an den beiden Baumdiagrammen ablesen.

Beispiel für die Unabhängigkeit von Merkmalen

Bei einem Bürgerentscheid über einen Bebauungsplan einer Gemeinde konnten sich die Bürger zwischen den Alternativen A und B entscheiden. Die Vierfeldertafel enthält Informationen über das Abstimmungsverhalten.

		Abstimmungs-alternativen		gesamt
		A	B	
Geschlecht	weiblich	22 %	33 %	55 %
	männlich	18 %	27 %	45 %
gesamt		40 %	60 %	100 %

Ist das Abstimmungsergebnis für Alternative A oder B vom Geschlecht abhängig?
Wir betrachten dazu

- den Anteil der Frauen, die für A gestimmt haben: $\frac{22\,\%}{55\,\%} = 40\,\%$;
- den Anteil der Männer, die für A gestimmt haben: $\frac{18\,\%}{45\,\%} = 40\,\%$.

Beide Anteile sind gleich. Entsprechendes gilt für die Anteile der B-Stimmen: $\frac{33\,\%}{55\,\%} = 60\,\%$ und $\frac{27\,\%}{45\,\%} = 60\,\%$.
Es spielt also keine Rolle, ob wir die Frauen oder die Männer der Gemeinde betrachten, d. h. die Abstimmung für die Alternativen A oder B war vom Geschlecht unabhängig.
Zudem gilt: Die A-Stimmen und die B-Stimmen kamen jeweils zu 55 % von Frauen und zu 45 % von Männern: $\frac{22\,\%}{40\,\%} = 55\,\%$ bzw. $\frac{18\,\%}{40\,\%} = 45\,\%$ und $\frac{33\,\%}{60\,\%} = 55\,\%$ bzw. $\frac{27\,\%}{60\,\%} = 45\,\%$.
Es spielt also keine Rolle, ob wir die A-Stimmen oder die B-Stimmen betrachten, d. h. das Abstimmungsverhalten bei Männern und Frauen war von den Abstimmungsalternativen unabhängig.
Um die Unabhängigkeit (oder Abhängigkeit) von Merkmalen feststellen zu können, müssen – wie in Abschnitt 8.3.1 – die Wahrscheinlichkeiten als Quotienten bestimmt werden.
Notiert man diese Wahrscheinlichkeiten an den Pfaden der 2. Stufe der beiden zugehörigen Baumdiagramme, kann man die Unabhängigkeit (oder Abhängigkeit) auch direkt an beiden Baumdiagrammen ablesen:

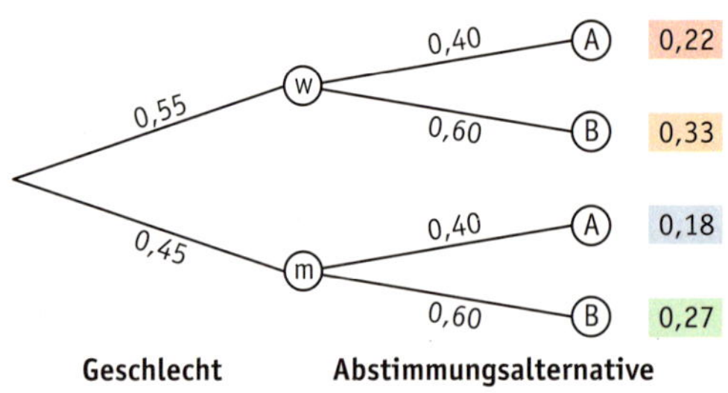

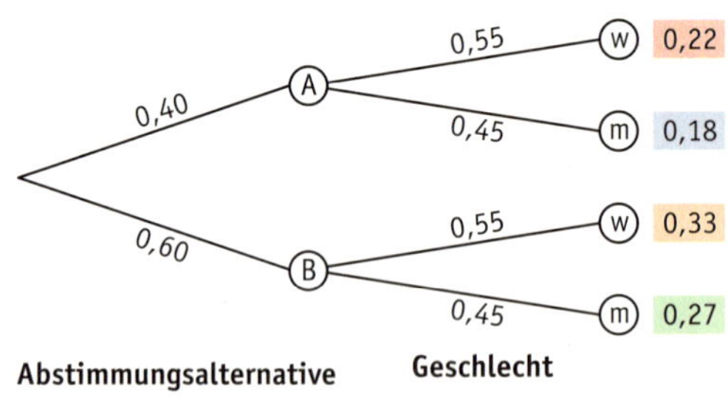

Für beide Baumdiagramme gilt: Die beiden Teilbäume der 2. Stufe stimmen überein.

Beispiel für die Abhängigkeit von Merkmalen

Die Stimmen für die Alternative A beim oben betrachteten Bürgerentscheid setzen sich – wie in der Vierfeldertafel rechts ablesbar – aus den Stimmen verschiedener Altersgruppen zusammen.

		Abstimmungs-alternativen		gesamt
		A	B	
Alter	bis 40 J.	16 %	30 %	46 %
	über 40 J.	24 %	30 %	54 %
gesamt		40 %	60 %	100 %

Wir erkennen: Alternative A erhielt bei den über 40-Jährigen mit 24 % der Stimmen $1\frac{1}{2}$-mal so viele Stimmen wie bei den bis 40-Jährigen mit 16 % – im Gegensatz zur Gesamtbevölkerung, in der beide Anteile mit 54 % und 46 % nicht in diesem Verhältnis stehen.
Das Abstimmungsverhalten bezüglich der Alternative A war also altersabhängig.
Entsprechend haben wir *unterschiedliche* Teilbäume auf der 2. Stufe der beiden zugehörigen Baumdiagramme:

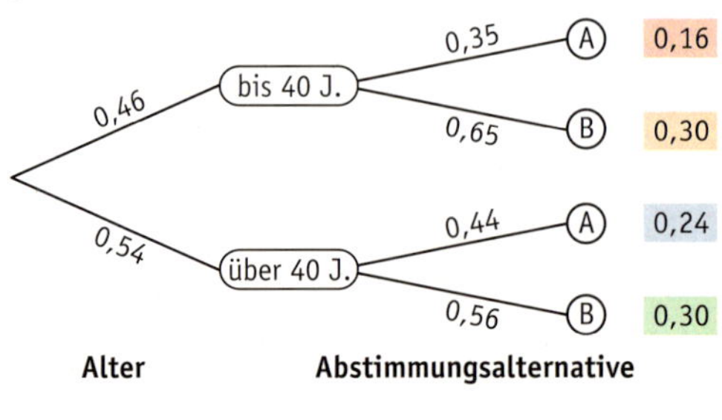

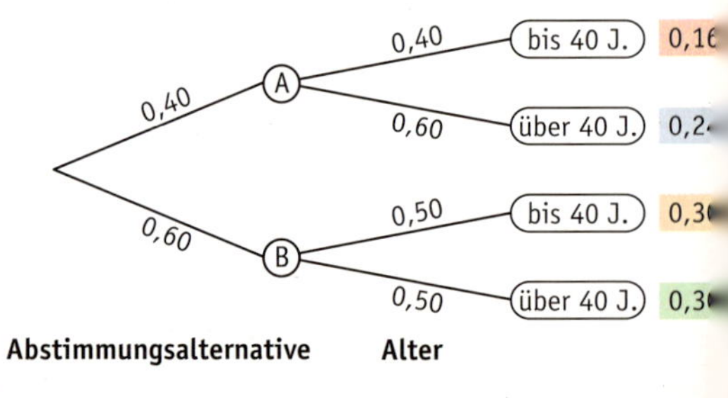

Kriterien für Abhängigkeit/Unabhängigkeit von Merkmalen in Mehrfeldertafeln

Informationen über zwei Merkmale und ihre Ausprägungen lassen sich mithilfe von zweistufigen Baumdiagrammen darstellen.

Treten dabei auf der 2. Stufe der (beiden möglichen) Baumdiagramme gleiche Teilbäume auf, dann sind die betrachteten Merkmale **voneinander unabhängig**, sonst **voneinander abhängig**.

Aufgabe

Die Wahrscheinlichkeit, durch ein Testverfahren eine gesunde Person als gesund zu erkennen, wird als **Spezifität** bezeichnet.

Die Wahrscheinlichkeit, durch ein Testverfahren eine erkrankte Person als krank zu erkennen, wird als **Sensitivität** bezeichnet.

2 Umkehren von Baumdiagrammen – bedingte Wahrscheinlichkeiten

GIB AIDS KEINE CHANCE

Bei Infektionskrankheiten ist es wichtig, dass man schnell die Art der Krankheit erkennt, damit man sie bekämpfen kann. Hierzu führt man Schnelltests durch, die allerdings Mängel haben: Manchmal wird eine Krankheit angezeigt, obwohl sie nicht vorliegt; gelegentlich wird eine Krankheit nicht angezeigt, obwohl sie vorhanden ist. Die vorliegenden Testverfahren zum Nachweis einer HIV-Infektion haben mittlerweile eine hohe Sicherheit (sogenannte *Sensitivität*):
Bei 99,9 % der tatsächlich Infizierten erfolgt eine positive Testreaktion. Nur bei 0,3 % der nichtinfizierten Testpersonen wird irrtümlich eine Infektion angezeigt (sogenannte *Spezifität* 99,7 %).
Man kann heute davon ausgehen, dass etwa 0,1 % der Bevölkerung in Deutschland HIV-infiziert ist.

a) Stellen Sie die Informationen in Form eines Baumdiagramms dar und bestimmen Sie hiermit die zugehörige Vierfeldertafel.

b) Um Vorstellungen von der Größenordnung der Anzahl der betroffenen Personen zu bekommen, ist es sinnvoll, auch die Vierfeldertafel mit absoluten Häufigkeiten zu bestimmen. Geben Sie diese an. Die Gesamtbevölkerung in Deutschland liegt bei rund 80 Mio.

c) Angenommen, eine Person wird zufällig ausgewählt: Wie groß ist die Wahrscheinlichkeit, dass bei einem positiven Testergebnis tatsächlich eine HIV-Infektion vorliegt?
Wie groß ist die Wahrscheinlichkeit, dass bei negativem Testergebnis dennoch eine Infektion vorliegt?
Warum erscheint das Rechenergebnis so paradox?
Stellen Sie dazu das Baumdiagramm mit vertauschter Abfolge der Merkmale auf.

Lösung

a) Im Text ist beschrieben, mit welchen Wahrscheinlichkeiten der HIV-Test positiv bzw. negativ bei Infizierten bzw. Nicht-Infizierten reagiert. Daher muss auf der 1. Stufe das Merkmal *Vorliegen der Infektion* mit den Merkmalsausprägungen *ja* bzw. *nein* betrachtet werden, auf der 2. Stufe dann das Merkmal *Testreaktion* mit den Merkmalsausprägungen *positiv* bzw. *negativ*.

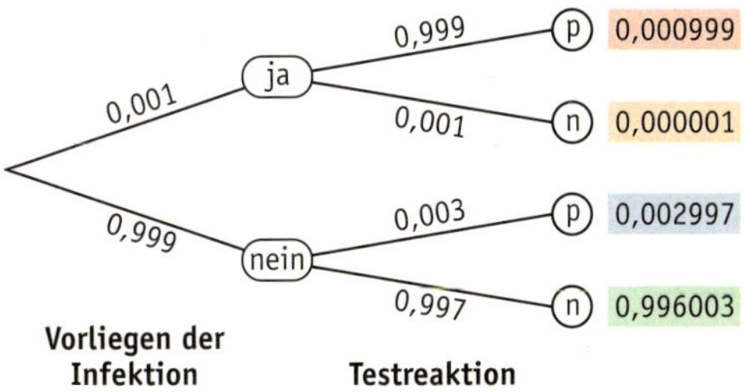

Die Pfadwahrscheinlichkeiten des Baumdiagrammes bestimmen die inneren Felder der zugehörigen Vierfeldertafel.

		Testreaktion positiv	Testreaktion negativ	gesamt
Vorliegen der Infektion	ja	0,000999	0,000001	0,001
	nein	0,002997	0,996003	0,999
gesamt		0,003996	0,996004	1

Anmerkung: Die Zahlen können fälschlicherweise vorspiegeln, dass Aussagen mit 6-stelliger Genauigkeit möglich sind. Dies ist sicherlich nicht der Fall. Die 6 Stellen nach dem Komma ergeben sich zwangsläufig aus dem kleinsten auftretenden Wert von 0,000001 (ein Millionstel).

b) Entsprechend ist auch die Vierfeldertafel mit absoluten Häufigkeiten „übertrieben" genau; aber sie gibt uns klare Vorstellungen von den Größenordnungen.

		Testreaktion positiv	Testreaktion negativ	gesamt
Vorliegen der Infektion	ja	79 920	80	80 000
	nein	239 760	79 680 240	79 920 000
gesamt		319 680	79 680 320	80 000 000

c) Das Baumdiagramm mit vertauschten Merkmalen ergibt sich wie folgt:

1\. Stufe: *Testreaktion*

Die Wahrscheinlichkeiten entnehmen wir den Summenfeldern der Spalten der Tabelle von Seite 431.

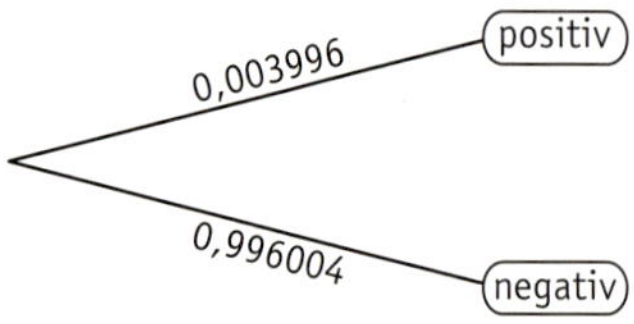

2\. Stufe: *Vorliegen der Infektion*

Die Wahrscheinlichkeiten berechnen wir als Quotienten in den Spalten der Tabellen:

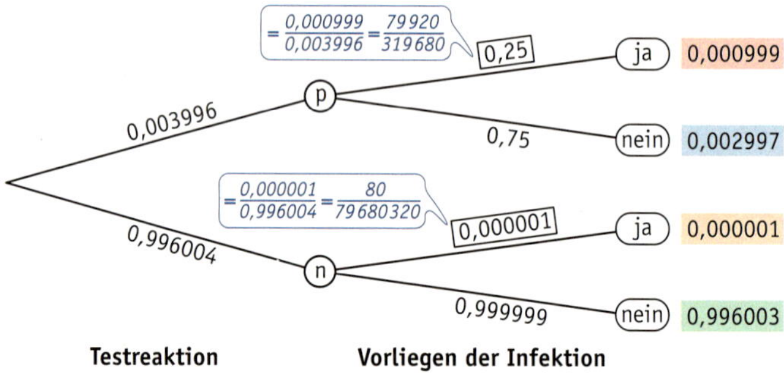

Die Wahrscheinlichkeit, dass bei einer zufällig ausgewählten Person tatsächlich eine HIV-Infektion vorliegt, nachdem der HIV-Text eine positive Reaktion gezeigt hatte, beträgt nur 25 %. Die Chancen dafür, dass eine Person mit negativem Testergebnis dennoch HIV-infiziert ist, stehen wie 1 zu 1 Million (Wahrscheinlichkeit 0,000001).

Die berechnete Wahrscheinlichkeit von 25 % für das tatsächliche Vorliegen einer HIV-Infektion scheint im Widerspruch zur angegebenen Sensitivität von 99,9 % zu stehen, die doch eine hohe Sicherheit des Testverfahrens zu versprechen scheint. Insbesondere an den absoluten Häufigkeiten lesen wir jedoch ab, welche quantitativen Auswirkungen die 0,3 % falschen Reaktionen bei der großen Zahl der Nicht-Infizierten haben.

Weiterführende Aufgabe

3 Gefahr der Verwechslung von Wahrscheinlichkeiten

a) Bei einer Wahl wurde Partei A vor allem von jüngeren Wählern gewählt. Eine repräsentative Befragung am Wahltag ergab die nebenstehenden Daten. Welche Zeitungsmeldung (Schlagzeile) ist richtig?

		Wahl der Partei A	Wahl der Partei sonstige	gesamt
Alter	bis 30 J.	4,5 %	13,5 %	18,0 %
	30 J. und älter	7,5 %	74,5 %	82,0 %
gesamt		12,0 %	88,0 %	100 %

(1) Jeder vierte Wähler der Partei A ist unter 30.

(2) Jeder vierte Wähler unter 30 entschied sich für Partei A.

b) Was bedeutet es, wenn in einem Text steht:

(1) der Anteil der Männer, die Partei A gewählt haben, beträgt 10 %;

(2) der Anteil der männlichen Wähler der Partei A beträgt 10 %;

(3) der Anteil der Personen, die männlich sind und Partei A gewählt haben, beträgt 10 %;

(4) der Anteil der Wähler der Partei A unter den Männern beträgt 10 %;

(5) der Anteil der Männer unter den Wählern der Partei A beträgt 10 %?

Information

$P_A(B)$ bedeutet Wahrscheinlichkeit für B unter der Bedingung A.

$P(A \cap B)$ bedeutet Wahrscheinlichkeit für A und B.

	B	$\overline{B}$	
A	0,12	0,24	0,36
$\overline{A}$	0,48	0,16	0,64
	0,60	0,40	1

$\overline{A}$ bedeutet: nicht A, also das Gegenereignis von A

(2) Bedingte Wahrscheinlichkeiten

Wenn man nicht genau formuliert oder oberflächlich liest, können leicht Verwechslungen bei der Angabe von Wahrscheinlichkeiten auftreten (siehe Aufgabe 2). Wenn man die Wahrscheinlichkeiten auf der 2. Stufe beschreibt, muss man auf die Voraussetzungen *(Bedingungen)* achten, die durch die 1. Stufe gegeben sind. Diese Bedingungen machen wir durch eine Index-Schreibweise deutlich.

Beispiel

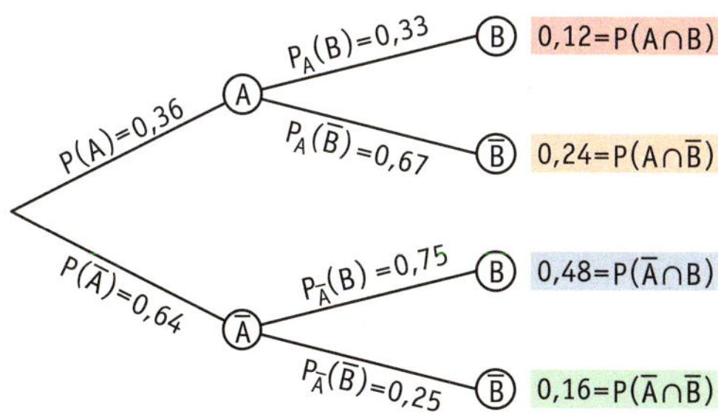

1. Merkmal **2. Merkmal**

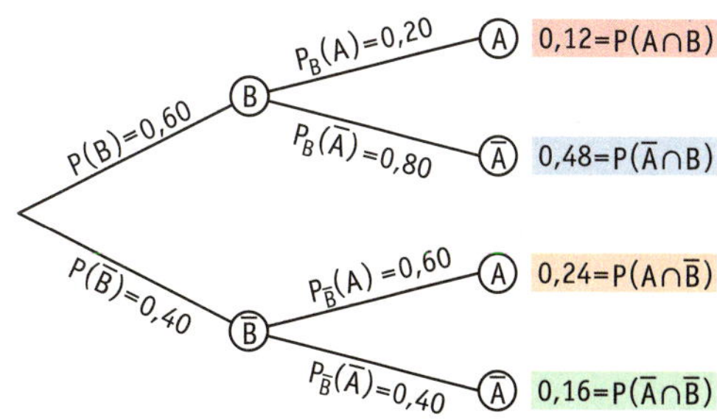

2. Merkmal **1. Merkmal**

Bedingte Wahrscheinlichkeiten lassen sich also als Anteile auffassen, d. h. als Brüche (Quotienten) berechnen: Der Zähler des Bruches lässt sich aus einem inneren Feld der Mehrfeldertafel ablesen; der Nenner des Bruches steht als Zeilen- oder Spaltensumme am Rand.

	B	$\overline{B}$	gesamt
A	$P(A \cap B)$	$P(A \cap \overline{B})$	$P(A)$
$\overline{A}$	$P(\overline{A} \cap B)$	$P(\overline{A} \cap \overline{B})$	$P(\overline{A})$
gesamt	$P(B)$	$P(\overline{B})$	1

Hieraus ergibt sich das folgende allgemeine Baumdiagramm für einen 2-stufigen Zufallsversuch:

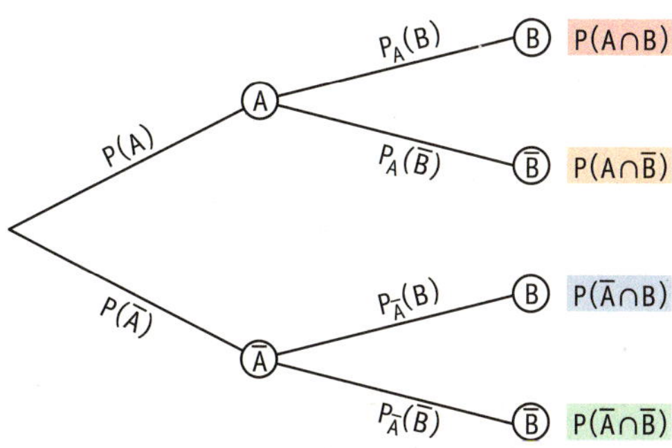

Entsprechend für das zugehörige umgekehrte Baumdiagramm:

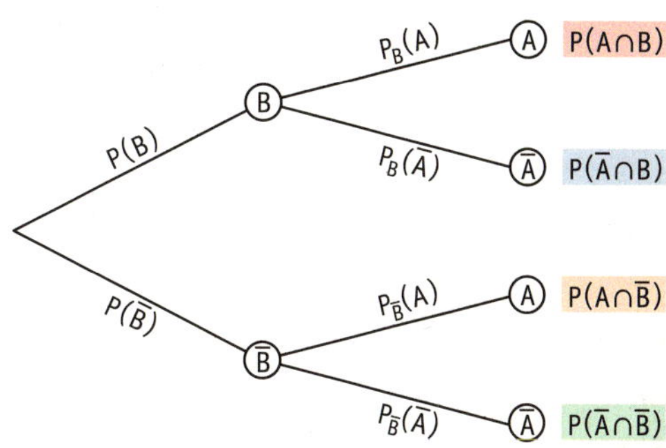

Die bedingten Wahrscheinlichkeiten auf der 2. Stufe kann man wie folgt berechnen: Man kennt die Wahrscheinlichkeit für den gesamten Pfad, beispielsweise $P(A \cap B)$, und die Wahrscheinlichkeit $P(A)$ für den Teilpfad der 1. Stufe. Wegen $P(A) \cdot P_A(B) = P(A \cap B)$ gemäß der Pfadmultiplikationsregel ergibt sich die Wahrscheinlichkeit für den Teilpfad der 2. Stufe als Quotient $P_A(B) = \frac{P(A \cap B)}{P(A)}$.
Man definiert deshalb allgemein:

Definition: Bedingte Wahrscheinlichkeit

Die Wahrscheinlichkeit, dass ein Ereignis A eintritt unter der Bedingung, dass ein Ereignis B bereits eingetreten ist, berechnet man wie folgt: $P_B(A) = \frac{P(A \cap B)}{P(B)}$

Die Wahrscheinlichkeit, dass ein Ereignis B eintritt unter der Bedingung, dass ein Ereignis A bereits eingetreten ist, berechnet man wie folgt: $P_A(B) = \frac{P(A \cap B)}{P(A)}$

Information

THOMAS BAYES (1702 – 1761); englischer Mathematiker

(3) Satz von Bayes

Oft sind in Anwendungssituationen Informationen gegeben, die man unmittelbar in ein Baumdiagramm übertragen kann. Interessiert man sich aber für eine Wahrscheinlichkeit, die nur aus dem *umgekehrten* Baumdiagramm abgelesen werden kann, so kann man diese Wahrscheinlichkeit auch der Vierfeldertafel entnehmen, ohne dass man das umgekehrte Baumdiagramm vollständig aufstellt.

Die hierbei verwendete Rechenregel geht auf den englischen Mathematiker THOMAS BAYES zurück:

Satz von BAYES

Wir betrachten die Ereignisse A und B und interessieren uns für die Wahrscheinlichkeit, dass A eintritt unter der Bedingung, dass B bereits eingetreten ist. Dann gilt:

Die Wahrscheinlichkeit $P_B(A) = \frac{P(A \cap B)}{P(B)}$ für A unter der Bedingung B berechnet sich wie folgt:

$$P_B(A) = \frac{P(A \cap B)}{P(A) \cdot P_A(B) + P(\overline{A}) \cdot P_{\overline{A}}(B)}$$

(4) Formale Definition der Unabhängigkeit von Ereignissen

Nach der Definition der bedingten Wahrscheinlichkeit gilt: $P(A) \cdot P_A(B) = P(A \cap B)$ und auch $P(B) \cdot P_B(A) = P(A \cap B)$. Wenn es aber für das Eintreten des Ereignisses A keine Rolle spielt, ob B eingetreten ist, also $P_B(A) = P(A)$, und umgekehrt $P_A(B) = P(B)$, dann sind A und B voneinander unabhängig. Es gilt dann: $P(A) \cdot P(B) = P(A \cap B)$.

Daher definiert man: Zwei Ereignisse A und B heißen **stochastisch voneinander unabhängig** genau dann, wenn gilt: $P(A) \cdot P(B) = P(A \cap B)$, andernfalls heißen sie stochastisch voneinander abhängig.

Übungsaufgaben

4 In der Warenausgabe einer Fabrik, die SIM-Karten fertigt, werden Kontrollmessungen durchgeführt. SIM-Karten, die nicht vollständig funktionstüchtig sind, werden zu 95 % als solche erkannt, allerdings kommt es auch in 2 % der Fälle vor, dass wegen eines Messfehlers brauchbare SIM-Karten irrtümlich als *fehlerhaft* angezeigt werden. Erfahrungsgemäß sind 90 % der produzierten SIM-Karten in Ordnung.

a) (1) Eine zufällig herausgegriffene SIM-Karte wird als *fehlerhaft* angezeigt.
Mit welcher Wahrscheinlichkeit ist sie tatsächlich nicht zu gebrauchen?

(2) Eine zufällig herausgegriffene SIM-Karte wird als *funktionstüchtig* angezeigt.
Mit welcher Wahrscheinlichkeit ist sie tatsächlich zu gebrauchen?

b) Wie verringert sich die Fehlerquote, wenn die Kontrollmessung zweifach durchgeführt wird?

Polizei warnt vor Alkohol am Steuer

In Deutschland wurden im vergangenen Jahr insgesamt ca. 390 000 Unfälle mit Personenschaden registriert, davon waren 10,2 % durch Alkohol verursacht. Während sich 24,6 % der Verkehrsunfälle ohne Alkoholeinfluss in der Zeit zwischen 18 Uhr abends und 4 Uhr morgens ereigneten, fiel bei den Alkohol-Unfällen ein Anteil von 68,0 % in diesen Zeitraum.

5

a) Stellen Sie die Daten des Zeitungsartikels in einer Vierfeldertafel und in einem Baumdiagramm zusammen.

b) Welche Daten kann man dem umgekehrten Baumdiagramm entnehmen? Schreiben Sie dazu einen Zeitungstext.

c) Ein Unfall mit Personenschaden wird zufällig ausgewählt. Wie groß ist die Wahrscheinlichkeit, dass dieser Unfall

(1) unter Alkoholeinwirkung geschah, wenn bekannt ist, dass er zwischen 4 Uhr morgens und 18 Uhr abends stattfand;

(2) zwischen 4 Uhr morgens und 18 Uhr abends stattfand, wenn bekannt ist, dass Alkohol im Spiel war?

6

Der Glukosetoleranztest

Beim Glukosetoleranztest gibt der Arzt dem Patienten eine genau abgemessene Zuckerwassermenge zu trinken und prüft nach einer kurzen Wartezeit die Blutzuckerwerte.

Die Sensitivität dieses Tests beträgt 72 %, d. h. bei Personen, die an Diabetes erkrankt sind, reagiert der Test in 72 % der Fälle („positiv"). Die Spezifität des Tests beträgt 73 %, d. h. bei Personen, die nicht an Diabetes erkrankt sind, zeigt der Test in 73 % der Fälle keine Reaktion („negativ"). Etwa 1 % der Bevölkerung ist an Diabetes erkrankt und weiß nichts von der Tatsache der Erkrankung.

Was bedeutet es, wenn bei einer Vorsorgeuntersuchung bei einem nichts-ahnenden Patienten ein „positiver" Befund festgestellt wird? Mit welcher Wahrscheinlichkeit ist diese Person tatsächlich an Diabetes erkrankt? Wie brauchbar ist der Glukosetoleranztest überhaupt?

7 Impfschutz gegen Malaria

Trotz aller Warnungen fahren viele Urlauber ohne Impfschutz in tropische Gegenden. Offensichtlich halten sie z. B. die Ansteckungsrate von 6 % für Malaria für nicht gefährlich. Hotels in diesen Regionen halten für die Touristen Schnelltests bereit, mit denen diese ohne großen Aufwand überprüfen können, ob sie sich mit Malaria infiziert haben. Unabhängig von den Schwierigkeiten, die manche Touristen haben, den Schnelltest nach Anleitung durchzuführen, sind die Schnelltests selbst nicht sicher: Nur bei 77 % der tatsächlich Infizierten erfolgt eine „positive" Testreaktion; bei 95 % der tatsächlich Nicht-Infizierten erfolgt eine „negative" Testreaktion.

Angenommen, eine Person führt vorsichtshalber einen Schnelltest durch und das Testergebnis ist „positiv". Mit welcher Wahrscheinlichkeit ist diese Person tatsächlich an Malaria erkrankt?

8 Wahlentscheidungen sind in der Regel in starkem Maße vom Stimmverhalten der verschiedenen Altersgruppen abhängig. Untersuchen Sie dazu die folgenden Daten zur Landtagswahl 2009 in Hessen; hier waren 70 % der Wähler/innen unter 60 Jahre alt.

Hätten bei der Landtagswahl 2009 in Hessen nur die Wähler/innen unter 60 Jahren ein Stimmrecht gehabt, dann hätten die beiden großen Parteien schlechter abgeschnitten als insgesamt (CDU 33 %, SPD 23 %). Wenn nur die Wähler/innen ab 60 Jahren hätten wählen dürfen, hätten beide davon profitiert (CDU 47 %, SPD 25 %).

a) Stellen Sie die Informationen in Form eines Baumdiagramms dar.

b) Bestimmen Sie auch das umgekehrte Baumdiagramm und schreiben Sie dazu einen Zeitungstext.

9 Das Wahlverhalten bei der Landtagswahl 2009 in Hessen war in den verschiedenen Konfessionsgruppen sehr unterschiedlich: Während die CDU bei den Katholiken auf 52 % der Stimmen kam, erreichte sie bei den Protestanten nur 34 % und in der übrigen Bevölkerung (andere/ohne Konfession) sogar nur 25 %. Die SPD dagegen kam auf 28 % in der protestantischen Bevölkerung, auf 16 % bei den Katholiken und auf 25 % sonst. Bei der Wahl erhielt die CDU insgesamt 37,2 %, die SPD 23,7 % der Stimmen.

Stellen Sie diese Informationen in geeigneten Baumdiagrammen und einer Mehrfeldertafel dar.

Schreiben Sie einen weiteren Text über das Wahlverhalten der CDU- bzw. SPD-Wählerschaft.

10 Drei Lokalzeitungen A, B, C haben Marktanteile von 45 %, 37 % und 18 %. Bei Zeitung A erfolgt 10 % des Verkaufs an Abonnenten, bei Zeitung B sind dies 60 %, bei Zeitung C 75 %.

a) Bestimmen Sie den Anteil der Abonnenten unter den Zeitungslesern.

b) An einem Kiosk wird gerade eine Lokalzeitung verkauft. Mit welcher Wahrscheinlichkeit ist dies die Zeitung B?

11 Ein Autohersteller lässt bei einem neuen Wagentyp Scheibenwischer von drei verschiedenen Zulieferfirmen einbauen. Vom ersten Zulieferer stammen 20 %, vom zweiten 30 %, vom dritten 50 %.
Bei den Inspektionen nach 6 Monaten wird festgestellt, dass 15 % der Scheibenwischer der ersten Zulieferfirma, 18 % der zweiten und 9 % der dritten Firma unbrauchbar geworden sind.

a) Stellen Sie die Daten in einem Baumdiagramm zusammen und berechnen Sie die Wahrscheinlichkeit dafür, dass ein zufällig ausgewählter Scheibenwischer unbrauchbar ist.

b) Stellen Sie die Angaben in einer Mehrfeldertafel zusammen und berechnen Sie die bedingten Wahrscheinlichkeiten dafür, dass ein zufällig ausgewählter Scheibenwischer, der sich als unbrauchbar erwiesen hat, aus der ersten [zweiten; dritten] Firma stammt.

12

a) Wenn ein HIV-Test positiv verlaufen ist, wird der Test bei der betreffenden Person noch einmal durchgeführt. Was bedeutet es nun, wenn zweimal hintereinander eine positive Testreaktion erfolgte (Ereignis „pp“)? Vervollständigen Sie das nebenstehende Baumdiagramm. Geben Sie das Ergebnis in Worten wieder.

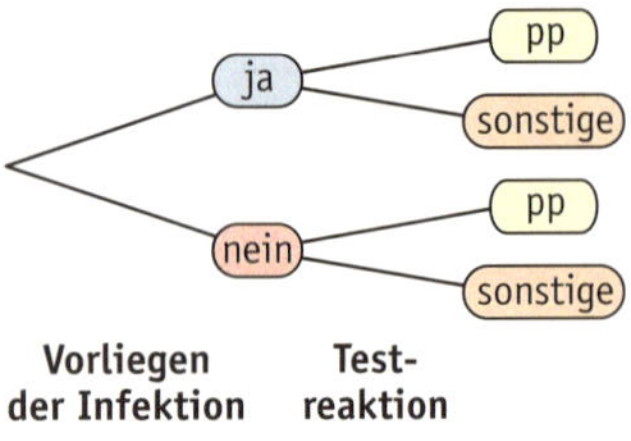

b) In der Praxis wird bei Vorliegen eines positiven Testergebnisses der aufwendigere Western-Blot-Test durchgeführt. Dieser hat eine Spezifität von 99,95 % (bei gleicher Sensitivität).
Erläutern Sie, wieso hiermit die Aussagen über das Vorliegen/Nicht-Vorliegen einer HIV-Infektion sicherer sind.

Kohorte: Bevölkerungsgruppe mit gemeinsamen zeit- oder jahrgangsspezifischen Merkmalen

Geburtskohorte: Bevölkerungsgruppe mit gleichem Geburtsjahr

13 Zu den frühkindlichen Vorsorgemaßnahmen zählen auch die Untersuchungen von Neugeborenen hinsichtlich einer Hörschädigung, das sogenannte Hörscreening.
Im Abschlussbericht eines Ausschusses der Bundesärztekammer heißt es:

> „Bei einer Spezifität von 98 % und einer Sensitivität von 90 % würden bei einer Geburtskohorte von 686 000 (Jahr 2005) von 823 Kindern mit Hörstörungen ~~704~~ 741 durch ein universelles Neugeborenen-Hörscreening erkannt und ~~12 904~~ 13 704 Kinder hätten einen falsch-positiven Befund. […]
> Aufgrund des geringen Schadenspotenzials bei falsch-positiven Befunden und des erheblichen zu erwartenden Nutzens bei Kindern, deren Hörstörung durch das Screening entdeckt wird, überwiegt nach Ansicht der Arbeitsgruppe der potenzielle Nutzen den potenziellen Schaden.“

Was bedeutet dieser Text? Stellen Sie die Informationen in Form eines Baumdiagramms dar und bestimmen Sie das umgekehrte Baumdiagramm.

Axiome der Wahrscheinlichkeitsrechnung

In früheren Jahrgangsstufen haben Sie gelernt, wie man zu Werten für Wahrscheinlichkeiten kommt:

- bei LAPLACE-Versuchen aufgrund der Modellannahme,
- bei den übrigen Zufallsversuchen aufgrund der Entwicklung (Stabilisierung) von relativen Häufigkeiten.

Da man das Stabilisieren der relativen Häufigkeiten sowohl bei Nicht-LAPLACE-Versuchen wie auch bei LAPLACE-Versuchen als empirisches Gesetz beobachtet, liegt es nahe, Wahrscheinlichkeiten als Grenzwerte von relativen Häufigkeiten in unendlich langen Versuchsserien zu definieren, wie dies 1918 vom österreichischen Mathematiker RICHARD VON MISES versucht wurde.

Diese Möglichkeit der Definition scheiterte an zwei Gegebenheiten:

(1) Es gibt keine unendlichen Versuchsreihen.

(2) Bei konvergenten Zahlenfolgen unterscheiden sich die Folgenglieder mit wachsender Platznummer n immer weniger vom Grenzwert. Bei einer Folge von relativen Häufigkeiten dagegen kann es durchaus vorkommen, dass sich die relativen Häufigkeiten mit zunehmender Versuchszahl wieder vom „Grenzwert" entfernen. Es ist gerade das Charakteristische eines Zufallsvorgangs, dass „der Zufall kein Gedächtnis hat" (wie es der französische Mathematiker BERTRAND 1889 formulierte).

RICHARD VON MISES (1883 – 1953) studierte in Wien und Brünn, war Professor für Mathematik in Straßburg, Dresden und Berlin. In Berlin war er Direktor des ersten Institutes für Angewandte Mathematik. Als der nationalsozialistische Staat am 7. April 1933 mit dem „Gesetz zur Wiederherstellung des Berufsbeamtentums" alle Beamten jüdischer Herkunft aus dem Staatsdienst entließ, verlor VON MISES seine Anstellung. Er emigrierte nach Istanbul und von dort 1939 weiter in die USA. Ab 1943 lehrte er an der Harvard University in Boston.

Beispiel

Wir betrachten den n-fachen Münzwurf.

Man kann ausrechnen, mit welcher Wahrscheinlichkeit sich die relative Häufigkeit des Ergebnisses *Wappen* von der zugrunde liegenden Wahrscheinlichkeit $p = 0{,}5$ um mehr als $\frac{1}{100}$ unterscheidet:

Anzahl der Würfe	100	500	1000	5000	10000
Wahrscheinlichkeit für größere Abweichung als $\frac{1}{100}$ von $p = 0{,}5$	76,4 %	62,3 %	50,7 %	15,3 %	4,4 %

Die Wahrscheinlichkeit wird zwar immer kleiner, aber niemals null!

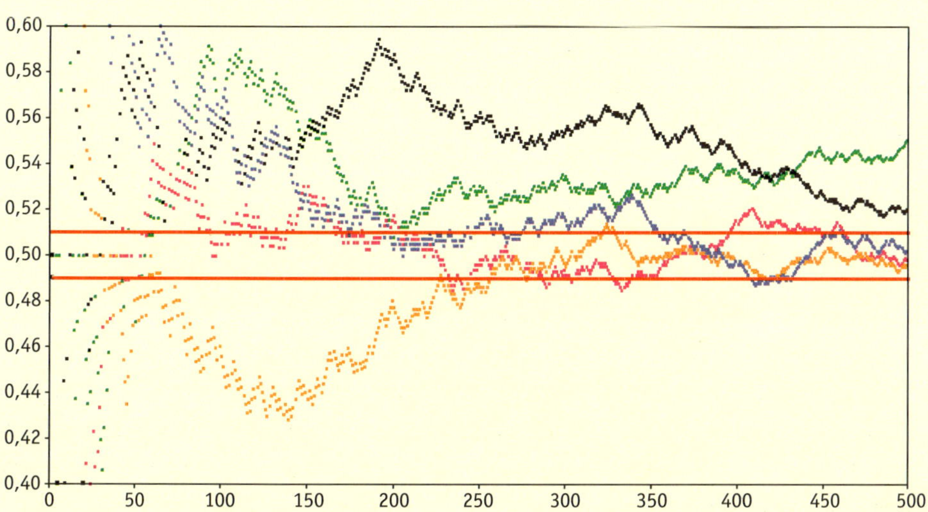

Beispiel von fünf Simulationen des 500-fachen Münzwurfs: Nur 3 der 5 Folgen liegen bei $n = 500$ im Intervall $[0{,}49; 0{,}51]$.

ANDREJ NIKOLAJEWITSCH KOLMOGOROW (1903 – 1987) studierte an der Universität Moskau, wurde dort 1930 Professor. Durch seine wichtigen Beiträge zur Wahrscheinlichkeitstheorie und Statistik, zur Mengenlehre und Topologie, zur Analysis sowie zur Informationstheorie wurden diese Gebiete erheblich weiterentwickelt.

Dem russischen Mathematiker ANDREJ NIKOLAJEWITSCH KOLMOGOROW gelang dann 1933 eine aus wissenschaftlicher Sicht befriedigende „Definition". Dabei wird der Begriff der Wahrscheinlichkeit nicht inhaltlich festgelegt, sondern es werden nur Eigenschaften angegeben, die für Wahrscheinlichkeiten gelten sollten. Diese Eigenschaften von Wahrscheinlichkeiten sind die sogenannten **Axiome der Wahrscheinlichkeitsrechnung**.

Axiom: grundlegender Lehrsatz, der ohne Beweis einleuchtet (von axioun (griech.): für recht halten)

Die Axiome der Wahrscheinlichkeitsrechnung lehnen sich an offensichtliche Eigenschaften an, die für relative Häufigkeiten gelten: Gegeben ist ein Zufallsversuch mit n möglichen Ergebnissen, d. h.: $S = \{s_1, s_2, \ldots, s_n\}$ ist die Ergebnismenge des Zufallsversuchs.

Eigenschaften von relativen Häufigkeiten

Für die relative Wahrscheinlichkeit h (E) von Ereignissen gilt:

(1) $h(E) \geq 0$

(2) $h(S) = 1$

(3) $h(E_1 \cup E_2) = h(E_1) + h(E_2)$ falls $E_1 \cap E_2 = \{\ \}$

Ausgehend von diesen unmittelbar einleuchtenden Eigenschaften relativer Häufigkeiten formulierte KOLMOGOROW Grundforderungen für Wahrscheinlichkeiten (sogenannte Axiome).

KOLMOGOROW'sches Axiomensystem der Wahrscheinlichkeitsrechnung

Für die Wahrscheinlichkeit P (E) von Ereignissen gilt:

(K1) $P(E) \geq 0$

(K2) $P(S) = 1$

(K3) $P(E_1 \cup E_2) = P(E_1) + P(E_2)$ falls $E_1 \cap E_2 = \{\ \}$

In Worten:

(1) Relative Häufigkeiten bzw. Wahrscheinlichkeiten von Ereignissen sind nichtnegative Zahlen.

(2) Die relative Häufigkeit bzw. die Wahrscheinlichkeit der Ergebnismenge ist gleich 1 (100 %).

(3) Falls die Ereignisse E_1 und E_2 unvereinbar sind, berechnet man die relative Häufigkeit bzw. die Wahrscheinlichkeit des zusammengesetzten Ereignisses $E_1 \cup E_2$ als Summe aus den relativen Häufigkeiten bzw. Wahrscheinlichkeiten der Einzel-Ereignisse.

Aus diesen drei Axiomen lassen sich weitere Regeln zum Rechnen mit Wahrscheinlichkeiten herleiten:

(1) Elementare Summenregel

Setzt sich ein Ereignis E aus den Ergebnissen $a_1, a_2, \ldots, a_n$ zusammen, gilt also $E = \{a_1, a_2, \ldots, a_n\}$, dann berechnet man die Wahrscheinlichkeit des Ereignisses E als Summe der Wahrscheinlichkeiten der Elementar-Ereignisse $\{a_1\}, \{a_2\}, \ldots \{a_n\}$: $P(E) = P(\{a_1\}) + P(\{a_2\}) + \ldots + P(\{a_n\})$.

(2) Allgemeine Summenregel für Ereignisse

Die Wahrscheinlichkeit $P(A \cup B)$ eines Oder-Ereignisses $A \cup B$ berechnet man aus der Summe der Wahrscheinlichkeiten der beiden Ereignisse A und B vermindert um die Wahrscheinlichkeit, dass beide Ereignisse eintreten $A \cap B$:

$P(A \cup B) = P(A) + P(B) - P(A \cap B)$.

(3) Komplementärregel

Die Wahrscheinlichkeit eines Ereignisses E_1 und die Wahrscheinlichkeit des Gegenereignisses E_1 (also $S = E_1 \cup \overline{E_1}$ und $E_1 \cap \overline{E_1} = \{\ \}$) ergänzen sich zu 1, d. h. $P(E_1) + P(\overline{E_1}) = 1$.

Würde man diese drei Regeln als „Axiome der Wahrscheinlichkeitsrechnung" auswählen, dann müsste man weitere ergänzen:

(4) Die Wahrscheinlichkeit eines Ereignisses ist eine Zahl zwischen 0 und 1: $0 \leq P(E) \leq 1$.

(5) Die Wahrscheinlichkeit des unmöglichen Ereignisses ist null: $P(\{\ \}) = 0$.

(6) Die Wahrscheinlichkeit des sicheren Ereignisses ist 1: $P(S) = 1$.

Erst dann ergibt sich ein Axiomensystem, das gleichwertig ist zu dem von KOLMOGOROW. Das System von KOLMOGOROW ist ein minimales System – es kommt mit drei Axiomen aus. Kein konsistentes System kommt mit weniger als drei Axiomen aus.

Die folgenden Aufgaben helfen Ihnen bei der Organisation des selbstständigen Lernprozesses. Zur Selbstkontrolle sind alle Lösungen dieser Aufgaben im Anhang dieses Buches abgedruckt.

1 In einer Stichprobe wurde das Gewicht von Eiern einer Handelsklasse erfasst.

Gewicht (in g)	57	58	59	60	61	62	63	64	65	66	67	68	69	70	71
Anzahl	1	1	1	1	8	30	36	36	14	24	11	10	7	4	2

a) Bestimmen Sie die zugehörige Häufigkeitsverteilung mit relativen Häufigkeiten. Stellen Sie diese grafisch dar.

b) Berechnen Sie den arithmetischen Mittelwert und die empirische Standardabweichung für das Gewicht der Eier.

2 Bei einem Reaktionstest wurden folgende Zeiten gemessen:
0,28 s; 0,31 s; 0,52 s; 0,33 s; 0,24 s; 0,25 s; 0,32 s; 0,29 s; 0,26 s; 0,31 s; 0,30 s; 0,29 s; 0,37 s; 0,39 s; 0,38 s.
Bestimmen Sie den Median der Daten und das arithmetische Mittel, und erklären Sie, warum diese Lagemaße voneinander abweichen.

3 Der nebenstehenden Grafik ist zu entnehmen, in welchem Alter Frauen (rot) und Männer (blau) in Deutschland heiraten.

a) Lesen Sie aus der Grafik die ungefähren Werte für die 10 %-, 20 %-, …, 90 %-Quantile ab.

b) Zeichnen Sie Boxplots zur dargestellten kumulierten Häufigkeitsverteilung.

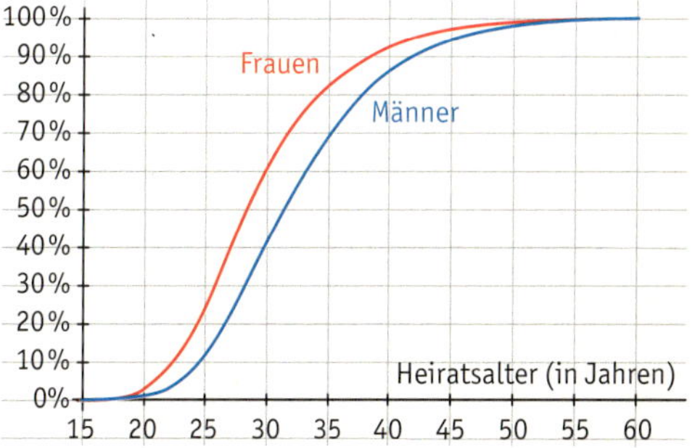

4

a) Aus einer undurchsichtigen Urne mit 15 gleich großen Kugeln (4 gelbe, 5 rote und 6 blaue) werden nacheinander 3 Kugeln ohne Zurücklegen gezogen.
Mit welcher Wahrscheinlichkeit haben die drei gezogenen Kugeln
(1) alle die gleiche Farbe,
(2) lauter verschiedene Farben?

b) Wie verändern sich die Wahrscheinlichkeiten für die Ergebnisse in Teilaufgabe a) beim Ziehen mit Zurücklegen?

5 Ein Glücksrad wird dreimal gedreht. Stellen Sie das Zufallsexperiment in einem Baumdiagramm dar.
Welche Wahrscheinlichkeit hat das Ereignis
(1) dreimal Gelb;
(2) dreimal dieselbe Farbe;
(3) zweimal Gelb;
(4) öfter Gelb als Blau?

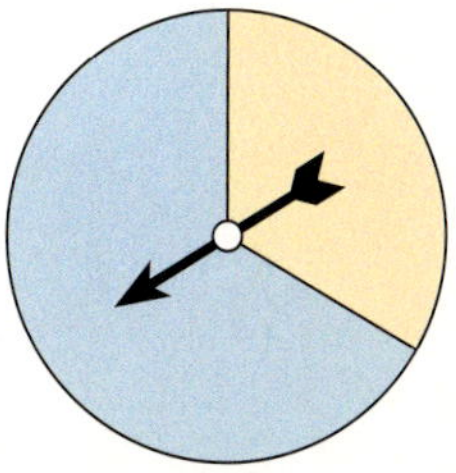

6 Drei Personen werden zufällig ausgewählt.

a) Mit welcher Wahrscheinlichkeit haben die drei Personen in verschiedenen Monaten Geburtstag? Geben Sie einen Term an.

b) Erläutern Sie, wie man den Zufallsversuch aus Teilaufgabe a) simulieren kann

(1) mithilfe eines Würfel und einer Münze;

(2) mithilfe des Zufallszahlengenerators eines Rechners

7 Beim Lottospiel „6 aus 49" sind die kleineren Gewinnzahlen bei den Tippern beliebter als die größeren, z. B. werden gerne Geburtsmonate (1, 2, ..., 12) angekreuzt.

(1) Mit welcher Wahrscheinlichkeit sind k der Gewinnzahlen kleiner als 13 (k = 0, 1, 2, ..., 6)?

(2) Mit welcher Wahrscheinlichkeit sind alle Gewinnzahlen größer als 12?

(3) Mit welcher Wahrscheinlichkeit sind mehr Gewinnzahlen *kleiner als 13* als Gewinnzahlen *größer als 12*?

8

a) Eine Firma stellt Isolierglasscheiben sowohl mit einer Silberbeschichtung als auch mit einer Goldbeschichtung her. Diese Metallbeschichtung erhöht die Wärmereflektion und führt somit zu einer besseren Isolation.

Im Rahmen einer Qualitätskontrolle wurde festgestellt, dass 15 von 232 Glasscheiben mit Silberbeschichtung nicht in Ordnung waren. Bei den 167 mit Gold beschichteten Scheiben waren 9 fehlerhaft.

Stellen Sie diese Angaben übersichtlich dar und erschließen Sie daraus weitere Daten.

b) Bestimmen Sie die Wahrscheinlichkeit, dass

(1) eine Glasscheibe eine defekte Beschichtung aufweist;

(2) eine mit Silber beschichtete Scheibe defekt ist;

(3) eine defekte Scheibe silberbeschichtet ist;

(4) eine defekte Scheibe goldbeschichtet ist.

9

Die Approximalkaries (Zahnzwischenraumkaries) ist die am häufigsten auftretende Form von Karies; sie tritt auf, weil der Bereich zwischen den Zähnen weder durch die natürliche Reinigung bei den Kauvorgängen noch beim Zähneputzen kaum zugänglich ist. Auch ist es schwierig, Karies-Erkrankungen frühzeitig zu erkennen, da die Zwischenräume bei der sogenannten klinischen Untersuchung kaum „einsehbar" sind. Als Alternative bietet sich eine Röntgenuntersuchung an, mit der die Kariesschäden sicher erkannt werden können.

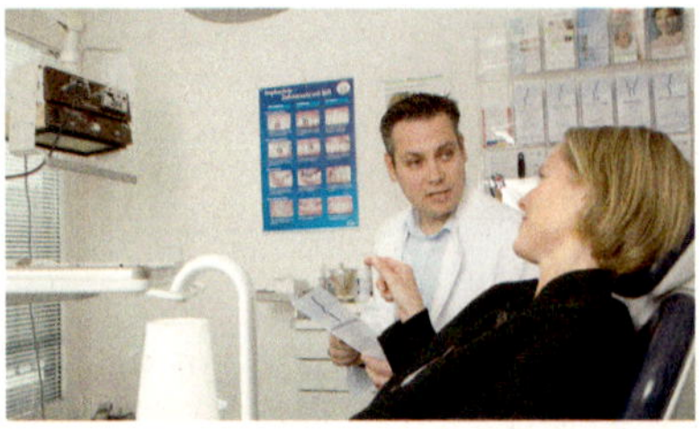

		Röntgen-Untersuchung		
		kariös	gesund	gesamt
klinische	kariös	172	5	177
Untersuchung	gesund	385	5 160	5 545
	gesamt	557	5 165	5 722

An der Universität Erfurt wurden 5 722 zahnärztliche Untersuchungen erfasst. Vergleichen Sie die beiden Verfahren (dabei wird die beim Zahnarzt übliche Untersuchung mit Spiegel und starker Beleuchtung als klinische Untersuchung bezeichnet).

9 Beurteilende Statistik

Wenn beim Werfen einer idealen Münze 10-mal nacheinander *Zahl* aufgetreten ist, so ist auch im 11. Wurf die Wahrscheinlichkeit für *Wappen* immer noch $\frac{1}{2}$.

„Der Zufall hat kein Gedächtnis …" formulierte der französische Mathematiker JOSEPH BERTRAND vor über 100 Jahren.
Das heißt: Für den einzelnen Zufallsversuch sind keine Vorhersagen möglich. Wahrscheinlichkeiten für einzelne Ergebnisse geben nur die Chancen an, mit denen diese auftreten.
Aber: „… auch für den Zufall gelten gewisse Gesetzmäßigkeiten! "

JOSEPH BERTRAND (1822 – 1900) Mathematikprofessor in Paris

Vor einer Wahl wird in einer Umfrage die Wählerstimmung im Land erhoben. Hier sehen Sie die Umfrageergebnisse und die tatsächlichen Wahlergebnisse für die Landtagswahl in Hessen am 18. Januar 2009.

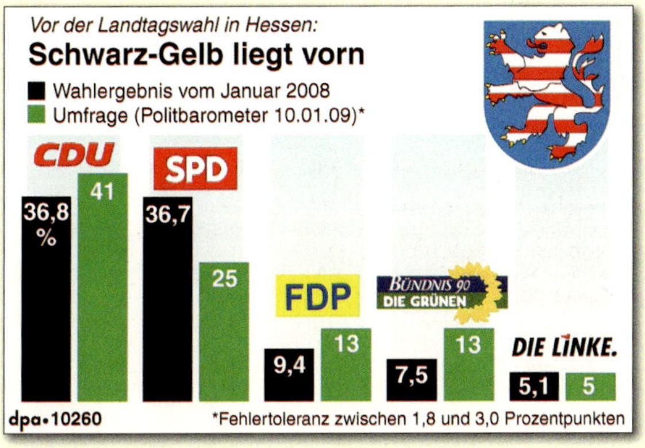

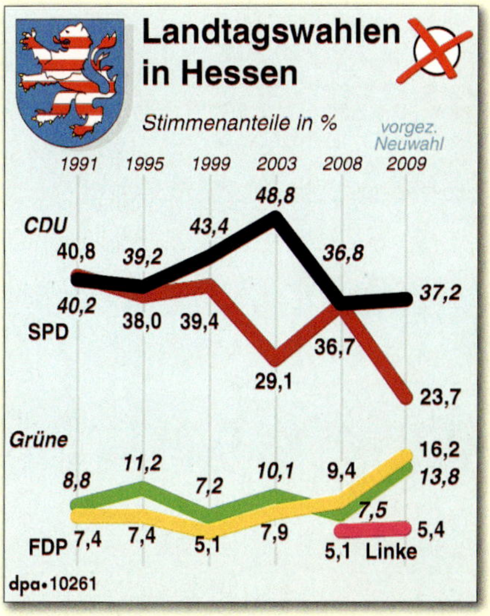

Haben die Wähler ihre Meinung geändert, oder war die Stichprobe vielleicht nicht repräsentativ genug? Hätte man mit einem größeren Stichprobenumfang eine genauere Vorhersage treffen können?

In diesem Kapitel

- lernen Sie eine Möglichkeit kennen, Ergebnisse von Zufallsversuchen zu zwei interessierenden Ereignissen zusammenzufassen und diese einfacher zu beschreiben;
- lernen Sie einen häufig vorkommenden Typ von Zufallsversuchen kennen und nutzen diesen als einfaches stochastisches Modell für viele reale Vorgänge;
- erstellen Sie Prognosen für Bereiche, in denen die absoluten bzw. die relativen Häufigkeiten von Ereignissen mit hoher Wahrscheinlichkeit liegen werden;
- erarbeiten Sie Strategien, nach denen man sich richten kann, wenn Entscheidungen über zugrunde liegende Wahrscheinlichkeiten gefällt werden müssen.

Stichproben liefern weitreichende Erkenntnisse

Fast sichere Vorhersagen

1 Wenn wir 100-mal eine Münze werfen, erwarten wir ungefähr $100 \cdot 0{,}5 = 50$-mal Wappen, bei 200 Würfen entsprechend 100-mal Wappen, also doppelt so viele wie bei $n = 100$, und bei 400 Würfen viermal so viele.

- Die Wahrscheinlichkeit für genau 50-, 100- oder 200-mal Wappen beim 100-, 200- oder 400-fachen Münzwurf ist sehr klein. Wie verändert sich diese Wahrscheinlichkeit, wenn man von $n = 100$ zu $n = 200$ und $n = 400$ übergeht? Wird sie mit dem gleichen Faktor kleiner wie die Versuchsanzahl zunimmt?
- Zum Erwartungswert selbst kann man auch noch die Nachbarwerte hinzunehmen (symmetrisch nach unten und oben) – so viele, bis man einen Bereich hat, in dem 90 % der Ergebnisse liegen. Bestimmen Sie einen solchen Bereich.
  Ist dieser Bereich für $n = 200$ doppelt so breit wie der für $n = 100$ und der für $n = 400$ doppelt so breit wie der für $n = 200$?

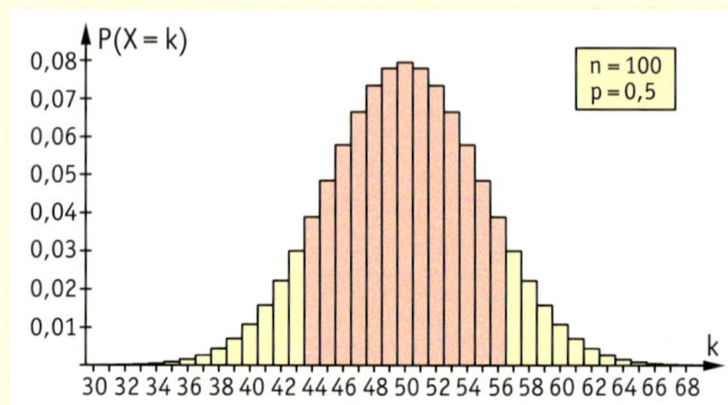

Genau oder nicht genau?

2

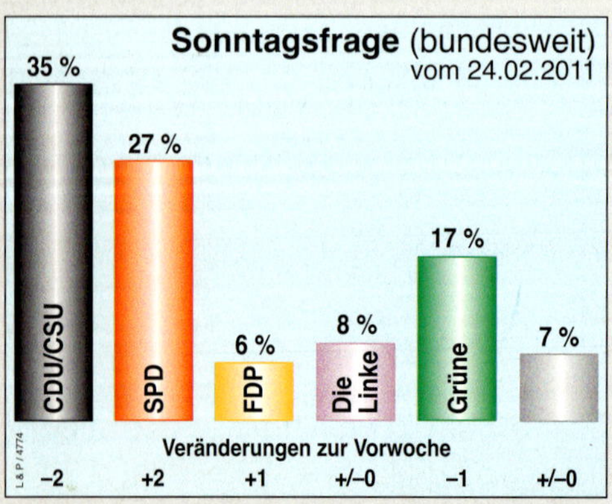

Sonntagsfrage

Wenn am kommenden Sonntag Bundestagswahl wäre …

Mit der Sonntagsfrage ermittelt Infratest dimap seit 1997 im Auftrag der ARD zwischen den Wahlen die aktuelle politische Stimmung in Deutschland. Wir stellen hierzu jede Woche mindestens 1 000 Bundesbürgern die Frage: „Welche Partei würden Sie wählen, wenn am kommenden Sonntag Bundestagswahl wäre?“. Die Sonntagsfrage steht nie allein, ihr Ergebnis aber meist im Mittelpunkt des öffentlichen Interesses.
Die Befunde sind repräsentativ, da unsere Stichproben sehr genau die gesamte wahlberechtigte Bevölkerung abbilden.
(www.infratest-dimap.de/umfragen-analysen/bundesweit/sonntagsfrage/)

- Recherchieren Sie die aktuellen Daten zu der „Sonntagsfrage“ der ARD oder eines anderen Fernsehsenders.
  Wenn im Rahmen einer solchen Stichprobe 1 000 Bundesbürger gefragt werden: Welche absoluten Häufigkeiten wurden vermutlich in der Stichprobe gefunden?
- Wie genau sind die Ergebnisse einer Befragung von 1 000 Personen?
  Führen Sie dazu in Ihrer Lerngruppe eine Simulation durch: Angenommen, der Anteil der Wähler/innen der CDU/CSU unter allen Wählern/innen wäre tatsächlich ein Drittel $\left(p = \frac{1}{3}\right)$. Eine solche Erfolgswahrscheinlichkeit ist beispielsweise auch gegeben, wenn man beim Würfeln das Auftreten der Augenzahlen 1 oder 2 als Erfolg ansieht. Bestimmen Sie so mehrfach die Anzahl der Erfolge beim 1 000-fachen Würfeln. (Sie können die Simulation einer 1 000-stufigen BERNOULLI-Kette auch mithilfe eines Rechners durchführen.) Wie sehr streuen die Ergebnisse um den Erwartungswert $\mu = 1000 \cdot \frac{1}{3} \approx 333$?

Wie sollen wir entscheiden?

3 Ein Fahrzeug-Produzent wirbt mit der Aussage, dass ungefähr die Hälfte aller Lkw auf den Autobahnen in Deutschland von diesem Hersteller produziert wurden. Wir verwenden die Bilder einer Kamera, die an einer Autobahn alle 30 Sekunden ein Foto macht. Auf den Fotos kann man eine unterschiedliche Anzahl von Lkw ausmachen. Angenommen, man betrachtet auf 200 Fotos jeweils den ersten Lkw.
Bei welcher Anzahl von Lkw des Herstellers unter diesen 200 Lkw könnte man die Werbeaussage als richtig ansehen?
Vergleichen Sie Ihre Entscheidungsregeln mit den Regeln Ihrer Mitschüler und Mitschülerinnen. Diskutieren Sie, welche der Regeln „vernünftiger" zu sein scheinen. Woran machen Sie Ihre Diskussionsentscheidung fest?

Auf drei Stellen genau

4 Der *Bundesverband Informationswirtschaft, Telekommunikation und neue Medien e.V. (BITKOM)* veröffentlichte die in der Grafik enthaltenen Daten. Sie stammen aus einer repräsentativen Befragung von insgesamt 1 000 Personen über 14 Jahren.

- Überlegen Sie und diskutieren Sie mit Ihren Mitschülern, ob die angegebenen Prozentsätze so stimmen können.
  Recherchieren Sie dazu, wie hoch der Anteil der verschiedenen Bevölkerungsgruppen (Schüler/Studenten, Erwerbstätigen usw.) in Deutschland ist und was dies für die Stichprobe und die angegebenen Anteile bedeutet.
- Wenn in Zeitschriften oder im Fernsehen Umfrageergebnisse präsentiert werden, stellen sich viele Menschen die Frage: Wie genau sind die Umfragen?

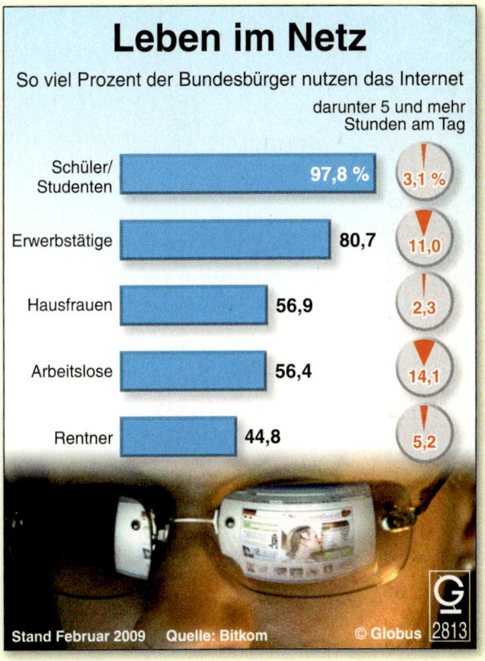

> Nur Zufallsstichproben stellen repräsentative Ergebnisse sicher. Aussagen auf der Basis von Zufallsstichproben sind aber immer Wahrscheinlichkeitsaussagen, die sich innerhalb bestimmter Fehlergrenzen bewegen. Angelehnt an entsprechende statistische Modelle ergibt sich danach bei 1 250 Befragten und einem gemessenen Parteianteil von 40 Prozent eine Fehlergrenze in der Größenordnung von plus/minus drei Prozentpunkten. (Antwort auf der Internetseite der ZDF-Sendung Politbarometer, http://politbarometer.zdf.de)

Was bedeutet diese Antwort für die Angaben der BITKOM-Studie?

9.1 Zufallsgrößen – Erwartungswert einer Zufallsgröße

Bisher haben wir überwiegend die Wahrscheinlichkeiten einzelner Ergebnisse eines Zufallsversuchs bestimmt. Nun befassen wir uns systematisch mit allen Ergebnissen eines Zufallsversuchs.

Einstieg

Eine Firma hat einen Spielautomaten so konstruiert, dass er pro Spiel in 25 % der Fälle kein Geld ausschüttet, in 40 % der Fälle 50 Cent, in 23 % der Fälle 1 €, in 10 % der Fälle 2 € und in 2 % der Fälle 5 €. Der Einsatz pro Spiel beträgt 1 €.

- Welchen Gewinn oder Verlust kann man beim häufigen Spielen im Mittel erwarten?

Aufgabe

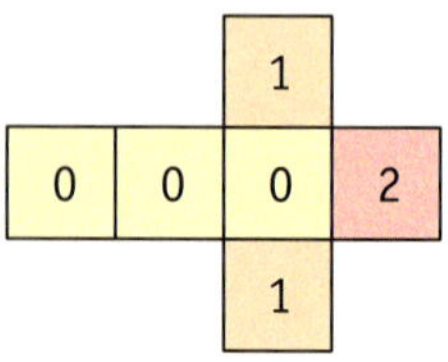

1 Mögliche Ergebnisse eines Zufallsversuchs

Bei einem Würfelspiel wird ein besonders beschrifteter Würfel zweimal geworfen. Danach werden die Augenzahlen miteinander multipliziert und die so ermittelte Punktzahl in Euro ausgezahlt.

a) Untersuchen Sie, welche Auszahlungen möglich sind und mit welcher Wahrscheinlichkeit man welche Beträge erhalten wird. Stellen Sie dies grafisch dar.

b) Untersuchen Sie, wie hoch der Spieleinsatz bei diesem Spiel sein sollte.

Lösung

a) Beim Doppelwurf des besonderen Würfels kann man 0, 1, 2 oder 4 Euro gewinnen, denn die Multiplikation der Zahlen 0, 1 und 2 untereinander ergibt nur diese Werte.
Die Wahrscheinlichkeit für die möglichen Punktzahlen berechnen wir mithilfe der Pfadregeln anhand des abgebildeten Baumdiagramms:

$$P(0\text{ Punkte}) = \frac{1}{2} + \frac{1}{3}\cdot\frac{1}{2} + \frac{1}{6}\cdot\frac{1}{2} = \frac{9}{12} = \frac{3}{4}$$

$$P(1\text{ Punkt}) = \frac{1}{3}\cdot\frac{1}{3} = \frac{1}{9}$$

$$P(2\text{ Punkte}) = \frac{1}{3}\cdot\frac{1}{6} + \frac{1}{6}\cdot\frac{1}{3} = \frac{1}{9}$$

$$P(4\text{ Punkte}) = \frac{1}{6}\cdot\frac{1}{6} = \frac{1}{36}$$

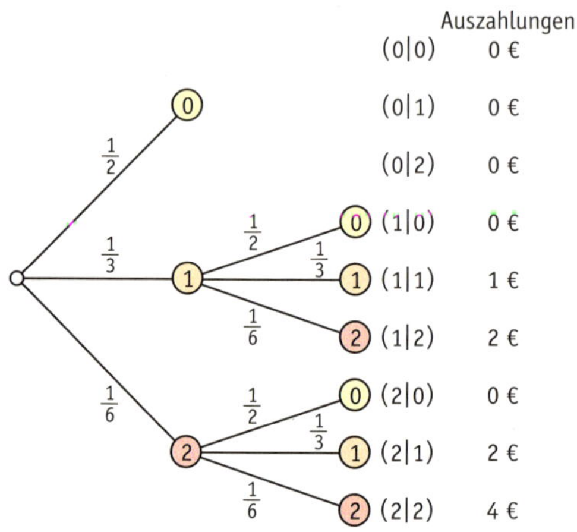

Wir notieren die Ergebnisse unserer Rechnung in einer Tabelle und stellen die möglichen Punktzahlen und die zugehörigen Wahrscheinlichkeiten grafisch dar.

Ergebnisse	Punktzahl	Wahrscheinlichkeit
(0 | 0); (0 | 1); (0 | 2); (1 | 0); (2 | 0)	0	$\frac{3}{4}$
(1 | 1)	1	$\frac{1}{9}$
(1 | 2); (2 | 1)	2	$\frac{1}{9}$
(2 | 2)	4	$\frac{1}{36}$

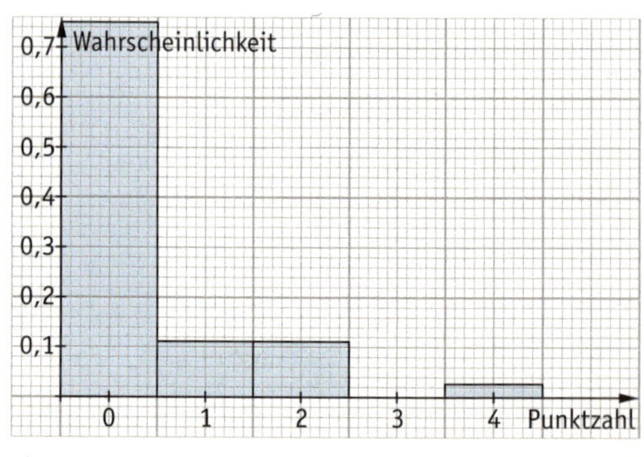

b) Führt man das Spiel oft durch, beispielsweise 360-mal, so erwartet man

$270 \cdot 0\,€ + 40 \cdot 1\,€ + 40 \cdot 2\,€ + 10 \cdot 4\,€ = 160\,€,$

also pro Spiel im Mittel

$\frac{160\,€}{360} = \frac{3}{4} \cdot 0\,€ + \frac{1}{9} \cdot 1\,€ + \frac{1}{9} \cdot 2\,€ + \frac{1}{36} \cdot 4\,€ \approx 0{,}44\,€$ als Auszahlung.

Einen Spieleinsatz von 0,44 € oder 0,45 € kann man als fair bezeichnen. Will der Ausrichter des Spiels jedoch einen kleinen Gewinn erzielen, so sollte er beispielweise 0,50 € Spieleinsatz fordern.

Information

(1) Zufallsgrößen

In Aufgabe 1 wurde ein besonders beschrifteter Würfel zweimal geworfen; der Zufallsversuch hat neun verschiedene Ergebnisse (siehe Tabelle rechts).

Augenzahl beim 1. Wurf	Augenzahl beim 2. Wurf 0	1	2
0	(0 | 0)	(0 | 1)	(0 | 2)
1	(1 | 0)	(1 | 1)	(1 | 2)
2	(2 | 0)	(2 | 1)	(2 | 2)

Jedem dieser Ergebnisse wurde eine reelle Zahl zugeordnet, nämlich das *Produkt der Augenzahlen*. Zum Beispiel wurde dem Ergebnis (1 | 2) das Produkt 2 zugeordnet, dem Ergebnis (2 | 0) das Produkt 0.
Insgesamt gesehen, wird jedem Ergebnis der Ergebnismenge $S = \{(0|0), (0|1), (0|2), (1|0), (1|1), (1|2), (2|0), (2|1), (2|2)\}$ genau ein Wert der Wertemenge {0, 1, 2, 4} zugeordnet: $S \mapsto \{0, 1, 2, 4\}$.
Solche Zuordnungen werden als **Zufallsgrößen** bezeichnet.

Definition
Eine Funktion, die jedem Ergebnis (der Ergebnismenge S) eines Zufallsversuchs genau eine reelle Zahl zuordnet, heißt **Zufallsgröße**.
Die zugeordneten Zahlen heißen auch **Werte der Zufallsgröße**.

Zufallsgrößen werden im Allgemeinen mit Großbuchstaben X, Y, Z oder mit einem dem Problem angepassten Großbuchstaben bezeichnet.
Beschreibt beispielsweise X die Zufallsgröße *Produkt der Augenzahlen beim zweifachen Werfen des Würfels* aus Aufgabe 1, dann bezeichnet $X = 2$ das Ereignis *Das Produkt der Augenzahlen ist gleich 2.*

(2) Wahrscheinlichkeitsverteilung einer Zufallsgröße – Histogramm

In Aufgabe 1 wurde jedem der Ereignisse $X = 0$, $X = 1$, $X = 2$, $X = 4$ eine Wahrscheinlichkeit zugeordnet:

Ergebnisse	Ereignis	Wahrscheinlichkeit
(0 | 0); (0 | 1); (0 | 2); (1 | 0); (2 | 0)	$X = 0$	$P(X = 0) = \frac{3}{4}$
(1 | 1)	$X = 1$	$P(X = 1) = \frac{1}{9}$
(1 | 2); (2 | 1)	$X = 2$	$P(X = 2) = \frac{1}{9}$
(2 | 2)	$X = 4$	$P(X = 4) = \frac{1}{36}$

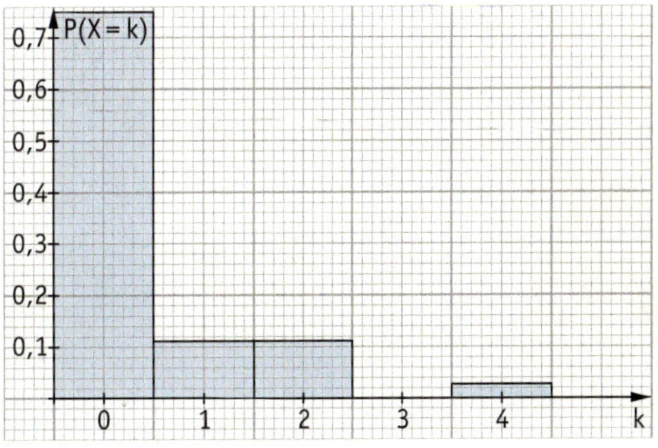

Die grafische Darstellung erfolgt mithilfe eines sogenannten **Histogramms:**
Auf der horizontalen Achse werden die Werte der Zufallsgröße abgetragen, auf der vertikalen Achse die zugehörigen Wahrscheinlichkeiten. Alle Rechtecke haben die Breite 1. Die Höhe der Rechtecke entspricht den jeweiligen Wahrscheinlichkeiten. Daher hat die Gesamtfläche der Rechtecke die Maßzahl 1.

Definition

Eine Funktion, die jedem Wert einer Zufallsgröße genau eine Wahrscheinlichkeit zuordnet, heißt **Wahrscheinlichkeitsverteilung** oder **Verteilung der Zufallsgröße.** Die Verteilung einer Zufallsgröße kann man durch eine Tabelle, ein Histogramm oder durch einen Term angeben.

Aus der Wahrscheinlichkeitsverteilung oben kann man z. B. ablesen, dass das Ereignis $X = 1$ die Wahrscheinlichkeit $P(X = 1) = \frac{1}{9}$ hat. Führt man den Zufallsversuch aus Aufgabe 1 oft durch, so kann man für das Ereignis $X = 1$ eine relative Häufigkeit von $\frac{1}{9}$ erwarten.

Information

(3) Erwartungswert einer Zufallsgröße

Bei der Lösung von Aufgabe 1b) haben wir aus der Wahrscheinlichkeitsverteilung berechnet, welchen Wert man im Mittel erwarten kann, wenn man den Zufallsversuch oft durchführt:

$\frac{3}{4} \cdot 0 + \frac{1}{9} \cdot 1 + \frac{1}{9} \cdot 2 + \frac{1}{36} \cdot 4 = \frac{4}{9} \approx 0{,}44.$

Führt man den Zufallsversuch aus Aufgabe 1 also oft durch, so erwartet man im Mittel einen Wert von 0,44.

Die Summe von Produkten kann man auch mithilfe der Tabelle der Wahrscheinlichkeitsverteilung, wie rechts, berechnen.

Ereignis	Wahrscheinlichkeit	Produkt
$X = 0$	$P(X = 0) = \frac{3}{4}$	0
$X = 1$	$P(X = 1) = \frac{1}{9}$	$\frac{1}{9}$
$X = 2$	$P(X = 2) = \frac{1}{9}$	$\frac{2}{9}$
$X = 4$	$P(X = 4) = \frac{1}{36}$	$\frac{1}{9}$
	Summe:	$\frac{4}{9} \approx 0{,}44$

Definition: Erwartungswert einer Zufallsgröße

Eine Zufallsgröße X nimmt die Werte $a_1, a_2, \ldots, a_m$ mit den Wahrscheinlichkeiten $P(X = a_1),\ P(X = a_2),\ \ldots,\ P(X = a_m)$ an.

Dann wird der zu erwartende Mittelwert $E(X)$ der Verteilung als **Erwartungswert der Zufallsgröße X** bezeichnet.

Es gilt: $\mathbf{E(X) = a_1 \cdot P(X = a_1) + a_2 \cdot P(X = a_2) + \ldots + a_m \cdot P(X = a_m) = \sum_{i=1}^{m} a_i \cdot P(X = a_i)}$

Der Erwartungswert wird auch mit dem griechischen Buchstaben μ (lies: mü) bezeichnet.

Übungsaufgaben

2 In einem Spielautomaten drehen sich zwei Räder, auf denen die vier Symbole ♣, ♦, ♥, ♠ mehrfach, aber gleich oft aufgetragen sind.

a) Welche Auszahlung kann man im Mittel pro Spiel erwarten? Bestimmen Sie zunächst den erwarteten Mittelwert für 100 Spiele.

b) Untersuchen Sie, welcher Spieleinsatz angemessen wäre.

Ergebnis	Auszahlung
♣♠, ♠♣	0,00 €
♦♣, ♣♦, ♠♦, ♦♠	0,10 €
♥♣, ♣♥, ♥♠, ♠♥	0,20 €
♣♣, ♠♠, ♦♦	0,30 €
♥♦, ♦♥	0,40 €
♥♥	0,50 €

3 Betrachten Sie die Zufallsgröße X: *Augensumme beim zweifachen Würfeln.*

Beschreiben Sie folgende Ereignisse mithilfe der Zufallsgröße. Bestimmen Sie die zugehörige Wahrscheinlichkeit.

(1) höchstens gleich 9

(2) kleiner als 10

(3) mindestens gleich 5

(4) mindestens gleich 6, aber höchstens gleich 10

(5) größer als 9, aber kleiner als 5

(6) kleiner als 10 und größer als 11

GALILEO GALILEI (1564 – 1642)

4 Zeitgenossen von GALILEI glaubten, dass beim dreifachen Werfen eines Würfels die Chancen für das Auftreten der Augensumme 11 und der Augensumme 12 gleich groß sind, denn für die Augensumme 11 gibt es 6 verschiedene Möglichkeiten der Kombination:

$1 + 4 + 6$; $2 + 3 + 6$; $1 + 5 + 5$; $2 + 4 + 5$; $3 + 3 + 5$ und $3 + 4 + 4$; und für die Augensumme 12 ebenfalls:

$3 + 5 + 6$; $2 + 4 + 6$; $3 + 3 + 6$; $2 + 5 + 5$; $3 + 4 + 5$ und $4 + 4 + 4$.

a) GALILEI erkannte den Denkfehler. Worin besteht er?

b) Bestimmen Sie insgesamt die Verteilung der Zufallsgröße X: *Augensumme beim dreifachen Würfeln.*

5

a) Die Zufallsgröße X: *Augensumme* kann sowohl beim Werfen zweier regulärer Hexaeder (Würfel) als auch beim gemeinsamen Werfen eines regulären Tetraeders oder Oktaeders die Werte $k = 2, 3, 4, \ldots, 12$ annehmen. Stimmen die Verteilungen überein? Zeichnen Sie die Histogramme mit gleichen Einheiten auf der y-Achse.

Ikosaeder

b) Welche Ereignisse sind bei welchen regulären Polyedern eher wahrscheinlich?

(1) Augensumme 4

(2) Augensumme 7

(3) Augensumme kleiner als 7

(4) gerade Augensumme

Dodekaeder

c) Beim Werfen zweier regulärer Oktaeder können die Augensummen $k = 2, 3, \ldots, 16$ auftreten. Bestimmen Sie die Verteilung der Zufallsgröße X: *Augensumme* und zeichnen Sie ein Histogramm.

d) Auch beim Werfen eines regulären Tetraeders zusammen mit einem regulären Dodekaeder können die gleichen Augensummen wie in Teilaufgabe c) auftreten.
Vergleichen Sie die Verteilungen untereinander.

e) Geben Sie weitere Würfe mit regulären Polyedern an, die gleiche Augensummen, aber verschiedene Verteilungen haben.

6 Bei einem Spiel mit einem Glücksrad mit 54 gleich großen Sektoren werden die in der Tabelle aufgeführten Beträge ausgezahlt.

Auszahlung	1 $	2 $	5 $	10 $	20 $	40 $
Anzahl der Sektoren	24	15	7	3	3	2

Da es dem Veranstalter genügt, auf lange Sicht einen Gewinn zu machen, verlangt er einen Spieleinsatz, der nur knapp über der mittleren Auszahlung liegt. Untersuchen Sie, wie viel Geld er vermutlich als Einsatz nehmen wird.

7 Ein regelmäßiger Würfel ist mit den ersten 6 Zweierpotenzen beschriftet. Kevin hat den Erwartungswert für die geworfene Augenzahl berechnet. Kontrollieren Sie sein Ergebnis:

$$E(x) = \frac{\frac{1}{6}\cdot 2 + \frac{1}{6}\cdot 4 + \frac{1}{6}\cdot 8 + \frac{1}{6}\cdot 16 + \frac{1}{6}\cdot 32 + \frac{1}{6}\cdot 64}{6} = \frac{126}{36} \approx 4$$

8 Beim Roulette braucht man nicht unbedingt auf eine der 37 Zahlen 0, 1, 2, ..., 36 zu setzen. Man kann zum Beispiel auch auf die Farbe Rot oder die Farbe Schwarz setzen.

a) Hat man auf Rot gesetzt und bleibt die Kugel auf einem der 18 roten Fächer stehen, dann erhält man das Doppelte des Einsatzes zurückgezahlt.
Berechnen Sie den Erwartungswert der Zufallsgröße X: *Gewinn beim Setzen auf Rot.*

b) Vergleichen Sie diesen Wert mit dem Erwartungswert der Zufallsgröße Y: *Gewinn beim Setzen auf eine Zahl.* Bleibt die Kugel in dem entsprechenden Fach stehen, erhält man das 36-fache des Einsatzes zurückgezahlt.

9 Die Wahrscheinlichkeit für die Geburt eines Mädchens beträgt ungefähr $\frac{1}{2}$. Eine Familie mit 3 Kindern wird zufällig ausgesucht. Betrachten Sie die Zufallsgröße X: *Anzahl der Mädchen.*
Mit welcher Wahrscheinlichkeit tritt das Ereignis $X = 0$, $X = 1$, $X = 2$, $X = 3$ auf?
Bestimmen Sie auch den Erwartungswert der Zufallsgröße. Interpretieren Sie den Wert.

10 A und B vereinbaren, eine Münze so lange zu werfen, bis Wappen erscheint, maximal jedoch fünfmal. A zahlt an B für jeden notwendigen Wurf 1 €. Ist nach dem 5. Wurf noch kein Wappen gefallen, muss A an B den Betrag von 7 € bezahlen.

a) Zeichnen Sie ein Baumdiagramm und bestimmen Sie die Verteilung der Zufallsgröße X: *Betrag (in €), den A an B zahlen muss* und deren Erwartungswert.

b) Untersuchen Sie, wie groß der Einsatz von B sein muss, damit die Spielregel fair ist.

11 In einer Lostrommel sind 20 % Gewinnlose und 80 % Nieten.
Jemand will so lange ein Los kaufen, bis er ein Gewinnlos gezogen hat, maximal jedoch 5 Stück. Mit welcher Ausgabe muss er rechnen, wenn ein Los 2 € kostet?

12 In einem Volleyballturnier treffen zwei gleich starke Mannschaften A und B aufeinander. Ein Spiel gilt als gewonnen, wenn eine Mannschaft drei Sätze zu ihren Gunsten entschieden hat; ein Spiel besteht also aus mindestens drei, höchstens aus fünf Sätzen. Aus wie vielen Sätzen wird ein solches Spiel *im Mittel* bestehen?

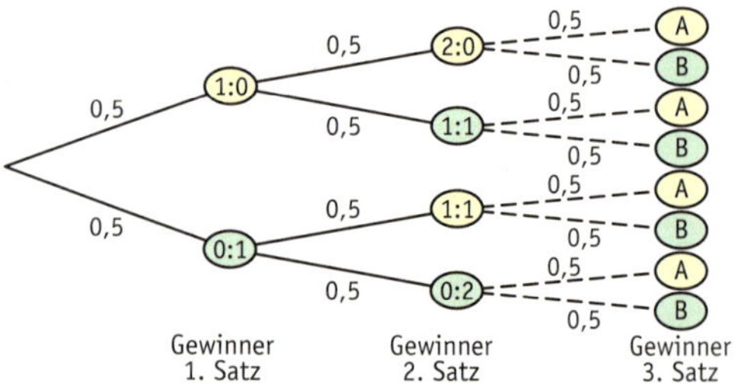

13 Bei einem 400-m-Lauf starten für die beiden teilnehmenden Mannschaften je 3 Läuferinnen. Die Bahnen werden ausgelost. Die Innenbahn (Nr. 1) bleibt frei. Die Lose enthalten die Nummern 2, 3, 4, 5, 6 und 7. Niedrige Nummern gelten als glückliches Los. Als Maß für das Losglück einer Mannschaft kann die Summe der drei Bahnnummern angesehen werden.

a) Mit welchen Wahrscheinlichkeiten treten die verschiedenen Summen auf?

b) Mit welcher Wahrscheinlichkeit ist die Summe der Bahnnummern (1) kleiner als 12; (2) größer als 7; (3) mindestens gleich 14?

9.2 Binomialverteilung

9.2.1 Bernoulli-Ketten

Bei den meisten n-stufigen Zufallsexperimenten kann man die Berechnung von Wahrscheinlichkeiten dadurch vereinfachen, dass man eine mögliche Vielzahl von Ergebnissen reduziert: Auf jeder Stufe betrachtet man nur ein bestimmtes Ergebnis: Entweder es tritt ein oder es tritt nicht ein. In diesem Abschnitt wird gezeigt, wie sich dann die Wahrscheinlichkeiten von Ergebnissen bestimmen lassen.

Einstieg

Drei Freunde haben für ein Würfelspiel vereinbart, dass man eine Spielfigur erst dann auf das Spielfeld setzen darf, wenn man eine Eins gewürfelt hat. Jeder hat nur einen Versuch, dann muss der Würfel weitergereicht werden.
Bestimmen Sie die Wahrscheinlichkeiten, dass in einer Runde keine Eins, eine Eins, zwei Einsen, drei Einsen gewürfelt werden.
Geben Sie die Wahrscheinlichkeitsverteilung für die Zufallsgröße X: *Anzahl der Einsen* in einer Tabelle und in einem Histogramm an.

Aufgabe

1 Bernoulli-Ketten

Ein Hersteller von Überraschungs-Schokokugeln wirbt damit, dass in jeder siebten Kugel eine Figur enthalten ist, die unter Sammlern als besonders wertvoll gilt. Daher ist die Freude groß, wenn man in seiner Kugel eine solche Figur entdeckt. Ein solcher Kugel-Inhalt wird also als Erfolg gewertet, alle anderen Kugel-Füllungen als Misserfolg. Jemand kauft vier Überraschungskugeln.
Wie oft wird eine besondere Sammelfigur enthalten sein? Bestimmen Sie die Wahrscheinlichkeitsverteilung für die Zufallsgröße X: *Anzahl der Erfolge beim Kauf von 4 Schokokugeln*. Stellen Sie die Wahrscheinlichkeitsverteilung in einer Tabelle und in einem Histogramm dar.

Lösung

Auf jeder Stufe des vierstufigen Zufallsversuchs interessiert nur, ob eine wertvolle Figur in der Kugel ist (Erfolg) oder nicht (Misserfolg).
Das zugehörige Baumdiagramm besteht also aus $2^4 = 16$ Pfaden:

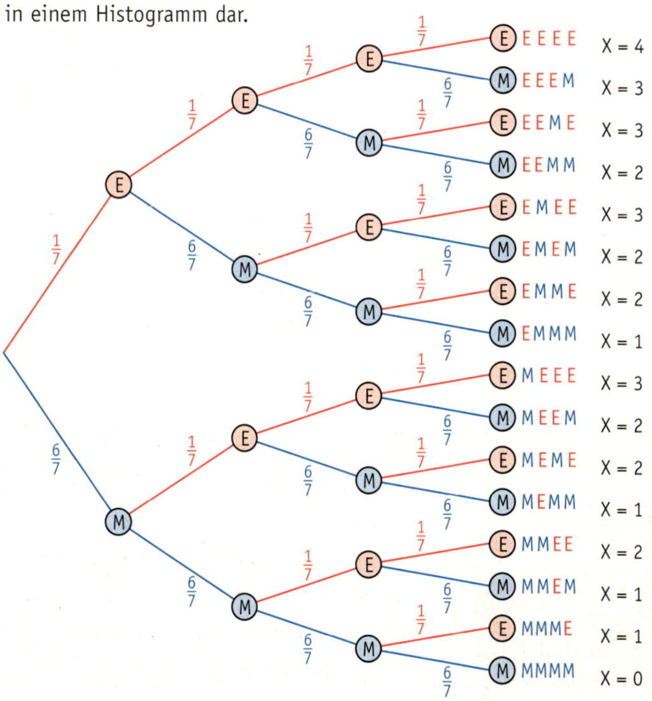

Die Wahrscheinlichkeit für die verschiedenen möglichen Ereignisse berechnen wir mithilfe der Pfadmultiplikationsregel und der Pfadadditionsregel.

- Zum Ereignis „Kein Erfolg" (also $X = 0$) gehört *ein* Pfad: MMMM
  Dieser hat die Wahrscheinlichkeit: $P(X = 0) = \left(\frac{6}{7}\right)^4 \approx 0{,}5398$
- Zum Ereignis „Ein Erfolg" (also $X = 1$) gehören *vier* Pfade mit gleichen Pfadwahrscheinlichkeiten: EMMM, MEMM, MMEM, MMME, d. h. $P(X = 1) = 4 \cdot \left(\frac{1}{7}\right)^1 \cdot \left(\frac{6}{7}\right)^3 \approx 0{,}3599$
- Zum Ereignis „Zwei Erfolge" (also $X = 2$) gehören *sechs* Pfade mit gleichen Pfadwahrscheinlichkeiten: EEMM, EMEM, EMME, MEEM, MEME, MMEE, d. h. $P(X = 2) = 6 \cdot \left(\frac{1}{7}\right)^2 \cdot \left(\frac{6}{7}\right)^2 \approx 0{,}0900$
- Zum Ereignis „Drei Erfolge" (also $X = 3$) gehören *vier* Pfade mit gleichen Pfadwahrscheinlichkeiten: EEEM, EEME, EMEE, MEEE, d. h. $P(X = 3) = 4 \cdot \left(\frac{1}{7}\right)^3 \cdot \left(\frac{6}{7}\right) \approx 0{,}0100$
- Schließlich gehört zum Ereignis „Vier Erfolge" also $(X = 4)$ *ein* Pfad: EEEE. Dieser hat die Wahrscheinlichkeit $P(X = 4) = \left(\frac{1}{7}\right)^4 \approx 0{,}0004$.

Damit können wir die Wahrscheinlichkeitsverteilung angeben:

Die Tabelle stellt die Wahrscheinlichkeitsverteilung für X dar.

Anzahl k der Erfolge $X = k$	Wahrscheinlichkeit für k Erfolge $P(X = k)$
0	$1 \cdot \left(\frac{1}{7}\right)^0 \cdot \left(\frac{6}{7}\right)^4 \approx 0{,}5398$
1	$4 \cdot \left(\frac{1}{7}\right)^1 \cdot \left(\frac{6}{7}\right)^3 \approx 0{,}3599$
2	$6 \cdot \left(\frac{1}{7}\right)^2 \cdot \left(\frac{6}{7}\right)^2 \approx 0{,}0900$
3	$4 \cdot \left(\frac{1}{7}\right)^3 \cdot \left(\frac{6}{7}\right)^1 \approx 0{,}0100$
4	$1 \cdot \left(\frac{1}{7}\right)^4 \cdot \left(\frac{6}{7}\right)^0 \approx 0{,}0004$
Kontrollfeld	Summe: 1,0001 *Rundungsfehler*

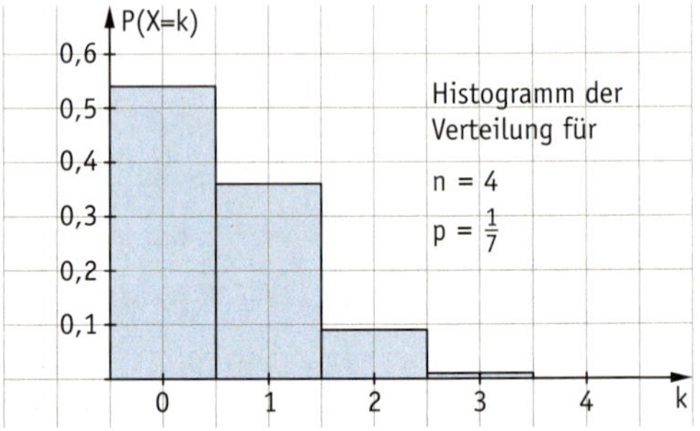

Histogramm zur Wahrscheinlichkeitsverteilung

Information

(1) Bernoulli-Ketten

In Aufgabe 1 interessierte uns auf jeder Stufe nur, ob die begehrte Sammelfigur in der Schokokugel war oder nicht; wir bezeichnen die Ergebnisse als Erfolge bzw. Misserfolge.
Da man bei vielen Zufallsexperimenten solche Unterteilungen nach Erfolg oder Misserfolg vornehmen kann, lohnt es, sich hiermit näher zu beschäftigen.

Jakob Bernoulli
1654 – 1705
Mitbegründer der Wahrscheinlichkeitsrechnung

Definition: Bernoulli-Experiment, Bernoulli-Kette

(1) Ein Zufallsexperiment mit nur zwei möglichen Ergebnissen heißt ein **Bernoulli-Experiment.** Die Ergebnisse bezeichnet man als *Erfolg* bzw. *Misserfolg*. Die Wahrscheinlichkeit für einen Erfolg bezeichnet man als *Erfolgswahrscheinlichkeit* p, die für einen Misserfolg als *Misserfolgswahrscheinlichkeit* q. Es gilt: $q = 1 - p$.

(2) Wird ein Bernoulli-Experiment n-mal durchgeführt und ändert sich die Erfolgswahrscheinlichkeit von Stufe zu Stufe nicht, so spricht man von einem n-stufigen Bernoulli-Experiment oder einer n-stufigen **Bernoulli-Kette.**

Beispiel:

Ein Würfel wird 20-mal geworfen. Fällt eine Sechs bezeichnen wir dies als Erfolg, fällt keine Sechs nennen wir das einen Misserfolg.
Es handelt sich hier um eine 20-stufige Bernoulli-Kette mit der Erfolgswahrscheinlichkeit $p = \frac{1}{6}$.

Statt Erfolg und Misserfolg kann man auch Treffer und Niete sagen.

(2) Interpretation eines Zufallsversuchs als BERNOULLI-Kette

Der Begriff *Erfolg* ist umgangssprachlich mit etwas Erfreulichem verbunden, *Misserfolg* ist entsprechend negativ belastet. Im Zusammenhang mit dem Urnenmodell und der Ziehung unterschiedlich gefärbter Kugeln oder Lose erscheinen die Bezeichnungen angemessen. Wird aber z. B. bei zufällig ausgesuchten Personen geprüft, ob eine Infektion vorliegt, dann wird man das Vorliegen einer Infektion umgangssprachlich kaum als „Erfolg" bezeichnen, auch wenn die Mediziner von einem „positiven" Befund sprechen.

Für die Interpretation als BERNOULLI-Kette interessieren nur folgende Eigenschaften:

- Der Zufallsversuch lässt sich als n-stufiger Versuch interpretieren.
- Auf jeder Stufe gibt es nur zwei verschiedene Ergebnisse, die wir als Erfolg bzw. Misserfolg bezeichnen.
- Die Wahrscheinlichkeit für einen Erfolg bzw. Misserfolg ist auf allen Stufen gleich.

Erfolg und Misserfolg sind als Bezeichnungen austauschbar; entsprechend sind die Erfolgs- und Misserfolgswahrscheinlichkeiten p und $q = 1 - p$ zu vertauschen.

(3) Zufallsgröße bei BERNOULLI-Ketten

Da wir uns nur dafür interessieren, ob auf einer Stufe ein *Erfolg* oder ein *Misserfolg* eintritt, betrachten wir bei n-stufigen BERNOULLI-Ketten stets die Zufallsgröße X: *Anzahl der Erfolge*.

Diese Zufallsgröße kann die Werte $k = 0, 1, \ldots, n$ annehmen (mindestens 0 Erfolge, höchstens n Erfolge). Bevor wir nun einen allgemeinen Term für die Wahrscheinlichkeit $P(X = k)$ angeben können, müssen wir wie bei der Lösung von Aufgabe 1 überlegen, wie viele Pfade zum Ereignis $X = k$ im Baumdiagramm einer n-stufigen BERNOULLI-Kette gehören. Dies klären wir im nächsten Abschnitt.

Übungsaufgaben

2 Geben Sie an, ob das Zufallsexperiment ein BERNOULLI-Experiment ist oder nicht. Begründen Sie.

a) Werfen einer Reißzwecke.

b) Ziehen aus einem Gefäß, das Lose enthält, die entweder Nieten oder Gewinne sind.

c) Ziehen einer Kugel aus einem Gefäß, das rote, grüne und weiße Kugeln enthält; wir achten darauf, ob die gezogene Kugel rot ist.

d) Gleichzeitiges Werfen von zwei Münzen; wir achten darauf, ob die oben liegenden Seiten gleich sind.

3 Entscheiden Sie, ob das Zufallsexperiment eine BERNOULLI-Kette ist. Begründen Sie die Antwort.

a) Ein Würfel wird siebenmal nacheinander geworfen: Wir notieren jeweils die Augenzahl.

b) Aus einer Urne mit 20 schwarzen und 10 weißen Kugeln werden 12 Kugeln gezogen. Die gezogene Kugeln wird jedesmal in die Urne zurückgelegt [nicht zurückgelegt].
Wir achten darauf, ob die gezogene Kugel weiß ist.

4 Überlegen Sie, welche BERNOULLI-Experimente folgenden Vorgängen zugeordnet werden können. Erläutern Sie was als *Erfolg*, was als *Misserfolg* angesehen werden kann.

a) Eine Klasse geht ins Schwimmbad.

b) Eine Reisegesellschaft passiert die Zollkontrolle.

c) Ein Lehrer stellt einen Vokabeltest.

5 Eine Münze wird fünfmal geworfen. Wir betrachten die Zufallsgröße X: *Anzahl der Wappen*.

(1) Notieren Sie, welche Ergebnisse (5-Tupel) möglich sind.

(2) Wie viele dieser 5-Tupel gehören zum Ereignis $X = 0;\ X = 1;\ \ldots;\ X = 5$?

(3) Welche Wahrscheinlichkeitsverteilung hat die Zufallsgröße X?

6 Unter welcher Voraussetzung ist das folgende Zufallsexperiment eine BERNOULLI-Kette? Geben Sie gegebenenfalls Erfolg und die zugehörige Erfolgswahrscheinlichkeit an.

(1) Eine Münze wird 10-mal geworfen.

(2) 10 Münzen werden gleichzeitig geworfen.

(3) 5 % aller Konservendosen haben Untergewicht. 8 Dosen werden zufällig aus Kartons herausgegriffen und gewogen.

(4) 90 % aller Haushalte besitzen einen Internetanschluss. 50 Haushalte werden repräsentativ ausgewählt.

7 Kann das Zufallsexperiment als BERNOULLI-Kette aufgefasst werden? Begründen Sie.

a) Aus einer Kiste mit Schrauben werden einzeln nacheinander 10 Stück herausgenommen, auf ihre Brauchbarkeit geprüft und danach wieder zurückgelegt.

b) Beim Fußballtraining tritt jeder der 15 möglichen Feldspieler einen Elfmeter.

c) In einem Gefäß sind schwarze und weiße Kugeln; 6 Kugeln werden auf einmal herausgenommen.

d) Bei einer Meinungsumfrage haben die befragten Personen die Möglichkeit, einer bestimmten Meinung zuzustimmen oder diese abzulehnen.

e) Eine Klasse wählt einen Klassensprecher und seinen Stellvertreter.

8 Bei einer Lotterie werden Tausende von Losen mit dreistelligen Nummern von 000 bis 999 verkauft. Anschließend wird die Glücksnummer der Lotterie Ziffer für Ziffer einzeln mithilfe eines Glücksrades ausgelost. Begründen Sie, warum dieses Zufallsexperiment als dreistufige BERNOULLI-Kette mit Erfolgswahrscheinlichkeit $\frac{1}{10}$ aufgefasst werden kann.

Der 1. Preis wird vergeben, wenn die Losnummer mit der Glückszahl übereinstimmt. Stimmen Losnummer und Glückszahl in zwei Ziffern überein, so erhält man den 2. Preis. Bestimmen Sie die Wahrscheinlichkeiten für den Gewinn eines 1. Preises und für den Gewinn eines 2. Preises.

9 Beim Lottospiel 6 aus 49 werden nacheinander 6 Kugeln aus einem Ziehungsgefäß mit 49 Kugeln gezogen. Die Kugeln tragen die Nummern 1, 2, 3, ..., 49. In jeder Woche finden zwei solcher Lottoziehungen statt, sodass es pro Jahr 102 oder manchmal sogar 103 Lottoziehungen gibt. Begründen Sie:

(1) Die Wahrscheinlichkeit für die Ziehung einer bestimmten Zahl, z. B. der Zahl 13, in einer der Lottoziehungen beträgt $p = \frac{6}{49}$.

(2) Betrachtet man die Zufallsgröße X: *Anzahl der Ziehungen einer bestimmten Zahl*, kann man die Abfolge von $n = 102$ Lottoziehungen in einem Jahr als 102-stufige BERNOULLI-Kette mit $p = \frac{6}{49}$ auffassen.

10 BERNOULLI-Ketten lassen sich leicht mithilfe einer Tabellenkalkulation oder eines GTR simulieren.

(1) Erläutern Sie, wie die Simulation des Zufallsversuchs aus Aufgabe 1 durchgeführt werden kann.

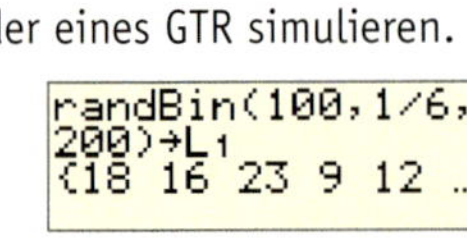

(2) Überlegen Sie, wie man die Simulation einer 100-stufigen BERNOULLI-Kette mit $p = \frac{1}{6}$ mithilfe eines Rechners oder einer Tabellenkalkulation durchführen kann. Führen Sie die Schritte mehrfach durch und tragen Sie die Ergebnisse der Lerngruppe zusammen. Stellen Sie die Häufigkeitsverteilung in Form eines Histogramms dar.

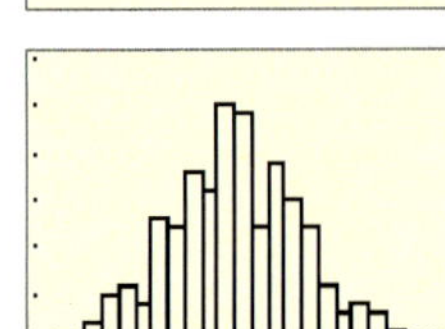

9.2.2 BERNOULLI-Formel

In diesem Abschnitt soll für die Wahrscheinlichkeitsverteilung von BERNOULLI-Ketten eine Formel entwickelt werden.

Einstieg

Eine Münze wird 10-mal geworfen.

- Bestimmen Sie die Anzahl der Pfade im Baumdiagramm mit 0-, 1-, 2-, ... 10-mal Wappen.
- Begründen Sie, warum es genauso viele Pfade mit 3 Erfolgen gibt wie mit 7 Erfolgen [mit 4 Erfolgen wie mit 6 Erfolgen].
- Begründen Sie, warum bei einer n-stufigen BERNOULLI-Kette zum Ereignis *k Erfolge* genauso viele Pfade gehören wie zum Ereignis *n – k Erfolge*.

Aufgabe

1 Wir betrachten das BERNOULLI-Experiment „Werfen eines Würfels". Als Erfolg wird das Auftreten der Augenzahl Sechs gewertet. Der Würfel wird sechsmal hintereinander geworfen.

a) Bestimmen Sie die Wahrscheinlichkeit für das Ereignis *Genau zweimal fällt Augenzahl 6*. Erläutern Sie Ihre Vorgehensweise.

b) Verallgemeinern Sie: Wie berechnet man die Wahrscheinlichkeiten für k Erfolge bei einer n-stufigen BERNOULLI-Kette mit der Erfolgswahrscheinlichkeit p?

Lösung

a) Es ist aufwendig, ein Baumdiagramm für diese sechsstufige BERNOULLI-Kette vollständig zu zeichnen, da es insgesamt $2^6 = 64$ Pfade enthält. Wir zeichnen daher nur einen Ausschnitt.

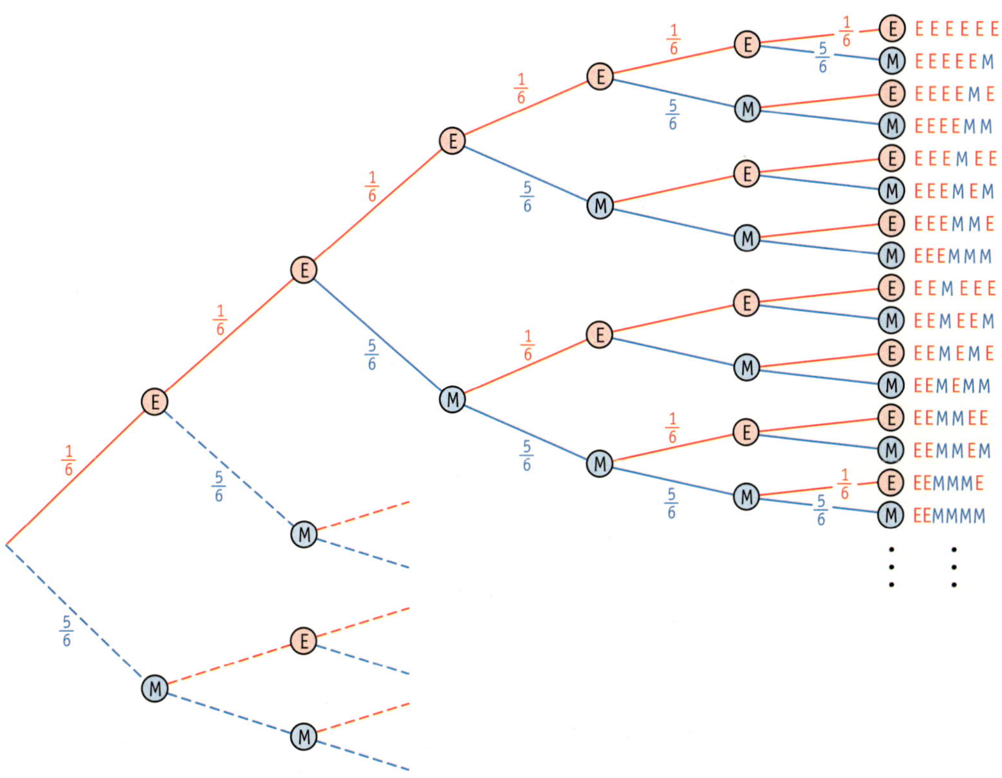

Am Ausschnitt des Baumdiagramms erkennt man schon, dass jeder Pfad mit genau zwei Erfolgen die Wahrscheinlichkeit $\frac{1}{6} \cdot \frac{1}{6} \cdot \frac{5}{6} \cdot \frac{5}{6} \cdot \frac{5}{6} \cdot \frac{5}{6} = \left(\frac{1}{6}\right)^2 \cdot \left(\frac{5}{6}\right)^4 = \frac{625}{46\,656}$ hat.

Wir müssen also nur überlegen, wie viele Pfade mit genau zwei Erfolgen es gibt.
Wir können am obigen unvollständigen Baumdiagrammausschnitt nicht abzählen, wie viele solcher Pfade es gibt. Wir überlegen daher, wie viele Möglichkeiten es gibt, die 6 Stufen des Experiments zu belegen.

Dazu stellen wir uns 6 Felder vor, die mit 2 Ⓔ und mit 4 Ⓜ zu belegen sind.

Die übrigen Felder könnten mit Ⓜ ausgefüllt werden. Der Übersichtlichkeit halber verzichten wir darauf.
In Abschnitt 8.2.2 haben wir erarbeitet wie viele Möglichkeiten der Auswahl *Zwei aus Sechs* es gibt.
Dies sind $\binom{6}{2} = \frac{6 \cdot 5}{2 \cdot 1} = 15$ Möglichkeiten, denn:

Für die Wahl des ersten Feldes für Ⓔ gibt es 6 Möglichkeiten:

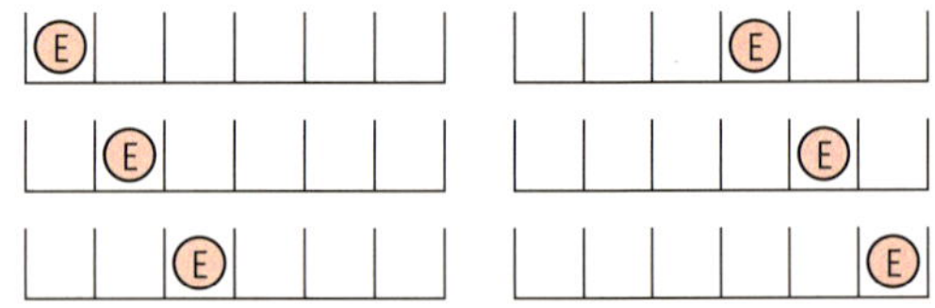

Für die Wahl des zweiten Feldes, in das ein Ⓔ eingetragen werden kann, bleiben dann jeweils noch 5 freie Felder. Insgesamt sind dies dann $6 \cdot 5 = 30$ Möglichkeiten, zwei Ⓔ einzutragen.

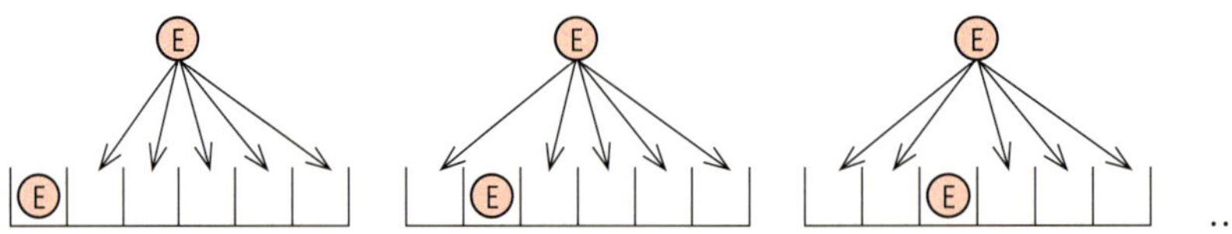

Allerdings entstehen dabei nicht 30 verschiedene Belegungen der sechs Felder:

Die Belegung  kann man zum Beispiel auf zwei verschiedene Weisen erhalten, wobei man nicht erkennen kann, welches der beiden Ⓔ zuerst eingetragen wurde.
Bei der obigen Zählweise wird also die Belegung doppelt gezählt.
Daher gibt es insgesamt $\binom{6}{2} = \frac{6 \cdot 5}{2 \cdot 1} = 15$ Möglichkeiten der Auswahl von *2 aus 6 Stufen* für einen Erfolg.
Die Wahrscheinlichkeit für genau 2 Sechsen beim 6-fachen Würfeln beträgt also:

$$15 \cdot \frac{625}{46\,656} = \frac{9375}{46\,656} \approx 0{,}2009\ \ldots$$

Wir fassen zusammen:

Wahrscheinlichkeit für Erfolg Ⓔ	$p = \frac{1}{6}$
Wahrscheinlichkeit für Misserfolg Ⓜ	$q = 1 - p = \frac{5}{6}$
Wahrscheinlichkeit für jeden Pfad mit genau 2 Erfolgen und 4 Misserfolgen	$\left(\frac{1}{6}\right)^2 \cdot \left(\frac{5}{6}\right)^4$
Anzahl der Pfade mit 2 Erfolgen auf 6 Stufen	$\binom{6}{2} = \frac{6 \cdot 5}{2 \cdot 1} = 15$
Wahrscheinlichkeit für das Ereignis *Genau zweimal Augenzahl 6* beim 6-fachen Würfeln	$\binom{6}{2} \cdot \left(\frac{1}{6}\right)^2 \cdot \left(\frac{5}{6}\right)^4 = 0{,}2009\ldots$

b) Zum Ereignis *Anzahl der Erfolge* $X = k$ gehören $\binom{n}{k}$ Pfade, denn es gibt $\binom{n}{k}$ Möglichkeiten, k Erfolge und $n - k$ Misserfolge auf n Stufen anzuordnen.
Jeder dieser Pfade mit k Erfolgen und $n - k$ Misserfolgen hat gemäß Pfadmultiplikationsregel die Wahrscheinlichkeit $p^k(1 - p)^{n - k}$.
Daher gilt $P(X = k) = \binom{n}{k} p^k (1 - p)^{n-k}$.
Dabei ist p die Erfolgswahrscheinlichkeit und $1 - p$ die Misserfolgswahrscheinlichkeit und es gilt:

$$\binom{n}{k} = \frac{n \cdot (n-1) \cdot (n-2) \cdot \ldots \cdot (n - (k-1))}{k \cdot (k-1) \cdot (k-2) \cdot \ldots \cdot 1} = \frac{n!}{k!\,(n-k)!}$$

Information

(1) BERNOULLI-Formel – Binomialverteilung

Wie in Aufgabe 1 erläutert und begründet wurde, gilt für die Berechnung von Wahrscheinlichkeiten bei n-stufigen BERNOULLI-Ketten eine einfache Formel:

BERNOULLI-Formel – Binomialverteilung

Gegeben ist eine n-stufige BERNOULLI-Kette mit Erfolgswahrscheinlichkeit p.
Dann ist die Wahrscheinlichkeitsverteilung der Zufallsgröße X: *Anzahl der Erfolge* gegeben durch

$$\mathbf{P(X = k) = \binom{n}{k} p^k (1 - p)^{n-k}} \quad \text{mit } k = 0, 1, \ldots, n$$

Die Wahrscheinlichkeitsverteilung wird als **Binomialverteilung** bezeichnet.

Die Bezeichnung Binomialverteilung wurde gewählt, weil es einen Zusammenhang mit den binomischen Formeln gibt. Vergleichen Sie zum Beispiel die Formel

$(a + 5)^5 = \binom{5}{0}a^5 + \binom{5}{1}a^4b^1 + \binom{5}{2}a^3b^2 + \binom{5}{3}a^2b^3 + \binom{5}{4}ab^4 + \binom{5}{5}b^5$ mit dem folgenden Beispiel.

Beispiel

Für eine 5-stufige BERNOULLI-Kette mit der Erfolgswahrscheinlichkeit p und der Misserfolgswahrscheinlichkeit (1 – p) ergibt sich für die Zufallsgröße X: *Anzahl der Erfolge* die folgende Binomialverteilung:

k	0	1	2	3	4	5
P(X = k)	$\binom{5}{0}p^0(1-p)^5$	$\binom{5}{1}p^1(1-p)^4$	$\binom{5}{2}p^2(1-p)^3$	$\binom{5}{3}p^3(1-p)^2$	$\binom{5}{4}p^4(1-p)^1$	$\binom{5}{5}p^5(1-p)^0$

(2) Binomialverteilungen mit einem Rechner bestimmen

DISTR
distribution (engl.): Verteilung

pdf probability distribution function

Bei vielen wissenschaftlichen Taschenrechnern besteht die Möglichkeit, Wahrscheinlichkeiten für einzelne, mehrere oder alle Werte einer Binomialverteilung zu bestimmen. Meistens findet man den entsprechenden Befehl **Binomialpdf** oder **binompdf** im **DISTR**-Menü.

Beispiel für die Berechnung einer einzelnen Wahrscheinlichkeit

Für n = 10 und p = 0,3 soll P(X = 4) berechnet werden.

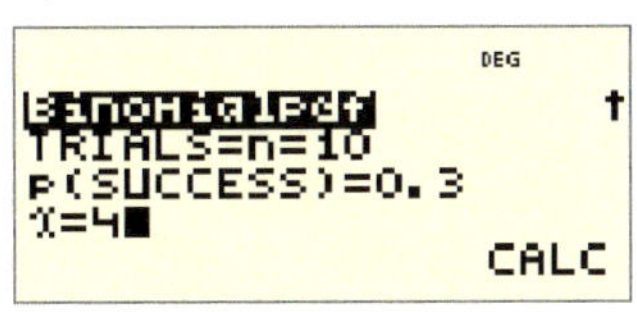

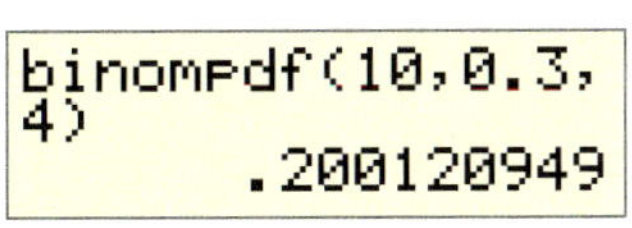

Beispiel für die Berechnung mehrerer Werte

Für n = 5 und p = 0,5 sollen die Wahrscheinlichkeiten für 0, 1, 2 Erfolge berechnet werden, also P(X = 0); P(X = 1) und P(X = 2).

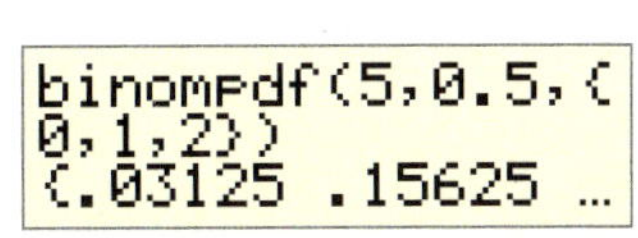

Zu einer vorgegebenen Liste (hier X = 0, 1, 2) werden die zugehörigen Wahrscheinlichkeiten vom Rechner bestimmt.

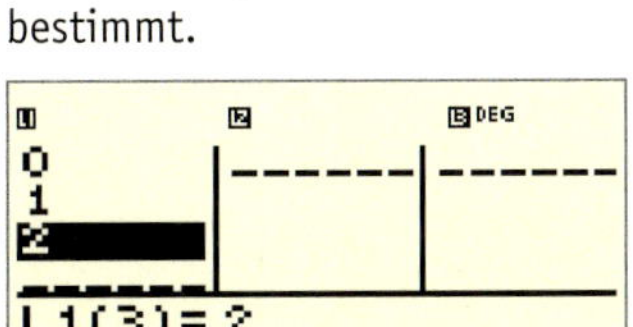

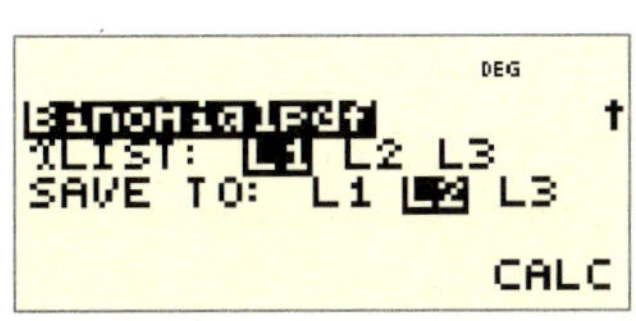

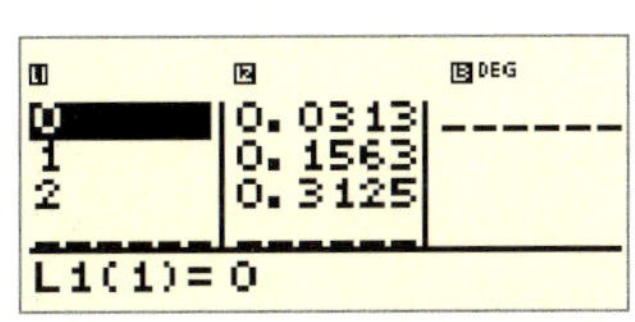

Beispiel für die Bestimmung aller Werte einer Binomialverteilung

$n = 6, \; p = \frac{1}{6}$

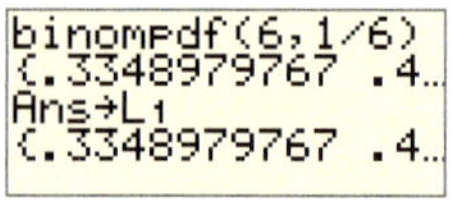

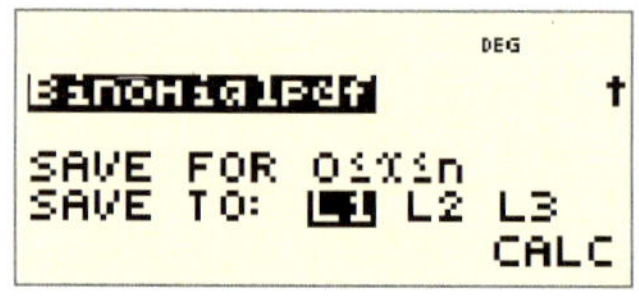

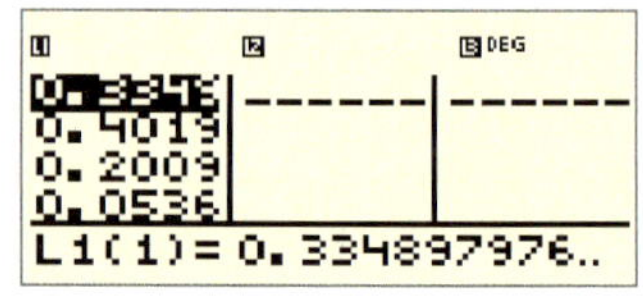

Information

(3) Binomialverteilungen mithilfe von Tabellen bestimmen

Im Anhang dieses Buches finden Sie Tabellen zur Bestimmung der Wahrscheinlichkeiten von Binomialverteilungen mit $n = 5, 10, 20, 50, 100$ und Erfolgswahrscheinlichkeiten $p = 0{,}02; 0{,}03; \ldots; 0{,}1; \ldots; 0{,}98$. Wie man diese Tabellen benutzt, wird in Abschnitt 9.2.3 erläutert.

Weiterführende Aufgaben

2 Näherungsweise Berechnung von Wahrscheinlichkeiten mithilfe eines Binomialansatzes

Ziehvorgänge mit Zurücklegen können grundsätzlich als BERNOULLI-Ketten aufgefasst werden, da sich die Wahrscheinlichkeit für einen Erfolg nicht ändert. Bei Stichprobennahmen, z. B. bei Meinungsumfragen, achtet man darauf, dass ausgewählte Personen nur einmal erfasst werden. Kann man trotzdem Wahrscheinlichkeiten von Ereignissen näherungsweise mit einem Binomialansatz berechnen?

a) Vergleichen Sie – zur Klärung dieser Frage – die Wahrscheinlichkeiten von folgenden Ereignissen:
In einer Jahrgangsstufe sind 70 Jungen und 80 Mädchen. Für eine Befragung werden 4 Schülerinnen oder Schüler ausgelost – als Ziehen (1) mit Zurücklegen; (2) ohne Zurücklegen.
Mit welcher Wahrscheinlichkeit sind unter den ausgelosten Personen $k = 0, 1, 2, \ldots, 4$ Mädchen?

b) Begründen Sie aufgrund der berechneten Wahrscheinlichkeiten in Teilaufgabe a) die folgende Regel:

Binomialansatz bei Stichprobennahmen

Zieht man aus einer großen Gesamtheit nur wenige Elemente zufällig heraus, dann ergeben sich annähernd gleiche Wahrscheinlichkeitswerte, unabhängig davon ob man die Auswahl mit oder ohne Zurücklegen vornimmt. Anders formuliert:
Aus einer Urne mit der Gesamtheit n Kugeln wird eine Stichprobe von k Kugeln gezogen. Ist das Verhältnis *Umfang der Gesamtheit* zu *Umfang der Stichprobe* sehr groß, dann ist für die Berechnung von Wahrscheinlichkeiten näherungsweise ein Binomialansatz möglich.

3 Die Binomialkoeffizienten und das PASCAL'sche Dreieck

BLAISE PASCAL (1623 – 1662)

Der französische Mathematiker und Philosoph BLAISE PASCAL beschäftigte sich intensiv mit einem Zahlenschema, das heute als PASCAL'sches Dreieck bezeichnet wird. Es ist nach zwei Prinzipien aufgebaut:

- Am Anfang und am Ende der Zeile steht eine Eins.
- Die übrigen Zahlen erhält man durch Addition benachbarter Zahlen in der darüberstehenden Zeile.

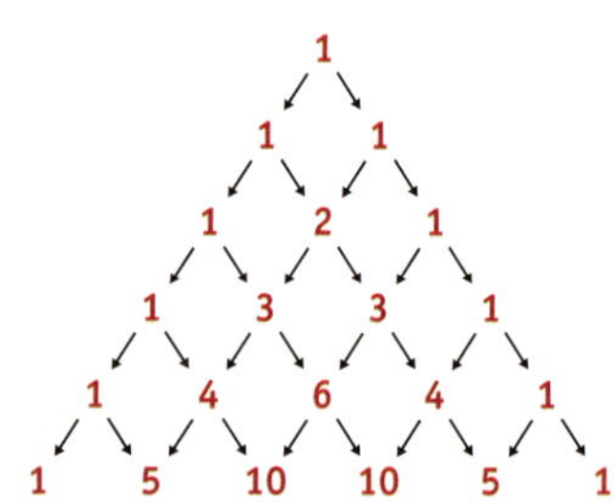

a) Zeigen Sie: Die Zahlen aus dem PASCAL'schen Dreieck sind die Binomialkoeffizienten, d. h. das PASCAL'sche Dreieck kann man auch mit Binomialkoeffizienten aufstellen.
Beginnt man die Nummerierung bei 0, so steht $\binom{n}{k}$ an der k-ten Stelle in der n-ten Reihe des PASCAL'schen Dreiecks.

b) Bei einem Würfelspiel vereinbaren die Spieler, dass man erst mit einer Eins das Spiel beginnen kann. Drei Spieler beginnen mit dem Spiel. Jeder darf nur einmal würfeln. Für die erste Würfelrunde liegt also eine 3-stufige BERNOULLI-Kette mit der Erfolgswahrscheinlichkeit $p = \frac{1}{6}$ vor.
Nach der ersten Runde kommt ein vierter Spieler dazu und möchte auch mitspielen. Die BERNOULLI-Kette wird also von 3 Stufen auf 4 Stufen erhöht.
Erläutern Sie den Zusammenhang mit dem Konstruktionsprinzip des PASCAL'schen Dreiecks.

Das nach PASCAL benannte Zahlenschema war bereits chinesischen Mathematikern bekannt. Es ist z. B. in einem Buch aus dem Jahr 1303 enthalten.

Stand nach 3 Würfen:

$P(X=0) = \mathbf{1}\cdot\left(\frac{5}{6}\right)^3$ | $P(X=1) = \mathbf{3}\cdot\left(\frac{1}{6}\right)^1\cdot\left(\frac{5}{6}\right)^2$ | $P(X=2) = \mathbf{3}\cdot\left(\frac{1}{6}\right)^2\cdot\left(\frac{5}{6}\right)^1$ | $P(X=3) = \mathbf{1}\cdot\left(\frac{1}{6}\right)^3$

(Übergänge jeweils $\cdot\frac{5}{6}$ und $\cdot\frac{1}{6}$)

Stand nach 4 Würfen:

$P(X=0) = \mathbf{1}\cdot\left(\frac{5}{6}\right)^4$ | $P(X=1) = \mathbf{4}\cdot\left(\frac{1}{6}\right)^1\cdot\left(\frac{5}{6}\right)^3$ | $P(X=2) = \mathbf{6}\cdot\left(\frac{1}{6}\right)^2\cdot\left(\frac{5}{6}\right)^2$ | $P(X=3) = \mathbf{4}\cdot\left(\frac{1}{6}\right)^3\cdot\left(\frac{5}{6}\right)^1$ | $P(X=4) = \mathbf{1}\cdot\left(\frac{1}{6}\right)^4$

$1\cdot\left(\frac{5}{6}\right)^3\cdot\frac{1}{6}$ + $3\cdot\left(\frac{1}{6}\right)^1\cdot\left(\frac{5}{6}\right)^2\cdot\frac{5}{6}$
Zwischenstand 0-mal Eins, dann Eins — *Zwischenstand 1-mal Eins, dann keine Eins*

$1\cdot\left(\frac{1}{6}\right)^3\cdot\frac{1}{6}$
Zwischenstand 3-mal Eins, dann Eins

Übungsaufgaben

4 Geben Sie einen geeigneten BERNOULLI-Versuch und ein Ereignis an, für dessen Wahrscheinlichkeit gilt:

a) $p = \binom{10}{3}\cdot 0{,}4^3\cdot 0{,}6^7$ **b)** $p = \binom{20}{0}\cdot\left(\frac{5}{6}\right)^{20}$ **c)** $p = \binom{100}{3}\cdot 0{,}4^3\cdot 0{,}6^7$

5 Die Wahrscheinlichkeit, dass ein Neugeborenes ein Junge ist, beträgt etwa 0,514.

a) In einem Krankenhaus werden an einem Tag 12 Kinder geboren. Bestimmen Sie die Wahrscheinlichkeit, dass es genau 6 Jungen und 6 Mädchen sind.

b) Bestimmen Sie die Verteilung der Zufallsgröße X: *Anzahl der Mädchen in einer Familie mit 4 Kindern.*

c) Mit welcher Wahrscheinlichkeit sind in einer Familie mit 6 Kindern mehr Jungen als Mädchen?

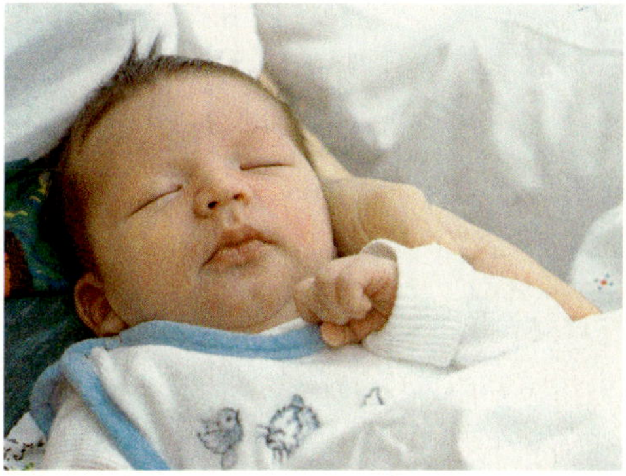

Oktaeder

Ikosaeder

Dodekaeder

6

a) Ein Würfel wird 6-mal geworfen. Mit welcher Wahrscheinlichkeit tritt Augenzahl 6 genau 2-mal auf?

b) Ein reguläres Oktaeder wird 8-mal geworfen [ein reguläres Dodekaeder wird 12-mal geworfen; ein reguläres Ikosaeder wird 20-mal geworfen].
Mit welcher Wahrscheinlichkeit tritt Augenzahl 3 genau einmal [fünfmal] auf?

7

(1) In einer Bevölkerungsgruppe haben 70 % der Erwachsenen einen Führerschein. 10 erwachsene Personen werden zufällig ausgewählt. Bestimmen Sie die Wahrscheinlichkeit dafür, dass unter diesen 10 Befragten genau 7 Personen einen Führerschein besitzen.

(2) 21 von 30 Kindern einer Klasse kommen mit dem Bus zur Schule. Für eine Befragung werden 10 von 30 Kindern zufällig ausgewählt. Untersuchen Sie, mit welcher Wahrscheinlichkeit unter den 10 Befragten genau 7 Kinder sind, die mit dem Bus zu Schule kommen.

(3) Erläutern Sie den Unterschied bei den Berechnungen der Wahrscheinlichkeiten in (1) und (2). Begründen Sie, warum man in (1) einen Binomialansatz verwenden darf und in (2) nicht.

8 25 % aller Wahlberechtigten sind jünger als 30 Jahre, 75 % sind jünger als 60 Jahre.

a) Wie groß ist die Wahrscheinlichkeit dafür, dass unter 8 zufällig ausgesuchten Wahlberechtigten
(1) genau 2 Personen unter 30 Jahre alt sind; (2) genau 6 Personen unter 60 Jahre alt sind?

b) Bestimmen Sie die Wahrscheinlichkeitsverteilung bei einer Zufallsauswahl von 10 wahlberechtigten Personen. Stellen Sie diese Verteilung auch grafisch dar.

9 Ein Würfel wird geworfen. Augenzahl 6 wird als Erfolg angesehen.

a) Betrachten Sie die Ereignisse
E_1: *2 Erfolge bei 6 Würfen;* E_2: *4 Erfolge bei 6 Würfen;* E_3: *4 Erfolge bei 12 Würfen*
Ist $P(E_1)$ (1) doppelt so groß wie $P(E_2)$, (2) genauso groß wie $P(E_3)$?

b) Ist das Ereignis *Mindestens 1-mal Augenzahl 6 bei 6 Würfen* ein sicheres Ereignis?

10 Drei Münzen werden 6-mal geworfen. Bestimmen Sie die Wahrscheinlichkeit für folgende Ereignisse:

(1) 4-mal 2 Wappen
(2) 5-mal mindestens 1 Wappen
(3) 2-mal lauter Wappen
(4) 3-mal höchstens 1 Wappen
(5) 1-mal kein Wappen
(6) 4-mal 3 Wappen

11 Begründen Sie. Man erhält das Histogramm einer Binomialverteilung für $p_2 = 1 - p_1$, indem man das Histogramm für p_1 an der Parallelen zur P-Achse durch $X = \frac{n}{2}$ spiegelt.

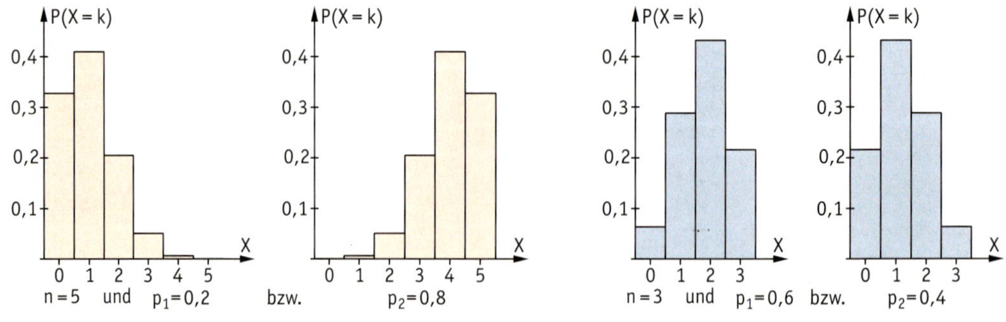

12 Untersuchen Sie, ob zu einer 8-stufigen BERNOULLI-Kette mehr Pfade mit 4 Erfolgen als zu einer 9-stufigen BERNOULLI-Kette mit 3 Erfolgen gehören.

13 Ein Multiple-Choice-Test besteht aus 5 Fragen mit je 5 gleich plausiblen Antworten, wobei aber jeweils nur eine Antwort richtig ist. Jemand kreuzt die Antwortmöglichkeiten auf gut Glück an.
Mit welcher Wahrscheinlichkeit hat diese Person 0 [1; 2; 3; 4; 5] Antworten richtig angekreuzt?
Mit welcher Wahrscheinlichkeit hat sie mehr als die Hälfte der Antworten richtig geraten?

9.2.3 Kumulierte Binomialverteilungen

Bisher haben wir mithilfe der BERNOULLI-Formel nur Wahrscheinlichkeiten für einzelne Ergebnisse von BERNOULLI-Versuchen berechnet. Oft interessieren uns aber Wahrscheinlichkeiten für Intervalle von Ergebnissen von BERNOULLI-Versuchen, das sind mehrere aufeinander folgende Ergebnisse, und wir wollen wissen, mit welcher Wahrscheinlichkeit irgendeines der betrachteten Ergebnisse dieses Intervalls auftritt.

Einstieg

Die Tabelle zeigt die Wahrscheinlichkeiten $P(X \leq k) = P(X = 0) + P(X = 1) + \ldots + P(X = k)$ für $n = 10$ und verschiedene Erfolgswahrscheinlichkeiten p (für Werte von p von 0,02 bis 0,98).

(1) Für welches Ereignis steht die in der Tabelle enthaltene Wahrscheinlichkeit 0,7752?

(2) Bildet man die Differenz von zwei Wahrscheinlichkeiten aus der Tabelle, dann wird hierdurch ebenfalls ein Ereignis beschrieben. Für welches Ereignis steht die Differenz 0,9453 – 0,1719?

(3) Welches Ereignis wird durch die Differenz zweier aufeinander folgender Tabellenwerte beschrieben?

k = \ p =	0,02	0,03	0,04	0,05	0,1	$\frac{1}{6}$	0,2	0,25	0,3	$\frac{1}{3}$	0,4	0,5	0,6	$\frac{2}{3}$	0,7	0,75	0,8	$\frac{5}{6}$	0,9	0,95	0,96	0,97	0,98	p = / k =
0	0,8171	0,7374	0,6648	0,5987	0,3487	0,1615	0,1074	0,0563	0,0282	0,0173	0,0060	0,0010	0,0001	0	0	0	0	0	0	0	0	0	0	0
1	0,9838	0,9655	0,9418	0,9139	0,7361	0,4845	0,3758	0,2440	0,1493	0,1040	0,0464	0,0107	0,0017	0,0004	0,0001	0	0	0	0	0	0	0	0	1
2	0,9991	0,9972	0,9938	0,9885	0,9298	0,7752	0,6778	0,5256	0,3828	0,2991	0,1673	0,0547	0,0123	0,0034	0,0016	0,0004	0,0001	0	0	0	0	0	0	2
3	1	0,9999	0,9996	0,9990	0,9872	0,9303	0,8791	0,7759	0,6496	0,5593	0,3823	0,1719	0,0548	0,0197	0,0106	0,0035	0,0009	0,0003	0	0	0	0	0	3
4	1	1	1	0,9999	0,9984	0,9845	0,9672	0,9219	0,8497	0,7869	0,6331	0,3770	0,1662	0,0766	0,0473	0,0197	0,0064	0,0024	0,0001	0	0	0	0	4
5	1	1	1	1	0,9999	0,9976	0,9936	0,9803	0,9527	0,9234	0,8338	0,6230	0,3669	0,2131	0,1503	0,0781	0,0328	0,0155	0,0016	0,0001	0	0	0	5
6	1	1	1	1	1	0,9997	0,9991	0,9965	0,9894	0,9803	0,9452	0,8281	0,6177	0,4407	0,3504	0,2241	0,1209	0,0697	0,0128	0,0010	0,0004	0,0001	0	6
7	1	1	1	1	1	1	0,9999	0,9996	0,9984	0,9966	0,9877	0,9453	0,8327	0,7009	0,6172	0,4744	0,3222	0,2248	0,0702	0,0115	0,0062	0,0028	0,0009	7
8	1	1	1	1	1	1	1	1	0,9999	0,9996	0,9983	0,9893	0,9536	0,8960	0,8507	0,7560	0,6242	0,5155	0,2639	0,0861	0,0582	0,0345	0,0162	8
9	1	1	1	1	1	1	1	1	1	1	0,9999	0,9990	0,9940	0,9827	0,9718	0,9437	0,8926	0,8385	0,6513	0,4013	0,3352	0,2626	0,1829	9
10	1	1	1	1	1	1	1	1	1	1	1	1	1	1	1	1	1	1	1	1	1	1	1	10

Aufgabe

1 Benutzung von Tabellen zur Bestimmung von Wahrscheinlichkeiten für Intervalle

Gemäß den Angaben des Statistischen Bundesamtes ist in 90 % der Haushalte Deutschlands eine Waschmaschine vorhanden. In 50 zufällig ausgewählten Haushalten wird eine Stichprobe vorgenommen. Mit welcher Wahrscheinlichkeit sind

(1) höchstens 45;

(2) weniger als 41;

(3) mehr als 42;

(4) mindestens 42 und höchstens 48;

(5) genau 45

dieser Haushalte mit einer Waschmaschine ausgestattet? Markieren Sie die Ergebnisse im Histogramm der Wahrscheinlichkeitverteilung.

Lösung

34	0
35	0,0001
36	0,0003
37	0,0010
38	0,0032
39	0,0094
40	0,0245
41	0,0579
42	0,1221
43	0,2298
44	0,3839
45	0,5688
46	0,7497
47	0,8883
48	0,9662
49	0,9948
50	1

Wir betrachten die Zufallsgröße X: *Anzahl der Haushalte mit Waschmaschine*. Nach Voraussetzung ist hier die Erfolgswahrscheinlichkeit $p = 0{,}9$.

In den Tabellen im Anhang findet man unter $n = 50$ und $p = 0{,}9$ die links angegebenen Wahrscheinlichkeiten.

Wir lesen ab:

$= P(X = 0) + P(X = 1) + \ldots + P(X = 45)$

(1) $P(X \leq 45) = P(X = 0, 1, 2, \ldots, 45)$

$= 0{,}5688 \approx 0{,}569$

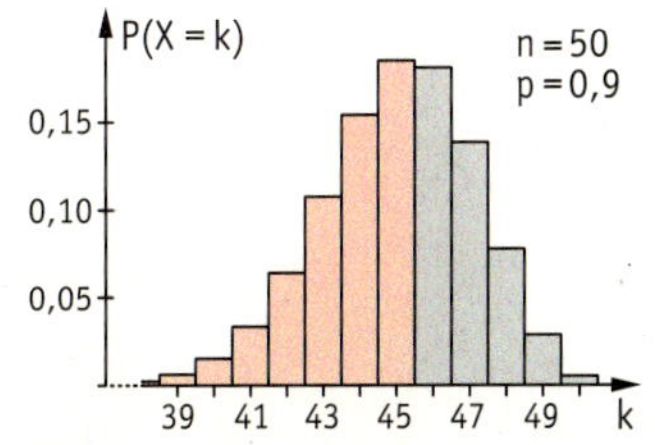

(2) $P(X < 41) = P(X = 0, 1, 2, \ldots, 40)$
$= 0{,}0245 \approx 0{,}025$

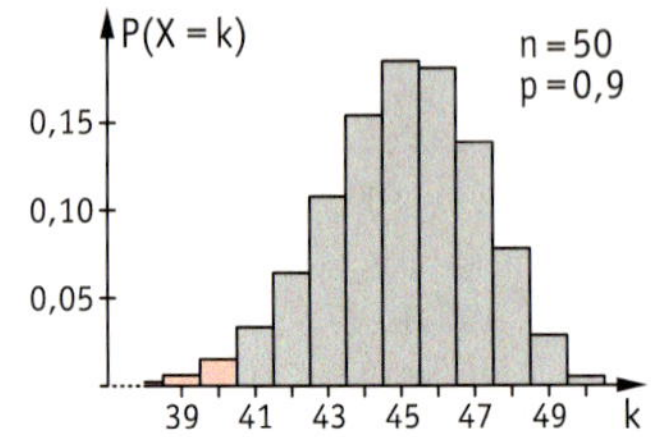

(3) $P(X > 42) = P(X = 43, 44, 45, \ldots, 50)$
$= 1 - P(X = 0, 1, 2, \ldots, 42)$
$= 1 - P(X \le 42)$
$= 1 - 0{,}1221$
$= 0{,}8779 \approx 0{,}878$

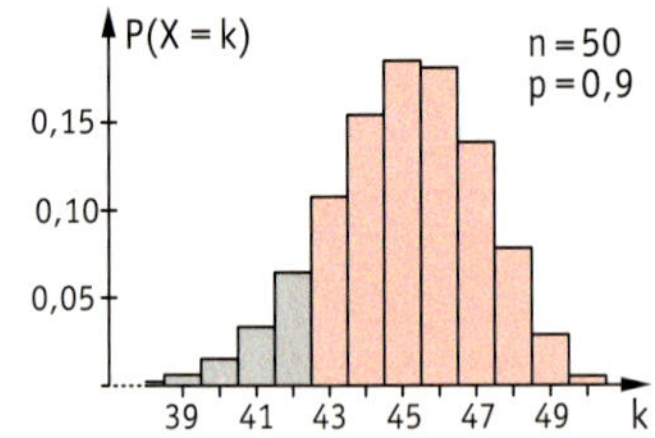

(4) $P(42 \le X \le 48) = P(X = 42, 43, 44, \ldots, 48)$
$= P(X = 0, 1, 2, \ldots, 48) - P(X = 0, 1, 2, \ldots, 41)$
$= P(X \le 48) - P(X \le 41)$
$= 0{,}9662 - 0{,}0579$
$= 0{,}9083 \approx 0{,}908$

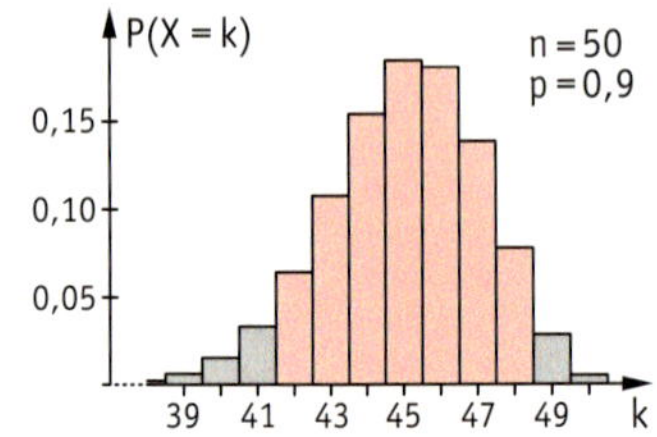

(5) $P(X = 45) = P(X \le 45) - P(X \le 44)$
$= 0{,}5688 - 0{,}3839$
$= 0{,}1849 \approx 0{,}185$

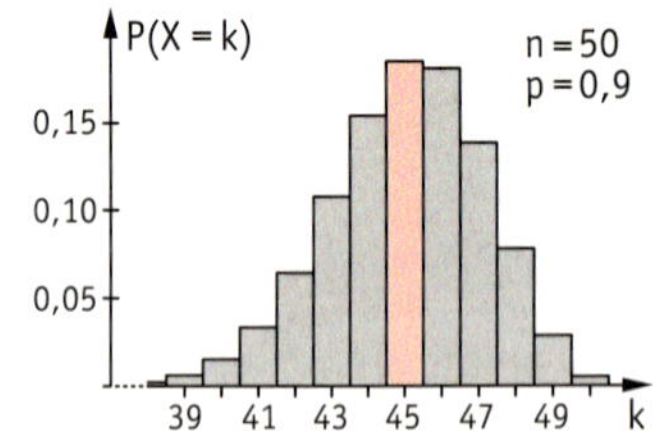

Information

(1) Bestimmen der kumulierten Binomialverteilung

*$P(X \le k) = P(X = 0) + P(X = 1) + \ldots + P(X = k)$ nennt man **kumulierte** Binomialverteilung.*

Beim Bestimmen von Intervall-Wahrscheinlichkeiten sind folgende Aufgaben möglich:

Ereignis	Beschreibung mithilfe der Zufallsgröße X	Berechnung mithilfe der kumulierten Binomialverteilung
genau k Erfolge	$X = k$	$P(X \le k) - P(X \le k - 1)$
höchstens k Erfolge	$X \le k$	$P(X \le k)$
weniger als k Erfolge	$X < k$	$P(X \le k - 1)$
mehr als k Erfolge	$X > k$	$1 - P(X \le k)$
mindestens k Erfolge	$X \ge k$	$1 - P(X \le k - 1)$
mindestens a, höchstens b Erfolge	$a \le X \le b$	$P(X \le b) - P(X \le a - 1)$

cumulare (lat.): anhäufen

(2) Bestimmen der kumulierten Binomialverteilung mithilfe eines GTR

cdf: cumulative distribution function

Im Menü **DISTR** findet man neben dem Befehl **binompdf (n, p, k)** auch den Befehl **binomcdf (n, p, k)**. Mit diesem Befehl können wir die Wahrscheinlichkeit für *höchstens* k Erfolge bei einer n-stufigen BERNOULLI-Kette mit Erfolgswahrscheinlichkeit p berechnen.

Gibt man nur **binomcdf (n, p)** ein, so erhält man die vollständige kumulierte Binomialverteilung.

Die Fragen (1) bis (4) aus Aufgabe 1 werden so mit einem GTR beantwortet:

(1)
```
1-binomcdf(50,0.
9,42)
      .8778549166
```

(2)
```
binomcdf(50,0.9,
45)
      .5688015957
```

(3)
```
binomcdf(50,0.9,
40)
      .0245379359
```

(4)
```
binomcdf(50,0.9,
48)-binomcdf(50,
0.9,41)
      .9083469346
```

(3) Bestimmen der kumulierten Binomialverteilung mithilfe von wissenschaftlichen Taschenrechnern

Mit einigen wissenschaftlichen Taschenrechnern kann man ebenfalls kumulierte Wahrscheinlichkeiten berechnen.

Beispiel

n = 100; p = 0,3: P(X ≤ 30) soll berechnet werden

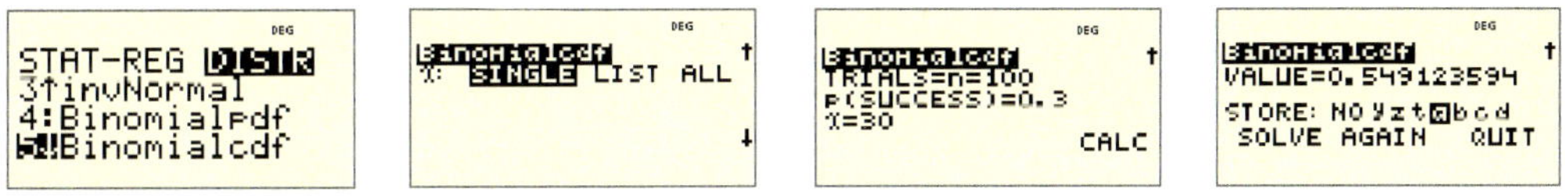

Für n ≤ 41 kann auch die vollständige kumulierte Binomialverteilung berechnet werden:

Beispiel

Wahrscheinlichkeitsverteilung für n = 10; p = 0,3.

Man beachte, dass L1(1) = P(X = 0) und L1(11) = P(X = 10).

Übungsaufgaben

2 Bestimmen Sie die Wahrscheinlichkeiten mithilfe der Tabellen im Anhang.

a) n = 10; p = 0,1; P(X = 3)

b) n = 20; p = 0,2; P(X = 7)

c) n = 50; p = 0,25; P(X = 10)

d) n = 100; p = 0,3; P(X = 28)

e) n = 10; p = 0,3; P(4 ≤ X ≤ 7)

f) n = 20; $p = \frac{1}{3}$; P(3 ≤ X ≤ 6)

g) n = 50; p = 0,4; P(19 ≤ X ≤ 24)

h) n = 100; p = 0,1; P(10 ≤ X ≤ 18)

3 Ein Würfel wird 20-mal geworfen. Geben Sie das Gegenereignis zu folgendem Ereignis an und bestimmen Sie die Wahrscheinlichkeit des Gegenereignisses:

(1) mehr als 3-mal Augenzahl 2;

(2) höchstens 8-mal Augenzahl 5 oder 6;

(3) weniger als 6-mal eine Augenzahl kleiner als 5;

(4) mindestens 10-mal eine Augenzahl größer als 1;

(5) mehr als 4-mal, aber weniger als 9-mal Augenzahl 2 oder 3;

(6) mindestens 11-mal und höchstens 14-mal keine Sechs.

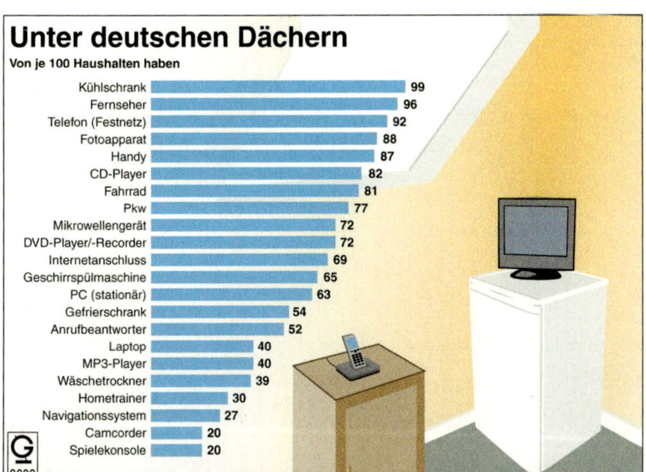

4 In ca. 30 % der Haushalte ist ein Hometrainer vorhanden. Im Rahmen einer Marktuntersuchung werden 100 Haushalte zufällig ausgewählt. Mit welcher Wahrscheinlichkeit findet man in

a) (1) mehr als 30;

(2) mindestens 30;

(3) mehr als 24, aber weniger als 28;

(4) höchstens 37 dieser Haushalte einen Hometrainer?

b) (1) genau 68;

(2) weniger als 71;

(3) höchstens 68;

(4) mehr als 71 dieser Haushalte keinen Hometrainer?

5

a) Eine Münze wird 100-mal geworfen. Wir betrachten die Zufallsgröße X: *Anzahl der Wappen*. Es gilt z. B. $P(43 \le X \le 59) = 0{,}905 \approx 90\,\%$, d. h. mit einer Wahrscheinlichkeit von ca. 90 % liegt die Anzahl der Wappen im Intervall [43; 59]. Geben Sie ein Intervall an, in dem mit einer Wahrscheinlichkeit von ca. 80 % [ca. 95 %] die Anzahl der Wappen liegen wird.

b) Ein Würfel wird 100-mal geworfen. Geben Sie ein Intervall an, in dem mit einer Wahrscheinlichkeit von ca. 90 % [ca. 80 %; ca. 95 %] die Anzahl X der Würfe mit Augenzahl 6 liegen wird.

6 Ein Multiple-Choice-Test besteht aus 50 Items (Aufgaben) mit jeweils 5 Antworten, von denen jeweils nur eine richtig ist. Mit welcher Wahrscheinlichkeit kann man durch bloßes Raten

(1) mehr als 20 Items;
(2) mindestens 10 und höchstens 20 Items;
(3) weniger als 10 Items;
(4) genau 15 Items

richtig beantworten?

7 Bestimmen Sie die Wahrscheinlichkeiten mithilfe der Tabellen im Anhang.

a) $P(X = 7)$ für $n = 10$; $p = 0{,}75$
b) $P(X = 14)$ für $n = 20$; $p = \frac{2}{3}$
c) $P(X = 40)$ für $n = 50$; $p = 0{,}9$
d) $P(3 \le X \le 8)$ für $n = 10$; $p = 0{,}75$
e) $P(15 \le X \le 20)$ für $n = 20$; $p = \frac{5}{6}$
f) $P(70 \le X \le 78)$ für $n = 100$; $p = 0{,}8$
g) $P(X \ge 7)$ für $n = 10$; $p = 0{,}4$
h) $P(X < 18)$ für $n = 20$; $p = 0{,}9$
i) $P(X \le 41)$ für $n = 50$; $p = 0{,}7$
j) $P(X > 30)$ für $n = 100$; $p = 0{,}2$

8 In der Kantine einer Firma nehmen erfahrungsgemäß durchschnittlich 60 der 100 Angestellten ihr Mittagessen ein.
Mit welcher Wahrscheinlichkeit werden

(1) mehr als 60;
(2) weniger als 60;
(3) weniger als 70;
(4) mindestens 70;
(5) genau 70

Personen in der Kantine essen?

9 In ca. 80% der Haushalte der Bundesrepublik ist ein CD-Player vorhanden. Eine Befragung wird in 100 zufällig ausgesuchten Haushalten durchgeführt.
Wie groß ist die Wahrscheinlichkeit, dass man

(1) in genau 80;
(2) in mindestens 80;
(3) in mehr als 80

Haushalten einen CD-Player vorfindet?

10 40 % der Mitteleuropäer haben Blutgruppe A. Mit welcher Wahrscheinlichkeit werden unter 100 Blutspendern

(1) genau 45;
(2) mehr als 35;
(3) höchstens 48;
(4) mindestens 30, höchstens 50

Blutgruppe A haben?

11 Von den 100 Beschäftigten eines Betriebes kommen durchschnittlich 40 % mit ihrem Auto zur Arbeit. Mit welcher Wahrscheinlichkeit genügt ein Parkplatz mit 50 Plätzen? Wie viele Plätze müssen zur Verfügung stehen, damit diese mit einer Wahrscheinlichkeit von mindestens 90 % ausreichen?

12 Jemand benötigt 40 Schrauben. 10 % der Schrauben in einer Packung sind defekt. Mit welcher Wahrscheinlichkeit kommt er mit einer 50-Schrauben-Packung aus?

Tetraeder

13 Ein reguläres Tetraeder wird 20-mal geworfen. Mit welcher Wahrscheinlichkeit treten folgende Ereignisse auf?

(1) genau 4-mal Augenzahl 1;
(2) höchstens 4-mal Augenzahl 1;
(3) mindestens 4-mal Augenzahl 1;
(4) weniger als 6-mal Augenzahl 1;
(5) mindestens 3-mal, höchstens 7-mal Augenzahl 1;
(6) mehr als 4-mal, weniger als 10-mal Augenzahl 1.

14 Ben und Laura vereinbaren 15 Tennisspiele gegeneinander. Wer die meisten Spiele gewinnt, ist Turniersieger. Bisher hat Ben 60 % der Einzelspiele gewonnen. Untersuchen Sie, wie groß seine Chancen sind, Turniersieger zu werden.
Welche Modellannahmen müssen gemacht werden, damit überhaupt eine Berechnung der Chancen möglich ist?

15 Nach Untersuchungen kommen nur 65 % der Telefongespräche beim ersten Wählen zustande. Entweder ist der gewünschte Teilnehmer nicht anwesend oder sein Anschluss besetzt. Marie muss 5 Telefongespräche erledigen. Untersuchen Sie, wie groß die Wahrscheinlichkeit ist, dass sie jedesmal [keinmal; dreimal; mindestens dreimal] durchkommt.

16 Ein Geschichtskurs schreibt einen Test mit 12 Fragen. Zu jeder der Fragen sind 3 Antworten vorgegeben. Eine davon ist richtig. Markus hat sich überhaupt nicht vorbereitet und muss bei allen Antworten raten. Mit welcher Wahrscheinlichkeit schafft er es, mindestens die Hälfte der Fragen durch bloßes Raten richtig zu beantworten?

17 Ein Würfel wird 10-mal geworfen. Jan berechnet mit einem Rechner die Wahrscheinlichkeiten dafür, dass
(1) die *Augenzahl 6* mindestens 4-mal auftritt;
(2) die *Augenzahl 6* weniger als 7-mal, aber mehr als 3-mal auftritt.
Erläutern Sie, was Jan dabei falsch gemacht hat und korrigieren Sie seine Ergebnisse.

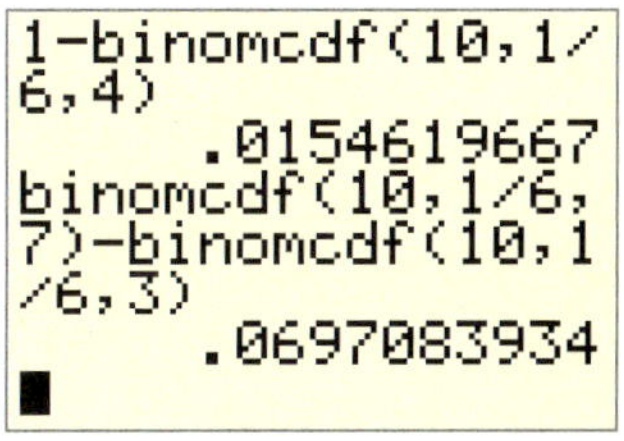

18 Katharina benutzt zur Bestimmung von Wahrscheinlichkeiten einen GTR.
a) Bei welcher Fragestellung gibt sie Folgendes ein: **binompdf** $\left(8, \frac{1}{6}, 3\right)$; **binomcdf** (6, 0.5, 4)?
b) Was geschieht, wenn sie (1) **binompdf** (3, 0.5, 4); (2) **binomcdf** (5, 0, 4, 3) eingibt? Begründen Sie Ihre Antwort.

19 Man weiß, dass in 80 % der Haushalte ein Fahrrad vorhanden ist. In einer Stichprobe werden Befragungen in 30 Haushalten durchgeführt. Betrachten Sie die Zufallsgröße X: *Anzahl der Haushalte mit Fahrrad.*
Für welches k gilt: (1) $P(X \leq k) > 0{,}3$; (2) $P(X > k) \leq 0{,}5$?

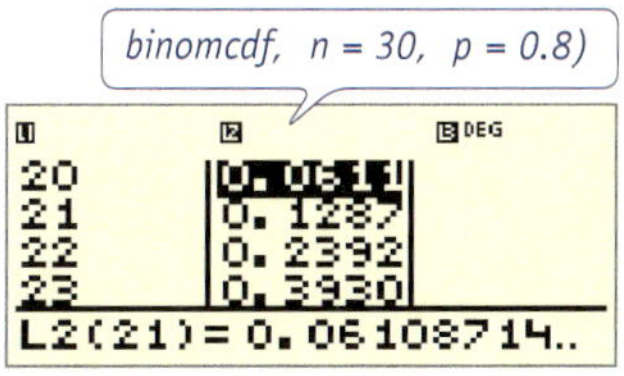

20

a) Die Wahrscheinlichkeit dafür, dass beim 4-fachen Würfeln mit einem regulären Hexaeder mindestens eine Sechs auftritt, beträgt 51,8 %. Man hätte also einen kleinen Vorteil, wenn man auf das Ereignis wetten würde.

Geben Sie analog Bedingungen für das Würfeln mit einem regelmäßigen Oktaeder [Dodekaeder, Ikosaeder] an, die bei einer Wette vorteilhaft wären.

b) Die Wahrscheinlichkeit dafür, dass beim 10-fachen Würfeln mit einem regulären Hexaeder mindestens zwei Sechsen auftreten, beträgt 51,5 %. Man hätte also einen kleinen Vorteil, wenn man auf das Ereignis wetten würde.

Geben Sie analog Bedingungen für das Würfeln mit einem regelmäßigen Oktaeder [Dodekaeder, Ikosaeder] an, die bei einer Wette vorteilhaft wären.

21

Bei Überbuchung Bares

Bei Überbuchung von Flugzeugen haben Passagiere, die zurück bleiben, Anspruch auf Entschädigung durch die Airline.

Sogenannte No-Show-Passagiere, die ihren Flug nicht antreten, veranlassen die Airlines, ihre Flüge um 10 bis 15 Prozent zu überbuchen. Erscheinen mehr Passagiere als erwartet, können die überzähligen Passagiere nicht an Bord gehen. Die Letzten beim Check-in beißen die Hunde. Oft wird eingecheckten Passagieren mit Bargeld der freiwillige Verzicht auf den Flug schmackhaft gemacht. Geboten werden z.B. Lockprämien zwischen 100 Euro bei Inlandsflügen (mit garantiertem Sitzplatz in der nächsten Maschine) bis zu 200 Euro bei Interkontinentalflügen inklusive Übernachtung am jeweiligen Abflugort plus Sitzplatz in der Business Class auf dem Flug am darauffolgenden Tag.

Sitzengebliebene Passagiere haben zudem nach EU-Recht Anspruch auf Entschädigung:
- 250 Euro bei Flügen bis 1500 km
- 400 Euro bei Flügen über 1500 km innerhalb der EU und zwischen 1500 km und 3500 km bei anderen Flügen
- 600 Euro bei anderen Flügen über 3500 km

Auch die notwendigen Übernachtungen und Spesen muss die Fluggesellschaft bezahlen.

Ein Airbus A 320 hat 150 Sitzplätze. Wie viele Tickets vergibt die Fluggesellschaft für einen Flug bei 12 % Überbuchung? 85 % aller Kunden treten ihren Flug an.
Wie groß ist die Wahrscheinlichkeit, dass keiner der Passagiere, die den Flug antreten, zurückgewiesen werden muss?

GTR **22** Für die Verbesserung des Kundendienstes soll eine Befragung von mindestens 100 Kunden durchgeführt werden. 50 % der angesprochenen Personen ist ein solches Interview aber lästig und sie lehnen es ab.

a) Untersuchen Sie, mit welcher Wahrscheinlichkeit eine Auswahl von 180, 190, 200, 210, 220, 230 Personen für ein Interview ausreicht.

Stellen Sie den funktionalen Zusammenhang grafisch dar.

b) Durch das Verteilen von Gutscheinen wird die Interview-Bereitschaft der Personen auf 75 % erhöht. Von welcher Anzahl anzusprechender Personen muss man ausgehen, wenn die Wahrscheinlichkeit für (mindestens) 100 Interviewpartner mindestens 90 % betragen soll?

9.2.4 Erwartungswert einer Binomialverteilung

Im Abschnitt 9.1 haben wir allgemein den Erwartungswert einer Zufallsgröße bestimmt. Dies wird hier nun speziell auf Binomialverteilungen übertragen.

Einstieg

- Führen Sie folgendes Experiment in der Lerngruppe durch:
  (a) Jeder wirft einen Würfel 12-mal und bestimmt die Anzahl der Sechsen. Untersuchen Sie, wie oft im Mittel die Augenzahl 6 auftritt.
  (b) Einige Rechner verfügen über den Befehl **randBin (n, p, s)**, mit dem man eine n-stufige Bernoulli-Kette mit der Erfolgswahrscheinlichkeit p insgesamt s-mal simulieren kann. Führen Sie alternativ zu der Aufgabenstellung in Teilaufgabe a) den Simulationsversuch 100-mal durch.

```
randBin(12,1/6,1
00)→L1
{1 1 3 1 3 2 5 …
mean(L1)
                2.09
```

- Vergleichen Sie die Häufigkeitsverteilung aus Teilaufgabe a) mit der Binomialverteilung mit $n = 12$ und $p = \frac{1}{6}$. Welchen Erwartungswert hat diese Verteilung?
- Welche mittlere Anzahl von Sechsen kann man erwarten, wenn man das 12-fache Würfeln 100-mal, 1000- mal, … durchführt? Warum ist dies plausibel?

Aufgabe

1 Ein Blumenhändler gibt für seine Blumenzwiebeln eine 90%-Keimgarantie. Berechnen Sie für eine Packung mit 6 Zwiebeln den Erwartungswert für die Anzahl der keimenden Zwiebeln.

Lösung

Jede einzelne Zwiebel keimt mit einer Wahrscheinlichkeit von 90%. Daher liegt eine Bernoulli-Kette mit der Erfolgswahrscheinlichkeit $p = 0{,}9$ vor. Wir notieren die Wahrscheinlichkeitsverteilung in einer Tabelle und berechnen den Erwartungswert.

X: Anzahl der keimenden Zwiebeln	$P(X = k)$	$k \cdot P(X = k)$
0	0,000001	0
1	0,000054	0,000054
2	0,001215	0,002430
3	0,014580	0,043740
4	0,098415	0,393658
5	0,354294	1,771470
6	0,531441	3,188646
Summe	1	5,4

Berechnung mit einem Rechner:

```
seq(X,X,0,6)→L1
  {0 1 2 3 4 5 6}
binompdf(6,0.9)→
L2
{1E-6 5.4E-5 .0…
sum(L1*L2)
                 5.4
```

Der Erwartungswert für die Anzahl der keimenden Zwiebeln ist $E(X) = 5{,}4$; also genau 90% von 6. Man kann folglich im Mittel mit 5 bis 6 keimenden Zwiebeln pro Packung rechnen.

Information

(1) Erwartungswert einer Binomialverteilung

Auf Seite 446 haben wir definiert, was man unter dem Erwartungswert einer Zufallsgröße versteht. Bei Bernoulli-Ketten kann die Zufallsgröße X: *Anzahl der Erfolge* die Werte 0, 1, …, n annehmen.
Entsprechend kann man den Erwartungswert wie folgt berechnen:

$$\mu = 0 \cdot P(X = 0) + 1 \cdot P(X = 1) + \ldots + n \cdot P(X = n).$$

Mit dieser Formel haben wir in der Lösung von Aufgabe 1 den Erwartungswert der Blumenzwiebeln, die keimen, berechnet. Wir erhielten $\mu = 5{,}4$.

Der zu erwartende Mittelwert $\mu = 5{,}4$ ist plausibel, denn bei einer Wahrscheinlichkeit von 90 % für das Keimen von 6 Zwiebeln erwartet man, dass im Mittel $0{,}9 \cdot 6 = 5{,}4$ Zwiebeln keimen.

Dies hat etwas mit der Häufigkeitsinterpretation der Wahrscheinlichkeit zu tun:

Hat ein bestimmtes Ergebnis eines Zufallsexperiments die Wahrscheinlichkeit p, dann machen wir die Prognose, dass bei einer großen Zahl n von Versuchsdurchführungen das Ergebnis ungefähr $(n \cdot p)$-mal auftreten wird.

Bei der Häufigkeitsinterpretation der Wahrscheinlichkeit geht man davon aus, dass ein Versuch n-mal *unter gleichen Voraussetzungen* wiederholt wird, d. h. man fordert genau die Bedingungen, die von einer n-stufigen BERNOULLI-Kette erfüllt werden müssen.

Der Erwartungswert einer Binomialverteilung gibt die zu erwartende Anzahl von Erfolgen der betrachteten BERNOULLI-Kette an.

Also gilt für den Erwartungswert einer Binomialverteilung:

$E(X) = n \cdot p.$

Man kann diese Formel allgemein beweisen. Wir begnügen uns hier mit den Berechnungen für Binomialverteilungen mit $n = 1, 2, 3$ und beliebigem p:

$q = 1 - p$

n = 1

k	$P(X = k)$	$k \cdot P(X = k)$
0	q	0
1	p	p

$E(X) = p$

n = 2

k	$P(X = k)$	$k \cdot P(X = k)$
0	q^2	0
1	$2pq$	$2pq$
2	p^2	$2p^2$

$$E(X) = 2pq + 2p^2 = 2p(q + p) = 2p$$

$q + p = 1$

n = 3

k	$P(X = k)$	$k \cdot P(X = k)$
0	q^3	0
1	$3pq^2$	$3pq^2$
2	$3p^2q$	$6p^2q$
3	p^3	$3p^3$

$$E(X) = 3pq^2 + 6p^2q + 3p^3 = 3p(q^2 + 2pq + p^2) = 3p(q + p)^2 = 3p$$

Allgemein ergibt sich: $E(X) = np$.

Man beachte:

Die Wahrscheinlichkeit dafür, dass *genau* $n \cdot p$ Erfolge eintreten, kann relativ klein sein:

Beispiel

Bei einem 10-stufigen BERNOULLI-Versuch mit $p = 0{,}3$ ist $P(X = 3) \approx 0{,}267$, d. h. nur mit einer Wahrscheinlichkeit von 26,7 % treten tatsächlich so viele Erfolge ein, wie der Erwartungswert angibt. Wird n größer, nimmt diese Wahrscheinlichkeit sogar ab:

$n = 20$: $P(X = 6) \approx 0{,}192$; $n = 50$: $P(X = 15) \approx 0{,}122$; $n = 100$: $P(X = 30) \approx 0{,}087$.

Bei der Häufigkeitsinterpretation spricht man deshalb auch nur von *ungefähr* $n \cdot p$ zu erwartenden Erfolgen. Wie groß die Abweichungen von $n \cdot p$ sein können, ist Thema im nächsten Abschnitt.

Satz: Erwartungswert bei einer Binomialverteilung

Gegeben ist eine n-stufige BERNOULLI-Kette mit der Erfolgswahrscheinlichkeit p.

Für den Erwartungswert $E(X)$ der Zufallsgröße X: *Anzahl der Erfolge* gilt:

$\mathbf{E(X) = n \cdot p}$

Statt $E(X)$ schreibt man auch μ.

Weiterführende Aufgaben

2 Maximum einer Binomialverteilung

a) In Aufgabe 1 wurde festgestellt, dass der Erwartungswert $E(X)$ einer binomialverteilten Zufallsgröße nach der einfachen Formel $E(X) = n \cdot p$ berechnet werden kann.
Welche Bedeutung hat nun dieser Wert $E(X) = n \cdot p$ für eine Binomialverteilung?
Betrachten Sie dazu die Histogramme der Binomialverteilungen für $n = 50$ und $p = 0{,}1$; $p = 0{,}2$; $p = 0{,}4$; $p = 0{,}5$; $p = 0{,}65$ und $p = 0{,}75$.

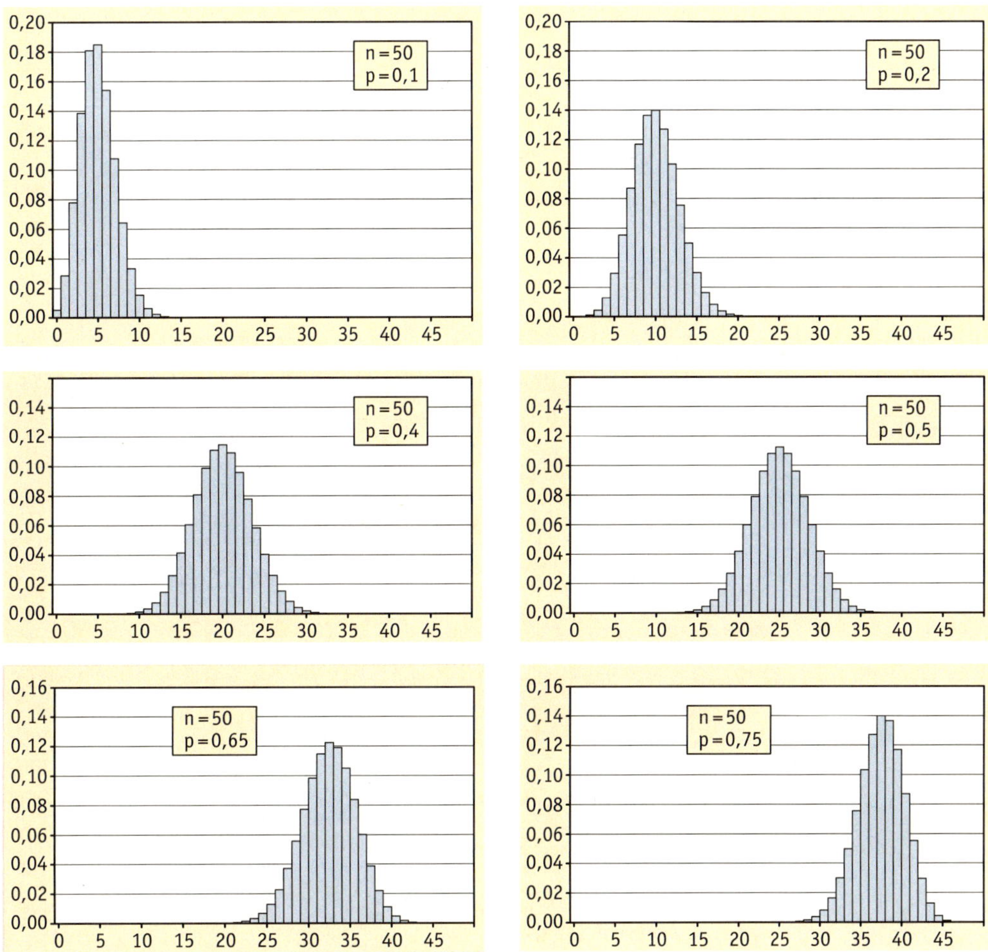

b) Der Erwartungswert einer Binomialverteilung muss nicht ganzzahlig sein. Bestimmen Sie den Erwartungswert für die folgenden BERNOULLI-Ketten. Untersuchen Sie auch, welche Anzahl k der Erfolge jeweils die größte Wahrscheinlichkeit hat.

(1) $n = 20$; $p = 0{,}3$	(3) $n = 17$; $p = 0{,}5$	(5) $n = 16$; $p = 0{,}7$	(7) $n = 31$; $p = 0{,}25$
(2) $n = 19$; $p = 0{,}4$	(4) $n = 11$; $p = 0{,}6$	(6) $n = 17$; $p = 0{,}75$	(8) $n = 32$; $p = 0{,}25$

Hinweis, falls für die Berechnung kein Rechner zur Verfügung steht:
Berechnen Sie die Wahrscheinlichkeiten für Nachbarwerte von $\mu = n \cdot p$ und vergleichen Sie diese.

LK **3 Lage des Maximums einer Binomialverteilung**

Beweisen Sie mithilfe der Rekursionsformel $P(X = k) = \frac{n-k+1}{k} \cdot \frac{p}{q} \cdot P(X = k-1)$:
Das Maximum einer Binomialverteilung liegt an einer Stelle k_{max} mit

$$\mu - q \le k_{max} \le \mu + p, \quad \text{also} \quad (n+1) \cdot p - 1 \le k_{max} \le (n+1) \cdot p.$$

Information

(2) Maximum einer Binomialverteilung

In Aufgabe 1 haben wir gezeigt, dass das Produkt $n \cdot p$ die Anzahl der zu erwartenden Erfolge bei einer n-stufigen BERNOULLI-Kette beschreibt. In Aufgabe 2 haben wir an Beispielen erkannt:

> Gegeben ist eine n-stufige BERNOULLI-Kette mit Erfolgswahrscheinlichkeit p. Dann gilt:
> Ist das Produkt $n \cdot p$ ganzzahlig, dann liegt an der Stelle $E(X) = n \cdot p$ das Maximum der Binomialverteilung. Ist $n \cdot p$ nicht ganzzahlig, liegt das Maximum der Binomialverteilung bei der größten ganzen Zahl, die kleiner oder gleich $(n + 1) \cdot p$ ist.

Übungsaufgaben

4 Eine Zeitschrift veranstaltet jede Woche ein Preisausschreiben mit 10 Fragen zur Allgemeinbildung. Bei jeder Frage sind vier mögliche Antworten vorgegeben, von denen eine richtig ist. Jemand kreuzt bei allen Fragen eine Antwort auf gut Glück an.

a) Wie groß ist die Wahrscheinlichkeit für 0; 1; 2; ... ; 10 richtige Antworten?

b) Wie viele richtige Antworten kann er im Mittel erwarten?

VON HUNDERT AUF NULL

Eine Frage der Allgemeinbildung – und eine des Überlebens:
Um wie viel verlängert sich der Bremsweg bei doppelter Geschwindigkeit?

Er verdoppelt sich. A ☐
Er verlängert sich um 25 Prozent. B ☐
Er verlängert sich um 75 Prozent. C ☐
Er vervierfacht sich. D ☐

GUTER ALTER GLOBUS

Ist natürlich nur eine Theorie – allerdings eine ziemlich gut belegte:
Vor wie vielen Jahren entstand die Erde?

vor etwa 4,5 Milliarden Jahren A ☐
vor 45 Mrd. J. B ☐
vor 450 Mio. J. C ☐
vor 4,5 Millionen Jahren D ☐

IST DOCH KLAR, ODER?

Moment mal! Das muss in der Bio-Stunde dran gewesen sein, als ich krank war.
Pilze sind ...

Pflanzen A ☐
Tiere B ☐
Bakterien C ☐
nichts davon D ☐

HEILIG-NÜCHTERN

Der strenge und doch überwältigende romanische Kirchenbau
Der Historiker und Journalist Joachim Fest nannte seine Jugenderinnerungen „Ich nicht". Es ist dies ein Teil des berühmten Diktums. Auch wenn alle es tun, ich nicht. „Wer sprach das „ego non" (Matthäus-Evangelium. Ölbergszene)?

Jesus A ☐
Judas B ☐
Petrus C ☐
ein römischer Soldat D ☐

MATHE MUSS SEIN

Wir lieben sie. Wir sind von Ihnen fasziniert. Primzahlen sind das Tollste. Nebenbei:
Sind gerade Primzahlen möglich?

vielleicht A ☐
Nein, das ist nicht möglich. B ☐
Es gibt eine gerade Primzahl. C ☐
Es gibt unendlich viele gerade Primzahlen. D ☐

DES SÄNGERS KLEINES HANDICAP

Humanistische Schule ohne Homer? Undenkbar!
Die neueste Theorie: Homer soll ein kastrierter Schreiber am Hofe eines kirchlichen Herrschers gewesen sein. Das behauptet zumindest der österreichische Schriftsteller Raoul Schrott. Dass der Dichter der „Ilias" seiner Manneskraft beraubt war, bezweifeln die meisten Homer-Forscher. Ein anderer Defekt jedoch gilt seit jeher als Attribut des griechischen Dichtervaters: Homer ...

... war blind. A ☐
... war taub. B ☐
... hatte eine Glatze. C ☐
... fehlte ein Ohr. D ☐

5 Wenn man eine n-stufige BERNOULLI-Kette mit Erfolgswahrscheinlichkeit p oft durchführt, dann erwarten wir im Mittel $n \cdot p$ Erfolge in jedem der n-stufigen Versuche.

a) Beispiel: $n = 40$, $p = 0{,}2$. Vergleichen Sie die Wahrscheinlichkeit für genau 8 Erfolge mit den Wahrscheinlichkeiten von Nachbarwerten (7 Erfolge; 9 Erfolge; 6 Erfolge; 10 Erfolge).

b) Untersuchen Sie analog zu Teilaufgabe a) die Nachbarwerte von $n \cdot p$:
(1) $n = 60$; $p = 0{,}7$ (2) $n = 55$; $p = 0{,}6$ (3) $n = 80$; $p = 0{,}3$ (4) $n = 72$; $p = 0{,}5$

6 Bei entsprechender Wahl des Fensters beim GTR kann man für verschiedene Stufenzahlen n die Wahrscheinlichkeiten für 0 Erfolge, 1 Erfolg, 2 Erfolge, ..., n Erfolge einer Binomialverteilung passend auf dem Display darstellen.

a) Vergleichen Sie verschiedene Binomialverteilungen mit gleicher Erfolgswahrscheinlichkeit $p = 0{,}5$ $[p = 0{,}3]$ und unterschiedlichem n miteinander:

(1) $n = 10$ (2) $n = 20$ (3) $n = 40$ (4) $n = 80$

Stellen Sie dazu die Verteilungen grafisch dar. Was kann man über die Gestalt des Graphen sagen, wenn n von Schritt zu Schritt verdoppelt wird?

b) Vergleichen Sie die Histogramme der Binomialverteilungen mit gleicher Stufenzahl $n = 50$ und unterschiedlicher Erfolgswahrscheinlichkeit:

(1) $p = 0{,}1$ (2) $p = 0{,}25$ (3) $p = 0{,}5$ (4) $p = 0{,}75$ (5) $p = 0{,}9$

7 Man kann zeigen, dass bei einer n-stufigen BERNOULLI-Kette mit der Erfolgswahrscheinlichkeit p die Wahrscheinlichkeit für *genau* $n \cdot p$ *Erfolge* maximal ist, falls $n \cdot p$ eine ganze Zahl ist. Außerdem treten die Nachbarwerte von $n \cdot p$ mit einer ähnlich großen Wahrscheinlichkeit auf.
Wenn man sich jedoch weiter vom Erwartungswert $n \cdot p$ entfernt, werden die Wahrscheinlichkeiten für die einzelnen Ergebnisse ziemlich klein.
Untersuchen Sie, für welche k die Wahrscheinlichkeit für k Erfolge kleiner als 1 % ist.
Bestimmen Sie dazu die Binomialverteilung für

(1) $n = 20$; $p = 0{,}5$; (2) $n = 36$; $p = \frac{1}{6}$; (3) $n = 25$; $p = 0{,}4$; (4) $n = 48$; $p = \frac{1}{4}$.

8 Die Grafiken zeigen Histogramme von Binomialverteilungen mit $n = 12$. Wie groß könnte p sein?

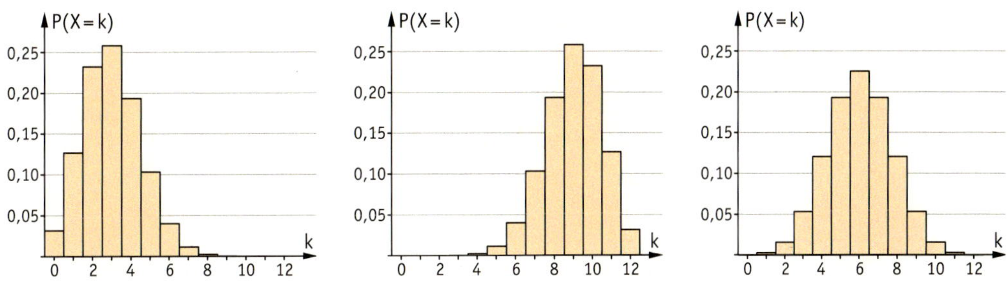

9 Die Binomialverteilungen für

(1) $n = 20$ und $p = 0{,}5$; (2) $n = 25$ und $p = 0{,}4$; (3) $n = 30$ und $p = \frac{1}{3}$; (4) $n = 40$ und $p = \frac{1}{4}$

haben alle den gleichen Erwartungswert, nämlich $\mu = 10$.
Beschreiben Sie die Unterschiede zwischen den Verteilungen.

10 Viele wissenschaftliche Taschenrechner verfügen über die Option *Summe,* mit deren Hilfe man beispielsweise den Erwartungswert einer Binomialverteilung gemäß Definition ausrechnen kann.

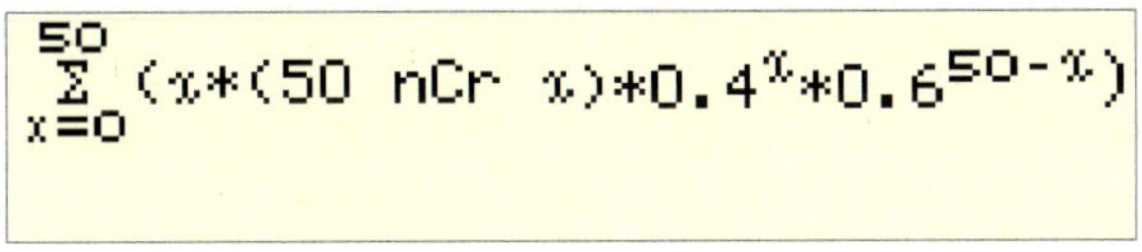

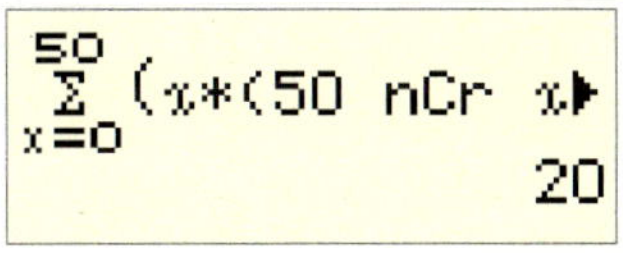

Die Abbildungen zeigen die Berechnung von μ für eine Binomialverteilung mit $n = 50$ und $p = 0{,}4$, wobei die Wahrscheinlichkeitsberechnung gemäß BERNOULLI-Formel erfolgt.
Bestimmen Sie analog den Erwartungswert für eine Binomialverteilung mit

(1) $n = 50$ und $p = 0{,}32$; (2) $n = 100$ und $p = 0{,}45$; (3) $n = 200$ und $p = 0{,}27$.

9.2.5 Anwendungen der Binomialverteilung – Ein Auslastungsmodell

In diesem Abschnitt befassen wir uns mit einem Modell, bei dem die Binomialverteilung Anhaltspunkte über die Auslastung von Maschinen und Geräten liefert.

Einstieg

In einer Bank stehen drei Automaten zum Ausdrucken von Kontoauszügen. Im Mittel dauert das Ausdrucken eine Minute. Während der Hauptgeschäftszeit benutzen in einer Stunde 120 Kunden einen solchen Automaten.
Untersuchen Sie, ob es oft vorkommt, dass Kunden warten müssen.

Aufgabe

1 In einer Autowerkstatt arbeiten 5 Monteure, die während eines Drittels der Arbeitszeit eine Maschine zum Auswuchten von Radfelgen benötigen. Vor der Anschaffung neuer Maschinen soll geklärt werden, ob zwei solcher Maschinen ausreichen.
Untersuchen Sie dazu, mit welcher Wahrscheinlichkeit es vorkommt, dass ein Monteur warten muss oder sogar mehrere Monteure warten müssen.
Überlegen Sie zunächst, welche vereinfachenden Modellannahmen gemacht werden sollten, damit eine Rechnung möglich ist.

Lösung

Zur Vereinfachung nehmen wir an, dass die 5 Monteure unabhängig voneinander arbeiten, die Arbeit eines Monteurs also keinen Einfluss auf die Tätigkeit eines anderen Arbeiters hat. Auch soll die anfallende Arbeit gleichmäßig über den Arbeitstag verteilt sein; es soll also keine Phasen geben, in denen die Maschinen häufiger benötigt werden als sonst.
Wir betrachten nun einen beliebigen Zeitpunkt. Da jeder Monteur während eines Drittels der Arbeitszeit eine Maschine zum Auswuchten benötigt, beträgt die Wahrscheinlichkeit dafür, dass er zu diesem Zeitpunkt an einer solchen Maschine arbeiten möchte, $\frac{1}{3}$. Entsprechendes gilt für seine Kollegen. Da jeder von ihnen unabhängig voneinander entscheidet, kann man den Zugang zu den Maschinen durch eine 5-stufige BERNOULLI-Kette mit der Erfolgswahrscheinlichkeit $p = \frac{1}{3}$ beschreiben.
Für einen beliebigen Zeitpunkt betrachten wir die Zufallsgröße: X: *Anzahl der Monteure, die zu diesem Zeitpunkt die Maschine benötigen.*
Die Wahrscheinlichkeit, dass zu diesem Zeitpunkt kein Monteur eine solche Maschine benötigt, beträgt:

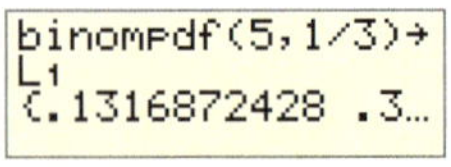

$$P(X=0) = \binom{5}{0}\cdot\left(\tfrac{1}{3}\right)^0\cdot\left(\tfrac{2}{3}\right)^5 \approx 13{,}2\,\%$$

Entsprechend erhalten wir:

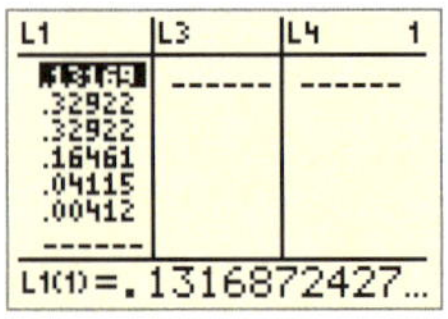

$$P(X=1) = \binom{5}{1}\cdot\left(\tfrac{1}{3}\right)^1\cdot\left(\tfrac{2}{3}\right)^4 \approx 32{,}9\,\%$$

$$P(X=2) = \binom{5}{2}\cdot\left(\tfrac{1}{3}\right)^2\cdot\left(\tfrac{2}{3}\right)^3 \approx 32{,}9\,\%$$

$$P(X=3) = \binom{5}{3}\cdot\left(\tfrac{1}{3}\right)^3\cdot\left(\tfrac{2}{3}\right)^2 \approx 16{,}5\,\%$$

$$P(X=4) = \binom{5}{4}\cdot\left(\tfrac{1}{3}\right)^4\cdot\left(\tfrac{2}{3}\right)^1 \approx 4{,}1\,\%$$

$$P(X=5) = \binom{5}{5}\cdot\left(\tfrac{1}{3}\right)^5\cdot\left(\tfrac{2}{3}\right)^0 \approx 0{,}4\,\%$$

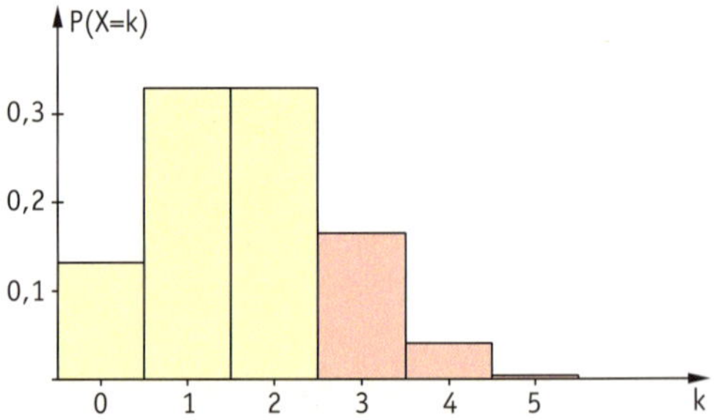

Sind 2 Maschinen vorhanden, dann muss mindestens ein Monteur warten, wenn zum gewählten Zeitpunkt mehr als 2 Monteure zugleich an einer Maschine arbeiten wollen.
Die Wahrscheinlichkeit für dieses Ereignis beträgt:

$P(X > 2) = P(X \geq 3) = P(X = 3) + P(X = 4) + P(X = 5) \approx 21{,}0\,\%$

Es kommt also relativ häufig vor, dass mindestens ein Monteur warten muss.
Wenn drei Maschinen zur Verfügung stehen, muss nur gewartet werden, wenn 4 oder 5 Monteure zugleich an einer solchen Maschine arbeiten wollen. Die Wahrscheinlichkeit dafür beträgt:

$P(X \geq 4) = P(X = 4) + P(X = 5) \approx 4{,}5\,\%$

Die Firma wird also drei Maschinen anschaffen, falls diese nicht zu teuer sind.

Information

Modellieren der Auslastung von Maschinen mithilfe der Binomialverteilung

Durch starke Vereinfachung der Rahmenbedingungen gelang es, in Aufgabe 1 eine Berechnung für die Auslastung der Maschinen zum Auswuchten der Reifen vorzunehmen. Um die Situation mithilfe einer BERNOULLI-Kette zu modellieren, haben wir angenommen:

- Die Wahrscheinlichkeit für eine Arbeit an der Maschine ist während der gesamten Arbeitszeit gleich, d. h. die Erfolgswahrscheinlichkeit p ändert sich nicht.
- Die einzelnen Monteure arbeiten unabhängig voneinander; d. h. ein Erfolg auf einer Stufe der BERNOULLI-Kette hat keinen Einfluss auf andere Stufen.

Wegen der angesprochenen Anwendungsbereiche spricht man von einem **Auslastungsmodell.**

Auslastungsmodell

n Personen üben während eines gewissen Zeitraums pro Stunde (im Mittel m Minuten) eine bestimmte Tätigkeit aus.
Sofern die Personen dies unabhängig voneinander tun, erscheint es angemessen, mithilfe eines Binomialmodells die Wahrscheinlichkeit dafür zu berechnen, dass k Personen gleichzeitig diese Tätigkeit ausüben.
Für die Zufallsgröße X: *Anzahl der Personen, welche diese Tätigkeit gleichzeitig ausüben* gilt:

$$\mathbf{P(X = k) = \binom{n}{k}\left(\frac{m}{60}\right)^k\left(1 - \frac{m}{60}\right)^{n-k}}$$

Anmerkung zum Auslastungsmodell:
Bei dem angewandten Modell wird die Situation stark vereinfacht. Sofern jedoch die Unabhängigkeit der Benutzung von Maschinen u. ä. gewährleistet ist, kann man sich mithilfe der o. a. Rechnung eine grobe Vorstellung von der Situation verschaffen. Die berechneten Wahrscheinlichkeiten geben wichtige Anhaltspunkte für eventuell notwendige Investitionen.

Übungsaufgaben

2 Eine Firma hat 3 Kopiergeräte, die von 10 Sachbearbeitern genutzt werden. Jeder von ihnen benötigt ein Kopiergerät durchschnittlich für 12 Minuten pro Stunde.

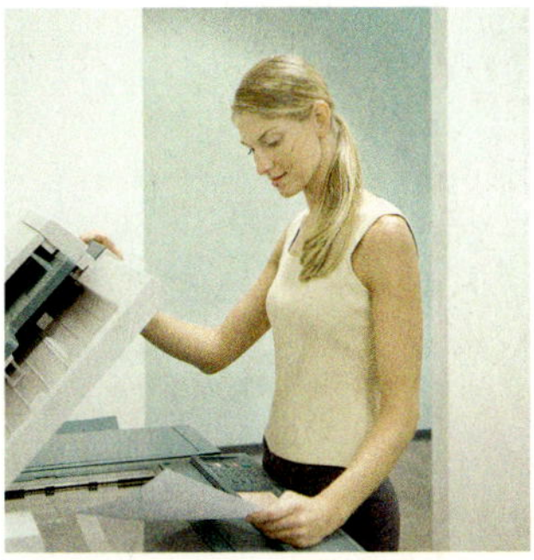

a) Wie groß ist die Wahrscheinlichkeit,
  (1) dass die 3 Kopiergeräte ausreichen;
  (2) dass die Kopiergeräte ausreichen, wenn ein weiteres Kopiergerät gekauft oder gemietet wird?

b) Wie viele Kopiergeräte müssen zur Verfügung stehen, damit diese mit einer Wahrscheinlichkeit von 99 % ausreichen?

3 In einer S-Bahn-Station stehen 2 Fahrkartenautomaten. Während der Hauptverkehrszeiten zwischen 7 und 9 Uhr bzw. zwischen 16 und 18 Uhr wollen pro Stunde 50 [75; 100; 125] Personen eine Fahrkarte ziehen, sie benötigen dafür im Mittel zwei Minuten.

a) Mit welcher Wahrscheinlichkeit genügen diese zwei Automaten? Erläutern Sie die Modellannahmen für die Rechnung.

b) Wie würden sich die Wahrscheinlichkeiten verändern, wenn noch ein dritter Automat aufgestellt würde?

c) Nachdem die Automaten mit einer neuen Software ausgestattet wurden, benötigen die Kunden im Mittel nur noch 90 Sekunden. Kann man jetzt auf die Aufstellung eines weiteren Fahrkartenautomaten verzichten?

4 Im Laufe eines Vormittags (9 bis 13 Uhr) kommen 100 Kunden in eine Bank, um Geld einzuzahlen, eine Überweisung auszufüllen usw. Im Mittel nehmen diese Bankgeschäfte 6 Minuten in Anspruch. Drei Mitarbeiter der Bank stehen für die Kundenbetreuung zur Verfügung. Kommt es oft vor, dass die Kunden warten müssen?

5 Auf einem Kundenparkplatz können 30 Autos parken. Die Kunden bleiben in der Regel 18 Minuten innerhalb der Öffnungszeiten von 9 bis 12 Uhr.
Verkraftet der Parkplatz 100 Kunden im Laufe des Vormittags?

6 In einem Warenlager stehen 5 Mitarbeiter für die Ausgabe von Geräten zur Verfügung. Für die Ausführung eines Auftrages benötigen sie durchschnittlich 10 Minuten. Während der Öffnungszeiten am Vormittag von 8 Uhr bis 12 Uhr kommen im Mittel 100 Kunden.
Kommt es oft vor, dass Kunden warten müssen? Begründen Sie.

7 In einem Callcenter eines Herstellers von Haushaltgeräten werden telefonische Anfragen in durchschnittlich fünf Minuten beantwortet oder andernfalls an Experten weitergeleitet. Im Laufe eines Nachmittags erfolgen stündlich im Mittel 100 Anfragen.

a) Untersuchen Sie, wie viele Mitarbeiter nachmittags für die Arbeit im Callcenter zur Verfügung stehen sollten, um die Anrufe entgegenzunehmen. Dabei soll nur in 10 % der Fälle ein eingehendes Gespräch in eine Warteschleife weitergeleitet werden.

b) Durch Trainingsprogramme gelingt es, die Mitarbeiter im Callcenter so fit zu machen, dass die durchschnittliche Zeit einer Kundenbetreuung nur noch 4 Minuten dauert. Untersuchen Sie die Auswirkung auf die notwendige Personalausstattung des Callcenters.

8

a) Wie kann man die Wahrscheinlichkeitsberechnung beispielsweise in Aufgabe 1 mithilfe von Zufallszahlen simulieren?

b) In der Information wurde dargestellt, dass die Situation durch das hier beschriebene Auslastungsmodell stark vereinfacht modelliert wird. Beispielsweise war in Aufgabe 1 auch nur die Information gegeben, dass die Arbeiter die Maschine während eines Drittels ihrer Arbeitszeit benutzen, nicht jedoch, wie lange dann eine Maschine belegt ist.
Überlegen Sie in Gruppen, wie ein verfeinertes Modell zur Beschreibung des Sachverhalts aussehen könnte und wie man den Vorgang dann simulieren könnte.

9.2.6 Anwendungen der Binomialverteilung – Das Kugel-Fächer-Modell

Bei den bisher betrachteten Aufgaben ging es um Vorgänge, die als Ziehen mit Zurücklegen modelliert werden konnten. Mindestens genauso wichtig wie das Ziehen von Kugeln aus einer Urne sind Vorgänge, die besser verständlich sind, wenn man sie als Verteilen von Kugeln auf Fächer auffasst.

Einstieg

Arbeiten Sie in Gruppen und stellen Sie sich die Ergebnisse gegenseitig vor. Vergleichen Sie dann die Vorgänge (1) bis (3) miteinander: Worin liegen Gemeinsamkeiten, worin Unterschiede?

(1) Bei einem Roulettespiel bleibt eine Kugel zufällig auf einem der 37 Sektoren liegen, die mit 0, 1, 2, …, 37 nummeriert sind. Wir beobachten 50 Spielrunden. Mit welcher Wahrscheinlichkeit bleibt die Kugel 0-mal, 1-mal, 2-mal, … auf einem bestimmten Feld liegen, z. B. dem Feld mit der Nummer 7?

(2) Zu einer Serie von Sammelbildern gehören 37 Motive. Einer Kaugummi-Packung ist jeweils genau ein Bild beigefügt. Die Bilder werden mit gleicher Häufigkeit und gut gemischt auf die Kaugummi-Packungen verteilt. Wir kaufen 50 Kaugummi-Packungen. Mit welcher Wahrscheinlichkeit wird ein bestimmtes Bild, z. B. Bild Nr. 7, 0-mal, 1-mal, 2-mal, … den 50 Packungen beigefügt sein?

(3) In einem Text von 37 Seiten sind insgesamt 50 Druckfehler enthalten; diese sind zufällig über den gesamten Text verteilt. Mit welcher Wahrscheinlichkeit sind auf einer bestimmten Seite, z. B. auf Seite 7 des Textes, 0, 1, 2, 3, … Druckfehler vorhanden?

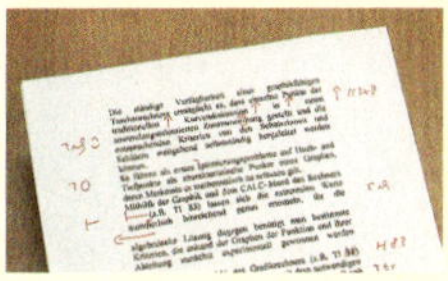

Aufgabe

1 Das Kugel-Fächer-Modell

Für die Klassenstufe 5 sind an einer Schule 150 Schülerinnen und Schüler angemeldet. Am ersten Schultag begrüßt der Schulleiter die Kinder in der Aula. Falls ein Kind an diesem Tag Geburtstag hat, will er diesem besonders gratulieren.

a) Wie groß ist die Wahrscheinlichkeit, dass an diesem Tag kein Kind Geburtstag hat, dass ein Kind Geburtstag hat, dass zwei Kinder, mehr als zwei Kinder Geburtstag haben?
Geben Sie ein geeignetes Binomialmodell an und berechnen sie die Wahrscheinlichkeiten.

b) Wie oft kommt es vor, dass an einem beliebigen Tag des Jahres unter 150 zufällig betrachteten Personen 0, 1, 2, … Geburtstag haben?

Lösung

Wir nehmen zur Vereinfachung an, dass das Jahr 365 Tage hat, lassen also die Schaltjahre außer Acht.

a) Das Überprüfen der Schülerdatei auf mögliche Geburtstagskinder kann man als 150-stufige BERNOULLI-Kette auffassen: Bei jedem Datensatz der Schülerdatei kann man feststellen, ob die betreffende Person am ersten Schultag Geburtstag hat, d. h. für die Erfolgswahrscheinlichkeit p gilt: $p = \frac{1}{365}$, also $q = \frac{364}{365}$.
Die Wahrscheinlichkeiten für bestimmte Ergebnisse dieses Zufallsversuches werden mithilfe der Binomialverteilung mit $n = 150$ und $p = \frac{1}{365}$ berechnet.

Die exakte Wahrscheinlichkeitsberechnung ergibt:

$P(0 \text{ Geburtstagskinder}) = \left(\frac{364}{365}\right)^{150} \approx 0{,}663 = 66{,}3\,\%$

$P(1 \text{ Geburtstagskind}) = \binom{150}{1} \cdot \left(\frac{1}{365}\right)^{1} \cdot \left(\frac{364}{365}\right)^{149} \approx 0{,}273 = 27{,}3\,\%$

$P(2 \text{ Geburtstagskinder}) = \binom{150}{2} \cdot \left(\frac{1}{365}\right)^{2} \cdot \left(\frac{364}{365}\right)^{148} \approx 0{,}056 = 5{,}6\,\%$

$$\begin{aligned} P(\text{mehr als 2 Geburtstagskinder}) &= 1 - P(\text{höchstens zwei Geburtstagskinder}) \\ &\approx 1 - (0{,}663 + 0{,}273 + 0{,}056) \\ &= 0{,}008 \\ &= 0{,}8\,\% \end{aligned}$$

b) In Teilaufgabe a) haben wir die Wahrscheinlichkeit bestimmt, dass keines der Kinder (bzw. ein Kind, zwei Kinder, mehr als zwei Kinder) am Einschulungstag Geburtstag hat. Bei unserer Modellierung gingen wir davon aus, dass die Wahrscheinlichkeit dafür, dass ein Kind an einem bestimmten Tag des Jahres Geburtstag hat, $\frac{1}{365}$ beträgt. Was für den Einschulungstag gilt, ist auch auf jeden anderen Tag des Jahres anwendbar.

Die Wahrscheinlichkeit dafür, dass an irgendeinem Tag des Jahres keiner von 150 Personen Geburtstag hat, beträgt 66,3 %. Wenn man viele Tage im Jahres betrachtet, erwartet man, dass bei ungefähr zwei Drittel dieser vielen Tage kein Kind Geburtstag hat (also bei etwa einem Drittel der vielen Tage mindestens ein Kind).

Betrachten wir alle 365 Tage eines Jahres, dann erwarten wir bei ungefähr zwei Drittel der 365 Tage eines Jahres kein Geburtstagskind: 66,3 % von 365 Tagen, also

$0{,}663 \cdot 365$ Tage ≈ 242 Tage.

Wenden wir diese Häufigkeitsinterpretation der Wahrscheinlichkeit auch auf die anderen betrachteten Ereignisse an, dann erhalten wir:

$0{,}273 \cdot 365$ Tage ≈ 100 Tage mit genau 1 Geburtstagskind,

$0{,}056 \cdot 365$ Tage ≈ 20 Tage mit genau 2 Geburtstagskinder

und entsprechend immerhin noch ca. 3 Tage mit mehr als 2 Geburtstagskindern.

Information

(1) Kugel-Fächer-Modell

Es gibt viele Probleme, die zu dem aus Aufgabe 1 ähnlich sind und sich auch entsprechend lösen lassen. In Aufgabe 1 waren 150 (zufällig ausgewählte) Personen auf 365 Tage zufällig verteilt worden. Dabei gehen wir von der idealisierten Modellannahme aus, dass die Wahrscheinlichkeit für jeden Tag des Jahres $\frac{1}{365}$ ist.

Zur Lösung der Aufgabe haben wir eine *Modellannahme* gemacht:

150 Kugeln (Geburtstage von Kindern) werden zufällig auf 365 Fächer (Tage) verteilt, d. h. für jede der Kugeln ist die Wahrscheinlichkeit, dass sie in ein bestimmtes Fach gelegt wird, gleich $\frac{1}{365}$.

Allgemein geht es darum, n Kugeln auf f Fächer zufällig zu verteilen und anschließend ein bestimmtes Fach zu untersuchen.

Kugel-Fächer-Modell

Beim sogenannten Kugel-Fächer-Modell betrachtet man n Kugeln, die – gegebenenfalls unter bestimmten Einschränkungen – zufällig auf f Fächer verteilt werden.

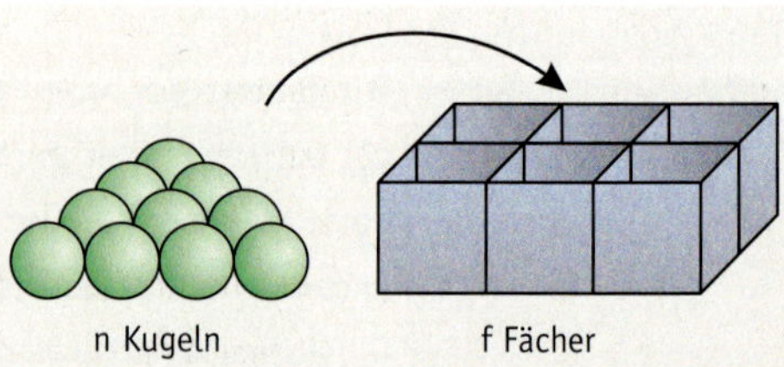

(2) Das klassische Rosinenproblem

Eine Aufgabe vom Typ der Aufgabe 1, bei der die Modellierung des Zufallsversuchs dadurch erfolgt, dass Objekte zufällig auf Fächer verteilt werden, bezeichnet man als Rosinenproblem.

Klassisches Rosinenproblem

In den Teig für f Brötchen mischt ein Bäcker n Rosinen ein. Auch wenn die Anzahl n der Rosinen viel größer ist als die Anzahl f der Brötchen, kann es vorkommen, dass in einem fertigen Rosinenbrötchen gar keine Rosine ist.

Die Wahrscheinlichkeit, dass in einem zufällig ausgewählten Brötchen keine Rosine ist, beträgt $P(X = 0) = \left(1 - \frac{1}{f}\right)^n$, wobei X: *Anzahl der Rosinen in einem zufällig ausgewählten Brötchen* ist.

Beispiel

In den Teig von 100 Rosinenbrötchen werden 500 Rosinen gemischt. Die Wahrscheinlichkeit, dass in einem beliebig ausgewählten Brötchen keine Rosine ist, beträgt $\left(1 - \frac{1}{100}\right)^{500} = \left(\frac{99}{100}\right)^{500} \approx 0{,}7\,\%$.

In Aufgabe 1 waren die *Geburtstage der Kinder* die *Rosinen* und die *Tage eines Jahres* die *Brötchen*.

Weiterführende Aufgaben

2 Anzahl der Stufen schätzen

Beim Roulettespiel bleibt die Kugel auf einem der 37 Felder (mit den Nummern 0, 1, 2, ..., 36) stehen.

a) Mit welcher Wahrscheinlichkeit wird die Kugel in n Runden keinmal auf dem Feld mit der 0 liegen bleiben?

b) Nach n Runden stellt man fest, dass die Kugel auf 10 der 37 Felder noch nicht liegen geblieben ist. Schätzen Sie, wie oft das Spiel durchgeführt wurde.

3 Wahrscheinlichkeiten durch Simulation bestimmen

Bearbeiten Sie die Probleme von Aufgabe 1 mithilfe des Zufallszahlengenerators eines Taschenrechners: Erzeugen Sie 150 ganzzahlige Zufallszahlen. Wie viele Zahlen kommen genau einmal, wie viele mehr als einmal vor?

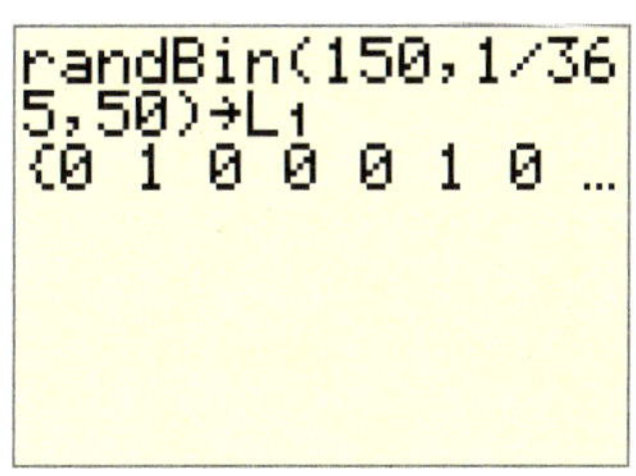

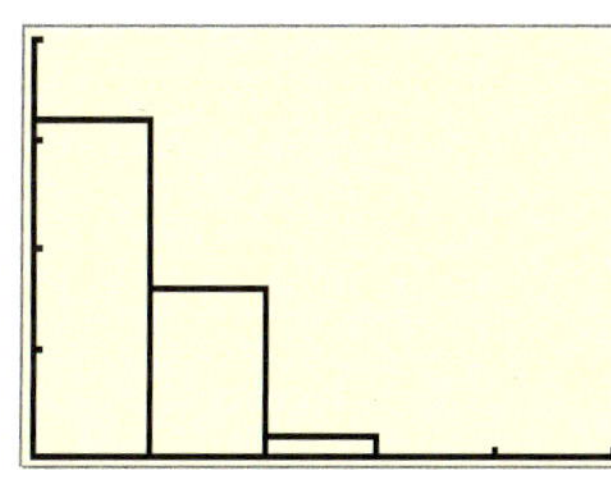

4 Wahrscheinlichkeiten bei n-stufigen Bernoulli-Ketten mit $p = \frac{1}{n}$

Vergleichen Sie die folgenden Wahrscheinlichkeiten von Ereignissen miteinander. Was fällt auf? Führen Sie erst eine Simulation durch, rechnen Sie dann.

(1) 365 Personen werden zufällig ausgewählt. Mit welcher Wahrscheinlichkeit haben 0 [1; mehr als 1] Personen an einem bestimmten Tag des Jahres Geburtstag?

(2) Ein Roulette-Rad (mit 37 Feldern) wird 37-mal gedreht. Mit welcher Wahrscheinlichkeit bleibt die Kugel auf einem bestimmten Feld 0-mal [1-mal; mehr als 1-mal] liegen?

(3) Auf ein Quadratgitter mit 10 mal 10 Feldern fallen zufällig 100 Regentropfen. Mit welcher Wahrscheinlichkeit fallen in ein bestimmtes Feld 0 [1, mehr als 1] Regentropfen?

Information

(3) Das $\frac{1}{e}$-Gesetz – eine Faustregel zum Kugel-Fächer-Modell

In allen Zufallsversuchen in der Aufgabe 4 wurden n Kugeln zufällig auf n Fächer verteilt ($n = 365$ bzw. $n = 37$ bzw. $n = 100$); die Wahrscheinlichkeiten für die Ereignisse „0 Erfolge" bzw. „1 Erfolg" waren jedoch ungefähr gleich, und zwar ungefähr gleich $37\,\% \approx \frac{1}{e}$.

Das $\frac{1}{e}$-Gesetz

Führt man einen Zufallsversuch mit n verschiedenen gleichwahrscheinlichen Ergebnissen n-mal durch, dann erwarten wir für jedes der möglichen Ergebnisse, dass es *im Mittel* einmal auftritt.
Tatsächlich treten jedoch ca. 37 % der Ergebnisse keinmal auf, ca. 37 % der Ergebnisse genau einmal und ca. 26 % der Ergebnisse mehr als einmal.

Das $\frac{1}{e}$-Gesetz lässt sich auch so formulieren:

Das $\frac{1}{e}$-Gesetz in der Sprechweise des Kugel-Fächer-Modells

Werden n Kugeln zufällig auf n Fächer verteilt, dann bleiben ca. 37 % der Fächer leer, ca. 37 % enthalten genau eine Kugel und ca. 26 % mehr als eine Kugel.

Dass hier die Euler'sche Zahl $e = 2{,}71828\ldots$ eine Rolle spielt, erklärt sich wie folgt:
Für n-stufige Bernoulli-Ketten mit $p = \frac{1}{n}$ und Zufallsgröße X: *Anzahl der Erfolge* gilt:

$P(X = 0) = \left(1 - \frac{1}{n}\right)^n \approx \frac{1}{e}$

$P(X = 1) = \left(1 - \frac{1}{n}\right)^{n-1} \approx \frac{1}{e}$

$P(X \geq 2) \approx 1 - 2 \cdot \frac{1}{e}$

Die Folge $a_n = \left(1 - \frac{1}{n}\right)^n$ konvergiert gegen $\frac{1}{e} = 0{,}3678\ldots$

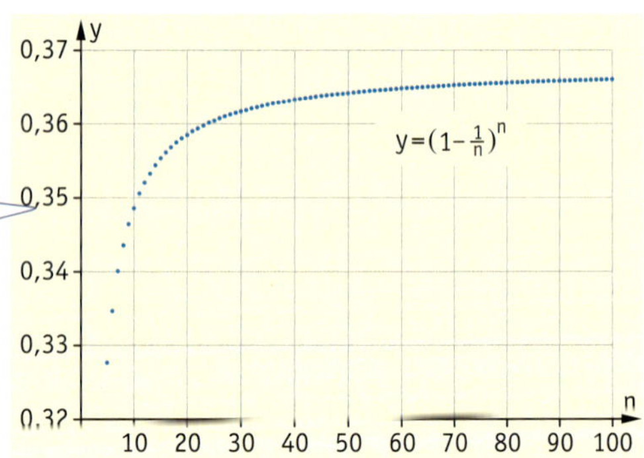

Hinweis: Man kann beweisen $e = \lim\limits_{n \to \infty} \left(1 + \frac{1}{n}\right)^n$.
(Siehe oben Abschnitt 2.1.1)

Weiterführende Aufgabe

5 Das klassische Geburtstagsproblem

Auch wenn es in Aufgabe 1 um Geburtstage geht, unterscheidet sich die Fragestellung dort deutlich von der des sogenannten *klassischen Geburtstagsproblems*:
Mit welcher Wahrscheinlichkeit gibt es unter 30 zufällig ausgewählten Personen mindestens zwei, die am gleichen Tag Geburtstag haben? (oder: Lohnt es sich darauf zu wetten, dass es unter 30 zufällig ausgewählten Personen mindestens zwei gibt, die am gleichen Tag Geburtstag haben?)

a) Worin besteht der grundsätzliche Unterschied in den Fragestellungen der Aufgaben 1 und 5?

b) Um die hier gesuchte Wahrscheinlichkeit zu bestimmen, betrachtet man das Gegenereignis: Mit welcher Wahrscheinlichkeit haben die 30 zufällig ausgewählten Personen lauter verschiedene Geburtstage?

Information

(4) Klassisches Geburtstagsproblem als Kugel-Fächer-Modell formuliert

Obwohl es in Aufgabe 1 ebenfalls um Geburtstage geht, unterscheidet sich die dort betrachtete Fragestellung von der des *klassischen Geburtstagsproblems:* In Aufgabe 1 betrachten wir *einen bestimmten* Tag des Jahres und fragen, ob an diesem Tag keiner, einer, zwei … Geburtstag haben.

Beim *klassischen Geburtstagsproblem* dagegen betrachten wir *alle* Tage des Jahres und fragen, ob es darunter mindestens einen Tag gibt, an dem mindestens zwei Personen Geburtstag haben, d. h. es geht darum, ob ein solcher Tag *existiert*. In der Beschreibung durch das Kugel-Fächer-Modell geht es also um folgende Fragestellung:

Klassisches Geburtstagsproblem in der Einkleidung des Kugel-Fächer-Modells
Gegeben sind n Kugeln, die auf f Fächer zufällig verteilt werden (n ist klein im Vergleich zu f).
Mit welcher Wahrscheinlichkeit gibt es unter den f Fächern mindestens eines, in dem mindestens zwei Kugeln liegen?

Beim sogenannten Geburtstagsproblem betrachtet man beispielsweise die Geburtstage von $n = 23$ Personen und $f = 365$ Tagen (und wundert sich darüber, dass die Wahrscheinlichkeit über 50 % beträgt, dass mindestens zwei Personen mit gleichem Geburtstag darunter sind).

$$P(\textit{mindestens zwei Personen mit demselben Geburtstag})$$
$$= 1 - P(\textit{alle Geburtstage der 23 Personen sind voneinander verschieden})$$
$$= 1 - \frac{365 \cdot 364 \cdot 363 \cdot \ldots \cdot 343}{365^{23}} \approx 0{,}507 > 0{,}5$$

Beim klassischen Rosinenproblem ging es darum, dass viele Kugeln auf vergleichsweise wenige Fächer verteilt werden und man wissen wollte, mit welcher Wahrscheinlichkeit ein bestimmtes Fach (trotz der vergleichsweise großen Anzahl von Kugeln) dennoch leer bleibt.
Dagegen geht es beim klassischen Geburtstagsproblem um die Wahrscheinlichkeit dafür, dass – obwohl nur vergleichsweise wenige Kugeln auf Fächer verteilt werden – dennoch (mindestens) ein Fach existiert, in dem (mindestens) zwei Kugeln liegen.

Übungsaufgaben

6 Blumensamen kann leicht durch Unkrautsamen verunreinigt werden.

a) 100 Unkrautsamen gelangen in die Abfüllmenge von 100 Samentüten.
(1) Mit welcher Wahrscheinlichkeit sind in einer zufällig herausgegriffenen Tüte 0, 1, 2 mehr als 2 Unkrautsamen?
(2) Wie viele Packungen etwa werden 0, 1, 2, mehr als 2 Unkrautsamen enthalten?

b) In die Abfüllmenge von 100 Samentüten sind n Unkrautsamen gelangt.
(1) Berechnen Sie die Wahrscheinlichkeit dafür, dass in einer zufällig herausgegriffenen Tüte keine Unkrautsamen sind.
(2) Wie viele Packungen etwa werden keinen Unkrautsamen enthalten?
(3) Von 100 Tüten enthielten 50 keinen Unkrautsamen. Schätzen Sie die Anzahl n der Unkrautsamen aufgrund der Überlegungen in (2).

7 Ein Buch mit 400 Seiten enthält 60 Druckfehler.

a) Auf wie vielen Seiten kann man 0, 1, 2, 3, …, 8 Druckfehler erwarten?
Erläutern Sie, welche Modellannahme gemacht wird und was hier die Kugeln bzw. die Fächer sind.

b) Wie groß ist die Wahrscheinlichkeit, nach dem Zufall eine Seite aufzuschlagen, die mindestens 2 Druckfehler enthält?

8 In einer Firma arbeiten 100 Personen. Mit welcher Wahrscheinlichkeit haben von diesen Personen 0, 1, 2, mehr als 2 Personen am 25. Februar Geburtstag?

9

a) In einem Ort wird pro Jahr ca. 400-mal die Feuerwehr alarmiert.
Untersuchen Sie, an ungefähr wie vielen Tagen des Jahres 0, 1, 2, mehr als 2 Alarme erfolgen.

b) In einem anderen Ort vergehen pro Jahr ca. 100 Tage, an denen kein Alarm erfolgt.
Schätzen Sie hieraus, wie oft die Feuerwehr dieses Ortes im Lauf eines Jahres alarmiert wird.

10

a) In einer Jahrgangsstufe eines Gymnasiums gibt es 260 Tage im Jahr, an denen kein Schüler Geburtstag hat. Schätzen Sie, wie viele Schüler in dieser Jahrgangsstufe sind.
Probieren Sie aus: Für welches n gilt $365 \cdot \left(\frac{364}{365}\right)^n \approx 260$? Begründen Sie diesen Ansatz.

b) Recherchieren Sie, wie viele Schülerinnen und Schüler an Ihrer Schule sind. Schätzen Sie dann, an wie vielen Tagen des Jahres 0, 1, 2, 3, mehr als 3 Schülerinnen und Schüler Geburtstag haben.

11 In der Fußball-Bundesliga wurden in der Spielzeit 2009/10 in 306 Spielen insgesamt 866 Tore geschossen. Interpretieren Sie die gesamte Spielzeit als 866-stufigen BERNOULLI-Versuch.
Wie viele der 306 Spiele müssten nach diesem Ansatz mit 0 Toren, 1 Tor, 2 Toren, ... ausgegangen sein?
Vergleichen Sie diese geschätzten Anzahlen mit den tatsächlichen Häufigkeiten:

Anzahl k der Tore	0	1	2	3	4	5	6	7	8
Anzahl der Spiele mit k Toren	28	44	66	70	45	25	22	5	1

12

a) In den Teig für 500 Brötchen mischt ein Bäcker 1000 Rosinen ein.
Geben Sie an, bei wie vielen Brötchen man mit 0, 1, 2, ..., 8 Rosinen rechnen kann.

b) In 50 von 500 Brötchen eines anderen Bäckers findet man keine Rosinen.
Schätzen Sie hieraus, wie viele Rosinen in den Teig gemischt wurden.

13 In ein Wassergefäß mit quadratischer Grundfläche werden 85 Wassertierchen ausgesetzt und beobachtet. Nach einiger Zeit legt man ein Quadratgitter darüber und zählt die an der Wasseroberfläche befindlichen Wassertierchen in 10×10, also 100 Feldern. Angenommen, die Wassertierchen verteilen sich zufällig auf die 100 Felder des Quadratgitters und neigen nicht zur Klumpenbildung:
Wie viele Felder enthalten dann 0, 1, 2, ... Wassertierchen?

14 Tragen Sie in Ihrer Klasse folgende Daten zusammen: Jeder erfasst die Geburtsdaten von 10 nahen Verwandten und markiert diese Tage in einem Jahreskalender im Klassenraum. Wenn z. B. 25 Schülerinnen und Schüler in der Klasse sind, werden so 250 Kreuzchen im Kalender gemacht.
Vergleichen Sie die Ergebnisse mit den Vorhersagen eines Kugel-Fächer-Modells.

Das Problem der vollständigen Serie

Diese Fußball-Bilder gehören zu einer Sammelserie von 20 Bildern. Die Bilder sind – zufällig verteilt – Kaugummi-Packungen beigefügt. Wie viele Packungen muss man kaufen, bis man alle Bilder der Serie hat?

Das Problem der vollständigen Serie (auch als Sammelbilderproblem bekannt) gehört zu den klassischen Problemen der Stochastik, mit denen sich bereits ABRAHAM DE MOIVRE (1667 – 1754), LEONHARD EULER (1707 – 1783) und PIERRE SIMON LAPLACE (1749 – 1827) beschäftigten. In allen Einkleidungen geht es um die Frage, wie lange es dauert, bis jedes der s möglichen Ergebnisse eines Zufallsversuchs mindestens einmal aufgetreten ist. In der Beschreibung des Kugel-Fächer-Modells (siehe Seite 474) lautet dies wie folgt:

Das Problem der vollständigen Serie in der Formulierung des Kugel-Fächer-Modells

n Kugeln werden zufällig auf s Fächer verteilt.

- Wie groß ist (bei vorgegebenem n) die Wahrscheinlichkeit, dass in jedem Fach mindestens eine Kugel liegt?
- Wie viele Kugeln müssen im Mittel verteilt werden, bis in jedem Fach mindestens eine Kugel liegt? (Es wird hier also nach n gefragt.)

Wir wollen uns die Situation an einem Beispiel verdeutlichen: Bei einem Würfel (regelmäßiges Hexaeder) können die Augenzahlen 1, 2, 3, 4, 5, 6 auftreten; es gibt also $s = 6$ Fächer. Ein Würfel wird n-mal geworfen, d. h. n Kugeln werden auf die 6 Fächer verteilt. Wir betrachten die Zufallsgröße X: *Anzahl der Würfe bis zum Vorliegen einer vollständigen Serie.*

Theoretisch kann X beliebig große natürliche Zahlen annehmen.

Die Frage, wie viele Würfe notwendig sind, bis alle Augenzahlen mindestens einmal aufgetreten sind, können wir wiederum nach verschiedenen Gesichtspunkten beantworten:

- Wie groß ist die Wahrscheinlichkeit, dass nach n Würfen eine vollständige Serie vorliegt? Gesucht ist also die Wahrscheinlichkeitsverteilung der Zufallsgröße X.
- Nach wie vielen Würfen lohnt es sich, darauf zu wetten, dass eine vollständige Serie vorliegt? Gesucht ist also die Anzahl n, für welche die kumulierte Wahrscheinlichkeit den Wert von 50 % überschreitet.
- Wie viele Würfe sind im Mittel erforderlich, bis eine vollständige Serie vorliegt? Gesucht ist also der Erwartungswert der Zufallsgröße X.

---

1 **Erfahrungen sammeln durch Experimente und Simulationen**

a) Werfen Sie in Ihrer Lerngruppe einen Würfel so lange, bis jede der Augenzahlen mindestens einmal aufgetreten ist. Untersuchen Sie, wie viele Würfe im Mittel erforderlich sind, bis eine vollständige Serie vorliegt. Äußern Sie eine Vermutung.

b) Im Boxplot ist die Häufigkeitsverteilung einer Serie mit 100 Versuchen dargestellt. Welche Informationen lassen sich entnehmen?

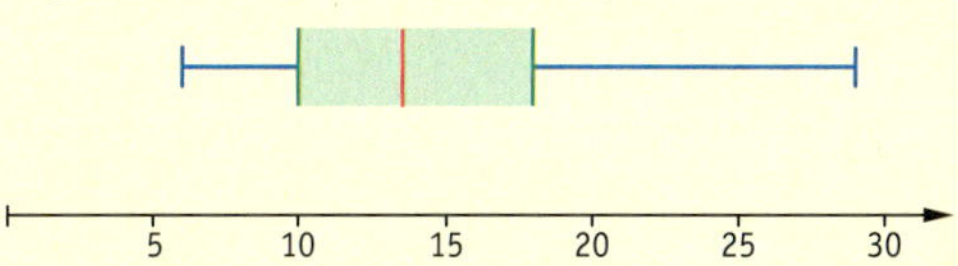

c) Überprüfen Sie Ihre Vermutung aus Teilaufgabe a) durch eine Simulation mithilfe eines GTR. Mit einem GTR kann man mithilfe des **randInt**-Befehls n Zufallszahlen erzeugen, in einer Liste abspeichern und diese Liste sortieren. An der sortierten Liste kann man leichter erkennen, ob alle Augenzahlen vorkommen.

2 Den Erwartungswert der notwendigen Versuchsanzahl bestimmen

Ein Würfel (Hexaeder) wird so lange geworfen, bis jede der sechs Augenzahlen mindestens einmal aufgetreten ist. Das abgebildete Übergangsdiagramm beschreibt diesen Vorgang. Der Zustand [2 verschiedene Augenzahlen] gibt zum Beispiel an, dass *bis zu diesem Zeitpunkt* zwei verschiedene Augenzahlen aufgetreten sind.

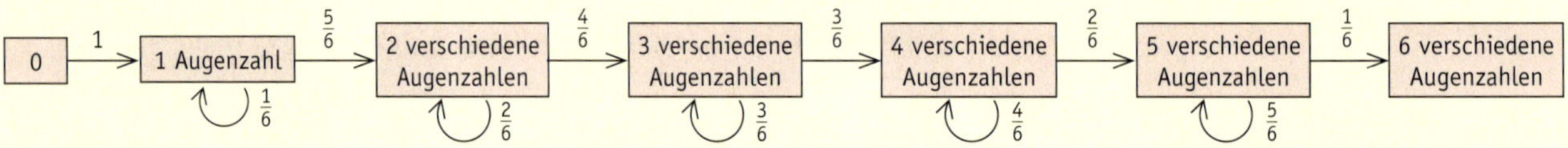

a) Erläutern Sie das Übergangsdiagramm.

b) Es ist plausibel, dass man eine Münze *im Mittel* zweimal werfen muss, bis Wappen fällt, oder dass man einen Würfel *im Mittel* 6-mal werfen muss, bis z. B. eine Sechs geworfen wird, und dass für beliebige BERNOULLI-Experimente mit der Erfolgswahrscheinlichkeit p gilt, dass das Experiment *im Mittel* $\frac{1}{p}$-mal durchgeführt werden muss, bis sich ein erster Erfolg einstellt.
Begründen Sie damit anhand des Übergangsdiagramms, dass man im Mittel
$\left(1+\frac{6}{5}+\frac{6}{4}+\frac{6}{3}+\frac{6}{2}+\frac{6}{1}\right)=6\cdot\left(1+\frac{1}{2}+\frac{1}{3}+\frac{1}{4}+\frac{1}{5}+\frac{1}{6}\right)=14{,}7$ mal werfen muss, bis eine vollständige Serie vorliegt.

c) Berechnen Sie analog zu Teilaufgabe b) den Erwartungswert für die Anzahl der Würfe bis zum Vorliegen einer vollständigen Serie bei einem regelmäßigen (1) Tetraeder, (2) Oktaeder, (3) Dodekaeder, (4) Ikosaeder.

d) Begründen Sie allgemein, dass man einen Zufallsversuch mit s verschiedenen gleichwahrscheinlichen Ergebnissen im Mittel $s\cdot\left(1+\frac{1}{2}+\frac{1}{3}+\ldots+\frac{1}{s}\right)$ mal durchführen muss, bis jedes Ergebnis mindestens einmal auftritt.

3 Wahrscheinlichkeiten schrittweise berechnen

Die Wahrscheinlichkeit für das Ereignis, dass beim Würfeln mit einem Hexaeder nach n Würfen k verschiedene Augenzahlen aufgetreten sind, soll im Folgenden mit mit $P(n;\,k)$ bezeichnet werden. Diese Wahrscheinlichkeit kann schrittweise berechnet werden.

a) In der folgenden Tabelle sind die Wahrscheinlichkeiten für $n = 1$ bis $n = 4$ bereits berechnet. Beschreiben Sie die darin enthaltenen Wahrscheinlichkeiten. Zum Beispiel: Die Wahrscheinlichkeit, dass nach drei Würfen auch drei verschiedene Augenzahlen gefallen sind, beträgt $\frac{20}{36}$.
Begründen Sie die angegebenen Berechnungen und ergänzen Sie die Tabelle um zwei Zeilen $(n = 5;\ n = 6)$.

	k = 1	k = 2	k = 3	k = 4	k = 5	k = 6
n = 1	1	0	0	0	0	0
n = 2	$\frac{1}{6}$	$\frac{5}{6}$	0	0	0	0
n = 3	$\left(\frac{1}{6}\right)^2=\frac{1}{36}$	$\frac{1}{6}\cdot\frac{5}{6}+\frac{5}{6}\cdot\frac{2}{6}=\frac{15}{36}$	$\frac{5}{6}\cdot\frac{4}{6}=\frac{20}{36}$	0	0	0
n = 4	$\left(\frac{1}{6}\right)^3=\frac{1}{216}$	$\frac{1}{36}\cdot\frac{5}{6}+\frac{15}{36}\cdot\frac{2}{6}=\frac{35}{216}$	$\frac{15}{36}\cdot\frac{4}{6}+\frac{20}{36}\cdot\frac{3}{6}=\frac{120}{216}$	$\frac{20}{36}\cdot\frac{3}{6}=\frac{60}{216}$	0	0

b) Berechnen Sie die Wahrscheinlichkeiten für $n = 7, \ldots, 20$ mithilfe einer Tabellenkalkulation. Wie kann man hieraus dann den Erwartungswert der Zufallsgröße näherungsweise bestimmen? Erläutern Sie, warum es sich nur eine Näherung handelt.

c) An der Grafik rechts kann man die Wahrscheinlichkeiten $P(n;\,s = k)$ für die fünf regulären Körper (Tetraeder $(s = 4)$, Hexaeder $(s = 6)$, Oktaeder $(s = 8)$, Dodekaeder $(s = 12)$, Ikosaeder $(s = 20)$) ablesen.
Untersuchen Sie, ab wann es sich lohnt, darauf zu wetten, dass eine vollständige Serie vorliegt.

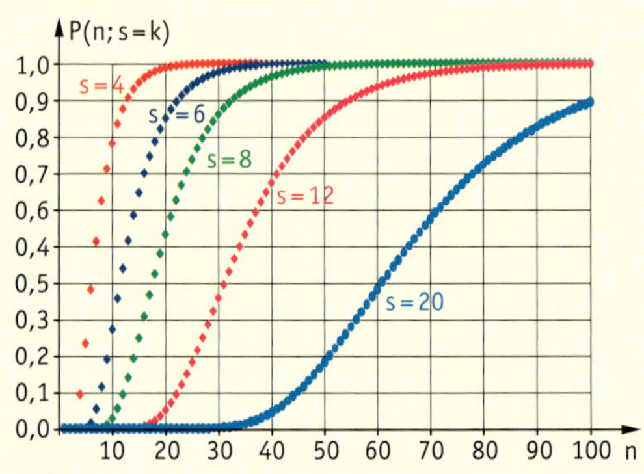

4 Verallgemeinerung

Übertragen Sie die Überlegungen aus den Aufgaben 1 bis 3 auf

a) das Sammeln von Bildern bei einer Serie von 20 Bildern;

b) das Warten auf eine vollständige Serie beim Roulette-Spiel.

9.3 Streuungsmaße – Sigma-Regeln

9.3.1 Varianz und Standardabweichung von Zufallsgrößen

In den vorangehenden Abschnitten haben wir gesehen, dass das Maximum einer Binomialverteilung in der Nähe des Erwartungswerts μ mit $\mu = n \cdot p$ liegt. Das Ergebnis eines Zufallsversuchs kann aber von diesem Erwartungswert abweichen.

Einstieg

Vergleichen Sie die Binomialverteilungen für
(1) $n = 50;\ p = 0{,}5$ und (2) $n = 100;\ p = 0{,}25$.
Für beide Verteilungen gilt: Der Erwartungswert ist $\mu = n \cdot p = 25$.

- Vergleichen Sie die Wahrscheinlichkeiten $P(X = \mu)$ für das Maximum der beiden Verteilungen miteinander.
- Bestimmen Sie nacheinander $P(\mu - 1 \leq X \leq \mu + 1)$, $P(\mu - 2 \leq X \leq \mu + 2)$, ..., $P(\mu - 10 \leq X \leq \mu + 10)$. Vergleichen Sie.
- Welche der beiden Verteilungen streut stärker um den Erwartungswert? Begründen Sie Ihre Antwort.

Einführung

Es sind die Histogramme zweier Binomialverteilungen gebeben.

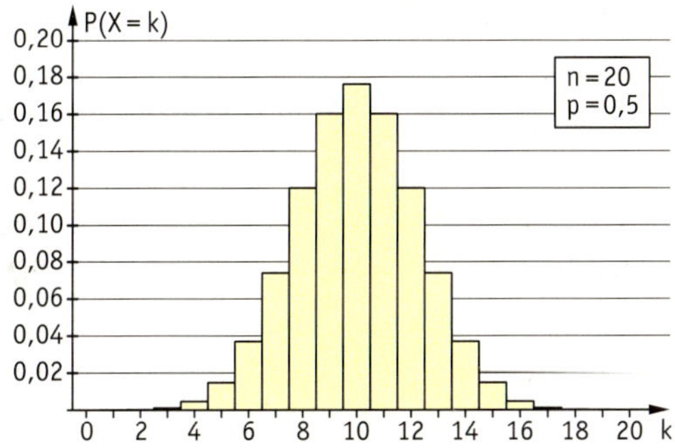

(1) $n = 20;\ p = 0{,}5$

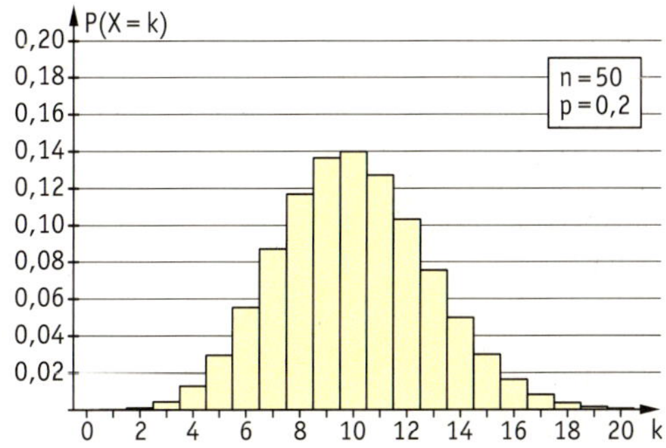

(2) $n = 50;\ p = 0{,}2$

Vergleicht man die beiden Histogramme, so stellt man folgendes fest:

- In beiden Verteilungen liegt das Maximum bei $\mu = 10$.
- Das Histogramm im Beispiel (1) ist schmaler und höher als das Histogramm in Beispiel (2). Daher kann man zu der qualitativen Aussage kommen, dass die Verteilung (2) stärker um den Erwartungswert streut als die Verteilung (1).

Wie kann man jedoch die Streuungen zweier Wahrscheinlichkeitsverteilungen mit verschiedenen Erwartungswerten miteinander vergleichen?
Hierzu führen wir ein quantitatives Maß für die Streuung einer Wahrscheinlichkeitsverteilung um den Erwartungswert der Zufallsgröße ein.
Wir überlegen: Will man bei der Wahrscheinlichkeitsverteilung einer Zufallsgröße die Streuung der möglichen Werte der Zufallsgröße um den Erwartungswert messen, dann muss man

- die Abweichung der Werte der Zufallsgröße vom Erwartungswert berücksichtigen, sowie
- die zugehörige Wahrscheinlichkeit, mit der diese Abweichungen auftreten.

Information

(1) Varianz und Standardabweichung einer Zufallsgröße

In der Stochastik hat man die mittlere quadratische Abweichung vom Erwartungswert – *Varianz* genannt – als Maß für die Streuung gewählt. Bei der Berechnung der Varianz betrachtet man also die Quadrate der Abweichungen aller möglichen Werte der Zufallsgröße vom Erwartungswert, gewichtet mit den zugehörigen Wahrscheinlichkeiten.

Definition: Varianz einer Zufallsgröße

Nimmt eine Zufallsgröße X die Werte $a_1, a_2, \ldots, a_m$ an und ist

$$E(X) = \mu = a_1 \cdot P(X = a_1) + a_2 \cdot P(X = a_2) + \ldots + a_m \cdot P(X = a_m)$$

der Erwartungswert der Zufallsgröße X, dann ist die **Varianz V (X)** definiert als die mittlere quadratische Abweichung der Zufallsgröße von μ:

$$\mathbf{V(X) = (a_1 - \mu)^2 \cdot P(X = a_1) + (a_2 - \mu)^2 \cdot P(X = a_2) + \ldots + (a_m - \mu)^2 \cdot P(X = a_m)}$$

$$= \sum_{1}^{m} (a_k - \mu)^2 \cdot P(X = a_k)$$

Beispiel

Bei einem Glücksrad mit 20 gleich großen Sektoren mit den Nummern 0, 1, 2 oder 3 werden jeweils 0 €, 1 €, 2 € oder 3 € als Gewinn ausgezahlt. Aus der Verteilung der Zufallsgröße X: *Ausgezahlter Betrag in Euro* berechnen wir (mithilfe einer Tabelle) den Erwartungswert $E(X) = \mu$ und die Varianz V (X) gemäß Definition:

k	$P(X = k)$	$k \cdot P(X = k)$	$(k - \mu)^2 \cdot P(X = k)$
0	0,45	$0 \cdot 0{,}45 = 0$	$(0 - 0{,}9)^2 \cdot 0{,}45 = 0{,}81 \cdot 0{,}45 = 0{,}3645$
1	0,30	$1 \cdot 0{,}30 = 0{,}3$	$(1 - 0{,}9)^2 \cdot 0{,}30 = 0{,}01 \cdot 0{,}30 = 0{,}0030$
2	0,15	$2 \cdot 0{,}15 = 0{,}3$	$(2 - 0{,}9)^2 \cdot 0{,}15 = 1{,}21 \cdot 0{,}15 = 0{,}1815$
3	0,10	$3 \cdot 0{,}10 = 0{,}3$	$(3 - 0{,}9)^2 \cdot 0{,}10 = 4{,}41 \cdot 0{,}10 = 0{,}4410$
		$\mu = 0{,}9$	$V(X) = 0{,}9900$

Im Mittel wird also $\mu = 0{,}90$ € ausgezahlt. Die Varianz beträgt $V(X) = 0{,}99\,€^2$.

Wir sehen, dass die gewichtete Summe der quadratischen Abweichungen im Beispiel als Einheit Euro^2 hat. Um hier zu derselben Einheit wie bei der Zufallsgröße selbst zu kommen, ziehen wir die Wurzel aus der berechneten Größe:

Definition: Standardabweichung einer Zufallsgröße

Die **Standardabweichung** σ einer Zufallsgröße X wird definiert als Quadratwurzel aus der Varianz V (X) dieser Zufallsgröße: $\boldsymbol{\sigma = \sqrt{V(X)}}$

Im **Beispiel** ist $\sigma = \sqrt{0{,}99\,€^2} \approx 0{,}995\,€$.

Welche Bedeutung das so definierte Streuungsmaß σ hat, wird in Abschnitt 9.3.2 näher untersucht.

Aufgabe

1 Berechnung der Standardabweichung bei Binomialverteilungen

a) Bestimmen Sie gemäß Definition die Varianz der Binomialverteilung mit (1) $n = 5$ und $p = 0{,}2$.

b) Bestimmen Sie zusätzlich die Varianz der folgenden Binomialverteilungen für

(2) $n = 5$ und $p = 0{,}8$ (3) $n = 4$ und $p = 0{,}3$ (4) $n = 4$ und $p = 0{,}7$ (5) $n = 6$ und $p = 0{,}5$

Welche Gesetzmäßigkeiten sind zu erkennen? (Warum ist dies plausibel?)

c) Bestimmen Sie allgemein für einen 1-stufigen bzw. 2-stufigen BERNOULLI-Versuch mit Erfolgswahrscheinlichkeit p und Misserfolgswahrscheinlichkeit $q = 1 - p$ die Varianz und die Standardabweichung der Zufallsgröße X: *Anzahl der Erfolge* gemäß Definition.
Stellen Sie eine Vermutung auf. Vergleichen Sie Ihre allgemeine Vermutung mit den konkret in den Teilaufgaben a) und b) berechneten Werten.

Lösung

a) Der Erwartungswert der Binomialverteilung (1) beträgt
$\mu = n \cdot p = 5 \cdot 0{,}2 = 1.$

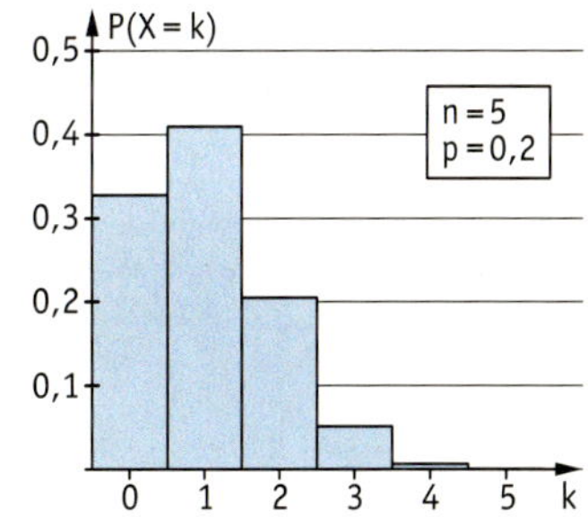

k	0	1	2	3	4	5
P (X = k)	0,32768	0,40960	0,20480	0,05120	0,00640	0,00032
$(k - \mu)^2 \cdot P(X = k)$	0,32768	0	0,20480	0,20480	0,05760	0,00512
					V (X) = 0,80000	

Die Varianz der Zufallsgröße ist: $V(X) = 0{,}8$

b) Durch analoge Rechnung wie in Teilaufgabe a) erhalten wir:

n	p	$\mu = n \cdot p$	V (X)
5	0,2	1	0,8
5	0,8	4	0,8
4	0,3	1,2	0,84
4	0,7	2,8	0,84
6	0,5	3	1,5

Zwei Eigenschaften fallen auf:

- Bei der Varianz spielen Erfolgswahrscheinlichkeit und Misserfolgswahrscheinlichkeit eine gleichberechtigte Rolle: Für ein bestimmtes n (hier z. B. $n = 5$ oder $n = 4$) erhält man für eine Erfolgswahrscheinlichkeit p_1 und für die Erfolgswahrscheinlichkeit $p_2 = 1 - p_1$ denselben Wert für die Varianz. Dies ist plausibel, weil das Histogramm der Wahrscheinlichkeitsverteilung für $p_2 = 1 - p_1$ durch Spiegelung aus dem von p_1 hervorgeht.
- Nimmt man zusätzlich zu p noch die Wahrscheinlichkeit $1 - p$ in die Übersicht auf, so kann man erkennen:
  Multipliziert man den Erwartungswert $\mu = n \cdot p$ mit der Wahrscheinlichkeit $(1 - p)$, dann erhält man als Produkt in allen Beispielen V (X).

p	1 − p	$\mu = n \cdot p$	V (X)	$= \mu \cdot (1-p)$
0,2	0,8	1	0,8	$= 1 \cdot 0{,}8$
0,8	0,2	4	0,8	$= 4 \cdot 0{,}2$
0,3	0,7	1,2	0,84	$= 1{,}2 \cdot 0{,}7$
0,7	0,3	2,8	0,84	$= 2{,}8 \cdot 0{,}3$
0,5	0,5	3	1,5	$= 3 \cdot 0{,}5$

c) Wahrscheinlichkeitsverteilung beim

1-stufigen BERNOULLI-Versuch mit Erfolgswahrscheinlichkeit p: $\mu = 1 \cdot p$

k	$(k - \mu)^2$	P (X = k)	$(k - \mu)^2 \cdot P(X = k)$
0	p^2	$1 - p$	$p^2(1 - p)$
1	$(1 - p)^2$	p	$p(1 - p)^2$

V (X)
$= p^2(1 - p) + p(1 - p)^2$
$= p(1 - p)[p + 1 - p] = p(1 - p)$
$= pq$

2-stufigen BERNOULLI-Versuch mit Erfolgswahrscheinlichkeit p: $\mu = 2 \cdot p$

k	$(k - \mu)^2$	P (X = k)	$(k - \mu)^2 \cdot P(X = k)$
0	$4p^2$	$(1 - p)^2$	$4p^2(1 - p)^2$
1	$(1 - 2p)^2$	$2p(1 - p)$	$2p(1 - p)(1 - 2p)^2$
2	$(2 - 2p)^2$	p^2	$4p^2(1 - p)^2$

V (X)
$= 2p(1 - p) \cdot [2p - 2p^2 + 1 - 4p + 4p^2 + 2p - 2p^2]$
$= 2p(1 - p) \cdot 1$
$= 2pq$

Allgemein ergibt sich also

- für beliebiges p und $n = 1$: $V(X) = 1 \cdot p \cdot q = 1 \cdot p \cdot (1 - p)$
- für beliebiges p und $n = 2$: $V(X) = 2 \cdot p \cdot q = 2 \cdot p \cdot (1 - p)$
- in allen Beispielen der Teilaufgaben a) und b): $V(X) = \mu \cdot (1 - p) = n \cdot p \cdot (1 - p)$

Information

(2) Varianz und Standardabweichung einer Binomialverteilung

Aufgrund der Beispiele aus Aufgabe 1 vermuten wir, dass allgemein gilt:

Satz: Varianz und Standardabweichung bei Binomialverteilungen

Gegeben ist ein n-stufiger BERNOULLI-Versuch mit der Erfolgswahrscheinlichkeit p und der Misserfolgswahrscheinlichkeit $q = 1 - p$. Die Zufallsgröße X: *Anzahl der Erfolge* hat die **Varianz** $V(X) = n \cdot p \cdot q$ und die **Standardabweichung** $\sigma = \sqrt{n \cdot p \cdot q}$

Hinweis: Wir verzichten hier auf einen allgemeinen Beweis.

Übungsaufgaben

2 Welche der beiden Binomialverteilungen hat die größere Streuung um den Erwartungswert?

(1) $n_1 = 100$; $p_1 = 0{,}1$

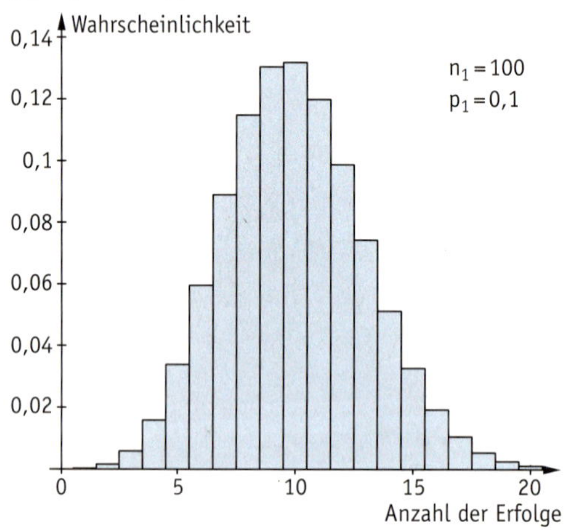

(2) $n_2 = 50$; $p_2 = 0{,}2$

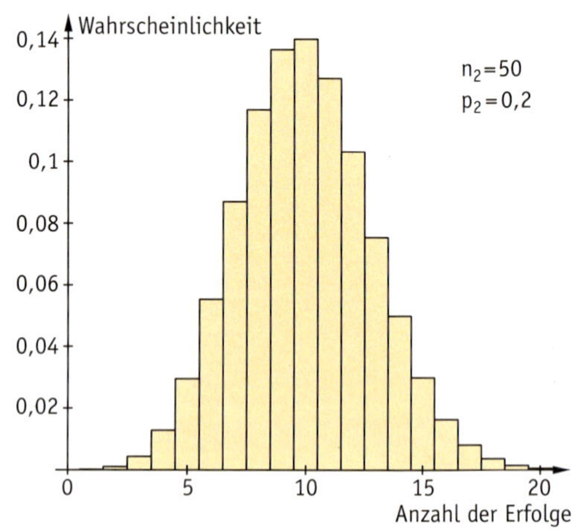

3 Viele wissenschaftliche Taschenrechner verfügen über die Option „Summe". Mit deren Hilfe kann man die Varianz einer Zufallsgröße gemäß Definition bestimmen, wobei die benötigten Wahrscheinlichkeiten $P(X = a_k)$ mithilfe der BERNOULLI-Formel $\binom{n}{k} \cdot p^k \cdot (1 - p)^{n-k}$ berechnet werden.

Die Abbildungen zeigen die Berechnung von $V(X) = 12$ für $n = 50$ und $p = 0{,}4$.

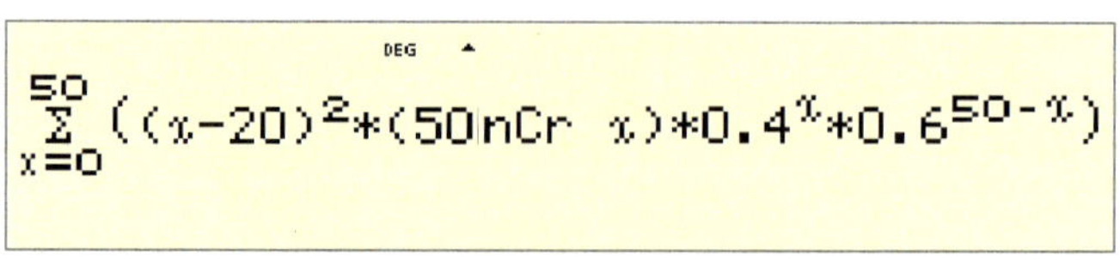

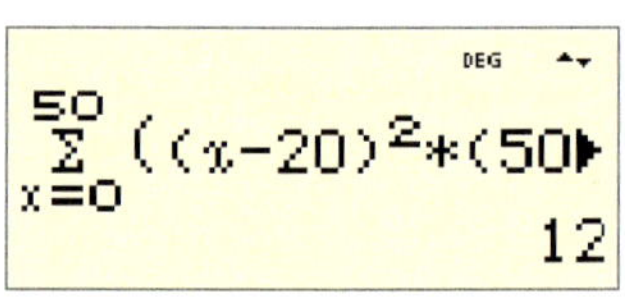

Bestimmen Sie analog die Varianz einer Binomialverteilung mit

(1) $n = 20$ und $p = 0{,}3$;

(2) $n = 50$ und $p = 0{,}2$;

(3) $n = 100$ und $p = 0{,}5$.

4 Ein Würfel wird 3-mal hintereinander geworfen.

Bestimmen Sie ohne Taschenrechner die Wahrscheinlichkeitsverteilung für die Zufallsgröße X: *Anzahl der Sechsen*.

Bestimmen Sie außerdem den Erwartungswert und die Varianz für die Wahrscheinlichkeitsverteilung ohne Verwendung eines Rechners.

5 Gegeben ist eine binomialverteilte Zufallsgröße X: *Anzahl der Erfolge.*

a) Berechnen Sie $V(X) = n \cdot p \cdot (1 - p)$ für $n = 50$ und $p = 0{,}1; 0{,}2; 0{,}3; \ldots; 0{,}9$.
Für welches p ist V(X) am größten, d. h. *streut* die Verteilung am stärksten?

b) Begründen Sie: Die Varianz einer binomialverteilten Zufallsgröße mit festem n ist für $p = 0{,}5$ am größten.
Anleitung: Untersuchen Sie die Funktion f mit $f(p) = n \cdot p \cdot (1 - p)$ mit Mitteln der Analysis.

6 Ordnen Sie den Histogrammen (1) bis (3) die entsprechende Binomialverteilung zu.
$n = 400,\ p = 0{,}1$ $\quad$ $n = 50,\ p = 0{,}8$ $\quad$ $n = 100,\ p = 0{,}4$
Begründen Sie Ihre Zuordnung.
Beschreiben Sie die Gemeinsamkeiten und die Unterschiede der Histogramme.

(1)
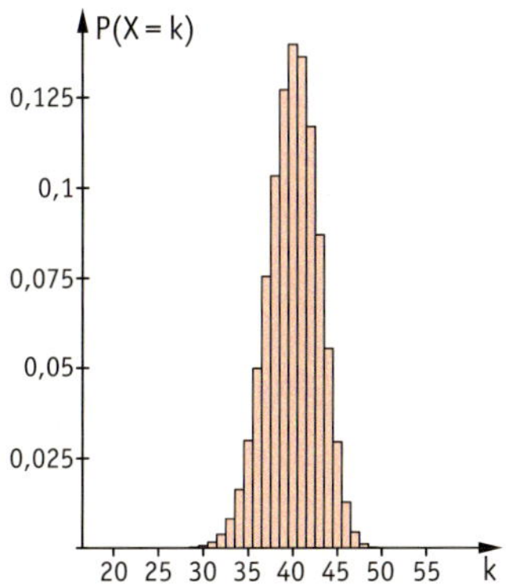

(2)
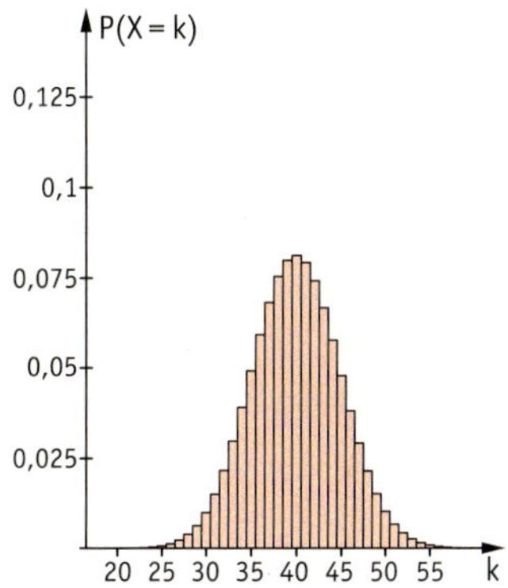

(3)
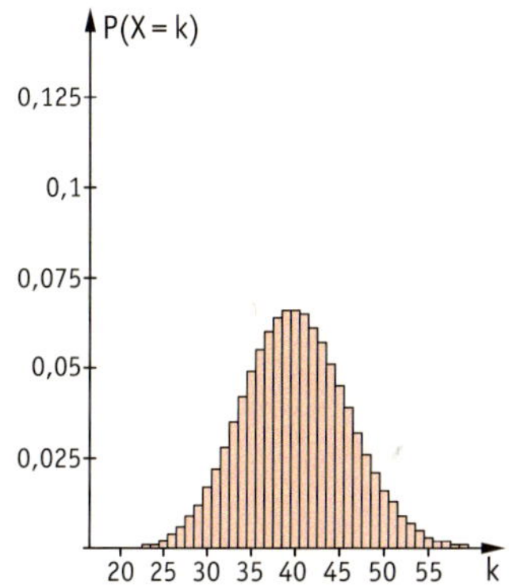

7 Von einer Binomialverteilung sind bekannt:

a) $\mu = 36$ und $\sigma = 3$.
Bestimmen Sie hieraus die Stufenzahl n und die Erfolgswahrscheinlichkeit p.

b) $n = 72$ und $\sigma = 2$.
Bestimmen Sie die Erfolgswahrscheinlichkeit p. Ist dies eindeutig möglich?

c) $\sigma = 6$ und $p = 0{,}4$.
Bestimmen Sie den Erwartungswert μ.

d) Geben Sie allgemein Lösungsformeln zu a), b), c) an.

8 Bestimmen Sie gemäß Definition auf Seite 482 die Standardabweichung σ für die (nicht binomialverteilten) Zufallsgrößen.

a) Betrachten Sie die Verteilungen der Zufallsgrößen
X_4: *Augenzahl beim 1-fachen Tetraederwurf*
X_6: *Augenzahl beim 1-fachen Hexaederwurf*
X_8: *Augenzahl beim 1-fachen Oktaederwurf*
X_{12}: *Augenzahl beim 1-fachen Dodekaederwurf*
X_{20}: *Augenzahl beim 1-fachen Ikosaederwurf.*
Welche Gesetzmäßigkeit ist hier zu erkennen?

b) Bestimmen Sie die Standardabweichung der Zufallsgröße X: *Augensumme beim 2-fachen Würfeln mit einem Hexaeder* (siehe Histogramm rechts).

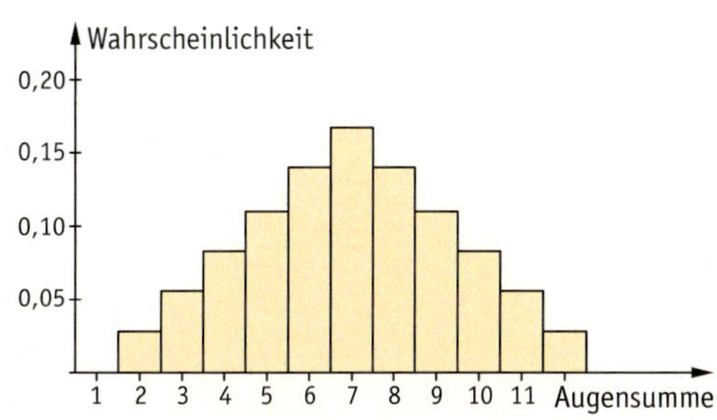

9.3.2 Umgebungen um den Erwartungswert einer Binomialverteilung – Sigma-Regeln

In Abschnitt 9.3.1 haben wir gelernt, wie man die Standardabweichung bei BERNOULLI-Ketten berechnet. In diesem Abschnitt wollen wir untersuchen, welche Bedeutung diese Standardabweichung für die Streuung tatsächlich hat.

Einstieg

Da die Histogramme von Binomialverteilungen für $n = 50$ und $n = 100$ und $p \geq 0{,}2$ nahezu symmetrische Gestalt haben, untersuchen wir Intervalle um den Erwartungswert, die symmetrisch zu μ liegen.

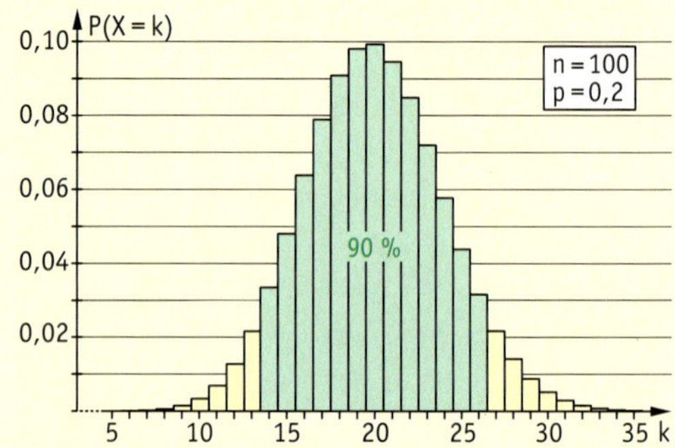

Bestimmen Sie mithilfe der Tabellen im Anhang in Partnerarbeit für $n = 50$ sowie für $n = 100$ und alle dort erfassten Erfolgswahrscheinlichkeiten $p \geq 0{,}2$ symmetrische Intervalle um den Erwartungswert, denen eine Wahrscheinlichkeit von ungefähr 90 % zukommt (siehe Beispiel oben: $n = 100$; $p = 0{,}2$).

Vergleichen Sie die Breite der 90 %-Intervalle mit der jeweiligem Standardabweichung σ, dem Maß für die Streuung um den Erwartungswert.

Aufgabe

1 Gegeben sind Binomialverteilungen mit Stufenzahl n und Erfolgswahrscheinlichkeit p mit

(1) $n = 50;\ p = 0{,}5$ (2) $n = 100;\ p = 0{,}4$ (3) $n = 100;\ p = 0{,}3$

Untersuchen Sie für alle drei Binomialverteilungen, mit welcher Wahrscheinlichkeit die Anzahl der Erfolge in den zum Erwartungswert $\mu = n \cdot p$ symmetrisch liegenden Intervallen $[\mu - 1\sigma;\ \mu + 1\sigma]$, $[\mu - 2\sigma;\ \mu + 2\sigma]$, $[\mu - 3\sigma;\ \mu + 3\sigma]$ liegt. Vergleichen Sie die Ergebnisse.

Im Folgenden wollen wir diese drei Intervalle kurz als 1σ-Umgebung von μ bzw. 2σ-Umgebung von μ bzw. 3σ-Umgebung von μ bezeichnen.

Lösung

Wir berechnen zuerst die Erwartungswerte und die Standardabweichungen:

(1) $\mu = 50 \cdot 0{,}5 = 25;\quad \sigma = \sqrt{50 \cdot 0{,}5 \cdot 0{,}5} = \sqrt{12{,}5} \approx 3{,}54$

(2) $\mu = 100 \cdot 0{,}4 = 40;\quad \sigma = \sqrt{100 \cdot 0{,}4 \cdot 0{,}6} = \sqrt{24} \approx 4{,}90$

(3) $\mu = 100 \cdot 0{,}3 = 30;\quad \sigma = \sqrt{100 \cdot 0{,}3 \cdot 0{,}7} = \sqrt{21} \approx 4{,}58$

Für die Umgebungen des Erwartungswerts μ ergibt sich dann mithilfe der Tabellen im Anhang:

	μ	σ	1σ-Umgebung von μ: $P(\mu - 1\sigma \leq X \leq \mu + 1\sigma)$	2σ-Umgebung von μ: $P(\mu - 2\sigma \leq X \leq \mu + 2\sigma)$	3σ-Umgebung von μ: $P(\mu - 3\sigma \leq X \leq \mu + 3\sigma)$
(1)	25	3,54	$P(22 \leq X \leq 28) \approx 0{,}678$	$P(18 \leq X \leq 32) \approx 0{,}968$	$P(15 \leq X \leq 35) \approx 0{,}998$
(2)	40	4,90	$P(36 \leq X \leq 44) \approx 0{,}642$	$P(31 \leq X \leq 49) \approx 0{,}948$	$P(26 \leq X \leq 54) \approx 0{,}997$
(3)	30	4,58	$P(26 \leq X \leq 34) \approx 0{,}674$	$P(21 \leq X \leq 39) \approx 0{,}963$	$P(17 \leq X \leq 43) \approx 0{,}997$

Vergleicht man die Wahrscheinlichkeiten in den Spalten der Tabelle, erkennt man, dass die Wahrscheinlichkeiten für die symmetrischen Intervalle $[\mu - 2\sigma;\ \mu + 2\sigma]$ und $[\mu - 3\sigma;\ \mu + 3\sigma]$ jeweils ungefähr gleich sind, unabhängig davon, welchen Erwartungswert die Binomialverteilung hat.

Für das Intervall $[\mu - 1\sigma;\ \mu + 1\sigma]$ lässt sich dies nicht so eindeutig erkennen. Man kann aber feststellen, dass die Wahrscheinlichkeiten für die 1σ-Umgebungen von μ ungefähr zwei Drittel betragen.

Information

(1) Regeln über die $z\sigma$-Umgebungen von μ

In der Lösung von Aufgabe 1 haben wir symmetrische Intervalle (Umgebungen) der Art $[\mu - z\sigma; \mu + z\sigma]$ um Erwartungswerte $\mu = n \cdot p$ von Binomialverteilungen betrachtet. Die halbe Breite eines solchen Intervalls, also $z\sigma$, bezeichnet man auch als **Radius der Umgebung**. Man spricht in diesem Zusammenhang auch von eine **$z\sigma$-Umgebung** um den Erwartungswert.

Dabei haben wir festgestellt:

- Die Wahrscheinlichkeit $P(\mu - z\sigma \le X \le \mu + z\sigma)$ ist (für jedes beliebige z) nahezu unabhängig von der Stufenzahl n und der Erfolgswahrscheinlichkeit p.
- Umgekehrt findet man zu einer vorgegebnen Wahrscheinlichkeit $P(\mu - z\sigma \le X \le \mu + z\sigma)$ für unterschiedliche Stufenzahlen n und unterschiedliche Wahrscheinlichkeiten p auch jeweils denselben Wert z.

Für n-stufige BERNOULLI-Ketten mit der Erfolgswahrscheinlichkeit p ist der Erwartungswert der Zufallsgröße X: *Anzahl der Erfolge* $\mu = n \cdot p$ und die Standardabweichung $\sigma = \sqrt{n \cdot p \cdot (1 - p)}$. Es gilt:

In 90 % aller Fälle gilt:
$|X - \mu| \le 1{,}64 \cdot \sigma$

- Mit einer Wahrscheinlichkeit von ca. 90 % liegt die Anzahl der Erfolge im Intervall zwischen $\mu - 1{,}64 \cdot \sigma$ und $\mu + 1{,}64 \cdot \sigma$ ($1{,}64\sigma$-Umgebung von μ).

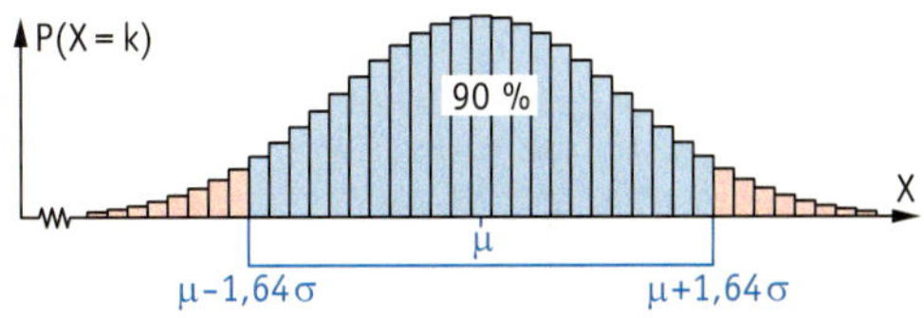

In 95 % aller Fälle gilt:
$|X - \mu| \le 1{,}96 \cdot \sigma$

- Mit einer Wahrscheinlichkeit von ca. 95 % liegt die Anzahl der Erfolge im Intervall zwischen $\mu - 1{,}96 \cdot \sigma$ und $\mu + 1{,}96 \cdot \sigma$ ($1{,}96\sigma$-Umgebung von μ).

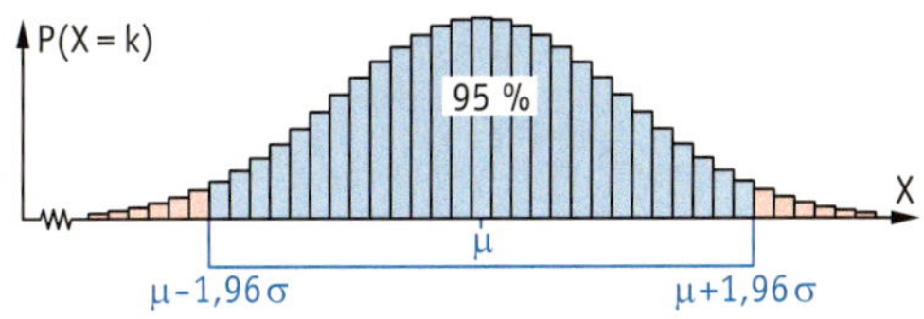

In 99 % aller Fälle gilt:
$|X - \mu| \le 2{,}58 \cdot \sigma$

- Mit einer Wahrscheinlichkeit von ca. 99 % liegt die Anzahl der Erfolge im Intervall zwischen $\mu - 2{,}58 \cdot \sigma$ und $\mu + 2{,}58 \cdot \sigma$ ($2{,}58\sigma$-Umgebung von μ).

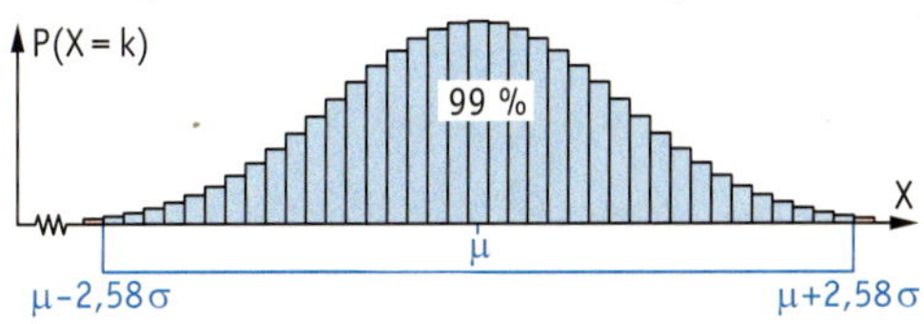

Wir fassen diese Regeln, die als Sigma-Regeln bezeichnet werden, zusammen:

Sigma-Regeln

Für eine n-stufige BERNOULLI-Kette mit der Erfolgswahrscheinlichkeit p, dem Erwartungswert μ und der Standardabweichung $\sigma = \sqrt{n \cdot p \cdot (1 - p)}$ gilt:

$P(\mu - 1\sigma \le X \le \mu + 1\sigma) = 0{,}683$ $\quad P(\mu - 1{,}64\sigma \le X \le \mu + 1{,}64\sigma) = 0{,}90$

$P(\mu - 2\sigma \le X \le \mu + 2\sigma) = 0{,}955$ $\quad P(\mu - 1{,}96\sigma \le X \le \mu + 1{,}96\sigma) = 0{,}95$

$P(\mu - 3\sigma \le X \le \mu + 3\sigma) = 0{,}997$ $\quad P(\mu - 2{,}58\sigma \le X \le \mu + 2{,}58\sigma) = 0{,}99$

Diese Regeln sind nützliche Faustregeln, die erfahrungsgemäß gelten, wenn die Standardabweichung σ größer ist als 3 (LAPLACE-Bedingung).

(2) Genauigkeit der Sigma-Regeln – Kontrollrechnungen

Die mithilfe der Sigma-Regeln bestimmten Intervall-Wahrscheinlichkeiten sind nur näherungsweise richtig. Viele wissenschaftliche und grafikfähige Taschenrechner verfügen jedoch über Optionen, mit denen man Kontrollrechnungen durchführen kann.

Beispiel: $n = 181$, $p = 0{,}35$, $\mu = 63{,}35$ und $\sigma \approx 6{,}42$:
$\mu - 1{,}64\sigma \approx 52{,}82$ und $\mu + 1{,}64\sigma \approx 73{,}88$, also $P(53 \le X \le 73) \approx 0{,}90$.

Bei wissenschaftlichen Taschenrechnern kann man die kumulierten Wahrscheinlichkeiten zum Beispiel einzeln bestimmen, abspeichern und dann die Differenz bilden.

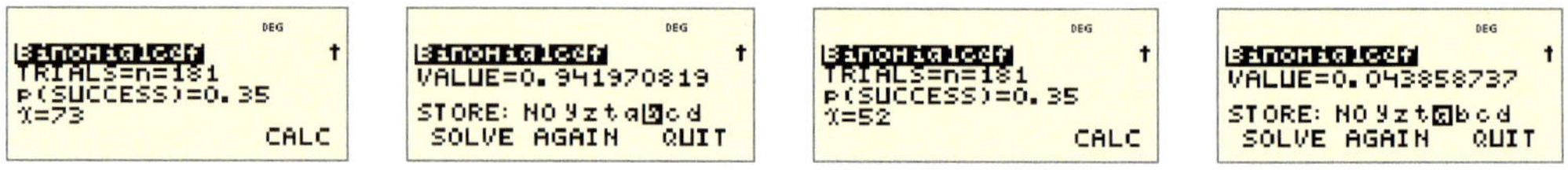

Anhand der exakten Berechung sieht man, dass die Wahrscheinlichkeit für das mithilfe der Sigma-Regeln bestimmte Intervall [53; 73] tatsächlich etwas kleiner ist als 90 %:

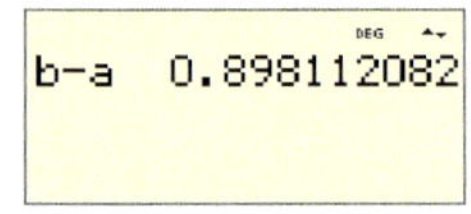

Rundet man nach außen, so erhält man das Intervall [52; 74], dessen Wahrscheinlichkeit die 90%-Bedingung erfüllt:

Mithilfe eines GTR können die Intervallwahrscheinlichkeiten direkt im Hauptmenü berechnet werden:

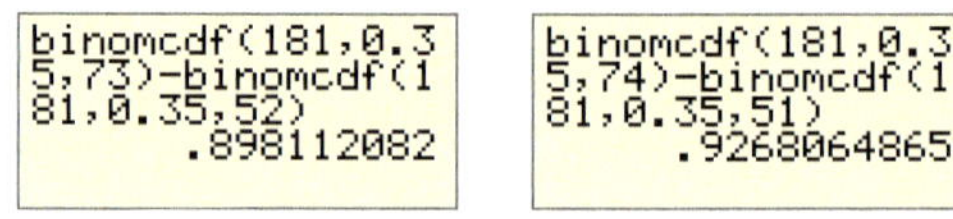

Weiterführende Aufgabe

LK **2 Funktionaler Zusammenhang zwischen dem Wert z einer zσ-Umgebung um den Erwartungswert und der Wahrscheinlichkeit für diese Umgebung**

Neben den 1σ-, 2σ- und 3σ-Umgebungen aus Aufgabe 1 um den Erwartungswert μ kann man auch Umgebungen mit einem anderen Radius zσ betrachten. Der Zusammenhang, der zwischen dem Wert z einer zσ-Umgebung um μ und der Wahrscheinlichkeit für diese Umgebung besteht, soll hier mithilfe von Tabellen und Graphen veranschaulicht werden.

(1) Wir untersuchen die Binomialverteilung mit $n = 100$, $p = 0{,}3$; also $\mu = 30$ und $\sigma = 4{,}58$.

Wie man der Abbildung rechts entnehmen kann, liegt das Ereignis $22 \le X \le 37$ symmetrisch zu μ, die Umgebung um μ hat den Radius $\frac{15}{2} = 7{,}5$ oder $1{,}64\sigma$. Die Umgebung $29 \le X \le 31$ hat z. B. den Radius 1,5 oder $0{,}33\sigma$; die Umgebung, die nur aus dem Ereignis $X = 30$ besteht, hat den Radius 0,5 oder $0{,}11\sigma$.

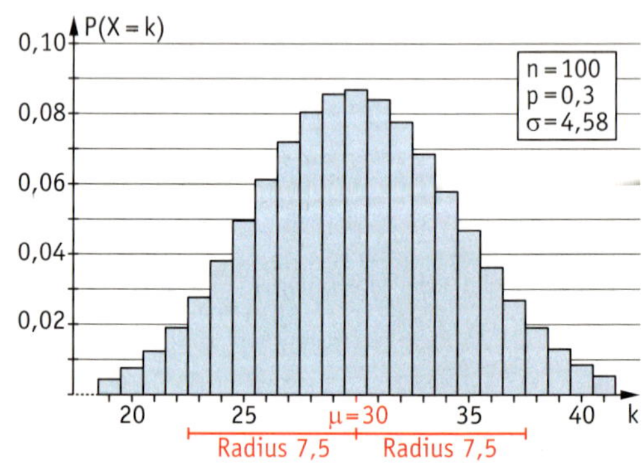

In der untenstehenden Tabelle sind neben dem Radius der Umgebung und dem Vielfachen von σ auch noch die Wahrscheinlichkeiten für die jeweilige Umgebung notiert. Ergänzen Sie die fehlenden Werte. (Die Wahrscheinlichkeiten für die symmetrischen Umgebungen um μ entnehmen Sie den Tabellen im Anhang.)

Radius zσ der Umgebung	0,5	1,5	2,5	3,5	4,5	5,5	6,5	7,5	8,5
z	0,11	0,33	0,55	0,76	0,98			1,64	
$P(\mu - z\sigma \le X \le \mu + z\sigma)$	0,087	0,256							

Radius zσ der Umgebung	9,5	10,5	11,5	12,5	13,5	14,5	15,5	16,5
z								
$P(\mu - z\sigma \le X \le \mu + z\sigma)$								

Tragen Sie in einem Koordinatensystem (x-Achse: z; y-Achse: $P(\mu - z\sigma \le X \le \mu + z\sigma)$) zunächst die berechneten Wertepaare ein und verbinden diese miteinander, sodass sich ein Streckenzug wie in der Abbildung bei Teilaufgabe (2) ergibt.

(2) Die Grafik rechts stellt den funktionalen Zusammenhang für die Binomialverteilung mit $n = 50$ und $p = 0{,}5$, also mit $\mu = 25$ und $\sigma = 3{,}54$ dar. Vergleichen Sie diese Grafik mit der Grafik aus Teilaufgabe (1).

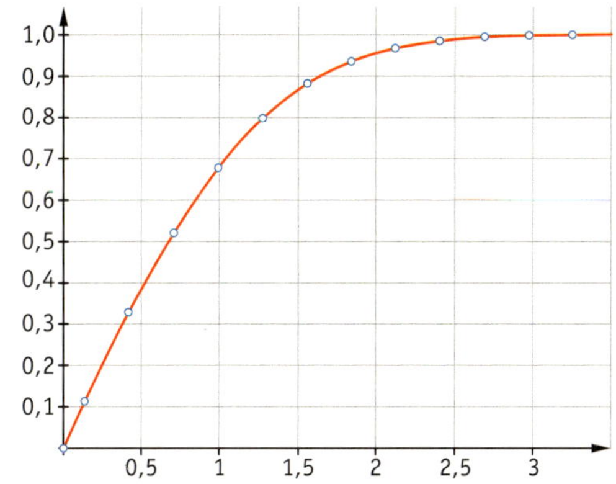

Übungsaufgaben

3

a) Überprüfen Sie die in der Information angegebenen σ-Regeln mithilfe der Tabellen im Anhang für $n = 100$ und $p = 0{,}1;\ 0{,}2;\ 0{,}25;\ 0{,}3;\ 0{,}4;\ 0{,}5$.
Welche Wahrscheinlichkeit hat die $2{,}58\,\sigma$-Umgebung von μ?

b) Warum ist Teilaufgabe a) auch eine Bestätigung der Regeln für $p = 0{,}6;\ 0{,}7;\ 0{,}75;\ 0{,}8;\ 0{,}9$?

4 Bestimmen Sie die 90 %-Umgebung von μ [die 95 %-Umgebung von μ].

a) $n = 150;\ p = 0{,}28$ **b)** $n = 245;\ p = 0{,}71$ **c)** $n = 392;\ p = 0{,}52$ **d)** $n = 548;\ p = 0{,}36$

5 Für die Zufallsgröße X: *Anzahl der Wappen* beim 400-fachen Münzwurf gilt: $\mu = 200$ und $\sigma = 10$.
In welchem Intervall liegt die Anzahl der Wappen mit einer Wahrscheinlichkeit von 90 %?
(A) [175; 225] (B) [180; 220] (C) [184; 216] (D) [187; 213] (E) [200; 232]

6 Bestimmen Sie zum gegebenen σ die Wahrscheinlichkeiten der Sigma-Umgebungen $[\mu - 1\sigma;\ \mu + 1\sigma]$, $[\mu - 2\sigma;\ \mu + 2\sigma]$ und $[\mu - 3\sigma;\ \mu + 3\sigma]$.
(1) $n = 234,\ \sigma = 4{,}6$; (2) $n = 312,\ \sigma = 5{,}3$; (3) $n = 324,\ \sigma = 7{,}2$; (4) $n = 400,\ \sigma = 8$.
Kontrollieren Sie gegebenenfalls die mithilfe der Sigma-Regeln durchgeführten Näherungsrechnungen durch Verwendung eines wissenschaftlichen oder grafikfähigen Taschenrechners.

7 Histogramme von Binomialverteilungen mit großer Stufenzahl sind nahezu symmetrisch. Daher lassen sich die σ-Regeln auch als Wahrscheinlichkeitsaussagen für die Bereiche unterhalb von $\mu - z\cdot\sigma$ bzw. oberhalb von $\mu + z\cdot\sigma$ formulieren. Setzen Sie den folgenden Satz fort. Formulieren Sie weitere Aussagen.
Nur mit einer Wahrscheinlichkeit von ca. 5 % wird die Anzahl der Erfolge ...

8

a) Vergleichen Sie die beiden BERNOULLI-Ketten hinsichtlich ihrer Streuung um den Erwartungswert:
(1) $n = 40;\ p = 0{,}5$ (2) $n = 50;\ p = 0{,}4$
Bei welcher BERNOULLI-Kette liegt die größere Streuung vor? Erläutern Sie an einem konkreten Beispiel, was dies bedeutet.

b) Vervollständigen Sie die folgenden Sätze für jede BERNOULLI-Kette aus Teilaufgabe a):
(1) Mit einer Wahrscheinlichkeit von 99 % liegt die Anzahl der Erfolge ...
(2) In 95,5 % aller Fälle gilt ...
(3) $|X - \mu| > 1{,}64\,\sigma$ gilt nur in ...

Anfänge der Wahrscheinlichkeitsrechnung – PASCAL und HUYGENS

Vorreiter der Wahrscheinlichkeitsrechnung

Als Geburtsstunde der Wahrscheinlichkeitsrechnung als Teilgebiet der Mathematik wird im Allgemeinen der Briefwechsel zwischen PIERRE DE FERMAT (1608 – 1665) und BLAISE PASCAL (1623 – 1662) aus dem Jahr 1654 angesehen. Der Pariser Schriftsteller CHEVALIER DE MÉRÉ (1607 – 1684) hatte PASCAL zwei Probleme vorgelegt, für die er selbst keine befriedigende Lösung bzw. Erklärung gefunden hatte und die PASCAL dann in seinem Briefwechsel mit Fermat diskutierte. PASCAL und FERMAT fanden verschiedene Lösungswege für die beiden Probleme, die grundsätzliche Strategien zum Umgang mit Wahrscheinlichkeiten enthielten.

Als der holländische Mathematiker CHRISTIAAN HUYGENS (1629 – 1695) 1655 nach Paris kam, erfuhr er von dem Briefwechsel zwischen FERMAT und PASCAL, jedoch nichts über dessen Inhalt. Er setzte sich daher selbst das Ziel, über die Lösung der beiden Probleme hinaus eine allgemeine Lösungsmethode für Glücksspiele zu entwickeln. Seine Theorie der Glücksspiele *(Tractatus de Ratiociniis in Aleae Ludo – Van Rekeningh in Spelen van Geluck)* war dann das erste Lehrbuch der Wahrscheinlichkeitsrechnung. Es erschien bereits 1657 als Teil des Buches *Exercitationum Mathematicarum* seines Lehrers FRANS VON SCHOOTEN. Auch das 1713 posthum herausgegebene Werk *Ars conjectandi* (Kunst des Vermutens) von JAKOB BERNOULLI (1655 – 1705) enthielt die HUYGENS'sche Abhandlung als erstes Kapitel – versehen mit einem umfangreichen Kommentar. Während FERMAT und PASCAL in ihren Briefen vor allem den Begriff der Gewinnchancen verwendeten, benutzte HUYGENS den Begriff der „Hoffnung" (lat.: *expectatio*), der sich zu unserem heutigen Begriff des Erwartungswertes entwickelte.

Das erste Problem: das Teilungsproblem

Das erste Problem, das von PASCAL und FERMAT diskutiert wurde, war das sogenannte *Teilungsproblem* oder *problème de partis*. Dieses lässt sich bis ins 14. Jahrhundert zurückverfolgen. FRA LUCA PACIOLI (1445 – 1514) hatte sich bereits in seinem im Jahr 1494 erschienenen Buch *Summa de arithmetica, geometria, proportioni et proportionalita* (Zusammenfassende Darstellung über Arithmetik, Geometrie und Algebra), dem ersten Mathematikbuch in italienischer Sprache, mit der Lösung dieses Problems beschäftigt. Er hatte allerdings eine aus heutiger Sicht falsche Lösung vorgeschlagen.

> Zwei Spieler vereinbaren für ein Glücksspiel über mehrere Runden, dass derjenige den gesamten Spieleinsatz gewinnen soll, der als Erster eine bestimmte Anzahl von Gewinnrunden erreicht. Das Spiel muss dann allerdings unerwartet bei einem Zwischenstand a : b abgebrochen und kann nicht fortgesetzt werden. Wie sollte der Spieleinsatz (entsprechend zum aktuellen Spielstand) gerecht aufgeteilt werden?

Im Folgenden werden zwei Lösungsansätze vorgestellt, die vorrangig von PASCAL entwickelt wurden.

PASCALS **erster Lösungsweg** sieht eine rekursive Berechnung der Gewinnchancen vor. Wir erläutern ihn an dem folgenden Beispiel:

Beispiel: Für ein Spiel wird vereinbart, dass derjenige den gesamten Einsatz erhalten soll, der als Erster drei Runden gewonnen hat. Das Spiel muss beim Spielstand von 2 : 1 abgebrochen werden.

Lösungsidee:

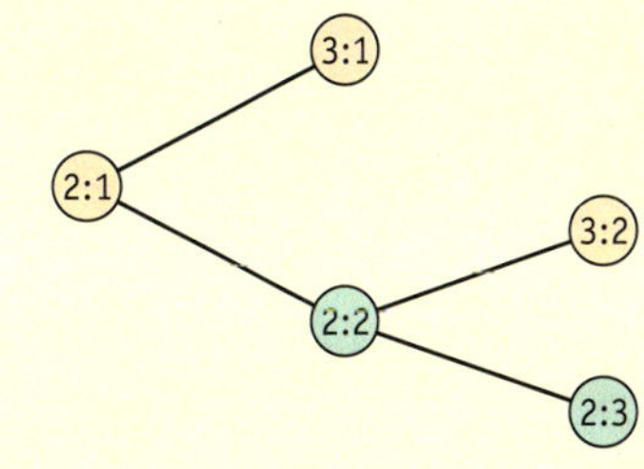

Um eine gerechte Verteilung zu ermitteln, kann man den Spielverlauf in Gedanken fortsetzen, bis einer der beiden Spieler drei Gewinnrunden erreicht hat. An einem Baumdiagramm verdeutlicht, sieht dies folgendermaßen aus:
Gewinnt der 1. Spieler den nächsten Satz (Endstand 3 : 1), erhält dieser den gesamten Einsatz. Wenn der 2. Spieler gewinnt (Zwischenstand 2 : 2), dann sind die Chancen der beiden Spieler wieder gleich groß. Insgesamt stehen die Gewinnchancen von Spieler 1 zu Spieler 2 wie 3 zu 1, wenn das Spiel bei einem Spielstand von 2 : 1 abgebrochen worden wäre. Wäre das Spiel bei einem Spielstand von 2 : 0 abgebrochen worden, dann müssten wir nicht völlig neu überlegen, denn: Wenn bei einem Spielstand von 2 : 0 der 1. Spieler den nächsten Satz gewinnt, erhält er den gesamten Einsatz; wenn der 2. Spieler den Satz gewinnt, steht es 2 : 1 – hierfür sind die Chancen gerade eben berechnet worden. Und vom Spielstand 2 : 0 kann man wiederum zurückschließen, wie die Chancen bei einem Spielstand von 1 : 0 gewesen wären: Beim Stand von 1 : 0 kann der nächste Satz an den 1. Spieler gehen und es steht 2 : 0 (Aufteilung s. o.) – oder an den 2. Spieler und beide haben gleiche Chancen zu gewinnen usw.

Der **zweite Lösungsweg** PASCALS knüpfte an seine intensive Beschäftigung mit einem besonderen Zahlendreieck (*‚triangle arithmétique'*, dem später so genannten PASCAL'schen Dreieck, siehe Seite 456) an. Er zeigte, dass sich das Verhältnis der gerechten Aufteilung aus den Zahlen dieses Dreiecks ablesen lässt.

Beispiel: Für ein Spiel wird vereinbart, dass derjenige den gesamten Einsatz erhalten soll, der als Erster fünf Runden gewonnen hat, und das Spiel muss beim Spielstand von 3 : 2 abgebrochen werden.

Lösungsidee:

Das Spiel hätte noch maximal vier Runden weitergehen können. Die fehlenden Spielrunden werden durch einen Münzwurf ersetzt. In der Grafik sind vier Runden dargestellt – auch diejenigen, in denen der Münzwurf hätte früher beendet werden können. Zu den Endergebnissen nach 4 Runden führen 1 + 4 + 6 bzw. 4 + 1 Wege (siehe Aufgabe 3, Seite 456). Der Spieleinsatz ist also im Verhältnis 11 zu 5 zwischen den beiden Spielern aufzuteilen.

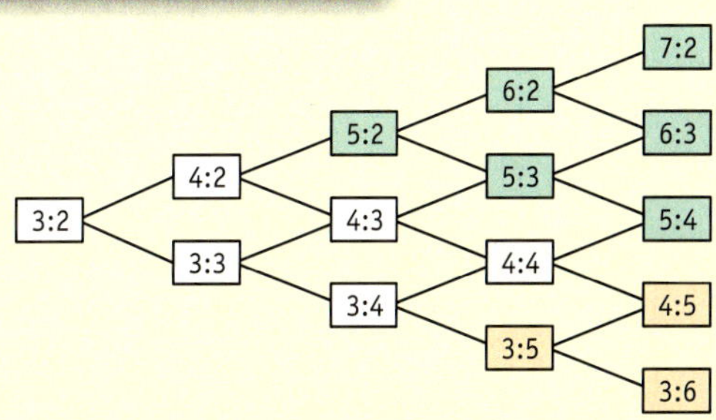

Das zweite Problem: das Würfelproblem

Das zweite, das sogenannte *Würfelproblem* oder *problème des dès*, beschäftigt sich mit einem einfachen Wettspiel mit einem Würfel, dessen Lösung selbst PASCAL unlogisch vorkam (*„l'arithmétique se démentoit"*):

Warum lohnt es sich, darauf zu wetten, dass beim 4-fachen Würfeln mit einem Würfel mindestens eine Sechs fällt, aber nicht darauf, dass beim 24-fachen Würfeln mit zwei Würfeln mindestens ein Sechser-Pasch auftritt?

Beim 4-fachen Würfeln gibt es insgesamt $6^4 = 1\,296$ verschiedene Ergebnisse, von denen $5^4 = 625$ ungünstig sind, die übrigen 671 also günstig. Die Wahrscheinlichkeit, dass in vier Würfen *mindestens* eine Sechs fällt, beträgt also 51,8 %. Es lohnt sich also, darauf zu wetten.

Beim 24-fachen Werfen zweier Würfel gibt es insgesamt 36^{24} verschiedene Ergebnisse, von denen 35^{24} ungünstig, die übrigen also günstig sind. Die Wahrscheinlichkeit, dass in 24 Würfen *mindestens* einmal ein Sechserpasch fällt, beträgt also 49,1 %. Hier lohnt sich eine Wette daher nicht.

PASCAL verglich die Wahrscheinlichkeiten für *mindestens eine Sechs* bzw. *mindestens einen Sechserpasch* mit den Erwartungswerten für eine Sechs beim 4-fachen Würfeln $\left(\mu = 4 \cdot \frac{1}{6} = \frac{2}{3}\right)$ und für einen Sechser-Pasch bei 24 Würfen mit zwei Würfeln $\left(\mu = 24 \cdot \frac{1}{36} = \frac{2}{3}\right)$. Dass diese Erwartungswerte gleich sind, die zuvor berechneten Wahrscheinlichkeiten aber nicht, war für PASCAL noch unlogisch.

9.4 Schluss von der Gesamtheit auf die Stichprobe

9.4.1 Prognose über zu erwartende absolute Häufigkeiten – signifikante Abweichungen

In diesem Abschnitt werden wir die Sigma-Regeln für BERNOULLI-Ketten mit großer Stufenzahl anwenden. Mit ihnen sind Prognosen über die zu erwartende Anzahl der Erfolge möglich, die mit hoher Wahrscheinlichkeit zutreffen.

Einstieg

- Beim 500-fachen Münzwurf erwarten wir, dass 250-mal Wappen auftritt. Geben Sie ein zum Erwartungswert symmetrisches Intervall an, in dem mit einer Wahrscheinlichkeit von ca. 90 % die Anzahl der Wappen liegen wird.
- Bestimmen Sie für den n-fachen Münzwurf Intervalle, in denen die Anzahl der Wappen mit einer Wahrscheinlichkeit von 90 % [95 %; 99 %] liegen wird.

  (1) n = 1000 (2) n = 789 (3) n = 10000 (4) n = 1234

Bestimmen Sie mithilfe eines wissenschaftlichen oder grafikfähigen Taschenrechners auch die exakten Wahrscheinlichkeiten der von Ihnen bestimmten Intervalle.

Aufgabe

1 Schätzung der Ziehungshäufigkeiten von Lottozahlen

a) Die Wahrscheinlichkeit, dass eine bestimmte Zahl im Rahmen einer Ziehung des Lottospiels *6 aus 49* gezogen wird, beträgt $p = \frac{6}{49}$.
Begründen Sie, warum es sich bei der Abfolge von Lottoziehungen um eine BERNOULLI-Kette handelt.

b) Machen Sie eine Prognose darüber, wie oft eine bestimmte Zahl (z. B. die Zahl 37) bis zur 4934. Ziehung (einschließlich) gezogen sein wird.

(1) Geben Sie die zu erwartende Ziehungshäufigkeit einer Zahl für 4934 Ziehungen an.

(2) Geben Sie Intervalle an, in denen die Ziehungshäufigkeit dieser Zahl mit großer Wahrscheinlichkeit (90 %; 95 %; 99 %) liegen wird.
Bestimmen Sie auch die genauen Wahrscheinlichkeiten für diese Bereiche.

c) Die Überlegungen aus Teilaufgabe b) gelten für jede der 49 Zahlen des Lottospiels.
Wie viele der 49 Zahlen werden gemäß Teilaufgabe b) in der $1{,}64\,\sigma$-Umgebung von μ liegen, wie viele in der $1{,}96\,\sigma$-Umgebung bzw. in der $2{,}58\,\sigma$-Umgebung?

d) Vergleichen Sie Ihre Schätzung aus Teilaufgabe c) mit der Realität:
Seit 1955 gab es verschiedene Lottospiele, bei denen 6 Kugeln aus 49 gezogen wurden. In der Tabelle auf der nächsten Seite sind die Ziehungshäufigkeiten aller Lottozahlen von den insgesamt 4934 Ziehungen zusammengefasst (Stand: 12. 02. 2011).

1	2	3	4	5	6	7	8	9	10	11	12	13	14	15	16	
603	617	625	612	599	628	606	580	625	588	604	588	545	596	574	604	
17	18	19	20	21	22	23	24	25	26	27	28	29	30	31	32	
605	602	595	573	583	613	597	601	639	645	630	565	575	594	635	612	
33	34	35	36	37	38	39	40	41	42	43	44	45	46	47	48	49
622	599	605	604	598	642	605	601	623	611	650	602	563	581	602	603	635

Lösung

a) Es liegt eine BERNOULLI-Kette vor, da die betrachtete Zahl in jeder Veranstaltung mit derselben Wahrscheinlichkeit $p = \frac{6}{49}$ als Gewinnzahl auftritt (Erfolg); mit der Wahrscheinlichkeit $q = \frac{43}{49}$ wird sie in einer Veranstaltung nicht gezogen (Misserfolg).
Die Erfolgswahrscheinlichkeit $p = \frac{6}{49}$ bleibt also unverändert.

b) Wir betrachten die Zufallsgröße X: *Anzahl der Ziehungen einer bestimmten Zahl in 4934 Lottoziehungen.*

(1) Der Erwartungswert ist $\mu = n \cdot p$, hier also $\mu = 4934 \cdot \frac{6}{49} \approx 604{,}16$. Wir können also mit ca. 604 Ziehungen dieser Zahl bei 4934 Ziehungen rechnen.

(2) Um die genannten Bereiche zu bestimmen, betrachten wir Umgebungen des Erwartungswertes μ. Dazu berechnen wir zunächst die Standardabweichung σ:

$$\sigma = \sqrt{n \cdot p \cdot q} = \sqrt{4934 \cdot \frac{6}{49} \cdot \frac{43}{49}} \approx 23{,}026$$

Die Voraussetzung für die Anwendung der σ-Regeln ist erfüllt, da $\sigma > 3$ (LAPLACE-Bedingung).

Für die verschiedenen Umgebungen von μ benötigen wir bestimmte *Vielfache von* σ.

Wahrscheinlichkeit der Umgebung	90 %	95 %	99 %
Vielfaches k	1,64	1,96	2,58
$k \cdot \sigma$	37,76	45,13	59,41
$\mu - k \cdot \sigma$ $\mu + k \cdot \sigma$	566,40 641,92	559,03 649,29	544,75 663,57
Ergebnisse in der Umgebung	566, 567, ..., 642	559, 560, ..., 650	544, 545, ..., 664

Zur Sicherheit runden wir die untere Grenze ab und die obere Grenze auf.

Ergebnis:
Mithilfe der Sigma-Regeln machen wir die Prognose:
Eine Lottozahl wird in 4934 Ziehungen

- mit einer Wahrscheinlichkeit von mindestens 90 % mindestens 566-mal, höchstens 642-mal gezogen.
  Die Sigma-Regeln geben die Wahrscheinlichkeiten nur ungefähr wieder. Wie gut diese Überschlagsrechnung ist, können wir mithilfe eines wissenschaftlichen Taschenrechners oder eines GTR überprüfen:
  Wir berechnen: $P(566 \le X \le 642) = 90{,}55\,\%$,
  sowie $P(567 \le X \le 641) = 89{,}66\,\%$.

```
binomcdf(4934,6/
49,642)-binomcdf
(4934,6/49,565)
      .9055315697
```

```
binomcdf(4934,6/
49,641)-binomcdf
(4934,6/49,566)
      .8966546429
```

  Das durch die Sigma-Regeln (und durch das Runden nach außen) bestimmte Intervall [566; 642] gibt tatsächlich eine Umgebung um den Erwartungswert $\mu \approx 604{,}16$ an, deren Wahrscheinlichkeit mindestens 90 % ist.
  Das um jeweils eine Einheit verkleinerte Intervall [567; 641] hat eine Wahrscheinlichkeit, die knapp unter 90 % liegt.

Weiter gilt: Eine Lottozahl wird in 4 934 Ziehungen

- mit einer Wahrscheinlichkeit von mindestens 95 % mindestens 559-mal und höchstens 650-mal gezogen.
  Mit einem GTR erhält man: $P(559 \le X \le 650) \approx 95{,}43\,\%$ sowie $P(560 \le X \le 649) \approx 94{,}94\,\%$.

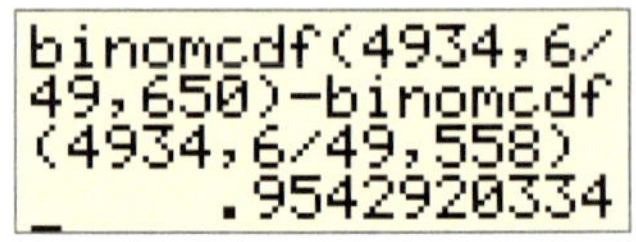

- mit einer Wahrscheinlichkeit von mindestens 99 % mindestens 544-mal und höchstens 664-mal gezogen.
  Mit einem GTR erhält man: $P(544 \le X \le 664) \approx 99{,}14\,\%$ sowie $P(545 \le X \le 663) \approx 99{,}02\,\%$. Wie das Ergebnis des Rechners zeigt, kann man das Intervall hier verkleinern auf [545; 663].

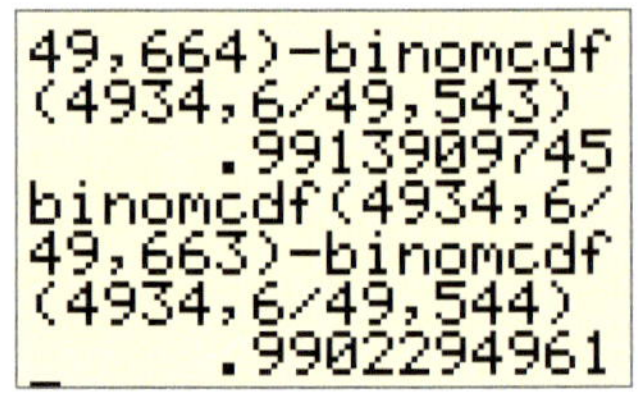

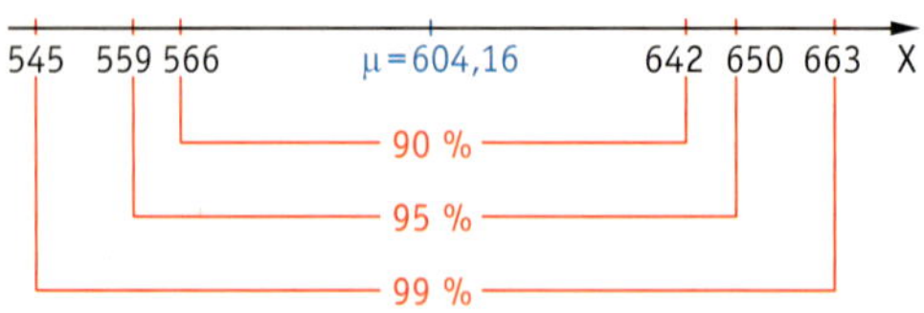

c) Wir benutzen die mithilfe der Sigma-Regeln bestimmten Wahrscheinlichkeiten für die symmetrischen Intervalle im Sinne der Häufigkeitsinterpretation: Wir schätzen, dass also auch

- ca. 90 % der 49 Zahlen, das sind ca. 44 Zahlen, mit ihrer Ziehungshäufigkeit in der berechneten $1{,}64\sigma$-Umgebung von μ liegen;
- ca. 95 % der 49 Zahlen, das sind ca. 46 bis 47 Zahlen, mit ihrer Ziehungshäufigkeit in der berechneten $1{,}96\sigma$-Umgebung von μ liegen;
- ca. 99 % der 49 Zahlen, das sind ca. 48 bis 49 Zahlen, mit ihrer Ziehungshäufigkeit in der berechneten $2{,}58\sigma$-Umgebung von μ liegen.

d) Tatsächlich liegen

- 45 Zahlen mit ihrer Ziehungshäufigkeit in der $1{,}64\sigma$-Umgebung von μ (die Zahlen 13, 26, 28 und 45 liegen außerhalb);
- 48 Zahlen in der $1{,}96\sigma$-Umgebung von μ (nur die Zahl 13 liegt außerhalb);
- 49 Zahlen in der $2{,}58\sigma$-Umgebung von μ (die Zahl 13 liegt gerade noch in dem Intervall).

Weiterführende Aufgabe

2 Aussagen über Bereiche außerhalb der Sigma-Umgebungen

a) Setzen Sie den Satz fort.

(1) Nur mit einer Wahrscheinlichkeit von höchstens 10 % [5 %; 1 %] wird die Ziehungshäufigkeit einer Zahl nach 4 934 Ziehungen beim Lottospiel 6 aus 49 …

(2) Nur mit einer Wahrscheinlichkeit von höchstens 10 % [5 %; 1 %] wird beim 100-fachen Münzwurf …

(3) Mit einer Wahrscheinlichkeit von höchstens 5 % wird die Ziehungshäufigkeit einer Zahl bei 4 934 Ziehungen beim Lottospiel 6 aus 49 kleiner sein als … [größer sein als …]

b) Bestimmen Sie die Sigma-Umgebungen in Teilaufgabe a) (3) für eine Wahrscheinlichkeit von höchstens 10 % [1 %] statt 5 %.

Information

(1) Punkt- und Intervallschätzung für eine Zufallsgröße X

Um abzuschätzen, welche Werte eine Zufallsgröße X voraussichtlich annehmen wird, kann man sich mit der Angabe des Erwartungswertes μ begnügen. Eine solche Schätzung nennt man **Punktschätzung** für die Zufallsgröße X.

Gibt man dagegen ein Intervall an, in dem das Ergebnis des Zufallsexperiments mit großer Wahrscheinlichkeit liegen wird, dann nennt man dies eine **Intervallschätzung** für die Zufallsgröße X.

(2) Sicherheitswahrscheinlichkeit – Schluss von der Gesamtheit auf die Stichprobe

Bei der Angabe der Wahrscheinlichkeit für eine Sigma-Umgebung um den Erwartungswert spricht man oft von der **Sicherheitswahrscheinlichkeit**, um diese Wahrscheinlichkeit von der Erfolgswahrscheinlichkeit p des Zufallsexperiments zu unterscheiden.

Man benutzt oft auch die Sprechweise: *in 90 % [95 %; 99 %] der Fälle gilt …*

Nach der Häufigkeitsinterpretation der Wahrscheinlichkeiten bedeutet dies, dass bei ca. 90 % [ca. 95 %; ca. 99 %] der Durchführungen des Zufallsexperiments die betreffende Eigenschaft eintreten wird.

In Aufgabe 1 besteht ***ein*** *Zufallsexperiment aus 4 934 Lottoziehungen.*

Bei Aussagen über voraussichtliche Ergebnisse von BERNOULLI-Ketten beschränken wir uns nicht darauf, nur den Erwartungswert μ zu berechnen (Punktschätzung), sondern geben Bereiche an, in denen das Stichprobenergebnis mit einer hohen Sicherheitswahrscheinlichkeit liegen wird: Sigma-Umgebungen des Erwartungswertes mit einer Sicherheitswahrscheinlichkeit von 90 %, 95 % oder 99 % (Intervallschätzung).

Dieses Verfahren bezeichnet man als **Schluss von der Gesamtheit auf die Stichprobe.**

(3) Signifikante und hochsignifikante Abweichungen

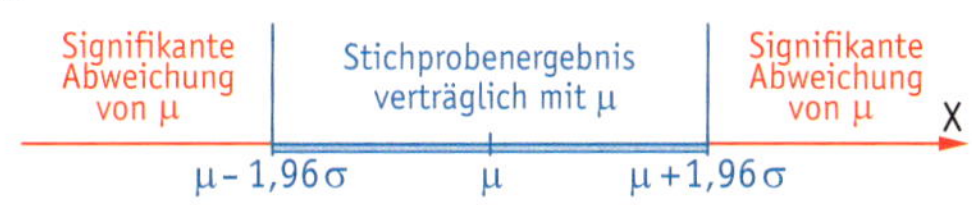

Ergebnisse von Zufallsversuchen, die außerhalb der $1{,}96\,\sigma$-Umgebung des Erwartungswerts μ liegen, sind möglich. Solche Ergebnisse treten aber nur selten auf, nämlich mit einer Wahrscheinlichkeit von insgesamt ca. 5 %. Man sagt, dass sie vom Erwartungswert μ **signifikant** abweichen. Ergebnisse, die innerhalb der $1{,}96\,\sigma$-Umgebung von μ liegen, werden als **verträglich** mit der zugrunde liegenden Erfolgswahrscheinlichkeit p bezeichnet.

Bei Ergebnissen außerhalb der $2{,}58\,\sigma$-Umgebung von μ spricht man von **hochsignifikanten** Abweichungen. Ergebnisse außerhalb der $2{,}58\,\sigma$-Umgebung treten insgesamt nur mit einer Wahrscheinlichkeit von ca. 1 % auf.

Es kann verschiedene Gründe für signifikante oder hochsignifikante Abweichungen geben: Entweder ist die Abweichung tatsächlich zufällig so groß – die Wahrscheinlichkeit hierfür legen wir durch die gewählte Sicherheitswahrscheinlichkeit willkürlich fest – oder dem Zufallsversuch liegt eine andere Erfolgswahrscheinlichkeit p zugrunde als die, mit der wir die Umgebung von μ berechnet haben.

Übungsaufgaben

3 Im Jahr 2008 wurden in Deutschland 682 514 Kinder geboren, davon 48,74 % Mädchen. Sind die Abweichungen in den Bundesländern signifikant?

	männlich	weiblich
Baden-Württemberg	46 997	44 912
Bayern	54 603	51 695
Berlin	16 483	15 453
Brandenburg	9 560	9 248
Bremen	2 825	2 744
Hamburg	8 583	8 168
Hessen	26 525	25 227
Mecklenburg-Vorpommern	6 637	6 461

	männlich	weiblich
Niedersachsen	33 209	31 678
Nordrhein-Westfalen	77 027	72 980
Rheinland-Pfalz	16 524	15 699
Saarland	3 717	3 441
Sachsen	17 658	16 753
Sachsen-Anhalt	9 079	8 618
Schleswig-Holstein	11 554	11 124
Thüringen	8 881	8 451

4

a) Geben Sie eine Punkt- und eine 95 %-Intervallschätzung für die Ziehungshäufigkeit einer Zahl in 3 000 Lottoziehungen an. Bestimmen Sie Intervalle, in denen die Ziehungshäufigkeit mit einer Wahrscheinlichkeit von ca. 5 % liegen wird.

b) Nach 3 000 Ziehungen im Lotto war die Zahl 37 bereits 360-mal gezogen worden.
Vergleichen Sie dieses Ergebnis mit den Schätzungen aus Teilaufgabe a).

5 Schätzen Sie, wie oft man beim n-fachen Würfeln die Augenzahl 6 erhalten wird. Geben Sie Intervalle an, in denen diese Anzahl mit einer Wahrscheinlichkeit von 90 % liegen wird. Bestimmen Sie auch die exakten Wahrscheinlichkeiten.

(1) $n = 180$ (2) $n = 234$ (3) $n = 3000$ (4) $n = 1932$

6 Nach Veröffentlichungen des Statistischen Bundesamtes sind die Haushalte in Deutschland wie folgt ausgestattet:

(1) Geschirrspüler 65 %
(2) Mikrowelle 72 %
(3) Gefrierschrank 54 %
(4) Wäschetrockner 39 %

Eine Stichprobe vom Umfang 720 [536; 1 247] wird durchgeführt. In wie vielen Haushalten dieses Typs wird man ein solches Gerät finden?
Geben Sie Intervalle an, in denen diese Anzahl mit einer Wahrscheinlichkeit von 90 % liegen wird.

7 5 % aus der Produktion einer bestimmten Sorte Nägel sind nicht einwandfrei. In einer Packung sind 360 Nägel. Wie viele Nägel sind zu 90 % [95 %; 99 %] in den Packungen nicht in Ordnung?

8 Die Wahlbeteiligung bei der Bundestagswahl 2009 betrug 70,8 %. In einer Untersuchung soll festgestellt werden, ob Personen, die sich an der Wahl nicht beteiligt haben, dies auch zugeben. Die Befragung wird unter 800 zufällig ausgesuchten Wahlberechtigten durchgeführt. Was vermuten Sie: Wie viele Personen in der Stichprobe werden angeben, dass sie sich an der Wahl beteiligt haben?

9 Von den 200 Beschäftigten eines Betriebes kommen durchschnittlich 40 % mit ihrem Auto zur Arbeit. Machen Sie mithilfe der σ-Regeln eine Prognose, wie viele Parkplätze benötigt würden, damit diese an 80 % der Arbeitstage ausreichen. Untersuchen Sie, wie viele Plätze zur Verfügung stehen müssen, damit diese mit einer Wahrscheinlichkeit von ca. 90 % ausreichen.
Erläutern Sie dazu die folgende Sigmaregel an einer Skizze:
$P(\mu - 1{,}28\sigma \leq X \leq \mu + 1{,}28\sigma) \approx 80\,\%$, also $P(X \leq \mu + 1{,}28\sigma) \approx 90\,\%$

10 Ein Reiseunternehmer nimmt 400 Buchungen für ein Feriendorf mit 360 Betten an, da erfahrungsgemäß 12 % der Buchungen wieder rückgängig gemacht werden.

a) Machen Sie mithilfe der σ-Regeln eine Prognose, wie viele Betten tatsächlich benötigt würden, wenn
(1) 375; (2) 400; (3) 410 Buchungen angenommen werden.

b) Wie viele Betten müssten zur Verfügung stehen, damit diese mit einer Wahrscheinlichkeit von ca. 90 % ausreichen?

11 Für einen Flug eines Airbus A 300 der Lufthansa mit 270 Plätzen liegen 280 Buchungen vor; man kann mit ca. 10 % Stornierung rechnen.

a) Machen Sie mithilfe der σ-Regeln eine Prognose, wie viele Plätze tatsächlich benötigt würden, wenn
(1) 290; (2) 300; (3) 320
Buchungen angenommen werden.

b) Wie viele Plätze müssten zur Verfügung stehen, damit diese mit einer Wahrscheinlichkeit von ca. 90 % ausreichen?

12 Von den Technischen-Überwachungs-Vereinen werden vierteljährlich Statistiken u. a. darüber erstellt, wie viele Kraftfahrzeuge von den einzelnen Prüfern das Urteil *ohne Mängel* bzw. *mit unerheblichen Mängeln* oder *mit erheblichen Mängeln* erhalten haben. Diese Daten werden mit den Gesamtwerten der Prüfstelle verglichen. Man kann davon ausgehen, dass es vom Zufall abhängt, welcher Prüfer welches Fahrzeug überprüft.

a) In einer Prüfstelle erhielten in einem Vierteljahr von 15 300 geprüften Fahrzeugen 9 650 eine Prüfplakette. Ein Prüfer untersuchte in derselben Zeit 875 Fahrzeuge und gab 545 Prüfplaketten.
Kann man ihn als scharfen oder großzügigen Prüfer bezeichnen oder lässt sich die Abweichung vom Mittelwert der Prüfstelle als zufällig auffassen?

b) Werten Sie wie in Teilaufgabe a) die Ergebnisse anderer Prüfstellen aus (Tabelle rechts).

verteilte Plaketten	geprüfte Fahrzeuge	verteilte Plaketten	geprüfte Fahrzeuge
einer Prüfstelle		eines Prüfers	
5 070	8 310	586	1 008
3 240	4 920	711	1 072
4 180	6 770	862	1 229

13 Die LANDESZEITUNG veröffentlichte den folgenden Artikel.

Roulette-Gaunerei

Ein manipulierter Roulette-Kessel stand am Anfang der Spielbank-Affäre in Hittfeld. Die Staatsanwaltschaft Lüneburg ermittelt seit Monaten wegen Betrugs. Nun berichtet das Nachrichten-Magazin „Der Spiegel“, dass eine Bande nach Erkenntnissen von Landesbehörden Millionen in die eigene Tasche gespielt habe. … Bereits 1998 war eine Zahlenhäufung an einem der Zahlenkessel aufgefallen. Daraufhin legte die Spielbankenaufsicht das Gerät still und ordnete eine Prüfung durch den TÜV an. Dieser fand keine Spuren, und so wurde das Gerät wieder in Betrieb genommen. Zunächst waren die Ergebnisse normal, zur Jahreswende allerdings fielen einige Zahlen wieder deutlich häufiger als normal.

Zur Kontrolle eines Roulette-Kessels sollen auf diesem 3 700 Spiele durchgeführt werden. Bestimmen Sie den Bereich, in dem mit hoher Wahrscheinlichkeit die absoluten Häufigkeiten der einzelnen Ergebnisse liegen müssen.

14 Bei einem Glücksspiel werden aus einem Skatspiel (32 Karten mit 4 Assen) zufällig 3 Karten gezogen.
Man hat gewonnen, wenn unter den drei gezogenen Karten mindestens ein As ist.
Machen Sie Prognosen über die Anzahl der Gewinne bei 100, 200, 500 Spielen.

9.4.2 Prognose über zu erwartende relative Häufigkeiten

Ziel

Im letzten Abschnitt wurden mithilfe der Sigma-Regeln Prognosen über zu erwartende absolute Häufigkeiten gemacht, d. h. Aussagen über Bereiche vorgenommen, in denen die Anzahl der Erfolge einer BERNOULLI-Kette mit hoher Wahrscheinlichkeit liegen wird. Oft ist man jedoch weniger an *absoluten Häufigkeiten* interessiert, sondern möchte etwas über den zu erwartenden *Anteil* der Erfolge wissen.

Zum Erarbeiten

(1) 95 %-Intervalle für relative Häufigkeiten

Beispiel

Bei der letzten Landtagswahl erhielt Partei A mit einem Anteil von 50,7 % die absolute Mehrheit der Stimmen. 100 Tage nach der Wahl wird für eine Fernsehsendung, die sich mit der politischen Stimmung im Lande befasst, eine Zufallsstichprobe durchgeführt. Es werden 1 200 Personen, die sich an der letzten Wahl beteiligt haben, zufällig ausgewählt. Unter anderem wird auch die Frage gestellt, welche Partei sie gewählt haben. Man geht davon aus, dass alle Befragten wahrheitsgetreu antworten.

Schätzung absoluter Häufigkeiten

Die Meinungsbefragung kann wegen des großen Stichprobenumfangs praktisch als BERNOULLI-Kette aufgefasst werden. Die Information über den Anteil von 50,7 % in der Gesamtheit interpretieren wir als Erfolgswahrscheinlichkeit p, die der 1 200-stufigen BERNOULLI-Kette zugrunde liegt.

Wir erwarten, dass unter den 1 200 Befragten $\mu = n \cdot p = 1200 \cdot 0{,}507 = 608{,}4$, also ca. 608 Wähler der Partei A sind.

Es ist $\sigma = \sqrt{n\,p\,(1-p)} = \sqrt{1200 \cdot 0{,}507 \cdot 0{,}493} \approx 17{,}32$; also $1{,}96\sigma = 33{,}95 \approx 34$ und damit $\mu - 1{,}96\sigma \approx 608 - 34 = 574$ bzw. $\mu + 1{,}96\sigma \approx 608 + 34 = 642$. Mit einer Wahrscheinlichkeit von 95 % werden in der Stichprobe mindestens 574, höchstens 642 Wähler der Partei A erfasst.

Die Kontrollrechnung mit einem Taschenrechner bestätigt: $P(574 \le X \le 642) = 0{,}9536$.

Schätzung relativer Häufigkeiten

Wir erwarten, dass – wie in der Gesamtheit – auch in der Stichprobe 50,7 % der A-Wähler enthalten sind. Eine 95 %-Intervallschätzung für zu erwartende *relative* Häufigkeiten *(Anteile in der Stichprobe)* erhält man, indem man von den *absoluten* zu den *relativen* Häufigkeiten übergeht. Hierzu dividieren wir die Randwerte des Intervalls durch den Stichprobenumfang $n = 1200$:

unterer Randwert: $\frac{574}{1200} \approx 0{,}4783 = 47{,}83\,\%$; oberer Randwert: $\frac{642}{1200} = 0{,}5350 = 53{,}50\,\%$.

Wir können die symmetrisch zur Erfolgswahrscheinlichkeit p liegenden Intervalle mit relativen Häufigkeiten auch direkt bestimmen:

$$\mu - 1{,}96\sigma \le X \le \mu + 1{,}96\,s \qquad |:n \text{ (Division auf beiden Seiten durch n)}$$

$$\frac{\mu - 1{,}96\sigma}{n} \le \frac{X}{n} \le \frac{\mu + 1{,}96\sigma}{n}$$

$$\frac{\mu}{n} - 1{,}96\frac{\sigma}{n} \le \frac{X}{n} \le \frac{\mu}{n} + 1{,}96\frac{\sigma}{n} \qquad |\mu = n\,p$$

$$p - 1{,}96\frac{\sigma}{n} \le \frac{X}{n} \le p + 1{,}96\frac{\sigma}{n}$$

$$0{,}4787 \approx 0{,}507 - 1{,}96 \cdot \frac{17{,}32}{1200} \le \frac{X}{n} \le 0{,}507 + 1{,}96 \cdot \frac{17{,}32}{1200} \approx 0{,}5353$$

Zur Sicherheit runden wir den unteren Randwert ab und den oberen Randwert auf.

Mit einer Wahrscheinlichkeit von mindestens 95 % werden in der Stichprobe also mindestens 47,8 %, höchstens 53,6 % Wähler der Partei A sein.

(2) Regeln über $\frac{\sigma}{n}$-Umgebungen von p

Wir haben gesehen, dass man die Regeln über Sigma-Umgebungen von μ auch als Regeln für relative Häufigkeiten formulieren kann. Man erhält eine Intervallschätzung für die relative Häufigkeit $\frac{X}{n}$ durch Angabe einer $\frac{\sigma}{n}$-Umgebung von p.

Beispielsweise gilt für eine Sicherheitswahrscheinlichkeit von 95 %:

Aussage über *absolute* Häufigkeiten:

$P(\mu - 1{,}96\sigma \le X \le \mu + 1{,}96\sigma) = 0{,}95$

Mit einer Wahrscheinlichkeit von 95 % gilt: Die Anzahl X der Erfolge in der Stichprobe unterscheidet sich vom Erwartungswert μ um höchstens $1{,}96\sigma$.

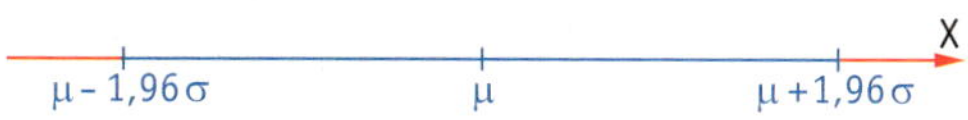

Aussage über *relative* Häufigkeiten:

$P\left(p - 1{,}96\frac{\sigma}{n} \le \frac{X}{n} \le p + 1{,}96\frac{\sigma}{n}\right) = 0{,}95$

Mit einer Wahrscheinlichkeit von 95 % gilt: Der Anteil $\frac{X}{n}$ in der Stichprobe unterscheidet sich vom Anteil p in der Gesamtheit um höchstens $1{,}96\frac{\sigma}{n}$.

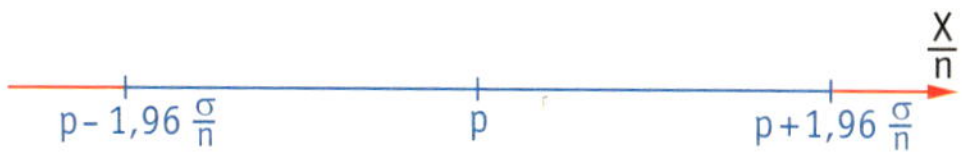

Regeln über $\frac{\sigma}{n}$-Umgebungen von p

Wenn bei einer n-stufigen BERNOULLI-Kette mit Erfolgswahrscheinlichkeit p die LAPLACE-Bedingung $\sigma > 3$ erfüllt ist, gelten folgende Regeln:

Die relative Häufigkeit $\frac{X}{n}$ der Anzahl der Erfolge liegt mit einer Wahrscheinlichkeit von ungefähr

90 % in der $1{,}64\frac{\sigma}{n}$-Umgebung von p,
95 % in der $1{,}96\frac{\sigma}{n}$-Umgebung von p,
99 % in der $2{,}58\frac{\sigma}{n}$-Umgebung von p.

(3) Signifikant abweichende Stichprobenergebnisse

Analog zur Sprechweise bei absoluten Häufigkeiten sagt man:

Stichprobenergebnisse, die innerhalb der $1{,}96\sigma$-Umgebung von μ bzw. $1{,}96\frac{\sigma}{n}$-Umgebung von p liegen, bezeichnen wir als **verträglich** mit der Erfolgswahrscheinlichkeit p und Ergebnisse außerhalb der Umgebung als signifikant abweichend.

(4) Veränderung der $\frac{\sigma}{n}$-Umgebungen bei wachsendem Stichprobenumfang

Mit wachsendem n nimmt die Breite der $\frac{\sigma}{n}$-Umgebungen ab. In der Abbildung ist beispielsweise die $1{,}96\frac{\sigma}{n}$-Umgebung für $p = 0{,}5$ sowie die Entwicklung der relativen Häufigkeiten von fünf 500-fachen Münzwürfen eingetragen. Die beiden schwarz eingetragenen Graphen der Funktionen mit $f_1(x) = p - 1{,}96\frac{\sigma}{n}$ bzw. $f_2(x) = p + 1{,}96\frac{\sigma}{n}$ bilden den sogenannten 95 %-Trichter von p.

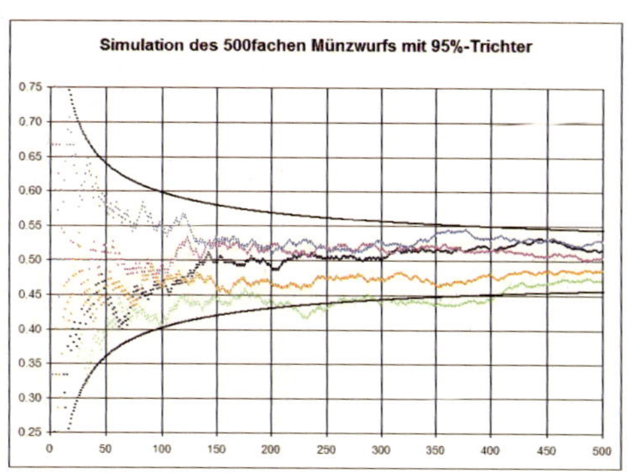

Wir kennen dieses Phänomen der Stabilisierung der relativen Häufigkeiten als Erfahrungssatz, als

Empirisches Gesetz der großen Zahlen:

Bei langen Versuchsreihen, also bei häufiger Wiederholung eines Zufallsversuchs, liegen die relativen Häufigkeiten eines Ergebnisses in aller Regel in der Nähe der Wahrscheinlichkeit des Ergebnisses.

Während wir aber bisher nur in der Lage waren, dies *qualitativ* zu beschreiben, können wir nun eine *quantitative* Aussage über die Wahrscheinlichkeit treffen.

Beispiel: Beim n-fachen Münzwurf gilt: Mit einer Wahrscheinlichkeit von 95 % unterscheidet sich die relative Häufigkeit der Anzahl der Wappen von der zugrunde liegenden Wahrscheinlichkeit $p = 0{,}5$
für $n = 250$ um höchstens $1{,}96\frac{\sigma}{n} = 0{,}062$, für $n = 1000$ um höchstens $1{,}96\frac{\sigma}{n} = 0{,}031$,
für $n = 500$ um höchstens $1{,}96\frac{\sigma}{n} = 0{,}044$, für $n = 2000$ um höchstens $1{,}96\frac{\sigma}{n} = 0{,}022$ usw.

Zum Üben

1 Bei den sogenannten Wahltagsbefragungen werden Wählerinnen und Wähler nach Verlassen des Wahllokals befragt. Das Ergebnis einer solchen Stichprobe wird um 18.00 Uhr (zum Zeitpunkt der Schließung der Wahllokale) im Fernsehen als erste Prognose veröffentlicht.
Überprüfen Sie die Qualität der Befragungsergebnisse.

Bundestag, September 2005 Stichprobe: 102 713 Wähler			Bundestag, September 2009 Stichprobe: 95 347 Wähler			Landtagswahl Hessen Januar 2009; Stichprobe: 22 661 Wähler		
	Prognose	Ergebnis		Prognose	Ergebnis		Prognose	Ergebnis
CDU/CSU	35,5 %	35,2 %	CDU/CSU	33,5 %	33,8 %	CDU	37,5 %	37,2 %
SPD	34,0 %	34,2 %	SPD	22,5 %	23,0 %	SPD	23,5 %	23,7 %
FDP	10,5 %	9,8 %	FDP	15,0 %	14,6 %	FDP	16,0 %	16,2 %
Grüne	8,5 %	8,1 %	Grüne	10,5 %	10,7 %	Grüne	14,0 %	13,7 %
Linke	7,5 %	8,7 %	Linke	12,5 %	11,9 %	Linke	5,1 %	5,4 %

2 Ein Würfel soll 500-mal geworfen werden. Wir machen Prognosen für die Entwicklung der relativen Häufigkeiten, bei denen die Augenzahl 1 auftreten wird.
Bestimmen Sie dazu $1{,}96\frac{\sigma}{n}$-Umgebungen von p für die Zwischenstände nach 100, 200, 300, 400 und 500 Würfen. Stellen Sie die Veränderung der Umgebungen grafisch dar.

3 Untersuchen Sie, um welchen Betrag sich die relative Häufigkeit $\frac{X}{n}$ eines Ergebnisses von der zugrunde liegenden Erfolgswahrscheinlichkeit p mit einer Wahrscheinlichkeit von 95 % [99 %] höchstens unterscheidet: (1) $p = \frac{1}{6}$ und $n = 300, 600, 1200, 2400$; (2) $p = 0{,}25$ und $n = 200, 400, 800, 1600$.

4 Die Wahrscheinlichkeit für eine Mädchengeburt beträgt in Deutschland etwa $p = 0{,}486$.
In einem Krankenhaus kamen im ersten Halbjahr 315 Jungen und 318 Mädchen zur Welt:

	Monat						Wochentag						
	Jan.	Feb.	März	April	Mai	Juni	Mo.	Di.	Mi.	Do.	Fr.	Sa.	So.
Anzahl der Jungengeburten	57	47	53	57	52	49	41	38	54	59	54	42	27
Anzahl der Mädchengeburten	53	43	68	50	54	50	54	46	48	35	49	51	35

a) Ist die relative Häufigkeit der Mädchengeburten in diesem Krankenhaus verträglich mit der Wahrscheinlichkeit für eine Mädchengeburt in Deutschland?

b) Untersuchen Sie, ob einzelne Monatsergebnisse des Krankenhauses ungewöhnlich sind.

c) Gibt es einen Wochentag mit ungewöhnlich vielen oder wenigen Mädchengeburten?

d) Angenommen, in einem Jahr kommen in Deutschland $n = 600\,000$ Kinder zur Welt. Ermitteln Sie die Mädchen-Anteile, die mit $p = 0{,}486$ verträglich sind.

9.5 Testen von Hypothesen

In den vorangegangenen Abschnitten haben wir uns damit befasst, Prognosen über zu erwartende absolute oder relative Häufigkeiten für BERNOULLI-Ketten vorzunehmen. In diesem Zusammenhang wurde der Begriff der *signifikanten Abweichung* eingeführt.

Die folgenden Abschnitte beschäftigen sich mit der Frage, welche Konsequenzen aus den Ergebnissen gezogen werden, wenn der n-stufige Zufallsversuch durchgeführt worden ist und tatsächlich signifikante Abweichungen aufgetreten sind bzw. solche nicht aufgetreten sind.

9.5.1 Testen einer zweiseitigen Hypothese

Einstieg

Man will überprüfen, ob bei einem runden Würfel auch $p = \frac{1}{6}$ *für Augenzahl 1* zutrifft. Der Würfel wird 600-mal geworfen und die Anzahl der Einsen bestimmt. Wie würden Sie das Versuchsergebnis *121-mal Augenzahl 1* beurteilen, wie das Versuchsergebnis *88-mal Augenzahl 1*?

Aufgabe

1 Bisher wurde immer die stillschweigende Annahme gemacht, dass der Münzwurf ein LAPLACE-Versuch ist, d. h. dass die Wahrscheinlichkeit für Wappen gleich 0,5 ist. Durch ein Zufallsexperiment wollen wir überprüfen, ob dies für eine Ein-Euro-Münze zutrifft. Dazu wird eine Münze 200-mal geworfen und die Anzahl der auftretenden Wappen bestimmt.

SPORTMAGAZIN
Euro-Münzen für Schiedsrichter-entscheidung ungeeignet
Fußballer kennen das Spiel vor dem Spiel: Den Münzwurf des Schiedsrichters. Zahl oder Adler entscheidet die Seitenwahl und darüber, welche Mannschaft Anstoß hat. Seit mehr als 100 Jahren ist das so, ohne dass es damit Probleme gab – bis zur Einführung der Euro-Münzen. Bundesadler kommt zu oft – sagt der DFB.

a) Wir gehen zunächst davon aus, dass die Münze in Ordnung ist, d. h. die Erfolgswahrscheinlichkeit für das Auftreten von Wappen ist $p = 0{,}5$. Bestimmen Sie den Bereich, in dem die Anzahl der Wappen liegen wird (Sicherheitswahrscheinlichkeit mindestens 95 %).

b) Das Versuchsergebnis liegt außerhalb des in Teilaufgabe a) bestimmten Bereichs, z. B. *85-mal Wappen*. Lässt sich die Annahme (Hypothese) $p = 0{,}5$ aufrecht erhalten?

c) Das Versuchsergebnis liegt innerhalb des in Teilaufgabe a) bestimmten Bereichs, z. B. *109-mal Wappen*. Ist damit die Hypothese $p = 0{,}5$ bestätigt?

Lösung

a) Ist die Münze in Ordnung, d. h. $p = 0{,}5$, dann können wir mithilfe der $1{,}96\sigma$-Umgebung von μ den Bereich beschreiben, in dem mit 95 % Wahrscheinlichkeit die Anzahl der Wappen liegt:

$\mu = n \cdot p = 200 \cdot 0{,}5 = 100$

$\sigma = \sqrt{n \cdot p \cdot (1 - p)} = \sqrt{200 \cdot 0{,}5 \cdot 0{,}5} \approx 7{,}07 > 3$ (d. h. die LAPLACE-Bedingung ist erfüllt)

$1{,}96\sigma \approx 13{,}86$, also $\mu - 1{,}96\sigma \approx 86{,}14$ und $\mu + 1{,}96\sigma \approx 113{,}86$

Wir benutzen die Sigma-Regeln als Faustregeln. Dabei runden wir die Intervallgrenzen zur sicheren Seite, also den unteren Randwert nach unten und den oberen Randwert nach oben, und kommen damit zu folgender Aussage:

Wenn die Wahrscheinlichkeit p für Wappen beim Wurf einer Münze 0,5 ist, dann wird beim 200-fachen Münzwurf die Anzahl der Wappen mit einer Wahrscheinlichkeit von mindestens 95 % mindestens bei 86 und höchstens bei 114 liegen. Bei maximal 2,5 % solcher Zufallsversuche liegt die Anzahl der Wappen unterhalb von 86 und bei maximal 2,5 % der Versuche oberhalb von 114.
Hinweis: Die genaue Rechnung mithilfe eines Rechners ergibt:
$P(87 \le X \le 113) = 0{,}944$ und $P(86 \le X \le 114) = 0{,}960$.

b) Liegt ein Ergebnis außerhalb dieser Umgebung, dann gibt es zwei Möglichkeiten:

(1) Die Annahme $p = 0{,}5$ ist richtig, aber es handelt sich um ein ungewöhnliches Versuchsergebnis. Was „ungewöhnlich" ist, legen wir fest, indem wir eine Sicherheitswahrscheinlichkeit angeben. Hier ist eine Sicherheitswahrscheinlichkeit von *mindestens* 95 % angegeben; deshalb treten „ungewöhnliche" Ergebnisse in *höchstens* 5 % der Fälle auf.

(2) Die Annahme $p = 0{,}5$ ist falsch, d. h. dem Zufallsversuch liegt eine andere Erfolgswahrscheinlichkeit zugrunde.

Welche der beiden Möglichkeiten vorliegt, weiß man nicht. Hält man sich an die Entscheidungsregel „*Verwirf die Annahme $p = 0{,}5$, falls die Anzahl der Wappen $X < 86$ oder $X > 114$ ist.*", so ist ein Irrtum nicht ausgeschlossen, aber die Wahrscheinlichkeit für einen solchen Irrtum beträgt – wie wir vorgegeben haben – weniger als 5 %. In weniger als 5 % der Durchführungen von je 200 Würfen kommt es also zufällig zu Ergebnissen, die uns veranlassen, die Annahme $p = 0{,}5$ fälschlicherweise zu verwerfen.

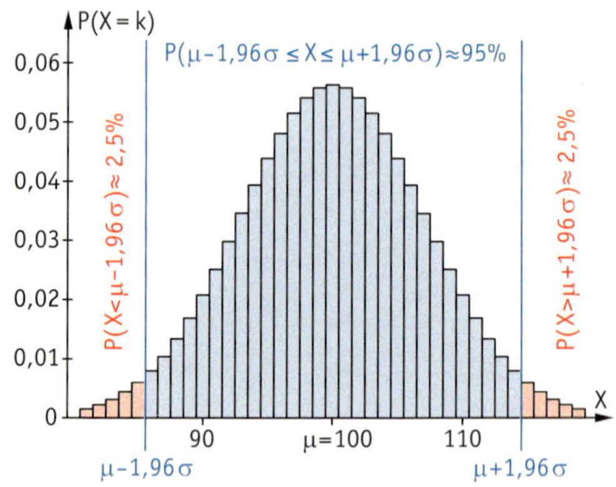

c) Das Ergebnis ist verträglich mit der Hypothese $p = 0{,}5$, aber es ist beispielsweise auch verträglich mit $p = 0{,}6$: Für $p = 0{,}6$ ist $\mu = 200 \cdot 0{,}6 = 120$; $\sigma = \sqrt{200 \cdot 0{,}6 \cdot 0{,}4} \approx 6{,}93$; $\mu - 1{,}96\sigma \approx 106{,}42$.
Daher kann die Hypothese $p = 0{,}5$ durch das Versuchsergebnis nicht bestätigt werden.

Information

(1) Verwerfungsbereich und Annahmebereich beim zweiseitigen Test

Beim Aufgabentyp des „Testens von Hypothesen" geht man davon aus, dass einem Zufallsversuch eine bestimmte, die „hypothetische" Erfolgswahrscheinlichkeit zugrunde liegt. Je nachdem, welches Ergebnis der Zufallsversuch hat, wird die Hypothese verworfen oder nicht verworfen. Durch die Vorgabe einer Sicherheitswahrscheinlichkeit, beispielsweise von 95 %, werden zwei Bereiche festgelegt; diese werden als **Verwerfungsbereich** bzw. als **Annahmebereich** bezeichnet.

Ist ein Ergebnis signifikant abweichend vom Erwartungswert, dann nehmen wir dies zum Anlass, an der Richtigkeit der Hypothese zu zweifeln, d. h. wir verwerfen die Hypothese, weil das Versuchsergebnis im – eben deshalb so benannten – Verwerfungsbereich liegt.

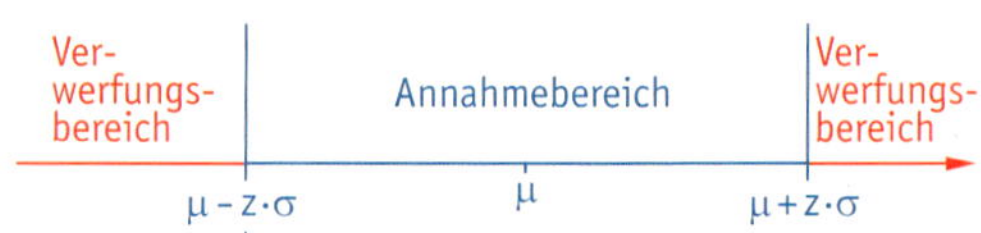

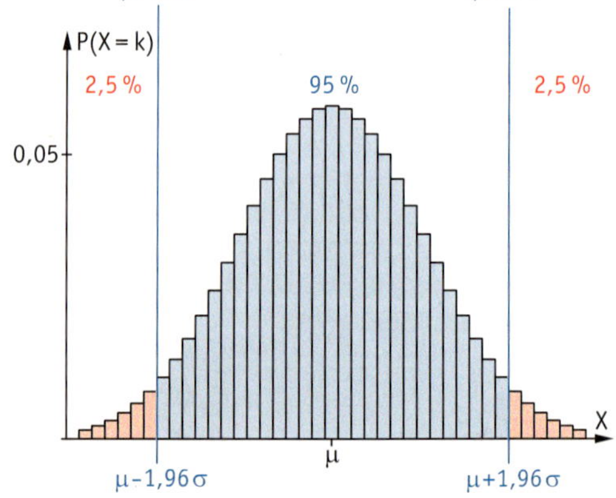

Ist ein Ergebnis verträglich mit der hypothetischen Erfolgswahrscheinlichkeit, d.h. liegt es im Annahmebereich, dann verwerfen wir die Hypothese nicht, d.h. wir gehen weiterhin von der Gültigkeit der Hypothese aus.

Hinweis: Der Begriff *Annahmebereich* kann missverstanden werden: Liegt ein Versuchsergebnis im Annahmebereich einer Hypothese, dann bedeutet dies nicht, dass damit die Hypothese bestätigt wird. Vielmehr haben wir uns aufgrund der festgelegten Entscheidungsregel dazu entschlossen, die betreffende Hypothese weiter als richtig anzusehen: Wir können nur sagen, dass das Versuchsergebnis keinen Anlass gibt, die Hypothese abzulehnen.

Es ist üblich, eine Sicherheitswahrscheinlichkeit von *mindestens* 95 % vorzugeben (aber auch andere Sicherheitswahrscheinlichkeiten wie z. B. 90 % oder 99 % sind möglich) oder die hierzu komplementäre Wahrscheinlichkeit von 5% (oder auch 10 % oder 1 %), die als **Signifikanzniveau** bezeichnet wird.

Die Grenzen zwischen Annahme- und Verwerfungsbereich werden als **kritische Werte** bezeichnet. Je nachdem, welche Sicherheitswahrscheinlichkeit oder welches Signifikanzniveau angegeben ist, bestimmen wir diese kritischen Werte mithilfe der entsprechenden Sigma-Regeln.

Der Begriff *Annahmebereich* ist im Zusammenhang mit der Warenkontrolle einer Lieferung von Produkten entstanden: entweder wurde die Lieferung *angenommen* oder *abgelehnt*.

In der englischsprachigen Literatur wird der Verwerfungsbereich als *critical region* (kritischer Bereich) bezeichnet. Der Annahmebereich wird – weniger missverständlich als im Deutschen – als *non-critical region* bezeichnet.

(2) Fehler beim Hypothesentest (Signifikanztest)

Beim Testen von Hypothesen geht man prinzipiell zunächst von der Gültigkeit der getesteten Hypothese aus. Wenn aber das Ergebnis des Zufallsversuchs erheblich vom Erwartungswert abweicht, dann verwirft man diesen Ansatz und hält das logische Gegenteil der Hypothese für richtig.

Diese Entscheidung kann fehlerhaft sein, wie der folgenden Übersicht zu entnehmen ist:

	Versuchsergebnis liegt im Annahmebereich: Man entscheidet sich dafür, die Hypothese weiterhin für richtig anzusehen.	Versuchsergebnis liegt im Verwerfungsbereich: Man entscheidet sich für das logische Gegenteil der Hypothese.
Die Hypothese ist wahr.	Entscheidung richtig	Entscheidung falsch **(Fehler 1. Art)**
Die Hypothese ist falsch.	Entscheidung falsch **(Fehler 2. Art)**	Entscheidung richtig

Der Fehler, eine wahre Hypothese zu verwerfen, heißt **Fehler 1. Art**. Der Fehler, eine falsche Hypothese nicht zu verwerfen, heißt **Fehler 2. Art**. Die **Wahrscheinlichkeit** für einen Fehler 1. Art bezeichnet man mit $\boldsymbol{\alpha}$, die Wahrscheinlichkeit für einen Fehler 2. Art mit $\boldsymbol{\beta}$.

Die Wahrscheinlichkeit α für einen Fehler 1. Art ist durch Angabe einer Sicherheitswahrscheinlichkeit festgelegt und umgekehrt:

- Beträgt die Sicherheitswahrscheinlichkeit mindestens 95 %, dann ist die Wahrscheinlichkeit α für einen Fehler 1. Art höchstens 5 % (und umgekehrt).
- Beträgt die Sicherheitswahrscheinlichkeit mindestens 99 %, dann ist die Wahrscheinlichkeit α für einen Fehler 1. Art höchstens 1 % (und umgekehrt).

Leider sieht man dem Ergebnis eines Hypothesentests nicht an, ob man sich richtig oder falsch entscheidet. Man kann nur sagen: Führt man den Zufallsversuch oft durch und hält man sich an die getroffene Entscheidungsregel, so ist α der Anteil der falschen Entscheidungen im Sinne eines Fehlers 1. Art.

Im Abschnitt 9.2.2 werden wir uns mit der Bestimmung der Fehler-Wahrscheinlichkeit β näher beschäftigen.

Information

(3) Unterschied zwischen dem Aufgabentyp „Testen einer zweiseitigen Hypothese" und dem Aufgabentyp „Schluss von der Gesamtheit auf die Stichprobe"

Beachten Sie das unterschiedliche Vorgehen bei den beiden Aufgabentypen.

- Beim „Schluss von der Gesamtheit auf die Stichprobe" kennt man die dem Versuch zugrunde liegende Erfolgswahrscheinlichkeit, und man macht eine Prognose hinsichtlich eines Stichprobenergebnisses.
- Beim „Testen von Hypothesen" kennt man die zugrunde liegende Erfolgswahrscheinlichkeit p nicht, hat aber eine Vermutung, die man überprüfen will. Je nachdem, ob das Stichprobenergebnis signifikant vom Erwartungswert abweicht oder mit dem getesteten p verträglich ist, entscheidet man sich *gegen* oder *für* die Gültigkeit der getesteten Hypothese.

Weiterführende Aufgabe

2 Testen verschiedener Hypothesen

Ein Kuboktaeder ist ein Körper, der durch Abschneiden der Ecken eines Hexaeders entsteht: Die Oberfläche besteht aus sechs gleich großen Quadraten und aus acht gleichseitigen Dreiecken. Die dreieckigen Flächen haben an der gesamten Oberfläche einen Anteil von ca. 36,6 %. Man könnte deshalb vermuten, dass für die Wahrscheinlichkeit, dass beim Kuboktaeder-Wurf die dreieckige Fläche oben liegt, gilt: $p = 0{,}366$.

a) In 500 Würfen lag 116-mal die dreieckige Fläche oben. Zeigen Sie, dass die Hypothese $p = 0{,}366$ aufgrund dieses Stichprobenergebnisses verworfen würde. Beschreiben Sie auch den Fehler 1. und 2. Art.

b) Stellen Sie selbst mögliche Hypothesen für p auf und testen sie diese. Welche Hypothesen würden aufgrund des Stichprobenverhältnisses nicht verworfen? Beschreiben Sie auch jeweils den Fehler 1. und 2. Art.

Übungsaufgaben

3 Entweder es regnet morgen oder nicht. Im ersten Fall kann Regenkleidung schützen. Wenn es aber nicht regnet, ist es lästig, Regenkleidung herumzutragen. Man will sich auf den Wetterbericht verlassen. Erläutern Sie für diese Situation, was man unter dem Fehler 1. und 2. Art versteht.

4 Bei der Warenkontrolle (Kontrolle vor der Auslieferung bzw. Kontrolle bei der Anlieferung einer Ware) können Fehler unterlaufen: Die produzierte Ware kann den verlangten Qualitätsbedingungen genügen oder auch nicht.
Beschreiben Sie die Fehler 1. und 2. Art. Überlegen Sie, welcher Fehler als *Produzentenrisiko*, welcher als *Konsumentenrisiko* bezeichnet wird.

5 Formulieren Sie zu den folgenden Situationen eine zu testende Hypothese und beschreiben Sie hierzu die Fehler 1. und 2. Art.

(1) Jemand möchte auf einem zugefrorenen See Schlittschuh laufen. Zur Überprüfung der Festigkeit werden Steine auf die Oberfläche geworfen.
(2) Bei einem Prozess geht es darum, ob der Angeklagte einen Diebstahl begangen hat oder nicht.
(3) In einem Karton sind Glühlampen entweder von langer oder kurzer Lebensdauer.
(4) Die Äpfel in der Auslage eines Obsthändlers sind 1. oder 2. Wahl.

6 Gegeben ist eine n-stufige BERNOULLI-Kette, bei der wir annehmen, dass $p = 0{,}4$ ist. Der Versuch wurde 100-mal durchgeführt. Bestimmen Sie Annahme- und Verwerfungsbereich der Hypothese $p = 0{,}4$ bei einer Irrtumswahrscheinlichkeit von maximal 5 %
(1) mithilfe der $1{,}96\,\sigma$-Umgebung von μ (2) durch exakte Berechnung mithilfe der Binomialverteilung. Vergleichen Sie.

7 Bestimmen Sie Annahme- und Verwerfungsbereich der Hypothese $p = 0{,}3$ [$p = 0{,}7$] für eine Stichprobe vom Umfang $n = 180$ [$n = 345$] und eine Irrtumswahrscheinlichkeit von
a) $\alpha \leq 5\,\%$; **b)** $\alpha \leq 2\,\%$; **c)** $\alpha \leq 1\,\%$

8

Rinks und lechts

WAGENINGEN, 25. April (dpa). An den niederländischen Stränden würden mehr linke als rechte Schuhe angespült; in Schottland sei es umgekehrt. Das habe eine Untersuchung niederländischer Biologen ergeben, teilte das Institut für Wald- und Naturforschung in Wageningen am Freitag mit. Die Wissenschaftler hätten auf der holländischen Nordseeinsel Texel 68 linke und 39 rechte Schuhe gefunden, auf den schottischen Shetlandinseln dagegen 63 linke und 93 rechte Schuhe. Mit der Untersuchung wollte der Biologe Mardik Leopold beweisen, dass zwei ähnliche Gegenstände mit unterschiedlicher Form im Meer in verschiedene Richtungen treiben. Deswegen spülten an bestimmten Stränden auch mehr rechte und an anderen mehr linke Muschelhälften an. Als seine Theorie angezweifelt wurde, bat Leopold andere Wissenschaftler, die Probe aufs Exempel zu machen. Mit besagtem Ergebnis.

Überprüfen Sie die folgende Hypothese: *Es spielt keine Rolle, ob es sich um einen linken oder rechten Schuh handelt, der im Meer verloren geht* anhand der Daten aus dem Zeitungsartikel.
Beachten Sie: In Holland wurden 107 Schuhe gefunden, in Schottland 156.

9 Wir würfeln mit einem Zufallsgenerator eines Computers und zählen, wie oft die Augenzahl 6 vorkommt.
a) bei 1 485 Würfen 235-mal
b) bei 3 015 Würfen 472-mal
c) bei 4 972 Würfen 863-mal
d) bei 6 791 Würfen 1 199-mal
e) bei 10 150 Würfen 1 627-mal
f) bei 15 631 Würfen 2 691-mal
Überprüfen Sie, ob dieser Computer-Würfel in Ordnung ist.

10 Im vergangenen Monat wurden beim Straßenverkehrsamt einer Stadt 5 239 Fahrzeuge angemeldet, darunter 1 774 eines bestimmten Herstellers. In den ersten 2 Tagen dieses Monats wurden 449 Fahrzeuge angemeldet. Untersuchen Sie, bei welcher Zahl von Fahrzeugen des betreffenden Herstellers man sagen würde, dass sich der Anteil der Neuzulassungen signifikant geändert hat ($\alpha \leq 5\,\%$).

11 Fußballstatistiker haben ausgerechnet, dass 75 % der Foul-Elfmeter verwandelt werden.
In den Spielen der Fußball-Bundesliga der Jahre 1993 bis 2005 wurden insgesamt 102 Foul-Elfmeter vom gefoulten Spieler selbst geschossen.
Wie viele dieser Elfmeter hätten verwandelt werden müssen, damit die Schlagzeile gerechtfertigt ist?

Gefoulte dürfen selbst Elfmeter schießen

Als Opfer einer Attacke nie selbst zum Foul-Elfmeter antreten, das bringt Unglück: Diese altbekannte Fußballweisheit ist falsch. Wissenschaftler haben errechnet, dass es egal ist, ob der Gefoulte oder ein Mannschaftskamerad den Strafstoß tritt. Allerdings gilt das nur für Profis.

12 Bei einem Spiel mit 5 Würfeln treten Bilder wie beim Pokern auf. Zeigen zwei Würfel die gleiche Augenzahl, so spricht man von einem Paar. Die Wahrscheinlichkeit für genau ein Paar beträgt 46,30 %, für genau zwei Paare 23,15 %.

Stellen Sie Entscheidungsregeln dafür auf, wann bei einem 1000-fachen Wurf von fünf Würfeln Anlass gegeben ist, an dem ordnungsgemäßen Ablauf des Spiels zu zweifeln.

Mögliche Bilder beim Pokern mit 5 Würfeln	Beispiel	Wahrscheinlichkeit	
Paar (one pair)		$\frac{\binom{5}{2}\cdot 6\cdot 5\cdot 4\cdot 3}{6^5} = 46{,}30\,\%$	
2 Paare (two pairs)		$\frac{\binom{5}{2}\binom{3}{2}\binom{6}{2}\cdot 4}{6^5} = 23{,}15\,\%$	
Dreier (three of a kind)		$\frac{\binom{5}{3}\cdot 6\cdot 5\cdot 4}{6^5} = 15{,}43\,\%$	
Full house		3,85 %	
Straight		3,09 %	
Four of a kind		1,93 %	15,12 %
Five of a kind		0,08 %	
ohne Besonderheit		6,17 %	

13 Von einer Maschine werden zwei gleichartige grobkörnige chemische Substanzen gemischt. Die Mischung soll 20 % der einen und 80 % der anderen Substanz enthalten.

Zur Kontrolle der Mischung werden mit einem kleinen Gefäß stichprobenweise Körner entnommen. Ungewöhnliche Abweichungen vom Erwartungswert weisen auf eine schlechte Mischung hin.

a) Geben Sie eine Entscheidungsregel an für $n = 400$ (Irrtumswahrscheinlichkeit maximal 5 %).

b) In einer Stichprobe findet man 43 Körner der ersten und 115 Körner der zweiten Substanz. [17 der ersten und 110 der zweiten]. Prüfen Sie, ob die Stichprobe auf eine ungenügende Mischung hinweist.

14 Gibt es Monate im Jahr, in denen in Deutschland besonders viele oder besonders wenige Kinder geboren werden? Untersuchen Sie dazu die Hypothese (Modellannahme), dass die Wahrscheinlichkeit für die Geburt eines Kindes für jeden Tag des Jahres gleich groß ist, also im Januar $\frac{31}{365}$, im Februar $\frac{28}{365}$, ... (in Schaltjahren, wie z. B. im Jahr 2004 also: $\frac{31}{366}$, $\frac{29}{366}$, ...)

	Januar	Februar	März	April	Mai	Juni
2004	59 633	54 918	56 717	55 671	56 581	60 129
2005	57 338	53 165	57 071	55 684	56 866	58 146
2006	55 299	51 340	55 647	52 150	58 243	56 481
2007	57 278	51 140	56 265	51 195	56 342	57 498
2008	58 519	53 370	52 852	55 048	57 398	58 313

	Juli	August	September	Oktober	November	Dezember	gesamt
2004	65 185	64 141	62 707	58 374	54 569	56 997	705 622
2005	61 471	61 476	60 670	56 419	52 765	54 724	685 795
2006	61 012	60 526	60 150	57 517	52 504	51 855	672 724
2007	61 771	62 565	61 888	59 480	54 377	55 063	684 862
2008	63 315	60 924	61 263	56 857	51 703	52 952	682 514

9.5.2 Wahrscheinlichkeit für einen Fehler 2. Art beim Testen von Hypothesen

Einstieg

Für das 100-fache Werfen einer Münze hat jemand folgende Entscheidungsregel aufgestellt: *Verwirf die Hypothese $p = 0{,}5$, falls weniger als 45-mal oder mehr als 55-mal Wappen fällt.*

Welche Wahrscheinlichkeit für einen Fehler 1. Art wird dadurch vorgegeben? Worin bestände ein Fehler 2. Art? Kann man sagen, mit welcher Wahrscheinlichkeit ein Fehler 2. Art unterlaufen würde?

Aufgabe **1**

Je eine Hälfte der väterlichen und mütterlichen Erbinformation zu einem Merkmal werden als Kombinationen an die Nachkommen weitergegeben, z. B. die Kombinationen RR, Rw, ww zu den Farben Rot und Weiß. Bei Kombinationen wie RR oder ww spricht man von *reinerbigen* Nachkommen, bei Kombinationen wie Rw von *mischerbigen*. Stimmt bei mischerbigen Nachkommen (z. B. mit Rw) das äußere Erscheinungsbild mit dem eines reinerbigen Nachkommens (z. B. mit RR) überein, so bezeichnet man die Merkmalsausprägung R als *dominant* und die Merkmalsausprägung w als *rezessiv*. GREGOR MENDEL (1822 – 1884) kreuzte Erbsen, die sich in einem Merkmal unterschieden. Die Nachkommen kreuzte er wieder untereinander und stellte fest: 75 % der Nachkommen der zweiten Generation besitzen die dominante Merkmalsausprägung und 25 % die rezessive Ausprägung (2. MENDEL'sches Gesetz).

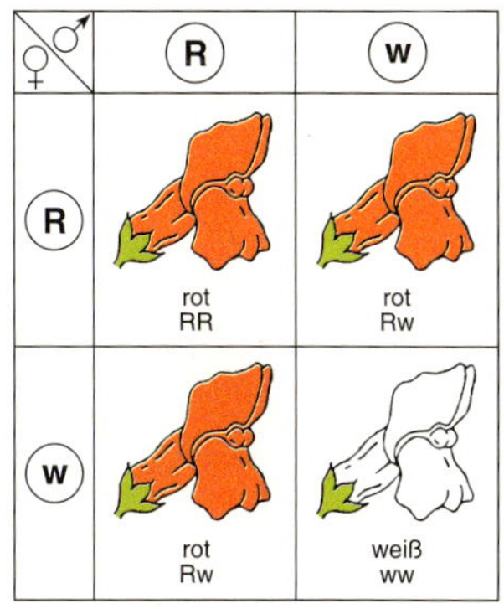

Ein Kreuzungsversuch wird durchgeführt. Es soll überprüft werden, ob hier das 2. MENDEL'sche Gesetz erfüllt ist. Zur Überprüfung stehen 100 Nachkommen der zweiten Generation zur Verfügung.

a) Geben Sie eine Entscheidungsregel für $\alpha \le 5\,\%$ an.

b) Beschreiben Sie im Sachzusammenhang, welche Fehler bei Anwendung der Entscheidungsregel auftreten können, d. h. geben Sie die Auswirkungen falscher Entscheidungen an.

c) Bestimmen Sie die Wahrscheinlichkeit β für einen Fehler 2. Art, wenn dem Zufallsversuch tatsächlich eine Erfolgswahrscheinlichkeit von $p_1 = 0{,}7$ zugrunde liegen würde.

Lösung

a) Gegeben sind $p = 0{,}75$ und $n = 100$. Wir bestimmen eine 95 %-Umgebung für $\mu = 75$.
Es ist $\sigma \approx 4{,}33$ (und damit $\sigma > 3$). Wir berechnen $\mu - 1{,}96\sigma \approx 66{,}5$ und $\mu + 1{,}96\sigma \approx 83{,}5$.
Eine Kontrollrechnung zeigt: $P(67 \le X \le 83) \approx 0{,}951$.
Entscheidungsregel: *Verwirf die Hypothese $p = 0{,}75$, falls $X < 67$ oder $X > 83$.*

b) Verfährt man gemäß der in Teilaufgabe a) bestimmten Entscheidungsregel, dann kann ein Fehler 1. bzw. 2. Art auftreten:

Fehler 1. Art: Bei dem betrachteten Kreuzungsversuch gilt tatsächlich das MENDEL'sche Gesetz; aber das Stichprobenergebnis liegt zufällig im Verwerfungsbereich der Hypothese $p = 0{,}75$. Man geht daher fälschlicherweise künftig davon aus, dass die Vererbung bei dieser Gattung nicht nach dem MENDEL'schen Gesetz abläuft.

Fehler 2. Art: Ein Fehler 2. Art liegt vor, wenn bei dem betrachteten Versuch das MENDEL'sche Gesetz tatsächlich nicht gilt (d. h. die Hypothese $p = 0{,}75$ falsch ist), aber das Stichprobenergebnis zufällig im Annahmebereich der Hypothese $p = 0{,}75$ liegt. Daher sieht man hier irrtümlicherweise keine Veranlassung, an der Anwendbarkeit des MENDEL'schen Gesetzes zu zweifeln.

c) Die Wahrscheinlichkeit β für einen Fehler 2. Art ist die Wahrscheinlichkeit dafür, dass ein Stichprobenergebnis in den Annahmebereich der Hypothese $p = 0{,}75$ fällt, aber tatsächlich $p_1 = 0{,}7$ zugrunde liegt. Mithilfe der Tabellen im Anhang oder des Rechners berechnen wir:

$\beta = P_{0,7}(67 \le X \le 83) \approx 0{,}778.$

Zur Erinnerung:

Die Wahrscheinlichkeit für einen Fehler 1. Art braucht nicht berechnet zu werden. Denn sie ist gleich der Wahrscheinlichkeit des Verwerfungsbereichs und mit $\alpha \le 0{,}05$ vorgegeben.

Weiterführende Aufgabe

LK **2 Abhängigkeit des Fehlers 2. Art von der Erfolgswahrscheinlichkeit**

In der Lösung von Aufgabe 1 wurde die Wahrscheinlichkeit β für einen Fehler 2. Art bestimmt, wenn der tatsächliche Wert von p nicht 0,75, sondern p_1 mit $p_1 = 0{,}7$ ist. Man kann systematisch untersuchen, wie groß die Wahrscheinlichkeit β ist, wenn p_1 verschiedene Werte annimmt.

Bestimmen Sie β im Beispiel von Aufgabe 1 für:

(1) $p_1 = 0{,}5$; (2) $p_1 = 0{,}6$; (3) $p_1 = \frac{2}{3}$; (4) $p_1 = 0{,}8$; (5) $p_1 = \frac{5}{6}$; (6) $p_1 = 0{,}9$.

Information

(1) Bestimmen von Fehlerwahrscheinlichkeiten

Wir testen die zweiseitige Hypothese $p = p_0$. Durch das Signifikanzniveau ist die maximale Wahrscheinlichkeit für einen Fehler 1. Art vorgegeben, also die Wahrscheinlichkeit dafür, dass ein Stichprobenergebnis zufällig in den Verwerfungsbereich fällt, wenn dem Zufallsversuch tatsächlich $p = p_0$ zugrunde liegt.

Die Wahrscheinlichkeit β für einen Fehler 2. Art ist die Wahrscheinlichkeit dafür, dass ein Stichprobenergebnis in den Annahmebereich der Hypothese $p = p_0$ fällt, obwohl dem Zufallsversuch die Erfolgswahrscheinlichkeit $p = p_1$ zugrunde liegt. Diese Wahrscheinlichkeit β kann nur berechnet werden, wenn die tatsächliche Erfolgswahrscheinlichkeit p_1 bekannt ist.

Sofern für die Berechnung von Wahrscheinlichkeiten nur die Tabellen im Anhang zur Verfügung stehen, können die Wahrscheinlichkeiten für einen Fehler 2. Art nur für bestimmte tabellierte Stichprobenumfänge n und Erfolgswahrscheinlichkeiten p_1 bestimmt werden.

LK (2) Operationscharakteristik eines Tests

Der Graph der Funktion, bei der jeder Erfolgswahrscheinlichkeit p_1 die Wahrscheinlichkeit β für einen Fehler 2. Art zugeordnet wird, also $p_1 \mapsto \beta$, heißt **Operationscharakteristik eines Tests (OC)**.

Beispiel: Die Operationscharakteristik des Tests aus Aufgabe 1: Grafische Darstellung mit dem GTR

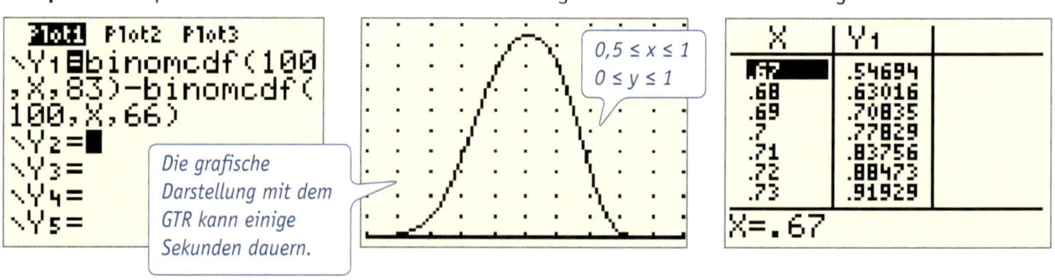

Für jede Erfolgswahrscheinlichkeit p_1 wird die Wahrscheinlichkeit für einen Fehler 2. Art β berechnet, also die Wahrscheinlichkeit dafür, dass X im Annahmebereich [67; 83] der Hypothese $p = 0{,}75$ liegt.

Aus der Wertetabelle lassen sich für beliebige Erfolgswahrscheinlichkeiten p_1 die zugehörigen Wahrscheinlichkeiten $\beta = P_{p_1}(67 \le X \le 83)$ ablesen.

Ist beispielsweise die tatsächliche Erfolgswahrscheinlichkeit $p_1 = 0{,}67$, dann ist $\beta \approx 54{,}7\,\%$.

Übungsaufgaben

3 Bei einem Glücksspielautomaten beträgt die Gewinnwahrscheinlichkeit angeblich $p = 0{,}3$. Diese Angabe soll in 100 Spielrunden überprüft werden. Geben Sie eine Entscheidungsregel für $\alpha \leq 0{,}10$ an und bestimmen Sie die Wahrscheinlichkeit für einen Fehler 2. Art, wenn die tatsächliche Gewinnwahrscheinlichkeit $p = 0{,}2$ ist.

4 Bei einem Würfel soll überprüft werden, ob die Wahrscheinlichkeit für *Augenzahl 2* tatsächlich $p = \frac{1}{6}$ ist. Man würfelt 100-mal.

a) Geben Sie eine Entscheidungsregel für $\alpha \leq 10\,\%$ an.

b) In Wirklichkeit ist $p = \frac{1}{5}$. Bestimmen Sie β.

c) Statt 100-mal wird der Würfel 600-mal geworfen. Wie verändern sich die Antworten in Teilaufgabe a) und Teilaufgabe b)?

LK **d)** Bestimmen Sie die Operationscharakteristik der Tests
(1) aus Übungsaufgabe 3, (2) aus den Teilaufgaben a) bis c).

LK **5** In der grafischen Darstellung des GTR in der Information (2) ist der Graph der Operationscharakteristik durchgezeichnet.
Begründen Sie, dass der Graph an der Stelle $p = 0{,}75$ unterbrochen werden muss. Erläutern Sie, welche Wahrscheinlichkeit durch den GTR angegeben wird.

LK **6**

a) Die Grafik zeigt die Operationscharakteristik für $n = 180$:

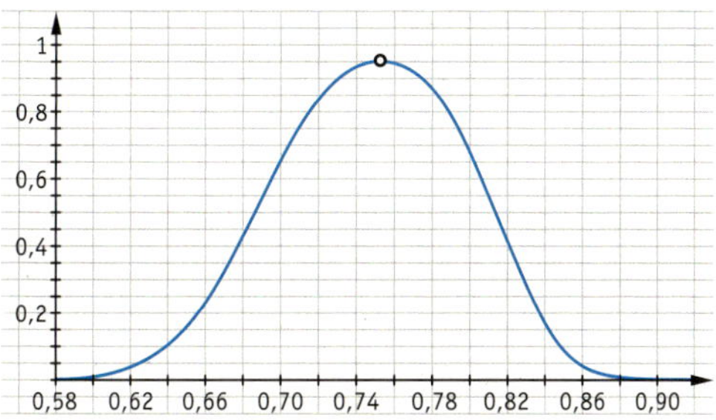

Wie groß sind α bzw. p_0?
Wie groß ist β für $p_1 = 0{,}66$ [0,72; 0,8]?

b) Die Grafik zeigt die Operationscharakteristik für $n = 140$:

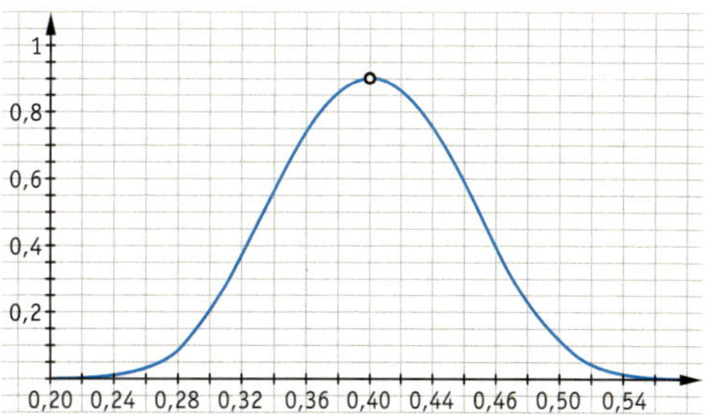

Wie groß sind α bzw. p_0?
Wie groß ist β für $p_1 = 0{,}36$ [0,42; 0,5]?

LK **7** Vergleichen Sie die folgenden Graphen von Operationscharakteristiken für $p = 0{,}5$ und $n = 100$ bzw. $n = 200$. Was bewirkt die Verdopplung des Stichprobenumfangs? Beschreiben Sie die Auswirkung auf konkret ausgewählte, tatsächlich dem Zufallsversuch zugrunde liegende Erfolgswahrscheinlichkeiten.

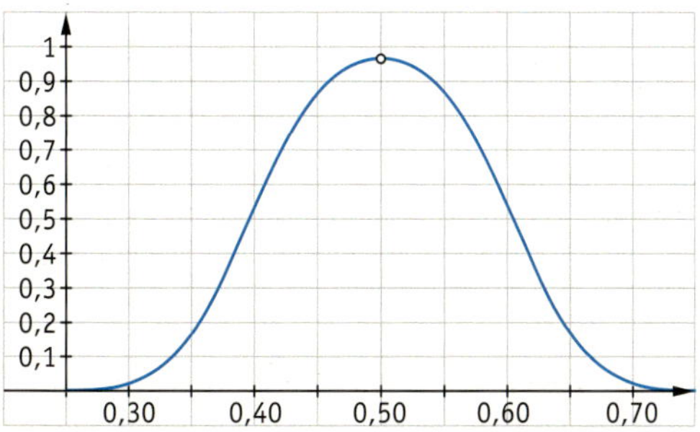

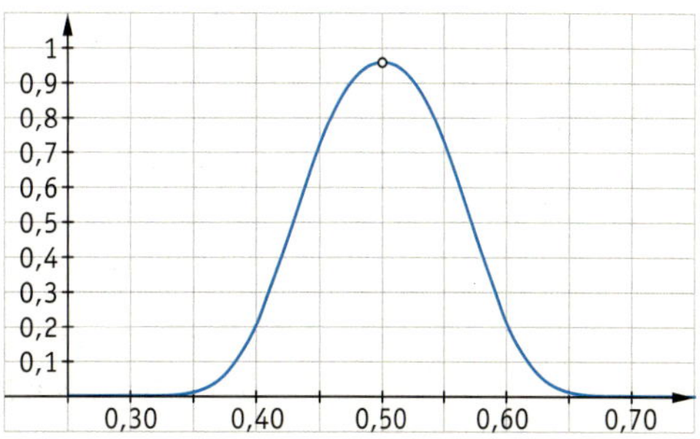

9.5.3 Testen einer einseitigen Hypothese

In den bisher durchgeführten zweiseitigen Hypothesentests prüften wir, ob dem betrachteten Zufallsversuch eine bestimmte Erfolgswahrscheinlichkeit zugrunde liegt oder nicht; signifikante Abweichungen konnten dabei nach unten *oder* nach oben auftreten. Oft treten solche Abweichungen nur nach *einer* Seite auf, so dass man überprüfen will, ob ein Anteil p größer bzw. kleiner ist als der Vergleichswert. In diesen Fällen ist ein *einseitiger Hypothesentest* angemessen.

Einstieg

Ein Hersteller von Outdoor-Kleidung ist davon überzeugt, dass mehr als 30 % aller Jugendlichen zwischen 14 und 21 Jahren seine Produktmarke kennen. Bei einer Befragung von 200 Jugendlichen gaben 67 an, dass sie die Marke kennen.
Beweist dieses Resultat die Annahme des Herstellers?

Aufgabe

1 Überprüfung einer einseitigen Hypothese

Aus umfangreichen Untersuchungen weiß man, dass 11 % der 6- bis 10-jährigen Mädchen manuelle Tätigkeiten eher mit der linken als mit der rechten Hand durchführen. Obwohl es heutzutage kaum noch vorkommt, dass linkshändige Kinder zur Rechtshändigkeit gezwungen werden, hat man die Vermutung, dass Kinder diese Linkshändigkeit verlernen, d. h. dass der Anteil p der Linkshänder mit den Lebensjahren abnimmt. Zur Untersuchung dieser Frage will man eine Stichprobe vom Umfang 1000 unter 13-jährigen Mädchen durchführen. Geben Sie eine Entscheidungsregel an: Bei welchen Stichprobenergebnissen kann man davon ausgehen, dass $p < 0{,}11$ ist (Irrtumswahrscheinlichkeit $\alpha \le 5\,\%$)?

Lösung

Die Hypothese H_0: $p \ge 0{,}11$ wird sinnvoll nur dann verworfen, wenn das Stichprobenergebnis signifikant nach unten abweicht:
Für $p = 0{,}11$ und $n = 1000$ ist $\mu = 110$, $\sigma = 9{,}89$ und somit $\mu - 1{,}64\sigma \approx 93{,}77 \approx 93{,}8$.
Unterhalb von $\mu - 1{,}64\sigma$ liegen höchstens 5 % der Stichprobenergebnisse: $P(X \le 93) = 0{,}045$.
Für $p > 0{,}11$ ergibt sich ein größerer Wert für $\mu - 1{,}64\sigma$. Die Hypothese $p = 0{,}11$ wird verworfen, falls weniger als 94 Linkshänderinnen in der Stichprobe sind. Erst recht wird dann die Hypothese $p > 0{,}11$ verworfen.

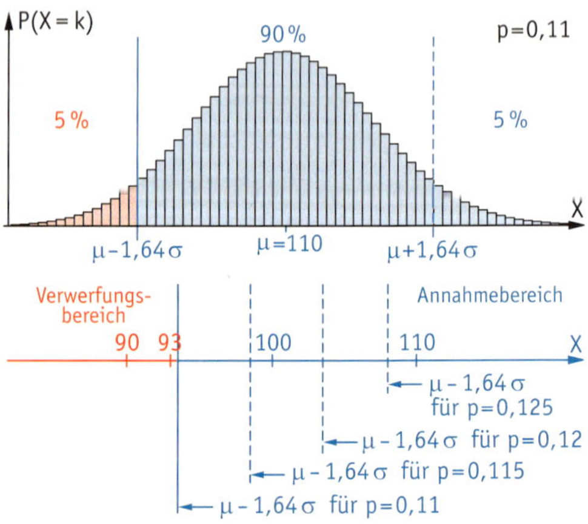

Entscheidungsregel: *Verwirf die Hypothese* $p \ge 0{,}11$*, falls die Anzahl der Linkshänderinnen unter den 1000 Mädchen kleiner ist als 94.*

Weiterführende Aufgabe

2 Vergleich des Annahmebereichs bei ein- bzw. zweiseitigen Hypothesentests

a) Jemand hat den Verdacht, dass beim Werfen einer bestimmten Münze Wappen eine größere Wahrscheinlichkeit hat als Zahl. Man will zur Probe eine Münze 200-mal werfen und dadurch die Hypothese $p \ge 0{,}5$ testen. Geben Sie eine Entscheidungsregel an (Irrtumswahrscheinlichkeit $\alpha \le 5\,\%$).

b) Bei den 200 Würfen tritt 112-mal Wappen auf. Dies liegt im Annahmebereich der Hypothese $p = 0{,}5$ bei der Irrtumswahrscheinlichkeit $\alpha \le 5\,\%$. Erläutern Sie den scheinbaren Widerspruch.

Information

(1) Strategie beim einseitigen Hypothesentest: Indirekter Ansatz

In Aufgabe 1 wollte man – wie man sagt – „statistisch beweisen", dass der Anteil der Linkshänder bei den älteren Mädchen kleiner geworden ist ($p < 0{,}11$) – es handelt sich dabei nicht um einen „Beweis" im strengen logischen Sinne.

Die „Beweis"-Strategie war ein indirekter Ansatz:

zu bestätigende Vermutung	zu testende Hypothese	Verwerfungsbereich bei $\alpha \le 0{,}05$
$p > p_0$	$p \le p_0$	$X > \mu_0 + 1{,}64\sigma_0$
$p \ge p_0$	$p < p_0$	$X \ge \mu_0 + 1{,}64\sigma_0$
$p < p_0$	$p \ge p_0$	$X < \mu_0 - 1{,}64\sigma_0$
$p \le p_0$	$p > p_0$	$X \le \mu_0 - 1{,}64\sigma_0$

Zeigt sich in der geplanten Stichprobe, dass das logische Gegenteil unserer Vermutung, also die Hypothese $p \ge 0{,}11$, nicht haltbar ist, dann kann man zukünftig von der Richtigkeit der ursprünglichen Vermutung $p < 0{,}11$ ausgehen. Man nimmt also den Standpunkt einer Person an, die eine gegenteilige Meinung vertritt (nämlich $p \ge 0{,}11$) – mit dem Ziel, diese von ihrem Standpunkt abzubringen.

Oft ergibt sich die zu testende Hypothese aus der Interessenlage des Auftraggebers einer Untersuchung. Hierauf werden wir in Abschnitt 9.2.4 näher eingehen.

(2) Einseitiger Test: Mögliche Hypothesen

Beim einseitigen Test sind folgende Fälle möglich:

einseitige Hypothese H_0: $p \ge p_0$

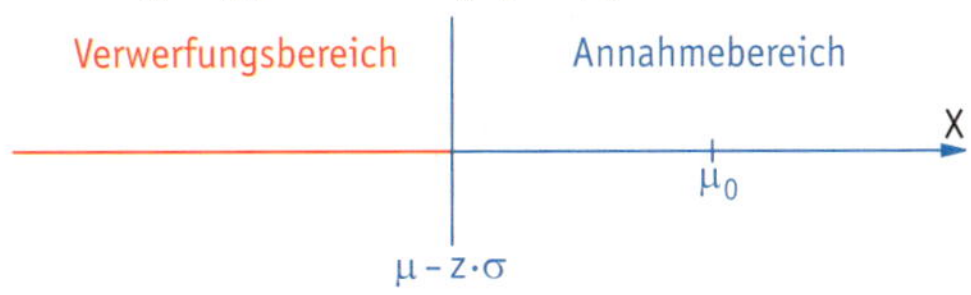

Die Hypothese H_0: $p \ge p_0$ wird verworfen, wenn extrem kleine Versuchsergebnisse vorliegen.

einseitige Hypothese: H_0: $p \le p_0$

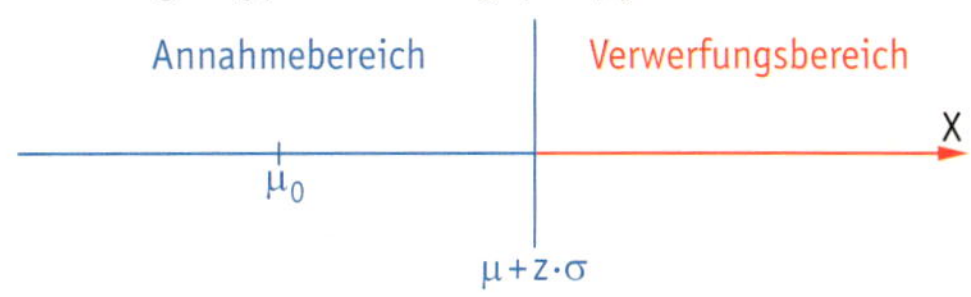

Die Hypothese H_0: $p \le p_0$ wird verworfen, wenn extrem große Versuchsergebnisse vorliegen.

(3) Bestimmen der zugehörigen Sigma-Umgebung

Auch beim einseitigen Test richtet sich die Höhe der Irrtumswahrscheinlichkeit nach der Bedeutung des zu testenden Problems. Ist das Signifikanzniveau vorgegeben, also die Irrtumswahrscheinlichkeit α maximal gleich dem Signfikanzniveau, dann muss man die entsprechende Umgebung von μ wählen.

- Man prüft bei einer Irrtumswahrscheinlichkeit von maximal 5 %, ob das Versuchsergebnis oberhalb bzw. unterhalb der $1{,}64\sigma$-Umgebung von μ liegt (siehe die Abbildung in der Aufgabe), weil 5 % der Stichprobenergebnisse oberhalb von $\mu + 1{,}64\sigma$ liegen, ebenso wie unterhalb von $\mu - 1{,}64\sigma$.

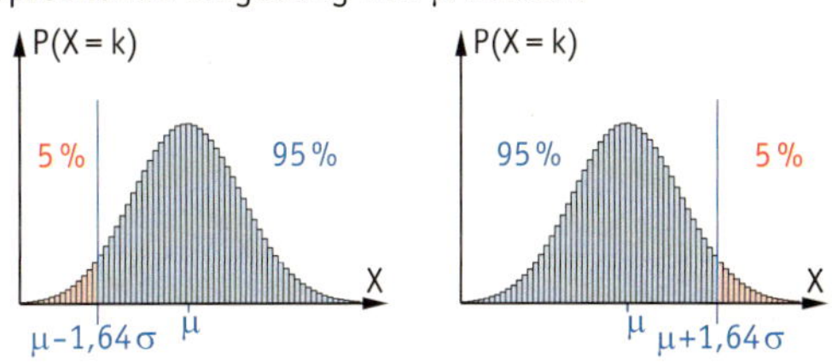

- Wird eine Irrtumswahrscheinlichkeit von höchstens 10 % vorgegeben, dann ist zu prüfen, ob das Ergebnis unterhalb von $\mu - 1{,}28\sigma$ bzw. oberhalb von $\mu + 1{,}28\sigma$ liegt; denn $P(\mu - 1{,}28\sigma \le X \le \mu + 1{,}28\sigma) \approx 80\,\%$, also $P(X < \mu - 1{,}28\sigma) \approx 10\,\%$ bzw. $P(X > \mu + 1{,}28\sigma) \approx 10\,\%$.

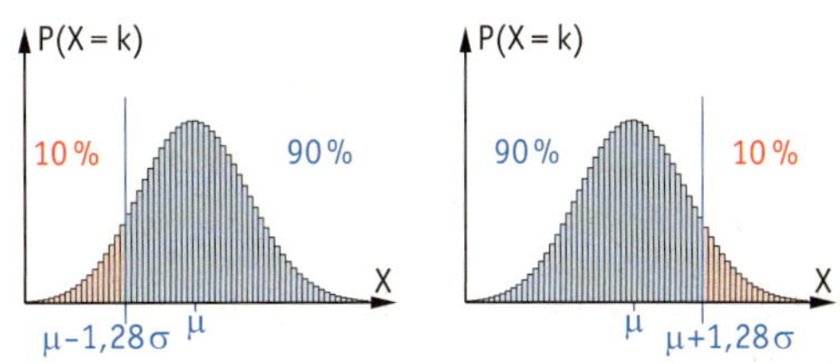

- Bei einer Irrtumswahrscheinlichkeit von höchstens 1 % sind die Bereiche unterhalb von $\mu - 2{,}33\sigma$ bzw. $\mu + 2{,}33\sigma$ zu betrachten, denn $P(\mu - 2{,}33\sigma \le X \le \mu + 2{,}33\sigma) \approx 98\,\%$, also $P(X < \mu - 2{,}33\sigma) \approx 1\,\%$ bzw. $P(X > \mu + 2{,}33\sigma) \approx 1\,\%$.

Information

(4) Einseitiger oder zweiseitiger Test

Ob ein einseitiger oder ein zweiseitiger Text angemessen ist, ergibt sich meist aus dem Sachverhalt. Will man durch eine Stichprobe nur prüfen, ob sich ein Anteil (eine Erfolgswahrscheinlichkeit) verändert hat, ohne dass man eine konkrete Vermutung hat, dann ist ein zweiseitiger Test angebracht.
Eine konkrete Vermutung ist jedoch in der Regel einseitig ausgerichtet: Hier sollte ein einseitiger Test durchgeführt werden.

Zusammenfassung: Testen von Hypothesen

Beim Testen von Hypothesen prüfen wir, ob Ergebnisse eines Zufallsversuchs verträglich sind mit einer hypothetischen Erfolgswahrscheinlichkeit p. Das vorgegebene *Signifikanzniveau* (hier z. B. 5 %) legt *Annahmebereich* und *Verwerfungsbereich* der Hypothese fest.

Beim *zweiseitigen Test* prüft man z. B. bei der Irrtumswahrscheinlichkeit $\alpha \leq 0{,}05$, ob das Versuchsergebnis außerhalb der $1{,}96\,\sigma$-Umgebung von μ liegt.

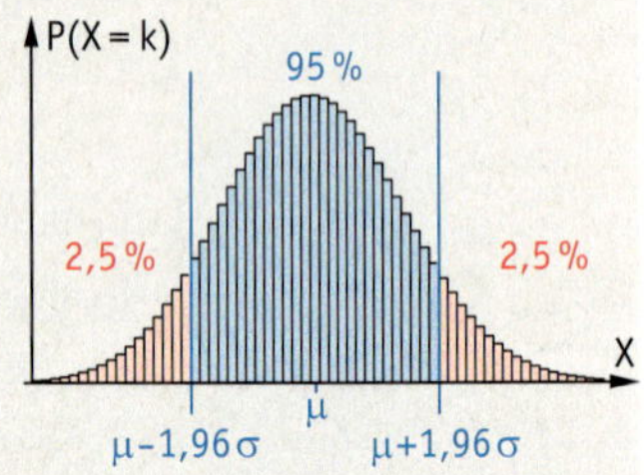

Beim *einseitigen Test* prüft man z. B. bei $\alpha \leq 0{,}05$ entsprechend, ob das Versuchsergebnis oberhalb bzw. unterhalb der $1{,}64\,\sigma$-Umgebung von μ liegt.

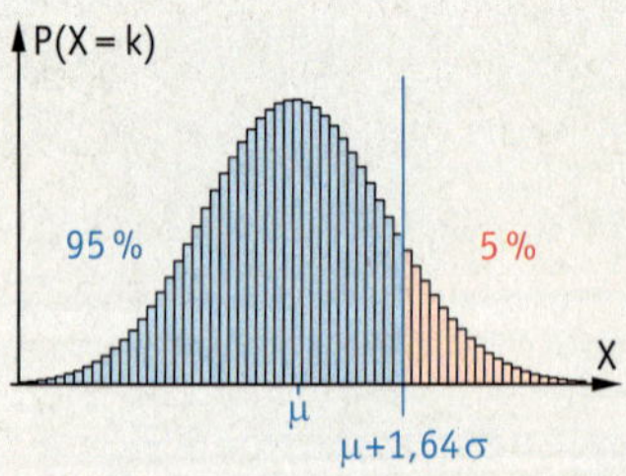

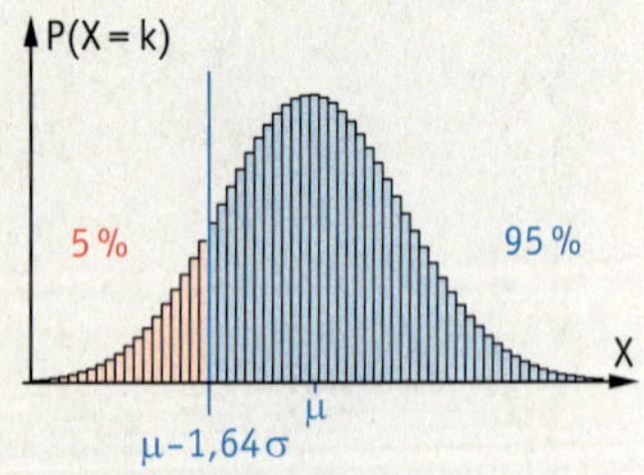

Den Signifikanzniveaus 1 % und 10 % sind ebenfalls unterschiedliche σ-Umgebungen zugeordnet:

	zweiseitiger Test	einseitiger Test
Signifikanzniveau 10 %	$1{,}64\,\sigma$-Umgebung	$1{,}28\,\sigma$-Umgebung
Signifikanzniveau 5 %	$1{,}96\,\sigma$-Umgebung	$1{,}64\,\sigma$-Umgebung
Signifikanzniveau 1 %	$2{,}58\,\sigma$-Umgebung	$2{,}33\,\sigma$-Umgebung

Liegt das Versuchsergebnis im Annahmebereich, dann ist es verträglich mit der Hypothese; man kann sie nicht verwerfen. Liegt das Versuchsergebnis im Verwerfungsbereich, dann wird sie verworfen.

Bei diesem Entscheidungsverfahren können Fehler auftreten: Eine wahre Hypothese wird zu Unrecht verworfen *(Fehler 1. Art)* oder eine falsche Hypothese wird als solche nicht erkannt *(Fehler 2. Art)*.

Siehe Information (2) aus Abschnitt 9.5.1 auf Seite 503.

Zu jeder Hypothese lässt sich eine *Gegenhypothese* formulieren.
Welche dieser beiden Hypothesen man testet, hängt von der Interessenlage ab.

Übungsaufgaben

3 In einer Wahl erhielt eine Partei 51 % der Stimmen und konnte damit allein die Regierung bilden. Nach der Regierungsbildung führte sie einige unpopuläre Maßnahmen durch. 3 Monate nach der Wahl gaben bei einer Umfrage unter 800 Personen 382 an, dass sie wieder die Regierungspartei wählen würden, wenn am nächsten Sonntag Wahlen wären. Beurteilen Sie, ob die Regierungspartei die mehrheitliche Unterstützung der Bevölkerung verloren hat (Irrtumswahrscheinlichkeit maximal 5 %).

4 Durch Befragung nach Wahlen wollte man feststellen, wie zuverlässig die Angaben sind, die Personen über ihr Wahlverhalten machen. Überlegen Sie jeweils, ob ein ein- oder zweiseitiger Test angebracht ist (Irrtumswahrscheinlichkeit 5 %).

a) 2400 zufällig ausgesuchte Wähler in 55 Wahlbezirken wurden unmittelbar nach Verlassen des Wahllokals befragt, für welche Partei sie gestimmt hatten. Beurteilen Sie das Verfahren auf seine Brauchbarkeit.

b) Eine Partei A erreichte in einer Wahl die absolute Mehrheit mit 53 % der Stimmen. In einer kurz danach durchgeführten Umfrage unter 1000 Personen gaben 565 an, die Partei A gewählt zu haben. Wird hierdurch bestätigt, dass Personen nicht zugeben wollen, eine „Verlierer"-Partei gewählt zu haben?

Landtagswahl Hessen 1978	CDU	SPD	FDP
Befragung	45,5 %	44,0 %	7,0 %
Wahlergebnis	46,0 %	44,3 %	6,6 %

Hinweis: Die Methode der Wahltagsbefragung wurde in Deutschland zum ersten Mal bei der Landtagswahl 1978 in Hessen angewandt; wegen vermeintlicher Gefährdung des Wahlgeheimnisses wurde sie vorübergehend vom Bundesverfassungsgericht verboten, aber mit Auflagen wieder zugelassen. Sie ist heute bei allen Wahlen üblich.

5 In der Aufgabe 11 von Seite 505 wurde die zweiseitige Hypothese $p = 0{,}75$ getestet. Folgt man dem Text des Zeitungsartikels, wäre auch ein einseitiger Test möglich.
Nehmen Sie dazu Stellung.

6 Laut einer Veröffentlichung des Bundesministeriums für Wirtschaft nutzten im Jahr 2007 nur 20 % der 16- bis 60-Jährigen einen mobilen Internetzugang. Durch eine repräsentative Stichprobe soll untersucht werden, ob sich der Anteil seidem erhöht hat.
Erläutern Sie, warum man dies als einseitigen Hypothesentest auffassen kann.
Welche Standpunkte könnten hier vertreten werden?
Geben Sie jeweils eine Entscheidungsregel an.

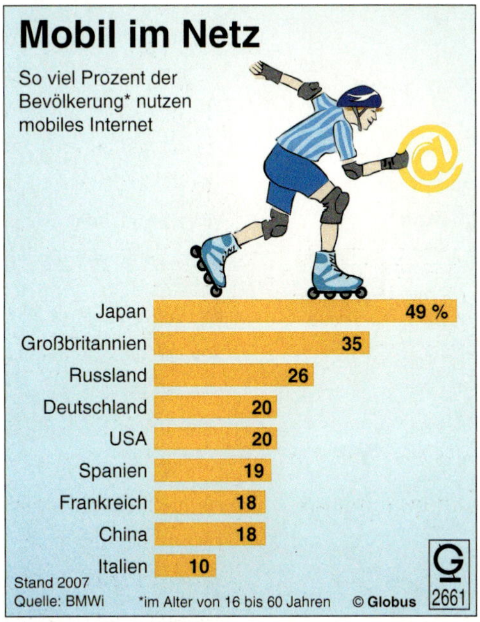

9.5.4 Auswahl der Hypothese bei einseitigen Tests

In diesem Abschnitt untersuchen wir, welche Hypothesen bei einem einseitigen Test in Abhängigkeit vom jeweiligen Standpunkt zu testen sind.

Einstieg

Eine Werbeagentur verpflichtet sich gegenüber einem Waschmittelproduzenten, den Bekanntheitsgrad eines Artikels auf mindestens 70 % zu heben. Nach der Werbekampagne soll nachgeprüft werden, ob das vorgegebene Ziel erreicht wurde. Dazu soll eine Zufallsstichprobe vom Umfang 500 durchgeführt werden.

(1) Die Werbeagentur ist der Überzeugung, dass die Kampagne erfolgreich war. Welche Hypothese müsste nach Meinung der Agentur getestet werden?

(2) Der Auftraggeber ist nicht einverstanden. Welche Hypothese ist dessen Meinung nach zu testen?

Formulieren Sie jeweils Entscheidungsregeln (Irrtumswahrscheinlichkeit 5 %) und beschreiben Sie die Fehler 1. und 2. Art.

Aufgabe

1 Vergleich von Standpunkten und zugehörigen Hypothesen

Ein Großhändler bietet einem Sportgeschäft billige Tischtennisbälle an.

Tischtennisbälle, die bei Wettkämpfen verwendet werden, müssen hohe Qualitätsanforderungen erfüllen: Der Ball muss aus Zelluloid oder einem ähnlichen Kunststoffmaterial hergestellt sein. Er muss gleichmäßig rund sein mit einen Durchmesser von 40 mm (±0,5 mm) und 2,7 g (±0,3 g) wiegen. Wenn man ihn aus einer Höhe von 30,5 cm auf einen Stahlblock fallen lässt, muss er 24 bis 26 cm hochspringen.

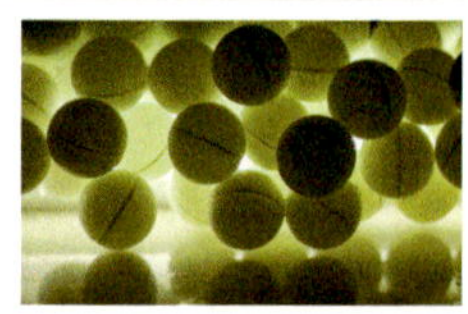

a) Der Großhändler behauptet, dass mindestens 80 % der gelieferten Tischtennisbälle Wettkampfbedingungen erfüllen. Er vertritt den Standpunkt: „Meine Aussage gilt, solange nicht das Gegenteil gezeigt ist." Wann wird man diese Aussage als widerlegt ansehen? Geben Sie eine Entscheidungsregel für eine Stichprobe vom Umfang $n = 75$ an (Irrtumswahrscheinlichkeit $\alpha \leq 10\,\%$).

b) Für den Ladenbesitzer wäre der Kauf vorteilhaft, wenn die Aussage des Anbieters richtig ist. Er misstraut dem Anbieter. Sein Misstrauen will er erst ablegen, wenn ihn das Ergebnis einer Stichprobe überzeugt hat. Wann wird er kaufen? Geben Sie eine Entscheidungsregel für eine Stichprobe vom Umfang $n = 75$ an (Irrtumswahrscheinlichkeit $\alpha \leq 10\,\%$).

c) Vergleichen Sie die Hypothesen aus a) und b). Beschreiben Sie jeweils die Fehler 1. und 2. Art. Welche Interessen vertreten Großhändler und Ladenbesitzer?

Lösung

Mit p bezeichnen wir die Wahrscheinlichkeit dafür, dass ein zufällig entnommener Tischtennisball die Wettkampfbedingungen erfüllt.

a) Die Aussage des Großhändlers lautet: $p \geq 0{,}8$. Von seinem Standpunkt will er erst abgehen, wenn die Anzahl der wettkampftauglichen Tischtennisbälle in der Stichprobe signifikant nach unten abweicht. Wir testen also die Hypothese $H_0\colon p \geq 0{,}8$.
Für $p = 0{,}8$ und $n = 75$ ist $\mu = 60$ und $\sigma \approx 3{,}46$, also $\mu - 1{,}28\sigma \approx 55{,}57$.
Für $p > 0{,}8$ ist also $\mu - 1{,}28\sigma > 55{,}57$.

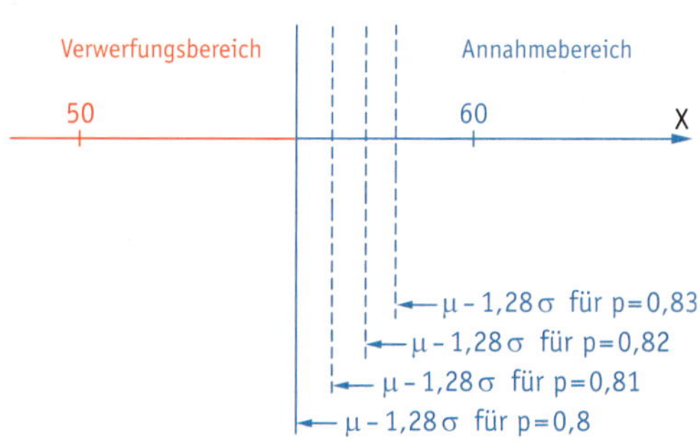

Entscheidungsregel: Der Großhändler sieht seine Aussage nur dann als widerlegt an, wenn man weniger als 56 wettkampftaugliche Tischtennisbälle in der Stichprobe vom Umfang $n = 75$ findet.

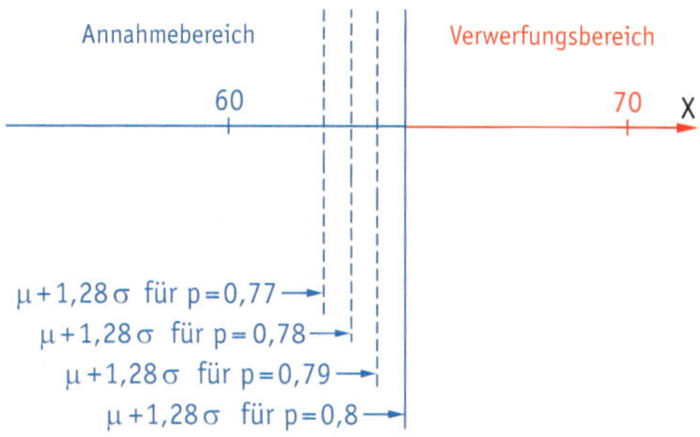

b) Der Ladenbesitzer wird sich erst von seiner kritischen Haltung ($p < 0{,}8$) abbringen lassen, wenn in der Stichprobe die Anzahl der wettkampftauglichen Tischtennisbälle signifikant nach oben abweicht.

Wir testen also die Hypothese $p < 0{,}8$. Für $p = 0{,}8$ und $n = 75$ gilt: $\mu + 1{,}28\sigma \approx 64{,}43$ (siehe a)).

Für $p < 0{,}8$ ist $\mu + 1{,}28\sigma < 64{,}43$.

Entscheidungsregel: Der Ladenbesitzer legt sein Misstrauen ab, wenn mehr als 64 Tischtennisbälle in der Stichprobe wettkampftauglich sind.

c) In Teilaufgabe a) wurde die Hypothese $p \geq 0{,}8$, und in Teilaufgabe b) die Hypothese $p < 0{,}8$ getestet. Die eine Hypothese ist die Verneinung der anderen. Wird die eine Hypothese verworfen, dann wird die andere als richtig angesehen.

Was in Teilaufgabe a) ein Fehler 1. Art ist, ist in Teilaufgabe b) ein Fehler 2. Art und umgekehrt; allerdings werden in a) bzw. b) verschiedene Bereiche betrachtet.

	zu a) Hypothese $p \geq 0{,}8$ Interessen des Großhändlers	zu b) Hypothese $p < 0{,}8$ Interessen des Ladenbesitzers
Fehler 1. Art	Die Aussage des Großhändlers ist wahr, aber wegen eines extrem kleinen Stichprobenergebnisses wird sie als falsch angesehen. Die Ware wird als minderwertig angesehen, obwohl sie es nicht ist.	Die Aussage des Großhändlers ist falsch, aber wegen eines extrem großen Stichprobenergebnisses wird sie nicht als falsch angesehen. Der Ladenbesitzer kauft minderwertige Ware ein.
Fehler 2. Art	Die Aussage des Großhändlers ist falsch, aber aufgrund des zu großen Stichprobenergebnisses wird die Hypothese nicht verworfen. Die minderwertige Ware wird nicht als solche erkannt. Die Wahrscheinlichkeit für diesen Fehler hängt vom tatsächlichen Anteil wettkampftauglicher Tischtennisbälle ab.	Die Aussage des Großhändlers ist wahr, aber aufgrund des zu kleinen Stichprobenergebnisses wird dies nicht erkannt. Dem Ladenbesitzer entgeht ein günstiges Geschäft. Die Wahrscheinlichkeit für diesen Fehler hängt vom tatsächlichen Anteil wettkampftauglicher Tischtennisbälle ab.

Findet man in der Stichprobe von mindestens 55 bis zu höchstens 64 wettkampftaugliche Tischtennisbälle, dann wird keine der beiden Hypothesen verworfen.

Weiterführende Aufgabe

2 Auswahl einer geeigneten Hypothese

Ein Arzneimittelhersteller wirbt für ein neues Medikament mit dem Hinweis, dass es im Vergleich zu Medikamenten anderer Hersteller – besser verträglich sei: Nur bei 10 % der Patienten würden Allergien auftreten. In einer Klinik wird das Medikament bei 172 Patienten eingesetzt. Welche Hypothesen kann man testen? Begründen Sie, welche am sinnvollsten ist. Formulieren Sie Entscheidungsregeln.

Welche Irrtumswahrscheinlichkeit ist angemessen? Beschreiben Sie die Fehler 1. und 2. Art.

Information

Auswahl der Hypothese bei einseitigen Tests

Beim *einseitigen Hypothesentest* stehen zwei gegensätzliche Standpunkte einander gegenüber. Die Erfolgswahrscheinlichkeit, die dem Zufallsversuch zugrunde liegt, ist entweder *größer oder mindestens gleich* bzw. *kleiner oder höchstens gleich* einem bestimmten Wert.

Aus der Problemstellung ergeben sich zwei Hypothesen, die jeweils Gegenhypothesen zueinander sind, wobei zunächst einmal keine der beiden möglichen Hypothesen Vorrang vor der anderen hat. Im eigenen Interesse liegt es dabei, die Hypothese so zu wählen, dass der Fehler, der einem am meisten schadet, zum Fehler 1. Art wird, da man die Wahrscheinlichkeit dieses Fehlers durch z. B. 5 % begrenzen kann, während bei einem Fehler 2. Art das Risiko sehr groß werden kann.

Übungsaufgaben

3 Der Hersteller eines Pestizids ist der Überzeugung, dass ein bestimmtes Präparat aus seiner Produktion in mindestens 90 % der Anwendungsfälle hilft. An dieser Aussage werden Zweifel geäußert. Der Pestizid-Hersteller ist daraufhin bereit, seine Angaben zu überprüfen.
Welche Hypothese wird er testen? Begründen Sie.

4 Einem Elektrohändler werden Kartons mit Elektronik-Bauteilen günstig angeboten. Die Kartons und ein Teil der Elektronik-Bauteile wurden bei einem Unfall beschädigt.
Für den Händler wäre der Kauf vorteilhaft, wenn mehr als 70 % der Elektronik-Bauteile in Ordnung sind. Er entnimmt zufällig 60 Elektronik-Bauteile und prüft sie.

a) Formulieren Sie eine Entscheidungsregel: Bis zu welcher Anzahl beschädigter Elektronik-Bauteile sollte der Händler kaufen (Irrtumswahrscheinlichkeit 10 %)?

b) In einer Stichprobe sind 47 der 60 Elektronik-Bauteile in Ordnung. Geben Sie Erfolgswahrscheinlichkeiten an, die zwar mit dem Stichprobenergebnis verträglich, aber für den Händler ungünstig sind.

c) In einer Stichprobe sind 38 der 60 Elektronik-Bauteile in Ordnung. Der Händler nimmt das Angebot nicht an. Könnte es sein, dass er ein günstiges Angebot verpasst?

5 Ein Briefmarkenhändler bietet eine Packung *1 000 Briefmarken Europa* für 50 € an. Er garantiert, dass mindesten 20 % der Briefmarken einen Katalogwert von 0,30 € und mehr haben.
Man kann die Packung vor dem Kauf nicht öffnen. Durch Schütteln der Packung erkennt man insgesamt 72 Briefmarken.

a) Formulieren Sie eine Entscheidungsregel (Irrtumswahrscheinlichkeit maximal 10 %).

b) Von den 72 Briefmarken haben 10 einen Katalogwert von 0,30 € und mehr. Beschreiben Sie den Fehler 2. Art. Geben Sie Erfolgswahrscheinlichkeiten an, die mit dem Stichprobenergebnis verträglich sind.

c) Welche Entscheidungsregel würde der Anbieter vorschlagen? Beschreiben Sie hier Fehler 1. und 2. Art.

6 Eine Kette von Lebensmittelhändlern bestellt bei einem Erzeugergroßmarkt eine große Zahl von Packungen mit je 8 Tomaten, die zu einem Einheitspreis verkauft werden sollen. Man vereinbart ein Mindestgewicht von 400 g pro Packung. Maximal 10 % der Packungen dürfen unter dem Mindestgewicht liegen.

a) Vor der Auslieferung werden im Großmarkt 100 Packungen kontrolliert.
Welche Hypothese wird getestet? Geben Sie eine Entscheidungsregel an ($\alpha \le 5\,\%$).

b) Bei Entgegennahme der Lieferung werden 120 Packungen kontrolliert; gegebenenfalls will man eine Packung wiegen, um den vereinbarten Preis senken zu können.
Bestimmen Sie die zu testende Hypothese. Geben Sie eine Entscheidungsregel an ($\alpha \le 5\,\%$).

c) Beschreiben Sie jeweils Fehler 1. und 2. Art.

7 Der Vorstand einer Partei fürchtet, dass bei der nächsten Wahl der Stimmenanteil dieser Partei unter der 5 %-Hürde bleibt. Durch eine Wählerbefragung unter 400 Personen soll Klarheit geschaffen werden.

a) Der Wahlkampfmanager ist dafür, die Hypothese $p < 0{,}05$ zu testen, denn nur dann, wenn diese Hypothese verworden wird, kann der Vorstand beruhigt sein.
Stellen Sie eine Entscheidungsregel auf. ($\alpha \le 5\,\%$)

b) Der Finanzbeauftragte der Partei ist dafür, die Hypothese $p \ge 0{,}05$ zu testen, denn nur dann, wenn diese Hypothese verworfen wird, hält er einen kostenintensiven Wahlkampf für notwendig.
Stellen Sie auch hier eine Entscheidungsregel auf. ($\alpha \le 5\,\%$)

8 In Aufgabe 1 b) wurde die Entscheidungsregel aufgestellt: *Kaufe, falls mehr als 64 wettkampftaugliche Tischtennisbälle in der Stichprobe vom Umfang 75 brauchbar sind.* Bestimmen Sie die Wahrscheinlichkeit β für einen Fehler 2. Art, falls für den Anteil wettkampftauglicher Tischtennisbälle gilt $p = 0{,}85$.

9 Gemäß den Angaben des Statistischen Bundesamtes wurden im Jahr 2008 bei 62,9 % der Verkehrsunfälle mit Personenschaden (Tote und/oder Verletzte) Männer als Hauptverursacher registriert. Dass Frauen seltener an schweren Unfällen beteiligt sind, könnte seinen Grund darin haben, dass sie seltener am Steuer eines Autos sitzen als die Männer: Wenn nämlich nur 37,1 % der Personen, die ein Fahrzeug lenken, Frauen wären, würde dies bedeuten, dass Frauen genauso häufig einen schweren Unfall verursachen wie Männer.
Untersuchen Sie diese Frage in der Form eines (einseitigen) Hypothesentests. Beschreiben Sie die verschiedenen möglichen Standpunkte. Stellen Sie Entscheidungsregeln auf für eine Stichprobe vom Umfang 250 bei einer Irrtumswahrscheinlichkeit von höchstens 5 %. Welche Fehler können auftreten?

Statistik: Frauen sind die besseren Autofahrer(innen)

Dass Frauen die besseren Autofahrer sind, ist jetzt auch statistisch belegt. Wie das Statistische Bundesamt mitteilte, verursachten Frauen lediglich 37,1 % der Straßenverkehrsunfälle mit Toten und Verletzten.

10 Wenn Patienten mit akuten rechtsseitigen Unterbauchschmerzen zum Arzt kommen, dann überprüft dieser oft als Erstes, ob der Grund hierfür eine akute Appendizitis (Blinddarm-Entzündung) ist. Wenn eine solche Erkrankung wirklich die Ursache für die Schmerzen ist, dann wird der richtige Befund in 85 % der Fälle mithilfe der sonografischen Methode (Ultraschall) erkannt.
Dass mithilfe des Ultraschalls bei tatsächlichem Vorliegen einer Blinddarm-Entzündung die richtige Diagnose gestellt wird, hat auch mit der Schulung der Ärzte zu tun, Hinweise auf den Sonogrammen zu erkennen und richtig zu interpretieren. In Fachzeitschriften werden deshalb regelmäßig Fortbildungskurse für Ärzte angeboten, durch die – nach Angabe der Veranstalter – eine deutliche Verbesserung der Diagnose-Quote von 85 % erreicht werden kann.

(1) Welche „Standpunkte" kann ein Leser dieses Angebots einnehmen?

(2) Interpretieren Sie den Vorgang als einseitigen Hypothesentest und beschreiben Sie die Auswirkungen eines Fehlers 1. und 2. Art.

(3) Unter den Teilnehmern der angegebenen Fortbildungsveranstaltung wird eine Stichprobe vom Umfang 250 durchgeführt. Bestimmen Sie die beiden zugehörigen Entscheidungsregeln so, dass die Wahrscheinlichkeit für einen Fehler 1. Art maximal 5 % beträgt.

11 An den Landtagswahlen in Hessen am 18.01.2009 nahmen 61,0 % der wahlberechtigten Bürgerinnen und Bürger teil; dies war die bis dahin geringste Wahlbeteiligung in diesem Bundesland. Im Nachgang zur Wahl fand eine Befragung von 320 Wahlberechtigten statt, durch welche die Ursachen für das Wählerverhalten erfasst werden sollte.

a) Die erste Frage lautete: *Haben Sie sich an der Wahl beteiligt?* Wie viele der befragten Personen werden vermutlich hierauf die Antwort „Ja" gegeben haben?

b) Noch vor einigen Jahren war es so, dass man davon ausgehen konnte, dass nicht alle befragten Nichtwähler zugeben wollten, sich nicht an der Wahl beteiligt zu haben. Diese Tendenz, die regelmäßig zu erheblich nach oben abweichenden Ergebnissen geführt hatte, spielt nach Ansicht der Meinungsforscher keine Rolle mehr – eher im Gegenteil. Welche beiden Standpunkte ergeben sich hieraus für die zu testenden Hypothesen? Geben Sie die zugehörigen Entscheidungsregeln an $(\alpha \leq 10\,\%)$.
Beschreiben Sie die Auswirkungen der Fehler 1. und 2. Art.

Alternativtest

Bislang wurde beim Hypothesentest eine Wahrscheinlichkeit gegen unendlich viele andere Wahrscheinlichkeiten getestet. Beim Alternativtest liegt die besondere Situation vor, dass man zwei alternative Erfolgswahrscheinlichkeiten kennt und gegeneinander testet. Da nur eine der beiden Erfolgswahrscheinlichkeiten in Frage kommt, wählt man eine davon aus und überprüft deren Gültigkeit durch einen Hypothesentest.

Im Unterschied zum zweiseitigen Hypothesentest besteht der Annahmebereich der getesteten Hypothese nicht aus einem zum Erwartungswert μ symmetrisch liegenden Intervall; vielmehr liegt zwischen den beiden Erwartungswerten der beiden in Frage kommenden Erfolgswahrscheinlichkeiten ein sogenannter *kritischer Wert*.

Beispiel:

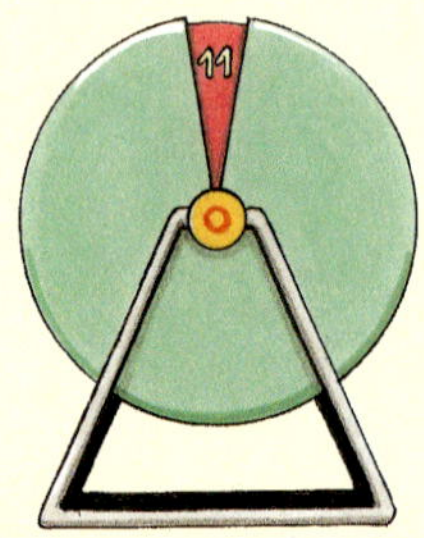

In einem Spielautomaten dreht sich ein Glücksrad mit 20 Sektoren, von denen nur einer sichtbar ist, wenn die Scheibe stehen bleibt; die übrigen sind verdeckt. Der Betreiber des Automaten behauptet, dass 6 der 20 Felder rot gefärbt sind. Wenn die Scheibe auf einem roten Feld stehen bleibt, hat man gewonnen. Jana und Max argwöhnen, dass nur 4 Felder Gewinnfelder sind.
Hier kommen also nur die beiden alternativen Hypothesen:
H_1: $p_1 = \frac{6}{20} = 0{,}3$ bzw. H_2: $p_2 = \frac{4}{20} = 0{,}2$ in Frage.
Beobachtet man den Spielautomaten beispielsweise während der nächsten 50 Spielrunden, dann ist entweder zu erwarten, dass das Glücksrad auf $\mu_1 = 50 \cdot 0{,}3 = 15$ oder auf $\mu_2 = 50 \cdot 0{,}2 = 10$ roten Feldern stehen bleibt. Der kritische Wert muss also zwischen $\mu_2 = 10$ oder $\mu_1 = 15$ festgelegt werden.
Man kann den kritischen Wert willkürlich festlegen oder man legt eine maximale Wahrscheinlichkeit für den Fehler 1. Art α fest und ermittelt damit den kritischen Wert.

1

a) Beschreiben Sie die Fehler 1. und 2. Art bezüglich der Hypothese $p_2 = 0{,}2$.

b) Bestimmen Sie α und β zur Entscheidungsregel: *Verwirf die Hypothese $p_2 = 0{,}2$, falls die Scheibe mehr als 4-mal auf einem roten Feld stehen bleibt.*

c) Bestimmen Sie die Fehlerwahrscheinlichkeiten α und β, falls die Hypothese $p = p_2 = 0{,}2$ erst verworfen wird, wenn die Scheibe mehr als 15-mal auf einem roten Feld stehen bleibt.

2 Bei einem Glücksspiel wird ein regelmäßiges Ikosaeder zum Würfeln benutzt. Auf den zwanzig Oberflächen-Dreiecken sind unterschiedlich viele Augen aufgemalt. Nach Angaben des Spielveranstalters gibt es sechs Felder ohne Augen, acht Felder mit einem Auge und sechs Felder mit zwei Augen – im Mittel ist also ein Auge zu erwarten. Der Einsatz beträgt ein Euro; man erhält so viele Euro-Münzen zurückgezahlt, wie nach dem Wurf auf der oben liegenden Fläche zu sehen sind – eine offensichtlich faire Spielregel. Wegen der großen Anzahl an Flächen kann man nicht ohne Weiteres sehen, ob der Würfel tatsächlich die angegebene Anzahl an Augen hat. Ein Spielinteressent vermutet, dass acht Felder keinen Punkt und sechs Felder einen Punkt tragen, möchte aber sein Misstrauen nicht zeigen und den Ikosaeder-Würfel vor aller Augen kontrollieren. Bevor er selbst mitspielt, möchte er 80 Würfe beobachten und dann entscheiden. Die Wahrscheinlichkeit für einen Fehler 1. Art soll dabei höchstens 10 % sein. Nach welcher Entscheidungsregel müsste er vorgehen?

3 Bevor bestimmte Werkstücke den Betrieb verlassen, werden sie einem mehrstufigen Kontrollverfahren unterzogen. In einem ersten Schritt wird eine Kontrolle durchgeführt, bei der mit einer Wahrscheinlichkeit von etwa 60 % erkannt wird, dass die Produktion fehlerhaft war. Ein Ingenieur hat ein alternatives Kontrollverfahren entwickelt, von dem er behauptet, dass mit diesem sogar 80 % der fehlerhaften Werkstücke entdeckt werden. Der verantwortliche Abteilungsleiter ist erfreut: Wenn die Aussage des Ingenieurs stimmt, wäre dies ein großer Fortschritt. Aber kann er dieser Behauptung trauen?

Man vereinbart, das neuartige Kontrollverfahren bei 20 fehlerhaften Werkstücken zu testen. Der Abteilungsleiter überlegt: Beim bisher verwendeten Verfahren konnte ich erwarten, dass die fehlerhafte Produktion bei ungefähr $20 \cdot 0{,}6 = 12$ Werkstücken festgestellt wurde. Nach dem neuen Verfahren werden dies dann etwa $20 \cdot 0{,}8 = 16$ Werkstücke sein.

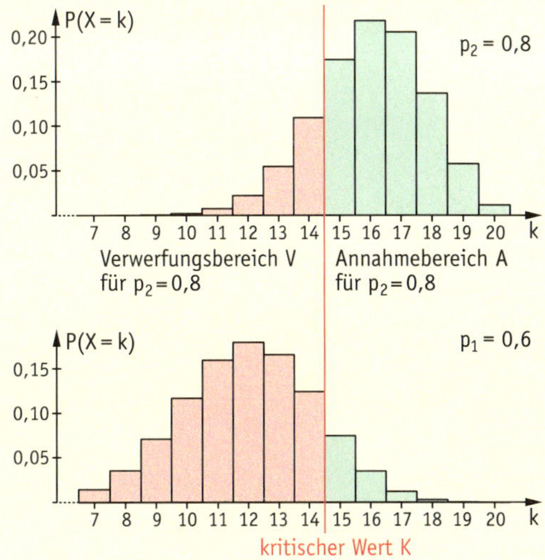

a) Welche Hypothesen können getestet werden? Gehen Sie auch auf die Fehler ein, die bei einem solchen Test auftreten können und auf die möglichen Auswirkungen dieser Fehler auf den Betrieb.

b) Erläutern Sie, welche Testsituation durch die nebenstehende Grafik wiedergegeben wird.

4 Ein Bauunternehmer bestellt bei einem Hersteller Dachziegel.

Der Hersteller bietet die gewünschte Sorte in zwei Qualitäten: Die 1. Wahl, bei der 8 % der Ziegel Mängel aufweisen und eine 2. Wahl, bei der 15 % der Ziegel Mängel haben.

Der Bauunternehmer entscheidet sich für die Lieferung von Dachziegeln 1. Wahl. Da man der Lieferung äußerlich nicht ansieht, ob es sich um Ware 1. oder 2. Wahl handelt, will der Bauunternehmer eine Stichprobe von 40 Ziegeln nehmen.

Bei welcher Anzahl von Dachziegeln mit Mängeln soll der Bauunternehmer die Lieferung reklamieren? Welchen Standpunkt wird ein Vertreter der Firma einnehmen, welche die Dachziegel geliefert hat?

5 Saatgut für Erbsen wird in zwei Güteklassen mit unterschiedlicher Keimgarantie angeboten: Von den Erbsen 1. Wahl keimen 90 % und von denen 2. Wahl nur 75 %. Ein Großhändler erhält Erbsen-Saatgut, von dem er allerdings nicht weiß, ob es sich um Saatgut 1. oder 2. Wahl handelt. Er will dies mithilfe von 100 zufällig entnommenen Erbsen testen. Bestimmen Sie für beide möglichen Hypothesen eine Entscheidungsregel (Fehlerwahrscheinlichkeit $\alpha \le 0{,}05$) sowie die Wahrscheinlichkeit β für einen Fehler 2. Art.

LK 9.6 Normalverteilung

In diesem Abschnitt erfahren Sie, woran es liegt, dass man $z\sigma$-Umgebungen um den Erfahrungswert μ von Binomialverteilungen – nahezu unabhängig von σ – gleiche Wahrscheinlichkeiten zuordnen kann.
Dabei wird eine weitere Klasse von Wahrscheinlichkeitsverteilungen eingeführt, die sogenannte *Normalverteilung*. Mit dieser Verteilung können wichtige Vorgänge aus Natur und Technik beschrieben werden.

9.6.1 Approximation von Binomialverteilungen durch Normalverteilungen

Einstieg

Betrachten Sie das Histogramm zur Binomialverteilung mit $n = 100$ und $p = 0{,}5$ (links).
Trägt man auf der vertikalen Achse nicht die Wahrscheinlichkeiten $P(X = k)$ ab, sondern deren Logarithmus $\ln\big(P(X = k)\big)$ dann entsteht die rechts stehende Abbildung. Erläutern Sie die Grafik.

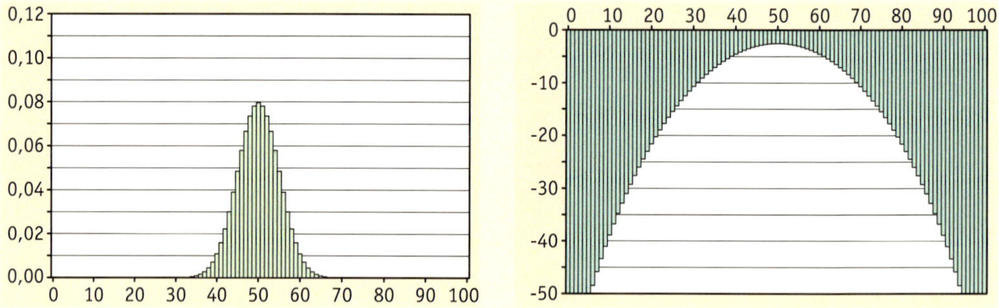

- Zeichnet man jeweils durch die Mitte der horizontalen Rechteckseiten des rechts abgebildeten veränderten Histogramms einen Graphen, erhält man mit guter Näherung eine quadratische Parabel mit der Gleichung $y = -0{,}02x^2 + 2x - 52{,}53$.
  Was folgt hieraus für den Funktionsterm des Graphen einer Funktion, der näherungsweise durch die Seitenmitten des ursprünglich dargestellten Histogramms gezeichnet werden könnte?
- Die Gleichung der oben angegebenen quadratischen Funktion kann man beispielsweise mithilfe einer quadratischen Regression bestimmen (mit CAS, GTR oder Tabellenkalkulation). Dabei betrachtet man nicht die gesamte Verteilung, sondern beschränkt sich auf die Werte innerhalb einer 2σ-Umgebung um μ.
  Bestimmen Sie geeignete Näherungskurven für die veränderten und ursprünglichen Histogramme der Binomialverteilungen mit (1) $n = 50$ und $p = 0{,}5$ und (2) $n = 100$ und $p = 0{,}4$.

Einführung

(1) Gauss'sche Glockenkurve

Mit zunehmendem n ähnelt die Gestalt der Histogramme immer mehr einer Glocke:

Graphen wie in der Abbildung können z.B. mithilfe der Software VU-Statistik gezeichnet werden, die dem Band für die Einführungsphase beigefügt ist.

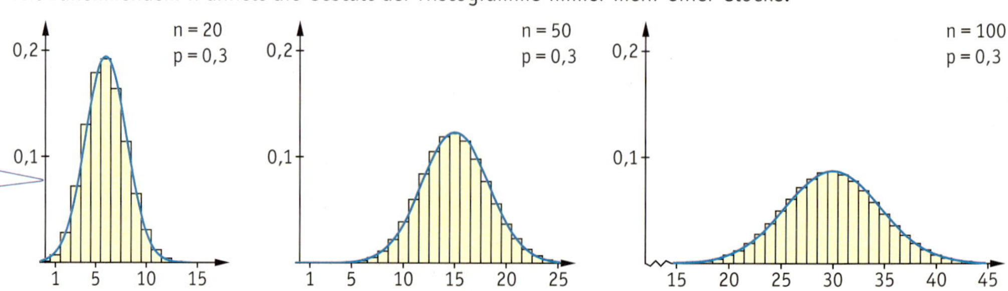

Durch die Rechteckmitten der Histogramme lassen sich Glockenkurven zeichnen.

Glockenkurven unterscheiden sich durch ihre Lage im Koordinatensystem sowie durch ihre Breite und Höhe. Der einfachste Typ dieser Schar von Kurven hat die Funktionsgleichung $\varphi(x) = \frac{1}{\sqrt{2\pi}} e^{-\frac{x^2}{2}}$.
Dies ist die sogenannte GAUSS'sche Dichtefunktion.

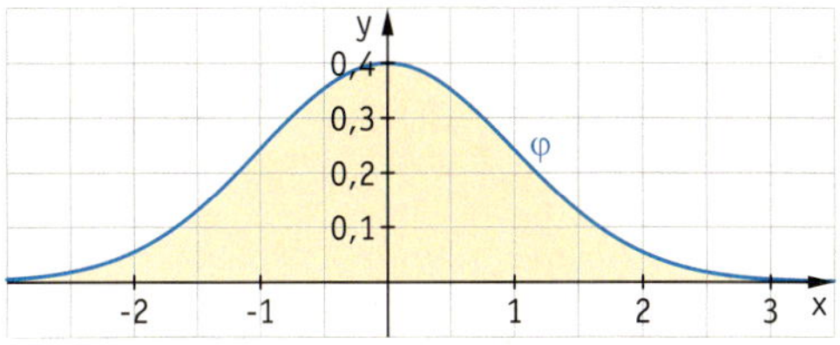

Ihr Graph ist achsensymmetrisch zur y-Achse und es gilt:
$\varphi(x) \to 0$ für $x \to +\infty$ sowie
$\varphi(x) \to 0$ für $x \to -\infty$.
Außerdem gilt: $\int_{-\infty}^{\infty} \varphi(x)\,dx = 1$, d. h. die Fläche zwischen dem Graphen und der x-Achse hat den Flächeninhalt 1. Auf einen Beweis verzichten wir in diesem Buch.

(2) Approximation der Binomialverteilung durch eine geeignete Normalverteilung

Wir betrachten die Binomialverteilung mit $n = 50$ und Erfolgswahrscheinlichkeit $p = 0{,}4$. Im Folgenden wird gezeigt, wie man zu einem Histogramm einer beliebigen Binomialverteilung eine geeignete Glockenkurve bestimmen kann, welche den Verlauf gut approximiert.

1. Schritt: Verschieben der GAUSS'schen Glockenkurve

Der Graph der GAUSS'schen Dichtefunktion φ ist symmetrisch zu $x = 0$. Er hat bei $x = 0$ sein Maximum.
Das Histogramm der Binomialverteilung ist näherungsweise symmetrisch zum Erwartungswert $\mu = n \cdot p = 50 \cdot 0{,}4 = 20$. Daher muss der Graph von φ um $\mu = 20$ Einheiten nach rechts verschoben werden. Dieser Graph hat die Funktionsgleichung
$f(x) = \varphi(x - 20) = \frac{1}{\sqrt{2\pi}} e^{-\frac{(x-20)^2}{2}}$, allgemein also
$f(x) = \varphi(x - \mu) = \frac{1}{\sqrt{2\pi}} e^{-\frac{(x-\mu)^2}{2}}$.

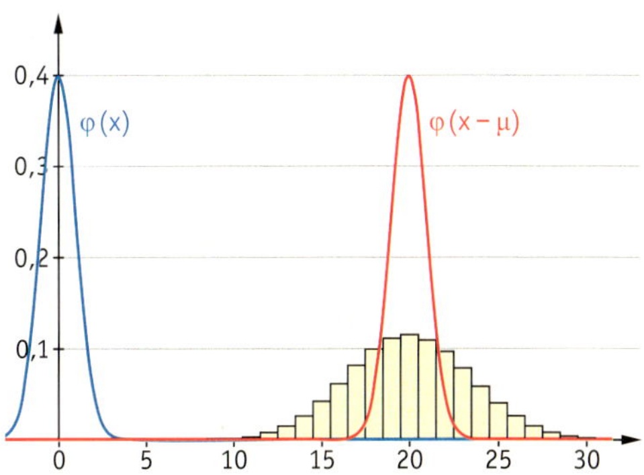

2. Schritt: Strecken in Richtung der x-Achse

Diese Glockenkurve ist noch zu schmal. Daher wird sie mit der Standardabweichung der Binomialverteilung, also mit $\sigma = \sqrt{50 \cdot 0{,}4 \cdot 0{,}6} = \sqrt{12}$ von der y-Achse aus parallel zur x-Achse gestreckt.
Dieser Graph hat die Funktionsgleichung
$g(x) = \varphi\left(\frac{x-20}{\sqrt{12}}\right) = \frac{1}{\sqrt{2\pi}} e^{-\frac{(x-20)^2}{24}}$, allgemein also
$g(x) = \varphi\left(\frac{x-\mu}{\sigma}\right) = \frac{1}{\sqrt{2\pi}} e^{-\frac{(x-\mu)^2}{2\sigma^2}}$.

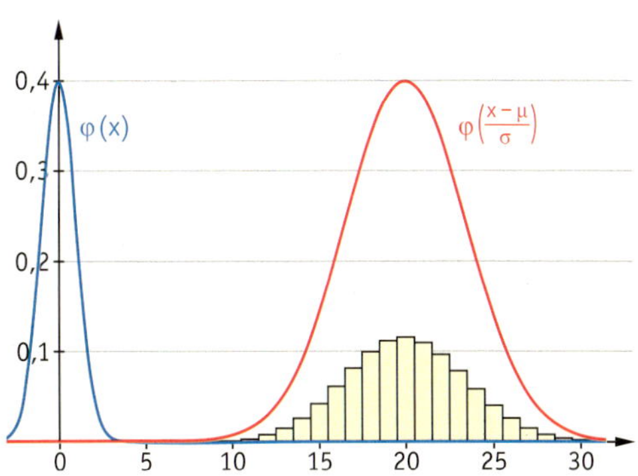

3. Schritt: Strecken in Richtung der y-Achse

Der Graph hat jetzt „dieselbe Breite" wie das Histogramm der Binomialverteilung, ist aber noch zu hoch. Da alle Rechtecke zusammen den Flächeninhalt 1 haben und durch die Streckung der Flächeninhalt um den Faktor $\sigma = \sqrt{12}$ vergrößert wurde, muss jetzt von der x-Achse aus parallel zur y-Achse mit dem Faktor $\frac{1}{\sigma} = \frac{1}{\sqrt{12}}$ gestreckt werden. Dann erhält man eine Glockenkurve mit dem Maximum bei $x = 20$ und der durch die Standardabweichung beschriebenen Breite.

Dieser Graph hat die Funktionsgleichung

$$h(x) = \frac{1}{\sqrt{12}} \cdot \varphi\left(\frac{x-20}{\sqrt{12}}\right) = \frac{1}{\sqrt{24\pi}} e^{-\frac{(x-20)^2}{24}},$$

$$h(x) = \frac{1}{\sigma} \cdot \varphi\left(\frac{x-\mu}{\sigma}\right) = \frac{1}{\sigma\sqrt{2\pi}} e^{-\frac{(x-\mu)^2}{2\sigma^2}}.$$

Man sieht, dass der Graph der Funktion h das gegebene Histogramm der Binomialverteilung mit $n = 50$ und $p = 0{,}4$ gut approximiert.

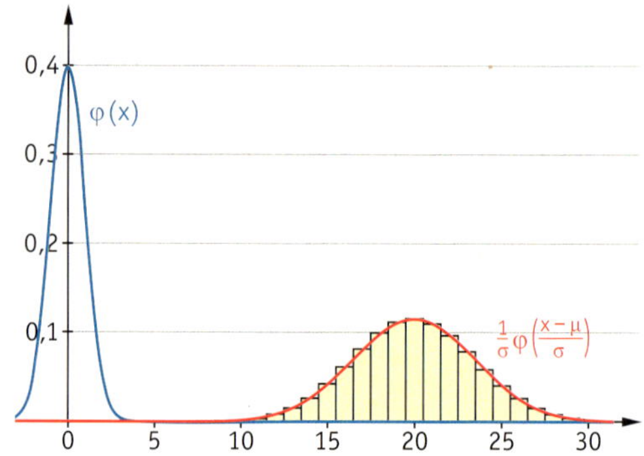

Information

CARL FRIEDRICH GAUSS (1777 – 1855)

normal probability density function

(1) GAUSS'sche Dichtefunktion

Mithilfe der GAUSS'schen Glockenkurve lassen sich Binomialverteilungen wie in der Einführung gut annähern. Daher definiert man allgemein:

Definition: Dichtefunktion

Die Funktion zu $\varphi_{\mu;\sigma}(x) = \frac{1}{\sigma}\varphi\left(\frac{x-\mu}{\sigma}\right) = \frac{1}{\sigma\sqrt{2\pi}} e^{-\frac{1}{2}\left(\frac{x-\mu}{\sigma}\right)^2}$ heißt **Dichtefunktion der Normalverteilung** mit Erwartungswert μ und Standardabweichung σ.

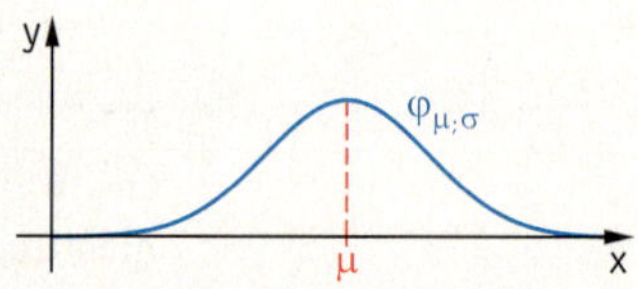

Der Graph von $\varphi_{\mu;\sigma}$ ist symmetrisch zur Geraden $x = \mu$ und es gilt $\int_{-\infty}^{\infty} \varphi_{\mu;\sigma}(x)\,dx = \lim_{a\to\infty} \int_{-a}^{+a} \varphi_{\mu;\sigma}(x)\,dx = 1$.

Grafikfähige und manche wissenschaftlichen Taschenrechner sowie Computer-Algebra-Systeme verfügen über diese Funktion unter der Bezeichnung **normalpdf** (x, μ, σ) bzw. **normpdf** (x, μ, σ).

(2) Wahrscheinlichkeitsberechnung mithilfe der GAUSS'schen Dichtefunktion φ

PIERRE SIMON LAPLACE (1749 – 1827)

Der Graph der Dichtefunktion der Normalverteilung $\varphi_{\mu;\sigma}$ weicht besonders wenig vom Histogramm der Binomialverteilung mit dem Erwartungswert μ und der Standardabweichung σ ab, falls die LAPLACE-Bedingung $\sigma > 3$ erfüllt ist. In diesem Fall kann man die GAUSS'sche Dichtefunktion φ dazu benutzen, einzelne Wahrscheinlichkeiten auszurechnen – eine Methode, die auf die Mathematiker ABRAHAM DE MOIVRE und PIERRE SIMON LAPLACE zurückgeht.

Lokale Näherungsformel von MOIVRE und LAPLACE

Sei X eine binomialverteilte Zufallsgröße mit Erwartungswert μ und Standardabweichung $\sigma > 3$.
Die Wahrscheinlichkeit für genau k Erfolge lässt sich näherungsweise berechnen durch:

$$P(X = k) = \binom{n}{k} p^k (1-p)^{n-k} \approx \varphi_{\mu;\sigma}(k) = \frac{1}{\sigma} \cdot \varphi\left(\frac{k-\mu}{\sigma}\right)$$

Aufgabe

1 Anwendung der Lokalen Näherungsformel von MOIVRE und LAPLACE

Ein regulärer Würfel (Hexaeder) soll 100-mal geworfen werden. Bestimmen Sie die Wahrscheinlichkeit, dass genau 14-mal Augenzahl 6 fällt. Vergleichen Sie die mithilfe der BERNOULLI-Formel berechnete Wahrscheinlichkeit mit dem Näherungswert gemäß der Lokalen Näherungsformel von MOIVRE und LAPLACE.

Lösung

(1) Berechnung mit der Binomialverteilung

Für $n = 100$ und $p = \frac{1}{6}$ bestimmen wir $P(X = 14)$ mit den Tabellen zur kumulierten Binomialverteilung:

$P(X = 14) = \binom{100}{14} \cdot \left(\frac{1}{6}\right)^{14} \cdot \left(\frac{5}{6}\right)^{86} = P(X \le 14) - P(X \le 13) = 0{,}287 - 0{,}200 = 0{,}087$

Mithilfe eines Taschenrechners berechnen wir:

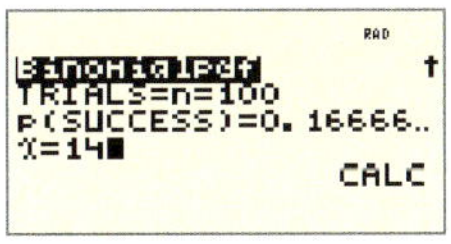

(2) Annäherung durch die Normalverteilung

Nach der Näherungsformel ergibt sich:

Es gilt: $\mu = n \cdot p = 100 \cdot \frac{1}{6} \approx 16{,}7$ und $\sigma = \sqrt{100 \cdot \frac{1}{6} \cdot \frac{5}{6}} = \sqrt{\frac{125}{9}} \approx 3{,}73$ und

$\varphi_{16,7;\,3,73}(14) = \frac{1}{3{,}73} \cdot \varphi\left(\frac{14 - 16{,}7}{3{,}73}\right) \approx \frac{1}{3{,}73} \cdot \varphi(-0{,}72) = \frac{1}{3{,}73} \cdot \frac{1}{\sqrt{2\pi}} \cdot e^{-\frac{(-0{,}72)^2}{2}} \approx 0{,}083$

Auf einigen wissenschaftlichen Taschenrechnern kann man diesen Wert ebenfalls direkt berechnen:

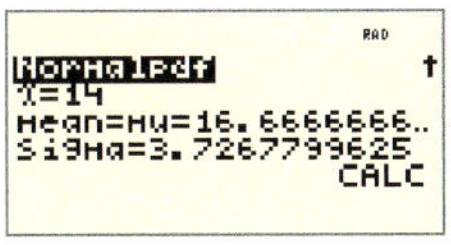

(3) Vergleich

Mit der Binomialverteilung erhielten wir $P(X = 14) \approx 0{,}087$.

Die Annäherung durch die Normalverteilung weicht mit $P(X = 14) \approx 0{,}083$ etwas davon ab.

An der Grafik kann man sehen, warum Abweichungen zwischen den beiden Berechnungen auftreten.

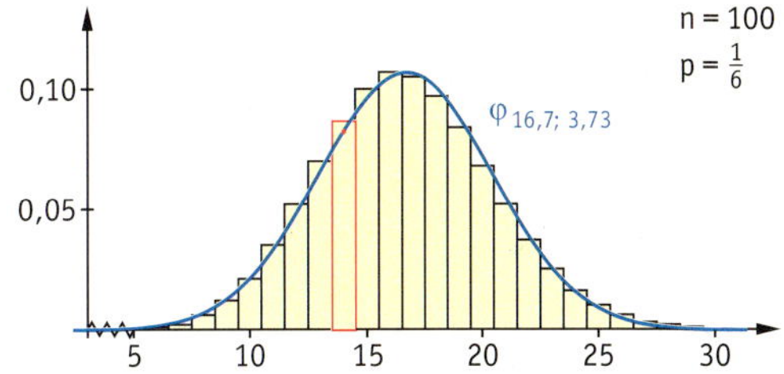

Information **(3) Berechnen von Wahrscheinlichkeiten mithilfe der GAUSS'schen Integralfunktion Φ**

Um Intervall-Wahrscheinlichkeiten mithilfe der Approximation durch die Dichtefunktion zu bestimmen, könnte man Einzel-Wahrscheinlichkeiten gemäß der Lokalen Näherungsformel von MOIVRE und LAPLACE berechnen und diese dann addieren. Es liegt jedoch näher, stattdessen die Fläche unter der Glockenkurve durch Integration zu bestimmen, die den Rechteck-Flächen des Histogramms entspricht.

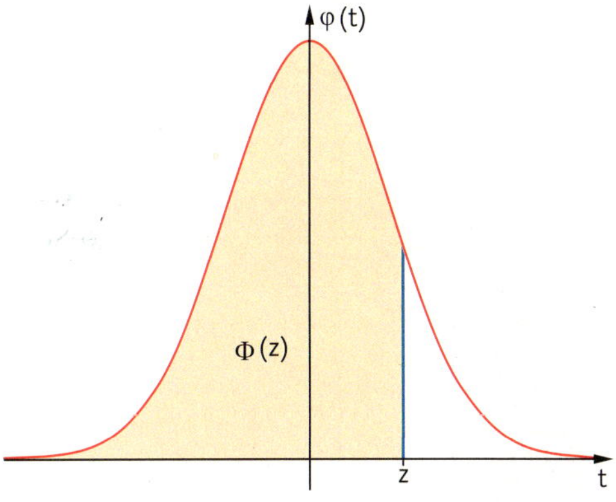

Da die GAUSS'sche Dichtefunktion φ nicht elementar integrierbar ist (d. h. sich keine Stammfunktion angeben lässt, die aus den bekannten Funktionen zusammengesetzt ist), sind wir zur Berechnung der Fläche auf Tabellen zur Normalverteilung oder auf wissenschaftliche Taschenrechner angewiesen.

Tabellen zur Normalverteilung mit den Funktionswerten der sogenannten **GAUSS'schen Integralfunktion Φ** mit $\Phi(z) = \int_{-\infty}^{z} \varphi(t)\,dt$ sind im Anhang dieses Buches abgedruckt.

Für die näherungsweise Berechnung von Wahrscheinlichkeiten einer kumulierten Binomialverteilung mit dem Erwartungswert μ und der Standardabweichung σ gilt (falls die LAPLACE-Bedingung $\sigma > 3$ erfüllt ist):

$$P(X \le k) = \int_{-\infty}^{k} \varphi_{\mu;\sigma}(t)\,dt = \Phi\left(\frac{k + 0{,}5 - \mu}{\sigma}\right) = \int_{-\infty}^{z} \varphi(t)\,dt = \Phi(z) \quad \text{mit} \quad z = \frac{k + 0{,}5 - \mu}{\sigma}.$$

Bei dieser näherungsweisen Berechnung ist zu beachten, dass die Rechtecke der Histogramme bei der Binomialverteilung symmetrisch zur Stelle k eingezeichnet werden, d. h. dass das Rechteck, das zum Wert $X = k$ gehört, zwischen $k - 0{,}5$ und $k + 0{,}5$ liegt.

Integrale Näherungsformel von Moivre und Laplace

Sei X eine binomialverteilte Zufallsgröße mit Erwartungswert μ und Standardabweichung $\sigma > 3$.

(1) Die Wahrscheinlichkeit für höchstens k Erfolge lässt sich näherungsweise berechnen durch:

$P(X \le k) \approx \Phi\left(\frac{k + 0{,}5 - \mu}{\sigma}\right)$

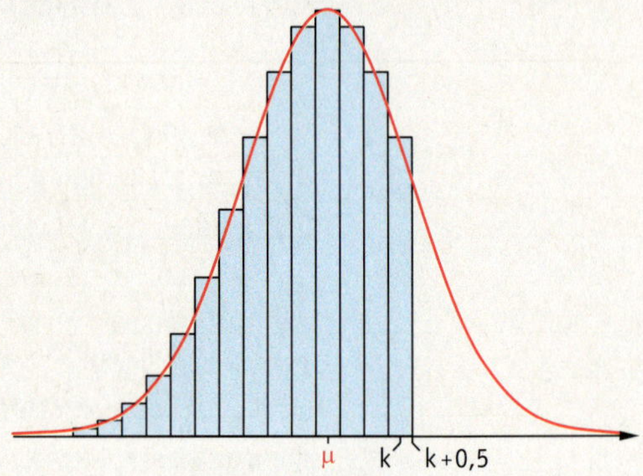

(2) Die Wahrscheinlichkeit für mindestens a, höchstens b Erfolge lässt sich näherungsweise berechnen durch:

$P(a \le X \le b)$

$\approx \Phi\left(\frac{b + 0{,}5 - \mu}{\sigma}\right) - \Phi\left(\frac{a - 0{,}5 - \mu}{\sigma}\right)$

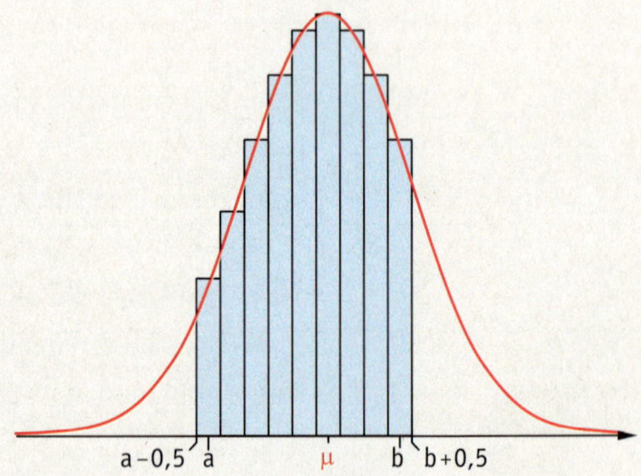

normal **p**robability **c**umulative **f**unction

Mit GTR und CAS-Rechnern sind diese Integrale einfach berechenbar.
Der Befehl **normalcdf (a, b, μ, σ)** bzw. **normalcdf (a, b, p, σ)** liefert den Wert für $\int_a^b \varphi_{\mu;\sigma}(x)\,dx$.

Auch mit wissenschaftlichen Taschenrechnern ist eine solche Berechnung möglich.

Aufgabe

2 Anwendung der Integralen Näherungsformel von Moivre und Laplace

Ein regulärer Würfel (Hexaeder) soll 100-mal geworfen werden.

a) Bestimmen Sie die Wahrscheinlichkeit dafür, dass mindestens 19-mal, aber höchstens 24-mal Augenzahl 6 fällt. Vergleichen Sie die mithilfe der Bernoulli-Formel berechnete Wahrscheinlichkeit mit dem Näherungswert gemäß der Integralen Näherungsformel von Moivre und Laplace.

b) Mithilfe der Integralen Näherungsformel von Moivre und Laplace ist auch eine Berechnung von Einzel-Wahrscheinlichkeiten möglich. Bestimmen Sie auf diese Weise die Wahrscheinlichkeit für genau 14-mal Augenzahl 6.

Lösung

Zur Berechung mithilfe des Taschenrechners siehe 9.2.3 Information (2) und (3) und 9.3.2 Information (2).

a) Für $n = 100$ und $p = \frac{1}{6}$ berechnet man mithilfe der Tabellen oder mithilfe eines Rechners:

$P(19 \le X \le 24) = P(X \le 24) - P(X \le 18)$

$\approx 0{,}978 - 0{,}696 = 0{,}282$

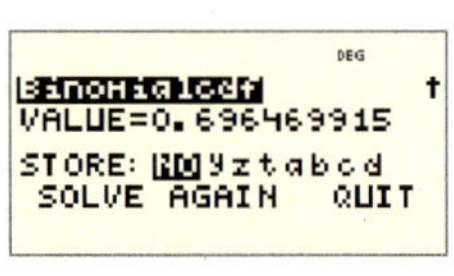

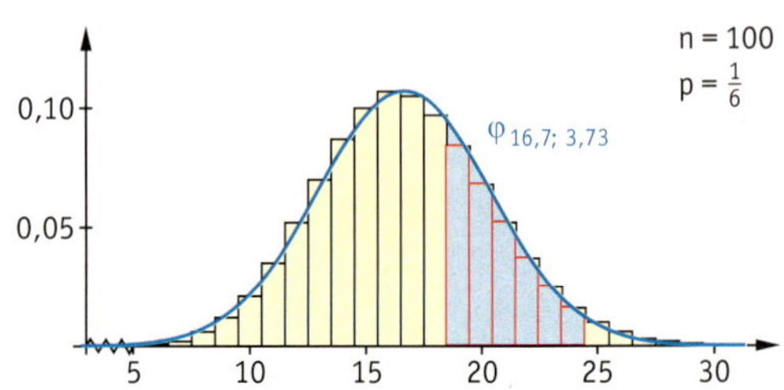

Mithilfe der Integralen Näherungsformel berechnet man:

Es gilt: $\mu = n \cdot p = 100 \cdot \frac{1}{6} \approx 16{,}7$ und $\sigma = \sqrt{100 \cdot \frac{1}{6} \cdot \frac{5}{6}} = \sqrt{\frac{125}{9}} \approx 3{,}73$ und

$P(19 \le X \le 24) \approx \Phi\left(\frac{24{,}5 - 16{,}7}{3{,}73}\right) - \Phi\left(\frac{18{,}5 - 16{,}7}{3{,}73}\right) \approx \Phi(2{,}10) - \Phi(0{,}49) = 0{,}9821 - 0{,}6879 \approx 0{,}294$

Mit einigen wissenschaftlichen Taschenrechnern kann man diese Wahrscheinlichkeit direkt berechnen:

b) Die Wahrscheinlichkeit für genau 14-mal Augenzahl 6 wird im Histogramm durch ein Rechteck dargestellt. Dessen Fläche kann näherungsweise durch das Integral der Normalverteilungsfunktion über dem Intervall von 13,5 bis 14,5 berechnet werden:

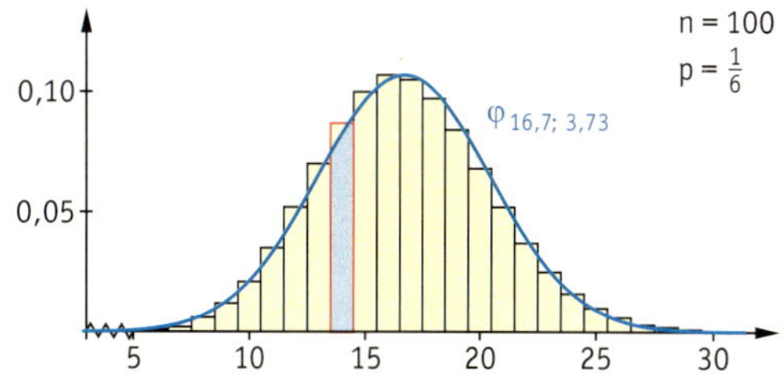

$P(14 \le X \le 14) \approx \Phi\left(\frac{14{,}5 - 16{,}7}{3{,}73}\right) - \Phi\left(\frac{13{,}5 - 16{,}7}{3{,}73}\right)$

$\approx \Phi(-0{,}58) - \Phi(-0{,}85) = 0{,}2810 - 0{,}1977 \approx 0{,}083$

Die Abweichung zur Rechnung oben erklärt sich auch aus der Tatsache, dass man bei der Verwendung des Tafelwerks für Φ runden muss.

Information

(4) Integrale Näherungsformel für genau k Erfolge

Allgemein gilt also:

Integrale Näherungsformel für P (X = k)

$$P(X = k) \approx \Phi\left(\frac{k + 0{,}5 - \mu}{\sigma}\right) - \Phi\left(\frac{k - 0{,}5 - \mu}{\sigma}\right)$$

Weiterführende Aufgabe

3 Bestimmen eines Intervalls für die Erfolgszahl bei beliebiger Sicherheitswahrscheinlichkeit

Betrachten Sie das 200-fache Werfen einer idealen Münze. Mithilfe der Sigma-Regeln können Sie Intervalle ermitteln, in denen die Anzahl der Wappen in 90 % bzw. 95 % bzw. 99 % aller Fälle liegen. Mithilfe der Annäherung der Binomialverteilung durch eine Normalverteilung ist dies auch für beliebige Sicherheitswahrscheinlichkeiten ohne Probieren möglich. Bestimmen Sie das symmetrische Intervall um den Erwartungswert, in dem die Anzahl der Wappen in 80 % aller Fälle liegt.

__Beispiel:__ Bestimmen des Intervalls um den Erwartungswert, in dem 75 % aller Fälle liegen für $\mu = 7{,}8$; $\sigma = 1{,}5$, mithilfe des Rechnerbefehls zur inversen Normalverteilung.

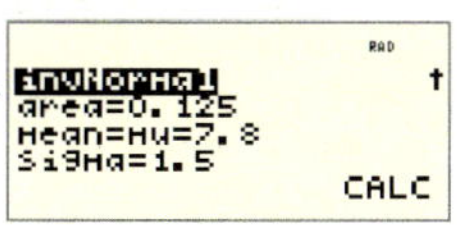

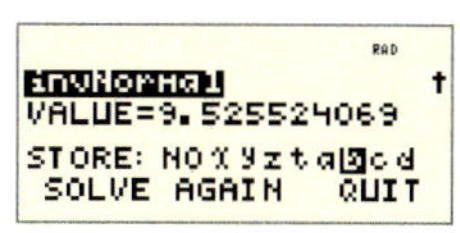

Übungsaufgaben

4 Ein Würfel wird n-mal geworfen. Berechnen Sie mithilfe der Lokalen Näherungsformel die Wahrscheinlichkeit, genau k-mal Augenzahl 6 zu haben.

a) n = 75; k = 10 **b)** n = 144; k = 24 **c)** n = 240; k = 60 **d)** n = 594; k = 100

5 Die Wahrscheinlichkeit für die Geburt eines Jungen ist ungefähr 0,514. Mit welcher Wahrscheinlichkeit sind unter n Neugeborenen eines Krankenhauses genau k Jungen?

a) n = 324; k = 160 **b)** n = 215; k = 134 **c)** n = 192; k = 101 **d)** n = 312; k = 169

6 Ein Würfel wird n-mal geworfen. Bestimmen Sie mithilfe der GAUSS'schen Integralfunktion die Wahrscheinlichkeit, höchstens k-mal Augenzahl 6 zu haben.

a) $n = 60;\ k = 9$ **b)** $n = 72;\ k = 15$ **c)** $n = 80;\ k = 25$ **d)** $n = 100;\ k = 10$

7 Bestimmen Sie die Wahrscheinlichkeiten von folgenden Ergebnissen mithilfe der Integralen Näherungsformel oder mithilfe eines Rechners.

a) $P(50 \le X \le 62)$ für $n = 150;\ p = 0{,}4$

b) $P(35 \le X \le 38)$ für $n = 124;\ p = 0{,}3$

c) $P(360 \le X \le 380)$ für $n = 538;\ p = 0{,}7$

d) $P(X = 40)$ für $n = 79;\ p = 0{,}5$

8 Bestimmen Sie die Wahrscheinlichkeit $P(X = k)$ einer binomialverteilten Zufallsgröße X für $n = 100$ mithilfe (1) der Tabelle der kumulierten Wahrscheinlichkeiten; (2) der Lokalen Näherungsformel, (3) der Integralen Näherungsformel und vergleichen Sie die Ergebnisse.

a) $p = 0{,}5;\ k = 48$ **c)** $p = 0{,}3;\ k = 28$ **e)** $p = 0{,}2;\ k = 22$

b) $p = 0{,}4;\ k = 50$ **d)** $p = 0{,}25;\ k = 24$ **f)** $p = 0{,}1;\ k = 10$

9 Bei Meinungsbefragungen werden erfahrungsgemäß nur ca. 80 % der ausgesuchten Personen angetroffen. Mit welcher Wahrscheinlichkeit werden von 1 200 Personen

a) mehr als 900, **c)** höchstens 950,

b) mindestens 900, **d)** mindestens 970, höchstens 1 000

angetroffen?

10 500 Personen werden zufällig ausgesucht. Bestimmen Sie die Wahrscheinlichkeit, dass an einem beliebigen Tag des Jahres $k = 0;\ 1;\ 2;\ 3;\ 4;\ 5$ Personen Geburtstag haben, mithilfe
(1) der Binomialverteilung; (2) der Lokalen Näherungsformel.

11 Für eine Kleinstadt mit 63 000 Einwohnern soll eine Marktanalyse über die Anzahl der Vegetarier erstellt werden. Geben Sie ein Intervall an, in dem die Anzahl der Vegetarier mit einer Wahrscheinlichkeit von 75 % liegt.

Vegetarier im Kommen

Vegetarier ernähren sich ausschließlich von pflanzlichen Produkten, Milch und Eiern. Seit langer Zeit ernähren sich die Angehörigen mancher hinduistischer und buddhistischer Glaubensrichtungen vegetarisch, da für sie alle Tiere heilig sind. Seit 1908 gibt es den internationalen Dachverband *International Vegetarian Union*. Der Anteil der Vegetarier in Deutschland beträgt schätzungsweise 15 %.

12 Betrachten Sie das 300-malige Werfen eines idealen Würfels. Bestimmen Sie näherungsweise mithilfe der Normalverteilung folgende Wahrscheinlichkeiten für die Anzahl X der Sechsen. Vergleichen Sie auch mit dem Wert, den Sie mithilfe der Binomialverteilung berechnen können.

a) $P(X = 50)$ **b)** $P(40 \le X \le 53)$ **c)** $P(X \ge 70)$ **d)** $P(X < 40)$

13 Bestimmen Sie mithilfe der Approximationseigenschaft der Normalverteilungs-Dichtefunktion eine geeignete symmetrische Umgebung um den Erwartungswert μ, in der die Anzahl der Erfolge mit einer Wahrscheinlichkeit von 50 % [75 %, 98 %] liegen wird.

a) $n = 75;\ p = 0{,}2$ **b)** $n = 290;\ p = 0{,}8$ **c)** $n = 625;\ p = 0{,}5$

9.6.2 Wahrscheinlichkeiten bei normalverteilten Zufallsgrößen **selbst lernen**

Ziel

Bislang haben Sie die Normalverteilung dazu verwendet, Wahrscheinlichkeiten von binomialverteilten Zufallsgrößen näherungsweise zu berechnen. Bei binomialverteilten Zufallsgrößen sind nur natürliche Zahlen für die Anzahl der Erfolge möglich. Bei vielen Anwendungsbeispielen, z. B. beim Messen des Körpergewichts, sind bei genügend genauer Messung mehrere Nachkommastellen, im Prinzip sogar beliebige reelle Zahlen (aus gewissen Bereichen) als Ergebnisse möglich.
In diesem Abschnitt werden Sie die Wahrscheinlichkeiten für solche Zufallsgrößen wie *Körpergewicht einer Person* berechnen.

Zum Erarbeiten

(1) Normalverteilte Zufallsgrößen

Wir betrachten das Gewicht von Brötchen, die ein Bäcker mit der Hand herstellt. Rechts ist das Histogramm der Gewichte dargestellt, wenn auf 1 Gramm genau gemessen wird.

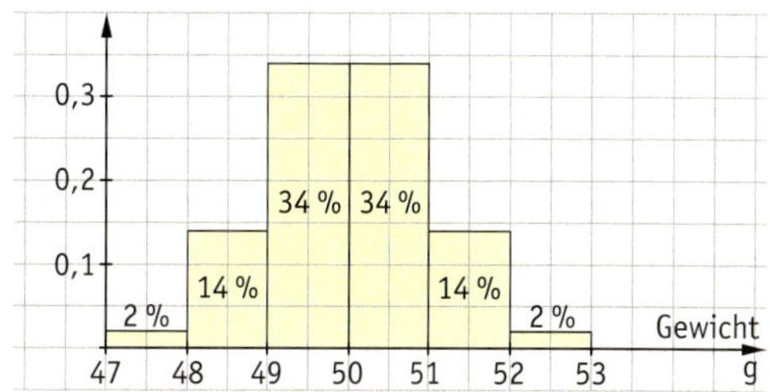

Wenn man das Gewicht genauer misst, z. B. auf 0,1 g genau, so erhält man das Histogramm rechts.

Ein Zehntel so breite Klassen haben nur ein Zehntel so große Häufigkeiten, daher ist hier ein zehnfacher Maßstab gewählt, damit der Gesamtflächeninhalt 1 bleibt.

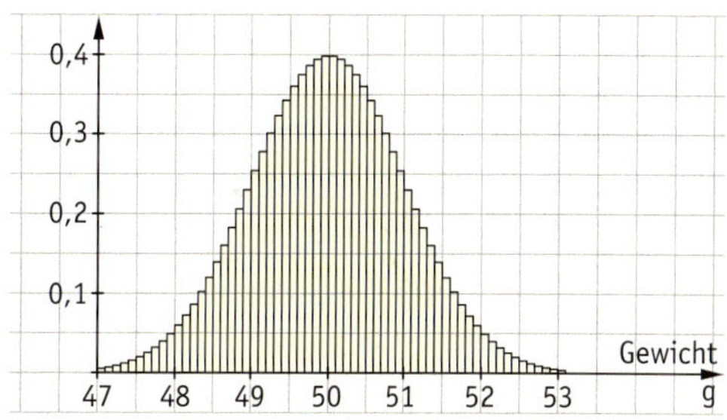

Natürlich kann man noch feiner messen, z. B. auf 0,01 g. Wir können uns sogar vorstellen, dass man beliebig genau messen kann. Dann erhält man einen glockenförmigen Graphen wie bei der Dichtefunktion der Normalverteilung.

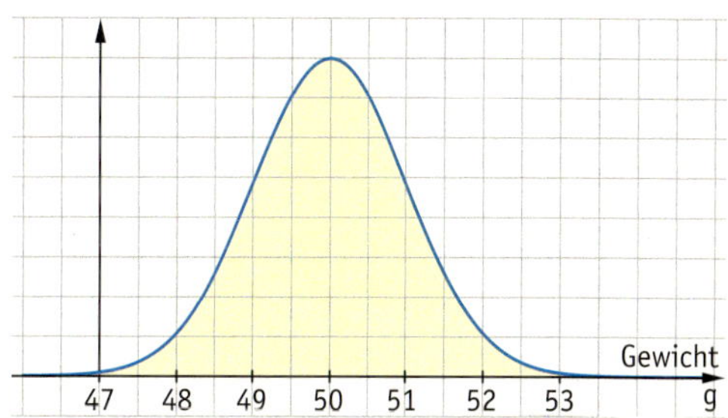

Aus den Rechtecken der Histogramme werden Strecken mit dem Flächeninhalt null. Diese Strecken stellen keine Häufigkeiten oder Wahrscheinlichkeiten im bisherigen Sinne dar. Jetzt können nämlich auch Ereignisse mit der Wahrscheinlichkeit null eintreten. Man definiert daher wie folgt:

Definition

Eine Zufallsgröße X heißt **normalverteilt** mit Erwartungswert μ und Standardabweichung σ, wenn für alle Wahrscheinlichkeiten gilt:

$$P(a \le X \le b) = \int_a^b \varphi_{\mu;\sigma}(x)\,dx.$$

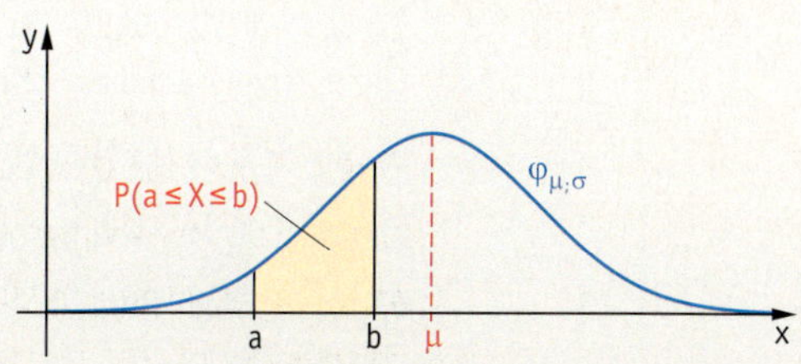

(2) Berechnen von Wahrscheinlichkeiten bei normalverteilten Zufallsgrößen

Wir nehmen an, dass das Gewicht der Brötchen normalverteilt ist mit Erwartungswert 50 g und Standardabweichung 1 g. Berechnen Sie die Wahrscheinlichkeit, dass ein beliebig herausgegriffenes Brötchen

a) zwischen 49 und 54 g **b)** weniger als 49 g **c)** mehr als 52,5 g **d)** genau 49,3 g wiegt.

Die gesuchten Wahrscheinlichkeiten lassen sich mithilfe der Tabellen zur Normalverteilung (GAUSS'sche Integralfunktion) oder mit einem Rechner bestimmen:

normalcdf (49, 54, 50, 1)

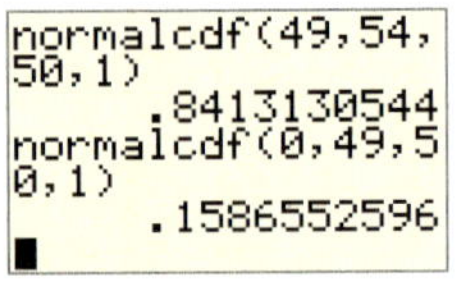

a) $P(49 \le X \le 54) = \int_{49}^{54} \varphi_{50;1}(x)\,dx = \Phi\left(\frac{54-50}{1}\right) - \Phi\left(\frac{49-50}{1}\right) = \Phi(4) - \Phi(-1) = 1 - 0{,}1587 \approx 0{,}841$

b) $P(X < 49) = \int_{0}^{49} \varphi_{50;1}(x)\,dx = \Phi\left(\frac{49-50}{1}\right) - \Phi\left(\frac{0-50}{1}\right) = \Phi(-1) - \Phi(-50) = 0{,}1587 - 0 \approx 0{,}159$

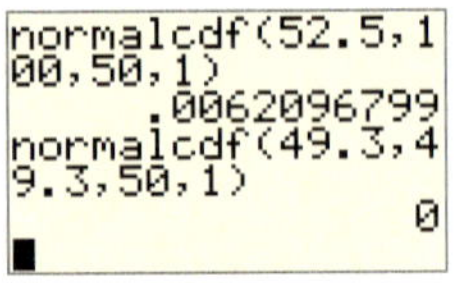

c) $P(X > 52{,}5) = \int_{52{,}5}^{\infty} \varphi_{50;1}(x)\,dx = 1 - \Phi\left(\frac{52{,}5-50}{1}\right) = 1 - \Phi(2{,}5) = 1 - 0{,}9938 \approx 0{,}006$

Zur Berechnung mit dem Rechner z. B. 100 g als Obergrenze statt ∞ nehmen.

d) $P(X = 49{,}3) = \int_{49{,}3}^{49{,}3} \varphi_{50;1}(x)\,dx = 0$

Die Wahrscheinlichkeit, dass ein Brötchen *genau* 49,3 g wiegt, ist exakt null. Das bedeutet aber – anders als bei Zufallsgrößen mit nur endlich vielen Werten – nicht, dass dieses Ergebnis unmöglich ist. Normalverteilte Zufallsgrößen können unendlich viele Werte annehmen, daher muss jeder einzelne dieser Werte die Wahrscheinlichkeit null haben.

(3) Berechnen von Bereichen zu vorgegebenen Wahrscheinlichkeiten

Der Benzinverbrauch x eines Pkw-Modells im Stadtverkehr in $\frac{l}{100\,km}$ kann näherungsweise durch eine Normalverteilung mit dem Erwartungswert $\mu = 7{,}8$ bei einer Standardabweichung von $\sigma = 1{,}5$ beschrieben werden. In welchem symmetrischen Bereich um den Erwartungswert liegt der Benzinverbrauch mit einer Wahrscheinlichkeit von

a) 50 % **b)** 75 % **c)** 90 % **d)** 95 % **e)** 99 %?

a) Eine grafische Darstellung liefert die Lösungsidee: An der oberen Grenze des Bereiches gilt:

$\Phi_{7,8;1,5}(x) = 0{,}75.$ *25 % + 50 % = 75 %*

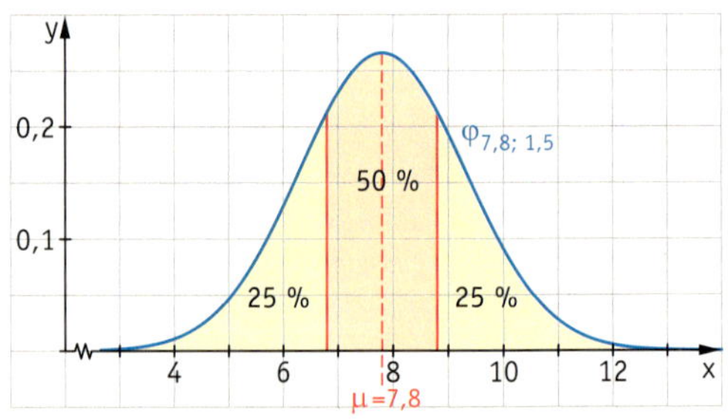

Den Tabellen zur GAUSS'schen Integralfunktion können wir entnehmen:

$\Phi(0{,}67) \approx 0{,}75;$ also muss gelten:

$\frac{x-7{,}8}{1{,}5} \approx 0{,}67,$ d.h. $x \approx 0{,}67 \cdot 1{,}5 + 7{,}8 \approx 8{,}8$

Aus Symmetriegründen liegt dann die untere Grenze des Intervalls bei $x = 7{,}8 - 1 = 6{,}8$

In 50 % der Fälle liegt der Benzinverbrauch also zwischen $6{,}8\,\frac{l}{100\,km}$ und $8{,}8\,\frac{l}{100\,km}$.

Hinweis: Die obere Grenze können wir auch mithilfe des Befehls **invNormal** oder **invNorm** eines Rechners bestimmen.

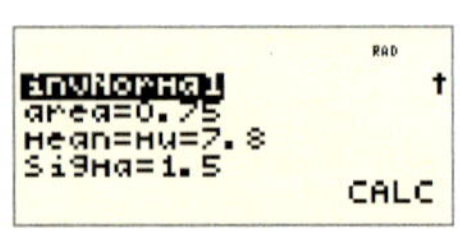

Entsprechend ergeben sich folgende Bereiche:

b) In 75 % der Fälle liegt der Benzinverbrauch zwischen $6{,}1\,\frac{l}{100\,km}$ und $9{,}5\,\frac{l}{100\,km}$.

c) In 90 % der Fälle liegt der Benzinverbrauch zwischen $5{,}3\,\frac{l}{100\,km}$ und $10{,}3\,\frac{l}{100\,km}$.

d) In 95 % der Fälle liegt der Benzinverbrauch zwischen $4{,}9\,\frac{l}{100\,km}$ und $10{,}7\,\frac{l}{100\,km}$.

e) In 99 % der Fälle liegt der Benzinverbrauch zwischen $3{,}9\,\frac{l}{100\,km}$ und $11{,}7\,\frac{l}{100\,km}$.

Information

Die bereits bekannten Sigma-Regeln für Binomialverteilungen mit $\sigma > 3$ gehen darauf zurück, dass diese Binomialverteilungen durch die Normalverteilung angenähert werden können, und dass die Normalverteilung – sogar für beliebiges σ – folgende Eigenschaft hat:

Sigma-Regeln bei normalverteilten Zufallsgrößen

Bei normalverteilten Zufallsgrößen mit Erwartungswert μ und Standardabweichung σ gilt:

$P(\mu - \sigma \leq X \leq \mu + \sigma) = 0{,}683$

$P(\mu - 2\sigma \leq X \leq \mu + 2\sigma) = 0{,}955$

$P(\mu - 3\sigma \leq X \leq \mu + 3\sigma) = 0{,}997$

„glatte“ Intervalle

$P(\mu - 1{,}64\sigma \leq X \leq \mu + 1{,}64\sigma) = 0{,}90$

$P(\mu - 1{,}96\sigma \leq X \leq \mu + 1{,}96\sigma) = 0{,}95$

$P(\mu - 2{,}58\sigma \leq X \leq \mu + 2{,}58\sigma) = 0{,}99$

„glatte“ Wahrscheinlichkeiten

Zum Üben

1 Das Gewicht von Eiern frei laufender Hühner auf einem Bauernhof ist normalverteilt mit Erwartungswert $\mu = 55\,g$ und Standardabweichung $\sigma = 5\,g$.
Bestimmen Sie die Wahrscheinlichkeit, dass ein beliebig aus diesen Eiern ausgewähltes Ei

a) zwischen 45 und 53 g; **b)** mindestens 45 g;
c) höchstens 50 g; **d)** genau 60 g wiegt.

2 Die Länge von Schrauben einer bestimmten Produktion ist normalverteilt mit Erwartungswert $\mu = 40\,mm$ und Standardabweichung $\sigma = 0{,}3\,mm$.

a) Bestimmen Sie die Wahrscheinlichkeit, dass eine beliebig ausgewählte Schraube dieser Produktion
(1) zwischen 39,5 und 40,5 mm;
(2) kürzer als 39 mm;
(3) länger als 41 mm;
(4) genau 40 mm lang ist.

b) In einer technischen Information soll angegeben werden:
(1) Die Länge von 90 % der Schrauben liegt zwischen … und … mm.
(2) 95 % aller Schrauben sind mindestens … mm lang.
Ermitteln Sie die fehlenden Werte.

Mikrozensus: statistische Erhebung in einem repräsentativen Teil der Bevölkerung

3 Im Rahmen des zuletzt durchgeführten Mikrozensus ergab sich für die Körpergröße von 18- bis 20-jährigen Frauen ein Mittelwert von 1,68 m bei einer Standardabweichung von 6,5 cm. Die Körpergröße kann näherungsweise als normalverteilt angesehen werden.

a) Mit welcher Wahrscheinlichkeit ist eine zufällig ausgewählte Frau dieser Altersgruppe
(1) größer als 1,63 m;
(2) mindestens 1,62 m und höchstens 1,75 m groß?

b) Bestimmen sie die sogenannten *Perzentilwerte* P_{10}, P_{25}, P_{75}, P_{90}. Das sind diejenigen Körpergrößen, für die gilt, dass 10 %, 25 %, 75 % bzw. 90 % der Bevölkerungsgruppe unterhalb dieses Wertes liegen.

4 Für das Körpergewicht von 18- bis 20-Jährigen ergaben sich folgende Daten:

Frauen: $\mu = 60{,}2\,\text{kg}$; $\sigma = 9{,}8\,\text{kg}$ Männer: $\mu = 73{,}2\,\text{kg}$; $\sigma = 11{,}1\,\text{kg}$

Als 10%-, 90%- bzw. 50%-Perzentilwerte (siehe Aufgabe 3) wurden festgestellt:

Frauen:	$P_{10} = 50{,}0\,\text{kg}$,	$P_{90} = 73{,}9\,\text{kg}$	$P_{50} = 59{,}9\,\text{kg}$
Männer:	$P_{10} = 60{,}0\,\text{kg}$,	$P_{90} = 87{,}1\,\text{kg}$	$P_{50} = 72{,}0\,\text{kg}$

Erläutern Sie, warum man hieran ablesen kann, dass das Körpergewicht (anders als die Körpergröße) auch nicht näherungsweise als normalverteilt angesehen werden kann.

5 Untersuchen Sie, ob die Angaben in den beiden Artikeln zueinander passen.

Intelligenz (lat.: *intelligentia* „Einsicht, Erkenntnisvermögen“, *intellegere* „einsehen, verstehen“) bezeichnet im weitesten Sinne die geistige Fähigkeit zum Erkennen von Zusammenhängen und zum Finden von Problemlösungen. Intelligenz kann auch als die Fähigkeit, den Verstand zu gebrauchen, angesehen werden. Sie zeigt sich im vernünftigen Handeln. In der Psychologie ist *Intelligenz* ein Sammelbegriff für die kognitiven Fähigkeiten des Menschen, also die Fähigkeit, zu verstehen, zu abstrahieren und Probleme zu lösen, Wissen anzuwenden und Sprache zu verwenden.

Intelligenztest Ein Intelligenztest dient dazu, die kognitiven Fähigkeiten eines Menschen zu erfassen. Es existiert eine Vielzahl unterschiedlicher Tests für unterschiedliche Zielgruppen und Anwendungsfälle. Ergebnis eines solchen Tests ist häufig der sogenannte Intelligenzquotient (IQ).
Intelligenztests liegt die Annahme zugrunde, dass die Intelligenz der Bevölkerung normalverteilt ist. Damit beschreibt der IQ die Abweichung vom Mittelwert 100, eine Standardabweichung beträgt 15 IQ-Punkte. (Wikipedia 07/2009)

Intelligent, intelligenter, am intelligentesten
Intelligenztests zeigen: Zwei Drittel aller Deutschen haben einen IQ zwischen 85 und 115.
50 Prozent sind intelligenter als der Durchschnitt.
Aber nur 2% sind Hochintelligente mit einem weit überdurchschnittlichen IQ über 130.

6 Eine Firma produziert Stahlbolzen, deren Durchmesser 5 mm betragen soll. Aus einer Qualitätskontrolle weiß man, dass der durchschnittliche Durchmesser der hergestellten Bolzen genau dem Sollwert entspricht – bei einer Standardabweichung von 0,2 mm. Folgende Qualitätseinteilung wird verwendet:

Qualität	Abweichung des Durchmessers vom Sollwert
1. Wahl	höchstens 0,15 mm
2. Wahl	mehr als 0,15 mm, aber weniger als 0,30 mm
Ausschuss	mehr als 0,30 mm

a) Berechnen Sie die Wahrscheinlichkeit dafür, dass ein zufällig der Produktion entnommener Stahlbolzen 1. Wahl ist.

b) Täglich werden 50 000 Bolzen produziert. Geben Sie eine begründete Prognose dafür an, wie viele Bolzen der einzelnen Qualitätsstufen man in dieser Produktion erwarten kann.

7 Eine Zufallsgröße X ist normalverteilt mit $\mu = 70$ und $\sigma = 4$.

a) Bestimmen Sie $P(65 \leq X \leq 75)$.

b) Beschreiben Sie, wie sich diese Wahrscheinlichkeit ändert, wenn man μ beibehält und σ verändert.

c) Beschreiben Sie, wie sich die Wahrscheinlichkeit aus Teilaufgabe a) ändert, wenn man bei festem $\sigma = 4$ den Erwartungswert μ verändert.

9.6.3 Bestimmen der Kenngrößen bei normalverteilten Zufallsgrößen

In diesem Abschnitt bestimmen wir den Erwartungswert und die Standardabweichung normalverteilter Zufallsgrößen anhand von Daten aus einer Stichprobe oder auch anhand von Aussagen über Wahrscheinlichkeiten einer Verteilung.

Einstieg

Aus der Produktion von Stahlnägeln wurde eine Stichprobe vom Umfang 500 genommen und die Länge der Nägel x (in mm) bestimmt; mit h (x) wird die relative Häufigkeit der Nägel der Länge x bezeichnet.

x	h (x)	x	h (x)	x	h (x)	x	h (x)
68,0	0,001	68,7	0,028	69,4	0,092	70,1	0,022
68,1	0,001	68,8	0,039	69,5	0,087	70,2	0,013
68,2	0,003	68,9	0,051	69,6	0,079	70,3	0,011
68,3	0,005	69,0	0,063	69,7	0,071	70,4	0,006
68,4	0,007	69,1	0,074	69,8	0,059	70,5	0,003
68,5	0,013	69,2	0,085	69,9	0,043	70,6	0,001
68,6	0,019	69,3	0,090	70,0	0,034		

(1) Stellen Sie die empirische Verteilung durch ein Histogramm dar.

(2) Bestimmen Sie Mittelwert und Stichprobenstreuung für diese Häufigkeitsverteilung.

(3) Bestimmen Sie eine Normalverteilung, die zu den Daten der Häufigkeitsverteilung passt.

(4) Berechnen Sie mithilfe dieser Normalverteilung die Wahrscheinlichkeit, dass ein zufällig aus der Stichprobe gezogener Nagel eine Länge hat, die im Intervall]68,85 mm; 70,05 mm] liegt. Vergleichen Sie die so bestimmte Wahrscheinlichkeit mit den relativen Häufigkeiten aus der Stichprobe.

Einführung

Bestimmen einer Normalverteilung aus arithmetischem Mittel und empirischer Standardabweichung

In einer Stichprobe unter 1 000 Frauen im Alter zwischen 18 und 20 Jahren fand man für die Körpergröße die nebenstehende Häufigkeitsverteilung.

Hinweis: Die Körpergröße 160 cm bedeutet, dass die betreffende Person mindestens 159,5 cm groß ist, aber kleiner ist als 160,5 cm.

Körpergröße (in cm)	relative Häufigkeit	Körpergröße (in cm)	relative Häufigkeit
150	0,1 %	169	6,2 %
151	0,2 %	170	5,9 %
152	0,3 %	171	5,5 %
153	0,4 %	172	5,1 %
154	0,6 %	173	4,6 %
155	0,8 %	174	4,0 %
156	1,1 %	175	3,4 %
157	1,5 %	176	2,9 %
158	1,9 %	177	2,4 %
159	2,4 %	178	1,9 %
160	2,9 %	179	1,5 %
161	3,4 %	180	1,1 %
162	4,0 %	181	0,8 %
163	4,6 %	182	0,6 %
164	5,1 %	183	0,4 %
165	5,5 %	184	0,3 %
166	5,9 %	185	0,2 %
167	6,2 %	186	0,1 %
168	6,2 %		

Stellt man die Daten aus der Tabelle als Histogramm dar, dann hat dieses Ähnlichkeit mit einem Histogramm einer Binomialverteilung.

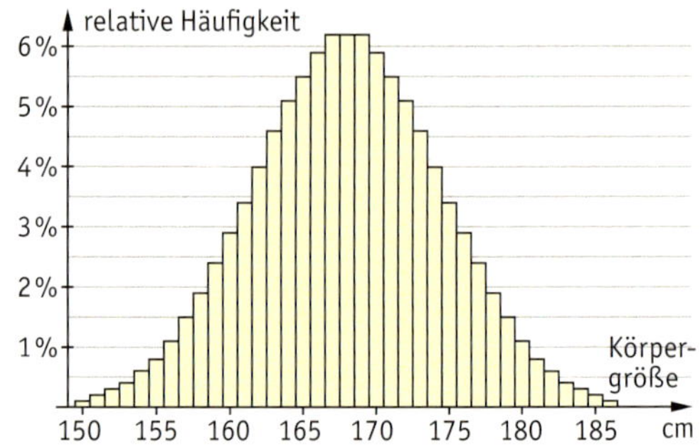

Bei den Messungen oben wurden die Körpergrößen gerundet, idealerweise können die Körpergrößen auch auf beliebige Nachkommastellen gemessen werden. Deshalb liegt es nahe, die Zufallsgröße *Körpergröße bei Frauen im Alter zwischen 18 und 20 Jahren* als normalverteilt anzusehen.

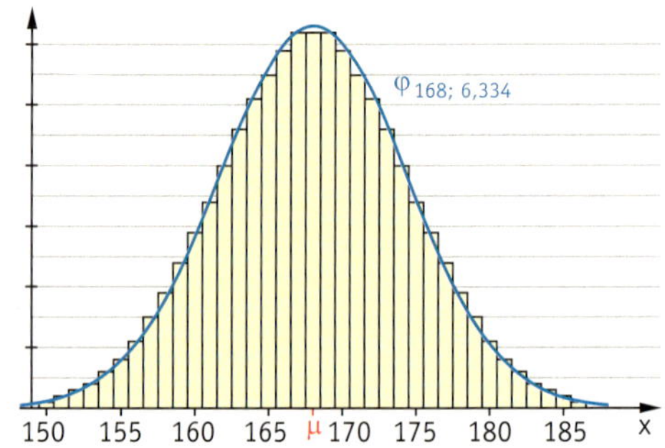

Wie wir wissen, kann die Wahrscheinlichkeitsverteilung dann durch eine Dichtefunktion $\varphi_{\mu;\sigma}(x) = \frac{1}{\sigma\sqrt{2\pi}} e^{-\frac{1}{2}\left(\frac{x-\mu}{\sigma}\right)^2}$ beschrieben werden. Um eine passende Dichtefunktion zu erhalten, werden der Erwartungswert μ mithilfe des arithmetischen Mittels $\bar{x}$ und die Standardabweichung σ mithilfe der empirischen Standardabweichung s näherungsweise aus der Häufigkeitsverteilung bestimmt. Man erhält mit $\mu \approx \bar{x} = 168\,\text{cm}$ und $\sigma \approx s \approx 6{,}334$ eine passende Glockenkurve als Graph der Funktion φ mit

$$\varphi_{168;\,6{,}334}(x) = \frac{1}{6{,}334 \cdot \sqrt{2\pi}} \cdot e^{-\frac{1}{2}\left(\frac{x-168}{6{,}334}\right)^2}$$

Information

(1) Schätzwert für den Erwartungswert μ

Bei großem Stichprobenumfang kann man den arithmetischen Mittelwert $\bar{x}$ einer Häufigkeitsverteilung als Schätzwert für den Erwartungswert μ der zugehörigen Wahrscheinlichkeitsverteilung verwenden, also $\bar{x} \approx \mu$.

(2) Schätzwert für die Standardabweichung σ

Wie auf Seite 482 beschrieben, wird die Varianz einer Zufallsgröße X definiert als

$$V(X) = (a_1 - \mu)^2 \cdot P(X = a_1) + (a_2 - \mu)^2 \cdot P(X = a_2) + \ldots + (a_m - \mu)^2 \cdot P(X = a_m)$$

und die Standardabweichung der Zufallsgröße als $\sigma = \sqrt{V(X)}$.

Für Häufigkeitsverteilungen mit den Merkmalsausprägungen $a_1, a_2, \ldots, a_m$ und den zugehörigen relativen Häufigkeiten $h(a_1), h(a_2), \ldots, h(a_m)$ werden die analogen Definitionen für die *Stichprobenvarianz* s^2 bzw. die *Stichprobenstreuung* s verwendet:

$$s^2 = (a_1 - \bar{x})^2 \cdot h(a_1) + (a_2 - \bar{x})^2 \cdot h(a_2) + \ldots + (a_m - \bar{x})^2 \cdot h(a_m) \quad \text{und} \quad s = \sqrt{s^2}$$

Die Stichprobenstreuung s wird auch als *empirische Standardabweichung* bezeichnet.

Auch hier gilt:

Bei großem Stichprobenumfang ist die empirische Standardabweichung s einer Häufigkeitsverteilung ein guter Schätzwert für die Standardabweichung σ der zugehörigen Wahrscheinlichkeitsverteilung, also: $\sigma \approx s$.

(3) Schätzwerte für μ und σ mithilfe eines Rechners bestimmen

Wir betrachten die Daten zur Körpergröße aus der Einführung. Nach Eingabe der Daten in zwei Listen können μ und σ mithilfe des Statistik-Menüs berechnet werden.

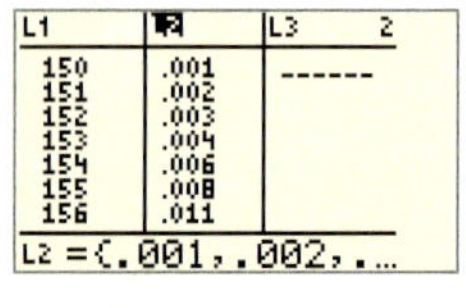

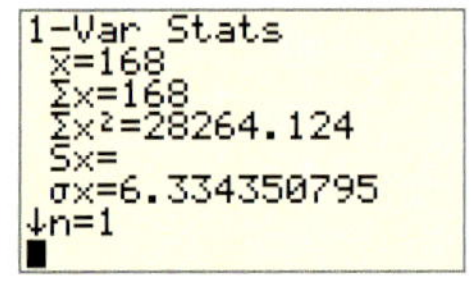

Aufgabe

1 Bestimmen einer Normalverteilung aus gegebenen Wahrscheinlichkeiten

In bestimmten Altersstufen kann die Körpergröße von Kindern als normalverteilt angesehen werden. Aus dem Diagramm rechts kann man beispielsweise ablesen, dass jeweils 3 % der Vierjährigen kleiner als 96 cm und größer als 111 cm sind.

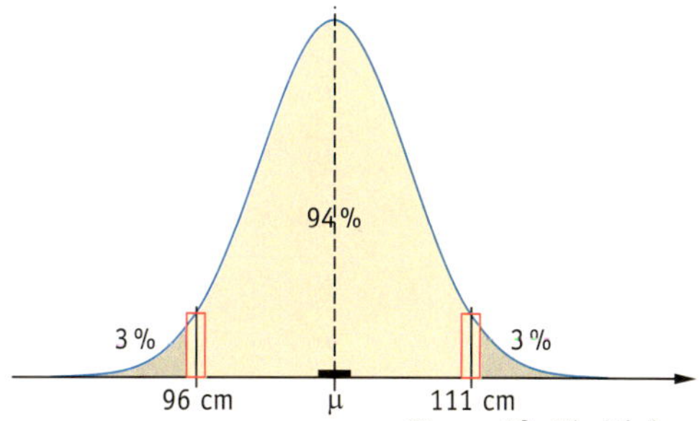

Bei den Vorsorgeuntersuchungen von Kindern wird geprüft, ob die Körpergröße des untersuchten Kindes auffällig groß oder klein ist, d. h. ob es zu den 3 % am oberen oder am unteren Ende der Verteilung gehört.

Hinweis: Beachten Sie, dass mit der Körpergröße 96 cm das Intervall [95,5 cm; 96,5 cm[gemeint ist.

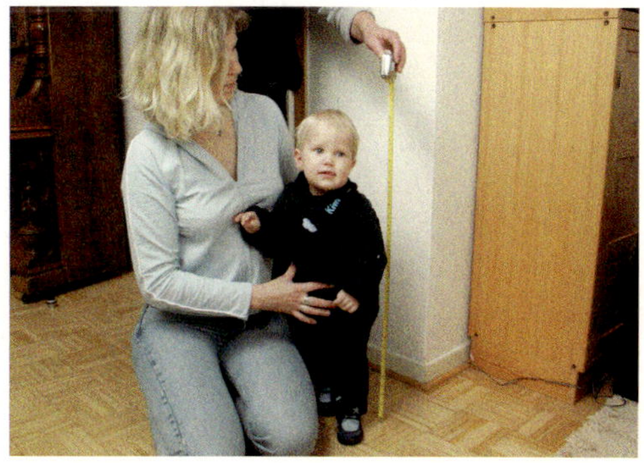

a) Bestimmen Sie aus diesen Angaben die benötigten Kenngrößen μ und σ.

b) Wie viel Prozent der Vierjährigen sind
(1) größer als 99 cm;
(2) zwischen 99 cm und 102 cm groß?

Lösung

a) Wegen der Symmetrie der Normalverteilung liegt der Erwartungswert μ in der Mitte zwischen 95,5 cm und 111,5 cm, also: $\mu = 103{,}5$ cm.

Um σ zu bestimmen, stellen wir folgende Überlegung an: Wir wissen, dass im Intervall [95,5 cm; 111,5 cm[, also im Intervall [μ − 8 cm; μ + 8 cm[, 94 % der Vierjährigen mit ihrer Körpergröße anzutreffen sind.

Mithilfe der Tabelle zur GAUSS'schen Integralfunktion können wir nun noch bestimmen, welcher $z\sigma$-Umgebung von μ dies entspricht. Da man der Tabelle nur die Wahrscheinlichkeiten $\Phi(z) = \int_{-\infty}^{z} \varphi(x)\,dx$ entnehmen kann, sucht man:

$0{,}94 = 0{,}97 - 0{,}03$
$\quad = \Phi(z) - \Phi(-z)$. Mithilfe der Tabelle der GAUSS'schen Integralfunktion findet man:
$\quad = \Phi(1{,}88) - \Phi(-1{,}88)$

Also gilt: $8\text{ cm} = 1{,}88 \cdot \sigma$; und damit $\sigma = 4{,}26$ cm.

- Mithilfe eines Rechners kann man z. B. wie folgt vorgehen:
  Um die Standardabweichung σ zu bestimmen, betrachten wir die Funktion $s(x) =$ **normalcdf**(95.5, 111.5, 103.5, x), die uns zu verschiedenen Werten für die Standardabweichung σ Wahrscheinlichkeiten für das Intervall [95,5 cm; 111,5 cm[liefert.
  Gesucht ist also diejenige Zahl x, für die $s(x) = 0{,}94$ ist.
  Eine solche Zahl finden wir mithilfe der Wertetabelle der Funktion.

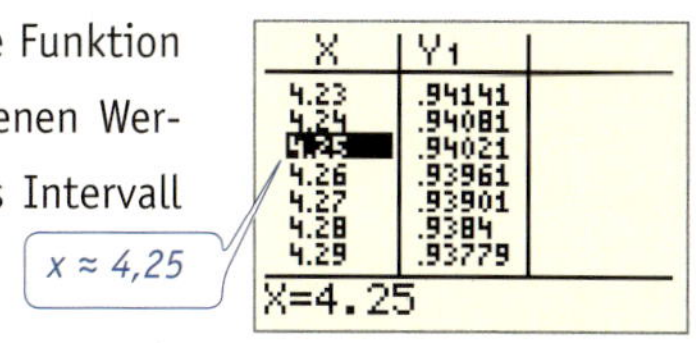

b) (1) $P(X > 99) = P(X \geq 99{,}5) = 1 - P(X < 99{,}5) \approx 1 - \Phi\left(\frac{99{,}5 - 103{,}5}{4{,}26}\right) = 1 - \Phi(-0{,}94) \approx 82{,}6\,\%$

d. h. ca. 83 % aller Vierjährigen sind größer als 99 cm.

(2) $P(99{,}5 \leq X \leq 101{,}5) \approx \Phi\left(\frac{101{,}5 - 103{,}5}{4{,}26}\right) - \Phi\left(\frac{99{,}5 - 103{,}5}{4{,}26}\right)$

$\approx \Phi(-0{,}47) - \Phi(-0{,}94) \approx 31{,}9\,\% - 17{,}4\,\% = 14{,}5\,\%$

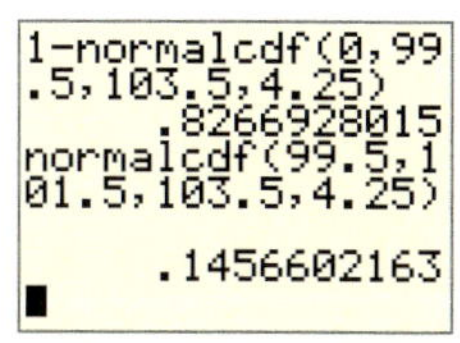

d. h. ca. 14,5 % aller Vierjährigen sind zwischen 99 cm und 102 cm groß.

- Auch hier kann man mit einem Rechner die gesuchten Werte bestimmen.

Übungsaufgaben

2 Aus einem Korb mit Pflaumen wurden 200 zufällig ausgewählt und gewogen.

Gewicht (in g)	13	14	15	16	17	18	19	20	21	22	23
Anzahl der Pflaumen	1	1	2	3	6	9	11	12	13	19	17

Gewicht (in g)	24	25	26	27	28	29	30	31	32	33	34
Anzahl der Pflaumen	20	20	17	13	12	8	7	3	2	2	2

a) Ermitteln Sie eine Normalverteilung, die das Gewicht dieser Pflaumen beschreibt.

b) Bestimmen Sie, welcher Anteil der Pflaumen

(1) leichter als 20 g; (2) schwerer als 30 g; (3) zwischen 20 g und 30 g schwer ist.

3

a) Bestimmen Sie mithilfe der Grafik den Erwartungswert und die Standardabweichung der Körpergröße von Kindern im Alter (1) von 6 Monaten; (2) von 12 Monaten.

b) Bestimmen Sie μ und σ für die Körpergröße von Kindern mit dem Körpergewicht (1) 6 kg; (2) 8 kg.

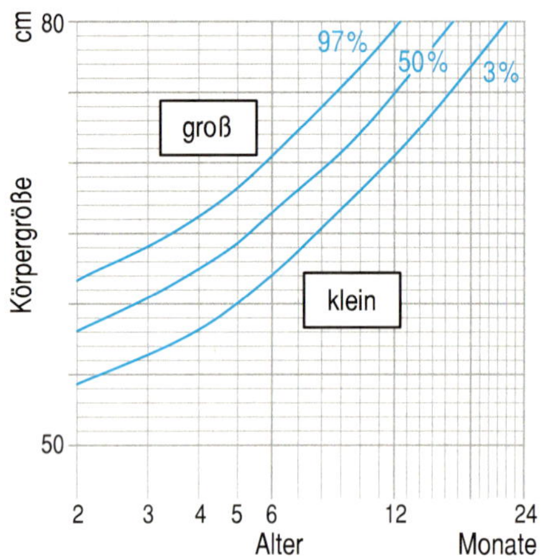

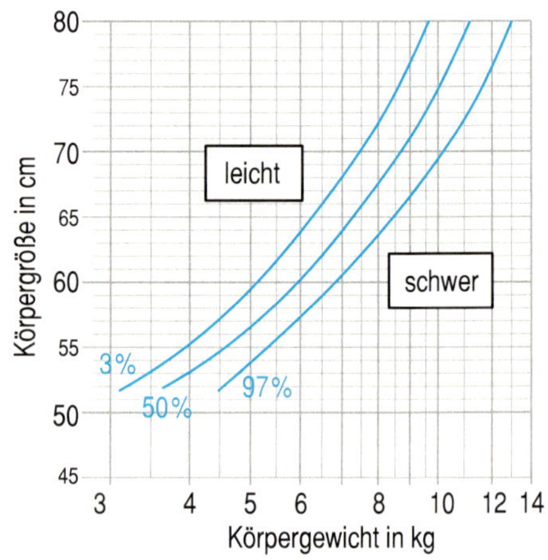

4 Bei Hühnereiern unterscheidet man heute vier Gewichtsklassen:

Gewichtsklasse	XL	L	M	S
Beschreibung	Sehr groß	Groß	Mittel	Klein
Gewicht	mindestens 73 g	63 g – 73 g	53 g – 63 g	unter 53 g

Außerdem gibt es noch unterschiedliche Güteklassen (A, B, C), wobei in der Regel nur Güteklasse A in den Verkauf kommt.

Eine Handelskette vereinbart mit einem Eier-Lieferanten, dass maximal 10 % der gelieferten Eier der Gewichtsklasse L weniger als 65 g wiegen dürfen. Üblicherweise haben die Eier des Lieferanten ein mittleres Gewicht von $\overline{x} = 68\,g$ bei einer Stichprobenstreuung von $s = 2{,}3\,g$.

Überprüfen Sie, ob die Lieferbedingung eingehalten werden kann, ohne dass für den Lieferanten zusätzlicher Aufwand (Aussortieren von „kleinen" Eiern) erforderlich ist.

5 Die Körpergröße von Neugeborenen ist näherungsweise normalverteilt. Bestimmen Sie wie in Aufgabe 1 eine Dichtefunktion, die die Daten der folgenden Stichprobe gut approximiert.

Körpergröße (in cm)	≤ 47	48	49	50	51	52	53	54	55	56	57	58	≥ 59
Anzahl Jungen	0	1	2	8	12	12	16	14	13	11	7	3	1
Anzahl Mädchen	2	1	3	12	12	17	19	10	13	8	3	0	0

6 Die WHO (World Health Organization) führte in verschiedenen Ländern aller Kontinente eine umfangreiche Stichprobe durch, mit deren Hilfe Wahrscheinlichkeiten für Körpermaße von Kindern und Jugendlichen geschätzt werden können.

a) Erläutern Sie, was in den drei abgebildeten Grafiken dargestellt ist.

b) Schätzen Sie Erwartungswert und Standardabweichung der näherungsweise normalverteilten Körpergröße von Mädchen im Alter von 10 Jahren.

c) Mit welcher Wahrscheinlichkeit ist ein 12-jähriges Mädchen kleiner als 150 cm?

d) Mit welcher Wahrscheinlichkeit hat ein 3 Jahre alter Junge einen Kopfumfang von über 50 cm?

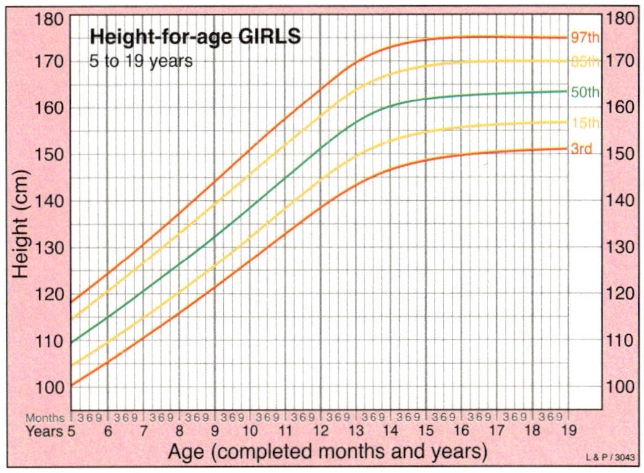

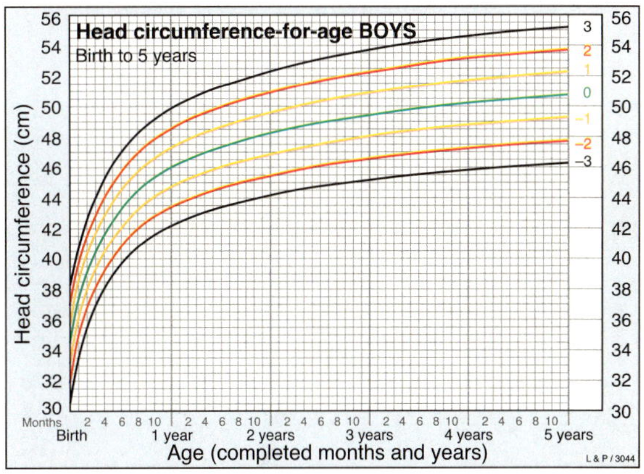

e) Woran kann man erkennen, dass das Körpergewicht von Mädchen im Alter zwischen 5 und 10 Jahren nicht normalverteilt ist?

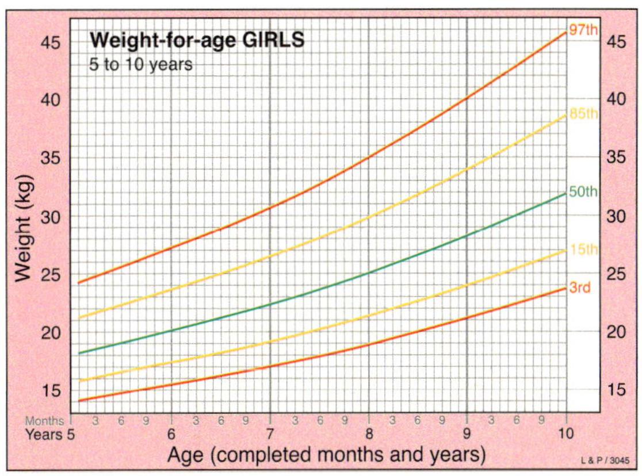

7 In Aufgabe 1 wurden passende Werte von z gesucht, derart dass $\Phi(z) - \Phi(-z) \approx 0{,}94$. Ermitteln Sie mithilfe der Tabelle der GAUSS'schen Integralfunktion passende Werte von z, sodass $\Phi(z) - \Phi(-z) \approx 0{,}5\,[0{,}6;\ 0{,}7;\ 0{,}75;\ 0{,}80;\ 0{,}85;\ 0{,}90;\ 0{,}92;\ 0{,}96;\ 0{,}98]$.

8 Bei den Abiturprüfungen der letzten Jahre erreichten die Schülerinnen und Schüler eines Gymnasiums die folgenden Gesamtpunktzahlen:

Punkte	< 314	314 – 364	365 – 414	415 – 464	465 – 515	516 – 565
Anzahl	2	19	55	65	70	53

Punkte	566 – 616	617 – 666	667 – 716	717 – 767	> 767
Anzahl	39	27	15	9	2

Kann die Verteilung als normalverteilt angesehen werden? Schätzen Sie gegebenenfalls μ und σ.

Stetige Zufallsgrößen

In Abschnitt 9.4.2 haben wir Beispiele von Häufigkeitsverteilungen kennengelernt, deren Histogramme sich näherungsweise durch den Graphen einer Dichtefunktion beschreiben lassen.
Bei einer Dichtefunktion handelt es sich um eine stetige Funktion, mit deren Hilfe Berechnungen von Wahrscheinlichkeiten möglich sind. In diesem Exkurs wollen wir darstellen, wie man prinzipiell zu einer solchen stetigen Funktion kommen kann.

Stetige Verteilungen als Idealisierungen von diskreten Verteilungen

In den sogenannten *Sterbetafeln* ist angegeben, wie viele Personen eines Geburtsjahrgangs in einem bestimmten Alter noch leben. Wegen der unterschiedlichen Lebenserwartung von Männern und Frauen wird daher nach dem Geschlecht unterschieden. Zur Vereinfachung hat man die absoluten Häufigkeiten auf 100 000 Lebendgeborene umgerechnet.

Alter	männlich			weiblich		
	1910	1934	2006	1910	1934	2006
0	100 000	100 000	100 000	100 000	100 000	100 000
1	79 766	91 465	99 567	82 952	93 161	99 643
2	76 585	90 618	99 531	79 761	92 394	99 614
5	74 211	89 654	99 481	77 334	91 535	99 570
10	72 827	88 793	99 426	75 845	90 753	99 527
15	72 007	88 244	99 367	74 887	90 270	99 479
20	70 647	87 298	99 145	73 564	89 490	99 377
25	68 881	86 032	98 825	71 849	88 390	99 257
30	67 092	84 715	98 502	69 848	87 139	99 131
35	65 104	83 243	98 124	67 679	85 754	98 954
40	62 598	81 481	97 571	65 283	84 135	98 665
45	59 405	79 285	96 600	62 717	82 211	98 153
50	55 340	76 322	94 937	59 812	79 620	97 239
55	50 186	72 147	92 294	55 984	76 038	95 859
60	43 807	66 293	88 463	50 780	70 984	93 808
65	36 079	58 106	82 970	43 540	63 712	90 923
70	27 136	47 059	75 093	34 078	53 184	86 681
75	17 586	33 479	63 680	23 006	39 132	79 578
80	8 687	19 122	48 524	12 348	23 500	67 886
85	3 212	7 732	30 667	4 752	10 323	49 588
90	683	1 966	14 463	1 131	2 868	27 389

Aus der Tabelle für 2006 lesen wir z. B. ab: Von 100 000 Lebendgeborenen erreichen 99 145 Männer das Alter von 20 Jahren, 98 124 Männer das Alter von 35 Jahren.

Die relative Häufigkeit $\frac{98\,124}{99\,145} = 0{,}99$ kann zur Schätzung der Wahrscheinlichkeit dafür dienen, dass ein 20-Jähriger 35 Jahre alt wird.

Wahrscheinlichkeit als Prognose

Mithilfe der obigen Sterbetafel ist das folgende Histogramm erstellt worden.
Aus dem Diagramm ist ablesbar, mit welcher Wahrscheinlichkeit ein männlicher Neugeborener im Laufe des Altersintervalls zwischen a und a + 5 Jahren stirbt.

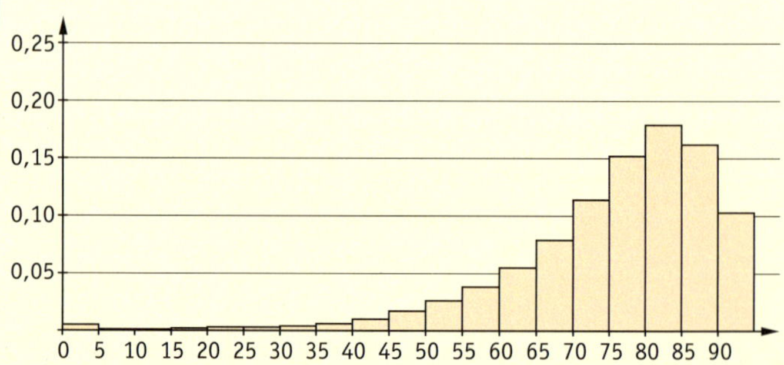

Analog kann man auch ein *verfeinertes* Histogramm zum gleichen Sachverhalt zeichnen, wenn man eine Sterbetafel vorliegen hat, die in Abständen von 1 Jahr angibt, wie viele von 100 000 Neugeborenen nach a Jahren noch leben.

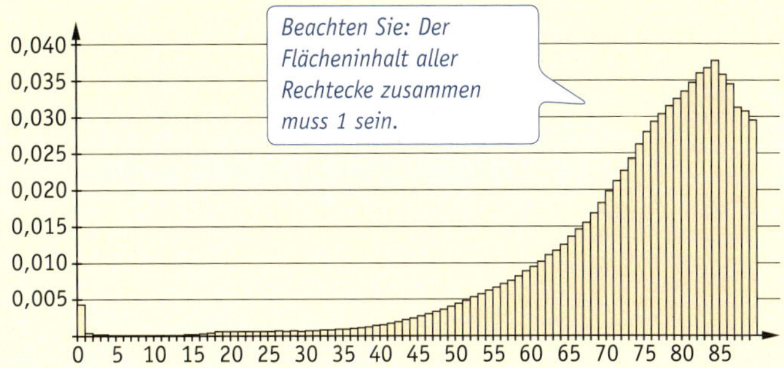

Es liegt nahe sich vorzustellen, dass man noch beliebig weiter verfeinern kann. Dies stellt eine Idealisierung des Sachverhalts dar. Statt der treppenartigen Histogramme erhält man dann den Graphen einer stetigen Funktion, die sogenannte **Dichtefunktion** der Zufallsgröße X *ein männliches Neugeborenes erlebt den Zeitpunkt a*.

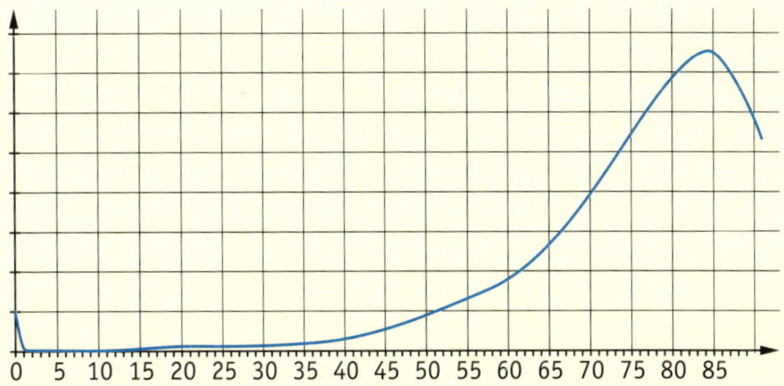

Zufallsgrößen, die beliebige Werte in einem Intervall annehmen können, bezeichnet man als **stetige Zufallsgrößen**.
Die Wahrscheinlichkeit für eine stetige Zufallsgröße wird durch eine sogenannte Dichtefunktion beschrieben.

Definition: Dichtefunktion der Zufallsgröße X

Eine Funktion f heißt Dichtefunktion einer stetigen Zufallsgröße X, wenn folgende Eigenschaften erfüllt sind:

(1) f ist für alle $x \in \mathbb{R}$ definiert und es gilt $f(x) \geq 0$

(2) $P(a \leq X \leq b) = \int_a^b f(x)\,dx$

(d. h. die Wahrscheinlichkeit für ein Intervall berechnet man als Integral über dieses Intervall)

(3) $\lim\limits_{a \to \infty} \int_{-a}^{+a} f(x)\,dx = \int_{-\infty}^{+\infty} f(x)\,dx = 1$

(d. h. die Gesamtfläche zwischen dem Graphen der Dichtefunktion und der x-Achse ist 1)

Die Eigenschaft (1) der Nicht-Negativität ist plausibel, da dann für die Wahrscheinlichkeit von beliebigen Ereignissen E folgt: $P(E) = P(a \leq X \leq b) \geq 0$.
Eigenschaft (2) ergibt sich aus dem Sachzusammenhang: Sie leuchtet ein, da auch bei den bisher behandelten Verteilungen die Summe der Wahrscheinlichkeiten aller Ergebnisse 1 ist.
Die Funktion $b \mapsto \int_{-\infty}^{b} f(x)\,dx = P(X \leq b)$ wird als **Verteilungsfunktion** der Zufallsgröße X bezeichnet. Sie entspricht den kumulierten Verteilungen bei den bisher betrachteten Zufallsgrößen.

Hinweis: Man beachte, dass der Wert f(a) der Dichtefunktion an der Stelle a nicht mit der Wahrscheinlichkeit für a verwechselt werden darf.

Die schon bekannten normalverteilten Zufallsgrößen sind spezielle stetige Zufallsgrößen.
Stetige Zufallsgrößen können alle Werte aus einem gewissen Intervall annehmen. Die Wahrscheinlichkeit, dass genau der Wert a angenommen wird, berechnet man gemäß Definition (2) als $P(X = a) = P(a \leq X \leq a) = \int_a^a f(x)\,dx$.
Aus der Integralrechnung wissen wir, dass dieses Integral gleich null ist, d. h. für alle $a \in \mathbb{R}$ gilt: $P(X = a) = 0$.
Dies bedeutet allerdings (anders als bei diskreten Zufallsgrößen) *nicht*, dass das Ereignis $X = a$ ein *unmögliches* Ereignis ist.

Erwartungswert, Varianz und Standardabweichung bei stetigen Zufallsvariablen

Bei Zufallsgrößen X, welche z. B. die Werte $k = 0, 1, 2, \ldots, n$ mit den Wahrscheinlichkeiten $P(X = 0), P(X = 1), P(X = 2), \ldots, P(X = n)$ annehmen können, hatten wir den Erwartungswert folgendermaßen definiert:

$$\mu = E(X) = 0 \cdot P(X = 0) + 1 \cdot P(X = 1) + 2 \cdot P(X = 2) + \ldots + n \cdot P(X = n);$$

das heißt, der Erwartungswert ist das gewichtete arithmetische Mittel der möglichen Werte der Zufallsgrößen.

Analog geht man vor, wenn man diesen Begriff auf den **Erwartungswert einer stetigen Zufallsgröße** übertragen will:

Den Mittelwert einer Häufigkeitsverteilung erhält man, indem man die Summe aus den Produkten der verschiedenen auftretenden Werte $x_1, x_2, \ldots$ mit den zugehörigen relativen Häufigkeiten bildet. Dabei werden die möglichen Werte x_i der Zufallsgrößen mit den Flächeninhalten der betreffenden Rechtecke $f(x_i) \cdot \Delta x$ multipliziert, wobei mit Δx die Breite der Rechteckstreifen bezeichnet ist. Also:

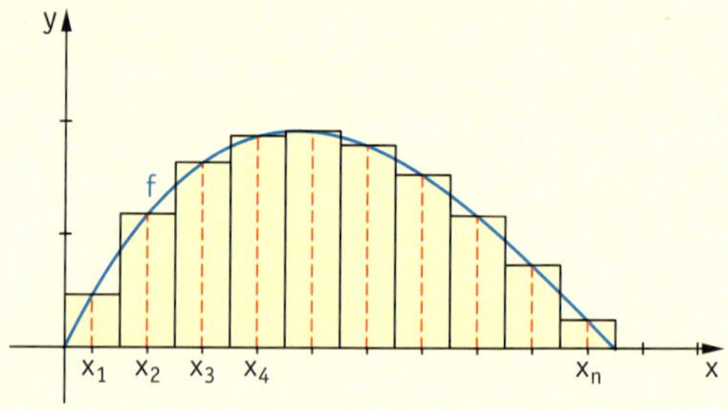

$$\overline{x} = \underbrace{x_1}_{\text{Wert}} \cdot \underbrace{f(x_1) \cdot \Delta x}_{\text{relative Häufigkeit}} + x_2 \cdot f(x_2)\,\Delta x + \ldots + x_n \cdot f(x_n)\,\Delta x$$

Beim Übergang zur Dichtefunktion wird die Summenbildung ersetzt durch das Integral über alle reellen Zahlen:

$$\mu = E(X) = \int_{-\infty}^{+\infty} x \cdot f(x)\,dx$$

Analog geht man bei der Definition der **Varianz von stetigen Zufallsgrößen** vor: Aus

$$V(X) = (0 - \mu)^2 \cdot P(X = 0) + (1 - \mu)^2 \cdot P(X = 1) + (2 - \mu)^2 \cdot P(X = 2) + \ldots + (n - \mu)^2 \cdot P(X = n),$$

der mittleren quadratischen Abweichung der Werte der Zufallsgrößen vom Erwartungswert μ, wird:

$$V(X) = \int_{-\infty}^{+\infty} (x - \mu)^2 \cdot f(x)\,dx.$$

Definition: Erwartungswert und Standardabweichung bei stetigen Zufallsgrößen

Sei f die Dichtefunktion einer stetigen Zufallsgröße X. Dann berechnet man den Erwartungswert μ und die Standardabweichung σ der Zufallsgröße X wie folgt:

$$\mu = E(X) = \int_{-\infty}^{+\infty} x \cdot f(x)\,dx \quad \text{und} \quad \sigma = \sqrt{V(x)}, \quad \text{wobei gilt:} \quad V(X) = \int_{-\infty}^{+\infty} (x - \mu)^2 \cdot f(x)\,dx.$$

Exponentialverteilte Zufallsgrößen

Zufallsgrößen, wie die Lebensdauer von Bauteilen oder die Wartezeit bis zum Eintreten eines bestimmten Ereignisses lassen sich häufig mithilfe einer Dichtefunktion f von folgendem Typ beschreiben:

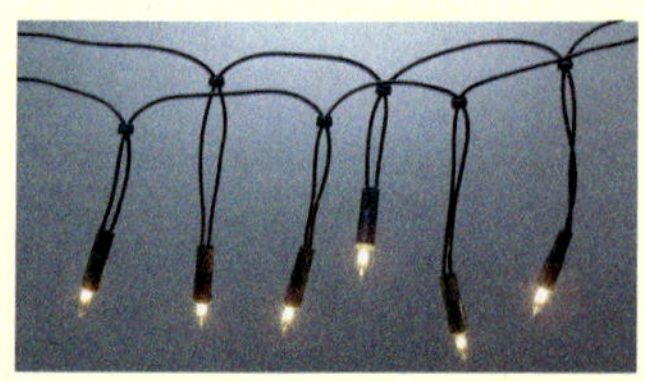

$$f(x) = \begin{cases} \lambda e^{-\lambda x} & \text{für } x \geq 0 \\ 0 & \text{für } x \leq 0 \end{cases}$$

Eine solche Zufallsgröße heißt **exponentialverteilt mit Parameter λ** ($\lambda > 0$).

Beispiel: Lebensdauer einer Glühlampe

Für eine bestimme Sorte von Glühlampen lässt sich die Lebensdauer mithilfe der Dichtefunktion $f(x) = 0{,}004\,e^{-0{,}004x}$ für $x \geq 0$ und $f(x) = 0$ sonst beschreiben, wobei x die Brenndauer in Stunden bedeutet.

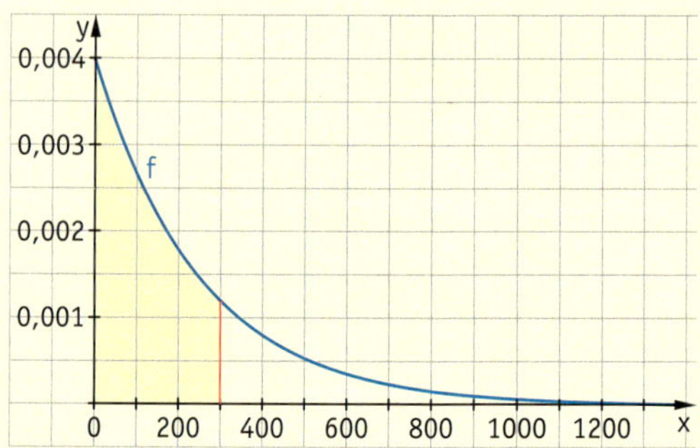

Man interessiert sich zum Beispiel für den Anteil der Glühlampen, die weniger als 300 Stunden brennen:

$$P(X < 300) = \int_0^{300} 0{,}004\,e^{-0{,}004x}\,dx = \left[-e^{-0{,}004x}\right]_0^{300}$$
$$= -e^{-1{,}2} - (-1) \approx 0{,}7$$

Also brennen etwa 70 % aller dieser Glühlampen weniger als 300 Stunden.

Die folgenden Aufgaben helfen Ihnen bei der Organisation des selbständigen Lernprozesses. Zur Selbstkontrolle sind alle Lösungen dieser Aufgaben im Anhang des Buches abgedruckt.

1 In den USA werden nicht nur im Tennis-Training, sondern auch beim Baseball- und Football-Training Ballwurfmaschinen eingesetzt. Einige Profi-Fußballvereine und Fußballschulen in Europa verwenden eine *football passing machine* als Torschussmaschine zum Torwarttraining. Ein Forscherteam hat eine Maschine so umkonstruiert, dass der Ball zufällig in die linke oder rechte Torecke und dabei auch zufällig flach oder hoch geschossen wird.

Erläutern Sie, warum sich das Training mit der Maschine als BERNOULLI-Kette auffassen lässt und geben Sie verschiedene Möglichkeiten dafür an, was dabei als „Erfolg" interpretiert werden kann.

2 Ein Würfel wird geworfen. Als Erfolg wird jede Augenzahl größer als 4 gewertet.

a) Bestimmen Sie die Binomialverteilung für diese 6-stufige BERNOULLI-Kette.

b) Begründen Sie mithilfe der BERNOULLI-Formel, warum die Wahrscheinlichkeit

(1) für 1 Erfolg dreimal so groß ist wie die für 0 Erfolge;

(2) für 2 Erfolge viermal so groß ist wie die für 4 Erfolge;

(3) für 4 Erfolge fünfmal so groß ist wie die für 5 Erfolge.

3 20 % der Einwohner Deutschlands sind jünger als 20 Jahre. Wie groß ist die Wahrscheinlichkeit dafür, dass unter 100 zufällig ausgewählten Personen

(1) genau 17 Personen jünger als 20 Jahre sind;

(2) mindestens 15, höchstens 25 Personen jünger als 20 Jahre sind;

(3) mehr als 80 Personen mindestens 20 Jahre alt sind;

(4) höchstens 75 mindestens 20 Jahre alt sind.

4 Eine Münze wird fünfmal geworfen.

a) Mit welcher Wahrscheinlichkeit wirft man keinmal, 1-mal, 2-mal, 3-mal, 4-mal, 5-mal Wappen?

b) Mit welcher Wahrscheinlichkeit wirft man

(1) höchstens dreimal Wappen;

(2) weniger als dreimal Wappen;

(3) mindestens einmal Wappen;

(4) mehr als einmal Wappen?

5 Die Wahrscheinlichkeit, dass beim Werfen dreier LAPLACE-Würfel drei verschiedene Augenzahlen auftreten, beträgt $p = \frac{5}{9}$.

Das Werfen mit den drei Würfeln wird 900-mal mithilfe eines Zufallszahlengenerators simuliert.

a) Stellen Sie eine Entscheidungsregel auf, um zu entscheiden, ob der Zufallszahlengenerator tatsächlich den LAPLACE-Versuch simuliert. Bestimmen Sie eine Entscheidungsregel für $\alpha \leq 0{,}05$.

b) Bestimmen Sie die Wahrscheinlichkeit für einen Fehler 2. Art, wenn der Zufallszahlengenerator tatsächlich nur mit Wahrscheinlichkeit $p = 0{,}5$ drei verschiedene Augenzahlen erzeugt.

6 Einer Zeitungsmeldung nach besitzen 2 von 3 Haushalten in Deutschland einen DVD-Player.

a) Ermitteln Sie, mit wie vielen Haushalten mit DVD-Player man rechnen kann, wenn man 1 000 Haushalte zufällig auswählt und bezüglich ihrer Ausstattung untersucht (Sicherheitswahrscheinlichkeit 90 %).

b) Geben Sie auch die mit 90%iger Wahrscheinlichkeit zu erwartenden relativen Häufigkeiten an.

7 Ein Unternehmen beteiligt sich an der Sommeraktion „Mit dem Rad zur Arbeit" der AOK und des ADFC. Da die Radwege vor Ort gut ausgebaut sind, erwartet die Firmenleitung, dass durchschnittlich 30 % der 50 Angestellten mit dem Fahrrad zur Arbeit kommen. Um die Aktion zu unterstützen, soll ein abschließbarer Fahrradunterstand gebaut werden.

Mit dem Rad zur Arbeit 2009 Eine Initiative von ADFC und AOK

a) Untersuchen Sie, mit welcher Wahrscheinlichkeit 20 Fahrradständer genügen.

b) Ermitteln Sie, wie viele Fahrradständer zur Verfügung stehen sollten, damit diese mit einer Wahrscheinlichkeit von mindestens 90 % ausreichen.

8 Laut JIM-Studie 2010 (JIM = Jugend, Information, Multimedia) nutzten 79 % der 12- bis 19-Jährigen Internet-Suchmaschinen zur Informationsbeschaffung. Ein Sozialwissenschaften-Grundkurs möchte durch eine repräsentative Erhebung herausfinden, ob ein solcher Anteil auch für die Schülerinnen und Schüler der eigenen Schule zutreffend ist. Erläutern Sie, warum man dies als einseitigen Hypothesentest auffassen kann. Welche Standpunkte könnten hier vertreten werden? Wie würde man die kritischen Werte für die Entscheidungsregeln bestimmen?

Dosenpfand wirkt

Mehrwegquote bei Bier seit 2003 stark gestiegen – Vermüllung durch Blechdosen und Plastikflaschen gestoppt

Berlin, 29. Oktober 2008 – Das 2003 eingeführte Pfand auf Einweg-Getränkeverpackungen wie Dosen und Plastikflaschen hat zu einem starken Anstieg des Mehrweganteils bei Bier geführt. Dies geht aus den jüngsten Erhebungen der Gesellschaft für Verpackungsmarktforschung (GVM) hervor.

9 Als im Jahr 2003 in Deutschland der Anteil der Mehrwegverpackungen bei Getränken unter 60 % sank, wurde eine neue Regelung zum Dosenpfand eingeführt. Das Bundesministerium für Umwelt, Naturschutz und Reaktorsicherheit veröffentlichte dann Ende 2008 die nebenstehende Erfolgsmeldung.
Verschiedene Abteilungen des Ministeriums streiten jetzt darüber, ob mehr getan werden muss. Während die einen der Überzeugung sind, dass die Bevölkerung genügend über das Dosenpfand „aufgeklärt" ist, fordern die anderen die Durchführung einer neuen Informationskampagne. Schließlich einigt man sich darauf, eine Befragung von 1000 repräsentativ ausgewählten Bundesbürgern durchzuführen, um über die folgenden Hypothesen zu entscheiden:

- *Mehr als 80 % der Bundesbürger wissen über das Dosenpfand Bescheid.*
- *Höchstens 80 % der Bundesbürger wissen über das Dosenpfand Bescheid.*

a) Ermitteln Sie, welche Entscheidungsregeln sich auf dem 5 %-Niveau ergeben.

b) Beschreiben Sie, bei welchen Stichprobenergebnissen der Streit geklärt ist.

LK **10** Die WHO (World Health Organization) führte in verschiedenen Ländern aller Kontinente eine umfangreiche Stichprobe durch, mit deren Hilfe Wahrscheinlichkeiten für die Körpergröße von Kindern und Jugendlichen geschätzt werden können.

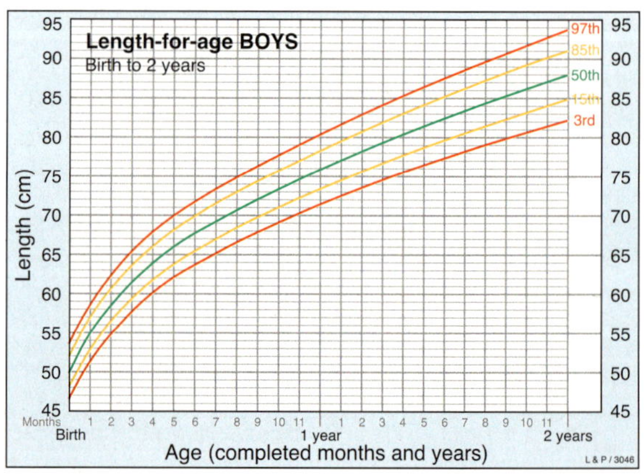

a) Erläutern Sie, was in der nebenstehenden Grafik dargestellt ist.

b) Schätzen Sie Erwartungswert und Standardabweichung der näherungsweise normalverteilten Körpergröße von Jungen im Alter von 1 Jahr.

c) Mit welcher Wahrscheinlichkeit ist ein 2-jähriger Junge größer als 86 cm?

10 Vorbereitung auf das Abitur

10.1 Aufgaben zur Analysis

1 Golden-Gate-Bridge

Das Foto zeigt die Golden-Gate-Bridge in San Francisco.

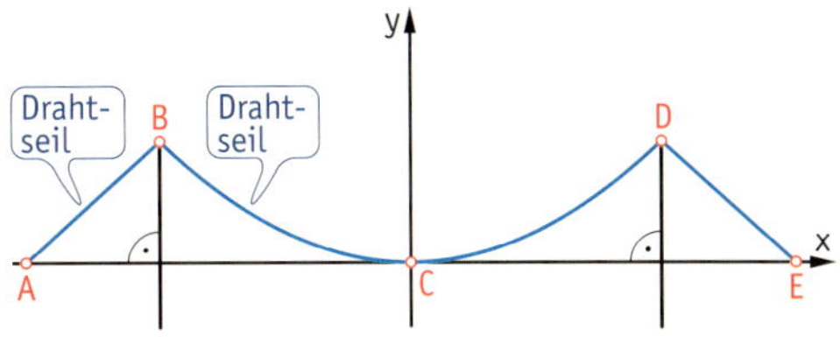

Oben ist eine vereinfachte Skizze der Brücke dargestellt: Die Seilbefestigungen in den Punkten B und D liegen jeweils 152 m höher als die Fahrbahn und haben einen Abstand von 1 280 m voneinander.
Die Verankerungsseile der beiden Masten durch B und D sind in den Punkten A und E befestigt, die jeweils einen Abstand von 337 m von den Fußpunkten der Masten haben.

1.1 Erläutern Sie, welche Gründe für die Wahl des eingezeichneten Koordinatensystems sprechen.

1.2 Bestimmen Sie eine ganzrationale Funktion möglichst niedrigen Grades, deren Graph den Verlauf der Spanndrahtseile

a) von A nach B; **b)** von B über C nach D; **c)** von D nach E

möglichst gut beschreibt.

1.3 Untersuchen Sie, als Vorbereitung für die weitere Modellierung der Golden-Gate-Bridge, die Funktion zu $k(x) = e^x + e^{-x}$. Skizzieren Sie den Graphen und entnehmen Sie ihm Vermutungen über

- Verhalten für große Werte von $|x|$;
- Symmetrie;
- Extrempunkte.

Weisen Sie die Vermutungen anhand des Funktionstermes nach.

1.4 Geben Sie eine mögliche Modellierung des Seilverlaufes von B über C nach D mithilfe der Funktion k aus Teilaufgabe 1.3 an. Bewerten Sie Ihr Ergebnis im Vergleich zur Modellierung aus 1.2 b).

1.5 Erläutern Sie anhand der Skizzen rechts, dass die Länge L des Funktionsgraphen einer Funktion über einem Intervall [a; b] mithilfe folgender Formel berechnet werden kann: $L = \int_a^b \sqrt{1 + \left(f'(x)\right)^2}\,dx$

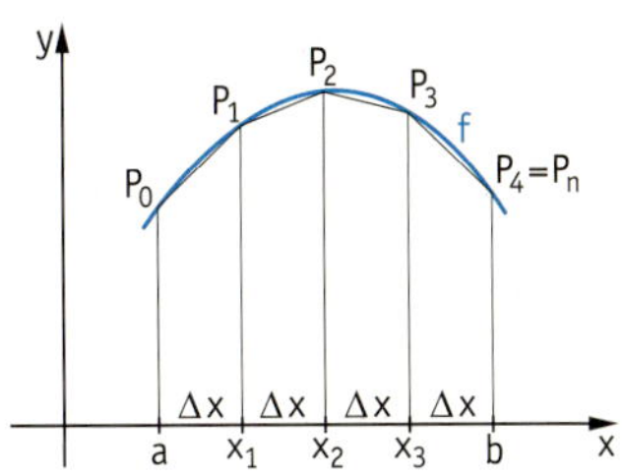

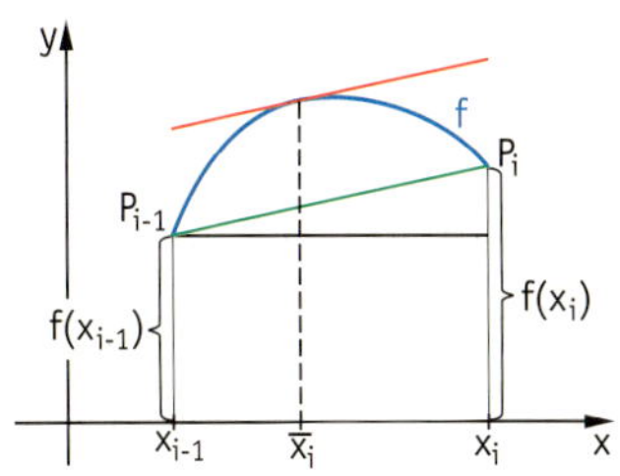

Formulieren Sie anhand der Graphen eine Vermutung über die Länge des Seils von B über C nach D nach den Modellen aus 1.2 b) und 1.4.

Überprüfen Sie diese durch Berechnung.

2 Wachstum von Hopfen

Zur Herstellung von Bier wird unter anderem Hopfen benötigt. Dabei handelt es sich um eine schnell wachsende Schlingpflanze. Zur Untersuchung des Höhenwachstums von Hopfen wurde folgende Messwerttabelle aufgenommen:

Zeit t (in Wochen)	0	2	4	6	8	10	12	14
Höhe h (t) (in m)	0,45	1,10	2,30	3,75	4,90	5,55	5,85	5,95

Gehen Sie im Folgenden davon aus, dass eine Hopfenpflanze höchstens 6,00 m groß werden kann.

2.1 Erläutern Sie die Modellannahme für beschränktes Wachstum. Ermitteln Sie dann eine Funktion, die das Höhenwachstum nach den Modellannahmen des beschränkten Wachstums beschreibt. Zeichnen Sie den Graphen dieser Funktion und die Messwerte zum Vergleich in ein gemeinsames Koordinatensystem.

2.2 Erläutern Sie die Modellannahme für logistisches Wachstum anhand der Gleichung $h'(t) = \frac{1}{12} \cdot h(t) \cdot (6 - h(t))$. Weisen Sie nach, dass die Funktion zu $h(t) = \frac{6 \cdot e^{\frac{t}{2}}}{e^{\frac{t}{2}} + 12}$ eine Lösung dieser Gleichung ist.

2.3 Untersuchen Sie die Funktion zu h (t) aus 2.2 auf Grenzwerte, Nullstellen, Extrempunkte und Wendepunkte. (Die Untersuchung der Grenzwerte muss ohne Verwendung eines Rechners durch Umformung der Funktionsgleichung erfolgen.) Interpretieren Sie Ihre Ergebnisse für die Höhe beziehungsweise für die Wachstumsgeschwindigkeit der Hopfenpflanze. Zeichnen Sie auch den Graphen der Funktion h andersfarbig in das Koordinatensystem zu Teilaufgabe 2.1 ein. Beurteilen Sie dann, wie gut die beiden unterschiedlichen Modelle das Wachstum der Hopfenpflanze beschreiben.

2.4 Untersuchen Sie den Graphen der Funktion h auf Symmetrie. Beweisen Sie Ihre Vermutung.

2.5 Untersuchen Sie, ob der Graph der Funktion h mit seiner Asymptote im I. Quadranten ein Flächenstück endlichen Flächeninhalts einschließt.

3 Ganzrationale Funktion 4. Grades bestimmen

Der Graph von f, einer ganzrationalen Funktion 4. Grades, ist symmetrisch zur y-Achse. $W(1 \mid 0)$ ist Wendepunkt des Funktionsgraphen und $T(\sqrt{3} \mid -1)$ ist ein Tiefpunkt.

3.1 Bestimmen Sie den Funktionsterm von f.

3.2 Zeigen Sie, dass die Flächen, die der Graph von f mit der x-Achse einschließt, oberhalb der x-Achse insgesamt den gleichen Flächeninhalt haben wie die unterhalb der x-Achse.

3.3 Bestimmen Sie $k \in \mathbb{R}$ so, dass der Graph der Funktion zu $y = x^4 - 6x^2 + k$ die x-Achse in seinen Tiefpunkten berührt.

3.4 Untersuchen Sie, für welche Zahlen $k \in \mathbb{R}$ die Gleichung $x^4 - 6x^2 + k = 0$ keine Lösung hat.

4 Ganzrationale Funktion 4. Grades untersuchen

Gegeben ist die Funktion f mit $f(x) = \frac{1}{4}x^4 - x^2 + 1$.

4.1 Untersuchen Sie den Graphen von f auf Schnittpunkte mit den Koordinatenachsen, Symmetrie, Extrempunkte und Wendepunkte.
Zeichnen Sie den Graphen für $-3 \le x \le 3$.

4.2 Berechnen Sie, welches von allen Dreiecken mit den Eckpunkten $A(0 \mid 9)$, $B(x \mid f(x))$ und $C(-x \mid f(-x))$ mit $f(x) \le 9$ maximalen Flächeninhalt hat.

4.3 Berechnen Sie den Flächeninhalt der Fläche, die der Graph von f mit der Parabel zu $y = \frac{1}{4}x^2$ einschließt.

4.4 Man kann die zu $y = \frac{1}{4}x^2$ gehörende Parabel so verschieben, dass sie den Graphen von f in zwei Punkten berührt. Bestimmen Sie eine Gleichung der verschobenen Parabel.

5 Vom Graphen zum Funktionsterm

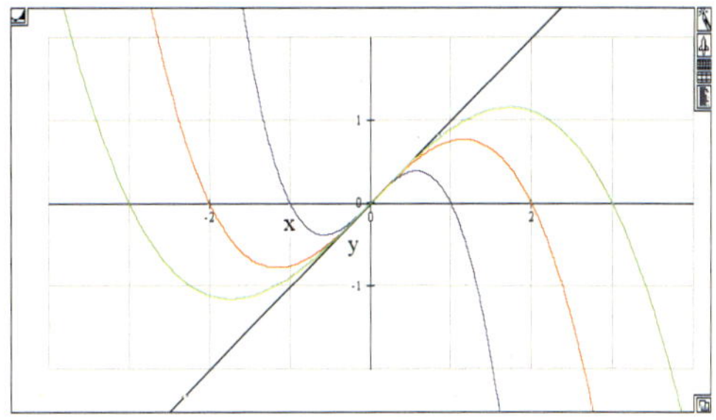

Mithilfe eines CAS wurden drei Graphen einer ganzrationalen Funktionenschar f_k und die Gerade mit der Gleichung $y = x$ gezeichnet. Die Abbildung rechts gibt den wesentlichen Verlauf dieser drei Graphen wieder, das heißt, in der Abbildung sind alle Nullstellen, Extremstellen und Wendestellen dieser drei Funktionen sichtbar.

5.1 Geben Sie möglichst viele Eigenschaften der Funktionen f_k an, die sich aus der Abbildung ablesen lassen.

5.2 Angenommen, bei der Funktion f_k handelt es sich um eine Funktion dritten Grades. Zeigen Sie, dass man dann aufgrund der Eigenschaften aus Teilaufgabe 5.1 den Funktionsterm $f_k(x) = -\frac{1}{k^2}x^3 + x$ für f_k erhält.

5.3 Bestimmen Sie die Ortskurve, auf der die Extrempunkte der Graphen der Funktionenschar f_k liegen.

5.4 Begründen Sie, dass die Gerade zu $y = x$ nicht zur Funktionenschar f_k gehört, jedoch als Grenzfall der Schar aufgefasst werden kann.

5.5 Der Flächeninhalt A_k der vom Graphen von f_k und der x-Achse eingeschlossenen Fläche verändert sich mit wechselndem k. Ermitteln Sie den funktionalen Zusammenhang zwischen k und A_k in Form eines Funktionsterms.

6 Straßenverlauf

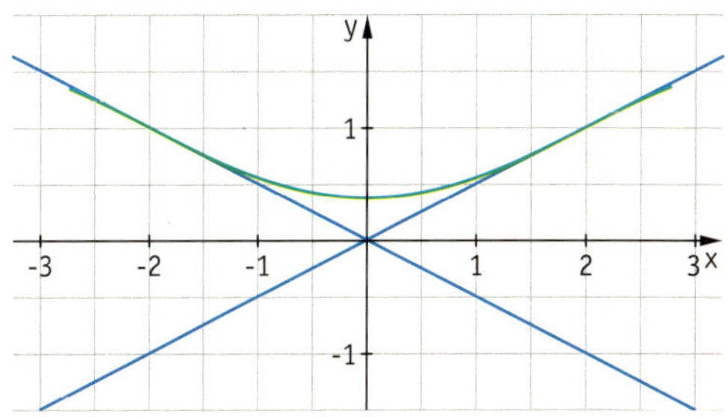

Zwei geradlinig verlaufende Straßen bilden an ihrer Kreuzung einen Winkel von etwa 53°. Diese Kreuzung soll durch ein zusätzliches Straßenstück entlastet werden. Die Situation kann in einem geeigneten Koordinatensystem durch zwei Geraden und eine Verbindungskurve V dargestellt werden. Dabei mündet V an den Stellen $x = -2$ und $x = 2$ ohne Knick in die Geraden ein (siehe Skizze).

6.1 Zeigen Sie, dass man für die beiden Geraden die Gleichungen $y = \frac{1}{2}x$ bzw. $y = -\frac{1}{2}x$ verwenden kann. Die Verbindungskurve V wird durch eine Funktion f beschrieben. Welche Bedingungen muss die Funktion f deshalb erfüllen?

6.2 An den Übergangsstellen soll außerdem $f''(-2) = f''(2) = 0$ gelten.
Begründen Sie, dass $f(x) = a \cdot x^4 + b \cdot x^2 + c$ einen möglichen Ansatz darstellt, wenn alle genannten Bedingungen erfüllt sein sollen. Bestimmen Sie $f(x)$.

7 Entwicklung eines Pkw-Bestandes

Die Entwicklung des Pkw-Bestandes eines Landes seit 1950 wird in der folgenden Tabelle dargestellt:

Jahr	1950	1960	1970	1980	1990	2000	2005
Anzahl der Pkw (in Millionen)	2,9	5,4	8,1	15,3	22,9	33,3	35,8

7.1 Führen Sie für die Daten eine Funktionsanpassung durch. Begründen Sie Ihre Wahl des Wachstumsmodells und geben Sie die Parameter dieses Modells an.

7.2 Bestimmen Sie den Pkw-Bestand, den man im Jahr 2020 nach Ihrem Wachstumsmodell erwarten kann. Ermitteln Sie für Ihr Modell, ab welchem Jahr der jährliche prozentuale Zuwachs unter 0,5 % liegt.

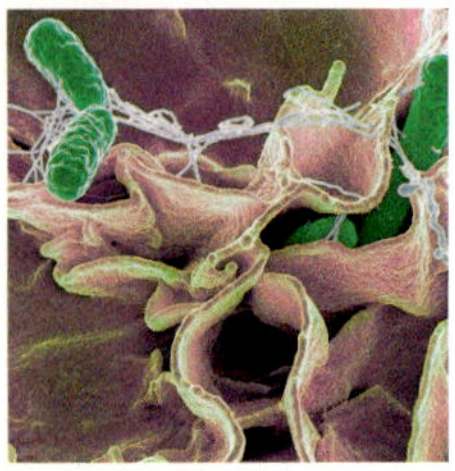

8 Wachstum von Salmonellen

Bei Temperaturen zwischen 15 °C und 45 °C finden Salmonellen in Lebensmitteln ideale Voraussetzungen für ihr Wachstum. Deshalb sollte man zubereitete Speisen, z. B. für eine Party, nicht zu lange stehen lassen, sondern möglichst schnell wieder in den Kühlschrank stellen. Die momentane Wachstumsgeschwindigkeit einer Salmonellenart kann näherungsweise durch die Funktion f mit $f(t) = 1500 \cdot e^{2,5 \cdot t}$ beschrieben werden, dabei wird t in Stunden angegeben und f(t) gibt die Anzahl der Salmonellen pro Stunde an.

8.1 Bestimmen Sie drei Stammfunktionen F von f und erläutern Sie deren Bedeutung für den oben geschilderten Sachzusammenhang.

8.2 Angenommen, eine Speise wird auf einer Sommerparty angeboten und enthält zu Beginn (also zum Zeitpunkt $t = 0$) etwa 600 Salmonellen der oben beschriebenen Art. Geben Sie die passende Stammfunktion F für diesen Anfangswert an.

8.3 Berechnen Sie mithilfe des Ergebnisses aus Teilaufgabe 8.2 die Anzahl der Salmonellen in der Speise nach 5 Minuten, 10 Minuten, 15 Minuten, 20 Minuten, 25 Minuten und 30 Minuten.

8.4 Bestimmen Sie die Verdoppelungszeit der Salmonellen.

9 Torbogen mit Funktionsgraphen beschreiben

Für einen historischen Fantasy-Film wird ein Torbogen mit der rechts abgebildeten Front konstruiert.

Die Gesamthöhe und die Gesamtbreite betragen jeweils 4 m.

In einem Koordinatensystem kann der innere Bogen des Tores näherungsweise durch den Graphen der Funktion f mit $f(x) = 5 - e^x - e^{-x}$ beschrieben werden.

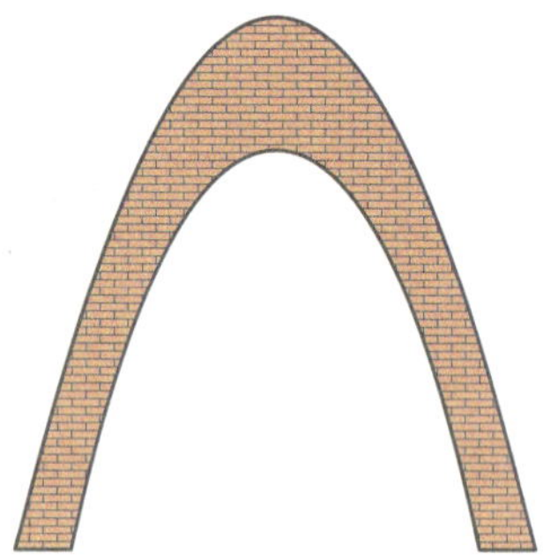

9.1 Bestimmen Sie die Höhe des inneren Bogens.

9.2 Der äußere Bogen der Torfront kann gut durch den Graphen einer ganzrationalen Funktion g zweiten Grades beschrieben werden. Bestimmen Sie einen passenden Funktionsterm g(x) für dasselbe Koordinatensystem, in dem der Funktionsterm f(x) den inneren Bogen beschreibt.

9.3 Bestimmen Sie die untere Breite des inneren Bogens näherungsweise mithilfe eines Rechners oder auch exakt mithilfe eines CAS. Beschreiben Sie Ihr Vorgehen.
Hinweis: Die Breite beträgt $2 \cdot \ln\left(\frac{5 + \sqrt{21}}{2}\right) \approx 3,134$.

9.4 Der Torbogen soll mit einem Steinmuster bemalt werden. Berechnen Sie den Inhalt der Fläche, die bemalt werden soll.

10 Intensivierung in der Landwirtschaft

Ein landwirtschaftlicher Betrieb will durch eine Intensivierung der Düngung die Getreideproduktion erhöhen. Die nebenstehende Tabelle gibt an, wie sich dabei die Getreideproduktion in Abhängigkeit vom Düngemitteleinsatz verändert.

Düngermenge (in kg pro ha)	0	25	50	75	100	125	150
Ernteertrag (dt (Dezitonne) pro ha)	45,0	51,6	60,0	68,4	75,0	77,8	75,0

10.1 Zeigen Sie, dass sich die zugehörige Produktionsfunktion f wie folgt näherungsweise beschreiben lässt: $f(r) = -\frac{1}{50\,000}r^3 + \frac{3}{1\,000}r^2 + \frac{1}{5}r + 45$

10.2 Untersuchen Sie den Graphen von f auf Extrem- und Wendepunkte und zeichnen Sie ihn für $0 \le r \le 150$.

10.3 Beschreiben Sie anhand des Graphen der Produktionsfunktion, wie sich eine Erhöhung der Düngemenge auf den Ernteertrag auswirkt. Geben Sie eine mögliche Erklärung.

10.2 Aufgaben zur Analytischen Geometrie

1 Werkstück

In einem kartesischen Koordinatensystem ist ein Werkstück ABCDEFGH durch die Eckpunkte $A(6|0|0)$, $B(9|5|0)$, $C(5|9|0)$, $D(0|6|0)$, $E(6|0|10)$, $F(9|5|6)$ und $H(0|6|13)$ gegeben (Koordinatenangaben in cm).

Die Deckfläche EFGH des Werkstücks ist eine ebene Fläche.

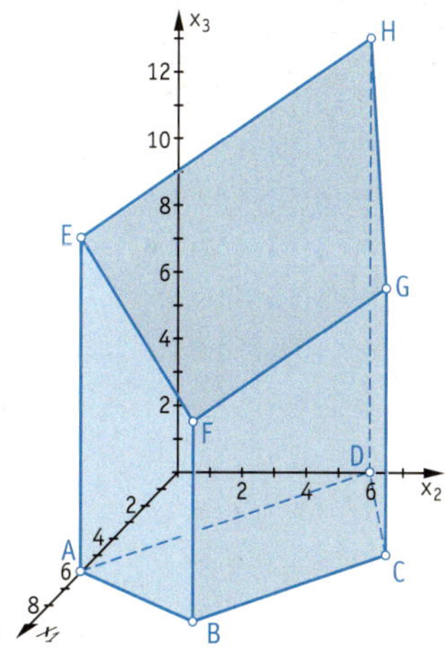

1.1 **a)** Bestimmen Sie die Koordinaten des Eckpunkts G.

b) Berechnen Sie die Größe des Innenwinkels, unter dem die Flächen ABFE und EFGH zusammenstoßen.

1.2 Am oberen Teil des Werkstücks wird gerade so viel abgeschliffen, dass die neue Deckfläche E'F'G'H' des verbleibenden Körpers parallel zur Grundfläche ABCD liegt.

a) Geben Sie die Koordinaten der Eckpunkte der neuen Deckfläche an.

b) Zeigen Sie, dass Grund- und Deckfläche ein symmetrisches Trapez bilden.

c) Zeichnen Sie ein Schrägbild dieses Körpers.

1.3 Das abgeschliffene Werkstück wird parallel zur x_3-Achse zylindrisch durchbohrt.
Dabei beträgt der Radius des Bohrlochs 1 cm, der Mittelpunkt des Bohrlochs in der Deckfläche ist der Punkt $M(5|5|6)$.
Wie groß ist die Wandstärke zwischen Bohrloch und den einzelnen Seitenflächen?

2 Turm mit Wetterfahne

Ein Turm steht auf der x_1x_2-Ebene. Er hat die Form eines Quaders mit quadratischer Grundfläche und mit einer aufgesetzten Pyramide. Auf der Turmspitze befindet sich eine Wetterfahne aus Metall, welche die Form eines gleichschenkligen Dreiecks hat und um die Achse PQ drehbar ist.
Gegeben sind die Punkte $A(4|2|0)$, $B(6|6|0)$, $C(2|8|0)$, $D(0|4|0)$, $D_1(0|4|2)$, $P(3|5|13)$, $Q(3|5|15)$ und $R(4|7|14)$ (Koordinateneinheiten in m).

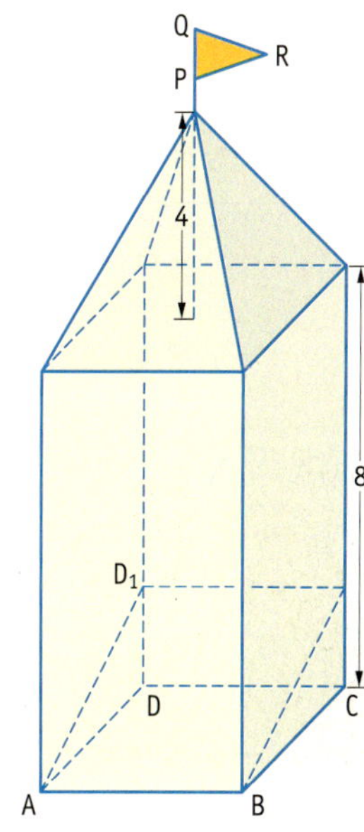

2.1 **a)** Zeichnen Sie den Turm samt Wetterfahne in ein Koordinatensystem.

b) Der Turm steht in einem schrägen Hang, dessen Oberfläche in der Ebene durch die Punkte A, B und D_1 liegt. Bestimmen Sie den Neigungswinkel dieses Hangs.

2.2 Ein Beobachter (Augenhöhe 1,8 m) steht im Punkt $M(6|10|0)$ auf der x_1x_2-Ebene. Untersuchen Sie, ob er von dieser Stelle aus den Punkt Q der Wetterfahne sehen kann.

2.3 Bei einem starken Wind, der in Richtung des Vektors $\vec{w} = \begin{pmatrix} -1 \\ -2 \\ 0 \end{pmatrix}$ weht, wird die Wetterfahne so gedreht, dass sie genau in Windrichtung steht.
Geben Sie die Koordinaten des Punktes R' an, in dem sich nun die Spitze R der Wetterfahne befindet.

3 Flugsimulation

Beim Training an einem Simulator sollen zukünftige Fluglotsen in einem Koordinatensystem geradlinige Flugbahnen bewerten, auf denen sich Flugobjekte gleichförmig bewegen.

Flugobjekt F_1 startet bei Beobachtungsbeginn im Punkt $A_1(-1|11|0)$ und ist auf der Geraden g_1 nach 3 Zeiteinheiten im Punkt $B_1(0|9|2)$. Flugobjekt F_2 beginnt in $A_2(0|0|2)$ und erreicht auf der Geraden g_2 nach 6 Zeiteinheiten den Punkt $B_2(2|2|3)$. Die Ebene E hat die Gleichung $x_1 - 2x_2 + 2x_3 = 4$.

3.1 a) Welchen Punkt hat F_1 nach 30 Zeiteinheiten erreicht? Untersuchen Sie, ob F_1 durch den Punkt $P(3|3|6)$ fliegt. Der Punkt $C(0|13|-2)$ liegt auf der Geraden g_1. Wieso wird er vom Flugobjekt F_1 nicht erreicht?

b) Zeigen Sie, dass die Gerade g_1 die Ebene E schneidet. Bestimmen Sie die Größe des Schnittwinkels zwischen g_1 und E. Nach wie vielen Zeiteinheiten geht F_1 durch die Ebene E?

3.2 a) Zeichnen Sie die Geraden g_1 und g_2 in ein Koordinatensystem. Prüfen Sie, ob g_1 und g_2 einen Punkt gemeinsam haben.

LK **b)** Wie groß ist der Abstand zwischen den Flugbahnen g_1 und g_2? Geben Sie die Koordinaten des Punktes auf g_2 an, dem das Objekt F_1 bei seiner Bewegung am nächsten kommt. Nach wie vielen Zeiteinheiten ist dies der Fall?

3.3 a) Wie groß ist die Entfernung zwischen den Startpunkten A_1 und A_2? Zeigen Sie, dass 6 Zeiteinheiten nach Beobachtungsbeginn die Entfernung zwischen den beiden Flugobjekten geringer geworden ist. Wann kommen sich die beiden Flugobjekte am nächsten?

b) Begründen Sie, dass es einen weiteren Zeitpunkt t* gibt, an dem die beiden Flugobjekte genau so weit voneinander entfernt sind wie zu Beginn der Beobachtung.

LK 4 Ebene und Geradenschar

In einem Koordinatensystem sind die Ebene E durch die Gleichung $4x_1 + 8x_2 + x_3 = 8$ und der Punkt $P(11|15|6)$ gegeben.

Die Geradenschar g_a wird für $a \in \mathbb{R}$ durch die Gleichung $g_a: \vec{x} = \begin{pmatrix} -2a \\ 1 \\ 8a \end{pmatrix} + t\begin{pmatrix} 1 \\ -1 \\ 4 \end{pmatrix}$ mit $t \in \mathbb{R}$ festgelegt.

4.1 a) Stellen Sie die Ebene E in einem Koordinatensystem durch ihre Spurgeraden dar.

b) Bestimmen Sie den Abstand des Ursprungs $O(0|0|0)$ von der Ebene E. In welchem Punkt schneidet die zu E orthogonale Gerade, die durch den Punkt P geht, die Ebene E?

c) Der Punkt P* ist Spiegelpunkt von P bezüglich der Ebene E. Geben Sie die Koordinaten von P* an.

4.2 a) Zeigen Sie, dass die Geradenschar g_a die Ebene E erzeugt.

b) Die Gerade h geht durch alle Aufpunkte der Schar g_a. Geben Sie eine Gleichung von h an. Begründen Sie, dass die Gerade h jede Schargerade unter einem konstanten Winkel α schneidet. Bestimmen Sie die Größe des Winkels α.

4.3 a) Zeichnen Sie die Gerade g_1 in das Koordinatensystem ein. Der Punkt P' ist Spiegelpunkt von P bezüglich der Geraden g_1. Geben Sie die Koordinaten von P' an.

b) Der Punkt $R(3|-1|4)$ liegt auf der zu $\bar{a}$ gehörenden Geraden $g_{\bar{a}}$. Bestimmen Sie $\bar{a}$.

c) Wie groß ist der Abstand zwischen g_1 und $g_{\bar{a}}$?

d) Untersuchen Sie, ob das Dreieck PP*P' rechtwinklig ist.

CAS

5 Radarstation

Eine Radarstation befindet sich im Punkt P(61 | −110 | 1). Ein Verkehrsflugzeug, das über einen längeren Zeitraum mit nahezu konstanter Geschwindigkeit auf geradlinigem Kurs fliegt, wird um 18.37 Uhr vom Radar im Punkt F_1(−9 | −54 | 7) und 5 Minuten später im Punkt F_2(−4 | −99 | 7) erfasst (Koordinatenangaben in km).

5.1 **a)** Mit welcher Geschwindigkeit ist das Flugzeug unterwegs?

b) Wie weit ist das Flugzeug um 18.51 Uhr von der Radarstation entfernt?

5.2 Ab welchem Zeitpunkt entfernt sich das Flugzeug von der Radarstation? Wie groß ist zu diesem Zeitpunkt seine Entfernung von der Station?

5.3 Um 19.00 Uhr ändert das Flugzeug seine Richtung und seine Geschwindigkeit. Es wird um 19.05 Uhr von einer zweiten Radarstation im Punkt G_1(14 | −276 | 6) und 10 Minuten später im Punkt G_2(14 | −346 | 4) geortet. Wenn das Flugzeug diesen geradlinigen Flugkurs beibehält, erreicht es ohne weitere Kurskorrektur den Flughafen, der in 1000 m Höhe liegt. Die Landung des Flugzeugs ist für 19.20 Uhr geplant. Kann dieser Zeitplan eingehalten werden?

6 Planung einer Grillhütte

Planskizze

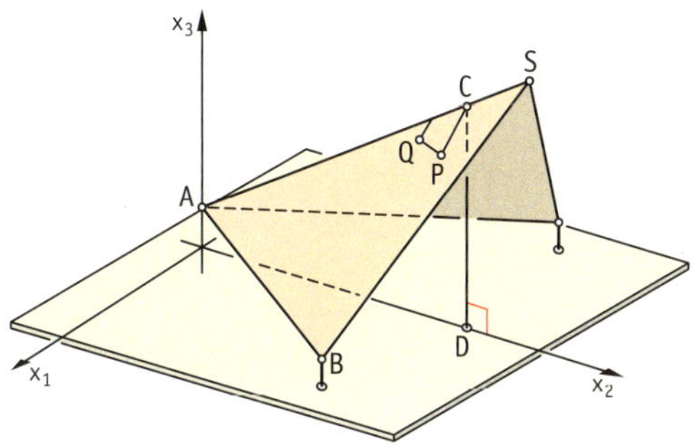

Die nebenstehende Abbildung zeigt die Planung einer offenen Grillhütte. Ihr Dach wird aus zwei Dreiecken gebildet. Diese liegen symmetrisch zur Ebene durch die Punkte A, C und D. Das Dach ruht auf vier senkrecht im Boden eingelassenen Trägern. Für die Planung der Grillhütte müssen die Koordinaten einiger charakteristischer Punkte bestimmt werden. Die in der Skizze gekennzeichneten Punkte werden vermessen und in ein Koordinatensystem eingetragen. Dabei gilt:

A(0 | 0 | 1,25), B(4 | 7,20 | 0,75), C(0 | 8 | 6,25)

Einheiten in Meter; die Dicke der Bauteile kann vernachlässigt werden.

6.1 Bestimmen Sie eine Gleichung der Ebene E, in der die Punkte A, B und C liegen.
Berechnen Sie den Winkel, den die Dachkanten AB und AC miteinander einschließen.
Der Träger, der das Dach im Punkt C stützt, hat den Fußpunkt D. Bestimmen Sie den Abstand des Fußpunktes von der Dachfläche ABS.

6.2 Im Dach ist ein mit Blech ausgekleideter Ausschnitt vorhanden. Durch diesen führt das zylindrische Rauchabzugsrohr der Feuerstelle, die sich in der Hütte befindet. Die Unterkante $\overline{PQ}$ des Ausschnitts ist 1 m lang und liegt 4,60 m über dem Boden. P liegt auf der Geraden durch B und C.
Bestimmen Sie die Koordinaten der Punkte P und Q.

6.3 Die Dachkanten $\overline{AB}$ und $\overline{BS}$ schließen einen rechten Winkel ein.
Bestimmen Sie die Koordinaten des Giebelpunktes S?

6.4 Der Bau einer Waldhütte ist genehmigungspflichtig, wenn ihr umbauter Raum mehr als 20 m³ beträgt. Untersuchen Sie, ob eine Baugenehmigung für diese Grillhütte erforderlich war. Schätzen Sie dazu den Rauminhalt der Grillhütte ab.

LK 10.3 Aufgaben zu Matrizen

1 Management mit Matrizen

Die beiden Matrizen $\mathbf{M_1}$ und $\mathbf{M_2}$ stellen die Verkaufszahlen von 1000 Stück einer vor zwei Jahren neu gegründeten Firma für drei Produkte A, B und C in den Bundesländern Hessen, Bayern, Saarland und Thüringen dar. $\mathbf{M_1}$ sind die Zahlen für das erste Produktionsjahr, $\mathbf{M_2}$ sind die Zahlen für das zweite.

$$\mathbf{M_1} = \begin{pmatrix} 2{,}5 & 1{,}8 & 1{,}4 & 0{,}8 \\ 3 & 4{,}1 & 2{,}3 & 1{,}6 \\ 2{,}2 & 3{,}4 & 2{,}9 & 2{,}5 \end{pmatrix} \text{ und } \mathbf{M_2} = \begin{pmatrix} 2{,}5 & 2{,}8 & 3{,}4 & 1{,}8 \\ 3{,}9 & 6{,}1 & 3{,}7 & 2{,}8 \\ 3{,}2 & 3{,}4 & 4{,}9 & 3{,}8 \end{pmatrix}$$

1.1 Berechnen Sie $\mathbf{M_1} + \mathbf{M_2}$. Interpretieren Sie das Ergebnis und gehen Sie dabei insbesondere auf die zweite Spalte ein.

1.2 Berechnen Sie $\mathbf{M_2} - \mathbf{M_1}$. Interpretieren Sie das Ergebnis und gehen Sie dabei insbesondere auf die zweite Zeile ein.

1.3 Das Management hat ausgehend vom Ergebnis des ersten Jahres eine allgemeine Absatzsteigerung von 20 % erwartet. Verwenden Sie geeignete Matrizenoperationen, um die Differenz zwischen den tatsächlich erreichten und den geplanten Verkaufszahlen darzustellen.

1.4 Geben Sie eine Übersicht über jene Produkte und Bundesländer, in denen nicht der erwartete Erfolg eingetreten ist.

1.5 Im ersten Jahr sind die Verkaufspreise pro Einheit 2650, 3240 und 1890, im zweiten Jahr liegen diese bei 2760, 3190 und 2100. Bestimmen Sie mithilfe der Matrizenrechnung die Umsatzänderungen zwischen 1. und 2. Jahr für die Bundesländer.

2 Populationsentwicklung

In einer Tierpopulation gibt es 2000 Jungtiere, 5000 Tiere mittleren Alters und 1000 Alttiere.
80 % der Jungtiere werden in der folgenden Periode zu Tieren mittleren Alters, die restlichen Tiere sterben.
5 % der Tiere mittleren Alters verenden innerhalb einer Periode, die restlichen werden zu Alttieren.

Die Anzahl der Jungtiere einer Periode beträgt 125 % der Tiere mittleren Alters der vorhergehenden Periode. Die Alttiere einer jeden Periode sterben bis zum Ende der Periode.

2.1 Geben Sie eine Matrix an, mit der man den Übergang der Populationszahl von einer Periode zur nächsten berechnen kann.

2.2 Zeigen Sie, dass sich unabhängig vom Anfangsbestand die Größen der einzelnen Tiergenerationen alle drei Jahre zyklisch wiederholen.

3 Spiegelung und Drehung im Raum

Gegeben sind die Punkte $P(7\,|\,1\,|\,2)$, $Q(5\,|\,5\,|\,-2)$ und die Gerade $g\colon \overrightarrow{OX} = s\cdot\begin{pmatrix}2\\2\\1\end{pmatrix}$ mit $s \in \mathbb{R}$.

3.1 Bestimmen Sie die Symmetrieebene E zu P und Q. [*Ergebnis:* $x_1 - 2x_2 + 2x_3 = 0$]

3.2 Zeigen Sie, dass die Gerade g in der Ebene E enthalten ist, und bestimmen Sie unter allen Ebenen, welche die Punkte P und Q enthalten, diejenige Ebene E*, die von g orthogonal durchstoßen wird.

3.3 Bestimmen Sie den Schnittpunkt S von g und E*, und zeigen Sie, dass $\sphericalangle PSQ = 90°$ ist. Bestimmen Sie außerdem den Bildpunkt P′ von P bei Spiegelung an g. [*Teillösung:* $S(4\,|\,4\,|\,2)$, $P'(1\,|\,7\,|\,2)$]

3.4 Bestimmen Sie eine Abbildungsmatrix **T** für *eine* Drehung um g um 90° und eine Abbildungsmatrix **U** für die Spiegelung an der Geraden g.

4 Fertighäuser

Ein Produzent von Fertighäusern bietet 3 Haustypen an: *Basis*, *Classic* und *Exclusiv*. Für die Herstellung werden unterschiedliche Mengen an wichtigen Materialien wie Stahl, Holz, Glas, Isolation und Farbe benötigt, sowie der Arbeitsaufwand berechnet.

	Stahl	Holz	Glas	Isolation	Farbe	Arbeit
Typ Basis	5	25	15	11	8	19
Typ Classic	8	18	16	12	12	24
Typ Exklusiv	12	13	24	14	11	15

4.1 Der Produktionsplan für das nächste halbe Jahr sieht die Herstellung von 6 Häusern vom Typ Basis, 9 Häusern Classic und 14 Häusern Exclusiv vor.
Bestimmen Sie von jedem Rohmaterial/von der Arbeit die bereitzustellende Menge.
Für jedes Material muss je Einheit mit einem Geldwert (in Euro) laut folgender Tabelle gerechnet werden.

Material	Stahl	Holz	Glas	Isolation	Farbe	Arbeit
Geldwert (in Euro)	17	11	7	12	5	24

4.2 Bestimmen Sie die Kosten für jeden Haustyp sowie die Gesamtkosten für die Bestellung.

4.3 Für die nächste Produktionsperiode, wenn 10 Häuser vom Typ Basis, 5 Classic und 9 Exklusiv gebaut werden sollen, sind die Kosten generell um 8,5 % gestiegen.
Bestimmen Sie die Mehrkosten pro Haustyp sowie die Produktionskosten insgesamt.

5 Trendwechsel

Zwei Fabrikanten stellen miteinander konkurrierende Güter A und B her. Der herrschende Trend für den Wechsel eines Kunden von einem Produkt zum anderen wird durch die Matrix $\mathbf{M}_1$ beschrieben.
Der Fabrikant A plant nun die Einführung eines zusätzlichen Produktes X oder Y, um seinen Marktanteil zu vergrößern. Die Marktforschung aufgrund von Probepackungen ergab, dass sich dann die Trends wie in den Matrizen $\mathbf{M}_2$, $\mathbf{M}_3$ angegeben verhalten würden:

$$\mathbf{M}_1: \begin{array}{c} \\ A \\ B \end{array}\begin{array}{c} \begin{array}{cc} A & B \end{array} \\ \begin{pmatrix} 0{,}8 & 0{,}3 \\ 0{,}2 & 0{,}7 \end{pmatrix} \end{array} \qquad \mathbf{M}_2: \begin{array}{c} \\ A \\ B \\ X \end{array}\begin{array}{c} \begin{array}{ccc} A & B & X \end{array} \\ \begin{pmatrix} 0{,}8 & 0{,}1 & 0{,}1 \\ 0{,}1 & 0{,}7 & 0{,}4 \\ 0{,}1 & 0{,}2 & 0{,}5 \end{pmatrix} \end{array} \qquad \mathbf{M}_3: \begin{array}{c} \\ A \\ B \\ Y \end{array}\begin{array}{c} \begin{array}{ccc} A & B & Y \end{array} \\ \begin{pmatrix} 0{,}8 & 0{,}1 & 0{,}2 \\ 0{,}1 & 0{,}6 & 0{,}2 \\ 0{,}1 & 0{,}3 & 0{,}6 \end{pmatrix} \end{array}$$

5.1 Stellen Sie die Marktforschungsergebnisse grafisch dar; beschreiben Sie die Ergebnisse.

5.2 **a)** Untersuchen Sie für alle Produktionsmöglichkeiten das langfristige Kaufverhalten. Charakterisieren Sie kurz die festgestellten Tendenzen.
b) Der Produzent A stellt sich folgende Fragen:
(1) Kann er durch Einführung eines der beiden neuen Produkte langfristig seinen Marktanteil vergrößern?
(2) Welche der beiden Produkte X oder Y sollte er zusätzlich zu A produzieren?
Beantworten Sie diese Fragen auf der Basis Ihrer Ergebnisse aus Teilaufgabe a).

6 Dreieck, Tetraeder, Abbildung

Gegeben sind die Punkte $A(-2|-5|-5)$, $B(1|-2|7)$, $C(1|7|-2)$.

6.1 Geben Sie eine Parameterdarstellung und eine Koordinatengleichung der durch A, B und C festgelegten Ebene E an. [*Teillösung:* $5x_1 - x_2 - x_3 = 0$]

6.2 Zeigen Sie, dass das Dreieck ABC gleichseitig ist.

6.3 Bestimmen Sie alle Punkte D so, dass A, B, C, D die Eckpunkte eines regelmäßigen Tetraeders bilden.

6.4 Zeigen Sie, dass die durch die Matrix $\mathbf{T}$ vermittelte Abbildung jeden Punkt der Geraden g auf sich abbildet. Wie bildet die zu $\mathbf{T}$ gehörige Abbildung das Dreieck ABC ab?

$$\mathbf{T} = \frac{1}{9}\cdot\begin{pmatrix} 8 & -4 & -1 \\ -1 & -4 & 8 \\ -4 & -7 & -4 \end{pmatrix}, \quad g: \overrightarrow{OX} = s\cdot\begin{pmatrix} -5 \\ 1 \\ 1 \end{pmatrix} \text{ mit } s \in \mathbb{R}$$

10.4 Aufgaben zur Stochastik

1 Würfeln mit einem schiefen Prisma

Man kann schiefe Prismen als „Würfel" benutzen, wie bei einem regelmäßigen Hexaeder werden dazu die Flächen mit den Augenzahlen 1 bis 6 nummeriert. Angenommen, die Wahrscheinlichkeiten für die sechs Augenzahlen sind: $P(1) = P(6) = 0{,}1$; $P(2) = P(5) = 0{,}18$ und $P(3) = P(4) = 0{,}22$

1.1 Das schiefe Prisma wird dreimal geworfen. Mit welcher Wahrscheinlichkeit ist die Augensumme größer als 12?

1.2 Das schiefe Prisma wird 100-mal geworfen. Welche Augensumme kann erwartet werden?

1.3 Für ein Würfelspiel gilt das Auftreten einer Eins oder einer Sechs als Erfolg. Mit welcher Wahrscheinlichkeit wird man in 250 Versuchen mehr als 45, aber weniger als 55 Erfolge haben?

1.4 Das schiefe Prisma aus Teilaufgabe 1.1 wird 500-mal geworfen. Geben Sie ein Intervall an, in dem mit einer Wahrscheinlichkeit von 95 % die Anzahl der Würfe mit Augenzahl 2 liegen wird.

2 Jugendliche mit eigenem Fernseher

Nach den Ergebnissen einer Untersuchung besitzen 70 % der 12- bis 19-Jährigen ein eigenes Fernsehgerät.

2.1 100 Haushalte, in denen Jugendliche dieses Alters leben, werden zu Marktforschungsbefragungen ausgelost. Bestimmen Sie die Wahrscheinlichkeit dafür, dass die Jugendlichen
(1) in mehr als 60 Haushalten,
(2) in mindestens 55, aber höchstens 70 Haushalten
tatsächlich ein eigenes Fernsehgerät besitzen.

2.2 Wie viele Haushalte mit Jugendlichen müsste man mindestens auswählen, damit unter diesen ausgewählten Haushalten mit einer Wahrscheinlichkeit von mindestens 90 % mindestens einer ist, in dem der Jugendliche ein eigenes Fernsehgerät besitzt?

2.3 Soziologen vermuten, dass der Anteil der Jugendlichen, die ein eigenes Fernsehgerät besitzen, in verschiedenen gesellschaftlichen Schichten unterschiedlich ist. Geben Sie eine Entscheidungsregel für eine Stichprobe vom Umfang 400 an (Sicherheitswahrscheinlichkeit 90 %). Beschreiben Sie Fehler 1. und 2. Art.

3 Schätzungen zum Flugverkehr

Obwohl der Flugverkehr in den letzten 10 Jahren erheblich zugenommen hat, ist die Anzahl der Flugzeugabstürze pro Jahr etwa gleich geblieben: Die Erfahrungen zeigen, dass weltweit etwa 50 Flugzeuge pro Jahr abstürzen. Wenn an einem Tag ein Flugzeug abstürzt, erscheint die Nachricht auf der Titelseite vieler Zeitungen; wenn sogar zwei oder mehr Unfälle dieser Art auf einmal eintreten, ist schnell von einer Unglücksserie die Rede.
Führen Sie eine Schätzung der Häufigkeit solcher Ereignisse mithilfe des Kugel-Fächer-Modells durch.

3.1 Untersuchen Sie, mit welcher Wahrscheinlichkeit es an einem beliebig ausgewählten Tag des Jahres zu 0, 1, 2, mehr als 2 Flugzeugabstürzen kommt.

3.2 Mit welcher Wahrscheinlichkeit kommt es in einer beliebig ausgewählten Jahreswoche zu mehr als 3 Abstürzen?

3.3 An wie vielen Tagen bzw. in wie vielen Wochen kommt es durchschnittlich zu den in Teilaufgaben 3.1 bzw. 3.2 beschriebenen Ereignissen (Häufigkeitsinterpretation)?

3.4 Ermitteln Sie die Wahrscheinlichkeit, dass es mindestens einen Tag im Jahr gibt, an dem zwei Flugzeuge abstürzen.
(Beachten Sie den Unterschied in der Formulierung im Vergleich zu Teilaufgabe 3.1.)

3.5 Um die Sicherheit der deutschen Passagiere zu erhöhen, wurden unter den Jets, die Deutschland anfliegen, stichprobenartig zeitaufwendige Zusatzkontrollen durchgeführt. Im betreffenden Jahr wurden bei 12 % dieser Kontrollen ernsthafte Mängel entdeckt, die mit erheblichen Bußgeldern bestraft wurden. Die Sicherheitsbehörden gingen davon aus, dass sich der Anteil der unsicheren Jets reduzieren wird, weil die weniger zuverlässigen Fluggesellschaften nur noch ihre „besten Flugzeuge" nach Deutschland starten lassen.
Nach den ersten 200 Kontrollen im folgenden Jahr wurde eine Bilanz gezogen: „Nur" noch 18 Flugzeuge hatten ernsthafte Mängel. Kritiker wandten ein, dass sich ein solches Ergebnis oder auch kleinere Anzahlen, auch zufällig ergeben könne, obwohl die Qualität der Flugzeuge nicht besser geworden sei.
Nehmen Sie hierzu Stellung. Erläutern Sie die Fehler 1. und 2. Art.

4 Reiseunternehmen

4.1 Ein Bus eines Reiseunternehmers hat 50 Sitzplätze. 45 Personen wollen in den Bus einsteigen.
Wie viele Möglichkeiten gibt es für die Belegung der Plätze?
Geben Sie hierfür einen Term an.
Untersuchen Sie, wie viele Möglichkeiten es für die freien Plätze gibt.

4.2 Gewöhnlich werden 90 % der gebuchten Fahrten tatsächlich wahrgenommen. Für eine Busreise sind 50 Plätze verkauft worden. Ermitteln Sie, mit welcher Wahrscheinlichkeit mehr als drei Plätze freibleiben.

4.3 Wegen der kurzfristigen Absagen von gebuchten Reisen verkauft das Unternehmen mehr Plätze als vorhanden sind. Für eine Fahrt mit zwei kleineren Bussen mit zusammen 92 Plätzen werden 100 Buchungen angenommen.
Untersuchen Sie, mit welcher Wahrscheinlichkeit der Busunternehmer keinen Ärger bekommt.

4.4 Der Reiseunternehmer ändert die Vertragsbedingungen dahingehend, dass bei kurzfristigen Absagen dennoch 50 % des Reisepreises gezahlt werden muss. Dadurch will er erreichen, dass der Anteil der Absagen sinkt. Während der nächsten 200 Buchungen soll untersucht werden, wie sich die neue Regelung auswirkt. Mit welcher Wahrscheinlichkeit wird der Unternehmer trotzdem wieder 20 Absagen haben, obwohl die neue Vertragsbedingung mittelfristig dazu führt, dass 95 % der Buchungen auch tatsächlich wahrgenommen werden?

4.5 Der Unternehmer hat aufgrund einiger Rückmeldungen den Eindruck, dass möglicherweise Fahrt-Interessenten durch die verschärften Bedingungen abgeschreckt werden. Bis zur Einführung der neuen Regelung war es so, dass 45 % der Personen, die Prospekte über eine Fahrt angefordert hatten, die Fahrt auch tatsächlich gebucht haben.
Auf die 150 nächsten Prospektanforderungen folgen tatsächlich nur 59 Buchungen.
Beurteilen Sie dieses Ergebnis, indem Sie überprüfen, ob sich das Stichprobenergebnis signifikant vom Erwartungswert unterscheidet.

5 Beliebtheit von Unterrichtsfächern

5.1 Aufgrund von Befragungen weiß man, dass 70 % aller 15-Jährigen gerne Sport treiben. Mit welcher Wahrscheinlichkeit findet man in einer Zufallsstichprobe unter 100 ausgewählten Jugendlichen dieses Alter

(1) genau 70,

(2) weniger als 75,

(3) mindestens 60, höchstens 71 Sportbegeisterte?

5.2 Während Jugendliche offen darüber reden, ob sie gerne Sport treiben oder nicht, ist zu befürchten, dass die Auskunft bezüglich der Beliebtheit von anderen Schulfächern nicht ehrlich erfolgt. Deshalb bietet man folgende Befragungsmethode an:

Der Befragte darf vor der Antwort verdeckt würfeln.

- Falls Augenzahl 6 fällt, soll die Antwort auf jeden Fall „Ja" heißen (d. h. das Fach ist beliebt).
- Falls Augenzahl 1 oder 2 fällt, muss „Nein" angekreuzt werden.
- Bei den übrigen Augenzahlen soll wahrheitsgetreu geantwortet werden.

Stellen Sie den Befragungsvorgang als 2-stufigen Zufallsversuch dar.

(1) Angenommen, es mögen 21 % der Jugendlichen das Fach Physik. Untersuchen Sie, wie viele dann tatsächlich mit „Ja" antworten.

(2) Angenommen, bezüglich des Faches Mathematik antworten 35 % der Befragten mit „Ja". Ermitteln Sie bei wie viel Prozent der Jugendlichen Mathematik tatsächlich beliebt ist.

5.3 Das Fach Geschichte wird von ungefähr einem Drittel der Jugendlichen als Lieblingsfach bezeichnet. Gilt dies gleichermaßen für Mädchen wie für Jungen? Um dies zu klären, werden 100 zufällig ausgewählte Mädchen befragt.

Geben Sie eine Entscheidungsregel für $\alpha = 10\,\%$ an und beschreiben Sie Fehler 1. und 2. Art.

LK 6 Daten zur Gesundheit

Mikrozensus: statistische Erhebung in einem repräsentativen Teil der Bevölkerung

Im Rahmen des Mikrozensus, bei dem in regelmäßigen Abständen statistische Daten von 1 % der Gesamtbevölkerung in Deutschland erfasst werden, werden unter anderem auch Daten zum Gesundheitszustand, zum Rauchen und zum Body-Mass-Index (BMI) abgefragt.

6.1 30,5 % der 40- bis 65-jährigen geben an, dass sie gelegentlich oder regelmäßig rauchen. Spielt dabei das soziale Umfeld eine Rolle?

Welche Hypothese muss man testen, um dies zu überprüfen? Bestimmen Sie eine Entscheidungsregel für eine Stichprobe vom Umfang $n = 500$.

BMI: $\frac{\text{Gewicht [in kg]}}{(\text{Körpergröße})^2 \text{ [in m}^2]}$

6.2 Bei 18- bis 20-jährigen Männern wurde für den Body-Mass-Index ein Mittelwert von $\mu \approx 22{,}7\,\frac{\text{kg}}{\text{m}^2}$ festgestellt. 82,4 % der jungen Männer hatten einen BMI von höchstens $25\,\frac{\text{kg}}{\text{m}^2}$. Der BMI kann in dieser Altersgruppe näherungsweise als normalverteilt angesehen werden.

Bestimmen Sie aus diesen Angaben den ungefähren Wert der Standardabweichung σ.

6.3 Bei den 18- bis 20-jährigen Frauen ergab sich für den BMI ein Mittelwert von $\mu \approx 21{,}6\,\frac{\text{kg}}{\text{m}^2}$ und $\sigma \approx 2{,}9\,\frac{\text{kg}}{\text{m}^2}$.

Bestimmen Sie einen symmetrisch zum Erwartungswert μ liegenden Bereich, in dem 90 % der BMI von jungen Frauen dieser Altersgruppe liegen.

Lösungen zu Kapitel 1 (Seiten 81 bis 82)

1 **a)** $F(x) = \frac{x^6}{30} - \frac{x^3}{3} + 4x + \frac{169}{30}$ **b)** $F(x) = \frac{2}{3}\left(\frac{1}{2}x + 4\right)^3 - \frac{250}{3}$

c) $F(x) = \frac{1}{4}x^4 - \frac{4}{3} \cdot x^3 + 2x^2 - \frac{16}{3}$

2 **a)** 2 **b)** $\frac{546}{5}$ **c)** -81

3 **a)** $f(x) = 4 - x^2$; $g(x) = -x + 2$; $A = 4{,}5$

b) $f(x) = \sqrt{x}$; $g(x) = -\frac{3}{4}x + 3$; $A \approx 3{,}382$

4 $k = 2$

5 **a)** $A \approx 39{,}35$

b) $A \approx 13{,}17$

c) $A = \int\limits_{\frac{\pi}{4}}^{2\pi + \frac{\pi}{4}} |\sin x - \cos x|\,dx = 2\int\limits_{\frac{\pi}{4}}^{\frac{5\pi}{4}} |\sin x - \cos x|\,dx = 2 \cdot 2 \cdot \sqrt{2} \approx 5{,}657$

d) $A \approx 3{,}83$

6 Tangentengleichung $y = 2 \cdot \sqrt{2} \cdot x$
$A = \frac{2}{3} \cdot \sqrt{2} \approx 0{,}94$

7 Die Gerade zu $y = 4{,}5 \cdot \left(2 - \sqrt[3]{2}\right) \approx 3{,}330$ zerlegt die mit der x-Achse eingeschlossene Fläche in zwei gleich große Teile.

8 Der Energieverlust innerhalb der ersten 24 Stunden beträgt etwa 43,67 Wh.

9 Flächeninhalt des Querschnitts $A = 10\frac{2}{3}\,\text{cm}^2$.
Innerhalb der ersten 20 Sekunden sind etwa $21\,322{,}61\,\text{cm}^3 = 21{,}32261$ Liter durch die Öffnung geflossen.

10 **a)** Die Wirkstoffkonzentration ist nach 5 Stunden maximal. Sie beträgt dann etwa 22,12 mg/l.

b) Die Wirkstoffkonzentration zum Zeitpunkt t beträgt

$$F(t) = \int\limits_0^t (12 - 2{,}4x) \cdot 0{,}82^x\,dx$$

Der Rechner liefert folgenden Graphen:
Für $t > 14{,}7$ wird $F(t)$ negativ. Das ist unrealistisch. Daher ist für die Modellierung der Definitionsbereich von t einzuschränken.

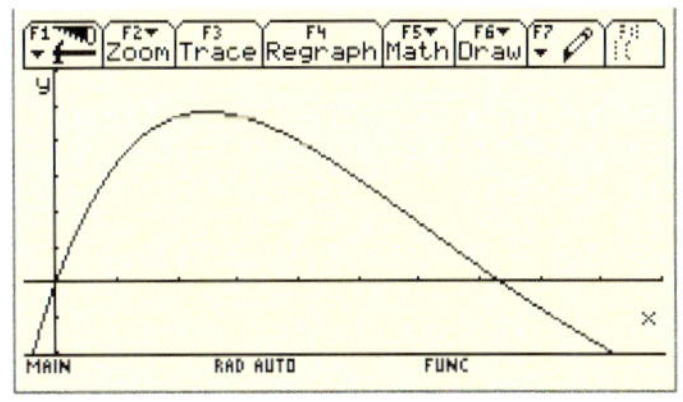

11 **a)** Die Gerade und die Parabel schneiden sich im Punkt $P(b\,|\,b^2)$. Daher hat die Gerade die Gleichung $y = b \cdot x$.
Für den Flächeninhalt A_1 der von der Geraden und der Parabel eingeschlossenen Fläche erhält man: $A_1 = \frac{b^3}{6}$. Für den Flächeninhalt A_2 der von der Parabel und der x-Achse in den Grenzen 0 und b eingeschlossenen Fläche erhält man: $A_2 = \frac{b^3}{3}$. Daher gilt $A_1 : A_2 = 1 : 2$.

b) Die Gerade und der Graph zu $y = x^n$ schneiden sich im Punkt $P(b\,|\,b^n)$. Daher hat die Gerade die Gleichung $y = b^{n-1} \cdot x$.
Für den Flächeninhalt A_1 der von der Geraden und dem Graphen zu $y = x^n$ eingeschlossenen Fläche erhält man: $A_1 = \frac{(n-1) \cdot b^{n+1}}{2 \cdot (n+1)}$. Für den Flächeninhalt A_2 der von dem Graphen zu $y = x^n$ und der x-Achse in den Grenzen 0 und b eingeschlossenen Fläche erhält man: $A_2 = \frac{b^{n+1}}{n+1}$.
Daher gilt $A_1 : A_2 = (n-1) : 2$

12 $A_\Delta = \frac{1}{2} \cdot 2a \cdot a^2 = a^3$

$$A = 2a^3 - 2 \cdot \int\limits_0^a x^2 = 2a^3 - 2 \cdot \frac{a^3}{3} = \frac{4}{3}a^3$$

Das Verhältnis zwischen dem Flächeninhalt des Dreiecks und dem Flächeninhalt der Fläche zwischen den Graphen beträgt immer 3 : 4.

13 Fassungsvermögen:

$$\pi\int\limits_{-25}^{0} \left(f(x)\right)^2 dx = \pi \cdot \int\limits_{-25}^{0} (1{,}1^{2x} + 12 \cdot 1{,}1^x + 36)\,dx \approx 3\,202{,}8\,\text{cm}^3 \approx 3{,}2\,l$$

Volumen: $\pi\int\limits_{-25}^{0} \left(g(x)\right)^2 dx - \pi\int\limits_{-25}^{0} \left(f(x)\right)^2 dx + \pi \cdot 6{,}5^2 \cdot 0{,}5 \approx 587{,}16\,\text{cm}^3$

Lösungen zu Kapitel 2 (Seite 138)

1 **a)** $f(0) = 800$ und $f(10) = 2500$
$f(t) = 800 \cdot e^{kt}$
$2500 = 800 \cdot e^{k \cdot 10}$ liefert $k \approx 0{,}114$
$f(t) = 800 \cdot e^{0{,}114t}$

b) Prozentuale Wachstumsrate

$$\frac{f(t+1)}{f(t)} = \frac{800 \cdot e^{0{,}114(t+1)}}{800 \cdot e^{0{,}114t}} = e^{0{,}114} = 1{,}12 = 112\,\%$$

also jährliches Wachstum um 12 %.
Verdoppelungszeit:

$$Z = \frac{f(t + Z_V)}{f(t)} = \frac{800 \cdot e^{0{,}114(t+t_V)}}{800 \cdot e^{0{,}114t}} = e^{0{,}114t_V}$$

$\ln 2 = 0{,}144\,t_V$

$t_V = \frac{\ln 2}{0{,}114} \approx 6{,}08$

Die Verdoppelungszeit beträgt ca. 6 Jahre.

2 Aus der Halbwertszeit $t_H = 12{,}3\,a$ ermittelt man die Zerfallskonstante $k = \frac{-\ln 2}{12{,}3} \approx -0{,}05635$.
Damit ergibt sich das Zerfallgesetz $N(t) = N(0)\,e^{-0{,}05635t}$.
Mit $\frac{N(t)}{N(0)} = 30\,\% = 0{,}3$ erhält man daraus $t = 21{,}37$ Jahre für das Alter des Whiskys.

3 **a)** $f'(x) = e^x - \ln(2) \cdot 2^x$

b) $f'(x) = e^{x^2-3} \cdot 2x = 2x\,e^{x^2-3}$

c) $f'(x) = \frac{2x}{x^2 - 1}$

d) $f'(x) = \frac{2x\,e^x - x^2 e^x}{(e^x)^2} = \frac{2x - x^2}{e^x} = \frac{x(2-x)}{e^x}$

e) $f_t'(x) = 2(t + e^{-x}) \cdot (-e^{-x}) = -2t\,e^{-x} - 2e^{-2x} = -2e^{-x}(t - e^{-x})$

f) $f_K'(x) = k \cdot (-1) \cdot \left(1 + e^{-Kx^2}\right)^{-2} \cdot e^{-Kx^2}(-2Kx) = \left(1 + e^{-Kx^2}\right)^2$

4 a) $f(x) = 1 + \left(-\frac{1}{2}\right) \cdot (-2)\,e^{3-2x}$

$F(x) = x - \frac{1}{2}e^{3-2x}$

b) $f(x) = \frac{1}{8} \cdot 2\,e^{2x} + 3 \cdot (-1)\,e^{-x} + 5$

$F(x) = \frac{1}{8}e^{2x} + 3\,e^{-x} + 5x$

c) $f(x) = -\frac{1}{2}(-2)\,e^{5-2x} + 7\,e^{-3x} = -\frac{1}{2}(-2)\,e^{5-2x} - \frac{7}{3}(-3)\,e^{-3x}$

$F(x) = -\frac{1}{2}e^{5-2x} - \frac{7}{3}e^{-3x} = -\frac{1}{2}e^{5-2x} - \frac{7}{3e^{3x}}$

5 $f(x) = -\frac{1}{2}(-1)\,e^{2-x}$; $F(x) = -\frac{1}{2}e^{2-x} + c$; $F(3) = 2 - \frac{1}{2e}$ liefert $c = 2$.

Der Graph zu $F(x) = -\frac{1}{2}e^{2-x} + 2$ geht durch den Punkt $P\left(3 \middle| 2 - \frac{1}{2e}\right)$.

6 a) Für die Karpfenpopulation liegt ein begrenztes Wachstum vor, d. h. für den Fortbestand der Karpfen f gilt der Funktionsterm $f(t) = S + \left(f(0) - S\right) \cdot p^t$ mit f(t) der Karpfenbestand zum Zeitpunkt t in Jahren, S der Sättigungsgrenze und p dem Wachstumsfaktor. Daraus ergibt sich:

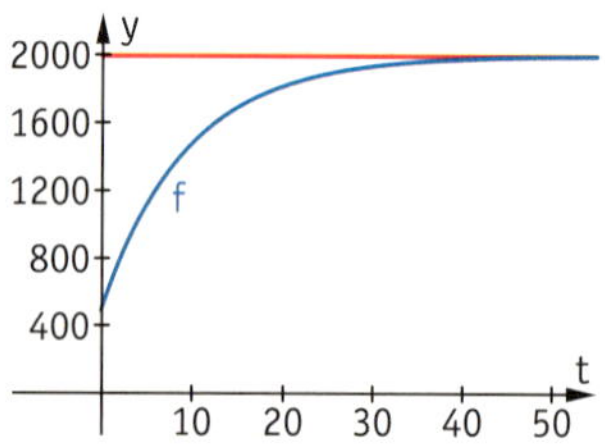

$f(t) = 2000 + (500 - 2000) \cdot 0{,}9^t = 2000 - 1500 \cdot 0{,}9^t$

b) $f(t) = 2000 - 1500 \cdot 0{,}9^t = 1900 \;\Leftrightarrow\; 0{,}9^t = \frac{1}{15} \;\Rightarrow\; t \approx 25{,}7$

Nach ca. 26 Jahren leben 1900 Karpfen im Teich.

c) Es ist $f(3) \approx 906{,}5$. Nach 3 Jahren befinden sich also 906 Fische, nach dem Abfischen 506 Fische im Teich. Für die weitere Bestandsentwicklung gilt dann $g(t) = 2000 - 1494 \cdot 0{,}9^t$, was wieder in etwa der Funktion f(t) entspricht.

7 a) Das Jahr 2000 wird hier als Jahr 0 gezählt (Skalierung der x-Achse in 1-Jahresschritten).

Mithilfe des GTR erhält man die Funktion:

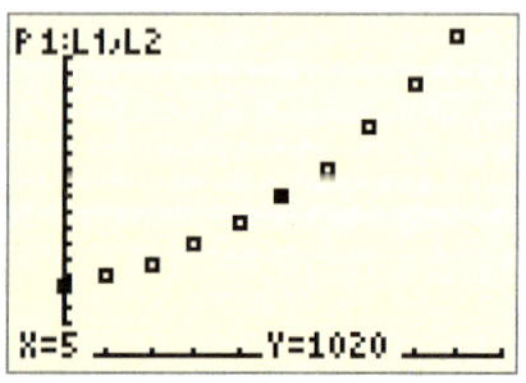

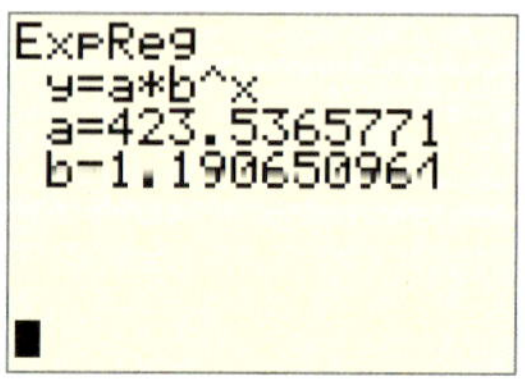

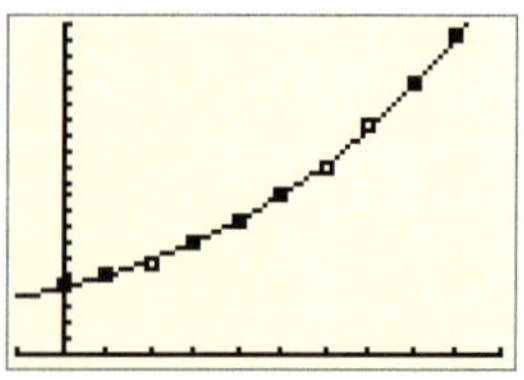

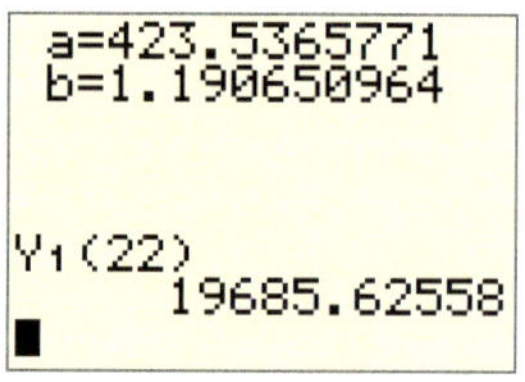

Im Jahr 2020 kann man nach diesem Modell mit einem Bestand von etwa 19 686 Walen rechnen.

b) Mithilfe des GTR erhält man folgende Funktion als Modell für ein logistisches Wachstum, bei der die Sättigungsgrenze bei 65 606 Tieren liegt:

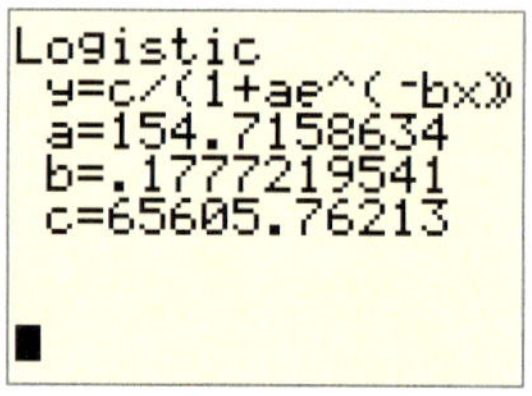

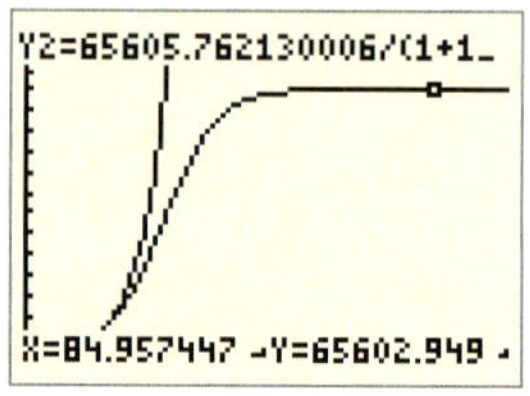

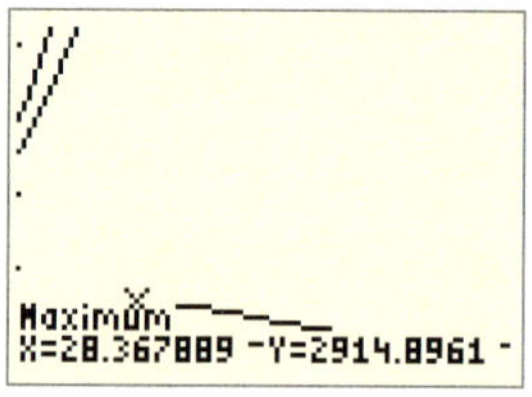

Mithilfe von nDerive findet man das Maximum der Wachstumsgeschwindigkeit nach etwa 28,37 Jahren, also im Jahr 2029, wenn der Bestand die Hälfte der Sättigungsgrenze erreicht hat.

c) Näherungsweises Lösen der Differenzialgleichung liefert schrittweise die Bestände.

Jahr	Kalenderjahr	Bestand
9	2009	2 030
10	2010	2 371
11	2011	2 767
12	2012	3 226
13	2013	3 757
14	2014	4 370
15	2015	5 075

Jahr	Kalenderjahr	Bestand
16	2016	5 883
17	2017	6 806
18	2018	7 856
19	2019	9 044
20	2020	10 380
21	2021	11 874
22	2022	13 531

Der maximale Bestand ist erreicht, wenn $f'(t) = 0$ gilt, also bei $0{,}174 \cdot f(t) = 0{,}0000029 \cdot \left(f(x)\right)^2$. Dies ist der Fall bei $f(t) = 0$, was keine Bedeutung für die Realität hat, und bei $f(t) = 60\,000$.

d)

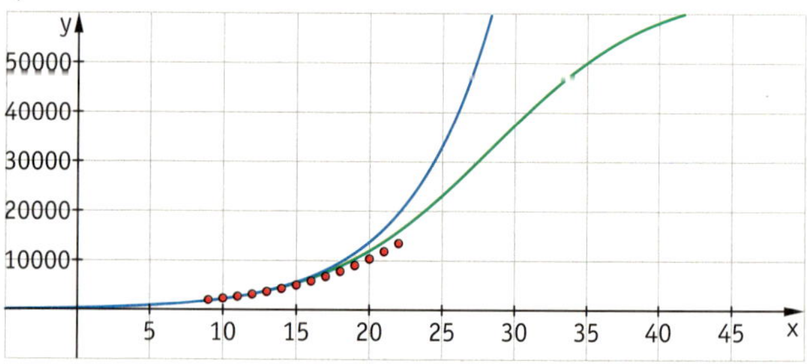

Lösungen zu Kapitel 3 (Seiten 177 bis 178)

1 Der erste Graph gehört zu $g(x)$, da er als einziger 2 Nullstellen aufweist, bei 0 und −2. Der zweite Graph gehört zu $h(x)$, da er als einziger eine Definitionslücke aufweist, an der Stelle $\ln(2)$. Der dritte Graph gehört zu $f(x)$.

2 **a)** $f'(x) = 2x \cdot e^x + (x^2 - 1)\,e^x = (x^2 + 2x - 1)\,e^x$

b) $f'(x) = e^{x^2-3} \cdot 2x = 2x\,e^{x^2-3}$

c) $f'(x) = 3x^2 e^{2x} + x^3 e^{2x} \cdot 2 = (3x^2 + 2x^3)\,e^{2x}$

d) $f'(x) = \frac{2x e^x - x^2 e^x}{(e^x)^2} = \frac{2x - x^2}{e^x}$

e) $f_t'(x) = \frac{2x(x-1) - (x^2 - t) \cdot 1}{(x-1)^2} = \frac{x^2 - 2x + t}{(x-1)^2}$

f) $f_t'(x) = 2(t + e^{-x}) \cdot (-e^{-x}) = -2t e^{-x} - 2e^{-2x}$

3 **a)** $f(x) = 1 + \left(-\frac{1}{2}\right) \cdot (-2)\,e^{3-2x}$

$F(x) = x - \frac{1}{2} e^{3-2x}$

b) $f(x) = \frac{1}{8} \cdot 2e^{2x} + 3 \cdot (-1)\,e^{-x} + 5$

$F(x) = \frac{1}{8} e^{2x} + 3e^{-x} + 5x$

c) $f(x) = -\frac{1}{2}(-2)\,e^{5-2x} + 7e^{-3x} = -\frac{1}{2}(-2)\,e^{5-2x} - \frac{7}{3}(-3)\,e^{-3x}$

$F(x) = -\frac{1}{2} e^{5-2x} - \frac{7}{3} e^{-3x} = -\frac{1}{2} e^{5-2x} - \frac{7}{3e^{3x}}$

4 **a)** $f(x) = 5 - e^x \to 5$
für $x \to -\infty$
$f(x) = 5 - e^x \to -\infty$
für $x \to \infty$
Schnittpunkt mit der y-Achse:
$S(0\,|\,4)$, da $f(0) = 5 - 1 = 4$
Schnittpunkt mit der x-Achse:
$f(x) = 0$
$5 = e^x$
$x = \ln(5)$,
also $N(\ln(5)\,|\,0)$

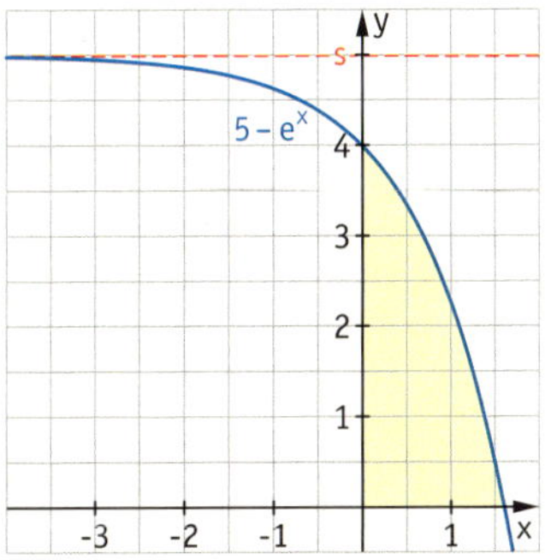

b) $A = \int_0^{\ln(5)} 5 - e^x\,dx = [5x - e^x]_0^{\ln(5)} = 5\ln(5) - 5 - (-1) = 5\ln(5) - 4 \approx 4{,}05$

5 **a)** $f(x) = x - \frac{1}{x}$; Asymptote: $y = x$; Polgerade: $x = 0$

b) $f(x) = \frac{1}{x+1} + \frac{1}{x-1}$; Polgeraden: $x = -1$, $x = 1$

c) $f(x) = (x-1)^2 + \frac{1}{x-2}$;
Polgerade: $x = 2$; Näherungsfunktion g mit $g(x) = (x-1)^2$

zu a)

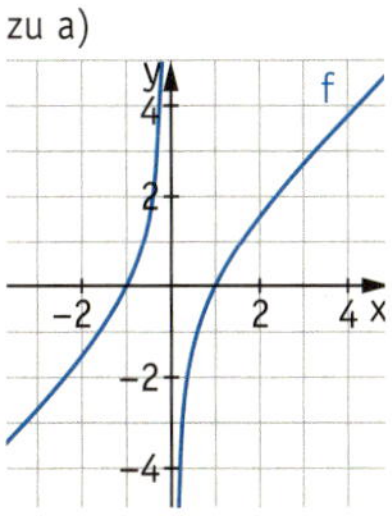

zu b)

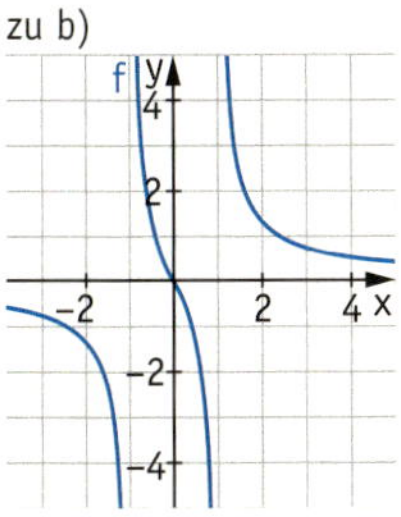

zu c)

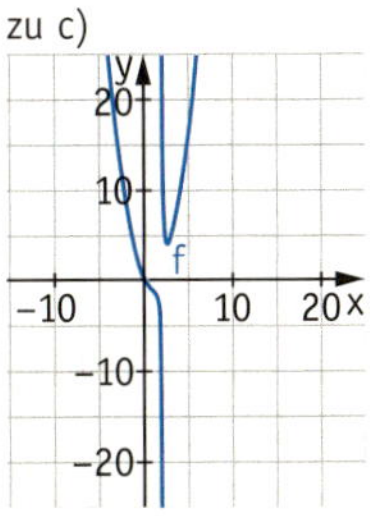

6 **a)** $f(x) = \frac{1}{x-3} + \frac{1}{x+3} - 2 = \frac{-2x^2 + 2x + 18}{x^2 - 9}$

b) z. B. $f(x) = \frac{1}{x^2 + 1} - x + 4$

7 **a)** Nullstellen bei $x = \pm\sqrt{k}$ (wenn vorhanden), sonst anhand des Verlaufs zuzuordnen:
−2: grün; −1: orange; 0: lila; 1: rot; 2: blau

b) Nullstellen bei $x = k$ und $x = 0$ liefern:
−2: grün; −1: orange; 0: lila; 1: rot; 2: blau

8 $f_t'(x) = (1 - x \cdot t) \cdot e^{-x \cdot t} \Rightarrow$ Extrempunkt bei $\left(\frac{1}{t}\,\middle|\,\frac{1}{t \cdot e}\right)$; $g(x) = \frac{1}{e} \cdot x$

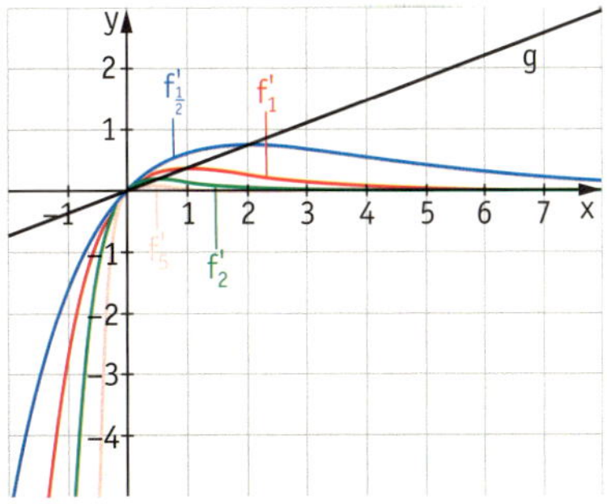

9 **a)** Nullstellen:
$x_1 = 0$, $x_2 = -t$ (doppelte Nullstelle);
Extremstellen: $x_4 = -t$, $x_5 = -\frac{t}{3}$;
Wendestelle: $x_6 = -\frac{2}{3}t$.
Für $t > 0$: Hochpunkt $H(-t\,|\,0)$ bei x_4 und Tiefpunkt $T\left(-\frac{t}{3}\,\middle|\,-\frac{4}{27}t^2\right)$ bei x_5;
Wendepunkt: $W\left(-\frac{2}{3}t\,\middle|\,-\frac{2}{27}t^2\right)$.

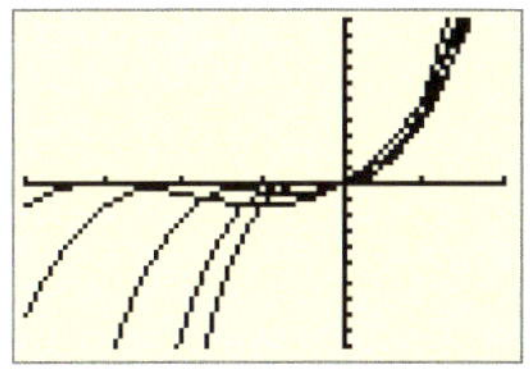

b) $o(x) = -\frac{x^2}{6}$

10 $W_1(0\,|\,a)$, $W_2(1\,|\,1 - a)$;
Abstand der Wendepunkte: $d(a) = \sqrt{1 + (a - (1 - a))^2}$;
d minimal für $a = \frac{1}{2}$ mit $d\left(\frac{1}{2}\right) = 1$.

11 **a)** Für $b \le 0$ ist der Nenner $b - e^x < 0$, d. h. f_b ist für $b \le 0$ für alle $x \in \mathbb{R}$ definiert.
Für $b > 0$ hat der Nenner $b - e^x$ eine Nullstelle bei $\ln b$, d. h. f_b weist eine Definitionslücke bei $\ln b$ auf.
Definitionsbereich $D_b = \begin{cases} \mathbb{R} & \text{für } b \le 0 \\ \mathbb{R} \setminus \{\ln(b)\} & \text{für } b > 0 \end{cases}$

b) Für $x \to -\infty$ gilt: $f_b(x) = \frac{b e^x}{b - e^x} \to 0$, d. h. die x-Achse ist waagerechte Asymptote für $x \to -\infty$.
Für $x \to \infty$ gilt: $f_b(x) = \frac{b e^x}{e^x\left(\frac{b}{e^x} - 1\right)} = \frac{b}{\frac{b}{e^x} - 1} \to -b$, d. h. die Gerade zu $y = -b$ ist waagerechte Asymptote für $x \to \infty$.
Für $b > 0$ hat f_b eine Definitionslücke an der Stelle $\ln b$. Da der Zähler $b e^x$ an dieser Stelle nicht null ist, liegt an dieser Stelle ein Pol vor, d. h. die Gerade mit $x = \ln(b)$ ist senkrechte Asymptote des Graphen zu f_b für $b > 0$.

c) Der Graph zu f_0 ist die x-Achse. Der Graph zu f_1 ist der mit der Definitionslücke an der Stelle 0. Der dritte Graph ist der zu f_{-1}.

12 Das Dreieck PQR ist rechtwinklig mit der Hypotenuse $\overline{QP}$; $|QR| = u + 2$ und $|RP| = f(u)$; somit $A(u) = \frac{1}{2}\cdot(u+2)\cdot(-u^2+4)$ und damit $A'(u) = -\frac{3}{2}u^2 - 2u + 2$. $A'(u) = 0$ für $u_1 = -2$ und $u_2 = \frac{2}{3}$. Wegen $A(-2) = A(2) = 0$ wird der maximale Flächeninhalt bei u_2 mit $A(u_2) = \frac{128}{27}$ erreicht.

13 $f(x) = \frac{x^4+x^2+1}{x^4-x^2+1} = 1 + \frac{2x^2}{x^4-x^2+1}$

a) Verhalten des Graphen für $x \to \infty$ und $x \to -\infty$.

$x \to \pm\infty$: Graph nähert sich der Asymptote $y = 1$ von oben

$f'(x) = \frac{4x(1-x^4)}{(x^4-x^2+1)^2}$

$f''(x) = \frac{4(3x^8+x^6-12x^4+3x^2+1)}{(x^4-x^2+1)^3}$

Extrempunkte: $H_1(-1\,|\,3)$, $H_2(1\,|\,3)$, $T(0\,|\,1)$

b) Definitionsbereich: $\mathbb{R}$

Wertebereich: $[1;\,3]$

c) Tangente $t(x) \approx 1{,}4121x + 0{,}77242$

$P \approx (-1{,}6055\,|\,2{,}0175)$

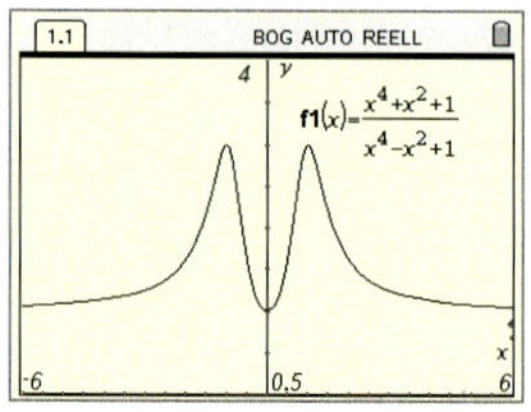

Lösungen zu Kapitel 4 (Seiten 219 bis 220)

1 Mithilfe des GAUSS-Algorithmus erhält man:

a) $\left|\begin{array}{l} x_1 = 9 \\ x_2 = -10 \\ x_3 = 3 \end{array}\right|$; $L = \{(9\,|-10\,|\,3)\}$ **b)** $\left|\begin{array}{l} x_1 = 1 \\ x_2 = 2 \\ x_3 = -3 \end{array}\right|$; $L = \{(1\,|\,2\,|-3)\}$

2 **a)** $\left|\begin{array}{r} x_1 + \quad 2x_3 = 0 \\ x_2 + 3x_3 = -1 \\ 0 = 4 \end{array}\right|$; $L = \{\ \}$ **b)** $\left|\begin{array}{l} x_1 = -3 \\ x_2 = 4 \\ x_3 = 1 \end{array}\right|$; $L = \{(-3\,|\,4\,|\,1)\}$

c) $\left|\begin{array}{l} x_1 + 2x_3 = 1 \\ x_2 + 3x_3 = -1 \end{array}\right|$; $L = \{(1-2t\,|-1-3t\,|\,t)\,|\,t \in \mathbb{R}\}$

3 **a)** $L = \{(2+t\,|-1+2t\,|\,t)\,|\,t \in \mathbb{R}\}$

b) $L = \{(2\,|-1\,|-2)\}$

c) $L = \{\ \}$

4 (1) $L = \{(-10\,|\,5\,|\,1)\}$

(2) Für $a \in \mathbb{R}$, $a \neq -3$: $L_a = \left\{\left(13 - \frac{184}{a+3}\,\middle|\,-5 + \frac{80}{a+3}\,\middle|\,\frac{8}{a+3}\right)\right\}$,

für $a = -3$: $L_{-3} = \{\ \}$

5 **a)** A: $140 + x_4 = 120 + x_1$

B: $x_1 + 90 = 100 + x_2$

C: $70 + x_2 = x_3 + 50$

D: $80 + x_3 = 110 + x_4$

Lösung: $(20 + t\,|\,10 + t\,|\,30 + t\,|\,t)$, $t \in \mathbb{R}$

b) Brauchbar sind Werte von $t \in \mathbb{N}$

$x_4 = 0$: $(20\,|\,10\,|\,30\,|\,0)$

$x_4 = 10$: $(30\,|\,20\,|\,40\,|\,10)$

$x_4 = 100$: $(120\,|\,110\,|\,130\,|\,100)$

$x_4 = 500$: $(520\,|\,510\,|\,530\,|\,500)$

c) Man müsste noch eine weitere Zählung (z. B. für x_4) durchführen, um dann aussagen zu können, wie viele Fahrzeuge von der Kreuzung überhaupt „verkraftet" werden.

6 Allgemeiner Ansatz mit Berücksichtigung der Achsensymmetrie zur y-Achse: $f(x) = ax^4 + bx^2 + c$, $f'(x) = 4ax^3 + 2bx$

Bedingungen:

(1) $f(1) = 0$, $a + b + c = 0$

(2) $f(3) = 0$, $81a + 9b + c = 0$

(3) $f'(\sqrt{5}) = 0$, $20\cdot\sqrt{5}\cdot a + 2\cdot\sqrt{5}\cdot b = 0$

Lösung: $a \in \mathbb{R}$, $b = -10a$, $c = 9a$

Für alle $a \in \mathbb{R}$ mit $a > 0$ erfüllen die Funktionen $f_a(x) = a\cdot(x^4 - 10x^2 + 9)$ die geforderten Bedingungen.

7 Wir legen den Koordinatenursprung genau in die Mitte zwischen die beiden Knickpunkte und lassen dort die beiden Parabeln aneinander stoßen. Dann besitzt die linke Parabel einen Funktionsterm der Form $p_1(x) = 3{,}5 - \frac{1}{4}x + ax^2$ (mit $a < 0$) und die rechte Parabel $p_2(x) = 3{,}5 - \frac{1}{4}x + bx^2$ (mit $b > 0$).

Die Parabel p_1 muss die Gerade g_1 mit $g_1(x) = \frac{1}{2}\cdot(x+2) + 4 = \frac{1}{2}x + 5$ in einem Punkt A_1 berühren, wobei der x-Wert von A_1 kleiner als -2 sein muss.

$p_1'(x) = -\frac{1}{4} + 2a\cdot x = \frac{1}{2}$

$x = \frac{3}{8a}$

$p_1\left(\frac{3}{8a}\right) = g_1\left(\frac{3}{8a}\right)$

$3{,}5 + \frac{3}{64a} = 5 + \frac{3}{16a}$

$a = -\frac{3}{32}$

Die linke Parabel hat also die Gleichung $y = 3{,}5 - \frac{1}{4}x - \frac{3}{32}x^2$ mit $A_1(-4\,|\,3)$ als Berührpunkt.

Entsprechend erhält man für die rechte Parabel die Gleichung $y = 3{,}5 - \frac{1}{4}x + \frac{7}{96}x^2$; der Berührpunkt hat die Koordinaten $A_2\left(4\,\middle|\,\frac{11}{3}\right)$.

8 (1) Lege ein Koordinatensystem mit dem Ursprung in A und der Einheit [m]. Dann müssen die folgenden Eigenschaften erfüllt sein: $f(0) = 0$, $f'(0) = -1$, $f(4) = 4$, $f'(4) = 7$.

Die einzige Funktion dritten Grades mit diesen Eigenschaften lautet $f(x) = \frac{1}{4}x^3 - \frac{1}{2}x^2 - x$. Sie besitzt aber einen Wendepunkt in $P\left(\frac{2}{3}\,\middle|\,-\frac{22}{27}\right)$ und kommt daher nicht in Frage.

(2) Der Ansatz $f(x) = ax^4 + bx^3 + cx^2 + dx + e$ führt auf das System

$$\left|\begin{array}{r} e = 0 \\ 256a + 64b + 16c + 4d + e = 4 \\ d = -1 \\ 256a + 48b + 8c + d = 7 \end{array}\right|$$

Es besitzt die Lösungen $a = \frac{1}{32} + \frac{t}{16}$, $b = -\frac{t}{2}$, $c = t$, $d = -1$, $e = 0$, $t \in \mathbb{R}$.

Suche in der Schar $f_t(x) = \left(\frac{1}{32} + \frac{t}{16}\right)x^4 - \frac{t}{2}x^3 + tx^2 - x$ eine Lösung ohne Wendepunkte.

Löse dazu $f_t''(x) = 0$, also $\left(\frac{3}{8} + \frac{3t}{4}\right)x^2 - 3tx + 2t = 0$ und wähle t so, dass keine Lösung im Intervall (0; 4) liegt.
Ein geeigneter Wert ist z. B. $t = \frac{1}{2}$. Die Funktion vierten Grades lautet dafür $f(x) = \frac{x^4}{16} - \frac{x^3}{4} + \frac{x^2}{2} - x$.

9 $h(-1) = 1$; $h'(-1) = -1$; $h(1) = 1$; $h'(1) = 1$; $h''(-1) = 0$; $h''(1) = 0$
Da h achsensymmetrisch zur y-Achse, genügen die drei Bedingungen:
$h(1) = 1$; $h'(1) = 1$ und $h''(1) = 0$.
Ansatz $h(x) = ax^4 + bx^2 + c$ liefert:
$-\frac{1}{8}x^4 + \frac{3}{4}x^2 + \frac{3}{8}$

10 $h(0) = 0$; $h'(0) = 0$; $h(1) = \frac{1}{2}$;
$h'(1) = \frac{1}{2}$; $h''(0) = 0$; $h''(1) = 0$
liefert $h(x) = \frac{3}{2}x^5 - x^4 + 3x^3$

11 Beschreibung der Funktion in einem Koordinatensystem. x-Achse läuft durch F(0 | 0) und L(20 | 0).
Aus der Zeichnung lassen sich die Bedingungen $f(0) = 0$, $f'(0) = 0$, $f(20) = 0$, $f(10) = -1$, $f''(20) = 0$ ablesen.
Ansatz $f(x) = ax^4 + bx^3 + cx^2 + dx + e$ liefert
$f(x) = -0{,}00005x^4 + 0{,}0025x^3 - 0{,}03x^2$

Lösungen zu Kapitel 5 (Seiten 265 bis 266)

1 **a)** $|\overline{AB}| = 5$, $|\overline{BC}| = 5$, $|\overline{AD}| = 5$, $|\overline{CD}| = 5$
$\overrightarrow{AB} * \overrightarrow{AD} = 0$, $\overrightarrow{BA} * \overrightarrow{BC} = 0$, $\overrightarrow{CB} * \overrightarrow{CD} = 0$, $\overrightarrow{DA} * \overrightarrow{DC} = 0$
$\Rightarrow$ alle Seiten sind gleich lang, alle eingeschlossenen Winkel haben 90° $\Rightarrow$ Quadrat

b) Diagonale 1: g: $\begin{pmatrix} 6 \\ 4 \\ 0 \end{pmatrix} + k \cdot \begin{pmatrix} 0 \\ 3 \\ -4 \end{pmatrix}$, Diagonale 2: h: $\begin{pmatrix} 1 \\ 4 \\ 0 \end{pmatrix} + n \cdot \begin{pmatrix} -5 \\ 3 \\ -4 \end{pmatrix}$

$\Rightarrow$ Schnittpunkt $S = \begin{pmatrix} 6 \\ 1 \\ 4 \end{pmatrix}$

2 **a)** Eckpunkte: A = (4 | 0 | 0), B = (4 | 4 | 0), C = (0 | 4 | 0), D = (0 | 0 | 0)
Länge der Grundkanten: $|\vec{a}| = |\vec{b}| = |\vec{c}| = |\vec{d}| = 4$
Länge der Seitenkanten: $|\vec{s}| = \sqrt{44} \approx 6{,}63$

b) $\varphi = 35{,}1°$

c) $\varphi = 72{,}45°$

3 **a)** Das Dreieck $ABC_{\sqrt{6}}$ ist rechtwinklig im Winkel γ.

b) Für $t_1 = \sqrt{7}$ und $t_2 = \sqrt{29}$ ist ABC_t rechtwinklig.

4 **a)** $\alpha = 21{,}64°$, $\beta = 112{,}78°$, $\gamma = 45{,}57°$

b) $\alpha = 45°$, $\beta = 90°$, $\gamma = 45°$

5 Innenwinkel: bei Q 35,26°, bei P 109,47°, bei R 35,26°
Seitenlänge: $|\overline{PQ}| = \sqrt{48} \approx 6{,}93$, $|\overline{QR}| = \sqrt{128} \approx 11{,}31$, $|\overline{RP}| = \sqrt{48} \approx 6{,}93$

6 **a)** $T = \begin{pmatrix} 375 \\ 251 \\ 1314 \end{pmatrix}$

b) Zurückgelegte Strecke in 5 min: $|\vec{v}| = 1350\,m$
Durchschnittsgeschwindigkeit $v = 270\,\frac{m}{min}$

7 Es sind $\overrightarrow{BE} = \begin{pmatrix} 5{,}5 \\ 4{,}5 \\ -4 \end{pmatrix}$, $\overrightarrow{CE} = \begin{pmatrix} -5{,}5 \\ 4{,}5 \\ -4 \end{pmatrix}$, $\overrightarrow{EF} = \begin{pmatrix} 0 \\ 8 \\ 0 \end{pmatrix}$

Für den Winkel zwischen $\overline{BE}$ und $\overline{CE}$ ergibt sich 84,82°, für den zwischen $\overline{BE}$ und $\overline{EF}$ 56,51°.
Die Länge der Dachkante $|\overline{BE}|$ beträgt $\sqrt{66{,}5} \approx 8{,}15$, für die Länge der Firstkante ergibt sich $|\overline{EF}| = \sqrt{64} = 8$.

8 **a)** Grafik siehe rechts.

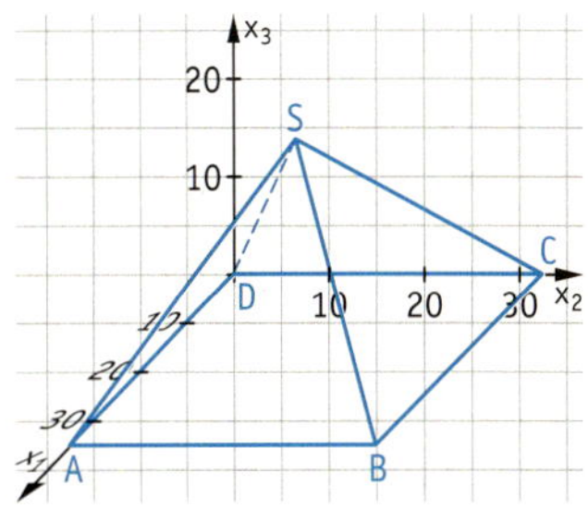

b) Winkel an der Spitze:
$\varphi = 64{,}66°$

c) Für eine Dreiecksfläche gilt: $A = \frac{1}{2} \cdot g \cdot h$. g ist dabei die Länge der Grundkante mit $g = 35{,}4\,m$. Die Dreieckshöhe h ergibt sich aus dem Satz des Pythagoras: $h^2 = 21{,}65^2 + 17{,}7^2$
$\Rightarrow h = 27{,}96 \Rightarrow A = 490{,}113\,m$.
Da die Pyramide aus 4 Seitenflächen besteht, ergibt sich eine Gesamtputzfläche von $1960\,m^2$.

9 Bilde die Skalarprodukte wie folgt: $\vec{a} * \vec{b} = 0$

a) $3t - 2 + 2t = 0 \Rightarrow t = \frac{2}{5} = 0{,}4$

b) $t^2 + 3 = 0 \Rightarrow$ Widerspruch, ein solches t existiert nicht.

c) $t^2 + 2(t-1) + 2 = 0 \Rightarrow t_1 = 0$, $t_2 = -2$

10 **a)** $|\vec{F_1}| = |\vec{F_2}| \approx 438{,}57\,N$

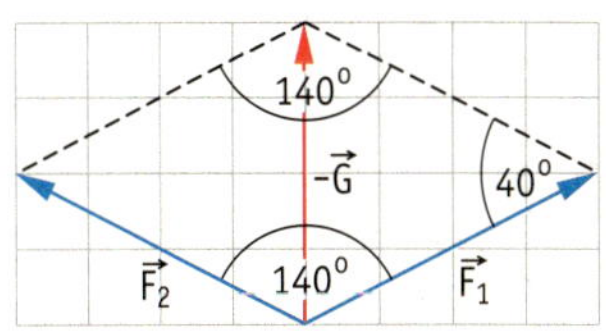

b) Nein, die Gewichtskraft könnte ohne Knick nicht durch die Kräfte $\vec{F_1}$, $\vec{F_2}$, die dann senkrecht auf $\vec{G}$ stehen, kompensiert werden, was aber der Fall sein muss.

11 **a)** $|\vec{F_H}| = 764{,}61383\,kN$ Hangabtriebskraft

b) Reibungskraft $|\vec{F_R}| = 4{,}4145\,kN$

Zugkraft $|\vec{F_Z}| = |\vec{F_H}| + |\vec{F_R}| = 769{,}02833\,kN$

Lösungen zu Kapitel 6 (Seiten 335 bis 336)

1 **a)** g: $\vec{x} = \vec{a} + r \cdot \vec{u}$

- $G(a_1 + r \cdot u_1 \mid a_2 + r \cdot u_2 \mid a_3 + r \cdot u_3)$ beliebiger Punkt auf g
- Man bestimmt r so, dass $\overrightarrow{GP} \cdot \vec{u} = 0$ ist.
- Man berechnet mit dem ermittelten Wert von r die Koordinaten des Punktes G*.
- Abstand d von P zu g: $d = |\overrightarrow{G^*P}|$

b) g: $\vec{x} = \begin{pmatrix} 1 \\ 6 \\ 2 \end{pmatrix} + r \cdot \begin{pmatrix} 1 \\ 3 \\ 4 \end{pmatrix}$; $P(6 \mid 27 \mid -2)$

$G(1 + r \mid 6 + 3r \mid 2 + 4r)$ ist ein beliebiger Punkt auf g.

$\overrightarrow{GP} = \begin{pmatrix} 5 - r \\ 21 - 3r \\ -4 - 4r \end{pmatrix}$; $\overrightarrow{GP} \cdot \vec{u} = \begin{pmatrix} 5 - r \\ 21 - 3r \\ -4 - 4r \end{pmatrix} \cdot \begin{pmatrix} 1 \\ 3 \\ 4 \end{pmatrix} = 52 - 26r$

Aus $\overrightarrow{GP} \cdot \vec{u} = 0$ folgt $r = 2$ und $G^*(3 \mid 12 \mid 10)$

Abstand von P zu g: $d = |\overrightarrow{G^*P}| = \left| \begin{pmatrix} 3 \\ 15 \\ -12 \end{pmatrix} \right| = \sqrt{378} = 3\sqrt{42}$

c) $Q = G^*(3 \mid 12 \mid 10)$

2 **a)** Multipliziert man die Koordinatengleichung von E_1 mit dem Faktor 2, so erhält man E_1: $6x_1 + 2x_2 - 4x_3 = 2d$, an der man den Normalenvektor $\begin{pmatrix} 6 \\ 2 \\ -4 \end{pmatrix}$ ablesen kann.

Vergleicht man ihn mit dem Normalenvektor $\begin{pmatrix} 6 \\ 2 \\ c \end{pmatrix}$ von E_2, so muss c den Wert −4 annehmen, damit die beiden Ebenen zueinander parallel sind.

b) Die beiden Ebenen sind identisch, wenn $c = -4$ und $2d = 8$ gilt, also für $c = -4$ und $d = 4$.

3 E_1: $\vec{x} = \begin{pmatrix} -1 \\ 0 \\ 7 \end{pmatrix} + k \cdot \begin{pmatrix} 23 \\ 6 \\ 0 \end{pmatrix} + m \cdot \begin{pmatrix} -7 \\ 0 \\ 3 \end{pmatrix}$ mit $m \in \mathbb{R}$

Gleichsetzen von E_1 und E_2 ergibt:

$k = \frac{1}{2}m - \frac{1}{2}$, $r = 3m - 6$, $s = -\frac{3}{2}m + \frac{5}{2}$

Einsetzen in eine Ebenengleichung ergibt die Schnittgerade

s: $\vec{x} = \begin{pmatrix} -12{,}5 \\ -3 \\ 7 \end{pmatrix} + m \begin{pmatrix} 4{,}5 \\ 3 \\ -3 \end{pmatrix}$

4 **a)** Gegeben sind zwei windschiefe Geraden g: $\vec{x} = \vec{a} + r \cdot \vec{u}$ und h: $\vec{x} = \vec{b} + s \cdot \vec{v}$.

- Man wählt einen allgemeinen Punkt G mit $G(a_1 + r \cdot u_1 \mid a_2 + r \cdot u_2 \mid a_3 + r \cdot u_3)$ auf g bzw. einen Punkt H mit $H(b_1 + s \cdot v_1 \mid b_2 + s \cdot v_2 \mid b_3 + s \cdot v_3)$ auf h.
- Man bestimmt r und s so, dass $\overrightarrow{GH} \cdot \vec{u} = 0$ und $\overrightarrow{GH} \cdot \vec{v} = 0$.
- Man berechnet mit den ermittelten Werten von r und s die Koordinaten der Punkte G* und H*, deren Verbindungsstrecke orthogonal zu g und zu h ist.
- $d = |\overrightarrow{G^*H^*}|$ ist der Abstand der beiden windschiefen Geraden.

b) Die Richtungsvektoren von g und h sind keine Vielfachen voneinander, somit sind g und h nicht parallel zueinander.

Das lineare Gleichungssystem $\begin{pmatrix} 3 \\ -2 \\ 4 \end{pmatrix} + r \cdot \begin{pmatrix} 4 \\ 1 \\ -1 \end{pmatrix} = \begin{pmatrix} 2 \\ -4 \\ 7 \end{pmatrix} + t \cdot \begin{pmatrix} -4 \\ 0 \\ 2 \end{pmatrix}$

hat keine Lösung, somit besitzen g und h keinen gemeinsamen Punkt. Sie sind also windschief zueinander.

$G(3 + 4r \mid -2 + r \mid 4 - r)$; $H(2 - 4t \mid -4 \mid 7 + 2t)$

$\overrightarrow{GH} = \begin{pmatrix} -4r - 4t - 1 \\ -r - 2 \\ r + 2t + 3 \end{pmatrix}$

Aus $\overrightarrow{GH} \cdot \begin{pmatrix} 4 \\ 1 \\ -1 \end{pmatrix} = 0$ und $\overrightarrow{GH} \cdot \begin{pmatrix} -4 \\ 0 \\ 2 \end{pmatrix} = 0$ folgt $r = 0$; $t = -\frac{1}{2}$.

Also: $G^*(3 \mid -2 \mid 4)$ und $H^*(4 \mid -4 \mid 6)$

Abstand der beiden windschiefen Geraden: $d = |\overrightarrow{G^*H^*}| = \left| \begin{pmatrix} 1 \\ -2 \\ 2 \end{pmatrix} \right| = 3$

c) $G = G^*(3 \mid -2 \mid 4)$ und $H = H^*(4 \mid -4 \mid 6)$

5 Aufgrund der Orthogonalität zur x_1x_2-Ebene durch R gilt $S(0 \mid 2 \mid s)$ mit $s > 0$.

Für $0 \le k \le 4$ liegt das Seil auf der Geraden

g: $\vec{x} = \overrightarrow{OP} + k \cdot \overrightarrow{PQ} = \begin{pmatrix} 2 \\ 1 \\ 4 \end{pmatrix} + k \cdot \begin{pmatrix} -1 \\ 0 \\ 1 \end{pmatrix}$ mit $k \in \mathbb{R}$.

Man konstruiere eine Hilfsebene E, die orthogonal zu g ist und den Punkt S enthält.

$\Rightarrow$ E: $\begin{pmatrix} -1 \\ 0 \\ 1 \end{pmatrix} \cdot \left(\vec{x} - \begin{pmatrix} 0 \\ 2 \\ s \end{pmatrix} \right) = 0$

Für den Schnittpunkt bzw. Lotfußpunkt F von g und E ergibt sich

$F\left(3 - \frac{1}{2}s \mid 1 \mid 3 + \frac{1}{2}s\right)$

Der Abstand zwischen S und F soll 3 m betragen:

$|\overrightarrow{SF}| = \left| \begin{pmatrix} 3 - \frac{1}{2}s \\ -1 \\ 3 - \frac{1}{2}s \end{pmatrix} \right| = \sqrt{\frac{1}{2}s^2 - 6s + 19} = 3$

$\Rightarrow S_1 = 2$ und $S_2 = 10$

Da $S_1(0 \mid 2 \mid 2)$ unterhalb des Seils liegt, ist $S_2(0 \mid 2 \mid 10)$ die gesuchte Mastspitze.

6 **a)** Die Grundfläche der Pyramide ist ein Quadrat mit der Seitenlänge $|\overrightarrow{AB}| = \left| \begin{pmatrix} -6 \\ 6 \\ 0 \end{pmatrix} \right| = 6\sqrt{2}$, somit beträgt der Inhalt der Grundfläche $G = 72$.

Höhe der Pyramide: $h = 12$

Also: $V = \frac{1}{3} \cdot G \cdot h = 288$

b) Aus Symmetriegründen liegt der Punkt auf der Pyramidenhöhe, also $P(0 \mid 0 \mid r)$ mit $0 < r < 12$. Der Abstand zur Grundfläche ist $d_1 = r$.

Der Abstand zu allen Seitenflächen ist gleich groß, aus Symmetriegründen kann man sich auf den Abstand zu einer der Seitenflächen beschränken.

E_{ABS}: $\vec{x} = \begin{pmatrix} 6 \\ 0 \\ 0 \end{pmatrix} + r \cdot \begin{pmatrix} -1 \\ 1 \\ 0 \end{pmatrix} + s \cdot \begin{pmatrix} -1 \\ 0 \\ 2 \end{pmatrix}$ bzw. $\begin{pmatrix} 2 \\ 2 \\ 1 \end{pmatrix} \cdot \left(\vec{x} - \begin{pmatrix} 6 \\ 0 \\ 0 \end{pmatrix} \right) = 0$

bzw. $2x_1 + 2x_2 + x_3 - 12 = 0$

Abstand von P zu E_{ABS}: $d_2 = \frac{|r - 12|}{3}$

Aus $d_1 = d_2$ folgt $r = 3$, also ist $P(0 \mid 0 \mid 3)$ der Punkt, der von allen Flächen der Pyramide den gleichen Abstand hat.

c) Die Gerade s verläuft parallel zur x_1x_2-Ebene, in der die Grundfläche liegt. Somit haben alle Punkte S_k von s den gleichen Abstand zur Grundflächenebene, dieser Abstand entspricht der Höhe der Pyramide $ABCDS_k$.

Da die Grundfläche sich nicht ändert, bleibt das Volumen konstant.

7 **a)** E_2: $\vec{x} = \begin{pmatrix} 3 \\ 8 \\ 1 \end{pmatrix} + r \cdot \begin{pmatrix} -1 \\ -4 \\ 7 \end{pmatrix} + s \cdot \begin{pmatrix} 5 \\ -4 \\ -3 \end{pmatrix}$

Normalenform von E_2: $\begin{pmatrix} 5 \\ 4 \\ 3 \end{pmatrix} \cdot \left(\vec{x} - \begin{pmatrix} 3 \\ 8 \\ 1 \end{pmatrix} \right) = 0$

bzw. $5x_1 + 4x_2 + 3x_3 - 50 = 0$.

Die beiden Koordinatengleichungen stimmen bis auf das absolute Glied überein, die beiden Ebenen sind somit zueinander parallel.

Der Abstand der beiden parallelen Ebenen entspricht dem Abstand des Punktes A von E_1.

$d = \left| \frac{5 \cdot 3 + 4 \cdot 8 + 3 \cdot 1 + 20}{5\sqrt{2}} \right| = \frac{70}{5\sqrt{2}} = 7\sqrt{2}$

b) Schnittpunkt von g und E_1:
Aus $5\cdot(1+t)+4\cdot(-4+6t)+3\cdot(-3+2t)+20=0$ folgt $t=0$, also $S_1(1|-4|-3)$.
Schnittwinkel von g und E_1:

$$\sin(\alpha)=\frac{\left|\begin{pmatrix}1\\6\\2\end{pmatrix}\cdot\begin{pmatrix}5\\4\\3\end{pmatrix}\right|}{\left|\begin{pmatrix}1\\6\\2\end{pmatrix}\right|\cdot\left|\begin{pmatrix}5\\4\\3\end{pmatrix}\right|}=\frac{35}{\sqrt{41}\cdot\sqrt{50}}\approx 0{,}773,\quad \text{also } \alpha\approx 50{,}6°$$

c) Schnittpunkt von g mit E_2:
Aus $5\cdot(1+t)+4\cdot(-4+6t)+3\cdot(-3+2t)-50=0$ folgt $t=2$, also $S_2(3|8|1)=A$.
Der Punkt auf g, der von beiden Ebenen gleich weit entfernt ist, ist der Mittelpunkt der Strecke $\overline{S_1S_2}$, also $M(2|2|-1)$

8 a) $\left|\begin{pmatrix}18\\14\\3\end{pmatrix}\right|=23$

Die Geschwindigkeit der Maschine beträgt $2300\,\frac{\text{m}}{\text{min}}=138\,\frac{\text{km}}{\text{h}}$.

$$\overrightarrow{p_3}=\begin{pmatrix}4\\1\\0\end{pmatrix}+3\cdot\begin{pmatrix}18\\14\\3\end{pmatrix}=\begin{pmatrix}58\\43\\9\end{pmatrix}$$

Nach 3 Minuten am Ende der Startphase befindet sich das Flugzeug im Punkt $P_3(58|43|9)$. Danach kann der Flugkurs durch die Gerade $h\colon \vec{x}=\begin{pmatrix}58\\43\\9\end{pmatrix}+s\cdot\begin{pmatrix}22\\19\\1{,}2\end{pmatrix}$ beschrieben werden.

Nach weiteren 7 Minuten: $\overrightarrow{p_{10}}=\begin{pmatrix}58\\43\\9\end{pmatrix}+7\cdot\begin{pmatrix}22\\19\\1{,}2\end{pmatrix}=\begin{pmatrix}212\\176\\17{,}4\end{pmatrix}$

$\left|\begin{pmatrix}22\\19\\1{,}2\end{pmatrix}\right|\approx 29{,}09;\quad 2909\,\frac{\text{m}}{\text{min}}\approx 174{,}5\,\frac{\text{km}}{\text{h}}$

10 Minuten nach dem Abheben befindet sich das Flugzeug im Punkt $P_{10}(212|176|17{,}4)$ und hat dort die Geschwindigkeit $174{,}5\,\frac{\text{km}}{\text{h}}$.

b) Der Kurs des zweiten Flugzeugs kann durch die Gerade $k\colon \vec{x}=\begin{pmatrix}220\\-180\\32\end{pmatrix}+t\cdot\begin{pmatrix}14\\25\\0\end{pmatrix}$ beschrieben werden.

$$\overrightarrow{q_{10}}=\begin{pmatrix}220\\-180\\32\end{pmatrix}+10\cdot\begin{pmatrix}14\\25\\0\end{pmatrix}=\begin{pmatrix}360\\70\\32\end{pmatrix}$$

Das zweite Flugzeug befindet sich nach 10 min im Punkt $Q_{10}(360|70|32)$.

$$\left|\overrightarrow{P_{10}Q_{10}}\right|=\left|\begin{pmatrix}148\\-106\\14{,}6\end{pmatrix}\right|\approx 182{,}6$$

Der Abstand der beiden Flugzeuge beträgt zu diesem Zeitpunkt ca. 18 260 m.

c) Untersuchung, ob die beiden Geraden $h\colon \vec{x}=\begin{pmatrix}58\\43\\9\end{pmatrix}+s\cdot\begin{pmatrix}22\\19\\1{,}2\end{pmatrix}$ und $k\colon \vec{x}=\begin{pmatrix}220\\-180\\32\end{pmatrix}+t\cdot\begin{pmatrix}14\\25\\0\end{pmatrix}$ zueinander windschief sind:
Die Richtungsvektoren der beiden Geraden sind keine Vielfachen voneinander, somit schneiden sich h und k oder sie sind zueinander windschief.
Aus $\begin{pmatrix}58\\43\\9\end{pmatrix}+s\cdot\begin{pmatrix}22\\19\\1{,}2\end{pmatrix}=\begin{pmatrix}220\\-180\\32\end{pmatrix}+t\cdot\begin{pmatrix}14\\25\\0\end{pmatrix}$ erhält man das lineare

Gleichungssystem $\left|\begin{matrix}22s-14t=162\\19s-25t=-223\\1{,}2s=23\end{matrix}\right|$, das keine Lösung besitzt.

Die beiden Geraden h und k sind also windschief, es würde nicht zu einer Kollision kommen.

9 a) $E\colon \vec{x}=\begin{pmatrix}4\\2\\-1\end{pmatrix}+r\cdot\begin{pmatrix}0\\1\\0\end{pmatrix}+s\cdot\begin{pmatrix}3\\5\\4\end{pmatrix}$ bzw. $\begin{pmatrix}4\\0\\-3\end{pmatrix}\cdot\left(\vec{x}-\begin{pmatrix}4\\2\\-1\end{pmatrix}\right)=0$ bzw. $4x_1-3x_3-19=0$

Aus $\overrightarrow{BA}\cdot\overrightarrow{BC}=0$ folgt, dass das Dreieck ABC bei B einen rechten Winkel hat.
Zusätzlich gilt: $\left|\overrightarrow{BA}\right|=\left|\overrightarrow{BC}\right|=5$, das Dreieck ist also ein gleichschenklig-rechtwinkliges Dreieck und kann durch einen vierten Punkt D zum Quadrat ergänzt werden.
Für D gilt: $\overrightarrow{OD}=\overrightarrow{OA}+\overrightarrow{BC}=\begin{pmatrix}4\\2\\-1\end{pmatrix}+\begin{pmatrix}3\\0\\4\end{pmatrix}=\begin{pmatrix}7\\2\\3\end{pmatrix}$, also $D(7|2|3)$

b) Für S_t gilt: $\left|\begin{matrix}x_1=17+3t\\x_2=7+t\\x_3=8+4t\end{matrix}\right|$ bzw. in vektorieller Schreibweise:

$\vec{x}=\begin{pmatrix}17\\7\\8\end{pmatrix}+t\cdot\begin{pmatrix}3\\1\\4\end{pmatrix}$, d. h., alle Punkte S_t liegen auf einer Geraden g mit der Parameterdarstellung $\vec{x}=\begin{pmatrix}17\\7\\8\end{pmatrix}+t\cdot\begin{pmatrix}3\\1\\4\end{pmatrix}$.

Wegen $\begin{pmatrix}4\\0\\-3\end{pmatrix}\cdot\begin{pmatrix}3\\1\\4\end{pmatrix}=0$ verläuft g parallel zu E.

Der Abstand von g zu E ist gleich dem Abstand des Punktes $G(17|7|8)$ der Geraden zu E: $d=\frac{|4\cdot17-3\cdot8-19|}{5}=\frac{25}{5}=5$

c) $M\left(\frac{11}{2}\middle|\frac{9}{2}\middle|1\right)$, $\overrightarrow{MS_t}=\begin{pmatrix}\frac{23}{2}+3t\\\frac{5}{2}+t\\7+4t\end{pmatrix}$.

Die Gerade MS_t ist orthogonal zu E, falls die Vektoren $\begin{pmatrix}\frac{23}{2}+3t\\\frac{5}{2}+t\\7+4t\end{pmatrix}$ und $\begin{pmatrix}4\\0\\-3\end{pmatrix}$ Vielfache voneinander sind.

Dies ist der Fall für $t_0=-\frac{5}{2}$.

$S_{t_0}\left(\frac{19}{2}\middle|\frac{9}{2}\middle|-2\right)$.

Das Quadrat ABCD hat die Seitenlänge 5 (siehe Teilaufgabe a)).

$h=\left|\overrightarrow{MS_{t_0}}\right|=\left|\begin{pmatrix}4\\0\\-3\end{pmatrix}\right|=5$

Volumen der Pyramide: $V=\frac{1}{3}\cdot25\cdot5=\frac{125}{3}=41{,}\overline{6}$

10 a) Zum Beispiel: $\vec{x}=\begin{pmatrix}1\\-2\\1\end{pmatrix}$

b) $\vec{n}=\begin{pmatrix}a\\b\\c\end{pmatrix}$ ist ein Normalenvektor der Ebene E_2. $\frac{|d|}{|\vec{n}|}$ ist der Abstand von E_2 zum Ursprung.

10.a) $\vec{n}=\begin{pmatrix}6\\2\\-3\end{pmatrix}$ E: $6x_1+2x_2-3x_3=12$
B, g in E ✓
Gerade $g_{A\vec{n}}$: $\vec{x}=\begin{pmatrix}4\\13\\-2\end{pmatrix}+r\cdot\begin{pmatrix}6\\2\\-3\end{pmatrix}$
g in E ⟹ $S\left(-\frac{6}{7}\middle|\frac{75}{7}\middle|\frac{10}{7}\right)$
$|\overrightarrow{AS}|\approx 8$ LE
$X(1+t|6+3t|2+4t)$ $\overrightarrow{BF}\cdot\vec{u}_g=0$!
⟹ $t=-\frac{4}{13}$
⟹ $|\overrightarrow{BF}|\approx 2{,}75$ LE
b) $h\colon \vec{x}=\begin{pmatrix}6\\13\\-2\end{pmatrix}+r\cdot\begin{pmatrix}-60/13\\-76/13\\72/13\end{pmatrix}\sim\begin{pmatrix}-15\\-19\\18\end{pmatrix}$ $\vec{v}$
$\sin(\varphi)=\frac{|\vec{n}\cdot\vec{v}|}{|\vec{n}|\cdot|\vec{v}|}$ ⟹ $\varphi\approx 59{,}53°$

Lösungen zu Kapitel 7 (Seiten 379 bis 380)

Rechnen mit Matrizen

1 **a)** $\begin{pmatrix} 7 & -18 \\ 6 & 11 \end{pmatrix}$ **b)** $\begin{pmatrix} 3{,}5 & 5 & 6{,}5 \\ 5 & 4 & 7 \end{pmatrix}$ **c)** $\begin{pmatrix} 10 & 3{,}6 & 4{,}6 \\ 35 & 12 & 17 \\ 0 & 1 & -1{,}5 \end{pmatrix}$ **d)** $\begin{pmatrix} 3 & -6 \\ -3 & 6 \end{pmatrix}$

2 **a)** $\mathbf{A}^{-1} = \begin{pmatrix} -3 & 2 \\ -1 & 1 \end{pmatrix}$ **b)** $\mathbf{A}^{-1} = \begin{pmatrix} 3 & -4 & -9 \\ 1 & -1 & -3 \\ -2 & 3 & 7 \end{pmatrix}$

3 Auslieferungmatrix: $\mathbf{A} = \begin{pmatrix} 200 & 250 & 100 \\ 150 & 350 & 200 \\ 250 & 150 & 150 \end{pmatrix}$,

Kostenvektor: $\vec{x} = \begin{pmatrix} 124\,250 \\ 159\,900 \\ 120\,100 \end{pmatrix}$ in €

Abbildungsmatrizen

4 **a)**

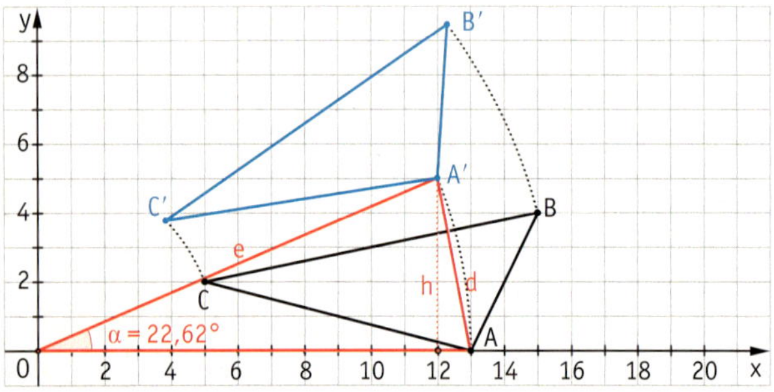

b) $\tan(\alpha) = \frac{h}{f} = \frac{5}{12}$, also $\alpha \approx 22{,}62°$; $\sin(\alpha) = \frac{5}{13}$; $\cos(\alpha) = \frac{12}{13}$

$\mathbf{D} = \begin{pmatrix} \cos(\alpha) & -\sin(\alpha) \\ \sin(\alpha) & \cos(\alpha) \end{pmatrix} = \frac{1}{13} \cdot \begin{pmatrix} 12 & -5 \\ 5 & 12 \end{pmatrix}$

$\Rightarrow B' = \mathbf{D} \cdot A = \left(12\tfrac{4}{13} \middle| 9\tfrac{6}{13}\right)$; $C' = \left(3\tfrac{11}{13} \middle| 3\tfrac{10}{13}\right)$

c) $\overrightarrow{OP'} = \frac{1}{17}\begin{pmatrix} 8 & 15 \\ 15 & -8 \end{pmatrix} \cdot \overrightarrow{OP}$

$A'\left(\frac{104}{17} \middle| \frac{195}{17}\right)$, $B'\left(\frac{180}{17} \middle| \frac{193}{17}\right)$, $C'\left(\frac{70}{17} \middle| \frac{59}{17}\right)$ oder

$A'\left(6\tfrac{2}{17} \middle| 11\tfrac{8}{17}\right)$, $D'\left(10\tfrac{10}{17} \middle| 11\tfrac{6}{17}\right)$, $C'\left(4\tfrac{2}{17} \middle| 3\tfrac{8}{17}\right)$

5 **a)** $\overrightarrow{x'} = \begin{pmatrix} 2 & -1 \\ 0 & -1 \end{pmatrix}\vec{x} + \begin{pmatrix} 3 \\ 2 \end{pmatrix}$ oder $\overrightarrow{x'} = \begin{pmatrix} -1 & 2 \\ -1 & 0 \end{pmatrix}\vec{x} + \begin{pmatrix} 3 \\ 2 \end{pmatrix}$

b) Das Quadratraster der Zeichenebene wird um $\varphi = 90°$ gedreht und so verschoben, dass der Koordinatenursprung $O(0|0)$ auf $O'(2|1)$ abgebildet wird.

6 **a)** Die Abbildungsmatrix ist $\mathbf{P} = \begin{pmatrix} 1 & 0 & 0 \\ 0 & 1 & -1 \\ 0 & 0 & 0 \end{pmatrix}$. Da die Punkte A, B, C und D bereits in der x_1x_2-Ebene liegen, werden sie auf sich abgebildet. Mithilfe der Abbildungsgleichung $\overrightarrow{x'} = \mathbf{P} \cdot \vec{x}$ erhält man: $E'(0|-3|0)$, $F'(6|-3|0)$, $G'(6|5|0)$, $H'(0|5|0)$, $P'(3|-6|0)$, $Q'(3|2|0)$, $R'(4|-5|0)$, $S'(4|-10|0)$.

b) Hier ist die Abbildungsmatrix $\mathbf{P} = \begin{pmatrix} 1 & 0 & \frac{3}{4} \\ 0 & 1 & \frac{3}{4} \\ 0 & 0 & 0 \end{pmatrix}$ und somit das Bild des Schattens vom Antennenstab in der x_1x_2-Ebene: $R' = PR = \begin{pmatrix} 7\frac{3}{4} \\ 3\frac{3}{4} \\ 0 \end{pmatrix}$

$S' = PS = \begin{pmatrix} 11\frac{1}{2} \\ 7\frac{1}{2} \\ 0 \end{pmatrix}$

Um das Bild auf dem Dach zu bestimmen, müssen wir nur den Schnittpunkt S″ der Geraden SS′ mit der Dachebene FGQP berechnen. Der Punkt R liegt brereits in der Dachebene.

Die Geradengleichung für SS′ ist

$SS' = \overrightarrow{OS} + t \cdot \overrightarrow{v_2} = \begin{pmatrix} 4 \\ 0 \\ 10 \end{pmatrix} + t \cdot \begin{pmatrix} 3 \\ 3 \\ -4 \end{pmatrix}$.

Die Ebenengleichung für FGQP ist

$FGQP = \overrightarrow{OP} + s \cdot \overrightarrow{PF} + r \cdot \overrightarrow{PQ} = \begin{pmatrix} 3 \\ 0 \\ 6 \end{pmatrix} + s \cdot \begin{pmatrix} 3 \\ 0 \\ -3 \end{pmatrix} + r \cdot \begin{pmatrix} 0 \\ 8 \\ 0 \end{pmatrix}$.

Schnittpunkt: $\begin{pmatrix} 4 \\ 0 \\ 10 \end{pmatrix} + t \cdot \begin{pmatrix} 3 \\ 3 \\ -4 \end{pmatrix} = \begin{pmatrix} 3 \\ 0 \\ 6 \end{pmatrix} + s \cdot \begin{pmatrix} 3 \\ 0 \\ -3 \end{pmatrix} + r \cdot \begin{pmatrix} 0 \\ 8 \\ 0 \end{pmatrix}$

$\Rightarrow t = 5;\ s = 5\frac{1}{3};\ r = 1\frac{7}{8} \Rightarrow S'' = \begin{pmatrix} 4 \\ 0 \\ 10 \end{pmatrix} + 5 \cdot \begin{pmatrix} 3 \\ 3 \\ -4 \end{pmatrix} = \begin{pmatrix} 19 \\ 15 \\ -10 \end{pmatrix}$.

Der Schatten auf dem Dach ist also der Geradenabschnitt zwischen $R = (4|0|5)$ und $S = (19|15|-10)$.

Übergangsmatrizen

7 **a)**

$\begin{array}{c|ccc} & A & B & E \\ \hline A & 0{,}88 & 0{,}05 & 0{,}05 \\ B & 0{,}07 & 0{,}92 & 0{,}02 \\ E & 0{,}05 & 0{,}03 & 0{,}93 \end{array} = \mathbf{M}$

b) Anfangsvektor: $\vec{a} = \begin{pmatrix} 3\,900 \\ 2\,700 \\ 1\,600 \end{pmatrix}$; 1 Monat später: $\mathbf{M} \cdot \vec{a} = \begin{pmatrix} 3\,647 \\ 2\,789 \\ 1\,764 \end{pmatrix}$

2 Monate später: $\mathbf{M}^2 \cdot \vec{a} \approx \begin{pmatrix} 3\,437 \\ 2\,856 \\ 1\,907 \end{pmatrix}$; 3 Monate später: $\mathbf{M}^3 \cdot \vec{a} \approx \begin{pmatrix} 3\,263 \\ 2\,906 \\ 2\,031 \end{pmatrix}$

Verteilung des Vormonats:

$\mathbf{M} \cdot \vec{x} = \vec{a}$ führt auf das lineare Gleichungssystem

$$\left| \begin{array}{l} 0{,}88x_1 + 0{,}05x_2 + 0{,}05x_3 = 3\,900 \\ 0{,}07x_1 + 0{,}92x_2 + 0{,}02x_3 = 2\,700 \\ 0{,}05x_1 + 0{,}03x_2 + 0{,}93x_3 = 1\,600 \end{array} \right|$$

Lösung: $\vec{x} \approx \begin{pmatrix} 4\,205 \\ 2\,584 \\ 1\,411 \end{pmatrix}$

c) Gesucht wird $\vec{a}$ mit $\mathbf{M} \cdot \vec{a} = \vec{a}$. Dies führt auf ein lineares Gleichungssystem mit unendlich vielen Lösungen. Wählt man aber z. B. $a_1 + a_2 + a_3 = 8\,200$, wie bei den Verteilungen zuvor, so erhält man $\vec{a} \approx \begin{pmatrix} 2\,412 \\ 2\,846 \\ 2\,942 \end{pmatrix}$.

8 **a)** $\vec{a} = \begin{pmatrix} 0 \\ 0 \\ 0 \\ 50 \end{pmatrix}$ ist Anfangsvektor

	1. Woche	2. Woche	3. Woche	4. Woche	5. Woche
Insekt 1. Lebenswoche	50	0	500	200	5 005
Insekt 2. Lebenswoche	0	10	0	100	40
Insekt 3. Lebenswoche	0	0	1	0	10
Eier	0	5 000	2 000	50 050	40 000

b) $\mathbf{M} = \begin{pmatrix} 0 & 0 & 0 & p \\ q & 0 & 0 & 0 \\ 0 & 0{,}1 & 0 & 0 \\ a & 200 & 50 & 0 \end{pmatrix}$ mit $\vec{a} = \begin{pmatrix} 0 \\ 0 \\ 0 \\ 500 \end{pmatrix}$

1. Woche: $I_1 = 500 \cdot p$

2. Woche: $50 = 500 \cdot p \cdot q$ und $10\,000 = a \cdot I_1 = a \cdot 500 \cdot p$

Für einen beliebigen Wert p ergibt sich damit: $q = \frac{0{,}1}{p}$ und $a = \frac{20}{p}$

Wählt man z. B. $p = 0{,}2$, so ergeben sich $q = 0{,}5$ und $a = 100$.

Der Wert für a wäre damit unverändert.

Lösungen zu Kapitel 8 (Seite 439 bis 440)

1

Spalte 1 Gewicht in g	Spalte 2 absolute Häufigkeit	Spalte 3 relative Häufigkeit	Spalte 4 Produkt aus Spalte 1 und 3	Spalte 5 gewichtete quadratische Differenz
57	1	0,54 %	0,306	0,291
58	1	0,54 %	0,312	0,217
59	1	0,54 %	0,317	0,154
60	1	0,54 %	0,323	0,102
61	8	4,30 %	2,624	0,484
62	30	16,13 %	10,000	0,894
63	36	19,35 %	12,194	0,355
64	36	19,35 %	12,387	0,024
65	14	7,53 %	4,892	0,031
66	24	12,90 %	8,516	0,349
67	11	5,91 %	3,962	0,414
68	10	5,38 %	3,656	0,714
69	7	3,76 %	2,597	0,812
70	4	2,15 %	1,505	0,685
71	2	1,08 %	0,763	0,475
	n = 186	100,00 %	$\overline{x}$ = 64,355	$\overline{s}^2$ = 6,003
				$\overline{s}$ = 2,45

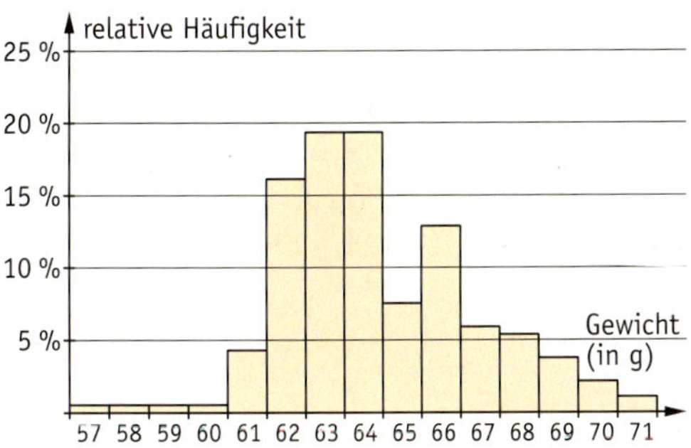

2

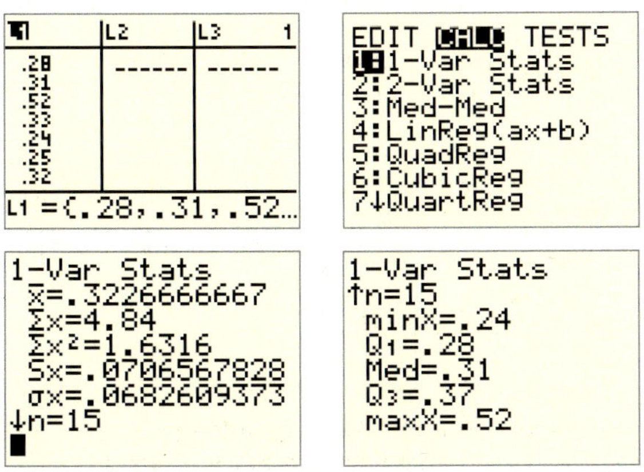

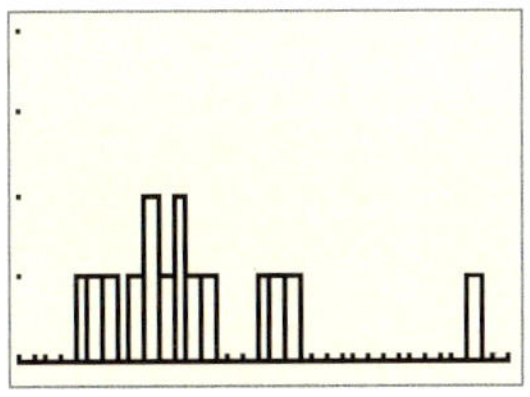

Die Datenmenge umfasst n = 15 Daten mit dem arithmetischen Mittel $\overline{x} \approx 0{,}323$ und dem Median 0,31. An der geordneten Liste der Daten erkennen wir, dass es einige Reaktionszeiten gibt, die sich ungünstig hinsichtlich des arithmetischen Mittels auswirken.

3 **a)** Die folgenden Werte wurden durch Interpolation aus den Originaldaten gewonnen:

	10 %	20 %	30 %	40 %	50 %	60 %	70 %	80 %	90 %
Frauen	22,5	24,4	25,9	27,2	28,6	30,0	31,8	34,4	38,6
Männer	24,8	26,9	28,5	30,0	31,5	33,3	35,5	38,0	41,8

b) Für das Zeichnen des Boxplots werden benötigt:

	Frauen	Männer
1. Quartil	25,2	27,7
Median	28,6	31,5
3. Quartil	33,0	36,6
Quartilabstand	7,8	8,9
1,5-facher Quartilabstand	11,7	13,4
unteres Ende des Whiskers	17	18
oberes Ende des Whiskers	33,0 + 11,7 = 44,7	36,6 + 13,4 = 50,0

4 a) Ziehen ohne Zurücklegen

(1)

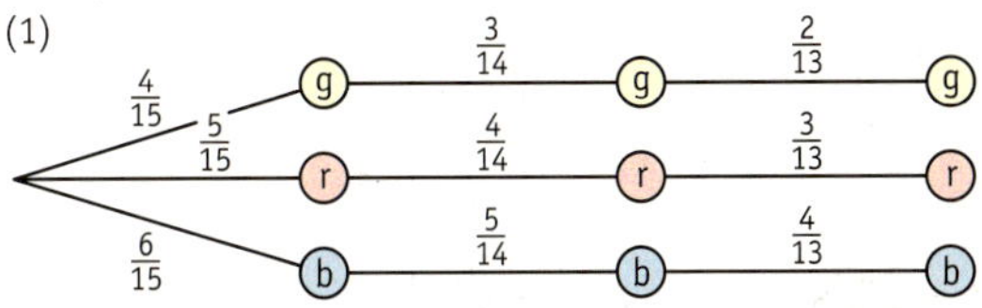

$P(\text{alle gleiche Farbe}) = \frac{4\cdot3\cdot2 + 5\cdot4\cdot3 + 6\cdot5\cdot4}{15\cdot14\cdot13}$ (≈ 0,075)

(2)

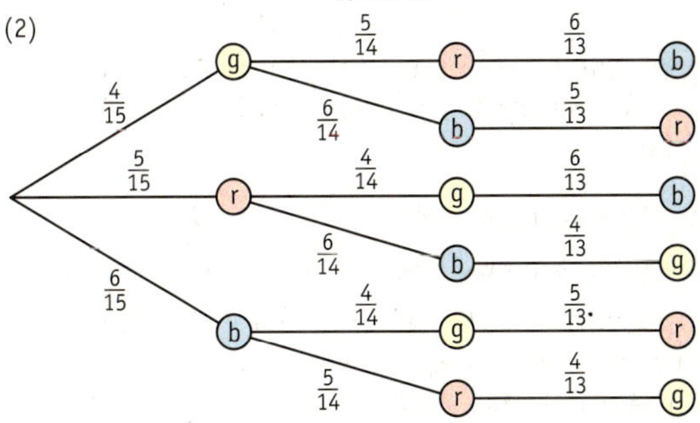

$P(\text{lauter verschiedene Farben}) = 6\cdot\frac{4\cdot5\cdot6}{15\cdot14\cdot13}$ (≈ 0,264)

b) Ziehen mit Zurücklegen

(1) $P(\text{alle gleiche Farbe}) = \left(\frac{4}{15}\right)^3 + \left(\frac{5}{15}\right)^3 + \left(\frac{6}{15}\right)^3$ (≈ 0,12)

(2) $P(\text{lauter verschiedene Farben}) = 6\cdot\frac{4\cdot5\cdot6}{15^3}$ (≈ 0,213)

5

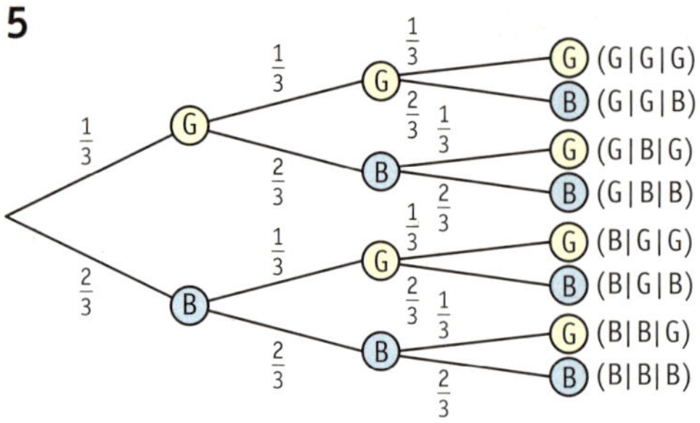

(1) $P(E) = P(G|G|G) = \frac{1}{3}\cdot\frac{1}{3}\cdot\frac{1}{3} = \frac{1}{27}$

(2) $P(E) = P(G|G|G) + P(B|B|B) = \frac{1}{3}\cdot\frac{1}{3}\cdot\frac{1}{3} + \frac{2}{3}\cdot\frac{2}{3}\cdot\frac{2}{3} = \frac{1}{27} + \frac{8}{27} = \frac{9}{27} = \frac{1}{3}$

(3) $P(E) = P(G|G|B) + P(G|B|G) + P(B|G|G)$

$= \frac{1}{3}\cdot\frac{1}{3}\cdot\frac{2}{3} + \frac{1}{3}\cdot\frac{2}{3}\cdot\frac{1}{3} + \frac{2}{3}\cdot\frac{1}{3}\cdot\frac{1}{3} = 3\cdot\left(\frac{1}{3}\cdot\frac{1}{3}\cdot\frac{2}{3}\right) = \frac{2}{9}$

(4) $P(E) = P(G|G|G) + P(G|G|B) + P(G|B|G) + P(B|G|G)$

$= \frac{1}{27} + 3\cdot\frac{2}{27} = \frac{7}{27}$

6

a) $P(\text{verschiedene Geburtsmonate}) = \frac{12}{12}\cdot\frac{11}{12}\cdot\frac{10}{12} = \frac{1320}{1728}$ ($\approx 0{,}764$)

b) (1) Dreimaliger Wurf von Würfel und Münze; Zuordnung z. B.

Jan.	Feb.	März	Apr.	Mai	Juni
(1|W)	(2|W)	(3|W)	(4|W)	(5|W)	(6|W)

Juli	Aug.	Sept.	Okt.	Nov.	Dez.
(1|Z)	(2|Z)	(3|Z)	(4|Z)	(5|Z)	(6|Z)

(2) Beispielsweise: randInt (1, 12, 3).

7

X: Anzahl der Gewinnzahlen unter 13

(1) $P(X = k) = \frac{\binom{12}{k}\binom{37}{6-k}}{\binom{49}{6}}$

k	P (X = k)
0	0,166
1	0,374
2	0,312
3	0,122
4	0,024575
5	0,002096
6	0,000066

(2) $p = \frac{\binom{37}{6}}{\binom{49}{6}} = \frac{2\,324\,784}{13\,983\,816} \approx 16{,}6\,\% = P(X = 0)$

(3) $P(X = 6) + P(X = 5) + P(X = 4) = \frac{\binom{12}{6}\cdot\binom{37}{0} + \binom{12}{5}\cdot\binom{37}{1} + \binom{12}{4}\cdot\binom{37}{2}}{\binom{49}{6}}$

$= \frac{924 + 29\,304 + 329\,670}{13\,983\,816} = \frac{359\,898}{13\,983\,816} \approx 0{,}0257 = 2{,}57\,\%$

8

a)

		Beschichtung		gesamt
		Silber	Gold	
Qualität	fehlerhaft	15	9	24
	in Ordnung	217	158	375
gesamt		232	167	399

b) (1) $\frac{24}{399} \approx 6\,\%$ (3) $\frac{15}{24} \approx 62{,}5\,\%$

(2) $\frac{15}{232} \approx 6{,}5\,\%$ (4) $\frac{9}{24} \approx 37{,}5\,\%$

9

Es ergibt sich folgende Vierfeldertafel mit relativen Häufigkeiten:

		Röntgen-Untersuchung		gesamt
		kariös	gesund	
klinische Untersuchung	kariös	3,0 %	0,1 %	3,1 %
	gesund	6,7 %	90,2 %	96,9 %
gesamt		9,7 %	90,3 %	100 %

Man erhält damit folgende Baumdiagramme für die verschiedenen Reihenfolgen der Untersuchungen:

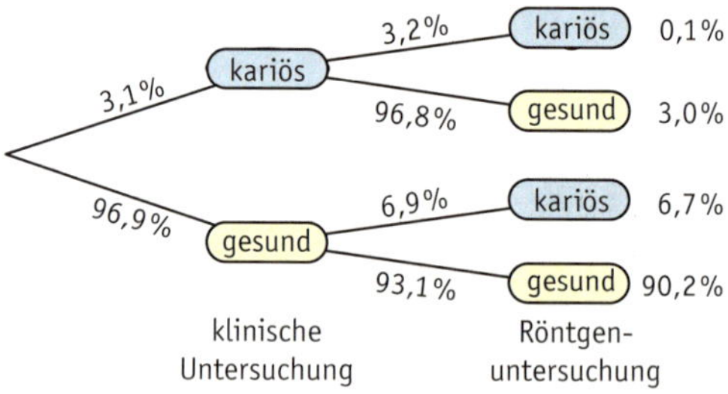

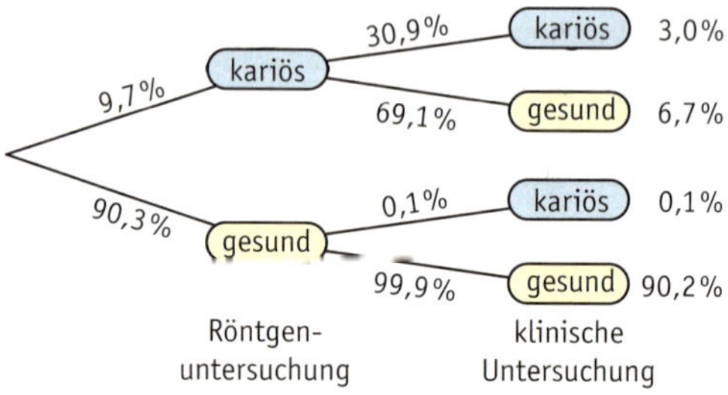

Die Sensitivität liegt bei der klinischen Untersuchung bei 30,9 %, die Spezifität bei 99,9 %.

Bei der Röntgen-Untersuchung liegt die Sensitivität bei 3,2 % und die Spezifität bei 93,1 %.

Lösungen zu Kapitel 9 (Seiten 539 bis 540)

1 Wenn der Zufallsgenerator der Maschine die vier Möglichkeiten tatsächlich mit gleicher Wahrscheinlichkeit zufällig auswählt und die Ergebnisse vorangegangener Torschüsse nicht berücksichtigt, dann sind die Voraussetzungen für das Vorliegen einer BERNOULLI-Kette gegeben (Unabhängigkeit der Stufen, feste Erfolgswahrscheinlichkeit).
Was man als Erfolg ansieht, ist willkürlich. Beispiele könnten sein:

- Schuss in die untere rechte Torecke [obere rechte Torecke, untere linke Torecke, obere linke Torecke] die Erfolgswahrscheinlichkeit ist jeweils 25 %;
- Schuss in die rechte Torecke (egal ob oben oder unten) [linke Torecke] die Erfolgswahrscheinlichkeit beträgt 50 %;
- Flacher Schuss [hoher Schuss] – die Erfolgswahrscheinlichkeit beträgt 50 %
- Schuss, der nicht in die linke untere Torecke geht [linke obere, rechte untere, rechte obere] – die Erfolgswahrscheinlichkeit beträgt 75 %.

2 **a)** $p = \frac{1}{3}$

k	P(X = k)
0	$\binom{6}{0}\left(\frac{1}{3}\right)^0\left(\frac{2}{3}\right)^6 = 1\cdot\frac{2^6}{3^6} = \frac{2^6}{3^6} = 0{,}0878$
1	$\binom{6}{1}\left(\frac{1}{3}\right)^1\left(\frac{2}{3}\right)^5 = 6\cdot\frac{2^5}{3^6} = \frac{2^6}{3^5} = 0{,}2634$
2	$\binom{6}{2}\left(\frac{1}{3}\right)^2\left(\frac{2}{3}\right)^4 = 15\cdot\frac{2^4}{3^6} = 5\cdot\frac{2^4}{3^5} = 0{,}3292$
3	$\binom{6}{3}\left(\frac{1}{3}\right)^3\left(\frac{2}{3}\right)^3 = 20\cdot\frac{2^3}{3^6} = 5\cdot\frac{2^5}{3^6} = 0{,}2195$
4	$\binom{6}{4}\left(\frac{1}{3}\right)^4\left(\frac{2}{3}\right)^2 = 15\cdot\frac{2^2}{3^6} = 5\cdot\frac{2^2}{3^5} = 0{,}0823$
5	$\binom{6}{5}\left(\frac{1}{3}\right)^5\left(\frac{2}{3}\right)^1 = 6\cdot\frac{2^1}{3^6} = \frac{2^2}{3^5} = 0{,}0165$
6	$\binom{6}{6}\left(\frac{1}{3}\right)^6\left(\frac{2}{3}\right)^0 = 1\cdot\frac{2^0}{3^6} = \frac{1}{3^6} = 0{,}0014$

b) $P(X = 1) = \frac{2^6}{3^5} = 3\cdot\frac{2^6}{3^6} = 3\cdot P(X = 0)$

$P(X = 2) = 5\cdot\frac{2^4}{3^5} = 4\cdot 5\cdot\frac{2^2}{3^5} = 4\cdot P(X = 4)$

$P(X = 4) = 5\cdot\frac{2^2}{3^5} = 5\cdot\frac{2^2}{3^5} = 5\cdot P(X = 5)$

3 Auch wenn bei einer Erhebung sicherlich darauf geachtet würde, dass keine Person mehr als einmal erfasst wird, kann hier näherungsweise der Ansatz einer BERNOULLI-Kette gemacht werden.
$n = 100$, $p = 0{,}20$; X: *die ausgewählte Person ist jünger als 20 Jahre alt;*
oder $p = 0{,}80$; Y: *die ausgewählte Person ist mindestens 18 Jahre alt.*
(1) $P(X = 17) = P(X \le 17) - P(X \le 16) = 0{,}271 - 0{,}192 = 0{,}079$
(2) $P(15 \le X \le 25) = P(X = 25) - P(X = 14) = 0{,}931 - 0{,}08 = 0{,}833$
(3) $P(Y > 80) = 1 - P(Y = 80) = 1 - 0{,}54 = 0{,}46 = P(X = 19)$
(4) $P(Y \le 75) = 0{,}131 = P(X \ge 25) = 1 - P(X = 24) = 1 - 0{,}869$

4 **a)**

k	0	1	2	3	4	5
P(X = k)	$\frac{1}{32}$	$\frac{5}{32}$	$\frac{10}{32}$	$\frac{10}{32}$	$\frac{5}{32}$	$\frac{1}{32}$

b) (1) $P(X \le 3) = \frac{26}{32}$ (3) $P(X \ge 1) = \frac{31}{32}$
(2) $P(X < 3) = \frac{16}{32}$ (4) $P(X > 1) = \frac{26}{32}$

5 **a)** Gegeben sind $n = 900$ und $p = \frac{5}{9}$. Es ist zu erwarten, dass ungefähr $\mu = 900\cdot\frac{5}{9} = 500$ Dreierwürfe mit lauter verschiedenen Augenzahlen auftreten.
Weiter gilt: $\sigma = \sqrt{900\cdot\frac{5}{9}\cdot\frac{4}{9}} \approx 14{,}91$ und $1{,}96\sigma \approx 29{,}22$
Kontrollrechnung: $P(471 \le X \le 529) = 95{,}22\,\%$
Entscheidungsregel zur Hypothese $p = \frac{5}{9}$: Verwirf die Hypothese, wenn weniger als 471-mal oder mehr als 529-mal das Ereignis *lauter verschiedene Augenzahlen* eintritt.

b) Der Annahmebereich der Hypothese aus Teilaufgabe a) ist: $471 \le X \le 529$. Zu bestimmen ist die Wahrscheinlichkeit dafür, dass ein Stichprobenergebnis zufällig in diesem Intervall liegt, obwohl tatsächlich $p = 0{,}5$ gilt. Die Wahrscheinlichkeit für einen Fehler 2. Art ist daher: $\beta = P_{p=0{,}5}(471 \le X \le 529) = 8{,}6\,\%$

6 **a)** Gegeben sind $n = 1000$ und $p = \frac{2}{3}$.
Dann ist $\mu = 1000\cdot\frac{2}{3} \approx 666{,}67$ und $\sigma = \sqrt{1000\cdot\frac{2}{3}\cdot\frac{1}{3}} \approx 14{,}91$, also
$1{,}64\sigma \approx 24{,}45$; $\mu - 1{,}64\sigma \approx 642{,}22$; $\mu + 1{,}64\sigma \approx 691{,}12$.
Mit einer Wahrscheinlichkeit von ca. 90 % wird die Anzahl der Haushalte mit DVD-Player in der Stichprobe mindestens 643 und höchstens 691 betragen.
(exakte Wahrscheinlichkeitsberechnung: $P(643 \le X \le 691)$
$=$ **binomcdf**$\left(1000, \frac{2}{3}, 691\right)$ − **binomcdf**$\left(1000, \frac{2}{3}, 642\right) = 89{,}97\,\%$)

b) Dividiert man die in Teilaufgabe a) berechneten Intervallgrenzen durch den Stichprobenumfang $n = 1000$, dann erhält man ein Intervall mit relativen Häufigkeiten: $P\left(0{,}643 \le \frac{X}{n} \le 0{,}691\right) \approx 0{,}90$.

7 $n = 50$; $p = 0{,}3$; X: *Anzahl der Angestellten, die mit dem Fahrrad zur Arbeit kommen*

a) $P(X \le 20) = 0{,}952$

b) Gesucht ist der kleinste Wert für k, für den gilt: $P(X \le k) \ge 0{,}90$.
Dazu betrachtet man die kumulierte Binomialverteilung für $n = 50$ und $p = 0{,}3$ und findet: $P(X \le 18) = 0{,}859$ und $P(X \le 19) = 0{,}915$, also sollte $k \ge 19$ sein, damit die Bedingung erfüllt ist.

8 Wenn überprüft werden soll, ob sich ein Anteil erhöht oder verringert hat, dann ist dies eine einseitige Fragestellung. Sie beschreibt die Hypothese H_1: $p > 0{,}79$; die alternative Hypothese ist H_2: $p \le 0{,}79$ (d. h. der Anteil ist höchstens so groß, wie im Jahr 2010 festgestellt wurde).
Vom Standpunkt H_1: $p > 0{,}79$ lässt man sich nur durch signifikant kleine Stichprobenergebnisse abbringen, vom Standpunkt H_2: $p \le 0{,}79$ nur durch signifikant große Stichprobenergebnisse. Von $p = 0{,}79$ ausgehend, kann man einerseits $K = \mu - k\cdot\sigma$ berechnen (Werte unterhalb von K führen zum Verwerfen der Hypothese H_1: $p > 0{,}79$), andererseits $K - \mu + k\cdot\sigma$ (Werte oberhalb von K führen zum Verwerfen der Hypothese H_2: $p \le 0{,}79$).

9 **a)** Wir betrachten also die beiden Hypothesen H_1: $p > 0{,}8$ und H_2: $p \le 0{,}8$. H_1 wird verworfen bei signifikanter Abweichung nach unten, H_2 bei signifikanter Abweichung nach oben.
Hier ist $n = 1000$. Für $p = 0{,}8$ ist: $\mu = 1000 \cdot 0{,}8 = 800$
und $\sigma = \sqrt{1000 \cdot 0{,}8 \cdot 0{,}2} \approx 12{,}65$ sowie $1{,}64\sigma \approx 20{,}74$;
denn $P(X < \mu + 1{,}64\sigma) \approx 0{,}95$ und $P(X > \mu - 1{,}64\sigma) \approx 0{,}95$.
Daher lauten die Entscheidungsregeln:

- Verwirf die Hypothese H_1, falls in der Stichprobe weniger als 780 Personen über das Dosenpfand Bescheid wissen.
- Verwirf die Hypothese H_2, falls in der Stichprobe mehr als 820 Personen über das Dosenpfand Bescheid wissen.

b) Aus den Entscheidungsregeln ergibt sich, dass der Streit bei Stichprobenergebnissen geklärt ist, wenn weniger als 780 oder mehr als 820 Personen Bescheid wissen.

10 **a)** Aus der Grafik können Intervalle für die Körpergröße von Jungen zwischen 0 und 2 Jahren abgelesen werden. Die eingetragenen Graphen ermöglichen das Ablesen der Körpergröße, unterhalb der 3 %, 15 %, 50 %, 85 % bzw. 97 % der Jungen eines bestimmten Alters liegen.

b) Den Erwartungswert lesen wir am 50 %-Graphen ab: $\mu \approx 75{,}8\,\text{cm}$.
Das 97 % − 3 % = 94 %-Intervall umfasst alle Körpergrößen zwischen 71,4 cm und 80,2 cm. Wir suchen daher bei der Funktion
$s(X) = \text{normalcdf}(71.4, 80.2, 75.8, X)$ denjenigen Wert von X, für den $s(X) = 0{,}94$ ist. Wir finden $s(2{,}34) \approx 0{,}94$. Also $\sigma \approx 2{,}34\,\text{cm}$.

c) Für 2-jährige Jungen lesen wir ab): $\mu \approx 87{,}8\,\text{cm}$.
Wir ermitteln (analog zu Teilaufgabe b)): $\sigma \approx 3{,}03\,\text{cm}$.
Daher ist: $P(X > 86{,}5\,\text{cm}) = 1 - P(X \le 86{,}5\,\text{cm})$
$= 1 - \text{normalcdf}(0, 86.5, 87.8, 3.03) \approx 67\,\%$.

Kumulierte Binomialverteilung

$$P(X \le k) = \sum_{i=0}^{k} \binom{n}{i} p^i (1-p)^{n-i}$$

für n = 5

k \ p	0,02	0,03	0,04	0,05	0,1	$\frac{1}{6}$	0,2	0,25	0,3	$\frac{1}{3}$	0,4	0,5	0,6	$\frac{2}{3}$	0,7	0,75	0,8	$\frac{5}{6}$	0,9	0,95	0,96	0,97	0,98	k
0	0,9039	0,8587	0,8154	0,7738	0,5905	0,4019	0,3277	0,2373	0,1681	0,1317	0,0778	0,0313	0,0102	0,0041	0,0024	0,0010	0,0003	0,0001	0	0	0	0	0	0
1	0,9962	0,9915	0,9852	0,9774	0,9185	0,8038	0,7373	0,6328	0,5282	0,4609	0,3370	0,1875	0,0870	0,0453	0,0308	0,0156	0,0067	0,0033	0,0005	0	0	0	0	1
2	0,9999	0,9997	0,9994	0,9988	0,9914	0,9645	0,9421	0,8965	0,8369	0,7901	0,6826	0,5000	0,3174	0,2099	0,1631	0,1035	0,0579	0,0355	0,0086	0,0012	0,0006	0,0003	0,0001	2
3	1	1	1	1	0,9995	0,9967	0,9933	0,9844	0,9692	0,9547	0,9130	0,8125	0,6630	0,5391	0,4718	0,3672	0,2627	0,1962	0,0815	0,0226	0,0148	0,0085	0,0038	3
4	1	1	1	1	1	0,9999	0,9997	0,9990	0,9976	0,9959	0,9898	0,9688	0,9222	0,8683	0,8319	0,7627	0,6723	0,5981	0,4095	0,2262	0,1846	0,1413	0,0961	4
5	1	1	1	1	1	1	1	1	1	1	1	1	1	1	1	1	1	1	1	1	1	1	1	5

für n = 10

k \ p	0,02	0,03	0,04	0,05	0,1	1/6	0,2	0,25	0,3	1/3	0,4	0,5	0,6	2/3	0,7	0,75	0,8	5/6	0,9	0,95	0,96	0,97	0,98	k
0	0,8171	0,7374	0,6648	0,5987	0,3487	0,1615	0,1074	0,0563	0,0282	0,0173	0,0060	0,0010	0,0001	0	0	0	0	0	0	0	0	0	0	0
1	0,9838	0,9655	0,9418	0,9139	0,7361	0,4845	0,3758	0,2440	0,1493	0,1040	0,0464	0,0107	0,0017	0,0004	0,0001	0	0	0	0	0	0	0	0	1
2	0,9991	0,9972	0,9938	0,9885	0,9298	0,7752	0,6778	0,5256	0,3828	0,2991	0,1673	0,0547	0,0123	0,0034	0,0016	0,0004	0,0001	0	0	0	0	0	0	2
3	1	0,9999	0,9996	0,9990	0,9872	0,9303	0,8791	0,7759	0,6496	0,5593	0,3823	0,1719	0,0548	0,0197	0,0106	0,0035	0,0009	0,0003	0	0	0	0	0	3
4	1	1	1	0,9999	0,9984	0,9845	0,9672	0,9219	0,8497	0,7869	0,6331	0,3770	0,1662	0,0766	0,0473	0,0197	0,0064	0,0024	0,0001	0	0	0	0	4
5	1	1	1	1	0,9999	0,9976	0,9936	0,9803	0,9527	0,9234	0,8338	0,6230	0,3669	0,2131	0,1503	0,0781	0,0328	0,0155	0,0016	0,0001	0	0	0	5
6	1	1	1	1	1	0,9997	0,9991	0,9965	0,9894	0,9803	0,9452	0,8281	0,6177	0,4407	0,3504	0,2241	0,1209	0,0697	0,0128	0,0010	0,0004	0,0001	0	6
7	1	1	1	1	1	1	0,9999	0,9996	0,9984	0,9966	0,9877	0,9453	0,8327	0,7009	0,6172	0,4744	0,3222	0,2248	0,0702	0,0115	0,0062	0,0028	0,0009	7
8	1	1	1	1	1	1	1	1	0,9999	0,9996	0,9983	0,9893	0,9536	0,8960	0,8507	0,7560	0,6242	0,5155	0,2639	0,0861	0,0582	0,0345	0,0162	8
9	1	1	1	1	1	1	1	1	1	1	0,9999	0,9990	0,9940	0,9827	0,9718	0,9437	0,8926	0,8385	0,6513	0,4013	0,3352	0,2626	0,1829	9
10	1	1	1	1	1	1	1	1	1	1	1	1	1	1	1	1	1	1	1	1	1	1	1	10

für n = 20

k \ p	0,02	0,03	0,04	0,05	0,1	$\frac{1}{6}$	0,2	0,25	0,3	$\frac{1}{3}$	0,4	0,5	0,6	$\frac{2}{3}$	0,7	0,75	0,8	$\frac{5}{6}$	0,9	0,95	0,96	0,97	0,98	k
0	0,6676	0,5438	0,4420	0,3585	0,1216	0,0261	0,0115	0,0032	0,0008	0,0003	0	0	0	0	0	0	0	0	0	0	0	0	0	0
1	0,9401	0,8802	0,8103	0,7358	0,3917	0,1304	0,0692	0,0243	0,0076	0,0033	0,0005	0	0	0	0	0	0	0	0	0	0	0	0	1
2	0,9929	0,9790	0,9561	0,9245	0,6769	0,3287	0,2061	0,0913	0,0355	0,0176	0,0036	0,0002	0	0	0	0	0	0	0	0	0	0	0	2
3	0,9994	0,9973	0,9926	0,9841	0,8670	0,5665	0,4114	0,2252	0,1071	0,0604	0,0160	0,0013	0	0	0	0	0	0	0	0	0	0	0	3
4	1	0,9997	0,9990	0,9974	0,9568	0,7687	0,6296	0,4148	0,2375	0,1515	0,0510	0,0059	0,0003	0	0	0	0	0	0	0	0	0	0	4
5	1	1	0,9999	0,9997	0,9887	0,8982	0,8042	0,6172	0,4164	0,2972	0,1256	0,0207	0,0016	0,0002	0	0	0	0	0	0	0	0	0	5
6	1	1	1	1	0,9976	0,9629	0,9133	0,7858	0,6080	0,4793	0,2500	0,0577	0,0065	0,0009	0,0003	0	0	0	0	0	0	0	0	6
7	1	1	1	1	0,9996	0,9887	0,9679	0,8982	0,7723	0,6615	0,4159	0,1316	0,0210	0,0037	0,0013	0,0002	0	0	0	0	0	0	0	7
8	1	1	1	1	0,9999	0,9972	0,9900	0,9591	0,8867	0,8095	0,5956	0,2517	0,0565	0,0130	0,0051	0,0009	0,0001	0	0	0	0	0	0	8
9	1	1	1	1	1	0,9994	0,9974	0,9861	0,9520	0,9081	0,7553	0,4119	0,1275	0,0376	0,0171	0,0039	0,0006	0,0001	0	0	0	0	0	9
10	1	1	1	1	1	0,9999	0,9994	0,9961	0,9829	0,9624	0,8725	0,5881	0,2447	0,0919	0,0480	0,0139	0,0026	0,0006	0	0	0	0	0	10
11	1	1	1	1	1	1	0,9999	0,9991	0,9949	0,9870	0,9435	0,7483	0,4044	0,1905	0,1133	0,0409	0,0100	0,0028	0,0001	0	0	0	0	11
12	1	1	1	1	1	1	1	0,9998	0,9987	0,9963	0,9790	0,8684	0,5841	0,3385	0,2277	0,1018	0,0321	0,0113	0,0004	0	0	0	0	12
13	1	1	1	1	1	1	1	1	0,9997	0,9991	0,9935	0,9423	0,7500	0,5207	0,3920	0,2142	0,0867	0,0371	0,0024	0	0	0	0	13
14	1	1	1	1	1	1	1	1	1	0,9998	0,9984	0,9793	0,8744	0,7028	0,5836	0,3828	0,1958	0,1018	0,0113	0,0003	0,0001	0	0	14
15	1	1	1	1	1	1	1	1	1	1	0,9997	0,9941	0,9490	0,8485	0,7625	0,5852	0,3704	0,2313	0,0432	0,0026	0,0010	0,0003	0	15
16	1	1	1	1	1	1	1	1	1	1	1	0,9987	0,9840	0,9396	0,8929	0,7748	0,5886	0,4335	0,1330	0,0159	0,0074	0,0027	0,0006	16
17	1	1	1	1	1	1	1	1	1	1	1	0,9998	0,9964	0,9824	0,9645	0,9087	0,7939	0,6713	0,3231	0,0755	0,0439	0,0210	0,0071	17
18	1	1	1	1	1	1	1	1	1	1	1	1	0,9995	0,9967	0,9924	0,9757	0,9308	0,8696	0,6083	0,2642	0,1897	0,1198	0,0599	18
19	1	1	1	1	1	1	1	1	1	1	1	1	1	0,9997	0,9992	0,9968	0,9885	0,9739	0,8784	0,6415	0,5580	0,4562	0,3324	19
20	1	1	1	1	1	1	1	1	1	1	1	1	1	1	1	1	1	1	1	1	1	1	1	20

für n = 50

k \ p	0,02	0,03	0,04	0,05	0,1	$\frac{1}{6}$	0,2	0,25	0,3	$\frac{1}{3}$	0,4	0,5	0,6	$\frac{2}{3}$	0,7	0,75	0,8	$\frac{5}{6}$	0,9	0,95	0,96	0,97	0,98	k
0	0,3642	0,2181	0,1299	0,0769	0,0052	0,0001	0	0	0	0	0	0	0	0	0	0	0	0	0	0	0	0	0	0
1	0,7358	0,5553	0,4005	0,2794	0,0338	0,0012	0,0002	0	0	0	0	0	0	0	0	0	0	0	0	0	0	0	0	1
2	0,9216	0,8108	0,6767	0,5405	0,1117	0,0066	0,0013	0,0001	0	0	0	0	0	0	0	0	0	0	0	0	0	0	0	2
3	0,9822	0,9372	0,8609	0,7604	0,2503	0,0238	0,0057	0,0005	0	0	0	0	0	0	0	0	0	0	0	0	0	0	0	3
4	0,9968	0,9832	0,9510	0,8964	0,4312	0,0643	0,0185	0,0021	0,0002	0	0	0	0	0	0	0	0	0	0	0	0	0	0	4
5	0,9995	0,9963	0,9856	0,9622	0,6161	0,1388	0,0480	0,0070	0,0007	0,0001	0	0	0	0	0	0	0	0	0	0	0	0	0	5
6	0,9999	0,9993	0,9964	0,9882	0,7702	0,2506	0,1034	0,0194	0,0025	0,0005	0	0	0	0	0	0	0	0	0	0	0	0	0	6
7	1	0,9999	0,9992	0,9968	0,8779	0,3911	0,1904	0,0453	0,0073	0,0017	0,0001	0	0	0	0	0	0	0	0	0	0	0	0	7
8	1	1	0,9999	0,9992	0,9421	0,5421	0,3073	0,0916	0,0183	0,0050	0,0002	0	0	0	0	0	0	0	0	0	0	0	0	8
9	1	1	1	0,9998	0,9755	0,6830	0,4437	0,1637	0,0402	0,0127	0,0008	0	0	0	0	0	0	0	0	0	0	0	0	9
10	1	1	1	1	0,9906	0,7986	0,5836	0,2622	0,0789	0,0284	0,0022	0	0	0	0	0	0	0	0	0	0	0	0	10
11	1	1	1	1	0,9968	0,8827	0,7107	0,3816	0,1390	0,0570	0,0057	0	0	0	0	0	0	0	0	0	0	0	0	11
12	1	1	1	1	0,9990	0,9373	0,8139	0,5110	0,2229	0,1035	0,0133	0,0002	0	0	0	0	0	0	0	0	0	0	0	12
13	1	1	1	1	0,9997	0,9693	0,8894	0,6370	0,3279	0,1715	0,0280	0,0005	0	0	0	0	0	0	0	0	0	0	0	13
14	1	1	1	1	0,9999	0,9862	0,9393	0,7481	0,4468	0,2612	0,0540	0,0013	0	0	0	0	0	0	0	0	0	0	0	14
15	1	1	1	1	1	0,9943	0,9692	0,8369	0,5692	0,3690	0,0955	0,0033	0	0	0	0	0	0	0	0	0	0	0	15
16	1	1	1	1	1	0,9978	0,9856	0,9017	0,6839	0,4868	0,1561	0,0077	0,0001	0	0	0	0	0	0	0	0	0	0	16
17	1	1	1	1	1	0,9992	0,9937	0,9449	0,7822	0,6046	0,2369	0,0164	0,0002	0	0	0	0	0	0	0	0	0	0	17
18	1	1	1	1	1	0,9997	0,9975	0,9713	0,8594	0,7126	0,3356	0,0325	0,0005	0	0	0	0	0	0	0	0	0	0	18
19	1	1	1	1	1	0,9999	0,9991	0,9861	0,9152	0,8036	0,4465	0,0595	0,0014	0	0	0	0	0	0	0	0	0	0	19
20	1	1	1	1	1	1	0,9997	0,9937	0,9522	0,8741	0,5610	0,1013	0,0034	0,0001	0	0	0	0	0	0	0	0	0	20
21	1	1	1	1	1	1	0,9999	0,9974	0,9749	0,9244	0,6701	0,1611	0,0076	0,0003	0	0	0	0	0	0	0	0	0	21
22	1	1	1	1	1	1	1	0,9990	0,9877	0,9576	0,7660	0,2399	0,0160	0,0008	0,0001	0	0	0	0	0	0	0	0	22
23	1	1	1	1	1	1	1	0,9996	0,9944	0,9778	0,8438	0,3359	0,0314	0,0021	0,0003	0	0	0	0	0	0	0	0	23
24	1	1	1	1	1	1	1	0,9999	0,9976	0,9892	0,9022	0,4439	0,0573	0,0049	0,0009	0	0	0	0	0	0	0	0	24
25	1	1	1	1	1	1	1	1	0,9991	0,9951	0,9427	0,5561	0,0978	0,0108	0,0024	0,0001	0	0	0	0	0	0	0	25
26	1	1	1	1	1	1	1	1	0,9997	0,9979	0,9686	0,6641	0,1562	0,0222	0,0056	0,0004	0	0	0	0	0	0	0	26
27	1	1	1	1	1	1	1	1	0,9999	0,9992	0,9840	0,7601	0,2340	0,0424	0,0123	0,0010	0	0	0	0	0	0	0	27
28	1	1	1	1	1	1	1	1	1	0,9997	0,9924	0,8389	0,3299	0,0756	0,0251	0,0026	0,0001	0	0	0	0	0	0	28
29	1	1	1	1	1	1	1	1	1	0,9999	0,9966	0,8987	0,4390	0,1259	0,0478	0,0063	0,0003	0	0	0	0	0	0	29

Die Werte 1 und 0 bedeuten: Die angegebene Wahrscheinlichkeiten sind auf 4 Stellen gerundet 1,0000 bzw. 0,0000

k \ p	0,02	0,03	0,04	0,05	0,1	$\frac{1}{6}$	0,2	0,25	0,3	$\frac{1}{3}$	0,4	0,5	0,6	$\frac{2}{3}$	0,7	0,75	0,8	$\frac{5}{6}$	0,9	0,95	0,96	0,97	0,98	k
30	1	1	1	1	1	1	1	1	1	1	0,9986	0,9405	0,5535	0,1964	0,0848	0,0139	0,0009	0,0001	0	0	0	0	0	30
31	1	1	1	1	1	1	1	1	1	1	0,9995	0,9675	0,6644	0,2874	0,1406	0,0287	0,0025	0,0003	0	0	0	0	0	31
32	1	1	1	1	1	1	1	1	1	1	0,9998	0,9836	0,7631	0,3954	0,2178	0,0551	0,0063	0,0008	0	0	0	0	0	32
33	1	1	1	1	1	1	1	1	1	1	0,9999	0,9923	0,8439	0,5132	0,3161	0,0983	0,0144	0,0022	0	0	0	0	0	33
34	1	1	1	1	1	1	1	1	1	1	1	0,9967	0,9045	0,6310	0,4308	0,1631	0,0308	0,0057	0	0	0	0	0	34
35	1	1	1	1	1	1	1	1	1	1	1	0,9987	0,9460	0,7388	0,5532	0,2519	0,0607	0,0138	0,0001	0	0	0	0	35
36	1	1	1	1	1	1	1	1	1	1	1	0,9995	0,9720	0,8285	0,6721	0,3630	0,1106	0,0307	0,0003	0	0	0	0	36
37	1	1	1	1	1	1	1	1	1	1	1	0,9998	0,9867	0,8965	0,7771	0,4890	0,1861	0,0627	0,0010	0	0	0	0	37
38	1	1	1	1	1	1	1	1	1	1	1	1	0,9943	0,9430	0,8610	0,6184	0,2893	0,1173	0,0032	0	0	0	0	38
39	1	1	1	1	1	1	1	1	1	1	1	1	0,9978	0,9716	0,9211	0,7378	0,4164	0,2014	0,0094	0	0	0	0	39
40	1	1	1	1	1	1	1	1	1	1	1	1	0,9992	0,9873	0,9598	0,8363	0,5563	0,3170	0,0245	0,0002	0	0	0	40
41	1	1	1	1	1	1	1	1	1	1	1	1	0,9998	0,9950	0,9817	0,9084	0,6927	0,4579	0,0579	0,0008	0,0001	0	0	41
42	1	1	1	1	1	1	1	1	1	1	1	1	0,9999	0,9983	0,9927	0,9547	0,8096	0,6089	0,1221	0,0032	0,0008	0,0001	0	42
43	1	1	1	1	1	1	1	1	1	1	1	1	1	0,9995	0,9975	0,9806	0,8966	0,7494	0,2298	0,0118	0,0036	0,0007	0,0001	43
44	1	1	1	1	1	1	1	1	1	1	1	1	1	0,9999	0,9993	0,9930	0,9520	0,8612	0,3839	0,0378	0,0144	0,0037	0,0005	44
45	1	1	1	1	1	1	1	1	1	1	1	1	1	1	0,9998	0,9979	0,9815	0,9357	0,5688	0,1036	0,0490	0,0168	0,0032	45
46	1	1	1	1	1	1	1	1	1	1	1	1	1	1	1	0,9995	0,9943	0,9762	0,7497	0,2396	0,1391	0,0628	0,0178	46
47	1	1	1	1	1	1	1	1	1	1	1	1	1	1	1	0,9999	0,9987	0,9934	0,8883	0,4595	0,3233	0,1892	0,0784	47
48	1	1	1	1	1	1	1	1	1	1	1	1	1	1	1	1	0,9998	0,9988	0,9662	0,7206	0,5995	0,4447	0,2642	48
49	1	1	1	1	1	1	1	1	1	1	1	1	1	1	1	1	1	0,9999	0,9948	0,9231	0,8701	0,7819	0,6358	49
50	1	1	1	1	1	1	1	1	1	1	1	1	1	1	1	1	1	1	1	1	1	1	1	50

für n = 100

k \ p	0,02	0,03	0,04	0,05	0,1	$\frac{1}{6}$	0,2	0,25	0,3	$\frac{1}{3}$	0,4	0,5	0,6	$\frac{2}{3}$	0,7	0,75	0,8	$\frac{5}{6}$	0,9	0,95	0,96	0,97	0,98	k
0	0,1326	0,0476	0,0169	0,0059	0	0	0	0	0	0	0	0	0	0	0	0	0	0	0	0	0	0	0	0
1	0,4033	0,1946	0,0872	0,0371	0,0003	0	0	0	0	0	0	0	0	0	0	0	0	0	0	0	0	0	0	1
2	0,6767	0,4198	0,2321	0,1183	0,0019	0	0	0	0	0	0	0	0	0	0	0	0	0	0	0	0	0	0	2
3	0,8590	0,6472	0,4295	0,2578	0,0078	0	0	0	0	0	0	0	0	0	0	0	0	0	0	0	0	0	0	3
4	0,9492	0,8179	0,6289	0,4360	0,0237	0,0001	0	0	0	0	0	0	0	0	0	0	0	0	0	0	0	0	0	4
5	0,9845	0,9192	0,7884	0,6160	0,0576	0,0004	0	0	0	0	0	0	0	0	0	0	0	0	0	0	0	0	0	5
6	0,9959	0,9688	0,8936	0,7660	0,1172	0,0013	0,0001	0	0	0	0	0	0	0	0	0	0	0	0	0	0	0	0	6
7	0,9991	0,9894	0,9525	0,8720	0,2061	0,0038	0,0003	0	0	0	0	0	0	0	0	0	0	0	0	0	0	0	0	7
8	0,9998	0,9968	0,9810	0,9369	0,3209	0,0095	0,0009	0	0	0	0	0	0	0	0	0	0	0	0	0	0	0	0	8
9	1	0,9991	0,9932	0,9718	0,4513	0,0213	0,0023	0	0	0	0	0	0	0	0	0	0	0	0	0	0	0	0	9
10	1	0,9998	0,9978	0,9885	0,5832	0,0427	0,0057	0,0001	0	0	0	0	0	0	0	0	0	0	0	0	0	0	0	10
11	1	1	0,9993	0,9957	0,7030	0,0777	0,0126	0,0004	0	0	0	0	0	0	0	0	0	0	0	0	0	0	0	11
12	1	1	0,9998	0,9985	0,8018	0,1297	0,0253	0,0010	0	0	0	0	0	0	0	0	0	0	0	0	0	0	0	12
13	1	1	1	0,9995	0,8761	0,2000	0,0469	0,0025	0,0001	0	0	0	0	0	0	0	0	0	0	0	0	0	0	13
14	1	1	1	0,9999	0,9274	0,2874	0,0804	0,0054	0,0002	0	0	0	0	0	0	0	0	0	0	0	0	0	0	14
15	1	1	1	1	0,9601	0,3877	0,1285	0,0111	0,0004	0	0	0	0	0	0	0	0	0	0	0	0	0	0	15
16	1	1	1	1	0,9794	0,4942	0,1923	0,0211	0,0010	0,0001	0	0	0	0	0	0	0	0	0	0	0	0	0	16
17	1	1	1	1	0,9900	0,5994	0,2712	0,0376	0,0022	0,0002	0	0	0	0	0	0	0	0	0	0	0	0	0	17
18	1	1	1	1	0,9954	0,6965	0,3621	0,0630	0,0045	0,0005	0	0	0	0	0	0	0	0	0	0	0	0	0	18
19	1	1	1	1	0,9980	0,7803	0,4602	0,0995	0,0089	0,0011	0	0	0	0	0	0	0	0	0	0	0	0	0	19
20	1	1	1	1	0,9992	0,8481	0,5595	0,1488	0,0165	0,0024	0	0	0	0	0	0	0	0	0	0	0	0	0	20
21	1	1	1	1	0,9997	0,8998	0,6540	0,2114	0,0288	0,0048	0	0	0	0	0	0	0	0	0	0	0	0	0	21
22	1	1	1	1	0,9999	0,9369	0,7389	0,2864	0,0479	0,0091	0,0001	0	0	0	0	0	0	0	0	0	0	0	0	22
23	1	1	1	1	1	0,9621	0,8109	0,3711	0,0755	0,0164	0,0003	0	0	0	0	0	0	0	0	0	0	0	0	23
24	1	1	1	1	1	0,9783	0,8686	0,4617	0,1136	0,0281	0,0006	0	0	0	0	0	0	0	0	0	0	0	0	24
25	1	1	1	1	1	0,9881	0,9125	0,5535	0,1631	0,0458	0,0012	0	0	0	0	0	0	0	0	0	0	0	0	25
26	1	1	1	1	1	0,9938	0,9442	0,6417	0,2244	0,0715	0,0024	0	0	0	0	0	0	0	0	0	0	0	0	26
27	1	1	1	1	1	0,9969	0,9650	0,7224	0,2964	0,1000	0,0040	0	0	0	0	0	0	0	0	0	0	0	0	27
28	1	1	1	1	1	0,9985	0,9800	0,7925	0,3768	0,1524	0,0084	0	0	0	0	0	0	0	0	0	0	0	0	28
29	1	1	1	1	1	0,9993	0,9888	0,8505	0,4623	0,2093	0,0148	0	0	0	0	0	0	0	0	0	0	0	0	29
30	1	1	1	1	1	0,9997	0,9939	0,8962	0,5491	0,2766	0,0248	0	0	0	0	0	0	0	0	0	0	0	0	30
31	1	1	1	1	1	0,9999	0,9969	0,9307	0,6331	0,3525	0,0398	0,0001	0	0	0	0	0	0	0	0	0	0	0	31
32	1	1	1	1	1	1	0,9984	0,9554	0,7107	0,4344	0,0615	0,0002	0	0	0	0	0	0	0	0	0	0	0	32
33	1	1	1	1	1	1	0,9993	0,9724	0,7793	0,5188	0,0913	0,0004	0	0	0	0	0	0	0	0	0	0	0	33
34	1	1	1	1	1	1	0,9997	0,9836	0,8371	0,6019	0,1303	0,0009	0	0	0	0	0	0	0	0	0	0	0	34
35	1	1	1	1	1	1	0,9999	0,9906	0,8839	0,6803	0,1795	0,0018	0	0	0	0	0	0	0	0	0	0	0	35
36	1	1	1	1	1	1	0,9999	0,9948	0,9201	0,7511	0,2386	0,0033	0	0	0	0	0	0	0	0	0	0	0	36
37	1	1	1	1	1	1	1	0,9973	0,9470	0,8123	0,3068	0,0060	0	0	0	0	0	0	0	0	0	0	0	37
38	1	1	1	1	1	1	1	0,9986	0,9660	0,8630	0,3822	0,0105	0	0	0	0	0	0	0	0	0	0	0	38
39	1	1	1	1	1	1	1	0,9993	0,9790	0,9034	0,4621	0,0176	0	0	0	0	0	0	0	0	0	0	0	39
40	1	1	1	1	1	1	1	0,9997	0,9875	0,9341	0,5433	0,0284	0	0	0	0	0	0	0	0	0	0	0	40
41	1	1	1	1	1	1	1	0,9999	0,9928	0,9566	0,6225	0,0443	0,0001	0	0	0	0	0	0	0	0	0	0	41
42	1	1	1	1	1	1	1	0,9999	0,9960	0,9724	0,6967	0,0666	0,0002	0	0	0	0	0	0	0	0	0	0	42
43	1	1	1	1	1	1	1	1	0,9979	0,9831	0,7635	0,0967	0,0004	0	0	0	0	0	0	0	0	0	0	43
44	1	1	1	1	1	1	1	1	0,9989	0,9900	0,8211	0,1356	0,0009	0	0	0	0	0	0	0	0	0	0	44
45	1	1	1	1	1	1	1	1	0,9995	0,9943	0,8689	0,1841	0,0017	0	0	0	0	0	0	0	0	0	0	45
46	1	1	1	1	1	1	1	1	0,9997	0,9969	0,9070	0,2421	0,0032	0	0	0	0	0	0	0	0	0	0	46
47	1	1	1	1	1	1	1	1	0,9999	0,9983	0,9362	0,3086	0,0058	0	0	0	0	0	0	0	0	0	0	47
48	1	1	1	1	1	1	1	1	0,9999	0,9991	0,9577	0,3822	0,0100	0,0001	0	0	0	0	0	0	0	0	0	48
49	1	1	1	1	1	1	1	1	1	0,9996	0,9729	0,4602	0,0168	0,0002	0	0	0	0	0	0	0	0	0	49
50	1	1	1	1	1	1	1	1	1	0,9998	0,9832	0,5398	0,0271	0,0004	0	0	0	0	0	0	0	0	0	50
51	1	1	1	1	1	1	1	1	1	0,9999	0,9900	0,6178	0,0423	0,0009	0,0001	0	0	0	0	0	0	0	0	51
52	1	1	1	1	1	1	1	1	1	1	0,9942	0,6914	0,0638	0,0017	0,0001	0	0	0	0	0	0	0	0	52
53	1	1	1	1	1	1	1	1	1	1	0,9968	0,7579	0,0930	0,0031	0,0003	0	0	0	0	0	0	0	0	53
54	1	1	1	1	1	1	1	1	1	1	0,9983	0,8159	0,1311	0,0057	0,0005	0	0	0	0	0	0	0	0	54
55	1	1	1	1	1	1	1	1	1	1	0,9991	0,8644	0,1789	0,0100	0,0011	0	0	0	0	0	0	0	0	55
56	1	1	1	1	1	1	1	1	1	1	0,9996	0,9033	0,2365	0,0169	0,0021	0	0	0	0	0	0	0	0	56
57	1	1	1	1	1	1	1	1	1	1	0,9998	0,9334	0,3033	0,0276	0,0040	0,0001	0	0	0	0	0	0	0	57
58	1	1	1	1	1	1	1	1	1	1	0,9999	0,9557	0,3775	0,0434	0,0072	0,0001	0	0	0	0	0	0	0	58
59	1	1	1	1	1	1	1	1	1	1	1	0,9716	0,4567	0,0659	0,0125	0,0003	0	0	0	0	0	0	0	59
60	1	1	1	1	1	1	1	1	1	1	1	0,9824	0,5379	0,0966	0,0210	0,0007	0	0	0	0	0	0	0	60
61	1	1	1	1	1	1	1	1	1	1	1	0,9895	0,6178	0,1370	0,0340	0,0014	0	0	0	0	0	0	0	61
62	1	1	1	1	1	1	1	1	1	1	1	0,9940	0,6932	0,1877	0,0530	0,0027	0	0	0	0	0	0	0	62

Die Werte 1 und 0 bedeuten: Die angegebene Wahrscheinlichkeiten sind auf 4 Stellen gerundet 1,0000 bzw. 0,0000

k = \ p =	0,02	0,03	0,04	0,05	0,1	$\frac{1}{6}$	0,2	0,25	0,3	$\frac{1}{3}$	0,4	0,5	0,6	$\frac{2}{3}$	0,7	0,75	0,8	$\frac{5}{6}$	0,9	0,95	0,96	0,97	0,98	p = / k =
63	1	1	1	1	1	1	1	1	1	1	1	0,9967	0,7614	0,2489	0,0799	0,0052	0,0001	0	0	0	0	0	0	63
64	1	1	1	1	1	1	1	1	1	1	1	0,9982	0,8205	0,3197	0,1161	0,0094	0,0001	0	0	0	0	0	0	64
65	1	1	1	1	1	1	1	1	1	1	1	0,9991	0,8697	0,3981	0,1629	0,0164	0,0003	0	0	0	0	0	0	65
66	1	1	1	1	1	1	1	1	1	1	1	0,9996	0,9087	0,4812	0,2207	0,0276	0,0007	0	0	0	0	0	0	66
67	1	1	1	1	1	1	1	1	1	1	1	0,9998	0,9385	0,5656	0,2893	0,0446	0,0016	0	0	0	0	0	0	67
68	1	1	1	1	1	1	1	1	1	1	1	0,9999	0,9602	0,6475	0,3669	0,0693	0,0031	0,0001	0	0	0	0	0	68
69	1	1	1	1	1	1	1	1	1	1	1	1	0,9752	0,7234	0,4509	0,1038	0,0061	0,0003	0	0	0	0	0	69
70	1	1	1	1	1	1	1	1	1	1	1	1	0,9852	0,7907	0,5377	0,1495	0,0112	0,0007	0	0	0	0	0	70
71	1	1	1	1	1	1	1	1	1	1	1	1	0,9916	0,8476	0,6232	0,2075	0,0200	0,0015	0	0	0	0	0	71
72	1	1	1	1	1	1	1	1	1	1	1	1	0,9954	0,8934	0,7036	0,2776	0,0342	0,0031	0	0	0	0	0	72
73	1	1	1	1	1	1	1	1	1	1	1	1	0,9976	0,9285	0,7756	0,3583	0,0558	0,0062	0	0	0	0	0	73
74	1	1	1	1	1	1	1	1	1	1	1	1	0,9988	0,9542	0,8369	0,4465	0,0875	0,0119	0	0	0	0	0	74
75	1	1	1	1	1	1	1	1	1	1	1	1	0,9994	0,9719	0,8864	0,5383	0,1314	0,0217	0	0	0	0	0	75
76	1	1	1	1	1	1	1	1	1	1	1	1	0,9997	0,9836	0,9245	0,6289	0,1891	0,0379	0	0	0	0	0	76
77	1	1	1	1	1	1	1	1	1	1	1	1	0,9999	0,9909	0,9521	0,7136	0,2611	0,0631	0,0001	0	0	0	0	77
78	1	1	1	1	1	1	1	1	1	1	1	1	1	0,9952	0,9712	0,7886	0,3460	0,1002	0,0003	0	0	0	0	78
79	1	1	1	1	1	1	1	1	1	1	1	1	1	0,9976	0,9835	0,8512	0,4405	0,1519	0,0008	0	0	0	0	79
80	1	1	1	1	1	1	1	1	1	1	1	1	1	0,9989	0,9911	0,9005	0,5398	0,2197	0,0020	0	0	0	0	80
81	1	1	1	1	1	1	1	1	1	1	1	1	1	0,9995	0,9955	0,9370	0,6379	0,3035	0,0046	0	0	0	0	81
82	1	1	1	1	1	1	1	1	1	1	1	1	1	0,9998	0,9978	0,9624	0,7288	0,4006	0,0100	0	0	0	0	82
83	1	1	1	1	1	1	1	1	1	1	1	1	1	0,9999	0,9990	0,9789	0,8077	0,5058	0,0206	0	0	0	0	83
84	1	1	1	1	1	1	1	1	1	1	1	1	1	1	0,9996	0,9889	0,8715	0,6123	0,0399	0	0	0	0	84
85	1	1	1	1	1	1	1	1	1	1	1	1	1	1	0,9998	0,9946	0,9196	0,7126	0,0726	0,0001	0	0	0	85
86	1	1	1	1	1	1	1	1	1	1	1	1	1	1	0,9999	0,9975	0,9531	0,8000	0,1239	0,0005	0	0	0	86
87	1	1	1	1	1	1	1	1	1	1	1	1	1	1	1	0,9990	0,9747	0,8703	0,1982	0,0015	0,0002	0	0	87
88	1	1	1	1	1	1	1	1	1	1	1	1	1	1	1	0,9996	0,9874	0,9223	0,2970	0,0043	0,0007	0	0	88
89	1	1	1	1	1	1	1	1	1	1	1	1	1	1	1	0,9999	0,9943	0,9573	0,4168	0,0115	0,0022	0,0002	0	89
90	1	1	1	1	1	1	1	1	1	1	1	1	1	1	1	1	0,9977	0,9787	0,5487	0,0282	0,0068	0,0009	0	90
91	1	1	1	1	1	1	1	1	1	1	1	1	1	1	1	1	0,9991	0,9905	0,6791	0,0631	0,0190	0,0032	0,0002	91
92	1	1	1	1	1	1	1	1	1	1	1	1	1	1	1	1	0,9997	0,9962	0,7939	0,1280	0,0475	0,0106	0,0009	92
93	1	1	1	1	1	1	1	1	1	1	1	1	1	1	1	1	0,9999	0,9987	0,8828	0,2340	0,1064	0,0312	0,0041	93
94	1	1	1	1	1	1	1	1	1	1	1	1	1	1	1	1	1	0,9996	0,9424	0,3840	0,2116	0,0808	0,0155	94
95	1	1	1	1	1	1	1	1	1	1	1	1	1	1	1	1	1	0,9999	0,9763	0,5640	0,3711	0,1821	0,0508	95
96	1	1	1	1	1	1	1	1	1	1	1	1	1	1	1	1	1	1	0,9922	0,7422	0,5705	0,3528	0,1410	96
97	1	1	1	1	1	1	1	1	1	1	1	1	1	1	1	1	1	1	0,9981	0,8817	0,7679	0,5802	0,3233	97
98	1	1	1	1	1	1	1	1	1	1	1	1	1	1	1	1	1	1	0,9997	0,9629	0,9128	0,8054	0,5967	98
99	1	1	1	1	1	1	1	1	1	1	1	1	1	1	1	1	1	1	1	0,9941	0,9831	0,9524	0,8674	99
100	1	1	1	1	1	1	1	1	1	1	1	1	1	1	1	1	1	1	1	1	1	1	1	100
p =	0,02	0,03	0,04	0,05	0,1	$\frac{1}{6}$	0,2	0,25	0,3	$\frac{1}{3}$	0,4	0,5	0,6	$\frac{2}{3}$	0,7	0,75	0,8	$\frac{5}{6}$	0,9	0,95	0,96	0,97	0,98	p =

Die Werte 1 und 0 bedeuten: Die angegebenen Wahrscheinlichkeiten sind auf 4 Stellen gerundet 1,0000 bzw. 0,0000

Normalverteilung – GAUSS'sche Integralfunktion

$$\Phi(z) = \int_{-\infty}^{z} \varphi(x)\,dx$$

z \ *	0	1	2	3	4	5	6	7	8	9
-3,9*	0,0000	0,0000	0,0000	0,0000	0,0000	0,0000	0,0000	0,0000	0,0000	0,0000
-3,8*	0,0001	0,0001	0,0001	0,0001	0,0001	0,0001	0,0001	0,0001	0,0001	0,0001
-3,7*	0,0001	0,0001	0,0001	0,0001	0,0001	0,0001	0,0001	0,0001	0,0001	0,0001
-3,6*	0,0002	0,0002	0,0001	0,0001	0,0001	0,0001	0,0001	0,0001	0,0001	0,0001
-3,5*	0,0002	0,0002	0,0002	0,0002	0,0002	0,0002	0,0002	0,0002	0,0002	0,0002
-3,4*	0,0003	0,0003	0,0003	0,0003	0,0003	0,0003	0,0003	0,0003	0,0003	0,0002
-3,3*	0,0005	0,0005	0,0005	0,0004	0,0004	0,0004	0,0004	0,0004	0,0004	0,0003
-3,2*	0,0007	0,0007	0,0006	0,0006	0,0006	0,0006	0,0006	0,0005	0,0005	0,0005
-3,1*	0,0010	0,0009	0,0009	0,0009	0,0008	0,0008	0,0008	0,0008	0,0007	0,0007
-3,0*	0,0013	0,0013	0,0013	0,0012	0,0012	0,0011	0,0011	0,0011	0,0010	0,0010
-2,9*	0,0019	0,0018	0,0018	0,0017	0,0016	0,0016	0,0015	0,0015	0,0014	0,0014
-2,8*	0,0026	0,0025	0,0024	0,0023	0,0023	0,0022	0,0021	0,0021	0,0020	0,0019
-2,7*	0,0035	0,0034	0,0033	0,0032	0,0031	0,0030	0,0029	0,0028	0,0027	0,0026
-2,6*	0,0047	0,0045	0,0044	0,0043	0,0041	0,0040	0,0039	0,0038	0,0037	0,0036
-2,5*	0,0062	0,0060	0,0059	0,0057	0,0055	0,0054	0,0052	0,0051	0,0049	0,0048
-2,4*	0,0082	0,0080	0,0078	0,0075	0,0073	0,0071	0,0069	0,0068	0,0066	0,0064
-2,3*	0,0107	0,0104	0,0102	0,0099	0,0096	0,0094	0,0091	0,0089	0,0087	0,0084
-2,2*	0,0139	0,0136	0,0132	0,0129	0,0125	0,0122	0,0119	0,0116	0,0113	0,0110
-2,1*	0,0179	0,0174	0,0170	0,0166	0,0162	0,0158	0,0154	0,0150	0,0146	0,0143
-2,0*	0,0228	0,0222	0,0217	0,0212	0,0207	0,0202	0,0197	0,0192	0,0188	0,0183
-1,9*	0,0287	0,0281	0,0274	0,0268	0,0262	0,0256	0,0250	0,0244	0,0239	0,0233
-1,8*	0,0359	0,0351	0,0344	0,0336	0,0329	0,0322	0,0314	0,0307	0,0301	0,0294
-1,7*	0,0446	0,0436	0,0427	0,0418	0,0409	0,0401	0,0392	0,0384	0,0375	0,0367
-1,6*	0,0548	0,0537	0,0526	0,0516	0,0505	0,0495	0,0485	0,0475	0,0465	0,0455
-1,5*	0,0668	0,0655	0,0643	0,0630	0,0618	0,0606	0,0594	0,0582	0,0571	0,0559
-1,4*	0,0808	0,0793	0,0778	0,0764	0,0749	0,0735	0,0721	0,0708	0,0694	0,0681

z \ *	0	1	2	3	4	5	6	7	8	9
−1,3*	0,0968	0,0951	0,0934	0,0918	0,0901	0,0885	0,0869	0,0853	0,0838	0,0823
−1,2*	0,1151	0,1131	0,1112	0,1093	0,1075	0,1056	0,1038	0,1020	0,1003	0,0985
−1,1*	0,1357	0,1335	0,1314	0,1292	0,1271	0,1251	0,1230	0,1210	0,1190	0,1170
−1,0*	0,1587	0,1562	0,1539	0,1515	0,1492	0,1469	0,1446	0,1423	0,1401	0,1379
−0,9*	0,1841	0,1814	0,1788	0,1762	0,1736	0,1711	0,1685	0,1660	0,1635	0,1611
−0,8*	0,2119	0,2090	0,2061	0,2033	0,2005	0,1977	0,1949	0,1922	0,1894	0,1867
−0,7*	0,2420	0,2389	0,2358	0,2327	0,2296	0,2266	0,2236	0,2206	0,2177	0,2148
−0,6*	0,2743	0,2709	0,2676	0,2643	0,2611	0,2578	0,2546	0,2514	0,2483	0,2451
−0,5*	0,3085	0,3050	0,3015	0,2981	0,2946	0,2912	0,2877	0,2843	0,2810	0,2776
−0,4*	0,3446	0,3409	0,3372	0,3336	0,3300	0,3264	0,3228	0,3192	0,3156	0,3121
−0,3*	0,3821	0,3783	0,3745	0,3707	0,3669	0,3632	0,3594	0,3557	0,3520	0,3483
−0,2*	0,4207	0,4168	0,4129	0,4090	0,4052	0,4013	0,3974	0,3936	0,3897	0,3859
−0,1*	0,4602	0,4562	0,4522	0,4483	0,4443	0,4404	0,4364	0,4325	0,4286	0,4247
−0,0*	0,5000	0,4960	0,4920	0,4880	0,4840	0,4801	0,4761	0,4721	0,4681	0,4641
0,0	0,5000	0,5040	0,5080	0,5120	0,5160	0,5199	0,5239	0,5279	0,5319	0,5359
0,1*	0,5398	0,5438	0,5478	0,5517	0,5557	0,5596	0,5636	0,5675	0,5714	0,5753
0,2*	0,5793	0,5832	0,5871	0,5910	0,5948	0,5987	0,6026	0,6064	0,6103	0,6141
0,3*	0,6179	0,6217	0,6255	0,6293	0,6331	0,6368	0,6406	0,6443	0,6480	0,6517
0,4*	0,6554	0,6591	0,6628	0,6664	0,6700	0,6736	0,6772	0,6808	0,6844	0,6879
0,5*	0,6915	0,6950	0,6985	0,7019	0,7054	0,7088	0,7123	0,7157	0,7190	0,7224
0,6*	0,7257	0,7291	0,7324	0,7357	0,7389	0,7422	0,7454	0,7486	0,7517	0,7549
0,7*	0,7580	0,7611	0,7642	0,7673	0,7704	0,7734	0,7764	0,7794	0,7823	0,7852
0,8*	0,7881	0,7910	0,7939	0,7967	0,7995	0,8023	0,8051	0,8078	0,8106	0,8133
0,9*	0,8159	0,8186	0,8212	0,8238	0,8264	0,8289	0,8315	0,8340	0,8365	0,8389
1,0*	0,8413	0,8438	0,8461	0,8485	0,8508	0,8531	0,8554	0,8577	0,8599	0,8621
1,1*	0,8643	0,8665	0,8686	0,8708	0,8729	0,8749	0,8770	0,8790	0,8810	0,8830
1,2*	0,8849	0,8869	0,8888	0,8907	0,8925	0,8944	0,8962	0,8980	0,8997	0,9015
1,3*	0,9032	0,9049	0,9066	0,9082	0,9099	0,9115	0,9131	0,9147	0,9162	0,9177
1,4*	0,9192	0,9207	0,9222	0,9236	0,9251	0,9265	0,9279	0,9292	0,9306	0,9319
1,5*	0,9332	0,9345	0,9357	0,9370	0,9382	0,9394	0,9406	0,9418	0,9429	0,9441
1,6*	0,9452	0,9463	0,9474	0,9484	0,9495	0,9505	0,9515	0,9525	0,9535	0,9545
1,7*	0,9554	0,9564	0,9573	0,9582	0,9591	0,9599	0,9608	0,9616	0,9625	0,9633
1,8*	0,9641	0,9649	0,9656	0,9664	0,9671	0,9678	0,9686	0,9693	0,9699	0,9706
1,9*	0,9713	0,9719	0,9726	0,9732	0,9738	0,9744	0,9750	0,9756	0,9761	0,9767
2,0*	0,9772	0,9778	0,9783	0,9788	0,9793	0,9798	0,9803	0,9808	0,9812	0,9817
2,1*	0,9821	0,9826	0,9830	0,9834	0,9838	0,9842	0,9846	0,9850	0,9854	0,9857
2,2*	0,9861	0,9864	0,9868	0,9871	0,9875	0,9878	0,9881	0,9884	0,9887	0,9890
2,3*	0,9893	0,9896	0,9898	0,9901	0,9904	0,9906	0,9909	0,9911	0,9913	0,9916
2,4*	0,9918	0,9920	0,9922	0,9925	0,9927	0,9929	0,9931	0,9932	0,9934	0,9936
2,5*	0,9938	0,9940	0,9941	0,9943	0,9945	0,9946	0,9948	0,9949	0,9951	0,9952
2,6*	0,9953	0,9955	0,9956	0,9957	0,9959	0,9960	0,9961	0,9962	0,9963	0,9964
2,7*	0,9965	0,9966	0,9967	0,9968	0,9969	0,9970	0,9971	0,9972	0,9973	0,9974
2,8*	0,9974	0,9975	0,9976	0,9977	0,9977	0,9978	0,9979	0,9979	0,9980	0,9981
2,9*	0,9981	0,9982	0,9982	0,9983	0,9984	0,9984	0,9985	0,9985	0,9986	0,9986
3,0*	0,9987	0,9987	0,9987	0,9988	0,9988	0,9989	0,9989	0,9989	0,9990	0,9990
3,1*	0,9990	0,9991	0,9991	0,9991	0,9992	0,9992	0,9992	0,9992	0,9993	0,9993
3,2*	0,9993	0,9993	0,9994	0,9994	0,9994	0,9994	0,9994	0,9995	0,9995	0,9995
3,3*	0,9995	0,9995	0,9995	0,9996	0,9996	0,9996	0,9996	0,9996	0,9996	0,9997
3,4*	0,9997	0,9997	0,9997	0,9997	0,9997	0,9997	0,9997	0,9997	0,9997	0,9998
3,5*	0,9998	0,9998	0,9998	0,9998	0,9998	0,9998	0,9998	0,9998	0,9998	0,9998
3,6*	0,9998	0,9998	0,9999	0,9999	0,9999	0,9999	0,9999	0,9999	0,9999	0,9999
3,7*	0,9999	0,9999	0,9999	0,9999	0,9999	0,9999	0,9999	0,9999	0,9999	0,9999
3,8*	0,9999	0,9999	0,9999	0,9999	0,9999	0,9999	0,9999	0,9999	0,9999	0,9999
3,9*	1,0000	1,0000	1,0000	1,0000	1,0000	1,0000	1,0000	1,0000	1,0000	1,0000
z	0	1	2	3	4	5	6	7	8	9

Anmerkung: Das * stellt einen Platzhalter für die zweite Nachkommastelle dar, die entsprechend in der Spaltenübersicht zu finden ist.

Beispiele zum Umgang mit der Tabelle:

$\Phi(-3{,}02) = 0{,}0013$

$\Phi(-0{,}07) = 0{,}4721$

$\Phi(1{,}7) = 0{,}9554$

Einige besondere Werte:

z	1,2816	1,6449	1,9600	2,3263	2,5758	3,0903	3,2906	3,7191
Φ(z)	0,9000	0,9500	0,9750	0,9900	0,9950	0,9990	0,9995	0,9999

Mathematische Symbole

Mengen, Zahlen

$\mathbb{N}$	Menge der natürlichen Zahlen
$\mathbb{Z}$	Menge der ganzen Zahlen
$\mathbb{Q}$	Menge der rationalen Zahlen
$\mathbb{R}_+$	Menge der positiven reellen Zahlen einschließlich Null
$\mathbb{R}_+^*$	Menge der positiven reellen Zahlen ohne Null
$x \in M$	x ist Element von M
$x \notin M$	x ist nicht Element von M
$\{x \in M \mid \ldots\}$	Menge aller x aus M, für die gilt …
$\{a, b, c, d\}$	Menge mit den Elementen a, b, c, d
$\{\ \}$	leere Menge
$[a; b]$	abgeschlossenes Intervall, $\{x \in \mathbb{R} \mid a \le x \le b\}$
$]a; b[$	offenes Intervall, $\{x \in \mathbb{R} \mid a < x < b\}$
$a < b$	a kleiner b
$a \le b$	a kleiner oder gleich b
$\lvert x \rvert$	Betrag von x
$\sqrt{x}$	Quadratwurzel aus x
$\sqrt[n]{x}$	n-te Wurzel aus x
b^x	Potenz b hoch x
$\sin(x)$	Sinus x
$\cos(x)$	Kosinus x
$\tan(x)$	Tangens x
$\log_b(x)$	Logarithmus x zur Basis b
$\ln(x)$	natürlicher Logarithmus von x
$\underline{S}_n$	Untersumme
$\overline{S}_n$	Obersumme

Funktionen

$y = \operatorname{sgn}(x)$	Signumfunktion
$y = H(x)$	HEAVISIDE-Funktion
$y = [x]$	Ganzteilfunktion
$y = e^x$	e-Funktion
$y = \sin(x)$	Sinusfunktion
$y = \cos(x)$	Kosinusfunktion
$y = \tan(x)$	Tangensfunktion
$x \mapsto f(x)$	Zuordnungsvorschrift der Funktion f
$y = I_a(x) = \int_a^x f(t)\,dt$	Integralfunktion
$y = F(x)$	Stammfunktion
D_f	Definitionsbereich von f
W_f	Wertebereich von f
f'	Ableitungsfunktion von f
$f'(a)$	Ableitung von f an der Stelle a
$\lim_{x \to a} f(x)$	Grenzwert der Funktion f an der Stelle a
$\int_a^b f(x)\,dx$	Integral von a bis b der Funktion f

Geometrie

$P(x \mid y)$	Punkt mit den Koordinaten x und y
$P(x \mid y \mid z)$	Punkt mit den Koordinaten x, y und z
AB	Gerade durch A und B
$\overline{AB}$	Strecke mit den Endpunkten A und B
$\overline{AB}$	Strahl mit Anfangspunkt A durch B
$\lvert AB \rvert$	Länge der Strecke $\overline{AB}$
ABC	Dreieck mit den Eckpunkten A, B und C
$q \parallel h$	g parallel zu h
$g \perp h$	g orthogonal zu h
$\begin{pmatrix} x_1 \\ x_2 \\ x_3 \end{pmatrix}$	Vektor mit den Koordinaten x_1, x_2 und x_3
$\overrightarrow{OP}$	Ortsvektor des Punktes P
$\overrightarrow{PQ}$	Vektor von P nach Q
$\vec{v}$	Vektor $\vec{v}$
$-\vec{v}$	Gegenvektor von $\vec{v}$
$\vec{o}$	Nullvektor
$\lvert \vec{v} \rvert$	Länge (Betrag) des Vektors $\vec{v}$
$\vec{a} + \vec{b}$	Summe von $\vec{a}$ und $\vec{b}$
$r \cdot \vec{a}$	r-faches von $\vec{a}$
$\vec{a} * \vec{b}$	Skalarprodukt von $\vec{a}$ und $\vec{b}$
$\vec{n}$	Normalenvektor
$\vec{a} \times \vec{b}$	Vektorprodukt von $\vec{a}$ und $\vec{b}$

Matrizen

$\mathbf{A}$	Matrix **A**
a_{ij}	Element der Matrix **A** in der i-ten Zeile und der j-ten Spalte
$\mathbf{A} = \begin{pmatrix} a_{11}\, a_{12} & \ldots & a_{1n} \\ a_{21}\, a_{22} & \ldots & \\ a_{m1}\, a_{m2} & \ldots & a_{mn} \end{pmatrix}$	$m \times n$-Matrix **A** mit den Elementen a_{ik}
$\mathbf{E}_n$	$n \times n$-Einheitsmatrix
$\mathbf{A}^{-1}$	Inverse der Matrix **A**

Stochastik

A	Ereignis A
$\overline{A}$	Gegenereignis zu A
$A \cap B$	Und-Ereignis von A und B
$A \cup B$	Oder-Ereignis von A und B
$P(E)$	Wahrscheinlichkeit für das Ereignis E
$P_B(A)$	Wahrscheinlichkeit für A unter der Bedingung B
$h(E)$	relative Häufigkeit von E
$n!$	n Fakultät
$\binom{n}{k}$	Binomialkoeffizient n über k
μ, $E(X)$	Erwartungswert der Zufallsgröße X
$V(X)$	Varianz der Zufallsgröße X
σ	Standardabweichung
X, Y, Z	Zufallsgrößen
$\varphi_{\mu;\sigma}(x)$	Dichtefunktion der Normalverteilung mit Erwartungswert μ und Standardabweichung σ
$\Phi_{\mu;\sigma}(x)$	Verteilungsfunktion der Normalverteilung mit Erwartungswert μ und Standardabweichung σ

Stichwortverzeichnis

$\frac{\sigma}{n}$-Umgebungen von p 499

A
Abbildung
- affine 352
- geometrische 354
- Umkehrabbildung 353, 354, 361
- Verketten von Abbildungen 353, 360
Abbildungsgleichung 354
Abbildungsmatrix 352
Ableitung 10
- äußere 104
- der natürlichen Logarithmusfunktion 99
- innere 104
- von Exponentialfunktionen 92, 98
Abnahme
- begrenzte 122
- exponentielle 110
Abstand
- Gerade – Ebene 327
- Punkt – Ebene 327, 329
- Punkt – Gerade 285
- zueinander paralleler Ebenen 327
- zueinander paralleler Geraden 285
- zueinander windschiefer Geraden 332
- zweier Punkte 232
Abweichung
- mittlere lineare 407
- mittlere quadratische (Varianz) 407, 408
- Standardabweichung 407
achsensymmetrisch 15
allgemeines Zählprinzip der Kombinatorik 416
Alternativtest 518
Änderungsrate, lokale 10
Anfangsvektor 366
Annahmebereich 502, 510, 512
Anordnen von Dingen 419
ANTIPHON 69
ARCHIMEDES VON SYRAKUS 69
Asymptote 144
Auslastungsmodell 471
Axiome der Wahrscheinlichkeitsrechnung 437

B
Basis 263
Baumdiagramm 411, 425
- umgekehrtes 425, 431
BAYES, THOMAS 434
BECQUEREL, HENRI 109
bedingte Wahrscheinlichkeit 433
begrenztes Wachstum 122
- Sättigungsgrenze 122
BERNOULLI, Daniel 412
BERNOULLI-Experiment 450
BERNOULLI-Kette 450, 451
- BERNOULLI-Formel 455
- Binomialverteilung 455
Betrag eines Vektors 232
Binomialkoeffizient 419, 456
Binomialverteilung 455
- Erwartungswert 466
- kumulierte 460
- Maximum 468
- Standardabweichung 484
- Varianz 484
Boxplot 401, 402

C
CAVALIERI, BONAVENTURA 75
cos(x)
- Ableitung 10

D
Daten
- Einteilen in Klassen 395
Definitionslücke 161
Definitionsmenge 164, 169
Dichtefunktion 522, 537
Differenzialgleichung 116, 117, 118, 121, 122
- aufstellen 134
- EULER-Verfahren 133
- lösen 134
- Richtungsfeld 132
- Separation der Variablen 134, 135
- Wachstumsprozesse 135
Differenzvektor 238
Differenz von Funktionen 145
Dimension 263
Dodekaeder 457
Drehung
- um den Koordinatenursprung 350, 358
- um eine Koordinatenachse 352, 359
Dreiecksregel 238

E
e-Funktion 94, 152
Ebene
- Abstand Gerade – Ebene 327
- Abstand Punkt – Ebene 327, 329
- Achsenabschnittsform 308
- HESSE'sche Normalenform 330
- Koordinatengleichung 304, 308
- Lage zu einer Geraden 311, 312
- Normalenform 304
- Parameterdarstellung 291, 308
- Spurgerade 305
- Spurpunkte 305
- Winkel mit einer Geraden 321
- zeichnen 305
Ebenen
- Abstand zueinander paralleler Ebenen 327
- identische 313
- Lagebeziehungen 312
- parallele 313
- Schnittgerade zweier Ebenen 313
- Winkel zwischen zwei 323
Einheitsmatrix 347
Ereignis 382
Erfolgswahrscheinlichkeit 450
Ergebnis 381
Ergebnismenge 381
Erwartungswert 446, 532, 533, 538
- Sigma-Umgebungen 487
EUDOXOS VON KNIDOS 69
EULER, Leonhard 94
EULER'sche Zahl 94
Exhaustions-Methode 70
Exponentialfunktion 84
- Ableitung 91, 92, 98
- e-Funktion 94
exponentielles Wachstum
- mit e-Funktionen beschreiben 110
- Wachstumsgeschwindigkeit 111
- Wachstumskonstante 117
Extrempunkt 13, 165, 170
Extremstelle 13, 14
Extremwertproblem 173
- Extremalbedingung 173
- Nebenbedingung 173
- Randextrema 173
- Zielfunktion 173

F
Faktorregel 10
Faktorregel für Integrale 51
Fehler
- 1. Art 503, 508
- 2. Art 503, 508
- Fehlerwahrscheinlichkeit 503, 508
FERMAT, PIERRE DE 414
Fixgerade 354
Fixpunkt 355
Fixvektor 355, 369
Flächeninhalt
- der Fläche zwischen einem Funktionsgraphen und der x-Achse 57
- orientierter 25
- über einem unbegrenzten Intervall 66
- zwischen zwei Funktionsgraphen 61

Funktionenschar 169
Funktionsuntersuchung
- Dokumentation 166
- mit einem GTR 166

G

ganzrationale Funktion 14, 15
- Globalverlauf 15
- Nullstellen 16
GAUSS, CARL FRIEDRICH 183, 522
GAUSS-Algorithmus 183
gebrochenrationale Funktion 161
Geburtstagsproblem, klassisches 476
Gegenereignis 383
Gegenhypothese 512
Gegenvektor 242
Gerade
- Abstand Gerade - Ebene 327
- Abstand Punkt - Gerade 285
- Lage zu einer Ebene 311, 312
- Parameterdarstellung 272
- Winkel mit einer Ebene 321
- zeichnen 273
Geraden
- Abstand zueinander paralleler 285
- Abstand zueinander windschiefer 332
- Lagebeziehungen 279
- orthogonale 280
- parallele 279
- Schnittpunkt zweier 279
- windschiefe 279
Gesetz der großen Zahlen 382, 499
gewichtetes Mittel 392
Gleichungssystem, lineares 183, 185
Globalverlauf 15, 165, 169
Gozintograph 375
Grenzmatrix 369

H

Halbierungszeit 111
Häufigkeit
- kumulierte relative 404
- relative 382, 391
Häufigkeit, absolute 391
Häufigkeitsverteilung 391
- arithmetisches Mittel 392
- Standardabweichung 408
- Varianz 408
Hauptsatz der Differen zial- und Integralrechnung 45, 51
Histogramm 445
- klassierter Daten 396
- Zeichnen mit dem GTR 397
Hochpunkt 13, 14
Hypothesentest 512
- Alternativtest 518
- Annahmebereich 502, 510, 512
- einseitig 511, 512, 515
- Fehler 1. Art 503, 508
- Fehler 2. Art 503, 508
- Gegenhypothese 512
- Operationscharakteristik 508
- Signifikanzniveau 503, 508, 512
- Verwerfungsbereich 502, 512
- zweiseitig 512

I

Ikosaeder 457
Integral 26, 35
- geometrische Definition 26
- Grenzwertdefinition 35
- Hauptsatz der Differenzial- und Integralrechnung 45, 51
- Obersumme 34, 35
- uneigentliches 68
- Untersumme 34, 35
Integralformel für Potenzfunktionen 36
Integralfunktion 40
- bei Graphen mit einem Knick oder einem Sprung 46
Integrandenfunktion 36, 40
Integrationsregeln
- Faktorregel 51
- lineare Substitution 107
- partielle Integration 155
- Summenregel 51
Integrationsverfahren, numerische
- Rechteckverfahren 79
- Trapezsummenverfahren 79
Interpolation 200, 202, 203
Intervallschätzung 494, 499

K

Kapazität 122
kartesisches Koordinatensystem 226
Kettenlinie 146
Kettenregel 104, 107
klassierte Daten 395
- arithmetisches Mittel 396
- Histogramm 396
- praktischer Mittelwert 396
Koeffizientenmatrix, erweiterte 183
KOLMOGOROW, ANDREJ NIKOLAJEWITSCH 438
Komplementärregel 383
Koordinatenebene 226
Koordinatengleichung 304
Koordinatensystem
- Einheit 226
- kartesisches 226
- Schrägbild 227
Koordinatenzug 227
Kreisdiagramm 391
Krümmung 213
- Krümmungsformeln 213
- Krümmungsfunktion 213
- Krümmungskreis 213
- linksgekrümmt 13
- rechtsgekrümmt 13
Kugel-Fächer-Modell 473, 474
Kugelkoordinaten 235
kumulierten Binomialverteilung 460
kumulierte relative Häufigkeit 404

L

Lagebeziehungen
- Gerade - Ebene 296, 311, 312
- zweier Ebenen zueinander 312
- zweier Geraden zueinander 279
Länge eines Vektors 232, 250
LAPLACE, PIERRE SIMON 381, 487, 522
LAPLACE-Bedingung 487
LAPLACE-Regel 383
LAPLACE-Versuch 381
lineares Gleichungssystem 183, 185
- Anzahl der Lösungen 185
- GAUSS-Algorithmus 182
- mit Parameter 186
lineare Substitution 107
Linkskurve 13
Logarithmengesetze 85
Logarithmus 85
- dekadischer 85
- Logarithmengesetze 98
- natürlicher 97
Logarithmusfunktion
- Ableitung 99
- natürliche 97
logistisches Wachstum 127
- Grenzfälle 128
- Wendepunkt 128

M

MACLAURIN, COLIN 217
Materialverflechtung 375
Matrix 341
- Abbildungsmatrix 352
- Einheitsmatrix 347
- Elemente einer 341
- inverse 355, 361
- Potenz 367
- quadratische 341
- stochastische 367
- Übergangsmatrix 366
- vervielfachen 342

Matrizen
- addieren 342
- multiplizieren 346, 347, 373
- subtrahieren 342
Median 401, 404
Mehrfeldertafel 431
mehrstufiger Zufallsversuch 411
Merkmal 391
- Häufigkeitsverteilung 391
- qualitatives 391
- quantitatives 391
Merkmale
- Abhängigkeit von 430, 431
- Unabhängigkeit von 429, 431, 434
Merkmalsausprägungen 391
Merkmalsträger 391
MISES, RICHARD VON 437
Misserfolgswahrscheinlichkeit 450
Mittel, arithmetisches 392
- klassierter Daten (praktischer Mittelwert) 396
Mittelpunkt einer Strecke 243
Modell, mathematisches 123
Monotonie 12
- streng monoton fallend 12
- streng monoton wachsend 12
Monotoniesatz 13
Multiplikation
- Matrix und Vektor 345
- Matrizen 346, 347
- skalare 242

N

Näherungsformel für genau k Erfolge 525
Näherungsformeln von MOIVRE und LAPLACE 522, 524
Näherungsfunktion 144
n Fakultät (n!) 417
Normalenform 304
Normalenform, HESSE'sche 330
Normalenvektor 304
Normalverteilung 522
- Erwartungswert 532
- Standardabweichung 532
Nullmeridian 235
Nullstelle 16, 164, 169
Nullvektor 231

O

Obersumme 34, 35
Oktaeder 457
Operationscharakteristik eines Tests 508
orientierter Flächeninhalt 25
orthogonale Geraden 280
Orthogonalitätskriterium 249
Ortslinie 170
Ortsvektor 232

P

Parallelprojektion 287, 352, 357
Parameterdarstellung
- einer Ebene 291
- einer Geraden 272
partielle Integration 155
PASCAL, BLAISE 414, 456
PASCAL'sches Dreieck 456
Perzentil 404
Pfadadditionsregel 412
Pfadmultiplikationsregel 412
Pol 161
- mit Vorzeichenwechsel 161
- ohne Vorzeichenwechsel 161
Polynom 14
- Grad 14
- Koeffizienten 14
Populationsentwicklung 369
Potenz
- einer Matrix 367
Potenzfunktion
- Integralformel 36
Potenzieren
- Vorrangregel für mehrfaches 103
Potenzregel 10
Produkt
- von Funktionen 149
- von Matrizen 346, 347, 373
Produktintegration 155
Produktregel 151
Projektion
- eines Punktes 228
Punktschätzung 494
punktsymmetrisch 15

Q

Quantil 404
Quartil 401, 404
- Quartilabstand 402
Quotientenregel 162
Quotient von Funktionen 160

R

Rechengesetze
- für Vektoren 238
Rechteckverfahren 79
Rechtskurve 13
Regression 123, 205, 208
Regressionsfunktion 207
Regressionsgerade 207
Rosinenproblem, klassisches 475
Rotationskörper 73

S

Sattelpunkt 13
Sättigungsgrenze 122, 127
Satz von BAYES 434
Satz von CAVALIERI 76
Schätzung zu erwartender relativer Häufigkeiten
- Intervallschätzung 499
Schluss von der Gesamtheit auf die Stichprobe 495
Schnittgerade zweier Ebenen 300
Schnittpunkt
- Gerade-Ebene 295
- zweier Geraden 279
Sensitivität 431
Sicherheitswahrscheinlichkeit 495
Sigma-Regeln 487, 529
Sigma-Umgebung 487, 511
Signifikanzniveau 503, 508, 512
Simulation von Zufallsversuchen 412
sin(x)
- Ableitung 10
Skalarprodukt 249, 250, 254
- Eigenschaften 250
Spaltenvektor
- m-dimensionaler 342
Spannbreite 402
Spannweite 407
Spat 281, 319
Spezifität 431
Spiegelung
- an einer Ebene 356
- an einer Geraden 349, 352, 355
- eines Punktes 228
Spline-Interpolation 201, 203
Spurgeraden 305
Spurpunkte 273, 305
Stammfunktion 50, 51, 52, 94, 100
Standardabweichung 484, 533, 538
- empirische 407, 408
Steigung 10
Stichprobe, ungeordnete 419
Stichprobenergebnis
- verträglich mit der Erfolgswahrscheinlichkeit p 499
stochastische Matrix 367
Streckung 351, 359
Substitution, lineare 107
Summenregel 10
- allgemeine 384
- elementare 383
Summenregel für Integrale 51
Summenvektor 238
Summe von Funktionen 143

Symmetrie 15
- Achsensymmetrie 15
- Punktsymmetrie 15

T

TAYLOR, BROOK 217
TAYLOR-Approximation 217
Tetraeder 463
Tiefpunkt 13, 14
Trapezsummenverfahren 79
Trassierung 196
- glatter Übergang 196
- krümmungsruckfreier Übergang 196
- nahtloser Übergang 196

U

Übergangsdiagramm 366
Übergangsgraph 366
Übergangsmatrix 366
- Anfangsvektor 366
- Fixvektor 369
Überlagerung
- von Geschwindigkeiten 245
- von Kräften 245
Umkehrabbildung 353, 354, 361
uneigentliches Integral 68
ungeordnete Stichprobe 419
Unterraum 263
Untersumme 34, 35
Ursprung 226

V

Varianz 484, 538
- empirische 407, 408
Vektor 231, 258
- Betrag 232
- Gegenvektor 242
- Länge 232, 250
- multiplizieren mit einer Matrix 345
- n-dimensionaler 258
- Normalenvektor 304
- Ortsvektor 232
- skalare Multiplikation 242
- vervielfachen 242
Vektoren
- addieren 238
- orthogonale 249
- Rechengesetze 238
- subtrahieren 238
- Winkel zwischen zwei 253, 255
Vektorprodukt 317
- geometrische Deutung 318
- Rechengesetze 317
Vektorraum 259
Verdoppelungszeit 111
Verketten
- von Abbildungen 353, 360
Verketten von Funktionen 103
- Ableitung 104
- äußere Funktion 103
- innere Funktion 103
- Kettenregel 104
Verwerfungsbereich 502, 512
Vierfeldertafel 425, 431
Volumen
- eines nicht rotationssymmetrischen Körpers 76
- eines rotationssymmetrischen Körpers 73

W

Wachstum
- begrenztes 122
- exponentielles 110
- lineares 118
- logistisches 127
Wachstumsgeschwindigkeit 111
Wahrscheinlichkeit
- bedingte 433
Wahrscheinlichkeitsverteilung 446, 455
Wendepunkt 13, 165, 170
Wendestelle 13, 14
- notwendiges Kriterium 14
Wertemenge 164, 169
Whisker 402
Winkel
- zwischen Gerade und Ebene 321
- zwischen zwei Ebenen 323
- zwischen zwei Vektoren 253, 255

Z

Zählprinzip der Kombinatorik, allgemeines 416
Zeilenvektor
- n-dimensionaler 342
Zentralprojektion 287, 359
zentrische Streckung 351, 359
Zerlegen einer Kraft
- in zwei Kräfte 246
Ziehen
- auf einen Griff 417, 419
- mit Zurücklegen (mit Wiederholung) 413, 416
- ohne Zurücklegen (ohne Wiederholung) 413, 416, 417
Zufallsgröße 445
- stetige 538
Zufallsversuch 381
- mehrstufiger 411
- Simulation 412
Zunahme
- begrenzte 122
- exponentielle 110

Bildquellenverzeichnis

Umschlag: fotolia.com, New York (Frankwalker.de); 10.1: emo-pictures, Weinbergen; 11.1: NASA, Houston/Texas; 13.1: Corbis, Düsseldorf (Paul Vreeker/Reuters); 19.1A-B: NASA, Houston/Texas; 20.1: wikipedia.org (Dr. G. Schmitz/CC-Lizenz 3.0); 22.1: mauritiusimages, Mittenwald (age); 23.1: LOOK-foto, München (Ulf Boettcher); 26.1: Corbis, Düsseldorf (Team Static/fstop); 27.1: Solites, Stuttgart; 27.2: STOCK4B, München(Christopher Adolph); 28.1: Getty Images, München (AFP); 29.1: Keystone, Hamburg (Stefan Oelsner); 38.1: Picture-Alliance, Frankfurt (EPA/Ghemen); 38.2: alimdi.net, Deisenhofen (Michael Dietrich); 42.1: Picture-Alliance, Frankfurt (ZB/Jürgen Korsch); 43.1: Saba Laudanna, Berlin; 47.1: godigitalpro!, Wietze (Gottschalk); 47.2: argus, Hamburg (Peter Frischmuth); 48.1: Bridgeman, Berlin; 48.2: aisa, Barcelona; 48.3: Picture-Alliance, Frankfurt; 53.1-2: Druwe&Polastri, Cremlingen/Weddel; 54.1: mauritiusimages, Mittenwald (age); 55.1: varioimages, Bonn; 59.1: Corbis, Düsseldorf (AtlantidePhototravel); 60.1: Helga Lade, Frankfurt (KI); 65.1: Tuca Vieira, São Paulo; 69.1: Bridgeman, Berlin (Ashmolean Museum, Oxford); 69.2: akg-images, Berlin; 73.1, 75.1: Michael Fabian, Hannover; 75.2: Deutsches Museum, München; 82.1: mauritiusimages, Mittenwald (imagebroker); 83.1: mauritiusimages, Mittenwald (Weststoch); 83.2: mauritiusimages, Mittenwald (Phototake); 86.1: Druwe&Polastri, Cremlingen/Weddel; 87.1: Langner & Partner, Hemmingen-Arnum(Peter Langner); 87.2: Corbis, Düsseldorf (Edith Held), 88.1: Lavendelfoto, Hamburg (Dr. Hans-Heinrich Mueller); 88.2: Picture-Alliance, Frankfurt (Rolf Stang); 89.1: Langner & Partner, Hemmingen-Arnum; 90.1: mediacolors, Zürich (Miller); 90.2: Picture-Alliance, Frankfurt (Kurt Amsler/OKAPIA KG); 94.1: akg-images, Berlin; 95.1: mauritiusimages, Mittenwald (Phototake); 108.1: Okapia, Frankfurt (NAS/Blair Seitz); 108.2: Picture-Alliance, Frankfurt (dpa); 108.3: akg-images, Berlin (IAM/World History Archive); 108.4: Deutsches Schifffahrtsmuseum, Bremerhaven; 108.5: akg-images, Berlin; 110.1: Blickwinkel, Witten (biopix); 111.1: Caro, Berlin (Preuss); 112.1: Karly, München (Prof. Wanner); 112.2: Jürgens Ost + Europa Photo, Berlin; 113.1: mauritiusimages, Mittenwald (Arthur); 113.2: alimdi.net, Deisenhofen (Gerhard Zwerger-Schoner); 114.1: Druwe&Polastri, Cremlingen/Weddel; 114.2: Picture-Alliance, Frankfurt (dpa/Friedel Gierth); 115.1: Okapia, Frankfurt; 115.2: PresseBild von Graefe, Helmstedt; 117.1: Keystone, Hamburg (Schulz); 119.1: Hans Tegen, Hambühren; 119.2: Ulrich Thaler, Leipzig; 120.1: mauritiusimages, Mittenwald (Jo Kirchherr); 120.2: Friedrich Suhr, Lüneburg; 121.1: mauritiusimages, Mittenwald (UpperCut Images); 124.1: Druwe&Polastri, Cremlingen/Weddel; 124.2: mauritiusimages, Mittenwald (imagebroker/Klaus-Peter Wolf); 125.1: Langner & Partner, Hemmingen-Arnum; 125.2: Picture-Alliance, Frankfurt (picture-alliance/dpa); 126.1: Superbild - YourPhoto Today, Taufkirchen; 126.2: mauritiusimages, Mittenwald (Harry Walker); 129.1: Langner & Partner, Hemmingen-Arnum; 129.2: LOOK-foto, München (Jan Greune); 130.1: Presse- und Informationsamt der Bundesregierung/Bundesbildstelle, Berlin; 131.1: imago, Berlin (imagebroker/Begsteiger); 136.1, 137.1: Langner & Partner, Hemmingen-Arnum; 138.1: Bildagentur Geduldig, Maulbronn; 139.1: Getty Images, München (Ryan McGinnis); 140.1-2: Druwe&Polastri, Cremlingen/Weddel; 146.1: wikipedia.org (Immanuel Giel - aufgenommen im Erlebnispark Tripsdrill); 150.1: imago, Berlin (imagebroker); 168.1: Getty Images, München (Alexander Hassenstein); 172.1: mauritiusimages, Mittenwald (M. Rock); 173.1: mauritiusimages, Mittenwald (SST); 174.1: Hans Tegen, Hambühren; 174.2: Leemage, Berlin (MP); 174.3: Hans Tegen, Hambühren; 175.1: imago, Berlin (Uwe Steinert); 176.1: Intro, Berlin (Stefan Kiefer); 176.2: Fotex, Hamburg (Rainer Drechsler); 179.1: Deutsche Bahn, Berlin (BartlomiejiBanaszak); 180.1: Keystone, Hamburg (Volkmar Schulz); 183.1, 189.1: akg-images, Berlin; 189.2: alimdi.net, Deisenhofen (al-franz); 190.1: Keystone, Hamburg (Schulz); 190.2: Helga Lade, Frankfurt (Gläser); 191.1: Joker, Bonn (Lohmeyer); 194.1: mauritiusimages, Mittenwald (Hans-Peter Merten); 196.1: Bridgeman, Berlin; 196.2: Corbis, Düsseldorf (James L. Amos); 197.1: Picture-Alliance, Frankfurt (Rolf Kosecki); 199.1: Picture-Alliance, Frankfurt (dpa/Mathhias Schrader); 200.1: Picture-Alliance, Frankfurt (Rolf Kosecki); 201.1: Friedrich Suhr, Lüneburg; 203.1: Jochen Tack, Essen; 204.1: Peugeot Deutschland; 204.2: Schuberth-Helme, Braunschweig; 205.1: imago, Berlin (bonn-sequenz); 205.2: National Portrait Gallery, London; 208.1: Martin Hangen; 209.1: mauritiusimages, Mittenwald; 210.1: mauritiusimages, Mittenwald (Peter Widmann); 211.1: varioimages, Bonn; 214.1: Straßen.NRW, Gelsenkirchen; 217.1: ullsteinbild, Berlin (GrangerCollection); 217.2: ullsteinbild, Berlin (GrangerCollection); 219.1: Michael Fabian, Hannover; 221.1-2: Druwe&Polastri, Cremlingen/Weddel (Druwe&Polastri); 221.3: mauritiusimages, Mittenwald (imagebroker/Michael Peucker); 221.4: Friedrich Stark, Dortmund; 223.1:Hanns-JürgenMorath, Karlsruhe; 224.1: Hanns-Jürgen Morath, Karlsruhe; 224.2: Keystone, Hamburg (Mai-Inken Knackfuss); 226.1: Langner & Partner, Hemmingen-Arnum; 230.1: Project Photos, Walchensee; 230.2: mauritiusimages, Mittenwald (Rosenfeld); 230.3: Picture-Alliance, Frankfurt (dpa/Peter Endig); 234.1: mauritiusimages, Mittenwald (Speedy); 236.1: stockmaritime.com, Hamburg (Hans-Holmer Kuhlmann); 236.2: Picture-Alliance, Frankfurt (dpa/ZB/Matthias Hiekel); 239.1: Bildagentur Huber, Garmisch-Partenkirchen (Graefenhain); 241.1: Blickwinkel, Witten (E. Hummel); 244.1: Picture-Alliance, Frankfurt (ZB/Thomas Lehmann); 245.1: mauritiusimages, Mittenwald (Reinhard Kliem); 245.2: Corbis, Düsseldorf (Anthony Dalton/Transtock); 247.1: Wolfgang Mathea, Mainz; 247.2: Peter Arnold, Berlin (Digital Light Source); 247.3, 251.1: Hanns-Jürgen Morath, Karlsruhe; 252.1: Haus Ratzinger, Weil im Schönbuch (Elim-Dienste); 252.2: Hanns-Jürgen Morath, Karlsruhe; 254.1: arturimages, Stuttgart (Karin Hessmann); 256.1: Magdalena Tooren-Wolff, Hannover; 256.2: mauritiusimages, Mittenwald (H. Schwarz); 256.3: bildagentur-online, Burgkunstadt; 257.1: varioimages, Bonn; 260.1: Wama, Herdorf; 260.2: akg-images, Berlin; 265.1: mauritiusimages, Mittenwald (Vidler); 266.1-2, 269.3: Hanns-Jürgen Morath, Karlsruhe; 266.3: HansSchmocker, Lauterbrunnen; 267.1: Bildagentur Huber, Garmisch-Partenkirchen; 267.2: alimdi.net, Deisenhofen (Hartmut Schmidt); 267.3: Visum, Hamburg (Daniel Schoenen); 267.4: Bundesverband Ziegelindustrie Bonn; 268.1-3: Kurt Pock, Spittal a.d. Drau; 269.1A-F: Druwe&Polastri, Cremlingen/Weddel (Druwe&Polastri); 269.2: Jens Schicke, Berlin; 270.1: Okapia, Frankfurt (F.S.Westmorland/Global Pic); 270.2: Deutsche Lufthansa, Frankfurt; 270.3: mauritiusimages, Mittenwald (imagebroker/Thomas Frey); 271.1: varioimages, Bonn; 275.1: Visum, Hamburg (Marc Steinmetz); 276.1: mauritiusimages, Mittenwald (imagebroker/Thomas Frey); 276.2: BilderBox Bildagentur, Thening; 278.1: www.feldrapp.de/Reinhard Feldrapp, Naila; 282.1: Schapowalow, Hamburg (Jensen); 283.1: mauritiusimages, Mittenwald (Rosenfeld); 283.2: Picture-Alliance, Frankfurt (dpa); 284.1: mauritiusimages, Mittenwald (Rosenfeld); 286.1: Picture-Alliance, Frankfurt (dpa); 286.2: mauritiusimages, Mittenwald (K. W. Gruber); 287.1: Dr. Sibylle Stachniss-Carp,Lahntal; 288.1: GARNUKA® Carport- und Wintergartenwerk, Neubrandenburg; 289.1: Ulrich Sven Brinkhoff, Greven; 289.2: Arco Images, Lünen (O. Diez); 289.3: Druwe&Polastri, Cremlingen/Weddel; 289.4: Lausitzer Braunkohle, Senftenberg; 292.1: Aebi Drechslerei, Herzogenbuchsee; 292.2: W. Schimmel Pianofortefabrik, Braunschweig; 292.3: Reinhard Manlik, Braunschweig; 292.4: mauritiusimages, Mittenwald (Matthias Pinn); 295.1: Visum, Hamburg (Wolfram Steinberg); 298.1: mauritiusimages, Mittenwald (Phototake); 299.1: SeaTops, Karlsruhe (Kurt Amsler); 300.1: Hexenwasser, Söll; 303.1: alamyimages, Abingdon/Oxfordshire (Justin Kasezfourz); 307.1: Hanns-Jürgen Morath, Karlsruhe; 314.1: Druwe&Polastri, Cremlingen/Weddel; 314.2: Klaus Petersen Architekturbüro, Illertissen; 316.1-2: Hans Tegen, Hambühren; 320.1: mauritiusimages, Mittenwald; 320.2: agenda, Hamburg (Joerg Boethling); 321.1: Druwe&Polastri, Cremlingen/Weddel; 322.1: KUKA Systems, Augsburg; 322.2: Bildagentur Huber, Garmisch-Partenkirchen (Bernhart); 325.1: Picture-Alliance, Frankfurt (dpa/Landov); 326.1: wikipedia.org (Thomas Brugger); 326.2: FrankDingeldein; 330.1: Universitätsbibliothek, Heidelberg; 332.1: Hanns-Jürgen Morath, Karlsruhe; 333.1: bildagentur-online, Burgkunstadt; 334.1: Imagine, Frankfurt (Joe Viesti); 335.1: varioimages, Bonn; 336.1: Okapia, Frankfurt (John W. Warden); 337.1: Corbis, Düsseldorf (Steve Prezant/Blend Images); 338.1: Jochen Eckel, Berlin; 338.2: Corbis, Düsseldorf (Diane Auckland); 339.1: argus, Hamburg (Peter Frischmuth); 339.2: Visum, Hamburg (Heiko Specht); 340.1: Stills-Online Bildagentur, Hamburg; 343.1: mauritiusimages, Mittenwald (Janusz Pokorski); 343.2: Deutsche Bahn, Berlin; 344.1: Jahreszeiten Verlag, Hamburg (Boris Kumicak); 345.1: ecopix-Fotoagentur, Berlin; 348.1: Presse und Bilderdienst Thomas Wieck, Völklingen; 348.2: mauritiusimages, Mittenwald (age); 349.1-2: ZDF Enterprises, Mainz; 352.1: Sven Simon, Mülheim an der Ruhr; 356.1: mauritiusimages, Mittenwald (STOCK4B); 357.1: Picture-Alliance, Frankfurt (Bildagentur Huber); 358.1: mauritiusimages, Mittenwald (Hubatka); 360.1: Visum, Hamburg (Stefan Boness); 364.1: DB Mobility Logistics, Frankfurt; 365.1: fotolia.com, New York (Thaut Images); 368.1: mauritiusimages, Mittenwald (Hans Reinhard); 368.2: Picture-Alliance, Frankfurt (dpa Infografik); 369.1: Michael Fabian, Hannover; 370.1: Caro, Berlin (Ruffer); 370.2: imago, Berlin (Sven Simon); 371.1: Picture Press, Hamburg (Thorsten Milse); 372.1: die bildstelle, Hamburg (McPhoto); 373.1: mauritiusimages, Mittenwald (David John Noble); 373.2: BASF, Ludwigshafen; 374.1A-C: GARNUKA® Carport- und Wintergartenwerk, Neubrandenburg; 374.1D: varioimages, Bonn; 374.1E: mauritiusimages, Mittenwald (imagebroker/Heiner Heine); 374.1F: mauritiusimages, Mittenwald (imagebroker/Horst Sollinger); 374.1G: mauritiusimages, Mittenwald (age); 374.1H: alimdi.net, Deisenhofen (Horst Mahr); 374.1I: Wolfgang Deuter, Germering; 376.1: mauritiusimages, Mittenwald (Rosenfeld); 376.2: Andreas Buck, Dortmund; 377.1: mauritiusimages, Mittenwald (FreshFood); 379.1: fotolia.com , New York (Kybele); 381.2: Heinz Klaus Strick, Leverkusen; 382.1: ullsteinbild, Berlin (Roger Viollet); 382.2-3: Michael Fabian, Hannover; 384.1: mauritiusimages, Mittenwald (André Pöhlmann); 385.1: Torsten Warmuth, Berlin; 381.1, 385.2-3, 385.4a-e, 447.1b-e, 457.3a-c, 463.1: Michael Fabian, Hannover; 387.1-2: Picture-Alliance, Frankfurt (dpa-infografik); 388.1: mauritiusimages, Mittenwald (Photononstop); 389.1: Picture-Alliance, Frankfurt (dpa-infografik); 389.2A-C: Haag & Kropp, Heidelberg (artpartner-images.de); 389.3: Picture-Alliance, Frankfurt (dpa/Frank May); 390.1: imago, Berlin; 390.2: mauritiusimages, Mittenwald (Harry Walker); 393.1: Reinhard-Tierfoto, Heiligkreuzsteinach; 393.2: ecopix-Fotoagentur, Berlin (Prange); 395.1: Druwe&Polastri, Cremlingen/Weddel; 397.1: Sven Simon, Mülheim an der Ruhr ; 398.1: Picture-Alliance, Frankfurt (dpa-Infografik); 399.1: Picture-Alliance, Frankfurt (Globus Infografik); 399.2: Picture-Alliance, Frankfurt (dpa-infografik); 400.1: Druwe&Polastri, Cremlingen/Weddel; 406.1: Christy-Brown-Schule, Herten; 408.1: mauritiusimages, Mittenwald (Mehlig); 409.1: Caro, Berlin (Sorge); 409.2: fotolia.com, New York; 409.3: Picture-Alliance, Frankfurt (Günter Schiffmann); 410.1: Keystone, Hamburg (DiAgentur); 412.1: ullsteinbild, Berlin; 414.1: Michael Fabian, Hannover; 415.1: mauritiusimages, Mittenwald (Josef Beck); 415.2: Michael Fabian, Hannover; 421.1: Sven Simon, Mülheim an der Ruhr; 421.3: Picture-Alliance, Frankfurt (united archives); 421.4: Okapia, Frankfurt; 422.1: Heinz-Jürgen Schlüter, Frankfurt; 423.1: Caro, Berlin (Oberhaeuser); 427.1: Jochen Eckel, Berlin; 428.1: Picture-Alliance, Frankfurt (dpa); 435.1: mauritiusimages, Mittenwald (John Warburton-Lee); 436.1: Bildagentur Hamburg, Hamburg (Rainer Waldkirch); 437.1: Smithsonian Institution, Washington; 438.1: bpk, Berlin; 439.1: Torsten Warmuth, Berlin; 440.1: Stefanie Sudek, Berlin; 441.2: Picture-Alliance, Frankfurt (dpa-infografik); 441.3: Picture-Alliance, Frankfurt (dpa-infografik); 443.1: bildagentur-online, Burgkunstadt (Forkel); 443.2: Picture-Alliance, Frankfurt (Globus-Infografik); 444.1: action press , Hamburg; 447.2: Dr. Andreas Gundlach, Edemissen; 448.1: RobertPoorten, Düsseldorf; 448.2: mauritiusimages, Mittenwald (Bordis); 449.1: Druwe&Polastri, Cremlingen/Weddel; 449.2: Michael Fabian, Hannover; 450.1: Picture-Alliance, Frankfurt (akg-images); 452.1: Michael Fabian, Hannover; 456.1: Heinz Klaus Strick, Leverkusen; 457.2: Joker, Bonn (Karl-Heinz Hick); 459.1: Corbis, Düsseldorf (Elizabeth Whiting& Associates); 461.1: Picture-Alliance, Frankfurt (dpa-infografik); 462.1, 463.2: Michael Fabian, Hannover; 468.1: Langner & Partner, Hemmingen-Arnum; 470.1-2: Michael Fabian, Hannover; 471.1: PhotoAltodirect, Müllheim (Odilon Dimier); 472.1: Michael Fabian, Hannover; 473.1: mauritiusimages, Mittenwald (Klaus Hackenberg); 473.2: Druwe&Polastri, Cremlingen/Weddel; 473.3: Michael Fabian, Hannover; 473.4: Landrat-Lucas-Gymnasium, Leverkusen; 475.1: die bildstelle, Hamburg (PICTUREDESK.COM); 475.2: mauritiusimages, Mittenwald; 477.1, 478.1: Michael Fabian, Hannover; 478.2: TopicMedia Service, Ottobrunn; 479.1: Picture-Alliance, Frankfurt (dpa/Bernd Weißbrod); 479.2: Picture-Alliance, Frankfurt (dpa/Franz-Peter Tschauner); 479.3: Picture-Alliance, Frankfurt (dpa-Zentralbild/Jens Wolf); 490.1-2: Heinz Klaus Strick, Leverkusen; 492.1: Heinz-Jürgen Schlüter, Frankfurt; 495.1: Visum, Hamburg (Jörg Müller); 496.1-2: Druwe&Polastri, Cremlingen/Weddel; 497.1: KatrinKraußmann, Gifhorn; 497.2: mauritiusimages, Mittenwald (Pöhlmann); 498.1: ZDF Enterprises, Mainz; 500.1: argum, München (Thomas Einberger); 501.1: Michael Fabian, Hannover; 501.2-3: Europäische Zentralbank, Frankfurt; 504.1: Heinz Klaus Strick, Leverkusen; 504.2: Schapowalow, Hamburg (Robert Harding); 506.1: Michael Fabian, Hannover; 509.1: mauritiusimages, Mittenwald (Gilsdorf); 510.1: BergansofNorway; 510.2: Druwe&Polastri, Cremlingen/Weddel; 513.1: argus, Hamburg (Schwarzbach); 513.2: Picture-Alliance, Frankfurt (dpa/Matthias Schrader); 513.3: Picture-Alliance, Frankfurt (dpa Infografik GmbH); 514.1: Getty Images, München (William Oberlinphotography, www.woberlin.com); 516.1: Michael Fabian, Hannover; 519.1: mauritiusimages, Mittenwald (Sam); 519.2: mauritiusimages, Mittenwald (Rathmann); 526.1: Picture-Alliance, Frankfurt (dpa/Ralf Hirschberger); 526.2: Druwe&Polastri, Cremlingen/Weddel; 527.1: Face To Face Bildagentur, Hamburg; 529.1-2, 530.1, 531.1: Druwe&Polastri, Cremlingen/Weddel; 531.2: Lonely Planet Images, Berlin (Martin Fejer); 533.1: Michael Fabian, Hannover; 534.1: Druwe&Polastri, Cremlingen/Weddel; 534.2: stockagentur Gerhard Leber, Berlin; 538.1: Michael Fabian, Hannover; 539.1: RetoZimpel, München; 539.2: Michael Fabian, Hannover; 540.1: Picture-Alliance, Frankfurt (dpa/Frank Rumpenhorst); 540.2: AOK Bundesverband, Berlin; 521.1, 541.1: IPNSTOCK, Berlin (Kevin Taylor); 542.1: Picture-Alliance, Frankfurt (Rolf Schultes); 544.1: Focus, Hamburg (NIAID/CDC/SPL); 544.2: Picture-Alliance, Frankfurt; 546.1: Thomas Willemsen, Stadtlohn; 547.1: RainerWeisflog, Cottbus (Rainer Weisflog); 548.1: mauritiusimages, Mittenwald (age); 550.1: Heinz Klaus Strick, Leverkusen; 550.2: ecopix-Fotoagentur, Berlin (Andreas Froese); 551.1: plainpicture, Hamburg (Onimage); 552.1: LOOK-foto, München (Bernhard Limberger).

Es war nicht in allen Fällen möglich, den Inhaber der Bildrechte ausfindig zu machen und um Abdruckgenehmigung zu bitten. Berechtigte Ansprüche werden selbstverständlich im Rahmen der üblichen Konditionen abgegolten.